建筑业技术发展报告
（2021）

中国建筑业协会　主编

中国建筑工业出版社

图书在版编目（CIP）数据

建筑业技术发展报告. 2021 / 中国建筑业协会主编
. — 北京：中国建筑工业出版社，2021.6
ISBN 978-7-112-26189-5

Ⅰ. ①建… Ⅱ. ①中… Ⅲ. ①建筑业－技术发展－研
究报告－中国－2021 Ⅳ. ①TU

中国版本图书馆 CIP 数据核字（2021）第 099691 号

本书从我国建筑业技术发展的现状和趋势、技术和装备、标准和规范、实践和应用、学习和借鉴五个方面，对我国建筑业和建筑业技术的发展状况进行系统、深入的分析和总结，主要内容包括：碳达峰与碳中和愿景下的建筑节能工作思考，智能建造与新型建筑工业化，钢结构新型建造技术，基于 5G 的智慧建造集成应用技术，火神山、雷神山应急医院快速建造实践，国家速滑馆建造创新技术，国内外既有建筑绿色改造和运行评价标准对比分析等。

本书对于全面了解我国建筑业技术的发展状况，开拓建筑业技术创新的领域和发展方向具有很强的参考价值，可供建筑业从业人员参考使用。

责任编辑：范业庶　张　磊　万　李
责任校对：李欣慰

建筑业技术发展报告

（2021）

中国建筑业协会　主编

*

中国建筑工业出版社出版、发行（北京海淀三里河路 9 号）
各地新华书店、建筑书店经销
北京红光制版公司制版
天津翔远印刷有限公司印刷

*

开本：880 毫米×1230 毫米　1/16　印张：39½　字数：1190 千字
2021 年 9 月第一版　　2021 年 9 月第一次印刷
定价：**148.00** 元
ISBN 978-7-112-26189-5
（37767）

《建筑业技术发展报告（2021）》
指 导 委 员 会

王博渊　王鹏翊　毛凯　方敏进　尹奎　邓伟华

甘佳雄　石萌　叶凌　包琦玮　兰春光　边萌萌

曲慧　吕莉　朱荣鑫　刘伟　刘军　刘坚

刘波　刘威　刘彬　刘震　刘蕾　刘云飞

刘苗苗　刘洪亮　刘富亚　关军　安凤杰　许航

许立山　孙旋　孙智　孙立新　芦静夫　苏世龙

苏李渊　苏振华　杜志杰　杜建梅　李迪　李括

李铮　李蕾　李少华　李幻涛　李百战　李建华

李秋丹　李晓东　李博佳　李颜强　杨玉忠　杨远丰

肖从真　肖承波　吴体　何涛　何庆国　何关培

余地华　邱小坛　邹俊　冷发光　汪少山　宋岩

宋波　张洁　张涛　张猛　张淇　张毅

张时聪　张昌叙　张昕宇　张泽伟　张建斌　张昭瑞

张晓龙　张海鹏　张菲斐　张鹏峰　陈杰　陈凯

陈大川　陈云玉　陈可越　陈振明　邱奎宁　范峰

郁银泉　明磊　罗开海　罗惠平　金玲　金新阳

周冲　周盼　周千帆　周永祥　周红波　周曹国

庞玉栋　郑柯仔　郑瑞澄　孟冲　赵昂　赵欣

赵张媛　胡杏　胡诗洋　段先军　侯兆新　施楚贤

姜立　姜波　洪彪　袁国旗　夏绪勇　顾均

倪伟　徐伟　徐坤　徐聪　栾文斌　衷振兴

高文生　高雅春　黄世敏　曹正罡　常卫华　崔凯淇

阎海鹏　梁建国　葛楚　蒋凯　韩松　韩沐辰

景凯强　傅伊珺　曾琴琴　谢宇欣　楼跃清　雷俊

雷素素　黎光军　黎红兵　潘振　穆松

序

由中国建筑业协会主编，中国建筑业协会专家委员会具体组织编写的《建筑业技术发展报告（2021）》，伴随着我国建筑业的健康发展和建筑技术的持续进步，应运而生，成为首本反映我国建筑业技术发展的年度报告。在短短几个月的时间里，编委会精心组织，系统谋划，选择在建筑业不同技术领域的权威专家撰稿或荐稿，高质量地完成了本书的编写工作。我向为本书的策划、编纂和出版作出贡献的同志们表示由衷的感谢。

建筑业是我国国民经济的重要支柱产业，在我国的经济和社会发展中、在双循环发展战略与碳达峰碳中和战略的实施中，占据举足轻重的位置。我国建筑业目前的发展状况如何、未来具有怎样的发展趋势、实现高质量发展的途径有哪些？这是各级建筑业主管部门、建筑业从业人员十分关注的问题；随着国家科技革命和产业革命的深入发展，建筑技术和装备的科技创新成为建筑业发展的核心驱动力。哪些新技术、新装备以怎样的方式支撑着建筑业的转型升级，推进着以绿色化、智能化和工业化为特征的建筑产业现代化发展，建筑业新技术、新装备的未来发展趋势和前景如何，引发了越来越多的研究者和实践者的探索与思考；工程建设标准化对促进建筑业转型升级和持续健康发展，保障我国工程建设质量，提高基础设施建设水平具有重要意义。在住房和城乡建设部推进工程建设标准化改革，加大力度构建新型工程建设标准体系的背景下，如何形成政府主导制定的标准与市场自主制定的标准协同发展、协调配套，社会组织如何主动承接政府转移的标准、制定新技术和市场缺失的标准，企业如何制定有竞争力的企业标准来保障其在市场中的竞争优势，为工程建设标准化工作者开辟了大量的创新空间；学习借鉴国外先进建筑技术及国际建筑政策法规，是我国建筑业企业参与国际市场竞争的重要途径，也是建筑业企业建筑技术创新、增加国内市场空间、实现可持续发展的必然选择。国外建筑技术与国际建筑政策法规的现状与发展趋势如何，对我国建筑技术的发展和建筑政策法规体系的完善有何借鉴与启示，我国具有怎样的比较优势或差距，也在业内引起了日益广泛的思考。上述一系列问题，都可以从这本书中找出答案或受到启发。

这本书从现状和趋势、技术和装备、标准和规范、实践和应用、学习和借鉴五个侧面，对我国建筑业和建筑业技术的发展状况进行系统、深入的分析和总结，对全面了解我国建筑业技术的发展状况，开拓建筑业技术创新的领域，引领建筑业技术创新的方向，具有很强的参考价值。

希望中国建筑业协会专家委员会和本书的编写者们，能够持之以恒地关注我国建筑业技术的发展动态，长期不懈地跟踪国际建筑业技术发展的前沿方向，扎实深入地开展现代建筑业技术的研究创新，全面系统地总结建筑业技术应用的成功经验，逐步形成年度序列性的建筑业技术发展研究成果，引领我国建筑业技术的发展方向，为促进我国建筑业持续、高质量发展作出更大的贡献。

中国建筑业协会会长

中国建筑业协会专家委员会主任委员

Preface

The "Construction Industry Technology Development Report 2021" compiled by the China Construction Industry Association and its Expert Committee is published along with the healthy development of China construction industry and the continuous progress of construction technology. It is the first annual report to comprehensively reflect the technological development of China construction industry. The editorial board carefully organized, systematically planned, and selected authoritative experts in different technical fields of the construction industry to write or recommend articles completing the writing of this book with high quality in several months. I would like to express my sincere gratitude to the people who have contributed to the planning, compilation and publication of this book.

The construction industry is an important pillar industry of China's national economy, and it holds a pivotal position in economic and social development, in the implementation of the "Dual Circulation" development paradigm, and in the "Emission Peak and Carbon Neutrality" strategy. The current development status of China construction industry, the development trends in the future, and the ways of achieving high-quality development, are three issues that are of great concern to the construction administrations and construction industry practitioners. With the in-depth development of the national scientific-technological revolution and the industrial revolution, technological innovation in the construction technology and equipment has become the core driver for developing of the construction industry. Which and how new technologies and equipment support the transformation and upgrading of the construction industry, how they can facilitate the modernization of the construction industry characterized by green, intelligent and industrialization, and what are the future development trends of new technologies and new equipment in the construction industry? These above questions have inspired the thinking and exploration of many researchers and practitioners. Engineering construction standardization is of great significance to promoting the transformation and upgrading and sustainable and healthy development of the construction industry, ensuring the quality of engineering construction and improving infrastructure construction in China. Under the background that the Ministry of Housing and Urban-Rural Development promotes the reformation of engineering construction standardization and intensifies efforts to build a new standard system for engineering construction, how to form the coordinated development of government-led standards and market-led independent standards, how do social organizations take the initiative to accept standards transferred by the government to formulate new technologies and standards that are still lacking in the market, and how do enterprises formulate competitive corporate standards to guarantee their competitive advantages in the market? The above questions expand many innovation space for construction standardization practitioners. Learning from foreign advanced construction technologies and international construction regulations is an essential way for Chinese construction enterprises to participate in the international market competition. It is also an inevitable choice for construction enterprises to innovate in construction technology, increase domestic market space, and achieve sustainable development. What are the current situation and development trend of foreign construction technology and international construction policies and regulations? What are the references and enlightenments to the development of China's construction technology and the improvement of the construction policy and regulation system? What are the comparative advantages or gaps in China? The above is a series of questions that inspire increasingly widespread thinking in the industry, and all of them can be answered or inspired by this book.

This book systematically and deeply analyzes and summarizes the development status of China's construction industry and construction industry technology from five aspects: current situation and trend, technology and equipment, standards and specifications, practices and applications, learning and references. This book has a substantial referential value for comprehensively understanding the development status of China's construction technology, expanding the field of construction technology innovation, and leading the direction of construction technology innovation.

I hope that the expert committee of the China Construction Industry Association and the authors of this book can consistently focus on the development of construction technology, track the frontier direction of the international construction industry technology development, carry out solid and in-depth innovation research on modern construction technology, comprehensively and systematically summarize the successful experience of technical application, so as to gradually form annual sequential research results of the development of construction technology, leading the development direction of China's construction technology, and making more significant contributions to promoting the sustainable and high-quality development of China's construction industry.

中国建筑业协会会长
中国建筑业协会专家委员会主任委员

目　　录

Contents

Section 5　Learn and Reference ·· (518)

第一篇　现　状　和　趋　势

建筑业是我国国民经济的支柱产业。近年来，我国建筑业快速发展，建造能力不断增强，产业规模不断扩大，吸纳了大量农村转移劳动力，带动了大量关联产业，对经济社会发展、城乡建设和民生改善作出了重要贡献。正如习近平总书记在2019年新年贺词所说："中国制造、中国创造、中国建造共同发力，继续改变着中国的面貌。"本篇收录了11篇文章，从不同视角对我国建筑业和建筑技术的现状与发展趋势进行了阐述。

《2020年建筑业发展统计分析》基于翔实的统计数据，对2020年我国建筑业发展的总体状况和发展特点进行了分析。《贯彻新发展理念　加快建筑产业绿色化与数字化转型升级》从新发展格局下建筑产业深化改革的途径、正确理解新基建与传统基建的关系、大力发展装配式建筑、"碳达峰、碳中和"战略下超低能耗建筑的发展、建筑产业数字化转型升级的机遇与挑战5个侧面，对贯彻新发展理念、加快建筑产业绿色化与数字化转型升级问题进行了论述。《科技创新引领行业发展进入新时代》提出要深刻认识建筑业在构筑新发展格局中的作用，准确理解科技创新是行业高质量发展的关键，以科技创新引领产业实现转型升级，以科技创新支撑打造产业现代化体系，科技创新要做好加、借、联。

《碳达峰与碳中和愿景下的建筑节能工作思考》结合人类活动对气候变化的影响、中国的建筑将纳入碳交易市场、中国建筑的碳排放计算等方面的分析，对碳达峰与碳中和愿景下的中国建筑节能工作进行了思考。作为建筑材料的主要组成，混凝土、砂浆、防水材料是我国建筑行业广泛使用、量大面广的基础性材料，其行业技术发展水平与"碳达峰、碳中和"的国家战略顺利实施直接相关。《建筑材料的绿色低碳与高性能》以这三种基础性材料为对象，阐述了其绿色低碳与高性能的技术进展。《钢结构与可持续发展》剖析了我国钢结构发展存在的问题，阐述了绿色发展给钢结构发展带来的机遇，提出了促进钢结构发展的对策和建议。

《基础工程技术创新与发展》对地基基础五个重要领域的创新技术进行了综述，展示了近年来我国地基基础技术的最新创新成果，展望了地基与基础工程的技术前景。《消防科技发展现状及展望》阐述了我国消防科技发展现状，对我国消防科技未来发展方向进行了展望，提出了定制消防、智慧消防和绿色消防的理念和发展思路。

《装配式建筑产业互联网与新型建筑工业化协同发展》《智能建造与新型建筑工业化》均从现状与趋势、技术和设备、标准和规范、实践和应用、学习和借鉴五个方面，分别对装配式建筑产业互联网与新型建筑工业化协同发展、智能建造与新型建筑工业化进行了阐述。

通过上述文章的论述，将会使广大读者多视角地了解到我国建筑业和建筑技术的现状，并对我国建筑业和建筑技术的发展趋势有一个总体的把握。

Section 1   Status and Trends

The construction industry is a pillar industry of the national economy in China. In recent years, the construction industry in China has developed rapidly. The construction capacity has been continuously enhanced, and the industrial scale has continued to expand. The construction industry has absorbed large quantities of rural migrant workers and has driven many related sectors, making significant contributions to economic and social development, urban and rural construction, and improving people's livelihood. As President Xi Jinping said in the 2019 New Year Speech, "The combined forces of Chinese manufacturing, Chinese innovation, and Chinese construction, have continued to change the face of the country". This symposium includes 11 articles expounding the status quo and development trend of China's construction industry and construction technology from different perspectives.

"Statistics Analysis of Construction Industry Development in 2020" analyzed the overall situation and development characteristics of the construction industry development in China in 2020 based on detailed statistical data. *"Implement the New Development Concept, Accelerate the Green and Digital Transformation and Upgrading of Construction Industry"* discussed the implementation of the new development concept and the acceleration of the green and digital transformation and upgrading of the construction industry in terms of ways to deepen the reform of the construction industry under the new development pattern, the correct understanding of the relationship between new infrastructure and traditional infrastructure, vigorously developing prefabricated buildings, the development of ultra-low energy buildings under the "Emission Peak" and "Carbon Neutrality" strategies, and opportunities and challenges of digital transformation and upgrading of the construction industry. *"Scientific and Technological Innovation Leads Construction Industry into A New Era"* proposed to deeply understand the role of the construction industry in building the new development pattern, accurately understand that technological innovation is the key to the high-quality development of the industry, lead the industry through technological innovation to achieve transformation and upgrading, and support technological innovation to build the industrial modernization system, and the scientific and technological innovation should be "added", "borrowed", and "linked".

"Building Energy Efficiency Efforts to Peaking Carbon Dioxide Emissions and Achieving Carbon Neutrality" considered the building energy efficiency in China, combining with the analysis of the impact of human activities on climate change, the inclusion of construction in the carbon markets, and the calculation of carbon emissions of the construction in China. As the main components of construction materials, concrete, mortar, and waterproof materials are the primary materials that are widely used in the construction industry in China. The technical development level of the materials industry is directly related to the implementation of the "Emission Peak" and "Carbon Neutrality" strategies. *"Green, Low Carbon and High Performance of Building Materials"* took these three primary materials as objects and expounded the technological progress of their green, low-carbon and high-performance. *"Steel Construction and Sustainable Development"* analyzed the problems existing in the development of steel structures in China, expounded the opportunities that green development brings to the

development of steel structures, and proposed countermeasures and suggestions to promote the steel structures.

"Innovation and Development of Foundation Technology" summarized the innovative technologies in five crucial areas of foundation, displayed the latest innovation achievements of foundation technology in China in recent years and looked forward to the technical prospects of foundation and foundation engineering. *"Current Situation and Prospect of Fire Technology Development in China"* expounded the current situation of the fire prevention technology development in China, prospected the future development direction, and proposed the concepts and development ideas of customized fire prevention, smart fire prevention and green fire prevention.

"Collaborative Development for Internet of Prefabricated Construction Industry and New Building Industrialization" and *"Intelligent Construction and New Building Industrialization"* expounded the coordinated development of the prefabricated construction industry Internet and new building industrialization, intelligent construction, and new building industrialization from five aspects: current status and trends, technology and equipment, standards and specifications, application and practice, learning and reference.

By discussing the above articles, readers will understand the current situation of the construction industry and construction technology in China from multiple perspectives and have an overall grasp of the development trend of the construction industry and construction technology in China.

2020 年建筑业发展统计分析

Statistics Analysis of Construction Industry Development in 2020

1 2020 年全国建筑业基本情况

2020 年，面对严峻复杂的国内外环境特别是新冠病毒肺炎疫情的严重冲击，我国建筑业攻坚克难，率先复工复产，为快速有效防控疫情提供了强大的基础设施保障，为全国人民打赢疫情防控阻击战作出了重大贡献，保证了发展质量和效益的不断提高。全国建筑业企业（指具有资质等级的总承包和专业承包建筑业企业，不含劳务分包建筑业企业，下同）完成建筑业总产值 263947.04 亿元，同比增长 6.24%；完成竣工产值 122156.77 亿元，同比下降 1.35%；签订合同总额 595576.76 亿元，同比增长 9.27%，其中新签合同额 325174.42 亿元，同比增长 12.43%；房屋施工面积 149.47 亿 m²，同比增长 3.68%；房屋竣工面积 38.48 亿 m²，同比下降 4.37%；实现利润 8303 亿元，同比增长 0.30%。截至 2020 年底，全国有施工活动的建筑业企业 116716 个，同比增长 12.43%；从业人数 5366.92 万人，同比下降 1.11%；按建筑业总产值计算的劳动生产率为 422906 元/人，同比增长 5.82%。

1.1 建筑业增加值增速高于国内生产总值增速，支柱产业地位稳固

经初步核算，2020 年全年国内生产总值 1015986 亿元，比上年增长 2.3%（按不变价格计算）。2020 年全社会建筑业实现增加值 72996 亿元，比上年增长 3.5%，增速高于国内生产总值 1.2 个百分点（图 1）。

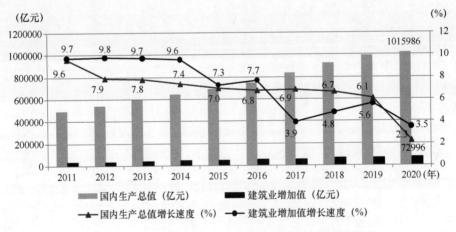

图 1　2011—2020 年国内生产总值、建筑业增加值及增速

自 2011 年以来，建筑业增加值占国内生产总值的比例始终保持在 6.75% 以上。2020 年再创历史新高，达到了 7.18%，在 2015 年、2016 年连续两年下降后连续四年保持增长（图 2），建筑业国民经济支柱产业的地位稳固。

1.2 建筑业总产值持续增长，增速由降转升

近年来，随着我国建筑业企业生产和经营规模的不断扩大，建筑业总产值持续增长，2020 年达到 263947.04 亿元，比上年增长 6.24%；建筑业总产值增速比上年提高了 0.56 个百分点，在连续两年下降后出现增长（图 3）。

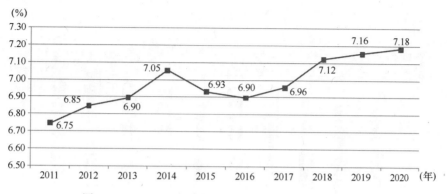

图2　2011—2020年建筑业增加值占国内生产总值比重

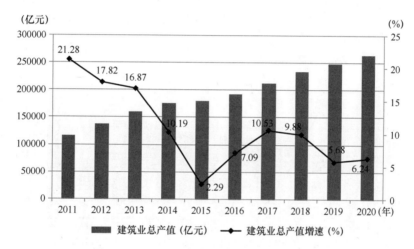

图3　2011—2020年全国建筑业总产值及增速

1.3　建筑业从业人数减少但企业数量增加，劳动生产率再创新高

2020年，建筑业从业人数5366.92万人，连续两年减少。2020年比上年末减少60.45万人，减少1.11%（图4）。

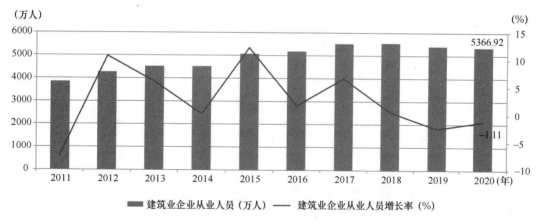

图4　2011—2020年建筑业从业人数增长情况

截至2020年底，全国共有建筑业企业116716个，比上年增加12902个，增速为12.43%，比上年增加了3.61个百分点，增速连续五年增加并达到近十年最高点（图5）；国有及国有控股建筑业企业7190个，比上年增加263个，占建筑业企业总数的6.16%，比上年下降0.51个百分点。

2020年，按建筑业总产值计算的劳动生产率再创新高，达到422906元/人，比上年增长5.82%，

图 5　2011—2020 年建筑业企业数量及增速

增速比上年降低 1.27 个百分点（图 6）。

图 6　2011—2020 年按建筑业总产值计算的建筑业劳动生产率及增速

1.4　建筑业企业利润总量增速继续放缓，行业产值利润率连续四年下降

2020 年，全国建筑业企业实现利润 8303 亿元，比上年增加 23.45 亿元，增速为 0.28%，增速比上年降低 2.63 个百分点（图 7）。

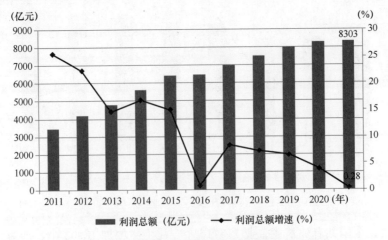

图 7　2011—2020 年全国建筑业企业利润总额及增速

近 10 年来，建筑业产值利润率（利润总额与总产值之比）一直在 3.5% 上下徘徊。2020 年，建筑业产值利润率为 3.15%，比上年降低了 0.18 个百分点，连续四年下降（图 8）。

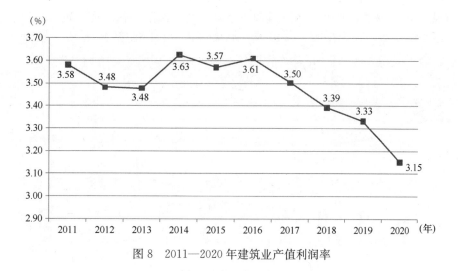

图8 2011—2020年建筑业产值利润率

1.5 建筑业企业签订合同总额增速持续放缓，新签合同额增速转降为升

2020年，全国建筑业企业签订合同总额595576.76亿元，比上年增长9.27%，增速比上年下降0.97个百分点；其中，2020年新签合同额325174.42亿元，比上年增长了12.43%，增速比上年增长6.42个百分点，在连续两年下降后转降为升（图9）。2020年新签合同额占签订合同总额比例为54.60%，比上年增长了1.53个百分点（图10）。

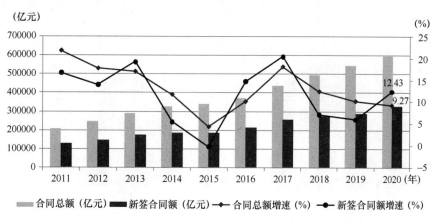

图9 2011—2020年全国建筑业企业签订合同总额、新签合同额及增速

图10 2011—2020年全国建筑业企业新签合同额占合同总额比例

1.6 房屋施工面积增速加快,竣工面积连续四年下降,住宅竣工面积占房屋竣工面积近七成

2020 年,全国建筑业企业房屋施工面积 149.47 亿 m²,比上年增长 3.68%,增速比上年提高了 1.36 个百分点;竣工面积 38.48 亿 m²,连续四年下降,比上年下降 4.37%(图 11)。

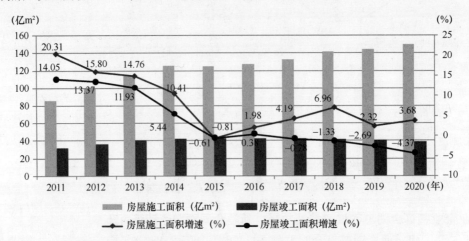

图 11 2011—2020 年建筑业企业房屋施工面积、竣工面积及增速

从全国建筑业企业房屋竣工面积构成情况看,住宅竣工面积占最大比重,为 67.32%;厂房及建筑物竣工面积占 12.60%;商业及服务用房竣工面积占 6.68%;其他种类房屋竣工面积占比均在 5% 以下(图 12)。

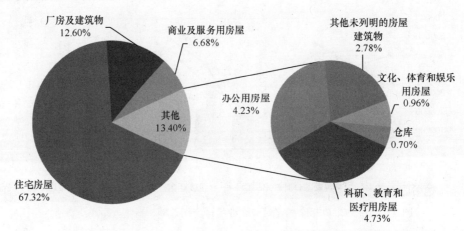

图 12 2020 年全国建筑业企业房屋竣工面积构成

2020 年全国各类棚户区改造开工 209 万套,基本建成 203 万套。全面完成 74.21 万户建档立卡贫困户脱贫攻坚农村危房改造扫尾工程任务。

1.7 对外承包工程完成营业额、新签合同额总量和增速双双下降

2020 年,我国对外承包工程业务完成营业额 1559.4 亿美元,比上年下降 9.81%。新签合同额 2555.4 亿美元,比上年下降 1.81%(图 13)。

2020 年,我国对外劳务合作派出各类劳务人员 30.1 万人,较上年同期减少 18.6 万人;其中承包工程项下派出 13.9 万人,劳务合作项下派出 16.2 万人。2020 年末在外各类劳务人员 62.3 万人。

美国《工程新闻记录》(简称"ENR")杂志公布的 2020 年度全球最大 250 家国际承包商共实现海外市场营业收入 4730.7 亿美元,比上一年度减少了 2.9%。我国内地共有 74 家企业入选 2020 年度全球最大 250 家国际承包商榜单,入选数量比上一年度减少了 2 家;入选企业共实现海外市场营业收入 1200.1 亿美元,占 250 家国际承包商海外市场营业收入总额的 25.4%,比 2019 年提高 1.0 个百分点。

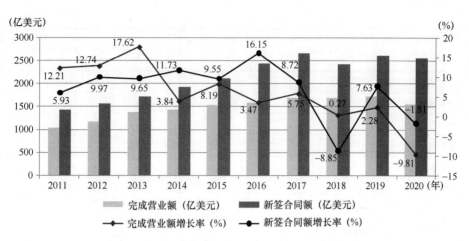

图 13　2011—2020 年我国对外承包工程业务情况

从进入榜单企业的排名分布来看，74 家内地企业中，进入前 10 强的仍为 3 家，分别是中国交通建设集团有限公司排在第 4 位，中国电力建设集团有限公司排在第 7 位，中国建筑集团有限公司排在第 8 位。进入 100 强的有 25 家企业，比 2019 年度减少 2 家。与 2019 年度排名相比，位次上升的有 37 家，排名保持不变的有 2 家，新入榜企业 8 家。排名升幅最大的是前进 49 位，排名达到第 105 位的北京城建集团。新入榜企业中，排名最前的是排在第 139 位的山东高速集团有限公司（表 1）。

2020 年度 ENR 全球最大 250 家国际承包商中的中国内地企业　　　表 1

| 序号 | 公司名称 | 排名 | | 海外市场收入（百万美元） |
		2020	2019	
1	中国交通建设集团有限公司	4	3	23303.8
2	中国电力建设集团有限公司	7	7	14715.9
3	中国建筑集团有限公司	8	9	14143.3
4	中国铁道建筑有限公司	12	14	8205.0
5	中国铁路工程集团有限公司	13	18	6571.7
6	中国能源建设集团有限公司	15	23	5325.2
7	中国化学工程集团有限公司	22	29	4478.3
8	中国机械工业集团公司	25	19	4313.5
9	中国石油工程建设（集团）公司	34	43	3337.1
10	中国冶金科工集团有限公司	41	44	2851.2
11	中国中材国际工程股份有限公司	54	51	1903.2
12	青建集团股份公司	58	56	1745.2
13	中信建设有限责任公司	62	54	1552.8
14	中国中原对外工程有限公司	63	75	1525.5
15	中国石化工程建设有限公司	70	65	1407.5
16	中国通用技术（集团）控股有限责任公司	73	74	1246.8
17	中国江西国际经济技术合作公司	81	93	1016.1
18	浙江省建设投资集团有限公司	82	89	999.8
19	江西中煤建设集团有限公司	85	99	987.8
20	北方国际合作股份有限公司	90	97	887.0
21	特变电工股份有限公司	93	80	803.2

序号	公司名称	排名		海外市场收入（百万美元）
		2020	2019	
22	哈尔滨电气国际工程有限公司	95	81	750.4
23	中国地质工程集团公司	96	108	738.1
24	中国水利电力对外公司	97	78	737.0
25	江苏省建筑工程集团有限公司	99	122	676.7
26	上海建工集团	101	111	663.6
27	北京城建集团	105	154	607.6
28	云南建工集团有限公司	106	121	600.6
29	中国河南国际合作集团有限公司	107	116	593.3
30	中原石油工程有限公司	110	117	573.5
31	中国电力技术装备有限公司	111	101	572.3
32	北京建工集团有限责任公司	117	120	530.7
33	中国江苏国际经济技术合作公司	120	130	523.9
34	江苏南通三建集团股份有限公司	122	133	517.7
35	东方电气股份有限公司	123	83	513.0
36	安徽省外经建设（集团）有限公司	126	166	499.0
37	中国航空技术国际工程有限公司	127	100	498.2
38	中国有色金属建设股份有限公司	133	86	473.2
39	中地海外集团有限公司	136	115	456.7
40	中国武夷实业股份有限公司	138	132	423.0
41	山东高速集团有限公司	139	＊＊	420.1
42	中国凯盛国际工程有限公司	140	143	405.6
43	江西水利水电建设有限公司	143	158	385.8
44	中鼎国际工程有限责任公司	144	144	385.2
45	中钢设备有限公司	145	107	379.6
46	烟建集团有限公司	146	138	377.3
47	中国成套设备进出口（集团）总公司	148	145	375.4
48	龙建路桥股份有限公司	150	＊＊	364.9
49	沈阳远大铝业工程有限公司	154	153	336.0
50	上海电气集团股份有限公司	160	＊＊	304.6
51	天元建设集团有限公司	167	＊＊	273.1
52	新疆兵团建设工程（集团）有限责任公司	168	109	272.7
53	江联重工集团股份有限公司	177	198	214.1
54	安徽建工集团有限公司	178	180	212.5
55	上海城建（集团）公司	185	155	201.4
56	山西建设投资集团有限公司	186	214	196.8
57	山东淄建集团有限公司	187	200	195.0
58	山东德建集团有限公司	188	185	190.5
59	湖南建工集团有限公司	191	＊＊	185.6
60	龙信建设集团有限公司	194	202	183.7

序号	公司名称	排名		海外市场收入
		2020	2019	（百万美元）
61	浙江省东阳第三建筑工程有限公司	198	194	171.5
62	浙江省交通工程建设集团有限公司	201	204	164.7
63	山东科瑞石油装备有限公司	202	207	159.0
64	中国甘肃国际经济技术合作总公司	204	213	154.6
65	南通建工集团股份有限公司	205	199	154.4
66	重庆对外建设（集团）有限公司	207	196	152.8
67	江西省建工集团有限责任公司	208	＊＊	151.6
68	四川公路桥梁建设集团有限公司	210	246	149.3
69	中机国能电力工程有限公司	215	226	143.6
70	湖南路桥建设集团有限责任公司	221	232	129.4
71	南通四建集团有限公司	232	＊＊	95.4
72	中铝国际工程股份有限公司	233	209	93.1
73	江苏中南建筑产业集团有限责任公司	240	212	79.2
74	河北建工集团有限责任公司	241	＊＊	79.0

注：＊＊表示未进入 2019 年度 250 强排行榜。

2 2020 年全国建筑业发展特点

2.1 江苏建筑业总产值以绝对优势领跑全国，藏、疆增速较快

2020 年，江苏建筑业总产值超过 3.5 万亿元，达到 35251.64 亿元，以绝对优势继续领跑全国。浙江建筑业总产值仍位居第二，为 20938.61 亿元，比上年微增，但增幅仍低于江苏，与江苏的差距进一步拉大。两省建筑业总产值共占全国建筑业总产值的 21.29％。

除江苏、浙江两省外，总产值超过 1 万亿元的还有广东、湖北、四川、山东、福建、河南、北京和湖南 8 个省市，上述 10 个地区完成的建筑业总产值占全国建筑业总产值的 65.67％（图 14）。

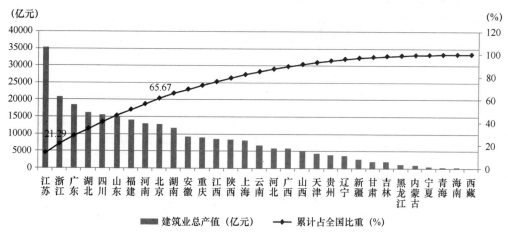

图 14 2020 年全国各地区建筑业总产值排序

从各地区建筑业总产值增长情况看，除湖北外，各地建筑业总产值均保持增长，12 个地区的增速高于 2019 年。西藏、新疆、青海、广东和安徽分别以 33.78％、18.29％、11.18％、10.80％和 10.14％的增速位居前五位（图 15）。

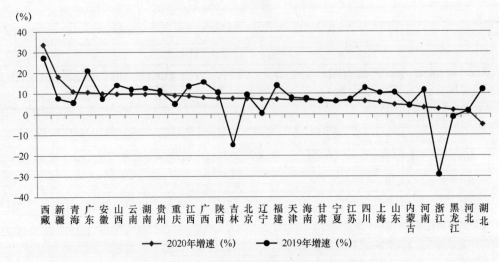

图 15 2019—2020 年各地区建筑业总产值增速

2.2　除甘肃外各地新签合同额均保持增长，江苏首次突破 3 万亿

　　2020 年，全国建筑业企业新签合同额 325174.42 亿元，比上年增长 12.43％，增速较上年增长了 6.42 个百分点；江苏建筑业企业新签合同额以较大优势占据首位，达到 34603.86 亿元，比上年增长了 16.16％，占签订合同额总量的 59.61％。新签合同额超过 1 万亿元的还有广东、浙江、湖北、四川、北京、山东、河南、福建、湖南、上海、安徽、陕西 12 个地区。新签合同额增速超过 15％的有新疆、安徽、西藏、宁夏、辽宁、吉林、山西、海南、陕西、江苏、广东 11 个地区，甘肃新签合同额出现负增长（图 16）。

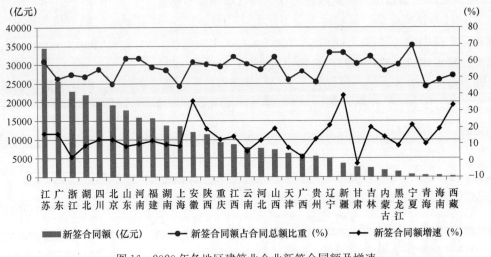

图 16　2020 年各地区建筑业企业新签合同额及增速

2.3　27 个地区跨省完成建筑业产值保持增长，海南增速最快

　　2020 年，各地区跨省完成的建筑业产值 91070.71 亿元，比上年增长 9.15％，增速同比增加 7.59 个百分点。跨省完成建筑业产值占全国建筑业总产值的 34.50％，比上年增加 0.92 个百分点。

　　跨省完成的建筑业产值排名前两位的仍然是江苏和北京，分别为 16538.26 亿元、9771.73 亿元。两地区跨省产值之和占全部跨省产值的比重为 28.89％。湖北、浙江、福建、上海、广东、湖南、山东和陕西 8 个地区，跨省完成的建筑业产值均超过 3000 亿元。从增速上看，海南以 167.86％的增速领跑全国，宁夏、内蒙古、重庆、新疆、青海、贵州、甘肃、陕西和天津 9 个地区均超过 20％。浙江、云南、四川和河北 4 个地区出现负增长。

从外向度（即本地区在外省完成的建筑业产值占本地区建筑业总产值的比例）来看，排在前三位的地区是北京、天津、上海，分别为75.72%、65.52%和59.39%。外向度超过30%的还有江苏、福建、青海、湖北、陕西、河北、湖南、山西、浙江、辽宁和江西11个地区。浙江、江西、山西、四川、吉林、云南、河北和西藏8个地区外向度出现负增长（图17）。

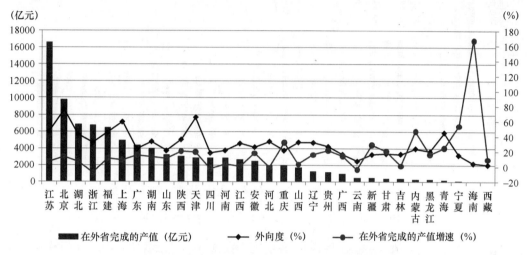

图17　2020年各地区跨省完成的建筑业总产值及外向度

2.4　20个地区建筑业从业人数减少，28个地区劳动生产率提高

2020年，全国建筑业从业人数超过百万的地区共15个，与上年持平。江苏从业人数位居首位，达到855万人。浙江、福建、四川、广东、河南、湖南、山东、湖北、重庆和安徽10个地区从业人数均超过200万人。

与2019年相比，11个地区的从业人数增加，其中，增加人数超过20万人的有江苏、四川、福建3个地区，分别增加了53.74万人、41.97万人和26.47万人；20个地区的从业人数减少，其中，浙江减少58.94万人、山东减少37.69万人、湖北减少26.59万人。四川、西藏从业人数增速超过10%，分别为11.95%和10.32%；天津、吉林、黑龙江、内蒙古、山东、广西、湖北和青海8个地区的从业人数降幅均超过10%（图18）。

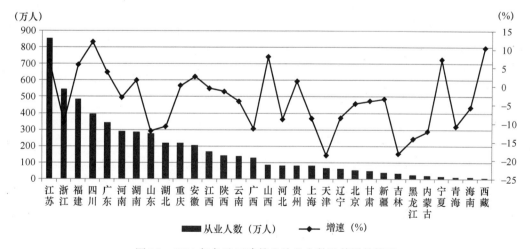

图18　2020年各地区建筑业从业人数及其增长情况

2020年，按建筑业总产值计算的劳动生产率排序前三位的地区是湖北、上海和北京。湖北为752086元/人，比上年增长11.29%；上海为667640元/人，比上年增长7.92%；北京为604213元/人，

比上年增长 4.90%。除天津、四川、江苏外，各地区劳动生产率均有所提高，增速超过 15% 的是西藏、江西、吉林、辽宁、青海、山东和内蒙古 7 个地区（图 19）。

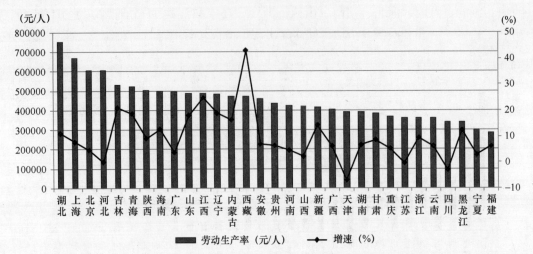

图 19　2020 年各地区建筑业劳动生产率及其增长情况

说明：本文由中国建筑业协会组织编写。各项统计数据均不包括我国香港、澳门特别行政区和台湾地区。

作者：赵　峰[1]　王要武[1,2]　金　玲[1]　李晓东[2]（1. 中国建筑业协会；2. 哈尔滨工业大学）

贯彻新发展理念
加快建筑产业绿色化与数字化转型升级

Implement the New Development Concept，Accelerate the Green and Digital Transformation and Upgrading of Construction Industry

建筑产业是国民经济的重要支柱产业。按产业规模分析，2020 年全国建筑业总产值达到 26.39 万亿元。按劳动力分析，全产业就业规模超过 5367 万人。按双循环发展战略要求，建筑产业及其产业链经济将在内循环和外循环双轮驱动中发挥十分重要的作用。按碳达峰、碳中和战略要求，建筑产业占据"三大节能"举足轻重的位置，特别是如何破解既要碳达峰、碳中和，又要适时解决人民群众新希望新要求如广阔的冬冷夏热地区冬季供暖夏季制冷梅雨季除湿这样的结构性矛盾。按数字化转型升级要求，既要突出解决每年大量的新建项目在 BIM 应用基础上的自主引擎（卡脖子问题）、自主平台（安全问题）、全面贯通（设计－施工共同建模并延伸至运维）和实现价值（既有为国家、业主、设计施工方自身创造价值问题，也有为未来支撑 CIM 提供 BIM 大数据创造价值的问题）四个关键问题，并且适时解决 BIM＋问题，＋CIM（智慧城市）、＋供应链（平台经济）、＋数字孪生、＋AI 智慧建造、＋ERP、＋区块链的未来已来应用问题，还要解决既有项目在数字孪生基础上实现 BIM 大数据化进而适应即将到来的智慧城市的要求。因此，研究解决好建筑产业转型升级特别是绿色化与数字化转型升级问题，将是我们能否贯彻好新发展理念、构建好新发展格局的全面考验。

1 新发展格局下建筑产业深化改革的途径

《关于促进建筑业持续健康发展的意见》就建筑市场模式改革以及政府监管方式改革等作出了明确规定，关于市场模式改革，明确鼓励设计施工总承包模式；关于招标投标制度改革，明确按投资主体重新要求，对社会资本投资项目不再简单一刀切；关于政府监管方式改革，明确对甲乙双方同等要求同等问责；关于质量监督主体责任改革，明确要研究建立质量监督体制；关于全过程咨询，明确适时推进工程建设项目的全过程咨询等。这些改革都是深层次的，方向是正确的，效果令建筑业期待。现在，关键的关键就是看这些改革"怎么落地，什么时候落地"，要关注后续一系列配套文件的落实情况。

1.1 推行设计施工总承包模式（EPC）是市场模式改革的突破口

推进公共投资项目供给侧结构改革，关键在于转变发展方式，一则是建设模式转变，即要在节能、节地、节水、节材和环境保护基础上，体现科学发展、和谐发展、安全发展的要求；再则就是市场模式转变。目前，我国建设市场有两种模式并存，一种是传统的沿革于计划经济条件下的模式，即建设单位分别对应勘察、设计、施工、监理等多个企业；另一种是从 1987 年推行"鲁布革经验"开始引入的，国际上比较普遍采用的总承包模式，即建设单位在工程实施阶段只对应一个设计施工总承包单位。从微观经济学的基本原理来看，传统模式属于"花别人的钱办别人的事"，勘察、设计、施工、监理单位缺乏优化设计、降低成本、缩短工期的根本动因，其效果必然是客观上既不讲节约也不讲效率，有悖于市场经济的规律；设计施工总承包模式则是属于"花自己的钱、办自己的事"，一旦总承包中标，通过一次性定价，总包单位可单独或与业主共享优化设计、降低成本、缩短工期所带来的效益，使得总包单位有动因既讲节约又讲效率。传统模式的运作机制决定了在设计、施工与建设单位的双边三方博弈中，往往中标前建设方是强者，压级压价、肢解总包、强行分包；建设中设计或施工方则是强者，千方百计通过变更和洽商追加投资，因其动因和利益就在于追加投资，最终导致项目突破概算、超期严重，成本难以有效控制。市场监管中发现，采用传统模式的建设单位部门利益严重，腐败问题时有发生，造成公共资产浪费。此外，由于传统模式中设计、施工单位分立，不能整合为优化设计、降低成本、缩短工期的利益主体，既不利于科技创新、管理创新，也不利于"走出去"战略的实施，严重制约了公共投资项目特别是房屋和市政基础设施项目供给侧结构改革的推进，必须从转型发展的高度来认识和破解。目前，设计施工总承包模式在我国的工业项目以及部分铁道、交通、水利项目中推行较为顺利，一般可比同类型传统模式项目节省投资 10%～15%，缩短工期 10%～30%，质量也能得到有效控制，在节约资源、节省投资、缩短工期、保证质量安全等方面显示了明显优势，取得了显著成效。但总体上看，我国实行设计施工总承包模式的项目还偏少，尤其是公共投资的城市房屋建筑和市政基础设施项目中推行缓慢。究其原因，除了政策和技术等方法论层面外，主要矛盾还在于认识论层面，核心就是要不要推进的问题，矛盾的主要方面是地方政府投资管理方式不能适应总承包模式的推行。工业项目之所以能够推广，关键在于其投资管理是企业行为，在商言商必然要求优化设计、降低成本、缩短工期，要求"交钥匙"和"达产"。部分铁道、交通、水利项目之所以能够开展总承包模式，在于其政府投资主体单一，认识论的问题聚焦相对容易，即只要项目的最高决策领导意识到开展总承包模式的重要性，矛盾就能迎刃而解。相比较而言，公共投资的城市房屋建筑和市政基础设施工程，其事权、财权均在地方政府，由于投资主体复杂，利益交织，对推行总承包模式，往往相互观望，动因始终不强。当然，也不排除一些建设单位的个别人或个别团体从自身利益考虑，人为排斥。可以看出，如何引导和推动各地迈出公共投资项目设计施工总承包模式的第一步，将是有关部门要重点解决的问题。

1.2　EPC 与 PPP 的关系

需要关注的是，在 EPC 基础上更深层次的改革，即 PPP 模式。EPC 的关键在于形成真正意义上优化设计、缩短工期、节省投资的甲乙双方理性契约关系。PPP 则是更深入的改革，是投资方式改革的深化，必然推动公共投资项目全面提高投资质量和效益的深入改革，这是不以人的意志为转移的。可以断定，真正意义的 PPP 必然需要 EPC，真正实现 EPC 则必然需要建筑产业综合技术的全面创新和提升。相信这将会是经济新常态下转型发展的必然要求，也是供给侧结构性改革创新的必然要求。《关于促进建筑业持续健康发展的意见》及后续各部委一系列配套文件，明确要大力推广 EPC 模式。与此同时 PPP 不期而遇，且来势很猛，由于推广之初经验不足加之投资回报率过高，大多数央企、国企拿到 PPP 项目后没有关注其后面深层次的改革问题。EPC 制度设计的初衷，是要营造公共投资项目甲乙双方理性契约关系，优化设计、缩短工期、节省投资。PPP 则更加深入，行业里讲"不会当乙方、就不会当甲方"，PPP 就是要让会当乙方的人来当甲方，目标是要比不实行 PPP 的项目更好、更省、更快。把握住 PPP 和 EPC 之间的辩证关系，实现这一目标只能通过 EPC 模式。现阶段有些拿到 PPP 项目的央企、国企全然没有将重点放在这上面，希望这些央企、国企在这一重大改革问题上不要迷茫，一定要打造全新的核心竞争力。这个新的核心竞争力就是一定要证明，其 PPP 项目就是比不是 PPP 的项目，比其他央企、国企的 PPP 项目更好、更省、更快，一定是通过 EPC 来实现，牢牢紧扣 PPP 与 EPC 结合的核心竞争力。两者之间，既有辩证关系，亦有逻辑关系。为此，我在担任中国建筑业协会第六届理事会会长期间多次给几家央企主要领导提出以上建议，请其关注，从现有的靠量大面广的中小项目，从依靠走量甚至挂靠的传统模式中摆脱出来，实现真正意义上的跨越。

"抓住了创新，就抓住了牵动我国发展全局的'牛鼻子'""国际竞争新优势也越来越体现在创新能力上，谁在创新上先行一步，谁就能拥有引领发展的主动权""要抓住突出问题和关键环节，找出体制机制症结，拿出解决办法，重大改革方案制定要确保质量"。下一步如何深化改革？对建筑业企业来说，创新发展的思路越发清晰。大型央企、国企必须即时准确地抓住这次深化改革政策上的有利时机，公共投资项目一定要大力提升 EPC 的管理能力，所有中标的 PPP 项目必须尽早主动推进 EPC 的管理模式，用优化设计、缩短工期、节省投资让 PPP 项目和 EPC 项目更好更省更快，进而形成央企、国企新的核心竞争力。其他建筑业企业也要调整格局与思维，学习中天集团的"大客户战略"，采用"内涵式的 EPC"管理模式，即使不是 EPC 项目，也要全力实现优化设计、缩短工期、节省投资，为业主创造价值，不超概算不超工期，形成自己独特的新的核心竞争力。

2 正确理解新基建与传统基建的关系

2.1 新基建的内涵

国家发展和改革委员会在 2020 年 4 月例行新闻发布会上，首次明确新型基础设施的范围，认为，新型基础设施是以新发展理念为引领，以技术创新为驱动，以信息网络为基础，面向高质量发展需要，提供数字转型、智能升级、融合创新等服务的基础设施体系。

目前来看，新型基础设施主要包括 3 个方面内容：

（1）信息基础设施。主要是指基于新一代信息技术演化生成的基础设施，比如，以 5G、物联网、工业互联网、卫星互联网为代表的通信网络基础设施，以人工智能、云计算、区块链等为代表的新技术基础设施，以数据中心、智能计算中心为代表的算力基础设施等。

（2）融合基础设施。主要是指深度应用互联网、大数据、人工智能等技术，支撑传统基础设施转型升级，进而形成的融合基础设施，比如，智能交通基础设施、智慧能源基础设施等。

（3）创新基础设施。主要是指支撑科学研究、技术开发、产品研制的具有公益属性的基础设施，比如，重大科技基础设施、科教基础设施、产业技术创新基础设施等。

当然，伴随着技术革命和产业变革，新型基础设施的内涵、外延也不是一成不变的，应持续跟踪研究。一是加强顶层设计，研究出台推动新型基础设施发展的有关指导意见。二是优化政策环境，以提高新型基础设施的长期供给质量和效率为重点，修订完善有利于新兴行业持续健康发展的准入规则。三是抓好项目建设，加快推动 5G 网络部署，促进光纤宽带网络的优化升级，加快全国一体化大数据中心建设。稳步推进传统基础设施的"数字＋""智能＋"升级。同时，超前部署创新基础设施。四是做好统筹协调，强化部门协同，通过试点示范、合规指引等方式，加快产业成熟和设施完善。推进政企协同，激发各类主体的投资积极性，推动技术创新、部署建设和融合应用的互促互进。

2.2 新基建与传统基建的关系及三个Δ的概念

用辩证思维来分析，拉动经济有三驾马车：消费、出口、投资。在三者关系中，由于贸易战加上新冠病毒肺炎疫情持续，出口订单减少，消费也受到一定程度抑制，那么政府一定会推动加大基建投资规模。

加大基建投资规模： $\sum\Delta= \Delta1+\Delta2+\Delta3$

Δ1 是加大老基建投资政策出台；

Δ2 是新基建投资的增长效益；

Δ3 是智慧城市倒逼之下新建加既有项目的数字化提升改造工程。

先看 Δ1。与 2008 年相比，相信会更大，但是政策导向一定会更明确。2008 年 4 万亿元如果说还有点诟病的话，就是两个方面，一是有些大水漫灌；二是部分热钱溢出到了房地产推高了房价。这次一定会精准地做好这方面工作。

热传导效应一定会带动建筑产业所有供应链条的方方面面，即拉动整个实体经济发展并带动就业。这是 Δ1 政策制定的核心价值所在，即，一是拉动产业链，拉动实体经济；二是带动就业。

据不完全统计，按照不同的且非正式的版本分析，全国各地的基建规模可能要达到 40 万亿。我们姑且听之，还要密切关注，还没有最终落地。最后到底是多少，肯定比 2008 年规模要大，这对我们建筑产业是一次空前利好。建筑业企业正紧盯"十四五"规划，哪些领域会增加，哪些领域会减少，如何作出战略调整等。

关于 Δ2。第一，从概念上分析，Δ2 要比 Δ1 相对小很多，但仍然会对经济注入强劲活力，我们知道信心比黄金更重要，只要加大基建投资，对我们整个产业来讲，大家就会感觉宽松，大家就会感觉日子好过。第二，Δ2 的影响范围其实比 Δ1 的要相对小很多，但是热传导的影响会有"放大"和"倍增"的效应。第三，Δ2 一定会造就一批新基建的新独角兽，这是我要强调的一点。

再说 Δ3。Δ1 和 Δ2 即将落地，Δ3 尚在孕育中，我们很希望 2021 年"十四五"开启之年就是 Δ3 的元年。Δ3 虽然从规模上来分析比 Δ1 和 Δ2 都要小，但其对建筑产业科技跨越的深远影响远超过其规模所表现的外在形态，其内在的创新性影响不可估量，我们期待着新的"未来"，新的"预期"的新独角兽产生。

2.3 新基建下的机遇与挑战

黄奇帆指出，新基建是互联网经济创新的重要基础，也是促进传统产业数字化转型的重要举措。他说得很好，基本上把"新基建"定性说全了。据其分析，5G 基站（大约有 600 万个）、配套的软件产业、1000 万台大数据中心以及相对应的配套电力和机房等基础设施，以及特高压、城市轨道交通等，不完全统计可能要达到 10 万亿元的规模。

新基建有三个特点。

（1）就基建来分析，其复杂程度并不高，这里面除了轨道交通、特高压等行业和设备外，就基建本身而言，其实都不难，广大的中小微建筑业企业都会做。

（2）新基建就布局来分析，具有很强的地域性特点，各地建筑业企业都有施展才华的表现机会。

（3）新基建市场经济的特点其实是提出了更高要求，可能很多会采用或＋PPP，或＋EPC，或＋融资，或＋交钥匙甚至＋运维。常常有人说建筑产业到没到"天花板"，这次如果加上运维，可能会有很多企业要转型了，也就是说一些地区的基站的基建部分从建到管到运维可能都交给你，你是否做得到，当然设备还在运营商。所以更好更省更快，要真正认识透彻。

人们常说"互联网＋"的思维，什么是"互联网＋"的思维，彼得·蒂尔写过一本书《从 0 到 1：开启商业与未来的秘密》，在这本书里他论述比较透彻的是什么是未来预期，什么是新的独角兽。他举的成功案例是特斯拉汽车，在他出书这一年特斯拉汽车依然在亏损，但是特斯拉上市后，其市值居然比美国三大汽车商的市值加起来都要高，三大汽车商年年盈利但是没有其一家市值高。为什么？未来预期！他在这本书里还发现，凡是在美国股票市场上市的企业要当就当老大，凡是老大的股票价值比老二、老三、老四的股票价值加起来都要高，所以后来为什么大家都推崇独角兽。你是不是独角兽，你是不是现在的独角兽，是不是未来的独角兽？

新基建必然会产生一批新的独角兽。Δ2 和 Δ3 会促进建筑产业产生一批新的未来已来和未来预期型的新独角兽。Δ2 是"未来已来"，新基建马上落地。Δ3 则是"未来预期"，还没有到，但是大家知道已经是喷薄欲出的太阳了，很快就会来。那么当什么独角兽呢？或者当一个行业独角兽，或者当一个地域独角兽，还有细分的独角兽。所以说"未来已来"和"未来预期"，是期待着新的独角兽、行业独角兽、地域独角兽、细分独角兽。

归结以上，就是关注新基建，要以"辩证思维"和"互联网＋"的思维来分析和把脉。

3 大力发展装配式建筑

中共中央、国务院《关于进一步加强城市规划建设管理工作的若干意见》指出，要大力推广装配式建筑。需要从国家战略层面认真回答两个深刻问题，即中国为什么要发展装配式建筑和如何发展装配式建筑。我国现有的传统技术虽然对城乡建设快速发展贡献很大，但弊端亦十分突出，必须加快转型，大力发展装配式建筑。

3.1　城市政府的作用——上海市的经验与启示

全面推广装配式建筑，上海市引领了发展方向。概括上海市政府的主要做法就是倒逼机制＋鼓励和示范，其成功经验就是真明白、真想干、真会干，根本原因就是市委市政府决策领导有把发展装配式建筑这件大事做好的坚定意志。上海市通过政府引导、市场主导，各方主体参与，全面推动装配式建筑发展，在全国处于领先地位。

（1）真明白。就是真正明白发展装配式建筑是党中央国务院的重大决策部署，是绿色发展和提升城市发展品质的必然选择。绿色发展是我国新时期重要的发展理念。我国的经济总量主要聚集在城市，要发展绿色经济必然要发展绿色城市，而建筑运行与建造能耗又占全社会总能耗的近一半，因此，发展绿色城市必须发展绿色建筑。上海市委市政府出台文件坚定贯彻党中央国务院文件精神，就是深刻认识到绿色发展是提升城市发展品质的关键，装配式建筑对发展绿色城市和促进经济转型具有突出作用。这种真明白，既有认识论层面的，又有方法论层面的。

（2）真想干。就是真正有把发展装配式建筑这件大事做好的决心和坚定意志。上海市的发展决心从在供地面积总量中落实装配式建筑面积的要求不断升级上抓住了"牛鼻子"。到2016年要求全市符合条件的新建建筑原则上都采用装配式建筑。标准要求不断提高，形成了强大的政策推动力，市场倒逼机制不断加强。在倒逼机制下，政府只需要因势利导落实奖励政策和做好示范引导，其他的就交给市场好了。但是如果政府的发展决心不大，还没有想明白真正想干发展装配式建筑这件大事，就会在各种困难面前却步。由于涉及规划、国土、发改、财税、建设等多个部门，就可能推诿扯皮，如土地供应上有人不明确对开发商的要求，怎么办？行业里在推广初期反映出的很多问题，如有人说没有标准，有人说不会设计，有人说不会安装，还有人说不会验收等，怎么办？破解这些问题的根本就在于市委市政府发展装配式建筑的决心和坚定意志。上海市委市政府就是通过制定政策加强市场倒逼机制，真正把发展决心落到实处。

（3）真会干。就是要找出发展装配式建筑的关键环节，突破关键问题，制定切实有效的措施。上海市在这方面的确作出了表率。一是市委市政府主要领导非常重视装配式建筑发展，由分管副市长召集有关单位成立"上海市绿色建筑发展联席会议"，推动相关政策制定落实和工作协调。二是对应实施装配式建筑的建设项目，在土地出让合同中明确相关要求，保障项目顺利落地。三是出台扶持鼓励政策，如规划奖励、资金补贴、墙材专项基金减免等政策；明确装配式建筑工程项目可以实行分层、分阶段验收；新建装配式商品住宅项目达到一定工程进度可以提前预售。现阶段，最重要和最有效的就是奖励容积率（3％～5％）。四是建立并逐步完善了从设计、构件生产、施工安装到竣工验收的标准规范体系和图集，实施全过程质量监管，保障工程质量。五是充分发挥示范的引领作用，培育骨干企业，不断提高预制构件产能，形成完整的产业链。简约地说，上海市大力推动装配式建筑发展突出的就是，抓住"倒逼机制"（牵住"牛鼻子"）和"奖励机制"（给快牛多喂草）及通过示范项目现场观摩引导各方。显然，只有解决了认识论层面的"真明白"的问题，才能破解方法论层面的"真会干"的问题。

装配式建筑发展能否在全国全面地"既开花又结果"，还是只在部分地区"既开花又结果"，而在另外部分地区"只开花不结果"，关键的关键就在于决策者的坚定意志。

3.2　建筑业企业家要回答好的四个问题

发展装配式建筑，建筑业企业家要回答好如下四个问题：

（1）你到底要不要发展装配式？

（2）你准备发展什么样的装配式？有PC装配式、传统钢结构装配式以及全钢结构全装配式，即使是PC，又有1.0版（即现浇剪力墙＋3板PC结合套筒灌浆技术）、2.0版（即预制剪力墙＋3板PC结合套筒灌浆技术）、3.0版（即预制剪力墙＋3板PC结合"后浇带原理"的连接技术）、4.0版（模块化装配式）。

（3）你准备以哪个城市为中心发展装配式？装配式是有运输半径的，PC 的运输半径也就是 150～300km，钢结构的运输半径为 300～500km。任何企业都不可能包打天下，只能是抢抓重点城市，下围棋抢点。现在大家都在抢点布局。

（4）怎样更好地发展装配式？现在很多城市政府很积极，希望投资者把装配式生产基地落到他那个城市来，以增加该城市的 GDP、税收和劳动力就业，会给投资者土地优惠、税收优惠、保障房给你下订单，还会给企业一定的人才公寓指标。更有甚者，一些城市还同意配套基地建设给你一块商业用地，希望你尽快建成 2～3 栋新型装配式建筑的商业示范出来，以起到观摩推广的作用。此等利好吸引了一些开发商主动上门来求合作，并愿意共同投资基地，效果好的话他们还愿意下订单。机电和装饰装修企业也积极跟进，形成装配式的产业链。如此，一盘大棋就下活了，一个产业联盟就形成了。所以说，装配式进一步发展，一定是产业联盟的发展，一定是产业联盟与产业联盟之间的竞争。

3.3 发展装配式要把握的重点和关键

未来已来，转型升级与科技跨越双重叠加已经同步到来。可以断定，突出体现在装配式＋BIM、装配式＋EPC、装配式＋超低能耗这"三个绝配"上。

（1）装配式＋BIM。青岛国际会议中心项目采用全钢结构全装配式，结构-机电-装修全装配式仅仅六个月就又好、又省、又快建成了。他们由衷地感慨，没有 BIM 根本无法实现。所有的装配式部品部件，什么时候下订单、什么时候上生产线、什么时候打包运输、什么时候到现场、谁来安装、谁来验收等，全靠 BIM 大数据。

（2）装配式＋EPC。真正推动装配式发展，没有 EPC 是难以实现更好、更省、更快的，所以一定要突出 EPC，这方面中建科技创造了很好的装配式＋EPC 的经验，做到 EPC 下的装配式更好、更省、更快。

（3）装配式＋超低能耗。今后超低能耗被动式在我国将有广阔的发展空间。

下一步，装配式＋AI 智慧建造将是一个新的广阔领域，每年 27 万多项新开工项目和 26 万多亿元总产值的产业场景全面实现智慧化（包括工厂智慧化、现场智慧化），这是巨大的蓝海，将极大地提升建筑产业的科技水平。

4 碳达峰、碳中和战略下超低能耗建筑的发展

4.1 建筑产业在碳达峰、碳中和战略中的重要性

2020 年 9 月 22 日，习近平主席在第七十五届联合国大会上宣布："中国将提高国家自主贡献力度，采取更加有力的政策和措施，二氧化碳排放力争于 2030 年前达到峰值，努力争取 2060 年前实现碳中和。"随后，又在联合国生物多样性峰会、二十国集团领导人利雅得峰会、2020 年气候雄心峰会、世界经济论坛"达沃斯议程"对话会等国际场合多次重申"3060"碳目标和坚定决心。中国向世界发出了中国积极引领应对气候变化的决心，彰显了大国担当。

"3060"目标的提出，将加快我国调整优化产业结构、能源结构、倡导绿色低碳的生产生活方式。中央经济工作会议将"做好碳达峰、碳中和工作"列为 2021 年八大重点任务之一，明确要求抓紧制定 2030 年前碳排放达峰行动方案，支持有条件的地方率先达峰。国务院发布了《关于加快建立健全绿色低碳循环发展经济体系的指导意见》。

21 世纪初我国即提出了"三大节能"战略，建筑节能、工业节能、交通节能，其中建筑节能的比重最大，据有相关权威研究表明，在三大能耗中，建筑能耗按标准煤统计约占全社会总能耗的 43% 左右，其中建筑运行能耗约占 23% 以上，建造和建材能耗约占 20%，因此做好建筑节能在"三大节能"战略中意义重大。目前我国既有建筑面积存量已非常庞大，2020 年全国新竣工房屋面积 38.48 亿 m^2，当年在建房屋面积 149.47 亿 m^2。由此可见，如果建筑能耗这个碳排放大户不能得到有效控制，并早日实现碳达峰，那么实现"3060"目标就无从谈起。

4.2　关注结构性矛盾

与此同时，新情况新问题又产生了，即随着生活水平的不断提高，人民群众有了新希望、新要求，需要新的获得感、幸福感，特别是广大的冬冷夏热地区群众迫切希望既要冬季供暖，又要夏季制冷，梅雨季还要除湿，这是人民的呼声。据初步分析，在我国每年竣工的约 40 亿 m^2 建筑中，冬冷夏热地区占到40％左右，像上海、江苏、浙江、安徽、江西、河南、湖北、湖南、重庆、四川、贵州等省市，如果这个问题不解决好，人民群众不满意，碳达峰、碳中和战略也难以实现，这是一个结构性矛盾，必须下狠功夫、真功夫加以解决。如何解决？我国三北地区传统的集中供暖老路肯定不行，碳达峰时点要大大延后，地方财政难以承受，人民群众也要背上供暖基础设施配套费和每年的供暖费。自供暖也不行，能耗一样居高不下，人民群众的热耗费也居高不下。唯一可行的办法就是发展超低能耗建筑。

4.3　超低能耗建筑及其破解结构性矛盾的作用

超低能耗建筑是指适应气候特征和自然条件，最大幅度降低建筑供暖供冷需求，最大幅度提高能源设备与系统效率，充分利用可再生能源，以最少的能源消耗提供舒适室内环境，综合节能率超过82.5％。超低能耗建筑从碳需求侧直接降低了总需求，并充分利用可再生能源。所以，发展超低能耗建筑是建筑率先实现碳达峰、碳中和的根本之策。随着超低能耗建筑发展的加快，建筑碳排放将呈现以下发展趋势：一是建筑用碳峰值降低；二是峰值时间点提前；三是峰值后的下降幅度增加。有研究表明，若维持现有建筑节能政策标准与技术不变，碳达峰时间预计在 2038 年左右。只有在发展超低能耗建筑的条件下，全国建筑用碳达峰才能在 2030 年实现。发展超低能耗建筑是在建筑节能和绿色建筑基础上的更高质量更高水平的重要举措，其核心技术就是三方面，一是更高质量的墙体保温技术；二是更高水平的隔热技术；三是更高效率的新风系统。关键是有效控制在建筑节能和绿色建筑基础上的新增成本，现阶段不超过 $500\sim600$ 元/m^2。我不主张，为了所谓近零能耗用尽更多技术手段，显然成本过高。

5　建筑产业数字化转型升级的机遇与挑战

5.1　BIM 应用中的四个关键问题

现在我国的工程建设项目已经几乎"无 BIM 不项目"，但是要深刻认识到 BIM 应用中存在着四个关键问题。

（1）自主引擎，即"卡脖子问题"。我们现在用的 BIM 核心技术引擎基本上都是国外的。中央领导高度重视这个问题，在四位院士和有关专家学者呈报的报告上作出重要批示，政府有关部门正在积极推动同步开展课题研究。我们刚刚有了一个"备胎"，但是应用量还非常非常小，我们鼓励所有的重大工程项目都要主动采用自主引擎，这是应该有的政治站位。据了解，在北京怀柔科学城某重大装置项目上率先应用自主引擎，取得良好效果。

（2）自主平台，即安全问题。现在你 BIM、我 BIM、他 BIM，但是我们用的三维图形平台基本上都是国外的，而且都是云服务，数据库在哪里？设在国外。我们有几家软件企业有了自主平台，我们要鼓励更多项目应用自主三维图形平台，特别是重大工程项目一定要用自主三维图形平台，最起码数据库应当在国内。

（3）贯通问题。强调全过程共享。设计与施工单位要共同建模，今后运维也可以用。

（4）价值问题。这是核心要义。为何要推广 BIM？不是因为别的，就是因为可以带来价值。中国尊项目，在施工阶段应用 BIM，就发现了一万一千多个碰撞问题，解决这些碰撞问题相当于给业主和总包方节省了 2 个亿的成本，缩短了 6 个月的工期，价值凸显。所以今后我们所有重大工程项目，用 BIM 一定要讲价值，要给业主方创造价值，为自己创造价值，还要准备好对接即将到来的"智慧城市"的要求。丁烈云院士指出，推广应用 BIM，不但要重视技术，更要重视价值。

5.2 数字化转型升级未来已来的6个十问题

（1）＋CIM，就是智慧城市。这是同济大学吴志强院士率先提出的概念。我们希望所有的城市都能就某个区域提出发展智慧城市的规划。如果发展智慧城市，就会倒过来要求我们所有工程项目都要提供BIM大数据，因为BIM大数据要支撑CIM建设。那个时候就不是我们求甲方、设计院，而是甲方会倒过来求我们与设计共同应用BIM。

（2）＋供应链。就是要发展供应链平台经济，潜力巨大，我国每年26万多亿元建筑业总产值中约有一半多是可以通过平台集中采购的，其价值，一是解决了中小微建筑业企业采购融资成本过高，享受不到普惠金融的问题；二是解决了广大的中小微供应商难以收回供货资金的风险问题。现在已经涌现出了公共集采平台的雏形，达到千亿规模了，有几百家特级、一级企业上线，免费上线，享受普惠金融，一般可节省3%～5%。今后极有可能会发展形成若干万亿级平台，那个时候节省空间将达到5%～8%，潜力空前，已然就是一场革命。

（3）＋ERP。我们推行ERP几年了，但是建筑企业真正可以打通的寥寥无几。最近上海建工，要全线打通集团公司、番号公司、区域公司和项目，不但打通层级还要打通管理、财务、税务三个系统，实现数据共享，这会是又一场革命。我们项目管理中的所有痛点和风险点都会通过ERP来解决。关于ERP也要关注自主引擎问题和自主平台问题，据了解，在ERP自主引擎和自主平台方面，我们国家已悄然后来居上了，值得期待。

（4）＋数字孪生。发展智慧城市将会为建筑产业创造新的更大的空间。每年有27万多项新开工项目，还有500万～700万元已竣工项目，需要实现数字化，要求BIM大数据。怎么孪生，把图纸变成BIM大数据是孪生，但是真正意义上的数字孪生是把实际工程通过北斗技术结合无人机技术和精密仪器测量技术来实现毫米级的真实数字孪生。

（5）＋AI智慧建造。如前所述，潜力巨大，现在刚刚开始。中国尊和武汉绿地项目已经在核心筒施工部分，实现自动绑扎钢筋、支模板、浇筑混凝土、养护，然后再自动爬升，实现了无人造楼的概念。当然还是概念，但是发展潜力很大。我们强调，一定是工厂智慧化＋现场智慧化，一定是结构＋机电＋装饰装修全面智慧化，才是完整的建筑产业智慧化。

（6）＋区块链。国家决定在深圳、苏州、雄安新区、成都等城市率先推行区块链应用。对我们建筑业，区块链应用会带来什么？第一是DCEP，实现数字货币的应用。第二，所有的数据都是真实可靠且不可更改的，这对我们的诚信体系建设是一个重要基础，将会是一场诚信体系的革命，对此也要重点关注，努力推动试点示范。

综上所述，贯彻新发展理念，建筑产业要加快绿色化与数字化转型升级，是在绿色化基础上实现数字化转型升级。建筑业企业要充分做好数字化转型升级的"必答题"，实现项目级BIM和企业级ERP，还要在此基础上，研究好＋CIM、＋供应链、＋数字孪生、＋AI智慧建造和＋区块链这几道"抢答题"，全面掌握好建筑产业绿色化与数字化的未来已来与未来预期，有所为有所不为。

*作者：*王铁宏（中国建筑业协会）

科技创新引领行业发展进入新时代

Scientific and Technological Innovation Leads Construction Industry into a New Era

当今时代是科技支撑、创新驱动的时代。党的十九届五中全会提出，坚持创新在我国现代化建设全局中的核心地位，把科技自立自强作为国家发展的战略支撑，要以推动高质量发展为主体，以深化供给侧结构性改革为主线，以改革创新为根本动力，满足人民日益增长的美好生活需要。作为国民经济支柱产业的建筑业，在落实全会精神，推动建筑业绿色发展和高质量发展等方面承担重要使命。

在碳中和的总体目标指引下，绿色低碳将成为城镇化新阶段的重要议题，全国住房和城乡建设工作会议指出，要加快发展"中国建造"，推动建筑产业转型升级，建筑产业转型升级的基本表现在于高质量发展，根本驱动力在于科技创新，要求从"打基础、补短板"转入"筑高地、上水平"的新阶段。"十四五"期间是加快践行习近平新时代中国特色社会主义思想的五年，必须围绕新时期新目标，超前谋划，统筹布局，坚持绿色低碳发展目标，以新型建筑工业化为路径，以产业数字化手段为动力，促进建筑业转型升级，以科技创新引领行业发展进入新时代。

1 深刻认识建筑业在构筑新发展格局中的作用

当今世界正经历百年未有之大变局，新冠病毒肺炎疫情给整个世界的发展形势带来了巨大影响。从国际形势看，地缘政治关系异常复杂多变，以中美关系为代表的大国关系正处于调整重构的关键期，国际贸易增速显著放缓，贸易保护主义抬头。同时新一轮科技革命和产业革命正在蓬勃兴起，新技术、新模式、新业态、新产品不断涌现。从国内形势看，我国经济社会发展正从要素驱动转向创新驱动，迈向高质量发展的新时代。在这样的复杂形势下，党中央审时度势，积极应对不利影响，把握发展历史机遇。

加快构建以国内大循环为主体、国内国际双循环相互促进的新发展格局，是"十四五"规划建议提出的一项关系我国发展全局的重大战略任务，需要从全局高度准确把握和积极推进。在当前复杂形势和构建双循环新发展格局下，运行相对独立、内部产业链条相对完整的城乡建设行业，将作为我国稳就业、拉内需、保增长的重中之重，将成为国内大循环为主体、国内国际双循环相互促进的新发展格局中的重要板块。建筑业要想实现高质量发展，就必须找准功能定位，在助力构筑新发展格局中要发挥重要作用。

1.1 发挥国民经济"支柱"作用

2020 年，面对严峻复杂的国内外环境，特别是新冠病毒肺炎疫情的严重影响，建筑业攻坚克难，率先复工复产，为快速有效防控疫情提供了强大的基础设施保障。国家统计局数据显示，2020 年建筑业实现增加值为 7.30 万亿，同比增长 3.5%，高于国内生产总值 2.3% 的增幅，占全国 GDP 的 7.19%，较上年上升了 0.03 个百分点，达到了近十年最高点。可以预见，建筑业作为国民经济的支柱产业，地位依旧稳固。未来的较长时期，我国仍处于城镇化发展的中后期，建筑业仍将保持较大产业规模，担当国民经济发展的"引擎"。

1.2 发挥全产业链"拉动"作用

建筑业是国民经济体系中带动能力最强的产业，通过吸收大量的物质产品带动了建材、冶金、有色、化工、轻工、电子、运输等 50 多个相关产业的发展，建筑业总产值逐年增长，2020 年达到 26.4

万亿元，增长了 6.24%，增速比上年提高了 0.56 个百分点。如果包括上游房地产，下游建材业等在内的广义城乡建设产业，产值已经超过 50 万亿元，必将在拉动国民经济全面发展中持续发挥不可替代的作用。

1.3 发挥对外经济"助推"作用

2020 年，我国对外承包工程业务完成营业额 1559.4 亿美元，同比下降 9.8%；新签合同额 2555.4 亿美元，同比下降 1.8%。在 2020 年 ENR 全球最大 250 家国际承包商排名上，我国内地 74 家企业入选，比上一年度减少了 2 家。入选企业共实现海外市场营业收入 1200 亿美元，比上年增长了 0.85%，占 250 家国际承包商海外市场营业收入总额的 25.4%，比上年度提高 1.0 个百分点。伴随着"一带一路"倡议的深入推动，建筑业必将在壮大对外经济、拉动关联产业国际化发展方面持续发挥重要作用。

1.4 发挥社会发展"稳定"作用

当前，"六稳六保"成为我国针对突出矛盾和风险隐患，直面和克服困难挑战的积极举措。"六稳"即稳就业、稳金融、稳外贸、稳外资、稳投资、稳预期。"六保"即保居民就业、保基本民生、保市场主体、保粮食能源安全、保产业链供应链稳定、保基层运转。建筑业在吸纳就业、稳定社会发展等方面发挥着重要作用。据统计，2020 年底建筑业从业人数 5366.92 万人，占全社会就业人员总数约 7%。此外，建筑业对促进全产业链就业的间接拉动作用更大，在提供更多就业岗位、拉动经济增长，保证"六稳六保"行稳致远上发挥着重要作用。

1.5 发挥新基建应用"主战场"作用

新基建是以新发展理念为引领，以技术创新为驱动，以信息网络为基础，面向高质量发展需要，提供数字转型、智能升级、融合创新等服务的基础设施体系，将以一业带百业、助力产业升级、带动创业就业，必将为国家经济发展增添新动能。新基建的关键在于精准对接新型城镇化的有效需求，有力支撑新型城镇化的发展路径，把握住我国新型城镇化进入规模增长和内涵提升的关键时期的历史机遇，持续推动"两新一重"。因此，在"房住不炒"的总基调下，促消费惠民生调结构增后劲的"两新一重"建设，将成为"扩内需"的发力重点。

当前，我国常住人口城镇化率已达到 60.6%，城市户籍改革大刀阔斧推进，中心城市正在成为新型城镇化的主战场，未来二三十年我国城镇化率将超过 70%，达到历史高点。城市群将成为人口迁徙的核心承载区域，新增城市人口的绝大部分将集中于京津冀、长三角、粤港澳等近二十个城市群，这将成为新基建应用的主战场。

从长期看，中国未来经济发展的主要动力仍然来自新型城镇化发展，行业发展将以新发展理念为统领，形成以新型城镇化为主战场，以建筑业与新基建协同共促为方式的"新城建"模式，实现全面高质量发展，主要体现在：一是以创新发展理念破解城镇化难题，向智慧城市迈进；二是以协调发展理念促进产城融合，促进平衡发展；三是以绿色发展理念建设生态宜居城区，促进可持续发展；四是以开放理念吸纳先进经验成果，促进高效发展；五是以共享理念提升城市温度，促进公平发展。

2 准确理解科技创新是行业高质量发展的关键

当前，建筑业总体上发展质量还不够高，主要表现为：产业大而不强、细而不专；建设组织方式仍然落后，企业核心竞争力不强；工程设计能力还有待提高；工人技能素质偏低，年龄结构老化；监管体系机制不健全等。同时行业发展体现出新的趋势：一是业态变化，建筑业已开始向工业化、数字化、智能化方向升级。二是生态变化，建筑业需要注重绿色节能、低碳环保，需要和自然和谐共生。三是发展模式，建筑业的增量市场逐年缩减，城镇老旧小区改造、城市功能提升项目等存量市场将成为新的蓝海。四是管理要求，建筑企业需要提升质量标准化、安全常态化、管理信息化、建造方式绿色化、智慧化、工业化。五是融合协同，建筑业需要同产业链上下游企业、关联行业加强融合发展。

立足新时代，建筑业需要在保持较大产业规模的基础上，以科技创新为引领，围绕高质量发展要求，系统提升产业整体竞争力，集中体现为"资源节约，环境保护、过程安全、精益建造、品质保证，最终实现价值创造"。

2.1　科学把握生产方式转向新型建造发展的必然趋势

当前，在新材料、新装备、新技术的有力支撑下，工程建造正以品质和效率为中心，向绿色化、工业化和智慧化程度更高的"新型建造方式"发展。新型建造方式其落脚点体现在绿色建造、智慧建造和建筑工业化，将推动全过程、全要素、全参与方的"三全升级"，促进新设计、新建造、新运维的"三新驱动"。需要具备历史观、未来观和全局观，紧紧抓住影响行业竞争力的关键领域和短板，通过改革和创新来推动行业转型升级、提质增效。

2.1.1　站在历史观，深刻理解新型建筑工业化是行业高质量发展的基础

纵观历史，人类社会先后经历了三次大规模的工业革命，每一次都推动了社会生产力巨大跃升，工程建造模式随之变革，建造技术从机械化，发展到工业化，再到信息化，极大解放了人的体力，顺应了工业社会发展要求。当前，第四次工业革命大潮也已汹涌而至，席卷众多领域，极大改变了产业生态。从建筑业本身的发展来看，改革开放以来建筑业抓住了劳动力充足、资本稀缺时代的发展机遇，通过对工程建设体制机制的改革，通过建造技术装备的持续提升，将产业发展成为一个规模巨大的支柱产业。但伴随着人口红利的消失和更充足的资本涌入，要求建筑业必须向工业化进程的更高级阶段迈进，也就是新型建筑工业化。发展新型建筑工业化是落实党中央、国务院决策部署的重要举措，是促进建设领域节能减排的有力抓手，是促进当前经济稳定增长的重要措施，是推动技术进步、提高生产效率的有效途径，是提升建筑业国际竞争力的有效路径。住房城乡建设部等九部门联合印发的《关于加快新型建筑工业化发展的若干意见》指出要推动新型建筑工业化发展，解决高消耗、高排放、低效率的产业短板，提高建造水平和建筑品质，带动建筑业全面转型升级。建筑业正逐步变革生产方式，迈向"工业 4.0"的新时代。

2.1.2　站在未来观，准确把握智慧建造是行业高质量发展的关键

世界经济数字化转型是大势所趋，加快推进数字化转型，创造数字化发展新模式，已经成为引领创新和驱动转型的先导力量，"十四五"期间要改造提升传统产业，加快数字化发展，打造数字经济新优势，协同推进数字产业化和产业数字化转型，建设数字中国。新基建将奠定人类未来数字文明的发展基础，不仅本身形成了规模庞大的数字经济产业，还将颠覆传统产业、使之走向产业数字化，从而产生不可估量的投资叠加效应和乘数增长效应。此外，新基建所涉及的相关新技术应用必将推动建筑业加快技术升级的步伐。根据麦肯锡的研究，从世界范围来看，工程行业的生产力提升一直相对缓慢，过去 20 年间，生产力平均每年提升 1% 左右。而未来应用新技术后可以帮助工程行业提升约 15% 的生产力。其关键就是要顺应时代趋势，抢占科技先机，发展新型建造方式，推动智慧建造的发展与应用。这是顺应第四次工业革命的必然要求，是提升行业科技含量、提高人才素质、推动国际接轨的必然选择，是解决我国资源相对匮乏、供需不够平衡等发展不充分问题的必由之路，也是我国建筑产业未来能占据全球行业制高点的关键所在。

2.1.3　站在全局观，紧紧抓住绿色建造是行业高质量发展的归宿

建筑业高质量发展的核心指导理念应该深入贯彻"以人为本"，为人民群众提供更高品质的建筑产品，打造更具价值的应用场景，提供更优质、更高效的建造服务，要兼顾人与自然，也就是要实现绿色建造。为此，要把握道法自然、承启中华、AI 赋能的绿色建造发展路径，把实现绿色低碳、生态环保作为建筑业高质量发展的根本归宿，通过推动面向未来的绿色建造技术应用，把绿色建造水平由浅绿推向深绿，在未来的绿色建筑中实现群落智慧的碳平衡，真正贯彻落实"绿水青山就是金山银山"理念。

"碳达峰""碳中和"目标任务，是党中央的重大战略决策，是我国向国际社会作出的庄严承诺。

今后一段时期，建筑行业将迎来巨大挑战与发展机遇，绿色建筑、低碳建筑、生态建筑等将成为未来工程产品的发展要求。为了在 2060 年实现碳中和，从现在开始就要为未来节能减排的总体策略和技术经济路径作出系统安排。

2.2 深刻理解科技创新引领建筑业高质量发展的逻辑

新时代，以科技创新引领行业高质量发展，主要源于三个逻辑。

2.2.1 经济社会发展的"现实逻辑"

当今时代，科技创新在经济社会发展中的地位不断提升，影响范围和作用领域持续拓展，实现了从融入经济发展到支撑引领经济发展的重大转变。建筑业承载着为人民提供幸福生活空间的使命，客观上要求必须通过科技创新来解决需求的结构矛盾和发展的牵引动力这两个根本问题，为实现"平衡"和"充分"的高质量发展提供关键支撑。

2.2.2 科学技术发展的"演进逻辑"

历次科技革命和产业变革都引发了生产方式和生活方式的巨大变革。当前，以新一代信息技术为代表的新一轮科技革命正在加速推进，互联网、物联网、区块链、人工智能、大数据、云计算等新兴技术正在改变各个行业的发展形态。正如历史上混凝土的发明、钢结构的应用一样，新兴技术必将改变建筑业未来发展的形态。

2.2.3 行业转型升级的"内在逻辑"

与先进制造业相比，工程建设行业生产方式还相对粗放，资源消耗大，劳动密集特征明显，有待进一步提升产品品质和建造效率，加快"走出去"的步伐。为此，在内外部发展环境的倒逼下，工程建造向"绿色化、信息化、工业化、国际化"的方向转型，已成为必然。

总的来看，科技创新正在引发工程建设行业的全方位变革，在改变产品形态，引发新需求、创造新业态；在改变生产方式，向平台经济、服务建造转变。展望未来，建筑产业将伴随着空间云聚集、产业链大协同、智慧化链接、绿色化建造、工业化生产、多元化建筑文化等新趋势的加速推进，塑造新的产业生态。

3 以科技创新引领产业实现转型升级

3.1 以科技支撑产业转向创新驱动

建筑业高质量发展，其实质是由要素驱动转向创新驱动，基本方向是推动"纵向拉通、横向融合、空间拓展"。纵向拉通就是围绕工程建设行业主业从投资融资、规划设计、施工建造、运营维护按上下游产业链条纵向拉通；横向融合就是结合国际发展趋势、行业发展特点，推动新兴技术与行业的跨界融合发展；空间拓展就是推动工程建造向空中、地下、海洋的立体式发展。为此：

（1）以提升科技创新支撑引领作用为目标，以体系建设和能力建设为主线，建设重大科技创新平台，着力加强原始创新，推进关键领域核心自主技术研发，围绕空间拓展占据科技制高点，特别是要围绕"上天、入地、下海"，推动研发深层地下空间开发、海洋工程等人类工程能力核心标志的硬技术，提升产业基础创新能力和产业链现代化水平，有效支撑重大工程建设，为提升综合国力提供科技硬核支撑。

（2）以打造"中国建造"品牌为目标，研发重大装备和数字化、智能化工程建设装备，提升工程装备技术水平，促进大数据、移动互联网、工业互联网、云计算、物联网、人工智能等技术在设计、施工、运营维护全过程的集成应用。

（3）围绕产业链纵向一体化推动科技创新，加快推动工程总承包、全过程工程咨询、建筑师负责制等工程组织模式变革，加速打造建筑产业互联网，以现代信息技术打通工程建设的全过程，以科技赋能提供基于"产业链纵向一体化"的产品和服务综合解决方案，向平台经济转型。

（4）围绕打造"横向联合体"推动科技创新，推动跨界融合，推动诸如 5G 智慧工地等融合创新，打造诸如国际标准的医疗建筑团队等专业力量，将建筑业科技创新的动能进一步放大，推动工程建造走向精益建造。

3.2　以科技赋能产业开拓新的蓝海

当前，我国建筑业的产业结构还不够合理，绝大部分企业仍然位于产业微笑曲线的中间低附加值环节，行业内企业水平参差不齐，导致行业利润水平非常低下。在这样的形势下，一方面兼并等整合策略正成为大型企业的发展战略在推动着行业集中度的提升；另一方面产业价值链正发生根本性变化，以提供一揽子建造服务的大型、超大型建造服务提供商正在发挥资本＋建造服务的更强竞争优势，一些具有独特技术创新能力的行业独角兽正遍地开花，努力争取摆脱传统建筑市场的竞争红海，驶向更为广阔的创新蓝海。因此，展望未来，培育超强的建筑企业就不仅要掌握产业链的资源优势，更要以科技创新赋能新业态的开辟，掌握独特的技术能力来占据高端市场，来开辟新业态、新市场，赋能建筑业高质量发展，真正实现科技支撑、创新驱动。

3.3　以科技助力产业应对艰巨挑战

建筑行业面对来自劳动力短缺压力增大、对能源资源消耗巨大、工程科技含量不高、未能实现与国际化完全接轨等诸多挑战，科技将在应对这些艰巨挑战中发挥重要作用。例如，机器人、3D打印等先进技术的应用，已经开始展现出对人更高层次的替代，并伴随着人工智能AI技术的应用，将对人的替代由体力替代升级为脑力增强。再如，在火神山、雷神山医院建设中，中建集团充分发挥企业全产业链技术体系优势和一体化建造能力，以及探索新型建造方式的技术积累和持续创新能力，采用模块化设计新理念、装配式建造新技术和全专业穿插新工艺，精准契合医院建设需求，以BIM模型通过互联网服务于工厂制造、工地施工和全程运维，确保现场安装一次到位，实现了极短工期下的建成即交付、交付即使用，实现了智慧安防、智慧物流、智能审片和"零接触"运维。

展望未来，科技创新必将成为建筑业高质量发展的核心驱动力，帮助人类应对诸如海平面上升等各类艰巨挑战，以科技硬核力量解决人类可持续发展的根本性问题。

4　以科技创新支撑打造产业现代化体系

"十四五"规划建议强调，坚持把发展经济着力点放在实体经济上，坚定不移建设制造强国、质量强国、网络强国、数字中国，推进产业基础高级化、产业链现代化，提高经济质量效益和核心竞争力。建筑产业链既是一个产业链，又是一个跨第二、三产业的产业群。产业链节点企业的无缝搭接实现了上下游产业活动以及协同产业的集成化和一体化经营，围绕建筑产业链的关键环节大力推动科技创新。

4.1　持续壮大产业体系的核心优势

中国建造与中国制造、中国创造这"三造"共同发力改变着中国的面貌，中国建筑产业形成的"基建狂魔"能力是我们的核心竞争优势，是支撑综合国力的重要因素。以科技创新持续提升中国建造的能力，在极端条件快速建造、深地深海开发等领域进一步壮大技术优势，推动中国建造在"一带一路"做大、做强、做深，全面塑强中国建造品牌，将是"十四五"以及更长远时期的战略选择。

4.2　加快补齐产业体系的关键短板

站在产业链的视角，中国建造在高端设计、全过程服务、工程总承包能力、高性能建材、工程软件与装备等领域还存在不少短板，要通过工程建设组织模式的国际化接轨和科技创新来改善行业现状，特别是在全面推动以BIM技术为核心的智慧建造技术应用过程中，工程基础软件几乎依赖进口，卡脖子问题非常严峻，给工程建设领域的信息安全带来了严峻考验。因此，必须加快工程软件等卡脖子领域的自主研发，补齐关键短板。

4.3　有效支撑产业结构的优化调整

当前，我国建筑产业还存在不少突出的结构性问题，有些问题可以不必过于关注，但有些关键问题一定要着力改善,特别是工程总承包企业能力不强、专业企业划分细而不专的问题,导致工程建造产业链上企业间的分工和资源配置没有得到更有效的精简和优化,整个产业链运作过于复杂,产业碎片化特征明显。

面向"十四五"开局兼顾长远发展,要把提升产业链供应链现代化水平放到突出的位置,坚持自主可控、安全高效,做好供应链战略设计和精准施策,推动产业高端化、智能化、绿色化,发展服务型建造,形成具有更强创新力、更高附加值、更安全可靠的建筑产业现代化体系,勇攀世界工程建造高峰。

5 科技创新要做好"加""借""联"

当前,我国已转向高质量发展阶段,为实现高质量发展、建成现代化强国,必须坚定不移贯彻创新、协调、绿色、开放、共享的新发展理念,加快构建以国内大循环为主体、国内国际双循环相互促进的新发展格局。回顾这些年国家社会的发展,特别是一些地区、行业、企业实现跨越发展,大体上有三条道路。一条道路叫作"弯道超车",其特点在于把握机遇,抓住关键点,再利用合适的时机一举超越别人。这种超越还是依赖传统的路径,要做到并不容易。另一条道路叫作"换道超车",在传统的道上难以快速前行,于是尝试开辟一条新路,另起炉灶。比如有些地区或企业在通过发展传统经济和动能无法实现赶超的情况下,转过来紧跟时代发展和科技创新的要求,重点发展新经济新动能,结果实现比肩甚至超越,这就是"换道超车"。还有第三条道路叫作"借道超车",在继续挖掘自身潜力的同时,利用全球经济一体化的机遇和开放合作的手段,借助于各个方面的便利条件实现了跨越发展。这条路既有效利用了自己的比较优势,又通过适当的形式利用了外部资源和市场,可谓两轮驱动,两腿发力,务实管用。当然,这三条道路并不是相互排斥的,可以融会贯通。

建筑行业发展要以科技创新驱动企业转型升级,实现跨越发展,不仅要有超常规思维,更要有超常规举措,围绕"加""借""联"做文章。

5.1 做好"加"的文章来拓展发展空间

(1)"加主体"。千方百计把富有活力的优势生产主体引进来,使之成为推动城市和地区经济发展的核心力量,成为促进产业、产品创新的坚实保障。

(2)"加技术"。充分利用现代技术条件,特别是互联网、大数据、人工智能等技术手段或共享工具,把发展与世界现代化进程紧紧联系起来。

(3)"加模式"。深化相关体制改革和推进制度模式创新,为先进组织模式,现代经营体制和优良管理方式的运用创造条件。

(4)"加内容"。丰富提升发展思路举措的内涵与层次,增强感召力和影响力。好的思路和举措应该赋予一些有高度的名号或概念,有利于帮助人们把握他们的品质和地位,也能够对外迅速形成关注度和吸引力。

5.2 做好"借"的文章来打开发展思路

(1)"借势"。借势可以理解为把握国际国内发展大势,但最重要的是借国家的战略大势,战略是机遇、是红利、是保障条件。

(2)"借力"。要有效借用各种来自外部的力量为己所用。这里面路径是可以多种多样的,如可以通过引进人才、引进企业来带动资源、技术、项目等。

(3)"借方"。就是广泛借鉴和运用来自国内外的成功做法和有效方法。各种成功的试验探索、可实现跨越发展的有效途径都可以借过来。其中包括一些基于比较优势交换而有利于欠发达地区或专业领域实现跨越发展的具体路径,比如市场换技术、土地换产业、园区换资本等。

5.3 做好"联"的文章来丰富发展手段

(1)"联手"。联手合作协同发展。

（2）"联动"。把握经济的联系性和互补性，推进产业联动、建设产业协同发展带，推进科技联动、打造创新走廊，推进质量安全环保联动、建设上下游协同的生态链，形成企业间合理的价值补偿和利益交换。

（3）"联带"。就是要把各种相关的产业一并加以考虑，实现有机结合、融合发展，发展融合经济、打造混合产业。如打造青山绿水的融合经济、混合产业形态，就是要把康养、旅游、医疗、文化、创意和房地产等产业融合起来综合考虑。再如受限于政策环境，走单纯发展房地产的道路越来越难，但将把房地产业发展融入康养综合体、田园综合体之中，就能得到政策的有效支持，发展空间将会拓宽。

（4）"联想"。善于举一反三，把国家给的政策、各种支持条件用活用足，能拉长链条就拉长链条，能加以衍生就推动衍生。对一些重要的战略举措和合作机制能融则融、能攀则攀，通过虚实结合，努力从国家战略中争取自身发展机遇与政策。通过左右逢源，积极从外部发展中获得先进资源和有效市场。只要善于联想并务实操作，就能找到连接点，也就能找到发展机遇和合作平台。

展望未来，建筑业要以科技创新有效支撑行业结构的优化升级，围绕工程建设推动集成创新，拉通产业链，持续优化经营流程，提升国际竞争力；要加大对基础创新的支持，推动原始创新和引进消化吸收再创新，支持培育一批细分行业冠军企业，让创新能力突出的专业企业走上以技术领先占据高端市场的发展快车道；要把提升产业链供应链现代化水平放到突出的位置，坚持自主可控、安全高效，做好供应链战略设计和精准施策，推动产业高端化、智能化、绿色化，发展服务型建造，以科技创新引领行业进入新时代。

作者：毛志兵[1]　关　军[2]　明　磊[3]（1. 中国建筑集团有限公司；2 中国建筑国际集团有限公司；3. 中建三局集团有限公司）

碳达峰与碳中和愿景下的建筑节能工作思考

Building Energy Efficiency Efforts to Peaking Carbon Dioxide Emissions and Achieving Carbon Neutrality

2020 年 9 月 22 日，中国国家主席习近平在第七十五届联合国大会一般性辩论上发表重要讲话。习近平主席指出，人类社会发展史，就是一部不断战胜各种挑战和困难的历史。新冠肺炎疫情全球大流行和世界百年未有之大变局相互影响，但和平与发展的时代主题没有变，各国人民和平发展合作共赢的期待更加强烈。这场疫情启示我们，人类需要一场自我革命，加快形成绿色发展方式和生活方式，建设生态文明和美丽地球。人类不能再忽视大自然一次又一次的警告，沿着只讲索取不讲投入、只讲发展不讲保护、只讲利用不讲修复的老路走下去。应对气候变化《巴黎协定》代表了全球绿色低碳转型的大方向，是保护地球家园需要采取的最低限度行动，各国必须迈出决定性步伐。中国将提高国家自主贡献力度，采取更加有力的政策和措施，二氧化碳排放力争于 2030 年前达到峰值，努力争取 2060 年前实现碳中和。各国要树立创新、协调、绿色、开放、共享的新发展理念，抓住新一轮科技革命和产业变革的历史性机遇，推动疫情后世界经济"绿色复苏"，汇聚起可持续发展的强大合力。

2020 年 8 月，中国工程院院士钱七虎教授在第十六届国际绿色建筑与建筑节能大会的主题报告中明确指出，新冠肺炎疫情后人类面对的最大挑战就是气候变化。气候变化的应对之策应当是推进绿色发展，实施生态大保护，建设绿色生态城市。

未来，"创新、协调、绿色、开放、共享"这一发展理念，不仅仅是中国人民的自我激励，更代表了世界绿色发展的必然方向。积极应对气候变化，践行绿色低碳策略势在必行。随着新冠疫苗接种工作的推进，愿人类命运共同体能够在"后疫情时代"同心同德，创造世界经济"绿色复苏"。在碳达峰、碳中和的人类共同愿景下，有感而发，谈谈切身感受与认知，愿与大家共同探索分享建筑减碳之路的见闻见解。

1 人类活动对气候变化的影响

地球在自然发展演化过程中，气候随之不断变化，这种变化是地球系统在自然力驱动下的长期演变过程。因此，在一般意义上，气候变化是气候平均状态统计意义的长时间或较长尺度（通常为 30 年或更长）气候状态的改变。但自工业革命以来，人类活动（特别是化石燃料的使用）所产生的温室气体排放不断增加，影响了自然气候变化过程，导致全球温室效应加剧，加速了气候变化。气候变化会导致光照、热量、水分、风速等气候要素值的量值及时空分布变化，进而会对生态系统和自然环境产生全方位、多层次的影响。

全球人为因素导致的气候变化，基本体现于产业、建筑、交通三大部分，且因国而异。近几年来，中国政府抓节能减排的措施主要是产业结构调整、发展绿色交通、推广建筑节能并大力发展绿色建筑。在加快城镇化进程的过程中，据专家预测，最终城镇化率可能达到 65%～70%，每年新建建筑面积 15 亿～20 亿 m^2。总的形势是产业与交通行业所占碳排放比例正在递减，而建筑业碳排放比例未来则可能达到 50% 左右。

2 中国的建筑将纳入碳交易市场

国际金融论坛（IFF）与欧盟碳定价特别工作组（Task Force of Carbon Pricing in EU）在欧盟—

中国碳定价会议上提出建议：中国未来要把建筑纳入碳交易市场。建筑消耗全球三分之一左右的能源，温室气体排放也在这个比例。2017 年开始建设的中国碳交易市场只纳入了电力行业，我国生态环境部已经发声，未来会进一步将建筑材料等 7 个行业纳入中国碳交易市场。但建筑能耗中，建材和施工阶段消耗的"内涵能"（embedded energy）仅占建筑全生命周期能耗的 15%～20%。而事实上，建筑供暖与制冷、通风、照明、插座能耗及动力设施占比更大。建筑业可借鉴北京、深圳碳市场的经验，先将能耗大的大型建筑（面积大于 10000m²）包括在碳市场中。从理念上，碳价格不仅要让建筑企业、政府感受到，还需要个人也体会到价格信号！

3 中国建筑的碳排放分析计算

中国建筑的碳排放分析计算始于 2015 年，《绿色建筑评价标准》GB/T 50378 "提高与创新"章节中明确规定：进行建筑碳排放计算分析，采取措施降低单位建筑面积碳排放强度，给予"创新分"。国内有些建筑项目已启动了这部分"创新分"的实践，起到了带头示范作用。能够在国家标准中包含建筑碳排放的条款，在全球范围内也实属罕见。

建筑碳排放按建材生产、建材运输、建筑施工、建筑运营、建筑维修、建筑拆解、废弃物处理七个环节构成全生命周期的模式，已得到世界公认。由于受到科技与经济水平的制约，每一个阶段的碳排放计算方法及计算结果是有差异的。例如，不同国家或地区每吨水泥或钢材的生产所产生的二氧化碳不可能相同，因此建造同类建筑单位每平方米排放的二氧化碳也是不同的。从整体上来讲，建筑运营的碳足迹在七个环节中占主导地位。联合国环境规划署（UNEP）明确指出，建筑运营的碳排放占建筑生命周期的 80%～90%。通过对 15 个案例的对比研究（除一所学校由于用能高峰时段学校放寒暑假，故运营的碳排放不足 70%）发现，建筑碳排放的 80%～90% 都在建筑运营阶段发生，并且这一比例大小与建筑的使用年限有关，考虑到所研究建筑案例的耐久年限均是按 50 年设计考虑的，而世界各国的建筑耐久年限大致在 40～70 年间，因此耐久年限越高，建筑运营的碳排放所占比例越高。一般来讲，建筑使用年龄较大后，若保养维修不到位，其碳排放会大于初期的排放情况。

尽管影响建筑碳排放的参数很多，内容不确定性因素很多，科学定量获得很难，但从宏观上，只要紧紧抓住建筑运营期间的碳排放，就抓住了主流排放，抓住了最为本质的内涵。所以针对一个单体建筑的碳排放分析，首要的就是分析其运营期间的能耗，估算其所在地区的二氧化碳排放。至于建材生产、建材运输、建筑施工、建筑维修、建筑拆解、废弃物处理环节的碳排放，不必过细考虑，因为他们在建筑全生命周期中所占的比重不大。相对而言，建材生产所占的份额要大一些，尤其水泥是碳排放最具贡献率的材料。有资料分析，2007 年中国 62 亿 t 碳排放中有 5.5 亿 t 是生产水泥而致，于是有绿色专家认为钢筋混凝土结构属于非绿色建筑结构。

不同功能建筑的能耗差异甚大，这是由使用时间、工况条件、设计要求、人员变动诸因素引起的。不同气候区的能耗差异甚大，这是由供暖制冷、日照情况、风力风向、环境条件诸因素引起的。不同地区的碳排放量差异甚大，这是由能源结构不同，火电、水电、核电、风电、光电的碳排放因子相异引起的。碳排放分析受制于如此繁复的因素，可想其复杂性不亚于绿色建筑诸多参数的分析设计值。近年来，在探索建筑碳排放过程中，我国建筑业同仁积极努力，我们的科研团队针对典型办公建筑案例进行了数据挖掘、分析汇总，包括中国建筑科学研究院近零能耗示范楼、天津市建筑设计院新建业务用房、上海现代申都大厦、台南成功大学绿色魔法学校——台湾地区第一座零碳建筑、杭州中节能绿色建筑科技馆、天津中新生态城公屋展示中心、杭州绿色低碳建筑科技馆 A 楼（源牌零能耗实验楼）、天津天友绿色设计中心、宁波诺丁汉大学可持续能源技术研究中心大楼、南京江北新区人才公寓（1 号地块）零碳社区中心，每个案例均从项目条件、工程概况、关键技术、碳排放计算等方面体现出建筑能耗控制的智慧与经验。

4 建筑能耗是建筑运营碳排放中的关键数据

4.1 建筑运行能耗构成分析

　　建筑节能，以建筑能耗基本数据为基线，通过主动、被动技术手段降低能耗数据，并向低能耗、超低能耗甚至近零能耗水平靠拢。在建筑运行能耗中，供暖空调能耗比重最大，一般能占到建筑总能耗的 40%～50%，且受气候影响明显。例如，我国北方地区建筑以供暖能耗为主，南方地区建筑以制冷能耗为主，中部地区则两者兼有。而建筑的供暖能耗远大于空调能耗。全球统计资料表明，细化来看，空调能耗约占建筑总能耗的 6%，而供暖能耗占比在 30% 以上。这是因为空调的室内外温差不大（我国在 10℃ 左右）且空调以部分空间、部分时间使用；而有供暖的室内外温差很大（北京约 30℃，沈阳约 40℃），全空间、全时段连续不停运转，我国东北、西北、华北运转 4～6 个月不等，所以建筑节能应优先关注供暖耗能问题。实际工程中围护结构热工性能的改善及供热制冷系统能效的提升一直是节能关键。需要指出的是，目前人们开始认识到建筑应用中的使用者行为对能耗的影响问题，例如室内设置温度的改变，完全有可能比单项节能技术带来更大的节能量。与此相关的还有建筑中使用者人数、使用时间、使用空间等不确定因素，因此建筑运营能耗变化很大。

4.2 确定建筑能耗的途径

　　目前确定建筑能耗有以下几个途径：

　　（1）借用分析软件。根据建筑项目所在地 30 年气象资料的平均值及建筑围护结构的热工性能，确定建筑的供暖制冷能耗及居家设备设施能耗等。由于各类软件的基本假定条件不一，建筑项目工况条件不一，计算结果相差百分之几十乃至成倍差别的现象时有发生。此外，建筑中的设备设施能耗、插座能耗等都无法具体估算，因此软件分析计算可供参考，但需要与其他分析方式进行对比。

　　（2）实测能耗。有人认为，应用自动计量仪器、仪表测试出真正的能耗数据是最能说明问题的。其实不然，一则是气候条件变化大，暖冬冷冬交替，年平均温差变化大；二则是人们在使用建筑时，融合了很多的人为因素，例如一栋办公建筑中正常有 200 人上班，但是暑期增加了新入职的大学毕业生，企业为每个人添置电脑、打印机等设备，那么这些新人所需的照明、电脑、复印、电梯等能耗自然会增加。所以实测能耗是在一个时间段内，在特定的气候条件下，面对相对稳定的人员和工作时间测得的综合能耗，是动态数据。由于气候条件、工作时间、建筑内人员的不确定性、建筑保温隔热性能的变化，这个实测值也是动态变化的，但与模拟计算数值比较，其准确度高、参考价值大。

　　（3）利用调查统计的方法，找出不同功能建筑的用能规律。上海市有关机构曾经组织对居住建筑进行调查，对小于 50m²、50～100m²、大于 100m² 的户型共 293 套分别统计，最终结论是上海居住建筑的能耗约为 28.7kW·h/m²。天津市有关机构曾对 15 个居住小区开展调查，得出平均能耗为 27kW·h/m²，但结合北方地区的供暖需求后，其平均能耗达 113kW·h/m²。与此同时，上海市有关机构也对各类公共建筑(如办公楼、商店等)进行了调查统计，根据上海能源平台对 1600 幢建筑的能耗数据统计分析发现，2013—2015 年三年间政府办公建筑的能耗均值分别为 92kW·h/(m²·a)、83kW·h/(m²·a)、68kW·h/(m²·a)，依据这样的数据做进一步的碳排放分析计算，其可靠性、科学性更合理些。

4.3 建筑能耗数据的获取

　　建筑使用年龄越长，运行能耗会越高。建筑能耗与气候条件、建筑功能、建筑设计、人的使用四大因素密切相关。要分析运营阶段的碳排放，一定要指出建筑能耗数据是如何获得的，若此参数含糊不清，整个建筑碳排放计算就失去了意义。然而，目前要科学精确地确定建筑能耗，确实还有一定的困难。美国从 20 世纪 70 年代末就已经投资建设能耗基础数据库，但据了解，迄今为止还未完善，不能广泛使用。考虑到我国国内建筑行业现状，建议以统计调查为基础，结合实测及软件计算结果，作出综合判断，确保各类建筑运行能耗数据可被工程技术人员认可。

目前我国正在推广智慧城市建设工作，大数据是其内涵之一。尤其我国政府高度重视节能减排工作，已经投资建设能耗监测平台，从中可获取大量建筑的能耗均值，并用其作为碳排放的分析依据，这样能耗监测平台的实用价值和意义就更高了。

5　碳排放及其表征方式

5.1　碳排放因子

从能耗到碳排放，涉及另一个重要参数——碳排放因子，即单位能源所产生的碳排放量。能源包括化石能源（煤、石油、天然气）、核能、水能、可再生能源（太阳能、风能、地热、生物质能）等，各种能源的碳足迹相差甚大。我国的能源结构现状是以化石能源为主的，占到能源总量的70%左右，这也是我国成为世界碳排放量第一的被动原因。当年世界先进国家的碳排放因子为$0.6 \sim 0.7 kgCO_2/(kW \cdot h)$时，我国的碳排放因子约为$0.95 kgCO_2/(kW \cdot h)$。而当前，由于政府的高度重视，我国已经成为全球在改变能源结构方面投资最大的国家，不仅是水能，而且在风能、太阳能方面取得了非常显著的进展，因此碳排放因子也有所下降。具体到各地电网，由于电力配置由国家决策，综合能源结构的调整，现在事实上各地电网发电碳排放因子正处于不断下降的动态发展中。例如，2008年和2009年上海全市用电量约为1138亿$kW \cdot h$，其中三峡水电和秦山核电站供电比例约占20%，四川的水电又提供了350亿$kW \cdot h$，使上海总电量的50%来自清洁能源，所以上海的碳排放因子为$0.31 kgCO_2/(kW \cdot h)$。而天津按照国家配置的能源结构，目前的碳排放因子为$0.64 kgCO_2/(kW \cdot h)$（由于此项工作启动伊始，各地部门统计口径不一，随着深入发展开展会标准化、规范化）。这就表明同样的能耗，天津的碳排放量会比上海增加约1/2。

当前世界竞争中，很重要的一个方面体现为能源竞争。美国前总统奥巴马上台后曾实施能源新政，启动了以新能源革命为代表的一场技术革命。美国、欧盟也均已经宣布，至2050年，新能源（即不排碳的能源）将占到所有能源的80%。我国政府也极为重视能源发展，出台了一系列推动新能源发展的政策措施，并投资建设了一批新能源基地。我国国家规划纲要提出：到2015年，中国非石化能源占一次能源消费比重达到11.4%，单位国内生产总值能源消耗量比2010年降低16%，单位国内生产总值二氧化碳排放量比2010年降低17%；到2020年，非石化能源占一次能源消费的比重将达到15%左右，单位国内生产总值二氧化碳排放比2005年下降40%～45%。面对能源信息的不断变化，在分析建筑碳排放过程中，应紧密结合当时的碳排放因子，不要轻易套用其他地区的参数，才能较为客观地计算碳排放量。

5.2　碳排放的表征方式

碳排放的表征方式有：（1）单位GDP的碳排放；（2）人均二氧化碳排放量；（3）单位地域面积（每平方千米）的碳排放量。其中人均二氧化碳排放指标涉及人数的问题。鉴于我国当前在城镇化过程中，进城务工人员每年像候鸟一样迁徙工作谋求生计，城镇总人数统计数字的可靠性存在一定的不确定性，而单位GDP的碳排放与单位地域面积的碳排放量相对比较稳定，数据的可靠性较高。

5.3　城区或城市群体建筑碳排放的分析估算

应对产业排放问题，通过产业结构调整，限制高能耗、高排放、高污染的行业，碳排放受到了明显的遏制。应对交通排放问题，通过大量宣传绿色出行、限购限行小汽车、积极拓展轨道交通，其碳排放也受到了有效制约。唯独建筑碳排放影响因素错综复杂，国内每年约20亿m^2的新建建筑增量，再加上既有建筑的节能改造尚处于起步阶段，所以建筑碳排放在我国碳排放总量中所占比重有日益增大的趋势。如何对一个城区或一个城市群体建筑的碳排放进行分析估算，是建筑工程技术人员必须要回答的问题。应该说，建筑总面积是确凿的数据，可以分为多层或高层居住建筑、办公建筑、旅馆建筑、商场建筑、医院建筑等不同功能的建筑类别，因为它们的能耗差别较大，当然还要将它们区分为节能设计、非节能设计（因为非节能设计建筑由于建造年代不同，能耗也会有差异），然后用单体建筑的研究成果,选择一定的样板数进行能耗及碳排放统计分析,可得到有依据的均值,最终可得到建筑碳排放的总量。

6 建筑碳达峰的预测和技术路径

近年来,中国建筑业从业者在探索建筑碳达峰预测、技术路径的相关问题上积极工作。我国的《近零能耗建筑技术标准》GB/T 51350—2019 紧密结合我国气候特点、建筑类型、用能特性和发展趋势,为我国近零能耗建筑的设计、施工、检测、评价、调适和运维提供了技术支持,2019 年 9 月已经开始全面实施。2020 年 11 月,全文强制标准《建筑节能与可再生能源利用通用规范》《建筑环境通用规范》的送审稿分别通过审查。《建筑节能与可再生能源利用通用规范》从新建建筑节能设计、既有建筑节能、可再生能源利用三个方面,明确了设计、施工、调试、验收、运行管理的强制性指标及基本要求;《建筑环境通用规范》从建筑声环境、建筑光环境、建筑热工、室内空气质量四个维度,明确了设计、检测与验收的强制性指标及基本要求。

到 2030 年,中国单位国内生产总值二氧化碳排放将比 2005 年下降 65% 以上,非化石能源占一次能源消费比重将达到 25% 左右,森林蓄积量将比 2005 年增加 60 亿 m^3,风电、太阳能发电总装机容量将达到 12 亿 kW 以上。

建筑碳排放已成为绿色建筑发展的新动向,也是绿色发展的新国策,全国 31 个省市碳交易市场已全部建立,有些城市已出台政府文件,对碳排放做了详细规定,能源基金会已评出了"气候领袖企业",这些事例已经走在全球的前端!我国建筑业有决心、有信心、有能力跟上这个潮流,为地球的生态安全贡献出我们的力量!

作者:王有为(中国建筑科学研究院有限公司)

建筑材料的绿色低碳与高性能

Green, Low Carbon and High Performance of Building Materials

建筑材料是建筑工程中所应用的材料统称。建筑材料可大致分为结构材料和功能材料两大类。其中，结构材料包括水泥、混凝土、砂浆、木材、竹材、石材、金属、砖瓦、陶瓷、玻璃、工程塑料、复合材料等；功能材料包括防水、防潮、防腐、防火、阻燃、隔声、隔热、保温、密封、瓷砖等。作为建筑材料的主要组成，混凝土、砂浆、防水材料是我国建筑行业广泛使用、量大面广的基础性材料，其行业技术发展水平与"碳达峰、碳中和"的国家战略顺利实施直接相关。近年来，以混凝土、砂浆、防水材料为代表的建筑材料紧密围绕我国经济社会发展需求，重点在绿色低碳与高性能方面取得了重要进展。

1 混凝土技术的发展

混凝土是以水泥为主要胶凝材料，与水、砂、石子，必要时掺入化学外加剂和矿物掺合料，按适当比例配合，经过均匀搅拌、密实成型及养护硬化而成的人造石材。混凝土主要划分为两个状态：凝结硬化前的塑性状态，即新拌混凝土；硬化之后的坚硬状态，即硬化混凝土。混凝土技术的发展主要体现在上述两个状态，包括混凝土工作性、力学性能、收缩性能与耐久性能。

1.1 工作性调控技术

合理的工作性是满足混凝土工程正常浇筑、施工，保障建筑结构高质量密实均匀填充的基础。随着国家重大工程及基础建设的发展，超高、超长、超大跨距复杂混凝土结构对其性能提出了越来越高的要求，一方面混凝土配合比设计中水胶比越来越低以提高强度与抗有害离子侵蚀的能力，从而提高耐久性；另一方面，对其工作性的要求（高流态、低黏度）越来越高，否则在浇筑施工中难以满足自密实（适用于高配筋或复杂结构）、高远程泵送的需求。

随着碳中和国家战略的正式提出，降低混凝土结构全生命周期碳排放，特别是在制备、浇筑、服役和维护所需的能源和资源损耗，提高工程质量和服役寿命，是支撑战略的重要策略。超高强、长寿命与高耐久是现代混凝土的发展趋势。在原材料组成方面，为了控制水泥用量，同时降低有害离子渗透、提高耐久性，矿物掺合料含用量（占胶材总质量比例可达 40% 以上）越来越高；机制砂逐步取代天然砂成为骨料的主要来源，占比达 50% 以上。

在制备施工技术方面，以预拌混凝土、预制构件为代表的集中生产、运输至施工现场再浇筑（泵送）、组装的高效生产施工方式已成为主流。为了保障工程质量，在施工期间，混凝土工作性要求包裹性好、不离析泌水、可操作性优。视施工场景和需求不同，对不同流动性的混凝土工作性保持一般要求 1~6h，例如，超高层泵送混凝土一般要求 2~6h 大流态、自密实；核电或水电混凝土一般为中低坍落度，保持 60~90min 无明显波动。

经过数十年发展，混凝土外加剂已成为调控工作性的核心手段。基于有机聚合物的化学外加剂发展较为成熟，以萘系、脂肪族为代表的高效减水剂正逐步被第三代梳形结构的聚羧酸高性能减水剂替代。据中国建材联合会混凝土外加剂分会统计，2019 年聚羧酸外加剂用量达 1100 万 t 以上，萘系等高效减水剂总计约 200 万 t。大分子量的天然或合成有机高聚物（纤维素醚、聚丙烯酰胺等）广泛用于改善混凝土包裹性。

作为世界上混凝土用量最大的国家，我国幅员辽阔，施工需求、环境等差异显著，混凝土工作性需求千变万化，化学外加剂技术取得了迅速发展，品种丰富齐全，但行业集中度不高，质量参差不齐。

实际应用过程中，基于化学外加剂的混凝土工作性调控技术通常依据应用需求组合使用，与施工方式、原材料组成以及结构特性等有关。例如，海工桥梁混凝土要保障低渗透性，通常使用较多矿物掺合料，相应外加剂技术需要具有高适应性，视情况需要使用黏度调控以及流动性保持技术；超高强混凝土超细粉体含量高、水胶比低，需要超分散技术、黏度调控技术，此外，由于水化、微结构发展快，静置流动性损失速率快，需要匹配早期流动性保持技术；泵送混凝土需要早期大流态、长时间流动性保持能力；高配筋结构灌注需要混凝土自密实，通常需要采用和易性提升技术。

在应用过程中，工作性调控面临的最大问题在于原材料适应性，特别是原材料品质差异大、批次波动大的问题，往往在同一工程不同阶段出现外加剂不匹配出现混凝土初始不能分散、流动性出机快速损失或反增长泌水离析等问题，均来自胶凝材料、机制砂等原材料的界面特性、组成、级配等发生了变化，外加剂未能调整所致，因此，需要控制原材料质量，或者即使依据原材料变化进行调整。

基于化学外加剂的混凝土工作性调控技术广泛应用于交通、能源、国防和市政等重大建设工程，随着"一带一路"倡议走出国门，应用于国外水电、核电、桥梁等一系列工程，保障了工程施工顺利实施。

防城港核电站是我国西部第一座大型商用核电站，其中二期工程采用"华龙一号"技术建设 2 台装机容量为 118 万 kW 的压水核电机组。为了保障核岛结构质量，其混凝土需要高抗渗、抗裂性能，其近海混凝土 28d 氯离子扩散系数 D_{RCM} 为 $4\times10^{-12}\,\mathrm{m^2/s}$，采用了大掺量矿物掺合料（占胶材比例 45%）与核电专用中热水泥控制水化放热，混凝土工作性要求 75min 保持中等坍落度几乎无波动，其砂石原材料就近生产为机制砂，黏度较高。采用超/快速分散技术、中等坍落度缓释保坍以及黏度调控技术，有效解决了低 C_3A 水泥与大掺量矿物掺合料的胶凝体系混凝土拌合物流动性的瞬间释放、在水化反应极早期阶段（5～15min）实现流动性反向增长抑制、其后阶段（15～120min）的流动稳健性与和易性调控难题，满足了核电工程对其性能及稳定性的高标准、高要求。作为中广核主导建设的英国布拉德维尔 B 项目的参考电站，为中国先进核电技术走向国际高端市场奠定关键基础。

1.2 混凝土收缩控制

混凝土的收缩开裂是困扰土木工程领域的重大技术难题。现代混凝土由于胶凝材料用量高、水胶比低，虽然抗压强度大幅度提高，但随之而来的是，早期收缩开裂问题也更为突出。实际工程结构混凝土的开裂问题更为复杂，不仅依赖于材料性能，还受到环境、施工等诸多因素的影响。早期收缩裂缝虽然在短时间内不一定影响结构安全，但加速了有害介质的侵入，从长期看会严重危及结构的耐久性和使用寿命。

混凝土的裂缝控制涉及设计、材料、施工等诸多环节。在混凝土材料抗裂性评估及设计方面，控制约束条件下收缩变形产生的拉应力不超过混凝土材料的抗拉强度，是控制收缩裂缝产生的基本准则。针对大体积混凝土的裂缝控制，目前国内外已形成相应的标准或指南。由于实际工程混凝土的早期开裂行为是材料性能演变、环境湿热状态变化和内外部约束综合作用的结果，实验室在标准环境下的测试结果并不能直接反映实际工程的开裂行为。考虑实际工程中不同影响因素的综合作用及内在交互影响机制，进而建立相应的数学模型分析这种作用机制已成为当前混凝土收缩开裂研究的必然趋势。

抑制混凝土的收缩裂缝，可以从材料、施工等多方面采取措施。尤其是在施工工艺控制方面，已有大量深入而系统的研究，对于温度裂缝体现出较好的抑制效果。功能材料是从材料角度解决混凝土开裂问题的有效技术途径，但现有抗裂功能材料的效能难以匹配工程混凝土变温及变湿历程。

混凝土收缩控制适用于超长、大体积、有自防水要求的结构，以及具有特殊裂缝控制要求的结构,如隧道、桥梁、轨道交通地下车站、地下综合管廊、民用建筑地下室等。技术适用的建筑物或环境具有如下一个或多个方面的特点:处于大风、低湿、高温等水分蒸发速率较快的环境条件;处于水下或地下,其抗裂防渗要求高;施工过程中由于浇筑龄期差,导致混凝土内部的收缩及温度历程不同步,已硬化混凝土对新浇混凝土造成较强的约束作用;混凝土受到周围地下连续墙、垫层、桩基、围岩等外约束作用;混凝土强度较高,自收缩较大。

水分蒸发抑制技术,应用于兰新高铁等极端干燥环境下,解决混凝土塑性开裂难题;水化温升和膨胀历程协同调控技术,在降低水化温升的同时产生有效膨胀,应用于国内十余个城市轨道交通地下车站、在建的国内最长湖底隧道——太湖隧道等工程,提升了结构的抗裂性及防水性能;全过程补偿收缩技术,可实现混凝土密封条件下无收缩,应用于世界跨径最大的铁路钢管混凝土拱桥——藏木大桥、向家坝水电站导流洞封堵、高速铁路 CRTSⅢ型板式无砟轨道等工程。

1.3 力学性能提升

进入 21 世纪,随着我国海洋强国、交通强国、军事强国等国家战略的加速实施,面对深侵彻、大当量、高动能和智能化新式钻地弹以及超高、超长、超大的现代结构对混凝土力学性能提出的严峻挑战,发展并规模应用在强度、承载能力、结构设计优化、施工与安装速度,以及应对极端环境的抗介质渗透能力等方面均具有巨大优势的超高性能混凝土(Ultra High Performance Concrete,简称 UHPC)已刻不容缓,被中国工程院连续四年(2017、2018、2019、2020)评选为土木、水利与建筑工程全球工程研究或开发前沿热点。

UHPC 的超高强度、超高韧性和超高耐久性高度契合了现代土木工程结构轻量化、高层化、大跨化和高耐久化的迫切需求,突破了水泥基材料性能和应用领域的诸多极限。20 世纪 90 年代初,欧美发达国家就高度重视并开展了全面研究。我国虽然起步较晚,但经过 20 多年的发展,已造就了一大批专注于 UHPC 的研发团队,并推动了我国成为最具发展活力的国家之一。据 2020 年 CCPA-UHPC 分会报告,我国 UHPC 在组合梁、组合桥面板和湿接缝领域的应用已走到了世界前列,相关工程实践数量已有百余例。同时,在消化吸收国外 UHPC 制备技术基础上,生态型 UHPC 成为我国 UHPC 材料技术突破的鲜明特色,UHPC 原材料范围得到了显著拓宽,尤其在 UHPC 体系中引入粗骨料,不仅可以继承 UHPC 的高强度、高延性和高耐久性等卓越性能,还可以进一步提升 UHPC 抗压强度、弹性模量和耐磨性等性能、显著降低收缩、徐变变形性能,并一定程度降低 UHPC 成本,引起了学术界和工程界的广泛关注,成为当前 UHPC 技术发展的重要方向之一。特别是 2020 年,汇聚了国内 16 位中国工程院院士及业内人士共 700 余人的第三届 UHPC 材料与结构国际会议,大力倡导了粗骨料 UHPC 在我国土木工程中的积极应用。

得益于 UHPC 超高的力学性能和耐久性能,使其在轻型桥梁工程、抗腐蚀海工结构、抗强动载防护结构、高抗磨水工结构、高抗电磁干扰核电结构、高抗裂井筒结构等领域已彰显了广阔应用前景。作为技术发展方向之一的粗骨料 UHPC,在大跨度轻型钢混组合梁结构和抗强动载防护结构领域的技术优势明显且突出。

现代军事防护结构以混凝土加钢板的组合结构形式为主,通过增加厚度的方式来实现防护能力的保障。然而,随着现代武器打击精度和能力的快速提升,势必导致军事防护设施的抗打击能力不足问题越来越突出。因此,将粗骨料 UHPC 与钢结构相结合,利用粗骨料 UHPC 的高强韧、高变形、高抗力特性,以及粗骨料的刚性骨架作用,可显著提升混凝土防护结构的抗侵彻爆炸能力,解决军事防护工程重要部位防护建设难题,展现了显著的军事和经济效益。

2018 年,依托世界首座轻型钢-粗骨料 UHPC 组合梁斜拉桥——南京江心洲大桥项目,南京公共工程建设中心牵头开展了粗骨料 UHPC 材料-结构-施工工艺等专项研究与应用实践,研制的高弹模、高弯拉、低收缩粗骨料 UHPC,其抗压强度大于 150MPa、弹性模量大于 54GPa、抗拉强度大于 10MPa、总收缩小于 $250\mu\varepsilon$、徐变系数小于 0.4,不仅实现了常温养护下的超高力学性能,还满足了常规工艺下的高效制备和长效稳定，为钢-混组合梁结构的高性能、轻型化和大规模应用奠定了材料基础。该项目的成功实践，极大地延伸了钢-混组合梁斜拉桥的适用跨度，促进了桥梁建设由建造型向制造型、由粗放型向集约型、由环境破坏型向绿色环保转变，展现出了突出的技术和社会经济效益。

1.4　耐久性提升技术

随着基础设施建设在西部盐湖与盐渍土、北方冻融与除冰盐、南部海洋高温以及高盐与高湿等严酷环境中的大量开展，对钢筋混凝土的服役性能提出了更高的要求。其次，随着国家重大工程港珠澳大桥、深中通道等的建设，对其设计服役年限提出了120年的新要求，因而也对混凝土耐久性保障与提升技术提出了挑战。

混凝土表层隔离介质侵入、混凝土基体抗介质侵蚀和提高钢筋耐腐蚀能力是钢筋混凝土耐久性提升的主要思路。表层防护材料因其高性价比和施工便捷的特点，已成为混凝土表层隔离介质侵入的有效措施。表层防护材料通过渗入混凝土基体，发生反应形成密实产物，提升基体密实度来提升混凝土抗侵蚀能力，从而避免钢筋混凝土遭受腐蚀破坏。实际工程应用对表层防护材料提出了较为严格的要求，一方面表层防护材料要和混凝土有较好的粘结作用，对混凝土基面的润湿状态、粗糙度等表层处理要求较高；另一方面，实际工程中服役环境十分严酷，通常为潮湿甚至水下状态，混凝土表层防护材料脱粘、剥落的现象时有发生。因此，研究可用于潮湿或水下环境中混凝土基面的表层防护材料具有十分重要的意义。

就混凝土基体抗介质侵蚀而言，金属皂类防水剂是一种可以提升混凝土抗介质渗透能力的外加剂，金属皂分子沉积在毛细孔壁上使混凝土产生疏水性，降低水分以及侵蚀性离子在混凝土内的传输性，目前常用的金属皂分子为棕榈酸、油酸和硬脂酸的镁盐、锌盐和铝盐，然而此类物质水溶性较差，直接应用于混凝土时存在不易分散的难题。

目前主要的钢筋耐蚀技术包括环氧涂层钢筋、电化学阴极保护与钢筋阻锈剂技术等。其中，环氧涂层钢筋的环氧覆膜在运输、搬运、绑扎和施工过程中容易发生破坏，发生局部腐蚀的风险较高。电化学阴极保护技术可能发生预应力钢筋的氢脆、钢筋与混凝土界面结合强度降低的问题。美国混凝土学会认为在钢筋混凝土中加入阻锈剂以延长使用寿命是钢筋防护的有效措施之一。普遍认为阻锈剂的作用机理是阻锈剂中含有的N、O、S等杂原子、芳环或多重键吸附到钢筋表面使其与有害离子隔离，从而可以减缓钢筋锈蚀速率。未来有机阻锈剂的发展方向为阻锈长效性、高效性和环保化。

传统的耐久性设计方法是基于材料、配合比、施工工艺、外加剂等进行设计，通常比较确定，无法考虑其他因素的波动性。因而目前国际研究的主流方向已成为基于概率统计的耐久性设计方法，目标是使钢筋混凝土耐久性达到可接受的失效概率。

表层防护材料由于其优异表层防护性能和便捷的施工特点，使其适用于民用建筑、工业建筑、公路桥梁、机场、海工海港等工程混凝土表面的防护。

阻锈剂产品主要分为无机型与有机型两种产品。无机型阻锈剂对于钢筋腐蚀反应中的阳极反应和阴极反应均有良好抑制作用，可有效起到抑制钢筋锈蚀、延长结构服役寿命的作用，克服单一型阻锈剂的不足。主要应用于海洋环境、内陆盐碱盐湖地区以及受除冰盐和融雪剂等侵害的混凝土道路、桥梁、隧道、厂房、港口码头等钢筋混凝土结构中；有机型阻锈剂能同时对钢筋电化学体系中的阴阳两极起到保护作用。在混凝土的碱性环境下能分解出阻锈分子和混凝土孔隙堵塞分子，阻锈分子在混凝土中具有定向迁移的功能，能够通过渗透、扩散迁移至钢筋表面，通过物理吸附、化学吸附、金属有机络合等作用在金属表面形成致密的保护层，隔离有害物质与钢筋的接触。主要应用于海洋环境、内陆盐碱盐湖地区以及受除冰盐和融雪剂等侵害的混凝土道路、隧道、港口码头、工业与民用建筑工程，以及用于核电、桥梁等重大工程钢筋混凝土结构。

混凝土抗侵蚀抑制剂通过优化保护层混凝土微结构，可有效延缓水位变动区混凝土的毛细管吸附速率，从而降低离子的扩散系数，此外，通过有机小分子定向迁移吸附，可有效提升结构混凝土内部钢筋钝化膜的稳定性，提升钢筋的耐腐蚀性能。适用于腐蚀、盐结晶等环境下海工、核电、桥梁、隧道、铁路等混凝土工程。有效解决了混凝土结构中的腐蚀问题，具有突出的社会安全及经济效益。

表层防护材料已应用于 30 余家混凝土企业，使用面积 3 万余平方米。其中安江高速公路是贵州省高速公路骨架规划"678 网"第三条横线的东段，是一条连接铜仁、遵义、黔东南、黔南的大动脉，全线总长 144.35km。在隧道衬砌混凝土制备与浇筑过程中采用了混凝土表层防护材料，使用过程中，NF-Ⅱ混凝土表层强化材料无色透明、施工方便、无毒、不燃、渗透力强、可有效提升混凝土路面表层的硬度和耐磨性；有效减少地面表层结构水分流动的路径，有效阻止水和化学物质的渗入，提高了混凝土地面抗水和抗化学物质腐蚀的能力。

阻锈剂成果在崇启大桥、台山核电站、防城港核电站、田湾核电站、青岛万达等重大工程应用，打破了国外有机阻锈剂在国家重点工程的垄断。

2　砂浆技术的发展

砂浆是建筑行业中用途广泛的一种基本材料，在现代工程建设中用量极大仅次于混凝土材料，主要应用在商业建筑、住宅等领域。建筑砂浆用途多样，应用广泛，但按照功能和用途来分，主要包含抹灰砂浆、砌筑砂浆、地坪砂浆、装饰砂浆、粘结砂浆以及特种砂浆；按生产工艺来分，主要包括干混砂浆和湿拌砂浆。

传统建筑砂浆主要使用现场自拌的方式生产，但由于和易性较差、质量难以得到保障、工人施工强度高且污染环境严重等缺点，从而被严格限制使用，采用工业化集约方式生产的商品化预拌砂浆应运而生。2007 年 6 月，商务部、建设部等 6 部委联合下发《关于在部分城市限期禁止现场搅拌砂浆工作的通知》后，大量核心城市相继出台"禁现"政策，商品砂浆发展进入高速期。2013 年 1 月国务院转发的《绿色建筑行动方案》明确将预拌砂浆纳入绿色建材中，并提出要大力发展预拌砂浆。预拌砂浆的推广应用，有利于粉煤灰、矿渣、石粉等固体废弃物的资源化利用，符合国家长期可持续发展战略目标，并推动砂浆朝着节能、低碳的方向发展，对建筑行业绿色化、集中化建设意义深远。

预拌砂浆起源于欧洲，20 世纪 50 年代得以发展，主要原因是第二次世界大战导致劳动力短缺，且欧洲对工程质量和环境保护的要求高，以干混为主的预拌砂浆应用逐渐得到人们认可。到 20 世纪 70～80 年代，干混砂浆在欧美形成了一个新兴的产业。在欧洲各国，干混砂浆已占建筑砂浆的 80% 以上，基本实现了建筑工程用砂浆品类和技术需求的全覆盖。

我国预拌砂浆的研究和生产起步较晚，直至 20 世纪末才开始进行预拌砂浆技术的研究。1988 年，第一家干混砂浆厂的成立标志着我国预拌砂浆产业化正式起步。随后，大量干混砂浆生产厂家如雨后春笋，纷纷成立。我国湿拌砂浆从 2000 年前后开始产业化，2004 年开始发展速度大幅度增加。中国建材联合会预拌砂浆分会提供的数据显示，自 2014 年至今，我国商品砂浆年产量逐年增长，且发展速率逐年加快；2015 年产量近 1 亿 t，2019 年近 2 亿 t。这说明与世界先进国家相比，我国商品砂浆虽然起步晚，但是发展步伐快。同时，2020 年实际砂浆需求量约为 11 亿 t，预拌砂浆仅占 20%，市场容量巨大，未来提升空间十分可观。

3　防水材料技术的发展

建筑防水关乎建筑安全和寿命，关乎百姓民生和安康。随着长江经济带、粤港澳大湾区、海南自贸试验区等沿江、沿海发展战略和城市轨道交通、地下城市空间等地下发展战略，以及"双循环"和城镇化建设战略的快速实施，基础建设和建筑改造突飞猛进，建筑防水材料市场规模日益扩大。与此同时，国家对工程质量及使用寿命越来越重视，尤其是高紫外、盐雾、高浓度海/卤水、冰冻、超埋深等极端环境下对工程防水技术提出更高的要求。然而，关键原料和防水材料的高性能化、水性化、功能化技术，针对混凝土多孔微观特性的防水防护技术、高效清洁化生产与施工技术、高效检测技术和长效作用机制与关键技术等研究不足，限制了防水功能材料行业进步与低碳化发展。因此，如何突破关键原料和先进防水材料合成与制备，建立绿色生产、施工、检测、寿命预测与服役性能预警技术是实现防水材料高性能化、系统化、标准化和绿色化发展亟须解决的关键问题。

党的十九大以来，城市地下综合管廊、装配式建筑、海绵城市、绿色建筑、老旧小区改造等领域的需求有力地支撑建筑防水材料产业的发展。值得关注的是，建筑防水材料的安全性、产品质量、寿命等问题也日益得到生产企业与终端用户越来越多的重视。随着国家和地方环保督察、安全生产、质量监督、绿色发展等相关政策及新规的陆续出台，防水行业准入门槛也在不断提升，产品结构持续优化，智能化制造加快在行业内的推广应用，全行业正向高质量发展稳步迈进。

总体上，国家建筑防水材料产业已经具有基本门类齐全的防水材料产品技术，主要包含防水卷材、防水涂料、刚性防水材料、防水密封材料、堵漏止水材料等类别。据统计，在建筑防水材料中，防水卷材占比为60%以上，防水涂料占比近30%。虽然建筑防水材料种类众多，但是相比于国外的新产品技术水平还存在较大差距。主要表现在材料本身的质量品质、配套的应用系统和施工过程中的综合技术等方面。

随着国家大力推进工业绿色化、智能化发展，对建筑防水行业产品质量、工程质量标准、节能环保等提出了更高的要求，同时在大众经济实力不断提高的当下，国民越来越关注自身的健康，越来越重视绿色生活理念，对建筑使用的防水材料的安全性提出了更高的要求和期许。非环保型沥青基防水卷材及涂料市场占有率正在逐年下降，防水行业正积极调整产品的发展战略，积极向绿色、安全方向转变。热塑性聚烯烃（TPO）、聚氯乙烯（PVC）等综合性能优异的新型高分子防水卷材将逐渐替代非环保型传统防水卷材；此外，针对国内外建筑工程领域增长速率最快的聚氨酯防水涂料，新产品、新技术正不断发展与升级，具有高弹性、耐候性强的无溶剂或水性聚氨酯防水涂料展示出极为广阔的应用前景。

按产品特性，TPO防水卷材以外露使用为主，PVC防水卷材外露、非外露使用皆可。国际上，TPO和PVC防水卷材主要用于节能、环保和施工安全要求较高的屋面工程技术，其中使用最广的是单层屋面系统和种植屋面系统。另外，白色系TPO防水卷材也应用于热反射屋面系统，主要是通过对太阳光的反射来降低屋面温度，减弱城市的热岛效应。冷面屋（主要是坡屋面）正在积极推广中，并且得到了各国政府的激励。国内市场上TPO和PVC防水卷材是以工建项目为主要应用领域的中高端防水产品，用于外露的场景并不多，大部分用于地下或隧道等非外露的工程项目，原因是种种因素造成的产品耐候、阻燃性较差，质量事故频发，导致企业对外露使用失去信心。TPO和PVC防水卷材在公路和铁路隧道中应用最为广泛，目前也越来越多地应用于地铁和地下综合管廊工程。由于高分子自粘胶膜防水卷材具有施工方便、不窜水、安全环保等优点，国内明挖结构的地铁工程中侧墙、底板以及地下综合管廊工程主要采用自粘和预铺反粘形式。总体来说，因为TPO和PVC等高分子防水卷材的原材料生产技术较高，国内研究水平相较国外还有很大差距，从而导致国内高分子防水材料的产品销售量较低，尤其对于单层屋面的防水材料来说，国内的产品几乎没有，主要还是国外产品占据市场。

聚氨酯防水涂料是一种反应型涂料，分为单组分和多组分产品类型，通过液态高分子预聚物与固化剂发生化学反应而结膜，可一次性结成较厚涂膜，无收缩，涂膜致密。在施工固化前呈黏稠状液态，不仅能在水平面，而且能在立面、阴阳角及各种复杂表面上形成无接缝的完整防水膜。使用时无需加热，绿色环保，适合各种复杂形状部位的施工，并连成一体，有效避免接缝差而引起的渗漏。形成的防水膜延伸性、耐水性、耐候性优良，耐温变可达$-40\sim100℃$，抗拉伸/抗裂/耐老化性能均优于普通防水材料。随着聚氨酯防水涂料的应用领域越来越广泛，产品越来越多元化，低VOCs、高性能化的新产品技术取得飞跃式发展。高性能聚氨酯防水涂料不但在屋面（平屋面、斜屋面、种植面、坡屋面）、内外墙、卫生间、厨房、游泳池等民用建筑防水领域推广普及，而且在国家重点工程建设领域也取得了爆发式增长，尤其是在高铁、地铁、公路、隧道、桥梁、水利等重点工程项目。虽然国内聚氨酯防水涂料的一般性力学性能指标并不低，但关键是材料的耐久性和工程运用技术的可靠性还有待深入开展系统研究。

行业内对 TPO 高分子自粘胶膜预铺防水卷材不断改进优化升级，在地下综合管廊项目中的应用逐渐扩大。诸如在广州最大规模的天河智慧城管廊、云南楚雄地下综合管廊、福建漳州地下综合管廊、湖北孝感地下综合管廊、雄安新区地下综合管廊以及重庆万盛地下综合管廊等工程项目中投入使用，并取得良好应用效果，得到甲方及项目上的充分认可。TPO 高分子自粘胶膜预铺防水层施工简单高效，完成后不需要施作保护层，整个防水施工周期可缩短 1/3，且大幅度降低直接成本，社会经济效益显著。

由于聚氨酯防水涂料的优异性能，其在国内防水涂料中占的比重越来越大，且主要用于一级防水设计工程。然而高固含、无溶剂聚氨酯防水涂料在工程应用中往往会出现固化速率快、不易施工的问题，江苏苏博特新材料股份有限公司采用高效复合金属催化技术开发两款高固含、无溶剂聚氨酯防水涂料，综合性能达到标准要求，施工简单，在南沿江高铁、引江济淮沪蓉铁路以及昌景黄高铁等国内重大工程桥面和预制梁端头防水中实现推广应用，并在项目上被广泛认可。产品绿色环保，施工及服役过程几乎没有有害物质排放，同时防水层耐久性能优异，大大延长服役寿命，避免频繁维修，经济效益显著，社会、生态效益突出。

作者： 缪昌文　穆　松（东南大学）

钢结构与可持续发展

Steel Construction and Sustainable Development

从全球范围看，绿色化、信息化和工业化是国际建筑产业发展的主要趋势。"十二五"以来，绿色建筑及建筑工业化得到了党中央、国务院的高度重视。"十三五"期间，我国正处生态文明建设、新型城镇化和"一带一路"倡议布局的关键时期，大力发展绿色建筑，推进建筑工业化，对于转变城镇建设模式，推进建筑领域节能减排，提升城镇人居环境品质，加快建筑业产业升级，具有十分重要的意义和作用。当前，建筑业发展正经历新一轮变革，国家对钢结构行业发展的政策支持力度也逐年加大。2019全国住房和城乡建设工作会明确指出要"大力发展钢结构等装配式建筑"，住房城乡建设部在7省开展了钢结构装配式住宅建设试点，取得了显著成效。2020年住房和城乡建设部继续大力推进钢结构装配式住宅建设试点，总结推广钢结构装配式等新型农房建设试点经验。进入"十四五"新时期，有必要对近年来我国钢结构的发展进行回顾，总结和梳理我国钢结构发展目前所面临的问题、挑战和市场机遇，并加快行动步伐，抓住机遇，大力推动钢结构市场快速发展。

1 发展回顾

经过数十年发展，我国钢结构行业取得了巨大成就。2019年我国粗钢产量创纪录达9.96亿t，并且近几年也是钢铁行业历史上效益最好时期。2017年我国钢结构产量达到6400万t，2018年达到7000万t，2019年接近8000万t。近十年来，我国钢结构产量持续保持了高速增长，年平均增长率达到13%以上。目前，我国粗钢产量已达世界全部钢铁产量的一半；并且，我国钢结构的产量也已经超越了世界绝大多数国家的钢铁总产量。据统计，2019年我国钢结构产量已经超过世界钢铁产量排名第5的俄罗斯（约7100万t），当之无愧地成为世界钢结构第一大国（图1、图2）。

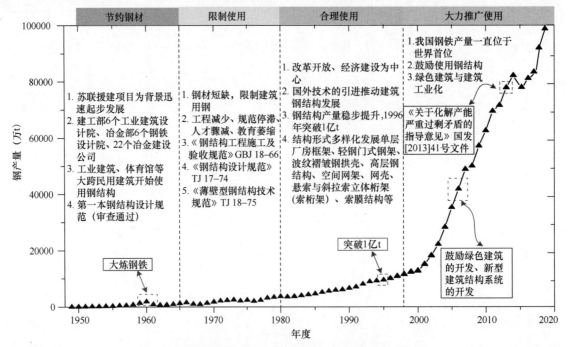

图1　我国历年钢铁产量（数据来源：中国钢铁工业协会）

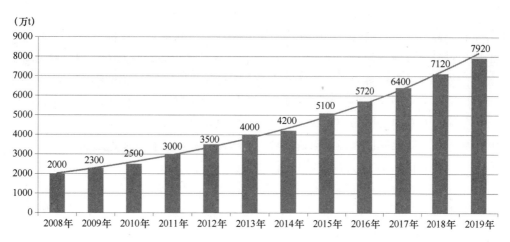

图2　近年来我国钢结构产量（数据来源：中国钢结构协会）

　　近年来，我国钢结构发展取得了突出的成就，成功建设了一批具有世界领先水平的钢结构标志性工程，涌现了一批具备研发、设计、制造、安装、运营综合能力的大型企业，形成了以《钢结构设计标准》GB 50017 为基础、各门类钢结构相关国家标准规范及行业标准规范为主体的钢结构规范体系，钢结构行业的工程技术体系基本建立，并且在政策引导性也已经形成了推广钢结构的广泛社会共识。

　　但是，作为世界钢结构第一大国，我国钢结构的发展水平仍然存在一些不尽人意的行业问题。目前，我国钢结构仍以板材为主，近年来占比持续超过 60%；型钢应用占比偏低，焊接量大，不符合可持续发展要求。并且，目前钢结构中 Q235 和 Q345 钢材占比持续保持 90% 左右，高强钢的应用增长十分缓慢，还需大力推广应用高性能钢材。目前，我国钢结构仍然以房屋建筑为主，近年来在政策支持下，多高层钢结构发展显著，占比显著增长；但是，钢结构行业发展想要突破，还需继续重视发展住宅钢结构，突破行业发展瓶颈。桥梁钢结构近年来发展仍不尽人意，桥梁钢结构占比偏低且改观迹象不明显，且主要应用于大跨桥梁；突破桥梁钢结构的发展瓶颈，还需大力推广中小跨径钢桥和组合桥，并大力推动 H 型钢在中小跨径桥梁中的应用，降低钢桥建设成本。

　　最近，我们也对国内轧制型钢的行业概况进行了简要梳理。中国现行的热轧 H 型钢标准，从产品规格范围、型号规格数量、外形及允许偏差、尺寸及允许偏差等方面都已经达到国际先进水平，但部分规格量产不足。目前国内热轧 H 型钢的生产线共计 30 余条，年产量已达 1600 万 t 左右。但是，受制于标准化设计体系和市场化供应体系，热轧型钢在钢结构中的应用占比增长缓慢，近 10 年来持续保持在 15%～20%，远低于发达国家 40%～50% 的水平。传统设计方案中 H 型钢规格多，热轧型钢用量少，采购难，是热轧型钢推广应用面临的现实问题。我们对国内近年来的部分高层建筑中热轧 H 型钢的用量进行了统计，绝大部分占比低于 30%，并且大部分低于 10%；应该说高层建筑设计代表了钢结构设计的较高水平，这一结果令人十分遗憾。但是，我们也惊喜地发现工行总部办公楼等项目中热轧型钢占比达到 70%～90%，但这些建筑的方案设计单位大多是国外的。轧制型钢发展所面临的瓶颈，一方面与国内传统设计人员习惯相关，另一方面也与标准体系产业链相关。目前，国内热轧型钢产品的标准还不够完善，与工程建设标准的协调存在部分问题；另一方面，热轧型钢生产厂商过去不重视下游全产业链体系建设，自身的深化加工能力不足，也不利于降低热轧型钢应用的综合成本。住房城乡建设部牵头组织编制了钢结构住宅主要构件尺寸指南，对 H 型钢标准化提出了建议，相信将对热轧 H 型钢在住宅钢结构的应用起到积极推动作用。

2　问题与挑战

　　目前，我国钢结构高质量发展之路仍然存在诸多挑战，面临的问题主要表现在认识问题、协同问题、人才问题、技术问题和市场问题等方面。

在认识问题层面，社会仍然需要继续加强对钢结构建筑战略意义的认识。钢结构建筑是实现建筑业绿色、生态、可持续发展的重要形式之一，有助于推动国家节能减排政策，促进建筑业转型升级；同时也是国家钢铁战略物资储备的重要途径，有助于促进钢铁产业结构调整和推动钢铁行业高质量发展。近期国家层面已经出台一系列政策，引导市场发展；企业界、消费群体认识已有提升，但仍需进一步加强，大型企业和消费者还需积极参与，进一步提升钢结构住宅市场份额。

在协同问题层面，主要问题表现在创新链和产业链两个层次。在创新链层次，目前高校、科研院所和企业间的协同创新仍然不足。高校的研究创新多关注于点状问题，对实际应用的需求关注不够，不能及时转化为生产力。企业往往自身研发能力不强，不足以解决自身实际工程亟需的关键技术问题。并且，大企业往往热衷于打造自身的专有体系，缺少协同创新，这在住宅建筑方面表现尤其明显，造成国内目前体系多而不精、通用性成果少、标准化程度低的状况。虽然这与企业自身经济利益相关，但从长远发展看，加强协同集成创新，共谋行业发展大势十分必要。在产业链层次，钢结构全产业间协同仍然不足，材料、研发、设计、制造、安装、运维环节衔接不紧密，导致轧制型材和高效钢材应用进展缓慢、产品经济性不足、标准化程度不高、加工制作焊接工作量大、质量问题突出等一系列问题，严重降低了钢结构的优势发挥。目前，我们亟须加强产业协同和质量监管，尽快完善全产业链建设和质量监管认证体系建设，促进行业高质量发展。

在人才问题层间，钢结构产业链各个环节人才短缺问题仍然显著，建筑设计师、结构设计师、产业化工人和专业化监管人员短缺依然明显。当然，这与我国钢结构行业快速发展历程相关，近年来的高速发展也造成了高水平的钢结构人才培养步伐不足以跟上市场发展节奏。因此，我们亟须加强人员培养和认证体系建设，突破钢结构发展的人才瓶颈。

在技术问题层面，目前主要的问题是工程建设标准的升级速度落后于市场需求，导致了新型高性能结构和高效部品部件应用推广受阻。另外，在信息化工具方面我们也存在明显的卡脖子问题，目前建筑业主要信息化设计工具的国产自有化程度不足；而且，在钢结构上表现尤其明显，亟须开发高效的钢结构设计和辅助设计工具。

在市场问题层面，主要的问题是体系成熟度问题和综合成本问题。体系成熟度不足还是与产业协同有关，目前还缺乏社会广发认同的装配式钢结构建筑，尤其是住宅体系，缺少经济、实用、耐久的标准化中小跨径桥梁体系。另外，对钢结构全寿命期成本的认识也需要进一步加强，同时我们行业同仁也需理顺产业，协同发展，切实降低钢结构一次性综合造价。

3 市场机遇

目前，我国建筑业发展已经面临了严峻的资源危机，传统粗放式的发展和建设模型可以说已经不可持续。据统计，我国仅用 2 年时间，就消耗了美国 20 世纪的水泥总产量，可以说相当惊人。国内传统建筑所需的矿石、河沙等天然资源危机已经凸显，去年以来天然河沙价格疯涨，建筑材料的短缺已经突出影响了工程建设进度和质量。与传统建筑相比，钢结构建筑具有资源消耗低、污染排放少、可循环利用等突出优势。在绿色发展的行业发展新趋势下，目前随着环保政策日益趋严，混凝土结构材料价格快速上涨也给钢结构发展带了新机遇。钢结构建筑可实现建筑业绿色、生态发展目标，必将成为建筑业乃至大土木行业持续发展的重要支柱。

另外，目前国家对建筑业产业转型升级也已提出明确要求，加快推进智能建造已经纳入日程。应该说，钢结构智能建造具备先天优势，应抓住机遇加快推广。"互联网＋"与智能建造推动钢结构企业向智能化、数字化和信息化转型，我们应加快推进钢结构制造与管理的智能化、施工安装的数字化和标准化、现场管理的信息化，加快建设钢结构互联网云平台，尽快实现钢结构智能建造，推动钢结构行业产业升级。

当前，钢结构及装配式钢结构大发展时机已经基本成熟。目前我们已经建立了涵盖研发、设计、钢材生产、加工制造、安装施工、运行维护、性能提升、拆除利用的完整产业链，具备了相对完善的科学研究、技术开发、工程化、产业化全创新链，市场、人才、法规、标准、管理等方面也在全方位发展，这都为钢结构行业继续高速发展奠定了深厚基础。在此背景下，我们要抓住机遇，大力推进钢结构的推广应用。目前，我国钢结构建筑仅占 8%～10%，还远低于发达国家平均 20%～30% 的水平；并且，钢结构建筑和中小跨径桥梁占比仍不足 1%，与发达国家 30% 左右的水平相差甚远。据估计，我国钢结构产业尚有约 1 亿 t/年的潜能待挖掘，因此，加快推广钢结构住宅建筑和中小跨径桥梁，迈入建筑业主战场，对实现钢结构产业发展重大突破意义重大。

4　发展建议

（1）针对钢结构行业发展存在的问题，应携手打通钢结构创新链，提高全行业创新能力，要突破高校、科研院所和企业间协同创新的瓶颈问题，着力解决制约行业发展的技术和市场问题，充分发挥官产学研作用，加强协同、集成和构建，推动钢结构建筑产业快速发展。并且，也要以钢结构建筑研发、设计、制造、安装、运维、服务等全流程技术创新研发为核心，打造协同发展全要素钢结构产业平台，积极推动创新链、资本链、产业链深度融合，打造未来钢结构三链融合发展的示范。在创新链层次，需要构建科研创新基地、人才培养基地、产品研发基地和协同创新平台；在产业链层次，要打造全产业链的大型龙头企业，建设绿色环保部品部件的智能化生产基地，推动全专业、全寿命期信息化建造和运维；在资本链层面，要建设产业孵化基地和双创中心，并利用互联网平台，打造区域产业中心。

（2）大力推进标准化、智能化体系建设。要优化体系和部品部件，提高产品标准化水平，推广智能制造技术应用，并大力推动轧制型钢使用，加强产业链条互动，推动定型钢材生产与集中配送；也要改变传统工程建设的生产方式，推行模块化、集成化的生产模式。

（3）加快建设认证体系，推动钢结构专业化认证和监管工作，提升钢结构全流程质量管理水平。加快建立产品认证体系，切实提升钢结构产品质量；建立人员认证体系，突破技术人员瓶颈；建设全流程管理体系，突破质量监管瓶颈。

（4）以标准为先导，积极走向海外市场。要从国家层面上加强技术标准对接，并推动中国标准走向海外；开展钢材和钢结构产品国际认证，加强质量监督，推动产能输出；培养熟悉各种国际标准的专业工程师和适应国际工程的管理人员等，为国际市场储备人才。

（5）抓住机遇，积极拓展国内增量市场。扶持集钢结构全产业链的龙头企业或联盟，以点带面，开拓增量市场；拓展钢结构住宅建筑和中小跨径桥梁市场，实现钢结构市场的重大突破。

（6）突破钢结构发展关键技术瓶颈问题。加快钢结构设计软件平台建设，结合国家中长期科技规划和大力突破行业"卡脖子"技术要求，大力解决钢结构设计与制造软件和平台的开发建设，尽快建立拥有自主知识产权的钢结构通用设计平台和专用设计工具；以标准改革为契机，加快高性能钢结构标准体系建设，服务工程建设。

（7）建立多层次的钢结构专业人才培养体系和满足市场需求的多层次的专业人才梯队，并加强专业设计人员的培养和再教育，完善钢结构人才体系。

作者：岳清瑞（中国钢结构协会；北京科技大学城镇化与城市安全研究院）

基础工程技术创新与发展

Innovation and Development of Foundation Technology

近年来，伴随我国经济、社会持续快速发展及城市化进程加快，给地基基础技术发展带来了新机遇和新需求，同时也带来了新挑战和新问题。城市建设中建设用地紧张的矛盾日益突显，高层建筑越来越多，对地基基础承载力及变形控制的要求越来越高；在大面积软土等不良地基土地区建设建（构）筑物向地基处理技术发出新挑战；随着地下空间的开发利用导致基础面积越来越大，基础埋置深度越来越深，周边环境越来越复杂，基坑开挖对周边环境的影响日渐突出；建筑物对资源的消耗越来越大，资源的不可再生，与可持续发展和建设节约型社会的矛盾日益突出；老旧城市密集区既有建筑基础加固改造不断提出新任务；传统的地基基础施工工艺对环境的污染，以及施工对周边环境造成的损害，与建设环境友好型社会的矛盾日益凸显。要满足城市发展需求，解决上述这些问题都需要地基基础技术持续创新。本文简要对地基基础几个重要领域创新技术进行综述，展示近年来我国地基基础技术的最新创新成果。

1　天然地基基础技术创新

20 世纪 50、60 年代，鉴于国家的经济底子薄，对于建筑物基础工程，以发掘天然地基承载力为主导，取得了一些成功经验，但软土地区也留下一些考虑变形时效不够的隐患。基础的选型侧重于节约材料，如中高层建筑多采用箱形基础，很少采用筏形基础，对于地下空间的利用尚未提上日程。随着我国经济实力增强，近年来在大底盘厚筏基础设计、同一大面积整体基础上建有多栋高层建筑或多层建筑的地基基础设计、深大基坑回弹及再压缩变形特征及计算方法等方面技术不断创新，取得一些代表性成果。

1.1　在同一大面积整体基础上建有多栋高层建筑或多层建筑的地基基础设计

中国建筑科学研究院地基所通过 10 余组大比尺模型试验和 30 余项工程测试，得到大底盘高层建筑地基反力、地基变形的规律，提出该类建筑地基基础设计方法（图 1、图 2）。

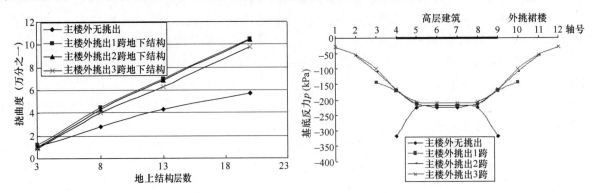

图 1　大底盘高层建筑与单体高层建筑的整体挠曲（框架结构，2 层地下结构）

图 2　大底盘高层建筑与单体高层建筑的基底反力（内筒外框结构 20 层，2 层地下结构）

大底盘高层建筑由于外挑裙房和地下结构的存在，使其地基基础变形由刚性、半刚性向柔性转化，对基础挠曲度增加，设计时应加以控制。

主楼外挑出的地下结构可以分担主楼的荷载，降低整个基础范围内的平均基底压力，使主楼外有挑出时的平均沉降量减小。

　　裙房扩散主楼荷载的能力是有限的,主楼荷载的有效传递范围是主楼外 1～2 跨,超过 3 跨,主楼荷载将不能通过裙房有效扩散。

　　大底盘结构基底中点反力与单体高层建筑基底中点反力大小接近,刚度较大的内筒使该部分基础沉降、反力趋于均匀分布。

　　单体高层建筑的地基承载力在基础刚度满足规范条件时可按平均基底压力验算,角柱、边柱构件可按内力计算值放大 1.2 或 1.1 倍设计;大底盘地下结构的地基反力在高层内筒部位与单体高层建筑内筒部位地基反力接近,是平均基底压力的 0.8 倍,且高层部位的边缘反力无单体高层建筑的放大现象,可按此地基反力进行地基承载力验算;角柱、边柱构件设计内力计算值无需放大,但外挑一跨的框架梁、柱内力较不整体连接的情况要大,设计时应予以加强。

　　增加基础底板刚度、楼板厚度或地基刚度可有效减小大底盘结构基础的差异沉降。试验证明大底盘结构基础底板出现弯曲裂缝的基础挠曲度在 0.5‰～1.0‰之间。工程设计时,大面积整体筏形基础主楼的整体挠度不宜大于 0.5‰,主楼与相邻裙楼的差异沉降不大于其跨度的 1‰可保证基础结构安全。

1.2　深大基坑回弹及再压缩变形特征及计算方法

　　中国建筑科学研究院地基所在室内压缩回弹试验、原位载荷试验、大比尺模型试验基础上,对回弹变形随卸荷发展规律、基底以下沿深度分布规律、再压缩变形随加荷进程发展规律进行了研究,提出回弹变形、再压缩变形的计算方法。

　　土样卸荷回弹过程中,当卸荷比 $R<0.4$ 时,已完成的回弹变形不到总回弹变形量的 10%;当卸荷比增大至 0.8 时,已完成的回弹变形仅约占总回弹变形量的 40%;而当卸荷比介于 0.8～1.0 之间时,发生的回弹量约占总回弹变形量的 60%,如图 3 所示。

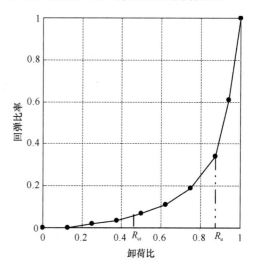

图 3　土样回弹变形发展规律曲线

　　土样再压缩过程中,当再加荷量为卸荷量的 20% 时,土样再压缩变形量已接近回弹变形量的 40%～60%;当再加荷量为卸荷量 40% 时,土样再压缩变形量为回弹变形量的 70% 左右;当再加荷量为卸荷量的 60% 时,土样产生的再压缩变形量接近回弹变形量的 90%,如图 4、图 5 所示。

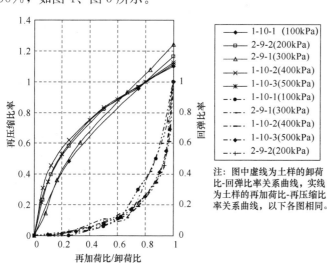

注:图中虚线为土样的卸荷比-回弹比率关系曲线,实线为土样的再加荷比-再压缩比率关系曲线,以下各图相同。

图 4　土样卸荷比-回弹比率、再加荷比-再压缩比率
关系曲线(粉质黏土)

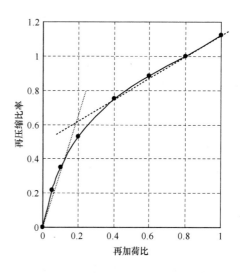

图 5　载荷试验再压缩曲线规律

在相同固结压力下,不同土性土样的回弹率存在明显差异。如图 6 所示,在相同固结压力下,淤泥及淤泥质土的最终回弹率最大,黏土和粉质黏土次之,砂土的最终回弹率最小。土体回弹变形具有一定的滞后性,其滞后性与固结压力、卸荷比、土性密切相关。在相同固结压力下,随时间发展,淤泥及淤泥质土比黏性土、砂土表现明显滞后。土性是影响土体回弹变形的主要因素之一。

回弹变形计算可按回弹变形的三个阶段分别计算:小于临界卸荷比时,其变形很小,按线性模量关系计算;临界卸荷比至极限卸荷比段,可按 lg 曲线分布的模量计算(图 7)。

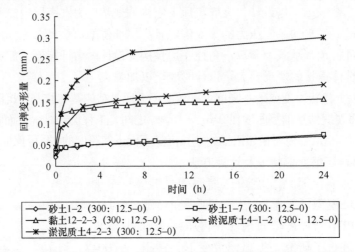

图 6 固结压力 300kPa 时不同土性土体末级卸载回弹变形时程曲线

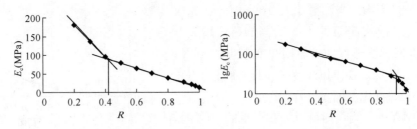

图 7 粉质黏土样 1-10-3(500kPa) R-E_c 与 R-lgE_c 关系曲线

工程应用时,回弹变形计算的深度可取至土层的临界卸荷比深度;再压缩变形计算时初始荷载产生的变形不会产生结构内力,应在总压缩量中扣除。

2 地基处理技术创新

通过引进与自行开发结合,我国地基处理技术已形成适应各类地质条件和工程要求的多系列、多方法、多工艺。从解决一般工程地基处理向解决各类超软、超深、高填方等大型地基处理和多种方法联合处理方向发展,部分技术已接近国际先进水平。在合理利用天然地基方面,开发了创新大量复合地基处理技术。强夯法朝着孔内强夯和强夯置换方向发展及小夯击能、多遍数方向发展;预压法朝着真空联合堆载预压方向发展;排水固结法由真空预压、堆载预压朝着真空、堆载、降水或其联合方向发展,通过采用主动性抽排(如管井、真空管井、轻型井点、深沟明排等)与被动性排水通道(如塑料排水板、袋装砂井、砂桩等)相结合的间接分级接力式降排水方式;水泥土桩已向大掺入比和喷射搅拌技术方向发展;碎石桩朝着振动挤密与竖向增强技术联合使用方向发展;以 CFG 桩和静压混凝土预制小桩为代表的刚性桩复合地基技术得到广泛使用和研究;出现了采用两种以上地基处理方法进行湿陷性黄土、可液化土及膨胀土等区域性特殊土的地基处理。

2.1 混凝土桩复合地基技术

混凝土桩复合地基是以水泥粉煤灰碎石桩复合地基为代表的高粘结强度桩复合地基。水泥粉煤灰碎石桩复合地基技术是将碎石桩地基处理技术加以改造形成的。水泥粉煤灰碎石桩（简称 CFG 桩）是在碎石桩桩体中掺加适量石屑、粉煤灰、水泥和砂，加水拌和，形成一种高粘结强度的桩体。通过在建筑物基础和桩顶之间设置一定厚度的褥垫层，保证桩、桩间土共同承担荷载，使桩、桩间土和褥垫层一起构成复合地基。通过十几年的工程实践，水泥粉煤灰碎石桩复合地基技术从最初应用于多层建筑发展到广泛应用于高层和超高层建筑地基基础。近年来除水泥粉煤灰碎石桩复合地基外，混凝土灌注桩、预制桩等作为复合地基增强体的工程也越来越多，其工作性状与水泥粉煤灰碎石桩复合地基接近。

混凝土桩复合地基技术适用于处理黏性土、粉土、砂土和已自重固结的素填土等地基。对淤泥质土应按当地经验或通过现场试验确定其适用性。就基础形式而言，既可用于条形基础、独立基础，又可用于箱形基础、筏形基础。采取适当技术措施后亦可用于刚度较弱的基础及柔性基础。目前水泥粉煤灰碎石桩复合地基也应用于路桥等柔性基础，但由于水泥粉煤灰碎石桩复合地基承载性能受基础刚度影响很大，柔性基础下承载性能及桩土荷载分担比例宜通过试验确定。混凝土桩复合地基技术不仅可发挥桩体材料的潜力，充分利用天然地基承载力，且能因地制宜地利用当地材料，可有效节约桩基混凝土用量，由于桩身不配置钢筋，因此节材效果明显，且该技术施工工效高，节约工期，具有良好的经济效益和社会效益。目前，混凝土桩复合地基技术在国内一些地区得到广泛应用，随着我国中西部经济的发展，该技术在中西部将会有广阔的应用前景。该技术在应用的过程中应注意其适应范围和质量控制。

2.2 软弱地基间接分级接力式排水固结法

通过采用主动性抽排（如管井、真空管井、轻型井点、深沟明排等）与被动性排水通道（如塑料排水板、袋装砂井、砂桩等）相结合的间接分级接力式降排水方式，结合强夯工艺使之兼具动力固结与静力固结的双重模式，对软弱地基进行复合排水固结处理的加固方法，尤其适用于围海造地新近吹填的大面积软弱地基的综合处理。

该技术目的在于克服围海造地软弱地基处理现状工法的不足，提供一种既可有效加固围海造地软弱地基上部吹填土层，又对深部饱和黏性土层（淤泥、淤泥质土）具有明显处理效果的复合排水固结方法。采用间接分级接力式降排水方法，根据需加固区域的土质分层条件，建立转换层，转换层根据土质条件确定，一般要求设置在渗透系数相对较大（10^{-4}cm/s 以上）土体中（如砂性土层），其层厚要求为 0.5m 以上。转换层以下为静力排水（塑料排水板）通道，转换层上设置动力排水通道，动力排水通道采用工艺根据转换层层厚及埋设深度确定，若转换层在地表以下 6m 范围，可采取轻型井点的工艺，若转换层较深，一般在 6m 以下时，则可采取管井、砂井等工艺。通过转换层建立动静结合的排水通道，以解决深层加固的困难。

由于水平转换层的存在，可使下部淤泥或淤泥质土体经塑料排水板排出的地下水再次通过浅层布置的真空动力抽排系统迅速排出。实现主动性抽排（轻型井点管网）与被动性排水通道（塑料排水板）的间接分级接力式抽排水后，场地深部饱和黏性土中竖向排水通道的设置间距即可不受轻型井点管的设置间距制约，而是根据淤泥及淤泥质土层具体情况，依据相关理论或规范进行分析计算并针对性地进行设计。由于深部饱和黏性土中竖向排水通道的增加，地下水水平渗流路径的缩短，势必加速抽排过程及强夯后孔隙水压力的消散，加快工程施工进度的同时，由于同步构建了针对深部饱和黏性土实际意义上的堆载预压体系（塑料排水板＋水平转换层＋上部吹填土层＋深沟明排体系），也可促使深部饱和黏性土在上部静覆盖压力（吹填土层）、动力荷载（强夯）及其残余后效力的共同作用下加速排水固结，这样必然增进该工法对于深部淤泥及淤泥质软土地层的处理效果，有效加固影响深度可大幅增加。

2.3 饱和盐渍土地区地基处理——DPD 强夯法和 DCD 强夯法

针对盐湖地基处理存在的问题，中国建筑科学研究院地基所自 2003 年至 2011 年，先后开发了

"盐渍土地区强夯加排水桩地基处理方法"，简称 DPD 工法；以及"盐渍土地区组合排水系统及其强夯地基处理方法"，简称 DCD 强夯法。DPD 强夯法是指"先在地基土中施工排水桩，再进行强夯施工"的联合处理方法。在 DPD 强夯施工中，通过动力挤迫出的水和气体，不是直接透过地基土排出，而是就近渗流汇集到砂石排水桩后，沿桩体排出。因此 DPD 强夯法的排水桩，其主要作用是作为强夯施工过程中的排水通道，相应施工质量的主控项目是桩体连续。

DPD 强夯法的加固机理参见图 8。图 8（a）开始强夯施工。图 8（b）由于夯击能的动力挤迫，地基土中产生很高的超孔隙水压力。图 8（c），由于排水桩桩体材料是渗透性良好的砂石，桩周边土中被挤出的地下水可以直接进入排放的高速通道——砂石桩体排出。而一旦地下水开始排出，排出端的水压开始降低，并产生水压差；在压力水头作用下，地基土中，很快会自然形成通向排水桩的连续、有序的水流。图 8（d），地下水汇集夯坑并组织抽排后，回填夯坑。

在 DPD 强夯法的基础上，通过改进排水系统，提高强夯的单击夯击能量等措施，研究开发了 DCD 强夯法。DCD 强夯法尽量采用塑料排水板取代砂石排水桩，原因在于塑料排水板排水效率高，造价相对较低；其次塑料排水板是定型产品，不管是采购还是加工都极为便利，不受自然条件限制。DCD 强夯法较 DPD 强夯法，能进一步提高处理后的地基承载力。

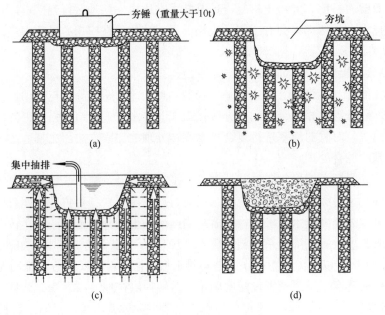

图 8　DPD 强夯法的加固机理

3　桩基工程技术创新

桩基础作为重要的基础形式，因具有承载力高、沉降变形小的优点，而得到广泛使用。桩基础在一般工业与民用建筑、桥梁、港口、公路、船坞、近海钻采平台、高耸及高重建（构）筑物、支挡结构以及抗震工程中用于承受侧向风力、波浪力、土压力、地震作用、车辆制动力等水平力及竖向抗拔荷载等。混凝土灌注桩及其后压浆技术由于桩长和桩径范围选择大，提供的承载力幅度大，地层适用性强等特点，发展迅速。目前已形成挤土、部分挤土和非挤土等数十种桩型和成桩工艺，最大桩长超过 100m；PC 桩（预应力混凝土管桩）、PHC 桩（预应力高强混凝土管桩）、冲钻孔灌注桩也广泛应用。新桩型、新工艺、新技术的开发，成功研发推广了适用于不同地质条件不同工程要求的一系列新桩型，借以提高桩基承载能力和节约资源，其中最常用的桩型包括钻孔扩底桩、挤扩桩、旋挖钻孔桩、长螺旋钻孔压灌桩、多支盘桩、先张法预应力管桩、后张法预应力大直径管桩、钻孔咬合桩、壁板桩、薄壁筒桩、长螺杆桩、静压沉管灌注桩、钢桩、组合桩、大直径人工挖孔桩技术、DX 桩技术、支盘桩技术、复合载体桩等，并在工程实践中创新了诸多实用的新工法。

3.1　地基基础（桩基）变刚度调平设计方法与处理技术

　　针对传统设计理念存在的诸多问题，通过大型现场模型试验、工程实测研究，提出高层建筑地基基础变刚度调平设计理论方法与处理技术（图9）：以共同作用理论为基础，针对框筒、框剪和主裙连体结构荷载分布差异大的特点，调整桩土支承刚度，使之与荷载分布相匹配；使得基础沉降趋于均匀，基础板的冲、剪、弯内力和上部结构次应力减小；由此既降低材料消耗，又改善建筑物功能、延长使用寿命。29项高层建筑基础的设计应用表明：差异沉降远小于规范允许值，减少了传统设计中出现的碟形沉降和主裙差异变形。

　　高层建筑地基（桩土）作为上部结构-基础-地基（桩土）共同作用体系中的组成部分，其沉降受三者相互作用的制约。共同作用体系的总平衡方程为：

$$([K]_{st} + [K]_F + [K]_{s(p,s)})\{U\} = \{F\}_{st} + \{F\}_F$$

　　其中，上部结构刚度矩阵 $[K]_{st}$ 以及上部结构与基础的荷载向量 $\{F\}_{st}$、$\{F\}_F$ 对于某一特定的工程而言是确定的，基础（承台）的刚度矩阵 $[K]_F$ 的调整幅度小且贡献不大，因而通过调整桩土支承刚度 $[K]_{s(p,s)}$ 大小与分布来实现沉降 $\{U\}$ 的均匀分布是一条有效、可行、合理的优化设计途径。这就是变刚度调平设计的理论原理，同时共同作用分析应作为设计过程调平检验和复核的手段。

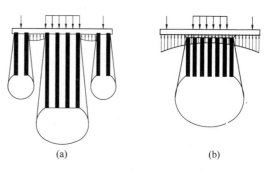

(a)　　　　　　　　(b)

图9　框架-核心筒结构变刚度布桩

（a）桩基-复合桩基；（b）局部刚性桩复合地基

　　框-筒结构调平。通过增大桩长（当有两个以上桩端持力层时）、桩数，强化核心筒的支承刚度；采用复合桩基、减小桩长、减少桩数，相对弱化外框架柱的支承刚度，并按强化指数（1.05～1.20）和弱化指数（0.95～0.75）进行调控。

　　局部增强调平。在天然地基承载力满足要求的条件下，对框-筒结构的核心筒、框-剪结构的电梯楼梯间采用刚性桩复合地基实施局部增强。

　　主裙连体建筑调平。当高层主体采用桩基时，裙房采用天然地基、复合地基或疏短复合桩基；当裙房地基承载力较高时，宜对裙房采取增沉措施，包括主裙相邻跨柱基以外筏板底设松软垫层，对抗浮桩设软垫或改为抗浮锚杆等。

　　天然地基承载力满足要求情况下的局部增强。对于荷载集度高的框-筒结构核心筒和框-剪结构的电梯井、楼梯间，采用刚性桩复合地基实施局部增强处理［图9(b)］，促使整个建筑物基础支承刚度与荷载分布相匹配。

　　主裙连体建筑。应按增强高层主体、弱化裙房的原则设计。高层主体采用桩基时，裙房宜优先采用天然地基，复合地基或疏短复合桩基。当裙房天然地基承载力较高时，宜对与主体相邻跨采取弱化增沉措施，包括对柱下基础以外的筏板设松软褥垫，当有抗浮要求时，宜于抗浮桩底设软垫或改为抗浮锚杆。

　　大体量仓储罐桩基调平。调整桩距、桩长，按内强外弱布桩（图10）。

3.2　灌注桩后注浆技术

　　灌注桩后注浆技术是指在灌注桩成桩后一定时间，通过预设在桩身内的注浆导管及与之相连的桩端、桩侧处的注浆阀以压力注入水泥浆的一种施工工艺。注浆目的一是通过桩底和桩侧后注浆加固桩底沉渣（虚土）和桩身泥皮；二是对桩底及桩侧一定范围的土体通过渗入（粗颗粒土）、劈裂（细粒土）和压密（非饱和松散土）注浆起到加固作用，从而增大桩侧阻力和桩端阻力，提高单桩承载力，减少桩基沉降。由此可见，采用该技术不但能提高建筑物的安全度，还能有效地减少工程桩混凝土及

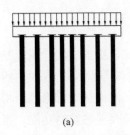 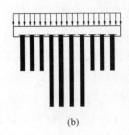

图 10　大面积均布荷载桩筏变刚度布桩
(a) 变桩距;(b) 变桩长

钢筋用量,起到节材节能的作用,符合建设节约型社会的产业政策。灌注桩后注浆技术适用于除沉管灌注桩外的各类泥浆护壁和干作业的钻、挖、冲孔灌注桩。在优化注浆工艺参数的前提下,可使单桩竖向承载力提高 40% 以上,通常情况下粗粒土增幅高于细粒土,桩侧桩底复式注浆高于桩底注浆;桩基沉降减小 30% 左右。目前,灌注桩后注浆技术在国内一些地区得到广泛应用,尤其是近年来的一些大型建筑,如上海中心大厦、国家体育场、首都机场、天津 117 大厦等,均采用了灌注桩后注浆技术,并取得了很好的社会效益和经济效益。随着我国中西部经济的发展,高层和超高层建筑越来越多,采用钻孔灌注桩基础的建筑也越来越多,灌注桩后注浆技术还有广阔的应用前景。

3.3　长螺旋钻孔压灌桩技术

长螺旋钻孔压灌桩技术是采用长螺旋钻机钻孔至设计标高,利用混凝土泵将超流态细石混凝土从钻头底压出,边压灌混凝土边提升钻头直至成桩,混凝土灌注至设计标高后,再借助钢筋笼自重或利用专门振动装置将钢筋笼一次插入混凝土桩体至设计标高,形成钢筋混凝土灌注桩,后插入钢筋笼的工序应在压灌混凝土工序后连续进行。与普通水下灌注桩施工工艺相比,长螺旋钻孔压灌桩施工不需要泥浆护壁,无泥皮,无沉渣,无泥浆污染,施工速度快,造价较低。该工法施工的单桩承载力高于普通的泥浆护壁钻孔灌注桩,成桩质量稳定,与泥浆护壁钻孔灌注桩相比,工效成倍提高。由此可见,该项技术有利于保护环境,还可节材节能,而且可提高工效、节约工期,因此该技术有很好的经济效益和社会效益。长螺旋钻孔压灌桩技术适用于长螺旋钻孔机可以钻进的黏性土、粉土、砂土、卵石、素填土等地基,特别是地下水位较高、易塌孔的地层,可在一定程度上替代泥浆护壁钻孔灌注桩,应用前景广阔。

3.4　水泥土复合桩技术

水泥土复合桩是由 PHC 管桩、钢管桩等在水泥土初凝前压入水泥土桩中复合而成的桩基础,也可将其用作复合地基。水泥土复合桩由芯桩和水泥土组成,芯桩与桩周土之间为水泥土。水泥搅拌桩施工及芯桩的压入改善了桩周和桩端土体的物理力学性质及应力场分布,有效地改善了桩的荷载传递途径;桩顶荷载由芯桩传递到水泥土桩再传递到侧壁和桩端的水泥土体,有效地提高了桩的侧阻力和端阻力,从而有效地提高了复合桩的承载力,减小桩的沉降。目前常用的施工工艺有植桩法等。

水泥土复合桩技术的适用范围比较广泛,可针对不同地质条件采用不同施工工艺。水泥土复合桩技术的施工适用性主要取决于水泥土桩施工工艺的适用性,对于水泥土搅拌桩,适用于软弱黏土地基。在沿江、沿海地区,广泛分布着含水率较高,强度低,压缩性较高,垂直渗透系数较低,层厚变化较大的软黏土,地表下浅层存在承载力较高的土层。采用传统单一的地基处理方式或常规钻孔灌注桩,往往很难取得理想的经济技术效果。水泥土复合桩技术是适用于这种地层的有效方法之一。对于高压旋喷桩,适用于粉土和砂土地层。高压旋喷桩在砂土地层得到的桩身强度较高,采用刚性桩作为芯桩的水泥土复合桩,可有效提高单桩承载力,节省工程造价。

目前,各种水泥土复合桩的专利很多,水泥土复合桩的形式多种多样,适用的场地条件也各不相同,由于其单桩承载力高,施工污染小,可节约工程造价,应用前景广阔。但各种水泥土复合桩的具体工艺方法上差异较大,施工及验收标准也不统一,尤其是水泥土桩的施工质量对水泥土复合桩承载力的影响较大,应加强质量控制。

4　基坑支护技术创新

随着经济建设的快速发展，大体量的高层建筑地下室建设和大规模城市基础设施、市政工程，诸如地下停车场、地下交通枢纽车站、综合管廊、地下变电站、大型排水及污水处理系统等的施工均涉及深基坑支护。深基坑支护技术是融汇岩土工程和结构工程技术为一体，包括支挡、降（截）水、监测的复合工程，具有很强的区域性特点。由于基坑周边环境日趋复杂、支护体系种类繁多、各种施工工艺的联合使用，其复杂程度对深基坑工程的理论研究、设计与施工均提出了诸多挑战性问题。我国基坑工程领域开发了一系列支护技术如水泥土重力式围护墙、土钉和复合土钉、钢板桩、灌注桩排桩（加锚杆）、SMW工法、地下连续墙、逆作法、TRD工法、SMC工法、土层锚杆、钢支撑和混凝土支撑、装配式支护结构、型钢水泥土复合搅拌桩支护结构及组合支护结构等，为各类基坑工程的支护提供了有效的技术手段。伴随着一系列规模庞大、复杂度大、难度高的基坑工程顺利实施，我国深基坑工程的设计和施工技术水平取得了长足的进步。

4.1　装配式支护结构施工技术

装配式支护结构是以成型的预制构件为主体，通过各种技术手段在现场装配成为支护结构。与常规支护手段相比，该支护技术具有造价低、工期短、质量易于控制等特点，大幅降低了能耗，减少了建筑垃圾，有较高的社会、经济效益及环保作用。目前市场上较为成熟的装配式支护结构有：预制桩、预制地下连续墙结构、预应力鱼腹梁支撑结构和工具式组合内支撑等，其施工技术的内容有了较大幅度的扩展。

预制桩作为基坑支护结构使用时，主要采用常规的预制桩施工方法，如静压或锤击法施工，还可采用插入水泥土搅拌桩，TRD搅拌墙或CSM双轮铣搅拌墙内形成连续的水泥土复合支护结构。预制地下连续墙技术即按常规施工方法成槽后，在泥浆中先插入预制墙段、预制桩、型钢或钢管等预制构件，然后以自凝泥浆置换成槽用的护壁泥浆，或直接以自凝泥浆护壁成槽插入预制构件，以自凝泥浆的凝固体填塞墙后空隙和防止构件间接缝渗水，形成地下连续墙。采用预制地下连续墙技术施工的地下墙面光洁，墙体质量好，强度高，并可避免在现场制作钢筋笼、浇筑混凝土及处理废浆。近年来，在常规预制地下连续墙技术的基础上，又出现了一种新型预制连续墙，即不采用昂贵的自凝泥浆而仍用常规的泥浆护壁成槽，成槽后插入预制构件并在构件间采用现浇混凝土将其连成一个完整的墙体。该工艺是一种相对经济又兼具现浇地下墙和预制地下墙优点的新技术。

预应力鱼腹梁支撑技术，由高强度低松弛的钢绞线作为上弦构件，H型钢作为受力梁，与长短不一的H型钢撑梁等组成的鱼腹梁与对撑、角撑、立柱、横梁、拉杆、三角形节点、预压顶紧装置等标准部件组合并施加预应力，形成平面预应力支撑系统与立体结构体系，支撑体系的整体刚度高，稳定性强。本技术能提供开阔的施工空间，使挖土、运土及地下结构施工便捷，不仅显著改善地下工程的施工作业条件，且大幅减少支护结构的安装、拆除、土方开挖及主体结构施工的工期和造价。

工具式组合内支撑技术是在混凝土内支撑技术的基础上发展起来的一种内支撑结构体系，主要利用组合式钢结构构件本身截面灵活可变，加工方便，适用性广的特点，可在各种地质情况和复杂周边环境下使用。该技术具有施工速度快、支撑形式多样、计算理论成熟、可拆卸重复利用、节省投资等优点。

装配式支护结构施工技术可实现构件的工厂化生产，提高了构件的质量，节约工期，支撑结构可拆卸、可重复利用，符合节能环保的产业政策。

4.2　型钢水泥土复合搅拌桩支护结构技术

型钢水泥土复合搅拌桩支护结构技术是指通过特制的多轴深层搅拌机，自上而下将施工场地原位土体切碎，同时从搅拌头处将水泥浆等固化剂注入土体并与土体搅拌均匀，通过连续的重叠搭接施工形成水泥土地下连续墙；在水泥土初凝前将型钢（预制混凝土构件）插入墙中，形成型钢（预制混凝土构件）与水泥土的复合墙体。型钢水泥土复合搅拌桩支护结构同时具有抵抗侧向土水压力和阻止地下水渗漏的功能。

近几年水泥土搅拌桩施工工艺在传统的工法基础上有了很大的发展，渠式切割水泥土连续墙技术（TRD 工法）、双轮铣深层搅拌工法（CSM 工法）、五轴水泥土搅拌桩、六轴水泥土搅拌桩等施工工艺的出现，使型钢水泥土复合搅拌桩支护结构的使用范围更加广泛，施工效率也大幅增加。

渠式切割水泥土连续墙技术（TRD 工法）是将满足设计深度的附有切割链条及刀头的切割箱插入地下，在进行纵向切割横向推进成槽的同时，向地基内部注入水泥浆以达到与原状地基的充分混合搅拌，在地下形成等厚度水泥土连续墙的一种施工工艺。该工法具有适应地层广，墙体连续无接头，墙体渗透系数低等优点。

双轮铣深层搅拌工法（CSM 工法）是使用两组铣轮以水平轴向旋转搅拌方式，形成矩形槽段的改良土体的一种施工工艺。该工法的性能特点有：具有高削掘性能，地层适应性强；高搅拌性能；高削掘精度；可完成较大深度的施工；设备高稳定性；低噪声和振动；可任意设定插入劲性材料的间距；可靠的施工过程数据和高效的施工管理系统；机械均采用履带式主机，占地面积小，移动灵活。

型钢水泥土复合搅拌桩支护结构技术主要用于深基坑支护，可在黏性土、粉土、砂砾土等岩土层中使用，该技术止水效果好，型钢可回收重复利用，符合节能环保的产业政策，应用前景广阔。

5 既有建筑地基基础加固技术

在增层、纠倾、移位、改建、古建筑保护、近新建建筑深基坑开挖、新建地下工程时，均会涉及对既有建筑地基基础进行加固。利用既有建筑地基基础加固改造技术，在保留或改造原有结构的同时，可以改善或提升既有建筑的功能或性能，对于缓解城市土地利用日益紧张的问题意义重大，同时也会产生显著的经济社会效益。

既有建筑地基土的工作性状是地基基础加固设计的基础。既有建筑地基土在荷载长期作用下的固结已基本完成，再增加荷载时的荷载变形性质与直接加荷的性质不同。对于沉降已经稳定的建筑或经过预压的地基，可适当提高地基承载力。中国建筑科学研究院地基所通过大型模型试验，研究了天然地基及桩基础上既有建筑地基的工作性状，主要技术成果如下：

（1）地基土在长期荷载作用后，地基土产生了压密效应，土性有所增强，继续加载时 p-s 曲线明显平缓。

（2）地基土在长期荷载作用后，如果承载的基础面积保持不变条件下继续加载，当附加荷载是先前作用荷载的 28.5% 时，附加沉降只有先前作用荷载下总位移的 4.7%，对上部结构影响较小。所以在地基土比较均匀，上部结构刚度较好的情况下既有建筑地基的承载力特征值一般可以提高 20%～30%。

（3）既有建筑地基土在长期荷载作用后，对其承载的基础面积扩大后继续加载时，其 p-s 曲线与相同的天然地基土的 p-s 曲线基本上平行。

（4）桩基础的单桩在长期荷载作用后，在持载的基础上继续加载，当附加荷载是先前作用荷载的 25% 时，附加沉降很小，其极限承载力比直接加载至破坏的桩极限承载力提高 15% 左右。

（5）既有建筑桩基础在长期荷载作用后，如果在群桩基础上直接增加荷载，当附加荷载是先前作用荷载的 28.6%，附加沉降只是先前作用荷载下的总位移的 1.7%。在场地条件良好，上部结构刚度和群桩基础结构较好的情况下，既有建筑桩基础承载力可以提高 20% 左右。

（6）既有建筑桩基础在长期荷载作用后，对其群桩基础扩大基础底面积一倍，并植入原来数量的桩继续加载，附加荷载由原桩基础、新增桩、新浇筑承台下地基土共同承担，原基础下桩分担的力初始快于新增桩，后期附加荷载逐渐向新增加的桩转移，新增加的桩分担的荷载比随着荷载的增大而增大。

（7）在独立基础内部植入树根桩，初期的附加荷载主要由树根桩承担，随着附加荷载的增大，桩土共同分担附加荷载，后期承台下地基土反力增长快于树根桩。

（8）在独立基础外部植入树根桩，在附加荷载为原作用荷载的100%之前，原基础下地基土反力增长快于新基础下地基土反力，之后新基础地基土反力增长快于原基础下地基土反力，此时地基土反力呈现"M"形分布；桩土应力比随着附加荷载的增大而增大，在新基础达到极限承载力以后桩土应力比随附加荷载的增大而减少。

（9）在独立基础内部和外部同时植入树根桩并加大基础底面积的一倍，在附加荷载作用下，不同位置的树根桩发挥是不同步的，初始基础内部树根桩承载力增长快于基础边缘的树根桩，后期基础边缘的树根桩发挥快于基础内部的树根桩；桩土应力比随着荷载的增大而增大，在新增加荷载为原作用荷载的200%时，桩土应力比随荷载的增大而逐渐较小。

6　展望

展望地基与基础工程技术前景，既需要在传统地基基础与岩土工程专业领域进行深耕和提炼，又需要将本专业与其他专业领域相互融合、集成和借鉴，从岩土工程技术方面来共同推动和提升地基基础领域效能、绿色、节材、环保、安全、防灾、统筹协调。

（1）21世纪是地下空间的世纪。地下空间开发力度不断加大，施工环境越来越复杂，对地基与基础工程技术提出了更高的要求。以高科技为支撑点，发展低碳经济，已经成为地基与基础工程技术的发展方向。

（2）基础工程理论与技术需要持续创新，虽有许多复杂的理论问题，特别是土力学方面的问题，但更主要的还必须从具体地质条件出发，以具体工程为依托，与工程密切结合。

（3）地基基础设计方案关系到整个工程的安全质量和经济效益，也牵涉工程地质条件、建筑物类型性质以及勘察、设计与施工等条件，需要岩土工程师与结构工程师密切合作，才能做好基础工程设计。基础工程设计要做到节材、环保，在抵御-恢复-可变三分机制中提高基础工程设计的弹性，设计不仅要着眼于当前，更要谋划适应未来地下空间开发利用、拓展的需要。

（4）发展需要不断创新的基础工程技术与施工工艺。未来地基与基础工程施工，要遵循绿色建筑、绿色施工的时代要求，全方位实现节能减排的环保要求，减少工程现场的废土、废气、废物、废水、粉尘和噪声污染环境，积极推广无污染、节能的新型施工工法。

（5）未来必须重视和发展地基础工程原位测试、检测、监测技术的创新与发展，注重符合土体实际应力状态和应力历史的土工参数的获取，为设计提供较为准确的计算参数和依据。

作者： 高文生　王　涛（中国建筑科学研究院有限公司地基基础研究所）

消防科技发展现状及展望

Current Situation and Prospect of Fire
Technology Development in China

火的发现和应用推动了人类文明的进步，然而，失控的火——火灾，也是人类始终无可回避的重大威胁。在与火灾的长期斗争中，人们总结了很多经验、教训，创造了一系列设备、设施，形成了一整套体制、机制，合而总之，谓之消防。"消防"一词原为近代从日本引进，"消"指灭火，"防"指防火，分别从两个阶段对火灾进行人为干预和及时处置，以期尽量减少火灾发生、减轻火灾损失。总体而言，消防工作主要涵盖两个方面的举措：其一是依法治火，通过立法手段约束人们行为，出台相关技术标准、规范，指导人们在生产、生活中科学有效地防火、灭火，建立强大的消防救援力量和完善的应急服务网络，并通过加强宣传引导，提高全民的消防安全意识；其二是依技治火，利用先进的科技手段不断提高消防工作的自动化、标准化、智能化水平，科学研判，精准施策，从源头降低火灾发生风险，增强防控主体的主动、被动防火性能，提高灭火救援能力和效率，减轻人员伤亡和财产损失。"法"和"技"并非孤立，而是一体两面、互为支撑。科学技术是第一生产力，消防水平的进步也必然离不开现代科技的支撑。本文聚焦于我国消防科技的发展现状及前沿热点，对所涉及的新材料、新技术、新工艺、新方法进行总结概述，有利于更清楚地掌握当前我国消防科技存在的优势和不足，进而对其未来发展方向作出展望和预测。

1 我国消防科技基本局面

中华人民共和国成立后，特别是改革开放以来，我国的消防科技经历了从无到有、从引进模仿到自主创新、从填补国内空白到追赶国际先进水平的巨大跨越，基本改变了我国原有消防科技基础薄弱的状态，形成了人才队伍成熟、平台设施先进、科研成果丰硕的良好局面。在火灾预防、灭火救援、评估规划、产品检测、训练演习等各个领域，消防科技都发挥着重要作用，引领着这一传统行业实现历史性变革。

经过长期的发展和布局，我国目前已形成了以应急管理部直属的天津消防研究所、上海消防研究所、沈阳消防研究所、四川消防研究所，以及中国建筑科学研究院建筑防火研究所、中国科学技术大学火灾科学国家重点实验室、中国人民警察大学消防工程系等重点科研机构为主体，相关教育单位和大中型消防产品企业为补充的消防科技综合研发力量。我国的消防科技工作也受到了国际社会的广泛关注，以笔者所在的中国建筑科学研究院建筑防火研究所为例，其成立于 1985 年，是由联合国开发计划署和中华人民共和国建设部联合投资组建的建筑行业最大的专门从事建筑防火研究的机构。历经多年发展壮大，各个消防科研机构逐渐形成了自己的技术专长和品牌特色，输出了大量科研成果和人才，极大地推动了我国消防科研工作的进步。

2 我国消防科技成就与前沿

中华人民共和国成立后，特别是 20 世纪 90 年代以来，我国在火灾动力学基础理论、防灭火技术、火灾模化技术及消防标准化等方面开展了大量研究工作，取得了一系列突破性进展，显著地提高了我国消防工作的整体科技水平。此外，针对经济社会发展中凸显的新问题，如高层建筑、地下建筑、大空间建筑与重大化学火灾事故防范与控制技术等，经过我国消防科技工作者多年的不懈努力，也取得了较为丰硕的成果。消防科技分支庞大、内容丰富，且往往跨专业、跨学科，本文限于篇幅，仅选取我国消防科技的若干重点成就和前沿热点进行概述。

2.1　探测报警技术

该项技术目前已经成为及早发现火情、减轻火灾损失的最有效工具之一。一方面，基于不同探测原理和识别判据的火灾探测器不断被研发并投入商用，包括感烟、感温、火焰成像、燃烧产物等，全面覆盖了各种常见火灾类型及火灾发展的各个阶段；另一方面，随着基础元器件的升级和判别算法的优化，各种火灾探测技术也朝着高精度、低误报、广适应的方向纵深发展。以当前应用最为广泛的光电型感烟火灾探测器为例，其最新技术基于前后双向散射和双波段光源的 Mie 散射原理，配合自学习智能化算法，不仅可排除背景噪声干扰，也能够有效区分真实火灾烟雾颗粒和灰尘、液滴等干扰因素。如进一步复合感温、CO 检测等功能，可在实现极早期报警的基础上，显著降低误报率。与此同时，分形编码图像快速提取技术、激光多普勒粒径测址技术、模糊逻辑和人工神经网络算法、小波变换信号分析等先进科技在火灾探测中的应用，也极大地促进了各类火灾探测器性能的改进。在报警系统组网方面，伴随着物联网时代的到来，我国尝试以 LoRa、ZigBee 等低功耗、高可靠性的无线通信方式部分替代有线联网方式，有效节约了安装施工成本，并在文物建筑等特定场合中具有优良的适用性。此外，基于地理信息系统和空间信息技术的广域火灾探测技术研究也在稳步推进中，预期将在森林、草原等火情的侦查、监测中发挥积极的作用。

2.2　自动灭火技术

在传统的消火栓、灭火器等灭火设备设施的基础上，近年来各种自动化灭火技术，如自动喷水灭火（含细水雾）、自动泡沫灭火、自动气体灭火、自动干粉灭火等不断引入，并已在各自的适用场合获得了充分应用。在自动喷水灭火方面，我国学者运用激光全息和电子测重技术进行了细水雾水粒流场特性的实验研究，分析了其成雾原理、灭火机理、灭火效能及雾束耐电压性能，提出了细水雾灭火系统的典型保护对象及工程设计方法；在自动泡沫灭火方面，以压缩空气泡沫灭火系统（Compressed Air Foam System，CAES）为载体，主要研究泡沫的扩增机理及其在可燃液体表面的动态覆盖过程，进而研发具有物理-化学耦合作用的泡沫灭火剂配方，并综合评估、改进其环保性能，以实现对石油化工厂区的重点防护；在自动气体灭火方面，现有研究力量集中于对卤代烷烧替代灭火剂的研发，并从气源、阀门、管道、控制逻辑等方面综合提高系统可靠性，尽量避免发生人身伤害；在自动干粉灭火方面，目前以局部应用的超细干粉居多，而对粉剂成分和粒径的优化是当前研究的热点，以期在提高灭火效率的同时，降低干粉热分解速率和次生污染物产量。此外，在家用灭火领域，也相继研发了如投掷式灭火器、气溶胶灭火器等操作简单、效果优良的新型灭火器，充实了灭火器的家族序列。

2.3　火灾模化技术

20 世纪 80 年代中期以来，随着建筑体形的扩大和复杂程度增加，高大空间建筑、异形建筑的层出不穷导致传统的"处方式"防火设计存在困难，因此性能化消防设计作为一种先进的工程设计方法得到了迅速发展。通过对人员疏散特性、火灾蔓延规律、烟气流动特性等进行深入研究，依托于计算机仿真模拟技术，逐步建立了一系列实用的模型和方法。受"十二五"国家科技支撑计划资助，中国建筑科学研究院建筑防火研究所自主研发了基于社会力模型的人员疏散软件 Evacuator，可准确计算并反映应急疏散过程中人与人、人与建筑、人与环境之间的相互作用；后期开发的 UC-W1N/ROAD 插件则能将 Evacuator 仿真数据导入，通过坐标对齐与 3Dmax 制作的模型进行合并，可直观动态地反映火灾疏散过程，对疏散设计的评估及疏散预案的制定具有重要的指导意义。国内多家消防科研机构与英国奥雅纳工程顾问公司、美国国家标准与技术研究院（National Institute of Standards and Technology，NIST）、美国罗尔夫杰森消防技术咨询公司（Rolf Jensen & Associates ，RJA）等深度合作，提出并发展了"场—区—网"模拟理论，建立了涵盖浮升力、炭黑生成与输运、湍流尺度涡旋及热辐射相耦介的综合理论模型，并对边界条件处理进行了优化。目前，火灾模拟技术已在全国数百个大型建设工程项目中得以应用。

2.4 区域风险评估

随着城市公共安全日益受到重视，我国相继开展了区域火灾风险评估、区域消防规划及其关键技术等方面的研究。区域火灾风险评估是分析区域消防安全状况、查找消防工作薄弱环节的有效手段，是公众和消防员的生命、财产的预期风险水平与消防安全设施以及应急救援量的种类和部署达到最佳平衡的基本前提。近年来，通过对北京、广州等一线城市的应用研究，中国建筑科学研究院建筑防火研究所在区域火灾风险评估技术体系中提出了基于抽样理论的火灾高危场所样本量计算方法、基于仿真技术嵌合离散定位模型的火灾风险分析法和基于变权重理论的区域消防安全评估指标体系，发展了区域地图精准处理及分析技术、现场检查数据智能采集技术等。

2.5 消防员装备与培训

各种消防装备是保证消防员人身安全、提高灭火作业效率的重要依托，主要包括基本防护装备和特种防护装备，品种门类包括头盔、防护靴、呼吸器、防护服、通信器材等。我国科研机构和相关生产厂商投入大量精力，积极采用新材料、新工艺、新技术，助力消防员装备的提档升级。比如，采用芳香族聚酰胺纤维和PTFE防水透气功能膜生产的灭火防护服，具有良好的阻燃隔热和防水透气性能；采用新型阻燃耐酸碱橡胶和隔热材料的防护胶靴，可实现阻燃、防割、防滑、防砸、耐酸碱等复合功能。同时，在消防员实战能力培训方面，虚拟现实（Virtual Reality，VR）、增强现实（Augmented Reality，AR）等技术也开始得到应用，其对于消防员适应复杂火场环境、研究灭火战例、制定救援预案等具有积极的作用，远期也将推广至全民消防科普工作中，从而提高消防安全宣传中的体验感和参与度。

3 我国消防科技标准化工作

标准化是消防的基础性工作，也是"法"和"技"的高度统一，通过将产品、技术或管理中的普遍性要求以具有约束力乃至法律效力的条文形式固定下来，以规范消防市场，指导消防行业，促进全社会消防安全水平的提升。全国消防标准化技术委员会作为全国性的消防标准化工作机构，于1987年经国家质量技术监督局批准成立，囊括了全国消防行业的大部分顶尖专家。历经几十年发展，中国的消防标准化工作有了长足的进步，形成了较为全面的消防标准化体系，涵盖火灾报警系统、电气防火设备、固定灭火系统、阻燃材料、防火涂料、消防车、消防炮、消防管理等各个细分技术和产品领域。

同时，我国消防标准的制定也大量借鉴与采用国际标准，主动与国际标准化组织（International Standards Organization，ISO）、欧洲标准化委员会（Comité Européen de Normalisation，CEN）、美国消防协会（National Fire Protection Association，NFPA）等世界知名的标准规范制定组织开展合作对接，有效提升了我国消防标准国际化水平，形成了我国消防标准化工作"引进来、走出去"的新局面。

4 我国消防科技当前存在的不足

经过几代消防科研工作者的不懈努力，我国在消防科技的各个方面都取得了长足的进步。然而，面对人民群众对消防安全的更高要求和层出不穷的消防新问题、新难点，我国当今消防科技的发展仍然存在着全局层面缺乏整合、高科技手段应用偏弱、环境友好度不高等问题，针对一些特殊且重要场所的消防安全策略尚不完善，智能化转型升级有待实现突破，因此需要更加深入践行"创新、协调、绿色、开放、共享"的新发展理念，实现行业整体的高质量发展。同时，我国消防科技标准化的系统性仍有所不足，存在着一定"头痛医头、脚痛医脚"的现象，不同规范条文之间有所重叠甚至出现矛盾。有鉴于此,本文将在后续论述中对我国未来消防科技发展提出若干展望。

5　我国消防科技展望

5.1　定制消防

常规建筑的消防工作历经多年发展,现已形成一套较为成熟完整的防火设计、施工、验收、管理规范体系和监管流程。然而,针对一些形式特殊且十分重要的建筑或工程类型,如文物建筑、高铁、地铁、城市地下空间等,一方面现有的标准规范体系尚存在一定盲区;另一方面其自身又存在较多的消防难点,因此有必要开展针对性的深入研究,以对此类建筑实施"定制消防"策略。

(1)文物建筑。文物建筑是无法复刻的珍贵文化遗产。然而我国文物建筑大多为砖木结构,火灾荷载大、耐火等级低,且消防设施缺乏、灭火救援困难。我国现行消防标准规范在文物建筑中缺乏适用性,导致文物建筑消防工作还存在一定盲区。近年来我国正逐步完善文物建筑消防标准规范及相关制度文件,如国家文物局委托中国建筑科学研究院建筑防火研究所主编《文物建筑防火设计导则》,使得文物建筑消防保护更加有据可依。同时,结合文物建筑特点,考虑引进诸如无线火灾探测报警、消防设施监控云平台等先进技术手段,也必将有效提高文物建筑的消防安全水平。

(2)高速铁路。中国高铁已成为中国制造的一张闪亮名片,而消防安全是高铁运营的基石。针对其自身特点,铁路系统日前编制了一系列涵盖消防的标准规范,如《铁路工程设计防火规范》TB 10063—2016、《城际铁路设计规范》TB 10623—2014 等,但其覆盖面仍然有限。诸如疏散距离超长、站房大空间烟气控制困难、结构抗火性能不足等问题,尚无法得到有效解决。因此,有必要开展基于性能目标的特殊消防设计,进而总结共性规律。

(3)地铁。地铁是超大型城市现代化公共交通体系的核心。地铁空间封闭、结构复杂、人流量大,一旦发生火灾,造成的后果往往极为严重。现行《地铁设计规范》GB 50157—2013、《地铁设计防火标准》GB 51298—2018 等尽管对当前地铁消防设计具有较强的指导性,但随着地铁工程形式、材料、功能的多样化和复杂化,亟须开展针对性的消防安全评估、特殊消防设计、消防设施检测等工作。

(4)地下空间。随着我国城市中心区地面空间资源的日趋紧张,对地下空间的开发利用需求迅速上升。同时,城市地下空间的功能也逐渐丰富,由最初的地下通道、停车场转型为市政、商业、娱乐等多业态聚合的形式,这也对消防安全提出了更大的挑战。然而,我国在地下空间消防安全方面的研究尚处于起步阶段,特别是对工程应用的指导存在明显不足。城市地下空间火灾风险、结构形式、功能设置均具有其独特性,在防火分隔、人员疏散、火灾探测、灭火救援等诸多方面需开展专题研究,以形成适用于城市地下空间的消防保护技术方案和标准规范体系。

5.2　智慧消防

智慧将是未来社会的一个关键词。智慧消防技术近年来方兴未艾,从政府层面,到学会、协会、科研机构层面,再到产品供应商层面,都以此作为今后发展重点,并已取得一定突破。然而,我国目前的智慧消防普遍停留在数据的实时采集、监控阶段,存在平台规模偏小、产品兼容性较差、数据挖掘深度不足、智慧核心能力欠缺等问题。此外,目前智慧消防平台的研发往往由软件公司主导,其对消防业务需求的理解和传统消防技术的掌握不够深入,在应用场景创建和事故处置流程等方面的整合优化尚不充分,一定程度上制约了智慧消防技术的发展。

部分发达国家的智慧消防起步较早,有若干先进经验值得我们借鉴。如英国利用数据库对大数据的有效管理、分析,基于对风险指标参数的快速采集和判别,实现了城市火灾风险的动态评估,从而尽早发现、排查火灾隐患。美国 NIST 智慧消防研究项目,关注于前端智能消防设备的研发测试,并构建楼宇、社区、城市等多级智慧消防体系。从消防技术的发展趋势看,智慧消防是未来消防产业升级的必然方向。如何从战略的高度看待智慧消防建设,实现智慧消防的弯道超车和创新引领,是摆在我国消防科技发展面前的一个重大课题，需要消防工作者为此付出不懈的努力。

5.3 绿色消防

绿色发展是新发展理念中的重要组成部分，绿色消防作为未来消防科技的发展方向也是应有之义。绿色消防是一项综合性的技术，其核心自理念是指在防火灭火的过程中，减少和降低各种材料、工艺、作业等，对环境、生态、人等负面影响，规避二次污染的发生。

以灭火剂为例，在相当长一段时间内，哈龙都是一种主要的灭火剂。此类灭火剂在灭火的过程中，具有效果快、适用范围广等优点，但其会对大气层特别是臭氧层产生一定的破坏作用，因此有必要积极研发新型灭火剂，兼顾灭火性能和环保性能。纵观国际市场，现有如 HFCs 族的 FM-200（HFC-227ea，美国大湖化学公司开发）、FE-13（HFC-23，美国杜邦公司开发）以及 PFCs 族的 CEA-308（美国 3M 公司开发）等，均具有毒性低、灭火效能高、灭火分解物少、几乎无残留物、对人体无害等优点。然而，此类灭火剂的国产化率很低，我国自主研发、生产力量十分薄弱，造成其价格居高不下，制约了其在我国的推广应用。再如，绿色消防还体现在阻燃材料的改良和优化等方面。在建筑中使用此类低污染、阻燃效果好的阻燃材料，既能够降低火灾发生的频率，也能在火灾时减少有毒物质的生成，保障人员的生命安全。

以上仅选取灭火剂和阻燃材料的绿色升级作为例证，说明绿色消防是我国消防科研发展的重要方向之一。更应指出的是，绿色消防不仅是一项具体的技术，也是一种思维理念，须始终贯穿在消防工作的全过程。

历经几代科研工作者的赓续努力，我国的消防科研工作取得了有目共睹的进步，极大地改变了传统消防的形象面貌。本文首先对我国当前消防科研机构布局、消防科技成就与前沿热点、消防科技标准化现状进行综述，然后从 3 个方面对我国今后消防科技工作的发展方向进行展望。针对以文物建筑、高铁、地铁、城市地下空间为典型代表的特殊场所，提出定制消防的概念，并提出相应的发展思路；针对当前我国智慧消防存在的不足，借鉴国外先进经验，指明其未来的发展方向；针对消防中存在的二次污染问题，践行绿色发展理念，提出绿色消防的解决方案。希望本文的一些建议能为我国消防科技的发展提供一个较为系统、实用的参考或思路。

作者： 孙 旋（中国建筑科学研究院有限公司建筑防火研究所）

装配式建筑产业互联网与新型建筑工业化协同发展

Collaborative Development for Internet of Prefabricated Construction Industry and New Building Industrialization

1 现状和趋势

自 2015 年起，中国以发展装配式建筑为抓手，大力推动新型建筑工业化发展，将工业化、自动化和信息化技术在建筑领域中同步应用。通过"十三五"期间的国家重点研发计划、建筑工业化重点专项等科技攻关投入，我国在工业化方面得以起步发展。随着《国务院办公厅关于大力发展装配式建筑的指导意见》（国办发〔2016〕71 号）的印发实施，以及各级政府部门、行业协会（学会）、科研院所、产业链上下游企业的共同推动，相关规范和指导意见陆续出台，多家企业逐步开始进行建筑工业化建造相关研究，在工厂成套装备、生产工艺、BIM 技术等方面基本实现"工业化、自动化和信息化"。与之相适应的多种装配式建筑体系在北京、上海、深圳、南京等地实施应用，发展势头良好。

另一方面，纵观我国建筑业目前的整体运营模式，主流方向依旧沿袭传统建筑行业的设计、采购、施工三段割裂的总承包管理模式，在将工业化与建筑业结合的发展过程中还存在诸多问题：一是缺乏产业一体化协同建造体系，各个专业缺乏协同，建造模式条块分割，施工模式产业链碎片化割裂严重，生产关系不能适应产业发展，没有实现技术、管理、市场的有效整合；二是建造体系标准化程度不足，建筑建造所需的设计方式、组织模式、产品形式、生产方式、建造方式、交付方式的标准化程度低，无法满足建造中设计、商务、生产、施工、运维各环节数据互联互通；三是工业化水平整体较低，工业化是智能化的基础，目前建筑建造工业化程度还处于初级阶段，缺乏建造工业化设计体系，生产方式落后，自动化生产水平整体较低，各地工厂仅有少量工序实现自动化生产，大部分仍靠人工操作完成，生产质量、进度、成本具有不稳定性，无法推广普及。

针对这一现状，国家在"十四五"期间大力推进以装配式建筑为代表的建筑工业化和智慧建造的发展。2020 年 7 月 3 日，住房城乡建设部等十三部委联合发布《关于推动智能建造与建筑工业化协同发展的指导意见》（建市〔2020〕60 号），明确提出了推动智能建造与建筑工业化协同发展的指导思想、基本原则、发展目标、重点任务和保障措施；明确了只有和建筑工业化相结合才能实现建筑智能建造。2020 年 9 月，住房城乡建设部、教育部、科技部等九部委联合发布《关于加快新型建筑工业化发展的若干意见》（建标规〔2020〕8 号），指出加快新型建筑工业化发展应该从加强系统化的集成设计、优化构件部品的生产方式、广泛推进精益化施工的落实、大力发展信息技术的融合等九大方面着手，在 37 项技术与政策层面强化引导。

与此同时，工业化技术和信息化技术在建筑领域的发展逐渐趋于成熟，为进一步推动建筑业转型升级、促进建筑业高质量发展、加快推进建筑产业互联网建设奠定了坚实基础。目前在智能建造方面，我国对数字设计和智慧工地方面有一定的探索，但尚处在碎片化的尝试阶段，缺少系统性的集成创新，建筑产业链的互联互通以及与参与方资源共享仍是亟待解决行业痛点。解决这些问题，需要在组织模式、平台软件开发、机器人智能装备等关键技术方面取得全方位突破。针对于此，越来越多的企业主动背负社会责任，积极探索行业僵局破解之道，力争实现基于全产业链的智慧建造。

2 技术和设备

建筑产业互联网被认为是破解行业痛点、优化提升产业链效率的有效路径之一。为了解决传统建筑行业存在的诸多痛点，推动行业实现高质量发展，以"建筑＋互联网＋物联网"为代表的新型建筑工业化发展路径逐渐成为研究热点，应用重点也从单点技术应用逐步过渡到项目全过程一体化管理。新型模式综合利用新一代信息化技术，对建筑产业链全要素信息进行采集、汇聚和分析，从而打通产业链内部的信息壁垒，优化建筑行业全要素配置，促进全产业链协同发展，提高全行业整体效益水平。

新型建筑工业化与建筑产业互联网协同发展强调建筑设计工业化、标准化、产品化思维，推行以标准化设计为主导的设计、采购、生产、施工、运维（简称 REMPC）工程总承包管理模式和建筑产品的全生命周期管理。目前，建筑行业的信息化管理已涵盖从设计、采购、生产、施工到运维的建设项目全产业链条，并通过互联网平台和大数据分析将数据、权限、业务三者进行关联，结合建筑信息模型（BIM）、互联网、物联网、大数据、云计算、移动通信、人工智能、区块链等高新技术，打通建筑产业链上下游信息壁垒，建筑行业互联网式常态化发展模式已初具雏形。

整体技术路线以 BIM 轻量化模型为数据载体，与 REMPC 各环节互联互通，实现设计数据直接指导项目招采、工厂生产、现场施工和建筑运维；即时回溯各阶段数据并实现跨阶段的交互式数据赋能应用，系统性集成到云端中，建立以实际建造数据为基础的数字孪生建筑，建筑建造数据实时增长，实现虚拟数字建造与现实建筑建造虚实结合，打造建筑行业的数字孪生数据资产。

2.1 建筑信息化设计技术

从"十五"开始，我国就不断推进建筑行业 BIM 关键技术及技术政策的研究，已经形成相对完善的国家标准、行业标准以及地方标准。建筑信息化设计技术是促进新型建筑工业化、打造建筑产业物联网的根本，基于此，建筑全生命周期数字孪生的概念才得以实现。

（1）BIM 技术。BIM（Building Information Modeling）本质上是一种三维模型信息数据库，集合了建筑的设计、施工、运行直至建筑全寿命周期终结的所有数据，设计团队、施工单位、设施运营部门和业主等各方人员可以基于 BIM 进行协同工作，有效提高工作效率、节省资源、降低成本、实现可持续发展。目前已基本实现利用一体化协同工作机制的 BIM 正向设计，在设计阶段实现构件生产加工、工地安装作业、建筑精装运维的前置参与，充分结合各参与方需求以及各环节需要，整合设计要素。运用基于标准化的数字设计技术有效避免因设计不当而导致的返工问题，达到节约建造成本的目的。

（2）轻量化技术。轻量化技术是指将 BIM 模型拆分成几何数据和行业数据，压缩模型文件体量，使拥有庞大数据量的模型可以在云端轻松便捷加载。将基于标准化设计生成的 BIM 模型通过轻量化技术上传至互联网云平台，以轻量化模型为数据载体，可全面服务于采购、生产、采购、施工、运维全阶段，实现全过程、全专业、全流程记录并使用工程项目建造数据，建立数字孪生建筑，打造项目数据资产。

（3）数字可视化技术。以 BIM 模型为基础，与虚拟现实技术相结合的数字可视化技术，在建筑领域有着更加广泛、更加智能的应用：在设计阶段，设计师直观感受设计成果，避免设计返工；在施工阶段，模拟施工现场构件布设安装，辅助方案制定；在运维阶段，业主无障碍查看房屋结构、构件及隐蔽工程信息，控制智能终端设备，使物业管理更加直观化、高效化、智能化。

2.2 智能感知物联技术

随着物联网、移动互联网、虚拟现实等新的信息技术迅速发展，云存储和移动设备的应用，工程现场数据和信息可以利用智能设备与传感器做到实时采集、高效分析、及时发布和随时随地获取，以平台的形式进行整合展示，这种基于网络的多方协同应用方式与 BIM 集成应用形成优势互补，将实现不同参与者之间无障碍的协同与共享,实现建筑产业链条的高度数字化转型。

(1)智能设备与传感器。传感器利用感知技术,通过物理、化学和生物效应等手段,获取被感知对象的状态、特征、方式和过程的一种信息获取与表达技术,其原理是基于不同环境状态下材料的电化学性质的变化,将感知的状态输出为模拟数字信号,通过转换算法转换为物理状态。传感器可以对温度、湿度、悬浮颗粒物、噪声、风力、应力、应变等对象进行感知,施工现场的自动喷淋降尘、自动降噪、塔式起重机作业防碰撞、卸料平台监控系统等智能化手段便是传感器应用的典型案例。传感器技术还包括射频识别技术,通过无线电信号识别特定目标并读写相关数据,可用于构件编码识别追踪记录。智能设备是指应用人工智能技术、具有计算处理能力的设备、器械或者机器。GPS定位技术与穿戴设备结合,精准定位实现项目施工现场人员;AI图像识别技术与监控设备结合,及时预警安全隐患问题;生物特征识别技术与闸机设备结合,简化人员出勤考核流程;点云扫描技术与机器人结合,自动化检测质量管理关键指标。

(2)互联网和物联网技术。互联网技术是支撑智能建造信息流通的媒介,是数据传递、资源共享的基石。物联网技术是指按约定的协议,将任何物品与互联网相连接,进行信息交换和通信,以实现智能化识别、定位、跟踪、监控和管理。网络技术发展经历了资源共享的互联网阶段,物物相连的物联网阶段,最终将物联网和工业系统全方位深度融合,形成工业物联网技术。建筑产业物联网可以实现对项目现场工业化生产的构件、机电以及智能设备、传感器等物体接入统一的物联网管控平台,并与劳务人员、承建商以及各参与方互联,构建责任追溯体系,实现建造全过程的人员、质量、安全、进度的精细化管理。

(3)平台集成技术。通过数据标准和接口的规范,将现场应用的子系统集成到监管平台,数据云端存储,创建协同工作环境,搭建立体式管控体系,提高监管效率。

2.3 数据分析处理技术

在完成数据采集后,只有对数据进行加工处理、分析利用,才能从真正意义上辅助项目决策,驱动企业成长。因此,数据分析处理技术可视作智慧建造与建筑产业互联网发展的"大脑",对建筑产业升级有着至关重要的意义。

(1)云计算技术。云计算是一种基于并高度依赖互联网、用户与实际服务提供的计算资源相分离、集合了大量计算设备和资源的分布式处理架构。云计算技术的应用在建筑行业法人商业模式、协同设计、项目管理等部分均有所体现。云平台为客户的产品需求和企业的资源搭建了沟通桥梁,形成"端+云+端"的运作部署,可以实现产品全生命周期的用户参与;BIM协同设计技术在云计算技术的加持下,可以更好地分配各类计算资源,实现建筑设计院体系内资源的动态配置,有效降低设计院成本投入;解决因工程建设内各项智能设备使用而产生海量文件的高并发存取、即时性操作以及各项应用持久化使用等问题,有效支撑项目工地数据的挖掘、分析;建立数据中心,实现知识库共享共用,充分发挥数据价值。

(2)大数据技术。基于实时采集并集成的一线生产数据建立决策分析系统,通过大数据分析技术对监管数据进行科学分析、决策和预测,实现智慧型的辅助决策功能,提升项目管理科学决策与分析能力。在项目规划阶段,帮助建筑从业人员进行建筑成本的估算;在项目设计阶段,利用数据挖掘技术进行碰撞监测;在项目建造阶段,利用业务产生的海量数据管控施工进度,调控资源配置;在项目交付后,利用大数据技术进行指挥运维管理。

2.4 智能建造机器人

建筑机器人通过机器替代或协助人类的方式,达到改善建筑业工作环境、提高工作效率的目的,最终实现建筑物营建的完全自主化。2010年后,建筑机器人产品的研发与应用进入全盛时期。虽然投入项目正式使用的机器人日益增多,但目前在建筑行业,人机协同工作仍是智能建造的主要建造方式,主要的应用场景为工厂构件加工生产与施工现场装配安装。

（1）工厂预制技术。工厂预制技术提供标准构件，是现场智能化施工的前提和基础，该技术将智能建造机器人与工厂自动化生产线相结合，利用建筑信息化设计技术、数据对接技术等技术手段，高效精准地执行生产任务。工厂预制技术筛选 BIM 设计信息直接传递至工厂生产线操作系统，并利用算法控制自动化流水线及工业化机器人，进行现场信息化生产。将智能生产线生产数据上传云端，实现多台智能机器人云端多机多态协同作业控制，并可以云端监测构件生产状况、加工过程。全过程跟踪追溯构件从设计、生产到品控、物流、质检的全生命周期信息，实现对生产进度、质量和成本的精准控制，保障构件高质高效生产，更大程度减少对人的依赖。

（2）施工装配技术。项目现场智能装配安装需以健全的 BIM 的工业化智能建造体系为基础，要求构件标准化程度高、施工现场数字化程度高。智能建造机器人可以实现智能化混凝土浇筑与构件安装、工程信息数据挖掘分析、过程趋势预测及专家预案等过程。在施工效率、施工精度和安全程度表现上与传统人工施工技术形成鲜明对比。

2.5 区块链技术

区块链技术是一项较新的技术，概念始于 2008 年。其本质为共享数据库，存储于其中的数据或信息具有不可伪造、全程留痕、可以追溯、公开透明、集体维护等特征。由于其特殊的计算方法和应用场景，在多个国家的多个行业迅速得到重视和发展。2016 年，《中国区块链技术和应用发展白皮书》提出了我国区块链技术发展路线图和标准化路线图等建议，鼓励营造良好的发展环境，推动我国区块链技术和产业发展。区块链是分布式数据存储、点对点传输、共识机制、加密算法等计算机技术的新型应用模式。区块链技术不依赖第三方管理机构，拥有独立的规范和协议，通过分布式核算和存储，各个节点实现信息自我验证、传递与管理。

在建筑行业中引入区块链技术，为各类应用场景搭建公有、开放、高性能的技术平台，将建筑全生命周期数据记录在区块链上，保障产业链各参与方交易安全，通过开放式数据资源提升工程管理效率、降低工程建造成本、保障问题追溯有据可依。

3 标准和规范

标准是实现装配式建筑产业互联网与新型建筑工业化协同发展的重要组成部分，是各参建方项目实施和过程把控的重要依据，有利于保障交付成果质量。

2015 年 8 月，为推进建筑工业化发展，住房城乡建设部发布《工业化建筑评价标准》GB/T 51129—2015，标准规定建筑技术、信息化和评价等内容，依据设计阶段、建造过程、管理与效益三部分进行项目评价，规范建筑工业化发展全过程动作。

此外，《建筑信息模型施工应用标准》GB/T 51235—2017、《建筑信息模型设计交付标准》GB/T 51301—2018 等国家标准及《建筑施工企业信息化评价标准》JGJ/T 272—2012、《建筑工程施工现场监管信息系统技术标准》JGJ/T 434—2018 等行业标准根据建筑领域对信息技术的特有需求，规定了相应的技术规范与应用评价标准。但是，根据现有研究，新型建筑工业化与智能制造的标准体系较为单薄与割裂，主要集中于设计制图标准、构件技术规程，在产业全链条信息化管理方面还有所欠缺，仍需修订现行标准并编制相应新标准。

4 应用和实践

在我国大力推进建筑产业互联网发展的浪潮中，涌现出一大批致力于融合建筑行业与先进技术、构建建设领域新生态的优秀企业，以重塑建筑产业格局为使命，积极进行探索与实践。例如品茗股份综合运用新一代信息技术，实现工程进度、质量安全、绿色施工和成本控制等方面的数字化、智能化管理；广联达科技股份有限公司以"数字建筑"为引领，以提供建设工程领域专业应用为核心业务支撑；慧筑云科技有限公司提出产业共享概念，以打造中国智慧建筑第一产融生态圈为企业目标，提供智慧建造和行业资源共享两大服务。

在众多应用实践中，由中建科技集团有限公司提出的基于全产业链数字孪生的建筑工业化解决方案尤其能够为中国建筑产业互联网未来发展方向提供思路。该公司将建筑工业化作为系统工程，以一体化集成建造的需要，系统性集成 BIM、互联网、物联网、大数据、人工智能、VR 等技术，打造建筑产业全链条数字化智慧建造平台，打通建筑业上下游的信息传递渠道，构建了以标准化设计为主导的设计、采购、生产、施工、运维全链条智能建造技术体系。贯彻落实智能建造技术体系在项目的应用部署，实现终端实时采集、分析、记录各环节的作业状态，使装配式建筑的设计、采购、生产、运输、装配等状态通过平台实时反馈给项目各参建单位和监管部门。

该智慧建造平台目前已在全国 141 个项目中落地使用，参与项目囊括众多大型建筑和基础设施项目。其中，最具亮点的是采用全新建设管理模式，全面应用新技术、新材料、新工艺的深圳市长圳公共住房项目。

长圳公共住房项目是深圳市委市政府高度重视的政府投资重点项目，也是深圳市目前规模最大的公共住房建设项目，用地面积约 20.7 万 m^2，总建筑面积约 109.78 万 m^2，预计建成后将提供 9672 套公共住房。

该项目以智慧建造平台为依托，纵向打通设计、采购、生产、施工、运维全产业链，贯穿建设过程管理的全流程；横向链接项目各参与方，搭建运作高效的协同办公服务平台，实现了工程项目的全生命周期资源数据共享及管理决策一致性、连贯性；构建了设计、招采、成本、合同、设备、生产、施工、运维一体化的数字化管理模式，实现项目建设的高效有序。

项目在设计阶段通过比例控制、模数协调的设计方法，建立标准化模块设计技术，统一凸窗、阳台等标准化构件，将项目主体结构总计 62122 件构件优化整合为 7 类预制构件种类，大幅度减少模具种类，极大地提高构件复用率，从而成功降低构件生产成本。项目采用"全人员、全过程、全专业"的 BIM 协同数据交互模式，利用 BIM 工具正向设计，前置商务管理、工厂生产、装配施工等阶段的需求，避免因设计不当而造成的返工和变更现象，使构件在高效生产、高效安装的同时降低成本。

在该项目商务招采上采用一体化管理模式。利用轻量化引擎技术自动提取设计数据，在平台进行数据筛选、统计、分析等数据加工处理，自动生成 4 万页商务算量清单，算量准确率超过 99.5%，并将造价数据对接云筑网，对项目所需原材料及部品部件进行精准集采，实现了算量和采购的无缝对接，保证了算量准确、采购及时、商务成本动态控制，完成了设计到采购的数据实时传输，节约人工成本，提升数据准确率，提高工作效率，在项目投标时间仅有 1 个月的情况下完成了长圳项目投标工作。

在项目构件生产环节，针对复杂构件加工生产，中建科技自主研制智能钢筋绑扎机器人，采用世界先进的工业六轴机器人为主体，融合智能分析感知系统、人机视觉技术、智能控制技术、机器人技术等高新技术手段，精准进行钢筋笼识别和定位钢筋，进行智能化的钢筋绑扎，以机器替代人工实现钢筋绑扎的自动化加工，生产效率提升 50%。

利用智慧建造平台与工厂管理系统数据对接技术，将飘窗钢筋网笼机器人数据与平台对接，实现多台智能机器人云端多机多态协同作业控制和云端检测钢筋网笼生产状况，远程监控自动化生产线，在加工过程，通过平台将标准化 BIM 设计信息直接导入生产线操作系统，通过自主研发的算法控制自清模、浇筑及养护等生产全过程。

长圳公共住房项目建造环节基本实现全过程数字化、数据化、信息化。在项目施工阶段，现场布设智能设备，并关联管理行为，收集项目建造全过程数据，形成中建科技智能建造体系下特有的数据互联智慧工地管理模式，包含人员管理、远程监控、构件追溯、施工进度、安全生产、点云扫描、飞行管理等子功能模块。

为每一位劳务人员进行实名制登记，采用生物特征识别技术，真实记录每一名入场人员信息。在项目重点区域、关键部位布设摄像头，智能监测远程监控视频画面内容，标记未正确穿戴安全帽和反光衣的人员，识别面貌，将不安全行为关联实名制数据，实现安全责任到人。

针对长圳公共住房项目构件标准化程度高、体量大的特点，为保障项目品质，项目使用中建科技构件追溯系统达到保障项目品质的目的。以标准化设计的 BIM 轻量化模型为数据载体，为项目每一个预制构件生成唯一标识二维码，基于二维码通信技术，准确记录预制构件各阶段质量管控、责任主体、过程管控等数据，涵盖设计、生产、运输、吊装、验收的全生命周期数据信息，将工程管理细化到每个构件，为问题追溯、进度管控提供强有力的数据支持。

工程建造质量管控也是该项目管理的重点内容，利用中建科技自主研发的建筑施工过程质量检测机器人自动规划路径，扫描施工区域，快速且准确地计算出房屋的各项指标（墙面、柱面的平整度、垂直度等），还原现场施工情况，生成施工偏差报告，为项目质量管理提供了翔实的数据基础。

为进一步加强进度管理，该项目采用无人机的自动巡航和建模功能直观反映现场施工形象进度。划定区域后，无人机自动智能规划飞行航线，通过边界重叠算法生成现场三维模型。项目技术人员每月至少执行一次航拍任务，紧密追踪项目建设情况，数据化建造节点，形成施工计划任务书，并提取构件追溯数据挂接施工计划，模拟项目实际施工进度，对比计划及实际进度，协助项目进度管理预警预控，回溯项目建设全过程。

长圳公共住房项目建设阶段的亮点也体现在建造各阶段信息化管理、协同办公无纸化便捷管理。依据广东省统表管理要求，该项目使用中建科技研发的智慧工程无纸化系统进行信息化管理，线上完成工程资料的编辑与审批。结合中建科技智能建造技术体系下的智慧商务子系统，将投标报价、设计、招采、施工、结算五个阶段造价进行数字化串联管理，把与造价有关的设计、质量、安全、工期、风险等因素进行数字化并联管理，使各参建方按合同规定协同工作，实现了项目风险管控"无报表化"，体现了管理行为的数字化，提高了管理效率。

在运维管理方面，该项目着重打造基于物联网和互联网技术的云端数字孪生户型模型，形成智慧物业管理。在云端开放智慧物联网协议接口，允许云端控制智能设备，形成智联空间。以 BIM 轻量化模型为载体，以建设全过程信息为数据支持，融合沉浸式 VR 云端渲染技术，建立云端项目 VR 全景电子使用说明书，在模型中查看施工信息、设备信息，对隐蔽部位的隐患进行排查，做到隐患位置可定位、隐患问题可追责。为后续使用维护、隐患排查提供数据支持。

5 学习和借鉴

5.1 以标准规范奠定产业基础

纵观全球范围内，在新型建筑产业互联网发展中，以一体化、智能化、智慧化管理的案例少之又少，在全产业链贯通的智慧管理过程中，全过程标准化、规范化是实现建筑工业化工厂化生产和装配化施工的前提，是引领智能建造实施的先决条件，只有统一建筑建造所需的设计方式、组织模式、产品形式、生产方式、建造方式、交付方式，才能满足建造中设计、商务、生产、施工、运维各环节数据互联互通。

5.2 以高新技术迭代产业格局

中建科技建筑产业全链条数字化智慧建造平台作为全国首创的装配式建筑智慧建造领域服务平台，将 BIM、互联网、物联网、装配式设计、人工智能、智能建造机器人等高新技术进行有效集成与创新，一是研发了自主知识产权的 BIM 轻量化引擎，无损提取设计信息，分离出轻量化模型作为建筑全生命周期管理的载体；二是研发了基于建筑全生命周期数据交互应用的数据接口标准，为建筑全产业链数据交互奠定基础；三是研发了基于二维码信息技术的预制构件全生命周期追溯系统，使建造全过程数据可追溯；四是研发了典型构件生产加工的综合生产线工艺布局设计，结合钢筋网笼绑扎机器人，形成自动化、高效化、智能化的标准化构件生产线；五是研发了基于点云技术的装配式建筑工程质量实测实量及评价技术，利用点云模型自动比对工程质量；六是集结多种传感器和智能设备到项目现场，实现设备互联、数据互通的信息化智慧工地。

实践证明应用高新技术可以显著提高装配式建筑建造效率，并带来质量和性能的提升，有效地破解建筑业作为落后产业的行业困境，为装配式建筑的高质量交付提供技术支撑。

5.3 以管理模式驱动产业互联

新的生产力需要对应新的生产方式，建筑智能建造需要以一体化统筹管理思维，突破传统点对点、单方向的信息传递方式。通过全过程的智慧管理方式，实现全方位、交互式的信息传递和实时协同。集成高新技术，形成基于互联网平台的BIM模型全链条、跨地域、跨平台访问和智慧互联，建立行业互联网生态体系，使产业链上下游数据共享、资源共用，以最优的资源组织实现更优的项目效率，呈现清晰简约、完整高效的执行界面，促进建筑工业化监管水平再上一个台阶，缓解传统建造和现阶段装配式建造不系统造成的工程质量不保证、工期延长、成本增加三大痛点问题。

5.4 以资源共治强化行业发展

目前，智能建造技术应用主要集中在项目层面，未能与业主及产业链分供商形成良好的协调联动，未来，建筑产业物联网技术的拓展方向主要集中在以下三个方面：

（1）职能部门监管平台开发应用研究。通过开展职能部门监管平台开发，根据前期需求调研结果，明晰各层级部门对于项目管理服务要素的具体需求。项目管理涵盖项目前期勘察设计、施工准备、报批报建、施工过程、竣工验收、消防、装修等环节的信息化部署，为职能部门提供项目监管渠道，落地运用的项目管理平台着重保障数据真实有效，后续需通过协调联动建设单位、政府监管单位，建设信息化管理标准，以突破项目纵向管理的贯通性，以实现项目全生命周期的协调联动。

（2）建筑产业互联网平台开发应用研究。通过开展中小微企业服务平台建设，联通产业全链条数字化智慧建造平台及行业大数据库，实现项目全生命周及全产业链的信息化技术覆盖，促进建筑产业数字化转型。同时，在住房城乡建设部的领导下建立行业互联网生态体系，发挥央企担当，服务于中小微企业，推动产业数字化发展。

（3）建筑行业、企业和工程项目大数据研究。以项目生产环节数据、施工环节数据、项目数量、区域分布、实施进度等数据集成建设项目数字资产，搭建筑行业数据库。依据管理标准对项目数据进行分布式管理，通过数据分析、数据算法技术为各需求单位提供差异化数据报告。根据各层级数据整合分析，为智慧城市建设、智慧建造行业建设提供数据支撑。

作者：苏世龙（中建科技集团有限公司）

智能建造与新型建筑工业化

Intelligent Construction and New Building Industrialization

1 现状和趋势

1.1 国外发展现状和趋势

日本、德国、英国等发达国家都在利用新一代信息化技术推动建筑产业变革。日本为应对老龄化社会下劳动力人口减少的难题，于2015年提出"i-construcion（建设工地生产力革命）战略"，即以物联网、大数据、人工智能为支撑提高建筑工地的生产效率，到2030年实现建筑建造与三维数据全面结合。日本清水建设公司研发了用于钢骨柱焊接、板材安装和建筑物料自动运送等建筑机器人；日本小松公司于2014年研发推广了内置智能机器控制技术的智能挖掘机，依托智能决策平台实现了现场施工数据实时传输、分析、计算和对施工机械的智能指挥。德国联邦交通与数字基础设施部于2015年发布了《数字化设计与建造发展路线图》，提出了工程建造领域的数字化设计、施工和运营的变革路径，核心内容是通过推广应用BIM技术，不断优化设计精度和成本绩效。同时，随着德国"工业4.0战略"的实施，以库卡为代表的企业研发了一系列搬运、上下料、焊接、码垛等建筑机器人，推动了建筑部品部件的智能化生产。

英国建筑业协会提出了建筑业数字化创新发展路线图：从2020到2030年，实现数字化集成，将业务流程、结构化数据以及预测性人工智能进行集成；从2030到2040年，将人工智能实际用于工程预测与后评价，逐渐普及建筑机器人；自2040年后，人工智能在工程建造中得到广泛应用，智能自适应材料和基础设施产品日益普及。

1.2 国内发展现状和趋势

我国建筑产业经过几十年的发展，不论是发展规模上，还是高精尖工程建设方面都处于世界领先水平。在社会经济发展、城市建设、人民生活改善，以及带动就业、促进国民经济增长等方面作出了巨大贡献。但同时，还普遍存在着建造方式粗放，建设效率低下，建筑质量不尽如人意，特别是与人民群众不断增长的高品质需求相比还有很大差距，迫切需要从建设理念、建造方式等方面进行改革和创新。与发达国家相比，国内建筑业与先进制造技术、信息技术、节能技术融合不够，工程软件"卡脖子"问题突出，机器人和智能化施工装备能力不强，以智能建造推动行业转型升级的需求非常迫切。随着新一代信息技术的推广应用，工业互联网、大数据、区块链、物联网、机器人等技术日益成熟，为开展智能建造工作奠定了较好的发展基础。以中建科技集团、中建科工集团、三一集团、广东博智林机器人有限公司、睿住科技有限公司、广联达科技股份有限公司和建谊集团为代表的企业已经在智能建造领域先行先试，积累了宝贵的实践经验，但与智能制造领域相比，国内智能建造仍处于发展初期。

从重点发展方向看，中建科技集团有限公司和中建科工集团有限公司侧重于装配式混凝土建筑和钢结构建筑的智能建造；美的置业下属的睿住科技有限公司引入库卡的核心技术重点打造集成卫浴智能生产工厂；碧桂园集团成立的广东博智林机器人有限公司专门从事施工现场智能机器人的研发；三一集团打造的"树根互联"和"筑享云平台"等工业互联网平台能够为企业提供基于物联网、大数据的公共服务；广联达科技股份有限公司以数字建筑平台和"BIM＋智慧工地"为核心，为工程项目实现全产业链资源优化配置提供整体解决方案；建谊集团研发的"铊镨平台"致力于构建社群在线一模型生产线—平台工厂—智慧前台—金融支付—智企服务—维基建筑文化等建筑产业新生态体系；品茗 BIM&智慧工地围绕施工现场人、机、料、法、环五大生产要素，综合运用"BIM、大数据、云计算、IoT、移动技术、VR/AR/MR、5G、人工智能"八大信息技术，通过数字化、网络化、智能化实现项目全局优化，提供 BIM＋智慧工地云平台、塔式起重机安全监控、吊钩视频、慧眼 AI、VR 教育、扬尘噪声监测、BIM 施工策划、BIM 模板脚手架设计、CCBIM 等多个子系统、构建建筑施工综合信息系统，保障工程质量、安全、进度、成本等管理目标的顺利实现。这些企业的先行先试为推动智能建造发展奠定了良好的实践基础。

2 技术和装备

2.1 数字建模＋仿真交互关键技术

数字建模＋仿真交互关键技术的本质是数字驱动智能建造，物理世界通过数字镜像，形成建造实体的数字孪生，通过数字化手段进行建造设计、施工、运维全生命周期的建模、模拟、优化与控制，并创造新的建造模式与建造产品。数字建模 ＋ 仿真交互的主要关键技术是 BIM 技术、参数化建模、轻量化技术、工程数字化仿真、数字样机、数字设计、数字孪生、数字交互、能模拟与仿真、自动规则检查、三维可视化、虚拟现实等，主要体现在以下三个方面。

(1) 数字化建模。BIM 技术是建造数字建模 ＋ 仿真交互的基石，BIM 不仅包含描述建筑物构件的几何信息、专业属性及状态信息，还包含了非实体（如运动行为、时间等）的状态信息，构成了与实际映射的建筑数字信息库，为全生命周期、全参与方、全要素的工程项目提供了一个工程信息在各阶段的流通、转换、交换和共享的平台，为工程提供了精细化、科学化的技术手段。

(2) 数字设计与仿真。数字化设计与仿真技术基于建造实体的数字孪生，对特定的流程、参数等进行分析与可视化仿真模拟，依据其仿真修改、优化以及生成技术成果。通过仿真的结果，在数字环境下模拟工程运行，提前发现实际运营过程中可能存在的问题，从而制定可行方案，进一步控制质量、进度和成本，提高建造品质和效率。

(3) 数字可视化。建造实体具有三维可视化特征，使得设计理念和设计意图的表达立体化、直观化、真实化。用于设计阶段，设计者可真实体验建筑效果，把握尺度感；用于施工阶段，结合施工仿真模拟，可直观预演施工进度，辅助方案制定；用于运维阶段，模拟运维过程，辅助科学决策。通过 BIM＋VR、BIM＋AR 等实时渲染，建造场景逼真呈现，给建造的表达赋予新的生命力。

2.2 泛在感知＋宽带物联关键技术

泛在感知＋宽带物联关键技术的本质是平台支撑智能建造，感知是智能建造的基础与信息来源，物联网是智能建造的信息流通与传输媒介，平台是感知和物联在线化的技术集成，5G 的出现使物联网从窄带物联网发展到宽带物联网。泛在感知＋宽带物联的主要关键技术是云边端工程建造平台、传感器、物联网、5G、激光扫码仪、无人机、摄像头、RFID 等设备和技术，主要体现在以下三个方面。

(1) 感知技术。感知技术是通过物理、化学和生物效应等手段，获取被感知建造的状态、特征、方式和过程的一种信息获取与表达技术，智能建造中的感知包括传感器、摄像头、RFID、激光扫描仪、红外感应器、坐标定位等设备和技术。传感器有温湿度、噪声、风力、应力、应变等传感器。基于不同环境状态下材料的电化学性质的变化，将感知的状态输出为模拟/数字信号，通过转换算法转换为物理状态；无线传感器可用于建筑施工及后期运维过程的安全监测，包括对古建筑、珍贵文物的保护；自动识别技术（RFID、接触式 IC、条形码），无需外接电源电路，体积小巧，带有有限的数据，可附着于各类物体，进行身份编码、物体判别等；三维激光扫描，可实现真实三维场景/建筑三维全自动逆向建模。

(2) 网络技术。网络是支撑智能建造信息流通的媒介，它把互联网上分散的资源融为有机整体，实现资源的全面共享和有机协作，并按需获取信息。资源包括算力资源、存储资源、数据资源、信息资源、知识资源、专家资源、大型数据库、网络、传感器等。网络经历了资源共享的互联网阶段，物物相连的物联网阶段，互联网和工业系统全方位深度融合的工业物联网阶段，智能机器与人机连接的工业互联网阶段。

（3）平台技术。平台技术将工程建造领域的物联网、大数据、云计算、移动互联网等与建筑业全生命周期建造活动的各环节相互融合，实现信息感知、数据采集、知识积累、辅助决策、精细化施工与管理。在架构上，面向 BIM+GIS 设计、施工、运维的全生命周期和全专业应用，云边端、容器、云原生等新技术的引入，使得建筑全生命周期数据流通低延迟，共享数据的实时性、安全性以及平台的高可用性得到保证。在功能上，将资源、信息、机器设备、环境及人员紧密地连接在一起，通过工程建造全流程的表单在线填报、流程自动推送、手机 APP 施工现场电子签名、数据结构化存储等功能，实现审批流程数字化、数据存档结构化、监督管理智能化，形成智慧化的工程建造环境和集成化的协同运作平台，大幅度提高工程建造质量，降低建造成本，提高建造效率。

2.3 工厂制造＋机器施工关键技术

工厂制造＋机器施工关键技术的本质是机器协同智能建造，人机协同工作是智能建造的主要建造方式，工厂制造＋机器施工的主要关键技术是工厂化（构件部品）预制、数控 PC 生产线、装配式施工、建造机器人、焊接机器人、数控造楼机、无人驾驶挖掘机、结构打印机、混凝土 3D 打印等，主要体现在以下两个方面。

（1）工厂化预制技术。工厂化预制技术是现场智能施工的前提和基础，该技术系统由构件部品数字建模与虚拟研发系统、生产制造与自动化系统、工厂运行管理系统、产品全生命周期管理系统和智能物流管控系统组成。工厂化预制是采用标准化制作工艺和工业精度控制，提高构配件制作的效率和质量，降低物料和人工消耗，节省直接成本，提升建筑的性能和品质；构配件在工厂重复批量生产，加快施工进度、缩短建设周期，减少污染排放和资源消耗，有利于节能减排。

（2）现场智能施工技术。现场智能施工技术是利用 BIM 技术平台和建造机器人，基于工厂预制的构件、部品，采用装配式的技术方案，智能地完成现场施工的行为。智能建造不仅要求构件、部品的工厂化、机械化、自动化制造，还要适应建筑工业 4.0 的要求，建立基于 BIM 的工业化智能建造体系。基于 BIM 的工业化智能建造体系构成见表 1。

基于 BIM 的工业化智能建造体系构成 表 1

体系要素	内容或功能描述
基于 BIM 的构件、部品制造生产	BIM 建模并进行建筑结构性能优化设计；构件深化设计，BIM 自动生成材料清单；BIM 钢筋数控加工与自动排布；智能化浇筑混凝土（备料、划线、布边模、布内模、吊装钢筋网、搅拌、运送、自动浇筑、振捣、养护、脱模、存放的机械化和自动化）
智慧工地	通过三维 BIM 施工平台对工程项目进行精确设计和施工模拟，基于互联协同，进行智能生产和现场施工，并在数字环境下进行工程信息数据挖掘分析，提供过程趋势预测及专家预案，实施劳务、材料、进度、机械、方案与工法、安全生产、成本、现场环境的管理，实现可视化、智能化和绿色化的工程建造。结合大数据分析、传感器监测及物联网搭建项目管理系统，在施工现场实现人脸识别、移动考勤、塔式起重机管理、粉尘管理、设备管理、危险源报警、人员管理等多项功能
采用建造机器人技术	主要包括：建造机器人、测量机器人、塔式起重机智能监管技术、施工电梯智能监控技术、混凝土 3D 打印、GPS/北斗定位的机械物联管理系统、智能化自主采购技术、环境监测及降尘除霾联动应用技术等

2.4 人工智能＋辅助决策关键技术

人工智能＋辅助决策关键技术的本质是算法助力智能建造，算法是智能建造的"智能"来源，包括大数据、机器学习、深度学习、专家系统、人机交互、机器推理、类脑科学等，主要体现在以下三个方面。

（1）智能规划。智能规划是对周围环境进行认识与分析，基于状态空间搜索、定理证明、控制理论和机器人技术等，针对带有约束的复杂建造场景、建造任务和建造目标，对若干可供选择的路径及所提供的资源限制和相关约束进行推理，综合制定出实现目标的动作序列，每一个动作序列即称为一个规划。例如，基于多智能体的三维城市规划、基于智能算法的路面压实施工规划和材料运输路径规划、基于遗传算法的塔式起重机布置规划等。

（2）智能设计。智能设计是采用计算机模拟人类的思维的设计活动。智能设计系统的关键技术包括：设计过程的再认识、设计知识表示、多专家系统协同技术、再设计与自学习机制、多种推理机制的综合应用、智能化人机接口等。按设计能力可分为表 2 所示的三个层次。

智能设计按设计能力划分的层次　　　　　　　　　　　　　　　表 2

层次	内容或功能描述
常规设计	设计属性、设计进程、设计策略已经规划好，智能系统在推理机的作用下，调用符号模型（如规则、语义网络、框架等)进行设计
基于事例和数据的设计	一类是收集工程中已有的、良好的、可对比的设计事例，进行比较，基于设计数据，指导完成设计；另一类是利用人工神经网络、机器学习、概率推理、贪婪算法等，从设计数据、试验数据和计算数据中获得关于设计的隐含知识，以指导设计
进化设计	借鉴生物界自然选择和自然进化机制，制定搜索算法，通过进化策略，进行智能设计，例如遗传算法、蚁群算法、粒子群算法等。例如，生成设计、自动合规检查、人工智能施工图审查等

（3）智能决策。智能决策是由决策支持系统开始与专家系统相结合，把数据仓库、联机分析处理、数据挖掘、模型库、数据库、知识库结合起来，充分发挥数据的作用，从数据中获取辅助决策信息和知识，做到定性分析和定量分析的有机结合与实施。例如，智能建造中，基于 GIS、影像、物联网感知、BIM、地质环境、视频多媒体等各类结构化和非结构化信息，进行海量数据信息智能检索与实时分析，挖掘主题知识，实现建设过程优化和辅助智能决策。

2.5 绿色低碳＋生态环保关键技术

绿色低碳＋生态环保关键技术的本质是绿色引领智能建造。绿色建造是着眼于建筑全生命周期，在保证质量和安全前提下，以可持续发展理念，通过科学管理和技术进步，最大限度地节约资源和保护环境，实现绿色施工、绿色生产和绿色建筑产品的工程活动。绿色建造无论建造行为还是建造产品，都应当是绿色、低碳、健康和高品质的，它体现了智能建造的价值取向和最终目标。主要关键技术包括被动节能、低能耗建筑、资源化利用技术、建造污染控制、再生混凝土、可拆卸建筑、个性化定制建筑等，主要体现在以下三个方面。

（1）绿色施工。绿色施工是指工程建设中，在保证质量、安全等要求的前提下，通过科学管理和技术进步，最大限度地节约资源与减少对环境负面影响的施工生产活动，全面实现四节一环保（建筑企业节能、节地、节水、节材和环境保护），包括：减少施工工地占用；节约材料和能源、减少材料的损耗，提高材料的使用效率，加大资源和材料的回收利用、循环利用，使用可再生的或含有可再生成分的产品和材料；减少环境污染，控制施工扬尘，控制施工污水排放，减少施工噪声和振动，减少施工垃圾的排放。

（2）绿色建筑。绿色建筑是在全寿命周期内，节约资源、保护环境、减少污染、为人们提供健康、适用、高效的使用空间，最大限度地实现人与自然和谐共生，主要体现在以下几个方面：节约能源，充分利用太阳能，采用节能的建筑围护结构，减少供暖和空调的使用；节约资源，在建筑设计、建造和建筑材料的选择中，均考虑资源的合理使用和处置。要减少资源的使用，尽量使用可再生资源；回归自然，绿色建筑外部要强调与周边环境相融合，和谐一致，建筑内部不得使用对人体有害的建筑材料和装修材料，做到室内空气清新，温度适当，居住舒适怡心，健康环保。

（3）建筑再生。建筑再生是将即将失去功能价值的建筑，再次利用的技术，主要包括修缮技术、再生混凝土技术、建筑可拆卸技术。修缮技术是指对已建成的建筑进行拆改、翻修和维护，保障建筑安全，保持和提高建筑的完好程度与使用功能。再生混凝土技术是指将废弃的混凝土块经过破碎、清洗、分级后，按一定比例与级配混合，部分或全部代替砂石等天然骨料（主要是粗骨料），再加入水泥、水等配制成的新混凝土。将拆除重建的废商品混凝土重复利用，将产生巨大的社会效益和经济效益。建筑可拆卸技术是将大小不同的方形盒子（模块），通过堆叠组合与拼装，形成一个完整的建筑体系，可拆卸式的模块化建筑具有环保、便捷、可移动等特性。

3 标准和规范

与智能建造与新型建筑工业化相关的现行标准主要有：

（1）《智慧工地建设技术标准》DB64/T 1684—2020；

（2）《智慧工地技术规程》DB11/T 1710—2019；

（3）《智慧工地信息化管理平台通用技术规范》DB42/T 1280—2017；

（4）《智慧工地管理标准》T/CECS 651—2019；

（5）《混凝土预制构件智能工厂通则》T/TMAC 012.1—2019；

（6）《质量管理体系　要求》GB/T 19001—2016；

（7）《工业环境用机器人　安全要求　第1部分：机器人》GB 11291.1/ISO 10218；

（8）《机械电气安全　机械电气设备　第1部分：通用技术条件》GB 5226.1—2008；

（9）《工业机器人　性能规范及其试验方法》GB/T 12642—2013；

（10）《建筑墙体施工机器人》Q/STC 0010—2015；

（11）《基于工业互联网的智能建造智能化生产技术要求》T/TMAC 026—2020。

4 应用和实践

4.1 国内智能建造技术应用与实践

（1）广东博智林机器人有限公司。碧桂园集团旗下广东博智林公司现有在研建筑机器人50余款，具有一定自主知识产权，主要用于施工现场作业，覆盖建筑工艺工序多为二次结构以及装修工程。已有30余款建筑机器人投放碧桂园开发项目的工地现场测试应用，包括地面抹平、PC内墙板搬运、安装、地砖铺设、外墙喷涂、室内喷涂等不同专项机器人。该公司在建筑机器人全产业链，核心算法、核心零部件、机器人操作系统，到机器人整机实现等方面，都有一批较为领先的核心技术。除了投入资源自主研发外，也与清华大学、浙江大学、香港科技大学等高校，以及华为等企业进行合作研发。该公司具有良好的测试应用环境，研发产品直接在碧桂园地产开发项目上进行实操测试试用，很好地实现了产学研用的一体化，研发前景较好。

（2）睿住科技有限公司。睿住科技有限公司是美的集团下属的子公司，主要生产整装卫浴。美的集团收购德国库卡机器人公司，引进了先进的机器人技术生产线，很好地完成了集成卫浴的无人生产。该公司研发的全国首条全自动壁板生产加贴瓷砖生产线，智能化水平高，机器人使用效果好，工艺流程先进，基本实现了无人工厂。在本次抗击疫情行动中，实现了最早复工复产，表现优异。瓷砖壁板自动生产线、彩钢板壁板自动折弯线、SMC防水盘纳米喷涂生产线三条智能化产线，实现智能化生产，机器人自动贴砖精度在0.1mm以内，整线节拍90s，比人工生产节拍效率提升10倍。

（3）中建科工有限公司。中建科工有限公司（原中建钢构有限公司）钢结构智能生产线采用的机器人主体60%为进口产品，40%是国内或合资产品，采用引进—消化吸收—再创新的集成创新方式开展智能机器人的研发，引进机器人主体，结合实际需求自主二次研发应用端，掌握了机器人焊接、3D 视觉感知和控制系统等核心关键技术。中建科工打造的国内建筑业首条重型 H 型钢智能生产线，将钢结构传统制造推向智能制造。智能生产线包含智能下料工作站、构件加工工作站、自动铣磨工作站等 7 大工作站。其中涵盖了全自动焊接机器人、智能运输 AGV 小车、基于 3D 视觉的自动分拣机器人及搬运机器人等。在疫情期间，在工厂只有 100 人的情况下，只用了 3 天时间完成了 1650t 钢结构，构件总量 38000 余件。

（4）中建科技有限公司。中建科技对标中国制造 2025，以实现建筑行业信息化、自动化、智能化相融合为目标，大力发展装配式建筑、智能化 PC 构件工厂和建筑机器人技术，先后研发了智能龙骨自动安装机器人、异型墙面建造机器人、发泡陶瓷板加工机器人、三维测绘建造机器人、智能钢筋绑扎机器人等。致力于用工业互联网技术改造建筑业，更好、更快地助力推进建筑工业化进程。中建科技深汕厂配置有国产墙板线、叠合楼板线、钢筋自动化生产线、固定模台生产线各一条；德国进口的预应力空心板线、双面叠合墙板线、钢筋骨架全自动焊接生产线、混凝土智能化运输线各一条。该工厂率先将 BIM 和人工智能应用在工厂中，通过科学的管理和流程的优化。实现预制构件标准化、连续批量生产，人工成本大幅降低，生产能力和生产效率大幅提升。

4.2　国外智能建造技术应用与实践

（1）日本清水建设株式会社。在日本清水建设的实验设施里，汇集了各种类型的机械臂应用，包括能自动焊接的机器人和装天花板的施工机器人。

（2）德国卡尔斯鲁厄理工学院。世界上第一台建筑机器人诞生于墙体砌筑方面。1994 年，德国卡尔斯鲁厄理工学院（KIT）研发了全球首台自动砌墙机器人 ROCCO；1996 年，斯图加特大学开发了另一型混凝土施工机器人 BRONCO。现有的墙体砌筑机器人大多基于工业机械手改装而成，一般具有"移动平台＋递送系统＋机械臂"的体系结构。

（3）清拆/清运作业机器人。为了解决作业危险性、粉尘及噪声污染严重，对施工人员的人身健康及生命安全的威胁等问题，有关机构研发了清拆机器人，如瑞典 Husqvarna 公司的 DXR301 型遥控清拆机器人、瑞典 Umea 大学研制的混凝土回收机器人、日本工程机械巨头小松株式会社所研发的"智能建设"（Smart Construction）系统。SC 系统集成了小松公司所研发的无人驾驶挖掘机、推土机等工程设备，动用四旋翼无人机作为"眼睛"监控施工进度及设备状态，进而达成空—地及地面各设备间的有效协同。

（4）3D 打印建筑机器人。西班牙加泰罗尼亚先进建筑研究所（IAAC）提出的 MiniBuilders 系统最具代表性。MiniBuilders 系统包括 Base、Grip 和 Vacuum 三套 3D 打印机器人，分别用于地基、墙体和墙面的打印作业。三者通过中央计算机协调彼此运作，并结合自身传感器和定位数据按顺序独立执行任务。首先，利用 Base 机器人实施地基打印，完成后由 Grip 机器人附着于墙体顶端打印墙体；其次，由 Vacuum 机器人附着于墙面实施平整作业。此作业特性赋予了 MiniBuilders 系统极大的施工灵活性，理论上通过多机协作，该系统能够打印任意尺度的建筑物。

（5）可穿戴辅助施工机器人系统。在建筑施工领域，外骨骼机器人尚处于概念提出和原型机开发阶段。典型系统有 MIT 实验室开发的 SRA 和 SRL。在今后相当长一段时间内，建筑施工还不能完全由机器人替代，加之建筑业本身所具有的危险、繁重的自然属性，为了提升人员的施工效率并减少安全事故，今后在工程施工中引入外骨骼机器人，其应用潜力巨大。不过，鉴于外骨骼机器人系统涉及复杂的"人体—机电—信息—控制"多学科交叉，尤其是受制于人员运动意图判断、能源供给、控制策略等技术因素制约，这些系统要真正投入应用，尚需时日。

（6）建筑物机器人化营建框架。为了最大限度发挥建筑机器人的优势，既有的建筑结构及营建模式必须发生适应性改变。这便涉及如何利用机器人开展更为有效的营建作业这一基础性问题。2015 年，英国政府资助了一项名为"针对建筑环境的柔性机器人装配模块"（FRAMBE）的新一代建筑机器人研究计划。FRAMBE 的大致思路是基于模块化思想，建筑物整体采用模块化结构，利用机器人进行预置模块的就近制造，现场采取机器人装配。另外一项值得关注的项目便是 Google 公司位于山景城的新办公大楼的建造。

5　学习和借鉴

目前，智能建造机器人在建筑领域的应用尚处于初级阶段，还未发展成型。技术尖端领域被世界各大高校以及前沿知名企业领衔。虽然机器人在制造业的应用已经相对成熟，但在建筑设计、生产、施工阶段还处于初级阶段。自 2020 年 7 月，住房城乡建设部等十三部委联合发布《关于推动智能建造与建筑工业化协同发展的指导意见》（建市〔2020〕60 号）印发实施以来，各级政府部门、行业协会（学会）、科研院所、产业链上下游企业积极响应，多家企业逐步开始进行建筑工业化建造相关研究，建筑工业化进入快速发展阶段，智能建造持续升级。

5.1　新技术赋能旧产业，以数字应用创效激发市场活力

以政府/企业项目作为孵化平台，依托自主研发的智慧建造平台与智能建造装备已实现建造全过程、全专业的信息数据互联互通，但因部分数据采集仍需要人工参与，现场工作人员对智能建造技术的创效理解不够深刻。对此，在未来拟通过点云扫描、视觉识别、5G、物联网、云计算等新技术打造信息采集环节的全自动化。针对性的研发现场巡检无人机、质量检测机器人、安全巡检机器人、塔式起重机运维机器人、人员信息监测仪、移动式数据中心等智能化装备，切实提升信息感知的智能化水平，为多维度的项目管理带来实质性的经济与社会效益，从而激发建筑行业的市场活力，为后续智能建造模式的推广奠定坚实的基础。

5.2　旧形式改造新产业，以建造模式升级引领行业发展

积极学习，运用制造业、物流行业等成熟的自动化技术，结合智能化算法对装配式建筑的建造过程进行赋能。针对标准化程度较高的混凝土预制构件、钢筋飘窗钢筋网笼、临建用打包箱等类工业化产品，对应研发智能混凝土预制构件生产装备、智能钢筋网笼绑扎流水线、智能模块化箱式房流水线等工业化设备设施。将成熟的工业体系制造方式与装配式建筑构件的生产进行深度融合，提升公司智能建造的技术水平，引领行业向工业化建造模式快速发展。

5.3　新技术融合新产业，以全局创新布局未来行业生态

结合工业化建筑产品体系，应用以自动顶升爬架为依托的智能造楼记。同时将具有明显标准化、工业化特征的 PC 构件及永久性模块化箱式房建造产品作为未来的新型建造发展方向。对标制造业，形成设计标准化、生产自动化、建造智能化、运维智慧化的全过程智能建造生态链。同时，结合游牧式生产线设计理念，以产业互联网平台为依托，实现项目属地化生产，打破传统工业化生产对于产品供应的地域化限制，建立全球智能建造产业的生态圈。

作者：雷　俊（中建科技集团有限公司）

我国工程振动控制技术发展概况

Development of Engineering Vibration Control Technology in China

1 振动控制技术研究背景

工业现代化发展是实现"中国梦"的重要支撑，《中国制造2025》及《中华人民共和国国民经济和社会发展第十四个五年规划和2035年远景目标纲要》等国家重大战略规划，对夯实工业基础、加快新型建筑工业化、推动建筑业高质量发展提出了明确要求。

建（构）筑物作为承载制造装备的主要场所，其内部空间的温度、湿度、洁净度、噪声、磁场和振动等因素共同构成了复杂的工业生产环境。随着制造业的快速发展，工业环境的要求也愈加苛刻，超精密加工、增材制造、掩模光刻、单晶生长等先进制造业必须在严格的工业环境中方可正常运行，工业环境的精准控制是高质量发展极为重要的基础性保障技术。在诸多工业环境因素中，振动是最为重要的影响因素之一，工业环境振动直接关系到工业生产的正常运行。振动控制不满足容许要求时，将造成建筑结构耐久性降低、装备运行功能性失效、人员健康舒适度危害；大型电力装备运行振动超标被迫停机，高端制造装备微振动控制不当无法作业，精密观测仪器外部振动阻断测量失真，建筑结构在施工、交通振动影响下舒适不佳。由于环境振动控制不到位而产生的振动危害不仅阻碍了我国工业向高质量发展迈进的步伐，高端装备的故障运行也同样制约了我国高质量制造业的发展。在加快推进我国建筑业规范化、标准化过程中，为更好地保障国家战略的顺利实施，重视建筑工程的环境振动控制十分必要。

2 振动控制技术与装置发展概况

振动控制技术在保障工业生产环境、增强结构安全、提升人员舒适等方面发挥着重要作用，工程应用涵盖精密加工制造、精密光学观测、国防军工工程、新能源工程、大科学装置和多源振动控制等众多领域，其中又包括光刻机、超级望远镜、核潜艇、核电装备、超大振动台、毗邻地铁建筑等众多方向（图1）。

精密加工制造	精密光学观测	国防军工工程	新能源工程	大科学装置	多源振动控制
光刻机、光栅刻划 航空航天、精密观测等领域	空间环境地面模拟 航空航天、生命科学等	地下井群减振 抗核爆冲击强振动、抗地震	核电工程减振 振动控制、核燃料棒降损	超重力离心机 深海资源开发、材料制备等	建筑毗邻地铁 建筑振震双控
高精度曝光机 芯片加工、精密制造等领域	高耸竖向光学检测 光学产品研制、航空航天等	巨浪舰摇控制 在巨浪下的摇摆振动控制	风力发电工程 机组及结构系统振动优化	超大振动台工程 用于大型结构地震模拟等	复杂实验室工程 高层、风振、精密设备等
微米级精密机床 用于超精密的加工成型等	超长水平光学检测 精密光学产品研制领域	潜艇减振降噪 核潜艇减振降噪技术	水力发电工程 水轮机综合振动控制技术	粒子对撞振动控制 高能光源、先进光源等	质子医疗装备 准确攻击、治疗肿瘤细胞
晶体培植生长 用于芯片制造等领域	高倍电镜观测 医疗、生物、材料等领域	武器装备跟瞄 系统的跟踪瞄准振动控制	特高压工程减振 电站相关重要电气设备等	引力波工程减振 太极、天琴	古建筑多源振动 全生命周期覆存环境保护
高价值夹持 集成电路、薄膜液晶等工程	超级望远镜 国防军工、航空航天等领域	武器抗冲击工程 机载、车载、舰载等防冲击			

图1 振动控制技术应用领域

目前,振动控制技术市场前景广阔、需求迫切,已有大量企业涉足该领域。据不完全统计,我国振动控制技术市场每年需求量规模超过 1000 亿元,但由于技术水平滞后等原因,能够为工程提供高效振动控制的技术服务严重不足,面临技术短缺、设备单一、措施有限等诸多问题,振动控制服务供应远小于需求(表 1)。

工业环境振动危害调研   表 1

类型	安全性危害(建筑结构)	功能性危害(工业装备)	舒适性危害(人员健康)
描述	动力设备站房上楼、大型游乐设施、地铁交通运行、动力设备减隔振不当、结构动力设计和施工不当、升级改造不当、年久失修功能退化等	精密设备减振不当、大型动力设备减振不当、振动环境恶化加剧、工艺升级要求提高、研发型装备容许振动指标不确定、辅助工艺内部冲突等	楼板振动超标、减隔振不当噪声超标、地铁通过居民楼短时大幅激振、设备运行振动诱发心脏病等
市场	100~300 亿元/年	200~600 亿元/年	10~100 亿元/年
现状	针对安全性已采用振动控制措施 80%,高效不足 50%	针对功能性已采用振动控制措施 70%,高效不足 10%	针对舒适性已采用振动控制措施 30%,高效不足 10%

注:数据统计主要来源有《2017—2021 年振动行业深度调查及发展前景研究报告》《中国振动平台行业发展研究报告》《2017—2021 年工业行业深度调查及发展前景研究报告》《中国精密仪器行业发展研究报告》《精密仪器 2016 年报告》等。

工业环境振动控制研究具有跨学科交叉、多源叠加、即时验证和控制多元等特征,其技术可由振动控制策略、振动危害诊断、振动危害治理等三个部分构成,技术门槛相对较高。同时,绝大多数振动控制都需要借助振动控制装置方可实现预期效果。振动控制装置既是振动控制技术成果的具体体现,也是在实际工程中的应用载体,两者在理论与实践中相互指导、相辅相成。

工程建设中的结构振动控制,尤其是各类减隔振(震)相关技术开始蓬勃发展,主要面向工程振动控制和工程抗震设防两个方面。21 世纪初,减隔振(震)技术逐渐成为工程设计和实施中的关键技术,对应的振动控制装置也成了工程整体解决方案中的重要组成部分。因此,从材料和功能角度,振动控制装置可分为橡胶类、金属类、气浮类、阻尼类和智能类五大类,其中智能控制技术又常常与其他几类装置配合使用。

2.1 金属类隔振装置

金属类隔振装置的主要类型为弹簧隔振器(图 2),钢弹簧是此类装置的关键部件,弹簧的外形差异较小,其技术难点主要集中于弹簧钢的材料与生产工艺,而合金化是改良弹簧钢性能的最主要方式。

图 2 弹簧隔振器

我国弹簧钢以硅锰系钢为主,品种主要为热轧棒材。20 世纪 60 年代后,随着冶金工业体系的建立,我国弹簧钢的生产能力有了巨大提高,发展了基于硅锰钢的新型弹簧钢,弹簧钢的生产质量、生产工艺、检验水准逐步提升,可基本满足国家经济发展的需要。原机械部标准化委员会组织全国各机械工业部门技术人员,编制了我国第一部国家标准《普通圆柱螺旋弹簧》GB 1239—76。20 世纪 80 年代,在各个工业部门(尤其是汽车行业)的推动下,大型、超大型弹簧用圆钢,新型变截面弹簧用扁钢,淬透性较好的铬锰系及铬锰硼系钢种被开发生产,弹簧钢的生产工艺及技术得到很大的提高,大多数工业部门的需求得到了满足。与此同时,也引进了一些国际通用牌号的弹簧钢,并纳入我国标准。20 世纪 90 年代,铁路和汽车行业发展迅速,对弹簧钢提出了更高的性能要求。该段时期内，弹簧钢的强度、淬透性、表面质量、疲劳性能均得到了极大提升，合金弹簧钢的产量提高、品种丰富，能够较好地适应当时的市场需求。进入 21 世纪，我国合金弹簧钢的产量基本上能满足国民经济发展的需求，但部分高性能钢种还依赖进口，新兴产业的发展进一步加大了对高性能弹簧钢的需求。

经济型高性能钢种的研制是未来弹簧钢研究的重点，这要求新钢种的价格可在被市场接受的前提下实现性能提升，高性能的基本特征包括高强度、耐疲劳性能、弹减抗力优良、高韧性、低环境敏感性和高纯净度等。弹簧钢性能的改良离不开合金元素的优化以及生产工艺的改进，我国对低碳马氏体弹簧钢进行了深入研究并开发出了一系列的低碳弹簧钢，克服了弹簧钢强度提高后韧性和塑性降低的问题，通过在弹簧钢中添加镍元素，使得钢种具备了较强的抗腐蚀能力。

2.2　阻尼类隔振装置

阻尼类减隔振装置借助阻尼效应，通过自身被动耗能和吸收振动能量而减轻结构的动力反应，以达到减振隔振的目的，该类装置目前已经广泛应用于建筑、桥梁等结构工程。根据耗能形式和耗能材料，阻尼类减隔振装置大致包括调谐质量阻尼器、黏滞阻尼器、黏弹性阻尼器、金属软钢阻尼器和摩擦阻尼器等（图 3）。

(a)　　　　　　　　　　　　　(b)　　　　　　　　　　　　　(c)

图 3　各类阻尼器
（a）调谐质量阻尼器；（b）黏滞阻尼器；（c）金属软钢阻尼器

我国对各类阻尼器的系统性研究随着工程应用需求的增多逐步加快。

（1）调谐质量阻尼器：1991 年，我国研究人员对主动控制类减振装置展开了设计研究，并开发了基于遗传算法的 TMD 系统参数优化和设计；2003 年，从事减隔振研究的相关学者将主动控制的概念引入了摩擦隔振系统，为干摩擦隔振系统在工程上的应用提供了理论依据，并通过对一种新型变频 TMD 的概念和模型进行设计，计算了该新型变频 TMD 的减振效果，为后续的 TMD 深层次研发提供了参考。

（2）黏滞阻尼器：1996 年安装有黏滞阻尼墙的四层钢筋混凝土框架结构的振动台作为试验目标进行了一系列相关试验研究；2001 年开展了对双出杆缸式黏滞阻尼器的系列研究；2002 年双出杆间隙式的黏滞阻尼器得到产业化生产，并应用到国内多项工程。

（3）黏弹性阻尼器：1997 年我国率先提出杠杆黏弹性阻尼器；1998 年减隔振领域的相关专家对国产黏弹性材料制作的阻尼器进行了性能试验研究；我国 2001 年版《建筑抗震设计规范》增加了"隔震和消能减震设计"内容，对阻尼器的推广起到了极大推动作用。

（4）金属阻尼器：1995 年组合钢板耗能器的相关研究开始进行，并在试验的过程中消除了软钢阻尼器中薄膜效应的影响。2003 年一种中空菱形截面的矩形钢板阻尼器被提出，该类型的被动耗能装置，具有构造简单，造价低廉，力学模型明确的特点。随后，研究人员陆续研制出组合式 X 型普通钢阻尼器、抛物线外形的软钢阻尼器等。

（5）摩擦阻尼器：1988 年我国首次提出了摩擦剪切型耗能装备，并且被应用到实际工程中，显示出了良好的减振效果，经过增加支撑与其他设计优化，取得了更明显的减振效果。随后陆续设计研发了钢筋混凝土支撑钢板-橡胶摩擦耗能装置、弹塑性摩擦复合耗能装置、钢板橡胶摩擦耗能器等装置。

各类阻尼器在航天航空、军工装备、汽车工业等行业中的应用较早，随后被应用到建筑、桥梁、铁路等土木工程中，随着应用场景的扩大，各类不同耗能方式的阻尼器仍在不断被开发研制，以满足各类工程的需求。

2.3 气浮类隔振装置

气浮类减隔振装置具备极低的自振频率，适合于同时需要控制水平精度与低频减振的情况。因此，应用于电子显微镜、精密检测、精密制造业等行业的环境保障需求。气浮类最具代表性的隔振装置是空气弹簧隔振器，其基本结构见图4。

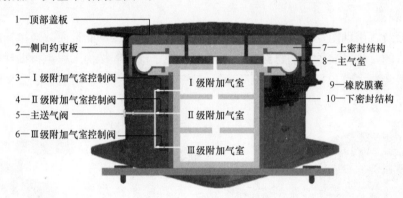

图4 空气弹簧基本结构

空气弹簧隔振器的固有频率基本不依赖于负载且整体隔振系统的综合性能取决于所采用的结构细节，通过对于刚度模块和阻尼模块的材料选择、结构优化，能够实现竖向小于1Hz、水平向小于0.75Hz的固有频率。同时，空气弹簧系统的整体稳定性（及水平恢复精度）通过精密水平阀对于气流的细微控制实现，通常可实现负载在扰动影响后±0.01～±0.08mm的水平位移误差。

我国空气弹簧的研究始于1957年，初期仅局限于车辆用的无源特征空气弹簧，并对空气弹簧的理论进行了初步研究。长春汽车研究所与化工部橡胶工业研究所合作制造出了我国第一辆装有橡胶空气弹簧的载重汽车，相继又设计制造了公共汽车车用橡胶空气弹簧。1958年，空气弹簧开始在铁道车辆上得到应用。最初的空气弹簧为双曲囊式，由沈阳机车车辆厂安装在"东风号"客车上进行试验。1982年，我国工业化的发展需求极大促进了电子、航空、航天等工业的发展，一些精密设备和空间光学测量中，对工业环境振动水平要求较高，有源空气弹簧开始应用于微振动控制，并在逐渐在精密仪器和超精密加工装备上也得到推广应用，但此时空气弹簧构成的减隔振系统的性能仍然受到设计理论和关键零部件技术的制约。21世纪后期，我国面临着工业产业向两极化发展，即对环境具有微纳级振动控制要求的超精密工程和具有上万吨冲压荷载的重型装备工程，因此环境振动控制技术需求也向超精密微振动控制和极重型强振动控制发展，其中以空气弹簧为减隔振单元的整体性气浮式振动控制理论和技术得到了快速发展，国内多家科研单位和制造企业进行长期联合攻关，进行了大量的理论研究、方法革新、产品研制和工程应用，多种空气弹簧组成的低频主/被动隔振气浮平台在工程中得到应用。同时，针对低频、微幅、高效的控制目标，提出了基于质刚重合的系列设计原理，建立了气浮平台动刚度精细化智能计算等方法，研发了超精密自动调平跟踪阀等元器件，研制了面向各种控制目标和工况的气浮平台系统，并进行了广泛的工程应用。此外，大力开发带伺服功能的主动智能气浮振动控制系统，根据传感元件检测到的被控对象振动信息，依据设计的振动主动控制算法，通过作动器件对被控对象施加控制作用，从而减小或抑制被控对象的振动响应，使新一代气浮式智能控制系统具有更强的微振动控制能力。

通过近 20 年的探索、研发和提升，目前国内气浮振动控制技术得到了大幅的提升，空气弹簧单元承载扩展到单支承载涵盖了 5kg 到 30t 近 30 种规格成型产品，系统竖向固有频率可达 0.75Hz，水平向可达 0.70Hz，自动跟踪调平系统精度控制水平可达 ±0.1mm，系统的阻尼比可同步达到 0.65 的极限设计值，有源被动系统减振效率可达到 95%，伺服型主动控制系统减振率可达到 99.9% 以上。目前，主要的气浮类隔振装置可分为单一空气弹簧、被动隔振气浮平台与主动气浮隔振平台三类，已在交通运输、动力设备、精密仪器、光学观测、半导体制造和精密加工等领域取得了广泛应用，其典型产品和应用领域如表 2 所示。

气浮类隔振装置的主要类别与应用领域　　　　　　　　　　　　　　表 2

主要类别	典型产品	外形特征	应用领域
单一空气弹簧	囊式空气弹簧 膜式空气弹簧 束带式空气弹簧		交通运输车辆振控 动力设备基础隔振 重型基础地基隔振
被动气浮隔振平台	独立型气浮平台 气浮桌隔振平台		精密仪器设备振控 医疗生物研究环境 光学观测振动控制
主动气浮隔振平台	伺服型隔振平台 桌面型气浮平台		半导体制造业振控 精密仪器振动控制 精密制造环境保障

2.4　橡胶类隔振装置

橡胶减振器基于橡胶材料的吸能减振能力，由于其具备减振效果好、制造成本低、承载能力优良等优点，诞生之日起便深受重视（图 5）。

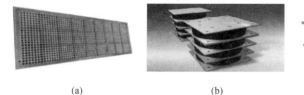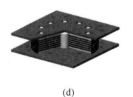

(a)　　　　　　　　　　(b)　　　　　　　　　　(c)　　　　　　　　　　(d)

图 5　各类橡胶隔振器
（a）聚氨酯隔振器；（b）橡胶隔振支座；（c）叠层橡胶隔振器；（d）铅芯橡胶隔振器

自 20 世纪 80 年代后期，我国开始关注橡胶支座隔振技术。20 世纪 90 年代以来，进行了橡胶隔振支座研制、隔振结构分析和设计方法、结构模型振动台试验、橡胶支座产品性能检验、检测技术、施工技术等全方位的系统性研究，提出了橡胶支座隔振建筑的成套技术。目前，我国已颁布建筑行业标准《叠层橡胶支座隔震技术规程》CECS 126，将叠层橡胶隔振支座广泛应用于各类工程装备的减隔振体系中。我国对于铅芯橡胶支座的研究始于 2003 年，初期研究建立在力学性能试验上。2005

年，为测试铅芯橡胶支座在桥梁隔振上的作用，进行了对比实验，取得了很好的测试效果。2006年起，通过对铅芯橡胶支座在竖向压缩性能和水平剪切性能上的试验研究。2005年前后，为增加铅芯橡胶支座的水平承载能力，开发了基于碟形弹簧和橡胶制作的三维叠层橡胶隔振支座，并通过改良添加黏滞阻尼器，形成了铅芯橡胶碟簧黏滞阻尼三维隔振支座，其支座由叠层橡胶支座、形状记忆合金丝（SMA）、碟形弹簧复合而成，在保证叠层橡胶隔振支座竖向减振隔振能力的同时，增加了水平方向上的承载力。

目前，橡胶类隔振装置技术相对成熟，主要应用集中在建筑工程、桥梁工程、动力设备、动力管道、轨道交通、国防军工等领域。

3 振动控制技术推动高质量发展

3.1 复杂工程振动危害快速诊断与治理

工程振动面临两大对象，即既有工程和新建工程，从我国的发展看，尤其是近三十年是基础建设大力发展，这些设施在运维过程中已经出现了大量的工程服役振动危害问题，如水电站发电厂房设备振动厂房出现裂缝、大规模集成电路工业更新换代面临容许振动超标、大中城市设备上楼普遍存在缺乏有效的减隔振措施，面临安全与舒适问题等。

由于工程中的建筑结构与设备交互错叠，往往只能通过检测获取振源及附近的振动信息，但是对于真正需要进行处置的理论、方法、工程技术等尚存在不系统性和不科学性。因此，一方面既有工程的振动危害控制需求不断增加，另一方面完备性的振动控制成套技术尚供应不足，复杂工程振动危害快速诊断与治理技术是亟待发展。

3.2 工程振动控制特种材料研发与制备

当前主要面临的工程振动危害从量级上主要包括三类：微振动、一般振动、强振动，随着高端装备制造业发展，微振动和强振动控制是工程面临的重大需求。从振动控制的概念设计理论角度，主要面临三类基本控制策略，即调整质量、调整阻尼、调整刚度。在针对两种振动危害控制的三种策略下，开展振动控制是系统解决方案的主要构成源泉。目前主要局限之一是特种材料的研发，如大负载合金材料、超高阻尼特征惰性材料、高密度或变密度的可调材料等。

3.3 工程振动一体化、一站式解决方案

工程振动控制的构成多样、振源多类、尺度多级、目标多值，是一个系统性工程，仅依靠单一的技术和产品难以完全解决问题。中国机械工业集团有限公司曾提出多道防线、层级耗能、多元技术等控制方法，已广泛应用于众多工程，其要义就是在进行工程振动控制时，要充分考虑所有产生或影响振动的因素，立足工程的全生命服役周期系统性考虑振动控制的时效性、可行性和经济性。

对于工程振动控制而言，开展工程振动系统一体化、一站式解决方案研究，涉及振动在复杂工程体系的产生与传递机理，应从空间、时间、工况等多维度综合考虑控制目标需求，建立全局性的振动控制成套技术。

3.4 高性能智能振动控制装置

针对我国工业化快速提升的目标，主要手段就是通过自主研发替代国外先进技术，通过深入高端技术拓展，进一步发展高端技术产品。

目前，我国在超精密工程的IC、精密光学、航天、精密加工等领域中仍然采用大量的有源被动式气浮振动控制技术，其极限性能虽然能够满足需求，但是容错性、冗余度等往往十分受限，主要原因就是智能振动控制系统的自主技术不全面，进口价格过于昂贵，严重制约了部分尖端科研工作的实施效率。当前，国外知名企业最大的优势是综合产、学、研合作的基本发展模式和以关键工业振动控制软硬件产品为核心的竞争力，在智能控制系统、关键零部件、产品加工工艺等具体技术方面站在世界前列。

因此，随着新经济的快速发展，我国在技术集成领域亟须发展高性能振动智能控制技术与产品，以满足工业现代化发展的需要。

3.5 工程振动控制关键零部件加工工艺

在高端振动控制装置中，机械、复合材料、气浮、磁电等振动控制装置，我国和西方国家的主要差距在于关键零部件的材料加工工艺。超大负载钢弹簧阻尼器，国外可以在不改变动态压缩量下保证产品的刚度和阻尼与设计值处于极低的偏离度；气浮类智能控制系统的气动作动器与控制器构成的系统灵敏度可以达到传感器拾振的同级精度。上述技术主要取决于关键零部件的加工工艺，未来我国需要突破该类技术，使高端装备工程振动控制发展到新的阶段，对于重大尖端工程环境振动危害控制具有重要意义。

3.6 交叉学科振动控制技术应用与互补

进入新时期以后，工程振动细分专业多领域应用的特征越来越明显，而且很多应用领域自身也是多学科交叉融合。我国系列大科学装置工程中的超重力离心机、先进光源、引力波、超大风洞、零磁等工程都具有大规模、超长、超高等特性，在进行振动控制时往往采用多元振动控制技术组合方法。常态化交叉学科振动控制技术的应用越来越普遍，针对特定工程有方向、有目标地进行交叉学科振动控制技术融合、应用是未来振动控制技术发展的重要方向之一。

伴随着工业4.0时代的到来，高端制造业和智能制造已成为各个国家实现经济增长的重要利器，与现代工业制造密切相关的建筑及装备环境振动控制技术处于高速发展中，电子元器件加工环境微振动监测、超精密环境微振动控制、高灵敏度智能化控制、人工智能和智能制造等分项技术已成为研究热点。在未来，上述技术的进一步深化和成套集成技术将会成为全球工业环境振动控制领域的制高点与竞争焦点。

作者：徐　建（中国建筑业协会专家委员会）

第二篇 技 术 和 装 备

伴随我国建筑业提速，建筑技术和装备随之快速发展。众多重大和超级工程的建成并交付使用，体现出中国建造的奇迹，也见证了建筑技术和装备的创新。新时期的建筑技术和装备正处于向着绿色建筑和智慧建筑，以及建筑产业现代化发展转型的全面提升过程。推动建筑技术和装备与新时期的要求协同发展，加快建造方式转变，更能促进建筑工业化、数字化、智能化升级，实现建筑业高质量发展。

建筑技术和装备发展面临着新机遇和新需求，同时也面临新挑战。建筑物对资源的消耗越来越大，资源的不可再生，与可持续发展和建设节约型社会的矛盾日益突出；老旧城市密集区既有建筑改造不断提出新任务；传统的建筑技术和装备对环境的污染，与建设环境友好型社会的矛盾日益凸显。以及新时期我们将面对更复杂的外部环境，必须做好应对一系列新的风险挑战的准备。要满足城市发展需求，解决上述这些问题都需要建筑技术和装备持续技术创新。

在 2030 年碳达峰，2060 年碳中和目标的引领下，建筑领域将大力推广绿色建筑的发展。《绿色建造技术发展》结合我国绿色建造的整体发展方向，指出绿色建造是我国工程建设的总体要求，推进绿色建造是实现建筑业可持续发展、工程项目一体化建设、提升我国建筑业国际化水平的重要途径。《围护结构热工与节能技术》提出了新时期应大力推广超低能耗、近零能耗等具有高性能围护结构的建筑，高效的围护结构节能技术及无热桥的设计与构造技术，是保证建筑低能耗，减少碳排放的重中之重。

装配式建筑具有污染小、装配快、质量优的优势，已成为我国建筑企业发展的主要方向和必然趋势。《装配式钢和混凝土组合结构设计技术》结合目前现有领域存在的制约，指出装配式钢和混凝土组合结构建筑的发展需要以建筑工业化为抓手，利用系统科学理论指导，进一步开拓装配式钢和混凝土组合结构建筑设计及建造的新领域。《钢结构新型建造技术》是在传统钢结构建筑建造技术的基础上，通过技术创新和工程实践，对钢结构装配式建筑提出了主体钢结构工厂化智能制造、装配化现场施工、信息化管理及 BIM 应用等新技术，以实现钢结构装配式建筑新型建造技术。《建筑机电安装工厂化预制加工技术》旨在依托 BIM 技术，借助工业化生产加工模式和机械化加工手段，实现深化设计、模块化生产、运输、安装一体化管理，达到机电工程建设高效益、高质量、低消耗、低排放的目标。《装配式建筑全产业链智能建造平台》认为装配式建筑全产业链智能建造平台将帮助设计方、生产方、施工方以及政府的实现工作效率全面提升、信息与智能化管理、智慧与动态化监管。

世界正在进入以信息产业、智慧产业为主导的经济发展时期。我国建筑业正推动建筑智慧化、信息化发展，把握数字化、网络化、智能化融合发展的契机。《自主可控的 BIMBase 平台软件》指出BIM 技术作为数字化转型的核心技术，掌握自主可控的 BIM 技术，为行业的可持续发展和国土资源的数据安全提供有力保障，带来不可估量的巨大价值。《BIM 正向设计技术》提出，"数字技术"已成为各大科技强国重点关注和大力投入的焦点，作为战略资源开发，在提升综合国力方面发挥着越来越重要的作用，也是实现工程建设行业数字化、网络化、智能化的重要基础。《建筑施工机器人》表明，发展建筑施工机器人是当下必然的发展趋势，实现建筑施工机器人代替部分传统人工提高建筑施工的标准化程度是当下发展必然需要。《基于 5G 的智慧建造集成应用技术》认为"5G 智慧建造"将改变传统施工现场管理的交互方式、工作方式和管理模式，实现对"人机料法环测"的全方位可视化智能管理。

　　在现代预应力技术、超高层建筑、高性能混凝土以及风险管控等领域，本篇也就其前沿创新技术作出介绍。《现代预应力技术》一文指出，预应力技术作为当今土木建筑领域一项重要技术，在解决工程结构难题方面发挥着重要作用。《高性能混凝土技术》从高性能混凝土技术发展历程出发，指出高性能混凝土的理念和技术体系发展，将有助于提升我国混凝土技术水平，同时提升混凝土工程质量，是我国混凝土技术发展的必然趋势。《建设工程安全风险管控技术》表明建设安全生产事关人民群众生命财产安全，事关经济发展和社会稳定大局，全面推动建设工程安全风险管控技术的发展势在必行。《超高层建筑施工装备集成平台》一文就高承载力混凝土微凸支点技术、发明集成平台全方位安全保障系统等多项关键技术做了深刻探讨。超高层建筑施工装备集成平台是超高层建筑装备的一项重大创新，实现了建造过程管理科学化、施工机械化、工艺标准化，将有效推动建筑产业转型升级。

　　通过上述文章的论述，将会使广大读者了解到我国建筑业最前沿技术和装备的研究现状，加强对我国建筑业技术和装备的发展把握。

Section 2　Technology and Equipment

With the acceleration of our country's construction industry, construction technology and equipment are developing rapidly. The completion and delivery of many major and super projects reflects the miracle of Chinese construction and also witnesses the innovation of construction technology and equipment. The construction technology and equipment in the new era is in the process of comprehensive upgrading towards green buildings and smart buildings, as well as the modernization of the construction industry. Promote the coordinated development of construction technology and equipment with the requirements of the new era, accelerate the transformation of construction methods, and promote the industrialization, digitalization, and intelligent upgrading of construction, and achieve high-quality development of the construction industry.

The development of construction technology and equipment is facing new opportunities and new demands, as well as new challenges. Buildings consume more and more resources, the non-renewable resources, and the contradiction between sustainable development and the construction of a conservation-minded society have become increasingly prominent; the renovation of existing buildings in old urban dense areas continues to propose new tasks; traditional building technology and equipment The environmental pollution and the contradiction between building an environment-friendly society have become increasingly prominent. And in the new era, we will face a more complex external environment and must be prepared to deal with a series of new risks and challenges. To meet the needs of urban development, solving these problems requires continuous technological innovation in construction technology and equipment.

With the carbon peak in 2030 and the goal of carbon neutrality in 2060, the construction sector will vigorously promote the development of green buildings. "*Green Construction Technology Development*" combined with the overall development direction of our country's green construction, pointed out that green construction is the overall requirement of our country's engineering construction, and the promotion of green construction is to realize the sustainable development of the construction industry, the integrated construction of engineering projects, and improve the international level of our country's construction industry Important way. "*Thermal Performance and Energy Saving Technology of Building Envelope*" proposes that in the new era, we should vigorously promote buildings with high-performance envelopes such as ultra-low energy consumption and near zero energy consumption, as well as efficient envelope-structure energy-saving technologies and design and construction without thermal bridges. Technology is the top priority to ensure low energy consumption in buildings and reduce carbon emissions.

Prefabricated buildings have the advantages of low pollution, fast assembly, and high quality, and have become the main direction and inevitable trend of the development of our country's construction enterprises. "*Architectural Design Technology of Prefabricated Steel and Concrete Composite Structure*" combined with the existing constraints in the current field, pointed out that the development of fabricated steel and concrete composite structures needs to focus on the industrialization of construction and use the guidance of systematic scientific theory to further develop fabricated steel A new field in the design and construction of buildings with combined concrete and concrete structures. *"New Technology of Steel Structure Construction "* is based on the traditional steel structure construction technology, through technological innovation and engineering practice, proposes the main steel structure factory intelligent manufacturing, assembly site construction, and information management for steel structure prefabricated buildings. And BIM application and other new technologies to realize the new construction technology of steel structure prefabricated buildings. *"Shop Fabrication Technology for Electromechanical Installation"* aims to rely on BIM technology, industrialized production and processing modes and mechanized processing methods, to achieve integrated management of intensified design, modular production, transportation, and installation, and achieve high-efficiency and high-quality mechanical and electrical engineering construction , Low consumption, low emission goals. The *"Intelligent Construction Platform for the Entire Industrial Chain of Prefabricated Buildings"* believes that the intelligent construction platform for the whole industry chain of prefabricated buildings will help designers, manufacturers, construction parties and the government to achieve comprehensive improvement of work efficiency, information and intelligent management, wisdom and Dynamic supervision.

The world is entering a period of economic development dominated by information industry and smart industry. our country's construction industry is promoting the development of building intelligence and informatization, and grasping the opportunity of the integration and development of digitalization, networking and intelligence. *"Initiative BIMBase Platform Software"* points out that BIM technology is the core technology of digital transformation, and mastering independent and controllable BIM technology provides a strong guarantee for the sustainable development of the industry and the data security of land and resources, bringing immeasurable great value . *"BIM Design"* proposes that "digital technology" has become the focus of major scientific and technological powers and the focus of great investment. As a strategic resource development, it plays an increasingly important role in enhancing the overall national strength, and it is also the realization of engineering construction. An important foundation for industry digitization, networking, and intelligence. *"Construction Robot"* shows that the development of building construction robots is an inevitable development trend at the moment, and it is an inevitable need for current development to realize that building construction robots replace some traditional manuals and improve the standardization of building construction. *"5G-based Smart Construction Integrated Application Technology "* believes that"5G smart construction" will change the interactive mode, working mode and management mode of traditional construction site management, and realize all-round visual intelligent management of "human-machine material-based environmental testing".

In the fields of modern prestressing technology, super high-rise buildings, high-performance concrete and risk management, this chapter also introduces its cutting-edge innovative technologies. The article *"Modern Prestressed Technology"* pointed out that prestress technology, as an important technology in the field of civil engineering today, plays an important role in solving engineering structural problems. Starting from the development process of high performance concrete technology, *"High Performance Concrete Technology"* points out that the development of the concept and technical system of high performance concrete will help improve the level of concrete technology in our country, and at the same time improve the quality of concrete engineering, which is an inevitable trend in the development of concrete technology in our country. *"Construction Engineering Safety Risk Management and Control Technology"* shows that construction safety production is related to the safety of people's lives and property, and is related to the overall situation of economic development and social stability. It is imperative to comprehensively promote the development of construction engineering safety risk management technology. The article *"Construction Equipment-Integrated Platform of Super High-Rise Building"* has made in-depth discussions on a number of key technologies such as the technology of micro-convex fulcrums for high-bearing concrete and the invention of the integrated platform's comprehensive safety assurance system. The construction equipment integration platform for super high-rise buildings is a major innovation in super high-rise building equipment. It has realized scientific construction process management, construction mechanization, and process standardization, which will effectively promote the transformation and upgrading of the construction industry.

Through the discussion of the above articles, readers will understand the current research status of the most cutting-edge technology and equipment inour country's construction industry, and strengthen their grasp of the development of our country's construction industry technology and equipment.

绿色建造技术发展

Green Construction Technology Development

1 技术背景

党的十八大以来，党中央、国务院特别重视我国经济的绿色发展，于 2015 年 3 月首次把绿色化的发展要求与新型工业化、城镇化、信息化和农业现代化并列提出；党的十八届五中会议提出的五大发展理念中又把绿色发展理念列入重要位置；党的十九大再次为未来中国推进生态文明建设和绿色发展指明了方向。工程建设行业面对新形势和许多不绿色的情况，必须走绿色发展之路，推进绿色建造，实现高质量发展。

按照党中央、国务院决策部署，坚持以人民为中心，牢固树立新发展理念，推动建筑业高质量发展，推进绿色建造工作，国务院办公厅于 2019 年 9 月 15 日同意印发住房城乡建设部《关于完善质量保障体系提升建筑工程品质的指导意见》，意见明确指出：要大力推行绿色建造方式，完善绿色建材产品标准和认证评价体系，进一步提高建筑产品节能标准，建立产品发布制度。

为落实《国务院办公厅关于促进建筑业持续健康发展的意见》（国办发〔2017〕19 号）、《国务院办公厅转发住房城乡建设部关于完善质量保障体系提升建筑工程品质指导意见的通知》（国办函〔2019〕92 号）要求，推动建筑业高质量发展，推进绿色建造工作，住房城乡建设部于 2021 年 3 月 16 日印发了《绿色建造技术导则（试行）》。导则明确：绿色建造应将绿色发展理念融入工程策划、设计、施工的建造全过程，充分体现绿色化、工业化、信息化、集约化和产业化的总体特征。

绿色建造以建设全过程为立足点，打通工程立项策划、设计、施工各阶段之间的屏障，统筹协同各种资源，实现建造过程和产品绿色。绿色建造是我国工程建设的总体要求，推进绿色建造是实现建筑业可持续发展、工程项目一体化建设、提升我国建筑业国际化水平的重要途径，是中国建造发展的必然趋势。因此，有必要对绿色建造技术进行系统研究。

2 技术内容

2.1 绿色建造概述

绿色建造从 2010 年提出，经过 10 多年的探索、研究与实践，对绿色建造的理解不断拓宽和提升。绿色建造的概念可以表述为：绿色建造是在工程建造过程中贯彻以人为本和可持续发展思想，通过科学管理和技术进步，最大限度地节约资源和保护环境，实现绿色施工要求，生产绿色建筑产品的工程活动。绿色建造从建筑全生命周期角度考虑，包括工程立项绿色策划、绿色设计、绿色施工三个阶段，见图 1，绿色建造要求这三个阶段的充分协同。绿色建造内涵包括六个方面含义：

（1）绿色建造的目标旨在推进社会经济可持续发展和生态文明建设。绿色建造是在人类日益重视可持续发展的基础上提出的，绿色建造的根本目的是实现策划、设计、施工过程和建筑产品的绿色，从而实现社会经济可持续发展，推进国家生态文明建设。

（2）绿色建造的本质是以节约资源和保护环境为前提的工程活动。绿色建造中的节约资源是强调在环境保护前提下的资源高效利用，与传统设计和施工所强调的单纯降低成本、追求经济效益有本质区别。

（3）绿色建造的实现要依托系统化的科学管理和技术进步。绿色设计和绿色施工是绿色建造的两个主要环节，绿色设计是实现绿色建筑产品的关键，绿色施工能够保障建造过程的绿色化，系统化的

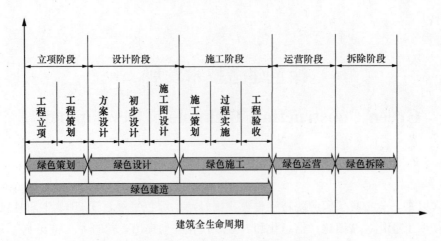

图 1　绿色建造在建筑全生命周期中所处阶段示意图

科学管理和技术进步是实现绿色建造的重要途径。

（4）绿色建造的实现需要政府、业主、设计、施工等相关方协同推进。政府、业主、设计与施工单位各方应对绿色建造分别发挥引导、主导、实施等作用。

（5）绿色建造的前提条件是保证工程质量和安全。绿色建造的实施首先要满足质量合格和安全保证等基本条件，没有质量和安全的保证，绿色建造就无从谈起。

（6）绿色建造能实现过程绿色和产品绿色。绿色建造是绿色建筑的生成过程，绿色建造的最终产品是绿色建筑。

2.2　绿色建造技术内容

绿色建造技术是指在工程项目的规划、设计、施工、使用、拆除的全寿命周期过程中，在提高生产率和优化产品效果的同时，又能减少资源和能源消耗率，减轻污染负荷，改善环境质量，促进可持续发展的技术。绿色建造贯穿工程的立项策划阶段、设计阶段和施工阶段，与此相关的技术亦包括立项绿色策划技术、绿色设计技术和绿色施工技术。

工程项目立项阶段的绿色策划是绿色建造的重要组成部分。工程立项绿色策划以达成目标为核心，工程项目的自然环境、社会环境、时代要求、物质条件及人文因素的影响都单独构成对项目的制约条件。绿色策划就是将这些制约条件整合在一起，扬主抑次，平衡整合，对各个要素进行个别评价，达到一个新的平衡。目前工程项目策划技术有三种：SD法（即语义解析法）、模拟法及数值解析法、多因子变量分析及数据化法。

绿色设计是绿色建造的关键阶段之一，是绿色建筑实现的决定性文件。绿色设计一般分四个阶段，即项目策划、方案设计（含详规、城市设计）、初步设计、施工图设计阶段。绿色设计为绿色施工提供施工蓝图和技术支持。绿色设计技术主要包括节地与室外环境、节能技术、节水技术、节材技术以及室内环境质量五个方面。

绿色施工是绿色建造的重要环节，是绿色设计的物化生成过程，主要包括绿色施工策划、实施和验收等阶段。绿色施工技术主要包括环境保护技术、节能与能源利用技术、节材与材料资源利用技术、节水与水资源利用技术、节地与土地资源保护技术、人力资源节约与保护技术。

绿色建造技术覆盖立项策划、设计和施工三个阶段，内容丰富，下面以装配式建造技术、信息化建造技术、建造节能与减碳技术、建筑固体废弃物控制与减排技术为例重点介绍。

2.3　绿色建造重点技术介绍

2.3.1　装配式建造技术

（1）技术原理

装配式建造技术是指在专用工厂预制好构件，然后在施工现场进行构件组装的建造方式。装配式建造生产的建筑为装配式建筑，装配式建筑具有设计标准化、生产工厂化、现场装配化、主体装饰机电一体化、全过程管理信息化等特点。标准化、模块化、系列化预制产品在工厂批量化生产，以机械化设备标准化、规模化、自动化的室内作业取代大量人工差异性、零散性、手工化的高空户外作业，以机械化的装配和信息化管理方式，代替传统手工、半机械化、低效率作业，施工现场湿作业减少，建筑固体废弃物相应减少。

（2）技术内容

装配式建造技术包含施工图设计与深化、精细制造、质量保持、现场安装及连接节点处理等技术，技术体系贯穿设计、施工阶段。装配式建筑结构形式包括装配式混凝土结构、钢结构、木结构、组合结构等。其中钢筋混凝土结构用得最为广泛，一般主要有 3 种结构形式，分别是装配式框架结构、装配式剪力墙结构和装配式框-剪结构。建造过程一般均为基本材料选用、模具制作、构件制作、构件运输、现场吊装、质量检查与工程验收。

近年来国家大力推进装配式建筑，装配式建筑在全国广泛兴起，形成了多个装配式体系和相应的建造技术。下面以长沙远大钢结构集成装配建造技术、中建三局模块化快速建造技术、中建八局预制墙体竖向分布筋不连接的装配式剪力墙技术和中建八—安装 BIDA 一体化技术等为例介绍。

远大钢结构集成装配建造技术曾经实现"15 天完成 30 层"和"19 天完成 57 层"的记录，它采用了独创的新型结构体系，30 层酒店采用钢框架结构体系——由钢柱、集成式组合楼板、节点加强斜撑构成，节点通过法兰和高强度螺栓连接拼装，标准层面积 540m²。57 层公寓采用钢框筒结构，外框为正交钢框架，内筒为密柱斜交框架，标准层建筑面积为 2800m²，设上楼斜坡车道。同时配有集成度很高的组合楼面吊装单元，工厂完成大量高集成度的组合楼板——（4.0m×15.0m）钢筋混凝土压型钢板组合楼面结构，集成水、电、暖、通系统的架空钢桁架夹层组成。

中建集团开发形成的模块化装配式建筑高效建造技术，通过标准化设计、工厂化生产、装配化施工和集成化的部品部件来实现高效建造，分别应用于雄安新区、火神山医院、雷神山医院，雄安市民服务中心实现了 110 天建造完成，两山医院则分别实现了 7 天和 10 天的建成使用建造速度。

中建八局研发的竖向分布筋不连接的装配式剪力墙结构体系是通过加大边缘构件主筋直径的方法，省去预制墙板竖向分布筋的套筒灌浆连接，克服了套筒灌浆连接施工效率低、质量无法保证的难题，通过原型构件试验和振动台结构抗震试验，证明该结构体系与现浇结构的承载力、延性等受力性能指标接近，能够满足要求。经过计算，该体系结构成本节约 10% 左右，具有很高的推广应用价值。

中建八局一公司安装公司通过模块化安装技术，引入无线射频技术，实现民用建筑安装工程的装配化，大大缩短了工期，保证了质量安全，实现了安装工程队精确施工，带来了安装工程施工现场的新风，具有明显的创新性。

2.3.2　建造节能与减碳技术

（1）技术原理

建造节能是指在建筑物的策划、设计、施工、改造过程中，采用节能型的技术、工艺、设备、材料和产品，从而提高围护结构保温隔热性能、建筑冷热源效率等关键参数，加强建筑物用能系统的运行管理，充分利用可再生能源，提升室内环境舒适度，降低建筑运行能源消耗。减碳技术原理是通过设计和施工过程中采用低碳、吸碳技术、材料与措施等方式来减少碳排放，实现碳中和。

（2）技术内容

1）设计方面的节能技术

在建筑设计方面，要求从整体综合设计概念出发，结合建筑所在气候区环境影响，重视因地制宜，尽量减少对能源的依赖，具体包括：①建筑本地化及区域适应，以气候特征为引导进行建筑方案设计，合理改善建筑的微气候，进行建筑平面总体布局、朝向、采光通风、室内空间布局的适应性设计；②建筑性能优化设计，依据室内环境参数和技术指标要求，通过优化，确定建筑设计方案；③围护结构热工性能优化，利用 EQUEST、ENERGY PLUS、DEST 等模拟分析软件，优化建筑冷热桥、保温材料性能、气密性等关键参数；④可再生能源利用，加大建筑物本体对太阳能、风能、地热能等可再生能源利用相关技术、设备设计。

2）施工方面的节能技术

在施工方面，坚持绿色施工理念，进行建筑节能专项施工技术施工组织设计；针对围护结构拼接、外墙及屋面保温技术施工、气密性施工技术、门窗等专项施工技术进行整体统筹，将施工方案、施工工艺、技术交底落实做细。

3）既有建筑改造方面的节能技术

在既有建筑改造方面，综合统筹分析，形成专项建筑节能改造规划；开展新材料研发、应用，研制高保温、高气密、高断热性能材料；对既有施工设备开展绿色化更新及改造研究，减少施工过程污染排放；综合分析既有建筑围护结构，提出围护结构节能技术改造方案。

4）减碳技术

建造过程中减碳技术主要包括低碳建材的生产和遴选技术，施工过程的碳减排技术，基于 LCA 方法学的低碳建筑分析和选型技术，基于绿色设计的建筑运行碳中和技术。其中基于 LCA 方法学的低碳建筑分析和选型技术是建造过程减碳的重要部分。该技术主要对不同建筑结构形式的使用年限、选用主材的内含碳、运行中的排放碳、拆除后可再生部分的碳抵消等几个方面，计算建筑全寿命期的碳排放总量，进而建立可供参考的低碳建筑选型方法（库）。低碳建材遴选技术需要建立不同材料的碳排放因子，以供设计师进行选择。

2.3.3 信息化建造技术

（1）技术原理

信息化建造技术是指利用计算机、网络和数据库等信息化手段，对工程项目施工图设计和施工过程的信息进行有序存储、处理、传输和反馈的建造方式。

（2）技术内容

信息化建造分三个阶段，依次是数字建造、智能建造和智慧建造。数字建造是指运用数字化手段进行设计，比如运用 CAD 手段进行参数化设计，以及现在的 BIM 技术进行三维设计。数字化设计更多是一种数字化表达。智能建造是在数字化设计的基础上引入建筑机器人进行施工，智能建造包括工程建造信息（Engineering Information Model，简称 EIM）管控平台、数字化设计与机器人施工三个方面，其中工程建造信息管控平台是支撑环境，将数字化设计和机器人施工统一到管控平台中，后期运维时管控平台经过信息过滤形成运维管控平台。智慧建造是在智能建造的基础上提升机器人的智慧化程度，达到会思考的智能机器人施工的程度。

目前智能建造刚刚起步，需要重点做好顶层设计。智能建造技术包括基本支撑技术、工程建造信息管控平台技术、建造过程的具体技术。

基本支撑技术包括三维图形引擎技术、算法、大数据技术、移动通信技术、新一代互联网物联网技术、云计算技术、虚拟仿真技术等。

工程建造信息管控平台技术是基于 BIM 开发的，包括项目部工程管理技术，基于物联网的工程项目电子商务和工程成本分析控制技术，"互联网＋"环境下工程总承包的多方协同工作平台开发技术等。

建造过程的具体技术开发包括数字化设计技术；建造机器人开发和使用技术；基于构件、部件和配件的智能化制造技术；基于构件、部件和配件的智能化安装技术。

2.3.4 建筑废弃物减排与再生利用技术

（1）技术原理

建筑建造过程的废弃物包括扬尘、噪声、废水、废气以及固体废弃物等几个方面。通过采取措施和改革工艺防止和减少整个建造过程产生的废弃物。

（2）技术内容

空气及扬尘污染控制技术，包括现场喷洒降尘技术、现场绿化降尘技术、钢结构安装现场免焊接施工技术等。

污水控制技术，包括地下水清洁回灌技术、管道设备无害清洗技术、水磨石泥浆环保排放技术、泥浆水收集处理再利用技术等。

施工现场噪声控制技术包括混凝土绳锯切割技术、设备隔振技术、隔声屏运用技术、吸声材料应用技术、设备消声器、绿化降噪、噪声智能监控技术等。

建筑固体废弃物减量化与再生利用技术主要包括减量化技术与再生利用技术。这里主要介绍建筑垃圾的减量化与再生利用技术。

建筑垃圾减量化技术包括设计减量与施工减量技术。施工现场固体废弃物设计减量技术包括在设计时注意尺寸配合和标准化，尽量采用标准化的灵活建筑设计，减少切割产生的废料。保证设计方案的稳定性和细致性，采取限制变更次数措施，加强审图阶段的管理。建筑结构设计时应严格执行建筑模数设计，简化建筑物平面、外立面形状。利用BIM技术的可视化与三维立体效果。施工现场建筑垃圾施工减量技术，包括消防管线永临结合减量技术、施工道路永临结合减量技术、成品隔油池、化粪池、泥浆池、沉淀池应用减量技术、铝合金模板应用减量技术、定型模壳施工减量技术、早拆模板施工减量技术、覆塑模板应用减量技术、压型钢板、钢筋桁架楼承板免支模施工减量技术、拼装式可周转钢制（钢板和钢板路基箱）路面应用减量技术、高层建筑封闭管道建筑垃圾垂直运输及分类收集减量技术、全自动数控钢筋加工减量技术、钢木龙骨技术等。

施工现场建筑垃圾再生利用技术是建筑垃圾收集后经筛分后可进一步处理应用于施工现场。第一遍粗筛分时将建筑垃圾中的模板、塑料等进行筛分，该部分建筑垃圾运至垃圾处理站统一处理；然后进行金属物筛分，将垃圾中的金属筛分后进行回收；最后剩下的材料基本为块状混凝土及砌块等材料。根据骨料所需的粒径大小，将合适的筛分网放入破碎机，再将废弃混凝土、废弃砖块投入破碎机，符合粗细粒径要求的输送出来分类堆放，对于粒径过大的重新传送回破碎机进行二次破碎。破碎后的砂料可用作回填、临时道路、制砖、二次构件等部位，实现再利用的目的（图2～图5）。

图2　固体废弃物破碎机　　　　　　　图3　破碎后的粗细骨料

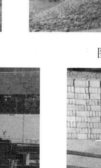

图4　制砖机　　　　　　　　　　图5　再生骨料制成的砖块

3 技术指标

3.1 关键技术指标

3.1.1 装配式建造技术

装配式建造技术应从装配式结构性能、建造效率、预制率、周转指标、损耗指标等方面考察技术先进性。具体指标参考《装配式混凝土建筑技术标准》GB/T 51231、《装配式钢结构建筑技术标准》GB/T 51232、《装配式木结构建筑技术标准》GB/T 51233、《装配式混凝土结构技术规程》JGJ 1 等国家和行业标准。各地方因地制宜制定符合实际情况的规定。

中建八局研发的竖向分布钢筋不连接装配整体式剪力墙结构体系（SGBL 装配整体式剪力墙结构体系）部分技术指标如下（表 1、表 2）。

SGNL 装配整体式剪力墙结构房屋的最大使用高度（m）　　表 1

设防烈度	6 度	7 度	8 度(0.2g)	9 度(0.3g)
最大适用高度	120(110)	100(90)	80(70)	60(50)

SGNL 装配整体式剪力墙结构适用的最大高宽比　　表 2

设防烈度	6 度、7 度	8 度、9 度
适用的最大高宽比	6	5

3.1.2 建造节能与减碳技术

建造节能技术应从建筑本体的高效保温隔热技术、高效能源系统、可再生能源的利用等方面综合考虑，并结合建筑综合性能、建筑本地化及区域适应性进行研究，制定适合各个不同气候区和适应本地化的技术路线及指标体系。表 3、表 4 列举了居住建筑和公共建筑部分能耗指标。

居住建筑能耗指标　　表 3

建筑能耗综合值		$\leqslant 55kWh/(m^2 \cdot a)$		
性能指标	供暖年耗热量 $[kWh/(m^2 \cdot a)]$	严寒地区	寒冷地区	夏热冬冷地区
		$\leqslant 15$	$\leqslant 12$	$\leqslant 7$
	供冷年耗热量 $[kWh/(m^2 \cdot a)]$	$\leqslant 2.5+1.2\times WDH20+1.6\times DDH28$		
	建筑气密性 N_{50}	$\leqslant 0.6$		$\leqslant 1.0$
可再生能源利用率		$\geqslant 30\%$		

公共建筑能效指标　　表 4

建筑能耗综合节能率		$\geqslant 70\%$		
性能指标	建筑本体节能率	严寒地区	寒冷地区	夏热冬冷地区
		$\geqslant 40\%$		$\geqslant 25\%$
	建筑气密性 N_{50}	$\leqslant 1.0$		—
可再生能源利用率		$\geqslant 30\%$		

3.1.3 信息化建造技术指标

信息化建造目前还处于数字建造节点，智能建造刚刚起步。数字建造主要在应用 BIM 等软件建立项目模型，在一些项目上开始尝试使用 BIM 进行正向设计。BIM 在创建模型时应满足国家标准《建筑信息模型分类和编码标准》GB/T 51269、《建筑信息模型应用统一标准》GB/T 51212、《建筑信息模型施工应用标准》GB/T 51235 所规定的相关要求和指标。

3.1.4　建筑废弃物减排与再生利用技术指标

施工现场扬尘、噪声、废气、污水等指标要符合当地环境控制排放的指标。其中，施工场界声强限值昼间不大于70dB，夜间不大于55dB。

建筑垃圾排放量不大于300t/万 m²，预制装配式建筑垃圾排放量不大于200t/万 m²。其中一些具体指标见表5。

施工现场建筑垃圾相关指标

表5

序号	项目指标	目标值	序号	项目指标	目标值
1	建筑垃圾的现场减量率	30%	4	建筑垃圾的现场分类运输率	70%
2	建筑垃圾的现场分类投放率	98%	5	建筑垃圾的现场分类利用率	30%
3	建筑垃圾的现场分类收集率	80%	6	建筑垃圾分类应用成果推广率	20%

3.2　与同类技术对比及优势

绿色建造技术旨在利用技术创新最大限度保护环境、减少污染、节约资源、减轻作业强度、改善作业条件。与同类技术相比，绿色建造技术在环境保护、材料及资源节约、节水及水资源保护、节地与土地资源保护、人力资源节约与保护上更具优势。绿色建造技术是基于工程项目全生命期的，相比设计施工分离的模式更好地提升产品质量，保证社会、经济和环境效益综合效益最优。

装配式建造技术与现浇建造方式相比较，能减少建筑垃圾、节约资源、减少现场劳动力等优势。

建造节能与减碳技术与传统技术相比能节约建造过程中的能耗，减少使用高碳材料，一些建筑能够吸附更多的碳。

信息化建造技术在异形结构建造上具有明显优势，在项目管理上能给予全生命期进行管理，节约资源、保护环境上优势明显。其中智能建造技术能大大节约劳动力、减轻作业强度。

建筑废弃物减排与再生利用技术相比传统技术有效降低废气、污水、噪声、扬尘和固体废弃物的排放，同时能再生利用建筑垃圾。具有节约资源、保护环境的优势。

4　适用范围

绿色建造技术在各类环境中均有较好的应用效果，对不同建筑类型可根据实际情况，选择针对性的绿色建造技术方案。

4.1　装配式建造技术

装配式建造技术可适用于民用建筑，包括居住建筑、公共建筑等，应用范围比较广泛，但是也存在一定问题，目前将现浇结构钢筋混凝土结构设计与构造方法简单移植到装配式钢筋混凝土结构中是不适宜的，应该针对装配式建造的特点研究匹配的设计方法，尤其是结构体系以及围护结构性能设计的创新。

4.2　建造节能与减碳技术

建造节能与减碳技术可适用于全类型建筑，应以目标为导向，以"被动优先，主动优化"为原则，结合当地气候、环境、人文特征，根据具体建筑使用功能要求，采用性能化的设计方法，因地制宜地制订建造节能与减碳策略。

国内建筑节能项目的调研和测试已经展示出初步的成效，大幅度降低了能耗，室内环境也得到较大改善。但是，我国目前对既有建筑的后续监测、评估还有待加强，还需进一步开发评价工具。减碳技术目前亟待大力开发。

4.3　信息化建造技术

信息化建造技术可以广泛应用于各类项目中，包括建筑、市政、铁路、水利等工程。但是国产化的BIM软件发展存在很大不足，与国外差距明显。我国缺乏统一的数据标准和软件标准，还没有自主知识产权的三维图形平台。我国BIM技术目前大多是在国外BIM软件平台基础上进行二次开发。

4.4　建筑废弃物减量与再生利用技术

建筑废弃物减量与再生利用技术可广泛应用于各类项目，特别是大型及特大型项目。其中混凝土垃圾较多的项目，建筑垃圾减量化与再生技术能够很好地得到应用。现阶段的建筑垃圾减量化仍然面临一些问题，一是建筑垃圾分拣难度较大，需要较高的人力物力投入，分类阶段仍然以人力分拣为主，缺乏智能化的垃圾分拣系统，这也是下一步研究方向；二是目前市场未形成完善的建筑垃圾回收利用的产业链，建筑垃圾处理仍然以填埋处理为主；三是回收利用途径有限，需进一步扩展利用方向。

5　工程案例

5.1　长沙 T30A 酒店工程——装配式建造技术应用案例

长沙远大 T30A 酒店，总建筑面积 2.06 万 m^2，高度 99.9m，地上 30 层，地下 1 层。整栋建筑为模块化全钢结构，大楼被划分为若干块空间模块，墙体、门窗、电气、空调、照明、给水排水等工程都在工厂制造完成的，最后运至施工现场进行装配；是我国采用预制装配式实施绿色建造的典型工程。

T30A 酒店在抗震、节能、净化、耐久、节材、可循环建材、无醛铅辐石棉建材、无扬尘污水垃圾施工等方面进行了有益的探索和实施；发明了"钢构＋斜撑＋轻量"抗震技术，实现了 9 度抗震，用钢量却比常规建筑少 10%～20%，混凝土少 80%～90%；采用外墙厚保温、多层玻璃窗、新风热回收、电梯下降发电、节水坐便器等 30 多项节能技术，达到 5 倍节能；采用 3 级过滤器组合系统，实现了"超低成本"的 20 倍空气净化；通过工厂化建造方式，使建筑现场装配施工量仅占整个建筑用工量的 7%，工厂化程度达到 93%，建筑垃圾不到常规建筑的 1%。施工过程只进行现场装配，无需焊割、不用水泥、不现场浇筑，施工现场实现了无火、无水、无尘等目标。

该工程采用绿色建造方式，有效减少了施工现场环境污染，缩短了工期，首次实现了 15 天建成100m 高建筑的目标。

5.2　CSWADI·滨湖设计总部项目——建造节能应用案例

CSWADI·滨湖设计总部项目——中建西南院第三办公楼工程，以夏热冬冷地区气候与技术适用性优先为导向，基于地域文化特征和地域环境条件融合建筑、结构、机电、信息化、建筑物理等专业，进行被动式超低能耗建筑及净零能耗建筑技术集成体系应用示范（图 6）。

图 6　建筑位置概况图

（1）形成了亚热带气候适宜性建筑设计方法，根据成都地区的气候和气象参数记录，因地制宜地分析研究适合夏热冬冷地区的自然通风和遮阳等超低能耗关键技术，明确了典型建筑在夏热冬冷地区气候区各专业超低能耗技术优化匹配原则，确定了超低能耗建筑的空间形态、布局、结构选型、设备系统、室内环境的综合指标体系。

（2）重点研究了适于夏热冬冷地区的外墙保温隔热技术、屋顶保温隔热技术、高性能的透明幕墙

（外窗）与遮阳技术、新风预冷（热）技术、太阳能光伏与直流供电技术、办公室工位照明控制方式和高效空调系统，使技术集成在项目中得到实践和应用。

（3）通过 BIM 技术实现智慧建筑综合技术整体优化。采用建造全生命周期的信息化管理和建筑运维，采用网络通信技术、安全防范技术等，实现资源管理、信息服务和智能体验。通过"互联网＋"技术实现建筑智慧化集成，形成了超低能耗建筑办公环境的智能性、安全性、高效性、舒适性和便利性的集成信息技术应用。

（4）通过能耗模拟分析的方法，对围护结构保温隔热遮阳的设计方案、遮阳构造处理等技术进行耦合优化，并充分考虑了夏热冬冷地区过渡季节的自然气候条件，通过利用通风预冷技术，显著降低了建筑能耗，探寻并验证了夏热冬冷地区建筑形态和建筑围护结构热特性与能耗的内在规律。

（5）通过开发的 BIM 平台实现了从方案设计、性能化分析、施工图出图、施工优化、结构二次开发，再到材料生产、运输、吊装、安装等全流程的技术指导。

5.3　北京中国尊工程项目——基于 BIM 的建筑垃圾减量与再生利用技术应用案例

中国尊工程属于绿色建筑科技示范工程，有建筑垃圾减量的策划文件，在策划文件中有不同施工阶段采取不同技术以达到建筑垃圾减量化目的的说明。

项目采用中建三局自主研发的超高层施工顶升模架：智能顶升钢平台，该平台具有承载力大、适应性强、智能综合监控三大特点，显著提高了超高层施工的机械化、智能化及绿色施工水平，有效节约周转场地约 $6000m^2$。采用预制立管安装技术：预制立管从 7 层至 102 层采用预制立管施工技术，具有设计施工一体化、现场作业工厂化、分散作业集中化和流水化、提高了立管及其他可组合预制构件的精度质量等多重施工优势，加快了施工进度。运用 BIM 技术，辅助深化设计，实现二维图纸和三维模型同步进行，与 BIM 管理部深度配合，确保深化设计过程与 BIM 模型充分融合，深化设计内容真实反映到 BIM 模型内，并利用 BIM 深化设计成果，按照现场场地条件及安装要求对模型进行分段分节，并进行预制加工，部分结构安装前现场先进行预拼装工作，再进行整体吊装。

中国尊项目在施工过程中产生的建筑垃圾类型及总量分别为：①地基与基础工程产生建筑垃圾：碎石土类建筑垃圾 $215000m^3$，方木 $210m^3$，混凝土、砂浆 $12000m^3$，板材 $9500m^2$，钢筋 $13000t$，钢管 $54t$；②结构工程产生建筑垃圾包括：砖、砌块、墙板 $506000m^3$，方木 $5750m^3$，钢筋 $130000t$，钢管 $2860t$；建筑屋面产生建筑垃圾包括：混凝土、砂浆 $2300m^3$，保温材料 $600m^3$。

6　结语展望

绿色建造技术是基于工程项目全生命期在工程立项策划、设计和施工三个阶段实现各专业、各参与方与所有要素的协同，最大限度降低对环境的影响、减少对资源的消耗，同时保护和节约劳动力，提升工程产品工艺性、功能性和环境性质量。

结合我国绿色建造的整体发展方向，我国绿色建造技术也应朝着装配化、智能化、机械化、精益化、专业化的方向发展。需要注意的是，绿色建造技术发展重点在"五化"之间不是孤立的，是相辅相成、互为补充的，需要协同研究，全面推进和发展。

装配式建造技术是未来发展的重点，要注意研究新型的结构体系、完整的技术标准以及自动化施工吊装设备。

信息化建造技术应重点发展自主知识产权的 BIM 技术，逐步实现智能建造，最终达到智慧建造。

随着土地资源的紧张，地下资源保护及地下空间开发利用技术将越来越受到重视。

另外，新型高性能结构体系关键技术、多功能高性能混凝土技术、清洁能源开发及资源高效利用技术等都将成为绿色建造技术的重点发展方向。

作者：肖绪文（中国建筑股份有限公司）

装配式钢和混凝土组合结构设计技术

Architectural Design Technology of Prefabricated Steel and Concrete Composite Structure

1 技术背景

自 2016 年 9 月国务院办公厅发布《国务院办公厅关于大力发展装配式建筑的指导意见》以来，以工业化、绿色化和信息化为特征的工业化建造方式得到了前所未有的大发展。装配式建造方式能有效地发挥工厂生产的优势，建立从研发、设计，到构件部品生产、施工安装、装饰装修等全过程生产实施的工业化。同时装配式建筑有着污染小、装配快、质量优的优势，能够将预制构件提前生产，现场进行快速施工，且预制构件保养在构件厂进行，减少了施工现场的二次污染，符合当前社会对建筑使用环境和使用品质要求高等需求。

但是，装配式钢和混凝土组合结构建筑的发展仍存在几个制约其发展的关键问题：一是结构竖向承重构件多采用传统钢管柱或钢管混凝土柱形式，使其应用范围受限，在多层建筑应用存在成本过高的问题；二是梁柱连接节点不够完善，结构柱采用混凝土柱时仍然采用现浇的湿作业形式，不符合建筑工业化的发展方向；三是缺少系统科学的理论和方法指导工程实践，导致建筑设计、加工制造、装配施工各自分隔，相互间关联度差；建筑、结构、机电设备、装饰装修四大要素各自独立，自成体系，专业间乃至全过程各工种间都缺乏协同。最终导致建筑完成品标准低、毛病多、寿命短。

针对以上问题，需要找到合适的理论和方法对装配式钢和混凝土组合结构建筑系统建造全过程进行研究指导。因此，我们应该引入系统工程理论统筹建造的全过程，集成若干技术要素，用设计、生产、施工一体化，建筑、结构、机电、内装一体化和技术、管理和市场一体化的系统整合方法，实现建造过程质量性能、成本效率的最优，并能提供整体最优建筑产品。围绕提质增效和持续发展制定指标体系，选择适宜的技术路线稳步发展。可以预期，以建筑工业化为抓手，利用系统科学理论指导，必将进一步开拓装配式钢和混凝土组合结构建筑设计及建造的新领域，这对于推动装配式钢和混凝土混合结构建筑的应用有重要意义。

2 技术内容

2.1 装配式钢和混凝土组合结构建筑系统

2.1.1 系统建构

装配式建筑是一个系统工程，其系统主要构成要素有四个方面：结构系统、围护系统、机电系统、内装系统。这四个系统各自再划分为若干子系统，系统之间通过标准化设计、系统集成设计和协同设计等一体化设计方法，集成为一个完整的建筑体系。

结构系统是建筑的支撑体，其具有安全性、经济性、易建性和适应性等基本属性。安全性要求结构系统能承受规定的水平荷载和竖向荷载；经济性要求结构系统既要受力合理又要经济实惠；易建性要求结构系统构件生产便捷和装配高效；适应性要求结构系统与建筑"永生"相匹配。建筑结构系统构成示意图，见图 1。

围护系统是建筑与自然或其他领域空间之间的分隔体，其主要用于围合、分隔和保护某一个空间区域，将其与某种功能的空间隔开，来实现该部分空间在特定使用功能下的保护和分隔。围护系统的主要功能有保温、隔热、隔声、防水、防火、防护等；其特有属性有整体性、物理性、安全性、多样性等。建筑围护系统构成示意图见图2。

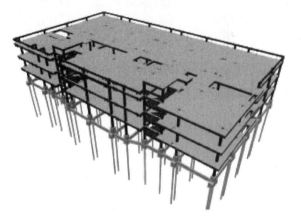

图1 建筑结构系统示意图

图2 建筑围护系统示意图

机电系统是具有特定功能，能满足建筑某种使用需要的机电设备、设施及管线网络的整体，本系统是结构主体之外，附属在建筑主体的填充体。其主要功能是建筑供配电、弱电智能化、建筑照明、空气调节、供暖通风、给水排水、电梯扶梯、消防系统和燃气系统等。其基本属性有整体性、特异性、发展性和关联性。机电设备系统构成示意图见图3。

装饰装修系统是保证建筑使用功能，承载物理性能并提供建筑使用场景的填充体。本系统以主体结构的填充体形式存在，它承载着机电设备系统和人日常使用的各种需求，将装饰装修各要素整合在一起，形成具备某种使用功能的建筑形式和室内环境。分为室外装饰系统和室内装饰系统两大部分，室外装饰包括饰面系统、饰面结构系统、护栏系统、装饰部品等。室内装饰主要包括墙面系统、顶棚系统、地面系统。建筑内装系统构成示意图见图4。

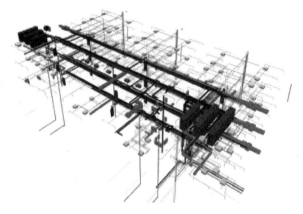

图3 机电设备系统示意图

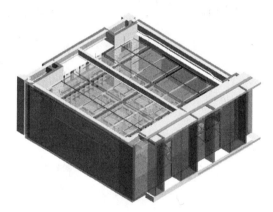

图4 建筑内装系统示意图

2.1.2 结构系统

装配式钢和混凝土组合结构体系符合我国装配式建筑发展的方向：所采用的预制构件［预制混凝土柱、型钢梁、预制叠合板、预制楼梯和预制空调（阳台）板等］均可在工厂批量化生产。在标准化设计程度较高时，可实现流水化的生产方式，大工业化的建造模式，适应我国建筑业转型升级的要求，也是建筑业实现智能建造的路径之一。本结构系统可广泛应用于标准化设计程度高的多高层办公类、教育类和医疗类等建筑中。建筑结构系统构成示意图见图5，结构系统预制构件实物见图6。

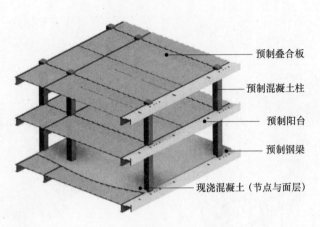

图5　结构系统组合示意图

预制叠合板
预制混凝土柱
预制阳台
预制钢梁
现浇混凝土（节点与面层）

图6　结构系统构件

2.1.3　围护系统

装配式钢和混凝土组合框架建筑体系的围护系统由外墙、外门窗、遮阳、阳台、屋面、防火和隔声要求的内隔墙等子系统构成。

外围护系统的材料种类多种多样，施工工艺和节点构造也不尽相同。在集成设计时，外围护系统应根据不同材料特性、施工工艺和节点构造特点明确具体的性能要求。性能要求主要包括安全性能、功能性能和耐久性能等，同时屋面系统还应增加结构性能要求。图 7 为某建筑围护系统构成示意。

　　装配式钢和混凝土组合框架建筑体系的外墙可选用预制 AAC 加气混凝土轻质墙板和 PC 外挂墙板。AAC 外墙板作为外围护结构主要有外饰面、AAC 墙板、内饰面、配套专用连接件等部分组成，AAC 墙板做围护结构时可以外挂主体外（外挂式，见图 8）和内嵌于主体内（内嵌式，见图 9）两种形式。AAC 外墙板主要通过 U 形卡、管卡、直角钢件和勾头螺栓等固定在结构上，实现板材的平整、稳固。

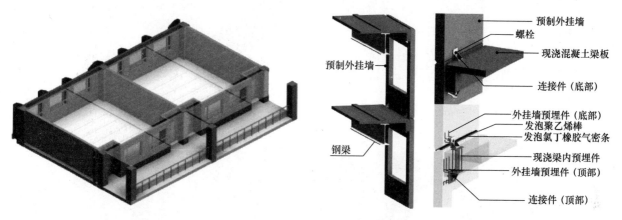

图 7　某建筑围护系统构成示意图　　　　　　　　　图 8　外挂式墙板连接节点示意

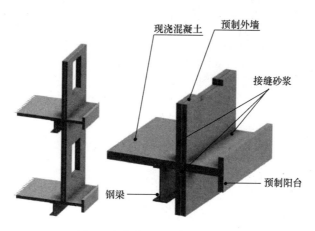

图 9　内嵌式墙板连接节点示意

　　外挂式外墙与主体结构间能适应变形，各成独立系统，防水保温性能好，其设计类似于幕墙系统。内嵌式外墙应考虑墙体与主体结构之间的变形协调问题，采用能协调变形的构造做法。

2.1.4　机电系统

　　公共建筑机电管线是装配式机电系统的重要形式之一，其主要构成要素有三个方面：给水排水系统、暖通空调系统、电气系统。这三个系统各自再划分为若干子系统（图 10），系统之间通过标准化设计和协同设计等一体化设计方法，集成为一个完整的公共建筑机电管线。相关示例见图 11、图 12。

　　装配式钢和混凝土组合结构建筑机电系统设计应遵循以下原则：①管线设计应符合国家及地方相关规范要求；②给水管线、排水管线设计应与主体结构分离，采用标准化、模块化设计；③暖通空调风管管线、水管管线、冷媒管管线等宜结合其系统所担负的功能房间整齐、就近布置；④电气竖向管线的设置宜相对集中敷设，满足后期维修更换的需求；水平管线的排布应减少交叉，在架空层或吊顶内穿管内敷设，当房间的高度不允许全部吊顶，可采用局部吊顶的方式进行管线的敷设，当管线必须穿越装配式结构主体时，应预留孔洞或保护管；⑤当电气设备管线在楼板中敷设时，应做好管线的综合排布，同一位置严禁两根以上电气管线交叉敷设。

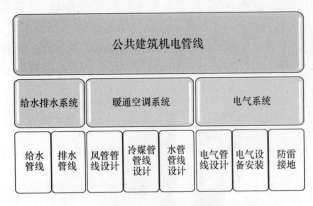

图 10　机电系统架构

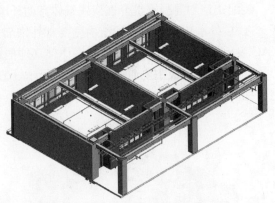

图 11　某建筑机电系统示意图

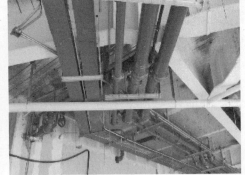

图 12　某项目机电系统施工

2.1.5　内装系统

装配式钢和混凝土组合结构建筑体系内装系统，除地面以外全部采用装配式内装。装配式内装是装配式建筑的四大组成部分之一，是遵循以人为本和模数协调的原则，以标准化设计、工厂化生产和装配化施工为主要特征，实现工程品质提升和效率提升的新型装修模式下的装配式建筑组成部分。装配式内装包括隔墙系统、吊顶系统、地面系统、设备与管线系统，内装系统架构如图 13 所示；图 14 为某建筑围护系统构成示意；图 15 为某项目内装施工。

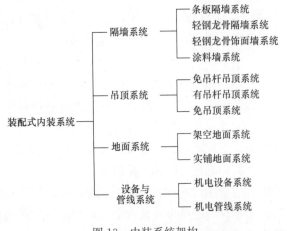

图 13　内装系统架构

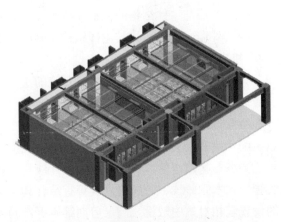

图 14　某建筑内装系统示意图

图 15 某项目内装施工

装配式内装应与建筑设计同步设计，宜与主体结构同步施工；应实现设计的标准化、一体化、精细化；宜在建筑设计阶段进行部品部件选型，并应优先选择通用成套部品部件；宜采用建筑信息模型（BIM）技术，实现全过程的信息化管理和协同；宜提供装配式内装使用说明书。

2.2 装配式钢和混凝土组合结构建筑标准化设计方法

2.2.1 平面标准化

装配式钢和混凝土组合结构建筑的平面标准化应通过合理划分框架柱网尺寸实现。以标准柱网为基本模块，实现其变化及功能适应的可能性，满足其全生命周期使用的灵活性和适应性，同时应控制好层高关系，在满足功能需求的前提下，综合梁高、板厚、机电管线空间和装修做法等需求，确定标准化的剖面设计。如中小学校建筑，教室柱网采用 9.0m×9.0m，走廊柱网采用 9.0m×3.0m，其他的专业教室和辅助用房、办公室等，均采用此柱网尺寸，形成平面的标准化；层高根据教学和办公的净高要求，分别采用 4.5m（架空层）、4m（教学层）和 3.5m（办公层）。图 16、图 17 为教学楼建筑轴网标准化示意。

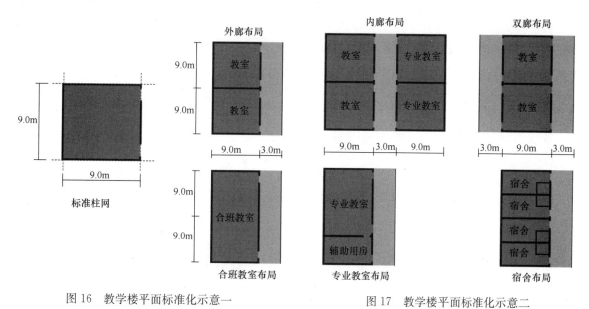

图 16 教学楼平面标准化示意一　　　　　图 17 教学楼平面标准化示意二

2.2.2 立面标准化

立面标准化设计应该对立面的各构成要素进行合理划分，将其大部分设计成工厂生产的构件或部品，并以模块单元的形式进行组合排列。辅之以色彩、机理、质感、光影等艺术处理手段，最终实现立面的多样化和个性化（图18）。通过对立面的各构成要素进行合理划分，并以模块单元的形式进行组合排列，最终实现标准化与多样化。

2.2.3 构件标准化

标准化设计的目标是满足工厂化生产需求，只有通过构件标准化设计，才能让构件在工厂得到高效、优质、批量化的生产。装配式钢和混凝土组合结构建筑的标准化的重要组成部分是通过构件标准化和部品标准化来实现的。预制构件标准化设计结合建筑高度、抗震要求、受力要求、功能需求、生产需求和现场管理等确定统一的构件尺寸，如预制柱平面尺寸和与配筋、钢梁截面高度、预制叠合板宽度等，从而实现构件的标准化（图19）。

图18 某项目立面标注化与多样化　　　　图19 标准化构件示意

构件的标准化将带来工厂生产的自动化和流水作业。既能最大限度降低构件成本（模具摊销），实现标准构件在不同项目间的互用，同时也可有效减少项目构件管理的时间和经济成本。

2.2.4 部品标准化

部品标准化主要针对工厂化生产的内外墙装饰部品及门窗、洁具等功能性部品。例如，对于学校类建筑的内装部品主要有金属吊顶，外装饰部品主要有空调百叶、栏杆、遮阳等，外门窗也是重要的部品，需要进行标准化的设计（图20）。

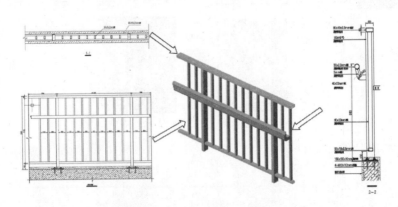

图20 部品标准化设计示意

2.3　装配式钢和混凝土组合结构设计关键技术

2.3.1　材料选择与整体分析计算

在材料选择上宜采用高强混凝土，如柱可采用 C60 及以上等级材料，可充分发挥其抗压强度高的特性；钢梁宜采用 Q355 钢或更高等级钢材；钢筋等级宜为 HRB400 和 HRB500。

装配式钢和混凝土组合框架结构整体分析基于"装配整体式"设计理论，水平构件通过刚性节点连接，竖向预制构件通过灌浆套筒连接形成受力机理等同现浇组合框架结构，可采用与现浇结构相同的方法进行结构分析。

2.3.2　预制混凝土柱

装配式钢和混凝土组合结构系统竖向承重构件采用预制混凝土柱，以充分利用其抗压性能好和抗侧刚度大的优势。将预制混凝土柱设计成一维构件，顶部梁柱节点部位不伸出牛腿、钢梁等构件，这种类型预制柱模具制作简单、易于工厂化生产、构件运输方便高效（图 21）。

图 21　预制混凝土柱构件

预制混凝土柱连接包括预制柱间连接和现浇柱与预制柱的连接，两类连接节点均采用灌浆套筒连接。现浇柱与预制柱连接节点采用现浇柱纵筋直接连接预制柱套筒的方式（图 22），避免现浇柱纵筋在柱顶截断锚固后再插筋导致的现浇梁柱节点处钢筋密集而插筋精度无法保证的问题，此种方式可保证预制柱纵筋定位精度控制 5mm 以内，为上部结构预制构件安装打下了良好基础。预制柱间采用灌浆套筒连接，灌浆工艺采用"高位低压集中连通腔灌浆"施工工艺，相较于单个套筒灌浆方式，有效提高了预制柱套筒灌浆效率。

2.3.3 预制叠合板组合梁

组合梁型钢截面有多种形式，学校、办公类等公共建筑鲜有全吊顶情况，一般仅进行局部吊顶方便隐藏管线。管线在相邻房间连通，钢梁需考虑设备管线的通过问题。综合考虑组合梁受力和设备管线地穿行，钢主梁宜采用变截面实腹工字形，避免等截面实腹梁开洞带来的材料浪费，次梁一般截面较主梁小，可选择实腹工字形截面，如图23所示。

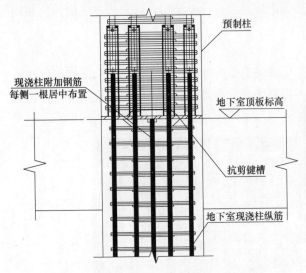

图22　现浇柱与预制柱连接节点示意图　　　　图23　实腹变截面工字形主梁

主梁宽度由预制叠合板搭接宽度和按完全抗剪计算时所需栓钉布置宽度决定（图24）。如预制叠合板搭接主梁宽度为50mm，布置2排栓钉及安装叠合板所需宽度取150mm，则主梁上翼缘宽度取值 $b=50×2+150=250mm$，为满足钢梁翼缘宽厚比要求，翼缘最小厚度取值为16mm，主梁翼缘厚度由支座处内力决定。

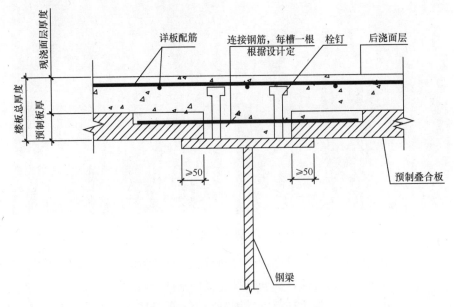

图24　预制叠合板短边与主梁搭接节点示意

次梁宽度同样由叠合板搭接宽度和栓钉布置宽度决定，通常次梁交错布置一排栓钉即可，则次梁宽度取值 $b=50×2+100=200mm$，翼缘最终厚度根据次梁受力情况定（图25、图26）。

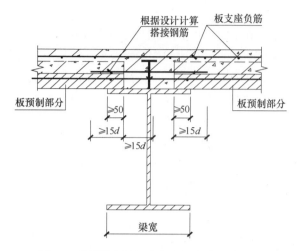

图25　预制叠合板短边与次梁搭接节点示意

图26　预制叠合板与钢梁搭接节点

2.3.4　预制混凝土叠合板

装配式钢和混凝土组合结构系统中预制叠合板根据楼板跨度和建筑功能采用预应力带肋叠合板和四面不出筋叠合板。

（1）预应力带肋叠合板

预应力带肋叠合板是由预制混凝土底板和板面反肋组成，其纵向受力钢筋采用高强预应力钢绞线，横向分布筋采用普通钢筋防止板底裂缝。板上反肋增大了叠合板在吊装和施工过程中所需的刚度，避免了叠合板由于刚度不足导致的变形过大甚至开裂（图27）。

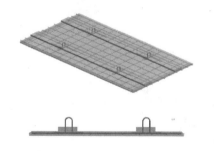

(a)

(b)

图27　预应力带肋叠合板
（a）预应力带肋叠合板构件；（b）预应力带肋叠合板施工

预应力带肋叠合板采用受力方向采用高强预应力钢筋，承载力大；由于反拱存在，可消除部分施工期间的叠合板变形，与现浇楼面形成整体受力性能良好的楼板，施工期间可做到免支撑吊装；当施工荷载超设计值的部分区域可在跨中加设一道支撑，施工效率高，且可与其他工序穿插施工。预应力带肋叠合板在较大跨度区域优势明显，可有效节省模板和支撑给项目带来的时间和成本上的费用支出。

预应力带肋叠合板构件计算应根据《混凝土结构设计规范》GB 50010—2010 第 9 章和第 10 章要求，计算预制构件在生产、运输、施工和正常使用阶段各工况下的承载力和变形情况。

预应力带肋叠合板跨度在 4.5m 以内时，在吊装过程中可不加支撑，此时施工荷载不应大于 1.5kN/m²；当施工荷载超限时，在浇筑混凝土前加设支撑，加设支撑与钢筋绑扎同步进行，能有效缩短工期。

（2）四面不出筋叠合板

四面不出筋叠合板是在传统预制钢筋桁架叠合板的基础上，取消了板侧"胡子筋"和板面桁架钢筋，进而用板侧开槽口放置连接钢筋实现板与板缝的拼接及板端与钢梁的连接，同时利用板面拉毛等方式设置粗糙面实现与现浇面层的结合。

四面不出筋叠合板跨度在 4m 以内时，预制板厚度 60mm 可在生产和施工阶段不加桁架且能保证生产和安装过程叠合板的变形和裂缝情况在设计控制范围内。取消桁架钢筋后的四面不出筋叠合板刚度可根据板厚来调整，实现在生产、运输和安装过程中叠合板的变形和裂缝在规范要求的范围内。当叠合板跨度超过 4m 时，建议设置桁架钢筋（图 28、图 29）。

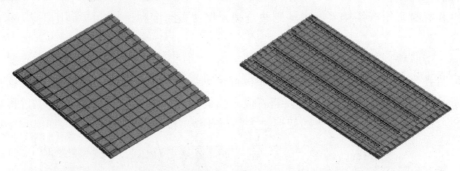

图 28　四面不出筋叠合板构件示意

图 29　四面不出筋叠合板构件

四面不出筋叠合板板面在无桁架钢筋时，预制板上表面应设置一定的粗糙面，以保证新旧界面之间的粘结，粗糙面的面积不宜小于结合面的 80%，粗糙面凹凸深度不应小于 4mm，粗糙面拉毛方向应垂直于预制板跨度方向。预制板的侧面可不设置粗糙表面。板端槽口表面可不设置粗糙面，也可设置了水洗、花纹钢板、气泡纸或其他类型粗糙面。

叠合板面层混凝土浇筑后，可形成共同工作的整体楼板。此时楼板可按连续单向板进行整体计算配筋。预制叠合板自身配筋按各阶段不利情况配置。

2.3.5　预制混凝土柱-钢梁连接节点

梁柱节点是框架结构最重要的部位，它承受着荷载传递过来的拉、压、弯、剪、扭等内力。结构的刚度很大程度上由梁柱节点的刚度决定，梁柱节点的不同构造，也影响着节点的受力性能。梁柱节点的破坏，意味着结构的破坏：轻微的破坏，不易修复；严重的破坏，结构可能倒塌。

装配式钢和混凝土组合结构梁柱连接节点在满足受力要求和抗震性能的前提下，须考虑钢节点与预制混凝土柱的融合：即以较低的成本实现快速生产。现阶段预制构件厂对预制混凝土柱还难以采用自动化的生产方式，更多的时候是工人手工操作，尺寸或重量过大的钢节点人工安装困难，生产效率难以提升。同时，若梁柱节点区采用后浇混凝土的湿作业方式，难以保证混凝土的密实度。因此，我们采用了一种既方便工厂生产，又便于现场安装的组合结构新型梁柱节点。

新型梁柱节点是通过一种预制钢节点与预制混凝土结合：在工厂将预制钢节点预埋于混凝土顶部而形成一个整体的预制混凝土柱（图30），该预制钢节点有以下特点：

（1）两端车丝对拉螺纹钢筋代替节点竖向横隔板，减少了焊接量、避免了节点内部浇筑混凝土易形成空腔的弊端；

（2）优化节点侧板尺寸，减轻预制钢节点重量，方便人工调整定位及柱头混凝土浇筑；

（3）高强度螺栓预安装于钢节点上，预制钢节点＋混凝土柱一体化预制生产，尺寸及质量有保证，同时无节点区后浇混凝土湿作业，提高了现场钢梁安装的施工效率。

图31为预制柱-钢梁连接节点示意图，其安装顺序如下：①安装底部连接角钢，初拧连接角钢高强度螺栓，连接角钢用途在于施工阶段钢梁临时支撑及安装完成后受力部件；②吊装钢梁并就位；③安装钢梁腹板连接角钢，初拧高强度螺栓；④钢梁上翼缘焊接；⑤钢梁下翼缘与连接角钢高强度螺栓终拧。

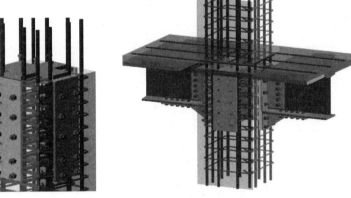

图30　新型梁柱节点示意图　　　　　　　　图31　新型梁柱节点示意图

3　技术指标

3.1　关键技术指标

装配式钢和混凝土组合框架结构体系整体分析是基于"等同现浇"设计理论。水平构件通过刚性节点连接，竖向构件通过灌浆套筒连接形成受力机理等同现浇结构的体系，可采用与现浇结构相同的方法进行结构分析与设计。

除本文另有规定外，组合框架结构可按现浇混凝土框架结构进行设计，框架结构应符合现行国家标准《混凝土结构设计规范》GB 50010 和《建筑抗震设计规范》GB 50011 的基本要求。钢筋混凝土结构部分应按现行国家标准《建筑抗震设计规范》GB 50011 中的规定调整构件的组合内力设计值。钢结构应按现行国家标准《建筑抗震设计规范》GB 50011 的规定调整地震作用效应，构件截面和连接抗震验算时，非抗震的装配式钢和混凝土组合框架结构体系承载力设计值应除以现行国家标准《建筑抗震设计规范》GB 50011 规定的承载力抗震调整系数。

装配式钢和混凝土组合框架结构体系适用房屋的结构类型和最大高度应符合表1的要求。平面和竖向均不规则的结构，适用的最大高度宜适当降低。

房屋适用高度（m）　　　　　　　　　　　　　　表 1

结构类型	烈度			
	6 度	7 度	8 度(0.2g)	8 度(0.3g)
框架结构	60	50	40	30

装配式钢和混凝土组合框架结构体系的房屋应根据设防类别、烈度、结构类型和房屋高度采用不同的抗震等级，并应符合相应的计算和构造措施要求。丙类建筑的抗震等级应按表 2 确定。

房屋抗震等级　　　　　　　　　　　　　　表 2

结构类型		烈度					
		6 度		7 度		8 度	
	高度	≤24	>24	≤24	>24	≤24	>24
框架结构	框架	四	三	三	二	二	不宜采用
	大跨度框架	三		二		一	

装配式钢和混凝土组合框架结构体系应进行抗震变形验算，其楼层内最大的弹性层间位移应符合表 3 要求。

弹性层间位移角限值　　　　　　　　　　　　　　表 3

结构类型	弹性层间位移角
框架结构	1/550

3.2 总体性能指标

本文对装配式钢和混凝土组合结构建筑体系设计技术进行了系统性分析，总体性能指标如下：

（1）提出了装配式钢和混凝土混合结构建筑系统建构方法。将装配式钢和混凝土混合结构建筑系统分为结构系统、围护系统、机电系统和内装系统四大系统，四大系统下又分为若干子系统。四大系统避免了系统间相互割裂、自成一体的分割状态，解决了主体结构系统、建筑设备系统和内装系统间不能一体化协同设计的问题，对于设计、制造和装配的建造过程具有指导意义。

（2）提出了一种新型预制混凝土柱-钢梁连接节点设计技术和计算方法。该节点具有以下特性：①两端车丝对拉杆代替节点内部竖向横隔板，减少了焊接量、避免了节点内部浇筑混凝土易形成空腔的弊端；②根据受力设计节点侧板尺寸，减轻预制钢节点重量，方便工人安装及柱头混凝土浇筑；③高强度螺栓预安装于钢节点上，新型钢节点＋混凝土柱一体化预制生产，构件尺寸精度及质量有保证。

（3）创新了一种免支撑施工跨度大、工业化生产速度快和现场施工效率高的预制预应力带肋板设计方法。弥补了普通预制混凝土叠合板存在的免支撑跨度小、用钢量大和生产效率低等不足，实现了降低楼盖截面高度、减少楼盖自重、提高楼盖刚度和抗震性能的目的。

4 适用前景

当前，城市中小学学位需求迫切，建设周期短。传统的建设模式已不能满足现阶段需求，工业化建造方式具有施工速度快和建设品质好等优势，是今后中小学校建设的主要模式。装配式混凝土结构体系和装配式钢结构体系存在建设速度慢或建设成本高等特点，而装配式钢和混凝土组合框架结构体系结合了两者材料的优点、建造速度和建设成本的优势：由型钢和混凝土材料组成的结构构件，具有钢结构绿色环保、施工快速、受拉性能优异和混凝土构件抗侧刚度大、受压承载力强等优点；钢梁和混凝土柱在工厂生产和现场装配施工，建设速度快，同时建设成本低，具有"质优价廉""节能环保"

的优势，符合国家绿色发展的要求。

　　针对装配式钢和混凝土组合框架结构建筑体系，研究了建筑系统构成、结构体系、结构构件和关键梁柱连接节点，对于发展装配式钢和混凝土组合框架结构建筑体系具有很大的现实指导意义；其研究成果对建筑功能分区稳定、平面规则及便于进行标准化设计的多层、高层、大跨度公共建筑具有同样的适用性，如医院和研发办公楼等。

5　工程案例

　　以坪山区三所学校项目（坪山区竹坑学校、锦龙学校、实验学校南校区二期项目）作为装配式钢和混凝土组合结构建筑体系应用案例进行介绍。

　　实验学校南校区二期工程概况：位于中心片区实验学校南校区东侧 01-13 地块，位于兰竹西路和新和四路交界东南角，用地面积为 31028.7m²。项目总建筑面积约为 101531m²，地上约 75157m²，地下约 26374m²，包括 2 栋六层教学楼、1 栋十四层宿舍楼、裙房及地下室。其中：必备基本校舍用房 39598m²，增配用房及附属设施 35559m²，地下室 26374m²（图 32）。

图 32　实验学校南校区二期

　　竹坑学校工程概况：位于坪山区竹坑地区金牛东路南侧，创景路东侧，地块东侧紧邻坪山竹坑保障房。项目用地面积为 22800m²，规划为 45 班九年一贯制学校，其中小学 27 班，中学 18 班。项目总建筑面积 76054m²，地上约 54394m²，地下约 21660m²，包括 3 栋六层教学楼、1 栋十三层宿舍楼、裙房及地下室。其中必备基本校舍用房 25850m²，增配用房及附属设施 28544m²，地下室 21660m²（图 33）。

　　锦龙学校工程概况：位于碧岭街道坪环社区锦龙大道与八号路交汇处西南角，用地面积为

图 33　竹坑学校

$16172m^2$，项目总建筑面积约为 $54465m^2$，地上约 $39102m^2$，地下约 $15363m^2$，包括 3 栋六层教学楼、1 栋十二层宿舍、裙房及地下室。其中：必备基本校舍用房 $19799m^2$，增配用房及附属设施 $19302m^2$，地下室 $15363m^2$（图 34）。

图 34　锦龙学校

坪山区三所学校项目是国家"十三五"重点研发计划项目示范工程项目、2019 年度广东省优秀工程勘察设计奖——科学技术一等奖项目、"2019 年度广东省建设工程优质结构奖"项目和"2019 年度深圳市优质结构工程奖"项目。本项目是全国首个采用装配式钢和混凝土组合结构建筑体系的学校项目，三所学校项目装配率均为 76.8%，按现行国家装配式建筑评价标准可评为 AA 级装配式建筑。同时，提出了公建类（科教文卫）项目产品化应用的概念，填补了该类型建筑体系一体化设计技术应用的空白，其具有的快速建造与质量经济特点对于学校类项目的建设具有示范引领作用，具有显著的经济效益和社会效益。

作为国家"十三五"重点研发计划项目示范工程项目，坪山三所学校围绕建筑体系产品化设计理念，采用"两个一体化""四个标准化""装配式建筑四大系统"和多项工业化建筑设计关键技术，着力打造建筑外形多样、部品部件标准、产品质量优良、绿色生态环保的学校建筑标杆。基于"研究装配式混凝土结构体系设计技术"和"学校装配式结构设计关键技术研究"课题成果形成了预制混凝土柱＋型钢梁＋预应力带肋叠合板＋AAC 外墙板围护建筑体系。项目联合国内众多研究单位从设计、生产和施工等多个维度对所涉及的关键技术进行攻关研究和集成创新，最终将研究成果应用于坪山三所学校。在实践的同时进行新的探索，拓宽产业化技术的应用。在坪山三所学校建设完成后，将集成创新成果再次应用到"碧岭学校项目""科韵学校项目"和"深圳实验学校扩建工程项目"中，形成了理论带动实践，在实践中进一步创新的良好格局。

6　结语展望

装配式建筑经过多年的发展，一直在"混沌"中前进，主要是由于缺少系统的设计理论和方法，组成装配式建筑的各要素（系统）处于"分裂"状态，上下游链条没贯通。本文在我司总建筑师樊则森提出的"建筑系统工程设计理论"框架下，对装配式钢和混凝土组合结构建筑体系进行了系统研究，从系统建构、构件选型和节点构造等方面提出了相应的设计方法和构造措施，并通过实际工程应用的实践，表明该组合结构建筑体系是一种可复制、可推广的装配式建筑技术。本文提出的建筑系统建构和标准化设计方法具有普遍的适用性。

作者：芦静夫（中建科技集团有限公司深圳分公司）

钢结构新型建造技术

New Technology of Steel Structure Construction

1 前言

建筑业作为国民经济的支柱产业，目前仍是一个劳动密集型、生产方式相对落后的传统产业，尤其这种传统建造方式提供的建筑产品已不能够满足人们对高品质建筑和人居环境质量的美好需求，粗放的发展模式也已不能适应建筑业高质量发展的时代要求。面对这一问题，近年来国家提出大力发展装配式建筑，要促进传统粗放的建造方式向新型工业化建造方式转变，实现建造方式的变革。装配式建筑作为一种新型的建筑思维理念，是通过采用"工厂＋现场"的装配式建造方式代替传统的建筑模式。钢结构建筑在绿色建筑产业现代化提速进程中，更能推动智能建造与建筑工业化协同发展，加快建造方式转变，促进建筑工业化、数字化、智能化升级，实现建筑业高质量发展。本文在传统钢结构建筑建造技术的基础上，通过技术创新和工程实践，对钢结构装配式建筑提出了主体钢结构工厂化智能制造、装配化现场施工、信息化管理及 BIM 应用等新技术，以实现钢结构装配式建筑新型建造技术，可供类似工程项目建造参考。

2 钢结构装配式建筑现场装配化施工

随着近年来钢结构装配式建筑的不断探索与实践，钢结构装配式建筑现场施工对工业化发展的需求不断提升。在现场工业化方面，中建科工通过建立健全劳务管理制度、技能培训制度，持续推进装配式建筑现场传统工人向产业工人的转变，通过培育产业工人持续推动钢结构装配式建筑现场工业化水平（图 1）。

图 1 钢结构装配式建筑现场施工产业工人培育

相比于产业工人培育，对于装配式建筑现场施工，中建科工更关注装配式建筑配套围护体系的现场工业化施工和智能化设备的应用。这是因为对于钢结构装配式建筑现场施工，相比主体钢结构，配套围护体系的施工速度往往相对滞后，且配套的施工关键技术仍相对落后。尤其是在围护墙板的现场施工方面，目前仍大量存在劳动密集、现场作业环境差、劳动强度高的情况，缺乏高效实用的人工智能工具和施工现场作业机器人。

2.1 钢结构装配式现场施工发展现状

目前，钢结构装配式建筑在现场施工中大量使用的 ALC 板，在现场施工时需根据墙面宽度、楼

图 2 钢结构装配式建筑围护墙板现场人工切割

层高度、门窗洞口尺寸等通过人工将 ALC 板切割至指定尺寸。ALC 板现场切割产生的大量粉尘，不仅污染环境，而且影响工人健康，同时人工现场切割也无法保证板材的切割质量（图 2）。对于 ALC 板的现场安装，墙板的高空安装存在严重的安全隐患，不仅需要耗费大量的人力物力，且安装质量也无法得到保证（图 3）。例如，对于 3.8m 长的 ALC 内墙板安装，需要 6 个工人共同配合安装；对于 4.5m 长的 ALC 外墙板安装，需要汽车式起重机、举人车配合工人共同完成安装工作。

图 3 钢结构装配式建筑围护墙板传统安装过程

2.2 中建科工装配化施工具体实践

在上述背景之下，中建科工通过探索实践，以钢结构装配式建筑围护墙板的现场安装为突破，研发适用于墙板现场施工的建筑机器人，提高施工机具的机械化施工程度，逐步往施工机具的自动化、智能化发展（图 4）。对于墙板的现场切割，中建科工目前已开发了墙板数控无尘切割系统原型机，通过控制系统实现 ALC 板在切割全过程的自动送料、自动切割、自动钻孔、自动除尘、自动出料等功能，实现墙板现场切割的数控机械化和无尘化。目前 ALC 板数控无尘切割设备的切割速度可达到 2m/min，切割精度达±1mm。

图 4 墙板数控无尘切割系统原型机施工示意图

对于 ALC 板的现场安装，中建科工针对性地开发了墙板安装机器人原型机设备，采用程序控制实现墙板在安装过程中的抓板、运板、调整等功能的自动化（图 5）。具体而言，通过视觉识别自动调整设备，实现墙板的自动抓取和提升；通过程序控制设备移动，实现墙板在施工场地内的便捷转运和自动完成立板动作；通过视觉识别、传感器以及内置的算法，自动完成墙板的位置调整；通过控制程序，采集传感器数据，自动计算、调整板材的空间状态最终完成墙板的安装挤浆。目前仅需 2 人即可完成抓板、运板、装板的施工流程，节约人工的同时大幅提升了作业效率与质量。特别对于长度超过 3m 的板材，安装效率可提高 80% 以上。

图 5 墙板安装机器人原型机施工示意图

3　钢结构数字化制造技术

3.1　制造新技术与智能设备

（1）建筑钢结构智能制造生产线

通过计算机模拟仿真技术，引入随机波动概率模型，有效模拟工厂实际生产及节拍，科学计算产能，辅助设备选型决策（图6、图7）。根据数字化、信息化、智能化的设计理念，建设微型数字化试验生产线，通过对关键工序进行分解，有效验证关键技术的可行性。创新提出了智能制造生产线U形布局方式，装备建筑钢结构智能制造生产线，解决了传统生产线工序衔接不紧密、现有工位无法满足自动化生产需求的问题，实现了80％工序中智能装备的联动应用，全面提升了钢结构制造的效率和质量水平。

图6　生产线仿真模拟　　　　　　　　　图7　微型数字化试验生产线

（2）智能加工设备应用

全自动切割机控制系统，采用电容传感定位技术、伺服驱动同步控制技术、自动喷墨装置，实现钢板自动定位、自动切割及自动标识（图8）。H型钢卧式组立设备及其控制系统，装备自动对中、腹板顶升、端头定位、翼板90°翻转装置，采用双机器人同步定位焊技术，实现了H型钢的快速卧式组立及自动定位焊（图9）。卧式焊接设备，采用卧式焊接控制系统，集成物流输送、翻转控制及数字化焊接三大硬件模块，实现构件自动上下件、翻转；研制了双丝高效焊接、激光寻位制导、自动清渣装置，实现了高效焊接及自动清渣（图10）。

图8　全自动数控切割机　　　　　　　　图9　卧式组立机

卧式矫正设备，采用数字化矫正控制系统，装备卧式压轮、激光三点检测装置，实现了基于在线检测的一键式矫正（图11）。钻锯锁集成控制系统，采用自动物流系统及出料移钢机装置，将各自独立的加工设备通过控制系统和物流系统集成为全自动运作的整体，实现工件的自动定位、自动输送转移和自动加工（图12）。封闭式智能喷涂生产线，采用悬挂自动输送系统、恒温烘干系统、漆雾和废气处理系统，实现了构件流水式喷涂作业（图13）。

图10　卧式埋弧焊

图11　H型钢卧式矫正机

图12　全自动锯钻锁

图13　自动油漆喷涂线

（3）工业机器人设备

分拣、搬运机器人设备，采用智能分拣、搬运控制系统，搭载视觉识别定位算法、空间码垛算法、机器人路径规划技术，实现零件的智能分拣、智能码垛。智能坡口切割机器人设备，采用线激光扫描技术、智能编程技术及气体自动配比技术，建立了火焰切割专家数据库，实现了坡口全自动切割成型，大大提升了开坡口的工作效率（图14、图15）。

图14　激光扫描工件边缘

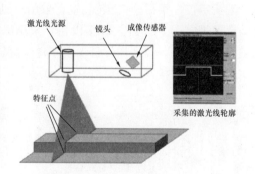

图15　激光扫描分析

钢结构厚板焊接的焊接机器人设备，采用电弧传感技术，通过焊丝端部传感电压，检测焊接工件偏差，自动寻找焊缝起始位置。并根据焊接电流反馈值的变化曲线，寻找焊接线的中心，实时修正工件焊接轨迹的偏差，保证机器人能够完成自动化高品质焊接（图16～图18）。

（4）智能下料一体化工作站

智能下料一体化工作站，采用中央控制系统，通过对全自动切割机、钢板加工中心、程控行车、全自动电瓶车、分拣机器人、数控门架分拣机、AGV搬运机器人、立体仓库等设备的集成控制、调配、管理、监控和数据采集，实现了信息高度集成、设备联动协作、全流程自动作业，整体效率提升超过20%（图19～图21）。

图 16 气保打底焊接机器人

图 17 牛腿焊接机器人

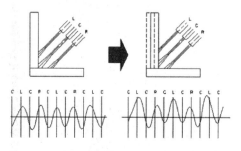

图 18 电弧传感电流变化曲线

图 19 智能下料一体化工作站

图 20 中央控制系统

图 21 钢板加工中心

（5）卧式组焊矫一体化工作站

H 型钢卧式组焊矫一体化工作站（图 22），通过对卧式组立、卧式焊接、卧式矫正等智能设备进行集成化设计，搭建了 H 型钢自动化生产线，大大减少了工件在加工过程中的翻身次数。工序间通过 RGV 运输车、自动轨道等运输装置，实现构件自动运送，各工序加工衔接紧密，整体效率提升超过 30%。

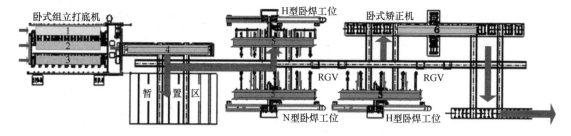

图 22 组焊矫生产线设计图

（6）总装焊接一体化工作站

总装焊接一体化工作站（图23、图24），通过自动上下料顶升装置、自动装夹和360°翻转变位装置，实现了构件自动上下料以及任意角度的翻转；采用变位机联动技术，通过变位机与机器人联动，实现机器人与变位机的动态同步运动，优化焊接姿态并提高机器人可达率；开发参数化（模块化）编程焊接系统，通过大量的工件结构形式分析，自动生成焊接程序完成焊接，大大减少了工作强度并减少了示教等待时间，实现效率提升20%。

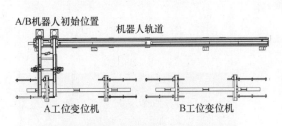

图23 总装焊接一体化工作站布局图　　　　图24 总装焊接一体化生产线

（7）制造车间智能物流系统

传统钢板起重作业效率低、危险性大、缺乏数据反馈，应用程控行车设备，采用钢板吊运控制系统、钢板电磁吸附、精确传感器等装置，针对不同钢板精确执行磁力分级控制及重量监测，提高物料流转工效。在制约生产效率的物流输送和仓储环节，采用AGV无人运输车、RGV有轨制导运输车、智能立体仓库。应用WMS仓储管理系统，实现物料的智能分配仓储、自动化转移运输（图25～图27）。

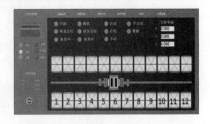

图25 程控行车　　　　图26 AGV无人运输车　　　　图27 智能立体仓库管理系统

3.2 钢结构制造系统信息化技术

（1）BIM+MES信息化管理

钢结构制造信息系统应用主要为制造执行系统（Manufacturing Execution System，MES）。MES系统可从企业级信息系统中获取相关主数据信息，用于制造过程的执行控制。其应用架构一般包含主数据、订单、采购、计划、生产、成本、报表等模块（图28、图29）。

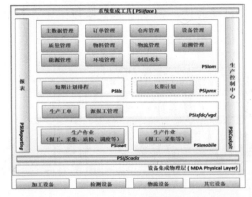

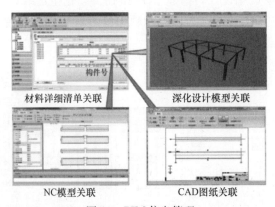

图28 MES系统架构　　　　图29 BIM信息管理

　　钢结构制造过程管理可结合 BIM 模型实现可视化管理（图30～图35）。借助管理平台，各类数据模型、图纸、NC 文件等是相互关联的，可在制造过程中随时查看模型及实际构件对应的制造信息，突破了传统沟通模式中信息表述不清的障碍，以更为直观的方式向管理人员展示工程进度、成本等施工信息。制造过程中通过数据采集将实际制造进度信息及时地更新至 BIM 模型，以不同的颜色在模型中显示，与计划信息进行对比，实现可视化的进度管理。在造价管理方面，通过以工序为单位进行成本的层层归集，对具体的批次进行工程量计算和造价估算，进行施工过程的成本管控。

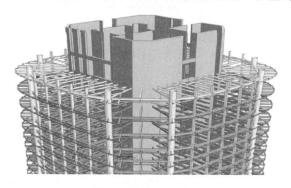

图30　深化设计阶段

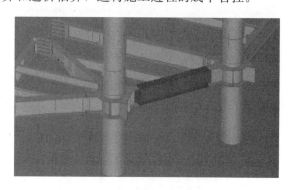

图31　深化设计阶段模型示意图

图32　材料管理阶段

图33　材料管理模型示意图

图34　构件制造阶段

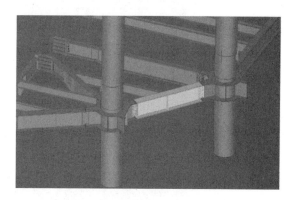

图35　构件制造阶段模型示意图

（2）数字化数据采集

　　基于边缘计算引擎技术的新型数据采集、传输和处理信息系统，解决生产线任务、工艺参数、装备实时状况等关键数据的逻辑关系混乱与关联性差的技术难题，保证了各工位不同类型数据采集的统一性，实现了建筑钢结构智能化制造全过程的数据实时采集、分析及反馈（图36、图37）。

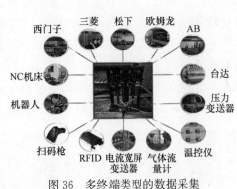

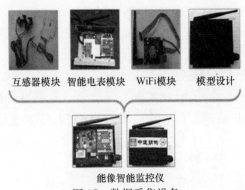

图 36　多终端类型的数据采集

图 37　数据采集设备

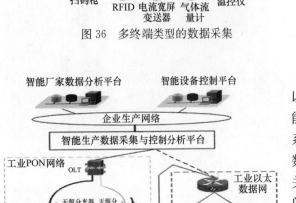

图 38　智能车间生产信息网络

在新型数据采集、传输及处理技术的支持下，以各类生产设备及工作站数据为基础，开发了智能下料集成系统、能像系统、焊机群控系统等一系列生产管控系统，解决了生产线任务、工艺参数、装备实时状况等关键数据的逻辑关系混乱、关联性差等难题，实现了生产线自动化管控和车间精益化生产（图 38）。

（3）工业互联网应用平台

应用建筑钢结构智能制造生产线数字孪生技术，建立了仿真测试、流程分析、运营分析等数学分析模型，开发面向钢结构制造的首个工业互联网大数据分析与应用平台（图 39），实现了对智能生产线数据采集和运行分析的集成，打通信息孤岛，实现跨系统数据采集、交换、数据分析和生产线数据模型展示。

图 39　工业互联网平台生产线数据模型

通过关键数据的对比分析并可视化展示，实现了工厂成本精细化管理、生产线成本优化分析、设备工艺参数优化、易损件成本管理，帮助企业改善设计、生产、服务等环节（图 40）。

图 40　钢结构制造工业互联网大数据分析与应用平台

4　BIM 应用技术

以解决现场实际问题为导向，通过 BIM 全过程应用，将 BIM 正向设计、招采前置、施工前置及指导施工等应用融入项目 BIM 实施，提出以场景化 BIM 应用解决与项目管理脱节现状。在发挥全过程 BIM 应用价值的优势下，探索以建模为基础，以技术为核心，以工期为主线，以质量安全为抓手，以辅助现场管理为导向，应用 BIM 技术进行全过程、全专业、全方位的 BIM 应用，实现基于 BIM 的项目管理模式的升级和品质提升。

4.1　项目 BIM 实施策划

项目 BIM 管理团队以现场实际需求为导向，立足于全过程信息传递及识别的宏观角度，组织参加方共同编写《项目 BIM 实施导则》并交底，从技术和管理线条搭建项目统一的 BIM 实施环境，实现"车同轨、书同文"实施状态。整体实施路线如图 41 所示。

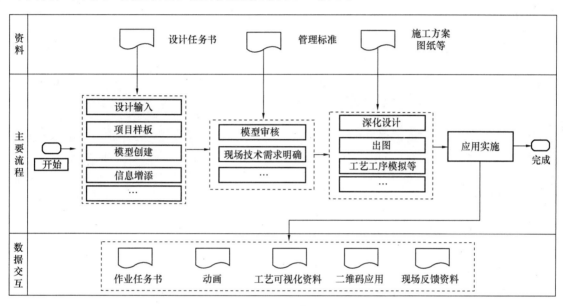

图 41　装配式钢结构建筑 BIM 整体实施路线图

4.2　设计阶段 BIM 主要应用

全过程、全专业 BIM 应用项目成功实施，设计 BIM 应用实施是整个项目的重要数据、基础数据。从方案阶段开始 BIM 介入，按照设计过程，分阶段完成设计 BIM 模型的创建及应用。

（1）正向设计

与其他设计团队不同，设计团队直接在三维模式下协同设计。其中，招采前置为设计提供准确完备的数据信息；施工前置为设计融入加工、施工工艺等因素，提高设计的可建造性。

考虑项目软件的统一性和数据传递的准确性，采用 Revit 软件作为基础平台。通过搭建设计协同平台，建立不同工作集组成的中心文件协同方式进行设计，保证设计数据准确和设计效率。正向设计主要流程见图 42。

（2）基于 BIM 的建筑物理性能分析

为最大程度呈现使用方相对舒适的工作环境，结合 BIM 软件和环境数据，通过对建筑室内外风环境、声环境、室内采光等进行物理环境分析对比，以不同方案模拟结果优化调整方案，实现人与环境的自然和谐（图 43、图 44）。

（3）装配式部品部件设计

设计过程中，通过装配式部品部件族库的参数设置，结合装配率计算规则及BIM软件工程量自

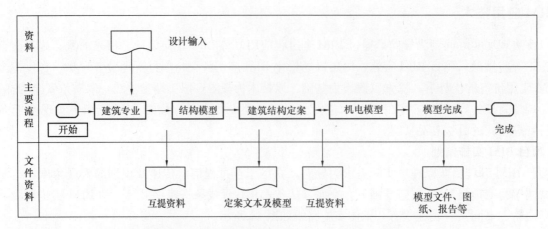

图 42 装配式钢结构建筑 BIM 正向设计实施路线图

图 43 人行高度处风速云图

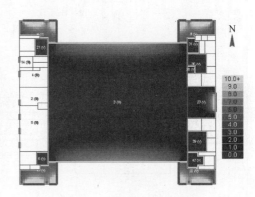

图 44 普通层采光分析

动计算,快速统计装配率及部品部件装配工程量,满足设计要求的同时也指导后期部件的采购、运输和安装(图 45、图 46)。

图 45 基于 BIM 技术的装配式设计

图 46 现场条板安装

(4)施工参与设计

从初步设计开始,施工方以可建造性和经济性角度参与设计,辅助设计成果更好地落地。例如,针对 ALC 条板的排布,根据项目所在地综合情况、施工工艺及方案给出 ALC 条板设计建议;地下室多设备放置位置的管线复杂部位,项目总包和机电安装单位,在考虑管线走向、综合支吊架、检修、安装等施工角度，参与设计定案，经多次论证，解决管线布置及施工（图47、图48）。

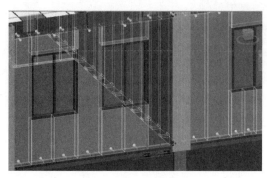

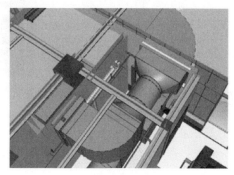

图47　ALC条板排布　　　　　　　　　　图48　设备安装空间不足

（5）基于BIM模型正向出图

以Revit项目样板和参数化族库为基础，建立一套三维模型数据库到二维图纸的统一传递标准。通过模型的投影对建筑、结构、机电专业出具平、立、剖面图纸，配合局部位置的二维图纸表达，出具满足深度要求的设计图纸（图49）。

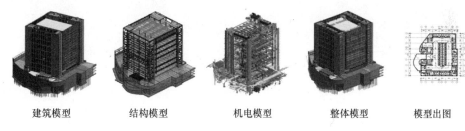

建筑模型　　　　结构模型　　　　机电模型　　　　整体模型　　　　模型出图

图49　设计BIM模型创建及出图

4.3　施工阶段BIM主要应用

《项目BIM实施导则》整体策划及统一实施，使得设计模型数据及标准可以顺利地延续到施工阶段；得益于施工前置及深化前置，施工图阶段同步完成设计图审及施工深化。主要聚焦以下方面：

（1）机电深化设计

机电施工前置从管线施工、支架选择和后期运维方面为项目机电设计定案及管线排布提供施工意见，提前将施工要求植入设计成果，大大发挥了施工前置的价值。施工方助力设计一次性完成施工图DN50以上管线无碰撞的施工图设计模型及成果，着手于净高控制、深化工期等方面提前发现并解决问题，形成高质量的深化模型及对应的图纸，同步精准统计工程量（图50、图51）。

（2）机房预制加工及装配式施工

很多情况下机房施工会出现拼装场地不足的情况，采用"整体预制，局部拼装"的模式，通过预制部品部件标准化产品设计和预制，将整体机房分为高度集

图50　地下二层深化模型

成的不同模块，实现机房构件在工厂加工和模块拼装，现场模块装配，有效解决机房质量和施工效率的矛盾（图52、图53）。

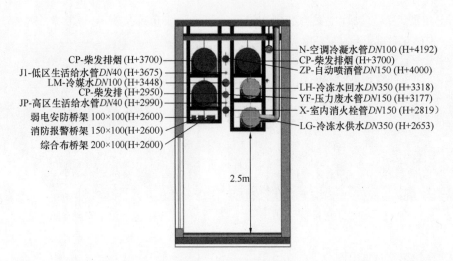

CP-柴发排烟(H+3700)
J1-低区生活给水管DN40 (H+3675)
LM-冷媒水DN100 (H+3448)
CP-柴发排(H+2950)
JP-高区生活给水管DN40 (H+2990)
弱电安防桥架 100×100(H+2600)
消防报警桥架 150×100(H+2600)
综合布桥架 200×100(H+2600)

N-空调冷凝水管DN100 (H+4192)
CP-柴发排烟 (H+3700)
ZP-自动喷酒管DN150 (H+4000)
LH-冷冻水回水DN350 (H+3318)
YF-压力废水管DN150 (H+3177)
X-室内消火栓管DN150 (H+2819)
LG-冷冻水供水DN350 (H+2653)

2.5m

图 51　管廊剖面图

图 52　预制机房模型

图 53　装配式机房施工后实拍

（3）虚拟样板及可视化交底

样板引路作为质量控制重要手段已被广泛应用。利用虚拟 BIM 样板可以快速、高效且低成本地确定样板效果，其虚拟的保存类型可以长久保存，避免实体样板的修改及维护。

技术交底作为现场技术质量管理重要工作之一。基于 BIM 模型（视频）技术交底可以直观、清晰展示复杂部位施工工序及质量控制要点，固化工艺和质量要求，规避传统二维技术交底存在不直接、不准确、理解不统一的弊端，提高交底及施工质量（图 54、图 55）。

图 54　脚手架虚拟样板

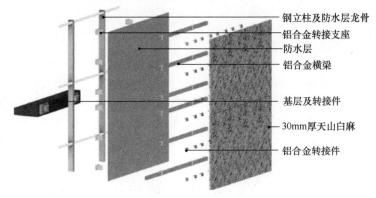

钢立柱及防水层龙骨
铝合金转接支座
防水层
铝合金横梁
基层及转接件
30mm厚天山白麻
铝合金转接件

图 55　幕墙构造交底

5　总结

大力发展钢结构装配式建筑是建筑行业贯彻落实新发展理念、推动高质量发展的重要载体，也是构建新发展格局的重要支点。钢结构装配式建筑行业将迎来历史发展的最佳机遇期，要紧扣建筑工业化、智能化、绿色化未来发展趋势，按照"工厂＋现场""虚拟＋现实""线上＋线下"的发展思路，以装配式建筑为载体，加快推进智能建造与新型建筑工业化的深入协同发展，促进建筑产业转型升级和持续健康发展。

作者：徐　坤　王剑涛　徐　聪　陈振明　许　航　丁东山　陈　杰（中建科工集团有限公司）

现代预应力技术

Modern Prestressed Technology

1 技术背景

20世纪80年代前，我国主要在屋架、起重机梁、薄腹梁等一些预制构件中应用预应力技术，预应力钢材也以强度较低的冷拉Ⅱ、Ⅲ级钢及冷拉低碳钢丝为主。20世纪80年代后，随着我国改革开放的深入，经济得到迅猛发展，各种大跨度、重荷载建筑相继涌现，带动和促进了我国现代预应力技术的发展，解决了大量工程技术难题，创造了极大的经济效益和社会效益。

我国现代预应力技术走过了学习、模仿国外先进技术、先进理论、先进预应力装备、材料到自主研发、创新、超越的道路。从早期的大跨度预应力钢筋混凝土框架梁、板到后面的预应力混凝土筒仓、预应力钢结构等各种复杂特种结构，预应力构件的跨度也不断取得突破，从数十米，到目前的百米以上，预应力相关设计、施工验收规范也从无到有，逐渐得到完善，预应力材料从以前只能从国外进口到目前的大规模出口。经过数十年的发展，我国已经具有完整的预应力设计、施工产业链，并随着各行各业走出去的战略大量向国际输出预应力技术、材料和装备。

2 现代预应力技术发展状况及应用案例

现代预应力技术目前主要分为预应力混凝土结构、预应力特种结构、预应力钢结构等几种形式。以下分别介绍我国目前预应力技术的应用情况。

2.1 预应力混凝土结构

预应力混凝土结构主要是在高强度混凝土结构中通过施加预应力，在混凝土内预先建立压应力，以此来部分或全部抵消荷载作用下混凝土内部产生的拉应力，从而改善结构构件的裂缝或变形性能，提高结构的耐久性。

我国现代预应力技术最早是在大跨度框架梁、板中施加预应力，为此20世纪80年代众多高校科研院所对预应力框架梁、板进行了大量的试验研究，为我国后来完善预应力相关规范提供了可靠的依据，经过多年的应用，目前预应力混凝土框架梁、板施工技术已经相当成熟，随着社会的发展，人们生活水平的提高，对结构又提出了更高的要求，预应力技术又在抗拔桩、预应力转换结构、预制装配式结构、超大跨度预应力空心板等建筑中进行创新性应用。

（1）预应力抗拔桩（锚杆）

当地下水浮力较大时，每根抗拔桩承担较大的抗拔力，由于混凝土的抗拉性能差，因此普通钢筋混凝土桩的抗裂性能较差，为满足桩身抗裂需配置大量的普通钢筋。而通过张拉预应力筋可以提前在桩身上施加预压应力，使桩身处于受压状态，限制混凝土裂缝的产生或开展，改善桩的抗裂性能，提高桩的耐久性。抗拔桩中采用预应力可以有效地提高桩的刚度，大幅降低配筋量或减小桩径，从而节省造价。由于桩身施工时钢筋笼需要一定刚度，普通钢筋配筋量要满足吊装要求，所以预应力抗拔桩适合单桩抗拔力1000kN以上的桩基工程。

预应力抗拔桩从经济上和技术上优势明显，但在施工方面难度较大。近些年来，已经研究出一整套施工工法，也得到了实际工程验证。同时随着《建筑工程抗浮技术标准》JGJ 476—2019正式施行，对抗浮锚杆的耐久性提高了要求，普通钢筋混凝土无法实现不产生裂缝的工况要求，因此预应力技术将在抗拔锚杆工程中发挥极大的作用。

（2）预应力技术在转换梁、板中的应用

按照人们正常的生活、娱乐习惯，一般多高层建筑上部只需小空间（小柱网）以满足住宅、宾馆的要求，下部需要大柱网、大开间以满足商场、餐饮、娱乐等公共设施要求，而上述要求与合理自然的结构布置正好相反，为了解决上述矛盾，就必须在建筑使用功能变换层设计结构转换层。同时目前随着地铁在各个城市大量开通，有些闹市区地铁上盖物业横跨地铁，采用大跨度预应力混凝土转换梁、板在实现地铁上盖物业的充分合理利用方面可以发挥重要作用。如成都苏宁广场地下2层、地上6层（局部7层），已建成的成都地铁一号线隧道横穿该地块，造成该项目地下室被分为相对独立额两部分，地铁顶部由12根跨度在28.4～33.9m的预应力混凝土转换梁承载上部结构重量，从而有效化解建筑物与地铁交叉的难题。

（3）超大跨度预应力空心楼板

预应力技术及空心楼盖技术均能实现大跨度现浇混凝土楼板，但两者一般都局限在12m跨度以下，当跨度超过12m后，预应力混凝土板自重增加较大，而空心板抗裂、挠度则较难解决。而将两者巧妙结合，通过轻质材料将板中对承载作用不大的混凝土替换掉，大幅减轻楼板自重，通过预应力技术有效解决大跨度楼板抗裂与挠度。因此对于跨度12m以上，上部荷载较重的板采用预应力和空心楼板的结合为最佳选择。近些年国内相继建成了多栋大跨度预应力空心板建筑，如苏州体育训练基地工程（36.7m×99mm，共三层）、解放军理工大学综合训练馆-射击馆（21m×117m）、宜兴宾馆扩建项目（27m×34m）。

（4）预应力技术在装配式建筑中的应用

随着近几年我国预制装配式建筑推广力度越来越大，预应力技术在装配式建筑，特别是大跨度装配式厂房、仓储物流得到一定的推广。通过在预制构件中施加预应力，可以有效减小构件断面，提高构件的抗裂性能，特别是在构件的不同阶段，不同部位施加合理的预应力，既可以满足构件吊装要求，又可减少梁的配筋，提高框架的整体抗震性能（图1）。

图1 预应力预制构件施工现场

（5）预应力技术在城市地下综合管廊中的应用

随着我国城市建设的不断发展，城市地下综合管廊因其自身所具备的诸多优点，成为确保城市运行的重要基础设施之一。在综合管廊建设过程中，常常采用预制预应力综合管廊。预制预应力综合管廊是通过施加预应力将各跨内多片预制管廊紧密联系在一起，从而使其形成整体结构。预制预应力综合管廊与现浇整体式综合管廊相比，施工工期可缩短40%以上，减少了基坑支护时间，从而有效降低了基坑支护成本，并带动了整个管廊施工成本的降低。上海世博园园区综合管廊及国内一些重大地下空间项目采用了预制预应力综合管廊，经济效益明显。

2.2 预应力混凝土特种结构

预立力技术已广泛应用于水池、水塔、烟囱、电视塔、筒仓等特种结构中。在高耸结构中，采用超长预应力筋施工技术、竖向预应力体系，可改善壁体结构性能，提高抗裂度及耐久性。而目前采用预应力技术最为广泛，使用量最大的特种结构是承受环向拉力的环形混凝土结构，如：水泥筒仓、煤仓、粮仓、LNG 储罐等。通过在环形结构仓壁施加环向预应力，可部分或全部消除外荷载产生的环向拉力，对有防爆要求的结构还需要采用竖向预应力技术，以满足结构的承载和使用功能要求。目前我国环形混凝土结构应用预应力技术如下：

（1）储存各类散料的大直径圆形筒仓结构，如水泥筒仓、煤仓、粮仓、糖仓、矿粉仓等：采用环向预应力，预应力筋成束环向布置于混凝土仓壁内，分段张拉。预应力混凝土筒仓的最大直径已经达到 88m（图 2）。

（2）储存低温液化天然气的 LNG 储罐：采用环向和竖向预应力技术，对预应力筋和锚具材料有超低温性能要求，储罐直径已达 80m（图 3）。

图 2　水泥熟料筒仓　　　　　　　　　　　图 3　LNG 储罐

（3）核电站的核反应堆安全壳：壳壁、壳顶均采用双向预应力技术，预应力束长度已达 150m，单束张拉力可达 1200t（图 4）。

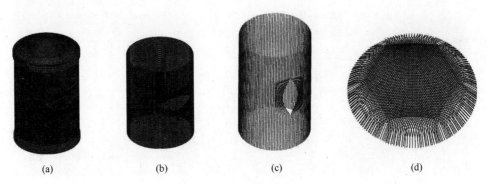

(a)　　　　　　　(b)　　　　　　　(c)　　　　　　　(d)

图 4　核安全壳配筋示意图
(a) 计算模型；(b) 环向预应力筋；(c) 竖向预应力筋；(d) 穹顶预应力筋

（4）污水处理构筑物：如污泥沉淀池、蛋形污泥消化池，采用环向预应力技术，一般采用后张无粘结预应力体系。

（5）水电站引水隧洞的内衬：采用环形预应力技术，环锚整环张拉。

（6）风力发电塔：混凝土部分塔身部分采用预制混凝土节段拼装，在预留孔内穿入预应力筋施加竖向预应力后形成整体，而塔身的基础采用环向预应力技术。

2002 年建成投产的铜陵海螺日产 5000t 新型干法熟料水泥生产线，2004 年建成投产的日产 10000t 生产线开创了国内先河，中国水泥工业的成套设备、技术及工程服务总体上达到世界领先水平，为日后中国水泥工艺走向全世界奠定了基础。至今，中国的水泥企业已经在国内外建成了数十条日产 5000t 水泥的生产线，在"一带一路"沿线国家，很多水泥厂都是中国建设的，其中就包含了数百座预应力混凝土筒仓。

1994 年大亚湾核电站建成投产至今，中国在海南至辽宁的海岸线陆续建设了 19 座核电站，共 47 台机组投入运营。正在建设或计划建设 40 余台机组。预应力混凝土安全壳是其中必不可少的主体结构。

近年 30 年来，在传统的后张有粘结预应力体系基础上，国内又发展了后张无粘结预应力、缓粘结预应力两种新的预应力体系，并在大直径筒仓、污泥池、隧洞内衬等结构中得到了大量应用。

此外，由于预应力技术还可应用于既有结构的加固领域。在水泥行业，早期建设的筒仓均为普通钢筋混凝土结构，有些筒仓在使用过程中出现了不同程度的损伤，如表面裂缝、混凝土保护层脱落甚至贯穿性破损等问题，使原有结构处于不安全的状态，影响了正常生产。在此情况下采用预应力技术进行加固是行之有效的手段，实践证明，该类筒仓加固后取得了很好的效果。

工业产能的提升、低碳环保要求、技术进步等各种积极因素对结构技术提出了更高的要求，预应力技术在特种结构方面的应用范围不断得到扩展。同时，预应力材料、锚固技术、安装技术、张拉技术、孔道灌浆技术等相关的预应力技术本身也随之不断进步和发展。

2.3　预应力钢结构

随着经济的持续发展，人们对大跨度、大空间的需求日益增多，对于空间结构的跨度、造型以及内部的建筑效果的要求也越来越高，而预应力钢结构主要是通过张拉预应力索，从而达到优化钢结构杆件内力，减少用钢量，提高钢结构整体强度，减小变形和挠度的目的。预应力钢结构重量轻、用钢指标优异、造型美观、不受跨度的限值，可以满足人们各方面的追求，具有广阔的应用前景。在国内外体育场馆、会展中心、车站站房、机场候机厅等大跨度钢结构工程中，施加现代预应力技术是节约钢材、提高重要公共建筑结构安全性和实现大空间的主要手段之一。

我国的预应力钢结构技术同样走过了引进、吸收、创新的艰难历程，通过国内众多科研人员的努力及实践，我国的预应力钢结构技术水平已经达到国际先进水平，并形成了具有中国特色的创新型计算分析系统、施工张拉装备技术系统及施工安装方法等，具体有：

2.3.1　建立了较为完善的预应力钢结构施工分析系统

预应力钢结构工程施工需要相应的基于施工阶段分析的理论支撑。国外预应力钢结构工程由为数不多的超大型集团公司（如日本的横河桥梁公司）或专业公司（如美国盖格顾问公司）施工，由于涉及市场的垄断及技术的保密性，所见的具有可操作性的施工分析理论和方法论文极少。

通过近十多年的理论研究和大型复杂工程实践，取得了预应力钢结构施工理论分析的实质性突破，基本理顺了预应力施工分析流程，建立了我国完整的并具有鲜明特色的大跨空间钢结构预应力施工分析系统，包含了用于建立精确分析模型的索段有限元折线模型和设计初始态找力分析；用于确定施工技术参数的施工初始态环境温度影响分析、安装零状态的找形分析、施工过程分析以及刚构焊接变形分析；用于施工质量和安全控制的施工控制项目允许偏差和主控项目判定、拉索制作参数等，并基于通用分析软件平台开发了系统的分析程序。该集成创新的施工分析理论和方法体系经多个重大工程验证，具备了可操作性和实用性。

（1）柔性的索是目前空间结构预应力施加的主要承载体，其动力学特性具有显著的非线性特征。传统的基于小应变假设的有限单元难以求解索体的大变形动力学问题，只有基于连续介质力学理论，结合有限元方法，推导适合于大变形的索单元的非线性有限元模型。索单元动力学建模的方法主要有离散化建模法（如集中质量法、刚性杆模型、索段折线模型等）、绝对节点坐标法等。

（2）为确定合理的拉索初始预应力分步，提出了"自平衡逐圈确定法"：通过自平衡体系的特点和下部索杆体系的布置圈数，将索承穹顶从内圈向外圈分解为若干个相对独立的自平衡体系，然后根据每个自平衡体系的支座水平反力为零的原则，从内圈向外圈依次确定各圈拉索的预应力值。

（3）预应力钢结构在拉索等效预张力和结构自重共同作用下达到初始平衡态，必须通过找力分析来确定等效预张力值，使施工分析既符合设计对初始态的要求又符合施工方案。结合该要求，提出了"增量比值法、定量比值法、补偿法和退化补偿法找力分析的迭代公式以及各方法的特点和在不同结构中的适用性"，并将稳定收敛的退化补偿法和快速收敛的增量比值法进行优势互补，提出了"混合退化补偿的增量比值法"（简称"混合法"）。在不同结构形式的找力分析中，验证了各方法的适用性以及混合法的优越性。该分析方法解决了多个预应力钢结构工程需要找力分析的施工技术难题。

在实际的工程应用中由于受到张拉设备以及人工的制约，往往采用同环分批张拉径向索工艺。分批张拉工艺有别于同步张拉工艺。由于分批张拉初始批次力值较小，通过力值控制很难达到理想的精度，提出了基于形控的等效预张力确定方法："区间迭代法"，此方法不但可以较好地解决初始形控的问题，而且也能够进行力控分析。该分析方法解决了多个预应力钢结构工程需要的"形力统一性"施工技术难题。

（4）为使结构中的关键构件在预应力张拉变形后的位形达到与设计图纸一致，必须据此确定结构的安装位形，即零状态找形。结合该要求，提出了"索杆系子结构零状态找形方法"：杂交结构中的刚构按设计图纸安装，而索杆系按子结构零状态找形结果安装，解决了多种杂交结构中索杆系安装位形技术难题。

（5）对于仅由拉索和压杆构成的柔性张力结构（如索穹顶、索网、索桁架等）在牵引提升和张拉过程中存在超大位移，且包含机构位移和拉索松弛，常规的非线性静力有限元难以求解。国际上首次提出了"确定索杆系静力平衡状态的非线性动力有限元法"：通过引入虚拟的惯性力和黏滞阻尼力以及系列分析技术，建立整体结构的非线性动力有限元方程，将难以求解的静力问题转为易于求解的动力问题，并通过迭代更新索杆系位形，使动力平衡状态逐渐收敛于静力平衡状态。该方法很好地解决了存在超大位移和机构位移的索杆系施工全过程跟踪分析技术难题，通过多个索网、索桁架以及索穹顶工程的实践验证了其适用性。

（6）对于由索杆系和刚构组成的杂交结构，提出了"基于拉索等效预张力的正算法"，该方法结合找力分析、找形分析和施工环境温度影响分析的研究成果，并考虑支撑与刚构的非线性接触、先后张拉批索力相互影响、施工临时结构体系转换、结构几何非线性等，分析过程与施工过程完全一致，能准确跟踪施工中结构状态路径。

（7）预应力钢结构施工控制项目包含力（索力、支座反力、构件内力等）和形（跨度、矢高、关键构件空间姿态等）两大类。每个工程都需根据结构特点和施工方法，从中确定最优先控制的主控项目，提出了"预应力施工误差影响因子及其计算方法"，通过比较各控制项目之间的误差影响因子来确定主控项目，并通过工程应用，验证了其合理性。

（8）拉索制作长度是制索关键之一，提出了"分别基于索力和等效预张力的有应力制作索长的计算方法"，研究结果得出：若已知初始平衡态的结构位形，则根据基于初始态索力制作索长进行制索更加简便；若已知零状态的结构位形，则根据提供基于等效预张力制作索长进行制索更加简便。

2.3.2　研发出多种具有自主知识产权的预应力钢结构施工张拉装备技术系统

预应力钢结构施加预应力必须依靠张拉设备和必要的工装等施工装备，与桥梁的拉索相比，建筑预应力钢结构大量采用了销接的叉耳式热铸锚索头，形式多样，索头锚固区构造复杂。预应力钢结构的张拉更显难度，其中突出在三维空间中多至几十点的同步张拉要求高，在单个张拉点处从几十吨至几百吨张拉力下拧动索头正反牙套筒的同轴度要求很高。国外的预应力钢结构工程张拉设备有一般张拉用液压穿心千斤顶，但论及特殊的张拉设备与工装所见的论文和图片均很少，因此研发适用于预应力钢结构工程的施工设备，能解决预应力钢棒的精准下料、叉耳索头处的套筒同轴转动张拉和反力架轻便安全等技术难题。

（1）发明了"钢棒张拉千斤顶"，见图5（a）。该张拉装备适用于预应力钢拉杆的大吨位张拉，其特点为适应了我国的液压系统压力为 60MPa 普通高压油泵，完全替代了原需进口英国 Macalloy 公司的专用张拉千斤顶，保证了连接两段钢拉杆的套筒同轴度，便于张拉过程中正反牙套筒的同轴转动。该张拉装备在由德国工程师设计的上海新国际博览中心工程多期分批施工的展厅中得到应用，得到现场德国工程师认可。

图 5 钢结构预应力张拉装备
(a) 钢棒张拉千斤顶；(b) 杠杆张拉装置；(c) 张拉斜拼反力架；(d) 轻便反力架

（2）发明了"拉索杠杆张拉装置"，见图 5（b）。该张拉装置是仅在拉索索头单侧设置单台千斤顶，产生两倍于千斤顶输出张力的杠杆装置，节省了一半千斤顶投入量。在十一届全运会济南奥体中心体育馆工程（122m 跨，世界最大跨单层网壳弦支穹顶）施工中同环 36 根斜索需要同步张拉，原需 72 台千斤顶，应用该发明专利，仅需 36 台千斤顶实现了同步张拉。

湖北省十堰青少年活动中心综合体育馆工程中同样应用了该项张拉装置，本项目外圈 72 根斜索，分四批次张拉，仅需 18 台千斤顶实现 9 点位同步张拉。

（3）发明了"拉索索头张拉斜拼反力架"，见图 5（c）。该发明将搁置于拉索索头张拉台阶上的反力架斜向分为反对称两部分，斜向交叉加劲肋直接作为千斤顶承压端面的支承加劲肋，保证了穿过反力架的穿心拉杆孔的完整性，对比瑞士 BRUGG 公司等的拉索张拉反力架具有明显的重量轻，承载力大，便于搬运、组拼和拆卸，能提高工作效率。

（4）在若干小型工程中结合项目特点，开发了轻便反力架，见图5（d）。

2.3.3 提出了适用于大跨空间钢结构的系列预应力施工安装方法

与国内施工条件不同，国外施工工期相对宽松，机械装备比较好，涉及专业公司专利及专有技术的保密性，国外论述及报道的预应力钢结构具体施工方法参考资料也稀少。国内建筑工程预应力钢结构的拉索施工方法研究起步于20世纪90年代后期的斜拉桥工程。结合国内工期紧、安装速度快以及配套大型吊装机械不足的情况，根据各类场馆预应力钢结构的具体结构特点、索杆系交汇复杂程度和钢结构安装方法，经近十年的积累和不断自主创新，提出了适合我国国情和适用于建筑大跨预应力钢结构的系列特色施工方法，解决了在有效建立预应力的前提下提高张拉效率与减小索力相互影响的技术难题。

（1）索承穹顶原位满堂脚手架安装法

大跨索结构应用早期大多采用此安装方法。该安装方法确实对安装精度、焊接变形控制、作业人员安全等众多方面具有无可比拟的优势。但近几年来大多舍弃了该方法，主要是受到工期及临时措施费用的制约（图6）。

图6 预应力索满堂脚手架安装法

（2）索承穹顶原位临时胎架安装法

临时胎架安装法虽可降低临时措施费用，但存在大面积高空焊接，作业安全得不到保障（图7）。

图7 预应力索临时胎架安装法

（3）索承穹顶地面拼装提升顶升安装法

顶升及提升法较好地解决了上述大跨空间结构安装的作业安全与临时措施费用之间的矛盾。该安装方法为近年来首创，在十堰青少年活动中心综合体育馆工程中得到应用。但此安装方法需专业索安装班组与钢构班组交叉作业配合，且钢构在逐环安装过程中安装精度是控制的难点（图8）。

（4）提出了全张力结构索穹顶的塔架提升索杆累积安装方法针对大跨空间钢结构行业内公认施工难度极大的索穹顶结构，在国际上首次提出了能显著减少施工难度和提高安全性的"索穹顶塔架提升索杆累积安装法"：在内拉环上设提升索，在外环脊索上设牵引索，牵引脊索网成"ω"形提升（图9），累积安装各环上的斜索和撑杆，最后同步张拉最外环的斜索，使结构成形。该方法在无锡新区科技交流中心工程（国内首个刚性屋面索穹顶）上得到实施，实现了国内该类结构"零"的突破，打破了国外专业公司的技术壁垒。

（5）其他若干特色安装方法，如无支架安装法、留索法、牵引提升法等（图10）。

图 8　预应力索提升顶升安装法

图 9　索穹顶塔架提升索杆系累积安装法

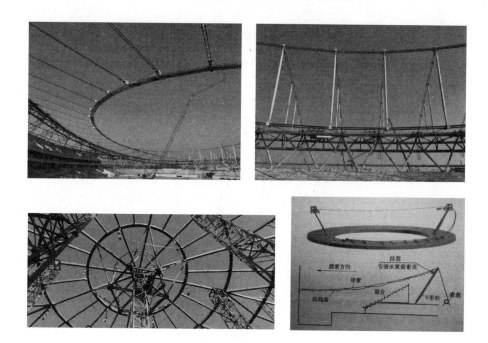

图 10　预应力索其他特色安装法

2.3.4 代表性索结构工程应用实例

（1）近年来弦支穹顶的概念不断得到延伸，形式也越来越多样化。上部网壳由最初的球形延伸到椭球形，如：武汉市体育中心体育馆和常州市体育馆［图11（a）］、正六边形［安徽大学体育馆，见图11（b）］、近似三角形［渝北体育馆，见图11（c）］；下部张拉整体部分的布置也由最初的一圈发展到多圈，由最初每圈撑杆与环索单元1∶1的设置发展到如今的2∶1或3∶1（大连市体育馆和南沙体育馆［图11（d）］；随着分析设计理论和施工技术的完善，跨度也由最初日本光丘穹顶35m发展到现今的济南市奥体中心体育馆122m，见图11（e）。

图11 已建代表性大跨弦支穹顶项目

（a）常州市体育馆；（b）安徽大学体育馆；（c）渝北体育馆；（d）大连市体育馆；（e）济南市奥体中心体育馆

（2）随着体育产业的兴盛发展和大型体育赛事的举办，我国近年来建设了若干具有代表性的超大跨敞口式体育场项目，如：佛山世纪莲体育场［2006 年新建我国首个直径 310m 轮辐式结构见图 12（a）］、枣庄体育场［2017 年新建轮辐式索桁架结构 260m×233m，见图 12（b）］、苏州奥体中心体育场［2018 年新建单层轮辐式索网 260m×230m，见图 12（c）］、武汉五环体育场［2019 年新建轮辐式索承网格，见图 12（d）］、三亚体育场［2020 年新建首次应用 CFRP 索，见图 12（e）］。

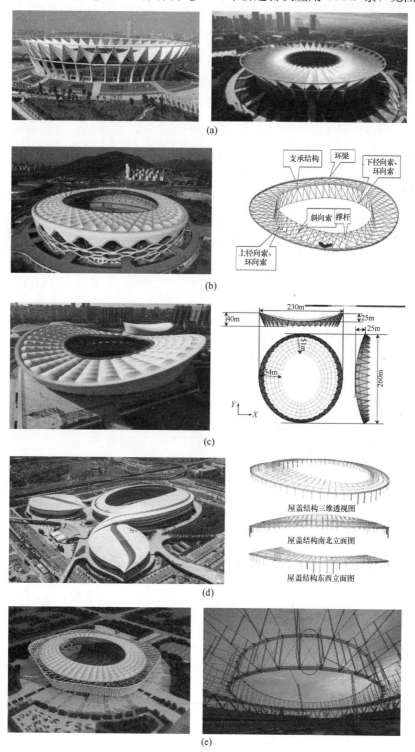

图 12　超大跨敞口式体育场项目

（a）佛山世纪莲体育场；（b）枣庄体育场；（c）苏州奥体中心体育场；（d）武汉五环体育场；（e）三亚体育场

（3）近年来随着我国重大科学研究发展的需要，以及封闭式轻型屋面的工程应用，建成了若干轻型的索网、索穹顶项目，如：苏州奥体中心游泳馆［见图 13（a）］、国家速滑馆［见图 13（b）］、国家重大科学工程 500m 口径球面射电望远镜 FAST［见图 13（c）］、内蒙古伊金霍洛旗全民健身中心［2011 年建成直径 71m 索穹顶，见图 13（d）］、天津理工大学体育馆［2017 年建成 82m×102m 索穹顶，见图 13（e）］、天全体育馆［2017 年建成直径 77m 索穹顶，见图 13（f）］、成都凤凰山体育场［2020 年建成 234m×279m 大开口索穹顶，见图 13（g）］。

（4）随着我国高速铁路、机场建设发展需要，候车厅的跨度由原先的几十米向百米级方向发展；会展中心是集展览、会议、商务、餐饮、娱乐等多功能于一体的新型建筑类型，其概念由博览建筑演进而来，一般展览厅跨度从几十米到上百米不等。在百米级单双向长条形建筑布局下，钢结构张弦梁

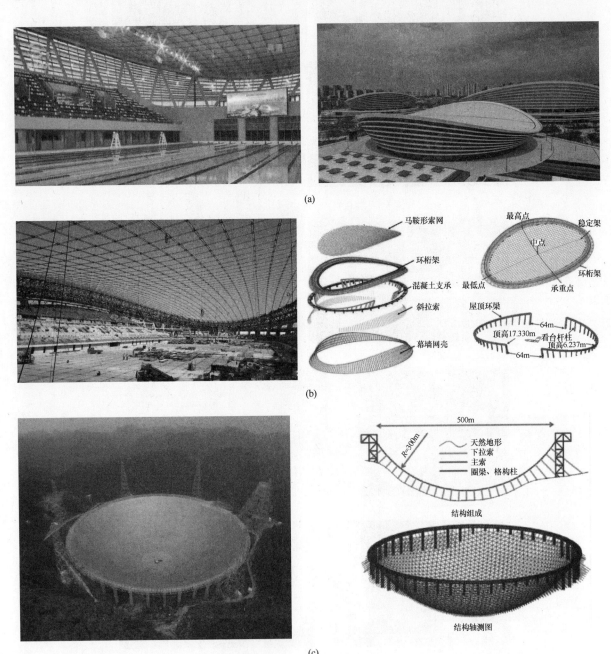

图 13　超大跨索网、索穹顶项目（一）

（a）苏州奥体中心游泳馆；（b）国家速滑馆；（c）国家重大科学工程 500m 口径球面射电望远镜 FAST

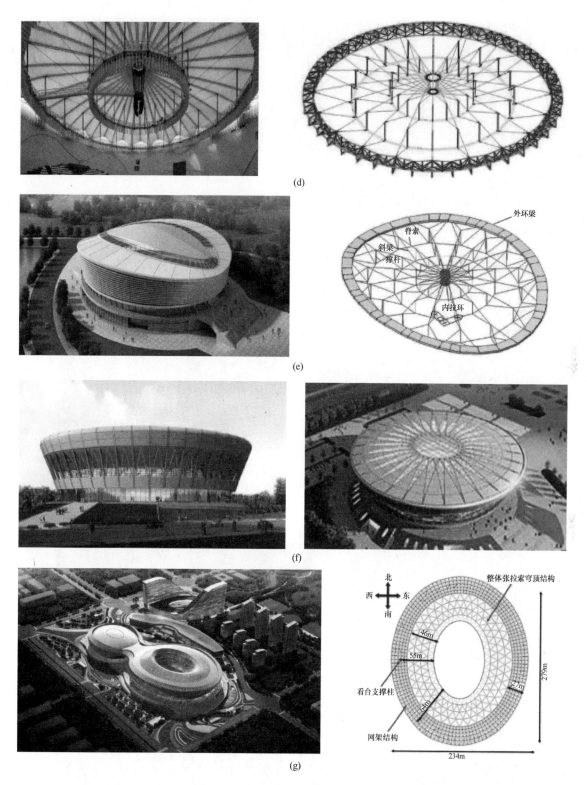

(d)

(e)

(f)

(g)

图 13 超大跨索网、索穹顶项目（二）
(d) 内蒙古伊金霍洛旗全民健身中心；(e) 天津理工大学体育馆；(f) 天全体育馆；(g) 成都凤凰山体育场

（桁架）这一特殊的结构形式得到了长足的发展。已建成具有代表性的项目，如：上海浦东国际机场 [图 14 (a)]、青岛北站 [图 14 (b)]、济南东站 [图 14 (c)]、南京国际博览中心 [图 14 (d)]、长沙会展中心 [图 14 (e)]。

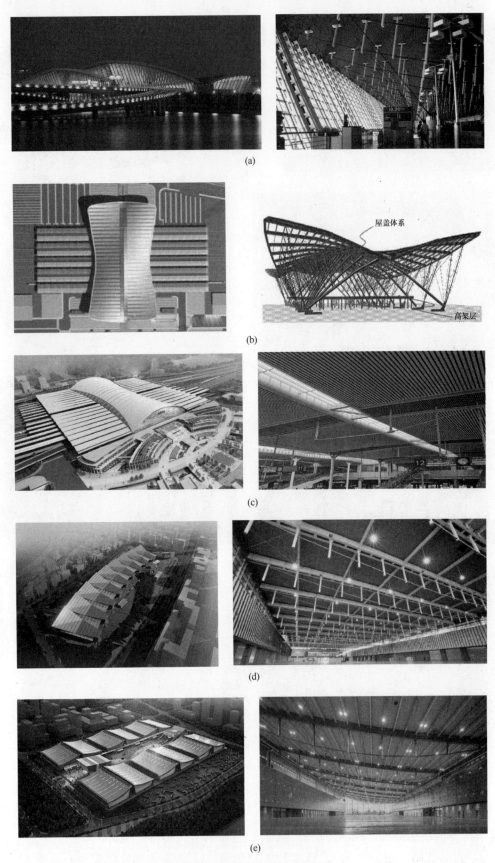

图 14 大跨张弦梁（桁架）项目

（a）上海浦东国际机场；（b）青岛北站；（c）济南东站；（d）南京国际博览中心；（e）长沙会展中心

3 现代预应力技术发展趋势及展望

预应力技术作为当今土木建筑领域一项重要技术，在解决工程结构难题方面发挥着重要作用。目前预应力技术还被广泛地应用于结构加固、预应力混凝土地坪、混凝土超长结构、地下室底板、仓储物流等众多结构领域。

我国的预应力技术通过几十年的发展已经大大缩小了与国际先进水平的差距，但在一些关键技术及材料上尚有差距，如：低温锚具、智能张拉设备等尚有所欠缺；在预应力钢结构领域由于理论分析、设计和施工工艺的复杂性，我国在实际工程中的应用以及施工装备技术方面的研究较少，其核心技术基本掌握在国外为数不多的专业施工企业手中，制约着我国现代预应力钢结构的工程应用及其发展水平。我们必须在预应力设计理论研究、预应力特种材料、预应力特殊施工工艺等系统进行研究，方能建造出跨度更大、结构更轻盈、更安全、更经济的建筑工程。

作者： 栾文斌[1] 赵正嘉[2] （1. 江苏新筑预应力有限公司；2. 南京市城乡建设委员会）

高性能混凝土技术

High Performance Concrete Technology

1　技术背景

　　20世纪70年代开始，发达国家逐步发现众多建成的混凝土基础设施出现了过早劣化，由此带来的建筑物寿命缩短、维修费用高昂引起了广泛关注。为此，发达国家在20世纪80年代末90年代初掀起了一个以改善混凝土材料耐久性为主要目标的"高性能混凝土"开发研究的热潮。1990年，在由美国国家标准与技术研究院（NIST）与美国混凝土协会（ACI）共同举办的一次研讨会上，首次提出"高性能混凝土（HPC）"一词。但是，各国学者对高性能混凝土的定义不尽相同。自1994年清华大学向国内介绍和发起应用高性能混凝土以来，国内学者对高性能混凝土的内涵和定义一直有着不同的理解，历经了二十余年的争论和发展。《高性能混凝土评价标准》JGJ/T 385—2015将高性能混凝土定义为"以建设工程设计、施工和使用对混凝土性能特定要求为总体目标，选用优质常规原材料，合理掺加外加剂和矿物掺合料，采用较低水胶比并优化配合比，通过预拌和绿色生产方式以及严格的施工措施，制成具有优异的拌合物性能、力学性能、耐久性能和长期性能的混凝土"，并且给出了高性能混凝土的量化评价指标体系。以满足工程需求为目标、以优质常规原材料应用为基础、以绿色生产为途径、以生产与施工全过程控制为保障、以量化评价指标体系为准绳、以实现性能全面优异为导向，是高性能混凝土被赋予的新内涵。

　　近年来，行业内对高性能混凝土在减少水泥用量、提高混凝土工程耐久性和服役寿命、促进绿色生产和绿色施工、促进节能减排、实现建筑物全生命周期的技术、经济和环境效益最大化等方面已具有普遍认同。推广应用高性能混凝土成为混凝土行业现阶段的重要课题。

2　技术内容

2.1　技术原理

　　以建设工程设计、施工和使用对混凝土性能特定要求为总体目标，选用优质常规原材料，合理掺加外加剂和矿物掺合料，采用较低水胶比并优化配合比，通过预拌和绿色生产方式以及严格的施工措施，制成具有优异的拌合物性能、力学性能、耐久性能和长期性能的混凝土。

2.2　设计施工方法

2.2.1　常规品高性能混凝土的浇筑

　　常规品高性能混凝土浇筑应符合下列规定：

　　（1）不应向混凝土中加水；

　　（2）高性能混凝土入模温度不宜高于35℃，且不应低于5℃；

　　（3）混凝土应成型密实；

　　（4）浇筑应符合《混凝土质量控制标准》GB 50164和《混凝土结构工程施工规范》GB 50666的规定。

2.2.2　常规品高性能混凝土的养护

　　（1）养护应符合《混凝土质量控制标准》GB 50164和《混凝土结构工程施工规范》GB 50666的规定。

（2）浇筑后应及时进行保湿养护。大面积暴露的水平构件、竖向构件及大体积构件宜根据构件尺寸、环境情况及施工条件确定养护开始时间及养护时长。大掺量矿物掺合料混凝土宜适当延长养护时长。

（3）当采用混凝土养护剂进行养护时，养护剂的有效保水率不应小于90％，7d 和28d 抗压强度比均不应小于95％。养护剂有效保水率和抗压强度比的试验方法应符合《公路工程混凝土养护剂》JT/T 522 的规定。

（4）养护用水应符合《混凝土用水标准》JGJ 63 的规定。未经处理的海水不应用于钢筋混凝土和预应力混凝土养护。养护用水温度与混凝土表面温度之间的温差不宜大于20℃。

（5）自然养护时，混凝土浇筑完毕后的保温保湿养护时间应符合表1的规定。

混凝土保温保湿的最短养护时间　　　　　　　　　　　　表 1

水胶比	大气潮湿(RH≥50％)，无风，无阳光直射		大气干燥(20％≤RH<50％)，有风，或阳光直射		大气极端干燥(RH<20％)，大风，大温差	
	日平均气温 T(℃)	养护时间 (d)	日平均气温 T(℃)	养护时间 (d)	日平均气温 T(℃)	养护时间 (d)
>0.45	5≤T<10	21	5≤T<10	28	5≤T<10	56
	10≤T<20	14	10≤T<20	21	10≤T<20	45
	T≥20	10	T≥20	14	T≥20	35
≤0.45	5≤T<10	14	5≤T<10	21	5≤T<10	45
	10≤T<20	10	10≤T<20	14	10≤T<20	35
	T≥20	7	T≥20	10	T≥20	28

（6）蒸汽养护前，应对混凝土进行适当的静停养护，静停养护温度不应低于5℃，静停养护时间不宜小于4h。蒸汽养护时，养护的升、降温速度不宜大于10℃/h。蒸汽养护后，混凝土还应进行适当的保温保湿养护。

（7）当环境最低温度低于5℃时，应采取适当的保温保湿养护措施进行养护，不应直接进行洒水养护。

（8）用于预制制品时，养护应满足该制品生产工艺规定的养护制度的要求。

2.2.3　特制品高性能混凝土施工

高强高性能混凝土施工应符合《高强混凝土应用技术规程》JGJ/T 281 的规定，自密实高性能混凝土施工应符合《自密实混凝土应用技术规程》JGJ/T 283 的规定，纤维高性能混凝土施工应符合《纤维混凝土应用技术规程》JGJ/T 221 的规定。

2.2.4　大体积混凝土施工

大体积混凝土施工应符合《大体积混凝土施工标准》GB 50496 的规定。

2.2.5　特殊、复杂的混凝土工程施工

特殊、复杂的混凝土工程施工应制定专项施工方案。

2.3　关键核心技术简介

水泥、掺合料、骨料作为混凝土中最主要的原材料，其品质对混凝土性能及工程质量具有重要影响。坚持标准引领，提升原材料品质，可为高性能混凝土的推广应用提供基础保证。

（1）水泥

目前水泥存在诸多问题：水泥早期水化速率偏高，强度特别是早期强度偏高；水泥中含有较多的熟料细粉，水泥细度过细；熟料 C_3A 含量偏高，通过提高熟料 C_3A 含量提高水泥早期强度或提高窑的台时产量；熟料 C_3S 含量偏高；水泥的碱含量偏高；水泥标准对水泥与减水剂相容性未做规定，

实际水泥参差不齐；水泥标准没有全面的水泥质量匀质性指标，水泥质量波动大；水泥颗粒形貌变差；水泥出厂时其混合材料掺量和品种没有进行明示等。会导致混凝土产生一系列问题，例如混凝土早期（水化后数分钟至 3d）化学减缩增加；混凝土早期水化热增加；混凝土在数年及更长时间持续的强度增长能力减弱，后期强度倒缩；水泥的碱含量过高会导致水泥浆体早期收缩增加，加大混凝土产生裂纹的危险等。因此，混凝土行业广泛呼吁从应用端出发对水泥提出要求，并同时系统研究水泥的应用技术。国家标准《高性能混凝土技术条件》（已报批）提出了高性能混凝土对于水泥的技术要求。

（2）掺合料

现阶段优质粉煤灰、矿粉等传统掺合料日益紧缺，特殊工程及环境对功能型复合掺合料的需求日益增多。通过活性-惰性材料匹配、颗粒级配优化等技术研制满足工程需求的复合掺合料，既可以实现废弃资源的综合利用，解决粉煤灰、矿渣等传统矿物掺合料紧缺带来的供给问题；又可以利用"叠加效应"获得性能良好的掺合料。《混凝土用复合掺合料》JGJ/T 486—2015 的发布成为复合掺合料生产控制的技术依据，对于推动混凝土用复合掺合料的研发与应用具有重要作用。

（3）骨料

骨料是混凝土的骨架，占到混凝土体积的 70% 左右，骨料的品质直接关系到混凝土的质量。据测算，目前我国骨料年产量已突破 100 亿 t，天然砂石质量每况愈下，再加上各地政府河道砂禁采禁挖的力度不断加强，资源日益稀缺，机制砂石是工程建设的必然选择。许多学者通过对高性能混凝土配制技术的系统研究，纷纷提出高性能混凝土用骨料应具备更好的粒形粒貌、颗粒级配等技术性能，同时意识到石粉与泥的本质区别。随着研究和认识的深入，对高性能混凝土用骨料提出了一系列新的技术指标和测试评价方法，为此，住房城乡建设部组织中国建筑科学研究院有限公司会同有关单位编制行业标准《高性能混凝土用骨料》JG/T 568—2019，自 2020 年 6 月 1 日起实施。

2.4 存在的问题及应对措施

高性能混凝土的发展和应用工作在住房城乡建设部、工业信息化部的领导下，在政策宣传、技术培训、标准体系完善、应用基础研究方面取得了长足进步，并且得到以辽宁、河南、江苏、广东、贵州、新疆六个试点省（区）为代表的全国各地的纷纷响应，积累了大量的实践经验，但是在高性能混凝土推广应用工作还存在一些问题。

2.4.1 对高性能混凝土的内涵认识不到位

由于高性能混凝土的内涵非常丰富，是以工程项目作为评价对象，涉及设计、原材料、生产、施工等一系列环节，高性能混凝土不是一个单一的品种。目前仍然有部分人员对高性能混凝土认识不到位，理解存在误区。有人认为高性能混凝土是一种单一的产品，实际上，高性能混凝土是以建设工程设计、施工和使用对混凝土性能特定要求为总体目标，不同的工程项目因其工程环境和要求等不同，对混凝土性能的要求也不同，因此高性能混凝土不是一个单一的混凝土品种，而且高性能混凝土涉及原材料优选控制、配合比设计优化、生产和施工等一系列环节，因此高性能混凝土更是贯穿混凝土生产与施工过程的一种质量控制理念，其内涵非常丰富。但是具体到某一工程项目的某一结构部位，设计、施工和使用对混凝土性能的特定要求又是具体可量化的，即特定条件下，高性能混凝土又可以具体定性和量化为一个品种，这对高性能混凝土的推广应用是有利的。

有人认为高性能混凝土就是高强混凝土，进而提出高性能混凝土胶材用量大更容易开裂，不利于工程应用等错误结论；有人认为高性能混凝土成本高、经济性差；有人认为大掺量矿物掺合料就是高性能混凝土；还有人认为高性能混凝土比较复杂、不可评价；试点工程选取过程中，一些建设、设计、施工单位面对高性能混凝土这一新技术，担心影响工程质量、成本以及工期，对拿自身工程进行试点示范存在顾虑等。这些对高性能混凝土的错误理解，都是对当前高性能混凝土相关标准和技术文件学习不足、理解不透，认识不到位造成的。

实际上，高性能混凝土的内涵、环境友好与经济性、可评价性等，早已在行业内展开过充分的研究与讨论，也形成了一系列的标准规范、指南等技术文件，是无须质疑的。但是，高性能混凝土涉及区域广、链条长、人员水平参差不齐，导致了高性能混凝土理念及技术的宣传不够到位。

建议继续进行高性能混凝土理念与技术的宣传。利用技术文件作为宣传载体，加强宣传频度、力度、广度，同时团结设计、生产、施工、监管、科研、学协会等多方力量，形成合力。例如宣传推广《建筑业 10 项新技术（2017 版）》，考虑编写高性能混凝土推广应用技术与产品名录、编写高性能混凝土推广应用工作参考手册等。

2.4.2　原材料质量控制不到位，企业生产高性能混凝土难度大

总体来说，我国对混凝土原材料品质重视不够，原材料质量控制不到位，在天然砂石日益枯竭的同时，机制砂石生产技术参差不齐；水泥产品质量良莠不齐，并且水泥生产环节仍以强度第一、强度唯一作为主抓方向，对下游产品混凝土的抗裂性能和耐久性考虑不足，水泥熟料细度过大，水化放热过，混凝土开裂风险大。

下一步工作：一方面，要加强完善混凝土原材料的监管机制；另一方面，加快制修订高品质原材料标准，为企业生产和市场定价提供标准依据，推动供给侧结构性改革。

2.4.3　预拌混凝土生产企业良莠不齐，高性能混凝土绿色升级难度大

目前，不少地区预拌混凝土生产企业准入门槛低，技术水平、人员素质、设备配置等良莠不齐，给生产高性能混凝土带来了困难。同时，预拌混凝土绿色生产升级难度较大。

建议一方面加大预拌混凝土生产企业绿色生产升级改造投入；另一方面，提高预拌混凝土生产企业的准入门槛。对绿色生产不达标的企业实行逐步淘汰的措施。

3　技术指标

3.1　关键技术指标

（1）拌合物性能要求

高性能混凝土拌合物应具有良好的和易性，且坍落度、扩展度、坍落度经时损失和凝结时间等拌合物性能应满足施工要求。在满足施工工艺要求的前提下，宜采用较小的坍落度。高性能混凝土拌合物中水溶性氯离子最大含量应符合表 2 的规定。

高性能混凝土拌合物中水溶性氯离子最大含量　　　　　　　　　　　　表 2

环境条件	水溶性氯离子最大含量（%，水泥用量的质量百分比）	
	钢筋混凝土	预应力混凝土
干燥环境	0.30	0.06
潮湿但不含氯离子的环境	0.20	
潮湿且含有氯离子的环境、盐渍土环境	0.10	
除冰盐等侵蚀性物质的腐蚀环境	0.06	

注：当掺合料采用粉煤灰、矿渣粉或硅灰时，其掺量可折算为水泥用量。

长期处于潮湿或水位变动的寒冷和严寒环境、盐冻环境、受除冰盐作用环境的高性能混凝土应掺用引气剂。引气剂掺量应经试验确定，高性能混凝土密实成型后的最小含气量应符合表 3 的规定，最大不宜超过 7.0%。在含盐干湿循环环境、含盐大气环境中的高性能混凝土应采用引气混凝土，其含气量不宜超过 5%。对于无抗冻要求的一般环境条件，掺用引气剂或引气型外加剂高性能混凝土拌合物的含气量应符合《混凝土质量控制标准》GB 50164 的规定。

高性能混凝土最小含气量　　　　　　　　　表3

粗骨料最大公称粒径 (mm)	混凝土最小含气量(%)	
	潮湿或水位变动的寒冷和严寒环境	受除冰盐作用、盐冻环境、海水冻融环境
40.0	4.5	5.0
25.0	5.0	5.5
20.0	5.5	6.0

注：含气量为气体占混凝土体积的百分比。

优质高性能混凝土的稠度以及其他性能控制宜符合下列规定：

1）泵送高强高性能混凝土1h坍落度应无损失，扩展度不宜小于500mm，倒置坍落度筒排空时间宜控制在5~20s；

2）自密实混凝土的扩展度控制目标值宜为600~700mm，1h扩展度应无损失；扩展时间T500不宜大于8s；坍落扩展度与J环扩展度差值不宜大于25mm；离析率不宜大于15%；

3）泵送钢纤维混凝土坍落度控制目标值宜为160~210mm，坍落度经时损失不宜大于30mm/h；泵送合成纤维混凝土坍落度控制目标值不宜大于180mm，坍落度经时损失不宜大于30mm/h；纤维混凝土拌合物中的纤维应分布均匀，不出现结团现象。

用于预制制品的高性能混凝土拌合物性能还应满足生产工艺要求。

（2）力学性能要求

高性能混凝土强度及其他力学性能应满足设计要求。

（3）耐久性能和长期性能要求

1）一般环境中高性能混凝土的耐久性能要求

一般环境中高性能混凝土耐久性能应符合表4的规定。

一般环境中的高性能混凝土耐久性能要求　　　　　表4

环境作用等级 控制项目	50年	100年	
	Ⅰ-C	Ⅰ-B	Ⅰ-C
碳化深度(mm)	≤15	≤10	≤5
抗渗等级	≥P12	≥P12	≥P12

注：碳化深度、抗渗等级应至少满足一项。

2）冻融环境中高性能混凝土的耐久性能要求

冻融环境中高性能混凝土耐久性能应符合表5的规定。

冻融环境中的高性能混凝土耐久性能要求　　　　　表5

环境作用等级 控制项目	50年			100年		
	Ⅱ-C	Ⅱ-D	Ⅱ-E	Ⅱ-C	Ⅱ-D	Ⅱ-E
抗冻等级	≥F250	≥F300	≥F350	≥F300	≥F350	≥F400

3）氯化物环境中高性能混凝土的耐久性能要求

氯化物环境中高性能混凝土耐久性能应符合表6的规定。

氯化物环境中的高性能混凝土耐久性能要求　　　　　表6

环境作用等级 控制项目	50年				100年			
	Ⅲ-C Ⅳ-C	Ⅲ-D Ⅳ-D	Ⅲ-E Ⅳ-E	Ⅲ-F	Ⅲ-C Ⅳ-C	Ⅲ-D Ⅳ-D	Ⅲ-E Ⅳ-E	Ⅲ-F
84d氯离子迁移系数 （$\times 10^{-12}$ m^2/s）	<3.0	<2.5	<2.0	<1.5	<2.5	<2.0	<1.5	<1.2

注：当海洋氯化物环境与冻融环境同时作用时，应采用引气混凝土。

4）硫酸盐腐蚀环境中高性能混凝土的耐久性能要求

硫酸盐腐蚀环境中高性能混凝土耐久性能应符合表 7 的规定，其中氯离子迁移系数、电通量要求应至少满足一项。

硫酸盐腐蚀环境中的高性能混凝土耐久性能要求　　　　　　　　　　　　　　　　　表 7

环境作用等级 控制项目	50 年			100 年		
	V-C	V-D	V-E	V-C	V-D	V-E
84d 氯离子迁移系数($\times 10^{-12}\mathrm{m}^2/\mathrm{s}$)	≤4.0	≤2.5	≤2.0	≤3.5	≤2.0	<1.5
56d 电通量(C)	≤2000	≤1500	≤1000	≤1500	≤1000	≤800
抗硫酸盐等级	≥KS120	≥KS150	≥KS150	≥KS150	≥KS150	≥KS150

5）收缩性能

有特殊抗裂、防渗要求的高性能混凝土 180d 干燥收缩率不宜超过 0.045%。

3.2　检验方法

《水泥标准稠度用水量、凝结时间、安定性检验方法》GB/T 1346；

《水泥比表面积测定方法　勃氏法》GB/T 8074；

《水泥水化热测定方法》GB/T 12959；

《水泥胶砂强度检验方法（ISO 法）》GB/T 17671；

《普通混凝土拌合物性能试验方法标准》；GB/T 50080；

《混凝土物理力学性能试验方法标准》GB/T 50081；

《普通混凝土长期性能和耐久性能试验方法标准》GB/T 50082；

《混凝土强度检验评定标准》GB/T 50107；

《混凝土外加剂应用技术规范》GB 50119；

《混凝土质量控制标准》GB 50164；

《混凝土结构工程施工质量验收规范》GB 50204；

《混凝土耐久性检验评定标准》JGJ/T 193；

《海砂混凝土应用技术规范》JGJ 206；

《混凝土中氯离子含量检测技术规程》JGJ/T 322；

《预拌混凝土绿色生产及管理技术规程》JGJ/T 328；

《高性能混凝土评价标准》JGJ/T 385。

4　工程案例

肯尼亚蒙—内铁路是连接港口城市蒙巴萨和首都内罗毕的标轨铁路，主线全长 472.253km，是肯尼亚独立以来修建的最大基建项目。铁路起点蒙巴萨市位于肯尼亚东南沿海的蒙巴萨岛，蒙巴萨岛濒临印度洋西侧，是东非最大的港口之一；终点内罗毕是肯尼亚的政治、经济、文化中心，也是东部非洲重要的交通枢纽。

该铁路全线采用中国标准设计，1435mm 标准轨距，Ⅰ级铁路，单线，主要以货运为主，兼部分客运业务，客车最高行驶速度 120km/h。全线路基长度为 442.629km，占全线总长度的 93.7%；共设梁式特大、大、中桥梁 72 座，计 29623.8 延米，桥梁长度占线路总长度的 6.3%；涵洞共 1059座，26697 横延米，每千米约 2.2 座；框架桥 14 座，计 540 延米（5390m²）；公路桥 35 座，计 1938延米（15368m²）。港区联络线线路长度为 7.25km，设涵洞 15 座，650 横延米；公路桥 5 座，计 350延米（3388m²）。港内联络线线路长度为 4.636km，设大桥 1 座，计 161.52 延米；涵洞 10 座，300横延米；公路桥 2 座，计 160 延米（3490m²）；工程混凝土总用量约为 180 余万 m³。该铁路是一条采用中国标准、中国技术、中国装备建造的现代化铁路。

对于铁路工程的高性能混凝土,目前国内外普遍成熟的做法是在混凝土中掺加粉煤灰、矿渣粉以及硅灰等来自工业废渣的活性矿物掺合料,从而达到改善和易性、延缓水化放热速度、减少混凝土开裂、提高耐久性,并降低成本的目的。然而肯尼亚当地及周边地区缺少粉煤灰、矿渣粉、硅灰等此类工业废渣作为矿物掺合料。如果从中国国内运输的话,一方面运输成本十分昂贵,另一方面由于国内大规模的基础建设,当前,粉煤灰、矿渣粉等优质矿物掺合料也逐渐紧缺,局部地区出现脱销,甚至粉煤灰、矿渣粉掺假造假等事件层出不穷,一些国家重点工程质量也难以保障。因此,蒙—内铁路工程如果从中国国内采购粉煤灰、矿渣粉等矿物掺合料,不仅会大大增加工程成本,而且难以保证货源的品质和供应。因此,在肯尼亚本地寻找一种容易获取、质优价廉的新型掺合料对于本工程具有十分重要的现实意义和极大的经济价值。

肯尼亚境内分布着许多火山,其中瓦加加伊死火山海拔4321m,以巨大的火山口(直径达15km)而驰名。火山活动会在当地留下大量的火山喷发物及其衍生矿物,可以统称为天然火山灰质材料。天然火山灰质材料是指火山喷发的大量熔岩及碎屑、粉尘沉积在地表面或水中形成松散或轻度胶结的物质,包括的范围较广,包括火山灰、浮石、沸石岩、玄武岩、安山岩、凝灰岩、硅藻土等。这些天然火山灰质材料用于混凝土作为掺合料,具有与粉煤灰、烧黏土、烧页岩等人工火山灰质材料类似的作用。

肯尼亚当地的火山渣和凝灰岩分别如图1、图2所示。经研究发现,火山灰与粉煤灰的技术区别主要体现在三个方面:形貌、密度及活性差异,见表8。研究结果表明,天然火山灰替代粉煤灰作为矿物掺合料用于配制高性能混凝土,其工作性、力学性能和耐久性均满足铁路混凝土标准的要求。而且,通过研究天然火山灰(渣)的有效碱与以Na_2O_{eq}计算的总碱含量的关系,解决了碱含量"超标"的问题。在系统研究的基础上,实现了肯尼亚当地火山灰的成功开发与工程应用,突破了原有的中国铁路标准,并形成了肯尼亚国家标准《天然火山灰混凝土应用技术规范》中英文建议稿。这是中国高性能混凝土标准在国外项目实施中的一次成功经验,也是以中国标准为框架形成当地标准的一次成功案例。此外,天然火山灰质材料作为掺合料在蒙—内铁路高性能混凝土中的有效应用,还产生了巨大的经济效益,其掺量按胶凝材料用量的15%~25%计算,基于当地水泥价格是国内的5~6倍的情况,初步估计可节约工程成本上亿元人民币。

图1 凝灰岩   图2 火山渣

火山灰与粉煤灰的技术区别   表8

项目	火山灰	粉煤灰	影响
形貌	外形有不规则棱角	球形,有滚珠效应	火山灰流动性不如粉煤灰
轻重	密度大,3.05g/cm³	密度小,2.2~2.3 g/cm³	同质量掺量,火山灰浆体体积小
活性	天然长期形成,活性较低	人工烧成,活性较大	后期性能

5 结语与展望

高性能混凝土推广应用是我国混凝土技术发展的必然趋势。一方面,随着我国基础设施建设的大规模发展以及"一带一路"倡议的持续推进，混凝土越来越广泛地应用于大体积、大跨度、高层、超高层等多种结构形式中，并且混凝土结构的服役环境趋于多样，对混凝土工程耐久性的关注逐渐增强。另一方面，自然资源日益稀缺，大量废弃物排放带来的环境污染问题日益严峻；并且作为混凝土主要原材料的水泥行业资源消耗量和污染物排放总量巨大。同时，混凝土生产已从粗放式向集约式转变，并且对生产过程中的环境与人员健康保护提出了新的要求。高性能混凝土的理念和技术体系将有助于提升我国混凝土技术水平，同时提升混凝土工程质量。

推广应用高性能混凝土实质上是一个对工程设计、混凝土生产、施工、验收等多个环节的系统性提升，也将注定这是一个"久久为功"的工作。我国的高性能混凝土技术在传统原材料的性能控制与品质提升、新型功能型与绿色材料的研发、智能化生产与施工技术等方面仍然存在一定的发展空间。

作者：冷发光　周永祥（中国建筑科学研究院有限公司）

BIM 正向设计技术

BIM Design

1 技术背景

BIM 技术在设计阶段的本源目标是代替原有的 CAD 设计模式，将二维设计升级为基于 BIM 模型的数字化三维设计。在过去十多年的 BIM 实践历程中，由于遇到技术、资源、管理等多方面的限制，BIM 设计并没有如预期般快速代替 CAD 设计，大量 BIM 设计应用的案例仅以 BIM 模型作为 CAD 设计成果的验证，或作为管线综合深化等专项的技术手段，行业内俗称"翻模"。相对应的，以 BIM 技术进行设计，并基于 BIM 模型输出图纸成果的方式则被称为"BIM 正向设计"。坚持践行 BIM 正向设计模式的设计团队数量相当少，以设计院为单位整体推进 BIM 正向设计的设计企业在行业内则更属极少数。

进入"十四五"时期，建筑业提出"数字建造"的转型目标，同时开始启动城市信息模型（CIM-City Information Modeling）的研究和示范应用工作，在此背景下，BIM 正向设计的必要性与迫切性就凸显出来。

数字建造的源头数据形成于设计阶段，主要承载形式是项目 BIM 模型，而建造活动依据的法律文件是图纸，因此"模图一致"是设计阶段 BIM 成果的一个基本要求。而要从技术上保证模图一致，目前能够找到的可行办法就是 BIM 正向设计。可以预见，在设计端内在的原生驱动力未能推动其全面转型为 BIM 正向设计的情况下，极有可能在数据应用端的外在驱动力下取得突破性的进展。

为了适应建筑业数字建造、CIM 的发展需求，设计行业应与软件企业一起，研究实现 BIM 正向设计的具有普适性的技术路线，尽快实现全行业的主要设计模式从二维 CAD 模式跃迁至 BIM 正向设计模式。

2 技术内容

BIM 正向设计是整个建筑设计过程的流程再造与优化升级。它不单单是通过 BIM 软件建立 BIM 模型进行设计，并且出图，更关键的在于多专业的协同设计、互提资料、校对、审核、交付、归档、变更，乃至设计过程中的讨论、汇报，施工配合阶段的交底、工地巡场等全流程生产方式的切换。只有将 BIM 模型、BIM 软件作为日常设计、交流的工具，习惯成自然，才能形成可持续发展的生产力。

2.1 建筑专业 BIM 正向设计

建筑专业是设计的"龙头"专业，BIM 正向设计也从建筑专业开始。建筑专业的 BIM 正向设计在各专业中相对较成熟，要点包括：

2.1.1 基于 BIM 的建筑方案比选

建筑方案阶段采用 BIM 软件直接或者配合方案设计的优势是利用其参数化特性快速进行数据的统计与比选，同时方便定方案后快速进行方案深化及后续设计。如图 1 基于 BIM 模型对多种方案的景观可视度进行量化对比，为方案决策提供依据。

2.1.2 基于 BIM 的建筑性能模拟分析

在设计前期，BIM 模型可结合专项软件进行各方面建筑性能的模拟分析，包括通风、采光、热工、人流疏散、景观可视度等，如图 2 的案例示意。

方案一		方案二		方案三	
等级0	26	等级0	3	等级0	0
等级1	942	等级1	952	等级1	935
等级2	237	等级2	253	等级2	279
等级3	105	等级3	104	等级3	86
等级4	38	等级4	36	等级4	48
等级5	32	等级5	32	等级5	34
等级6	18	等级6	18	等级6	18

图 1 基于 BIM 的景观可视度分析

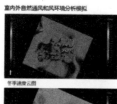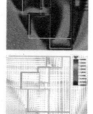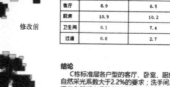

图 2 基于 BIM 的通风与采光模拟

一般来说，BIM 模型的构件组合及几何属性对于专项模拟分析软件来说都太复杂了，需要进行大量简化。随着软件的不断进步，这种限制越来越小，有些软件已支持直接在 BIM 模型中进行模拟分析。

2.1.3 基于 BIM 的建筑平立面深化设计与出图

这是建筑专业 BIM 正向设计的主要工作，直接在 BIM 软件中进行平面布局、立面造型、剖面关系等全面深化设计，并直接形成图纸。BIM 模型的可视化特性使设计师可以全面把控设计效果及空间体验，同时可以确保图纸与模型同步一致，从而显著提升设计的质量，如图 3 所示。

对于复杂空间或复杂的构件关系，BIM 模型对于设计师的辅助作用更加显著，BIM 模型在设计过程中对于空间关系的把握、结构与建筑配合、净高的控制，均提供了无可替代的辅助作用。

图 3 基于 BIM 模型的外观与空间设计

建筑专业的 BIM 出图相对来说比较成熟，一般可以实现 90％以上的出图率。由于 BIM 模型的三维任意剖切特性，可以对建筑施工图的形式做一些扩展，如墙身大样可配上局部三维轴测图，使图纸更直观，信息量更丰富。

2.2 结构专业 BIM 正向设计

结构专业的 BIM 正向设计与其他专业有一个明显的区别，即 BIM 模型与其本专业的计算分析模型是分离的，目前仍需基于 CAD 重建结构 BIM 模型，或从计算模型导出 BIM 模型再完善。BIM 模型对于结构出图来说，以仅表达几何尺寸的模板图为主。钢筋信息的平法表达在 BIM 软件中主要通过录入构件钢筋信息，再添加各种形式的标注来实现，工作量非常大，如图 4 所示。

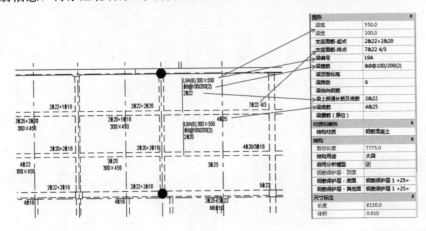

图 4　结构平法表达的实现示例

目前已有多家软件厂商在研发从结构计算模型中导出钢筋信息至 BIM 构件，再通过插件自动标注成图的技术方案。更进一步的解决方案则是将结构计算模型、BIM 模型、BIM 平法出图合而为一，广厦软件已推出产品化的软件 GSRevit，如图 5 所示，未来应成为一种主流的方式。

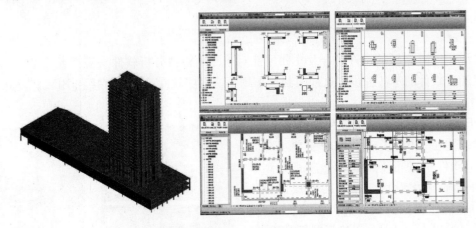

图 5　广厦 GSRevit 从 BIM 模型直接平法出图

目前此流程尚未成熟，更多的项目做法是通过软件接口从结构计算软件中将模型导入 Revit 软件，再进行调整完善。PKPM、盈建科等主流结构计算软件均支持模型与 Revit 的互导。由于没有钢筋信息，因此无法直接进行结构专业的平法出图，一般只用于出模板图，或仅作为平法出图的底图。

2.3 机电专业 BIM 正向设计

机电专业在以往"BIM 翻模"流程中，主要用于管线综合设计。在 BIM 正向设计流程中，则需直接在 BIM 模型中提取建筑空间、房间、构件属性等信息，作为输入条件进行专业计算与系统设计，然后进行设备、末端、管线路由的设计及建模，最后标注出图（图 6）。

目前也已有软件厂商在 Revit 平台上进行机电设计相关的二次开发，如鸿业 BIMSpace，有成体系的各专业设计工具，包括水力计算、空调负荷计算、设备选型布置、末端布置等，对机电专业的 BIM 正向设计有明显的提升作用。

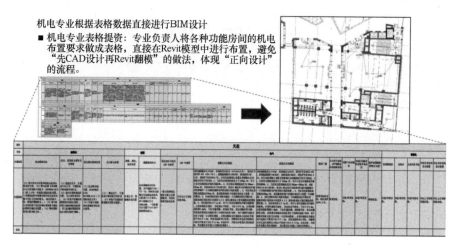

图 6 根据 BIM 模型数据及规范要求进行机电设计

2.4 BIM 制图与成果导出 dwg

2.4.1 BIM 制图技术

BIM 正向设计的概念已包含了基于模型形成设计文档的要求，因此是否基于 BIM 模型出图是判断是否正向的一个关键依据，BIM 制图技术是 BIM 正向设计的首要关键技术。

目前广泛应用的 BIM 设计软件 Revit 与 ArchiCAD 等，均支持基于三维模型进行二维表达，并已考虑了专业的表达习惯，其制图原理基本一致，均为基于三维模型进行投影或剖切，得出二维的视图，再补充必要的注释图元，形成传统意义上的图纸，如图 7 所示。

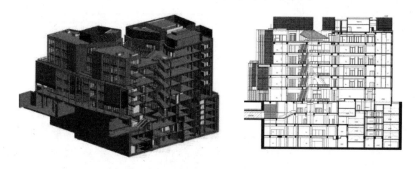

图 7 模型剖切及投影形成二维图纸

但其中来自构件的二维线条跟三维构件是关联的，无法像在 AutoCAD 里一样自由编辑。虽然 BIM 软件已经在此基础上根据专业表达习惯进行了大量的适配调整，外部载入的构件也可以自定义二维表达方式，但受到的掣肘仍然相当大，往往需要花大量的时间去研究如何实现，或者去修改构件的二维表达。

因此，BIM 正向设计的技术体系需要研究各个专业、各种图别（如平、立、剖面；大样；明细表等）的 BIM 制图方式、各种图面的表达细节，以实现符合（或至少接近）传统的专业制图规范与表达习惯（图 8）。

以 Revit 为例，与 BIM 制图相关的技术体系包括：对象样式、线宽设定、各种视图的构件开关设定、线型设定、各种构件的二维表达设定等。这些设定中的一部分可以将保存为预设的视图样板，进而保存为设计模板文件。

2.4.2 BIM 成果导出 dwg

主流的 BIM 设计软件 Revit 自带的导出功能难以实现接近 AutoCAD 绘图的效果，字体、图层、标注样式、线型等方面的设定自由度低，造成 dwg 的后处理工作量巨大，影响交付效果，对 BIM 设

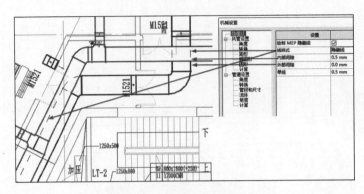

图 8　机电图面表达细部示意

计的推进也造成额外的阻力。

　　为解决此问题，需使用二次开发技术，对软件导出的 dwg 文件进行后处理，批量解决上述问题。如优比咨询开发的"优比 ReCAD"软件，通过图层、字体、标注、图块等数十项的设置与优化，使 Revit 模型出图达到与 CAD 制图几乎完全一致的效果，大幅提高了正向出图的效率与效果，降低了正向设计的出图门槛，是值得推介的一种方式（图 9、图 10）。

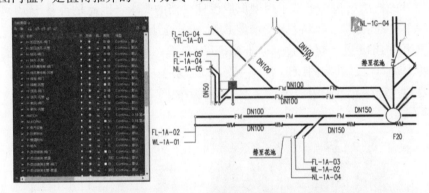

图 9　优比 ReCAD 插件导出合规 dwg 文件

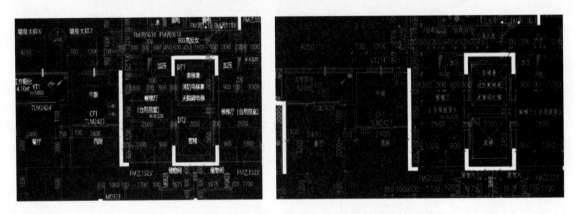

图 10　Revit 原生导出 dwg 与优比 ReCAD 插件导出效果对比

2.5　BIM 多专业协同与互提资料

2.5.1　BIM 多专业协同

　　BIM 协同方式是 BIM 正向设计流程中的关键环节，目的是充分利用 BIM 模型数据的可视化、可传递性，实现各专业间信息的多向、及时交流，从而提高设计效率、减少设计错误。主流 BIM 设计软件 Revit 与 ArchiCAD 均支持团队工作模式及外部链接两种方式进行协同设计。以 Revit 为例，其团队工作模式称为"工作集"方式，常见的协同方式为工作集与链接两者组合，如图 11 所示。

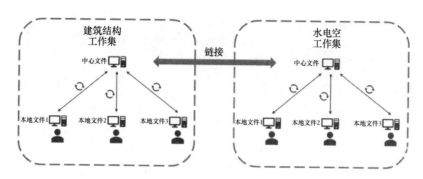

图 11　工作集与链接结合的协同方式示意

通过专业间的 BIM 协同，可以实时查看整个项目各专业、各团队成员的最新设计成果，确保图纸的一致性，及时发现专业冲突，从而实现更好的协同效果。

在此过程中，"信息唯一性原则"是 BIM 正向设计需遵循的一个基本原则，即要求各专业在不断深化设计、版本迭代的过程中，各方拿到的都是同一份最新版本的文件，这样就可以避免很多因版本不一致导致的专业冲突问题。

以 Revit 的工作集协同方式为例，单专业的多人协作均在同一个中心文件中进行，保证了单专业的信息唯一性；多专业之间直接以中心文件链接中心文件，保证了专业之间对接的信息唯一性，因此在技术层面具备了实现的条件。同时也需要从管理层面加以落实，如文件存放的唯一路径、文件名的唯一性等。

2.5.2　BIM 设计互提资料

专业间互提资料是伴随设计过程持续、频繁进行的专业配合操作。对于 Revit 的协同方式来说，一般流程如图 12 所示，在本专业的 Revit 文件中设专门的视图，用云线圈示并加说明，然后让接收专业链接并引用该视图。

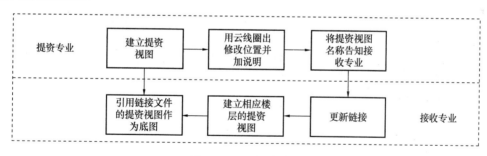

图 12　Revit 提资流程

基于前面所述"信息唯一性"原则，接受专业每次只需更新链接文件，即可通过视图的设置显示提资视图，从而确保提资信息全部传达到位（图 13、图 14）。

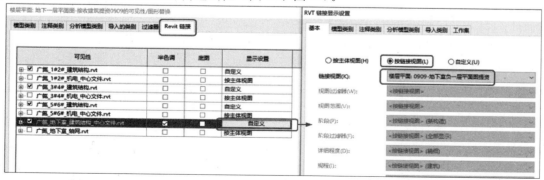

图 13　接受专业读取提资视图设置

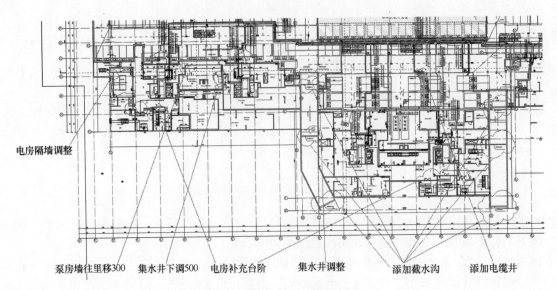

电房隔墙调整

泵房墙往里移300   集水井下调500   电房补充台阶   集水井调整   添加截水沟   添加电缆井

图14   接受专业读取提资视图

对于项目负责人或设计管理人来说，可以通过提资信息的列表导出，对各专业提资情况进行汇总、落实，从而实现提资的销项、闭环，同时每一个提资均可追溯，也避免了信息的疏漏丢失。

2.6 BIM 设计校审

BIM 正向设计的校审与传统二维 CAD 设计的校审有较大区别，其成果既包括传统意义上的图纸，同时还包括各专业的 BIM 模型，以及模型里面包含的信息，因此不管是校对还是审核，针对的都是整体的设计成果，而非仅针对打印出来的图纸。这对校审人员也提出了更高的要求。

在 Revit 中直接查看设计工作文件并在其中进行批注的方式，适合设计团队内部互校、专业负责人审核本专业设计成果，如图 15 所示。

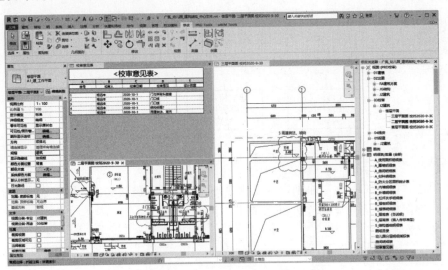

图15   查看文件并进行批注

通过制作专门的校审符号构件，可以实现不同形状表示不同的状态，如图 16 所示，放置校审意见时显示为三角形，当设计人员修改或回应后，更改符号状态，即变为圆形，这样可以非常直观地显示校审意见是否已经落实修改，避免遗漏。同时也可以通过明细表功能，对校审意见进行列表汇总。

对于模型的校审，一般通过 Navisworks 软件进行。在 Navisworks 中进行模型的轻量化整合，同时可添加批注、记录视点，操作比较简单，批注意见也可以列表进行统一管理。

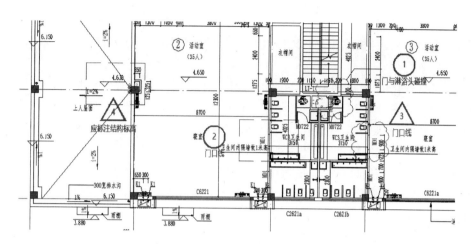

图 16 专门制作的校审符号

2.7 BIM 设计成果交付

BIM 正向设计的交付成果比 CAD 设计流程要丰富得多，除了传统意义上的图纸，还包括整合了各专业的 BIM 模型，以及从 BIM 模型衍生出的一系列成果，如漫游动画、全景图、VR 场景、各种统计表、各种可视化分析等，设计 BIM 模型本身也可以延续到施工阶段继续应用，从而创造更多的附加价值。

3 技术指标及对比优势

3.1 技术指标

对于 BIM 正向设计与传统 CAD 设计模式的对比评价，关键技术指标有以下几项：设计周期、设计质量、资源投入，分述如下：

（1）设计周期

一般认为采用 BIM 正向设计方式的项目需要更长的周期。由于设计过程中需要考虑更多维度的要素，BIM 软件的操作速度与模型调整速度均不及 CAD，出图阶段的图面处理效率也比 CAD 要低，据大部分尝试过 BIM 正向设计模式的设计院估计，综合来说初步设计与施工图的设计周期与 CAD 模式相比需要加长 0.5~1 倍，甚至更多。

但上述估算大多基于设计单位的试验性项目，因此普遍偏高。应考虑到随着熟练程度增加、技术流程的优化与标准化、资源建设的不断完善、软硬件的不断发展，BIM 正向设计的效率将有明显提升，所需的周期将越来越接近于传统 CAD 设计模式。如果将其带来的设计效果提升、引起的修改及后期施工跟进处理显著减少，其综合设计周期将更有优势。

（2）设计质量

BIM 正向设计由于采用了多专业三维协同设计，图纸基于模型导出，因此在设计质量方面的提升应该说是毋庸置疑的，在众多项目实践中也得到验证。图纸中的错漏碰缺显著减少，图纸互相对不上的情况也有明显改善，专业间的协调更充分，冲突更少，设计效果更得以保证，后期施工阶段的变更也有普遍的减少。

（3）资源投入

对于设计企业来说，大范围推进 BIM 正向设计所需的直接资源投入主要包括：软硬件、人员技能培训。衍生的资源投入则包括：专门的技术管理部门或岗位；人员技能提升带来的人力成本上升等，其中软硬件的投入仍占据较大的份额。具体投入与 BIM 正向设计团队规模密切相关，以建立一个可完成中等规模项目的团队为例，一般投入估算在百万元的数量级。

3.2 对比优势

与传统的二维CAD设计模式相比,BIM正向设计的优势是相当明显的,这里不做展开,简单归纳如下:

(1)基于三维可视化的BIM模型进行设计,设计师可更全面控制设计效果。

(2)基于多专业的三维BIM模型协同设计,有效提高专业配合质量。

(3)BIM模型的二三维联动、数模联动,有效减少图纸错误,提高图纸质量。

(4)正向设计模式可彻底解决"图模一致性"问题。

(5)高度结构化的模型信息可在一定程度上实现合规性的自动审核。

(6)基于设计BIM模型可衍生出更多的设计成果,如可视化成果、性能分析成果、工程量统计成果等,提高设计的附加值。

(7)数字化交付的设计BIM模型可以延续至施工乃至运维阶段应用,也是未来CIM的组成基础。

4 适用范围与存在问题

4.1 适用范围

BIM正向设计技术的适用范围并无限制。有观点认为,越是复杂的项目,BIM正向设计的作用越明显;越简单的项目,比如住宅,BIM正向设计的必要性就越低,实际上并非如此。如前所述,当BIM正向设计的技术体系与资源库建立完成后,设计效率将有明显提升,此时即使是简单项目,使用BIM正向设计模式也将发挥其优势。

4.2 存在问题

尽管业内对BIM正向设计的优势普遍认可,但其推进速度却不尽如人意,其存在的问题,或者说面临的困境,主要有以下方面:

(1)BIM软件操作技能要求较高,软件操作与CAD相差甚远,设计人员转变难度大,一般需专门培训。

(2)BIM软硬件配置需要比CAD模式更多的投入。

(3)对于目前普遍被高度压缩的设计周期来说,BIM正向设计的总体效率目前尚未达到CAD模式下的效率。

(4)BIM设计软件在图面表达方面与习惯表达仍有一定差距,耗费设计人员大量的时间去寻找解决方案,结果未必理想。

(5)BIM设计软件目前与结构计算软件结合度不高。

(6)BIM正向设计的项目管理流程,如阶段划分、设计深度、提资方式、校审方式、出图方式、变更方式、产值划分等,均与CAD设计模式有所区别,甚至大相径庭,设计企业需要摸索适合自己的管理方式。

随着软硬件的发展及技术体系的成熟,以上大部分技术方面的问题将迎刃而解,而管理、观念方面的转变则需要多方共同推进才能得到解决。

5 工程案例

5.1 案例一:深汕合作区深耕村住宅项目(见图17,案例资料由林臻哲整理提供)

设计单位:广州华森建筑与设计顾问有限公司

自主研发智能化设计技术成果应用:

(1)《华智三二维互链协同设计平台软件》软件平台

通过研究发掘二三维通用性与契合度最高的层级视图作为对象交互基础,科学合理地搭配两者嵌套引用关系，使其分别满足二维环境与三维环境的方式下工作，完整模拟出二三维制图工具合一的应用场景，解决二维到 BIM 三维设计的过渡技术方案。以该技术开发的华智二三维互链协同软件为国内首套在生产阶段融合二维三维生产软件数据融合的平台软件。

图 17　28 万 m² 住宅小区人才保障房项目

华智三二维互链协同设计平台软件核心技术：

1）目录单系统接解决二维平面与模型视图的对应关系；

2）二三维数据交互过程的自动批量处理；

3）三维视图提资的关联控制；

4）模型自动拼装及模块切换功能；

5）数据交付标准清洗；

6）机时统计及数据分析系统；

7）生产联动动态任务计划系统；

8）动态标签知识库资源管理系统；

9）知识点与资源精准推送。

相关内容见图 18。

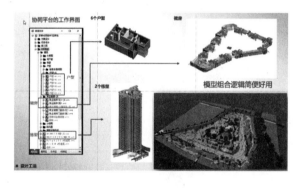

图 18　核心技术示意图

（2）《基于设计逻辑的参数化建筑设计工法》发明专利

研发出《基于设计逻辑的参数模块化设计工法》，一种利用 BIM 软件中可参数化驱动的基准模型与各单元构件按一定设计逻辑进行空间位置及从属关系锁定的原理，在项目实践时通过调取参数模块、协调并调整设计变量，进行快速拼装即可完成设计出图，满足"标准化提效"与"适应性落地"要求的设计工法，是一种满足智能化与数字标准化发展要求的技术，已获发明专利。

参数模块化核心技术：

1）跨模型文档之间的构件锁定；

2）锁定几何关系的参数传递；

3）实现轮廓实施调整的整数实时捕捉；

4）封装模块的合理坐标体系设置；

5）封装模块的跨项目迭代复用管理；

6）模拟人工操作的自动参变。

相关内容见图 19。

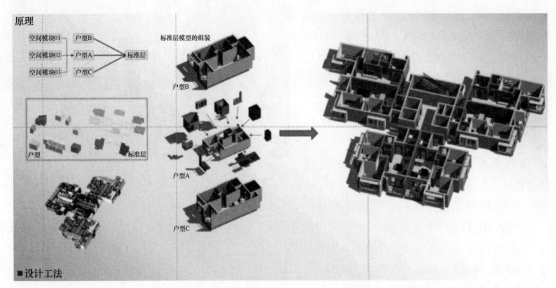

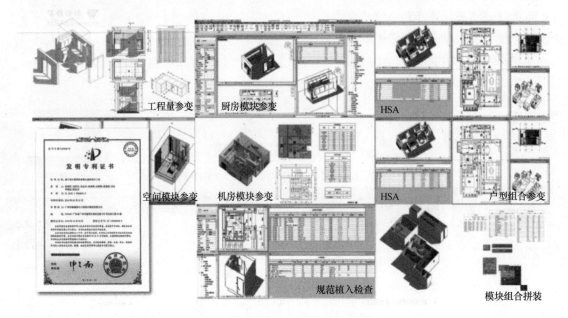

图 19　参数模块化核心技术示意图

（3）《华森 BIM 设计实施导致与专业操作手册》

在 2013 年编制并持续更新，核心内容如下：

1）通过策划控制投入产出比；

2）项目模型拆分模块技术总结；

3）合理的阶段模型深度；

4）模型协同的注意事项；

5）模型出图的转换处理；

6）基于修改效率为主的建模设计体系；

7）本土化样本文件的设置标准；

8）最低限度的建模原则要求；

9）对手册与导则内容进行拆分推送管理。

经济效益：

效率提升、质量提升两个层面统计，依据为协同平台对同类型项目的机时统计，机时是通过计算机主动采集，设计人员无需填报，并且能智能区分软件使用与挂机待命状态，能客观统计人员计算机软件投入的工作量。

通过一个同类型同业主项目分别采用本科研成果和未采用本科研成果进行机时分析对比，0.060/0.038 时/m² ＝160％，同等面积下完成项目所需机时下降 60％，保守估计人工成本下降 40％以上，换算后单一项目能节约 25 万元的人工成本。由于工程项目型的特点，无法找出完全一样的项目进行多数量的采样对比，通过平台机时统计及成果质量评估，对单元式类型项目能带来 30％的综合效益提升，非单元式项目带来 15％的综合效益提升。

社会效益：

建筑设计属于现今少数知识劳动密集型的行业，急切需要产业升级转型、突破传统生产效率瓶颈、解决大量过程沟通成本、材料成本、勘误成本的浪费。本项目所展示的 BIM 正向设计及其相关技术，通过其技术成果及软件产品的市场效益带动行业发展；推动建筑设计行业信息化转型，并积累专业业务大数据，为人工智能发展提供基础。

5.2　案例二：广州南沙体育馆片区项目

设计单位：广州珠江外资建筑设计院有限公司

（1）项目概况

本项目位于广州市南沙自贸区，用地临近明珠湾区，集聚高水平对外开放和粤港澳经济深度融合的高端产业和城市功能。项目用地在南沙体育馆周边，地块总面积 87317m²，总建筑面积约为 33.5 万 m²，是一座包含高层住宅、超高层写字楼、国际培训机构、大型商业中心的综合体建筑（图 20）。

（2）BIM 正向设计实施情况

项目拆分为十余个单体，每个单体按土建、机电划分为 2 个中心文件展开设计（图 21）。

图 20　项目效果图

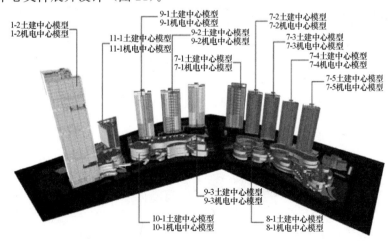

图 21　项目拆分

基于全专业 BIM 模型进行协同设计，包括：

1）住宅户型优化（图 22）：

2) 室内空间推敲（图 23）：

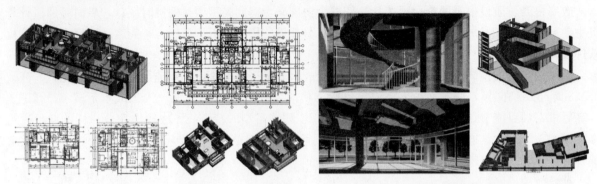

图 22　住宅户型优化　　　　　图 23　室内空间推敲

3) 立面材质与细部设计（图 24）：

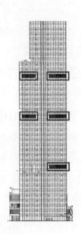

图 24　立面材质与细部设计

4) 专业间冲突检测与协调（图 25）：

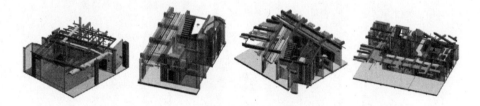

图 25　专业间冲突检测与协调

5) 管线综合与净高分析（图 26）：

图 26　管线综合与净高分析

6) 各专业 BIM 出图。

（3）技术研发与创新

本项目体量大、出图量大，支撑整个正向流程顺利完成的关键技术有三项。

1）自主研发的优比 ReCAD 插件实现二三维协同设计

该插件前面已介绍过，大幅减少了导出 dwg 后期处理工作，弥补了部分 Revit 难以实现的图面表达，使正向设计与传统表达可以和谐共存，使设计人员采用 Revit 出图没有后顾之忧，是珠江设计的 BIM 正向设计顺利推进的关键因素之一。

2）珠江设计工具集 PRD Tools 插件提高设计效率

PRD Tools 工具集基于珠江设计的工程师设计过程中所提需求开发而成，针对常见的设计痛点进行开发，显著提高设计效率（图 27）。

图 27 PRD Tools 插件

3）二三维同步校审软件

正向设计的痛点之一，就是校审人员仍习惯看二维图纸，对于 BIM 模型较难接受，即使经过轻量化，但无法与二维图纸同步对应，仍然不方便和效率不高。

为解决此问题，珠江优比基于 Navisworks 开发了优比 NavisSync 二三维同步插件。其在 Navisworks 软件中提供了额外的窗体用以展示 dwg 文件，双向实时同步，实现了"二三维、同步、集成"的效果（图 28）。

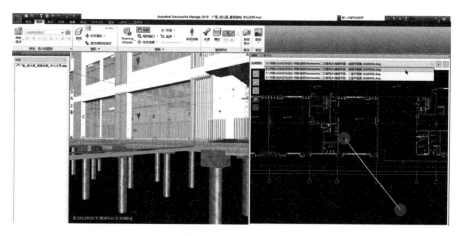

图 28 通过插件实现二三维同步浏览

该项目为大型综合体项目的整体全专业 BIM 正向设计走出一条可行的技术路线，为珠江设计全建制开展 BIM 正向设计打下基础，也在各级 BIM 奖项评审中取得佳绩。

6 结语展望

BIM 正向设计是 BIM 技术在设计阶段应用的最理想模式，也是确保图模一致、设计信息顺利传递至施工与运维阶段，从而延展至 CIM 应用的必然选择。然而从企业层面而言，全面转向 BIM 正向设计绝非易事，因为 BIM 正向设计是整个建筑设计过程的流程再造与优化升级，既有技术方面的要素，也有管理方面的要素，需要企业层面的体系化支撑。粗放的管理模式不适合 BIM 正向设计；没有强有力的企业级技术管理，则难以形成技术迭代，无法从根本上提高效率。诸如设计样板文件、企业构件库的建立与维护，建模与出图规则的制定与落实，技术难点的研究与探索，易错点的总结与宣贯等，无不依赖于企业管理层面的主导。

本文所介绍的 BIM 正向设计关键技术，大部分目前已经可以落地实施，部分尚未成熟的技术路线亦已在研发当中，相信可以快速突破技术难点，但在流程、管理、观念等方面的转变则需要多方共同推进。

随着"十四五"建筑业数字建造转型的不断推进、CIM 模型支撑智慧城市建设和管理的需求不断提升，BIM 正向设计必将迎来突破性的发展，成为设计行业新一代的设计模式。

作者：杨远丰（广州珠江外资建筑设计院有限公司）

基于5G的智慧建造集成应用技术

5G-based Smart Construction Integrated Application Technology

1 技术背景

1.1 地理位置及项目特点

悦彩城（北地块）项目位于深圳市黄金珠宝产业聚集地水贝—布心商圈，在太白路与东昌路的交汇处，紧邻金威啤酒厂遗址，与围岭山公园毗邻。无缝接驳地铁5号线，3线2路立体交通网络快速通达城市内外，由广东省大型综合性企业集团粤海控股集团有限公司开发，是深圳市政府重点项目工程。项目建设完成后，将依托中国最大的黄金珠宝产业集聚地——水贝珠宝片区，形成以珠宝原材料交易和零售品牌龙头企业为核心的珠宝产业高端生态圈。

项目地下室结构复杂、异形构件多、尺寸较大，北侧与深圳地铁5号线相连，南侧跨市政道路通过地下通道及连廊与超300m粤海总部大楼相连，且相邻地块项目地下人防结构均设置在该项目，人防面积大、变化多。全新的建造标准、考验着更高标准的项目管理能力，因此，项目对智慧化管理提出了更高的要求。

1.2 设计概况

项目总建筑面积221785.3m²，其中地上132456.4m²，地下89328.9m²。项目包括1栋37层产业研发用房（办公塔楼），建筑高度约173m，结构形式为钢管混凝土柱＋框架＋核心筒；1栋4层（局部3层）配套商业（商业裙楼），建筑高度约24m；另带3层地下室（局部设夹层），结构形式为框架＋剪力墙。项目主要功能为产业研发用房（含物业服务用房）和产业配套商业。

1.3 建设概况

项目开工日期为2019年12月18日，计划竣工日期为2022年4月11日，工程造价5.01亿。

2 科技创新

项目经过不断创新与积累，形成了创新成果"基于5G的AI智慧建造集成应用技术"，主要创新点有：

（1）开发了5G＋AI安全监管系统，具有AI智能分析、自动报警并按需推送、规范处理流程、报警分析与报表统计等功能。

（2）开发了5G＋AI现场管理系统，具有实名制智慧管理、全方位智能考勤、AI计算人员定位、集成管理、人员核查等功能。

（3）开发了5G＋AI移动巡检系统，具有便携监控、灵活部署、全景监控、动态监管、智能联动、多样推送等特点。

（4）开发了5G＋AI测量系统，具有AI测量、自动复核和智能报表、远程验收等功能。

通过基于5G技术的智慧建造AI平台应用，达到了如下目标：

（1）减少安全隐患

智慧建造5G＋AI系统通过5G网、AI人工智能、云计算等手段对"人的不安全行为""物的不安全状态"和"组织管理上的不安全状态"进行控制。

（2）降低对人的要求

智慧建造5G＋AI系统帮助各个岗位、各种复杂作业提升工作效率和工作质量，降低了对人的要求。

（3）提升协同能力

基于5G和AI云平台，实现互联网的协同，实现远程高效协同，减少协同错误。

（4）提升过程计划控制能力

强大的数据能力，帮助项目管理人员从容掌控计划，预知后续进展的资源需求和产值目标。

（5）降低成本

帮助项目管理人员从容指挥控制生产，大幅提升精细化的管理水平，减少成本，实现应收尽收，大幅增加利润。

（6）减少工作量

以一种"更智能"的方式进行施工管理，大幅提升工作效率，降低工作强度。

3　5G＋AI智慧建造集成化应用

根据现场实际情况，本项目5G＋AI智慧建造建设，定制了5G网络覆盖方案，搭建了项目专属5G基站，实现通信覆盖难点（地下室、超高作业面）的移动网络覆盖，以此满足高清数据传输需求，实现5G网络最高实际速率954Mbit/s，平均速率700Mbit/s，支持全部高清广角摄像头的低时延高清数据传输。

本项目运用5G通信、BIM、人工智能、物联网、大数据、云计算、区块链等先进信息技术能力，以工程管理的四大核心目标"质量、安全、成本、进度"为出发点，与施工生产相融合。5G＋AI智慧建造集成化应用主要包括5G＋AI安全监管系统应用、5G＋AI现场管理系统应用、5G＋AI移动巡检系统应用、5G＋AI测量系统应用、5G建筑职业健康管理系统应用、5G的可行走实测实量机器人，以此辐射到项目各职能部门系统性信息化集成管理中，提升项目智慧化管理能力（图1、图2）。

图1　5G＋AI智慧建造平台

图2　现网站点位置及新增基站点位

3.1　5G＋AI安全管理系统应用

（1）AI智能分析功能

基于AI监控视频实现对火焰和烟雾报警、周界防护、临边洞口、未戴安全帽、未穿反光衣、未佩戴口罩、塔式起重机下方危险区域等要素自动分析识别（图3）。

（2）自动报警并按需推送、规范处理流程

将不同的报警类别、摄像头编号与产生的报警信息通过APP消息、短信消息、电话提醒等方式通知到指定人员，按规范流程处置，并可现场通过现场广播提醒、佩戴手环振动、桌面弹窗等方式实时实地提醒。

图 3　AI 智能识别分析

　　对现场特种作业人员佩戴智能手环，实时监测人员生命体征（心率、脉搏、体温、血压、血氧等），发现问题，对施工人员振动、蜂鸣预警，并及时通过 5G 网络回传数据。同时，结合 AI 智能识别系统，对发现翻越电子围栏、进入危险区域等情况，智能手环均可实现自动预警（图 4）。

图 4　现场实时反馈机制

（3）报警分析与报表统计

　　平台按照事件类型、发生地点（摄像头编号及 AI 分析数据）、时间、处理状态与用时等维度对产生的报警信息上传云系统、进行统计分析（图 5）。

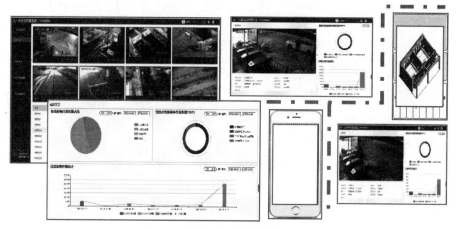

图 5　AI 报警推送

3.2　5G＋AI现场管理系统应用

通过在工地进行 5G 网络规划,选取合理点位,进行 5G 网络信号补强及优化,实现公网与工地专网的有效结合,从而达到工地在施工作面 5G 网络无死角全覆盖。

(1)实名制智慧管理

通过全局布设的 5G＋AI 智能摄像头进行组网,集成 5G 网络、实名制管理平台,与后端劳务人员信息对接,实现现场使用 AI 智能手机或佩戴 AI 眼镜识别人员信息(身份资料、所在班组、安全教育、违章记录、行为安全之星得分等),提高实名制管理质量。同时支持人员核查,实现现场人员身份甄别,对外来人员、未登记记录人员、未通过进场安全教育人员等自动核查,将异常情况推送至安全管理人员(图6)。

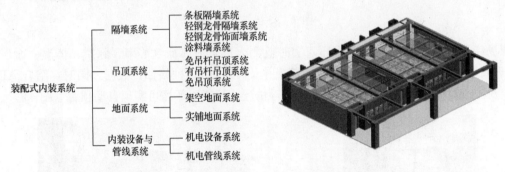

图 6　5G 智慧建造 AI 系统实名制数据库

(2)全方位智能考勤

通过全局布设的 5G＋AI 智能摄像头,点位覆盖整个平面及人员出入口,可精确统计人员进出工地、作业面、休息区频次,无需闸机通道刷卡、人脸识别等,实现作业人员全方位智能考勤;支持人员数量清点,自动抓拍人脸特征,记录人员进出场时间、留存工作记录,提升考勤与薪酬支付精细化管理水平(图7)。

图 7　施工现场 AI 抓拍识别人员信息

(3)AI 计算人员定位

采用 5G＋AI 摄像模组＋蓝牙等定位方式,实现工地危险、敏感或重要区域的人员定位。首先为人员配备位置标签(智能手环),其次在作业面布置 AI 摄像模组、蓝牙中继、基站、网关,通过蓝牙 5.0 和蓝牙 mesh 连接协议,经优化网络和应用处理器形成超低功耗射频前端、射频链路。在 2.4GHz 频段基于 RSSI 信号场强指示定位原理,形成人员定位信息,通过 AI 模组传输至云端。实现工地危险、敏感或重要区域的人员靠近即时定位，实时采集人员信息，实时传输，发生异常及时反馈问题区域，提升事件处理效率。

（4）AI远程专家协同

通过AI眼镜实现远程连线专家，实时进行视频、语音交互，实现同步指导，及时解决施工技术难题（图8）。

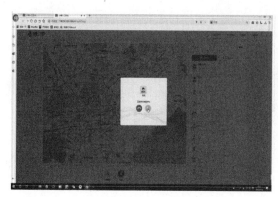

图8 5G+AI远程协作

3.3 5G+AI移动巡检系统应用

将5G模组、视频采集模组，光学显示模组集成于AI移动摄像设备，在已打造的工地全方位5G网络覆盖区域，实现随工地作业区移动而移动的重点区域便携式监控（图9）。

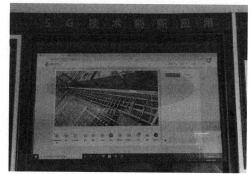

图9 5G+AI移动巡检设备及平台端

（1）便携监控、灵活部署

工长"现场监管神器"，办公室管理现场，通过搭载移动高清摄像设备，实现全工地范围自由布放、180°实时监控，48h续航，集成AI安全监管功能，释放有限精力，提高管理效率。

（2）智能联动、多样推送

发现问题，系统联动，通过5G无线传输，实现短信推送、广播提醒或对被识别人员进行电话提醒等多样化安全信息预警，实现奖罚有依，管理有序。

3.4 5G+AI测量系统应用

5G+AI测量系统由点云数据采集终端（三维激光扫描仪）、AI云平台、数据管理系统和手机APP四部分组成。基于5G网络技术，可实现超高层建筑、超深地下室结构实测设备的网络信号覆盖及数据上传。每完成一次实测任务，生成的点云数据通过5G终端实时回传至AI云平台进行计算分析，云平台基于"虚拟模拟靠尺法"进行数据计算。测量结果即时通过云平台下发给手机APP和网页后台，经手机和电脑向用户输出实测结果，输出形式包括实测成绩数据库、不合格点分布图和综合实测成绩单。

历史数据可永久保存，所有实测信息可追溯、可重复利用。在此基础上可实现对不同区域、不同历史时期项目的实测信息进行智能化对比分析，同时通过实测缺陷的可视化表达，可以帮助项目总结缺陷规律、发现问题，进一步加强质量管控。

（1）可见即可测

扫描仪有效距离均可测量，数据采集点超过 100 万，每面墙的模拟靠尺数超过 1 万尺；墙面垂直度、平整度、方正度、顶板水平度、开间进深净高等多种指标均可一次性完成实测（图 10）。

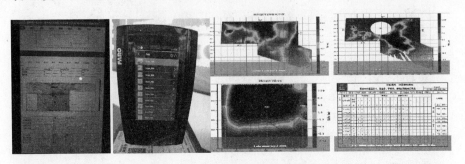

图 10　5G＋AI测量设备及平台端

（2）模拟靠尺法

为使测量结果更加具有实施性和公信力，每件构件测量方法以公司《工程实体质量实测实量标准》为标准，模拟靠尺测设位置，模拟测量点位，作为测定构件合格率判定标准（图 11）。

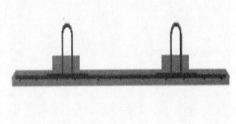

图 11　模拟靠尺法

3.5　5G 建筑职业健康管理系统应用

项目部署了 5G 建筑职业健康管理系统，实现现场施工人员的血压、血氧、体温、心率等多项生理参数检测。同时结合人员实名制系统，判别人员健康情况是否符合作业要求，并通过 5G 网络与建筑行业大数据平台实时交互，迅速形成医疗级别体检报告，为建筑工人职业健康保驾护航（图 12）。

图 12　5G 建筑职业健康管理系统

4　效益分析

（1）通过 5G 智慧建造技术应用，节约总工期约 1 个月，节省工期成本约 150 万元，实现品质提升，避免后期整改费用约 50 万元，节能减排约 30 万元。

（2）项目自开工以来，迎接了八局内多个兄弟单位的参观交流，迎接了粤海控股、华南理工、光峰科技等十余次外部单位的参观学习，组织了深圳市级智慧建造观摩、中建八局局级质量观摩、中国安装协会、中国土木工程学会等全国性观摩，吸引了诸多业内同行。累计观摩人次 4000 余人。

（3）项目前后多次受到了深圳电视台、广东电视台、新华网、人民网等 12 家省市级媒体的专题报道，强化了八局标杆品牌宣传。

（4）确保了施工质量，获得了业主、监理单位的一致认可，获得 2020 年度中建八局"智慧建造"示范工程、"新技术应用"示范工程。

（5）项目 5G 智慧建造建设历时 6 个月，前期基站搭建、网络部署流程较多、审批链长、专业单位交叉施工多，后续项目可从合同上严控工期，提高违约成本；建设成本主要集中在基站建设、平台研发与运维，单体设备同类可替代产品较多，可加快落地应用相关程序自主研发、集成至公司现场管理系统智慧建造平台、统一管控。

5　结语

深圳悦彩城（北地块）项目作为全国首批 5G 智慧建造的先行者，率先将 5G 与智能的概念渗透进现代化建筑管理的全生命周期。

随着 5G 与 AI 技术的发展，越来越多的企业和项目开始探索 5G 智慧建造，"智能＋"为目标的数字化转型已成为建筑业发展的新赛道。项目通过对 5G＋AI 智慧建造集成化应用的探索与研究，获得了相关国际领先技术，制定了 5G 智慧建造实施策划及建设标准，实现了工程施工真正意义上的可视化、智能、智慧管理，在项目管理中扮演着前沿角色，也为其他项目 5G 智慧建造建设提供了良好借鉴。

作者： 李　蕾（中建八局第一建设有限公司）

围护结构热工与节能技术

Thermal Performance and Energy Saving Technology of Building Envelope

1 技术背景

随着我国经济的快速发展和人民生活水平的不断提高，我国的建筑业和房地产业飞速发展，国家提倡全社会节约能源是推动国家可持续发展战略的重要举措，建筑围护结构不仅要满足人们采光、日照、通风、视野等基本要求，还要具有优良的保温、隔热性能，这样才能为人们提供舒适、安静的工作和生活环境，满足节约能源、保护环境、提高工作生活水平的要求，并实现社会可持续发展。特别是在2030年碳达峰、2060年碳中和目标的引领下，建筑领域要早日实现碳达峰及碳中和的目标，必将大力推广超低能耗、近零能耗等具有高性能围护结构的建筑，因此，高效的围护结构节能技术及无热桥的设计与构造技术，是保证建筑低能耗，减少碳排放的重中之重。

2 技术内容

2.1 外墙外保温技术

外保温可以分为粘贴保温板薄抹灰系统、岩棉板薄抹灰系统、胶粉聚苯颗粒保温浆料外保温系统、胶粉聚苯颗粒浆料贴砌EPS板外保温系统、现场喷涂硬泡聚氨酯外保温系统、保温装饰一体化外保温系统等。根据保温材料的不同，粘贴保温板薄抹灰系统又可以细分为粘贴有机保温板薄抹灰系统、粘贴岩棉条薄抹灰系统和粘贴真空绝热板薄抹灰系统等。

粘贴保温板薄抹灰外保温系统在我国特别是严寒和寒冷气候区用量最大。薄抹灰外保温系统可适用于大多数外墙系统，无论是框架结构填充墙、外挂墙板，还是现浇或者装配式剪力墙结构，薄抹灰外保温系统都可以在工程中完美适应。

2014年建筑防火规范要求明确后，薄抹灰系统中保温材料的选用受到了一定限制。根据现行的《建筑设计防火规范》GB 50016规定，高层建筑薄抹灰外保温系统的保温材料燃烧性能等级不应低于B1级，当采用B1级保温材料时，所选用的外窗耐火完整性不应低于0.5h。考虑到保温材料的成本、施工便利性、尺寸稳定性、耐久性等，目前技术成熟、综合性能较好，采用较多的为EPS、石墨EPS和岩棉条薄抹灰外保温系统，作为热固性材料的硬泡聚氨酯、不燃保温材料泡沫玻璃、泡沫陶瓷和不燃且导热系数具有很大优势的真空绝热板等也有一定应用。

粘贴保温板薄抹灰系统由粘结层、保温层、网格布增强抹面层、锚栓和饰面层组成，与基层墙体的连接固定采用的是粘结为主、机械锚固为辅的方式，进行安全性核算时，只计算粘结强度不计入锚栓的锚固强度。粘贴保温板薄抹灰系统通常为单网构造，锚栓位于网内直接压住保温材料。不过由于岩棉条薄抹灰系统因产品强度较低、上墙后高度小、不能打磨等原因，为保证系统的整体性和连接安全性，应该优先采用双网构造，将锚栓置于两层玻纤网之间，锚盘压在底层玻纤网上（图1、图2）。

岩棉板薄抹灰系统在构造上与粘贴保温板薄抹灰外保温系统相同，但在与基层墙体的连接固定方式和安全性核算上有所不同，采用机械锚固为主、粘结为辅的方式，进行安全性核算时只计入锚栓的锚固强度不计入砂浆的粘结强度。

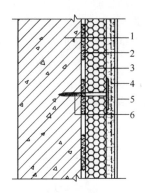

图1 粘贴保温板薄抹灰外保温系统

1—基层墙体；2—胶粘剂；3—保温板；

4—抹面胶浆复合玻纤网；5—饰面层；

6—锚栓

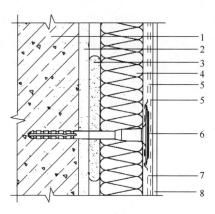

图2 粘贴岩棉条薄抹灰外保温系统

1—基层墙体；2—找平层；3—胶粘剂；

4—岩棉条或岩棉板；5—玻纤网；6—锚栓；

7—抹面层；8—饰面层

如果基层墙体为空心砌块或多孔砖砌体，不建议使用以锚为主的岩棉板薄抹灰外保温系统。因为当在空心或多孔墙体使用锚栓时，由于钻孔和实际安装施工的不稳定性，导致无论是敲击式还是旋入式锚栓，抗拉承载力值的离散性非常大，有的变异系数高达40％以上，这是由于基墙孔洞的内部结构提供的基墙与锚栓锚杆的接触面积不同所造成的。

胶粉聚苯颗粒保温浆料外保温系统以涂料做饰面层时，外保温系统由界面层、胶粉聚苯颗粒保温浆料保温层、抹面胶浆抹面层和饰面层组成。界面层由界面砂浆构成，可增强胶粉聚苯颗粒保温浆料与基层墙体的粘结力。该系统需要现场搅拌胶粉聚苯颗粒保温浆料后抹在基层墙体上，根据标准要求保温层总厚度不宜超过100mm，每遍抹灰厚度不超过20mm，前一遍保温浆料终凝后才可以进行下一遍抹灰。胶粉聚苯颗粒保温浆料外保温系统已经不适用于严寒和寒冷气候区。

胶粉聚苯颗粒浆料贴砌EPS板外保温系统是用胶粉聚苯颗粒保温浆料将梯形槽EPS板或双孔XPS板粘结在外墙，粘结好的板面上再用聚苯颗粒保温浆料找平，然后做复合增强网的聚合物砂浆抹面层和饰面层。该系统可以适用于各个气候区（图3）。

喷涂硬泡聚氨酯外墙外保温系统是指由聚氨酯硬泡保温层、界面层、抹面层、饰面层构成，形成于外墙外表面的非承重保温构造的总称。其做法是采用专用的喷涂设备，将聚氨酯硬泡的A组分料和B组分料按一定比例从喷枪口喷出后瞬间均匀混

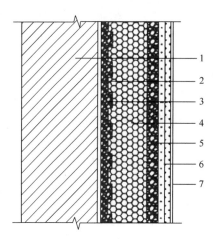

图3 胶粉聚苯颗粒浆料

贴砌EPS板外保温系统

1—基层墙体；2—界面砂浆；3—胶粉聚苯颗粒贴砌浆料；4—EPS板；5—胶粉聚苯颗粒贴砌浆料；6—抹面胶浆复合玻纤网；7—饰面层

合，迅速发泡，在外墙基层上形成无接缝的聚氨酯硬泡体，经界面处理和找平后做聚合物砂浆抹面层和饰面层。在采取防火构造措施或经外墙外保温防火试验方法检验合格后，喷涂硬泡聚氨酯外墙外保温系统可适用于各气候分区。不过，由于该系统对施工环境的要求比较高，包括温湿度和风力，同时需要进行遮挡，避免对周围环境造成污染。此外，现场喷涂聚氨酯的燃烧性能控制难度较大，因此，目前现场喷涂聚氨酯外保温系统的用量已经很少（图4）。

保温装饰板外墙外保温系统由防水找平层、粘结层、保温装饰板和嵌缝材料构成。施工时，先在基层墙体上做防水找平层，采用专用粘结剂和锚栓将保温装饰板固定在基层上，并用嵌缝材料封填板缝。当保温材料为有机材料时，在采取防火构造措施或经外墙外保温防火试验方法检验合格后，保温

装饰板外墙外保温系统可适用于各气候分区。

不过这种系统也存在不少的问题,比如,对墙面尺寸误差的适应性较差,在施工现场裁切比较困难;不易保证整体墙面的平整度和垂直度;板缝的处理是施工质量的关键,如处理不当,外墙结构层直接接触室外空气,保温性能下降,雨水较多的地区,容易发生从缝隙处进入雨水,将保温层浸湿导致保温层失效,系统耐久性变差;金属连接件贯穿整个保温厚度,造成较大的热桥影响,对墙体传热系数的增量较大;面板与饰面层的水蒸气渗透阻也需要重视;安全性核算在业内存在一定争议。除此外,该系统尚未发布施工相关行业或国家标准,采用该系统时,可以参照《保温装饰板外墙外保温工程技术导则》RISN-TG028-2017 及各地方标准执行(图5)。

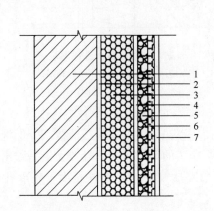

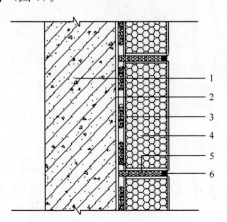

图4 喷涂硬泡聚氨酯外墙外保温系统

1—基层墙体;2—界面层;3—喷涂 PUR;
4—界面砂浆;5—找平层;6—抹面
胶浆复合玻纤网;7—饰面层

图5 保温装饰板外墙外保温系统

1—基层;2—防水找平层;
3—胶粘剂;4—保温装饰板;
5—嵌缝条;6—硅酮密封胶
或柔性勾缝腻子

2.2 高性能铝合金保温窗

建筑外窗是建筑外围护结构节能的薄弱环节,是建筑节能的重要研究对象。隔热铝合金窗是目前我国市场上最为普及的外窗产品,市场占有率达70%以上,是建筑节能外围护结构的关键产品。高性能断桥铝合金保温窗是在铝合金窗基础上为提高门窗保温性能而推出的改进型门窗,通过尼龙隔热条将铝合金型材分为内外两部分,阻隔铝合金框材的热传导。同时框材再配上 2 腔或 3 腔的中空结构,腔壁垂直于热流方向分布,多道腔壁对通过的热流起到多重阻隔作用,腔内传热(对流、辐射和导热)相应被削弱,特别是辐射传热强度随腔数量增加而成倍减少,使门窗的保温效果大大提高。高性能断桥铝合金保温门窗采用的玻璃主要采用中空 Low-E 玻璃、三玻双中空玻璃及真空玻璃。

(1)高性能铝合金窗的室内外两侧采用铝合金型材,使用 PA66 尼龙隔热条将内外型材,采用机械挤压方式将其连接,使铝合金型材同时具备了断热保温、强度、易加工等特点。如图6所示。

(2)内外铝合金型材可采用阳极氧化、粉末喷涂、电泳、氟碳喷涂、木纹等表面处理形式,并可以制作成室内、室外不同的任意颜色,满足用户对不同颜色的要求;

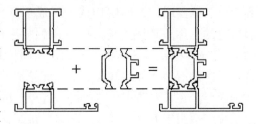

图6 节能窗结构示意图

并且适用范围广泛,能够使用在 -60~90℃且无强酸、强碱的环境中。

(3)使用暖边技术对中空玻璃边部密封,采用导热系数较低的材料代替传统的导热系数较高的槽铝式密封构造,在提高玻璃边缘温度的同时,可有效改善玻璃边缘的传热状况从而改善整窗的保温性能(图7)。

（4）铝合金节能窗在选用合理玻璃时，能够使整窗中框、扇梃、玻璃的断热段处于同一个面上，如图 8 所示，使整窗能够达到最理想的保温节能效果。

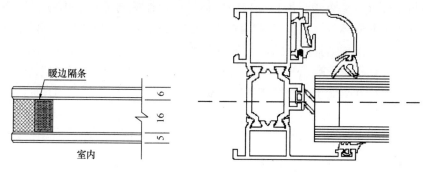

图 7　节能窗暖边隔条示意图　　　图 8　节能窗框扇示意图

（5）铝合金节能窗全部采用 C 形隔热条，使框、扇梃内部不会产生积水现象，并使用自主研发的引流式排水帽，如图 9 所示，将水全部排到室外，提高防水性能。

（6）扇梃外侧边翅采用弧形设计，再配合室内弧形压条，使整个窗体产生古式镜面效果，增加艺术特征（图 10）。

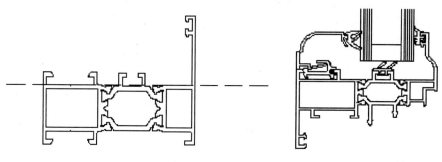

图 9　节能窗隔热条示意图　　　图 10　节能窗压条示意图

（7）铝合金节能窗在容易产生空气对流的等压胶条、隔热胶条处采用双道密封，增加了隔热腔室的数量，大大地减少冷热对流和传导，提高了保温节能效果（图 11）。

（8）采用钢附框安装，可以规范土建洞口尺寸，提前发现现场尺寸问题，并在从附框内口到主体之间使用防水材料，窗框的断热段与墙体保温层相连，既保证了窗与建筑外墙防水连成统一整体，又能使外墙保温与窗体保温成为整体，提高整个建筑的防水、保温、防结露性能（图 12）。

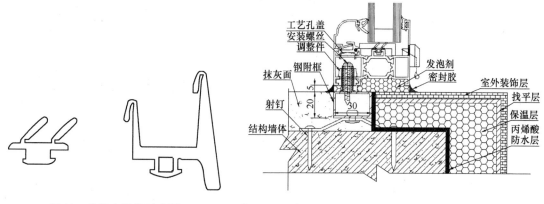

图 11　节能窗胶条示意图　　　图 12　安装示意图

2.3 围护结构热桥

围护结构的热桥部位指嵌入墙体的混凝土或金属梁、柱，墙体和屋面板中的混凝土肋或金属件，装配式建筑中的板材接缝以及墙角、屋顶檐口、墙体勒脚、楼板与外墙、内隔墙与外墙连接处等部位，是围护结构的保温薄弱环节。而且工程实践和检测都表明，在保温性能较好的节能建筑中，热桥的附加耗热量损失占建筑围护结构能耗的比例在不断增大，因此若不合理计算，会导致过低计算通过建筑围护结构的传热耗热量，影响建筑节能计算精确度。此外，在冬季，这些热桥部位在室温偏低的情况下，其内表面温度往往更低于围护结构主体部位，这是引起表面结露的内在原因，严重影响了室内卫生状况。

在建筑外围护结构中，墙角、窗间墙、凸窗、阳台、屋顶、楼板、地板等处形成的热桥称为结构性热桥，如图 13 所示。

由于不同构造的热桥对外墙的总平均传热系数的影响不同，所以不同结构的热桥对建筑热负荷的影响也不相同。不同部位的热桥，其构造形式不同，即使在相同的室内外气象参数条件下，其产生的能耗也是不同的。其中，丁字墙的热桥单位建筑面积耗热量最大。因此，我们取如图 14 所示的丁字墙的构造柱热桥作为传热分析的模型，热流通过构造柱热桥是以导热形式进行的。对于构造柱热桥为矩形截面的柱体，中间构造柱的材料为钢筋混凝土，两边墙体材料为加气混凝土。

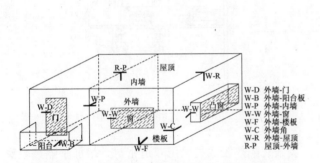

图 13　建筑外围护结构的结构性热桥示意图

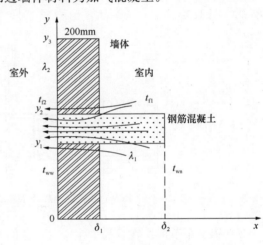

图 14　热桥物理模型

由于热桥部位是由不同的建筑材料构成的复合墙壁，其传热过程比较复杂，温度场是非稳态三维的，假设无内热源，根据傅里叶定律建立热桥传热数学模型：

$$\rho c \frac{\partial t}{\partial \tau} = \frac{\partial}{\partial x}\left(\lambda \frac{\partial t}{\partial x}\right) + \frac{\partial}{\partial y}\left(\lambda \frac{\partial t}{\partial y}\right) + \frac{\partial}{\partial z}\left(\lambda \frac{\partial t}{\partial z}\right) \tag{1}$$

若该模型满足以下假设：热桥为均质，且各向同性；热物性不随温度变化；热桥与墙体紧密接触；无内部热源和质量源；不考虑辐射传热；传湿传质略去不计；不含非线性单元，边界条件不随温度变化。各建筑材料的导热系数 λ、密度 ρ 和比热 c 均为常数。热桥内表面温度虽然随室外温度发生变化，但是需要控制的是墙体内表面的最低温度，可以按照稳态的计算方法计算建筑热桥内表面的最低温度，所以方程可以简化为：

$$\frac{\partial^2 t}{\partial x^2} + \frac{\partial^2 t}{\partial y^2} = 0 \tag{2}$$

通过热桥传热过程的理论研究分析，可以得出热桥传热过程大致是一个建筑局部因导热系数较大而导致热流相对集中的热流通道。影响热流传递过程的因素可表述为：建筑热桥的几何形状、建筑热桥的材料。

在建筑结构中，由于承重、防震、沉降等各方面的要求，致使在建筑结构中形成的建筑热桥形式多种多样，包括：内墙角、外墙角、窗左右侧、窗上下侧、阳台、屋顶、地角等。由传热量计算公式：$Q=KF\Delta t$ 可知，传热量的大小与墙体的平均传热系数、传热面积以及室内外温差有关。由于不同构造的热桥对外墙的总平均传热系数的影响不同，在相同的传热面积和室内外温差的情况下，不同构造形式的热桥对建筑热负荷的影响也不相同。

热桥的产生主要是由于某部位的传热系数比邻近部位的传热系数大，引起大量热流从这一部位流出。在热桥结构相同时，热桥部位的传热系数比主体墙部位的传热系数越大，热流量越易于流出，也就是说，热桥部位的材料导热系数与主墙体材料的导热系数差值越大，热桥现象越突出，在热桥部位使用同种建筑材料时，主墙体的保温效果越好，热桥的热流损失越大。因此，建筑热桥与墙体主体部位的材料热物性差值是影响热桥热损失的重要因素。

ANSYS 是一款功能强大的有限元分析软件，ANSYS 进行热分析计算的基本原理是将所处理的对象首先划分成有限个网格，然后根据能量守恒原理求解一定边界条件和初始条件下每一节点处的热平衡方程，由此计算出各节点温度值，继而进一步求出其他相关量。ANSYS 建立模型的基本原理是由点构成线，线构成面，然后是面构成体，因此能够建立那些形状相对不规则的模型。

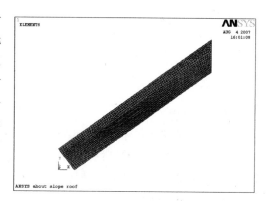

图 15　ANSYS 建立的坡屋顶模型（对称的左半部）

以坡屋顶为例，介绍一下如何利用 ANSYS 计算异形围护结构的热桥线传热系数。首先建立相应的模型，并将模型划分为若干个网格，取坡屋顶外表面长度为 1.12m，内表面长度为 1m，如图 15 所示。

然后设置材料属性，在此假设该坡屋顶结构为 100mm 厚钢筋混凝土楼板加 60mm 厚聚苯板外保温组成。取室内空气温度为 20℃，室外空气温度为 0℃，则屋顶主断面的传热系数为：

$$K=\frac{1}{R_0}=\frac{1}{R_i+\Sigma\frac{d}{\lambda}+R_e}\approx 0.586 \tag{3}$$

设置好边界条件后，经过 ANSYS 计算该坡屋顶的温度场和热流矢量场分别如图 16、图 17 所示，能够很直观地显现出来。

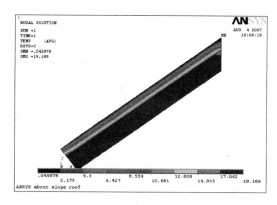

图 16　ANSYS 计算后温度场彩色云图

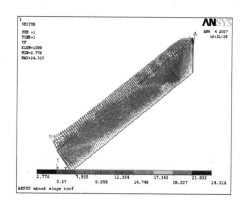

图 17　热流矢量图

如图 17 中热流矢量图所示，由于是二维稳态传热，可以将热流矢量分解成 X 和 Y 方向两个分量，且 ANSYS 的模型是建立在节点基础上的，所以可以利用 ANSYS 将坡屋顶的外表面各个节点的热流大小用列表显示出来，在此列表中分别列出了各个节点的 X、Y 方向热流分量和总热流大小，可

以分别求出 X 和 Y 方向的热流平均值。即:

$$\overline{Q_x} = \sum_{x=1}^{n} Q_x/n = 7.1227\text{W} \tag{4}$$

$$\overline{Q_y} = \sum_{y=1}^{n} Q_y/n = 9.5862\text{W} \tag{5}$$

然后根据矢量相加原则可以得出坡屋顶外表面总热流大小为:

$$Q^{2D} = \sqrt{(\overline{Q_x})^2 + (\overline{Q_y})^2} = 11.9426\text{W} \tag{6}$$

计算得到该坡屋顶的热桥线性传热系数为:

$$\psi = \frac{Q^{2D} - KA(t_n - t_e)}{l(t_n - t_e)} = \frac{Q^{2D}}{l(t_n - t_e)} - KB \tag{7}$$

$$= \frac{11.9426}{1.12 \times 20} - 0.586 \times 1 = -0.0529 \tag{8}$$

3 技术指标

3.1 外墙外保温

外保温系统安装在建筑物外墙的外侧,其主要功能:一是要提高原结构墙体的保温隔热性能,使复合墙体的传热系数和热惰性指标满足节能设计和相关标准的要求,达到节能减排的效果;二是保护原结构墙体,减少室外环境对结构墙体的损害,避免紫外线辐射、酸雨腐蚀、雨水渗透等,提高建筑的使用寿命。要实现以上功能,外保温首先应具有有效的保温隔热性能,还要与原结构墙体(基层墙体)有牢固的连接,在自重、风压的作用下不脱落,能够在外界环境变化时保持稳定,在正常使用和正确维护的前提下具有足够的耐久性,在火灾情况下也要具有一定的安全性,不阻碍水蒸气的正常渗透,避免水蒸气在复合墙体内冷凝造成冻害降低系统的连接安全性等。对外墙外保温的基本要求为:保温隔热、连接安全、防水透气、防火安全、适用耐久。为实现这些要求,外保温相关标准对外保温系统及组成材料提出了相应的技术要求,包括系统相关的热阻、耐候性、耐冻融性、抗冲击性、不透水性等(见表1)。

外保温系统基本技术性能要求　　　　　　　　　　　　　　　　　　　　表1

项目	目标	对系统要求	对组成材料要求
保温隔热	节省供暖、空调能耗;改善居住舒适度	符合墙体传热系数(或热阻)、热惰性指标达到节能设计要求;可能产生热桥的部位都按设计或相关标准要求妥善处理	保温材料导热系数、厚度满足设计或相关标准要求;锚栓对传热系数影响不超标准
连接安全	在自重、负风压、温湿度变化、收缩、结构位移联合作用下保持稳定	系统与结构墙体、系统内各层间(包括外饰面)拉伸粘结强度达到相关标准要求;抗风荷载性能合格;耐候性试验后拉伸粘结强度合格	保温材料抗拉强度、保温浆料软化系数、层间拉伸粘结强度、抹面砂浆柔韧性满足相关标准要求;机械锚固件的性能、数量、锚固深度、位置满足设计要求
防水透汽	防止室外湿气、雨雪进入;防止内表面和隙间结露;有一定抗冲击强度;允许维修设备支、靠、不破裂、穿孔	控制抹面砂浆和整个面层系统的吸水量、不透水性和透汽性,必要时应做冷凝受潮验算;防止表面出现可渗水裂缝;小型试样和耐候性检验后抗水性能合格	控制保温材料尺寸稳定性和水蒸气渗透系数、饰面砖吸水率、抹面砂浆柔韧性、饰面材料的相容性
使用耐久	在正确使用和正常维护的条件下,使用年限不少于25年	冻融循环后或耐候性检验后拉伸粘结强度满足要求,保护层无空鼓、脱落、无渗水裂缝;耐火性能满足相关标准要求或按设计要求采取了防火构造措施	保温材料燃烧性能等级和氧指数达到相关标准要求;玻纤网耐碱性能、钢丝网防锈性能满足相关标准要求

3.2 高性能铝合金保温窗

传统的隔热铝合金型材见图 18，一般为 55、60 或 65 系列，隔热条截面高度通常为 14.8mm，目前由于节能 75% 要求，隔热条截面高度增加至 20mm 或 24mm；改进后的铝合金型材见图 19，隔热条截面高度大大增加，接近 60mm，型材断面为 90 系列，且在隔热条空腔内填充发泡材料，框扇密封胶条也采用多腔室设计。隔热铝合金框扇型材的传热系数由改进前的约 4.0W/(m² · K) 降低至 1.8W/(m² · K)，见图 20。按框占面积比约 25% 测算，则可降低整窗传热系数约 0.5W/(m² · K)。

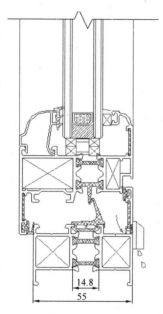

图 18　传统隔热铝合金型材

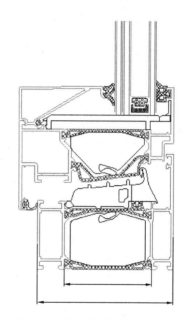

图 19　改进后的隔热铝合金型材

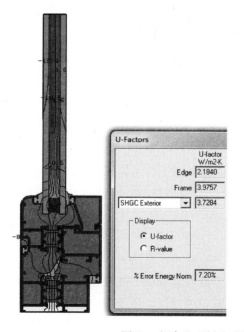
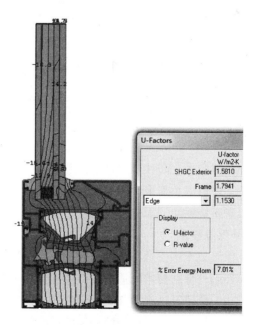

图 20　铝合金型材改进前后保温性能模拟计算结果

根据改进后型材对整窗传热系数降低的贡献值，可测算得到型材改进后不同玻璃配置时铝合金窗和塑料窗传热系数测算值，见表 2。

型材改进后不同玻璃配置时铝合金窗传热系数测算值　　　　　　　　　表2

	玻璃配置	铝合金窗
1	5+12A+5	2.3~2.7
2	5+12Ar+5	2.2~2.6
3	5+12A+5+12A+5	1.7~2.1
4	5+12Ar+5+12Ar+5	1.6~2.0
5	5+12A+5 单银 Low-E	1.7~2.1
6	5+12A+5 双银 Low-E	1.6~2.0
7	5+12A+5 三银 Low-E	1.6~2.0
8	5+12Ar+5 单银 Low-E	1.5~1.9
9	5+12Ar+5 双银 Low-E	1.4~1.8
10	5+12Ar+5 三银 Low-E	1.4~1.8
11	5+12A+5+12A+5 单银 Low-E	1.3~1.7
12	5+12A+5+12A+5 双银 Low-E	1.3~1.7
13	5+12A+5+12A+5 三银 Low-E	1.3~1.7
14	5+12Ar+5+12Ar+5 单银 Low-E	1.2~1.6
15	5+12Ar+5+12Ar+5 双银 Low-E	1.1~1.5
16	5+12Ar+5+12Ar+5 三银 Low-E	1.1~1.5
17	5+12A+5 单银 Low-E+12A+5 单银 Low-E	1.1~1.5
18	5+12A+5 双银 Low-E+12A+5 双银 Low-E	1.1~1.5
19	5+12A+5 三银 Low-E+12A+5 三银 Low-E	1.1~1.5
20	5+12Ar+5 单银 Low-E+12Ar+5 单银 Low-E	1.0~1.4
21	5+12Ar+5 双银 Low-E+12Ar+5 双银 Low-E	1.0~1.4
22	5+12Ar+5 三银 Low-E+12Ar+5 三银 Low-E	0.9~1.3
23	5+12A+5+V+5 单银 Low-E	0.9~1.3
24	5+12A+5+V+5 双银 Low-E	0.8~1.2
25	5+12A+5+V+5 三银 Low-E	0.7~1.1

4　适用范围

外墙外保温技术、高性能铝合金保温窗及围护结构热桥技术不仅可以满足我国不断发展的建筑节能工作需求，还可以为未来我国超低能耗、近零能耗等建筑对围护结构节能性能的要求提供技术手段，对降低建筑能耗起到积极的作用。

4.1　外墙外保温技术

外墙外保温技术不仅适用于北方寒冷及严寒地区的供暖建筑，也适用于南方夏热冬冷地区的空调建筑；同时外墙外保温技术既适用于新建建筑，也适用于既有建筑的节能改造。目前我国存量既有建筑大多属于非节能建筑，由于外墙保温性能差，导致建筑物能耗高，冬季室内墙体易发生结露、发霉现象，导致居住环境差。采用外墙外保温进行既有建筑节能改造时，不影响居民在室内的正常生活和工作，同时对降低建筑能耗，改善室内环境具有积极作用。

4.2　高性能铝合金保温窗

高性能铝合金保温窗具有气密性、保温性、隔声性能好，同时具有强度高、性能好、装饰性强、经久耐用的特点，广泛适用于我国的公共建筑、居住建筑，同时也适用于未来对门窗气密性、保温性、隔声性能要求更高的低能耗建筑、绿色建筑、被动房等建筑。

4.3　围护结构热桥

建筑围护结构中的热桥会改变建筑结构的温度分布和通过结构的热流强度。在冬季，热桥处内表面的温度低于围护结构主体部位，常常会导致表面结露，甚至发霉，影响室内卫生状况。此外，热桥处的热流强度大于围护结构主体部位，如计算不合理，会导致通过建筑围护结构的传热耗热量计算得过小，影响建筑节能计算精确度。因此，为了更好地进行建筑围护结构热工计算及建筑能耗分析，必须准确计算建筑围护结构中热桥内表面的温度分布及通过热桥处的热流强度。

5　工程案例

5.1　中国建筑科学研究院（环能院）超低能耗示范建筑

中国建筑科学研究院（环能院）超低能耗示范楼秉承"被动优先，主动优化，经济实用"的原则，以先进建筑能源技术为主线，以实际数据为评价，集成展示世界前沿的建筑节能和绿色建筑技术，为中国超低能耗建筑工作的开展进行探索、研究和示范。

项目采用 SPT 真空绝热板外墙外保温系统，真空绝热板导热系数小于 $0.006W/(m \cdot K)$，其非透明围护结构传热系数实测平均值为 $0.24W/(m^2 \cdot K)$，保温性能良好，无明显热工缺陷。

外窗方面，中置百叶真空中空玻璃铝木复合窗的气密性能、保温性能、遮阳性能和采光性能均达到了设计目标：无百叶时整窗传热系数为 $1.0W/(m^2 \cdot K)$，满足国内被动建筑用外窗的性能要求；遮阳系数为 0.26，可见光透射比为 0.38；东、西、南向采用中置遮阳百叶时，遮阳系数可在 0～0.4 之间调节。

通过使用高效的外墙外保温及外窗技术，实现了项目在寒冷地区的建筑能耗低于 $25kWh/(m^2 \cdot a)$ 的目标（图 21）。

图 21　中国建筑科学研究院（环能院）超低能耗示范楼

5.2　开封市既有建筑节能改造项目

既有居住建筑外墙主要采用 70mm 厚 B1 级聚苯乙烯塑料泡沫板[导热系数不大于 0.042 $W/(m \cdot K)$]或 65mm 厚 B1 级模塑聚苯板[导热系数不大于 $0.039W/(m \cdot K)$]或 55mm 厚 B1 级石墨聚苯板[导热系数不大于 $0.033 W/(m \cdot K)$]薄抹灰外墙外保温措施；部分南向窗墙比大于 0.6 的建筑，南向外墙热桥部位采用改性聚氨酯喷涂并找平。

既有居住建筑实施节能改造后，建筑综合能效提升达到 30％以上（图 22）。

(a)　　　　　　　　　　　　　　　　(b)

图 22　开封市清洁取暖示范项目——外墙节能改造
(a) 外墙外保温改造前；(b) 外墙外保温改造后

6　结语展望

（1）随着建筑节能工作的深入开展及未来对建筑能耗指标要求的进一步提高，外墙保温形式越来越多，热桥的构造形式也越来越复杂，需要对更多的热桥部位、更多的围护结构体系中的热桥传热进行研究，比如阳台处热桥、窗框处热桥以及钢结构体系等。

（2）通过高性能铝合金保温窗在超低能耗、近零能耗等建筑的工程应用，发现部分外窗还存在空气渗漏、边缘热工较差等问题，导致被动式超低能耗建筑节能效果变差和舒适度降低的问题。这说明，仅仅靠加工出高质量的外窗是无法保证被动式超低能耗建筑用窗要求的，还需要注重设计、加工、组装和安装环节的质量，同时应对安装后的窗进行评估改进，才能最终保证被动式超低能耗建筑达到预期的节能效果和居住舒适度。

（3）随着装配式在国内的推广应用、近零能耗建筑的试点示范和推广，同时受到社会和行业对外保温系统安全性能和防火性能的关注，外墙保温行业也在发生着变化，机遇与挑战并存。一方面，业内希望找到一种或多种同时具有优异保温效果和防火等其他性能的材料，解决现在保温材料存在的问题，比如，有机保温板保温性能好但防火性能差，岩棉防火性能好但产量有限、生产耗能大并且安全性较差，真空绝热板保温性能优异但成本高、真空度容易受到破坏、无法现场裁切、不得穿透锚固、封边等会造成较大热桥。另一方面，希望找到一种保温体系，能够同时满足性能稳定、安全可靠、施工便捷等要求。再者，需要逐步改善我国建筑行业设计、施工和验收等环节工作模式粗放且单独分工实施的现状，实现与近零能耗建筑和产能建筑建设所需要的性能化设计、精细化施工和高效运行等要求的接轨。最后，需要逐渐改变施工产业工人、技术管理人员严重匮乏的局面，研究制定围护结构节能相关工种的职业技能资格，鼓励全社会多渠道加大培养高技能专业人才。

作者：杨玉忠[1]　潘　振[1]　孙立新[2]　张昭瑞[2]（1. 中国建筑科学研究院有限公司；2. 建筑安全与环境国家重点实验室）

建筑机电安装工厂化预制加工技术

Shop Fabrication Technology for Electromechanical Installation

1 技术背景

机电安装工业化作为建筑工业化的重要组成部分，必然成为机电安装行业发展的主导方向。工厂化预制加工是机电安装工业化发展的基础，其技术也是机电安装工业化的核心技术。建立机电安装预制化加工厂，发展装配式机电安装施工技术，已经成为机电安装行业的共识。但民用建筑机电管道工厂化预制技术的应用尚处于发展阶段，有待进一步探索和推广。机电安装工厂化预制加工技术的完善成熟和推广应用必将使机电安装工业化的进程向前推进一大步。

机电安装工厂化预制加工技术旨在依托 BIM 技术，借助工业化生产加工模式和机械化加工手段，实现深化设计、模块化生产、运输、安装一体化管理，达到机电工程建设高效益、高质量、低消耗、低排放的目标。

2 技术内容

2.1 技术原理

机电安装工厂化预制加工技术是一项成套综合技术，它包括基于 BIM 的建筑工厂化管理系统、装配式机房施工技术、预制组合管道施工技术、单系统预制技术、综合管段装配技术。

其核心技术原理是采用 BIM 软件进行工程三维建模和机电深化设计，保证可视化和精准性设计；利用基于 BIM 的建筑工厂化管理系统高效地组织管理预制图纸设计、加工、物流、仓储、装配的动态过程，实现全过程可追溯，可控制；利用预制加工厂进行机械化的预制加工，保证高质量、高效率；在项目现场进行装配化施工，实现节能减耗、降本增效。

2.2 关键核心技术简介

2.2.1 基于 BIM 的建筑工厂化管理系统技术

基于 BIM 的建筑工厂化管理系统技术是指基于 BIM 的机电设备工厂化安装深化设计与辅助施工系统，是一个集机电系统预制加工构件设计、加工、物流、仓储、装配以及多参与方协同工作于一体的软件平台，整个系统覆盖 PC 端、网页端、智能终端。

在基于 BIM 的建筑工厂化管理系统中导入 BIM 深化设计后的模型，并录入各项信息，包括材料参数、产品型号等；利用基于 BIM 的建筑工厂化管理系统进行预制组合构件分解及编号工作，然后导出预制加工图和加工料表。结合二维码和 RFID（射频识别）技术，根据基于 BIM 的建筑工厂化管理系统信息库生成标签信息并打印，再通过扫描标签快速识别和提取构件的关键信息，该信息通过无线网络连接基于 BIM 的建筑工厂化管理系统，可获得详尽的构件和支架信息，用于追踪生产、物流、施工及运维管理。在预制加工厂内根据预制加工图纸进行机械化生产，对生产出来的半成品或成品预制组件喷涂对应的二维码后进行分类堆放管理，根据工程进度，分类堆放的半成品管件可实现快速出库。根据预制组件编码信息，利用基于 BIM 的建筑工厂化管理系统对预制构件的物流、仓储、装配进行跟踪和控制，利用存储于数据库中的预制加工信息和制作图，结合预制组件上的二维码实现现场装配式施工。

2.2.2 装配式机房施工技术

装配式机房施工技术是以建筑信息模型（BIM）为基础，科学合理地拆分、组合机房内机电模块单元，采用工业化生产的方式对模块单元进行工厂化预制加工，结合现代物料追踪、配送技术，实现机房机电设备及管线高效精准的模块化装配式施工。

根据机房内设备的选型、数量、系统分类和管线的综合布置情况，综合考虑预制加工、吊装运输等各环节限制条件，将机电设备及其管路、配件、阀部件等"化零为整"组合形成机电设备及管线整体装配模块。再进行模块化拆分，出具工业级预制加工及装配图纸。预制加工厂根据加工图精准下料、精准加工，利用坡口机进行角度坡口加工后，利用多功能组对机、支撑和定位弯头等确保组对的垂直度、平面度和同心度，组对后的管道及管件通过全自动焊接机，根据项目所需的焊接工艺进行精准焊接，焊接后的各部组件，进行管段无损探伤检测，检测合格后根据图纸完成模块化组装。

针对装配模块等预制构件在运输、装配等环节的物料信息追溯，利用基于BIM的建筑工厂化管理系统，进行手持端和电脑端的双向追溯管理，及装配模块构件信息的批量扫描管理和远程扫描管理，提高建筑信息的可追溯性和管理效率。

待施工条件具备后，将模块运输至现场进行装配。模块运到现场后，安装人员根据装配图，结合二维码标识系统，利用管段和螺栓连接起各个模块，就像"搭积木"一样，实现全程无焊作业。采用栈桥式轨道移动、预制管排整体提升、组合式支吊架、天车系统辅助吊装等施工技术组成的综合装配技术，进行"地面拼装、栈桥移动、整体提升、支吊架后装"，完成机房机电设备及管线装配模块的快速安装。

通过对模块尺寸进行微调来弥补机电设备及管线预制加工误差。在装配模块间设置预留补偿段，现场制作补偿段以消除现场拼装误差（图1）。

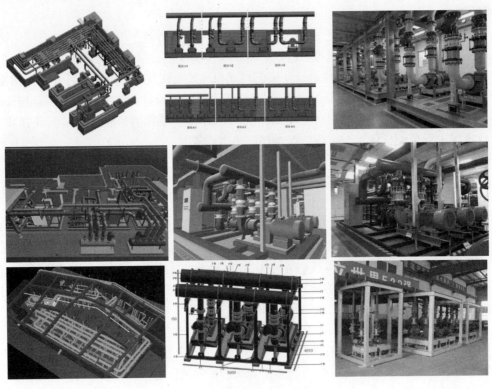

图1 装配式机房施工技术

2.2.3 预制组合管道施工技术

预制组合管道施工技术通过综合考虑管井的形状尺寸、建筑结构形式荷载、管井内立管的进出管线顺序、管线综合排布、管组的运输、场地内水平垂直运输等具体条件，突破传统的工程管道逐节逐根逐层安装的施工方法，将一个管井或一条走道内拟组合安装的管道作为一个单元，以几个楼层或一段区域分为一个单元模块，模块内所有管道及管道支架预先在工厂制作并装配，运输到施工现场进行整体安装。该技术可提高立管的施工速度、降低施工难度、提高施工质量、缩短垂直运输设备的占用时间。

预制组合管道施工技术创新实现了建筑管道安装工业化，通过与BIM技术相结合，实现了设计施工一体化，现场作业工业化、集成化，降低了材料损耗，减小了劳动强度。利用BIM技术将每个管井、管廊或设备组视为一个单元，每2～3层立管或6～8m水平管组分为一个节，连同管道支架预先在工厂内制作成一个个单元管段，通过深化设计，绘制详细的管道布置及管节加工图，在工厂进行预制生产，每一根管道按图纸位置固定在管架上，从而使管道与管架之间，管架与管架之间，管道与管道之间形成一个稳定的整体（节）。可跟随主体结构施工进度，利用塔式起重机把每节预制组合管道吊装到管井位置；将水平管组运至管廊或机房中；就位固定并进行管道连接作业，即一次性完成管井2～3层的所有立管施工或一个管廊6～8m的所有水平管道成段批量安装（图2）。

图2　预制组合管道施工技术

2.2.4　单系统预制技术

单系统预制技术是针对工程量大、标准化程度高的机电单系统，如喷淋管道系统、空调水末端管道系统、空调风管系统、桥架系统等，在设计阶段进行标准化模块化设计，施工阶段采用先进数控机械进行标准化批量化预制，在现场进行装配施工。达到减少现场施工作业量，实现工厂化预制，减少材料损耗，提升施工效率，缩短施工工期的目标。

单系统预制技术首先要进行标准化设计，通过对单系统管网进行分区分块标准化、模块化一次设计，为标准化预制奠定基础。然后进行精细化深化，根据末端数量配置和位置，将单系统支管系统划分为少数的几种标准模块；成品支架根据支架形式，划分为少数几种标准支架，整个单系统管网基本由标准管段模块和支架模块组成。将管段模块和支架模块分解成标准配料表，管件、支架配件规格型号相对固定，利用智慧仓储软件对海量的管件、支架零配件进行收发管理。在预制工厂内对标准化管道模组和标准化支架构件进行数字化预制，利用数控沟槽、套丝加工设备，对管道进行压槽、套丝预制加工。最后根据深化图纸，对预制管件和支架进行现场装配（图3）。

① 末端喷头
② 末端喷头立管段 (*DN*25)
③ 90度弯头 (*DN*25)
④ 水平管 (*DN*25×1.5m)
⑤ 大小头 (*DN*32×*DN*25)
⑥ 三通 (*DN*32)
⑦ 模块1立管 (*DN*25)

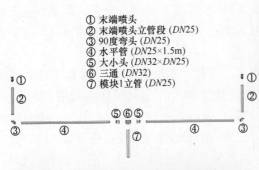

图 3　单系统预制技术

3　技术指标

3.1　关键技术指标

机电安装工厂化预制加工技术指标应满足的规范标准主要包括:《建筑工程设计信息模型制图标准》JGJ/T 448、《建筑信息模型施工应用标准》GB/T 51235、《建筑信息模型应用统一标准》GB/T 51212、《建筑信息模型分类和编码标准》GB/T 51269、《建筑给水排水及采暖工程施工质量验收规范》GB 50242、《建筑工程施工质量验收统一标准》GB 50300、《现场设备、工业管道焊接工程施工规范》GB 50236、《预制组合立管技术规范》GB 50682、《通风与空调工程施工质量验收规范》GB 50243、《工业金属管道工程施工规范》GB 50235、《钢结构设计规范》GB 50017。

机电安装工厂化预制加工技术指标包括三个阶段指标,分别是设计阶段、预制加工阶段、装配阶段。

设计阶段的技术指标主要是建筑信息模型所需包含的模型元素,包括机电深化设计和预制加工模型元素。机电深化设计模型元素信息主要确定具体尺寸、标高、定位和形状,并补充必要的专业信息和产品信息(表1)。机电预制加工模型元素信息主要附加或关联生产属性、加工图、工序工艺、产品管理等信息(表2)。

机电深化设计模型元素及信息表　　　　　　　　　　　　　　　　　　　表 1

专业	模型元素	模型元素信息
给水排水	给水排水及消防管道、管件、阀门、仪表、管道末端(喷淋头等)、卫浴器具、消防器具、机械设备(水箱、水泵、换热器等)、管道设备支吊架等	几何信息包括: (1) 尺寸大小等形状信息; (2) 平面位置、标高等定位信息。 非几何信息包括: (1) 规格型号、材料和材质信息、技术参数等产品信息; (2) 系统类型、连接方式、安装部位、安装要求、施工工艺等安装信息
暖通空调	风管、风管管件、风道末端、管道、管件、阀门、仪表、机械设备(制冷机、锅炉、风机等)、管道设备支吊架等	
电气	桥架、桥架配件、母线、机柜、照明设备、开关插座、智能化系统末端装置、机械设备(变压器、配电箱、开关柜、柴油发电机等)、桥架设备支吊架等	

机电预制加工模型元素及信息表 表 2

模型元素类别	模型元素及信息
生产信息	工程量、产品模块数量、工期、任务划分等信息
属性信息	编码、材料、图纸编号等
加工图	说明性通图、布置图、产品模块详图、大样图等
工序工艺信息	毛坯和零件成形、机械加工、材料改性与处理、机械装配等工序信息，数控文件、工序参数等工艺信息
成品管理信息	条形码、电子标签等成品管理物联网标识信息，生产责任人与责任单位信息，具体生产班组人员信息等

预制加工阶段的技术指标主要是加工精度、装配精度和预制模块技术指标。加工精度包括管道切割加工尺寸允许偏差、管道焊接预制加工尺寸允许偏差、管道支架制作尺寸允许偏差；装配精度主要是个各单位模块或单元节装配的尺寸允许偏差（表3、表4）。

管道切割加工尺寸允许偏差表（mm） 表 3

项目			允许偏差
长度			±2
切口垂直度	管径	DN<100	1
		100<DN≤200	1.5
		DN>200	3

管道焊接预制加工尺寸允许偏差表（mm） 表 4

项目		允许偏差
管道焊接组对内壁错边量		不超过壁厚的10%，且不大于2mm
管道对口平直度	对口处偏差距接口中心200mm处测量	1
	管道全长	5
法兰面与管道中心垂直度	DN<150	0.5
	DN≥150	1.0
法兰螺栓孔对称水平度		±1.0

预制模块技术指标包括：（1）将建筑机电产品现场制作安装工作前移，实现工厂加工与现场施工平行作业，减少施工现场时间和空间的占用；（2）模块适用尺寸：公路运输控制在 3100mm×3800mm×18000mm 以内；船运控制在 6000mm×5000mm×50000mm 以内，若模块在港口附近安装，无运输障碍，模块尺寸可根据具体实际情况进一步加大；（3）模块重量要求：公路运输一般控制在 40t 以内，模块重量也应根据施工现场起重设备的具体实际情况有所调整。

安装阶段的技术指标主要是组对安装允许偏差（表5）。

管口对接平直度允许偏差表（mm） 表 5

公称直径	允许偏差	
	对口处	全长
<100	≤1	≤10
≥100	≤2	≤10

3.2 应用过程中检验方法

工厂化预制加工技术应用过程中检验方法主要包括红外激光测量和测量尺测量。

现场安装检验方法可采用三维激光扫描，利用高速激光扫描测量方法，快速获得大面积、高分辨率的被测物体表面三维坐标数据，快速建立物体的三维图像模型。通过三维扫描得到的模型与 IBM 模型进行对比，检验安装质量。

3.3 与同类技术对比及优势

传统加工方式，预制构件无法做到精准下料，产生了大量的边角料，同时大量手工焊接、切割作业导致构件质量不稳定。采用工厂化预制加工技术，标准化预制方法精准下料加工，构件质量更高，构件边角料大大减少，节省了材料成本，许多弯曲或异形的管道、构件还可以实现工厂定制，质量、外观更好。

4 适用范围

4.1 适用环境及建筑特点

机电安装预制加工技术适用于大、中型民用建筑工程、工业工程、石油化工工程的设备、管道、电气安装，尤其适用于高层的办公楼、酒店，以及大型厂房建筑的机房、管井、走廊、设备间、屋顶机组等。

4.2 应用特点

4.2.1 工厂化预制，提高制作质量水平和施工效率

预制加工的模块、支架等，是在车间加工制造而成，生产过程采用车间的质量控制标准，利用机械化生产设备，加工工人操作技能远比现场施工工人稳定可靠。在这种情况下，预制加工质量非常稳定可靠，机械化的加工效率也高于常规人工加工模式。另外工厂预制不受现场施工进度和环境的制约，借助BIM预制加工图，加工周期可与现场前道工序同步，通过提前预制节约工期。

4.2.2 现场装配式施工，减少了现场安全隐患和环境污染

由于采用现场装配式作业，传统施工现场环境中的切割、打磨、焊接、油漆等工序大大减少，从而减少现场的火灾安全隐患、噪声污染、光污染和气体污染，大大改善作业环境。

4.2.3 可实现各机电专业管线施工的集成施工，减少工序交叉

通过模块化预制管组，将管线密集区域暖通、给水排水、消防、电气等各个机电专业管道进行一体化预制加工，实现各专业管线、支架同步施工，减少专业交叉作业。

4.3 存在的问题

4.3.1 政府层面推广力度存在的不足

现有文件政策，主要针对建筑结构方面，具体到机电专业方面，仍缺乏明确的发展目标和政策激励措施。

4.3.2 国内技术规范还远没有形成统一标准

虽然有很多企业在项目中应用机电安装工厂化预制技术，但关于本项技术国内没有统一的规范标准，技术体系还需要完善。

4.3.3 缺少与建筑结构等各专业装配式施工的协同发展

截至目前，装配式建筑结构的施工技术发展已趋于成熟，但是机电安装工厂化预制与装配式建筑结构的施工仍然处于各自发展，没有相互结合，不能充分发挥装配式施工技术的效率、环保、节材以及运行维护方面的优势。

4.3.4 工厂化预制加工技术人才缺乏

人才是机电安装工厂化预制加工技术发展的重要因素，需要企业从方案设计、现场测量、部件预制、运输、吊装、组装等各道工序培养具有较高素质的技术人员和项目管理人员。

5 工程案例

5.1 武汉英特宜家项目

5.1.1 应用情况

武汉英特宜家项目位于武汉市硚口区长风西路与江发路交汇处，项目为英特宜家（中国）有限公

司在中国投资建设的第三家大型商业综合体，集商铺、餐饮、超市、电影院、KTV 等多功能于一体。工程总建筑面积 218430m²，其中地上部分建筑面积 215840m²，地下部分建筑面积 2590m²，建筑高度 39.225m，主要为地上四层，局部地上六层。项目工期要求：总承包开工日期为 2013 年 8 月 12 日，竣工验收日期 2014 年 12 月 30 日。该项目应用了机电安装工厂化预制技术，主要是应用基于 BIM 的建筑工厂化管理系统统筹规划管理项目的整个机电工厂化预制全过程，包括进行项目预制加工图设计、加工、运输、装配全过程跟踪和控制；应用装配式机房施工技术实施项目的制冷机房和锅炉房，应用预制组合管道施工技术实施项目综合管线密集区域水平管组。

5.1.2　社会经济效益

机电安装工厂化预制加工技术在武汉英特宜家项目的应用，赢得了业主、总包、监理及社会各界的高度赞赏和信赖。其中装配式机房施工技术在国内属首次应用，填补了国内预制组合泵组施工工艺的空白，促进了 BIM 技术与预制组合施工工艺水平迈上一个新的台阶。多家设计、施工单位到项目施工现场参观学习，推动此项技术在建筑业界的发展与应用。经测算项目采用现场制作安装费用约 1500 万，采用机电安装工厂化预制加工技术，含工厂建造、购置机械设备、制作装配及吊装组对费在内实际工程费用约 1200 万元，节约工程费用近 300 万元，满足了工期和施工质量要求。

5.2　万科云城项目

5.2.1　应用情况

万科云城项目位于深圳市南山区，万科云城六期项建筑用地面积 23654m²，建筑面积约 37 万 m²。1 栋为超高层研发用房为品型形体，建筑高度 247.8m；2 栋为产业用房，共 35 层，建筑高度 143.9m；3 栋为商务公寓，共 33 层，建筑高度 99.9m。项目设置集中供冷系统，换热机组设于地下三层制冷机房。该项目应用了机电安装工厂化预制技术，主要是应用基于 BIM 的建筑工厂化管理系统统筹规划管理项目的整个机电工厂化预制全过程，包括进行项目预制加工图设计、加工、运输、装配全过程跟踪和控制；应用装配式机房施工技术实施项目的制冷机房，应用预制组合管道施工技术实施项目预制组合立管，实现组合立管与混凝土结构同步施工。

5.2.2　社会经济效益

万科云城项目应用机电安装工厂化预制技术达到了节约工期，提高产品质量的目的，有效推动机电安装工厂化预制技术的应用范围，赢得了业主、总包、监理及社会各界的高度赞赏和信赖。2018 年 5 月在项目现场，由中国安装协会举办的全国机电安装观摩会吸引了全国各地 1200 多名建筑行业从业者慕名参观学习。观摩会对项目应用基于 BIM 的建筑工厂化管理系统、装配式机房施工技术、预制组合管道施工技术、单系统预制技术的情况进行充分展示，推动了此项技术在建筑业界的发展与应用。经测算项目采用现场制作安装费用约 2000 万元，采用机电安装工厂化预制加工技术，含工厂建造、购置机械设备、制作装配及吊装组对费在内实际工程费用约 1500 万元，节约工程费用近 500 万元，节约工期 6 个月。

6　结语展望

机电安装工厂化预制加工技术采用 BIM 技术，充分考虑施工安装、节能环保、运营维护等因素，设计出人性化、智能化、绿色节能的高精度模型，再出具工业级装配图纸，在预制加工厂进行模块化预制，待施工条件具备后，将模块运输至现场进行装配。加工厂采用全自动设备，极大地缩短了施工工期，通过毫米级的 BIM 深化设计和全自动工厂化预制，观感、质量得到提升。在设计、生产、运输、施工各个环节的人工投入都极大降低。加工作业基本在工厂完成，现场全部螺栓连接，几乎无烟尘、噪声，劳动环境得到改善。设备管道均编制二维码，手机"扫一扫"即可查询相关数据。通过深化设计，调整了设备管道布置，检修空间增大，方便后期检修维护。其优势在工期、质量、成本、环保、运维等方面均有体现。

机电安装工厂化预制加工技术未来发展趋势主要在以下几个方面:

一是机电安装工厂化预制加工技术必须适应各种建筑结构施工形式,特别是装配式施工建筑结构。提前配合结构的预制方案,进行预留、预埋配合,根据建筑工程的具体情况,灵活应对。

二是预制加工工人必须经过严格培训,向产业工人方向转化。由于预制加工工厂化,完全可以采用工业化管理标准,这时的工人已经不是粗线条的建筑工人,而是名副其实的产业工人,所以必须经过专项技能培训,这样也正符合国家关于建筑产业化的发展要求。

三是机电工厂化预制加工技术将向多专业集成化方向发展。将来预制装配式发展的趋势,在建筑工程预制过程中,机电、结构、装修多专业同步协同进行。建筑产业化既是主体结构的产业化,也是机电安装专业、内装修部品的产业化,相辅相成。

四是通过政府投资项目实现机电工厂化预制加工技术的推广。可借鉴其他国家和地区的发展经验,欧洲和日本的集合住宅、新加坡的租屋均是装配式技术的主要实践方向,因此我国政府投资公共建筑、保障性住房等项目也便于在政策上推广机电工厂化预制加工技术,使更多企业充分认识到该技术的应用价值,使预机电工厂化预制加工技术逐渐得到普及化应用。

作者: 丁文军 尹 奎 刘 波 何庆国 张 淇(中建三局第一建设工程有限责任公司)

建设工程安全风险管控技术

Construction Engineering Safety Risk Management and Control Technology

1 背景与挑战

1.1 安全生产面临的新形势、新要求与新常态

1.1.1 新形势

安全生产事关人民群众生命财产安全，事关经济发展和社会稳定大局。在党的十九大报告中，习近平总书记指出，要"树立安全发展理念，弘扬生命至上、安全第一的思想，健全公共安全体系，完善安全生产责任制，坚决遏制重特大安全事故"。

"十四五"时期是我国全面建成小康社会、实现第一个百年奋斗目标后，乘势而上开启全面建设社会主义现代化国家新征程，建设领域安全生产工作应当开好头、起好步。

1.1.2 新要求

2019年12月4日，住房城乡建设部、应急管理部联合发布《关于加强建筑施工安全事故责任企业人员处罚的意见》。《意见》要求坚持问题导向，聚焦安全生产主体责任不落实这一突出问题，通过加强事故处罚，严格事故责任追究，严厉打击建筑施工安全违法违规行为，倒逼工程建设各方主体和从业人员认真落实安全生产主体责任。

2020年11月25日，国务院常务会议通过《中华人民共和国安全生产法（修正草案）》，草案把保护人民生命安全摆在首位，进一步强化生产经营单位主体责任，要求构建安全风险分级管控和隐患排查治理双重预防体系；进一步明确地方政府、应急管理部门和行业管理部门相关职责，进一步加大对安全生产违法行为处罚力度。

1.1.3 新常态

在安全生产的新形势与新要求下，建设工程的建设参与企业与政府监管部门应当坚定不移地执行党和国家安全生产方针、政策，进一步健全安全生产保证体系，促进工程建设各方严格落实安全生产主体责任，强化落实预防措施，加强安全风险管控，建立风险分级管控和隐患排查治理双重预防工作机制，努力减少一般事故，遏制较大事故，杜绝重大事故。构建"防风险、除隐患、遏事故"的安全生产工作新常态。

1.2 建设工程安全管理的新挑战

1.2.1 新建工程呈现相互交织的风险态势

我国城镇化进程不断推进，给建筑行业的发展带来了重大机遇，建筑物越来越高，建设规模越来越大，项目技术越来越尖端，地下空间利用越来越深，呈现出"高、大、尖、深"特点，由此带来的新建工程安全风险也尤为突出，安全风险因素众多，安全风险呈现叠加交织态势，不同类型的安全风险之间往往高度关联，环环相扣，某个单独的风险链条出现断裂很容易诱发"多米诺骨牌效应"，最终导致重大安全风险事故。

由于建筑规模不断扩大，建筑施工人员多、作业面广，高空作业、立体交叉作业不可避免，往往还涉及大型机械、设备的使用，相互制约；新技术、尖端技术应用于建设工程，也会因其技术复杂性或技术不成熟导致各类安全风险；地下空间开发利用越深，支护开挖施工时风险越高，对周边既有建

筑物、地下管线、交通网络等均有不利影响。

1.2.2 既有建筑呈现先后叠加的风险态势

近年来，既有建筑结构倒塌、玻璃幕墙自爆或者脱落、外墙饰面层坠落、火灾等安全事故时有发生，新时代城市安全风险在时间上来看先后叠加，可分为：突发性风险和渐发性风险。如针对既有建筑改造过程中出现的倒塌、火灾等突发性安全风险；又如既有建筑在日积月累的使用过程中，幕墙脱落、外墙坠落等经由酝酿、发酵后可能慢慢升级、扩大，最终演化为造成重大后果的渐发性风险事件。

城市老旧建筑物或乡镇自建砖混（砖木）结构房屋，因缺乏维护、年久失修或私自改造等原因，造成墙体开裂变形、装饰抹灰层大面积脱落，甚至结构失稳倒塌事故；幕墙技术迅猛发展，由于无强制性检测要求且缺乏维保意识，各种幕墙玻璃破碎、板块脱落等问题屡见不鲜，已经成为悬在人们头顶的"不定时炸弹"；老旧小区、高层建筑、大型综合体等场所可能因用电不规范、线路老化或消防设施不足、年久失修等因素导致火灾。

1.2.3 安全管理呈现主动应对的防范态势

我国安全生产总体局面稳定向好，建设工程总量庞大，2019年建筑业房屋施工面积达1441504万 m^2，因此，我国的建设工程安全生产形势依然严峻，面临着防范挑战。

在建设工程各种各样的安全风险挑战中，既要关注新建工程的各类新兴安全风险，又要关注既有建筑的渐发性安全风险。与传统风险相比，新兴风险与渐发性安全风险往往具有"认不清、想不到、管不到"的特点，对其发生、发展、演变规律了解不多，需要加强对新风险与渐发性安全风险的防范，创新识别监控新技术。

1.3 建设工程安全管理新理念

1.3.1 政策主导

党的十九大首次将"安全"作为新时代人民美好生活的基础指标之一，与"民主、法治、公平、正义、环境"一起，作为保障人民生活的必要基础。2018年印发的《关于推进城市安全发展的意见》，是基于城市发展的一般规律和应对我国城市发展的突出安全问题，所作出的科学判断和国家要求。《意见》要求健全公共安全体系，加强城市规划、设计、建设、运行等各个环节的安全管理，加快推进安全风险管控、隐患排查治理体系和机制建设，强化系统性安全防范制度措施落实，严密防范各类事故发生。

1.3.2 多元共治

要实现建设工程安全风险治理变革，推动风险治理从部门转向模块，将政府多层级多部门功能进行整合、形成模块，鼓励部门在模块中开展协同创新，通过积极引导和丰富的激励机制，使企业和社会方方面面参与治理，使他们成为建设工程安全风险治理的参与者而不是旁观者，共同打造"政府主导、市场主体、社会参与、法制保障、文化支撑"的多元共治的"金字塔"（表1）。

多元共治金字塔构建　　　　　　　　　　　表1

构建内容	落实方式
政府主导	以政府为核心，着重机制创新，解决统筹规划、法规标准、基层架构、人才培养、产业培育等问题
市场主体	以企业为载体，解决技术支撑问题
社会参与	强化资源流动性，规划第三方管理，制定购买服务清单和管理方法，强化第三方评估，形成淘汰机制
法制保障	城市安全风险与应急管理管理要强调"依法治理"，引导建设工程安全管理在法治轨道上平稳运行
文化支撑	不断地以安全文化的引领力、凝聚力、约束力和感染力来推动各级主体责任的落实，来培育安全理念、风险意识

1.3.3 平台建设

信息化平台实现了安全风险管控的信息化集成，围绕风险预警、日常管理、应急处置等环节，建立建设工程风险预警和应急综合管理平台。充分利用大数据、云计算、人工智能、物联网、区块链等新兴技术，围绕"风险感知参数化、数据挖掘知识化、人机结合智慧化"实现分色预警、分级响应、分类处置等决断科学，使风险处于受控状态。

1.3.4 机制建设

机制建设是一个安全管理的系统工程，是做好安全管理工作的基础与保障，为了应对建设工程安全风险的新挑战，应当建立风险"认知、研判、赋权"的精细防控机制。拓宽风险认知渠道，完善突发事件风险发现机制，摆脱单一的传统行政手段；在专业性较强的领域里，要充分吸收专家意见，形成集体建议，为科学决策提供依据；要加强属地赋权，完善风险预警机制。

2 建设工程安全风险管控技术

2.1 安全风险管控概述

2.1.1 安全风险管控内容

安全风险管控是一项综合性的管理工作，既可指各类风险事件发生前，选择最经济、最合理、最有效的方法来减少或避免风险事件的发生，将风险事件发生的可能性和后果降至可能的最低程度，又可指各类风险事件发生后，采取针对性的风险应急预案和措施，尽可能减少经济损失、人员伤亡和周边环境影响等，使其尽快恢复到风险发生前的状况。它是根据工程风险环境和设定的目标，对工程项目风险因素分析和评估，然后进行决策的过程，包括风险识别与分析、风险评估与预控、风险跟踪与监测、风险预警与应急。其安全风险管控流程图如图1所示。

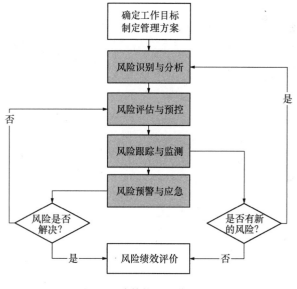

图1 风险管控总工作流程图

2.1.2 安全风险管控流程

（1）风险识别与分析

寻找、辨别和分类存在于建设工程中的风险，根据收集的工程相关资料，包括自然环境、水文地质、工程自身特点、周边环境以及工程管理等方面内容，确定风险的来源并分类，建立适合的风险清单（图2）。

（2）风险评估与预控

对初始风险进行估计，分别确定每个风险因素或风险事件对目标风险发生的概率和损失，分析每个风险因素或风险事件对目标风险的影响程度，估计风险发生概率和损失的估值，并计算风险值，进而评价单个风险事件和整个工程项目的初始风险等级；根据评价结果制定相应的风险处理方案或措施，通过跟踪和监测的新数据，对工程风险进行重新分析，并对风险进行再评价（图3）。

（3）风险跟踪与监测

对安全风险的变化情况进行追踪和观察，并根据跟踪和监测结果，对高风险和关键风险进行处理。风险处理遵循以下规定：根据项目的风险评估结果，按照风险接受准则，提出风险处理措施；风险处理基本措施包括风险接受、风险减轻、风险转移、风险规避；根据风险处理结果，提出风险对策表，风险对策表的内容应包括初始风险、施工应对措施、残留风险等；对风险处理结果实施动态管

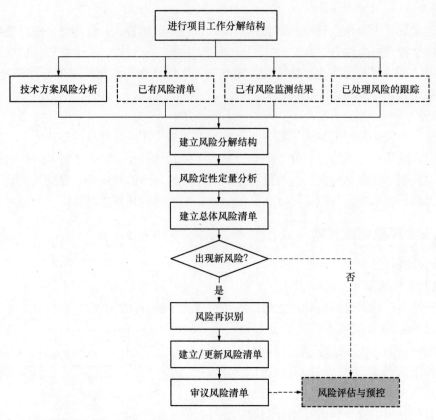

图2 风险识别与分析流程图

理,当风险在接受范围内,风险管理按预定计划执行直至工程结束;当风险不可接受时,应对风险进行再处理,并重新制定风险管理计划(图4)。

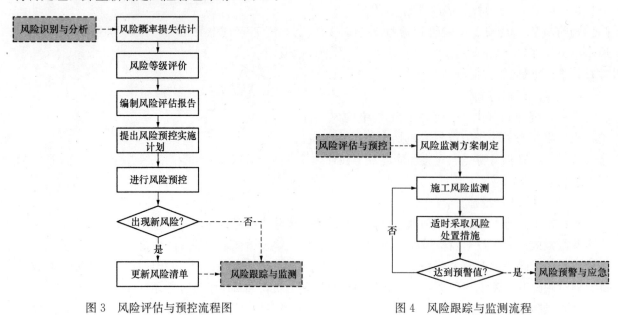

图3 风险评估与预控流程图   图4 风险跟踪与监测流程

(4)风险预警与应急

明确各风险事件响应的风险预警指标,根据预警等级采取针对性的防范措施,编制施工安全风险应急预案,并定期进行应急演练。风险预警与应急流程首先建立风险预警预报体系,当预警等级为3

级及以上时，应启动应急预案，及时进行风险处置（图5）。

根据突发风险事件可能造成的社会影响性、危害程度、紧急程度、发展势态和可控性等情况，分为四级，具体规定如下：

1）4级风险预警，即红色风险预警，为最高级别的风险预警，风险事故后果是灾难性的，并造成恶劣社会影响和政治影响；

2）3级风险预警，即橙色风险预警，为较高级别的风险预警，风险事故后果很严重，可能在较大范围内对工程造成破坏或有人员伤亡；

3）2级风险预警，即黄色风险预警，为一般级别的风险预警，风险事故后果一般，对工程可能造成破坏的范围较小或有较少人员伤亡；

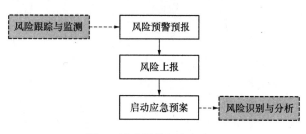

图5　风险预警与应急流程

4）1级风险预警，即蓝色风险预警，为较低级别的风险预警，风险事故后果在一定条件下可以忽略，对工程本身以及人员、设备等不会造成较大损失。

2.1.3　安全风险管控技术方法

（1）层次分析法

层次分析法通过分析系统中各因素之间的关系，建立系统的递阶层次结构；再构造两两比较矩阵（判断矩阵），对于同一层次的各因素关于上一层中某一准则（目标）的重要性进行两两比较，构造出两两比较的判断矩阵；然后，由比较矩阵计算被比较因素对每一准则的相对权重，并进行判断矩阵的一致性检验；最后计算方案层对目标层的组合权重和组合一致性检验，并进行排序。

（2）模糊综合评价法

模糊综合评价法是将模糊数学方法与实践经验结合起来对多指标的性状进行全面评估。在风险评估实践中，有许多事件的风险程度是不可能精确描述的。从多个指标对被评价事物隶属等级状况进行综合性评判，它把被评判事物的变化区间作出划分，一方面可以顾及对象的层次性，使得评价标准、影响因素的模糊性得以体现；另一方面在评价中又可以充分发挥人的经验，使评价结果更客观，符合实际情况。通过研究构成事故各风险因素的作用及相互关系，定量地求出总的评价结果。

（3）贝叶斯网络

贝叶斯网络是一种以贝叶斯理论为基础，可以将相应领域的专家经验知识和有关数据相结合的有效工具。贝叶斯网络具备很强的描述能力，既能用于推理，还能用于诊断，非常适合于安全性评估。通过图形直观地表达系统中事件之间的联系，通过节点之间的条件概率分布计算某个节点的联合概率及其各个状态的边缘概率。节点的概率由相邻的节点决定，并且可通过输入证据来更新，有效地减少了分析模型数据更新的工作量。

2.2　安全风险管控新技术

2.2.1　图像识别技术风险识别上的应用

图像识别技术是一种在视频和图片中检测出样本物体的算法，常见的图像识别技术包括人脸识别、行人检测、车辆检测及物品检测等。图像传输和处理研究有了较大进展，并不断将图像识别技术应用到工程领域各个方面，如运用图像识别而训练出地识别程序可较准确地识别出预先训练的灌浆动作，建立的工人灌浆工序监管预警模型也能较精确地判断出灌浆施工操作的规范性，通过图像识别技术进行安全帽佩戴、工人抽烟行为、围挡完整性检测等。

2.2.2　数字化技术在风险预警上的应用

通过智能建筑系统集成技术、现代信息技术和网络技术建立区域内统一集中的应急救援指挥数字化系统（也可称中央危险管理系统、灾害监测预警系统、防灾救灾信息系统等），最大限度地节约建设成本和运营管理成本，提升安全风险识别与预警的效率，并实现灾害安全风险监测技术与信息共享。

监测预警系统是一整套能够全面识别枢纽内所发生的灾害及紧急情况（如恐怖活动、火灾、地震、水灾、风灾等紧急事件），在最短的时间内对发生的灾害或其征兆发出警报，随即启动相应应急预案，及时扑灭灾害、控制事态的系统。在统一的指挥系统下，各运营管理主体，可以做到平时和小灾时各司其职，中灾和大灾时齐心协力、互相帮助，充分体现和谐的运营管理思想。

2.2.3 预控技术在风险差异化管理上的应用

建设工程向着大型化、复杂化的方向发展趋势下，安全生产责任保险与工伤保险一样纳入强制性保险管理，安全生产责任保险为工程建设保驾护航，在国家大力推行安全生产责任保险的形势下，安全风险管理机构对工程安全风险因素进行识别、分析、评估和预控，而通过预设安全影响因子，开展建设工程安全风险预评估，根据预评估等级的差异对建设工程实施差异化管理。

3 建设工程安全风险管控模式

3.1 风险管理机构

风险管理机构是通过运用风险管理、安全工程管理理论以及辅以科技化手段，为建设工程提供安全风险管理及其相关服务的技术型中介机构，其主要目的是通过安全风险管理及其相关服务发现建设工程安全风险隐患，并建议采取相应的对策措施，从而降低建设工程安全风险。风险管理机构属于社会化第三方服务机构参与建设工程安全风险管理，是社会参与的重要形式之一，而委托方则包括了建设参与单位、运营单位及财产保险公司，安全生产责任保险均通过第三方社会化服务机构开展安全风险管理技术服务委托，完善了安全监管体系，促进了建设工程安全管理提升。

3.1.1 组织模式

风险管理机构作为第三方技术服务方，应当具备独立性，不得与该工程参建单位存有关联关系，不得直接或间接参与该工程的勘察、设计、施工、材料供应等服务内容。风险管理机构的委托方可能是建设单位、工程保险公司或政府监管部门，风险管理机构依据委托方的需求开展风险管控工作，主要对建设工程安全技术风险进行管控，其管控范围与内容应逐步扩展为对设计图纸审图、对现场所用材料检测、对现场安全、质量进行监理，确保建设工程安全技术风险得到有效管控（图 6）。

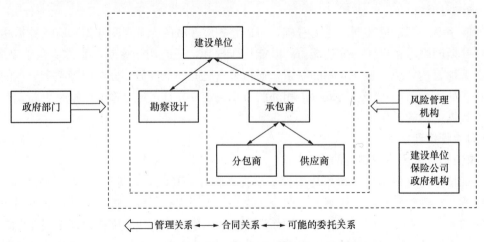

图 6　组织模式

3.1.2 标准建立

风险管理机构尚未建立统一的风险管控标准，对于安全风险的认知与管控模式存在一定的差异性，为规范风险管理机构安全风控服务模式，统一安全风控服务流程，需要建立可操作性强，认可程度高的建设工程安全风险管控标准，而针对安全风险管控的细分领域，需要建立更加精细化的管控标准。如针对质量保险的风险管控，上海市住建委制定了《住宅工程质量潜在缺陷风险管理标准》；针对安全生产责任险，应急管理部出台了《安全生产责任保险事故预防技术服务规范》。

3.2 风险管理机构运行模式

3.2.1 工作范围

风险管理机构的工作范围与委托方的委托内容一致，由于委托方对于安全风险的理解与防范要求不一致。因此，风险管理机构应当开展针对委托方的需求访谈，编制建设工程安全风险防范服务方案，采用合适的安全风险识别方法，完成安全风险清单的编制，并制定相应防范措施。

3.2.2 工作流程

风险管理机构的工作流程与安全风险管控的流程一致，按照安全风险管控的阶段进行划分，可分为：风险识别与分析、风险评估与预控、风险跟踪与监测及风险预警与应急。单次的安全风险管控服务是循环开展上述流程，依据 PDCA 的原则，降低建设工程安全风险，管控重大安全风险。

3.2.3 工作方法

风险管理机构属于专家技术型的咨询服务，因此，风险管理机构可采用的工作方法包括：

（1）工序检查：施工方法应符合设计文件、标准规范和施工方案的要求，工序的实施等。

（2）实体检查：抽查工程安全实体。

（3）资料检查：查阅设计文件和施工方案；抽查施工过程中的控制文件和记录。

3.3 模式实现的路径与方法

风险管理机构如要实施有效的安全风险管控，不仅仅是采取现场安全管控服务，而应当建立针对建设工程的成套安全风险防范体系，该体系包括一张安全风险地图，一本安全工作操作手册，一个安全风险预警、管理、应急处置综合平台，一份安全风险防控保单及一套保障安全风险防控的制度安排。

3.3.1 一张安全风险地图

建立针对建设工程的安全风险地图，做到底数清、情况明、参数准。通过风险管理机构或参建方自我检查，做好建设工程安全风险的辨识、分类、分级和评价工作，形成风险清单，在项目群管理上形成风险分布，实现风险可测、可观。

同时，强化重大安全风险的动态监控能力，比如塔式起重机运行、基坑检测、支撑体系荷载检测等。要结合建设项目地理信息、气象预警信息及相关资源信息，整合形成建设工程安全风险地图。

3.3.2 一本安全风险管控工作操作手册

风险管理机构应当结合建设工程的安全风险特点，编制由参建方执行的建设工程安全风险工作操作手册，促进安全风险管理精细化的实现。围绕建设工程各级各类风险防控与参建方主体，针对"风险防控无死角、应急应对要高效"的要求，完善风险发现、评估标准、管控措施、信息传输、响应应对等方面机制，解决建设工程安全风险防控的"做""管"问题。

安全风险管控工作操作手册的实现要注意几点。一是要注意渐进性，管控手册是一个从无到有，从一到多的动态更新修正的过程，没有最好，只有更好，需要结合建设项目的风险状态与风险。二是要注意层次性，实现这本手册，首先要实现风险分类管理、分级负责，参建方责任划分的清晰度是这本手册操作性的保障之一。三是要注意和风险管理机构的关系，充分发挥风险管理机构的系统性和科学性优势，解决的是"精"的问题。

3.3.3 一个安全风险预警、管理、应急处置综合平台

落实一个建设工程安全风险综合管控平台，确保安全风险时刻处于受控状态之下。重点围绕风险预警、日常管理、应急处置这些重要环节，建立建设工程安全风险预警和应急综合平台，落实安全风

险的可防、可控。在综合管控平台上，通过技术内化的手段处理好"综合"与"专业"的关系，强化应急响应速率。重点在于三个方面的强化管控，一是结合建设工程安全风险地图，强化人、机、环三方面的技术及管理措施，治好"未病"。二是强化分色适时预警、经验数据双驱动决策能力，控好"已病"。三是做好应急保障，确保响应及时、处置得当，防好"大病"。"分色预警、分级响应、分类处理和应急救援"是对这个平台的基本要求。

3.3.4 一份安全风险防控保单

落实一份安全风险防控保单，让专业的人做专业的事。从安全风险防控的全球历史来看，保险与风险有莫大的渊源。保单是要解决政府长期以来无限责任的问题。从政府角度上看，要建立让渡机制，培育保险环境，强化风险保险监管。从保险角度上看，要不断强化将社会资源引入到城市风险防控活动中的能力，以浮动费率、市场化等多种手段防损止损，控制风险。从投保方角度看，要认识到保险只是外在的刺激手段，安全生产方面还是要全面落实主体责任，防灾减灾方面还是要全面落实"防、抗、救"。

2017 年 12 月 12 日，国家安全监管总局、保监会、财政部印发《安全生产责任保险实施办法》，由保险机构对投保的生产经营单位发生的生产安全事故造成的人员伤亡和有关经济损失等予以赔偿，并且为投保的生产经营单位提供生产安全事故预防服务的商业保险。

3.3.5 一套保障安全风险防控的制度安排

制度体系的建立是决定建设工程安全风险防范能力高度、深度和广度的根本。落实一套制度安排，促进"事故问责"向"问题问责和事故问责并重"进行转变。参建方及使用单位对于风险防范意识淡薄，安全风险防范文化基础薄弱，需要持续完善建设工程安全风险防范制度体系，重点应加强风险管理理论学习，改进工作方式。围绕领导重视、思想统一、责任落实和组织保障等层面，形成一套制度体系，并将其纳入建设工程安全管理制度体系中。同时，明确目标任务、措施路径、工作方法，排出计划表、路线图，有次序地推进建设工程安全风险管控的可持续发展。

4 安全风险管控技术案例

4.1 图像识别技术案例

以识别现场施工人员安全帽佩戴为例论述基于图像识别技术的安全风险管控平台。实现对工人安全帽佩戴的图像识别技术，首先需采集现场图像数据，其次对采集图像进行预处理，再次提出提取图像特征，最终实现目标识别与检测。研究技术图如图 7 所示。

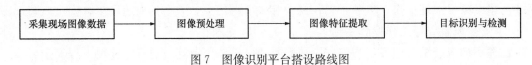

图 7　图像识别平台搭设路线图

4.1.1 采集图像数据

对于现场施工图像数据采集可通过固定监控设备或无人机搭载摄像设备采集，选定特定场景采集图像数据，确保采集的全覆盖及全流程，运用 RTMP 服务器实现图像数据传输至平台，便于识别现场安全隐患。

4.1.2 图像数据预处理

由于施工现场环境复杂，监控设备或无人机采集的图像数据清晰度不高，对图像进行预处理的手段，弱化图像数据中的不良干扰。本平台首先对每一帧解码将其转换为 RGB 图像数据，然后对采用"高斯滤波""图像归一化"及"图像特定尺寸缩放"等方式处理，强调图像特征。

4.1.3 图像特征提取

图像特征骨干网络提取的好坏直接关系到整个检测识别的准确度。本平台采用深度残差卷积神经网络，通过基于模型权重的迁移学习方法，在已有的预训练模型上，结合所采集的工程图像数据对其实现微调，搭设适用于建设工程图像数据特征提取的深度学习训练模型。

4.1.4　目标检测与识别

在检测识别模型的构建过程中，前期模型训练采用人工标记，以矩形框的形式对深度学习训练模型集合进行标注，从而建立一个初步的检测识别模型。将该模型数据与基"Anchor"机制的目标检测位置实现回归、拟合训练，通过批量数据训练，构建经过训练后的检测识别模型，并验证训练后的检测识别模型。若正确率达到90％以上则视为训练完成，进入后期优化阶段，若正确率未达到则进行重新训练。

对于已训练完成的工程图像数据检测识别模型后期优化采用人工异常矫正，模型自我强化学习的方式进行模型优化，当准确率达到项目实际需求时（如准确率95％）即可投入使用，完成图像识别系统平台搭建工作，未达到则继续进行优化。

4.1.5　平台应用

上述平台部署完成后，在应用的施工现场布置监控设备，由部署平台对监控设备传输的图像数据进行识别分析，如识别出安全风险，系统将发布风险预警，消息推送至安全管理工程师，并截取留存影像资料，极大地提升了安全风险管控的实时性。

4.2　信息化预警技术案例

国内外关于建设工程如地铁工程、公路隧道工程、房屋建筑工程等建设风险评估和管理方面的系统较多，可实现有效的施工全过程的风险管控。但是，这些系统无法实现监测、预警和应急响应的一体化管理。因此，有必要针对大型建筑运营阶段风险管理的特点和难点，开发一套集风险评估、风险监测、风险预警及风险应急响应于一体的风险管理系统。

4.2.1　安全运营风险管理框架体系设计

安全运营风险管理框架体系是大型建筑安全运营风险管理系统开发的体系基础，可指导整个风险管理软件的开发和应用。

因为风险管理的使用对象为工程技术人员和工程管理人员，因此设计由数据层、支持层、应用层、表现层以及用户层5个层次组成的风险管理逻辑层次。其中，数据层由项目库、案例库、事件库、措施库、预案库、指标库以及文档库7个数据库构成，涉及工程中大量项目数据、案例数据、风险预案数据、文档数据、地理信息数据以及监测与安全监控数据的分类存储，并相对独立，便于系统的扩展与维护。

支持层描述了对持久化数据库的封装，对数据的管理，以及存储抽象化成统一数据访问接口、数据安全性检查接口以及数据交换中间件接口等3个API接口。

应用层主要包括工程概况、风险识别、风险评估、风险跟踪、风险预警、风险应急5个功能，形成包括监测、预警、应急响应于一体的大型建筑安全运营风险管理系统。

表现层主要由两个终端组成，这两个终端分别代表了客户端的两种形式，分别是移动端和IE端。

用户层展示了参与信息系统协同工作的各方，包括建设单位、咨询机构、其他参建单位。因此，大型建筑安全运营风险管理的框架体系及其管理系统总体架构（图8）。

4.2.2　安全营运风险管理业务逻辑设计

城市建筑安全运营风险管理以案例数据库为基础，收集国内外各类城市大型建筑在运营阶段发生的典型安全事故，建立风险数据库，为风险识别和评估提供基础数据（图9）。

风险识别在风险数据库的基础上，通过把工程事件与风险库进行比对，对尚未发生的、潜在的、客观存在的各种风险进行系统分析、预测、辨识、推断和归纳，生成安全运营风险清单和风险树，对风险大小和可能性作出总体分析。

风险评估则对风险清单进行分析，确定各类风险大小的先后顺序，确定各类风险之间的内在联

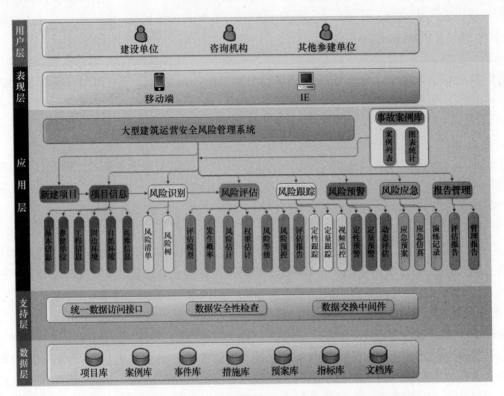

图 8　大型建筑安全运营风险管理框架体系及管理软件系统架构图

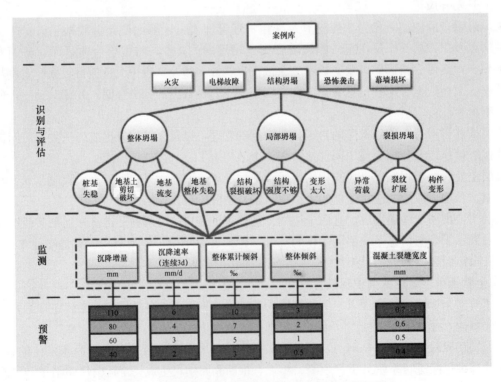

图 9　大型建筑安全运营风险管理系统业务逻辑框架

系，评估风险事件等级。

风险跟踪监测对建筑安全运营过程中存在的风险进行评估，跟踪已识别的重要风险，并监测其变化与发展。

风险预警系统是本管理体系的核心，由风险预警指标、风险预警模型、风险预警线等三部分组成，有助于决策人更好、更准确地认识风险整体水平、风险的影响程度及风险之间的相互作用；对超过预警值的风险事件，通过高效的控制机制，预防、减少、遏制或消除建筑运营风险。

作者： 孙建平 刘 军 刘 坚 周红波 袁振兴（同济大学城市风险管理研究院）

装配式建筑全产业链智能建造平台

Intelligent Construction Platform for the Entire Industrial Chain of Prefabricated Buildings

1 发展现状

装配式建筑是"十三五"期间湖南省重点扶持的十大"新兴产业"和全省 20 条新兴优势产业链之一。截至 2019 年底全省已有国家装配式建筑示范城市 1 个，省级装配式建筑示范城市 6 个，国家装配式建筑产业基地 9 家，省级装配式建筑产业基地 41 家，全省装配式建筑新开工面积 1855.95 万 m^2，占新建建筑比例达 26%，占比在全国排名第三。已成为全国装配式建筑制度建设较完善、产能规模最大、发展最快的省份。

但当前国内装配式建筑的研发、设计、生产、施工、物流、装修、运维产业链还不连续、不完善、不配套，特别是设计、运维、管理等智能化应用严重滞后，未能实现全产业链的 BIM 应用和数据共享，构件不能标准化、通用化，生产成本提高，导致资源浪费严重，产业后劲不足，存在着"设计不标准、模数不统一、构件不通用、信息不共享、施工不规范、监管不到位、建设成本偏高、质量品质不优"等一些共性问题，并逐渐成为影响装配式建筑健康发展的瓶颈问题。

为解决以上问题，需要将工业互联网的理念融入全产业链（建筑产业互联网），将标准化、智能化、集成化、产业化相结合，综合运用 BIM、物联网、云计算、5G 移动互联、卫星定位等新技术，对智慧设计、智慧工地、智慧管理等关键技术展开研究，建立相关技术体系，通过建立装配式建筑全产业链智能建造平台，使各参与方在制度建设、硬件设施、项目管理、成本控制等诸多方面入手，来填补现阶段市场中装配式产业链发展断层的现象，形成产业化的有机统一。

2 技术要点

为完善装配式行业产业链，解决智能化应用滞后、各自为政、信息断联、成本居高、资源浪费等突出问题，需在政府主管部门主导下，整合行业科技创新优势资源，通过统一标准、统一平台和统一管理，建立起行业标准化体系，集成各类新技术手段，打通装配式全产业链各环节，实现整体效益的提升，使装配式产业走上健康发展的快车道。

（1）技术路径及方案

根据装配式建筑全产业链中各相关方的需求，开展装配式全产业链各环节数据互通与协同工作关键技术研究；通过统一标准、统一系统和统一管理，实现预制部品部件标准化、通用化；通过基于云服务的质量监管、项目决策分析、安全与风险管理及产业大数据分析和公共服务关键技术研究，实现装配式项目全生命期的可追溯性质量管控和资源的有效调配；研发项目中各子系统信息相互传递、内容相互关联，既能独立应用又可以整合成整体。

（2）研究内容

1）建设统一的数据标准和通用部品部件标准化体系。编制装配式建筑数据交付标准、分类编码标准和预制构件标准图集，通过 BIM 基础数据管理系统，形成贯穿产业链上下游的信息通道，实现全专业、全流程的数据集成管理及多用户操作。基于公有云的标准化部品部件库，方便设计单位直接选用，通过装配式设计系统可优先选取标准构件，提高构件复用率，实现设计标准化。

2) 搭建基于自主 BIM 技术的装配式建筑数字化建造体系。将数字技术应用于项目设计、生产、施工、运维、监管各环节，实现基于 BIM 技术的数字化设计、数控化加工、智能化施工和智慧化运营，通过 BIM 记录各阶段信息数据。通过建立唯一编码体系保证数据记录的唯一性，发挥 BIM 全生命期数据共享、协同工作的优势，实现不同专业和上下游之间的信息协调一致。

3) 采用智能化技术：装配式设计系统可完成多专业智能建模，预制构件智能拆分，冲突智能检测和避让处理；设计数据对接工厂生产管理系统，可直接驱动各类数控加工设备，实现自动化生产，生产流程中可根据施工进度和生产线状况实现优化排产；智能化施工系统结合施工管理技术和智慧工地技术，可实现施工过程优化、吊装及安装模拟、拼装校验等环节；项目竣工后，将完备的建设信息资料提交业主，便于开展建筑空间管理、设备设施管理、能耗管理、智能维修等智慧化运维。

4) 通过互联网和云服务传递各系统数据，实现系统之间的互联互通（图1）。

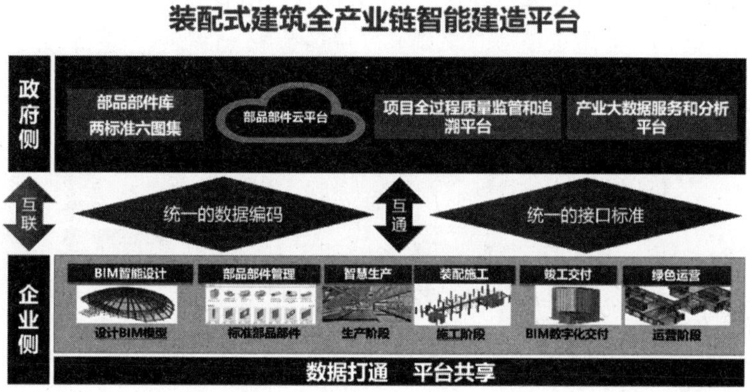

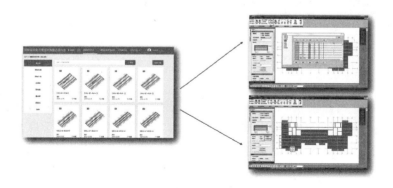

图 1 省市级装配式建筑全产业链智能建造平台

3 应用特点

3.1 设计赋能

3.1.1 标准化设计

标准化、模数化是实现建筑工业化大幅度降低成本的核心手段之一。平台标准化体系的建立是通过统一的数据标准和标准部品部件库打通装配式建筑设计、生产、施工、运维、监管各个环节，实现资源的合理配置。通过制订适用于装配式建筑全过程的 BIM 数据交付标准和构件分类编码标准，规范装配式建筑全生命周期的 BIM 模型创建、交付和分类存储，指导装配式建筑各相关方在设计、报建、生产、施工等各环节的标准化和通用化，满足数据交换过程中的完备性和准确性（图2）。

图 2 基于湖南省标准化部品部件库的标准化设计

平台基于云服务建立开放的参数化预制部品部件 BIM 模型数据库和数据库管理系统，形成产业链上下游的数据信息通道，满足大型装配式建筑预制构件 BIM 模型的互联网采集、存储和智能检索，使标准预制构件成为标准化设计、生产、运输、安装的基础单元，实现基于统一系统上的跨专业、多用户互操作及数据集成更新。

3.1.2 智能化设计系统

平台企业侧提供专业的装配式建筑设计系统，该系统基于 BIM 技术涵盖全专业全流程，实现装配式设计智能化构件拆分、装配率计算、全专业协同设计、构件深化与详图设计、碰撞检查、材料统计等功能，如图 3 装配式建筑设计系统所示。同时可以调用标准化部品部件库，设计数据直接接力到生产加工设备，有效提高设计效率，降低成本。

软件操作简单，运行速度较快，计算结果准确。提升设计质量，无缝对接线上图审系统（图 4），审查报告一键生成，问题检查情况反馈信息一目了然。比如某单体建筑经过线上网审系统生成审查报告，实现自动检验，发现 5 处不满足规范要求，16 处存在一般性错误。

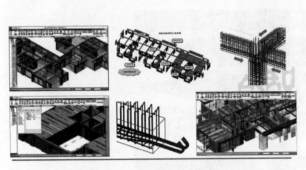

图 3　装配式建筑设计系统

图 4　图审系统

一体化设计，避免二次深化设计带来的错漏碰缺。PKPM-BIM 深化设计数据直接生成 BOM 生产数据，用于构件加工生产，设计、生产数据一体化。利用智能设计软件为设计企业赋能，设计效率大幅提升，设计图纸一键生成，有效降低设计周期。深化设计投入人员数量比传统减少 50% 以上，施工图设计周期缩减 60% 以上（图 5）。

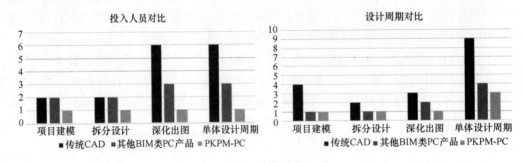

图 5　效率对比

3.2　生产赋能

在生产阶段提供装配式智慧工厂管理平台，数字化生产是建筑工业化体系的重要一环。通过统一的 BIM 协同平台，加强构件厂与装配式设计和装配式施工现场之间的协同管理，实现多项目、多工厂之间协同生产，从而达到降低成本、优化库存、提高效率和应变能力、减少人为操作失误和提高产品质量的目标（图 6）。

基于 PKPM-PC 设计软件一键出图后，项目可直接将 BIM 模型、深化图纸等设计成果直接导入企业侧生产系统，自动生成构件清单、物料清单等生产 BOM 数据，无需人工统计和录入，并极大程度地保证了数据的准确率。同时，通过系统可直接显示全楼 BIM 模型、预制构件模型和生产加工图

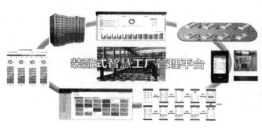

图 6　装配式智慧工厂管理平台

纸等设计信息，直接精准指导生产（图 7）。

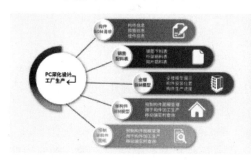

图 7　指导生产

根据生产计划，每一块构件在生产前都会生成一张专属的构件二维码标签，生产管理人员在隐蔽检查、浇筑、成品检验等各个阶段，可直接通过 PDA、手机等移动设备扫码后完成生产数据的实时采集。智慧工厂系统实时更新各阶段生产数据，并与政府侧平台实时对接，实现构件生产全过程监管透明化和构件信息可追溯化。系统集成传感器、射频识别（RFID）、二维码识别等物联网技术，实现系统与模台、蒸养窑、搅拌机、布料机等工厂各类设备的对接，实现数据自动传输、设备自动控制，推进工厂构件生产智能化（图 8）。

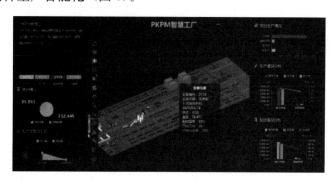

图 8　构件信息采集录入

生产系统可实时统计构件生产状态，每一块构件具体处于待产中、生产中还是已入库、已出库等状态，在系统中一目了然。同时，生产系统对项目生产完成进度和工厂每日生产信息进行实时统计，并通过 BIM 模型进行可视化展示。工厂管理人员能直观、动态地了解到项目整体生产进度和工厂产能情况（图 9）。

生产系统从各类原材料采购和半成品生产加工的管控入手，严格把控材料入库和材料出库的审批，实行集中采购、限额领料。仓库管理人员可通过系统实时掌握生产材料的库存和使用情况，有效避免错领、多领、缺货等情况导致的生产成本增加与浪费，实现成本管理的精细化。

智慧工厂管理平台以工厂生产管理为重点，向上下游整合装配式建筑设计、材料、生产、施工等

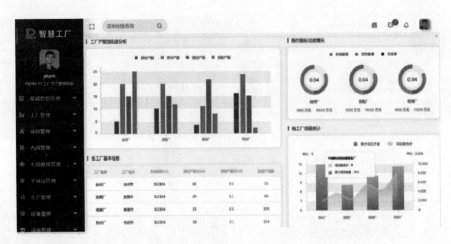

图 9　生产状态实时查看

环节,通过"建筑+互联网"的形式助推产业链条内资源的优化配置,为建筑业技术、经济和市场的结合提供了公共平台。

3.3　施工赋能

装配式混凝土建筑现场施工经常面临许多问题。其中有些问题影响结构质量,例如构件拼缝不平齐、水平度和垂直度调整不到位等;有些问题导致工期拖延,例如堆场安排不合理、施工组织不当等;有些问题导致成本增加,例如起重机型号选择过大等。通过 BIM 系统、构件模型数据和施工现场的智慧工地相关技术,可以有效解决这些问题,实现装配式建筑施工过程中堆场优化、吊装模拟和管理、构件可视化预拼装及安装流程模拟、进度协同和管控、基于物联网的质量监管等(图 10)。

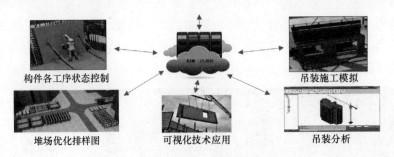

图 10　装配式建筑智慧施工管理系统

智慧施工管理系统可将项目整体施工流程及装配化施工工序通过 3D 模拟施工的方式进行演示,现场管理人员和施工人员在系统中可随时查看施工模拟动画和施工专项方案,清晰直观地了解关键工序和关键节点的控制要点,并及时对施工方案进行优化调整,有效避免了传统施工中在实际操作时才能发现问题的弊端,对提高施工质量、减少安全风险、降低返工率有较大帮助。

在进度监测方面,通过扫描构件二维码标识,施工现场管理人员可将构件从进场直至施工完成的各阶段数据进行实时采集,并同步反馈至施工系统进行动态更新。另一方面,施工系统将进度信息与 BIM 模型进行关联,可视化展示项目进度与完成状态。同时,系统还可将实际进度与计划进度进行动态对比,使项目管理人员能更直观地了解项目进度偏差,并及时发布进度预警。

通过联动现场监控、机械设备安全监测、环境监测及重大危险源监测等设备,将现场信息实时采集传输到施工系统中,企业管理人员可远程实时掌握现场情况,监管现场安全文明施工,对及时发现安全隐患、排查重大危险源、降低安全事故发生率有较大帮助。

3.4　政府管理赋能

政府侧平台依托于装配式建筑标准化体系的建立,省市内装配式企业按照统一的数据交付要求,将企业侧平台与政府侧平台无缝对接，实现政府侧对装配式项目设计、生产、施工、运维、监管各环节的管理监督。

政府侧平台的建设为装配式产业的监督和发展提供了创新型服务。

第一，政府侧平台纵向实现了省、市、县三级住建部门的监管应用，横向与发改、工信、科技、财政等省级有关部门数据共享，成功搭建全省装配式产业网格化监管体系。

第二，政府侧平台与省智慧住建平台融合，在不改变其他系统业务办理的情况下，抓取关键数据，加强政府数据的资源整合和标准化管理（图11）。

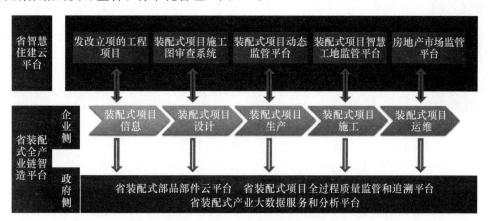

图11 装配式建筑全过程质量追溯和监管系统

第三，装配式产业大数据和公共服务平台可以将项目建造全流程的关键数据提取和传送到政府公共平台，形成装配式产业大数据。这些数据可以用于全方位分析全省装配式项目、企业、体系和产能的动态情况，实现资源的合理配置和效益最大化，助力产业发展的科学决策（图12）。

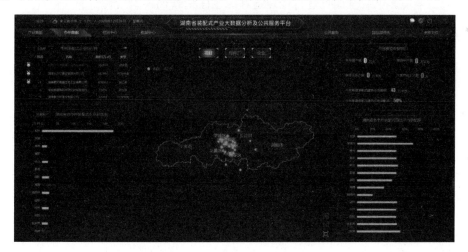

图12 装配式产业大数据和公共服务平台

第四，装配式项目质量监管和追溯平台全方位、便捷高效地对装配式建筑全生命周期质量管控点进行跟踪，可以追溯到质量问题发生的源头，对相关责任单位或人员追责，减少乃至杜绝项目质量问题的发生（图13）。

第五，装配式建筑全过程质量追溯和监管系统可以将项目核心质量信息实时上传到政府侧平台，形成项目质量监管和追溯数据，有利于业主维权，同时将质量监管信息和供应商、承包商的信用体系关联，可以增强行业自律性，提高业主满意度。

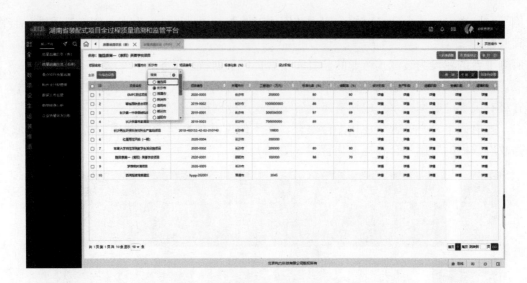

图 13　装配式质量监管和追溯平台

4　效益分析

装配式建筑全产业链智能建造平台，通过各类创新技术的应用，将有效解决装配式产业中的诸多"瓶颈"问题，实现资源的合理配置，在线化、规范化管理大幅提升行政监管效率，标准化体系将大幅提升标准构件复用率，有效降低项目建造成本，数字化技术将全面提升建造精度，工程精度由厘米级提升至毫米级；智能化技术的应用将大幅提升设计、生产和施工效率，全生命周期质量管理能够最大限度地消除质量隐患；推动绿色建筑发展，真正发挥了装配式建筑节能、节地、节水、节材的优势，大幅降低施工环境影响，全面打造智能建造和绿色建造新模式。

5　应用案例

5.1　湖南省建筑设计院有限公司项目试运行报告

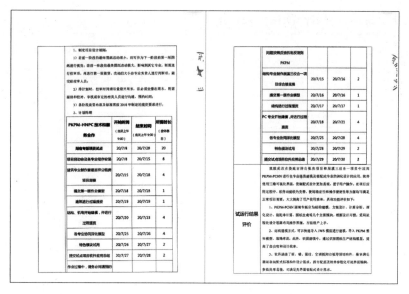

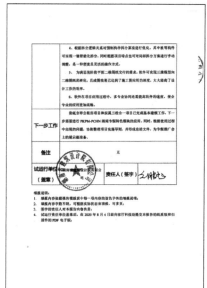

5.2 中机国际工程设计研究院有限责任公司项目试运行报告

5.3 湖南东方红建设集团有限公司项目试运行报告

5.4 三能集成房屋股份有限公司项目试运行报告

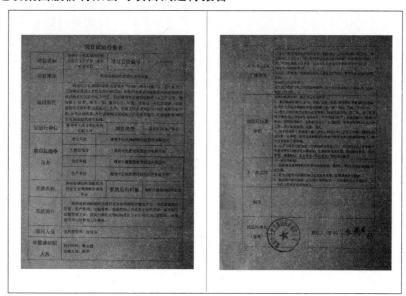

5.5 湖南中天建设集团股份有限公司项目试运行报告

6 结语展望

装配式建筑全产业链智能建造平台为参与各方提供了强大的赋能体系。对设计方，智能化标准化快速方案设计、一键出图使效率大幅提升。同时可以直接对接政府审查平台，一键交付审查。对生产方，直接对接设计信息快速安排生产，获取施工进度信息，合理排布生产计划，避免堆场压力，同时实现数据驱动生产，实现无人或少人工厂生产。对施工方，可以实时了解工厂生产进度，智能优化构件堆场，动态更新施工进度。对政府，可以实现全过程信息实时监管，过程留痕可追溯，同时提供大数据分析，动态报警的能力。

湖南省装配式建筑全产业链智能建造平台是建筑产业互联网典型应用案例，是实现智能建造的重要内容，优化建筑行业产业链全要素配置，激发全行业生产力，促进智能建造与建筑工业化协同发展，实现新型建筑工业化，带动建筑行业转型升级与高质量发展。

作者：夏绪勇　王良平　刘苗苗　姜　立　周　盼（北京构力科技有限公司）

自主可控的 BIMBase 平台软件
Initiative BIMBase Platform Software

1 发展现状

当前，"数字技术"已成为各大科技强国重点关注和大力投入的焦点，作为战略资源开发，在提升综合国力方面发挥着越来越重要的作用，也是实现工程建设行业数字化、网络化、智能化的重要基础。从世界的范围来看，建筑信息模型（BIM）技术作为已成为工程建造、城市建设与管理相关的核心技术，引起了世界各国政府和行业及软件企业的高度重视。

然而，现阶段我国的 BIM 平台和软件主要以国外产品为主，软件的开发语言、开发工具等由美国微软、欧特克，欧洲达索、内梅切克等企业控制，缺少全系列的大型设计软件，国外软件处于优势地位。

在当前错综复杂国际环境下，美国对我国高新技术产业的持续封锁和打压，中国发展对美国技术依赖的风险在不断加大。国内 BIM 软件市场长期被国外企业垄断，以之建立的建筑数据将存在着巨大的安全隐患。这就要求我们要尽快掌握自主可控的 BIM 技术，解决关键技术的"卡脖子"问题，建立我国自主 BIM 软件生态环境，保障行业的可持续发展与国土资源的数据安全。

在此形势下，中国建研院基于三十多年 PKPM 系列自主图形平台与软件研发技术积累基础上，于 2019 年开始攻关完全自主知识产权的三维图形引擎、BIM 平台和应用软件，力求全面解决我国建筑信息化领域的"卡脖子"问题，实现核心技术可替代，提升我国工程建设行业整体创新能力，在技术上达到国际先进水平。经过两年多的集中攻关，2020 年推出了完全自主可控的国产 BIMBase 系统，包括 BIMBase 建模软件、PKPM-BIM、PKPM-PC 等软件模块。

2 技术要点

BIMBase 系统是国内首款完全自主知识产权的 BIM 平台和软件系统，基于自主 P3D 图形引擎，结合数据管理引擎和协同管理引擎，实现了核心技术自主可控。该体系由三维图形平台、专业数据库、共性模块库、BIM 组件库、多专业协同管理、多源数据集成与转换、二次开发包等组成，提供几何造型、显示渲染、模型管理、参数化建模、碰撞检查、工程制图等基础功能，同时提供桌面端和云端二次开发接口。通过集成人工智能、云计算、物联网、GIS 等新型信息技术，可为各行业提供广泛的专业应用服务。

BIMBase 可完成各类复杂形体构件的参数化建模和工程图绘制，支持建立开放的参数化组件库，满足工程项目大体量建模需求，具备多专业数据的分类存储与管理能力，提供桌面端、移动端、Web端应用模式，支持公有云、私有云、混合云架构云端部署，支持多参与方的协同工作，实现成果的数字化交付。主要功能和性能指标均达到国际先进水平。

BIMBase 的关键技术包括：

（1）大体量图形处理的 BIM 三维图形引擎技术

BIMBase 中的三维图形引擎 P3D，重点突破了大体量几何图形的优化存储与显示、几何造型复杂度与扩展性、BIM 几何信息与非几何信息的关联等核心技术。采用包围盒以及显示层次定义、配合场景的模型显示剔除与精细度控制等多种方式提升桌面端显示效率，采用 AJAX 异步加载技术和分部分加载技术提升 Web 显示和加载效率。

（2）面向工程项目全生命周期应用的 BIM 平台技术

BIMBase 面向工程项目全生命周期应用需求，将 BIM 三维图形平台对图形引擎、BIM 数据服务、协同工作等公共功能进行封装，具备数据版本管理、多端即时访问、数据安全存储、高负荷几何运算和高效专业分析计算等功能，解决了大体量工程项目的数据承载、基于构件的协同工作与按需加载、BIM 子模型提取和合并、存储压缩率和数据扩展机制等问题。

（3）基于 BIM 三维图形平台的参数化建模技术

BIMBase 对通用标准构件（如常规墙体、标准结构柱、机电管道等）进行系统内置，对特殊造型构件（如门窗、异形柱、机电设备等）提供开放的自定义参数化建模功能，内容主要包括：基本对象及关联关系、基本功能、参数化构件对象及管理、参数化构件实例及布置等。

（4）多专业模型关联数字化协同建模技术

BIMBase 通过平台的一体化数据存储，建立构件级的关联关系，实现以 BIM 数据交换为核心的协作方式，建立多专业、多参与方的协同工作机制。通过平台集成各专业设计成果，提供模型参照、互提资料、碰撞检查、差异比对等多专业协同模式；通过基于云服务的多端（PC 端、Web 端、移动端）协同平台，提供跨企业和跨地域的协同应用模式。

3　应用特点

（1）BIMBase 的主要特点包括：

1）建模：BIMBase 可满足工程项目大体量建模需求，完成各类复杂形体和构件的参数化建模，模型细节精细化处理，可添加专业属性，设计师的想象不再被束缚。

2）协同：BIMBase 可实现多专业数据的分类存储与管理，及多参与方的协同工作。

3）集成：BIMBase 具备一站式的模型组织能力，提供常见 BIM 软件数据转换接口，可集成各领域、各专业、各类软件的 BIM 模型，满足全场景大体量 BIM 模型的完整展示。

4）展示：BIMBase 可实现大场景模型的浏览，实景漫游，制作渲染、动画，模拟安装流程，细节查看。

5）交付：BIMBase 可作为数字化交付的最终出口，提供依据交付标准的模型检查，保证交付质量。

6）资源：BIMBase 支持建立参数化组件库，可建立开放式的共享资源库，使应用效率倍增。

7）多端：BIMBase 提供桌面端、移动端、Web 端应用模式，支持公有云、私有云、混合云架构云端部署。

8）开放：BIMBase 提供二次开发接口，可开发各类专业插件，建立专业社区，助力形成国产 BIM 软件生态。

（2）BIMBase 的应用场景包括：

1）建立应用软件二次开发环境，实现关键技术可替代

高效图形引擎和轻量化图形引擎是 BIM 平台的关键，研究自主可控的高效数据库技术、参数化对象与约束机制，可扩展的基础几何库和三维编辑工具集，组件式、可视化的开发环境、多源数据共享格式与机制和 API 应用接口，突破基础数据结构与算法、数学运算、建模元素、建模算法、大体量几何图形的优化存储与显示、几何造型复杂度与扩展性、BIM 几何信息与非几何信息的关联等核心技术，建立二次开发环境，是自主 BIM 平台的关键。

2）可用于研发基于 BIM 技术的协同工作平台

通过 BIM 平台集成各参与方技术成果，提供多方协同工作模式，消除信息孤岛。通过模型参照、互提资料、变更提醒、消息通信、版本记录、版本比对等功能，强化专业间协作，消除错漏碰缺，提

高建造效率和质量。多专业数据应通过数据库存储来避免数据过大时的模型拆解，通过模型轻量化实现互联网、移动设备和虚拟现实设备的应用。

3）可用于研发基于 BIM 技术的工程项目全生命期集成管理平台

通过 BIM 技术与工程项目 EPC 建造模式相结合，对工程建设的设计、采购、施工、试运行各阶段的信息进行统一管理。通过建立基于 BIM 的项目总控中心，使建筑信息在项目建设的各阶段逐步丰富，通过满足应用需求的交付标准使信息传递更有效，避免重复性工作，带来整体效益的提升。在建设周期中的各个阶段交付的不仅是施工图，而是具备更完备信息的 BIM 模型，为 BIM 数字化报建审批创造条件。项目竣工后，建设方将在给业主提供实体建筑的同时，还能提供一个集成全部信息的虚拟建筑 BIM 模型，用于业主后期的运维管理。

4）可用于研发更具专业深度的 BIM 应用软件

发挥 BIM 的技术优势，实现 BIM 在专业领域的深入应用，即所谓的"BIM＋"，其中最典型是"BIM＋装配式建筑"。装配式建筑作为实现建筑工业化的主要途径之一，是最能体现数字化优势的现代化建造方式，BIM 是装配式建筑体系中的关键技术和最佳平台。利用 BIM 技术可实现装配式建筑的标准化设计、自动化生产、智能化装配，可有效提高建造效率和工程质量。

5）将 BIM 技术向广度发展，建立数字城市模型（CIM）

随着我国数字城市建设的逐步展开，以往单纯依托 GIS 平台的城市管理已不能满足精细化管理的要求，数字城市越来越需要拥抱 BIM 来获得海量的建筑设施数据，通过 BIM 数字化审批和归档实现数据汇集，通过 GIS＋BIM＋IoT 形成更大范围的城市信息模型（CIM），将为城市提供全方位的智能服务，实现城市的智慧管理和运行。

6）建立国产 BIM 软件生态环境

以推动全行业 BIM 应用为出发点，总结针对不同类型企业和部门的应用模式及价值体现，研发更适应国内企业应用的国产 BIM 软件，通过创造原生价值，提升效率和品质，降低成本。与此同时通过建立与国产 BIM 软件相配套的数据标准、交付标准、应用标准、开发标准和测试标准，建立基于自主 BIM 数据格式的共享资源库，建立人才培养体系，搭建国产 BIM 软件产业互联网，使各方都能主动参与，达到共创共赢的目标，形成国产 BIM 软件产业的良好生态环境。

4 效益分析

目前基于 BIMBase 平台开发的建筑、结构、给水排水、暖通、电气、绿色建筑、装配式建筑全专业协同设计软件和三维石化工厂设计软件已正式推向市场，通过基于 BIMBase 的生态建设，将形成覆盖建筑全生命期的国产软件体系，支持建筑、电力、市政、交通、石化、国防军工等行业数字化建模和数字化交付，推动建设领域的信息化、数字化和智能化（图1）。

图 1 国产 BIMBase 的生态建设

相比于国外软件，BIMBase 平台更有利于研发适应中国工程建设标准和工作流程的应用软件，针对本土化需求响应更迅速；同时能根据国内工程师的使用习惯把软件做得更易上手，专业深度更强，使 BIM 技术得到更广泛深入的应用，有力推动各行业数字化转型，全面助力新型城市基础设施和数字城市（CIM）建设。

5 应用案例

（1）基于 BIMBase 研发的 PKPM-BIM 建筑、结构、机电全专业协同设计系统

构力科技基于 BIMBase 平台开发的 PKPM-BIM 全专业数字化设计软件，可实现建筑、结构、机电的一体化集成设计，并提供伴随设计过程的规范检查功能，满足国内常规工程项目的 BIM 正向设计需求。其中建筑专业包括基础建模、识图建模、规范审查、清单算量等功能；结构专业包括结构 BIM 模型转设计模型、结构计算、基础设计、钢筋深化、图模联动等；机电专业涵盖暖通、给水排水、电气三专业，功能涵盖三维建模、专业计算、水力计算、碰撞检查、预留预埋、专业提资、专业出图等。软件好学易用，符合国内设计流程和使用习惯，填补了完全自主可控国产 BIM 建筑设计软件的空白（图 2）。

PKPM-BIM 协同设计系统面向设计企业、高校和科研单位，可实现建筑设计各专业共享模型数据，数据集中管理，保证了数据的一致性和关联性，解决基于 BIM 的多专业设计中的数据共享和协同工作问题。系统在实现各专业设计内容的同时，可以实现各专业的协同设计，并提供相关技术培训和项目指导服务，使设计企业全面掌握基于 BIM 技术的正向设计模式。

（2）基于 BIMBase 研发的装配式建筑设计软件 PKPM-PC

构力科技基于国产 BIM 平台（BIMBase）研发了装配式设计软件 PKPM-PC，通过建立基于云服务的开放式准化预制部品部件库，打通产业链上下游的数据信息通道，使标准预制部品部件成为标准化设计的基础单元，为装配式建筑标准化和一体化设计提供了关键支撑。PKPM-PC 符合装配式建筑全产业链标准化、一体化、集成化应用模式，涵盖全专业全流程，前置生产、施工工艺要求，内置多项智能化设计内容。经过大量工程项目应用验证，PKPM-PC 能有效提升装配式设计效率，设计精度大为提高，降低拼装检测的人工量，减少了大量错漏碰缺现象的发生，推动了预制装配式建筑标准化、一体化、智能化发展（图 3）。

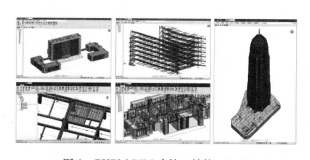

图 2 PKPM-BIM 建筑、结构、机电
全专业协同设计系统

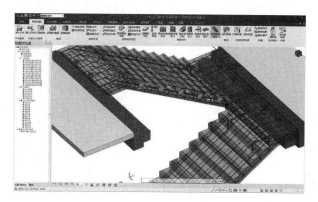

图 3 装配式建筑设计
软件 PKPM-PC

（3）省市及 BIM 智能审查系统

为推动基于 BIM 技术的施工图审查制度和工程许可审批制度改革，构力科技基于 BIMBase 云平台先后为湖南、广州、南京等省市开发建设了施工图 BIM 智能化审查系统。系统以"互联网＋监管"为手段，通过建立以 BIM 审查技术标准、模型交付标准、数据标准为基础的标准体系，将各类软件

的 BIM 模型统一转换为自主可控的审查模型,通过审查引擎自动对比规范规则库与审查模型实现智能化审查。系统已实现建筑、结构、水、暖、电五大专业和人防、消防、节能、装配式四大专项的部分工程建设强制性标准实施自动审查,提高了信息化监管能力和审查效率。BIM 审查系统将推动建筑企业 BIM 技术的普及应用,并为建立城市信息模型(CIM)实现智慧城市管理奠定基础(图 4)。

图 4　湖南省 BIM 智能审查管理系统

6　结语展望

　　当前,新一轮科技革命和产业变革加速演进,新型信息技术融合发展,"数字技术"和"数字经济"已成为新一轮经济社会生产的核心要素。党的十九大报告在论述创新型国家时,提出了"数字中国"的理念,为中国特色智慧城市建设和建筑业数字化转型指明了方向。

　　今后,建筑绿色化、工业化和信息化的三化融合将成为必然趋势,以 BIM 为基础并融合新技术的信息技术集成应用能力,将使建筑业数字化、网络化、智能化取得突破性进展。BIM 技术作为数字化转型的核心技术,掌握自主可控的 BIM 技术,解决关键技术的"卡脖子"问题,建立国产 BIM 软件生态环境,将 BIM 技术更加全面和深入的应用,才能为行业的可持续发展和国土资源的数据安全提供有力保障,带来不可估量的巨大价值。

作者: 马恩成　姜　立　张晓龙　夏绪勇(北京构力科技有限公司)

建筑施工机器人

Construction Robot

1 发展现状

1.1 政策背景

从 2001 年全面启动建设领域信息化工作,到"十二五"基本实现建筑企业信息系统的普及应用,再到"十三五"着力向建筑数字化(BIM),向人工智能、大数据等集成应用方向不断演进,以及到 2025 年确立以"'建筑产业互联网平台'初步建立"为下一个 5 年目标,行业政策对建筑业信息化发展具有强引领性。其中,2020 年 7 月,住房城乡建设部、国家发展改革委等 13 部门联合下发《关于推动智能建造与建筑工业化协同发展的指导意见》;2020 年 9 月,住房城乡建设部、教育部、科技部、工信部等 9 部门联合发布《关于加快新型建筑工业化发展的若干意见》。

1.2 行业背景

建筑行业是我国国民经济的重要物质生产部门和支柱产业之一,在改善居住条件、完善基础设施、吸纳劳动力就业、推动经济增长等方面发挥着重要作用。当前建筑施工机器人应用尚处于探索阶段,面对人口老龄化压力和建筑业升级的迫切需求,建筑施工机器人未来将成为建筑业的常规工具,针对性解决建筑垂直细分领域痛点,替代建筑施工的部分人力,加深建筑体系智能化、标准化程度。

1.3 行业现状

《关于推动智能建造与建筑工业化协同发展的指导意见》指出,加大建筑施工机器人研发应用,有效替代人工,进行安全、高效、精确的建筑部品部件生产和施工作业,已经成为全球建筑业的关注热点。建筑施工机器人应用前景广阔、市场巨大。目前,我国在通用施工机械和架桥机、造楼机等智能化施工装备研发应用方面取得了显著进展,但在构配件生产、现场施工等方面,建筑施工机器人应用尚处于起步阶段,还没有实现大规模应用。发展建筑施工机器人是当下必然的发展趋势,实现建筑施工机器人代替部分传统人工提高建筑施工的标准化程度是当下发展必然需要。

2 技术要点

2.1 主要特点和指标

通过自主研发系列化建筑施工机器人实现建筑项目从主体结构、砌体结构、地库工程、室内和室外装饰、园林建设、物流转运及辅助作业等多工序的自动化施工,产品具备安全、易用、高效率、质量一致性好等优点;极大地降低对建筑工人的健康伤害和劳动强度,保障建筑工人身心健康。建筑施工机器人的推行将降低对建筑工人的技能和经验的要求,提升从业人员行业地位和职业认可度;成体系的推行建筑施工机器人施工,将为建筑项目施工带来缩短工期、全面提升质量、数据上云便于后期维护等好处。

适用范围及条件:适用于各种大型建筑场景,包括但不限于主体结构、墙面装饰、地库装饰、外墙工程、地坪工程等。

2.2 建筑施工机器人共性创新技术成果

(1)SLAM 自动导航技术。在机器人上内置激光雷达,通过激光雷达获取的地图环境与自主研发的导航控制算法相结合,实现室内环境下完成自主导航移动和精确定位。

（2）BIM 路径自动规划技术。自主研发的机器人路径自动规划算法，通过导入建筑 BIM 模型，可生成机器人移动和作业点位，形成机器人作业路径。

（3）施工仿真技术。通过导入自动生成的机器人施工路径，利用平台的可视化界面和施工过程仿真界面进行施工路径的仿真验证，快速排除异常，保证路径准确率，提高实际施工质量和效率。

（4）适用于建筑施工机器人的移动底盘。基于建筑施工环境，自主研发的全向移动机器人底盘，依靠激光 SLAM 技术，实现在复杂工地环境下安全可靠行走及在不同作业面之间的自主移动。

（5）多机协同施工模式。通过建筑施工机器人调度系统，实现室内混凝土修整机器人多机协同施工作业，仅一人即可管理 4 台机器人协同施工作业。采用建筑施工机器人系统，可以实现多台修整机器人产品施工作业前准备、作业中调度、进度监控，作业后施工效率，施工工作量统计的三维立体管理实现一人同时操控多台机器人同时作业，从大幅减少施工作业人员，降低成本。

2.3 混凝土施工类机器人创新技术

（1）智能随动布料机：创新地使用了控制算法，使控制电机实现联动功能；创新地在软管末端设置了末端控制器；创新地使用了手柄作为控制器；创新地使用了一键转手动的功能。

（2）地库抹光机器人：开发了运动控制算法，并融合导航技术，实现混凝土地面抹光作业的自动化。

（3）地面抹平机器人：自主研发的激光水平标高控制系统；机器人底部行走机构采用镂空滚筒结构；机器人后端在控制箱与激光抹平机构之间设计了自适应振捣提浆机构；机器人底部设置了交叉运动轮系。

（4）地面整平机器人：机器人机身与底盘以及整平板与机身均采用轴连接设计，形成独特的双轴设计；自动设定整平规划路径；基于 RTK 定位及 GNSS 导航技术，自动设定整平规划路径；将GNSS 定位的长期稳定性与 IMU 定位的短期精确性进行组合提高导航精度，解决了传统定位导航精度不足问题。

2.4 混凝土修整类机器人创新技术

（1）混凝土打磨机器人：借鉴 CNC 加工技术，实现打磨切削量的自适应控制及优化切削线路，实现高效作业、提升磨盘寿命和提高产品作业稳定性。测量建筑缺陷技术，利用视觉测量建筑空间信息，通过算法确定螺杆孔洞的空间位置，确定天花、内墙面的打磨修补最优方案。

（2）螺杆洞封堵机器人：通过视觉识别、小流量砂浆搅拌、泵送、自动清洗系统，可以有效保证墙面孔洞砂浆封堵作业。

2.5 墙面装修施工类机器人创新技术

（1）室内喷涂机器人：自主研发的机器人自动移动和末端执行器施工动作规划算法，开发出适用于室内建筑乳胶漆喷涂的路径自动规划软件。

（2）地库喷涂机器人：地库环境 SLAM 建图及 BIM 地库快速转换技术，确保机器人在地库环境下的准确定位。通过 BIM 地图下发路径到自建图下点位快速转换技术，实现机器人施工路径的快速导入和匹配。自主研发的适用于地库复杂地面环境的重载全向运动底盘技术。

2.6 外墙涂饰施工类机器人创新技术

外墙喷涂机器人：单电机驱动四个卷扬机，驱动喷涂机器人上下起升运动，配合完成自动喷涂作业过程；喷涂机器人姿态稳定装置采用正压推进技术，确保施工过程中机器人姿态稳定性；基于BIM 运动路径规划，施工过程中可以自动识别喷涂区域、非喷涂区域，提高喷涂效率，降低涂料损耗；喷涂过程中实时监测风速、喷涂压力、流量等变量，确保喷涂质量问题。

2.7 地坪施工类机器人创新技术

（1）地坪研磨机器人：以自动定位与导航行走为基础，实现机器人自主行走；以自动研磨作业和自动停障为基础，实现机器人自动自主研磨作业；以自动吸尘集尘和灰尘称重为基础，实现机器人能够自动吸尘。同时灰尘称重保证及时更换还尘袋；以电缆自动收放为基础，实现机器人能够自动随带电缆作业；以双动力系统为基础，实现机器人能够在电缆和电池之间的自主切换。

（2）地坪漆涂敷机器人：开发了一套视觉系统，实现了对边角的定位和检测。设计了一款集精准布料、动态混合、多传感器检测的供料系统，为高质量的地坪漆涂敷作业奠定了基础。开发了一套特有的随动作业控制流程，为机器人高效率大面积随动作业提供了可能，为提高机器人施工的覆盖率，开发了边角刮涂的运动轨迹。

（3）地库车位划线机器人：集智能路径划线线路径规划、自动喷涂、自动打孔功能于一体，施工效率高质量稳定。

3　应用特点

为全面推进建筑工地无人化的发展，自主研发出结构、装修、外墙、地库类等建筑施工机器人用于支持整个建筑体系朝更智能、更具科学化的方向发展。

3.1　混凝土施工类机器人应用特点

智能随动式布料机采用双电机驱动两节臂架，并在布料机软管末端设置了控制器，通过运动控制算法实现了智能随动布料，直接减少了 2 名操作工，大大降低了建筑工人的劳动强度。可实现整平机器人、抹平机器人、抹光机器人在网格化施工模式下，自动规划路径进行施工作业；配合高精度激光测量与实时标高控制系统，解决了手工作业反复测量、反复修整效率低下且平整度差、一致性低等问题，实现混凝土地面的自动无人化施工。

3.2　混凝土修整类机器人应用特点

通过测量机器人对 2mm 以上爆点进行识别，依据 BIM 进行路径规划，最后依靠动态压力感应、多级升降装置、正交滑轨技术，实现对混凝土天花板底指定区域的精确打磨和自动作业，打磨后满足观感平整的验收工艺需求；混凝土内墙打磨机器人，可针对混凝土墙面铝模漏浆、爆点等位置进行自动打磨作业，打磨后墙面极差可以控制在 2mm 以内，为后续腻子、喷涂等装修工艺提供良好的作业基面；螺杆洞封堵机器人，用于封堵混凝土现浇墙面模板拆除后留下的对拉螺杆孔洞，采用视觉识别墙面孔洞的位置，砂浆封堵工艺系统，完成孔洞封堵，解决隐蔽工程——螺杆洞封堵质量难以保证的痛点。与人工作业相比，该款螺杆洞封堵机器人能长时间连续作业、质量更好、效率更高、成本更低，极大减少了孔洞封堵砂浆封堵深度不够、密实性差、造成后期渗漏的风险。

3.3　墙面装修类机器人应用特点

腻子涂敷打磨机器人，用于室内装修工程中的墙面、天花板面等装修面进行腻子涂敷和打磨自动化作业，其显著特点是高质量、高效率、高覆盖、成型一致性好和成本较低。室内喷涂机器人，依据规划路径自动行驶、通过自主研发的喷涂工艺控制上装运动从而实现喷涂作业，极大减少了喷涂作业产生的油漆粉尘对人体的伤害。墙纸铺贴机器人，设计了高度集成的上装机构，实现墙纸输送、涂胶、裁剪、铺贴等功能，作业质量稳定、高效。地下车库喷涂机器人，通过自主研发的喷涂工艺、自动路径规划技术、激光 SLAM 导航及机械臂双喷枪结构，实现自动行走和喷涂作业。

3.4　外墙施工类机器人应用特点

外墙喷涂机器人可进行无砂乳胶漆喷涂、水包砂多彩漆喷涂施工。机器人采用双舵轮 AGV 底盘结构，实现各作业面间的自动转移；起升机构驱动喷涂机器人起升运动，配合完成自动喷涂作业过程；再基于 BIM 运动路径规划，施工过程中可以自动识别喷涂区域、非喷涂区域，提高喷涂效率，降低涂料损耗；同时具备实时监测风速、喷涂压力、流量等功能，确保喷涂质量问题；机器人施工环境适应性好，适应于白晚班轮流施工要求，机器人施工效果均匀一致、无漏喷、无透底、无流坠等现象，综合质量优于传统人工施工，大大降低了人工高空作业的危险性，提升施工效率，降低施工成本。

3.5 地坪施工类机器人应用特点

各款机器人通过 BIM 地图或者激光 SLAM 技术自主建图，根据自主研发的控制算法控制底部的伺服电机，实现自动行驶功能。地坪研磨机器人通过控制系统控制研磨盘的升降与研磨电机旋转，实现自动研磨的功能；地坪漆涂敷机器人基于视觉的定位识别系统，结合多传感器融合技术对机器人本体供料系统实时监控，将底盘、机械臂、供料系统完美结合，实现大面积随动作业的功能；地库车位画线机器人通过供料装置提供稳定的压力，使漆料通过喷嘴均匀地在地面上形成厚度、宽度统一，边界清晰的喷涂线，实现车位线自动作业的功能。

4 效益分析

建筑施工机器人研发聚焦保障施工安全、提升施工质量、提高施工效率三个核心要素，以达到提升建筑施工综合效益的目标。机器人施工减少人的不可控因素，可以实现质量标准化、施工高效化、管理一体化、管控数字化的高效施工管理模式。

4.1 高效

传统建造模式的施工效率需进行多方考量，比如：工人的熟练程度、健康状况、工作时长、休息时间等；机器人施工减少人的不可控因素，可以实现质量标准化、施工高效化、管理一体化、管控数字化的高效施工管理模式。

4.2 提质

部分工序之间为保证施工质量，需要有界面处理。传统施工由于界面处理的工作琐碎而造成施工不及时、遗漏或质量差返工，导致后续施工被迫滞后。建筑施工机器人通过智能 AI 保质高效完成工作，为后续施工提供良好的工作面。

4.3 安全

防止高空坠落，建筑施工机器人代替人工施工，减少人工高空作业；减少职业病，传统施工过程中会产生大量粉尘，粉尘等对人体伤害大。机器人不需要人的参与，降低工人职业病的发生风险；降低工伤概率，机器人替代人工搬运墙板、物料，可有效消除安全隐患，并可大大提高工作效率。

4.4 降本

采用人机协作模式，信息化管理，机器人需求准确，减少人为的材料浪费与材料超领现象，排布更加精细化。现场工人的减少，现场的配套设施也会随之减少。

4.5 环保

机器人代替人类施工能减少人体暴露在有害环境的时间。减少施工人员的在场数量，因此随着施工人员的减少现在所产生的生活垃圾也将随之减少。

5 应用案例

博智林机器人创研中心人才房项目位于佛山市顺德区北滘镇南平路南侧。人才房项目总占地面积约 4.5 万 m^2，规划总建筑面积 27.77 万 m^2，包括 9 栋 30 层住宅、1 栋 29 层住宅和 1 栋 3F（局部 2F）幼儿园以及两层地下室，建筑面积为 24.96 万 m^2。

凤桐花园项目位于佛山顺德北滘镇。占地 4.2 万 m^2，总建面 13.76 万 m^2，涵盖住宅建面 10.42 万 m^2，商业建面 5000 m^2，包括 8 栋高层住宅，楼高 17～32 层不等，合计 823 户，预计可容纳 2534 人，车位 880 个。

目前共 20 款 100 余台机器人分别在广东佛山顺德凤桐花园项目、创研中心人才房项目进行生产应用。应用的机器人主要包括智能随动式布料机、地面整平机器人、地面抹平机器人、地库抹光机器人、螺杆洞封堵机器人、混凝土内墙打磨机器人、混凝土天花打磨机器人、腻子涂敷打磨机器人、室内喷涂机器人、地下车库喷涂机器人、外墙乳胶漆喷涂机器人、外墙多彩漆喷涂机器人、地坪研磨机器人、地坪漆涂敷机器人和地库车位画线机器人。通过批量使用建筑施工机器人进行工程应用，将先进的智能和自动化技术引入建筑行业，建立机器人＋新型产业工人的施工班组新型用工模式，探索自动化、数字化、智能化的智能建造体系，从而推动建筑行业产业转型升级。

6 结语展望

建筑施工机器人作为一个具有极大发展潜力的新兴技术，有望实现"更安全、更高效、更绿色、更智能"的信息化营建，整个建筑业或借机完成跨越式发展。建筑业在我国属于支柱产业，这一庞大的内需市场为我国建筑施工机器人的发展壮大提供强有力的保障。

在"十四五"规划中，明确支持将大力发展机器人技术，这一方针对建筑施工机器人的开发应用产生极为深远的影响。十多年来，我国在工业机器人、特种机器人以及机器人通用技术方面已经积累了较多的经验，并储备了大量人才，加之国家大力倡导创新的利好局势，建筑施工机器人未来在我国必将取得长足的发展。

作者：刘 震 宋 岩 王克成 王大川（广东博智林机器人有限公司）

超高层建筑施工装备集成平台

Construction Equipment-Integrated Platform of Super High-Rise Building

1 技术背景

近年来，伴随着经济社会高速发展，我国超高层建筑建设数量激增，各地相继兴建一大批高度300m、400m乃至600m以上的超高层建筑，推动了相关施工装备和技术不断发展。但总体来看，当前国内外超高层建筑特别是摩天大楼结构施工还存在以下突出问题：

（1）超高层建筑结构施工作业面相对集中、狭小，投入的塔式起重机、电梯、布料机等主要设备和模架、堆场、设备房等主要设施，配置较为分散、运行相对独立，生产资源与作业空间利用效率较低。

（2）随着超高层建筑结构高度攀升，风压显著增长，地表风力8级时400m高空接近台风，塔式起重机、模架等大型设备设施超高空运行与施工人员超高空作业安全风险较大。

（3）通常超高层建筑外形、结构及构造多变，塔式起重机、模架等大型设备设施布置困难，位置、姿态及形体调整复杂，对建筑结构变化的适应性不足。

（4）现有塔式起重机、模架等大型设备设施的支撑与附着系统，施工工艺复杂，技术措施投入与资源消耗较大，与之相应的建筑结构构造处理难度大，风险高。

针对上述问题，中国建筑历时数年，依托一批重大工程，研究发明了超高层建筑施工装备集成平台。

2 技术内容

2.1 技术原理

超高层建筑施工装备集成平台是采用微凸支点及空间框架结构为受力骨架的沿超高层建筑自爬升的综合性施工平台，其包括支承系统、钢框架系统、动力系统、挂架系统、监测系统、集成装备及集成设施，简称"集成平台"。

支承系统是位于集成平台下部，承担集成平台的荷载，并将荷载传递给混凝土的承力部件，包括多个支承点，每个支承点包括微凸支点、支承架和转接框架等；钢框架系统是用以承载模板、挂架、集成装备及集成设施的空间框架结构，类似巨型"钢罩"扣在核心筒上部，包括钢平台、支承立柱等；动力系统为集成平台沿主体结构整体上升提供动力的装置，其包括顶升油缸、传动与控制组件、液压泵站；挂架系统附着在钢框架系统上，为主体结构施工提供作业面的操作架，其包括滑梁、滑轮、吊杆、立面防护网、翻板、楼梯、走道板、兜底防护等；监测系统可对集成平台施工作业过程中的结构状态及作用效应进行实时监测；集成装备及集成设施是装配于集成平台上的施工设备，主要包括塔式起重机、布料机、施工升降机、控制室、工具房、堆场、办公室、卫生间、休息室及临水临电设施等。核心筒施工时，先绑扎上层钢筋，待钢筋绑扎完成及下层混凝土达到强度后，拆开模板开始顶升。挂架、模板、集成装备及集成设施等随集成平台一起上升一个结构层。集成平台上升至目标位置，调整模板，封模固定后，浇筑混凝土，进入下一个施工循环（图1）。

集成平台在继承了大模板和爬升模板优点的基础上，创新性地提出了"低位支承、整体顶升"的理念，已形成了一种施工中模板不落地、混凝土表面质量易于保证的快捷、有效的施工方法，特别适用于超高层建筑竖向结构的施工，具有装备集成、承载力高、适应性强、安全性好等诸多优点。

2.2 关键技术

2.2.1 超高层建筑结构施工平台装备集成技术

（1）发明设备、设施高度集成的多功能施工平台，合理配置生产资料，优化交通组织，改善生产工艺，拓展平台功能

构建覆盖上千平方米，高约 35m，跨越 4 个半楼层，含 5 个作业层，可承载上千吨荷载的"工厂式"空间封闭集成平台（图 2）。将塔式起重机、布料机、电梯附着、堆场、焊机房、氧气、乙炔、消防水箱、电柜、控制室、移动厕所、茶水间等施工设备、设施集成在平台上。根据就近取材、全面覆盖原则布置设备、设施，快捷转运施工材料、充分发挥装备功效。创建集成平台内部及外部的高效立体交通系统，施工电梯可由地面直达平台所有 5 个作业层，作业人员可快速到达平台任意位置。利用多层作业面优势，实现墙体、楼板各工序平面及楼层间高效流水施工，工效提升 20% 以上，节约工期 2～3 天/层。利用资源优势，将集成平台功能拓展至钢结构施工、混凝土施工、施工测量、消防、照明等，为主体结构施工提供全方位服务。

（2）发明塔式起重机与平台一体化技术，避免塔式起重机与平台干扰，提高塔式起重机工效，化解自爬升风险

独创塔式起重机与平台集成技术，小型塔式起重机通过自立方式直接固定在平台顶部（图 3），大型塔式起重机设三道附着，中部附着支承在集成平台的 4 个支点上与平台结合（图 4），平台顶升时带动塔式起重机一同上升。该技术解决了塔式起重机与施工平台在布置与爬升节奏上的相互干扰（图 5），化解了塔式起重机自爬升风险，塔式起重机使用工效提升 20% 以上，节省塔式起重机爬升使用的埋件、牛腿等材料及措施费用 300 万～600 万元/台。

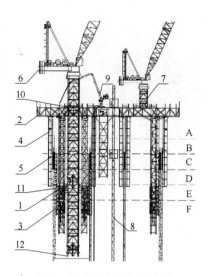

图 1　集成平台结构示意图

1—支承系统；2—钢框架系统；3—动力系统；4—挂架系统；5—集成模板；6—塔式起重机附着式集成；7—塔式起重机自立式集成；8—施工升降机；9—混凝土布料机；10—塔式起重机顶部附着；11—塔式起重机中部附着；12—塔式起重机底部附着；A—劲性构件吊装层；B—钢筋绑扎层；C—混凝土浇筑层；D—混凝土养护层；E—上支承架层；F—下支承架层

图 2　集成平台平面、立面功能分区

图 3　武汉绿地塔式起重机集成　　　图 4　北京"中国尊"塔式起重机集成　　　图 5　塔式起重机与传统平台冲突

2.2.2　高承载力混凝土微凸支点技术

（1）利用约束混凝土原理发明高承载力混凝土微凸支点

提出素混凝土微凸约束抗剪承载模式：墙体表面受厚钢板约束的混凝土微凸抗剪时，出现沿微凸根部角平分线方向的剪切破坏。破坏前，约束钢板限制混凝土微凸横向变形及裂缝扩展，形成破坏位置三向受压状态的约束混凝土，其承载力及延性大幅提升（图 6、图 7）。

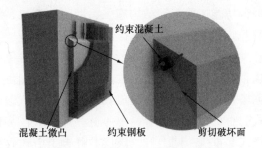

图 6　混凝土微凸约束抗剪　　　　　　　　　图 7　混凝土微凸剪切破坏

基于上述模式，根据莫尔强度理论，提出混凝土微凸的承载力计算方法。采用该方法计算几十组不同参数的混凝土微凸，研究厚钢板约束程度、微凸厚度、微凸倒角等参数对抗剪承载力的影响。根据理论研究结果，选取 5 组典型参数试件进行试验研究，证明了理论分析的可靠性（图 8、图 9）。综合考虑混凝土微凸承载力及其施工性能，最终选择混凝土微凸厚 3cm，倒角 34°，共 4 根对拉杆，其极限承载力约 175t。该项目发明的微凸支点含 8 个混凝土微凸，设计承载力达 400t，是传统支点的 4 倍以上。

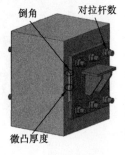

微凸厚度	倒角	对拉杆数	试验测量开裂载荷	试验测量极限载荷	理论分析极限载荷	误差
4cm	34°	3	1000kN	2300kN	2474kN	7.03%
3cm	34°	3	650kN	1650kN	1482kN	10.18%
3cm	34°	4	600kN	1730kN	1577kN	8.84%
4cm	10°	3	620kN	>1350kN	1585kN	—
3cm	10°	3	575kN	1480kN	1189kN	19.66%

图 8　混凝土微凸模型及试件　　　　　　　　图 9　理论分析与试验结果对比

（2）发明装配式微凸支点随墙体同步成型技术，工艺简单、循环使用、节能环保

发明装配式微凸支点，包含混凝土微凸、承力件（含 8 个 3cm 凹槽）、固定件及对拉杆（图 10）。承力件与固定件作为模板固定在墙体钢筋笼两侧，混凝土浇筑后，自动形成微凸支点（图 11、图 12）。微凸支点使用后，所有组件拆除，周转至上部楼层使用。该技术解决了传统埋件及牛腿施工面临的工艺复杂、投入大、环境污染等问题，单个项目可节约上千吨钢材与上千万元资金投入。

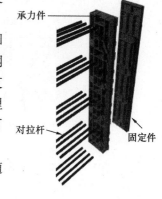

图 10　微凸支点组件

（3）发明微凸支点竖向连续布置技术，安全冗余度大，顶升时可随时"停靠"

微凸支点竖向连续数层布置，支点间互为支承，安全冗余度高（图 13）。连续的微凸支点形成了竖向多"踏步"的类爬梯结构。平台顶升突遇大风等极端天气时，支承架可就近落位，及时终止顶升工况。微凸支点解决了传统平台支点单独受力、冗余度差的问题，化解了传统平台顶升过程遇突发性情况无法随时落位的安全风险。

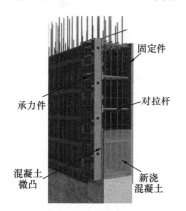

图 11　微凸支点成型

图 12　现场安装

图 13　微凸支点连续布置

2.2.3　发明集成平台全方位安全保障系统

（1）发明高承载力的空间框架承载系统，确保平台重载及高空施工安全

构建大跨度、多支点、整体抗倾覆的空间框架承载系统，形成一个强度、刚度大，跨越整个核心筒结构的巨型钢罩（图 14、图 15），承载力达上千吨，能抵御 14 级大风作用，较传统施工平台承载力及刚度提高 3 倍以上。

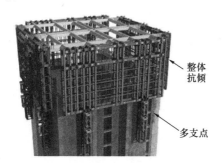

图 14　集成平台结构示意

图 15　集成平台结构实景

（2）开发集成平台智能在线监控系统，确保集成平台安全可控

开发采样频率高、抗干扰能力强、稳定性好的全方位智能在线监控系统（图 16），对平台的表观

状态、应变、平整度、垂直度、风压、风速、温度等进行实时监测，具备信息存储与展示、超限安全预警、动力系统联动等功能。运用该系统，实现平台合理使用、安全顶升，确保平台安全可控。

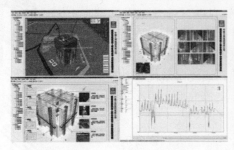

图16　集成平台智能在线监控系统

（3）发明集成平台支点承载调节系统，实现各支点均衡受力

针对施工误差导致的微凸支点偏位问题，发明挂爪就位导向机构，通过爪靴上部楔形开口及下部斜面引导支承架挂爪自动就位。针对施工误差、堆载不均及顶升不同步引起的平台支点受力不均、平台结构产生附加内力等问题，发明支承系统调平装置，实现支点间不平衡力调整，调整幅度可达数百吨。

2.2.4　发明集成平台全工况可变体系

（1）发明集成平台模块化装配式体系，使集成平台适用于不同形状的超高层建筑结构

针对不同超高层建筑结构的差异性，发明模块化装配式体系，根据超高层建筑结构形式选择不同的标准组件组合，形成可应用于不同结构形式的通用平台（图17、图18），解决传统施工平台为项目专门定制，无法周转使用的问题。该项目在国内率先实现平台周转，周转率达85%，单个项目节约成本600万～1000万元。

图17　集成平台标准组件组合及周转　　　　　图18　集成平台标准组件

（2）发明集成平台自适应支承系统，有效应对所有核心筒结构变化

针对核心筒墙体内收、外扩工况，发明支承系统滑移机构，实现支承架随墙体变化自动平移（图19）；针对核心筒墙体倾斜工况，发明支承系统斜爬机构，实现支承架爪箱自动翻转至墙体平行位置后进行斜爬（图20）；针对核心筒墙体局部取消或开洞工况，发明支承系统备用支点技术，通过正式与备用支点自动互换，实现平台无中断连续爬升。

图19　滑移机构　　　　　图20　斜爬机构

（3）发明框架系统自动变形机构，实现平台在结构变化及复杂构造工况下自动调整

根据核心筒角部大型外伸牛腿吊装要求，发明框架系统角部开合机构（图21），平台角部可整体或分层开合，实现外伸牛腿无障碍直接吊装就位；针对核心筒整体大幅内收、外扩工况，发明框架系统伸缩机构（图22），开合机构打开后，配合支承系统滑移机构，集成平台可整体收缩或外扩，实现平台随结构变化自动"变形"。通过该系统解决了传统平台在上述工况下构件分节不合理、平台高空拆改、工艺复杂等问题。

图21 开合机构　　　　　　　　　图22 伸缩机构

3 技术指标

技术指标　　　　　　　　　　　　　　　　　　　　　　　　　　　　表1

主要技术发明点		与国内外相关技术对比	专利及查新情况
超高层建筑结构施工平台装备集成技术	发明设备、设施高度集成的多功能施工平台	覆盖4个半结构层，形成墙体及楼板各工序平面内及楼层间流水施工，工效提升20%以上，节约工期2～3天/层。传统平台覆盖2～3个结构层，不宜形成楼层间流水施工	获发明专利2项
	发明塔式起重机与平台一体化技术	塔式起重机集成后，较传统平台化解了塔式起重机自爬升风险，塔式起重机工效提升20%，节省塔式起重机使用费用300万元/台～600万元/台。传统平台尚无法集成塔式起重机	获发明专利1项、实用新型专利1项。经查新国内外文献未见有相同的报道
高承载力混凝土微凸支点技术	利用约束混凝土原理发明高承载力混凝土微凸支点	承载力达400t，是传统支点的4倍以上	获发明专利1项
	发明装配式微凸支点随墙体同步成型技术	微凸支点工艺简单、周转使用、节能环保，单个项目最多可节约上千吨钢材与上千万元资金投入。传统埋件及牛腿施工成本高、风险大、浪费严重	获发明专利1项，经查新国内外文献未见有相同的报道
	发明微凸支点竖向连续布置技术	施工时微凸支点冗余度大，顶升时可随时"停靠"。传统平台支点单独受力、冗余度低，顶升过程遇突发问题无法随时落位	获发明专利1项，经查新国内外文献未见有相同的报道
集成平台全方位安全保障系统	发明高承载力的空间框架承载系统	承载力达上千吨，并能抵御14级大风作用。较传统施工平台承载力及刚度提高3倍以上	获发明专利1项，经查新国内外文献未见有相同的报道
	开发集成平台智能在线监控系统	实现平台全方位在线监控，具备信息存储与展示、超限安全预警、动力系统联动等功能。传统平台监测设备简陋、实时性差、不宜持续	获计算机软件著作权2项，经查新国内外文献未见有相同的报道
	发明集成平台支点承载调节系统	实现支点间不平衡力调整，调整幅度可达数百吨，传统平台支点无法调节	获发明专利1项

续表

主要技术发明点		与国内外相关技术对比	专利及查新情况
集成平台全工况可变体系	发明集成平台模块化装配式体系	集成平台通用性好，国内率先实现施工平台周转使用，周转率达85%。传统施工平台为项目专门定制，无法周转使用	获发明专利2项、实用新型专利2项，经查新国内外文献未见有相同的报道
	发明集成平台自适应支承系统	支承系统可满足墙体内收、外扩、倾斜、取消等所有工况下的爬升与支承要求。传统工艺需辅助大量施工措施，难度大，风险高	获发明专利2项
	发明框架系统自动变形机构	钢框架系统可在结构变化及复杂构造工况下自动调整。传统工艺需要调整构件分节或高空拆改	获发明专利2项、实用新型专利2项，经查新国内外文献未见有相同的报道

4 适用范围

4.1 适用范围

集成平台技术适用于超高层建筑的结构施工。尤其是针对平、立面变化较多的复杂超高层结构体系，如墙体内收、外扩、倾斜、增减等，集成平台能在高空进行快速、安全的拆解与重构，进一步提升了超高层建筑施工功效。

经过不断的迭代升级，在装备集成、高承载力、高适应性、高安全性等关键技术支撑下，又在结构轻量化、构件标准化、控制智能化等方面实现突破，成功研制出了系列集成平台产品，适用于不同的建筑结构形式，全面覆盖了100m以上的超高层建筑结构施工。

4.2 存在的问题

集成平台集成了众多设备、设施，但就其承载力、刚度、使用面积、资源优势而言，其功能尚需进一步挖掘。以核心筒劲性钢板焊接为例，可以研发以集成平台为载体的现场焊接机器人。利用高强度及刚度的集成平台，安装焊接机器人，通过平台内部良好的连通性，实现机器人快速移动就位进行钢板焊接，进而替代现场手工焊，可节约大量劳动力，提升施工的机械化水平。

5 工程案例

5.1 工程案例

集成平台技术已应用于北京"中国尊"、武汉绿地中心、沈阳宝能环球金融中心等近二十个超高层建筑。

5.1.1 北京"中国尊"

北京"中国尊"项目位于北京市朝阳区CBD核心区Z15地块，东至金和东路，西至金和路，北侧隔12m公共用地与光华路相邻，南侧隔核心区公共用地与景辉街相邻。占地面积约1.15万m²，其中地上建筑面积35万m²，地下建筑面积8.7万m²，建成后将集办公、观光、多功能中心等功能于一体。

该项目主塔楼为巨型框架支撑＋型钢混凝土剪力墙核心筒结构体系的超高层综合体，共108层（含夹层），建筑高度为527.7m，主塔楼核心筒平面几何形状近似正方形，面积向上逐渐缩小至顶部呈带四个倒角的多边形（图23、图24）。

该项目集成平台集成了两台倾覆力矩达1200t·m的大型塔式起重机，首次实现了大型塔式起重机与模架平台集成，塔式起重机随平台一起顶升，减少了埋件预埋、牛腿焊接、钢梁转运焊接等传统塔式起重机爬升时的复杂爬升工艺，节省工期、安全性好、施工成本低。

图23 北京"中国尊"效果图　　图24 集成平台实景图

5.1.2 武汉绿地中心

武汉绿地中心位于武汉市武昌区和平大道840号，总建筑面积约71.7万 m²，由一栋超高层主楼、一栋办公辅楼、一栋公寓辅楼及裙楼组成，基坑总面积约3.6万 m²，其中超高层主楼地下室6层，地上100层，建筑高度为475m，占地面积约1.3万 m²，结构形式为核心筒＋巨型柱＋伸臂桁架＋环带桁架结构（图25、图26）。

图25 武汉绿地效果图　　图26 集成平台实景图

该项目将一台小型塔式起重机直接安放在了集成平台上，随平台一起顶升。集成平台钢结构架体作为塔式起重机基础，塔式起重机荷载通过钢结构架体传递至混凝土结构，是塔式起重机新型安装方式的一次大胆尝试，取得了良好的效果。

5.1.3 沈阳宝能环球金融中心

沈阳宝能环球金融中心位于沈阳市沈河区彩塔街036地块，总占地面积5.8万 m²，总建筑面积约 106 万 m²，拟建高端住宅、大型商业、酒店公寓及高端写字楼等城市综合体。

主塔楼建筑高度为 568m，为在建东北地区第一高楼，其塔楼地上为 113 层，主要功能包括办公、金融、企业会所。塔楼外轮廓长宽为 62.5m×62.5m，整体采用劲性混凝土核心筒＋钢结构外框＋桁架加强层结构体系。外框由 8 根日字形巨型柱、7 道环形桁架、4 道伸臂桁架以及巨型斜撑组成，水平楼板为闭口型钢承板＋钢筋桁架楼承板。核心筒结构 B3 层到 L15 层为钢板剪力墙，L16 至 L109 层内含劲性钢骨柱，L109 至 ROOF 为塔楼顶部球冠造型（图 27、图 28）。

图 27　沈阳宝能效果图　　　　　图 28　集成平台实景图

沈阳宝能项目集成平台首次实现了倾覆力矩为 2700t·m 的大型塔式起重机的集成，并且实现了塔楼施工用全部三台塔式起重机的集成（分别为两台倾覆力矩为 2700t·m 的塔式起重机和一台倾覆力矩为 1200t·m 的塔式起重机），塔式起重机随集成平台一起顶升，配合集成平台可周转微凸支点，使得塔楼施工过程中无任何措施化的预留预埋，节约了大批措施钢材，节省了大量施工工期，节减了大量施工成本。

5.2　社会经济效益
5.2.1　社会效益

（1）引领行业技术进步。通过施工装备及其工艺的重大创新，显著提升了超高层建筑施工的安全、绿色及工业化水平。项目成果在北京、天津、武汉、深圳、重庆等多个城市的地标建筑中成功应用，引起行业内广泛关注。截至目前，项目成果进行了数十次论坛报告，上百次媒体报道，数千次现场观摩，学习交流人数达数十万人，并多次接待日本、美国、俄罗斯等国外专家参观交流，反响强烈。

（2）推进超高层绿色建造。集成平台采用装配化设计、能耗低、污染少，可周转使用。通过近二十个重大超高层项目实践，减少数千吨建筑垃圾，节省上万吨建筑材料及数亿元成本投入。单个项目节约工期 3～6 个月，有效降低超高层建造对城市交通、噪声、环境等方面的影响。

（3）促进专业人才培养。结合集成平台技术的研发及应用，组织了数百次技术交底及培训，培养了上千名超高层建造装备研发人员及专业技术实施人员，为企业及行业技术进步起到良好的推动作用。

5.2.2　经济效益

集成平台成功应用于近二十个重大超高层建筑，推广面积达 600 万 m²，共节约工期约 1500 天，通过周转节省钢材约 1 万 t，减少垃圾约 3000t，实现经济效益约 2.8 亿元。

6 结语展望

6.1 技术总结

超高层建筑施工装备集成平台技术对分散的材料、装备及工艺进行集成，通过资源、交通、工艺优化，实现超高层建筑高效、节约、绿色、安全建造。

（1）构建了覆盖整个核心筒，具有千吨级承载能力的封闭作业空间。将各施工设备、设施集成在平台上，为分部分项工程提供全方位服务，实现超高层建筑"工厂化"建造，同时创建高效的立体交通系统。利用多作业面实现多工序空间流水施工，工效提升 20% 以上，节约工期 2～3 天/层。

（2）采用的塔式起重机与平台一体化技术，消除了塔式起重机与平台冲突及其复杂的自爬升工艺，塔式起重机垂直运力提升 20% 以上，节省塔式起重机费用 300 万～600 万元/台。

（3）采用集成平台模块化装配体系，率先实现平台周转使用，周转率达 85%，单个项目节约成本 600 万～1000 万元。

（4）采用的微凸支点技术使支点承载力大幅度提升，且无须预留预埋，不破坏原结构，无污染，每百米可节约 300t 钢材。

（5）采用集成平台智能在线监控系统，通过运行状态分析、超限安全预警功能确保平台健康运行、安全可控。

集成平台具有显著的经济效益、并具有广泛的应用前景，超高层建筑装备的一项重大创新，实现建造过程管理科学化、施工机械化、工艺标准化，将有效推动建筑产业转型升级。

6.2 发展建议

（1）充分利用集成平台优势，进一步拓展集成平台功能。以施工噪声控制、自动测量放线、现场焊接机器人、预制钢筋笼安装、混凝土自动养护系统等为研究目标，进一步提升集成平台的运行功效。同时优化平台的设备集成接口、管线敷设方式、人体工学设计等，不断提升集成平台的工业化设计水平。

（2）集成平台在装备集成、微凸支点、可变体系等方面的研究成果在土木工程领域具有广泛的适用性，可重点推广应用至桥梁、隧道等国家重点发展的基础设施领域。尤其是微凸支点技术，可以改变土木工程领域对埋件、牛腿的依赖，节省资源，降低成本，减少垃圾排放。

作者：张 琨 王 辉 王开强 刘 威 李 迪（中建三局集团有限公司）

227

建筑防水新技术综述

Overview on New Technology of Building Waterproofing

1 前言

虽然建筑业建造技术水平在不断提升，但依然存在工程质量问题，特别是渗漏率居高不下的问题困扰工程建设者和使用者。自 2017 年高质量发展要求提出以来，工程建设行业逐渐从高速增长阶段向高质量发展阶段转变。工程渗漏既影响建筑的使用功能，又影响结构安全和使用寿命。工程渗漏问题是复杂的系统问题，涉及市场机制、管理体制与技术等多方面因素，解决渗漏问题必须重视防水工程管理与技术体系的建设，科学地促进防水工程高质量发展，要以防水工程新技术为依托。

2 防水卷材机械固定施工技术

该技术采用的防水卷材主要包括热固性卷材、热塑性卷材及改性沥青等，在欧美地区已非常成熟，其固定系统完善，施工专业化程度高，具有经过培训认证的专业承包商队伍和专业施工工人；防水卷材机械固定施工技术引入我国后，在国内得到了健康持续地发展。该技术在公共建筑和工业厂房等钢结构工程中已广泛应用，如体育场馆、机场、大型制造工厂及烟草、汽车和仓储等高端应用领域，积累了大量成功案例。

机械固定包括点式固定方式、线性固定方式和无穿孔机械固定方式。固定件的布置与承载能力应根据试验结果和相关规定严格设计。根据热塑性和热固性防水卷材类别的不同，无穿孔固定可分为针对聚氯乙烯（PVC）、热塑性聚烯烃（TPO）防水卷材的无穿孔固定及三元乙丙（EPDM）防水卷材的无穿孔固定。聚氯乙烯（PVC）或热塑性聚烯烃（TPO）防水卷材的搭接是由热风焊接形成连续整体的防水层。焊接缝是因分子链互相渗透、缠绕形成新的内聚焊接链，强度高于卷材且与卷材同寿命。聚氯乙烯（PVC）、热塑性聚烯烃（TPO）防水卷材的无穿孔固定是将带有聚氯乙烯（PVC）、热塑性聚烯烃（TPO）涂层的垫片用螺钉固定于金属压型钢板基层，其上铺设相对应的防水卷材，再采用专用电磁感应焊接设备将防水卷材与带涂层的垫片焊接在一起，基层、隔汽层以及保温板等材料与点式固定相同。

三元乙丙（EPDM）防水卷材属于热固性材料，一般搭接采用自粘结缝搭接带，经粘结形成连续整体的防水层。近年新研制了一类焊接型三元乙丙（EPDM）防水卷材，搭接部位复合特殊的热塑性聚烯烃膜，可采用热风焊接方式搭接。三元乙丙（EPDM）防水卷材的无穿孔固定采用专用紧固件将三元乙丙（EPDM）防水卷材专用无穿孔自粘固定条带固定于金属压型钢板基层，其上铺设三元乙丙（EPDM）防水卷材，再将三元乙丙（EPDM）防水卷材与固定条带粘结在一起。三元乙丙橡胶防水卷材在发达国家是一种被广泛使用的高分子防水卷材，即使是匀质卷材也可用于机械固定法单层防水卷材屋面。为提高和规范我国单层防水卷材屋面的质量和发展，当匀质三元乙丙橡胶防水卷材应用于机械固定法单层防水卷材屋面时，防水卷材的主要性能除应符合《建筑业 10 项新技术（2017 版）》中表 8.4 的要求外，相关防水卷材生产商还应提供与具体工程项目相应的屋面系统实验报告，如抗风揭试验报告、FM 屋面系统报告等，以证明该屋面系统的安全与可靠性。

3 地下工程预铺反粘防水技术

地下防水工程中的一大难题是底板防水层和采用外防内贴法施工工艺的外墙防水层的质量问题。

这两个部位使用传统防水技术时，均不能实现与结构混凝土的直接粘贴，因此也不能为结构本身提供最安全的防水保护。为给建筑结构提供全面、直接的保护，近 10 年，国内的防水企业开始研制并推广使用预铺反粘技术。

地下工程预铺反粘防水技术所采用的材料是高分子自粘胶膜防水卷材。其主要技术特点是：卷材防水层与结构层永久性粘结一体，中间无串水隐患；防水层不受主体结构沉降的影响，有效地防止地下水渗入；不需找平层，且可在无明水的潮湿基面上施工；防水层上无需做保护层即可浇筑混凝土；单层使用，节省多道施工工序，节约工期。该卷材采用全新的施工方法进行铺设，具体如下：

（1）预铺防水卷材必须能够与液态混凝土固化后形成牢固永久的粘结。因此，防水卷材胶粘层面在施工中必须朝向结构混凝土面，同时胶粘层必须能够满足与混凝土永久粘结的要求。

（2）预铺防水卷材施工后，其上无需铺设混凝土保护层，直接在防水层上绑扎钢筋，因此要求预铺防水卷材必须具有较高的强度和抗冲击性能。

（3）预铺防水卷材在施工过程中会在阳光下暴露，所以防水卷材必须具有一定的抗紫外老化能力。

（4）预铺防水卷材在暴露期间，会受到其他环境因素，如雨水、地下水、尘土等的污染，防水卷材在这些环境因素影响下，应保持与混凝土良好的粘结力。

（5）预铺防水卷材与结构混凝土粘结，因此施工中在阴、阳角等部位不应设置加强层。

（6）搭接是预铺防水卷材最大的节点，必须有很强的连续粘结性能，才能保证最好的防水效果。

4 预备注浆系统施工技术

预埋注浆系统用于混凝土中的施工缝、水泥管接口、连续墙和底板之间空隙，新旧混凝土之间接缝等处的永久密封。2005 年后，随着国内各大中城市轨道交通项目的大量建设，接缝渗漏问题突出，上海率先在地铁建设中使用该技术，随后，在北京地铁建设中也引进了该技术，均取得良好效果。从而使这一技术在我国各类重点、大型工程中得到广泛应用。

预备注浆系统是地下混凝土结构工程接缝防水施工技术。利用这种先进的预备注浆系统可达到"零渗漏"效果。与传统接缝处理方法相比，不仅材料性能优异、安装简便，且节省工期和费用，并在不破坏结构的前提下，确保接缝处不渗漏水，是一种先进、有效的接缝防水措施。

预备注浆系统是由注浆管系统、灌浆液和注浆泵组成。注浆管系统由注浆管、连接管及导浆管、固定夹、塞子、接线盒等组成。注浆管分为一次性注浆管和可重复注浆管两种。

5 丙烯酸盐灌浆液施工技术

我国应用化学灌浆解决工程中的问题有近 50 年历史。目前我国的化学灌浆材料应用已从工程完工后的维修（堵漏、补强）发展到在工程兴建前设计中选用（帷幕和地基加固）。化学灌浆中的丙烯酸盐类灌浆更是由于无毒性、超低黏度、极好的可灌性、瞬间凝固、完全掌控灌浆距离而受到关注。2007 年我国在丙烯酸盐灌浆材料 AC-CM 的基础上，又研制出第二代丙烯酸盐灌浆液 AC-Ⅱ，用一种新型无毒交联剂替代原来丙烯酸盐灌浆材料中具有中等毒性的甲基丙烯酰胺，使丙烯酸盐灌浆材料更符合环保要求，还有增加膨胀性能的成分，浆液实际无毒，物理力学性能更优异。已在地铁、水电站等工程上应用。同时，我国又研制出一种 XT-丙烯酸盐灌浆材料，主要用于混凝土裂缝止水。

丙烯酸盐化学灌浆液是一种新型防渗堵漏材料，其可以灌入混凝土或土体的细微孔隙中，生成不透水的凝胶，充填混凝土或土体的细微孔隙，达到防渗堵漏的目的。丙烯酸盐浆液通过改变外加剂及其加量可以准确地调节其凝胶时间，从而控制扩散半径。丙烯酸盐灌浆材料是一种用于防渗、堵漏和软基加固的化学灌浆材料。其是真溶液，具有黏度低，不含颗粒成分，可灌入细微裂隙；凝胶时间可控制；凝胶不透水，能承受高水头，能耐久；施工工艺简单；灌浆效果好等特点。

5.1 丙烯酸盐灌浆液用于混凝土裂缝、施工缝防渗堵漏的施工技术

（1）灌浆孔的布置。当裂缝深度小于1m时，只需骑缝埋设灌浆嘴和嵌缝止漏就可以灌浆了。灌浆嘴的间距宜为0.3～0.5m，在上述范围内选择裂缝宽度大的地方埋设灌浆嘴；当裂缝深度大于1m时，除骑缝埋设灌浆嘴外和嵌缝止漏外，还须在缝的两侧布置穿过缝的斜孔。穿缝深度视缝的宽度和灌浆压力而定，缝宽或灌浆压力大，穿缝深度可以大些，反之应小些。孔与缝的外露处的距离以及孔与孔的间距宜为1～1.5m。

（2）嵌缝、埋嘴效果检查。嵌缝、埋嘴效果影响灌浆的质量。灌浆前，灌浆孔应安装阻塞器（或埋管），在一定的压力下通过灌浆孔、嘴压水，检查灌浆嘴是否埋设牢固，缝面是否漏水。压水时应记录每个孔、嘴每分钟的进水量和邻孔、嘴及无法嵌缝的外漏点的出水时间。

（3）浆液浓度和凝胶时间的选择。针对裂缝漏水的防渗堵漏，应选用丙烯酸盐等单体含量为40%的A液和B液混合后形成丙烯酸盐单体含量为20%的浆液。浆液凝胶时间应相当于压水时水扩散到治理深度所需时间的2～3倍。如有无法嵌缝的外漏点，浆液的凝胶时间应短于外漏点的出水时间。

（4）灌浆压力。灌浆压力应根据该部位混凝土所能承受的压力确定，应大于该部位承受的水头压力。

（5）灌浆工艺。垂直裂缝的灌浆次序，应是自下而上，先深后浅；水平裂缝的灌浆次序，应是自一端到另一端。如果压水资料表明，某些孔、嘴进水量较大，串通范围较广，应优先灌浆。灌浆时，除已灌和正在灌浆的孔、嘴外，其他孔、嘴均应敞开，以利排水排气。当未灌孔、嘴出浓浆时，可将其封堵，继续在原孔灌浆，直至原孔在设计压力下不再吸浆或吸浆量小于0.1L/min，再换灌临近未出浓浆和未出浆的孔、嘴。一条缝最后一个孔、嘴的灌浆，应持续到孔、嘴内浆液凝胶为止。

5.2 丙烯酸盐灌浆液用于不密实混凝土防渗堵漏的施工技术

（1）灌浆孔的布置。采取分序施工，逐步加密，最终孔距0.5m左右。孔深应达到混凝土厚度的3/4～4/5。

（2）浆液浓度和凝胶时间的选择。浆液浓度，应选用丙烯酸盐等单体含量为40%的A液和B液混合后形成丙烯酸盐等单体含量为20%的浆液。凝胶时间根据灌浆前钻孔压水时外漏的情况来选择，原则是浆液的凝胶时间要短于压水时的外漏时间，尽可能减少浆液漏失。

（3）灌浆压力。灌浆压力应等于该处混凝土所能承受的水头压力的3～5倍。为减少浆液的外漏，可以分级升压。

（4）灌浆工艺。尽可能采用双液灌浆。因为这类灌浆，外渗漏径短，浆液的凝胶时间短，采用单液灌浆容易堵泵、堵管，不仅浆液浪费大，且难以达到防渗堵漏的效果。每一孔段灌浆前都要做好充分准备，确保一旦灌浆开始，就能顺利进行到底，灌至孔内浆液凝胶结束。

5.3 丙烯酸盐灌浆液用于坝基防渗帷幕的施工技术

丙烯酸盐化学灌浆材料具有黏度低，能渗入微细缝隙；凝胶时间可以控制，可控制灌浆范围，凝胶渗透系数低等优点。主要工序为：钻孔→清孔→埋管→压水→灌浆→拆除节门管件→灌浆孔回填封堵（包括盲孔、废孔），表面清理→竣工。丙烯酸盐灌浆用于坝基防渗帷幕可有3种方式：纯丙烯酸盐灌浆帷幕、水泥—丙烯酸盐灌浆复合（混合）帷幕、补强帷幕。

（1）当经过水泥灌浆试验证明，水泥对该部位不具有可灌性，而该部位的透水性又超过坝基防渗要求时，应设计纯丙烯酸盐灌浆帷幕。

（2）当经过水泥灌浆试验证明，水泥对该部位具有一定的可灌性，但该部位细微裂隙发育，水泥灌浆时压水透水率Q值大，水泥灌浆单耗小的坝段，水泥灌浆后，应设计一排丙烯酸盐灌浆帷幕，形成水泥—丙烯酸盐灌浆复合（混合）帷幕。

（3）当水泥灌浆后，通过灌浆资料分析和效果检查，发现局部部位水泥灌浆时吸水不吸浆，或达不到防渗标准，针对局部设计丙烯酸盐灌浆补强帷幕。

6 种植屋面防水技术

屋顶绿化（又称"种植屋面"，是城市多元绿化中的一种方式）因其特有的建筑节能、截留雨水、净化空气、缓解城市雨洪压力及热岛效应等显著生态效益，而备受世界各国推崇。随着我国城市建设的迅猛发展，城市生态、低碳环保等观念日渐深入人心，屋顶绿化已成为建筑绿化的重要趋势之一，新开发的建筑也对其屋面荷载能力提出了相应的规范要求，同时政府通过政策鼓励确保屋顶绿化的全面发展。欧美及其他发达国家将屋顶绿化视为集生态效益、经济效益与景观效益为一体的城市绿化的重要补充，已成为政府解决城市环境问题的最佳选择。传统屋顶在城市的水环境中仅起到排除雨水的作用，在经过屋顶绿化技术改造后，屋顶即可起到雨水存储、下渗补给地下水、缓慢排除雨水等一系列的作用，为城市的雨水利用开辟出了一条生态的、可行的途径。

屋顶绿化也称种植屋面，根据种植基质深度和景观复杂程度，分为简单式和花园式屋顶绿化两种。基质深度根据植物需求及屋顶荷载确定，简单式绿色屋顶的基质深度不大于150mm；花园式绿色屋顶在种植乔木时基质深度可大于600mm。一般构造为：屋面结构层、找平层、保温层、普通防水层、耐根穿刺防水层、排（蓄）水层、种植介质层及植被层（图1）。

屋顶绿化是系统工程，防水工程是实现屋顶绿化的重要基础。按照《种植屋面工程技术规程》JGJ 155—2013 的规定，防水设防等级为一级，防水层必须选用一道耐根穿刺防水材料，耐根穿刺防水层应设置于普通防水层之上，避免植物的根系对普通防水层的破坏。耐根穿刺防水材料的选用应通过耐根穿刺性能试验，试验方法应符合《种植屋面用耐根穿刺防水卷材》JC/T 1075—2008 的规定，并由具有资质的检测机构出具合格检验报告。耐根穿刺防水材料是指具有抑制根系进一步向防水层生长，避免破坏防水层的一种功能性防水材料。屋顶绿化系统中的植物根系具有极强的穿透性，若防水材料选用不当，将会被植物根茎

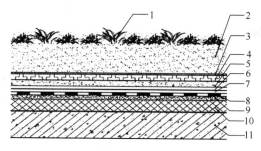

图1 种植屋面构造示意

1—植被层；2—种植基质；3—过滤层；4—排（蓄）水层；5—细石混凝土保护层；6—隔离层；7—耐根穿刺防水层；8—普通防水层；9—找坡（平）层；10—保温层；11—结构层

穿透，造成屋面渗漏。此外，若植物的根系扎入屋面结构层（如电梯井、通风口、女儿墙等），会危及建筑物的使用安全和寿命。根穿刺性是指屋面或种植顶板表面防水层平面和防水层接缝处植物根系侵入、贯穿、损伤防水层的现象。对于屋顶绿化，必须保障屋面防水层长期的耐植物根穿刺性能。目前有阻根功能的防水材料有：聚脲防水涂料、化学阻根剂改性沥青防水卷材、铜胎基/复合铜胎基改性沥青防水卷材、聚乙烯高分子防水卷材、热塑性聚烯烃类（TPO）防水卷材、聚氯乙烯（PVC）防水卷材等。聚脲防水涂料采用双管喷涂施工、改性沥青防水卷材采用热熔法施工、高分子防水卷材采用热风焊接法施工。应首选接缝严密可靠的耐根穿刺防水卷材。种植屋面不宜设计为倒置式屋面。

7 装配式建筑密封胶应用技术

目前，我国加快建筑业的产业升级，国务院和各级政府大力推动装配式建筑的发展。装配式建筑施工时，将在工程预制的主要混凝土构件运到现场后，通过可靠的连接，使之与现场后浇混凝土形成整体的装配式混凝土结构，具有施工工期短及能耗低等优点。然而由于是分块拼装，构配件之间会留下大量拼装接缝，这些接缝极易成为渗漏水的通道，从而对建筑防水工程质量提出了挑战。另外，为抵抗地震作用的影响，一些非承重部位还设计成为在一定范围内可活动，进而增加了防水的难度，所以对装配式建筑中接缝大量使用的密封胶提出了更高的要求。关于预制装配式建筑，国家和各省市陆

续发布许多设计和施工规范和规程，包括行业标准《装配式混凝土结构技术规程》JGJ 1—2014 及各地地方标准。但这些规范中，仅对接缝密封胶的性能和选用方法提出了原则性的要求，缺乏对密封胶的细化指标和设计、使用及检测方法指导。如《装配式混凝土结构技术规程》JGJ 1—2014 中明确指出，外墙板接缝所用的防水密封材料应选用耐候性密封胶，密封胶应与混凝土具有兼容性，并具有低温柔性、防霉性及耐水性等性能。国内已经发布的建筑用密封胶产品标准，包括《混凝土接缝用建筑密封胶》JC/T 881—2017、《建筑用硅酮结构密封胶》GB 16776—2005、《建筑密封胶分级和要求》GB/T 22083—2008 等，不是直接针对混凝土结构墙板接缝用密封胶，直接引用易引起选用不当。由于国家现行相关标准缺少对于装配式结构接缝密封胶材料选择、设计要求、接缝构造要求、施工工艺及工程施工验收指标和方法等相关内容，未能形成统一的设计和施工方法，易造成工程质量隐患。

7.1 材料防水

材料防水是指在墙板上下两端预留形成的高低缝、企口等部位，板缝间内衬背衬材料，嵌填密封胶。密封胶材料除了需要与混凝土具备良好的粘结性之外，还必须具有更好的耐候性、耐污性等要求。其主要技术性能如下。

（1）力学性能。由于外墙板接缝会因温湿度变化、混凝土板收缩、建筑物的轻微震荡等产生伸缩变形和位移移动，所以装配式建筑密封胶必须具备一定的弹性且能随着接缝的变形而自由伸缩，以保持密封，经反复循环变形后还能保持并恢复原有性能和形状，其主要的力学性能包括位移能力、弹性恢复率及拉伸模量，试验方法应符合《混凝土接缝用建筑密封胶》JC/T 881—2017、《硅酮和改性硅酮建筑密封胶》GB/T 14683—2017 中的要求。

（2）耐久耐候性。装配式建筑外墙为混凝土预制结构，属于多孔材料，孔洞大小及分布不均不利于密封胶的粘结；混凝土本身呈碱性，部分碱性物质迁移至粘结界面也会影响密封胶的粘结效果；预制外墙板生产过程中需采用隔离剂，在一定程度上也会影响密封胶的粘结性能。我国建筑物的结构设计使用年限为 50 年，而装配式建筑密封胶用于装配式建筑外墙板，长期暴露于室外，因此对其耐久耐候性能就得格外关注，相关技术指标主要包括定伸粘结性、浸水后定伸粘结性和冷拉热压后定伸粘结性，性能指标应符合《混凝土接缝用建筑密封胶》JC/T 881—2017 的要求。

（3）耐污性。传统硅酮胶中的硅油会渗透到墙体表面，在外界的水和表面张力的作用下，使得硅油在墙体载体上扩散，空气中的污染物质由于静电作用而吸附在硅油上，就会产生接缝周围的污染。对有美观要求的建筑外立面，密封胶的耐污性应满足目标要求。试验方法可参考《石材用建筑密封胶》GB/T 23261—2009 中的方法。

（4）相容性等其他要求。预制外墙板是混凝土材质，在其外表面还可能铺设保温材料、涂刷涂料及粘贴面砖等，装配式建筑密封胶与这几种材料的相容性是必须提前考虑的。

7.2 构造防水

构造防水作为预制结构外墙的第二道防线，在设计应用时主要做法是在接缝的背水面，根据墙板构造功能的不同，采用密封条形成二次密封，两道密封之间形成空腔。垂直缝部位每隔 2～3 层设计排水口。所谓两道密封，即在外墙的室内侧与室外侧均设计涂覆密封胶做防水。外侧防水主要用于防止紫外线、雨雪等气候的影响，对耐候性能要求高。而内侧第二道防水主要是隔断突破外侧防水的外界水汽与内侧发生交换，同时也能阻止室内水流入接缝，造成漏水。由两道材料防水、空腔排水口组成的防水系统已经在国外推行了 50 年，防水效果一直很好。空腔与排水口相组合，是基于压力平衡原理。产生漏水需要 3 个要素——水、空隙与压差，破坏任何一个要素，就可以阻止水的渗入。空腔与排水管使室内外的压力平衡，即使外侧防水遭到破坏，水也可排走而不进入室内。内外温差形成的冷凝水也可通过空腔从排水口排出。漏水被限制在两个排水口之间，易于排查与修理。排水可由密封材料直接形成开口，也可以在开口处插入排水管。

8 结语

我国经济已从高速增长阶段转变为高质量发展阶段，在"以人为本""绿色"等发展理念要求下，应着力解决建筑物渗漏的质量通病，以满足人民群众对美好生活的向往和追求，提升人民群众幸福感和获得感。防水工程质量被长期忽视，基础理论研究薄弱且缺乏系统性，导致我国防水工程仍处于较落后状态。解决工程渗漏问题的关键，一是在管理体制机制方面，推进防水工程系统承包模式，加强监督与管理，规范行业发展；二是在技术方面，提升防水工程的二次设计水平，积极采用新材料、新技术、新工艺，注重规范、标准的系统性与科学性。

作者：曲 慧（中国建筑业协会建筑防水分会）

超限大跨度机库屋盖钢结构精准建造技术

Accurate Construction Technology of Steel Structure for the Roof of the Long-span Aircraft Maintenance Hangar Exceeding the Standard Limit

1 技术背景

世界经济的繁荣，带动了国内外民航事业的发展，并促进了大跨度飞机维修库的发展和应用。随着使用要求不断提高，机库屋盖的跨度不断增大，修理坞及升降平台等的悬挂重量也不断增加，从而使曾采用过的梁式结构、框架结构、悬索结构、薄壳结构以及折板结构等结构形式的应用受到限制。目前用于大跨度机库屋盖的结构形式主要有钢结构网架结构、桁架结构以及网架与索的杂交结构等。

大跨度飞机库结构设计目标既要满足使用功能要求，又要安全、可靠，还需要经济合理。满足使用功能要求主要依靠各专业综合协调得以实现；机库安全性、可靠性为最重要的因素；大跨度飞机库建设一次性投入资金量大，因此力求经济合理。根据以往的工程经验，要想实现以上三点的综合平衡，需要在机库设计时采用合理的结构形式，达到结构用钢量省、经济合理。网架结构由于其整体受力性能和抗震性能好等优点，在机库屋盖中得到了较广泛的应用，尤其当悬挂设备荷载较大时，其优势更为突出。

随着使用功能的不断提高和对网架结构的广泛应用，对网架整体安装的精度及空间状态的控制提出了更高的要求。

北京新机场南航基地项目（1号机库及附属楼工程等24项）1号机库屋盖属于超限大跨度屋盖钢结构组合结构体系，施工阶段需要解决3个月时间完成超大尺度、特别复杂体型钢屋盖安装工作，屋盖钢结构施工精度满足悬挂设备的使用需要；屋盖钢结构内设备管道与大跨度钢结构同时拼装、同步提升安装，最终实现高空精准对接等施工难题。

针对以上施工难题，对"超限大跨度机库屋盖钢结构精准建造技术"进行课题立项，通过研究机库屋盖钢结构复杂节点深化、精细化制造及质量控制技术；模块化吊装、两阶段整体同步提升施工技术；基于智能大数据平台的大跨度整体提升全过程实时监控技术；设备管道与大跨度网架同步提升安装技术等逐一解决上述设计及施工难题。合理安排施工，以确保本工程安全、质量、进度、成本等各项目标的实现。

2 技术内容

北京新机场南航基地项目（1号机库及附属楼工程等24项）工程，建筑面积4万 m²，共设5个宽体维修机位和3个窄体维修机位，为世界跨度最大的维修机库。屋盖钢结构采用"斜桁架＋一字桁架＋双层网架"组合创新屋盖钢结构体系。

2.1 屋盖钢结构精准建造施工技术研究

（1）大门桁架与中柱节点由数十根杆件交汇而成，且杆件为箱形、钢管等多种规格；大门桁架与斜桁架节点部位，也存在类似复杂节点。采用TEKLA软件将此类节点进行三维建模，确定节点的组装和焊接顺序，节点在工厂组装完成后，将实测数据与模型进行数字预拼装，确保加工精度能满足设

234

计和安装的要求。

（2）将屋盖分成西侧边桁架的吊装区和提升区，将附楼侧钢柱上部的边桁架分块进行吊装，其他部分采用整体提升的方法安装。提升过程分为两次：大门桁架和网架分别在地面原位拼装，由于大门桁架与网架部分存在 3m 的高差，因此在拼装完成后先对网架部分整体提升 3m，与大门桁架对接成整体，然后第二次整体提升到设计位置，与西侧已经就位的边桁架进行精准对接。

（3）屋盖钢结构在地面进行原位拼装，拼装的精度直接影响到安装的质量。通过现场实测，掌握拼装、焊接以及温度影响的变形规律，将边桁架、大门桁架以及悬挂设备的下弦节点作为关键节点进行重点控制。使用全站仪进行精准定位，辅以三维激光扫描技术，将拼装分段与模型进行精确比对，确保拼装的精度。

（4）机库屋盖整体提升需使用大量的提升塔架，塔架高度约 45m。部分提升点处由于提升反力较大，一般的格构式塔架无法满足本工程的需要。采用 609 钢管支撑组拼成提升塔架，通过在钢管连接法兰盘之间设置节点钢板，节点钢板之间焊接水平支撑和斜撑组合成三角形。节点钢板与法兰盘使用高强螺栓连接，可以组合成需要的高度，满足提升需要。

（5）机库屋盖钢结构结构形式新颖，受力复杂，提升过程和卸载后杆件内力变化大，临时提升支撑体系受力大，同步性要求高、环境影响多，施工过程存在着较大的风险，提升过程施工监测数据的时效性、准确性对提升过程的安全保证尤为重要。

2.2 屋盖内机电管道精准施工技术研究

（1）提前了解屋盖钢结构提升时和卸载后各部位可能产生的形变量，机电管道地面施工时尽可能做反形变方向安装。

（2）机电管道在预装时与支吊架不固定死，以便机电管线在提升过程中可以适当伸缩。

（3）沟槽连接管道采用柔性沟槽连接件，钢屋盖形变大的部位，机电管线局部采用软连接，以抵消形变带来的不良影响。

（4）根据屋盖钢结构提升、卸载的形变分析，在形变基本一致或形变对管线影响不大的部位可以进行整体管线安装；在形变较大或可能对管线造成危害的部位，管线适当分段安装。

（5）高度可调节管道支吊架技术研究：为使机电管线在屋盖钢结构提升后能够进行高度调整，实现精准对接，研制高度可调节管道支吊架。此种支吊架应具有安装方便、固定牢靠、调节便利、经济合理等特点。

（6）管道对口辅助连接工具技术研究：管道随屋盖钢结构提升、卸荷后，分段管道间管口会产生错位，为此设计分段管道间对口辅助连接工具对管道进行对口调整，调整到位后进行管道的精确连接。

2.3 屋盖钢结构精准建造施工方法创新

（1）屋盖钢结构复杂节点深化、精细化制造及质量控制技术：通过研究复杂节点构件全流程精细化加工控制技术，制定合理组装顺序；充分运用深化设计资源，优化节点，解决了多截面类型杆件相交节点焊缝叠加问题。加工时结合 BIM 节点模型逐一进行拆分模拟、制定专项厚板焊接工艺，有效降低了节点内应力，减小变形，避免层状撕裂，保证了构件的焊接质量及精度要求，确保所有构件一次性顺利组拼，节点安装后与周边构件连接顺直，无错台。

（2）模块化吊装、两阶段整体精准同步提升施工技术：钢屋盖西侧边桁架选择分段在地面进行拼装，使用 250t 履带式起重机原位吊装就位；大门桁架、一字桁架、双层网架及斜桁架同时在地面原位拼装，搭设提升塔架，将拼装完成的屋盖网架整体提升 3m 后，与大门桁架进行对接、嵌补，然后将屋盖钢网架与大门桁架一起提升到设计位置与西侧边桁架对接、嵌补，焊接完成后整体卸载，拆除提升塔架。

（3）定型土工钢管支撑工具式重载提升塔架应用技术：机库屋盖钢结构的竖向刚度及质量（重

量）分布不均匀且非对称，各组塔架所需提供的竖向承载力不均衡，最大提升荷载 500 余吨，最小约为其 1/6，选用定型土工钢管撑作为提升塔架主管，通过特殊设计节点板进行连接。该技术保证了超重超高提升塔架的整体稳定性和承载能力，拆装方便，显著降低了安装成本。

（4）基于智能大数据平台的大跨度整体提升全过程实时监控技术：利用 4G 手段，将现场监测设备与管理人员移动设备之间建立起数据链接，实现了各级管理人员实时查看监测数据。

（5）研发了"自承式分层移动空间网格结构拼装作业钢平台"，放置在桁架或网格的下弦和中弦，分别进行中弦和上弦杆件的安装和焊接，随着桁架或网架的累积拼装，操作平台可以便捷的移动到所拼装的节间。

2.4　屋盖结构内机电管道精准施工方法创新

（1）设备管道与大跨度网架同步提升安装技术实现 15000m、600t 机电主管道随屋盖钢结构同时拼装、同时提升。

（2）研发高度可调节管道支吊架和对口辅助连接工具，实现管道高空精准对接，保证管道的施工质量。

3　技术指标

3.1　屋盖钢结构精准建造施工方法创新

3.1.1　屋盖钢结构复杂节点深化、精细化制造及质量控制技术（以支座节点为例）

机库大门支座节点是混凝土柱顶与大门桁架、斜桁架连接的重要节点构件，12 根杆件交于一处，且各方向杆件截面样式不同，板厚种类多，其中支座底板厚 120mm，下弦杆 800×800×100，斜腹杆 800×650×60、650×500×25、500×400×25、斜腹杆圆管 550×30、500×30、400×25、325×18（图 1）。

图 1　支座节点构造示意图

（1）三维模型分析及优化

结合设计意图，确定首要保证主杆件传力，将下弦节点板采用 100mm（Q420B-Z35）整板。对于中间同平面 3 个箱形斜腹杆，由于其板厚与主弦杆相差较大，为避免浪费，将 3 根平面内箱型腹杆单独合并为 60mm（Q420B-Z25）整板。其余面外斜腹杆，与支座肋板相结合，采用 85mm（Q420B-Z25）插板，插板也将各斜交杆件彼此分开，减少焊缝重叠，以保证工厂焊接条件（图 2）。

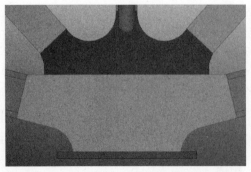

图 2　主受力杆件节点板合并、支座肋板与杆件插板结合示意图

为保证节点受力安全，对节点进行计算分析，通过 ANSYS 进行数值计算分析，节点实体单元采用 SOLID 95，截面采用 mpc184 单元进行截面耦合从而施加荷载。通过计算可知，在最不利荷载组合作用下，节点大部分应力范围处于弹性状态。最大等效应力发生于节点连接角点处约为 $435N/mm^2$，该值小于钢材的极限抗拉强度，且成点状，故可认为节点是安全的（图 3）。

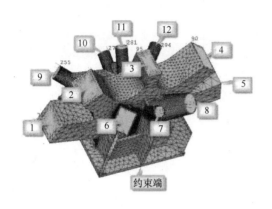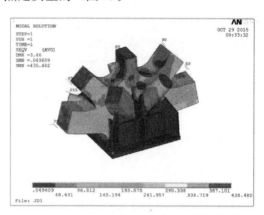

图 3　节点计算网格划分示意图和节点计算应力云图

（2）加工制造

采取精细化加工控制技术，对加工前道工序、节点装配、焊缝焊接、测量检验均与 BIM 模型相结合，制定相应技术要求：零件板均采用数控排版、切割，并上矫正机二次矫平，精准控制平整度；柱底板定位螺栓孔采用大型数控机床进行精确钻孔；制作刚性焊接水平胎架，并设置夹具约束变形；节点组装时，按 BIM 模拟制定顺序依次进行各板件定位组装，其组装顺序依次为底板、主箱体、竖向插板、斜撑圆管、加劲板、封板。同时控制基准线保证节点定位精度，测量复核后方可定位焊接（图 4、图 5）。

图 4　支座节点上下层腹板合拢和支座节点外侧加劲肋定位

图 5　支座节点外侧加劲肋焊接和支座节点斜撑圆管焊接

（3）精细化控制技术加工效果

通过研究复杂节点构件全流程精细化加工控制技术，充分运用深化设计资源，优化节点，解决了多截面类型杆件相交节点焊缝叠加问题；加工时结合 BIM 节点模型逐一进行拆分模拟、制定专项厚板焊接工艺，有效降低了节点内应力，减小变形，避免层状撕裂，保证了构件的焊接质量及精度要求，确保所有构件一次性顺利组拼，节点安装后与周边构件连接顺直，无错台（图6）。

图6　加工完成支座节点和安装完成支座节点

3.1.2　模块化吊装、两阶段整体精准同步提升施工技术

钢屋盖西侧边桁架选择分段在地面进行拼装，使用 250t 履带高支撑原位吊装就位；大门桁架、一字桁架、双层网架及斜桁架同时在地面原位拼装，搭设提升塔架，将拼装完成的屋盖网架整体提升3m 后，与大门桁架进行对接、嵌补，然后将屋盖钢网架与大门桁架一起提升到设计位置与西侧边桁架对接、嵌补，焊接完成后整体卸载，拆除提升塔架（图7、图8）。

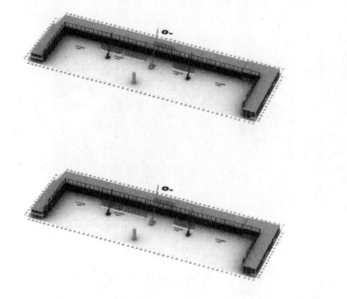

图7　西侧边桁架分段拼装、吊装；其余屋盖钢结构地面拼装

（1）边桁架地面拼装、吊装

边桁架位于结构西侧 F 轴，桁架长 405m，宽 5.5m，高 8.5m，为双层网架结构。分为 9 个吊装单元，吊装单元长度为 35.5~43.5m，最重为 37.3t。使用 50t 汽车式起重机进行拼装，250t 履带式起重机进行安装。吊装单元一端支承在原结构柱上，另一端需设置临时支撑，临时支撑采用 $\phi609 \times 16mm$ 的土工钢管撑组拼而成，临时支撑与屋盖竖向支撑结构之间进行拉结，形成稳定体系（图9）。

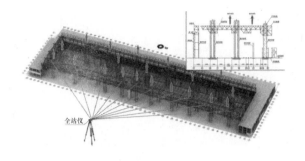 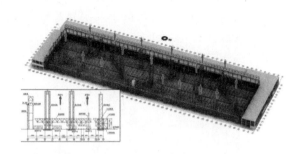

图 8　网架部分提升 3m，与大门桁架进行对接；整体提升到设计位置

图 9　西侧边桁架地面拼装，分段吊装

（2）大门桁架、斜桁架、一字桁架及网架地面拼装

沿长度方向，以 24m 节间为一个拼装段进行累积拼装，将本节间内的杆件由下至上拼装完成，形成整体后，再拼装下一个节间的桁架，直至累积拼装完成（图 10）。

图 10　桁架及网架拼装照片

拼装精准控制：前进行了详细的施工模拟分析以及针对各种工况状态下详尽的受力和变形计算，采取小拼"人"字单元、中拼"四角锥"单元，正式拼装下弦球定位设置钢支墩，整体拼装预起拱、预留焊缝收缩量、同温度验收校核拼装尺寸、分区焊接等有效的组拼控制措施，采用高精度全站仪、三维激光扫描仪等测量仪器严格控制拼装精度。

（3）提升

第一次提升：将大厅网架提升 4.083m，与大门桁架进行对接。所提升网架平面尺寸：398.5m×68.75m，提升面积 27397m²，提升重量约 4500t（图 11）。

图 11　屋盖钢结构第一次提升照片

第二次提升：将大门桁架与大厅网架拼装成整体后再次提升，提升高度 25.542m。所提升网架平面尺寸：398.5m×88.75m，提升面积 35400m²，提升重量约 7200t（图 12）。

图 12　屋盖钢结构第二次提升照片

屋盖钢结构提升到位、屋面板安装完成后分别测量屋盖钢结构挠度值，符合《钢结构工程施工质量验收规范》GB 50205—2001 及设计要求（图 13）。

图 13　屋盖钢结构全部施工完成照片

3.1.3　定型土工钢管支撑工具式重载提升塔架应用技术

根据屋盖钢结构整体提升方案设计，本工程共设置 31 组提升塔架。大门桁架提升塔架 10 组，采用四肢格构式，主管采用 $\phi609×16mm$ 土工钢管撑与 $\phi203×6mm$ 钢管斜撑、水平撑组拼而成（图 14）。

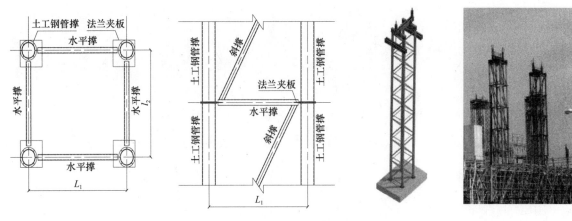

图 14　四肢格构式钢管撑塔架

网架提升塔架 11 组，其中四组主管采用 $\phi609\times16$mm 土工钢管撑与 $\phi140\times6$mm 钢管斜撑、水平撑组拼成三角形支架，4 组三角形支架组成四边形提升塔架（图 15）。

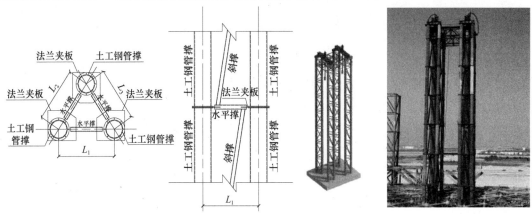

图 15　三角形组合式土工钢管撑塔架

土工钢管撑之间通过法兰盘夹板利用高强螺栓连接，水平撑和斜撑与法兰盘间夹板焊接。在法兰盘之间设置节点板，作为水平拉结或斜撑的节点，确保土工钢管撑不损坏（图 16）。

图 16　土工钢管通过节点板连接

定型土工钢管支撑工具式重载提升塔架技术的采用保证了超重超高提升塔架的整体稳定性和承载能力，拆装方便，塔架格构柱主肢采用租赁的 $\phi609$mm 定型土工钢管撑，采购钢管作为格构柱横、斜撑杆，节约塔架措施材料采购费用约 75%，显著降低了施工成本（图 17）。

图 17　提升塔架组装完成照片

3.1.4　基于智能大数据平台的大跨度整体提升全过程实时监控技术

　　基于智能大数据平台的大跨度整体提升全过程实时监控技术是在结构健康监测云平台系统的研究基础上，开发了远程监控系统，系统将无线传输技术、云存储、人工智能等新技术引入到整体提升施工过程控制中，通过 4G 传输方式将数据传输到云平台上，通过集成判定方法的系统软件对数据进行处理和分析，并通过短信或 APP 方式实现整个提升过程的及时报警预警功能。最后通过数据分析给出施工过程质量的定性分析，可用以定量评估大跨钢结构整体施工过程和之后的结构安全状态。

　　（1）基本原理

　　首先，分析整体提升过程的使用特点，通过有限元通用软件对整体提升过程和成形态进行施工过程仿真模拟分析，确定整体提升过程中原结构的易损性；然后，根据易损性确定整体提升过程中结构上测试参数、布点位置和采集仪器，并根据仪器特性和传感需求优化传感器子系统和数据采集与传输子系统；最后，通过整体提升过程的安全评定方法集成形成软件，并实现提升过程的自感知和自预警功能，通过 APP 和短信为表现形式（图 18）。

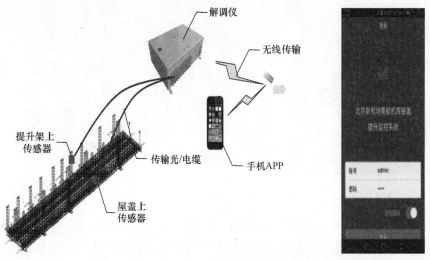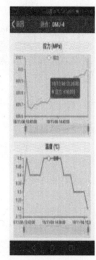

图 18　整体提升安全监测系统示意图和 APP 登录界面及数据显示截面

（2）监测仪器选择

应力监测系统选用基康仪器股份有限公司生产的"BGK-4000"弧焊型振弦式应变计传感器和BGK-MICRO-40型自动化数据采集仪组合（图19）。

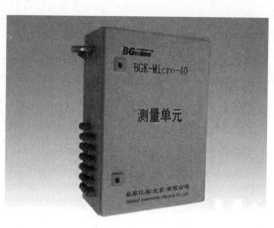

图19 振弦式应变计传感器和自动化数据采集仪

（3）网架测点位置

系统传感器布设是在其设计杆件施工结束后进行，因此，传感器布设点按照施工顺序分为一次网架提升、二次网架提升和提升塔架控制点三个部分。根据易损性分析计算结果，为实现保障提升过程施工安全控制的目的，本项目的传感器分布如下：一次提升被测杆件31根，所用传感器42只；二次提升被测杆件12根，所用传感器17个；支撑胎架3种类型，所用传感器24只，共计采用传感器83只（图20）。

图20 传感器安装照片

3.1.5 自承式分层移动空间网格结构拼装作业钢平台

创新了一种自承式分层移动空间网格结构拼装作业钢平台。平台使用方钢管组焊而成。操作平台宽度根据现场实际（小于大门桁架间距或网格宽度），长度12~15m，下方采用□50×50×2.5和□20×20×2方管制作成为桁架式平台，平台上铺彩钢板。平台上部操作平台采用□50×50×2.5方管制作，操作平台高度满足施工人员站立操作（图21）。

将平台分别放置在桁架或网格的下弦和中弦，分别进行中弦和上弦杆件的安装和焊接。且操作平台重量较轻，使用捯链或卷扬机就可以实现方便的移动。随着桁架或网架的累积拼装，操作平台可以便捷的移动到所拼装的节间（图22）。

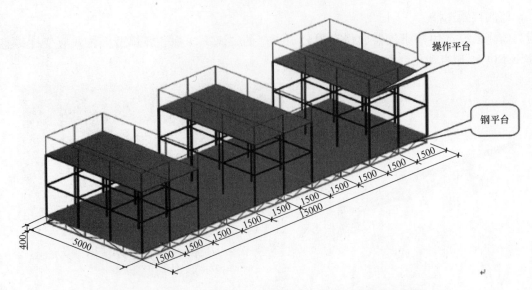

图 21   自承式分层移动空间网格结构拼装作业钢平台示意图

图 22   自承式分层移动空间网格结构拼装作业钢平台

3.2   屋盖结构内机电管道精准施工方法创新

屋盖钢结构内管道安装采用随屋盖钢结构地面拼装阶段插入主管道预安装，主管道随屋盖钢结构体系一同整体提升，待屋盖钢结构提升就位后，再对分段管道进行对口高度调节，随后进行管道的连接，最后进行其余支管和末端设备的安装（图 23、图 24）。

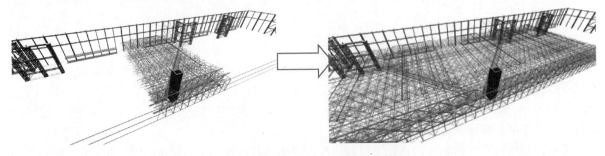

图 23   屋盖拼装阶段插入主管道预安装

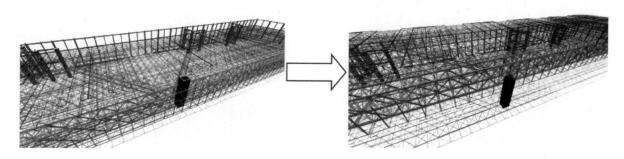

图 24　主管道预安装与屋盖拼装同步完成并同步提升就位

（1）深化设计

根据各机电专业设计图纸，利用 BIM 技术对设备管道进行综合排布和优化，消除设备管道碰撞问题。屋盖钢结构可固定管道支吊架的位置因仅限于球节点的狭小区域，管杆上不能受力，因此设备主管道均需布置在球节点下方。其他形式网架结构根据其特点和设计要求，将设备主管道布设在受力结构下方（图 25）。

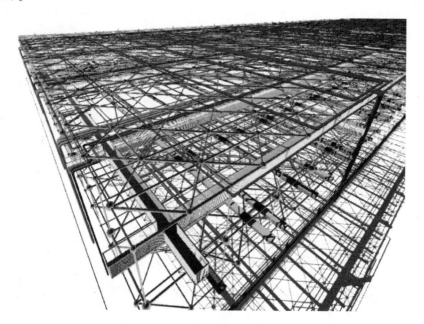

图 25　BIM 辅助排布屋盖结构内设备管道

（2）设计支吊架和管道高度调节工具

屋盖钢结构可固定管道支吊架的位置仅限于球节点的狭小区域，管杆上不能受力，因此设备管道支吊架可根据管道层数、规格及数量设计为不同形式，根据设备专业深化图纸和网架结构图纸，确定管道标高和支吊架横担长度 L，并计算各直径球节点对应支吊架的垂直高度 H 和其他部件尺寸，然后绘制各形式支吊架图纸（图 26）。

设备管道随网架整体提升、卸载后，管道会随着网架的沉降而形变，顺直度达不到规范要求，需要进行管道高度调整。为了便于操作，在吊架横梁处设计调节工具，通过旋转把手即可完成。调节工具易于拆装，可周转使用（图 27）。

（3）设备管道变形量测算和分段

结合钢屋盖网架 BIM 模型，利用受力分析软件对网架整体提升过程中的提升强度以及节点竖向位移、形变量进行模拟验算如图 28 所示，设备管道与其支吊架在网架上的固定点的形变量基本相同。

（4）提升后管道对口连接、高度调节

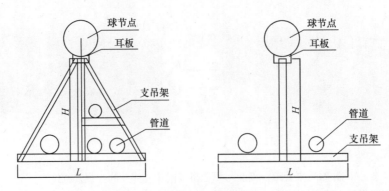

图 26　网架结构管道支吊架示意图

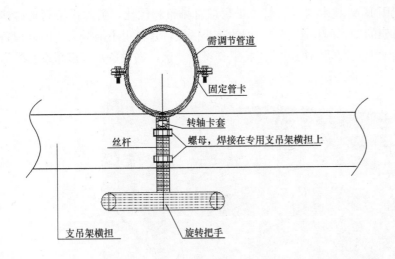

图 27　调节工具大样图及实物照片

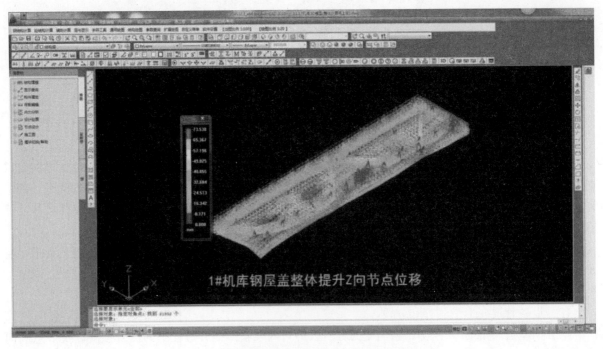

图 28　网架整体提升竖向节点形变位移测算

管道随屋盖钢结构提升、卸荷后，分段管道间管口会产生错位，为此设计了分段管道间对口辅助连接工具对管道进行对口调整，调整到位后进行管道精准连接（图29）。

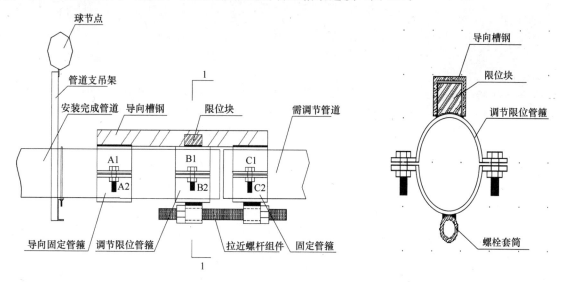

图29　管道对口辅助连接工具示意图

4　适用范围

"超限大跨度机库屋盖钢结构精准建造技术"针对大跨度机库屋盖钢结构及管道安装进行课题立项，通过研究并应用屋盖钢结构复杂节点深化、精细化制造及质量控制技术；模块化吊装、两阶段整体同步提升施工技术；基于智能大数据平台的大跨度整体提升全过程实时监控技术；设备管道与大跨度网架同步提升安装技术等逐一解决了大跨度机库屋盖钢结构及管道安装的一系列施工难题。具有较为广泛的推广价值，为以后类似工程的实施提供宝贵的施工经验。

"超限大跨度机库屋盖钢结构精准建造技术"所属领域为土木建筑工程领域，技术推广领域为类似超限大跨度机库屋盖钢结构的施工，具有一定的针对性及局限性。

（1）模块化吊装、两阶段整体同步提升施工技术主要解决屋面桁架与网架之间标高变化处的施工，机库类似建筑有门头桁架或相似结构形式应用效果显著，其他工程可对模块化吊装及整体提升施工技术参考、借鉴。

（2）设备管道与大跨度网架同步提升安装技术依赖于屋面钢结构屋盖的整体施工方案，类似工程采用整体提升安装施工方法的应用效果显著。

5　工程案例

为实现"发展成为具有国际竞争力的国际规模网络型航空公司"目标，中国南方航空股份有限公司将以北京大兴国际机场为主运营基地，其中北京新机场南航基地项目（1号机库及附属楼工程等24项）为主要组成部分。工程总体建筑面积超过20万 m^2。核心工程为1号机库，建筑面积4万 m^2。大门开口边跨度222m＋183m，进深100m，共设5个宽体维修机位和3个窄体维修机位。建筑规模为世界跨度最大的维修机库（图30）。

机库跨度405m，进深100m，属于超限大跨度机库，屋盖采用W斜桁架＋一字桁架＋双层网架的新型组合结构体系（图31）。

整体结构上弦中心标高38.5m，大门桁架截面总高度11.5m，下弦中心标高27.0m；斜桁架及一字形桁架截面高度8.5m，下弦中心标高30.0m（图32）。

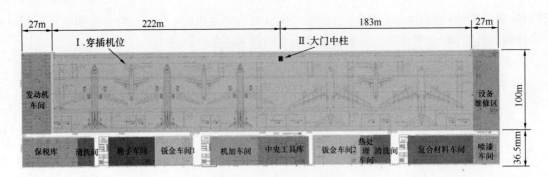

图 30　机库大厅平面布置图

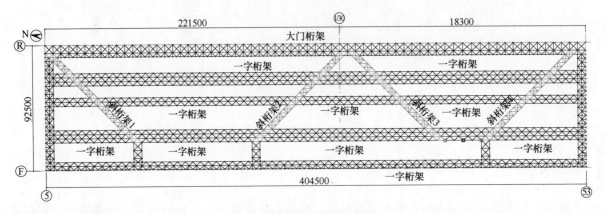

图 31　屋盖桁架布置示意图

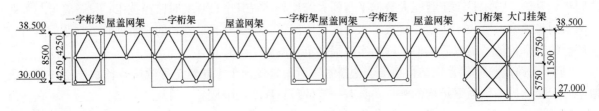

图 32　屋盖钢结构剖面示意图

大门桁架总长 405m，高 11.5m，每一榀桁架分为 3 层，上层、下层均为箱形结构。中层为焊接 H 形截面，腹杆采用圆钢管、焊接 H 形截面或焊接箱型截面构件。斜桁架下弦均为箱形结构。其余杆件采用球管结构（图 33）。

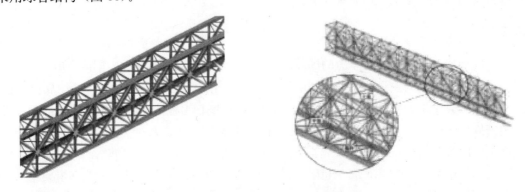

图 33　大门桁架和斜桁架构造示意图

网架为桁架之间填充区域，厚度 4.25m，基本网格尺寸 6.0m×6.0m，采用球管结构，焊接球节点（图34）。

屋盖钢结构内主要设备管道包括消防泡沫雨淋管道和虹吸雨水管道，DN100～DN250 主管道总长达到 15000m，管道和支吊架总重达 500 多吨。

北京建工集团有限责任公司在该项目中研发"超限大跨度机库屋盖钢结构精准建造技术"并成功应用。模块化吊装、两阶段整体同步提升、定型土工钢管支撑工具式重载提升塔架、自承式分层移动空间网格结构拼装作业钢平台等施工技术的使用创造了 3 个月的时间完成 4 万 m² 屋盖钢结构从地面拼装到整体提升的施工记录；复杂节点深化、精

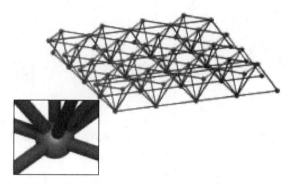

图 34　网架构造示意图

细化制造及质量控制技术的使用确保构件加工尺寸精准，400m 长屋盖钢结构整体拼装误差小于国家规范要求；基于智能大数据平台的大跨度整体提升全过程实时监控技术在整体提升和卸载过程中的应用，实现了各级管理人员实时查看监测结果和分析数据，是传统施工技术与互联网技术的创新融合；设备管道与大跨度网架同步提升安装技术使 15000m、600t 机电主管道随屋盖钢结构同时拼装、同时提升，最终实现高空精准对接。

机库钢结构工程于 2018 年 4 月开始钢柱安装；5 月 23 日开始屋盖钢结构拼装，同时插入机电主管道分段预安装；9 月 3 日钢结构与机电主管道整体提升到位；9 月 26 日卸载完成；2019 年 5 月 22 日钢结构子分部验收完成。钢结构焊缝外观成形及超声波探伤、应力应变监测、变形监测全部符合设计和规范要求。创造了仅 3 个月完成 4 万 m² 屋盖钢结构从拼装到整体提升到位的奇迹，实现机库建设的中国创造、中国速度、中国制造。屋盖钢结构内机电管道经一年左右使用未发生"跑冒滴漏"等现象，工程自交付以来，已进行 50 余架次飞机检测，维修，建筑物各系统运行平稳、有效。

6　结语展望

《超限大跨度机库屋盖钢结构精准建造技术》技术领先、绿色高效，成功应用于世界跨度最大的北京新机场南航基地项目（1 号机库及附属楼工程等 24 项）工程建设过程中：屋盖钢结构施工方法创新解决了超大尺度、特别复杂体型钢屋盖安装技术难题，施工速度快，安装精度高，满足悬挂设备使用要求；屋盖结构内机电管道施工方法创新实现 15000m、600t 机电主管道随屋盖钢结构同时拼装、同时提升，最终实现高空精准对接。经本工程实践应用证明，该技术施工工艺合理，操作性强，有效地保证了工程施工质量，工程荣获中国建设工程鲁班奖、中国钢结构金奖年度杰出工程大奖、北京市结构长城杯金质奖、建筑长城杯金质奖。

作者：刘　伟[1]　石　萌[1]　王益民[1]　洪　彪[1]　兰春光[2]（1. 北京建工集团有限责任公司；2. 北京市建筑工程研究院有限责任公司）

第三篇 标 准 和 规 范

经过 70 余年的不断探索，我国工程建设国家、行业和地方标准已达 9000 多项，形成了覆盖经济社会各领域、工程建设各环节的标准体系，在保障工程质量安全、促进产业转型升级、强化生态环境保护、推动经济提质增效、提升国际竞争力等方面发挥了重要作用。

为深入推进工程建设标准化改革，解决改革过程中遇到的问题，加大力度构建新型工程建设标准体系，住房城乡建设部研究出台了《关于深化工程建设标准化工作改革的意见》，进一步明确了工程建设标准化改革的目标。到 2020 年，适应标准化改革发展的管理制度基本建立，重要的强制性标准发布实施，政府推荐性标准得到有效精简，团体标准具有一定规模。到 2025 年，以强制性标准为核心、推荐性标准和团体标准相配套的标准体系初步建立，标准有效性、先进性、适用性进一步增强，标准国际影响力和贡献力进一步提升。在我国标准体系中，强制性标准、推荐性标准均由政府主导制定，市场自主制定的标准分为团体标准和企业标准。

在强制性标准方面，2015 年标准化改革启动以后，住房城乡建设部工程建设标准化工作重心开始转向全面、系统地编制全文强制性工程建设规范（又称强制性工程建设规范）。在工程建设领域，包括城建建工、铁路、矿山等行业共立项了百余项强制性工程建设规范。强制性工程建设规范发布后将替代现行强制性条文，并作为约束推荐性标准和团体标准的基本要求，规定了工程建设的技术门槛。在工程建设领域，截至 2020 年底，城建建工行业共计 47 项强制性工程建设规范在编，包含项目规范和通用规范两大类，主要技术内容包括城市环境、道路交通、建筑类型、地下管线、建筑结构、工程质量、总体规划、既有建筑、建筑环境与能源、建筑安全、公共设施等。

在推荐性标准方面，要清理现行标准，缩减推荐性标准数量和规模，逐步向政府职责范围内的公益类标准过渡，将推荐性标准定位为工程建设质量的基本保障。根据工程建设标准化改革的思路，强制性工程建设规范发布的同时，要对现行的工程建设标准进行梳理精简。现有工程建设标准需转变为推荐性标准，部分标准将转化为团体标准。

工程建设标准体系的高质量健康发展是保障我国工程建设质量、提高基础设施建设水平的先决条件，也是实现"十四五"规划和 2035 年远景目标的重要助力。在本章中，收录了 9 项编制进展较快的重要领域强制性工程建设规范，介绍了规范背景、编制思路、主要内容、国际化程度、规范亮点与创新点等方面内容。强制性工程建设规范主要包含通用规范和项目规范两大类。

《钢结构通用规范》旨在保障钢结构工程质量、安全，落实资源能源节约和合理利用政策，保护生态环境，保证人民群众生命财产安全和人身健康，防止并减少钢结构工程事故，提高钢结构工程绿色发展水平；《组合结构通用规范》在保障组合结构工程质量安全，促进组合结构的推广应用，保护生态环境，提高组合结构工程绿色发展水平等方面具有重要作用；《工程结构通用规范》保障工程结构安全、满足建设项目正常使用需要，是各类工程结构合规性判定的基本依据；《建筑与市政工程抗震通用规范》属于建筑安全技术领域通用规范，以建筑与市政工程经抗震设防后达到减轻地震破坏、避免人员伤亡、减少经济损失为目的，工程项目的勘察、设计、施工、使用维护等全寿命周期内各环节必须遵守；《建筑与市政地基基础通用规范》保障地基基础与上部结构安全、满足建设项目正常使用需要、促进绿色发展；《砌体结构通用规范》保障砌体结构工程质量和安全，落实节能、节地和推广新型砌体材料政策，保护生态环境，保证人民群众生命财产安全和人身健康，提高砌体结构工程可持续发展水平；《城市道路交通工程项目规范》为规范城市道路交通工程建设、运营及养护，保障道路交通安全和基本运行效率而制定；《燃气工程项目规范》为促进城乡燃气高质量发展，预防和减少燃气安全事故，保证供气连续稳定，保障人身、财产和公共安全而制定，城市、乡镇、农村的燃气工程项目必须遵守。由于所收录规范尚未正式发布，相关内容仅供参考。

　　同时，本章安排了重要国家标准介绍，涵盖了民用建筑、加固设计、建筑节能工程、建筑结构检测技术、建筑信息模型等重点技术领域。《民用建筑设计统一标准》适用于新建、改建和扩建的民用建筑设计，以保障民用建筑工程使用功能和质量，确保建筑物使用中的人民生命财产安全和身体健康，维护公共利益，保护环境，促进社会的可持续发展；《钢结构加固设计标准》主要针对为保障安全、质量、卫生、环保和维护公共利益所必须达到的最低指标和要求，作出统一的规定；《建筑节能工程施工质量验收标准》对近年来我国在建筑工程中的节能工程的设计、施工、验收和运行管理方面的实践经验和研究成果进行了总结；《建筑结构检测技术标准》借鉴国际建筑结构检测技术的研究成果和应用经验，依据统计学的基本原理和我国的实际情况，规定了具有中国特色的工程质量检测结果合格性判定规则；《建筑工程信息模型存储标准》主要解决数据的组织、数据的模式和数据描述语言及文件格式等标准问题。希望读者通过相关内容，能够进一步了解相关领域标准具体情况，并为建筑业转型升级和持续健康发展起到促进作用。

Section 3   Standards and Specifications

After more than 70 years of continuous exploration, China has developed over 9000 national, industry and local standards, which forms a standard system covering all economic and social fields and all aspects of engineering construction has been formed. It has played an important role in ensuring engineering quality and safety, driving transformation and upgrading of industrial structure, strengthening environmental protection, promoting economic quality and efficiency, and enhancing international competitiveness.

In order to further advance the Reform of Engineering and Construction Standardization (RECS), to solve the problems encountered in the reform process, and to build the new engineering construction standard system, the Ministry of Housing and Urban-Rural Development (MHURD) has issued the "*Opinions on Deepening the Reform of Engineering and Construction Standardization*", which further clarifies the goal of RECS. By 2020, a management system adapted to the reform and development of standardization shall be basically established, important mandatory standards shall be issued and implemented, government recommended standards shall be effectively streamlined, and group standards shall have a certain scale. By 2025, a standard system, which contains mandatory standards as the core, and matched recommended standards and group standards, shall be initially established, and the applicability, advanced nature and validity of standards shall be further enhanced, and the international influence and contribution of standards shall be further enhanced. In Chinese standard system, mandatory standards and recommended standards are formulated under the leadership of the government, and standards independently formulated by the market are divided into group standards and enterprise standards.

After the start of RECS in 2015, the focus of the engineering and construction standardization work of MHURD began to shift to the comprehensive and systematic preparation of Full-text Mandatory Standards for Engineering Construction (FMSEC). In the field of engineering construction, more than 100 FMSEC have been established in industries such as urban construction, railways, and mining. In the field of engineering and construction, as of the end of 2020, the construction industry has a total of 47 FMSEC. The 47 FMSEC can be divided into project specifications and general specifications, containing technical contents including urban environment, road traffic, building types, underground pipelines, building structure, project quality, planning, existing buildings, building environment and energy, building safety, public facilities, etc.

Positioning the recommended standards as the basic guarantee for the quality of project construction, it is necessary to clean up current standards, reduce the number and scale of recommended standards, and gradually transit to public welfare standards within the scope of government responsibilities. According to the plan of RECS, with the implement of FMSEC, existing engineering and construction standards need to be transformed into recommended standards or group standards.

The high-quality and healthy development of the engineering and construction standard system is a prerequisite for ensuring the quality of China's engineering and construction, and improving the quality of infrastructure construction. It is also an important boost to the realization of the "14th Five-Year Plan" and the 2035 long-term goal. This chapter introduces background, preparation ideas, main content, degree of internationalization, highlights and innovation points of 9 FMSEC. FMSEC mainly include two major categories: general code and project code.

The *General Code for Steel Structures* aims to ensure the quality and safety of steel structure projects, implement policies for resource and energy conservation and rational utilization, protect the ecological environment, ensure the safety of people's lives and property and personal health, prevent and reduce steel structure engineering accidents, and improve steel structure Engineering green development level. The *General Code for Composite Structures* plays an important role in ensuring the quality and safety of composite structure projects, promoting the popularization and application of composite structures, protecting the ecological environment, and improving the level of green development of composite structure projects. The *General Code for Engineering Structures* guarantees the safety of engineering structures and meets the needs of normal use of construction projects. It is the basic basis for judging the compliance of various engineering structures. The *General Code for Seismic Precaution of Buildings and Municipal Engineering* is a general specification in the field of construction safety technology. It aims at reducing earthquake damage, avoiding casualties, and reducing economic losses after seismic fortification of buildings and municipal engineering. The survey, design, construction, use and maintenance of the project must comply with all links in the entire life cycle. The *General Code for Foundation Engineering of Building and Municipal Projects* ensures the safety of foundations and superstructures, meets the needs of normal use of construction projects, and promotes green development. The *General Code for Masonry Structures* guarantees the quality and safety of masonry structures, implements policies for energy conservation, land saving and the promotion of new masonry materials, protects the ecological environment, ensures the safety of people's lives and properties and personal health, and improves the sustainability of masonry structures. The *Project Code for Urban Road and Transportation Engineering* is formulated to regulate the construction, operation and maintenance of urban road traffic projects, and to ensure road traffic safety and basic operation efficiency. The *Project Code for Gas Engineering* is formulated to promote the high-quality development of urban and rural gas, prevent and reduce gas safety accidents, ensure continuous and stable gas supply, and protect personal, property and public safety. Gas engineering projects in cities, towns, and rural areas must be followed. Since the included specifications have not been officially released, the relevant content is for reference only. Since the included codes have not been officially released, the relevant content is for reference only.

This chapter arranges the introduction of important national standards covered key technical fields such as civil buildings, reinforcement design, building energy-saving engineering, building structure testing technology, building information modeling, etc. The *Uniform Standard for Design of Civil Buildings* is applicable to the design of new, rebuilt and expanded civil buildings to ensure the function and quality of civil construction projects, to ensure the safety and health of people's lives and property in the use of buildings, to maintain public interests, and to protect the environment. Promote the sustainable development of society. The *Standard for Design of Strengthening Steel Structure* mainly makes unified provisions for the minimum indicators and requirements that must be met to ensure safety, quality, sanitation, environmental protection, and maintenance of public interests. The *Standard for Acceptance of Energy Efficient Building Construction* summarizes China's practical experience and research results in the design, construction, acceptance and operation management of energy-saving projects in construction projects in recent years. The *Technical Standard for Inspection of Building Structure* draws on the research results and application experience of international building structure testing technology, based on the basic principles of statistics and the actual situation in my country, and stipulates the eligibility determination rules for engineering quality testing results with Chinese characteristics. The *Standard for Storage of Building Information Model* mainly solves the standard problems of data organization, data model, data description language and file format. We hope the contents can help to explain the specific conditions of standards in related fields and promote the transform and upgrading and sustainable and healthy development of the construction industry.

强制性工程建设规范《钢结构通用规范》

Mandatory Standards for Engineering Construction
"General Code for Steel Structures"

1 编制背景

2015 年 11 月 17 日，《住房城乡建设部关于印发 2016 年工程建设标准规范制修订及相关工作计划的通知》正式将《钢结构通用规范》（以下简称为《规范》）确定为 2016 年研编项目之一，委托哈尔滨工业大学和中国建筑标准设计研究院组织相关行业共 47 家高等院校、科研院所、工程设计和施工单位，59 名编委，针对钢结构设计与施工等内容制定强制性工程建设规范。

2 规范基本情况

2.1 编制思路

《规范》立足于建筑业，适度包含石化、电力、通信等行业中的相关钢结构，是适应于我国工程建设技术标准管理制度改革的一部具有国家技术法规性质的强制性工程建设规范。本规范涵盖钢结构工程的设计、建造、使用、维护与拆除全过程；其内容应包括基本规定、材料选用、设计分析方法、构件及连接、结构体系、构造要求、施工、验收及维护、拆除再利用等方面的原则性规定，并包含必要的具体技术条文，条文中所规定内容为底线要求。本规范基于以下指导思想进行编制：

遵循工程建设标准化改革方向，贯彻落实高质量发展，解决当前工程建设突出问题。

按照保证质量、人身及财产安全、人体健康、环境保护和维护公共利益的原则。

体现新型工业化、绿色化、信息化三位一体的建筑行业发展理念。

技术先进性和内容相对稳定性的统一，与现有钢结构技术标准适当衔接，并做好与相关规范之间的协调。

覆盖钢结构工程全生命周期。

适当借鉴国外发达国家技术标准的体系和内容。

系统完整，宽严适度，内容精炼。

总体上保证规范正文短、准、精，可操作性强，条文说明细、据、实，可监督性强，做到理解、执行无差异。

2.2 规范主要内容

《规范》是钢结构领域具有基础性和强制性的规定，主要内容包括总则；基本规定（设计原则、荷载和荷载效应计算、设计指标、结构或构件变形规定）；材料（材料指标、塑性设计、管理规定）；构件计算（普通构件的计算、冷弯构件和不锈钢构件的计算、连接计算、疲劳计算、构造要求）；结构体系（轻钢结构、高层钢结构、空间结构等）；抗震与防护设计；施工、验收规定；维护、加固改造与拆除。《规范》共计 8 章的原则性规定和必要的强制性技术要求，114 条；其中源自现行规范 103 条，新增技术条文 11 条；共借鉴国外规范经验条文 10 条[1-30]。《规范》规定了钢结构的功能要求、性能要求，以及保障功能和性能要求的技术指标，覆盖了钢结构从设计、施工、验收到维护与拆除的全生命周期（图 1）。

功能要求上，《规范》提出了在钢结构工程全生命周期中促进建设高质量、可持续发展，防止并减少钢结构工程事故，保障人身健康、生命财产安全和生态环境安全，满足经济社会管理的目标要

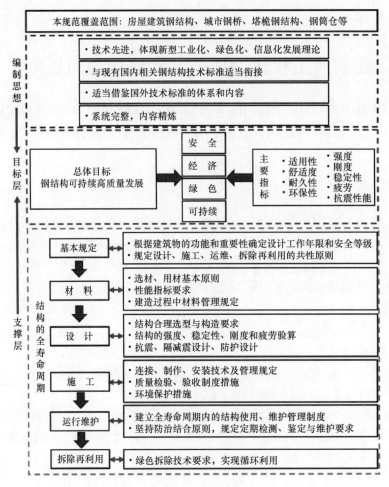

图 1 编制思路图

求；性能要求上，《规范》规定了钢结构工程在施工、使用、运维期间应满足的正常工作性能、耐久性、抗火、抗震性能，以及在遭遇爆炸、撞击和其他偶然事件等状态下稳固性能等要求。技术内容上，《规范》在材料方面，规定了钢结构材料强度设计指标、断后伸长率、屈强比、抗层状撕裂性能、冲击韧性的合格保证、高性能材料的应用等基本规定；在设计方面，规定了钢结构设计原则、结构体系、结构分析、抗震、隔震与减震、构件承载力设计的基本要求，钢结构连接、焊接构造设计的基本措施；在施工方面，规定了钢结构构件切割、加工、焊接、装配式制作拼装、信息化管理、运输以及进场检验等施工和验收关键技术的管理要求；在维护和拆除方面，规定了钢结构使用维护、检测与鉴定、监测和预警、缺陷处置、结构绿色拆除和循环利用的关键技术措施。其中，钢结构材料强度设计指标、钢结构工程结构选型、分析、设计原则以及技术要求，钢结构工程施工技术措施和基本要求为《规范》实现目标及性能要求的关键技术指标。《规范》做到了对现行强制性技术条文的全覆盖、钢结构形式的全覆盖、设计建造过程的全覆盖（图 2）。

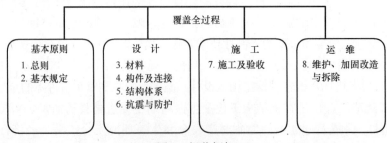

图 2 规范框架

2.3　规范的特点

《规范》在整合、汇总现有相关强制性条文的基础上，从五个方面对钢结构通用性要求进行提升。

从高质量发展、节能减排、节材等角度，首次提出了钢材强度设计值的取值方法，并推荐使用 Q460 级钢材。从连接安全性角度，提高了直接承受动力荷载重复作用的钢结构构件及其连接疲劳计算要求。从安全性和可靠性方面，首次对于多高层钢结构，提出了结构构件和节点部位产生塑性变形的控制及补充验算方法。对于大跨度钢结构，首次提出了利用风雪试验或专门研究确定设计用雪荷载的技术要求。对于输电塔结构，首次提出了考虑覆冰引起的断线张力作用的规定。对于防腐设计，提出了在全生命期应包括定期检查、维护和大修的要求。对于拆除再利用，首次提出了采用安全、低噪声、低能耗、低污染的绿色拆除措施以及循环再利用的技术要求。

3　规范的国际先进性

3.1　与国际标准的一致性

规范体系的一致性：欧洲钢结构设计规范（以下简称 EC3）由六个部分组成。第一部分为钢结构设计通用规定，以及建筑结构设计的专门规定，其余各部分根据结构用途分别给出了钢桥、塔、桅杆、烟囱、筒仓、储槽、管道、钢桩、起重机支承结构的专门（补充）设计规定。《钢结构通用规范》目前的框架体系也是分为基本规定、材料、构造、结构体系、施工与验收、加固、改造几个部分，其中结构体系中根据结构具体用途进行了分类，在框架设计方面与先进国际标准具有一致性。

指引方式的一致性：《钢结构通用规范》的框架体系及编制思想借鉴了国外发达国家的先进体系，特别是"欧洲规范"体系，目前欧洲规范体系采取"通用规定 ＋ 专门（补充）规定"的编排方式。EC0 为通用的基本设计规定，EC1 为通用的荷载作用规定，其余几本规范大体上是区分建筑材料种类给出的专门设计规定，EC8 给出抗震设计的专门规定。对于钢结构设计，应同时遵循 EC0、EC1、EC3，涉及抗震验算时还应遵循 EC8。《钢结构通用规范》也采用了平行规范之间相互指引的方式，特别是对于荷载、抗震、加固等条文更多的是指引到《工程结构通用规范》《建筑与市政工程抗震通用规范》《既有建筑鉴定与加固通用规范》等通用规范，这与"欧洲规范"体系是非常一致的。

国际符号的一致性：《钢结构通用规范》在坐标轴符号、几何尺寸符号、荷载效应、荷载与抗力系数符号、各类强度指标、截面及构件特性参数的符号表征方面也与国际接轨，采用了国际通用的符号表达。

材料的一致性和协调性：我国《钢结构通用规范》在编制说明中给出了材料性能及选材的相关规定，给出了各类钢材产品力学性能指标、工艺性能指标及化学成分指标的原则性要求，同时给出相关产品标准并在规范中以表格形式给出常用钢材牌号的设计指标值；针对连接紧固件、焊接材料、冷弯薄壁型钢材料、铸钢件、不锈钢材料也给出了相关标准并表列常用材料设计指标。可见，材料性能及选材原则方面，《钢结构通用规范》与欧规 EC3 基本一致。

规范内容范围的一致性：《钢结构通用规范》在内容覆盖范围方面做到了与欧美规范的一致性，甚至覆盖面更为全面。目前美国规范和《钢结构通用规范》都给出了防护、涂装、防火设计、施工、详图内容。《钢结构通用规范》还给出了钢结构防护的一般规定（包括绿色施工的要求）、防腐蚀设计与施工、耐热设计与施工等方面的规定。在安装与验收方面，《钢结构通用规范》和美国规范都给出了钢结构安装的相关规定；《钢结构通用规范》还增加了验收、检测、鉴定与加固、焊接工艺和焊接检验方面的规定。

3.2　与国际标准对比情况

编制组对大量国内外相关政策法规和规范标准进行了比较研究，形成了包含《国内相关规范与强制性条文汇编》《国外相关规范对比研究》《欧洲钢结构设计规范翻译》《日本建筑基准法研究报告》四部研究报告。同时，统计分析了 227 本与钢结构相关的国内标准，其中 141 本标准具有强制性条文，与钢结构有关的强制性条文共 1020 条。

美国钢结构相关规范对比分析：2000 年以前，美国同时存在三套建筑规范体系，各州自主采用；2000 年以后，合并为一套规范体系 IBC。IBC 可以视为一个规范总纲，由它指引向各专门标准；美国各州规范都是在 IBC 的基础上制定，大部分内容相同，局部有所修改。IBC 规范中关于钢结构的部分仅 4 页，没有具体技术规定，但指引了相关技术标准。美国的钢结构技术标准由各协会编制，经美国国家标准协会（American National Standard Institute，ANSI）评审后列为国家标准：钢结构技术标准（ANSI/AISC 360）[31]、钢结构抗震技术标准（ANSI/AISC 341）[32]、冷弯薄壁型钢技术标准（ANSI/AISI S100）[33]。

欧洲钢结构相关规范对比分析：1971 年起，由当时的欧共体主导起草结构规范体系 Structural Eurocodes（简称 Eurocodes）；1989 年转交给欧洲标准化委员会（CEN）负责修订；自 2010 年 3 月起，在 CEN/CENELEC 联合委员会的 20 个成员中作为正式的法定标准使用。该规范体系用于指导建筑、桥梁、塔桅、筒仓等在内的所有建设工程的结构技术。

Eurocodes 体系由 10 本规范组成[34-43]，包括：结构设计基本规定（EN 1990 Eurocode）、结构上的荷载作用（EN 1991 Eurocode 1）、混凝土结构设计（EN 1992 Eurocode 2）、钢结构设计（EN 1993 Eurocode 3）、钢-混凝土组合结构设计（EN 1994 Eurocode 4）、木结构设计（EN 1995 Eurocode 5）、砌体结构设计（EN 1996 Eurocode 6）、岩土工程设计（EN 1997 Eurocode 7）、结构抗震设计（EN 1998 Eurocode 8）、铝合金结构设计（EN 1999 Eurocode 9），其中钢结构设计（EC3）为钢结构规范。钢结构设计采取"通用规定＋专项规定（补充规定）"的编排方式，包含通用规定，钢桥、桅杆、筒仓、管道等专项规定，专项规定是以通用规定为基础的补充规定。

日本钢结构相关规范对比分析：建筑基准法是日本最高级别的建筑法规，所有建筑规范标准均应符合建筑基准法及建筑基准法施行令的要求。JIS 日本工业标准（Japanese Industrial Standards）[44]是由日本工业标准调查会制定，JIS 中有关钢结构部分的规定主要针对钢材材性的规定。日本钢结构设计标准（Design Standard for Steel Structure）[45]由日本建筑学会（Architectural Institute of Japan，简称 AIJ）制定，该标准类似于我国《钢结构设计标准》，是基于日本建筑基准法及建筑基准法施行令编制的，经建筑审核部门审核通过后颁布。

3.3 规范先进性总结

《规范》的技术条文充分借鉴了发达国家的技术法规和先进标准，在内容框架、要素构成和技术指标方面进行了对比研究。

内容框架上，《规范》的内容架构与美国《钢结构规范》ANSI/AISC 360 基本一致，实现了与发达国家技术法规的接轨。要素构成上，《规范》涵盖的主要技术要素与欧洲《钢结构规范》EN 1993 及美国《钢结构规范》ANSI/AISC 360 基本相同，《规范》中涉及的抗震设计、施工、验收和加固方面的技术要求和方法更为先进。技术指标上，《规范》在钢结构防火设计、绿色施工、防腐蚀设计与施工、耐热设计与施工，钢结构安装、验收、检测、鉴定与加固等方面的要求比欧洲《钢结构设计规范》EC3 更高。整体评价上，《规范》的内容框架、要素构成与国际主流技术法规一致，技术指标达到国际先进水平。

4 总结

（1）《规范》覆盖内容全面，体现了钢结构领域的共性、原则性技术要求；做到了四个覆盖：①覆盖了钢结构从设计、建造、使用、维护、加固改造、拆除全过程；②覆盖了工程中的各主要结构体系；③覆盖了主要的钢材种类和构件类型；④覆盖了现行相关规范的全部强制性条文内容；这些条文主要规定了所覆盖领域内技术的最基本底线要求。

（2）《规范》吸收借鉴了国内外相关规范的最新成果和欧洲、美国、日本相关规范的规定；比较分析了欧洲、美国和日本的规范标准体系，并适当借鉴了相关体系及一些技术条文。这些新成果的纳入做到了与国际接轨，促进中国标准走向世界。

(3)《规范》的编制在内容上体现了新型工业化、绿色化、信息化三位一体的建筑行业最新发展理念，做到了四个强调：①强调了高性能材料的应用；②强调了弹塑性全过程分析、施工监测、仿真分析等新技术成果的应用；③强调了自动化加工、装配式安装、信息化管理等新型工业化技术；④强调了生态环境安全、绿色拆除和循环利用等绿色理念；这些新的发展理念促进了行业进步。

(4)《规范》保证了工程技术的先进性和内容的相对稳定性，并与现有相关钢结构技术标准适当衔接，做到了技术可靠、系统完整、内容精炼。

作者：沈世钊[1] 范 峰[1] 郁银泉[2] 曹正罡[1] (1. 哈尔滨工业大学；2. 中国建筑标准设计研究院有限公司)

参考文献

[1] 钢结构设计标准 GB 50017—2017[S]. 北京：中国建筑工业出版社，2017.

[2] 多层厂房楼盖抗微振设计规范 GB 50190—1993[S]. 北京：中国计划出版社，1994.

[3] 建筑工程容许振动标准 GB 50868—2013[S]. 北京：中国计划出版社，2013.

[4] 电子工业防微振工程技术规范 GB 51076—2015[S]. 北京：中国计划出版社，2015.

[5] 冷弯薄壁型钢结构技术规范 GB 50018—2002[S]. 北京：中国标准出版社，2003.

[6] 钢结构工程施工规范 GB 50755—2012[S]. 北京：中国建筑工业出版社，2012.

[7] 钢结构焊接规范 GB 50661—2011[S]. 北京：中国建筑工业出版社，2011.

[8] 门式刚架轻型房屋钢结构技术规范 GB 51022—2015[S]. 北京：中国建筑工业出版社，2015.

[9] 空间网格结构技术规程 JGJ 7—2010[S]. 北京：中国建筑工业出版社，2010.

[10] 索结构技术规程 JGJ 257—2012[S]. 北京：中国建筑工业出版社，2012.

[11] 高耸结构设计标准 GB 50135—2019[S]. 北京：中国计划出版社，2019.

[12] 钢筒仓技术规范 GB 50884—2013[S]. 北京：中国计划出版社，2013.

[13] 城市桥梁设计规范 CJJ 11—2011[S]. 北京：中国建筑工业出版社，2012.

[14] 高层民用建筑钢结构技术规程 JGJ 99—2015[S]. 北京：中国建筑工业出版社，2016.

[15] 不锈钢结构技术规范 CECS 410：2015[S]. 北京：中国计划出版社，2015.

[16] 钢结构高强度螺栓连接技术规程 JGJ 82—2011[S]. 北京：中国建筑工业出版社，2011.

[17] 城市桥梁抗震设计规范 CJJ 166—2011[S]. 北京：中国建筑工业出版社，2011.

[18] 钢-混凝土组合桥梁设计规范 GB 50917—2013[S]. 北京：中国计划出版社，2013.

[19] 公路钢结构桥梁设计规范 JTG D64—2015[S]. 北京：人民交通出版社，2015.

[20] 建筑钢结构防火技术规范 GB 51249—2017[S]. 北京：中国计划出版社，2017.

[21] 钢结构高强度螺栓连接技术规程 JGJ 82—2011[S]. 北京：中国建筑工业出版社，2011.

[22] 建筑防腐蚀工程施工规范 GB 50212—2014[S]. 北京：中国计划出版社，2014.

[23] 高耸与复杂钢结构检测与鉴定标准 GB 51008—2016[S]. 北京：中国计划出版社，2016.

[24] 工业建筑可靠性鉴定标准 GB 50144—2019[S]. 北京：中国建筑工业出版社，2019.

[25] 建筑抗震鉴定标准 GB 50023—2009[S]. 北京：中国建筑工业出版社，2009.

[26] 构筑物抗震鉴定标准 GB 50117—2014[S]. 北京：中国建筑工业出版社，2015.

[27] 民用建筑可靠性鉴定标准 GB 50292—2015[S]. 北京：中国建筑工业出版社，2015.

[28] 建筑抗震加固技术规程 JGJ 116—2009[S]. 北京：中国建筑工业出版社，2009.

[29] 建筑拆除工程安全技术规范 JGJ 147—2016[S]. 北京：中国建筑工业出版社，2016.

[30] AASHTO LRFD Bridge Design Specifications (2017 Version) [S]. American Association of State Highway and Transportation Offficials，2017.

[31] ANSI/AISC 360-10 Specification for Structural Steel Buildings[S]. Chicago：American Institute of Steel Con-

struction（AISC），2010.

[32] ANSI/AISC 341-10 Seismic Provisions for Structural Steel Buildings［S］. Chicago：American Institute of Steel Construction（AISC），2010.

[33] American lron and Steel Institute. North American Specification for the Design of Cold-Formed Steel Structural Members：AISI S100-2012［S］. Washington, D. C. ：American Iron and Steel Institute, 2012.

[34] BS EN 1990：Eurocode 0：Basis of structural design［S］. British Standards Institution, 2002.

[35] BS EN 1991：Eurocode 1：Actions on structures［S］. British Standards Institution, 2003.

[36] BS EN 1992：Eurocode 2：Design of concrete structures［S］. British Standards Institution, 2003.

[37] BS EN 1993：Eurocode 3：Design of steel structures［S］. British Standards Institution, 2005.

[38] BS EN 1994：Eurocode 4：Design of composite steel and concrete structures ［S］. British Standards Institution, 2005.

[39] BS EN 1995：Eurocode 5：Design of timber structures［S］. British Standards Institution, 2005.

[40] BS EN 1997：Eurocode 6：Design of masonry structures［S］. British Standards Institution, 2005.

[41] BS EN 1997：Eurocode 7：Geotechnical design［S］. British Standards Institution, 2004.

[42] BS EN 1998：Eurocode 8：Design of structures for earthquake resistance［S］. British Standards Institution, 2004.

[43] BS EN 1999：Eurocode 9：Design of aluminum structures［S］. British Standards Institution, 2007.

[44] The Japanese Geotechnical Society. Method for unconfined compression test of soils：JIS A1216-2009［S］. Tokyo：Japanese Industrial Standards Committee，2009.

[45] ISBN 978-4-8189-5002-3 AlJ Design Standard for Steel Structures［S］. Japan：Architecture Institute of Japan （AlJ），2005.

强制性工程建设规范《组合结构通用规范》

Mandatory Standards for Engineering Construction
"General Code for Composite Structures"

1 规范背景与编制思路

随着新型高性能土木工程材料的不断涌现以及结构体系的不断创新，结构工程师可以通过在不同材料、结构构件、结构体系之间灵活运用组合概念，使各种材料、构件或体系扬长避短，从而获得一系列性能优越的组合构件或组合结构体系，统称为组合结构。组合结构已经在我国得到越来越广泛的应用，但我国组合结构在推广实践中还存在一些突出问题，主要体现在以下几个方面：一是组合结构的地位欠明确，在分类上存在模糊，结构控制性指标不清晰，给工程界特别是工程技术人员带来不少困惑，对推广组合结构及其新型建造方式造成了不利影响；二是组合结构技术标准无论是与发达国家比，还是与工程应用要求比都还很滞后，制约了我国组合结构的发展；三是缺少强制性组合结构国家标准，这成为规范组合结构应用的瓶颈问题。

针对上述问题，根据《住房城乡建设部关于印发 2019 年工程建设规范和标准编制及相关工作计划的通知》（建标〔2019〕8 号），编制组开展了《组合结构通用规范》（以下简称《规范》）的编制工作。其目标是完善我国在技术标准方面的结构类型，填补组合结构在强制性标准方面的空白，促进组合结构工程建设中贯彻落实"适用、经济、绿色、美观"的建筑方针，促进新技术、新材料应用，保障组合结构安全，满足建设项目正常使用需要。

《规范》适用于组合结构工程的设计、施工、验收、维护与拆除，是组合结构工程材料选用、设计、施工与验收、维护与拆除的基本技术要求。

《规范》编制过程中，编制组开展专题研究整理归纳了现行技术法规在组合结构技术领域的要求，主要研究的法律法规包括：《中华人民共和国建筑法》《中华人民共和国防震减灾法》《中华人民共和国标准化法》《建设工程勘察设计管理条例》《建设工程质量管理条例》《建设工程安全生产管理条例》《房屋建筑工程抗震设防管理规定》和《工程建设国家标准管理办法》。另外总结了国内现行 8 部与组合结构相关的技术标准中的 25 条强制性条文，和国外先进标准欧洲规范 4（EC4）和日本《建筑基准法》及《建筑基准法施行令》的相关内容。在上述专题研究的基础上，《规范》条文内容的编制依据主要包括：（1）现行强制性条文；（2）与国外规范对比，以提升工程建设标准国际化程度为目的增加的条款；（3）落实国家发展战略，以新的技术体系推广应用的需要为目标增加的条款；（4）以对工程项目和工程建设全生命周期实现"全覆盖"为目的增加的内容；（5）针对组合结构特点，特增设的内容。其中关键指标和关键技术措施的确定原则，主要是考虑其是否适合作为强制性条文进行规定，兼顾考虑对新技术、新材料应用的促进。

《规范》的总体编制思路是：根据上述总体目标，结合工程建设标准化改革方向，贯彻落实高质量发展的具体要求，按照"全生命周期"和"全覆盖"理念，提出解决组合结构工程建设突出问题的技术措施，与先进国际标准和国外标准接轨。

2 规范主要内容

《规范》共 7 章 78 条，覆盖了多种组合结构材料、构件和体系，同时涵盖了组合结构生命周期的全过程，从组合结构的材料、设计、施工与验收、维护与拆除方面提出了控制性底线要求。其中 9 条由现行组合结构相关标准中的 25 条强制性条文融合而成，另外 69 条是根据落实法律法规要求、满足功能性能要求等情况新增的强制性规定。其主要内容框架见图 1。

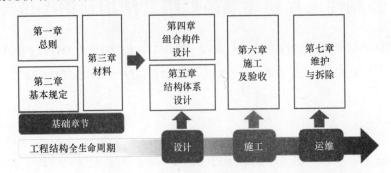

图 1 《组合结构通用规范》整体架构

《规范》的主要技术内容如图 2 所示。本规范中的组合结构主要是指建筑、市政和公路工程的组合结构，其中建筑工程包括各类工业与民用建筑、构筑物等；市政工程中主要是指城市桥梁，包括过街天桥等；公路工程中主要是指公路桥梁，包括跨公路天桥等。当组合结构工程处于特殊环境、有特殊功能要求或拟采用新技术、新材料、新工艺，本规范中的技术措施不适宜采用或没有相关规定时，必须对拟采用的技术措施进行合规性判定，目标是要保证组合结构工程能够达到本规范规定的性能要求，同时也是对于技术创新的鼓励。

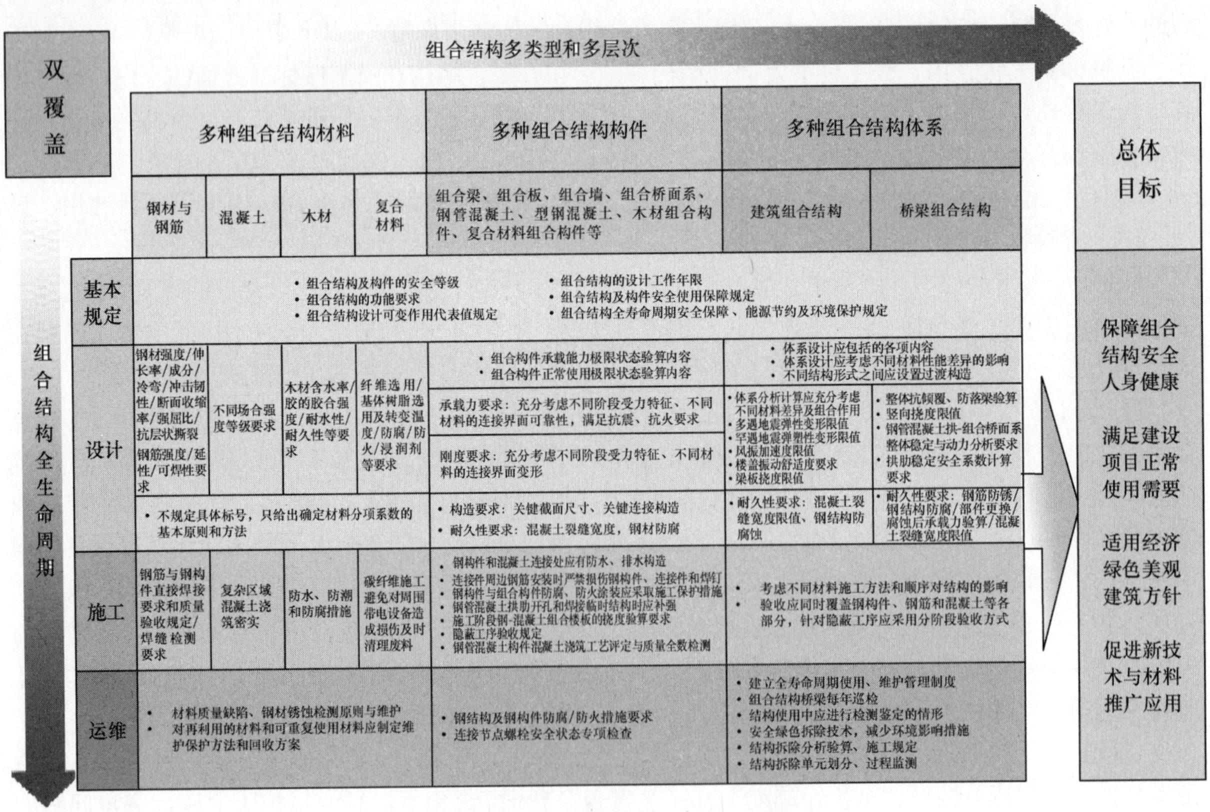

图 2 《组合结构通用规范》主要技术内容

在基本规定方面，明确组合结构所应满足的基本规定。包括安全等级（不低于二级）、设计工作年限（建筑物不低于 50 年，桥梁不低于 30 年），功能要求、安全使用保障规定、全生命周期工程安全和人身健康保障，能源资源节约及环境保护规定。

在材料方面，规定了包括钢材与钢筋、混凝土、木材、复合材料等常用材料的性能要求，以及各种材料分项系数的确定方法，不再限定具体的材料品种和牌号，给组合结构更多的材料选择空间。

在设计方面，规定了包括钢-混凝土组合梁、钢-混凝土组合楼板、钢管混凝土构件、型钢混凝土构件、钢-混凝土组合剪力墙、钢-混凝土组合桥面系、木材组合构件、复合材料组合构件等多种基本组合构件的设计要求。还给出了建筑和桥梁组合结构体系设计的基本技术要求，明确了体系设计应考虑不同材料性能差异的影响，规定了建筑组合结构层间位移角变形限值、混凝土裂缝宽度限值、风振加速度限值、楼板振动舒适度要求和挠度限值，给出了桥梁组合结构体系的整体抗倾覆措施、竖向挠度限值、耐久性措施、钢管混凝土拱桥设计规定和混凝土裂缝宽度要求。针对多种类型组合构件给出了相应的设计计算原则和构造规定。

在施工、维护与拆除方面，明确了组合结构连接、安装等基本措施，规定了组合构件的维护措施，以及结构安全绿色拆除要求等。

以下对《规范》中的一些关键指标和关键技术措施作出简要说明。

(1)《规范》3.1.3条、3.2.2条和3.4.2条分别规定了组合结构中采用的钢材钢筋、混凝土和复合材料的强度设计值和分项系数的要求。均没有给出具体取值，但给出了最低要求。同时对于满足基本要求的新材料，规定了确定其分项系数的基本方法，即需要有可靠的工程经验或必要的试验研究结果作为基础的要求，其中必要的试验研究结果是指以少量试验分析认定材料分项系数的方法，该试验的试件数量不应少于30个，通过试验统计分析结果可以得到该新型材料的材料分项系数。可靠的工程经验主要是指该材料已经得到了工程应用。

(2)《规范》4.2.1条规定：对于采用组合楼盖体系的结构，应将混凝土楼板和钢梁视为共同受力的组合梁板体系，其中组合框架主梁应同时考虑竖向荷载、水平地震作用和水平风荷载等作用下楼板与钢梁之间的组合效应。这主要是因为相关试验研究表明，楼板的空间组合作用除可以明显增加组合框架梁在竖向荷载下的刚度和承载力外，对组合框架结构体系的整体抗侧刚度也有显著的提高作用。采用固定刚度放大系数在某些情况下会低估楼板对组合框架梁刚度的提高作用，从而可能低估结构整体抗侧刚度，低估结构承受的地震剪力。另外楼板对组合框架梁的刚度放大作用还会改变框架结构的整体变形特性，使结构剪切型变形的特征更为明显，对组合框架梁刚度的低估会导致为符合框架核心筒结构体系外框剪力承担率的规定，使外框钢梁截面高度偏大而影响组合梁经济性优势的发挥。故在结构分析中必须准确考虑组合框架主梁在竖向荷载和地震、风等侧向荷载作用下楼板与钢梁之间的组合效应。

(3)《规范》4.2.2条规定了钢-混凝土组合结构多遇地震下的弹性变形验算和罕遇地震下的弹塑性变形验算限值。对于钢柱或钢管混凝土柱框架结构、钢柱或钢管混凝土柱框架—钢支撑、钢板剪力墙或外包钢板组合剪力墙（筒体）组合结构，其整体抗震性能偏向于钢结构属性，因而弹性层间位移角限值按照钢结构的规定执行。对于型钢混凝土柱框架结构、型钢混凝土柱框架—钢支撑、钢板剪力墙或外包钢板组合剪力墙（筒体）组合结构，其外框整体抗震性能偏向于混凝土结构属性，因而其弹性层间位移角限值比钢结构更严格，按照钢结构限值的50%执行。对于采用钢筋（型钢）混凝土剪力墙或筒体作为主要抗侧力构件的组合结构体系，其剪力墙和核心筒的整体变形能力与混凝土结构类似，显著弱于钢结构。而外框不论采用何种形式，其变形能力均不弱于剪力墙和核心筒，因而该类结构的弹性层间位移角限值和弹塑性层间位移角限值均与混凝土结构的规定一致。组合结构体系类型多样，以上规定难以全部涵盖。故对于未涵盖的结构类型，应根据具体结构形式及其力学性能，综合考虑刚度、裂缝、非结构构件等正常使用需求确定弹性层间位移角限值，综合考虑结构变形能力和安全需求确定弹塑性层间位移角限值。

(4)《规范》4.3.1条规定：桥梁结构应进行整体抗倾覆验算，主梁和盖梁或墩柱之间应设置防止发生落梁、倾覆等的可靠连接构造措施。这是因为大量的桥梁震害和事故表明，桥梁的整体牢固性设计（包括整体抗倾覆、防落梁设计等）至关重要。针对此问题，必须强调构造措施的重要性，因为桥梁在全生命周期内遇到的荷载是非常复杂的，计算难以完全覆盖（譬如超载、超大地震等），而一些简单有效的构造措施往往可以起到重要的二道防线作用，避免灾难的发生。

（5）《规范》4.3.5 条规定了组合桥梁及桥面板的混凝土裂缝宽度的要求。本条裂缝宽度的限值，是指在作用（或荷载）短期效应组合并考虑长期效应组合影响下构件的垂直裂缝，不包括施工中混凝土收缩过大、养护不当及渗入氯盐过多等引起的其他非受力裂缝。对裂缝宽度的限制，应从保证结构耐久性，钢筋不被锈蚀及过宽的裂缝影响结构外观，引起人们心理上的不安两个因素考虑。但采取切实措施，在施工上保证混凝土的密实性，在设计上采用必要的保护层厚度，要比用计算控制构件的裂缝宽度重要得多。构件的工作环境是影响钢筋锈蚀的重要条件。本规范针对不同环境分别确定不同的裂缝宽度限值。在确定裂缝宽度限值时，要考虑钢材对锈蚀的敏感性。钢丝和由钢丝捻制的钢绞线，由于直径较小，锈蚀后截面面积损失相对较大，在高应力下易发生脆断。用它们配制的预应力混凝土构件，其裂缝宽度要求比钢筋混凝土构件应适当加强。

（6）《规范》5.2.4 条规定：钢-混凝土组合梁负弯矩区段的混凝土板应采取局部释放组合作用的抗拔不抗剪连接等措施缓解混凝土开裂，且在正常使用极限状态下，按荷载准永久组合验算长期作用的最大裂缝宽度。考虑到混凝土的抗拉强度很低，因此对于没有施加预应力的连续组合梁，负弯矩区的混凝土翼板很容易开裂，且往往贯通混凝土翼板的上下表面，但下表面裂缝宽度一般均小于上表面，计算时可不予验算。引起组合梁翼板开裂的因素很多，如材料质量、施工工艺、环境条件以及荷载作用等。混凝土翼板开裂后会降低结构的刚度，并影响其外观及耐久性，如板顶面的裂缝容易渗入水分或其他腐蚀性物质，加速钢筋的锈蚀和混凝土的碳化等。因此，应对正常使用条件下的组合梁负弯矩区段的裂缝宽度进行验算。对于由组合作用引起的混凝土开裂，可以通过局部释放组合作用的抗拔不抗剪连接或其他措施予以缓解。

（7）《规范》5.6.1 条规定外包钢板组合剪力墙的墙体外包钢板和内填混凝土之间应设置可靠的连接构造，连接件承载力除应满足钢板与混凝土之间剪力传递要求外，连接件的间距尚应保证钢板局部屈曲不削弱剪力墙的极限承载力。当采用栓钉或对拉螺栓的连接构造时，应验算单个栓钉或对拉螺栓的抗拉承载力。连接构造的设置具有两个方面的作用：满足钢板与混凝土之间的剪力传递要求和对钢板受压和受剪时的屈曲进行约束，从而保证钢板局部屈曲不削弱剪力墙的极限承载力。钢板屈曲会对栓钉或对拉螺栓产生拉力作用，因此应对栓钉在混凝土中的抗拔承载力和对拉螺栓的抗拉承载力进行验算。

（8）《规范》5.7.1 条给出了钢-混凝土组合桥面系的设计基本规定。组合桥面系结构应充分考虑施工和运营两个不同阶段的性能验算，且应做到经济合理，结合我国的制造工艺和技术装备，考虑结构形式及结构细节便于制造。应结合拟定的架设方案、起吊设备、城市道路运输条件和使用条件，考虑构件长度及重量，在运输、架设、使用的过程中防止构件产生过大的变形。结构细节，特别是重要的连接部位，应尽可能做到构造简单，施工方便，便于养护人员日常检查、维护和检测设备的进入。为确保钢与混凝土共同工作，应设置连接件，连接件具有抗掀起和纵向抗剪的作用。

（9）《规范》5.9.1 条规定复合材料组合结构应根据承载能力极限状态和正常使用极限状态的要求进行设计和验算，并应具有能达到承载力极限状态的变形能力。复合材料组合结构通常承载能力高，具有较大的弹性变形能力，设计中既有可能出现承载能力极限状态控制，也可能出现正常使用极限状态控制，还会出现变形过大而丧失功能的极限状态，在设计中应采用承载力和变形双控的设计方法。与传统钢筋混凝土及钢结构不同，复合材料结构弹性变形能力强但塑性变形能力弱，传统的基于塑性变形的延性设计不完全适用，应考察结构的总变形能力。

（10）《规范》6.1.1 条给出了钢-混凝土组合结构施工的基本规定。主要有以下考虑：组合结构施工的特点就是两种不同材料构件的交叉施工，在没有形成组合作用之前，应分别进行强度、刚度和稳定性验算；钢-混凝土的结合部出现混凝土脱空、不密实的现象会严重影响组合作用，构成安全隐患；钢构件和混凝土连接处如果长期存水，对钢材构成腐蚀隐患，寒冷地区有冰冻膨胀的风险，因此在结合处要有防水、排水构造措施；钢管混凝土可能承受较大弯矩或拉力作用，此时主要依靠钢管承担拉应力，应对其对接连接焊缝质量提出严格要求；钢管混凝土构件最为核心的外钢管和核心混凝土间的组合作用要求钢管和核心混凝土紧密贴合，共同工作，而核心混凝土的收缩若不加以控制，可能引起核心混凝土与外钢管间存在空隙，无法发挥组合作用，因此钢管内混凝土应采取充分振捣、减小收缩的技术措施；高温下高强混凝土表面会出现爆裂现象，会降低结构的承载力，须采取适当措施减弱混凝土的爆裂，这对型钢混凝土柱的抗火设计非常重要；组合结构中钢筋经常要穿过钢构件或者与钢构件焊接，如果损伤到钢构件、连接件和栓钉，会削弱组合作用，因此钢筋安装铺设过程中，严禁损伤钢构件、连接件和栓钉；钢构件及组合构件的防腐、防火涂装对组合结构整体抗火与耐腐蚀能力至关重要，不应在施工阶段遭到破坏；组合结构涉及多种材料，且施工过程中组合作用往往并未形成，与结构最终状态有明显差异，因此应在施工过程中充分考虑不同材料施工方法和施工顺序对结构受力性能的影响。

（11）《规范》7.1.2条规定了组合结构应进行检测与鉴定，并根据检测鉴定结果进行处理的情形。对组合结构中钢结构来说，防腐是影响结构安全和耐久性的重要技术措施，防火也是影响结构安全性的重要技术措施。本条针对5种情况提出相应的要求，其中第1款是基本要求，即达到设计工作年限拟继续使用时；第2款除采取长效防锈措施，比如混凝土包覆等，在设计时应设定合理的容许腐蚀厚度值，对于寿命达不到结构设计工作年限的部件应是可更换的；第3款除应采取构造措施外，还应提供在使用期内对部件、节点、构造检修、维修和清理灰尘、杂物的通道；第4款针对闭口截面构件，由于本身不便于检查维护，所以应做到完全封闭，避免湿气、灰尘等进入内部；第5款，外包混凝土如开裂或容易渗透，则不能发挥保护内部钢构件的作用。

（12）《规范》7.2.1条规定：组合结构的拆除应经过分析验算，并采用安全绿色拆除技术，确保结构拆除过程中的安全性，减少对周边环境的影响。应采用构件单元化拆除方案，拆除现场不应进行组合构件的解体。拆除工程应包括规划、设计和施工等环节，必须遵守国家的节能环保战略要求。在保证安全生产等基本要求的前提下，通过科学的部署和合理的施工，最大限度地节约资源、并减少对环境负面影响的施工活动，实现节能、节地、节水、节材和环境保护。包括但不仅限于以下内容：控制扬尘可采用对作业面喷水压尘，对已拆除物料覆盖、对场地洒水等措施；降低噪声应选用低噪声设备、采用隔声材料对作业面进行遮挡等措施；电气焊作业应采取遮挡措施是为避免电弧光外泄；运输车辆驶出现场的要求。现场车辆冲洗设施包括定型车辆自动冲洗机、车辆简易自动冲洗设施、高压水枪等；裸露的场地采取相应的防止扬尘措施。常用的方法是对裸露场地进行覆盖、硬化或绿化等。

3　国际化程度及水平对比

国际上组合结构领域的先进标准主要是欧洲规范4——《钢-混凝土组合结构设计》和日本《建筑基准法》及《建筑基准法施行令》。《规范》与欧洲规范4的具体对比情况如下：①《规范》内容架构与欧洲规范4保持一致，对建筑组合结构与桥梁组合结构的设计要求分别作出规定；②欧洲规范4仅对钢-混凝土组合结构作出规定，《规范》则覆盖了钢-混凝土组合、木-钢组合、复合材料-钢-混组合等多种类型组合结构；③欧洲规范4仅限于设计环节，章节内容的设置以传统设计过程为主，而《规范》强调组合结构的全生命周期，对施工与验收、维护与拆除也作出了规定；④相比于欧洲规范4，《规范》对各类组合结构体系抗震变形验算的控制指标，以及新材料引入时分项系数的控制要求作出了全新的规定，在保证结构安全性的同时，注重促进新材料和新技术的推广使用。

日本《建筑基准法》及《建筑基准法施行令》是分层次的,相当于技术法规和技术标准的组合,其内容由粗到细形成一个体系。《规范》编制过程中借鉴了部分比较高层次内容和技术措施的强制性要求。

4 规范亮点与创新点

与现行组合结构领域相关规范标准相比,《规范》主要具有以下亮点和创新点:

一是在保证结构安全性方面,《规范》针对建筑和桥梁两类组合结构体系,涵盖钢材、混凝土、木材、复合材料等多种材料和组合梁、组合楼板、钢管混凝土柱、型钢混凝土梁柱墙、钢板组合剪力墙等多种构件,覆盖规划设计、施工验收、运营维护、拆除等全生命周期环节,均给出了保障其安全使用和耐久性的重要规定。针对组合结构区别于钢筋混凝土结构、钢结构、砌体结构等其他类型结构的特点,《规范》特别突出和强调了对组合结构中不同材料性能差异影响的考虑及保障其共同工作的措施,首次较为系统地提出了适用于多种常见组合结构体系的抗震变形验算控制指标,包括楼层内最大的弹性层间位移和薄弱层(部位)层间弹塑性位移等指标,这些规定对进一步提高组合结构体系安全度、发挥组合结构优势、提升组合结构体系设计水平、促进组合结构体系创新具有重要的意义。

二是在促进高质量和绿色化发展方面,《规范》为新材料和新技术的发展和推广留出了充分的空间。对组合结构用材料突破了原设计规范指定材料牌号的做法,大大扩宽了材料选用范围,引导新材料在组合结构中的创新应用,将纤维增强复合材料等新材料纳入组合结构,可以和钢材、木材以及混凝土组合,拓宽了组合结构范围;明确了组合结构应采用绿色施工技术、减少施工垃圾,并应采取减少噪声、污染等对环境影响小的绿色拆除措施。

三是充分考虑了《规范》与其他结构类通用规范之间的密切联系,在条文规定中进行了明确的分工配合,共同实现对组合结构工程建设的全面完整规定。具体体现在:《规范》中涉及钢材、钢筋、混凝土、木材等材料的规定,均应符合相应通用规范(混凝土、钢结构、木结构规范)的基本规定;涉及结构安全等级、结构重要性系数、设计工作年限、荷载代表值等基本设计规定应符合《工程结构通用规范》的规定;涉及结构抗震设计要求、计算等,均应符合《建筑与市政工程抗震通用规范》的规定;涉及结构鉴定加固的内容,应符合《既有建筑鉴定与加固通用规范》的规定;但同时针对组合结构的特殊需求作出了具体的补充规定。

5 结论与展望

《规范》所规定的内容均属于保障人民生命财产安全、人身健康、工程安全、生态环境安全、公众权益和公共利益,以及促进能源资源节约利用、满足社会经济管理等方面的控制性底线要求,对于促进和支撑工程建设标准化改革,落实高质量发展的具体要求,具有重要作用。《规范》按照"全生命周期"和"全覆盖"理念,提出了解决组合结构工程建设突出问题的关键原则和技术措施,明确了组合结构作为一种重要结构类型的地位和定义,给出了结构设计的关键控制性指标,与先进国际标准和国外标准接轨,既完善了我国在技术标准方面的结构类型,又填补了组合结构在强制性标准方面的空白,是我国组合结构发展的重要里程碑。

在《规范》的编制过程中,尚有以下两个方面的问题有待解决及进一步完善:一是关于组合结构相关指标特别是体系层间位移角限值的问题。组合构件与体系性能控制指标不能简单地与混凝土、钢结构等同,相关基础研究仍然较为缺乏。体系层间位移角限值是组合结构工程建设所亟需的关键性设计指标,对组合结构设计结果的安全性、经济性影响显著。二是关于如何将新型组合结构纳入《规范》,并实现与现行条文协调的问题。由于组合结构种类繁多、灵活多样,随着我国工程建设规模和难度的不断增加,未来还会不断涌现新的材料、构件和结构形式。如何及时将这些新型组合结构纳入规范进行强制性要求，需要给予特别关注。

整体上，《规范》条文主要基于现行标准规范中的强制性条文，总体上不易引起社会舆论。但由于《规范》首次系统地给出了不同组合结构体系层间位移角限值的规定，相比现行标准有较大突破，预计可能收到设计和科研单位对限值的调整建议。针对此类情况，一方面应加强规范宣贯，普及增加此类规定的具体原因；另一方面应及时反馈分析、组织研讨，及时启动规范修订研究工作。

作者：聂建国[1]　侯兆新[2]　丁　然[1]　（1. 清华大学土木工程系；2. 中冶建筑研究总院有限公司）

强制性工程建设规范《工程结构通用规范》

Mandatory Standards for Engineering Construction
"General Code for Engineering Structures"

1 背景与编制思路

1.1 编制背景

2017 年，《工程结构通用规范》（原名称为《结构作用与工程结构可靠性设计技术规范》）的研编工作列入了住房城乡建设部的标准工作计划，由中国建筑科学研究院有限公司牵头，组织开展研编工作。经研编组 2 年的工作，于 2018 年底完成研编工作并通过验收。2019 年，《工程结构通用规范》列入了《住房城乡建设部 2019 年标准规范制修订工作计划》（建标函〔2019〕8 号）。正式编制以研编稿为蓝本，经数次修改完善和多轮征求意见，于 2020 年 9 月通过专家审查正式报批。

1.2 编制原则

根据强制性工程建设规范的特点和属性，规范确定了四条基本编制原则。

第一，支撑标准的理论体系要相对完整、逻辑关系明确。强制性工程建设规范不是现行规范强制性条文的汇编，应当保证其体系的相对完整性，而其条文体例应当符合强制性条文的编写规范。《规范》各部分的逻辑关系应当明确，不能出现含混不清的表述。

第二，《规范》要反映工程结构需要强制的共性问题。本规范作为工程结构的基础性规范，不但适用于包括混凝土、钢、砌体、组合结构等在内的各种传统结构类型，同时也适用于各种新材料、新结构体系，因此规范应当反映工程结构应当强制的共性问题，并作为工程结构合规性判定的基本依据。

第三，《规范》的重点要放在提要求，而非具体的操作方法。本规范具有强制性的特点，而工程情况千差万别。因此在标准编制过程，着眼点应当放在提要求上，重点在于要求工程结构实现预设的目标，而不过多的规定具体操作方法。这是本规范区别于以往"技术标准"的重要特点。

第四，《规范》中给出的具体取值标准要区别对待：有充分把握的做明确规定，情况较复杂的做原则性要求。由于本规范具有技术法规的特性，其条文中的取值要求强制执行，因此制定具体的取值标准必须慎重。对于没有达成共识、存在争议的取值参数，或者技术成熟度尚未达到编入规范要求的，都应该只作原则性规定，给出方向性指引，避免一刀切。

1.3 编制方案

本规范遵循工程建设标准化改革方向，一方面梳理了现行标准规范中的相关强制性条文，对交叉重复和互相矛盾的条文分门别类进行处理；另一方面对规范框架反复讨论修改并补充了规范条文，以保证体系的完整性。《规范》的各技术条文规定了工程结构的底线要求，实现了工程结构类型的全覆盖。

本规范的技术条文主要来源于《工程结构可靠性设计统一标准》《建筑结构荷载规范》和铁路、公路、港工、水利水电行业的相关标准，涵盖了这些标准的全部强制条文。而为了保证规范体系完整性纳入的条文，则充分考虑了规范强制属性和内容科学合理、可实施，确保符合本规范的定位，满足实施要求。

在研编和编制过程中，还借鉴了欧洲标准（EN 1990 "结构设计基础"和 EN 1991 "结构作用"）

以及国际建筑规范 IBC 2015 的相关内容，在内容架构和要素构成等方面与国外相关技术法规和标准接轨，技术要求水平相当。

2 规范主要内容

2.1 规范框架

本规范属于各类工程结构的"顶层规范"，适用于房屋建筑、市政、公路、水利等建设工程领域。主要内容包括：对各类工程结构的承载力、正常使用和耐久性的基本要求；结构安全等级和设计工作年限的确定、结构设计应当包含的基本内容和各种设计方法的设计表达式，以及结构施工、维护和拆除的基本原则；结构的永久作用、楼面和屋面活荷载、风荷载、温度作用等各类作用的取值原则和最低取值标准。

《规范》共 4 章 100 余条，分别是总则、基本规定、结构设计和结构作用。

第 1 章"总则"阐明了本规范制订的意义和适用范围。第 2 章"基本规定"是规定了结构的安全性、适用性和耐久性的基本要求。第 3 章是对工程结构设计的要求，规定了结构设计应当包含的内容、极限状态的分项系数设计法和其他设计方法的设计表达式。第 4 章是各种常见作用的取值规定。

其中，第 2 章还包括关于工程结构施工、使用维护和拆除的条文，这部分内容汇总了其他专业结构规范中的共性要求，反映了本规范一般性和通用性的基本特点。

2.2 第 1 章和第 2 章的技术要点

《规范》第 1 章"总则"共 4 条，规定了本规范制定的目的和法律定位。强调了本规范的控制性底线要求和强制属性。

第 2 章分 5 节。2.1 节"基本要求"，首先从安全性、适用性和耐久性三方面提出了对结构的总要求，并针对传力路径、防连续倒塌、火灾条件下的承载力作出规定。考虑到规范的强制性，一些具体的技术措施未在正文中做强制规定，而是在起草说明中进行解释，便于工程人员理解条文的具体含义。比如针对防连续倒塌，起草说明中指出：为了防止结构出现与起因不相称的破坏，可以采取各种适当的方法或技术措施，主要包括：①减少结构可能遭遇的危险因素；②采用对可能存在的危险因素不敏感的结构类型；③采用局部构件被移除或损坏时仍能保持稳固性的结构体系；④避免采用无破坏预兆的结构体系；⑤增强结构整体性的构造措施。针对这些措施还进行了具体的解释。

此外，第 2.1 节还规定了结构设计、施工、使用维护和拆除的原则性要求，特别是对危害结构安全的行为作出禁止性规定。如果确实有变更使用用途的要求，要求必须经过设计复核，并采取必要措施。

第 2.2 节是"安全等级和工作年限"。安全等级和结构设计工作年限，是直接影响结构可靠度水平的基本参数。规范的安全等级和工作年限规定和现行《工程结构可靠性设计统一标准》基本一致，条文的表达方式有微调。规范的安全等级分三级，分别对应重要结构、一般结构和次要结构。结构的重要性，主要是根据破坏后果和结构的使用频率进行判断。欧洲标准 EN1990 附录 B 则根据"结构破坏后果"和"结构可靠性水准要求"两个角度规定了结构分类，和中国规范的分类要求基本相同。国际标准 ISO 22111 第 7 将结构分为四类，前三类与中国相同，增加的第四类是特例，其安全度水准需要根据项目实际情况设定。IBC 的 1604.5 则将建筑结构的风险分类划分为四类，并且详细列举了各个类别的建筑结构类型。由于本规范面向的是所有工程结构，因此条文主要是针对重要等级的划分原则作出规定，更为具体的划分标准由项目规范和各行业领域的规范作出规定。

结构设计工作年限是影响结构设计的重要因素。使用年限不仅影响可变作用的量值大小，也影响着结构主材的选择。对于业主而言，只有确定了设计工作年限，才能对不同的结构方案和主材选择进行比较，优化结构全生命周期的成本，获得最佳解决方案。由于行业之间的差异性，本规范针对房屋建筑、公路工程等工程结构的设计工作年限作出明确要求，而其他未予列明的工程结构种类，可根据相关的标准规范或者本规范规定的原则确定合理的设计工作年限。

第2.3节是"结构分析"。结构分析是工程结构建设过程最重要的环节之一，本节规定了结构分析过程必须引起重视的若干技术要点，包括基本理论、计算模型和简化要求等，以保证结构分析能够得出科学合理的结果。

第2.4节是"作用和作用组合"。针对工程界的使用习惯和逻辑合理性，本规范对作用组合与极限状态的内容编排进行了优化。将"作用和作用组合"单列一节。规定了作用的分类、可变作用基准期和代表值、确定作用量值大小的一般原则等内容，并且规定了作用组合的基本要求和各类组合的具体形式。

第2.5节是"材料和岩土的特性及结构几何参数"。

2.3 第3章的技术要点

《规范》第3章分2节，是对结构设计的规定。目前国内工程界，大多数结构设计采用的是"极限状态的分项系数设计方法"，但其他设计方法仍在一定范围内应用。本规范需要实现全覆盖，因此分别对"极限状态的分项系数设计方法"和"其他设计方法"作出规定。

"极限状态的分项系数设计方法"是目前工程界主流的设计方法。第3.1节对分项系数设计方法作出详细规定。首先明确了极限状态两种类型及其基本含义，并列举了超过极限状态的若干判据。承载能力极限状态可理解为结构或结构构件发挥允许的最大承载能力的状态。正常使用极限状态可理解为结构或结构构件达到使用功能上允许的某个限值的状态。然后规定了结构设计应当考虑的设计状况及其适用条件，并对不同极限状态和设计状况的选取作出了要求。核心目标是要求结构设计时选定的设计状况，应当涵盖所能够合理预见到的各种可能性，并根据不同极限状态进行分析计算，以保证结构的安全性和适用性。

本节最为重要内容是分项系数的取值规定。分项系数是决定结构安全度的最重要的指标，必须作出强制要求。本规范研编期间，正值《建筑结构可靠性设计统一标准》修订，通过开展各国规范的分项系数取值对比研究以及各参编单位基于构件层次的试算分析，《建筑结构可靠性设计统一标准》提高了分项系数的取值。本规范在正式编制时，也相应地提高了分项系数的取值水平。另外，由于不同行业领域的各类作用，其量值变异性有差异，因此不同行业的分项系数也有所不同。

2.4 第4章的技术要点

《规范》第4章分10节，分别规定了工程结构中常见的作用取值标准，包括：永久作用、楼面和屋面活荷载、人群荷载、起重机荷载、雪荷载和覆冰荷载、风荷载、温度作用、偶然作用、水流力和冰压力。另外针对公路、港工等行业领域的作用也专辟一节加以规定。本章的大部分内容来源于现行标准规范，其中部分不适宜强制，但对保证规范体系完整性又必需的内容，则对条文进行了调整，作出原则性规定。

部分楼面和屋面活荷载的取值标准与现行《建筑结构荷载规范》相比，有所提高，这主要是根据国际对比研究和国内工程实践经验进行的调整。雪荷载一节与《建筑结构荷载规范》相比，未纳入积雪分布系数的图式，代之以积雪分布系数的确定原则，这主要是考虑到规范的强制属性采取的处理方法。该节还增加了一条关于"覆冰荷载"的条文，该条文主要根据国际标准化组织的国际标准 ISO 4355 的技术内容整理凝练的。

风荷载是比较重要的一类可变荷载。《建筑结构荷载规范》的风荷载规定较为具体详细，考虑到本规范的强制属性，风荷载一节内容全部重新编写。对于必须强制的技术指标给出明确规定，主要包括：基本风压、风荷载放大系数和风向影响系数的最低取值要求。对于情况较为复杂不宜给出具体取值要求的技术内容，则给出原则规定。尤其需要注意的是，考虑到风工程学科发展和现实情况，《规范》未强制要求采用"平均风荷载乘以放大系数"的方法确定风荷载标准值，风洞试验单位和工程设计人员可根据具体情况采用"放大系数"或者"线性叠加"两种办法考虑风荷载脉动的增大效应。另外，本节还明确了"体型复杂、周边干扰效应明显或风敏感的重要结构应进行风洞试验"，强调了风洞试验在确定结构风荷载方面发挥的重要作用。

3　国际化程度及水平对比

本规范在编制过程中，广泛调研了国内外相关法规和标准规范，提出了关键技术指标的修订建议并在规范编制过程中加以落实。

《规范》的内容架构和要素构成与欧洲标准的 EN 1990（结构设计基础）和 EN 1991（结构上的作用）基本一致，若干条文借鉴了国内外先进标准的技术规定。

国际标准是由国际标准化组织制定、各成员自愿采纳或借鉴的技术标准。国际标准化组织的 ISO 2394（结构可靠性总原则）和 ISO 22111（结构设计的一般要求）规定了对结构可靠性和设计方法的原则要求，其内容与 EN 1990 大致相同。

欧洲标准是本规范重点关注的国际标准，该标准由欧盟成员国共同制定，由各成员国标准管理机构发布后实施。本规范关于结构性能要求和分项系数设计法的相关条文，借鉴了欧洲标准 EN 1990 的体系框架和条文表述。按照条文的属性，欧洲标准分为原则（P）和应用规则：原则在欧盟成员国内通用，且不可修改；应用规则可以根据各国情况增补内容。本规范所借鉴的条文，都是欧洲标准的原则条文。

国际建筑规范（International Building Code，IBC）是由国际规范委员会（International Code Council，ICC）编制的一部国际规范。ICC 是一个由会员组成的致力于建筑安全、防火与节能规范的组织，其制定的规范用于包括住宅及学校在内的商用及民用建筑。大多数美国境内的州、市和县采用 ICC 制订的国际规范和建筑安全规范作为当地的技术法规。本规范部分条文的技术要求借鉴了 IBC 第 16 章"结构设计"的相关内容。该章的主要内容包括建设文件、一般设计要求、荷载组合、永久荷载、活荷载、雪荷载、风荷载、土体侧向荷载、雨水荷载、洪水荷载、地震荷载、大气冰荷载和结构完整性等。

对于分项系数和活荷载等关键指标的取值，编制组对比了美国 ASCE 7 和欧洲 EN 1991 的相关规定，保证取值水平的一致性。

总而言之，本规范在内容架构和要素构成上，实现了与国外相关技术法规和标准的接轨，在关键技术指标的取值水平上保持一致。

标准审查会议认为："《规范（送审稿）》的内容架构、要素构成等方面与国外相关技术法规和标准接轨，技术要求水平相当。"

4　规范亮点与创新点

虽然本规范纳入的技术内容都是比较成熟的内容，但《规范》对于解决目前工程建设领域标准规范交叉重复等问题有着重要作用，根据研究结果对现行规范要求的修改完善，有利于提高本规范的国际化程度，促进行业技术水平的发展。

本规范的亮点和创新点主要体现在：

（1）目前，与工程结构可靠性和作用相关的强制性条文分散于多种不同的标准规范中，其中引用性强条占据相当比例。本规范的编制，解决了工程建设中强制性条文较为分散，引用性强条不同步带来的使用混乱等突出问题。

（2）根据可靠性水准设置水平的国际对比研究成果，提高了分项系数取值。与《建筑结构可靠性设计统一标准》GB 50068—2018 同步修订，将现行《建筑结构荷载规范》GB 50009—2012 中强制性条文规定的永久作用和可变作用的分项系数 1.2 和 1.4，提高到 1.3 和 1.5。使我国工程结构安全度水平总体提升 7% 左右。

（3）根据国际对比研究和国内工程实践经验，提高现行《建筑结构荷载规范》GB 50009—2012 中楼面活荷载取值要求（表1），符合我国经济发展条件下对建筑使用安全的新需求。

楼面活荷载取值要求 表1

建筑用途	荷载规范（kN/m²）	本规范（kN/m²）
办公楼、试验室、阅览室、会议室、医院门诊室	2.0	2.5
食堂、公共餐厅、饭店	2.5	3.0
商店、百货、超市	3.5	4.0
车站、机场大厅、展览厅	3.5	4.0
健身房、演出舞台、运动场、舞厅	4.0	4.5
书库、档案库、贮藏室	5.0	6.0

（4）补充和完善了施工荷载及栏杆荷载的取值规定。近年来频发地下室顶板坍塌事故，据此本规范补充了地下室顶板施工活荷载标准值不应小于 5.0kN/m² 的规定；针对《建筑结构荷载规范》GB 50009—2012 和《中小学校设计规范》GB 50099—2011 在栏杆荷载取值标准上不协调的问题，本规范将栏杆荷载的取值分为 3 款分别加以规定，解决了两本规范栏杆荷载取值不一致不协调的问题。

5 有待进一步解决的问题说明

"强制性工程建设规范"是工程建设标准化改革的重要工作内容。由于强制性工程建设规范具有技术法规性质，与传统意义的标准规范具有较大差异，因此编制组在编制过程中也在不断学习和调整规范的编制思路。目前成稿的《规范》，还存在一些有待将来研究和解决的主要问题。

一是规范的适用对象。《工程结构通用规范》面向的适用对象是工程建设领域的全部工程结构，包括了房屋建筑、铁路、公路、港口、水利水电等各领域的结构。但由于各行业领域的设计习惯和要求有较大差异，某些指标要求难以完全统一。因此，《规范》的个别条文采用分款形式对不同领域的工程结构分别给出了指标要求。另外，除了性能要求（安全性、适用性和耐久性）对各行业领域的工程结构均相同之外，具体的作用取值标准也体现了较多的行业色彩。《规范》中的作用取值仍侧重于房屋建筑领域，其他领域的作用取值规定相对较为单薄，有待下一步完善提高。

二是适用性的技术指标。结构的裂缝、变形和加速度等是影响结构适用性的重要指标。但不同结构类型对适用性的技术指标尚不统一，比如对于混凝土结构和钢结构，变形要求就很不一样；高层建筑和大跨结构，变形控制指标也不相同。因此本规范暂未纳入工程结构的适用性技术指标，在规范发布后将持续跟踪并收集反馈意见，对内容不断完善。

三是《规范》的条文编写深度。由于《规范》的技术法规性质，所有条文均要求强制执行。但由于工程建设的复杂性，需要考虑各种特殊情况的处理，因此某些条文不能作出完全定量化的规定，而是采取了"原则性"指引的方式加以表述。这些条文的具体落实，还需要有其他技术标准的配合。

今后需要进行的主要工作，一是开展不同领域的作用研究，补充和完善各工程领域的相关条文规定；二是要根据规范的实施情况，动态、实时对规范的条文进行修订和调整，以满足工程需要。

作者： 肖从真　陈　凯（中国建筑科学研究院有限公司）

强制性工程建设规范《建筑与市政工程抗震通用规范》

Mandatory Standards for Engineering Construction
"General Code for Seismic Precaution of Buildings and Municipal Engineering"

1 规范背景与编制思路

1.1 规范背景

根据《住房城乡建设部关于印发 2017 年工程建设标准规范制修订及相关工作计划的通知》(建标〔2016〕248 号)的要求,强制性工程建设规范《建筑与市政工程抗震技术规范》已列入 2017 年研编计划,中国建筑科学研究院为第一起草单位。研编工作历经约 2 年时间,于 2018 年 11 月结束。根据建标函〔2019〕8 号文件的要求,《建筑与市政工程抗震通用规范》以下简称《规范》在完成研编工作的同时,直接启动编制工作。

1.2 编制原则

(1)原则一:原则性要求和底线控制要求相结合

按照《工程建设规范研编工作指南》要求,强制性工程建设规范的条文属性是保障人身健康和生命财产安全、国家安全、生态安全以及满足社会经济管理基本需要的技术要求。《规范》的具体条文均由以下两个基本类型条款或其组合构成:其一是原则性要求类条款,即有关建筑与市政工程抗震设防基本原则和功能性要求的条款;其二是底线控制类条款,即涉及工程抗震质量安全底线的控制性条款。

(2)原则二:现行强条全覆盖

按照国务院标准化工作改革方案、新《标准化法》修订方案的原则要求以及住房城乡建设部相关文件精神,《规范》的编制是在梳理和整合现有相关强制性标准的基础上进行的,要求《规范》应能对现行强制性条文全覆盖。

(3)原则三:避免交叉与重复

为了避免与相关工程建设规范之间的交叉与重复,经分工协调,《规范》主要以抗震共性规定、结构体系以及构件构造原则性要求为主,构件层面的细部构造要求由相关专业规范具体规定。

2 规范主要内容

《规范》属于强制性工程建设规范体系框架中的通用技术类规范,主要规定了建筑与市政工程抗震的功能、性能要求,以及满足抗震功能和性能要求的通用技术措施,包括工程选址、岩土勘察、地基基础抗震、地震作用计算与抗震验算、各类建筑与市政工程抗震措施以及工程材料与施工的特殊要求等工程建设中的技术和管理要求,规范条文涵盖了建筑与市政抗御地震灾害各环节的技术规定,形成了完整的技术链条。

《规范》是 6 度及以上地区各类新建、改建、扩建建筑与市政工程抗震设防的基本要求,是建筑与市政工程抗震防灾的通用技术规范,也是全社会必须遵守的强制性技术规定,共 6 章、20 节,条文总数 105 条,其中 40 条由现行抗震标准中 83 条强制条文融合而成,另外 65 条是根据满足功能性能要求等情况新增的强制性规定。各章节之间的逻辑框架结构简图和章节体例简图见图 1,各章节构成分述如下：

第 1 章总则，共有条文 3 条，分别为 1.0.1 条编制目的，1.0.2 条适用范围，1.0.3 条规范定位及合规性判定。

第 2 章为基本规定，共有 4 节，其中：2.1 节性能要求，共有条文 2 条，分别为 2.1.1 条各类建筑与市政工程的最低设防目标和 2.1.2 条超越概率取值；2.2 节地震影响，共有条文 2 条，分别为 2.2.1 条抗震设防烈度确定原则和 2.2.2 条地震动参数的基本表征；2.3 节抗震设防分类和设防标准，共有条文 2 条，分别对设防分类依据、设防标准提出规定；2.4 节工程抗震体系，共有条文 5 条，分别为抗震体系的确定原则、建筑工程抗震体系的专门要求、城镇基础设施抗震体系的专门要求、结构缝的防碰撞要求，以及抗震结构对于材料与施工的总体抗震要求等。

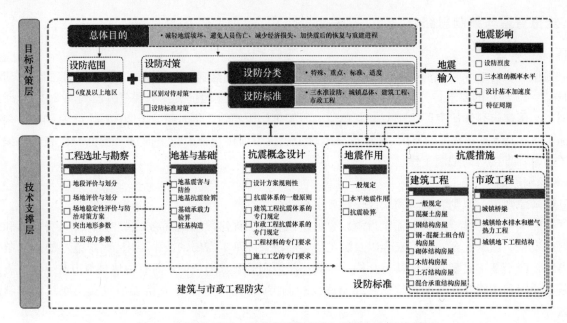

图 1　《建筑与市政工程抗震通用规范》逻辑框架结构简图

第 3 章为场地与地基基础抗震，共有 2 节，其中：3.1 节场地抗震勘察，共有条文 3 条，分别为勘察的抗震基本要求、地段划分与避让要求、场地类别划分规定等；3.2 节地基与基础抗震，共有条文 3 条，分别为天然地基抗震验算的基本原则、液化判别与处理的基本要求、液化桩基的构造要求等。

第 4 章为地震作用和结构抗震验算，共有 3 节，其中：4.1 节为一般规定，共有条文 4 条，分别为地震动参数选择与调整的基本要求、地震作用计算的基本规定、重力荷载取值的基本要求、抗震设计的总体要求等；4.2 节为水平地震作用，共有条文 3 条，分别为地震作用计算方法选择的基本要求、水平地震影响系数取值基本要求、最小地震作用控制要求等；4.3 节为抗震验算，共有条文 3 条，分别为截面验算基本要求、地震荷载组合、抗震变形验算原则要求等。

第 5 章为建筑工程抗震措施，共有 8 节，其中：5.1 节为一般规定，共有条文 18 条，主要包括建筑方案及规则性要求、框架结构楼梯与填充墙的刚度影响控制要求、山地建筑基本要求、减隔震设计的原则性要求、建筑非结构构件与附属机电设备的抗震基本要求等；5.2 节为混凝土结构房屋，共有条文 5 条，主要包括抗震等级确定的基本要求以及各类结构构造措施的原则性要求等；5.3 节为钢结构房屋，共有条文 2 条，主要包括抗震等级确定的基本原则以及各类结构构造措施的原则性要求等；5.4 节为钢-混凝土组合结构房屋，共有条文 3 条，主要包括抗震等级确定的基本原则以及各类结构构造措施的原则性要求等；5.5 节砌体结构房屋，共有条文 11 条，主要包括总高度和总层数的控制要求、配筋小砌块砌体抗震墙结构房屋的高度控制与抗震等级确定的基本原则、砌体抗震抗剪设计强度取值要求、地震内力计算与调整的基本原则、构造柱与圈梁的设置要求、楼屋盖的整体性要求以及楼梯间的构造措施等；5.6节为木结构房屋，共有条文3条，主要包括建筑结构布局的原则性要求、地震作用计算的补充规定、基本构造要求等；5.7节为土石结构房屋，共有条文5条，主要包括总高度和总层数的控制要求、建筑结构布局的原则性要求，以及各类结构地基本构造要求等；5.8节为混合承重结构建筑，共有条文8条，主要包括钢支撑-混凝土框架结构的布局要求、抗震等级确定的原则要求和内力调整要求，以及大跨屋盖建筑的选型与布置、地震作用计算、内力调整和基本构造措施等。

第6章为市政工程抗震措施，共有3节，其中，6.1节为城镇桥梁，共有条文5条，主要包括抗震设计方法选择的基本要求、A类桥梁的抗震体系要求、抗震分析方法选择的原则性要求、能力保护构件设计要求、桥梁墩柱的箍筋构造要求、防坠落措施，以及抗震措施与地震作用的耦合控制原则等；6.2节为城镇给水排水和燃气热力工程，共有条文13条，主要包括布局要求、抗震等级、验算要求以及各类结构物的基本构造要求等；6.3节为城镇地下工程结构，共有条文10条，主要包括布局要求、抗震等级、计算方法、验算要求、抗液化要求以及基本构造要求等。

3　国际化程度及水平对比

3.1　内容架构与要素构成，与欧洲规范保持一致

《规范》在研编和编制过程中，专门对欧洲结构设计规范的体系布局、要素构成以及条文内容架构进行了研究。欧洲结构设计规范总计10卷58册，有三个显著的特点值得我国标准化工作改革借鉴：

其一，欧洲规范体系合理、内容全面。欧洲规范的一个重要特点就是采用了统一的编排体系，避免了重复定义和内容冗余，所有基本设计参数和原则均在EC0（Basis of structural design）中给出，所有结构作用均在EC1给出，岩土工程勘察和设计在EC7中统一规定，所有与结构抗震相关的内容均在EC8中进行规定，EC2、EC3、EC4、EC5、EC6和EC9则分别给出了混凝土、钢、钢-混凝土组合、木、砌体以及铝六种材料的结构设计规定（图2）。

欧洲规范的编排体系合理紧凑，涵盖了建筑与土木工程的所有材料、荷载和结构体系，还包含结构防火设计。从设计对象看，欧洲规范不仅包含了普通的房屋建筑和桥梁，还涉及了塔、烟囱、管道、仓储等特殊结构，形成了一套完善的结构设计体系。

其二，通用规定与国家附录兼容协调。欧洲规范是适用于所有CEN国家的技术规范，但很难使众多国家在技术领域的意见上达成一致；因此，欧洲规范加入了"国标附录"，较好地解决了这一矛盾。各国可根据自身实际对规范的相关内容进行补充，并将其附在国家附录中连同欧洲规范统一颁发。如，现行的英国国家标准"BS EN 1990"采用了"EN 1990＋A1"的形式，主体部分采用欧洲规范EN 1990：2002，国标附录中采用A1：2005；其中A1：2005是由英国标准化协会（BSI）组织制定的适用于英国桥梁结构设计基本原则的国家附录。

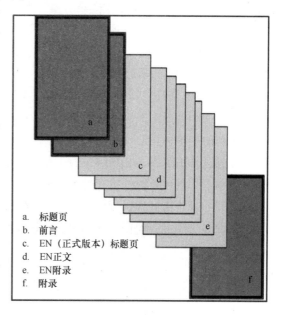

a. 标题页
b. 前言
c. EN（正式版本）标题页
d. EN正文
e. EN附录
f. 附录

图2　欧洲规范构成简图

其三，基本原则与应用技术规定合理共存。在欧洲规范中，具体的条文规定根据其自身特性分为

两类：一是基本原则（Principles）方面的条文；二是应用技术准则（Application Rules）方面的条文。基本原则条文，主要包括"必须执行的一般性陈述和定义"以及"除特别申明外，必须执行的要求和分析模型"。基本原则条款，一般在条文编号后以字母"P"标识，其在规范中的地位大致相当于我国标准中的"强制性条文"。应用技术准则条文，是符合基本原则精神并满足相关要求的公认规定。在当符合基本原则精神并满足欧洲规范的安全性、适用性和耐久性的前提下，应用技术规定是可以替换的，但是，采用替代的应用技术规定后，相应的设计成果不能称之为完全符合欧洲规范要求，尽管其设计是符合欧洲规范基本原则要求的。对于产品标准来说，采用替代条款后，相关产品不能进行 CE 标记。

鉴于我国工程建设标准化工作改革的总体布局和要求，《规范》在研编和编制时，借鉴了欧洲规范中同时设置"基本原则规定和应用技术规定"的办法，条文编制模式采用"原则性要求＋底线控制"，其中：

原则性条款指属于抗震防灾原则性要求和功能性要求的条款，比如《规范》的第1.0.2条"抗震设防烈度6度及以上地区的各类新建、扩建、改建建筑与市政工程，其规划、勘察、设计、施工以及使用必须符合本规范要求"等。

底线控制条款，指涉及抗震质量安全的控制性底线要求的条款，比如《规范》的第2.1.2条"抗震设防的建筑与市政工程，其多遇地震动、设防地震动和罕遇地震动的超越概率水准不应低于表2.1.2的要求"等。

至于具体条文的编制模式，可以是单独的原则性要求或单独的底线控制性要求，也可以是原则性要求＋底线控制要求的复合条款。

3.2 统一建筑与市政工程的设防理念，与国际一致

按照什么样的标准进行抗震设防，要达到什么样的目标，是工程抗震设防的首要问题。现行的《建筑抗震设计规范》GB 50011—2010 第1.0.1条、《室外给水排水和燃气热力工程抗震设计规范》GB 50032—2003 第1.0.2条以及《城市桥梁抗震设计规范》CJJ 166—2011 第3.1.2条分别规定了建筑工程、城镇给水排水和燃气热力工程以及城市桥梁工程的抗震设防目标要求。按照《标准化法修订案》、国务院《深化标准化工作改革方案》以及住房城乡建设部《关于深化工程建设标准化工作改革的意见》的要求，本条规定系由上述相关规定经整合精简而成，在具体的文字表达上与现行《建筑抗震设计规范》GB 50011—2010 略有差别。

现行《建筑抗震设计规范》GB 50011—2010 采用的是三级设防思想，规定了普通建筑工程的三级水准设防目标，即遭遇低于本地区设防烈度的多遇地震影响时，主体结构不受损坏或不需修理可继续使用；遭遇相当于本地区设防烈度的设防地震影响时，可能发生损坏，但经一般性修理可继续使用；遭遇高于本地区设防烈度的罕遇地震影响时，不致倒塌或发生危及生命的严重破坏。

现行《室外给水排水和燃气热力工程抗震设计规范》GB 50032—2003 采用的也是三级水准设防，其在第1.0.2条规定，室外给水排水和燃气热力工程在遭遇低于本地区抗震设防烈度的多遇地震影响时，不致损坏或不需修理仍可继续使用；遭遇本地区抗震设防烈度的地震影响时，构筑物不需修理或经一般修理后仍能继续使用，管网震害可控制在局部范围内，避免造成次生灾害；遭遇高于本地区抗震设防烈度预估的罕遇地震影响时，构筑物不致严重损坏危及生命或导致重大经济损失，管网震害不致引发严重次生灾害，并便于抢修和迅速恢复使用。

现行《城市桥梁抗震设计规范》CJJ 166—2011 采用的是两级设防思想，其在第3.1.2条规定了各类城市桥梁的抗震设防标准（表1），同时，在第3.1.3条规定了各类城市桥梁的 E1 和 E2 地震调整系数（表2）。从 E1 和 E2 地震的调整系数看，其 E1 水准地震动要稍大于建筑工程的多遇地震动，E2 水准地震动相当于建筑工程的罕遇地震动。

城市桥梁抗震设防标准 表1

桥梁抗震设防分类	E1 地震作用		E2 地震作用	
	震后使用要求	损伤状态	震后使用要求	损伤状态
甲	立即使用	结构总体反应在弹性范围,基本无损伤	不需修复或经简单修复可继续使用	可能发生局部轻微损伤
乙	立即使用	结构总体反应在弹性范围,基本无损伤	经抢修可恢复,永久性修复后恢复正常运营功能	有限损伤
丙	立即使用	结构总体反应在弹性范围,基本无损伤	经临时加固,可供紧急救援车辆使用	不产生严重的结构损伤
丁	立即使用	结构总体反应在弹性范围,基本无损伤	—	不致倒塌

各类城市桥梁的 E1 和 E2 地震调整系数 表2

抗震设防分类	E1 地震作用				E2 地震作用			
	6度	7度	8度	9度	6度	7度	8度	9度
乙	0.61	0.61	0.61	0.61	—	2.2 (2.05)	2.0 (1.7)	1.55
丙	0.46	0.46	0.46	0.46	—	2.2 (2.05)	2.0 (1.7)	1.55
丁	0.35	0.35	0.35	0.35	—	—	—	—

为便于管理和操作,《规范》条将各类工程的抗震设防思想统一为三级水准设防,这与日本、欧洲以及美国西部地区采用的二级水准设防理念保持一致。

4 规范亮点与创新点

4.1 《规范》内容覆盖工程建设全生命周期

《规范》以减少经济损失、避免人员伤亡为根本目标,适用于房屋建筑与市政工程领域,明确工程建设各阶段的抗震要求和结构的抗震措施。其中,工程选址与勘察方面,规定工程抗震勘察、地段划分与避让、场地类别划分的基本要求;地震作用和结构抗震验算方面,明确地震作用计算与抗震验算的原则与方法,规定地震作用的底线控制指标;抗震措施方面,规定混凝土结构、钢结构等各种结构的抗震措施。

4.2 《规范》架构、要素和技术措施与欧美规范基本一致

《规范》在抗震设防目标、地震作用计算、抗震验算、各类结构的抗震技术措施等要素构成上与欧洲《结构抗震设计规范》EN 1998 保持一致。

在设防目标上,美国《国际建筑规范》IBC 是大震不倒的单一设防目标、欧洲《结构抗震设计》EN 1998 是小震限制性破坏和中震不倒塌的两级设防目标、日本《建筑基准法》是小震不坏和大震不倒的两级设防目标,我国规范根据多年实践经验,仍坚持"小震不坏、中震可修、大震不倒"的三级抗震设防目标。

在技术指标上,我国 8 度区小震和大震的地震影响系数,与日本规范中一级和二级设计的地震系数基本相当。在地震作用取值方面,对于低延性结构,如普通砌体房屋,我国的要求略低于欧美规范;对于中等延性结构,如普通的 RC 框架结构。我国的地震作用与欧美规范基本相当;而对于高延性结构,如钢框架-偏心支撑结构,我国的取值略高于欧美规范。

4.3 提升了我国现行强制性条文的技术水平

《规范》在编制过程中，除了全面纳入了现行相关标准的主要技术规定外，同时，为加速结构体系技术进步、促进国家经济转型和推进绿色化发展，对现行标准的部分规定进行适当调整。

一是将我国城镇桥梁抗震设防目标由两级调整为三级，与房屋建筑保持一致。现行相关抗震技术标准中，建筑工程的抗震设防目标基本采用《建筑抗震设计规范》GB 50011—2010 的三级水准设防目标，城镇桥梁采用两阶段设防，城镇给水排水等市政设施工程则普遍高于民用建筑工程。为便于管理和操作，《规范》编修时将各类工程的抗震设防目标统一为三级水准设防，同时，为了兼顾各类工程本身的设防需求，给出了不同工程的三级地震动的概率水准。

二是适度提升结构抗震安全度。现行的《建筑结构可靠性设计统一标准》GB 50068—2018 对可靠度水平进行了适当提高，相应的荷载分项系数 γ_G、γ_Q 分别由 1.2、1.4 提高为 1.3 和 1.5。这一规定业已纳入正在同步制订的《工程结构通用规范》中。根据上级主管部门提高结构安全度的指示，经与《工程结构通用规范》协调，《规范》中的地震作用的分项系数由 1.3 改为 1.4。

三是适度放松现行强制性条文中有关隔震建筑的竖向地震作用、嵌固刚度、近场放大系数等限制性要求，以利于减隔震技术应用。

四是新增钢-混凝土组合结构、现代木结构等新型结构体系，有利于促进新技术发展。

5 结语

《规范》贯彻落实了国家防灾减灾的法律法规，符合改革和完善工程建设标准体系精神，是我国进行建设工程抗震防灾监督与管理工作的重要技术支撑，也是各类建筑与市政工程地震安全的基本技术保障。

《规范》共 6 章，105 条，涵盖了建筑与市政工程抗震防灾领域现行标准中的 143 条强制性条文，针对建筑与市政工程抗震防灾的功能和性能要求，提出了涵盖选址、勘察、设计、施工等工程建设全过程的抗震防灾要求以及地震安全底线的控制指标要求，形成覆盖建筑与市政工程抗御地震灾害各环节的完整的技术链条。《规范》的各项技术要求明确、合理，与相关规范的界限清晰、内容协调。

此次《规范》编制，统一了建筑与市政工程的抗震设防理念，内容架构、条文编制模式等与国际主流技术法规接轨。同时，为加速结构体系技术进步、促进国家经济转型和推进绿色化发展，《规范》在此次编制时，对现行强制性条文中有关隔震建筑的竖向地震作用、嵌固刚度、近场放大系数等限制性要求进行了适当调整，有利于推进和加快减隔震技术的工程应用，新增了钢-混凝土组合结构房屋、现代木结构房屋等近期发展较快的新型结构体系的专门规定，取消了单层空旷房屋、砖柱厂房等能耗大、抗震性能较差的房屋结构形式。

《规范》的编制对贯彻国家抗震防灾法律法规，加强抗震防灾工作的监督与管理，确保建筑与市政工程的抗震质量安全，以减轻建筑与市政工程的地震破坏程度、避免人员伤亡、减少经济损失具有重要意义。

作者：罗开海　黄世敏（中国建筑科学研究院有限公司）

强制性工程建设规范《建筑与市政地基基础通用规范》

Mandatory Standards for Engineering Construction
"General Code for Foundation Engineering of Building and Municipal Projects"

1 规范制订背景与编制思路

1.1 制订背景

2016 年以来，住房城乡建设部陆续印发《深化工程建设标准化工作改革的意见》等文件，提出构建以强制性标准为核心，推荐性标准和团体标准相配套的新型体系，明确了用强制性工程建设规范取代现行标准中分散的强制性条文，提高强制性工程建设规范的科学性、协调性和可操作性，将强制性工程建设规范系统化、体系化，逐步形成由法律、行政法规、部门规章中的技术性规定与强制性工程建设规范构成的"技术法规"体系，建立国际化工程建设标准体系，适应国际技术法规与技术标准通行规则。

根据住房城乡建设部《关于印发〈2016 年工程建设标准规范制订修订计划〉的通知》（建标函〔2015〕274 号）的要求，工程建设强制性国家规范《建筑地基基础技术规范》（现更名为：《建筑与市政地基基础通用规范》，以下简称：《规范》）列入制定计划。

1.2 编制思路

依据我国法律法规，按照现行工程建设标准体系的专业划分，借鉴经济发达国家建筑技术法规的内容构成和层级，结合我国强制性工程建设规范的定位与特点，捋清思路（强制性工程建设规范内容应符合法律法规要求）、抓住核心（工程质量、安全、环保等控制要点）、谋求突破（提出具有可操作性的技术方法或关键技术措施），解决《规范》编制存在的技术难点。同时，作为建筑与市政地基基础设计、施工及验收等建设活动的控制性底线要求，其涉及范围、内容及技术要求不可能面面俱到，针对地基基础设计施工涉及的一些具体问题，应由相关标准依据本规范提出的基本原则或要求，作出相应具体规定。

《规范》编制的总体思路是：

（1）借鉴经验，结合国情。借鉴经济发达国家或地区建筑技术法规的内容构成和层级，结合我国现行强制性工程建设规范构成和编制特点，制定《规范》总体构架，确定主要内容、主要依据及其逻辑结构。

（2）分析总结，专题研究。分析总结国家标准《建筑地基基础设计规范》GB 50007（74 版、89 版、2002 版、2011 版）等有关标准编制课题研究成果，有针对性地开展相关专项课题研究。

（3）明确对象，把握深度。作为地基基础专业的"顶层"综合性强制性工程建设规范，应以地基基础工程设计、施工及验收等为主要对象，兼顾与本专业相关标准的合理衔接。规范在条文确定和编制深度上，应处理好定性与定量关系——定性完整、定量成熟，处理好强制性工程建设规范与推荐性标准的关系——抓大放小，处理好规范本身应具有的系统性、逻辑性和协调性关系——架构合理。

1.3 编制原则

按照新修订《标准化法》、国务院《深化标准化工作改革方案》和住房城乡建设部《深化工程建设标准化工作改革的意见》等有关法律及政策文件的要求，强制性工程建设规范应严格限定在保障人身健康和生命财产安全、国家安全、生态环境安全和满足社会经济管理基本要求的范围之内。强制性工程建设规范应成为我国工程建设的"技术法规"，与法律法规相衔接，是工程建设管理和市场监管的技术依据，是工程技术人员必须遵守的技术准则。

本规范是以保障地基基础及上部结构安全、生命财产安全、生态环境安全以及满足经济社会管理基本需要的"正当目标"为基础，以覆盖地基基础工程全过程或主要阶段为范围，以目标功能要求为指导层，以可接受方案（具有可操作性或可验证性的关键技术方法或措施）为实施层的工程建设强制性（通用类）国家规范，确保《规范》既囿于"正当目标"，又具有较强的可操作性和实用性。

1.4　适用范围

《规范》提出了覆盖地基基础工程全过程或主要阶段的工程建设原则和基本要求，明确了地基基础功能性能要求，提出了地基基础安全性、适用性和耐久性技术要求及关键技术措施。《规范》适用于地基基础工程设计、施工及验收，是地基基础工程控制性底线要求，必须严格遵守。

2　规范主要内容

2.1　内容框架

按照《规范》编制原则，本规范的内容层级可分为三级：

（1）目标要求（objectives）：是指为保障地基基础及上部结构安全、生命财产安全、生态环境安全以及满足经济社会管理基本需要等作出预期要达到的目的要求；

（2）功能要求（functional statements）：根据目标要求而应具备的条件（状况）或应达到的结果的定性描述；

（3）可接受方案条款（acceptable solution）：是指为实现目标要求和功能要求而提出的技术要求或关键技术措施，其包括性能要求、符合性/选择性条款、验证性条款等，其中：

1）性能要求：是指符合目标要求和功能要求，必须达到性能水平；

2）符合性/选择性条款：是指提供符合目标要求和功能要求的技术方法或关键技术措施；

3）验证性条款：是指能提供满足目标要求和功能要求的验证方法。

《规范》内容框架与层级，如表1所示。

《规范》内容框架及层级　　　　　　　　　　　　表1

	目标要求	功能要求	可接受方案		
			性能要求	符合性/选择性条款	验证性条款
内容	1.0.1　为在地基基础工程建设中贯彻落实建筑方针，保障地基基础与上部结构安全，满足建设项目正常使用需要，保护生态环境，促进绿色发展，制定本规范	2.1.1　地基基础应满足下列功能要求： 1　基础应具备将上部结构荷载传递给地基的承载力和刚度； 2　在上部结构的各种作用和作用组合下，地基不得出现失稳； 3　地基基础沉降变形不得影响上部结构功能和正常使用； 4　具有足够的耐久性能； 5　基坑工程应保证周边建（构）筑物与地下管线、道路、城市轨道交通等市政设施的安全和正常使用，保证主体地下结构的施工空间和安全……	4.2.6　地基变形计算值不应大于地基变形允许值。地基变形允许值应根据上部结构对地基变形的适应能力和使用上的要求确定		4.4.7　下列建筑与市政工程应在施工期间及使用期间进行沉降变形监测，直至沉降变形达到稳定标准为止： 1　对地基变形有控制要求的； 2　软弱地基上的； 3　处理地基上的； 4　采用新型基础形式或新型结构的； 5　地基施工可能引起地面沉降或隆起变形、周边建（构）筑物和地下管线变形、地下水位变化及土体位移

2.2　主要技术内容

本规范共分 8 章，主要技术内容包括：总则、基本规定、勘察成果要求、天然地基与处理地基、桩基、基础、基坑工程、边坡工程（表 2）。

《规范》主要内容
表 2

章节名称	主要内容
1　总则	本章主要内容包括：规范制定目的、适用范围、规范执行应遵循的原则等
2　基本规定	本章提出了基础应具备将上部结构荷载传递给地基的承载力和刚度，地基不得出现失稳，地基基础沉降变形不得影响上部结构功能和正常使用；基坑工程、边坡工程应保证支护（挡）结构、周边建（构）筑物、道路、桥梁、市政管线等市政设施的安全和正常使用等地基基础功能要求。 　　在地基基础可靠性方面，提出了地基基础设计工作年限、地基基础可靠性、支护（挡）结构安全等级等基本要求；在工程质量及施工安全方面，明确了地基基础施工质量控制、施工安全和工程监测基本要求；在生态安全方面，对不良地质作用和地质灾害的建设场地，提出了生态环境影响评价和防治基本要求；在地下水环境安全方面，提出了地下水污染防治与地下水控制要求等。并对地基基础设计、施工及验收等提出了基本要求。 　　本章主要内容包括：基本要求、设计、施工及验收
3　勘察成果要求	本章针对为满足地基基础工程设计、施工及验收等需要，提出了对拟建场地的岩土工程勘察成果的一般要求；对场地与地基存在特殊性岩土、对拟建场地及附近存在不良地质作用和地质灾害时，提出了岩土工程勘察成果的特定要求。 　　本章主要内容包括：一般要求、特定要求
4　天然地基与处理地基	本章提出了地基应满足承载力、变形、稳定性和耐久性的性能要求；对地基承载力、变形、稳定性及特殊性岩土地基设计计算，天然地基与处理地基施工及质量验收等提出了技术要求或关键技术措施。 　　本章主要内容包括：一般规定、地基设计、特殊性岩土地基设计、施工及验收
5　桩基	本章提出了桩基应满足承载力、变形、稳定性和耐久性的性能要求；对桩基承载力、沉降、稳定性、桩身强度设计计算，桩基构造、桩基耐久性设计，桩基施工及质量验收等提出了技术要求或关键技术措施。 　　本章主要内容包括：一般规定、桩基设计、特殊性岩土的桩基设计、施工及验收
6　基础	本章提出了基础应满足承载力、变形、稳定性和耐久性的性能要求；对基础及桩基承台承载力设计计算，基础埋置深度，基础耐久性，基础构造，抗浮设计，基础施工及验收等提出了技术要求或关键技术措施。 　　本章主要内容包括：一般规定、扩展基础设计、筏形基础设计、施工及验收
7　基坑工程	本章对基坑支护体系，支护结构承载力、稳定和变形设计计算，支护结构构造，地下水控制，基坑土方开挖，支护结构施工及验收等提出了技术要求或关键技术措施。 　　本章主要内容包括：一般规定、支护结构设计、地下水控制设计、施工及验收
8　边坡工程	本章对边坡支挡体系，支挡结构承载力、变形和稳定性设计计算，支挡结构耐久性，边坡排水与坡面防护设计，边坡开挖与支挡结构施工及验收等提出了技术要求或关键技术措施。 　　本章主要内容包括：一般规定、支挡结构设计、边坡工程排水与坡面防护设计、施工及验收

2.3　关键技术问题及说明

（1）编制深度

围绕地基基础目标功能要求，明确地基基础安全性、适用性和耐久性及生态环境保护等基本要求，提出地基基础设计与施工质量控制、施工安全和工程监测等技术要求或关键技术措施，构建地基基础工程质量安全、生态环境安全的控制性底线，满足经济社会管理基本需要。

（2）目标要求、功能要求的确定

目标要求、功能要求是规范的核心，是可接受方案制定的依据，是推荐性标准与市场标准应满足的基本要求。规范在明确了地基基础工程设计、施工及验收应达到的目标要求后，提出了地基基础功能要求。

（3）可接受方案的确定

根据目标要求和功能要求，提出的技术要求或关键技术措施，应能满足地基基础工程建设质量、安全、环境保护等社会经济管理的控制性底线要求。

（4）定性要求与定量要求的确定

按照"定性完整、定量成熟"编制原则，规范提出了符合地基基础目标要求和功能要求，并满足地基基础工程建设质量、安全、环境保护等社会经济管理的控制性底线的相关定性要求与定量要求。

（5）规范条文与相关标准强制性条文的关系

规范条文原则上不得与现行相关标准强制性条文冲突或矛盾，规范条文提出前，应进行符合性判定。

（6）引用相关标准条文

对拟引用相关标准的非强制性条文应采取先论证，后引用的原则，对其合理性、必要性和符合性进行判定。

（7）与相关标准的协调性问题

为确保与地基基础相关推荐性标准的衔接，规范编制按照"抓大放小"的原则，针对地基基础设计、施工及验收等涉及的一些具体技术问题，可由相关专业技术标准依据本规范提出的基本要求，作出相应的技术规定。

2.4　条文构成

（1）涉及相关标准情况

《规范》涉及现行相关强制性标准 26 项。其中：设计类标准 3 项，施工及验收类标准 5 项，检测与监测类标准 3 项，综合类标准 15 项。

（2）采纳相关标准强制性条文情况

《规范》共有条文 133 条，其中，采纳相关标准的强制性条文为 65 条（注：对采纳强制性条文 99 条经整合的结果），其他条文 68 条。

2.5　编制特点

（1）《规范》对相关专业技术标准具有约束与指导作用

《规范》作为具有"技术法规"属性的强制性工程建设规范，是地基基础工程设计、施工及验收的约束性技术规定，对地基基础及相关专业技术标准具有制约和指导作用，必须严格执行。

地基基础及相关专业推荐性标准（国家标准、行业标准和地方标准）是经过实践检验的，且能达到《规范》规定要求的技术方法、技术工艺或技术措施，仍然应当严格执行。同时，地基基础及相关专业推荐性标准、团体标准、企业标准应与《规范》协调配套，且其技术要求不得低于《规范》的技术要求；当推荐性标准、团体标准、企业标准中有关规定与《规范》规定不一致的，应以《规范》规定为准。

（2）落实住房和城乡建设高质量发展要求

为落实住房和城乡建设高质量发展要求，针对地基基础工程中涉及生态安全、职业卫生健康安全、地下水环境安全等重大问题，《规范》作出了如下规定：

1）在生态环境安全方面，对特殊性岩土、不良地质作用和地质灾害的建设场地，应查明情况、分析其对拟建工程的影响，并提出应对措施及对应对措施的有效性进行评价。

2）在职业卫生健康安全方面，地基基础工程施工应采取措施控制振动、噪声、扬尘、废水、泥浆、废弃物以及有毒有害物质对工程场地、周边环境和人身健康造成危害。

3）在地下水环境安全方面，地下水控制工程应采取措施防止地下水水质恶化，且不得造成不同水质类别地下水的混融。

（3）针对地基基础工程质量安全突出问题，提出了技术要求

针对基坑工程、边坡工程中涉及的工程质量安全、人身安全及工程监管等突出问题，《规范》提出了技术要求或关键技术措施：

1）明确了基坑开挖关键技术措施。基坑土方开挖的顺序应与设计工况相一致，严禁超挖；基坑开挖应分层进行，内支撑结构基坑开挖尚应均衡进行。

2）提出了基坑周边的堆载要求。基坑周边的施工材料、设施或车辆荷载严禁超过设计要求的地面荷载限值。

3）明确了支护结构施工技术措施。支护结构的施工与拆除顺序，应与支护结构的设计工况保持一致，必须遵循"先撑后挖"原则。

4）明确了支护结构拆除技术措施。采用锚杆或支撑的支护结构，在未达到设计规定的拆除条件时，严禁拆除锚杆或支撑。

5）提出了边坡支挡技术要求。存在临空外倾结构面的岩土质边坡，支挡结构基础必须置于外倾结构面以下稳定地层内。

6）提出了边坡工程监测要求。边坡塌滑区有重要建筑物、构筑物的边坡工程施工时，必须对坡顶水平位移及垂直位移、地表裂缝和坡顶的建筑物、构筑物变形进行监测。

7）提出了边坡工程开挖要求。边坡开挖严禁下部掏挖，无序开挖作业。未经设计许可严禁大开挖、爆破作业。

8）提出了边坡周边的堆载要求。坡肩及边坡稳定影响范围内的堆载，不得超过设计规定的荷载限值。

3 国际化程度及水平对比

3.1 国外建筑技术法规的主要内容与表达方式

3.1.1 主要内容

发达国家和地区的建筑技术法规，其主要内容一般包括管理要求和技术要求两个部分（有的只有技术要求部分）：

（1）管理要求部分

有关管理方面的内容为建筑工程管理或建筑标准化管理，或两者兼而有之。如美国建筑技术法规的管理部分完全是建筑工程管理，欧盟建设技术法规的管理部分基本上是标准化管理。

（2）技术要求部分

技术方面的内容大体上是在世界贸易组织 WTO/TBT 协议规定的"正当目标"范围之内，即：国家安全要求，防止欺诈行为，保护人身健康和安全，保护动、植物的生命或健康，以及保护环境等。

对于建筑技术法规，大多数国家将上述技术要求具体化为：结构安全，火灾安全，施工与使用安全，卫生、健康与环境，噪声控制，节能和其他涉及公众利益的规定等。这些内容均属于强制性的技术要求。

3.1.2 编写特征与表达方式

以功能性能为基础是大多数经济发达国家或地区编写建筑技术法规的共同特征。

经济发达国家和地区建筑技术法规中的技术要求部分，按正文的阐述深度不同，大体上有下列三种表达方式：

（1）正文规定简练，配套文件详尽

技术法规的正文只对某事项的目标和功能陈述作出简明的规定，在解释性文件中从实施的角度对

这些规定进一步加以说明，供制订技术标准和技术认可指南时遵循。

（2）正文规定达到中等深度，另有配套文件

技术法规的正文对某事项的目标和功能陈述作出中等深度的规定，在配套性文件中对这些规定进一步提出性能要求，并给出可实施的方案。

（3）正文规定较完整或很完整，没有配套文件

技术法规的正文对某事项的目标、功能陈述和性能要求作出程度较深的规定，或者对某事项的目标、功能陈述、性能要求和方法性条款作出较具体的配套规定，均无其他解释性或配套性文件。

3.2 与国外技术法规规范对比情况

《规范》编制过程中，编制组总结了我国地基基础工程设计、施工的实践经验和研究成果，分析研究了以美国《国际建筑规范 International Building Code》（以下简称：IBC）、《欧洲岩土工程设计规范 Eurocode 7》（以下简称：Eurocode 7）等为代表的国外技术法规和技术标准，充分考虑了我国的岩土工程发展现状、技术条件与技术标准特点等诸多因素，开展了《规范》与国外技术法规、技术标准对比分析研究。

在内容构架和要素构成上，IBC、Eurocode 7 均对地基基础承载力、地基稳定性、地基抗滑失效，地基基础产生过大变形，地基基础材料或构件的耐久性；桩基承载力失效，基础因受压、受拉、受弯、压屈或剪切而导致结构破坏；支护结构承载力失效、丧失整体稳定性等作出了规定。《规范》的内容构架和要素构成与 IBC、Eurocode 7 基本一致。

在技术要求上，IBC、Eurocode 7 均对地基基础承载力、变形、稳定性和耐久性等提出了功能性能要求，《规范》与之保持了协调一致；相比于 IBC、Eurocode 7 对地基基础工程所采用的材料、构件、设计方法、检验检测、施工与监测等提出的技术要求，《规范》提出的技术要求或关键技术措施更严格、更合理、更具有可操作性，更能适应我国工程建设质量安全监管的需要。《规范》审查会议认为，《规范》的内容架构、要素构成与国际主流技术法规一致，技术指标与国际先进技术标准水平相当。

4 规范亮点与创新点

4.1 规范亮点

《规范》是以贯彻落实住房城乡建设高质量发展要求，大力推动科技创新，促进新技术、新工艺、新材料的应用，以保障地基基础及上部结构安全、生命财产安全、生态环境安全以及满足经济社会管理基本需要的"正当目标"为基础，以满足地基基础承载力、变形、稳定性和耐久性等功能要求为指导层，以满足目标功能要求的可接受方案为实施层的强制性工程建设规范。

《规范》具有既不限制技术创新发展，又对地基基础工程建设具有约束性和保障力的特点，其主要包括：

（1）明确"底线要求"

提出了地基基础工程质量及施工安全、生态环境安全、地下水环境安全的"底线要求"。

（2）强化工程质量控制

提出了地基基础荷载、承载力、变形、稳定性和耐久性等设计、施工质量控制及验收、工程监测等基本要求。

（3）防范工程安全隐患

针对不良地质作用和地质灾害的建设场地，地下水环境及地下水工程污染控制，基坑开挖与支护结构设计施工，边坡支挡与边坡工程防护设计施工等地基基础工程中的重大风险隐患提出了技术要求、应急处置要求及关键技术措施。

4.2　规范创新点

《规范》在全面梳理、整合、分析研究相关标准基础上，从以下三个方面对地基基础通用性要求进行了提升：

（1）在材料性能与工程质量方面

对地基基础工程所采用材料、构件等性能及质量控制，地基基础工程设计、施工及验收的关键环节的质量控制等提出了技术要求。

（2）在结构构造方面

对桩基、基础、支护结构、支挡结构等采用的材料、构造与耐久性提出了技术要求；在与相关强制性工程建设规范协调统一基础上，适度提高了结构构件的混凝土强度等级；进一步规范了结构构造要求。

（3）在特殊性岩土、结构抗浮、地下水控制方面

针对特殊性岩土、结构抗浮、地下水控制等地基基础工程疑难问题，提出了设计施工技术要求或关键技术措施。

5　《规范》编制的思考及问题

5.1　《规范》编制的思考

5.1.1　科技创新才能引领高质量发展

强制性工程建设规范是对建设工程约束性的技术规定。强制性工程建设规范应突出"结果"为导向，强调"底线思维"，仅对直接涉及公众基本利益的质量、安全、卫生等目标、功能、性能及关键技术等必须强制执行的内容作出规定。强制性工程建设规范处于标准化体系的最高层次，具有技术法规的属性，故宜粗不宜细，只规定不可逾越的底线。也不宜过严，根据新修订《标准化法》的规定，推荐性国家标准、行业标准、地方标准、团体标准、企业标准的技术要求不得低于强制性国家标准的相关技术要求。如果强制性工程建设规范规定得过细、过严，有可能妨碍科技创新。为充分发挥科技创新的引领作用，应鼓励工程技术人员因地制宜、因工程制宜，鼓励在地基基础工程中采用新技术、新工艺、新材料、新方法，鼓励使用推荐性标准，鼓励制订先进实用的团体标准和企业标准。从而使强制性工程建设规范、技术标准能够各司其职，各得其所。

5.1.2　标准规范不可能"包打天下"

岩土工程（地基基础工程）作为土木工程的分支，是以传统力学为基础发展起来的。但是，工程中采用单纯的力学计算往往并不能解决实际问题。究其原因，主要在于对自然条件的依赖性和条件的不确定性，岩土参数的不确定性和测试方法的多样性，以及岩土工程的不严密性、不完善性和不成熟性等诸多问题尚未得到解决，因此，岩土工程与结构工程有所不同，岩土工程实践中的一切疑难问题，几乎都需要岩土工程师根据具体情况，在综合分析、综合评价的基础上，作出综合判断，提出处理意见。标准规范不能"包打天下"，也不可能"包打天下"。

5.2　有待进一步研究解决的问题

在《规范》的编制过程中，尚有以下两个方面的问题有待解决及完善：

一是《规范》适用范围的局限性问题。由于目前《规范》仅限定在建筑与市政工程领域，缺少了在公路、铁路、电力、石化等其他工程领域中对地基基础的要求。未来应加强对其他各行业相关领域的专题研究，从而进一步提升《规范》的通用属性。

二是鉴于基础或支护（挡）结构形式、建设场地水文地质条件和周边环境条件的复杂性，《规范》对地基基础工程监测项目，尤其是对基坑工程、边坡工程监测项目，未作出具体规定，后续将继续开展相关研究工作，进一步完善《规范》的相关技术规定。

6 结语

依据我国法律法规，借鉴经济发达国家建筑技术法规的内容构成和层级，结合我国强制性工程建设规范的定位与特点，《规范》提出了覆盖地基基础工程全过程或主要阶段的工程建设原则和基本要求，明确了地基基础功能性能要求，提出了地基基础安全性、适用性和耐久性技术要求及关键技术措施，对地基基础及相关专业技术标准具有制约和指导作用。《规范》的颁布实施对保障地基基础及上部结构安全，落实我国防灾减灾和生态环境保护要求，满足工程质量安全监管，推动工程建设标准化体制改革，支撑住房城乡建设高质量发展具有重要意义。

作者：《建筑与市政地基基础通用规范》编制组（中国建筑科学研究院有限公司等）

强制性工程建设规范《砌体结构通用规范》

Mandatory Standards for Engineering Construction
"General Code for Masonry Structures"

1 规范编制背景

我国现行砌体结构相关的强制性标准中，强制性条文并不多，主要针对材料性能、结构与构件的安全、适用及耐久性等方面有重大影响的项目。砌体结构现行强制性条文主要存在的问题有：①强制性条文内容不完整；②强制性条文散布于各本技术标准中，系统性不够，且可能存在重复、交叉甚至矛盾；③大部分强制性条文直接规定需要强制的技术参数取值和计算方法，如《砌体结构设计规范》GB 50003 将强度设计值列入强制性条文，不利于新材料新技术的推广应用；④砌筑材料最低强度等级直接影响砌体耐久性，但《砌体结构设计规范》GB 50003 未列为强制性条文；⑤未涵盖砌体结构全寿命周期等。

为贯彻中央全面深化改革的决定，加快推进简政放权，放管结合，优化服务，转变政府职能，在工程建设标准化领域，需要建立完善具有中国特色的工程建设强制性标准体系，理顺全文强制标准、强制性条文、工程建设标准和现行法律法规的关系，使强制性标准与法律法规以及相关技术支撑文件紧密结合、配套实施，为政府进行市场监管提供有力保障。为进一步推进和深化工程建设标准化改革，住房城乡建设部标准定额司启动了强制性工程建设规范的研编和编制工作，《砌体结构通用规范》就是其中之一。

2 规范编制过程

考虑到强制性工程建设规范的编制对于本轮工程建设标准化改革的重要性，编制工作分为研编和正式编制两个阶段。根据住房城乡建设部《关于印发 2017 年工程建设标准规范制修订及相关工作计划的通知》（建标〔2016〕248 号），《砌体结构通用规范》作为研编项目列入计划。研编工作从 2016 年 9 月开始启动，到 2018 年 9 月形成《砌体结构通用规范（草案）》通过研编工作验收，总共持续了两年时间。研编过程中，完成翻译 2012 年版俄罗斯建筑法规《砖石结构与配筋砖石结构》[1]、欧洲规范 BS EN 1996-1-1[2]、1996-1-2[3]、1996-2[4]、1996-3[5]等国外相关规范 5 本，完成《中英建筑法规体系的对比》[6]《欧盟与我国砌体结构技术标准的对比》《砌体规范中砌筑砂浆条文国内外标准差异分析》等中外对比专题研究报告 5 份，完成《砌体结构通用规范》研编的探索与思考、"设计计算"的章节设置与强制性条文制定、施工及验收编写原则及内容等研编报告 7 份，完成《关于统一砌筑砂浆试验方法的探讨》[7]《历版〈砌体结构设计规范〉中砌体抗压强度计算指标对比研究》[8]《干燥炎热气候条件下喷水养护对砌筑砂浆强度的影响研究》[9]等其他相关的专项研究报告 13 份。研编阶段的系统研究工作为该项规范的制订奠定了坚实基础。

研编工作结束后，住房城乡建设部发布了《2019 年工程建设规范和标准编制及相关工作计划的通知》（建标函〔2019〕8 号），《砌体结构通用规范》作为其中之一列入了编制工作计划。在规范的编制过程中，先后两次在全国范围内向各相关行业和部门征求意见，多次召开专门的工作会研究相关问题的解决并对通用规范之间的关系进行协调，最后形成《砌体结构通用规范》送审稿，于 2020 年 9 月通过审查。

3 规范内容的确定与主要内容介绍

3.1 规范的属性定位

强制性工程建设规范是对建设工程约束性的技术规定。在形式上，改变现行分散的工程建设标准强制性条文的做法，转变为以全部条文强制为特征的整本规范的形式；在作用上，替代工程建设标准强制性条文，成为我国工程建设的"技术法规"，与法律法规相衔接，作为工程建设管理和市场监管的技术依据，是工程技术人员必须遵守的技术准则；在规范项目设置上，分为以建设工程项目整体为对象设置工程项目规范和以专业技术为对象设置的通用规范两类；在技术规定方式上，突出"结果"为导向，强调"底线思维"，仅对直接涉及公众基本利益的质量、安全、卫生等目标、功能、性能及关键技术等必须强制执行的内容作出规定；在覆盖范围上，涵盖工程建设全过程各个阶段，包括规划、勘察、设计、施工、验收和运行维护等。《砌体结构通用规范》属于强制性工程建设规范中以专业技术为对象设置的通用规范。英国的技术法规体系中分为法律、条例、技术准则、标准四个层级，根据我国本轮标准化改革的思路，与之对应，强制性工程建设规范按技术法规的属性定位。

3.2 相关文件通知对强制性工程建设规范内容的要求

在《住房城乡建设部关于印发〈深化工程建设标准化工作改革意见〉的通知》（建标〔2016〕166号）中将强制性工程建设规范分为工程项目类技术规范和通用技术类技术规范两大类。工程项目类规范，是以工程项目为对象，以总量规模、规划布局，以及项目功能、性能和关键技术措施为主要内容的强制性工程建设规范。而通用技术类规范，是以技术专业为对象，以规划、勘察、测量、设计、施工等通用技术要求为主要内容的强制性工程建设规范。在英国的法规体系中，是通过第二层级"建筑条例"对如何执行法律要求在管理方面和技术方面（功能性能）作出详细规定。而我国的"建筑条例"层面则基本上是管理方面的规定，技术方面的规定基本没有。从工程项目类技术规范的定义可以看出，工程项目类技术规范（即强制性标准体系表中的"左侧"项目）的主要内容中包含了项目功能、性能，从而弥补了我国现行技术法规体系中缺乏功能性能方面法律条例的不足。

为了统一研编工作思想和规范的起草，在《住房城乡建设部标准定额司关于印发〈工程建设全文强制性标准（住房城乡建设部分）编制会议纪要〉的通知》（建标标函〔2016〕220号）中明确了规范的起草的方法：首先应收集现行相关标准的强制性条款，做到该强制的不遗漏。在此基础上，为满足社会经济管理要求，可增加相关条款，同时要积极借鉴发达国家经验，对国外标准有相关强制规定的，尽量做到接轨。因此，在条文内容编写面可以考虑以下几方面：①根据国家相关法律法规、政策措施对工程建设的要求，需要由政府监管的内容，或应该管的，能够管的对象或内容；②现行相关技术标准、规范、规程的基本的、主要的、应该强制的技术规定内容，并应覆盖其中的全部强制性条文；③现行法规和标准存在的漏洞、缺陷或问题，需要补充或纠正的内容，如现有存在的指标过低、疏漏、错误、技术内容过于复杂或难以理解、执行力不够、表述不清等问题；④遵循国际惯例，与国际接轨，根据我国国情选择性地纳入国外先进标准的条文规定。

在《住房城乡建设部标准定额司关于对〈居住建筑技术规范〉等十五项工程建设强制性国家标准研编组组成的复函》（建标标函〔2016〕215号）中提出强制性标准应覆盖"全领域""全过程"，应根据规范内容所涉及的部门和行业领域以及所涉及的设计、施工、验收、运行维护等过程组织研编人员开展研编工作。但根据现有的强制性工程建设规范在内的全文强制标准体系表，其中包含有《既有建筑鉴定与加固通用规范》和《既有建筑维护与改造通用规范》，因此，在《砌体结构通用规范》中主要内容以覆盖砌体结构"全过程"的角度考虑，不含以上两本规范相关内容。

3.3 规范的编制思路与逻辑框架

根据相关文件通知对强制性工程建设规范内容的要求，《砌体结构通用规范》的编制思路是：收集整理现有的砌体结构领域标准中的强制性条文，对比国外砌体结构领域的相关技术法规和标准，考虑砌体结构的全生命周期,对砌体结构领域保障人民生命财产安全、人身健康、工程安全、生态环境安全、公众权益和公共利益,以及促进能源资源节约利用、满足社会经济管理等方面的控制性底线要求作出规定。

根据工程建设标准化改革的思路,以规定砌体结构工程的目标、性能及关键技术要求为主,《砌体结构通用规范》按建设过程并考虑全生命周期设置章节,分别设置总则、基本规定、材料、设计、施工及验收、维护与拆除共计六章84条。规范的逻辑框图与框架结构如图1所示。

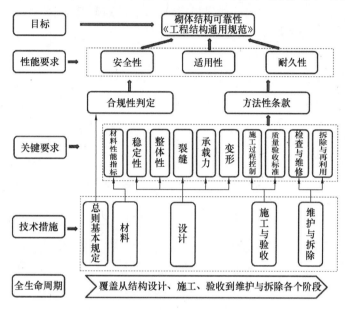

图1　《砌体结构通用规范》框架结构

性能要求上,为保障砌体结构安全、人身健康和生命财产安全、生态环境安全,规定砌体结构应满足的安全性、适用性及耐久性要求。

技术内容上,在材料方面,规定砌体结构块材、砂浆、混凝土等材料的性能要求、使用原则及底线控制指标;在设计方面,明确砌体结构设计应符合的承载力极限状态,并根据砌体结构的特性,规定满足稳定性、整体性、裂缝及变形的构造措施要求;在施工与验收方面,规定砌体结构施工过程控制、质量验收标准等要求;在维护及拆除方面,明确砌体结构检查与维修的要求,并对拆除与再利用环节作出规定。

3.4　现行强制性条文的梳理及总结

《砌体结构通用规范》的研编与编制涉及砌体结构领域工程建设标准54本,其中19本标准为强制性标准。根据2017年第7号中国国家标准公告,《水泥包装袋》等1077项强制性国家标准转化为推荐性国家标准,其中与砌体结构领域密切相关的有6本转化为推荐性标准。因此,本次研编共涉及强制性标准13本,强制性条文120条,经过研编组认真研究,采纳其中的47条。未采纳的强条中有63条应该由其他强制性工程建设规范作出规定、有5条为《混凝土小型空心砌块和混凝土砖砌筑砂浆》JC 860—2008对产品具体指标的要求未纳入本技术规范、有5条为不具强制性未纳入本技术规范。

3.5　规范的主要技术内容

通过研编和编制过程中的多次研究和讨论,《砌体结构通用规范》(报批稿)最终设置条文共84条:一是贯彻落实新发展理念的条文有8条;二是现行相关法律法规的落实和细化的条文有3条;三是参照现行规范中现有强制性条文编写的有35条;四是与发达国家规范对比,提升工程建设标准国际化程度的条文有14条;五是积极采用成熟可靠的新技术的条文有3条;六是覆盖工程项目全生命周期的条文有 21 条。

3.5.1　基本规定

《住房城乡建设部分技术规范研编工作要求》（建标标函〔2016〕156 号）中指出，工程建设技术规范（指强制性工程建设规范）是保障人民生命财产安全、人身健康、工程安全、生态环境安全、公众权益和公共利益，以及促进能源资源节约利用、满足社会经济管理等方面的控制性底线要求，是政府依法治理、依法履职的技术依据。因此，在规范的基本规定中对砌体结构的目标要求、性能要求以及砌体结构各环节通用的技术要求和原则作出规定，提出应该预期达到的目的（目标要求）以及根据目标而应具备的条件或状况的描述（性能要求）。

3.5.2　材料方面

砌体结构的材料主要是块体材料和砌筑砂浆。在国家墙材革新、节能减排产业政策的引导下，传统的烧结黏土砖已经被国家明令淘汰，已经陆续被各类非烧结块体材料所取代。据不完全统计，这些块型不同、性能差异的块材已多至数十种。同时，传统的砌筑砂浆均为现场搅拌，当今国家已经严格限制这种落后的搅拌工艺，取而代之的是工厂化生产的预拌砂浆，研究表明预拌砂浆与传统的现场搅拌砂浆也存在着若干项差别。为了保证砌体结构的质量与安全，《砌体结构通用规范》从满足结构安全性、耐久性的角度出发，对砌体结构的块材、砂浆、混凝土等材料从性能要求、使用原则、底线控制指标等方面作出了规定。

3.5.3　设计方面

对结构的设计计算而言，重点是要对结构安全、耐久性等有重大影响的最低要求作出规定，不应涉及不具强制性的结构设计计算的具体方法及更细层次的内容。因此，规范在设计计算方面的规定，除直接采用现行相关规范中的强制性条文构成本规范的主要内容外，基于工程设计经验和技术进步，作出一些完善或补充的规定，有利于提高强制性条文的统一性、科学性、准确性和实用性。内容包括多层与单层砌体结构、底部框架-抗震墙结构、配筋砌块砌体结构、填充墙等。计算部分的内容与工程抗震、结构作用以及结构可靠性等密切相关，考虑了与《工程结构通用规范》《建筑与市政工程抗震通用规范》等强制性工程建设规范在计算原则方面的协调。

砌筑砌体的块材和砂浆是脆性材料，砌体的破坏也是脆性破坏，破坏前的特征不明显，破坏的发生比较突然，给人预留规避的时间很短，容易造成较大的人员伤亡和物资损失。而砌体结构的整体性和延性主要通过构造措施来加以改善和提高。砌体结构的构造主要涉及高厚比、构件间的连接、圈梁、构造柱、芯柱、配筋砌块砌体的配筋构造等。实践证明，砌体结构采取合理的构造措施可以增加其整体性和延性并保证结构安全性、适用性和耐久性。

3.5.4　施工及验收方面

关于施工质量控制，在全文强制标准体系中有《建筑与市政工程施工质量控制通用规范》，但该规范是对包括混凝土结构、钢结构、砌体结构等在内的各种结构体系的通用的规定。本规范的施工与验收则应对砌体结构的施工质量控制过程中的关键环节、关键部位的质量确需强制的内容有针对性地作出规定。主要内容包括砌筑砂浆、砌筑块材、砌筑施工、构造连接、砌体结构检测及验收等内容。

3.5.5　拆除与维护

针对砌体结构特点，本规范对砌体结构拆除与维护，以及块材重复利用等重要内容作出规定。

4　国际化程度及水平对比

《砌体结构通用规范》的技术条文充分借鉴了欧洲、美国的标准和技术法规的规定，在内容框架、要素指标及技术指标方面进行了对比研究。

内容框架和要素指标上，与欧洲规范《砌体结构设计》EN 1996 和美国《国际建筑规范》IBC 基本保持一致。欧洲规范《砌体结构设计》EN 1996 分为 3 部分：一般规则、材料选择/设计/施工和无筋砌体简易计算方法。《砌体结构通用规范》内容除了抗火设计和简易计算方法未列入外，其他要素指标与欧洲规范《砌体结构设计》EN 1996 基本相同。美国《国际建筑规范》IBC 第 21 章规定了材料、施工、验收、抗震设计、结构设计方法、玻璃砌体、壁炉、烟囱等。《砌体结构通用规范》除了未列入我国不常用的玻璃砌体、壁炉外，内容框架和要素指标与美国《国际建筑规范》IBC 基本相同。

技术指标上，与欧洲规范《砌体结构设计》EN 1996 基本一致，有些技术指标高于欧洲规范。在结构可靠性方面，《砌体结构通用规范》的目标可靠指标略高于欧洲规范《砌体结构设计》EN 1996，《砌体结构通用规范》控制的砌体结构安全性略高于欧洲规范。在材料强度方面，《砌体结构通用规范》与欧洲规范均给出了抗压强度、抗剪强度、抗弯强度、弹性模量、剪切模量等指标要求，各项指标取值基本一致。在耐久性设计方面，《砌体结构通用规范》和欧洲规范都是根据建筑物所处的不同环境条件分为五类，且分类原则基本相同。不同的是，欧洲规范对第 2 类和第 3 类环境进行了进一步细分。在承载力计算方面，《砌体结构通用规范》与欧洲《砌体结构设计》EN 1996 的计算模型不同；对于承受竖向荷载的墙体欧洲采用简化框架法；对承受集中荷载的墙体欧洲采用应力扩散理论分析砌体结构局部受压，中国则考虑了由于内拱作用产生的上部荷载的卸载作用。在设计构造方面，《砌体结构通用规范》与欧洲规范均对砌体构造、钢筋构造、约束砌体构造等构造作出了规定，但欧洲规范中最低砂浆强度、最小墙体厚度、最小配筋率、圈梁设置要求等指标均低于《砌体结构通用规范》中的相关指标，且欧洲规范中允许高厚比与砂浆强度等级、块体类别、是否配筋、开洞等无关。

综上所述，《砌体结构通用规范》的内容框架、要素指标与国际主流技术法规大体一致，技术指标与国际先进水平基本相当。

5　规范的亮点与创新点

《砌体结构通用规范》在整合、汇总现有相关强制性条文的基础上，从四个方面对砌体结构通用性要求进行提升。

5.1　提高了微冻地区砌体块体的抗冻指标

抗冻指标表征为按照《砌墙砖试验方法》GB/T 2542—2012 中标准试验方法经受的冻融循环次数。国内外均将材料的抗冻性能作为最重要的耐久性设计内容，我国现行各块材的技术标准对抗冻性能的规定并未统一，有的要求偏低。为了保证砌体结构的耐久性，提高了微冻地区砌体块体的抗冻指标，明确了各冻融环境下的各类块材的最低强度等级。

5.2　进一步提高了砌体结构的安全性

为了提高砌体结构的安全性，增加了对承受起重机荷载的单层砌体结构、多层砌体结构房屋中的承重墙梁支承的要求；针对配筋砌块砌体抗震墙结构，增加了对配筋砌块砌体灌孔混凝土的抗收缩性能要求。

砌体构件系由块体和砂浆组砌而成，两者的粘结力很小，整体性差，若承受起重机等动力荷载，易导致承重砌体构件出现裂缝，从而带来安全隐患。本规范规定，承受起重机荷载的单层砌体结构应采用配筋砌体结构。

墙梁的支承是砌体结构关键的受力部位，对结构安全有重要影响，因而本规范规定，多层砌体结构房屋中的承重墙梁不应采用无筋砌体构件支承。

对混凝土砌块砌体，灌孔混凝土是影响配筋砌块砌体强度的重要因素之一。灌孔混凝土的性能既要保证与砌块形成一体，保证砌块内壁与芯柱界面上不出现因芯柱混凝土收缩产生的微隙，确保灌孔混凝土与混凝土砌块共同工作。为了保证混凝土砌块墙体的安全，本规范对灌孔混凝土的抗收缩性作出了规定。

5.3 减少建筑垃圾的产生量

为了减少建筑垃圾的产生量，要求砌体结构拆除过程中应采取减小块材损伤的措施，并规定砌体结构拆下的块材用于建造房屋时应进行检测，提升了拆下的块材的重复利用率，确保旧块材建房的结构安全性。

5.4 降低结构失效带来的风险

为了降低结构失效带来的风险，本规范作了如下的相关规定：

（1）明确了不同砌体结构体系的使用范围。如单层空旷房屋大厅屋盖的承重结构不应采用砖柱的情况；承受起重机荷载的单层砌体结构应采用配筋砌体结构；多层砌体结构房屋中的承重墙梁不应采用无筋砌体构件支承；配筋砌块砌体抗震墙应全部用灌孔混凝土灌实等。

（2）首次较系统规定了不同环境类别下的最低材料强度等级以及结构构造和保护措施。如分别按1类至3类环境规定了不同块材的最低强度等级和抗冻性能，对4类、5类承重砌体的块材提出了块体材料的强度等级、抗渗、耐酸、耐碱性能的指标要求；规定了夹芯墙、填充墙的块材最低强度等级要求；根据设计工作年限，分别对不小于25年和小于25年的部分砌体的砌筑砂浆最低强度进行了规定；明确了各类砌体砌筑砂浆的最低强度等级；明确了砌体结构墙、柱构件的高厚比验算和无筋砌体受压构件轴向力偏心距限值的构造要求等。

6 结语展望

在住房城乡建设部的指导下，通过编制组全体同志五年多的共同努力完成的《砌体结构通用规范》覆盖内容全面，体现了砌体结构领域的共性、原则性、底线技术要求，吸收、借鉴了国内外相关规范的最新成果，对砌体结构的耐久性设计作了全面、系统的规定，全面提升了砌体结构的可靠性。《砌体结构通用规范》的编制和发布将进一步提升砌体结构的安全和质量，对推进我国乡村振兴事业，为广大人民提供优质高效的多层住宅提供保障。

本规范尚有以下三个方面的问题有待解决及进一步完善：

（1）关于术语统一的问题。由于历史原因，我国现行标准中关于墙体分类的术语定义不统一，如在本规范的条文说明中统一规定，可能对部分现行标准带来具体执行方面的混乱，因此暂未作出统一规定。建议相关标准修订时采用统一的术语定义，而后在本规范中进行统一规定。

（2）关于单层空旷房屋是否不再作出强制性规定的问题。随着技术的进步，新建单层空旷房屋已很少再采用砌体结构，一般都采用钢结构、钢筋混凝土结构或组合结构等结构形式。考虑到在经济欠发达地区受经济条件或材料等所限，可能还会有这种结构形式存在，且相关规定为现有强条，因此本规范中保留了这些规定。在本规范发布后将持续跟踪并收集对该类房屋的反馈意见，对相关内容进行不断完善。

（3）关于是否在本规范中对构造柱作出规定的问题。为保证砌体结构及结构构件的整体稳固性及正常工作性能，圈梁及构造柱应作为一个整体共同发挥作用。编制过程中，为了解决通用规范间的协调问题，将构造柱的有关内容放在了《建筑与市政工程抗震通用规范》中。在本规范发布后应收集使用者对圈梁、构造柱分散在不同的通用规范中的反馈意见，根据反馈意见采取相应对策。

作者： 吴 体[1] 肖承波[1] 施楚贤[3] 张昌叙[2] 梁建国[4] 陈大川[3]（1. 四川省建筑科学研究院有限公司；2. 陕西省建筑科学研究院有限公司；3. 湖南大学；4. 长沙理工大学）

参考文献

[1] Каменнюе и армокаменные конструкции Сп15.13330.2012.

[2] Eurocode 6：Design of masonry structures-Part 1-1：General rules for reinforced and unreinforced masonry struc-

tures[S]. EN 1996-1-1：2005.

[3] Eurocode 6：Design of masonry structures-Part 1-2：General rules-Structural fire design[S]. EN 1996-1-2：2005.

[4] Eurocode 6：Design of masonry structures-Part 2：Design considerations，selection of materials and execution of masonry[S]. EN 1996-2：2006.

[5] Eurocode 6：Design of masonry structures-Part 3：Simplified calculation methods and simple rules for masonry[S]. EN 1996-3：2006.

[6] 梁建国，吴体，杨伟军，徐建，梁辉. 中英建筑技术法规对比及我国建筑结构规范的编制建议[J]. 四川建筑科学研究，2018，44(1)：62-69.

[7] 吴体，肖承波，甘立刚，侯汝欣. 关于统一砌筑砂浆试验方法的探讨[J]. 地震工程与工程振动，2018，38(5)：216-220.

[8] 甘立刚，吴体，肖承波，侯汝欣. 历版《砌体结构设计规范》中砌体抗压强度计算指标对比研究[J]. 四川建筑科学研究，2019，45(1)：54-58.

[9] 刘凯，孙永民，张昌叙. 干燥炎热气候条件下喷水养护对砌筑砂浆强度的影响研究[J]. 施工技术，2018，47(23)：47-49.

强制性工程建设规范《城市道路交通工程项目规范》

Mandatory Standards for Engineering Construction
"Project Code for Urban Road and Transportation Engineering"

1 规范编制背景与编制思路

1.1 规范编制背景

根据住房城乡建设部《2019 年工程建设规范和标准编制及相关工作计划》，由北京市市政工程设计研究总院有限公司牵头，会同有关单位开展城镇建设及建筑工程强制性工程建设规范《城市道路交通工程项目规范》（简称《规范》）的编制工作。

《规范》牵头单位为北京市市政工程设计研究总院有限公司，是住房城乡建设部道路与桥梁标准化技术委员会主任委员单位，参编单位由 15 家本行业知名规划设计、施工、管理单位及专业院校组成，具有主编、参编本专业领域主要规范标准的丰富经验。编制组专家基本涵盖了道路、桥梁、隧道、城市公共交通、交通安全等专业领域，在行业内具有丰富的科研和工程技术经验和良好的声誉，对《规范》编制工作的顺利开展打下了良好的基础。

1.2 《规范》编制思路

收集、研究国家有关城市道路、桥梁、隧道、城市公共交通相关法律法规、政策措施等文件，主要包括涉及公共安全、环保、节能等内容。

收集、梳理现行相关工程建设标准及强制性条文，研究确定可以纳入《规范》的技术条款以及需要补充完善的技术内容。

收集国外发达国家的相关法规、规范，研究法规、规范的构成要素、术语内涵、各项技术指标与我国的差异等。

根据《规范》在工程建设标准体系的地位和基本要求，《规范》的技术内容应严格限制在保障人民生命财产安全、人身健康、工程安全、生态环境安全、公众权益和公共利益，以及促进能源资源节约利用、满足社会经济管理等方面的控制性底线要求。要以规定工程项目的规模、布局、功能、性能及关键技术要求为主。

《规范》适用范围为城市中道路交通工程规划设计、施工、验收、使用维护等工程领域，主要技术内容涵盖道路、桥梁、隧道、城市公共交通（不含城市轨道交通）、停车场、公共交通枢纽、交通安全等各类设施。

2 《规范》主要内容

《规范》全文共 9 章 148 条，总体框架为 1. 总则、2. 基本规定、3. 路线、4. 交叉、5. 路基路面、6. 桥梁、7. 隧道、8. 公共电汽车设施及客运枢纽、9. 其他设施（图 1）。

《规范》主要技术内容：规定了各级城市道路及其交通设施的布局、用地规模、选址；道路交通工程的功能和性能要求及建设规模划分原则；城市公共交通线网、停车场及城市客运交通枢纽的布局、用地规模和选址；公共交通限界、公众采用公共交通方式出行的功能和性能方面的基本要求；道路平纵断面、横断面、路基和路面、桥梁隧道荷载标准、线位选择、断面布置、结构防洪抗震、安全防护等重要技术要求；管线、排水、照明、绿化和景观设施的重要技术要求；道路、桥梁及隧道施工

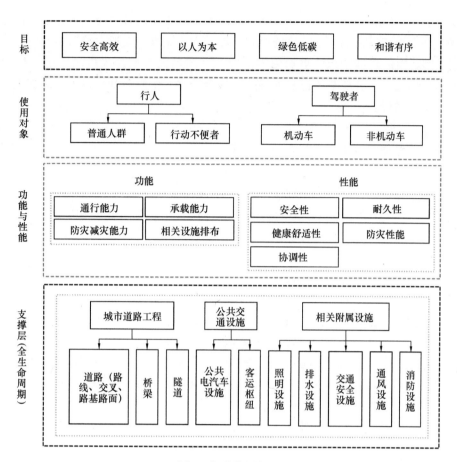

图1 规范体系框图

质量验收及养护维修重要技术要求。

《规范》具有完整的技术体系内容，将目前标准中强制性条文的要点和技术参数提炼出来，融合进规范的条文内容中，形成一些对功能、性能的原则性要求及实现这些目标的关键性技术指标，也为《规范》所覆盖的技术标准中的相关条文的设立提供了依据。

2.1 规模方面内容

（1）总体上规定了确定城市道路交通工程的规模所要考虑的因素及满足使用者的城市交通出行需求的能力要求；

（2）规定了城市道路的分级、交叉的设置形式及桥梁隧道、公共电汽车设施系统等道路交通设施的规模确定应考虑的因素。

2.2 布局方面内容

（1）规定了城市道路交通工程应结合交通需求，以合理的道路网络和密度形成道路交通体系的布局要求；

（2）规定了城市道路布局与城市其他设施的关系；

（3）规定了隧道的总体布置和设备设施布设配置要求；

（4）规定了公共交通车站设施布局设置要求。

2.3 功能方面

（1）规定了城市道路交通工程建设的功能要求，规定了其通行能力、承载能力、安全控制要求及防灾减灾能力应满足人员、车辆通行的预期要求，同时应满足交通设施、管线布设、排水、照明的总体布置要求，并应考虑绿化、景观的整体协调的功能性基本要求；

（2）规定了城市道路行人和非机动车交通系统的关系，重点内容"应与道路沿线的居住区、商业区、城市广场、交通枢纽等内部的相关设施合理衔接，构成完整的交通系统"；

（3）规定了横断面的功能要求，重点内容"应分别满足人行道、非机动车道、机动车道、分车带、设施带等宽度的要求；并应与轨道交通线路、综合管廊、低影响开发设施、环保设施、地上杆线及地下管线布设等相协调"；

（4）规定了道路交叉口应满足各交通方式通行需求的功能要求；

（5）规定了道路路面承载能力的基本功能要求；

（6）规定了桥位选择应满足城市防洪和通航要求的功能要求；

（7）规定了桥梁承载能力的基本功能要求；

（8）规定了隧道的总体布置和设备设施要满足日常运管和防灾安全的功能要求；

（9）规定了应为快速公共交通、有轨电车提供信号优先的功能要求。

2.4 性能方面

（1）规定了城市道路交通工程应具备人员、车辆通行所需的安全性、舒适性、耐久性、与周边环境的协调性及抵御规定重现期自然灾害的性能要求；

（2）规定了对道路工程构筑物应进行抗震设防的性能要求；

（3）规定了城市道路人行系统应设置无障碍设施的性能要求；

（4）规定了机动车道和非机动车道的最大纵坡的性能要求，重点内容"最大纵坡应分别满足所在地区气候条件下安全行车、环保等要求；当采用最大纵坡时，应限制其最大坡长；最小纵坡应满足路面排水要求"；

（5）规定了机动车道宽度的性能要求，重点内容"一条机动车道的最小宽度应按设计车辆类型、设计速度及交通特性，综合考虑通行安全性、道路条件等因素确定"；

（6）规定了路基路面应具有足够的强度、稳定性及良好的抗永久变形能力和耐久性；路面面层应满足平整、耐磨、抗滑与低噪声等表面特性的要求；

（7）规定了对隧道结构设计、施工的性能要求，应满足施工可行性、运营安全及寿命期要求；

（8）规定了交通标志版面和标线的信息应满足一致性、连续性、逻辑性、协调性及视认性的要求。

2.5 关键技术指标

第3.1.2条规定了各级城市道路设计速度。

第3.1.3条规定了城市道路设计车辆及控制道路线形设计指标的外廓尺寸。

第3.1.4条规定了城市道路通行的建筑限界要求。

第3.2.3条规定了各级道路所应满足的停车视距的指标。

第3.4.5条规定了人行道和非机动车道的最小宽度要求；重点内容："人行道有效通行宽度不应小于1.5m；非机动车道单向行驶的有效通行宽度不应小于1.5m，双向行驶的有效通行宽度不应小于3.0m。"

第3.4.6条规定了设计速度大于40km/h时，机动车与非机动车设置分隔设施的要求。

第3.4.7条规定了隧道内同孔布置机动车道和非机动车道的所应满足的技术要求。

第4.0.9条规定了双向6车道及以上的城市主干路道路交叉口，应在人行横道设置安全岛的技术要求。

第5.0.2条、6.0.5条规定了道路路面及桥梁的荷载指标。

第5.0.3条、6.0.4条、7.2.2条规定了道路路面结构、桥梁结构、隧道主体结构设计工作年限。

第6.0.7条规定了人行道栏杆的荷载值及高度、杆件设置间距等参数；第6.0.9条规定了桥梁结构重要性系数。

第 7.1.8 条规定了同一座隧道同一时间按一次火灾设计的要求。

第 8.2.2 条规定了快速公共交通系统分级指标。

《规范》条款还提出了涉及公众安全、公共交通、绿色出行、高质量发展以及涉及项目综合功能、性能等方面的技术要求，如第 2.0.7 条对改变道路工程设施的使用功能和荷载标准给出了强制性要求，依据国内一些突发事故造成重大人员伤亡和设施损失而编制；第 3.4.3 条对城市街道设计提出了以人为本、提升品质和安全的强制要求；第 8 章新增了城市公共电汽车相关设施及运营的条文，在绿色出行、节能减排方面通过强制性要求予以提升。

《规范》编制过程中对相关的法律法规进行了梳理，包括《城市道路管理条例》《中华人民共和国道路交通安全法》《中华人民共和国防震减灾法》《中华人民共和国建筑法》《中华人民共和国标准化法》《建设工程质量管理条例》《建设工程勘察设计管理条例》等。《规范》条文与相关法律法规协调一致，不重复法规要求，以《规范》条款规定技术措施及要求，达到项目建设运营满足法律法规要求的目的。

3　国际化程度及水平对比

在《规范》研究、编制过程中，编制组对美国、英国、日本、欧洲相关技术标准和技术法规进行了调研，各国在城市道路桥梁方面的法规和标准体系各有不同，但技术标准的技术要求大同小异。

美国标准规范体系基于其联邦道路管理体制，逐步形成了其独具特色的标准规范体系，该体系分为三个层次。联邦法案是行业管理的基本法规，不同时期国会立法通过的联邦道路法案，具有综合性和时效长的特点，法规条文的修改也有严格的程序，同时需要较长的时间，以保证法规的稳定性；美国联邦公路局（FHWA）和部分行业协会，如 AASHTO（美国各州道路与运输管理协会）、ASTM（美国材料与试验协会）和 TRB（美国运输研究委员会）等，依照联邦法案制定有关安全、环保等行政规章和行业技术标准；各州可根据本州的实际情况对不适合本州的部分内容进行调整或未涉及的内容进行补充和完善，使其成为本州的技术标准规范。

1995 年联邦政府颁布了《国家技术转让与促进法案 1995》（简称 "NTTAA"），《联邦政府参与制订和使用自愿一致性标准和合格评定活动通告 A-119》（简称 OMB A-119）作为配套法规。两个法规要求政府部门在制定、采购和其他涉及标准的工作中必须采用自愿一致性原则（VCS），将一个标准整体或部分纳入或参考引用到法规中，把标准作为执行政策目标和行动的工具，以改善立法和政策质量。

日本对于道路设计方面的相关法规主要有：《道路法》《道路建设紧急措施法》《道路建设特别措施法》等。其中《道路法》是国会通过的重要的基本法。《道路法》确定了与道路相关的一般的技术标准，也涵盖了道路设计时的大部分标准，规定了在行政上一般需要规定的道路技术标准。与道路相关的政省令主要有《道路构造令》《道路构造令实施规则》《道路建设特别措施法施行令》等。其中《道路构造令》是最为重要的政令，在日本道路的建设与管理中发挥着至关重要的作用，在遵循《道路法》规定的基础上详细的规定了与日本道路构造有关的技术标准，是日本道路设计时必须遵守的技术标准。

英国道路技术标准规范的主要归口单位是公路管理局 HA（Highway Agency），它发布的道路技术标准规范涵盖了英国高速公路和干线道路的设计、施工、养护、运营等方面，主要应用于车速大于 80km/h 的高速路网和干线路网，是承包商们在签订服务合同中需要遵守的核心技术标准规范。

3.1　研究的国际标准

（1）美国国家公路与运输协会（AASHTO）标准《道路路线设计标准》《道路通行能力手册》《公路桥梁设计规范》；

（2）美国州高速公路协会和运输官员《州际系统设计标准政策法规》；

（3）日本道路协会《日本道路构造令》；

（4）NFPA502-2020（Standard for Road Tunnels，Bridges，and other Limited Access Highways），即美国隧道防火标准，该标准是国际通用的隧道防火设计标准；

（5）美国 TCRP《快速公共汽车运营系统》、德国《快速公交规划设计指南》；

（6）美国《公共交通街道设计指南》；

（7）英国公路管理局 HA（Highway Agency）、欧洲标准委员会的相关规范。

3.2　标准对比情况

《规范》编制组借鉴了这些规范在道路分级、设计速度、车道宽度、线形设计指标、路基路面等方关键技术指标，桥梁隧道结构可靠性指标、抗震措施等要求；隧道防灾主要对火灾规模、基本消防理念和设施要求做了对比；对设施防淹涝、交通管理设施体系化、公交车道及车站的布局等方面的规定进行了搜集和对比。

隧道防灾部分在火灾设计防护具体目标和技术指标上无法进行对比。一方面并非本标准的范围，另一方面 NFPA502 是基于性能化防灾设计的标准，而国标并非基于性能化设计。

3.3　纳入的标准内容

《规范》在对比的基础上对涉及功能、性能及相关技术措施作出了规定。在保障道路安全使用方面，对改变道路工程设施的使用功能和荷载标准提出了明确的要求。在城市街道布置方面，要求具有街道功能的道路横断面应优先布置行人、非机动车和公共交通设施。从隧道规模、功能、性能和管理等方面对隧道建设和运行提出要求，隧道火灾安全的基本防护理念、设施设备要求与 NFPA502 的要求一致，新增条文 7.1.10 部分参考了 NFPA502 的 14 章要求，对通行危险品货车进行管制。同时，对城市公共电汽车相关设施及运营方面提出的各项要求，将能够有利促进公交发展，促进绿色出行。

《规范》共有 7 条涉及火灾安全，7.1.6～7.1.10、7.3.3、7.3.5，其中新增条文 7.1.8 部分参考了 NFPA502 的 4.1.1。

3.4　对比结果的总体判断

总体上，《规范》的构成要素、术语内涵与美国、欧洲和日本的技术法规和规范相一致，特别是保障公众出行安全便捷、设施可靠耐久、绿色出行等功能性能方面的技术要求保持一致。

4　《规范》亮点与创新点

《规范》从公众出行安全、公共交通、绿色出行、设施可靠性 4 个方面，提升了现行标准中安全性要求和设施建设精细化、品质化水平。一是强化防撞护栏设置要求，将特大桥、大桥、临水临空段等事故高风险路段应设置防撞护栏及符合防撞等级技术要求纳入强制性工程建设规范；二是规定交通标志和标线的信息应满足一致性、连续性、逻辑性、协调性及视认性的系统化设置要求；三是落实城市公共交通体系化建设要求，将城市公共汽车交通的公交专用道、大容量公共汽车交通及综合交通枢纽等各类公共交通系统专有路权、通行优先、以人为本、安全运营的技术要求纳入强制性工程建设规范；四是支持绿色出行，首次规定具有街道功能的道路应优先布置行人、非机动车和公共交通设施；五是首次规定不得随意改变道路工程设施的使用功能和荷载标准的强制性要求，是保障城市道路交通工程中各类结构设施在设计工作年限内功能性能的重要举措。

5　与现行标准强制性内容对比及下一步关注的问题

5.1　《规范》水平的提高情况

5.1.1　现行相关标准中强制性条文采用情况

《规范》共 9 章 148 条，覆盖建设、运营及养护管理全过程，对现行 26 项道路交通工程建设强制性标准中 132 条强制性条文的要点和技术参数做了提炼，融合进《规范》的条文中。其中直接采纳或提升的 84 条，涉及道路路基、桥梁、隧道及其他设施施工运营养护安全的具体内容经提炼后纳入《规范》，部分条文（如勘察、抗震内容）纳入其他项目规范。

5.1.2 新增条款涉及内容及水平

新增的条文涉及公众出行安全的有第 2.0.7、4.0.9、7.1.10、7.3.2、7.3.7、9.1.1、9.2.2、9.3.2、9.3.3、9.3.5 条等，涵盖结构可靠性保障，行人安全过街，隧道防灾、污染物排放控制、运营管控体系建设，设施防淹涝，城市生命线保障，交通管理设施体系化、信息化建设等方面内容。

涉及公共交通的新增条文有第 8.1.1、8.1.2、8.1.3、8.3.1、8.3.2、8.3.3、8.4.1、8.4.2、8.5.2、8.5.3、8.5.7、8.6.1、8.6.2、8.6.3 条等，涵盖城市公共汽车交通的公交专用道、站（场、厂）及客运枢纽等各类公共交通系统专有路权、通行优先、以人为本、安全运营的技术要求。

涉及绿色出行的新增条文有第 3.1.9、3.4.1、3.4.3 条等，涵盖慢行系统体系化建设，慢行、公交系统道路空间资源保障等内容。

第 5.0.11 条优化整合了现行多条强条，并增加了"热拌改性沥青混合料施工环境温度不应低于 10℃"的要求。

第 7.3.5 条"隧道内的一级供电负荷应采用双重电源供电，一级负荷中特别重要负荷除由双重电源供电外，尚应增设应急电源。"该条系由《供配电系统设计规范》GB 50052—2009 中 3.0.2（一级负荷应由双重电源供电，当一电源发生故障时，另一电源不应同时受到损坏）而来，其中额外对隧道中特别重要的负荷（如监控、应急照明等）要求增加应急电源。

第 9.3.5 条"交通标志版面和标线的信息应满足一致性、连续性、逻辑性、协调性及视认性的要求。"目前的标准只强调协调性及视认性，《规范》条文增加了对标志和标线的信息一致性、连续性、逻辑性的要求，交通设施系统性得到了加强。

5.2 有待进一步解决的问题

公共电汽车设施及客运枢纽一章是第一次系统集成公共交通设施规范内容。目前公共交通项目建设强调系统综合性，需要结合运营管理的指标制定规划设计及建设的标准。目前公共交通相应的运营指标体系规定不完整或不清晰，导致相对应的量化指标缺失。下一阶段应对此进行进一步研究，确保公共交通项目建设体系的一致性。

智能交通技术在城市交通领域的发展很快，但尚缺少完整的系统框架研究及相应标准。应加强对国内外工程建设案例和设计标准规范研究，形成面向城市交通设施建设的成套智慧交通框架体系，构建面向智慧交通设施建设、运营管理、出行信息服务的智慧交通系统工程标准体系。

5.3 《规范》实施后社会影响

对比现行标准的内容，《规范》大部分内容是在现行标准（重点是现行强制性条文）基础上提炼的，新增的一些条文内容也是针对目前社会关注的公众出行安全、公共交通、绿色出行、设施可靠性等方面，相关条文在业内都有共识，内容符合现行法律法规和国家相关政策。

《规范》以城市道路交通工程项目为对象，以保障道路交通安全便捷、绿色出行、和谐高效、可靠耐久为目标导向，确定了城市道路交通工程的功能、性能要求，从城市道路交通工程建设、运营及养护管理全过程规定了关键技术措施。《规范》对比了国际标准中的相关内容，结合我国城市道路交通建设的特点，在"规范"中提出了城市道路交通工程项目的控制性底线要求，为城市道路交通工程的建设与管理提供了技术支撑，对提升城市道路交通相关设施、公共交通建设水平将发挥重要作用。

作者：包琦玮　倪　伟（北京市市政工程设计研究总院有限公司）

强制性工程建设规范《燃气工程项目规范》

Mandatory Standards for Engineering Construction
"Project Code for Gas Engineering"

1 规范背景与编制思路

我国城镇燃气工程建设标准自 20 世纪 60 年代末起步，伴随着我国城镇燃气事业的发展日趋完善。城镇燃气工程建设强制性标准为确保燃气安全生产、输送和使用，促进科技进步，保护人民生命和财产安全，提供了重要技术保障。从第一部城镇燃气工程建设标准《建筑采暖卫生与煤气工程质量检验评定标准》BJG 23—66 颁布实施以来，经过几十年的发展，已经形成了以综合标准为目标，基础标准、通用标准和专用标准为支撑的城镇燃气工程建设标准体系，基本形成了强制性标准和推荐性标准互为支撑的技术标准。

但是，从长远来看，特别是从标准国际化角度来看，燃气强制性标准自身还存在以下问题。

（1）强制性标准对现行法律法规支撑不足

我国城镇燃气工程建设强制性标准主要集中在燃气设施、燃气技术及燃气工程建设中涉及人身健康、环境保护、节能环保的要求，我国法律法规中主要是对燃气行业管理进行的行政性规定，两者之间既缺少相互支撑，又不具备法律概念上的相互联系。例如，我国《城镇燃气管理条例》规定：县级以上地方人民政府燃气管理部门应当会同城乡规划等有关部门按照国家有关标准和规定划定燃气设施保护范围，并向社会公布。但我国燃气工程建设标准中，尚无相关技术内容对上述法规条款进行支撑。

另外，现行城镇燃气强制性标准的制定方式、制定和批准程序、法律效力与我国法律法规还存在很多差异。现行国家标准《城镇燃气技术规范》GB 50494 尽管在发布公告中明确全部条文为强制性条文，但正是由于其所属范畴仍为技术标准，实施过程中实际约束力明显弱化。

（2）部分强制性条文不利于实施和监督

尽管我国城镇燃气工程建设标准数量不多，但涉及强制性条文的绝对数量并不少。现行强制性条文相对分散，实际使用过程中针对一个问题，需要查阅所有强制性标准中的强制性条文。建设部于 2000 年起，发布了《工程建设标准强制性条文（城市建设部分）》，此后陆续修订，但实际使用效果并不理想。其中原因，主要是由于现行强制性条文是标准中的一部分，需要和标准中的非强制性条文前后衔接，单独的强制性条文组合无法构成一个有机的整体。

同时，现行强制性条文也已经不适应当前改革的需要，可操作性欠缺。一方面，现行强制条文中，部分内容涉及其他标准的引用，但由于这些推荐性标准修订时间存在差异，需要强制的技术要求已经修订或者取消，从而造成该强制性条文无法操作。另一方面，以国家标准《城镇燃气设计规范》GB 50028—2006 为例，安全间距的注释通常规定，"当达无法满足规定净距要求时，采取有效措施，可适当缩小净距"，但这就为实际操作和监督管理带来了很多不确定性。

（3）缺乏功能性能要求不利于技术创新

城镇燃气工程建设标准已不仅仅是保障城镇燃气工程建设安全和稳定运行的重要技术措施，而且逐渐上升为保证燃气行业公平竞争的宏观调控重要手段。作为一项"公共产品"，强制性标准除了要满足强制性条文设置必须的要求外，同时也应为市场经济创造平等竞争的环境，消除壁垒，促进市场竞争。这就需要强制性标准在倒逼产业转型升级和淘汰落后技术产品之间有一个准确的界定。

相比于以强调功能、性能要求为强制性规定的国外技术法规，我国现行条文强制性标准和全文强制性标准显然还有区别。一方面，我国现行强制性条文中部分内容超出了技术规定，以标准的形式进行行政规定，例如，行业标准《城镇燃气输配工程施工及验收规范》CJJ 33—2005 对于施工资质、监理资质和上岗资质进行了规定，这些内容明显超出了技术要求的范畴。另一方面，由强制性条文规定限制性要求有碍于市场竞争，例如，国家标准《城镇燃气设计规范》GB 50028—2006 对于低压、中压、次高压燃气管道材质要求进行了规定，但由于缺少对于管道材料性能的要求，对于新材料的应用便产生了一定的限制。

（4）强制性属性阻碍国际化发展

纵观市场经济国家，技术法规属于强制执行的法律规定，可以强制规定执行具体标准，而标准则属于自愿执行的技术文件，是技术法规的技术支撑，并没有因为强制性条文的存在而区分为强制性标准和推荐性标准。这就造成我国标准与国际通行的技术控制体系的不一致，同时，也是 WTO/TBT 协议的一些成员异议我国为何将标准这一自愿采用的技术文件规定为强制执行的原因之一。

针对上述问题，在工程建设标准化改革背景下，根据《关于深化工程建设标准化工作改革的意见》（建标〔2016〕166 号）的要求，自 2015 年起住房城乡建设领域第一部探索性强制性工程建设规范《燃气工程项目规范》（以下简称为《规范》）正式编制。《规范》以现行燃气工程建设标准的强制性条文为基础，以燃气工程的功能、性能为目标，突出了燃气工程建设和运行维护过程中，保障人民生命财产安全、人身健康、工程质量安全、生态环境安全、公众权益和公共利益，以及促进能源资源节约利用，满足国家经济建设和社会发展的要求，实现了对燃气工程项目结果控制和建设、运行、维护、拆除等全生命期的全覆盖。

《规范》适用于城市、乡镇、农村的燃气工程项目，但不适用于下列工程项目：（1）城镇燃气门站以前的长距离输气管道工程项目；（2）工业企业内部生产用燃气工程项目；（3）沼气、秸秆气的生产和利用工程项目；（4）海洋和内河轮船、铁路车辆、汽车等运输工具上的燃气应用项目。上述适用范围与《城镇燃气管理条例》（国务院令第 583 号）保持一致。

《规范》编制过程中，编制组研究分析了国外燃气技术法规体系和相关技术内容、要求，总结了我国现行城镇燃气工程建设标准共 12 项，其中，国家标准 5 项，行业标准 7 项，涉及强制性条文共计 283 条、48 款（表1）。这些强制性条文（款）覆盖了城镇燃气的制气、气源、厂站、输配、应用的各个方面，涉及燃气工程设计、施工、验收、运行维护各个重要环节，是燃气工程建设和监管的重要依据。

我国城镇燃气工程建设现行强制性条文数量　　　　　　表 1

序号	名称	强制形式	强制性条（款）数量
1	《城镇燃气技术规范》GB 50494—2009	全文强制	129（不含术语）
2	《城镇燃气设计规范》GB 50028—2006	条文强制	104（47）
3	《压缩天然气供应站设计规范》GB 51102—2016	条文强制	2
4	《燃气冷热电联供工程技术规范》GB 51131—2016	条文强制	6
5	《液化石油气供应工程设计规范》GB 51142—2015	条文强制	4
6	《家用燃气燃烧器具安装及验收规程》CJJ 12—2013	条文强制	4
7	《城镇燃气输配工程施工及验收规范》CJJ 33—2005	条文强制	6（1）
8	《城镇燃气设施运行、维护和抢修安全技术规程》CJJ 51—2016	条文强制	7
9	《聚乙烯燃气管道工程技术标准》CJJ 63—2018	条文强制	2
10	《城镇燃气室内工程施工与质量验收规范》CJJ 94—2009	条文强制	11
11	《城镇燃气埋地钢质管道腐蚀控制技术规程》CJJ 95—2013	条文强制	2
12	《燃气冷热电三联供工程技术规程》CJJ 145—2010	条文强制	6
合计			283（48）

《规范》的总体编制思路是：在"定量准确有依据，定性成熟有支撑"的编制原则下，强制性技术内容与推荐性技术标准进行了充分协调，保证了"原则性"在具体技术标准中都能找到定量化推荐性技术路径。同时，在做好与《城镇燃气管理条例》相衔接的基础上，引领燃气工程推荐性标准的发展，使推荐性标准对规范内容实现充分支撑。

2 规范主要内容

《规范》作为行政监管和工程建设的底线要求，将成为我国燃气工程"技术法规"体系的重要组成内容。《规范》以燃气工程为对象，以燃气工程的功能性能目标为导向，通过规定实现项目结果必须控制的强制性技术要求，力求实现保障燃气工程本质安全的最终目标。《规范》作为燃气行业现行法律法规与技术标准联系的桥梁和纽带，一方面对于《城镇燃气管理条例》等法律法规实现法律规定的技术性转化或者技术性落实；另一方面也对于今后推荐性技术标准以及团体标准、企业标准的制定，起到"技术红线"和方向引导的作用，为行业技术进步预留了发展空间。

《规范》以实现燃气工程本质安全、保证城乡居民用气连续稳定供应为目标，明确了确定用气规模的原则是统筹城乡发展、人口规模、用户需求和供气资源等条件，规定燃气供应系统应具有满足调峰供应和应急供应的供气能力储备。该规范共6章157条，分别是总则、基本规定、燃气气质、燃气厂站、管道和调压设施、燃具和用气设备。在篇章结构设计上，基于现行工程建设强制性条文，进一步对燃气工程的规模、布局、功能、性能和技术措施等进行了细化，为燃气工程设计、施工、验收过程中五方责任主体所必须遵守的"行为规范"提出了具体技术要求。

在燃气质量方面，明确了燃气发热量波动范围。现行的国家标准《天然气》GB 17820只规定了天然气的最低发热量。在具体工程实践中，天然气的热值波动较大，甚至超过10%。其结果一方面可能影响消费者的利益，同样的价格买到了较低热值的天然气。另一方面热值波动范围扩大，有可能降低灶具热效率和改变燃烧产物成分，影响清洁能源的高效利用。《规范》首次明确提出燃气的发热量波动范围为正负5%，作为强制性的技术条款将有效改变目前的状况，从而提高中国燃气供应的质量水平和技术水平。

在管道和调压设施方面，进一步明确了燃气设施的保护范围和控制范围。在现行的工程建设标准中，对燃气设施与其他建构筑物的间距有具体规定。但是由于现实情况的复杂性，这个间距要求，很难得到完全满足。在《城镇燃气管理条例》中，对燃气设施的保护控制范围提出了原则要求。《规范》根据对国内情况的充分调研，提出了燃气设施的最小保护范围和最小控制范围的具体要求。改变了燃气设施单纯靠间距保证安全的局面，对于实现燃气设施科学建设和本质安全有着积极的意义。

在输配管道压力分级方面，与国际接轨调整了压力等级划分。我国现行的工程建设标准是按照设计压力来分级的。在实际运行过程中，管道的最高运行压力往往要低于设计压力。如果按照设计压力来进行分级，可能造成管道的保护控制范围加大，从而造成建设的困难程度加大和投资的增加。按照最高运行压力来进行分级可避免这类问题的出现，同时也和国际工程规范的通行要求保持一致。

在燃具与用气设备方面，突出了提高用户燃具和用气设备本质安全，参照日本标准规定家庭用户管道应加装具有过流、欠压切断功能的安全装置，参照英国和日本标准规定用户气瓶应具可追溯性。

以下对《规范》中的一些关键指标和关键技术措施作出简要说明。

（1）《规范》第3.0.2条规定：基准气的发热量（热值）、组分及杂质含量、露点温度和接气点压力等气质参数应根据气源条件和用气需求确定。发热量（热值）变化应在基准气的发热量（热值）的±5%以内。为了保证供气系统稳定运行和燃具的正常使用，维护消费者合法利益，制定本要求。从互换性的条件分析，燃气发热量的波动可以控制在7%左右。考虑到对燃具热负荷的影响以及消费者利益的维护，本条规定燃气发热量的波动，应在所确定的基准发热量的±5%以内。为保证燃具、用气设备正常工作，提高燃具的标准化生产水平，便于用户对燃具的选用和维修，要求供应的燃气组分应相对稳定，燃气组分的波动应符合燃气互换的要求。

（2）《规范》第3.0.7条和第3.0.8条规定了燃气加臭的技术要求。由于无味的燃气泄漏时无法察觉，泄漏时极易发生危险。所以要求燃气供应企业必须对燃气加臭。臭味的强度等级国际上燃气行业一般采用Sales等级，是按嗅觉的下列浓度分级的：0级—没有臭味；0.5级—极微小的臭味（可感点的开端）；1级—弱臭味；2级—臭味一般，可由一个身体健康状况正常且嗅觉能力一般的人识别，相当于报警或安全浓度；3级—臭味强；4级—臭味非常强；5级—最强烈的臭味，是感觉的最高极限。超过这一级，嗅觉上臭味不再有增强的感觉。

"可以感知"与空气中的臭味强度和人的嗅觉能力有关，是指嗅觉能力一般的正常人，在空气—燃气混合物臭味强度达到2级时，应能察觉空气中存在燃气。警示性是指所添加的臭剂必须具有刺鼻的臭味与家庭其他气味不混淆，以增加用气的安全性。美国和欧洲等国的燃气法规，对无毒燃气（如天然气、气态液化石油气）的加臭剂用量，均规定在无毒燃气泄漏到空气中，达到爆炸下限的20%时，应能察觉。

有毒燃气一般指含有CO的可燃气体。CO对人体毒性极大，一旦泄漏到空气中，尚未达到爆炸下限20%时，人体早就中毒。因此，对有毒燃气，应按在空气中达到对人体允许的有害浓度之时应能察觉来确定加臭剂用量。含有CO的燃气泄漏到室内，室内空气中的CO浓度的增长是逐步累积的，但其增长开始时快而后逐步变缓，最后室内空气中CO浓度趋向于一个最大值X，并可用下式表示：

$$X = \frac{V \times K}{I}\%\tag{1}$$

式中　V——泄漏的燃气体积，m^3/h；

　　　K——燃气中CO的含量，%（体积分数）；

　　　I——房间的容积，m^3。

此式是在时间$t\rightarrow\infty$，自然换气次数$n=1$的条件下导出的。对应于每一个最大值X，有一个人体血液中碳氧血红蛋白浓度值，其关系见表2。

空气中不同的CO含量与血液中最大的碳氧血红蛋白浓度的关系　　表2

空气中CO含量X(%)（体积分数）	血液中最大的碳氧血红蛋白的浓度(%)	对人体影响
0.100	67	致命界限
0.050	50	严重症状
0.025	33	较重症状
0.018	25	中等症状
0.010	17	轻度症状

美国和欧洲发达国家，对有毒燃气的加臭剂用量，均规定未在空气中CO含量达到0.025%（体积分数）时，臭味强度达到2级，以便嗅觉能力一般的正常人能察觉空气中存在燃气。从表2中可以看出，采用空气中CO含量0.025%为标准，达到平衡时人体血液中碳氧血红单位最高只能达到33%，对人一般只能产生头痛、视力模糊、恶心等，不会产生严重症状。因此，可以理解为，空气中CO含量0.025%作为燃气加臭理论的"允许有害浓度"标准，在实际操作运行中，还应留有安全余量，《规范》规定采用0.02%。

（3）《规范》第4.1.2条规定：液态燃气存储总水容积大于3500m^3或气态燃气存储总容积大于200000m^3的燃气厂站应结合城镇发展，设在城市边缘或相对独立的安全地带，并应远离居住区、学校及其他人员集聚的场所。大型液化石油气供应站、压缩天然气供应站、液化天然气供应站因为规模或处理规模较大，事故影响范围较大，可能造成严重后果；规定其建设在城乡的边缘或相对独立的安全地带，远离人员密集场所，避免造成重大人员伤亡。

（4）《规范》第4.2.20条规定：进入燃气储罐区、调压室（箱）、压缩机房、计量室、瓶组气化间、阀室等可能泄漏燃气的场所，应检测可燃气体、有害气体及氧气的浓度，符合安全条件方可进入。燃气厂站应在明显位置标示应急疏散线路图。

在对燃气设施进行运行、维护和抢修作业时，操作人员经常会进入地下燃气调压室、阀门井、检查井等地下场所。在这些场所中，有可能存在可燃气体或其他有害气体，还有可能缺氧。如 O_2 浓度过低，会造成人员缺氧窒息；如 CO 或 H_2S 浓度过高，对人员的安全也会造成威胁。因此，为保证人员安全，在检测确认无危险后，方可进入作业现场。其中可燃气体浓度小于爆炸下限的20%；O_2 的浓度可参照现行国家标准《缺氧危险作业安全规程》GB 8958 中的规定：O_2 浓度大于 19.5%；CO 及 H_2S 的浓度可参照国家现行标准《工作场所有害因素职业接触限值　第1部分：化学有害因素》GBZ 2.1 中的规定：CO 浓度小于 $30mg/m^3$，H_2S 浓度小于 $10mg/m^3$。

（5）《规范》第5.1.6条～第5.1.10条规定了燃气输配管道及附属设施的保护范围和控制范围。作为市政基础设施的燃气管道设施输送的介质为易燃易爆危险品，与地上地下各类建构筑物相邻相随。在实际运行中，第三方破坏已经成为燃气设施损坏和事故的首要原因，所以必须明确燃气管道及附属设施的保护和控制范围的划定原则和最小范围。燃气管道压力和周边环境条件不同，带来的事故后果和影响也不同，保护和控制范围应综合考虑确定。本条根据国内一些省市如上海市、江苏省、广东省、浙江省、山东省、安徽省等地方燃气管理条例或地方燃气管道设施保护管理办法的相关规定来要求。最小保护和控制范围内的其他建设活动，极易引起燃气设施的损坏造成事故，必须严格控制和监管。现行的燃气工程技术规范所规定的间距要求是燃气设施施工和运行维护所要求的空间，以周边环境和其他设施作为被保护对象。《规范》的保护主体是燃气设施。

（6）《规范》第6.1.9条规定：家庭用户管道应设置当管道压力低于限定值或连接灶具管道的流量高于限定值时能够切断向灶具供气的安全装置；设置位置应根据安全装置的性能要求确定。要求设置具有欠压或过流切断等安全功能的装置，是为了通过增加安全装置控制灶具前软管泄漏造成用户使用安全事故频发的一种技术手段。燃气支管与灶具之间的连接一般采用软管，目前常用的软管包括金属软管与橡胶软管，实际使用中由于灶具的移动等造成金属软管的折裂，橡胶软管的老化、脱落，劣质橡胶软管被老鼠咬而漏气的现象在居民用户用气安全事故中所占比例非常高，而在支管与软管连接前设置具有过流切断等安全功能的装置，就可以在软管发生断裂大量漏气、流量过大的情况下迅速切断气流，有效防止更大的泄漏，控制住事故的发展。

3　国际化程度及水平对比

《规范》编制过程中研究分析了国外燃气技术法规体系和相关技术内容、要求，包括：英国《天然气法案》《家用天然气和电力（关税上限）法案》《天然气和电力法案》《石油和天然气企业法案》以及《公用事业法案》；美国《天然气法》《公共公用事业管理政策法》《天然气政策法》和《管道法》；日本《高压气体安全法》《燃气事业法》《石油及可燃性天然气资源开发法》及《液化石油气安全保障及交易合理化法》。作为市场经济国家，英国、美国和日本燃气技术法规的特点主要有以下几个方面：一是强化燃气工程本质安全的理念，注重重要燃气设施的安全制度的建设与技术实施，例如，英国燃气法案中规定：重要燃气设施要在显要位置公布联系电话、比重大的燃气设施要采用不发火花地面、一般行为人能够接触的位置要使用防静电火花的材料覆盖；二是强调家庭用户的安全技术措施，例如，日本燃气事业法中强制规定家庭用户管道必须加装避免燃气过流、超压或欠压的安全装置；三是燃气输配系统一般根据最高工作压力进行分级，例如，上述三国的燃气或天然气法律中运行管理要求均按照燃气输配系统的最高工作压力执行。

结合我国燃气工程的实际情况，《规范》充分吸收了国外技术法规的经验和理念，除对上述国外法规中的技术规定进行了引用外，还对相关内容进行了细化规定：燃气设施建设和运行维护应建立健全安全管理制度，并应符合安全生产的要求（《规范》第2.3.2条）；调压设施周围的围护结构上应设置禁止吸烟和严禁动用明火的明显标志。无人值守的调压设施应清晰地标出公众常见联系方式（《规范》第5.2.8条）；输配管道应根据最高工作压力进行分级（《规范》第5.1.1条）；家庭用户管道应设置当管道压力低于限定值或连接灶具管道的流量高于限定值时能够切断向灶具供气的安全装置；设置位置应根据安全装置的性能要求确定（《规范》第6.1.9条）；用户使用的气瓶应具有可追溯性（《规范》第4.3.12条），使用液化石油气钢瓶供气时不得加热、不得倒置、不得互相倒气（第6.1.10条）。

4　规范亮点与创新点

本次《规范》主要具有以下亮点和创新点：

一是有效支撑了上位法律法规的实施。《规范》对于现行法律法规中相对宏观的管理规定从技术层面进行了明确。例如，《城镇燃气管理条例》规定：县级以上地方人民政府燃气管理部门应当会同城乡规划等有关部门按照国家有关标准和规定划定燃气设施保护范围，并向社会公布。《城镇燃气管理条例》实施过程中，除了部分地方出台了相关管理办法外，并没有对应的工程建设标准对燃气设施保护范围进行明确规定。《规范》制定过程中，根据燃气工程的实际情况，结合地方管理办法的范围统计，对燃气管道及附属设施、独立设置的调压站或露天调压装置的最小保护范围都进行了明确的规定。再如，《中华人民共和国民用航空法》规定：在民用机场及其按照国家规定划定的净空保护区域以外，对可能影响飞行安全的高大建筑物或者设施，应当按照国家有关规定设置飞行障碍灯和标志，并使其保持正常状态。《燃气工程项目规范》结合燃气工程的具体情况，规定了超高储罐应设飞行障碍灯和标志。

二是为今后我国燃气行业的创新发展预留了充分的空间。例如，《规范》中取消了对于不同压力等级所使用管材的限制，《规范》在实施过程中，既可以采用现行国家标准《城镇燃气设计规范》GB 50028所推荐采用的管材，也可以依据《规范》所规定的燃气工程必须满足的功能、性能要求采用其他新型材料。

三是进一步拓展了适用区域和对象。城乡发展一体化已经成为我国新型城镇化的重要特征之一。为适应我国城乡建设的需要，《规范》的适用范围由"城镇"扩大到了"城乡"，适用对象由"燃气技术"扩展到了"燃气工程"。对于我国乡村建设的集中供气工程，其强制性技术要求与城镇燃气工程一致；对于我国乡村建设的分散供气工程，在满足强制性工程建设规范规定的功能、性能技术要求条件下，不对具体技术措施提出约束性规定。乡村燃气工程的行政管理，《城镇燃气管理条例》规定可参照执行，此外，2018年11月，住房城乡建设部办公厅印发了《农村管道天然气工程技术导则》（建办城函〔2018〕647号），进一步明确了农村管道天然气的技术要求和管理要求，其中相关的技术要求也与《规范》相关技术内容一致。

5　结论与展望

《规范》将为我国燃气工程建设行业监管提供重要技术依据，同时也将成为保证燃气工程"本质安全"的底线要求和实现燃气工程建设标准的基本目标要求。实施后，《规范》将在我国燃气技术标准体系中居于指导地位，并将统领燃气行业其他推荐性技术标准的制定与实施。

《规范》按照燃气工程项目的构成进行了编排，包括：燃气气质、燃气厂站、管道和调压设施以及燃具和用气设备。通过上述内容的功能、性能和"底线"技术措施要求，保证了燃气工程的建设安全和供气安全。所有内容均以燃气工程和构成燃气工程的子系统为对象，转变了原有技术标准中以技术措施为对象的规定模式。为保证规范的有效实施，现行城镇燃气相关工程建设标准也在陆续制修订，除已经发布的《液化石油气供应工程设计规范》GB 51142—2015 和《压缩天然气供应站设计规范》GB 51102—2016 外，《城镇液化天然气供应站设计标准》《城镇燃气输配工程设计标准》《城镇燃气用户工程设计标准》《城镇燃气输配工程施工与质量验收标准》和《城镇燃气用户工程施工与质量验收标准》都已结合强制性工程建设规范的内容结构相继完成了征求意见，将为强制性工程建设规范提供推荐性或可接受的技术方法。

《规范》为我国燃气行业的发展和工程建设提供了坚实的技术保障，为适应我国社会经济体制改革和标准国际化的需要，以《中华人民共和国标准化法》和《城镇燃气管理条例》为引领、以《规范》为目标、以推荐性标准为支撑的中国特色燃气技术法规与技术标准相结合的体系已经基本形成。这一体系的建立，将进一步保证我国燃气工程的"本质"安全，提升我国燃气标准的国际化水平，也将为我国燃气行业的技术创新提供更大的发展空间。

作者：刘 彬[1] 李 铮[1] 李颜强[2] 阎海鹏[2] 杜建梅[2] 陈云玉[2]（1. 住房和城乡建设部标准定额研究所；2. 中国市政工程华北设计研究院有限公司）

国家标准《民用建筑设计统一标准》

National Standard
"Uniform Standard for Design of Civil Buildings"

1 标准背景与编制思路

党的十九大报告中指出："我国社会主要矛盾已经转化为人民日益增长的美好生活需要和不平衡不充分的发展之间的矛盾。"本标准正是在当前我国主要社会矛盾改变的背景下进行修订的。

2005 年颁布的《民用建筑设计通则》GB 50352—2005 是各类民用建筑设计规范的母规范，是其他规范在编制过程中必须依据的、重要的、通用的标准。

随着国家经济技术发展和进步，人民生活水平的不断提高，对各项民用建筑工程在功能和质量上有更高、更新的要求。节能、环保、绿色等可持续发展理念的强化，使得建筑形式越来越多样化、功能复杂化、综合化，加之新材料新技术也不断涌现，而从业人员的水平参差不齐，因此在这种情况下更需要对 2005 年颁布、已经使用了十几年的《民用建筑设计通则》进行修订，以适应时代发展的需要。本次修编是通过修正、增补和细化原标准中的技术内容，提高标准的协调性和适用性，提高支撑民用建筑设计服务社会多元化发展需求和满足国家民用建筑设计基本要求的能力。

根据住房城乡建设部《关于印发 2014 年工程建设标准规范制定修订计划的通知》（建标〔2013〕169 号）的要求。在原《民用建筑设计通则》GB 50352—2005 基础上修编，并改名为《民用建筑设计统一标准》，由中国建筑标准设计研究院有限公司作为主编单位和 21 个参编单位共同承担了国家标准《民用建筑设计统一标准》的修订编制任务。2014 年 6 月 18 日，标准编制组成立并召开第一次工作会议。中国建筑标准设计研究院有限公司顾问总建筑师顾均为本标准主编。另有 42 位来自全国各地区及各大设计院的专家参编，他们均为设计一线技术负责人，具有丰富的工程经验。

本标准作为各类民用建筑设计和民用建筑设计规范编制必须遵守的共同规则，作为重要的通用标准之一，适用于新建、改建和扩建的民用建筑设计。以保障民用建筑工程使用功能和质量，确保建筑物使用中的人民生命财产安全和身体健康，维护公共利益，保护环境，促进社会的可持续发展。

本标准的编制目标来源于当代民用建筑设计发展的实际需求。当今建筑形式越来越多样、功能越来越复合，民用建筑设计不仅需要满足当前的使用需求，还需要以人为本，充分考虑人民日益增长的美好生活需要，更多地考虑长远发展需要，节约能源和资源，实现可持续发展、高质量发展。

在民用建筑工程中充分发挥建筑师主导作用，推进建筑师负责制，建筑师设计责任需要更加清晰界定。作为原规范的归口管理单位，中国建筑标准设计研究院有限公司收到了大量打官司质询的函件，比较多的话题是关于临空栏杆高度、可踏面、建筑退红线距离、相邻地块的界定问题、退线问题等问题，因此这次我们将这些关系到老百姓日常生活的细节进行规定，清晰界定设计者的责任。对建筑设计规定了最基本的要求，也是为了使设计不要太多地被规范所束缚，给建筑创作留出充足的空间，以期待丰富多彩的建筑作品出现。

根据这些需求，本标准修编包括规划控制、场地设计、建筑物设计、室内环境、建筑设备等方面，增加城市设计、地域文化、人文环境、海绵城市、既有建筑改造、人性化设施、建筑安全等相关内容。本标准的编制原则是建立最基本、公平的设计规则平台，更清晰界定设计者的责任，在"终身责任制"中给予建筑师责任的法律依据。以人为本，满足建筑的可持续发展、高质量发展，实现支撑民用建筑设计服务社会多元化发展的目标。

2 标准主要内容

本标准的主要技术内容包括：1. 总则；2. 术语；3. 基本规定；4. 规划控制；5. 场地设计；6. 建筑物设计；7. 室内环境；8. 建筑设备。

2.1 总则

本次修订第一次明确提出了建筑设计应体现地域文化、时代特色方面的要求。

在该章节中，强调建筑设计应按可持续发展战略的原则，正确处理人、建筑和环境的相互关系，以人为本，节约用地、节约能源，满足当地城乡规划的要求，采取防火、抗震、防洪、防空、抗风雪和雷击等防灾安全措施，本规范主要规定了各类民用建筑设计必须共同遵守的原则和规定。

2.2 术语

本次修订修改和增加了部分术语，重点增加了临空高度、建筑连接体等术语。

该章节规定了民用建筑设计最基本的术语，包括：民用建筑、居住建筑、公共建筑、建筑基地、道路红线、用地红线、建筑控制线、建筑密度、容积率、绿地率、日照标准、层高、室内净高、地下室、半地下室、设备层、避难层等。

2.3 基本规定

该章节第一次将建筑与环境的关系分为自然环境和人文环境，强调环境的人文特色和环境的人性化要求；第一次针对各种灾难（包括疫情）应对提出建筑防灾避难场所或设施的设置的相关要求；并且结合当前国内装配式建筑发展要求增加建筑模数方面的要求。

此外，对民用建筑按使用功能、按地上建筑高度或层数进行分类作出了规定；规定了建筑的设计使用年限，提出了建筑气候分区对建筑基本要求；规定了建筑与自然环境的关系、建筑与人文环境的关系，增加标识系统要求。

2.4 规划控制

该章节将原"4 城市规划对建筑的限定"改为"4 规划控制"，进一步与《城乡规划法》进行对接，规范和简化文字表述。第一次在建筑设计规范中增加了"城市设计"小节，引导建筑师关注城市设计层面问题；顺应城市发展，城市综合体不断出现，建筑形式复杂多样，增加"建筑连接体"小节；增加"海绵城市"，城市雨水管理的相关设计要求。

本次修订主要的内容还包括：提出了城乡规划及城市设计对建筑及其环境设计的要求，包含城市规划与镇规划，主要对应的是管控建设项目的控制性详细规划；对建筑基地的出入口、高程、相邻关系等进行了规定；对突出道路红线的建筑突出物进行了规定；对建筑连接体进行了规定；考虑节约用地，进一步明确对建筑高度、日照计算高度位置进行了规定。

2.5 场地设计

本次修订主要的内容包括对建筑布局、建筑间距等进行了规定；对建筑基地内的道路、停车场、停车场的出入口等进行了规定；对建筑基地场地设计、地面排水等进行了规定；对建筑基地内的绿化设计、工程管线布置等进行了规定。

该章节中建筑布局增加关于文物古迹和古树名木的内容；弥补了停车场设计规定的空白，新增了对室外停车场的设计规定、停车场出入口数量和出入口车道数量的规定以及出入口间距的规定，并强调绿色建筑设计理念提出了停车场绿化要求；新增了室外非机动车停车场的设计规定；结合当前绿色建筑的设计要求，增加了地下建筑顶板的绿化工程的要求；根据新颁布的《建筑设计防火规范》《城市综合管廊工程技术规范》，对"工程管线布置"涉及的室外管线部分进行了修正调整。

此外，还包括细化了基地内车流量较大的场所定义；与《住宅建筑规范》统一，增加尽端式道路设置回车场地的要求；调整道路与建筑、构筑物的最小距离的规定，增加针对性、合理性；依据《防洪标准》《城市用地竖向规划规范》《城市道路工程设计规范》《厂矿道路设计规范》《无障碍设计规范》，对"竖向"章节进行了梳理。

2.6　建筑物设计

本章节是建筑设计中需要遵守的最基本规定，对建筑物的下列内容均提出了要求：①建筑平面布置；②层高和室内净高；③地下室和半地下室；④设备层、避难层和架空层；⑤厕所、卫生间、盥洗室、浴室和母婴室；⑥台阶、坡道和栏杆；⑦楼梯；⑧电梯、自动扶梯和自动人行道；⑨墙身和变形缝；⑩门窗；⑪建筑幕墙；⑫楼地面；⑬屋面；⑭吊顶；⑮管道井、烟道和通风道；⑯室内外装修。

本次修订主要的内容是：

在"建筑物的使用人数"章节，对有固定座位等标定使用人数的建筑物和无标定人数的建筑物的使用人数的确定原则分别作出规定，并与相关规范对使用人数的规定相衔接。

为突出地下室与城市地下空间联系的重要性，将相关内容单列出，并强调两者之间联系便利和分界明确；补充地下室不得影响相邻建筑物、构筑物、市政管线等的安全的要求。

要求设备层在布局或构造措施上防止对上、下或毗邻空间产生的不利影响，达到建筑隔声要求；规定避难层避难区外布置设备用房等其他功能时，各功能区应相对独立，并满足防火、隔振、隔声等的要求。

增加了对室内公共厕所的服务半径要求；将上方不应布置有水房间的用房要求做了区分；公共场所卫生器具配置的比例作出调整；增加了对无障碍卫生间和独立的无性别厕所的设计要求；调整厕所隔间尺寸要求；第一次明确在建筑设计规范提出母婴室的相关要求，体现人性化理念；对于火车站、机场候机厅、长途客运站和购物中心等建筑物的公共卫生间，增加了宜加设婴儿台，并在厕位隔间内提供行李放置区的要求；规定了幼儿使用的卫生器具的尺寸和间距应减小，并应符合幼儿人体工程学的要求；修改小便器布置尺寸要求。

明确了临空高度栏杆设置要求；明确了可踏面的相关设计要求，清晰界定建筑师设计责任。

明确楼梯净宽度的概念；增加直跑楼梯的中间平台宽度要求；楼梯踏步最小宽度和最大高度的分类及具体规定有较大调整，取消原规范专用疏散楼梯的概念；增加竖向交通不繁忙的高层、超高层建筑楼梯的要求，以节约使用空间和合理组织楼梯；增加对每个梯段的踏步高度、宽度允许差值的规定；明确同一建筑地上、地下为不同使用功能时，楼梯踏步高度和宽度可分别执行相应规定；增加踏步防滑系数要求。

考虑空间布置灵活性，结合电梯控制技术的进步，新增电梯目的地选层控制系统的相关设计要求；从人性化和无障碍的角度出发，提出老年人及残疾人使用的建筑，其乘客电梯应设置监控系统，梯门装可视窗；新增了对扶梯出入口畅通区的要求。

考虑到墙身在不同的位置、不同的受力状态对其材料、厚度及构造做法会有重大的影响，材料的选择上提出了新的要求；增加了墙身"隔声""防渗"要求；增加了外墙外窗台防排水构造要求。

增加门窗设计的基本原则，补充了保温、隔声、采光和连接构造的要求；增加了设置纱门、纱窗的要求；新增了对凸窗防护高度的规定；对公共建筑和居住建筑外窗开窗提出相应的要求；公共建筑的门斗进深应满足无障碍设计要求。

增加幕墙设计的基本原则；新增玻璃幕墙玻璃可见光反射比要求和安装清洗装置的要求。

增加关于防滑楼地面的内容；增加常湿楼地面防水构造的具体措施；修改严寒地区底层地面外墙内侧采取保温措施的范围。

将增加了上人屋面、种植屋面、屋面排水设计等方面的内容。

第一次明确了室外、室内吊顶设计的基本原则，以及吊顶吊挂的安全构造措施要求。

新增室内外装修材料的环保要求；对既有建筑改造时，提出对原有结构进行检测及安全评估要求。

2.7 室内环境

本章节结合绿色建筑发展要求，着重强调依据相关专业规范，明确对建筑设计有影响的相关内容，提示建筑师重视，对建筑物室内的光环境、通风、热湿环境、声环境等提出了要求。

本次修订的主要内容是：

取消了原来的采光系数标准的表格，要求按《建筑采光设计标准》GB 50033—2013 执行；增加了居住建筑卧室和起居室、医疗建筑、教育建筑的采光要求；增加了照明的数量和质量指标要求；对人工照明环境也提出了要求。

增加了防潮的内容；结合《民用建筑热工设计规范》的修编，对相关条文进行了修改；新增改善室内热环境的被动节能技术的相关要求。

增加了声学设计方面的条文，使体系更完善；按照《民用建筑隔声设计规范》GB 50118—2010 的内容修订了噪声、隔声等指标参数；将原版标准中分散于各类设备章节的隔振降噪规定统一到声环境章节，并增加了相关内容。

2.8 建筑设备

本章节最重要的是基于燃气易燃、易爆特性、用户快速增长和新型建筑出现等给燃气安全供应和使用带来的一系列技术问题，专门增加"燃气"一节。第一次在建筑设计规范中明确了对燃气的有关要求，主要内容包括：区域燃气调压站（箱）、液化石油气瓶组气化站等供气设施的设置要求；燃气管道在建筑物内外和管道井的设置要求；燃具对建筑环境的要求；特别是燃具对厨房给排气的要求等。

建筑给水排水基于给水排水专业规范中与建筑专业设计有关的内容进行归纳、总结，规定了给水排水的管道敷设、设备机房布置等对建筑专业的要求。

暖通专业明确集中供暖的基本条件及其应注意的热源、管道、调节与检修、热计量、热膨胀等问题，引入"值班采暖"和"热力入口"的专业解释；增加了采用露天安装的通风机应注意的隔声隔振问题，还引入了"事故排风"概念；进一步明确选用空调冷热源、系统及运行方式的原则；增加既有建筑加装暖通空调设备的要求。

电气专业主要依据电气相关，对相关条款进行修改完善；对变电所、发电机间位置、疏散门、出入口门的设置提出要求。

3 与当前国内外同类研究、同类技术的综合比较

随着国家经济技术发展和进步，人民生活水平的不断提高，21世纪初期对各项民用建筑工程在功能和质量上有更高、更新的要求，节能、绿色理念的强化，使得建筑形式多样化综合化，新材料新技术也不断涌现。本标准作为各类民用建筑设计规范的母规范，是其他各类民用建筑设计规范在编制过程中必须依据的、重要的、通用的标准，本标准适用于所有的新建、扩建和改建的民用建筑设计，全面深入地对各类民用建筑的设计工作形成指导作用。

本标准以建筑设计工作为核心展开，对民用建筑设计的规划控制、场地设计、建筑物设计、室内环境及建筑设备等方面均提出基本要求，注重"统一"而又不能制约建筑设计，同时应关注节能、环保、无障碍、适老、绿色等相关建筑设计问题，这是本标准此次修订的难点和重点，是与其他专用标准最大的不同。

本标准的专家审查委员会对本规范评价为："编制组在广泛调查研究，参考有关地区和国际标准及措施，认真分析了有关资料及数据，总结实践经验，并在广泛征求意见的基础上编制完成了本规范，《民用建筑设计统一标准》技术内容先进、可靠、适用，可操作性强。修编结合建筑行业的发展，着重对当前民用建筑设计中基本原则与关键技术进行了深入研究，适应了时代的发展"。

4　标准创新点

4.1　遵循可持续发展战略的原则，第一次明确提出了建筑设计应体现地域文化、时代特色方面的要求

针对近几年来出现的破坏生态环境、城市尺度失衡、千城一面、各地失去地方特色、出现形形色色的建筑，强调设计要正确处理人、建筑和环境的相互关系，第一次将建筑与环境的关系分为自然环境和人文环境，强调环境的人文特色和环境的人性化要求。增加了海绵城市、被动节能技术、改善室内热环境等相关要求。

4.2　适度提高了标准，更多关注城市特色、建筑尺度、建筑防灾、建筑安全等高质量发展问题，以对社会多元化发展的需求

第一次针对各种灾难（包括疫情）应对提出防灾避难规划及场所设置的相关要求。

增加了城市设计，引导建筑师关注城市设计层面问题。

当前城市综合体的不断出现，增加了建筑连接体、地下室与城市地下空间联系等内容。

对建筑物室内的光、风、热、声等环境提出了要求；增加了声学设计方面的条文。

基于燃气易燃、易爆的特点，以及新型建筑出现等问题，增加"燃气"一节，第一次在建筑设计规范中明确了对燃气的有关要求。

4.3　强调以人为本，重点关注节能、环保、无障碍、适老、绿色等建筑问题

第一次提出母婴室的要求，增加了对室内公共厕所的服务半径要求，避免商业建筑等将卫生间设置太远、造成不便。

针对公共建筑男女厕所排队不均衡的情况，对公共卫生间男女比例作出调整；增加了对无障碍卫生间和独立的无性别厕所的设计要求。

提出老年人及残疾人使用建筑对电梯的要求。

对既有建筑改造、居住、医疗、教育等建筑提出采光要求。

4.4　更清晰界定设计者的责任，在"终身责任制"中给予建筑师责任的法律依据

本标准对"临空高度""栏杆高度""可踏面"、凸窗防护高度、楼梯净宽、净高、防滑系数等进行了清晰的法律界定，对建筑师起到保护作用。提出了"建筑连接体"等新规定，为近年来出现的城市建筑形式提供了建设依据。

对于有些上方不应布置有水房间的电气用房、卫生洁净用房等，作出了区分，减少对设计的限制。

5　应用情况

随着国家经济技术发展和进步，人民生活水平的不断提高，21世纪初期对各项民用建筑工程在功能和质量上有更高、更新的要求。在这一背景下，《民用建筑设计统一标准》与相关规范标准衔接，修正、增补和细化现行规范标准中的技术内容，对原规范的适用性进行了进一步完善：考虑建筑行业的发展，本标准与时俱进，增补新的内容，提高标准应对社会多元化发展的需求和满足国家标准的最低准入标准的需求。

这本标准作为各类民用建筑设计和民用建筑设计规范编制必须遵守的共同规则的重要通用标准之一，对保障民用建筑工程使用功能和质量，进一步确保建筑物使用中的人民生命财产的安全和身体健康，维护公共利益，促进民用建筑可持续绿色发展具有更强的支撑作用，标准实施应用后经济、社会和环境的综合效益显著，不可估量。

本标准自颁布实施以来，引起民用建筑设计领域广泛关注和讨论，在百度搜索上"民用建筑设计统一标准"关键词条达287万条相关信息。全国各地勘察设计协会、建筑学会组织专题学习、宣贯，

各大设计院、设计公司也针对本标准进行了专项学习。

本标准一经实施，立刻成为全国各项民用建筑设计工程项目的基本设计依据，也成为各地施工图审图机构重点审查内容，相关新编修编的标准规范编制工作也将本标准列为共同遵守的基本准则和重要协调内容，形成了极高的行业认可度。

从 2019 年 6 月到 12 月，编制组主要成员在北京、天津、上海、河北、河南、山东、山西、陕西、四川、福建、广东、江苏、浙江、江西、广西、云南、甘肃、内蒙古、新疆等省、自治区、直辖市的 20 多个城市进行专场宣贯数十场。每次宣贯的参与人数都在 200 人以上，接受宣贯的总人数超过 6000 人。其中均由各地勘察设计协会、建筑学会组织，多数作为当地建筑师再教育的课程，参与听课的主要为各地主要设计单位和审图单位的建筑师。宣贯反响非常热烈。

《民用建筑设计统一标准》GB 50352—2019 由中国建筑工业出版社于 2019 年 4 月首次印刷出版，截至 2020 年 7 月 1 日，总计重印 5 次，共计 16 万册，对我国民用建筑设计产生深远而广泛的影响。

作者： 顾　均　杜志杰　张建斌（中国建筑标准设计研究院有限公司）

国家标准《钢结构加固设计标准》

National Standard
"Standard for Design of Strengthening Steel Structure"

1 标准背景与编制思路

目前，我国建筑业正处在向绿色建筑和建筑产业现代化发展转型的全面提升过程的关键阶段，而钢结构以其资源可回收利用、更加生态环保、施工周期短、抗震性能好等众多优势，在我国绿色建筑的产业现代化提速进程中扮演了重要角色。钢结构不仅在工业建筑、大型公共建筑以及各类重要土木工程中得到了广泛的应用，而且钢结构住宅也迎来了新的发展契机及更广阔的市场空间。

据有关部门粗略统计，现存的钢结构建筑面积已超过 4 亿 m²。钢结构的诸多优势不仅得到全社会的广泛重视和认同，而且也越来越使这类结构体系在工程建设领域中占据日益重要的地位。然而，需要引起关注的是，国内至少有 4000 万 m² 以上的钢结构需要通过加固、改造或扩建，才能满足正常使用的要求。在此背景和形势下，钢结构建筑物的修缮、加固与改造的需求也与日俱增，并产生了对相关标准制订的迫切感。同时，在当时鉴定与加固领域的国家标准体系中，仍缺少关于钢结构加固的国家标准。有鉴于此，住房城乡建设部及时下达了制订国家标准《钢结构加固设计标准》的任务，以应对当前工程实践之急需。

标准编制组在认真整理近 20 年来管理中国工程建设协会标准《钢结构加固技术规范》CECS 77：96 过程中所收到的反馈信息的基础上，通过全国各地的调查、关键问题和参数的专项研究、疑难问题的专家论证等形式，对各加固方法重要参数、梁柱节点和栓焊并用连接的承载性能、结构加固用胶安全性检测与鉴定、抗震设防区锚栓技术的应用等问题进行了系统研究，并总结了不同加固工程的实践经验和事故教训。在以上的工作基础上，编制完成了适用于工业与民用建筑和一般构筑物钢结构构件加固设计的《钢结构加固设计标准》。作为钢结构加固设计通用的国家标准，《钢结构加固设计标准》主要针对为保障安全、质量、卫生、环保和维护公共利益所必须达到的最低指标和要求，作出统一的规定。至于更高质量要求和更能满足社会生产、生活需求的标准，则应由其他层次的标准，如专业性强的行业标准、以新技术应用为主的推荐性标准等，在国家标准基础上进行充实和提高。

2 标准主要内容

《钢结构加固设计标准》主要技术内容共有 12 章，包括总则、术语和符号、基本规定、材料、改变结构体系加固法、增大截面加固法、粘贴钢板加固法、外包钢筋混凝土加固法、钢管构件内填混凝土加固法、预应力加固法、连接与节点的加固、钢结构局部缺陷和损伤的修缮等。共纳入了 6 种加固方法和 5 种配合使用的修复、修补技术，并在标准中形成了以下关键指标和关键技术措施。

2.1 钢结构粘钢加固后的设计使用年限及其耐久性

本标准征求意见稿从既有钢结构建筑粘钢加固的使用情况出发，参照欧美有关标准的相关规定，作出了以 30 年为宜的规定，而反馈意见认为，这样处理不符合现实的国情。因为国内有很多新建工程也存在着必须立即加固的问题；并且从业主的角度出发，也要求加固后的结构仍然能够拥有至少50 年的设计使用年限。这对使用室温固化的普通结构胶加固的工程而言，有较大的难度。因为按国际上的共识，若要求有 50 年的使用期，就必须采用耐久性更好的结构胶。按照国际惯例，如果要求结构胶能在正常的加固环境中安全工作 50 年，就必须以著名的 Findley 理论为依据，进行不少于 5000h 的长期剪应力作用下的胶缝低蠕变检验。当测得的蠕变变形值不大于 0.4mm 时，方可认定该种结构胶可以用于设计使用年限为 50 年的结构加固工程上。据此，经验证后，在本标准送审稿中作出了应通过该项检验的规定。但这一规定有可能影响结构胶的韧性和抗剥离性。因此，还有必要进一步解决好这个矛盾。编制组注意到国内外专家在处理这一矛盾问题上的一致见解，即：应以满足结构粘结抗剪强度和抗蠕变能力的安全性为前提，采取技术手段尽可能地提高结构胶的韧性和抗剥离性。依据这一原则，编制组以各种配方大量试验数据的统计分析为依据，评估了各项性能指标的高低对结构胶韧性和抗剥离性变化所起的作用，以及对工程使用影响的敏感性。最终，制订出了钢结构加固用胶各方面性能在安全使用要求上均可接受的评定标准。

2.2 负荷状态下钢构件焊接加固

为保证负荷状态下钢构件焊接加固的安全，应根据原构件的使用条件，控制其最大名义应力 σ_{omax} 与屈服强度（或屈服点）f_y 的比值不超过相应规范的规定值。《钢结构加固技术规范》CECS 77：96 和《钢结构检测评定及加固规范》YB 9257—96 均分别给出了该限值。但多年来执行所反馈的信息表明：《钢结构加固技术规范》CECS 77：96 对承受静载和间接动载的取值偏严；而《钢结构检测评定及加固规范》YB 9257—96 对间接承受动载的取值偏松，但对承受静载的 IV 类取值较为合理。据此，编制组通过验证性试验和分析结果认为，可将 III 类和 IV 类结构的应力比限值分别从 0.55 调为 0.65 和 0.80。

2.3 焊接加固高强螺栓连接

在迄今为止的国内外相关规范、标准和指南中，对采用焊接加固原高强度螺栓连接的计算中，均不考虑高强度螺栓的共同工作。此次制订本标准，清华大学会同有关参编单位通过大量的验证性试验，不仅证明了两者可以共同工作，而且还给出了共同工作的范围和条件（详见《工业建筑》2013，43（3）108～112："钢结构高强度螺栓与侧焊缝并用连接建议设计方法"一文）。在此基础上编制组决定将该成果纳入本标准，编写了"栓焊并用的连接加固"一节，并具体给出了栓焊并用连接受剪承载力的分配比例及设计对施工要求的条文。

2.4 型钢构件外包钢筋混凝土加固对二次受力影响的考量

为了使需要大幅度提高承载能力的型钢构件加固有可靠的方法，本标准纳入了外包钢筋混凝土的加固法。这从传统的劲性混凝土结构来看，的确是一种可靠的结构形式，但对加固工程而言，则存在着二次受力和施工的影响问题。为此，本标准一方面依据二次受力的试验数据，引入了新增钢筋混凝土的强度修正系数来考虑；另一方面在型钢与混凝土界面的传力构造上，引入了以栓钉作为抗剪连接件。在此基础上，参照现行行业标准《钢骨混凝土结构技术规程》的规定，给出了压弯和偏压构件的正截面承载力验算公式，并依据现行国家标准《混凝土结构设计规范》GB 50010（2015 版）的规定，给出了考虑二阶弯矩对轴向压力偏心距影响的偏心距增大系数 η_{ns}。经试算表明，本标准规定的计算方法及其参数的取值均较为稳健，兼之本标准所采用的是叠加原理，并未要求钢构件与混凝土共同作用，而实际存在的共同作用效应，则仅作为隐含的安全储备。

2.5 钢管构件内填混凝土加固法对二次受力影响的考量

本标准编制组在制订钢管构件内填混凝土加固法时，考虑到钢管混凝土结构在实际工程应用中，为了加快其施工速度，一般均是先架设空钢管而后内浇混凝土，故在钢管与混凝土共同受力前，钢管便已存在内应力。这与既有钢管构件内填混凝土加固的受力情况有相似之处，只是内应力的大小及作用的时间不同而已。因此设想：只要通过试验研究给出考虑二次受力和二次施工影响的承载力折减系数，便可按《钢管混凝土结构技术规范》GB 50936 的规定进行加固设计计算。基于这一概念，编制组采用了武汉大学和福州大学等参编单位通过试验研究所取得的轴压承载力修正系数为 0.75，经利用哈尔滨工业大学数据验证后，建立了本标准的设计计算方法，从而收到了简单而可行的效果。

2.6　胶粘钢板加固法的若干技术措施

本标准为了充实非焊接的加固方法,使之能应用于不允许焊接的场合,新增了胶粘钢板加固钢构件的方法。该方法在钢结构加固领域中已有过不少试用成功的实例。因此,在总结这些试用经验的基础上,提出了下列 4 项技术措施以保证安全:

(1)对大尺寸钢构件的现场表面糙化处理,建议采用高压水射流技术进行现场喷砂处理,而且宜采用可回收磨料的真空或吸入式磨料喷射方法;若无需回收磨料,可采用离心磨料喷射方法。

(2)对钢结构加固用胶,给出了应具有低蠕变性能和抗剥离性能的要求;同时,规定结构胶进场时,必须通过见证取样复检后方可使用。

(3)粘钢的端部应采用可靠的机械锚固措施和缓解应力集中的措施。

(4)应采取有效的防锈蚀措施,以防止钢材粘合面发生锈蚀而导致粘钢加固失效。

3　国际化程度及水平对比

在标准审查会上,审查委员会认为,标准编制组较全面地总结了我国近年来钢结构加固工程研究成果和工程实践经验,借鉴了国内外先进技术并开展了相关专题研究。标准主要技术指标设置合理,满足工程建设需要,操作适用性强,无重大遗留问题,总体上达到国际先进水平。现就以下方面,阐述本标准借鉴发达国家技术法规及标准的相关情况:

3.1　防止使用胶粘剂或聚合物的加固部分意外失效的措施

使用胶粘剂或其他聚合物的结构加固部分易在火灾或人为破坏等意外情况下失效,为防止由此导致的建筑物坍塌,国外有关的设计规程和指南,如 ACI 440 2R,要求设计者对原结构、构件提供附加的安全保护,一般要求原结构、构件必须具有一定的承载能力,以便在结构加固部分意外失效时能继续承受永久荷载和少量可变荷载的作用。

为保证结构安全,规范编制组引进国外先进技术进行再创新,在参照国外规定的基础上结合国内设计经验,对使用胶粘剂或掺有聚合物的加固方法进行了限制,并规定了当可变荷载(不含地震作用)标准值与永久荷载标准值之比值不大于 1 时,n 取 1.2;当该比值等于或大于 2 时,n 取 1.5;其间按线性内插法确定。

3.2　钢构件表面糙化方法的选用

粘贴钢板加固钢结构构件时,加固钢结构构件表面宜采用喷砂方法处理。钢结构构件的表面处理方法对粘钢的粘结强度有显著影响。根据 ISO 有关标准推荐,在保证结构胶粘剂性能和质量的前提下,对碳钢而言,喷砂是钢构件表面糙化处理的首选方法,它可以保证钢板与原加固构件表面的粘合更牢固。

3.3　抗震锚栓的选用

我国是地震多发国家之一,为此,编制组组织研究了抗震设防区锚栓技术的应用问题。在此基础上,筛选出了 4 种较为安全可靠的锚栓纳入规范,并参照 ACI 318 等有关标准,验证了锚栓承载力主要参数并给出了构造要求,为锚栓用于钢结构加固的验算提供了可靠的依据。

4　规范亮点与创新点

4.1　栓焊并用连接加固

4.1.1　《钢结构加固技术规范》CECS 77:96 对栓焊并用连接的规定

栓焊并用连接节点在我国规范中出现,最早见于《钢结构加固技术规范》CECS 77:96。该规范中对于栓焊并用连接用于加固中做了如下规定:用焊缝连接加固螺栓或铆钉连接时,应按焊缝承受全部作用力设计计算其连接,不考虑焊缝与原有连接件的共同工作且不宜拆除原有连接件。显然这是非常保守的,造成栓焊并用连接节点应用于加固时承载力的浪费,因此,这一规定极大限制了栓焊并用连接在加固工程中的应用。

4.1.2 《钢结构高强度螺栓连接技术规程》JGJ 82—2011 规定的栓焊并用连接计算方法

《钢结构高强度螺栓连接技术规程》JGJ 82—2011 提出了栓焊并用的连接形式，并提出了构造要求和承载力计算方法。栓焊并用连接的施工顺序宜为先高强度螺栓紧固，后实施焊接，焊缝形式应为贴角焊缝。高强度螺栓直径和焊缝尺寸应按栓焊各自承受承载力设计值相差不超过 3 倍的要求进行匹配。

当栓焊并用连接应用在加固改造设计时，摩擦型高强度螺栓连接和角焊缝焊接连接应分别承担加固焊接补强前的荷载和加固焊接补强后所增加的荷载。承压型高强度螺栓连接不应与焊接并用连接；摩擦型高强度螺栓连接不应与垂直应力方向的贴角焊缝（端焊缝）单独并用连接。

《钢结构高强度螺栓连接技术规程》JGJ 82—2011 中对于栓焊并用连接提出的构造要求是比较合理的，但对于螺栓和焊缝两者的强度匹配关系并没有提出要求。在数位学者的试验或有限元分析中，均认为并用连接中螺栓和焊缝存在强度的匹配关系，两者强度相近时，承载力都能够基本发挥，并用连接的工作性能最好；如果两者的强度相差较大，其共同工作的能力会受到较大的影响。同时，两者强度的差异也会影响各自工作效率的发挥。《钢结构高强度螺栓连接技术规程》JGJ 82—2011 没有区分螺栓和焊缝在不同强度比值下各自作用效率发挥的差别，只给出了一组设计公式，该做法是有待商榷的。

4.1.3 《钢结构加固设计标准》GB 51367—2019 中栓焊并用连接的规定

对于摩擦型高强度螺栓与焊缝并用的连接，当其连接的承载力比值在 0.5～3.0 范围内时，可按共同工作的假定进行加固计算；当其连接的承载力比值在 0.5～3.0 范围外时，荷载应由摩擦型高强度螺栓与焊缝中承载力大的连接承担，不考虑承载力小的连接的作用。并在规范中区分了摩擦型高强度螺栓和焊缝连接的承载力比值不同时，栓焊并用连接的受剪承载力的计算公式。

本标准根据栓焊强度比在不同范围的取值，提出了摩擦型高强度螺栓和焊缝并用连接的承载力计算公式，具有较好的实用性和可靠性。

4.2 钢管内填混凝土加固

钢管混凝土柱在实际工程应用中应首先安装钢管形成稳定结构体系，再进行混凝土的灌注，此时，钢管已存在一定的初应力。而在用内填混凝土法加固钢管时，钢管早期存在的初应力甚至可能接近极限承载状态。因此，钢管承受的初应力对钢管混凝土承载性能的影响不可忽视。

国内现行《钢管混凝土结构技术规范》GB 50936—2014 和《钢管混凝土结构设计规程》CECS 28：2012 中的承载力计算公式均没有考虑初应力的影响。虽然在施工阶段考虑了钢管初应力的存在，但只是对钢管初应力的大小进行了限定。这些规定虽然在施工层面较好地解决了钢管初应力问题，但是对于内填法钢结构加固却不适用。

本标准编制组在制订钢管构件内填混凝土加固法时，考虑到钢管混凝土结构与既有钢管构件内填混凝土加固的受力情况有相似之处，只是内应力的大小及作用的时间不同而已。因此，通过高校的试验研究和验证性试验给出了考虑二次受力和二次施工影响的承载力折减系数，然后按《钢管混凝土结构技术规范》GB 50936 的规定进行加固设计计算。

5 有待进一步解决的问题

随着我国钢结构在工业和民用建筑中的广泛应用，由于设计、施工和使用管理不当，材料质量不符合要求，使用功能改变，遭受灾害损坏以及耐久性不足等原因，迫切需要对钢结构进行加固设计。在本标准实施后，将为我国众多钢结构加固工程的设计提供依据，对提升工业与民用建筑的安全性、建设资源节约型和环境友好型社会具有重要意义。此外，本标准的实施也进一步完善了我国鉴定与加固领域的标准体系。

本标准尚遗留部分问题有待进一步解决。根据本标准申请立项过程中所做的调研工作，相关企业单位一致建议将碳纤维复合材纳入本标准，以使这种轻质高强而又耐腐蚀的材料能在钢结构加固领域得到推广应用。为此，考虑到工程建设标准化原则，即：对新材料在承重结构中的使用应持积极、慎重态度的原则，编制组采取了系列措施：①规定这种方法仅适用于钢结构受弯、受拉实腹式构件的加固；②为保障碳纤维受力的均匀性，规定选材时应采用Ⅰ级纤维材料；降低其性能的变异系数；③引入碳纤维复合材强度利用系数，以考虑二次受力和施工的影响；④限制加固后承载力的提高幅度：对抗弯和抗剪分别不大于 40％和 30％；⑤在构造上给出抗剥离的锚固措施和减缓应力集中的相关措施。然而，审查会议研究认为，碳纤维材料虽具有高强度性能，但在钢结构受弯构件和受拉构件中应用，其所能发挥的强度水平仅等同于钢构件本身强度，亦即只能发挥其强度的 10％～15％；技术经济效果很差。因此，不宜在钢结构加固工程中推荐使用。至于这种新材料作为围束加固和疲劳加固，虽然效果很好，但由于编制组的系统试验研究工作尚未完成，也只能在下次修订时予以考虑。

标准的制修订是一个长期、反复的过程，该过程需要坚持科学性，认真总结经验，采用新的科技成果，注意借鉴国外先进标准。在各位同行的不懈努力和长期坚持下，《钢结构加固设计标准》必将日臻完善。

作者：黎红兵（四川省建筑科学研究院有限公司）

国家标准《建筑节能工程施工质量验收标准》

National Standard
"Standard for Acceptance of Energy Efficient Building Construction"

1 标准背景与编制思路

建筑领域作为工业、交通和建筑这三大用能领域之一,碳排放约占总碳排放量的40%,是实现碳达峰和碳中和的关键领域之一。

2020年末我国常住人口城镇化率超过60%[❶],预计到2030年,我国城镇化率将提高到70%,2050年将达到80%左右[❷]。随着我国城镇化进程的推进和人民群众生活水平的提升,我国建筑总量和碳排放量在未来十年仍将持续增长,能源和环境矛盾将日益突出,对我国实现建筑领域碳中和目标提出了更高要求。

推进建筑节能和绿色建筑发展,是落实国家能源生产和消费革命战略的客观要求,是加快生态文明建设、走新型城镇化道路的重要体现,是推进节能减排和应对气候变化的有效手段,是创新驱动增强经济发展新动能的着力点,是全面建成小康社会,增加人民群众获得感的重要内容,对于建设节能低碳、绿色生态、集约高效的建筑用能体系,推动住房城乡建设领域供给侧结构性改革,实现绿色发展具有重要的现实意义和深远的战略意义。

自20世纪80年代,住房城乡建设部就已经开始了建筑节能标准化的工作。围绕建筑节能,住房城乡建设部组织制定并发布实施了一大批针对建筑节能工程设计、检验、供暖通风与空调设计以及建筑照明的标准规范,基本涵盖了建筑节能的各个方面,强化了对建筑节能的技术要求,对指导建筑节能活动发挥了重要作用。

施工验收标准是建筑节能标准体系中的重要环节,我国由于建筑工程量大、工期短、机械化水平低等原因,建筑工程施工验收对建筑工程质量影响较大,需要严格控制。为落实节能设计标准确定的措施,保证建筑节能工程的施工质量,住房城乡建设部组织中国建筑科学研究院等30多个单位的专家,由宋波作为第一起草人编制了《建筑节能工程施工质量验收规范》GB 50411—2007。标准的发布和实施,对建筑节能材料设备的应用、建筑节能工程施工过程的控制和加强建筑节能工程的施工质量管理,提高建筑工程节能技术水平具有重要意义。本标准2007版颁布实施后,在全国各地建设项目中,施工阶段执行节能标准的比例逐年提升,2005年该比例为24%,2008年为82%,2009年为90%,2012年达到100%。由此可见,政府抓得紧、抓得实,标准的制定给政府提供了抓手、工具、尺子,推动和促进了节能工程质量的提高。

2010年,住房城乡建设部组织中国建筑科学研究院有限公司等37个单位的多名专家组成编制组,继续由宋波作为第一起草人,经过广泛调查研究,认真总结实践经验,结合建筑节能工程的设计、施工、验收和运行管理方面的技术发展实际,以及可再生能源建筑应用等新的建筑节能工程需求,参考有关国际标准和国外先进标准,编制完成了《建筑节能工程施工质量验收标准》GB 50411—2019。

---

❶ 2020年国民经济和社会发展统计公报。
❷ 潘家华,单菁菁. 城市蓝皮书:中国城市发展报告No.12[M]. 北京:社会科学文献出版社,2019。

2019 版标准是以实现功能和性能要求为基础、以过程控制为主、以现场检验为辅，对近年来我国在建筑工程中的节能工程的设计、施工、验收和运行管理方面的实践经验和研究成果进行了总结。总体上达到了国际先进水平，起到了对建筑节能工程质量控制和验收的作用，对提升建筑能效和建筑可再生能源利用率，推进建筑节能目标的实现将发挥重要作用。

2 标准主要内容

2.1 主要内容

本标准依据国家现行法律法规和相关标准，总结了近年来我国建筑工程中节能工程的设计、施工、验收和运行管理方面的实践经验和研究成果，借鉴了国际先进经验和做法，充分考虑了我国现阶段建筑节能工程的实际情况，突出了验收中的基本要求和重点，是一部涉及多专业，以达到建筑节能要求为目标的施工验收标准。

本标准共分 18 章和 8 个附录。主要内容有：总则、术语、基本规定、墙体节能工程、幕墙节能工程、门窗节能工程、屋面节能工程、地面节能工程、供暖节能工程、通风与空调节能工程、空调与供暖系统冷热源及管网节能工程、配电与照明节能工程、监测与控制节能工程、地源热泵换热系统节能工程、太阳能光热系统节能工程、太阳能光伏节能工程、建筑节能工程现场检验、建筑节能分部工程质量验收。

对原标准进行了补充和完善：

（1）增加了 3 章：

1）地源热泵换热系统节能工程；

2）太阳能光热系统节能工程；

3）太阳能光伏节能工程。

（2）增加了 4 个试验方法：

1）保温材料粘面积比剥离检验方法；

2）保温板材与基层的拉伸粘结强度现场拉拔试验方法；

3）保温浆料导热系数、干密度、抗压强度同条件养护试验方法；

4）中空玻璃密封性能检验方法。

（3）增加了以下内容：

1）管理方面：节能认证的产品；门窗节能标识；

2）检验方面：引入了"检验批最小抽样数"、一般项目"一次、二次抽样判定"；

3）技术内容方面：功能屋面；保温材料燃烧性能；外墙外保温防火隔离带；照明光源、灯具及其附属装置；地源热泵地埋管换热系统岩土热响应试验。

2.2 编制的指导思想

原则——技术先进、经济合理、安全适用和可操作性强；

一推——在建筑工程中推广装配化、工业化生产的产品、限制落后技术；

两少——复验数量要少，现场实体检验要少；

三合——由设计、施工、验收三个环节闭合控制节能质量；

四抓——抓设计文件执行力、抓进场材料设备质量、抓施工过程质量控制、抓系统调试与运行检测。

2.3 关键指标和关键技术措施说明

（1）建筑节能工程使用的材料进场时，涉及墙体，幕墙（含采光顶），外门窗（天窗），屋面，地面，散热器及保温材料，风机盘营机组和绝热材料，冷热源及管网节能工程的预制绝热管道、绝热材料，照明光源、灯具及其附属装置，电缆、电线，太阳能光热系统集热设备、保温材料等材料进场时，要对其导热系数、燃烧性能、拉伸粘结强度、可见光透射比、电阻值等相关性能参数进行进场复验，复验应为见证取样送检。

上述规定分别在标准的第 4.2.2、5.2.2、6.2.2、7.2.2、8.2.2、9.2.2、10.2.2、11.2.2、12.2.2、12.2.3、15.2.2 条以强制性条文的形式进行规定，并在附录 A 给出建筑节能工程进场材料和设备复验项目列表。

"进场复验"是为了确保重要材料的质量符合要求而采取的一种"特殊"措施。本来，各种进场材料有质量证明文件证明其质量，不应再出现问题。然而在目前我国建材市场尚不完善的实际情况下，仅凭质量证明文件有时并不可靠，有些材料的检验报告不真实甚至冒名顶替，难以确保重要材料的质量真正符合要求，在国务院《建设工程质量管理条例》和住房城乡建设部有关文件中，均规定了材料进场复验的措施。进场复验主要针对的是影响到结构安全、消防、环境保护等重要功能的材料，由于建筑节能的重要性，故也采取了进场复验措施。

进场复验能提高材料质量的可靠性，但是将增加成本，因此进场复验的原则是控制数量，管住质量，即在能够确保材料质量的情况下，应尽可能减少复验的项目和参数。所以本条所确定的复验项目和参数即是在权衡两者之后，针对重要材料涉及安全和节能效果的主要性能确定的。

复验应为见证取样检验。为保证试件能代表母体的质量状况和取样的真实，制止出具只对试件（来样）负责的检测报告，保证建设工程质量检测工作的科学性、公正性和准确性，以确保建设工程质量，在建设工程质量检测中实行见证取样和送检制度，即在建设单位或监理单位人员见证下，由施工人员在现场取样，送至试验室进行试验。见证人员和取样人员对试样的代表性和真实性负责。见证取样可以有效发挥监理和建设方的作用，防止弄虚作假。对于不合格或未按规范检测的材料或构件，不得用于现场施工。

检查数量上，考虑到同一个工程项目可能包括多个单位工程的情况，为了合理、适当降低检验成本，规定同工程项目、同施工单位且同时施工的多个单位工程（群体建筑），可合并计算抽检数量。同时，按照本标准第 3.2.3 条的规定，当获得建筑节能产品认证、具有节能标识或连续三次见证取样检验均一次检验合格时，其检验批的容量可以扩大一倍。

对于复验的检查主要包括以下三个方面：一是复验的数量是否符合检查数量的要求；二是复验报告是否符合要求，包括检测机构是否有相应的见证试验资质，复验报告上是否加盖有见证试验章，报告中的检测项目和参数是否与要求的相符，检测项目是否按照相关产品标准和检测方法进行，复验的性能指标是否合格，检测结果与质量证明文件是否存在矛盾，复验报告的日期、签字、印章等是否符合要求等；三是填写的见证试验汇总表是否与复验报告结果一致，不合格结果的处理是否符合规定。

（2）外墙外保温工程应采用预制构件、定型产品或成套技术，并应由同一供应商提供配套的组成材料和型式检验报告。型式检验报告中应包括耐候性和抗风压性能检验项目以及配套组成材料的名称、生产单位、规格型号及主要性能参数。

本标准 4.2.3 条以强制性条文要求墙体节能工程中采用外墙外保温技术时应采用预制构件、定型产品或成套技术。外墙外保温技术从 20 世纪末进入中国以后，得到了迅速发展，涌现出了多种做法，应用也越来越广，目前在北方供暖区外保温已成为外墙保温的主要形式。由于外墙外保温固定在外墙外表面，其使用条件较为恶劣，对于外保温来说虽然做法不一，要求各异，但质量要求是一致的，可以用十六个字加以概括："连接安全、保温可靠、防水透气、使用耐久"。预制构件、定型产品或成套技术在《外墙外保温工程技术规程》JGJ 144 中也被称为外墙外保温系统，外保温系统一般由系统供应商通过试验验证保证材料相互间的匹配，并通过耐候性等系统的耐久性检测和工程试点，以确保外保温的长期正常使用。在以往的外墙外保温工程中，曾经发生施工单位为降低成本而随意选择厂家甚至自行采购不同厂家的外保温材料自行搭配施工的情况，虽然可能所采购的都是合格的材料，但由于材料中各组分品种、含量等不尽相同，相互之间不一定能各取所长甚至还彼此影响，亦即好的材料并不一定能配成好的系统，工程的安全性、耐久性和节能效果在短期内更是难以判断，这也就是为什么这些工程在施工后容易发生饰面开裂甚至保温材料脱落等质量问题的原因。因此本标准提出应由同一供应商提供配套的组成材料。

本标准还要求供应商同时提供包括耐候性和抗风压性能检验项目在内的型式检验报告，是为了进一步确保节能工程的安全性和耐久性。外保温工程至少应在 25 年内保持完好，这就要求它能够经受住周期性热湿和热冷气候条件的长期作用。耐候性试验模拟夏季墙面经高温日晒后突降暴雨和冬季昼夜温度的反复作用，是对大尺寸的外保温墙体进行的加速气候老化试验，是检验和评价外保温系统质量的最重要的试验项目。耐候性试验与实际工程有着很好的相关性，能很好地反映实际外保温工程的耐候性能。通过该试验，不仅可检验外保温系统的长期耐候性能，而且还可对设计、施工和材料性能进行综合检验。如果材料质量不符合要求，设计不合理或施工质量不好，都不可能经受住这样的考验。

（3）对围护结构、设备性能提出现场检验要求。

本标准第 17 章要求对围护结构的外墙节能构造和外窗气密性能进行现场实体检验，对供暖、通风与空调、配电与照明节能工程的设备系统节能性能进行现场检验。

对于建筑节能工程的验收来说，其目的在于加强建筑节能工程的施工质量，提高建筑工程节能效果，实质在于使建筑节能工程建立过程控制为主，现场检验为辅的全过程闭合式管理。这种现场检测是在过程质量控制的基础上，对重要项目进行的验证性检查，是强化施工质量验收的重要措施。对已完工的工程进行实体检验，是验证工程质量的有效手段之一。通常只有对涉及安全或重要功能的部位采取这种方法验证。

围护结构对于建筑节能意义重大，虽然在施工过程中采取了多种质量控制手段，但是其节能效果到底如何仍难确认。建筑物的外墙和外窗是影响围护结构节能效果的两大关键因素，在严寒和寒冷地区外窗的空气渗透热损失和外墙的传热热损失甚至占到了建筑物能耗全部损失的 50%，因此本标准规定了建筑围护结构现场实体检验项目为外墙节能构造和部分地区的外窗气密性。建筑外墙节能构造的现场实体检验应包括墙体保温材料的种类、保温层厚度和保温构造做法，并在附录 F 给出了外墙节能构造钻芯检验方法，见图 1。

外窗气密性的实体检验是指对已经完成安装的外窗在其使用位置进行的测试，其目的是抽样验证建筑外窗气密性是否符合节能设计要求和国家有关标准的规定。这项检验实际上是在进场验收合格的基础上，检验外窗的安装（含组装）质量，可以有效防止检验窗合格、工程用窗不合格的情况。检验方法按照《建筑外窗气密、水密、抗风压性能现场检测方法》JG/T 211 等国家现行有关标准执行。适用范围主要包括严寒、寒冷地区建筑，有集中供暖或供冷的建筑以及夏热冬冷地区高度大于或等于 24m 的建筑，严寒和寒冷地区的建筑由于冬季供暖外窗气密性的重要性不言而喻；集中供暖或空调

图 1　外墙节能构造现场实体检验

的建筑，其门窗的气密性对供暖和制冷能耗均有较大影响；夏热冬冷地区高层建筑风压较大，门窗的空气渗透会比较大，所以气密性也有较高要求。

供暖、通风与空调、配电与照明节能工程的设备系统现场检验的节能性能包括室内平均温度，通风、空调（包括新风）系统的风量，各风口的风量，风道系统单位风量耗功率，空调机组的水流量，空调系统冷水、热水、冷却水的循环流量，室外供暖管网水力平衡度，室外供暖管网热损失率，照度

与照明功率密度。各检测项目的允许偏差或规定值，取之于《居住建筑节能检验标准》JGJ/T 132 和《通风与空调工程施工质量验收规范》GB 50243 等国家现行有关标准和规范。为了保证工程的节能效果，对于表 17.2.2 中所规定的某个检测项目如果在工程竣工验收时可能会因受某种条件的限制（如供暖工程不在供暖期竣工或竣工时热源和室外管网工程还没有安装完毕等）而不能进行时，那么施工单位与建设单位应事先在工程（保修）合同中对该检测项目作出延期补做试运转及调试的约定。

（4）增加地源热泵换热系统、太阳能光热、太阳能光伏系统等可再生能源节能工程要求。

自 2006 年《可再生能源法》颁布实施以来，国家大力推动可再生能源利用，制定了《可再生能源中长期发展规划》《可再生能源发展"十一五"规划》等发展规划，出台了一系列扶持政策，开展了大量试点示范。2011 年，财政部、住房城乡建设部印发《关于进一步推进可再生能源建筑应用的通知》（财建〔2011〕61 号），提出切实提高太阳能、浅层地能、生物质能等可再生能源在建筑用能中的比重。《建筑节能与绿色建筑发展"十三五"规划》提出"到 2020 年，城镇可再生能源替代民用建筑常规能源消耗比重超过 6%"，深入推进可再生能源建筑应用，扩大可再生能源建筑应用规模，提升可再生能源建筑应用质量。本标准针对地源热泵换热系统、太阳能光热、太阳能光伏系统节能工程的施工质量验收提出了具体要求。

地源热泵换热系统主要对地源热泵换热系统节能工程的管材、管件、水泵、自控阀门、仪表、绝热材料等产品的进场验收提出了要求；对地源热泵地埋管换热系统设计前应进行岩土热响应试验做了规定；对地埋管换热系统的管道连接及安装要求作出了规定；对地下水换热系统、地表水换热系统的施工要求作出了规定；对地源热泵系统整体运转及验收作出了明确规定。

太阳能光热系统对集热设备、贮热设备、循环设备、供水设备、辅助热源、保温等节能工程施工质量的验收作出了规定。辅助能源加热设备为电加热器时，有人身安全问题，因此 15.2.6 条对接地保护和防漏电、防干烧保护装置等的要求进行了强制性规定。

太阳能光伏系统对光伏组件、汇流箱、逆变器、储能蓄电池及相关控制和保护系统等节能工程施工质量的验收作出了规定。太阳能光伏系统的电气保护关乎系统的运行安全，极性、标称功率和电能质量影响着光伏系统的使用，因此第 16.2.3 条对这些内容要求进行调试。光伏组件是太阳能光热系统的重要组成部分，直接影响着系统的太阳能利用效率，市场上光伏组件厂家众多，产品质量参差不齐，因此，为保证光伏组件的性能，第 16.2.4 条对光伏组件光电转换效率进行了规定。

（5）提出建筑节能分部工程质量验收合格要求。

本标准 18.0.5 条提出建筑节能分部工程质量验收合格的强制性要求。给出了建筑节能分部工程质量验收合格的 5 个条件。将 5 个条件归纳一下，可以分为 3 类：

1）所包含的各分项工程质量合格；

2）规定的各项实体检验合格；

3）质量控制资料合格。

第 1 项要求比较容易理解。一个分部工程是由多个分项工程组成的，分部工程要合格，理所当然它所包含的各个分项工程质量应当合格。

第 2 项要求多项现场实体检验合格，实际是将现场实体检验作为分部工程验收的前提。这种实体检验是考虑到节能的重要性而增加的要求。因为在分层次验收已经合格的基础上，对主要节能构造、功能等进行现场实体检验，可以更真实地验证各层次验收的可靠性，反映该工程的节能效果。具体实体检验内容在各章均有规定。节能之外其他专业的验收如混凝土结构的验收也采用了类似的方法，效果良好。

第 3 项要求是质量控制资料合格。实际上，实体质量合格是依靠各种资料加以证明的。仅从外观很难看出内在重量，如材料的导热系数、墙体的热工缺陷、外窗的气密性能等。所有这些内部质量主要依靠技术资料来加以证明。有些地区例如北京市地方标准中甚至将工程资料的验收与工程实体的验收同样对待，作出"2种验收同步进行"的规定。由此可见工程资料的重要性。

3 国际化程度及水平对比

建筑节能标准化领域是ISO关注的重要战略领域，国际标准化组织和主要发达国家都高度重视建筑节能标准化问题，开展了大量国际标准的研究和制定工作。目前，国际标准化组织（ISO）已成立了建筑施工（TC59）、空间加热电器（TC116）、建筑环境的热效能和能源使用（TC163）、建筑环境设计（TC205）等技术委员会，制订了比较充实完善的建筑领域国际标准，包含建筑节能标准。但是应当指出，尽管目前各国都相当重视建筑节能准化工作和相关国际标准化工作，截至目前，还没有涉及建筑节能工程施工质量验收的国际标准发布。

国外建筑节能标准一般为设计和方法标准，没有专门的施工验收标准。各国采用不同的影响实施的制度来促进建筑节能，如评估和检查、标准培训和信息、执行打分、惩罚措施等。

而我国采用工程质量验收统一方法。建筑节能工程质量验收是一项既复杂又全面的系统工程，所涉及的专业学科不但广泛，还涵盖了建筑物的前期设计、中期施工过程以及后期的使用维护和运行管理等各环节，为了最终能实现设计目的，符合国家标准的质量要求，工程验收指标应系统、全面、具体、可靠。为此，"验收标准"提出整体验收指标和单项验收指标的要求。分别从建筑节能涉及的墙体、幕墙、门窗、屋面、地面、供暖、通风与空气调节、空调与供暖系统的冷热源和附属设备及其管网、配电与照明、监测与控制、地源热泵、太阳能光热、太阳能光伏十三个部分提出具体的分项验收指标，每个分项指标需达到相应的节能要求。在此基础上，再检验由分项工程组成的分部工程系统，乃至建筑节能单位工程的节能性能，即整体验收指标的要求。

4 亮点与创新点

（1）实现设计、施工、验收的闭合管理，完善建筑节能标准体系。

《标准》的发布实施，第一次明确规定将建筑节能工程作为一项分部工程进行管理，并强调节能工程施工和验收的四个重点：设计文件执行力、进场材料设备质量、施工过程质量控制和系统调试与运行检测，以此实现设计、施工、验收的闭合管理。《标准》的发布和实施，是对建筑节能标准体系的及时补充完善，为落实建筑节能设计标准、开展节能工程施工质量验收和贯彻建筑节能法规政策提供了统一的技术要求，是建设领域积极贯彻落实科学发展观、落实建设资源节约型环境友好型社会要求的具体措施。

（2）第一部集成建筑节能多专业和环节的验收标准。

《标准》发布前，建筑节能工程施工质量验收分散在相关专业标准中，不全面、不完整，且未突出节能，有些重要环节未能纳入验收范围，所以《标准》将十个专业的内容（墙体、幕墙、门窗、屋面、地面、供暖、通风与空气调节、空调与供暖系统冷热源及管网、配电与照明、监测与控制）全部纳入集成在一本标准中。同时，采取材料进场/过程控制（国际惯例）/调试运行/结果检测等多种手段，补充了各专业标准的不足，内容全面。

（3）对主要节能材料和设备进场三检、单独组卷，强化了现场的管理，落实设计保证质量的第一关。

《标准》规定对进场材料和设备的质量证明文件进行核查，并对各专业主要节能材料和设备在施工现场抽样复验，复验为见证取样送检。这是其他标准没有涉及的，是落实设计意图，实现工程质量的重要一关，把握节能材料设备进场的一关，使施工质量控制有好的开端。

同时，要求所有文件资料单独组卷，强化了节能工程现场管理，在现阶段推动节能工程施工质量具有重要意义。

（4）"墙体钻芯检验"简单易行，检测费用少，准确度高。

在建筑节能工程现场进行实体检验中采用"墙体钻芯法"进行检验，回避了新建建筑墙体传热系数检验的不准确问题。同时可以验证三个方面：①验证墙体保温材料的种类是否符合设计要求；②验证保温层厚度是否符合设计要求；③检查保温层构造做法是否符合设计和施工方案要求。此项检验工程质量节约大量的检测资金（墙体传热系数法检验是钻芯法检验费用的数十倍）。

（5）选用通过节能产品认证或具有节能标识的产品，提升产品质量要求。对于政府投资项目，要求"应"采用节能产品，体现政府提质增效要求。

（6）提出墙体节能工程材料复验和型式检验要求。

对于保温隔热材料，要求其导热系数（传热系统）或热阻、密度、燃烧性能必须在同一个报告中，确保材料质量；要求采用预制构件、定型产品或成套技术，并提供型式检验报告，防止采用不成熟工艺或质量不稳定的材料和产品，确保节能工程的安全性和耐久性。

5 标准实施影响

《标准》颁布实施以来广泛应用于全国新建、改建和扩建的民用建筑工程中的墙体、幕墙、门窗、屋面、地面、供暖、通风和空调、空调与供暖系统的冷热源及管网、配电与照明、监测与控制、地源热泵、太阳能等建筑节能工程施工质量的验收，施工阶段执行节能标准的比例逐年显著提高。随着新标准的推广应用，建筑节能工程质量得到有力保障，有效推进我国在建筑领域里节能降耗，为推进建筑节能目标的实现发挥重要作用，真正实现从设计、施工到验收的闭合控制建筑节能工程质量，使全国民用建筑节能工程质量得到显著提高，实现建筑能耗的真正降低，经济效益显著。

随着《标准》进一步实施推广，将更有效地指导建筑节能施工监管工作，使我国节能工程质量达到设计要求，统一全国对于建筑节能工程验收的方法和要求，提高节能工程验收总体水平，发展和应用节能新材料、新技术，使我国建筑节能水平接近或赶上世界先进水平。

作者：宋　波（中国建筑科学研究院有限公司）

国家标准《建筑结构检测技术标准》

National Standard
"Technical Standard for Inspection of Building Structure"

1 修订背景与思路

1.1 修订背景与目标

《建筑结构检测技术标准》GB/T 50344—2004 总结了 20 世纪 60 年代之后建筑结构检测技术的研究成果和应用经验，把以材料强度为主的现场检测技术扩展为建筑结构工程材料、构件和结构三个层面。为了便于合格评定，该标准将国际上公认的测量结果的不确定性分成测试技术的不确定性和样本的完备性两类，依据统计学的基本原理和我国的实际情况，规定了具有中国特色的工程质量检测结果合格性判定规则。

《建筑结构检测技术标准》GB/T 50344—2004 使《建筑工程施工质量验收统一标准》GB 50300—2001 "完善手段、过程控制"的规则得以落实，在提升我国建筑结构工程施工质量方面发挥了重要的作用。

《建筑结构检测技术标准》GB/T 50344—2004 颁布实施后，特别是在 2008 年我国南方地区冰冻灾害和汶川特大地震灾害之后，既有建筑结构可靠性评定日益增多。此外，《建筑工程施工质量验收统一标准》GB 50300—2013 也提出，存在明显施工质量缺陷的建筑工程应该进行相关性能的评定。

为了适应建筑结构检测与评定技术发展的需求，避免混淆既有建筑结构的可靠性评定和建筑结构工程完成预定功能能力的评定，在 2014 年启动了《建筑结构检测技术标准》的修订工作。

1.2 修订思路与原则

为了保证建筑结构工程质量检测工作的公正性，《建筑结构检测技术标准》的修订对策为：注重检测工作程序、改善符合性判定规则，对检测方法予以适当限制，规定了合理的抽样数量。

为了解决既有建筑结构可靠性评定需要足够有效的数据的问题，除了增加新型的无损检测技术之外，采取了适度放宽对既有建筑结构检测的限制和鼓励开发适用检测技术的对策；最大限度地降低既有建筑结构性能检测的难度。

《建筑结构检测技术标准》关于建筑结构工程完成预定功能能力评定的规则为：以结构建造时有效规范标准的规定为基准，对结构构件的实际情况进行评定。这一规则体现了该项评定工作的公正性，保护了建筑工程有关参建方的合法权益。

《建筑结构检测技术标准》关于既有结构的可靠性评定的规则为：以现行结构规范的基本规定为基准，对结构构件的实际状况进行评定。所谓现行结构规范的"基本规定"的内涵是，要消除现行结构规范已知与实际情况不协调的因素，实现既有建筑结构实事求是的评定，便于经济合理地解决存在的实际问题。

根据分析，我国建筑结构规范存在的与实际情况不协调的因素多数源于等同等效采纳国际标准和国外先进标准的概念和规定。

因此，《建筑结构检测技术标准》修订的原则是：对国际标准和国外先进标准的规定和概念要予以辨识，取其精华，消除其与实际情况不协调的因素。此外，敢于提出超越国际标准和国外先进标准的新概念和技术措施。

2 主要内容与关键技术措施

2.1 主要内容

《建筑结构检测技术标准》GB/T 50344—2019 的主要技术内容为：总则；术语和符号；基本规定；混凝土结构；砌体结构；钢结构；钢管混凝土结构和钢-混凝土组合结构；木结构；既有轻型围护结构。其中既有轻型围护结构主要内容为风雪荷载基本代表值和基于可靠指标的分项系数。

《建筑结构检测技术标准》的主要修订内容是：①明确区分了结构工程质量与既有结构性能的检测和评定；②将结构工程材料强度、材料性能和构件检测结论的合格评定改为符合性判定；③增加了混凝土长期性能、耐久性能和装配式混凝土结构构件的检测和符合性判定；④增加了砌体强度标准值、砌筑块材性能和强度等级的检测和符合性判定；⑤增加了钢结构节点、稳定性、低温冷脆、累积损伤和钢-混凝土组合结构的专项检测；⑥规定了结构工程能力评定的规则和方法，改善了既有结构性能的评定；⑦增加了结构抗倒塌能力和抵抗偶然作用能力的评定；⑧提出了基于可靠指标的构件承载力分项系数的评定方法；⑨规定了混凝土悬挑构件、抗冲切构件和压弯剪构件承载力模型的调整措施；⑩增加了既有结构适用性评定方法；⑪增加了既有结构剩余使用年数推定方法；⑫增加了轻型围护结构的评定；⑬提出了基于可靠指标确定荷载分项系数的方法。

基于可靠指标的分项系数是《建筑结构检测技术标准》的关键技术措施之一。

2.2 可靠指标与分项系数

构件承载能力极限状态的可靠指标 β，是《建筑结构检测技术标准》认定的现行结构规范的"基本规定"之一。基于可靠指标的方法也是国际标准 ISO 2394 和欧洲规范 EN1990 倡导的最高水准（水准Ⅲ或全概率）的结构构件承载能力设计方法。这种方法的实质是用可靠指标或基于可靠指标的分项系数替代依据经验的荷载系数和构件的系数，把依据经验的设计方法提升为与失效概率或完成预定功能的概率（可靠度）建立联系的定量设计方法。

然而这种设想并未真正实现。国际标准 ISO 2394：2015 将分项系数方法归为半概率方法；欧洲规范 EN1990：2002 承认，现行欧洲规范的分项系数是依据经验确定的。《建筑结构可靠性设计统一标准》GB 50068—2018 也认同，我国建筑结构设计规范追随欧洲规范的材料强度分项系数与可靠指标无关。

可以认为，《建筑结构检测技术标准》的基于可靠指标分项系数，是超越国际标准 ISO 2394 和欧洲规范 EN1990 的具有自主知识产权的关键技术措施。这项关键技术措施之中包含了多项具有自主知识产权的技术措施。

2.3 构件承载力分项系数

《建筑结构检测技术标准》规定了基于可靠指标的构件承载力分项系数的表述形式：$\gamma_R = 1/(1-\beta_R\delta_R)$。为了便于从可靠指标 β 中分解出构件承载力可靠指标 β_R，该标准采取了先行确定作用效应可靠指标 β_S 的技术措施。

《建筑结构检测技术标准》规定了依据结构构件承载力试验数据分析确定构件承载力不确定性变异系数 δ_R 的方法。在传统方法的基础上，该标准规定了取得变异系数最小值的技术措施。

依据上述技术措施，《建筑结构检测技术标准》分别确定了房屋建筑混凝土结构构件和砌筑构件的基于可靠指标的分项系数 γ_R，并将 γ_R 与由材料强度分项系数转化的当量构件系数 γ_R^* 进行了比较。比较情况为：混凝土受压构件的分项系数 γ_R 约为当量构件系数 γ_R^* 的 1.3 倍；砌筑受压构件的分项系数 γ_R 与当量的构件系数 γ_R^* 基本相当。由此证明，我国结构设计规范的材料强度分项系数是依据经验确定的，用可靠指标衡量时，材料强度分项系数之间的差异过大。

基于可靠指标的构件承载力分项系数的表述形式，已经列入《建筑结构可靠性设计统一标准》GB 50068—2018 的附录 A。这也表明，基于可靠指标的构件分项系数适用于既有建筑结构的评定，用于建筑结构工程完成构件承载能力的评定时必须予以必要的说明。这也体现了《建筑结构检测技术标准》区分建筑结构工程评定和既有建筑结构评定的必要性。

基于可靠指标的构件承载力分项系数实现了《混凝土结构设计规范》GBJ 10—89 的愿望。该项愿望为：用分项系数表示的，以可靠指标度量的结构构件承载力的可靠度。根据可靠指标与失效概率的关系，有 $\beta_R = -\Phi^{-1}(p_{fR})$，$p_{fR}$ 为构件承载力可靠指标 β_R 对应的失效概率，见图 1 的示意。而($1 - p_{fR}$)可以称为可靠指标 β_R 度量的构件承载力的可靠度。

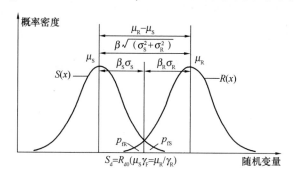

图 1 可靠指标的分解示意

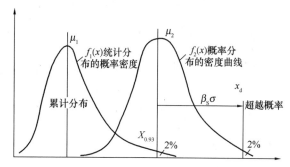

（纵坐标为概率密度；横坐标为风压或雪压）

图 2 风雪荷载的概率分布示意

根据分析，没有采取分解可靠指标的技术措施，是《混凝土结构设计规范》GBJ 10—89 未能实现这个愿望的原因之一。

2.4 风雪荷载设计值与分项系数

《建筑结构检测技术标准》规定了基于可靠指标的荷载分项系数的基本表述形式：$\gamma_{F,i} = 1 + \beta_S \delta_{F,i}$，当 $\beta_S = 2.05$ 时，荷载正态概率分布超越荷载分项系数表述的荷载设计值的概率为 2%。

对应于轻型围护结构的风雪荷载，《建筑结构检测技术标准》提出了构造正态概率分布确定风雪荷载设计值的关键技术措施，见图 2 中的概率分布曲线。图 2 中的统计分布，为《建筑结构荷载规范》用于确定风雪荷载标准值的极值 I 型分布。《建筑结构检测技术标准》采用这项技术措施的原因在于，风雪荷载基于可靠指标的分项系数应该随所在地区而异；不能按目前国际通行方法，取统一的分项系数（1.4、1.5 或 1.6）。

按照《建筑结构检测技术标准》的方法，由风雪荷载设计值转换得到的（某些地区）分项系数最小值为 1.4～1.6，（某些地区）风雪荷载分项系数的较大值在 2.0～2.3 之间。

《建筑结构检测技术标准》构造风雪荷载概率分布的技术措施与美国荷载规范确定风荷载设计值的方法相似。

美国荷载规范模仿地震危险性概率法采用了构造极值 I 型概率分布的方法确定风荷载的设计值。分析与比较表明，正态概率分布超越概率 2% 的特征值与极值 I 型概率分布超越概率 4% 的特征值基本相当。但是极值 I 型概率分布超越概率的特征值不便于表示成基于可靠指标的分项系数。因为基于可靠指标的分项系数是正态概率分布标准化的特殊形式。

《建筑结构检测技术标准》基于构造正态概率分布确定风雪荷载设计值的技术措施，再次证明了对于国际先进标准的规定和概念予以辨识的必要性。

2.5 重荷载与实际使用状况

按照基于可靠指标自重荷载分项系数的基本表述形式，$\gamma_{G,i} = 1 + \beta_S \delta_{G,i}$，自重荷载的分项系数至少可以分成设计预期状况、短暂状况和实际使用状况等。原因在于，自重荷载的变异系数 $\delta_{G,i}$ 在这几种状况中存在着明显的差异。

国际上关于荷载的状况只有持久设计状况和短暂设计状况之分。自重荷载和楼面均布活荷载实际使用状况是客观存在的，也是《建筑结构检测技术标准》超越国际标准和国际先进标准且具有自主知识产权的关键技术之一。

根据《建筑结构设计统一标准》GBJ 68—84（试行）2667 个预制混凝土构件的调研数据和 10000 多个找平层、垫层等的测试结果，自重荷载的正态概率分布可以表示为：N（$1.06G_K$，$0.074G_K$）。按调研数据分析得到的自重荷载基于可靠指标的分项系数 $\gamma_{G,i}$ 约为 1.15。这表明，对于设计预期状况，结构构件自重荷载的分项系数取 1.20 是合适的。但是，1.2 的分项系数不能用于所有的永久荷载。

《建筑结构检测技术标准》进行了既有混凝土结构构件尺寸偏差的调查与分析，调查数据分析结果见表 1。

调查数据统计参数　　　　　　　　　　　　　　　　　　表 1

构件类别	样本数量	m_ζ	s_ζ	δ_{dim}
墙柱类构件	2489	1.005	0.0133	0.013
梁板类构件	2181	1.007	0.0338	0.034
保护层厚度	5513	1.112	0.1973	0.178

注：表中 m_ζ 是构件实测尺寸与设计尺寸比值的平均值。

按照基于可靠指标的自重荷载分项系数表述形式分析，调查数据的混凝土结构墙柱类构件的分项系数 $\gamma_{G,i}$ 约为 1.03，梁板类构件的分项系数 $\gamma_{G,i}$ 应该为 1.07。

自重荷载分项系数明显降低有利于既有结构构件承载能力的评定。因此《建筑结构检测技术标准》规定应该对既有建筑结构的自重荷载进行检测。

《建筑结构设计统一标准（试行）》的研究团队率先提出：分项系数应该依据可靠指标和概率分布的参数分析确定。基于可靠指标的分项系数的表述形式中，作用效应的可靠指标 β_S 与荷载概率分布的变异系数 $\delta_{F,i}$ 相匹配，构件承载力的可靠指标 β_R 与构件承载力概率分布的变异系数 δ_R 相匹配。这不仅表明，《建筑结构检测技术标准》基于可靠指标的分项系数，是基于可靠指标和概率分布统计参数的分项系数的简称，同时表明，欧洲规范 EN1990 的基于可靠指标的设计方法必然与概率分布的统计参数相关。

2.6　楼面均布活荷载

楼面均布活荷载基于可靠指标分项系数的基本表述形式为，$\gamma_{Q,i}=1+\beta_S\delta_{Q,i}$。将该式两侧同时乘以统计数据概率分布的均值 $\mu_{Q,i}$（或标准值 $Q_{k,i}$）可以得到楼面均布活荷载设计值的表述形式，$Q_{d,i}=Q_{k,i}+\beta_S\sigma_{Q,i}$。

由于《建筑结构荷载规范》规定了住宅和办公建筑等的楼面均布活荷载标准值为 $2.0kN/m^2$，《建筑结构可靠性设计统一标准》GB 50068—2018 规定的可变荷载的分项系数为 1.5，按照基于可靠指标分项系数表述形式等分析，住宅和办公建筑楼面均布活荷载概率分布的标准差约为 $0.488kN/m^2$，相应的变异系数 $\delta_{Q,i}$ 约为 0.244，见表 2。

楼面均布活荷载标准值与分项系数分析　　　　　　　　　　　　　表 2

$Q_{k,i}$	2.0	2.5	3.0	4.0	7.0	12.0
$\gamma_{Q,j}$	1.50	1.45	1.41	1.35	1.28	1.20
$\delta_{Q,i}$	0.244	0.218	0.199	0.173	0.130	0.100
$\sigma_{Q,i}$	0.488	0.546	0.598	0.690	0.913	1.204
建筑类型	住宅等	教室等	礼堂等	舞厅等	档案室等	密集柜书库

注：表中 $Q_{k,i}$ 和 $\sigma_{Q,i}$ 的计量单位为 kN/m^2。

《建筑结构设计统一标准(试行)》进行过133个办公楼的2201个办公室和10大城市566间住宅和229间搬迁房的楼面均布活荷载的调研工作。当将调研得到的统计数据的均值放大到《建筑结构荷载规范》规定的标准值$2.0kN/m^2$时，放大后的标准差的平均情况接近于$0.488kN/m^2$，相应的变异系数平均情况接近于0.244(表3)。按这些数据分析得到的住宅与办公建筑的基于可靠指标分项系数约为1.5。

调研数据分析　　　　　　　　　表3

调研对象	数据类型	调研数据（kN/m²）			比较（%）	数据放大(kN/m²)		σ_k/Q_K
		μ	σ	Q_{max}	$Q_{max}/0.5Q_K$	Q_k	σ_k	δ_k
办公建筑	持久	0.3789	0.1747	0.7370	73.70	2.0	0.4014	0.2007
	人员	0.3485	0.2391	0.8387	83.87	2.0	0.5728	0.2864
居住建筑	持久	0.4939	0.1587	0.8192	81.92	2.0	0.3194	0.1597
	人员	0.4590	0.2473	0.9660	96.60	2.0	0.5162	0.2581

因此，对于设计预期状况楼面均布活荷载基于可靠指标的分项系数，可以采取以住宅和办公建筑$2.0kN/m^2$为基准的方法推算确定。推算的情况见表2。

根据建筑结构工程的检测经验，《建筑结构荷载规范》规定的楼面均布活荷载标准值与表2分析得到的基于可靠指标的分项系数是适度保守的；可以将全国同类建筑预期设计状况楼面均布活荷载的超越概率控制在2%之内。

此外，基于可靠指标荷载分项系数的显著特点就是随标准值的增大而减小。

对于既有建筑结构来说，照搬设计预期状况的楼面均布活荷载标准值和分项系数则显得过度保守。因此，《建筑结构检测技术标准》规定，对既有建筑结构的楼面均布活荷载应该进行现场检测和调查。

《建筑结构设计统一标准（试行）》的现场调研统计数据分析情况列入表3之中。在表3中，持久荷载是现场调研得到的荷载值，约相当于《建筑结构荷载规范》规定的频遇荷载。《建筑结构荷载规范》规定的办公与居住建筑楼面均布活荷载的频遇值系数为0.5（频遇荷载为$1.0kN/m^2$）。表3中的人员荷载是调研估计可能出现的最大人员荷载，《建筑结构荷载规范》留给办公和住宅建筑最大的人员荷载也是$1.0kN/m^2$。从表3中可以看到，调研数据统计分布的超越概率2%荷载值Q_{max}，明显小于《建筑结构荷载规范》规定之值。这表明既有建筑结构的楼面均布活荷载应该按荷载的实际使用状况确定。

对既有建筑的现场检测和调查，可以获取该栋建筑每个功能空间楼面均布活荷载的频遇荷载与可能出现的最大人员荷载的组合值。对于承受该项荷载的楼面构件来说，检测调查得到的楼面均布活荷载组合值可以作为评定值。因为对于这些构件来说，楼面均布活荷载评定值被超越的概率几乎为零。

对于单栋建筑来说，可取同类功能空间楼面均布活荷载的检测调查组合值中最大值作为评定值。对于该栋建筑来说，楼面均布活荷载超越该评定值的概率小于2%。

也就是说，既有建筑楼面均布活荷载的超越概率只需考虑该栋建筑的特定情况，不必考虑全国同类建筑楼面均布活荷载可能出现的最大值。

在大多数情况下，单栋既有建筑楼面均布活荷载的评定值会略小于《建筑结构荷载规范》规定的标准值。楼面均布活荷载评定值大幅度降低，不仅有利于结构构件承载能力的评定，也利于结构构件正常使用极限状态的评定。

为了避免出现意外，《建筑结构检测技术标准》规定，对于既有建筑结构应该进行抵抗偶然作用能力的评定。这项评定包括出现偶然事件时（爆炸、火灾、严重碰撞和罕遇地震作用等），既有房屋建筑不应出现局部的坍塌和连续倒塌。

既有建筑结构抵抗偶然作用能力评定的内涵是：不能将结构构件的承载能力视为既有建筑结构安全性评定的唯一指标。

3 国际化程度及水平对比

3.1 检测技术比较

《建筑结构检测技术标准》是我国建筑行业唯一的结构检测技术综合标准。目前尚未见国外关于建筑结构检测的综合标准。综合标准的优势在于可以发挥各种实用检测技术的优势，为建筑结构的评定提供足够、有效的数据。

3.2 建筑结构工程评定技术

建筑工程施工质量的验收是我国独有的保证工程质量技术措施。《建筑结构检测技术标准》规定的建筑结构工程完成预定功能能力评定的规则适用于我国的情况，目前未见国外具有相应的规则。

3.3 既有建筑结构评定技术

目前国际上只有 ISO 13822：2010（Bases for design of structures—Assessment of existing structure）一本涉及既有结构评定的国际标准。该国际标准仅有结构构件承载能力评定的规则，而且尚未达到我国现有可靠性鉴定标准的水平。

与我国现有可靠性鉴定标准相比，《建筑结构检测技术标准》增设了建筑结构抗倒塌能力或抵抗偶然作用能力评定，丰富了既有结构可靠性评定的内涵；规定了既有结构构件承载能力评定时的基于可靠指标分项系数方法，改善了构件承载能力评定与可靠指标无关的局面，并补充了构件抗震承载力的评定。

此外，《建筑结构检测技术标准》还改善了我国现有鉴定标准结构构件适用性评定和耐久性评定方法。

4 亮点与创新点

基于可靠指标分项系数关键技术措施无疑是《建筑结构检测技术标准》最为突出的亮点。基于可靠指标的分项系数不仅是超越国际标准和国际先进标准的创新性技术措施，还具有自主知识产权。围绕基于可靠指标的分项系数，还有分解可靠指标的技术措施、确定构件承载力不确定性变异系数的技术措施、构造风雪荷载概率分布的技术措施、自重荷载与楼面均布活荷载实际使用状况的技术措施和楼面均布活荷载实际使用状况超越概率的技术措施。这一系列的技术措施同样具有自主知识产权和超越国际标准和国际先进标准的创新性。

明确区分结构工程质量与既有结构性能的检测和评定是第二个亮点。建筑结构工程完成预定功能能力评定的规则，有利于科学、公正的评定。既有建筑结构可靠性评定规则，有利于实事求是的评定。

第三个亮点为建筑结构抗倒塌能力和抵抗偶然作用能力的评定。这项评定技术措施，重申了建筑结构安全性的重要项目，不仅保障房屋建筑使用者生命和财产的安全，还可以使评定人员规避评定工作的风险。

第四个亮点在于，《建筑结构检测技术标准》将结构构件的适用性分成结构构件正常使用极限状态（有可靠指标的要求，β_{seve} 介于 $0\sim1.5$ 之间）和构件维系建筑功能（装修、设备设施和人员感受）的能力两个层次。国际标准和欧洲规范的适用性并不区分这两个层次，《建筑结构可靠性设计统一标准》的适用性仅有结构构件正常使用极限状态一项能力。

在考虑了楼面均布活荷载实际使用状况之后，既有结构构件正常使用极限状态可以实现定量的评定。在此基础上，《建筑结构检测技术标准》提出了既有建筑抗震适用性评定的规定。这项评定弥补了国内外普遍缺少"小震不坏"抗震设防的缺憾。

第五个亮点在于既有建筑结构构件剩余使用年数的推定技术，将既有结构构件耐久性等级的评定提升为定量的评定。《建筑结构可靠性设计统一标准》对于结构构件的耐久性也有可靠指标的要求（β_{dura}介于 1.0～2.0 之间），结构构件剩余使用年数的推定是落实耐久性可靠指标的必要不可少的措施。而国际上只有结构构件耐久性的设计，没有耐久性的评定。

5 社会影响和展望

《建筑结构检测技术标准》的既有建筑结构可靠性评定的技术措施，包括建筑结构抵抗偶然作用的能力、结构的承载能力、结构构件的变形能力与维系建筑功能的能力（适用性）和结构构件抵抗环境侵蚀的能力（耐久性）；兼顾了房屋建筑产权人、使用者和评定人员的利益和权益，因此必将得到广泛的应用。

在确保既有建筑结构应有可靠性前提下，在构件承载能力评定时，采用了自重荷载和楼面均布活荷载实际使用状况关键技术措施，可以使大量既有建筑结构构件承载能力极限状态的可靠指标 β 评定为满足《建筑结构可靠性设计统一标准》的要求。这种实事求是的评定结论，将惠及我国城镇现存数百亿平方米的既有建筑结构，有利于采取经济合理的措施对既有建筑存在的问题予以治理。

《建筑结构检测技术标准》构造正态概率分布确定风雪荷载设计值的技术措施，可以大幅度地减小既有建筑轻型围护结构出现破坏或严重损伤的概率；提示了既有建筑功能性改造和提升的重点。

经过完善的基于可靠指标的分项系数方法与其他成熟结构设计方法在建筑结构工程的设计中的应用，可以大幅度提高我国建筑结构规范在国际上的影响力。原因在于，基于可靠指标的分项系数技术措施与欧洲规范 EN1990 倡导的基于可靠指标（水准Ⅲ）的设计方法基本相当，接近于国际标准 ISO 2394 的全概率的设计方法。

《建筑结构检测技术标准》修订时掌握原则的影响可能更为重要。只有对国际标准和国际先进标准的概念和措施予以辨识，才能取其精华，并对其与实际情况不协调的因素进行调整；有了辨识，才能提出超越国际标准和国际先进标准且具有自主知识产权的先进概念和技术措施。

而这是使我国建筑结构工程的系列规范达到国际领先水平必由之路，只有规范和标准达到国际领先水平，才能使我国从建筑业的大国发展成为建筑业的强国。

作者：邸小坛 叶 凌（中国建筑科学研究院有限公司建筑工程检测中心）

国家标准《建筑工程信息模型存储标准》

National Standard
"Standard for Storage of Building Information Model"

1 标准背景与编制思路

国家标准《建筑工程信息模型存储标准》（以下简称《标准》），是由住房城乡建设部于 2012 年立项编制的，与本标准同时立项编制的涉及 BIM 技术的国家标准还包括建筑信息模型应用统一标准、分类与编码标准、设计交付标准以及施工应用标准等共 5 本，目标是通过编制国家标准支撑起我国 BIM 标准的基本框架，解决 BIM 技术推广应用中最紧迫和重要的标准问题。与 BIM 技术相关的标准一般可分为两大类。一类偏重信息技术，主要解决 BIM 技术与计算机信息技术衔接的标准问题，如 BIM 数据如何与计算机语言、文件格式、信息分类编码等标准衔接。《标准》就属于这一类，主要解决数据的组织、数据的模式和数据描述语言及文件格式等标准问题。《建筑信息模型分类编码标准》也属于这一类，主要解决 BIM 信息的分类与编码问题。另一类 BIM 标准偏重工程应用，主要解决 BIM 技术与工程管理和技术衔接的标准问题，与本标准同时立项的《建筑信息模型应用统一标准》等其他几本标准就属于这一类。上述标准都已经先后编制完成并发布实施（本标准正在签批中）。在国家标准的引导和带动下，近几年又有大批与 BIM 技术相关的行业标准、地方标准和团体标准编制发布，有力地促进了我国 BIM 技术的推广和应用。

按照标准化工作导则的要求，借鉴国际 ISO 标准和发达国家先进标准，充分考虑国内建筑信息模型（BIM）平台和应用软件开发与市场应用的现状，结合 BIM 技术及其在我国建筑工程项目中的应用特点，本标准编制中遵循以下基本原则：

（1）与国际接轨。借鉴国际标准化组织（ISO）标准，重点参考吸纳 ISO 工业基础类标准 ISO 16739（IFC 4.1）采纳 IFC4.1 的数据框架和数据模式作为《标准》的数据架构和模式。参考 ISO 工业自动化系统和集成产品数据表示和交换标准 ISO 10303-11 及 ISO 10303-28，采纳 XML 和 EXPRESS 数据描述模式。保证本标准与国际标准的接轨和兼容，达到发达国家标准的水平。

（2）与国内已发布的信息技术标准兼容协调一致，与国内发布的 BIM 应用标准及 BIM 编码标准等协调一致。

（3）紧密结合我国建筑工程 BIM 应用与 BIM 软件开发的具体实践，既要考虑适应目前普遍采用的国外 BIM 平台和软件，更要考虑有利于国产 BIM 平台和应用软件的开发和应用，特别是要适应我国建筑工程领域建设过程及专业分工的特点。

（4）要反映我国建筑工程行业目前 BIM 技术应用成熟程度和实际水平，既要具备标准的可操作性，又要考虑标准的更新和发展。在遵循 IFC 核心层和共享层数据架构一致的原则下，为数据扩展和版本更新留有余地。

在标准编制过程中开展了以下几个方面的调查和研究工作：

（1）国际 BIM 标准及其他相关标准研究

着重研究了国际标准化协会工业基础类标准 ISO 16739（Industrial Foundation Class IFC 4.1）和工业自动化系统和集成产品数据表示和交换 ISO 10303-11 及 ISO 10303-28。目的是为确定本标准所要采用的数据架构、数据模式和描述语言等问题提供参考和依据。同时，还研究了 ISO 信息交付手册标准（Information Delivery Manual IDM）ISO 29481-1 和 ISO 29481-2，以及 ISO 国际字典框架标准（International Framework for Dictionaries IFD）ISO 12006-3，目的是摸清 IFC 标准与 IDM、IFD 标准的关系和协调性。

（2）国内 BIM 标准研究

密切关注和跟踪国内同步编制的基本国家标准的编制进展情况，本标准多名编制组成员也同时参与了其他 BIM 国家标准的编制，多次进行编制组之间的技术交流，始终保持与各标准的沟通与协调。同时关注各个地方政府 BIM 标准的编制情况，如北京市《民用建筑信息模型设计标准》、上海市《建筑信息模型应用标准》等，收集来自地方标准的需求。此外，还通过参与工程建设标准化协会（CECS）BIM 标准研究编制，促使这些标准各专业元素信息存储描述模式和交换格式保持与本标准衔接。

编制组研究了我国相关计算机信息技术标准，以保持本标准与计算机信息技术标准的衔接和兼容。

（3）国产 BIM 平台软件及其与本标准的衔接兼容的验证研究

《标准》必须能够支撑国产 BIM 平台及软件的开发，并应通过国产 BIM 平台和应用软件的验证。为此主编单位在本标准编制时同步开展了 PKPM BIM 平台的研究和开发。经过多年的持续研发，该平台已经于 2016 年初正式发布并投入应用。PKPM BIM 平台由底层数据中心、图形与协同平台、专业建模和应用等组成。作为我国自主知识产权的 BIM 平台，可以完成大规模 BIM 数据的高效存储与管理，实现各专业各阶段的协同工作，包含专业建模、专业设计、预制装配及绿色建筑性能设计等应用模块。通过工程实例验证，平台的数据架构与本标准数据模式可以建立相互映射关系，一方面验证了本标准数据架构与模式的可行性，另一方面也验证了国产平台与国际标准的兼容性。

本标准的主编单位是中国建筑科学研究院有限公司，清华大学等 12 家单位参编。由许杰峰、金新阳担任主编人，马恩成等 17 位专家为主要起草人。由孙家广、郁银泉担任审查组长，李久林等 7 位专家为主要审查人员。

2　标准主要内容

2.1　标准整体布局

《标准》共有 8 章正文和 5 个附录，正文内容包括总则、术语与缩略语、基本数据架构、核心层数据模式、共享层数据模式、专业领域层数据模式、资源层数据模式和数据存储与交换。除了工程标准必备的总则和术语外，其他内容可以分为三个方面。第一方面是数据基本架构，规定了 BIM 数据层次结构和他们之间相互关系。第二方面是各层数据的模式（schema），详细规定了 BIM 数据的模式，他们分别以类（type）、实体（entity）、函数（function）、属性集（property set）和数量集（quantity set）等方式来表达。最后一个方面就是数据存储与交换，规定了存储和交换 BIM 数据时采用的计算机语言和文件格式，以及数据交换过程中文件和打包与解包、压缩与解压缩、加密与解密等。5 个附录分别提供了核心层数据模式、共享层数据模式、专业领域层数据模式和资源层数据模式的 EXPRESS 描述，以及元数据 EXPRESS 和 XML 的数据模式。

2.2　数据基本架构

2.2.1　数据架构与分层

建筑信息模型数据模式架构与分层如图 1 所示，分别由核心层、共享层、专业领域层和资源层 4 个层组成，所有的 BIM 数据都应确切地指定到某一个数据层上。核心层数据包含了适用于整个建筑行业最通用和抽象的概念实体，如过程、产品、控制、关系等，该层由内核（Kernel）和 3 个扩展层组成，核心层每个实体都拥有全局唯一的 ID 码。共享层数据包含了适用于建筑项目各领域的特定产品、过程或资源的实体，通过该层数据可以实现不同领域间的信息共享。专业领域层数据包含了某个

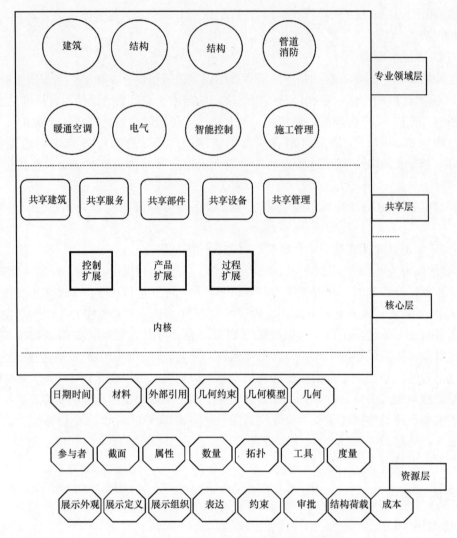

图1　建筑信息模型数据模式架构与分层图

专业领域特有的产品、过程或资源的实体。资源层数据则包含了全部单独的资源信息，用于描述独立于具体建筑专业的通用信息，如材料、价格、单位、尺寸、时间等，资源层实体可与其上各层数据连接，是一切数据的最终载体。

从核心层、共享层、专业领域层到资源层，形成了各层之间的上下层关系。各层数据的地位和权限是不同的，应满足上下层引用关系的要求。每个层次数据都应遵循只能引用本层次和下层次的信息资源，而不能引用上层次的信息资源。即核心层可以引用所有层数据，共享层可以引用除核心层以外的各层数据，专业领域层只能引用本层及资源层数据，而资源层数据不能单独存在，不能引用任何层数据。

标准中还规定，对于标准未涉及的对象、元素和实体，可参考IFC的扩展机制自行扩展。

2.2.2　信息的基本概念与要求

按照建筑信息模型构建的需求，对建筑行业全生命期所涉及数据的基本概念和要求做了规定。主要包括项目（project）、对象定义（object definition）、对象关联（project association）、产品形状（product shape）、产品类型形状（product type shape）、组合（composition）、任务指派（assignment）、连接（connectivity）、根追踪（root tracking）和资源（resource）10个方面内容。

"项目"在信息模型中是非常重要和广泛应用的一个概念，分别规定了项目的对象定义、属性集模板声明、单位和坐标、分类和文档目录等相关内容的要求。

"对象定义"分别就对象实例、对象属性集和对象数量的要求做了规定。

"对象关联"则针对对象如何与外部信息源、外部文档、对象库以及材料等相关联做了规定。

"产品形状"和"产品类型形状"主要规定了产品几何尺寸、产品安装位置以及产品参数等要求。

"组合"是由简单对象实体形成复杂详细实体的一个重要手段，包括对象实体组合、元素组合和空间组合等。

"任务指派"的应用非常广泛，主要包括指派参与者，指派控制，指派组，指派产品、过程和资源等。

"连接"是利用构件或部件装配成一座建筑物的主要手段，主要通过空间结构、空间边界、构件连接、路径和流连接等方法实现。

"根追踪"要求所有实体都派生自根，并通过全局标识符来识别。

"资源"对资源成本和计量单位等做了规定。

2.3　核心层数据模式

2.3.1　内核（kernel）

内核数据模式是 BIM 数据架构的核心，主要涉及对象定义、属性定义和关系 3 方面数据描述，他们皆继承于根实体（IfcRoot），三者共同支配着 BIM 的数据组织方式。对象定义实体及其子类用来定义真实或抽象的对象和对象类型，对象定义又可以细分为对象、类型对象和环境；属性定义实体及其子类用来定义对象或类型对象的扩展属性集或量集信息，属性定义分为属性集定义和属性模板定义两个子类；而关系用来定义对象与对象之间的关系、属性与属性之间的关系以及对象与属性之间的关系。

内核数据模式由三大对象定义、两类属性定义和六种基本关系三部分组成，其中包括 10 个类、50 个实体、3 个函数和 1 个规则。

（1）三大对象定义

对象定义实体分为三个子类，即对象实体（IfcObject）、类型对象实体（IfcTypeObject）和环境实体（IfcContext）。对象实体是对具体现实工程信息的映射，是数据元素的载体。类型对象实体是对某个具体对象的类型定义，一个类型对象实体可以被多个对象实体关联。对于产品类、资源类和过程类实体，对象和类型对象实体往往是一一对应的。环境实体是各种对象实体的容器，分为项目和项目库两个子类。

（2）两类属性定义

属性定义实体分为属性集和属性模板 2 个子类。属性集定义实体又可分为预定义属性集、属性集和数量集三类。预定义属性集不可以使用属性模板定义好的属性集，而是用标准规定的属性集或数量集。属性集和数量集实体与属性集模板实体通过模板定义关系与实体进行关联，以实现属性集的实例化。

属性模板允许用户自定义通用的简单或复杂属性形式，自定义的属性模板至少应包含成名、描述、度量方法和单位等信息。属性集模板构成项目属性库的一部分，并且需要在项目中进行声明。

（3）六种基本关系

六种基本关系分别是声明关系、定义关系、分解组合关系、连接关系、关联关系和分配关系。其中，声明关系是直接可以实例化的关系实体，而其他关系实体为不可实例化的抽象超类实体。每种关系必须有被关联对象和关联对象，两者可以是 1 对 1 的关系或者 1 对多的关系。

声明关系：声明关系用来建立环境实体子类与对象实体或属性定义实体子类之间的关系。项目库实体关联到项目实体也可使用声明关系实现。产品实体是通过空间结构包含关系包含到空间结构单元实体，空间结构单元实体再通过集合关系关联到项目实体。

定义关系：定义关系是六大关系中唯一明确关系双方的对象具有依赖性的关系实体。定义关系分为类型定义关系、属性定义关系、模板定义关系和对象定义关系四类。类型定义关系用来建立对象和类型对象之间的关系，属性定义关系建立对象定义子类实体和属性定义子类实体之间的关系，模板定义关系用来建立属性集、数量集和属性集模板之间的关系，对象定义关系建立对象和对象之间的关系。

分解关系：分解关系用来定义单元的分解和组合关系，可以多层嵌套使用，可以描述具有层级特性的单元整体与局部关系。组合关系的应用对象是物理对象，被包含的对象没有先后顺序，例如屋面单元中屋面板、檩条、屋面梁的组合关系，项目、场地、建筑物和建筑楼层之间组合关系等。嵌套关系的应用对象是过程、控制、资源等非物理对象，其中被嵌套对象有严格的顺序要求。单元增加关系用来定义单元和特殊加单元的关系，暗含布尔加操作。单元开洞关系用来定义单元和特殊减单元的关系，暗含布尔减操作。

连接关系：连接关系在逻辑上建立了对象之间的连接关系，此种关系不受任物理上的限制。连接关系实体是子类型最丰富的关系实体，共有 15 类子实体，利用连接关系可以建立建筑物各层级构件的连接。

关联关系：关联关系用来定义各类信息源（分类、库、文档、审批、限制、材料）的参考关系。参考信息源可以在项目内部，也可以在项目外部。根据参考信息源的不同，分为审批、分类、限制、文档、库关和材料关联关系 6 个子类。审批、限制、库关联关系的被关联对象皆是属性定义或对象定义子类实体，而关联对象则有所不同。审批关联关系用来关联由审批实体（审批资源模式下）定义的审批信息。限制关联关系用来关联由限制实体（限制资源模式下）定义的限制信息。库关联关系用来关联库信息或库参考实体到项目库、对象类型、属性集模板等实体。文档关联关系用来关联外部文档信息，例如将设备的说明书、检测报告关联到相应设备上。被关联对象为对象或类型对象实体；关联对象为文档参考或文档信息。分类关联关系用来关联项目内部自定义的分类或者项目外的分类系统，如 OmniClass、UniClass 等分类标准。材料关联关系用来关联材料信息，被关联对象为单元或单元类型实体。

指定关系：指定关系用来指定不同的对象实体给相应的对象定义实体子类，其为双向的关系。根据指定对象的不同可分为 6 类，分别是指定到参与者、控制、组、过程、产品和资源等。参与者关系用来建立参与者实体与对象实体的关系，例如租赁人租一套公寓的数据组织需要使用该关系。控制关系用来建立控制实体与对象实体子类的关系，例如使用该关系将建筑服务单元实体分配到性能历史实体。指定组关系用来建立组实体与对象实体的关系，主要应用在 4 个方面：建筑系统或分布系统中的部件组；结构分析模型中的结构构件、结构荷载、分析结果组；空间划分中的区域组；成本费用统计中的费用组；资源统计中的资源组。指定过程关系用来建立过程实体与对象实体的关系，用来描述该对象的各种时间相关的信息。

2.3.2　扩展

核心层的扩展分为控制扩展、过程扩展和产品扩展 3 个部分。

控制扩展中包含了 1 个类型，即性能历史类型枚举，用来确定性能历史记录。还包含和 3 个实体，分别是性能历史、关联关系审批和关联关系约束。性能历史用于记录实例在一段时间内的真实性能，可利用关系关联分类进行分类，可利用关系嵌套分解为部件。关联关系审批实体可用于将审批资源数据模式中审批定义的批准信息应用于根的子类。关联关系约束可用于将约束资源数据模式中约束实体定义的约束信息应用于根的子类。

过程扩展包含 8 个枚举类型和 11 个实体，还包含一个属性集。

以任务枚举类型为例，通过枚举类型对任务有一个非常细致的描述，见表 1。

任务类型枚举定义　　　　　　　　　　　　　　　　　　　　　　　　表1

序号	名称	定义	序号	名称	定义
1	到场	签到或等待其他事情的完成	7	物流	运输或者交付某物
2	建造	建造某物	8	维护	保持某物处于良好的工作状态
3	拆除	拆除或分解某物	9	移动	把事物从一个地方移动到另一地方
4	拆卸	小心仔细拆解某物以实现再利用和循环使用	10	操作	操作工件的工序
5	处置	处置或者处理某物	11	移除	移除某一正在使用的项目，并把它带离使用地点
6	安装	安装某物，等价于建造，但更普遍地应用于工程任务	12	翻新	把某物翻新

过程扩展的11个实体名称和标识见表2。

过程扩展实体名称和标识　　　　　　　　　　　　　　　　　　　　　表2

序号	实体名称	标识	序号	实体名称	标识
1	事件	IfcEvent	7	任务类型	IfcTaskType
2	事件类型	IfcEventType	8	工作日历	IfcWorkCalendar
3	过程	IfcProcedure	9	工作控制	IfcWorkControl
4	过程类型	IfcProcedureType	10	工作方案	IfcWorkPlan
5	顺序关系	IfcRelSequence	11	工作计划	IfcWorkSchedule
6	任务	IfcTask			

产品扩展部分的内容比较丰富，包含14个类型、57个实体，另有23个属性集合5个数量集，较全面地涵盖了建筑行业现有的产品。但产品是更新创新最快的，因此这部分内容更新和扩充显得尤为重要。

2.4　共享层数据模式

共享层数据可提供用于多个专业共享的专用对象和关联关系，包括共享建筑、共享建筑服务、共享部件、共享设施和共享管理5个部分。

共享建筑元素用于定义建筑元素的子类。包含23个类型和52个实体，另有24个属性集和15个数量集，是共享层数据模式中内容最为丰富的部分，基本涵盖了基本的最常见的建筑构件，如梁、柱、板、墙和门窗等52个实体。

共享建筑服务元素数据模式用于定义建筑服务领域的扩展所需的基本概念，包括4个类型枚举、26个实体和29个属性集。

共享部件元素的数据表达应通过元素构件实体及其子类来实现，包括4个类型枚举、10个实体和12个属性集。

共享设备施元素数据模式用于定义设施管理（FM）领域的基本概念，包括4个类型枚举、7个实体和17个属性集。

共享管理元素模板用于定义在建筑生命周期的各个阶段管理所通用的基本概念，包括5个类型枚举、5个实体和8个属性集。

2.5　专业领域层数据模式

专业领域层的数据模式最多，涵盖的专业范围广泛，其中包括：建筑专业应用、结构专业应用、结构分析应用、管道与消防应用、暖通空调应用、电气专业应用、建筑智能控制应用和施工管理应用8个部分。

专业领域的数据由于其专业属性的特殊性，作了一些专门的规定。比如可根据项目需要建立专业任务模型子集，子集应遵从数据框架的基础上，并由共享元素与专业元素所组成。每个专业任务模型子集应有一个独立的数据对象定义，且含有一个描述专业环境的数据模式。各专业任务子模型应命名一个本专业的数据模式，由它定义出各种专业构件中元素的表达。由专业元素构成的专业数据模式，宜包含但不限于专业范围、功能等，按照专业元素类型、专业实体、属性集、数量集来数据组织。专业元素只能在本专业子模型中引用，不得跨专业被其他专业子模型引用。专业领域构件的实体信息可分为创建、定位、几何表达、关联关系等信息。专业领域构件的创建可继承于作为共享元素的父类。专业领域实体创建过程也可由共享元素的分解或关联、聚合得到。专业数据应声明属性集模板，可通过行为属性集表示行为历史的属性，并以时间序列的形式存在，以便按时间点追溯数据。

建筑专业应用包括 9 个类型枚举和 7 个实体，主要涉及门窗类型及属性。

结构专业应用包括 10 个类型枚举和 17 个实体，范围涵盖从基础、钢筋混凝土构件到钢筋细节。

结构分析应用比较特殊，涉及分析理论、分析模型、作用以及结构的几何连接和表达，包括 11 个类型枚举、28 个实体、1 个属性集。

管道与消防专业应用包括 6 个类型枚举和 14 个实体，还包括 1 个属性和 2 个数量集。

暖通空调应用数据模式最多的一个专业，包括 33 个类型枚举和 66 个实体，还包括 111 个属性和 31 个数量集，数据模式非常详细。

电气专业应用是专业领域层数据模式较多，包括 22 个类型枚举和 44 个实体，还包括 80 个属性和 22 个数量集。

建筑智能控制应用是一个比较新的专业，今后发展余地很大。目前包含了包括 6 个类型枚举和 12 个实体，还包括 46 个属性和 6 个数量集。

施工管理应用专业也是比较特殊的一个专业，实际上不属于专业范畴，但目前涉及施工的信息还不十分丰富，先放在专业领域。目前只包括 6 个类型枚举和 14 个实体，还包括 1 个属性和 2 个数量集。

2.6 资源层数据模式

前面已经提到，资源层数据是不能独立存在的，必须依附于其他各层的数据存在，应由一个或多个从根（IfcRoot）派生的实体直接或间接引用。但资源层数据又是最基础、最通用的，任何 BIM 模型都离不开这部分数据。资源层数据模式包括参与者、审批、约束、成本、日期时间、外部引用、几何约束、几何模型、几何、材料、度量、展示外观、展示定义、展示组织、截面、属性、数量、表达、结构荷载、拓扑和工具共 21 类数据。

参与者资源模式用于表达中在工程中承担任务并负有责任的有关人员和组织的信息，数据模式中的类和特性用于支持人员和组织的特性定义，并支持人员与组织之间关系的建立，以及组织之间关系的描述。参与者资源模式定义的应用范围可包括工程设计、工程施工及项目完成后的设备管理等整个商业过程。参与者资源包括地址类型枚举、角色枚举和参与者选择 3 个类型，包括参与者角色组织、组织关系、人员、组织人员、地址、邮政地址、电信地址等 8 个实体。

审批资源层中的审批资源应指派到从根（IfcRoot）派生的 IFC 模型中的任何对象、对象类型或特性定义，可使用审批关联资源分配给特定的资源级别对象审批资源包括审批。审批资源模式仅包括审批、审批关联、审批关联资源 3 个实体。

约束资源模式规定的约束可用于任何一种对象定义实体或属性定义实体的子类型，也可应用到属性等特定的资源对象。约束宜设置硬约束、软约束或建议三个表示约束程度的等级。约束应进行命名，且可具有一个或多个定义约束的源。约束可选择赋值一个创建的参与者、创建日期和描述。约束可定性或定量表达。约束资源包括基准枚举、约束枚举、逻辑运算符枚举、目标枚举、度量值选择 5 个类型枚举，以及约束、度量、目标、引用、约束关联资源 5 个实体。

日期时间资源是一个比较特殊的资源，在 BIM 中出现的问题也较多。为此，针对日期时间资源模式作了如下规定：①日期（IfcDate）、时间（IfcTime）、日期时间（IfcDateTime）和持续时间（IfcDuration）模式应规定日期的格式，且可转换成格里高里日期格式；②时间序列数据可使用规则时间序列和不规则时间序列实体表示；③时间序列数据应根据国家标准时间进行规范化，时间的单位应符合国家现行相关标准要求，时间单位转换可由提供数据的应用程序处理，应记录数据被采用的时间。

与几何相关的资源分为几何约束资源、几何模型资源和几何资源 3 类，这是由于几何是 BIM 模型应用最为广泛和复杂的信息，光几何模型资源提供的实体就有 38 个，几何资源提供的实体多达 53 个。

拓扑资源是一个比较特殊的资源，各项规定都比较细致和严密。针对 20 个拓扑实体就作了 18 款规定，比如规定高级面实体的几何曲面应为基本、扫掠或 B 样条曲面，非封闭几何曲面应由面外边界实体作为面的边界，所有的面应由边环或顶点环界定，所有的边应对应几何边曲线，几何边曲线应限定为直线、圆锥曲线、折线或 B 样条曲线。

2.7　数据存储与交换

本章规定了数据存储与交换的一般要求、数据描述语言以及数据交换文件格式等内容。

BIM 模型数据的持久化存储及模型数据的交换宜以文件形式实现，进行数据交换时，应确保交换过程中的数据安全及数据完整。

对模型数据进行持久化存储时，宜将数据存储为 EXPRESS 语言文件表达或 XML 语言文件表达。模型数据可存储为一个或若干个 EXPRESS 或 XML 格式文件，且文件中的数据应符合模型 EXPRESS 或 XML 数据模式的定义。作为选项，模型数据也可存储为一个或若干个 STEP 格式文件，且文件中的数据也应符合模型 EXPRESS 或 XML 数据模式的定义。

模型数据应以文件形式交换，并可对交换物进行打包和解包、压缩和解压缩，以及加密和解密。交换文件宜由元数据文件、模型文件、模型引用文件三部分组成，且应仅有一个元数据文件。元数据应描述数据供给者、数据版本、模型文件格式及数量、模型引用文件格式及数量等数据交换的相关信息；元数据文件应为元数据 EXPRESS 或 XML 语言的持久化存储，文件内容应符合元数据 EXPRESS 或 XML 的数据模式定义。

3　国际化程度及水平对比

本标准瞄准国际一流标准水平，借鉴和学习国际标准和国外先进国家 BIM 标准，与国际标准接轨。同时充分考虑国内 BIM 技术在建筑工程项目中的应用现状，BIM 技术应用的成熟程度和实际水平，结合我国工程建设行业目前管理和专业流程特点。标准尽量考虑既要具备可读性，能被应用 BIM 软件的工程技术人员所理解，又要具备可操作性，便于计算机软件开发技术人员所采用。此外，本标准有利促进自主知识产权 BIM 平台和应用软件开发与应用，BIM 平台已经成为我国 BIM 应用的卡脖子工程，BIM 存储国家标准有义务促进国产 BIM 平台和应用软件的开发和应用。

由于本标准的数据架构和数据模式采纳了 ISO 国际标准 ISO 16739（IFC 4.1），因此与国际标准有很好的衔接和兼容，同时与美国等发达国家 BIM 标准保持很好的一致性。《标准》编制完成后将填补我国在建筑信息模型技术领域国家标准规范中的空白，以适应我国建筑市场的需求和国家信息化发展的政策要求。标准数据架构与数据模式等与国际接轨，有助于全面提升全国建筑行业发展水平，促进建筑业走向国际市场。为提高国内建筑信息模型技术应用水平创造了有利条件，为我国建筑业技术创新和升级打下标准化基础，必定带来巨大的经济、社会和环境效益。

4　标准亮点与创新点

工程标准创新的首要任务就是要服务于工程技术的创新，《标准》创新的首要目标就是要服务于我国自主 BIM 平台及软件的创新。当前我国 BIM 平台及应用软件主要依靠国外大型软件公司的产品，尤其是 BIM 平台，几乎被国外软件商垄断。这种局面对我国 BIM 技术的推广应用是十分不利的。以底层图形技术、数据管理技术为核心的 BIM 平台已经成为我国建筑业信息化发展和 BIM 应用的卡脖子关键技术。

为此，标准主编单位结合本标准编制，开展了 BIM 平台和应用软件的攻关研发，先于标准发布之前就推出了自主的 PKPM BIM 平台系统，该系统平台包含底层图形与数据支撑、多专业协同工作和应用软件集成三大功能，具有较好的开放性，基于该平台可以形成一个较为完整的 BIM 集成系统，参见图 2。PKPM BIM 系统具备大规模 BIM 数据的高效存储与管理，各专业各阶段的协同工作，专业建模、专业分析与设计、预制装配及绿色建筑等应用模块等较为完整的集成系统。

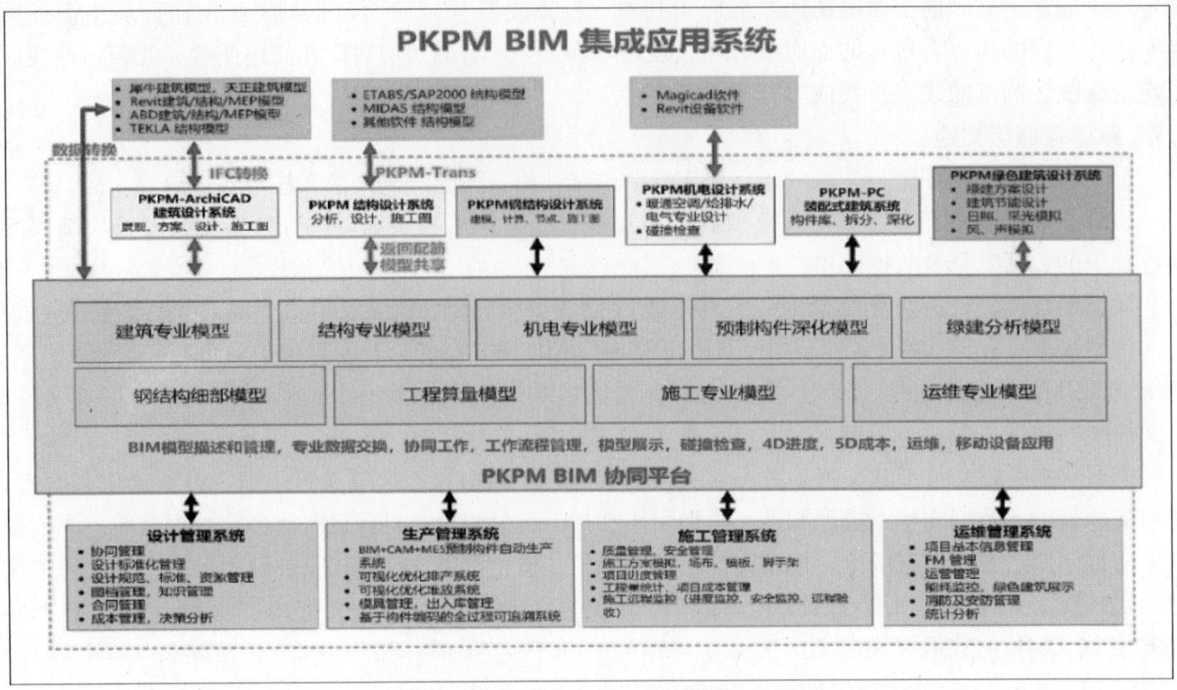

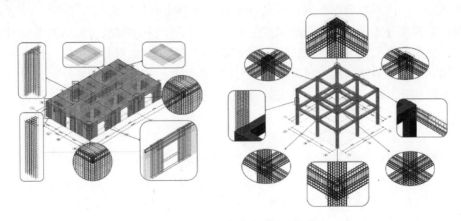

图 2　PKPM BIM 平台整体架构图

通过精心设计的 PKPM BIM 底层数据中心，可以实现模型数据架构与《标准》数据架构的对应，BIM 模型的建筑元素对象及图形对象与标准数据模式架构中的建筑元素实体相对应，通过两者之间的映射关系，实现了数据的衔接与兼容。

为了更全面地验证 PKPM BIM 平台基于存储标准的数据交换功能，还研究开发了深化设计 MVD 及相关深化设计工具，验证了通过基于本标准的数据描述和交换的有效性和完整性。通过深化设计 MVD，模型细度可以达到 LOD300。图 3 展示了通过深化设计 MVD 进行信息传递后的框架结构深化设计模型。

图 3　钢筋混凝土深化设计 MVD 展示

《标准》的发布实施，对开发国产 BIM 平台及应用软件，在低层数据架构及模型数据存储和交换方面将有据可依，这将大大有利促进国产软件的发展，同时也有利于对国外 BIM 软件引入和应用进行规范。对推动我国建设工程信息化发展具有重大意义。

标准审查意见认为：《建筑工程信息模型存储标准》在编制过程进行了广泛的调研，借鉴了国际和国内相关标准和工程实践经验，开展了 BIM 标准和 BIM 平台软件的专题研究。本标准的编制对建筑信息模型技术的应用，尤其是对 BIM 平台软件的开发和应用具有指导意义，为建筑信息模型数据的存储和交换提供依据，为 BIM 应用软件输入输出数据通用格式及一致性验证提供依据。标准的技术内容科学合理、可操作性强，与国际标准接轨，与现行相关 BIM 标准相协调，达到国际先进水平。

5 标准有待进一步解决的问题

（1）本地化专有建筑信息元素内容有待扩充增加

本标准中列入的所有建筑元素来源于参照 IFC 4.1 标准，限于标准编制时间紧迫，国内对 IFC 标准的应用经验有限，一些我国建筑行业特有的元素未能增加补充，需要在标准实施过程中积累不断经验，收集相关信息，以便在标准修订中增加和扩充。

（2）扩大国产 BIM 平台及应用软件的应用

虽然本标准数据模型和交换经过了自主知识产权 PKPM BIM 平台的验证，也得到国内广泛应用的 BIM 平台的支持，但 BIM 平台和应用软件的验证范围和代表性还不够，应用范围有待扩大，尤其是国产 BIM 软件的应用验证亟须加强。

（3）数据交换相关的内容有待进一步扩展

标准内容着重于数据的组织与描述，与数据交换相关的条文内容有待进一步扩展，比如数据交换流程定义、数据交换模板、数据交换场景等。

（4）下一步主要工作

首先要开展标准的宣贯和培训，尤其要面向工程技术人员的宣传和普及，扩大在实际工程中的应用，在推广应用中积累经验，不断完善本标准。其次要鼓励和督促在我国市场应用的 BIM 软件企业在平台和产品中优先采用本标准，尤其是要鼓励国产 BIM 软件企业在数据存储与交换中优先采用本标准。最后要关注国内 BIM 国家标准及团体标准的发展情况，关注铁路、公路等其他行业的 BIM 标准编制情况，保持与所有 BIM 标准研究与编制团队的联系及时收集相关信息，为本标准的下一步修订做准备。

作者：金新阳（中国建筑科学研究院有限公司）

第四篇 实践和应用

我国建筑行业在近十年取得了举世瞩目的成就，也是国家高速发展的缩影。为了向全社会宣传建筑业改革与发展的辉煌成就，弘扬广大建筑业职工追求的工匠精神，有效发挥技术创新在提升建筑业生产力水平的作用。本篇选择一批高、大、精、尖、难、特的代表性工程，通过介绍其关键技术的工程应用实践来展示行业发展转型中的最新成果。

在绿色建造方面，多年来国家坚持走可持续发展道路，推广绿色建材和先进技术工艺，强调绿色设计与绿色施工，颁布了多项与绿色相关的法规、政策和标准，党的十九大又再次强调必须树立和践行绿水青山就是金山银山的理念，要求加快生态文明体制改革，建设美丽中国。本篇的第一篇文章详细解析了 2019 年 8 月 1 日起正式实施的国家标准《绿色建筑评价标准》GB/T 50378—2019，该标准形成了新的"安全耐久、健康舒适、生活便利、资源节约、环境宜居"五大评价指标体系，对建筑项目的绿色性能进行全面评估。

在建筑工业化方面，随着国家对建设资源节约型、环境友好型社会的需求，社会对建筑质量要求的提高以及劳动力等因素的共同作用，装配式混凝土结构技术有了新的发展，许多科研单位、房地产公司、建筑施工单位及设计院开展了装配式混凝土结构技术的探索研发和工程实践，形成了与装配式建造相匹配的施工工艺、工法，使得生产施工效率和工程质量不断提升。本篇介绍的装配式叠合混凝土典型案例，是针对建筑设计、装备、工艺全流程的一整套有效解决方案。

在智慧建造方面，BIM、4G/5G、IOT、AI 等新一代信息技术和机器人等相关设备的快速发展和广泛应用，形成了数字世界与物理世界交错融合和数据驱动发展的新局面，为建筑行业的变革与发展注入了新的活力，必然驱动产业技术水平提升，推动商业模式变革，促进管理模式革新，更好地引领建筑业的转型升级与可持续健康发展。本篇专门选取了近期行业关注度较高的两个热点，一是人工智能在建筑工地的应用实践，该技术被认为是未来施工现场智慧化管理的重要支撑；二是多地开展试点的 BIM 报建审查审批技术，该技术创新智能审核引擎，构建专属的数据存储格式，为建设过程数字化与未来的智慧城市建设与管理提供了数据基础。

本书编委重点选择了国家雪车雪橇中心场馆、国家速滑馆、北京大兴国际机场、中信大厦、广州周大福中心、火神山应急医院、雷神山应急医院多个项目。这些项目都是在建筑工程不同细分领域的代表，如中信大厦与广州周大福中心两座超高层，都采用了工业化的顶升平台；北京大兴国际机场、国家雪车雪橇中心场馆都充分采用了数字化设计、加工技术来突破复杂建筑外形带来的工程挑战；火神山应急医院、雷神山应急医院、香港感染控制中心，都通过设计、施工一体化的方式，模块化建筑的手段来完成高效率、高规格（医疗）的交付。它们是新时期建筑人匠心追求的最好证明。由于篇幅有限，以上内容并不能涵盖各工程的所有成果，若使部分建筑业企业和从业人员从中受益，则幸甚矣。

Section 4   Practice and Application

China's construction industry has scored impressive achievements in the past decade, it is also the epitome of the country's rapid development. In order to publicize the brilliant achievements of the reform and development of the construction industry to the whole society, carry forward the spirit of craftsmanship pursued by construction workers, made technology and innovation effectively play the role in improving the productivity of construction industry, this chapter selects a number of representatives of high-end and mega projects, precision and advanced projects, difficult and special projects, to show the latest achievements in the development and transformation of the industry by introducing critical technology applications of the projects.

In the aspect of green construction, our country has adhered to the road of sustainable development for many years, promoted green building materials and advanced technologies, emphasized green design and green construction, and promulgated a number of green related laws, policies and standards. The 19th National Congress of the Communist Party of China once again stressed the need to establish and practice the concept that lucid waters and lush mountains are invaluable assets, called for speeding up the reform for promoting ecological progress, building a beautiful China. The first article of this chapter detailed analyzed the national standard *Assessment Standard for Green Building* (GB/T 50378—2019), which is officially implemented on August 1st, 2019. This standard formed 5 evaluation index systems, including "safety and durability, health and comfort, life convenience, resource saving, and livable environment", which comprehensively evaluates the green performance of construction projects.

In the aspect of construction industrialization, with the country's demand for building a resource-saving and environment-friendly society, also with the joint effect of the social's higher requirements for construction quality, labor issues and other factors, prefabricated concrete structure technology has new development. R&D, real estate, construction and design firms have carried out the research and implementation of prefabricated concrete structure technology, formed the related standardized construction technology and method, which continuously improving the construction efficiency and quality. The typical case study of prefabricated composite concrete introduced in this chapter is a complete set of effective solutions for the whole process of architectural design, equipment and technology.

In the aspect of intelligent construction, the rapid development and wide application of BIM, 4G/5G, IOT, AI and other new generation of information technology, robots and related equipment, have formed a new phase of integration between digital and physical world and data-driven development, it brings new vitality for the reform and development of the construction industry, which will lead the improvement of industrial technology, pushing the transform of business model forward, promoting the innovation of management mode, better leading the transformation and upgrading of the construction industry and sustainable and healthy development. This chapter specially selects two popular topics which are highly concerned by the industry recently. First is the application of artificial intelligence in construction sites, which is considered as an important support for intelligent management of construction sites in the future. The second is the technology of Construction Project Application auditing and approval based on BIM, which is implemented in many pilot areas. The technology innovates the intelligent audit engine and constructs the exclusive data storage format, which provides the data foundation for the digitization of the construction process and the development and management of the future smart city.

The editorial board of this book selects projects including the National Snowmobile Center, National Speed Skating Oval, Beijing Daxing International Airport, CITIC Tower, Guangzhou Chow Tai Fook Center, Huoshenshan Emergency Hospital and Leishenshan Emergency Hospital, etc. These projects are representative of different sub fields of construction engineering, such as two skyscrapers, CITIC Tower and Guangzhou Chow Tai Fook Center used the industrial jumping platform. Beijing Daxing International Airport and National Snowmobile Center fully adopted digital design and manufacturing technology to break through the challenges of complex building shapes; Huoshenshan Emergency Hospital, Leishenshan Emergency Hospital and Hong Kong Infection Control Center all achieved high efficiency and high standard (medical) handover by integrating design and construction, and modular construction. They are the best proof of the ingenuity of construction people in the new era. Due to the limited space, the above contents cannot cover all the achievements of various projects. If any construction enterprises and employees benefit from them, it will be extremely honor for us.

《绿色建筑评价标准》GB/T 50378—2019 应用

The Application of "Assessment Standard for Green Building" GB/T 50378—2019

1 概述

中国绿色建筑实践工作经过十余年的发展，国家、政府及民众对绿色建筑的理念、认识和需求均大幅提高，在法规、政策、标准三管齐下的指引下，中国绿色建筑评价工作发展效益明显。截至2019年12月，全国共评出绿色建筑标识项目超过1.98万个，全国累计新建绿色建筑面积超过50亿 m²。

中国绿色建筑的蓬勃发展离不开中央和地方政府的强有力举措，多项法规、政策、标准的颁布使绿色建筑经历了由推荐性、引领性、示范性到强制性方向转变的跨越式发展。2020年7月，住房城乡建设部、国家发展改革委、工信部等七部门联合印发《绿色建筑创建行动方案》提出"到2022年，当年城镇新建建筑中绿色建筑面积占比达到70%"的创建目标。此外，中国正在积极推动绿色建筑立法，目前江苏、浙江、宁夏、河北、辽宁、内蒙古、广东已颁布地方绿色建筑条例，山东、江西、青海等省颁布绿色建筑政府规章，未来绿色建筑的发展将迎来更加强有力的法律支撑。

然而，中国绿色建筑的实践在绿色生态文明建设和建筑科技的快速发展进程中仍不断遇到新的问题、机遇和挑战。在此背景下，国家标准《绿色建筑评价标准》GB/T 50378（下文简称"《标准》"）作为中国绿色建筑实践工作中最重要的标准，十余年来经历了"三版两修"。为响应新时代对绿色建筑发展的新要求，2018年8月在住房城乡建设部标准定额司下发的《住房城乡建设部标准定额司关于开展〈绿色建筑评价标准〉修订工作的函》（建标标函〔2018〕164号）的指导下，中国建筑科学研究院有限公司召集相关单位开启了对《标准》第三版的修订工作。2019年3月13日，住房城乡建设部正式发布国家标准《绿色建筑评价标准》GB/T 50378—2019，《标准》已于2019年8月1日起正式实施。

2 《标准》修订概况

《标准》全面贯彻了绿色发展的理念，丰富了绿色建筑的内涵，内容科学合理，与现行相关标准相协调，可操作性和适用性强；《标准》结合新时代的需求，坚持"以人文本"和"提高绿色建筑性能和可感知度"的原则，提出了更新版的"绿色建筑"术语：在全生命周期内，节约资源、保护环境、减少污染，为人们提供健康、适用、高效的使用空间，最大限度地实现人与自然和谐共生的高质量建筑（对应《标准》第2.0.1条）。

在新术语的基础上，《标准》将建筑工业化、海绵城市、健康建筑、建筑信息模型等高新建筑技术和理念融入绿色建筑要求中，扩充了有关建筑安全、耐久、服务、健康、宜居、全龄友好等内容的技术要素，通过将绿色建筑与新建筑科技发展紧密结合的方式，进一步引导和贯彻绿色生活、绿色家庭、绿色社区、绿色出行等绿色发展的新理念，从多种维度上丰富了绿色建筑的内涵。

为了将《标准》内容与建筑科技发展新方向更好地结合在一起，基于"四节一环保"的约束，《标准》重新构建了绿色建筑评价技术指标体系：安全耐久、健康舒适、生活便利、资源节约、环境宜居（对应《标准》第3.2.1条及第4～8章），体现了新时代建筑科技绿色发展的新要求。

此外,《标准》还针对绿色建筑评价时间节点、性能评级、评分方式、分层级性能要求等方面作出了更新和升级。《标准》的落地实施将对促进中国绿色建筑高质量发展、满足人民美好生活需要起到重要作用。

3 新国标项目应用概况

3.1 项目概况

《标准》作为中国绿色建筑评价工作的重要依据,是规范和引领中国绿色建筑发展的根本性技术标准。此次修订之后的新《标准》将与《绿色建筑标识管理办法》(建标规〔2021〕1号)相辅相成,共同推进绿色建筑评价工作高质量发展。同时,《标准》发布后,为了更好地适应中国绿色建筑的发展趋势,各级地方政府、多家评价机构均积极开展基于《标准》的评价工作办法修订工作,保障评价工作顺利开展。

《标准》从启动修编到发布实施,一直备受业界关注,截至2020年底,全国范围内已有11个新国标项目(包含2个预评价项目)。项目的落地标示着中国绿色建筑3.0时代的到来。下文将基于中国新国标项目,结合《标准》修订重点,分析《标准》应用情况。

新国标项目基本情况列表　　　　　　　　　　　　　　　　　　　表1

项目编号	建筑类型	标识星级	所在地区	气候区	建筑面积 (万 m²)	最终得分
1	公共建筑	三星级	华东	夏热冬冷	0.57	88.6
2	居住建筑	三星级	华东	夏热冬冷	9.41	86.0
3	居住建筑	三星级	华东	夏热冬冷	6.23	85.7
4	公共建筑	三星级	华北	寒冷	5.35	85.0
5	居住建筑	二星级	华东	夏热冬冷	6.04	80.9
6	公共建筑	三星级	华南	夏热冬暖	13.82	84.8
7	公共建筑	三星级	华北	寒冷	2.20	90.7
8	公共建筑	三星级	华北	寒冷	2.10	94.1
9	公共建筑	三星级	华北	寒冷	2.30	90.4
10	居住建筑	一星级	华北	寒冷	21.90	67.4
11	居住建筑	二星级	华南	夏热冬冷	15.61	73.7

11个项目(详见表1)在地理上涵盖了华北、华东和华南等地区,在气候区上覆盖了寒冷地区、夏热冬冷地区和夏热冬暖地区,在建筑功能上囊括了商品房住宅、保障性住房、综合办公建筑、学校、多功能交通枢纽、展览建筑等多种类型。从项目的得分情况及标识星级可以看出,三星级标识项目占比较大,该批项目的功能定位、绿色性能综合表现均具有较强的代表性,从一定程度上体现了《标准》引导中国建筑行业走向高质量发展的定位。

3.2 应用情况

此次《标准》修订中建立的评价指标体系从五大方面全面评价建筑项目的绿色性能,图1展示了11个新国标项目在"安全耐久、健康舒适、生活便利、资源节约、环境宜居、提高与创新"六大章节最终得分雷达图,为分析《标准》评价指标体系的实践情况,将资源节约章节得分换算为百分制后研究。

5类绿色建筑性能指标的得分情况体现了各要素综合技术选用情况与成效水平,同时也在一定程度上体现了不同章节的得分难易差别。可以看出9个项目的5类绿色建筑性能指标得分整体较为均衡,除了作为建筑基础要素的"安全耐久"(平均得分率68%)外,"健康舒适(平均得分率78%)"

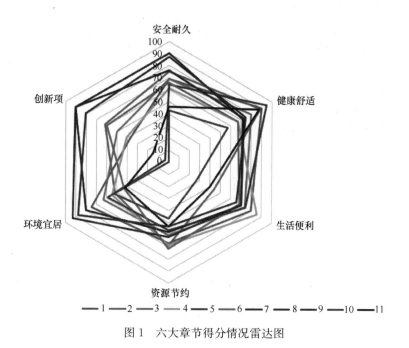

图1　六大章节得分情况雷达图

和"生活便利（平均得分率64％）"两个章节作为体现绿色建筑以人为本、可感知性的特色指标，也具有较高的得分率，可见新国标项目在选用技术体系及实践落地的过程中更加关注绿色建筑性能的健康、舒适、高质量等特性。

（1）安全耐久性能

11个新国标项目的"安全耐久"章节平均得分率为68％。安全作为绿色建筑质量的基础和保障，一直是建筑行业最关心的基本性能。此次修编，在"以人为本"的理念的引导下，《标准》从全领域、全龄化、全生命周期三个维度对绿色建筑的安全耐久性能提出了具体要求。《标准》将该章节评分项分为"安全"和"耐久"两个部分，其中新增条文数占比70％，相比于上一版标准，《标准》新增的12条均为针对强化人的使用安全的条文，如4.1.6条为对卫生间、浴室防水防潮的规定，4.1.8条为对走廊、疏散通道等通行空间的紧急疏散和应急救护的要求，4.2.2条为对保障人员安全的防护措施设置的要求等。

以《标准》4.2.2条为例，条文提出绿色建筑采取保障人员安全的防护措施，从主动防护和被动设计两个层面全面提高人员安全等级。某高层公共建筑项目通过在七层以上建筑中采用钢化夹胶安全玻璃、在门窗中采用可调力度的闭门器和具有缓冲功能的延时闭门器的方式防止夹人伤人事故的发生。

（2）健康舒适性能

"健康舒适"章节主要评价建筑中空气品质、水质、声环境与光环境、室内热湿环境等关键要素，重点强化对使用者健康和舒适度的关注，同时提高和新增了对室内空气质量、水质、室内热湿环境等与人体健康息息相关的关键指标的要求。此外，通过增加室内禁烟、选用绿色装饰装修材料产品、采用个性化调控装置等要求，更多地引导开发商、设计建设方及使用者关注健康舒适的室内环境营造，以提升绿色建筑的体验感和获得感。

11个新国标项目均以打造健康舒适的人居环境为目标，通过采用科学高效的供暖通风系统、全屋净水系统、高效率低噪声的室内设备、高隔声性能的围护结构材料、有效的消声隔振措施、节能环保的绿色照明系统等方式提升绿色建筑中室内环境的健康性能，进而提高用户对建筑绿色性能的可感知性。

（3）生活便利性能

"生活便利"章节侧重于评价建筑使用者的生活和工作便利度属性，《标准》将其分为"出行与无障碍""服务设施""智慧运行"和"物业管理"。作为 11 个新国标项目中得分率第三位的指标，该章节从建筑的注重用户及运行管理机构两个维度对绿色建筑的生活便利性提出了全面的要求。全章共设置 19 条条文，具体包括对电动汽车和无障碍汽车停车及相关设施的设置要求、开阔场地步行可达的要求、合理设置健身场地和空间的要求等，此外顺应行业和社会发展趋势，进一步融合建筑智能化信息化技术，增加了对水质在线监测和智能化服务系统的评分要求。

11 个新国标项目通过采用新型智能化技术打造便利高效的生活应用场景，某综合办公建筑通过采用建筑智能化监控系统，实现了对建筑室内环境参数的监测（包括室内温湿度、空气品质、噪声值等），同时还将对暖通、照明、遮阳等系统智能控制的功能集成起来。智能化的建筑监控系统结合完善的物业管理服务，为绿色建筑中用户、运营方提供了更加便利的绿色生活方式。某绿色住宅项目中采用智慧家居系统，实现了对建筑内灯光场景一键调用、全区覆盖智能安防、可视对讲搭配 APP、移动设备端多渠道操作、室内外环境数据实时监测发布、电动窗帘一键开关等功能，智能系统在住宅中的多维度应用让用户享受到现代生活气息，全面提升了建筑中用户的幸福感和感知度。

（4）资源节约性能

"资源节约"章节包含节地、节能、节水、节材四个部分，在 2014 版"四节"的基础上，《标准》在"基本规定"中增加了对不同星级评级的特殊要求，如提高建筑围护结构热工性能或提高建筑供暖空调负荷降低比例、提高严寒和寒冷地区住宅建筑外窗传热系数降低比例、提高节水器具用水效率等级等。

此外，除了沿用和提高 2014 版的相关技术指标，《标准》还提出了创新的资源节约要求，如在"节能"中，《标准》新增提出应根据建筑空间功能设置不同的分区温度，在门厅、中庭、走廊以及高大空间等人员较少停留的空间采取适当降低的温度标准进行设计和运营，可以进一步通过建筑空间设计达到节能效果。以建筑中庭为例，其主要活动空间是中庭底部，因此不必全空间进行温度控制，而适用于采用局部空调的方式进行设计，如采用空调送风中送下回、上部通风排除余热的方式。

（5）环境宜居性能

"环境宜居"章节相比于"健康舒适"而言更加关注建筑的室外环境营造，如室外日照、声环境、光环境、热环境、风环境以及生态、绿化、雨水径流、标识系统和卫生、污染源控制等。绿色建筑室外环境的性能和配置，不仅关系到用户在室外的健康居住和生活便利感受，同时也会影响到建筑周边绿色生态和环境资源的保护效果，更为重要的是，室外环境的营造效果会叠加影响建筑室内环境品质及能源节约情况。因此，"环境宜居"性能有助于提高建筑的绿色品质，让用户感受到绿色建筑的高质量性能。

以营造舒适的建筑室外热环境为例，《标准》控制项 8.1.2 条中要求住宅建筑从通风、遮阳、渗透与蒸发、绿地与绿化四个方面全面提升室外热环境设计标准，公共建筑则需要计算热岛强度。此外，《标准》在控制项中新增了对建筑室内设置便于使用和识别的标识系统的要求。由于建筑公共场所中不容易找到设施或者建筑、单元的现象屡见不鲜，设置便于识别和使用的标识系统，包括导向标识和定位标识等，能够为建筑使用者带来便捷的使用体验。在某学校建筑项目中，为确保学生及教职工的使用便利和安全，项目采用对教学楼内不同使用功能的房间设置醒目标识标注房间使用功能，对于机房、泵房及控制室等功能房间，设有"闲人免进""非公勿入"等标识的方式打造宜居的教学办公环境。

（6）提高与创新性能

为了鼓励绿色建筑在技术体系建立、设备部品选用和运营管理模式上进行绿色性能的提高和创新，《标准》设置了具有引导性、创新性的额外评价条文，并单独成章为"提高与创新"章节。其中，在上一版《标准》的基础上，此次修订主要针对进一步降低供暖空调系统能耗、建筑风貌设计、场地绿容率和采用建设工程质量潜在缺陷保险产品等内容进行了详细要求。

将 11 个新国标项目"提高与创新"章节得分汇总，取各项目条文得分平均分与条文满分之比为"平均得分比例"，取各条文中 9 个项目得分数量比例为"条文得分率"，如图 2 所示。

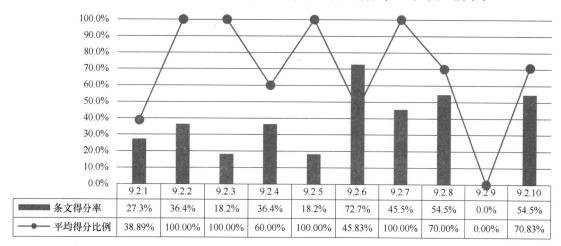

图 2　提高与创新章节得分汇总

"条文得分率"表示条文中各项目的得分比例，以第 9.2.1 条"采取措施进一步降低建筑供暖空调系统的能耗"为例，"条文得分率"27.3％表示 11 个项目中有三个项目此条评价得分；"平均得分比例"表示 11 个项目各条文的平均得分占该条文满分的比例，9.2.1 条满分 30 分，项目平均得分 12 分，"平均得分比例"38.9％。两项指标的差异表示了各条文得分的难易和分值高低的分布情况。

分析图 2 可知，9.2.2、9.2.3、9.2.5、9.2.6 及 9.2.7 条，由于条文设置了不同等级的加分要求，出现了得分率与平均得分比例的差值，其中 9.2.3 条差异最大，表示该条文虽具有较高的平均得分比例，但是由于目前参评的项目中场地包含废弃场地及旧建筑的情况较为少见，因此该条文的得分率不高。

以 9.2.6 条"应用建筑信息模型（BIM）技术"为例，此条在"提高与创新"章节中具有最高的得分率。应用 BIM 技术的要求是在 2014 版的基础上发展而来的，同时《标准》中增加了对 BIM 技术的细化要求。高得分率表示 11 个项目中采取 BIM 技术建造的项目占比较大，同时也反映了 BIM 技术在中国建筑行业的发展应用现状。以 11 个新国标项目中保障性住宅项目为例，该项目采用了装配式主体结构、围护结构、管线与设备、装配式装修四大系统综合集成设计应用，预制装配率达到了 61.08％，装配率达到了 64％，在充分发挥标准化设计的前提下，项目通过采用 BIM 技术，对各专业模型进行碰撞检查，将冲突在施工前已提前进行解决优化，确保了建筑项目的施工品质，实现了构件预装配、计算机模拟施工，从而指导现场精细化施工的目标。

"提高与创新"项 9.2.7 条要求参评项目"进行建筑碳排放计算分析，采取措施降低单位建筑面积碳排放强度"。11 个项目中，共有 5 个项目参评，平均得分率达 100％，体现了参评建筑项目在我国力争 2030 年实现碳达峰、2060 年实现碳中和的背景下，正在积极探索从建筑业层面推动减碳行动，同时通过参与《标准》评价工作进一步规范建筑碳排放计算分析方法和结果，为下一步建筑行业碳减排研究提供一线数据和经验。

4　关于新国标应用的几个突出特点

4.1　科学的评价指标体系提升了绿色性能

为提高绿色建筑的可感知性，突出绿色建筑给人民群众带来的获得感和幸福感，满足人民群众对美好生活的追求，《标准》修订过程中全面提升了对绿色建筑性能的要求，通过提高和新增全装修、室内空气质量、水质、健身设施、全龄友好等以人为本的有关要求，更新和提升建筑在安全耐久、节约能源资源等方面的性能要求，推进绿色建筑高质量发展。表2展示了11个项目在16个关键绿色建筑性能指标的成效平均值。

关键绿色建筑性能指标列表   表2

关键性能指标	单位	性能平均值	关键性能指标	单位	性能平均值
单位面积能耗	kW·h/(m²·a)	60.76	构件空气声隔声值	dB	49.66
围护结构热工性能提高比例	%	30.11	楼板撞击声隔声值	dB	57.50
建筑能耗降低幅度	%	26.17	可调节遮阳设施面积比例	%	70.41
绿地率	%	28.73	室内健身场地比例	%	1.80
室内PM2.5年均浓度	μg/m³	19.12	可再生利用和可再循环材料利用率	%	11.99
室内PM10年均浓度	μg/m³	20.19	绿色建材应用比例	%	36.43
室内主要空气污染浓度减低比例	%	20.56	场地年径流总量控制率	%	74.64
室内噪声值	dB	40.37	非传统水源用水量占总用水量的比例	%	32.15

其中，在营造健康舒适的建筑室内环境方面，11个绿色建筑项目的室内PM2.5年均浓度的平均值为$19.12\mu g/m^3$，室内PM10年均浓度的平均值为$20.19\mu g/m^3$。相比于中国现阶段部分省市室内颗粒物水平而言，新国标项目的室内主要空气污染（氨气、甲醛、苯、总挥发性有机物、氡等）浓度降低平均比例超过20%。可见其室内颗粒物污染得到了有效的控制。室内平均噪声值为40.37 dB，满足《标准》5.1.4条控制项对室内噪声级的要求。在资源节约方面，11个绿色建筑项目的围护结构热工性能提高平均比例为30.11%，建筑能耗平均降低幅度为26.17%，高于《标准》7.2.8条满分要求。在提高绿色建筑生活便利性能方面，11个绿色建筑项目的平均室内健身场地面积比例1.8%，远高于《标准》6.2.5条0.3%的比例要求。

《标准》通过科学的绿色建筑指标体系和提高要求的方式，达到大幅提升绿色建筑实际使用性能的目的。

4.2 合理的评价方式确保了绿色技术落地

为解决中国现阶段绿色建筑运行标识占比较少的现状，促进建筑绿色高质量发展，《标准》重新定位了绿色建筑的评价阶段。将设计评价改为设计预评价，将评价节点设定在了项目建设工程竣工后进行，结合评价过程中现场核查的工作流程，通过评价的手段引导中国绿色建筑更加注重运行实效。

11个新国标项目中除两个预评价项目外的9个标识项目均处于已竣工/投入使用阶段，评价机构在现场核查的过程中全面梳理项目全装修完成情况、重大工程变更情况、外部设施安装质量、安全防护设置情况、节水器具用水效率等级、能耗独立分项计量系统、人车分流设计、无障碍设计等关键绿色技术的落实情况，并形成"绿色建筑性能评价现场核查报告"，为后期项目专家组会议评价奠定工作基础。

此外，为兼顾中国绿色建筑地域发展的均衡性和进一步推广普及绿色建筑的重要作用，同时也为了与国际上主要绿色建筑评价标准接轨，《标准》在原有绿色建筑一、二、三星级的基础上增加了"基本级"。"基本级"与全文强制性国家规范相适应，满足《标准》中所有"控制项"的要求即为"基本级"。

同时为提升绿色建筑性能，《标准》提高了对一星级、二星级和三星级绿色建筑的等级认定性能要求。申报项目除了要满足《标准》中所有控制项要求外，还需要进行全装修，达到各等级最低得分，同时增加了对项目围护结构热工性能、节水器具用水效率、住宅建筑隔声性能、室内主要空气污染物浓度、外窗气密性等附件技术要求。11个新国标项目中8个为三星级项目，2个为二星级项目、

1 个一星级项目，11 个项目均满足对应星级的基本性能要求，其中"围护结构热工性能的提高比例，或建筑供暖空调负荷降低比例"一条中，所有项目均采用降低建筑供暖空调负荷比例的方式参评，平均降低比例为 17.00%；"室内主要空气污染物浓度降低比例"平均值为 20.56%。在《标准》基本绿色建筑性能的指引下，项目更加关注能效指标、用水品质、室内热湿环境、室内物理环境及空气品质等关键绿色性能指标，为提升绿色建筑项目可感知性提供了保障。

4.3　以人为本的指标体系提高了用户感知度

在全新的评价指标体系中，"安全耐久"和"资源节约"章节侧重评价建筑本身建造质量和节约环保的可持续性能，"健康舒适""生活便利"和"环境宜居"章节则更加关注人民的居住体验和生活质量。指标体系的重新构建，凸显了建设初心从安全、节约、环保到以人为本的逐渐转变。

"以人为本"作为贯穿《标准》的核心原则体现在绿色建筑 5 大性能的多个技术要求中。在"安全耐久"章节中，《标准》通过设置多条新增控制项的方式提高了对建筑本体及附属设施性能的要求、对强化用户人行安全、提高施工安全防护等级的要求等。在"健康舒适"和"环境宜居"章节中，《标准》针对建筑室内外环境提出了全维度的技术要求，如温湿度、光照、声环境、空气质量、禁烟等，此类技术要求的增加和提升大幅度提高了用户对绿色性能的感知度，进而强化了人民在建筑中的幸福获得感。从 11 个新国标项目在"健康舒适""生活便利"章节中取得的较高得分率可以看出，项目更加重视建筑中以人为本的技术性能，为新时代绿色建筑高质量发展起到了示范作用。

5　结束语

绿色建筑标准作为建筑提升品质与性能、丰富优化供给的主要手段，是践行绿色生活、实现与自然和谐共生的重要硬件保障，同时也必将成为全产业链升级转型和生态圈内跨界融合的促成要素。《标准》的颁布实施承载了新型城镇化工作、改善民生、生态文明建设等方面绿色发展的重要使命，11 个新国标绿色建筑标识项目的落地为推动中国绿色建筑高质量发展起到了示范推广的作用。

从《标准》正式发布实施至今，历时一年半时间，中国绿色建筑行业在《标准》的引领下向着高水平、高定位和高质量的方向稳步转型。《标准》作为住房城乡建设部推动城市高质量发展的十项重点标准之一，为中国建筑节能和绿色建筑的发展指明了新的方向，同时也充分体现了建筑与人、自然的和谐共生。绿色建筑作为人类生活生产的主要空间，未来势必将与智慧化的绿色生活方式相结合，为居民提供更加注重绿色健康、全面协同的建筑环境，从而真正实现绿色、健康可持续发展。

作者：孟　冲[1,2]　韩沐辰[2]（1. 中国建筑科学研究院有限公司；2. 中国城市科学研究会）

装配整体式叠合混凝土结构发展与创新实践

Development and Innovation Practice for Assembling Monolithic Composite Concrete Structures

　　长期以来，我国混凝土建筑主要采用现场浇筑施工为主的传统生产方式。这种方式不仅要雇佣大量劳动力，而且成本高、工期长，现场管理比较混乱，预制率、装配率和工业化程度均较低，离国家倡导的大力发展绿色建筑和优先采用工业化建造方式还有很大差距。随着可持续发展和节能环保要求的不断提升，劳动力成本持续增加，以装配式混凝土建筑为代表的建筑工业化得到了越来越多的重视，其应用前景十分广阔。装配式混凝土结构的应用也成为当前研究热点。许多科研单位、房地产公司、建筑施工单位及设计院开展了装配式混凝土结构技术的积极探索和研发，全国各地不断涌现出建筑装配式混凝土结构的新技术、新形式。

　　在德国双皮墙技术基础上形成的装配整体式叠合混凝土结构体系以等同现浇的结构安全性、可靠的防水性、现场施工便捷性、综合造价优势性等特点解决了竖向实心预制构件加灌浆的作业方式的痛点和难点，更符合我国装配式发展的现状和未来发展趋势。符合我国装配式高装配率发展的需要。通过不断改进，将逐渐成为我国未来装配整体式混凝土结构体系发展的主要方向。本文将对该体系的发展与创新实践进行阐述。

1　技术背景

　　2016年以来，国家和各级地方政府陆续出台鼓励装配式建筑发展的产业政策。装配式混凝土结构因具有成本相对低、居住舒适度高、适用范围广等优势，在我国占主导地位，因此带动大量企业进入装配式领域。如北京、上海等对装配式建造项目有预制率要求的城市已经过短暂培育，市场现已达快速发展期。随着2026年装配式建筑占新建建筑面积比例达到30％的到来，装配式发展滞后城市和地区也纷纷落地各种政策和举措增加装配式建筑项目的数量。同时随着我国建筑工人年龄及用工成本的不断增加，也会大幅提升施工现场采用装配式建造方式转变的市场需求。

　　我国装配式混凝土结构主要采用"等同现浇"的概念，以装配整体式结构为主。但装配整体式预制构件由于连接的构造要求，构件周边伸出连接钢筋，给生产、运输、安装带来诸多不便，且节点和接缝较多，连接构造比较复杂，造成成本较高和施工效率较低。

　　目前我国的混凝土装配式建筑采用以实心预制混凝土构件现场灌浆为主的结构体系，存在诸多问题及难点。如预制构件侧面出筋导致的构件生产自动化程度低，后浇带连接导致的模板及钢筋作业量大，无法对灌浆工序做隐蔽工程验收，对工人需求量大且专业化程度要求高，构件自重大导致塔式起重机型号大、现场吊装困难、运输不便，现场钢筋连接导致的质量管控困难等。以上因素综合导致了目前装配式混凝土结构效率低下，成本增加。

　　装配整体式叠合混凝土结构体系的预制构件为空腔不出筋，且采用钢筋搭接的节点连接形式。装配整体式叠合混凝土结构叠合预制部分既参与受力又兼作模板，可实现免外模板安装，有效解决了施工现场吊装难点，可在现场对连接筋进行隐蔽工程验收，保证了结构的安全性。同时由于构件重量轻，可做到8m长，减少了吊装次数，提高了施工速度，见图1。

　　同时空腔内整体浇筑混凝土，具有良好的整体性及防水性能，提高了建筑的整体品质，见图2。

图 1 装配整体式叠合混凝土结构体系

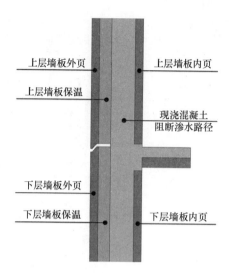

图 2 结构组成示意

2 技术内容

2.1 技术原理

混凝土叠合构件是以焊接钢筋网片及定型钢筋笼为骨架，采用自动化设备生产带空腔的预制构件，包括空腔墙构件和空腔柱构件等；通过现场安装构件、成型钢筋笼、连接钢筋，并在空腔内浇筑混凝土形成叠合墙、叠合柱等构件，并形成装配整体式叠合剪力墙结构、叠合框架结构等，具有与现浇剪力墙结构和框架结构类似的力学性能。

2.1.1 预制空腔剪力墙

预制空腔剪力墙由焊接钢筋笼及两层混凝土页板组成，见图 3。钢筋笼的钢筋直径和间距与现浇结构一致。

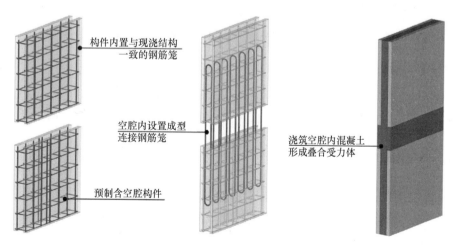

图 3 预制空腔剪力墙

墙体之间由环状成型钢筋连接，施工容错率高，安装速度快。

在施工现场浇筑空腔内混凝土形成叠合受力体。由于焊接钢筋笼的存在，两层混凝土页板之间形成强连接，因此空腔内混凝土可采用普通混凝土，在施工过程中可边浇筑边振捣。

2.1.2 预制空腔柱

预制空腔柱由焊接钢筋笼及空腔混凝土薄壁组成，见图 4。钢筋笼的钢筋直径和间距与现浇结构一致，在工厂采用专用工艺技术形成空腔混凝土柱构件。施工现场安装就位后浇筑空腔混凝土。上下层柱采用可调节机械套筒连接或连接钢筋搭接。

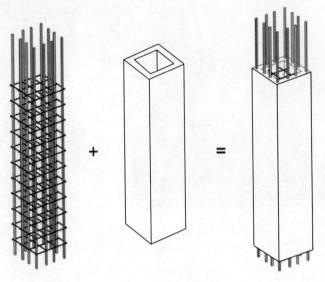

图4　预制空腔柱

2.2　技术方案

2.2.1　预制构件

　　叠合内墙板：由两层预制板和成型焊接钢筋笼制作而成。内部放置由水平焊接钢筋网片和墙体竖向纵筋组成的成型钢筋笼；通过翻转设备浇筑两层预制板，预制板通过钢筋笼连接。叠合剪力墙利用两外侧预制部分作为模板，中部现浇层与叠合楼板的现浇层同时浇筑，施工便利、速度较快，见图5～图8。

图5　焊接钢筋网片

1—墙体拉筋；2—墙体水平筋

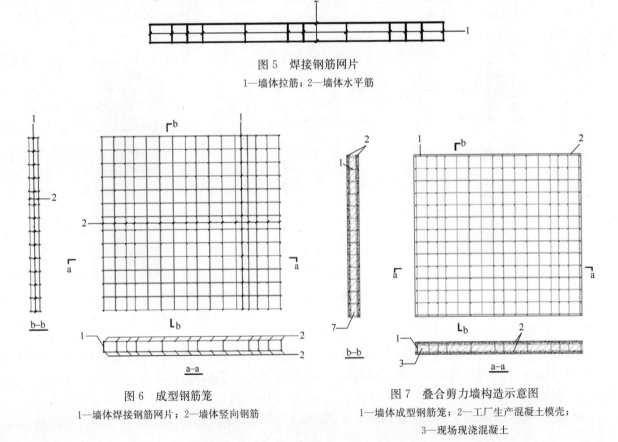

图6　成型钢筋笼

1—墙体焊接钢筋网片；2—墙体竖向钢筋

图7　叠合剪力墙构造示意图

1—墙体成型钢筋笼；2—工厂生产混凝土模壳；

3—现场现浇混凝土

三明治叠合外墙板：预制部分由外页板、保温板、墙体内壳组成。墙体内壳自带成型钢筋笼，其中外页板、保温板、墙体内壳由保温连接件连接在一起，见图9～图11。

图8　叠合内墙板实物图

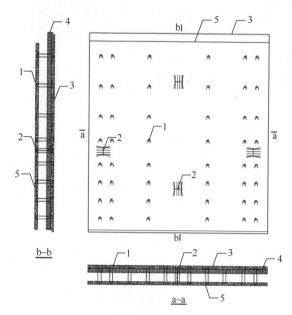

图9　三明治墙体连接件构造示意图

1—保温连接件①；2—保温连接件②；3—墙体外页板；
4—保温板；5—墙体内壳

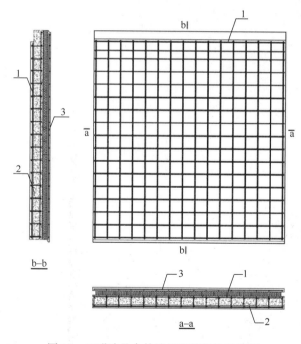

图10　三明治叠合外墙板配筋构造示意图

1—墙体成型钢筋笼；2—现场现浇混凝土；3—墙体外页板钢筋网片

图11　三明治叠合外墙板实物图

叠合柱：采用模壳的形式，内部放置由焊接箍筋网片和柱纵筋组成的柱焊接钢筋笼，柱的四面浇筑混凝土，模壳既充当钢筋保护层参与受力，又充当后浇筑混凝土模板，见图12～图15。

图12　柱箍筋网片

355

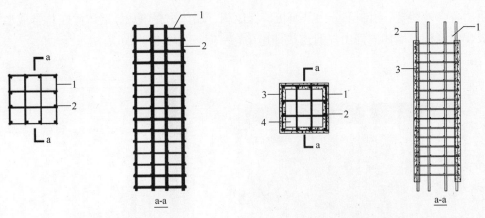

图 13　柱焊接钢筋笼　　　　　　图 14　叠合柱构造示意图

1—柱焊接箍筋网片；2—柱纵筋　　1—柱焊接箍筋网片；2—柱纵筋；

3—工厂浇筑混凝土；4—空腔

图 15　叠合柱实物图

2.2.2　典型连接节点

叠合混凝土结构典型连接节点如图 16~图 29 所示。叠合剪力墙边缘构件范围内均采用成型钢筋笼，辅助定型铝模及安装装备，极大地减少了现场钢筋、模板工作量、各工种交叉作业及现场人工用

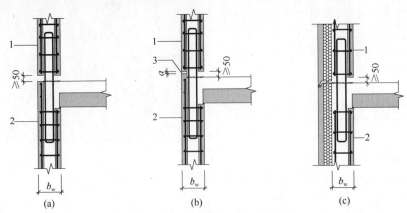

图 16　上下层叠合剪力墙竖向连接

1—上层叠合剪力墙；2—下层叠合剪力墙；3—高强砂浆；

a—叠合剪力墙外侧页板接缝高度

量，施工高效便捷。剪力墙竖向连接采用钢筋搭接方式，质量可靠易检。

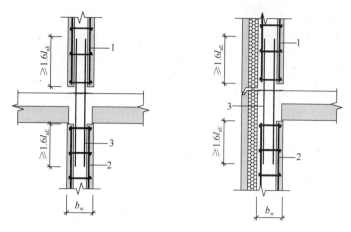

图 17　叠合剪力墙边缘构件竖向连接
1—上层边缘构件纵筋；2—下层边缘构件纵筋；3—连接钢筋；b_w—叠合剪力墙厚度

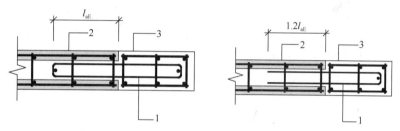

图 18　后浇混凝土墙段一侧有叠合构件连接节点
1—环状连接筋或 U 形连接筋；2—叠合构件；3—后浇混凝土墙段

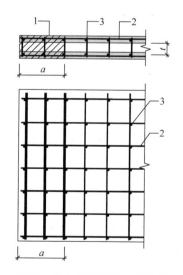

图 19　叠合暗柱构造边缘构件
1—边缘构件；2—水平网片筋；3—网片横筋；
a—边缘构件长度；t—空腔宽度

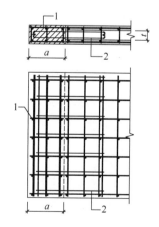

图 20　现浇暗柱边缘构件（一）
1—成型钢筋笼；2—水平连接筋；
a—边缘构件阴影区域长度；t—空腔宽度

357

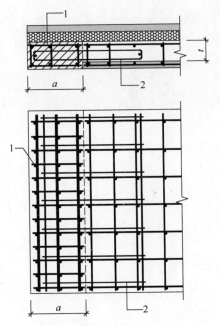

图 21 现浇暗柱边缘构件（二）

1—成型钢筋笼；2—水平连接筋；

a—边缘构件阴影区域长度；t—空腔宽度

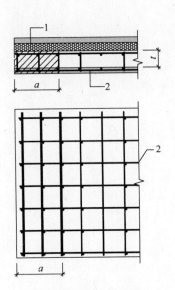

图 22 叠合暗柱边缘构件

1—墙体水平网片筋；2—附加网片筋；

a—边缘构件阴影区域长度；t—空腔宽度

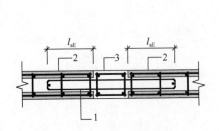

图 23 后浇混凝土墙段两侧均
有叠合构件连接节点

1—环状连接筋；2—叠合构件；

3—后浇混凝土墙段

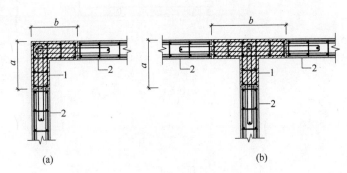

图 24 转角墙及翼墙现浇段与叠合段组合构造边缘构件（一）

（a）转角墙；（b）翼墙

1—现浇混凝土；2—叠合构件；

a、b—边缘构件阴影区域长度

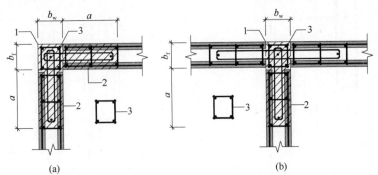

图 25 转角墙及翼墙现浇段与叠合段组合构造边缘构件（二）

（a）转角墙；（b）翼墙

1—边缘构件现浇段；2—边缘构件叠合段；3—现浇段钢筋笼；

b_w、b_f—叠合剪力墙墙肢厚度；a—边缘构件叠合段长度

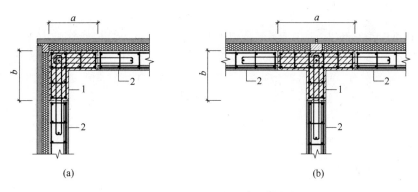

图26　转角墙及翼墙约束边缘构件

（a）转角墙；（b）翼墙

1—后浇混凝土；2—叠合构件；a、b—边缘构件阴影区域长度

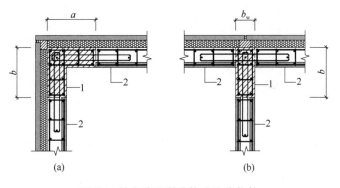

图27　转角墙及翼墙构造边缘构件

（a）转角墙；（b）翼墙

1—现浇混凝土；2—叠合构件；a、b—边缘构件长度；b_w—墙肢厚度

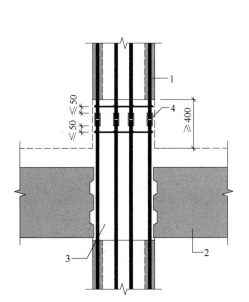

图28　叠合柱竖向机械连接构造示意

1—叠合柱；2—叠合梁；3—后浇区；4—机械连接接头

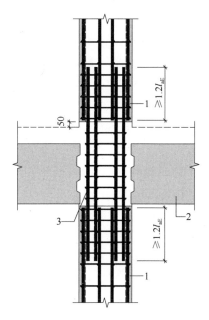

图29　叠合柱竖向搭接连接构造示意

1—叠合柱；2—叠合梁；3—搭接钢筋

359

2.3 试验验证结果

通过对焊接钢筋、叠合剪力墙、工字形叠合剪力墙、叠合柱等结构构件的力学性能、抗震性能进行试验研究，分析焊接钢筋网片代替箍筋、分布筋及拉筋的预制外壳构件的受力性能，包括裂缝分布模式、破坏模式、承载能力、刚度、变形性能、滞回特征等。根据试验研究的结果，对比叠合构件与现浇结构构件的异同，总结叠合混凝土结构的设计方法和构造措施。根据结构构件生产需求及构造，配套研究叠合构件生产装备，通过进行一系列相关样板工艺试验，分析并总结叠合混凝土结构体系的生产工艺和施工工法，形成了装配整体式叠合混凝土结构技术应用的成套技术标准。

图30为典型受力试验图片。

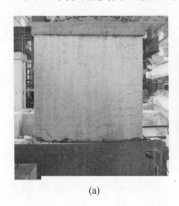   

(a) (b) (c) (d)

图30 典型受力试验图片

(a) 叠合剪力墙抗震试验；(b) 叠合柱抗震性能试验；(c) 叠合柱轴压试验；(d) 叠合柱静力压弯试验

试验结论：

(1) 叠合剪力墙受力机理：小剪跨比试件、工字形截面试件破坏机理为剪力墙角部产生塑性铰并向内扩展、墙身斜截面破坏，共同导致试件丧失承载能力，其中墙身斜截面破坏占主导地位。大剪跨比试件剪力墙角部形成塑性铰（混凝土压溃，钢筋屈服甚至拉断）并不断扩展导致试件丧失承载能力。

(2) 叠合剪力墙设计理念：本文剪力墙试件的设计、构造合理，可用于叠合剪力墙结构的设计。可按现浇剪力墙进行结构分析和构件承载力计算。

(3) 研究表明，叠合柱在轴力与水平往复荷载作用下，发生受拉侧钢筋屈服、受压侧混凝土逐渐压溃，受压区混凝土高度逐渐减小最后导致试件破坏，为典型的弯曲破坏。与整体浇筑的框架柱的弯曲破坏特征一致。

(4) 综合叠合柱轴压、偏压及抗震试验分析，叠合柱中所采用的成型焊接复合箍筋在各受力工况下均未发生破坏，其能够有效约束核心混凝土和纵向受力钢筋，保证了叠合柱无论在轴向或水平荷载作用下，均能表现为延性破坏。叠合柱中预制模壳没有发生与后浇芯部混凝土脱离、接缝破坏等，并基本与芯部混凝土共同受力。叠合柱始终保持整体受力，符合相应受力工况的破坏形态并与整体浇筑框架柱一致，且符合平截面假定，承载力计算可采用《混凝土结构设计规范》GB 50010的相关公式计算。叠合柱抗震试验试件底部后浇段与预制部分结合面开裂、柱根部水平接缝的开裂满足规范要求的正常使用极限状态的规定，结合面及钢筋连接的设计或验算可采用《装配式混凝土结构技术规程》JGJ 1的相关公式计算。

2.4 关键核心技术

装配式整体叠合结构成套技术包含设计、装备、工艺三部分，各部分均经过大量试验验证，具有很高的技术成熟度。

2.4.1 装配式整体叠合结构体系各部品部件已经进行了如下试验：

(1) 焊接钢筋网接头力学性能试验研究；

(2) 一字形叠合剪力墙抗震性能试验研究；

(3) 工字形叠合剪力墙抗震性能试验研究；

(4) 叠合框架柱抗震性能试验研究；

(5) 叠合框架柱静力压弯试验研究；

(6) 叠合框架柱轴压试验研究；

(7) 模壳叠合梁受弯性能试验研究；

(8) 模壳叠合梁受剪试验研究；

(9) 装配式整体叠合剪力墙结构设计方法研究；

(10) 装配式整体叠合框架结构设计方法研究。

上述试验研究及分析证明，该体系结构构件和连接节点的受力性能与现浇结构一致，满足国家及行业相关规范要求，设计方法可采用等同现浇结构的设计方法。采用该体系结构构件及连接方式。经现场施工验证，该体系构件吊装方便、连接操作简单、现场人工需求低、现场材料需求低、施工速度快、结构整体性好。

2.4.2 配合装配式整体叠合结构体系，研发了一系列生产工艺及施工方法，主要包括：

(1) 叠合剪力墙构件生产技术；

(2) 叠合框架柱整体成型的生产技术；

(3) 叠合剪力墙暗柱钢筋施工；

(4) 门窗洞口模板支设施工技术；

(5) 叠合框架柱安装施工技术。

3 技术指标

3.1 技术的关键技术指标

3.1.1 结构性能指标

叠合剪力墙构件的破坏模式、延性系数、承载力、刚度等指标均与现浇剪力墙一致，均达到国家及行业标准的相关要求，可采用与现浇剪力墙相同的设计和承载力计算方法。

叠合框架柱中的成型焊接复合箍筋在各受力工况下均不发生破坏，预制模壳和后浇混凝土始终保持整体受力，叠合框架柱的破坏模式、延性系数、承载力、刚度等指标均与整体浇筑框架柱一致，且符合平截面假定，构件承载力可采用与现浇框架柱一致的方法计算。

由叠合构件形成的装配式整体叠合剪力墙结构和装配式整体叠合框架结构均具有较好的力学性能和抗震性能，可以采用和现浇剪力墙结构和框架结构类似的方法进行结构整体分析和设计。

3.1.2 施工安装技术性能指标

装配整体式叠合结构体系安装施工技术相比一般装配式混凝土结构有以下性能指标提高：

(1) 劳动力：与一般装配式混凝土结构相比，装配整体式叠合结构中施工所用独立支撑，利用叠合结构自身预制部分充当模板，主要是外墙的一字形、T 形、L 形暗柱后浇段模板直接利用外墙外页板充当外模板，免去外墙支设模板所用的脚手架的使用量，减少现场外防护架工人投入数量。一般装配式混凝土结构暗柱需在现场绑扎钢筋笼，而装配整体式叠合结构叠合墙暗柱钢筋笼采用在工厂制作的定型钢筋笼，避免投入大量的人工现场绑扎。

装配整体式叠合结构体系较一般装配式混凝土结构施工可减少现场劳动力 20%～30%。

(2) 预埋件与灌浆料费用：一般装配式建筑结构体系应大量使用灌浆套筒作为竖向钢筋连接的方式，从而增加套筒和灌浆料的费用。但装配整体式叠合结构体系不采用灌浆套筒连接技术，从而避免了此项费用的增加，质量安全可靠。

3.2 技术对比及优势

装配整体式叠合混凝土结构相比套筒灌浆及叠合剪力墙（双皮墙）体系项目具有结构整体性能好、施工便捷等优势。以下分别从适用高度、结构安全、建筑质量、防水、隔声性能、工期（熟练状态）、原辅材料、人工、运输等方面进行对比，见表1。

对比分析汇总表　　　　　　　　　　　　　　　　　　　　　表1

对比项目		装配式结构				
		装配整体式叠合混凝土结构		套筒灌浆剪力墙		叠合剪力墙（双皮墙）
适用高度(m)	8度	★★★	90/70	★★★	90/70	★	60/50
	7度		110		110		80
	6度		130		130		90
结构安全		★★★	施工质量易管控　无特殊工艺　安全性无限接近现浇	★	施工质量难管控　特殊工艺，检测困难　一旦出现问题安全隐患巨大	★★	安全性能低于现浇
建筑质量		★★★	误差小、平整、免抹灰，远优于现浇	★★	误差小、单面平整、可单面免抹灰	★★★	误差小、平整、免抹灰，远优于现浇
防水、隔声性能		★★★	接近现浇	★	水平接缝防水很难处理，经常出现漏水	★★★	接近现浇
工期（熟练状态）		★★★	3~5天	★	8~10天	★★	5~7天
主材(钢筋、混凝土)		★★	钢筋比现浇增加约8%（叠合楼板）	★	钢筋比现浇增加约20%	★★	钢筋比现浇增加约15%
辅材		★★	支撑埋件等	★	灌浆套筒支撑埋件等	★★	支撑埋件等
模板		★★★	连接部位少量夹具	★★★	连接部位少量模板	★★★	连接部位少量模板
人工需求		★★★	工厂、现场均较少	★★	工厂较多、现场较少	★★	工厂较多、现场较少
智能装备需求		★★★	数据驱动智能装备生产	★★	传统装配式生产装备	★★	翻转生产装备
环保		★★★	污染少、损耗低	★★★	污染少，损耗低	★★★	污染少，损耗低
成本		★★	较低	★	高	★	中
运输、安装		★★★	构件轻　便于运输、安装	★	受构件重运输吊装成本高	★★★	构件轻　便于运输、安装

4 适用范围

4.1 技术适用环境特点

装配式整体叠合结构体系可实现框架结构、剪力墙结构、框架-剪力墙结构全结构体系覆盖。该体系可构建灵活自由的商业大空间，又可构建整体刚度好，室内无梁无柱外露的居住空间。广泛应用于国内外装配式建筑技术领域，可用于住宅、办公、商业学校、医院等各种功能的建筑。该体系可根据建筑高度匹配相应结构形式提供适宜的侧向刚度，可实现从多层建筑到百米高层建筑结构形式经济合理及抗震性能优良的目标。

4.2　适用建筑物特点（表2）

适用建筑物特点

表2

建筑类型(常用结构类型)		抗震设防烈度			
		6度	7度	8度(0.2g)	8度(0.3g)
居住建筑(剪力墙结构)		130m	110m	90m	70m
公共建筑	多层：学校、办公、商业、医院等(框架结构)	60m	50m	40m	30m
	高层：办公、商业等(框架-剪力墙结构)	130m	110m	90m	70m
	超高层：办公、商业等(框架-现浇核心筒结构)	150m	130m	100m	90m

4.3　应用特点

竖向构件内核及连接节点为整体现浇，结构整体性好，解决了装配式建筑易开裂、防水性能差等质量通病，可用于地下室结构工程以及混凝土冬期施工中。

5　社会经济效益

5.1　真正促进进城务工人员向产业工人转变，实现"人的城镇化"

劳动力市场结构性短缺已开始显现。装配式整体叠合结构体系采用成套智能生产装备、运输装备及施工装备，可大幅降低劳动强度，每台设备仅需1、2人即可操作，实现构件的自动化生产及安装，大大提高了生产效率及施工效率，大大改善了劳动条件，提高了劳动技术含量，有助于引导管理松散、流动性强的体力型进城务工人员转型为相对固定的技术型产业工人，促进其稳定就业，并在城镇定居，实现农业转移人口市民化。

5.2　提升质量和性能，提高居住舒适度

三明治叠合剪力墙可以解决保温施工困难、质量参差不齐及施工现场防火的问题，提高了保温材料的使用寿命和保温效果；预制构件尺寸偏差可控制在5mm以内，表面平整度偏差控制在0.1%以下，大大降低了主体结构精度偏差，基本消除墙体开裂、渗水、墙面平整度差等质量通病。

5.3　有利于安全生产，推动产业技术进步

大幅减少了工程施工阶段对人员的需求，仅需要几十个甚至更少的起重人员、组装人员和管理人员进行现场的吊装、拼装工作。同时，需专门从事建筑工业化生产的工人，这些产业工人技术水平相对较高、专业知识较多、安全意识较强、综合素质较好，从而减少了施工生产过程中人为的不安全因素的影响。

5.4　环境效益

装配整体式叠合结构体系建筑解决了传统建造方式造成的资源能源过度消耗、浪费与经济增长对资源能源需求之间的矛盾，在节约材料、节约能源和水资源、降低大气污染、减少温室气体排放、减少粉尘、降低噪声方面具有明显优势，从根本上改变了施工现场"脏乱差"局面，有利于实现节能减排、环境保护的要求，促进城市环境改善和生态文明建设。

6　结语展望

装配整体式叠合混凝土结构技术未来要进一步与生产工艺与施工现场相结合，完善场景应用。以实现建筑工业化的建造方式为目标，以数字科技为驱动力，结合建筑使用功能、装修要求及智能家居，提供装配式建筑一站解决方案。

仍存在以下几点需要继续深入研究、完善：有待于大面积推广应用，进一步验证总结该体系在各地区的适用性，并不断完善；需继续整理归纳形成全国各地区的地方标准；需继续完善与机电、建筑、装饰等专业的结合，提高产品整体集成率，实现保温、装饰、机电、结构一体化设计、生产、施工；进一步完善信息化手段融合。

作者：张　猛　王　亮（三一筑工科技股份有限公司）

装配式叠合混凝土结构的智能结构实践

Intelligent Construction Practice of Prefabricated Composite Concrete Structure

1 工程概况

上海嘉定新城菊园社区 JDC1-0402 单元 05-02 地块项目位于上海嘉定区，东至和硕路、西至盘安路、南至范家岗、北至树屏路。工程采用施工总承包模式，合同工期为 694 日历天，开工时间 2020 年 9 月 1 日，计划竣工时间为 2022 年 7 月 30 日，合同造价为 40000 万元，参建单位信息见表 1。

参建单位信息表   表 1

工程名称	嘉定新城菊园社区 JDC1-0402 单元 05-02 地块（二期）
建设单位	上海鑫地房地产开发有限公司
施工总承包单位	中天建设集团有限公司
设计单位	上海原构设计咨询有限公司
深化设计单位	上海中森建筑与工程设计顾问有限公司
监理单位	上海海达工程建设咨询有限公司
预制构件生产单位	三一筑工科技有限公司

项目总建筑面积 246455.37m²，共计 21 栋单体，高层 7 栋，地上 18 层，建筑高度 54.15m，2F 至顶层为预制装配结构；叠墅 14 栋，地上 5 层，建筑高度 16.2m，1F 至顶层为预制装配结构，预制率均大于 40%。

本工程涉及的预制构件有：预制外墙板，预制内墙板，预制楼梯，预制叠合楼板等，3 号、4 号、5 号楼采用了三一筑工科技股份有限公司的装配整体式钢筋焊接网叠合混凝土结构体系（简称 SPCS 体系），预制率 41.3%。以 3 号楼为例，预制构件应用情况统计如表 2 所示。

预制构件数量统计表（以 3 号楼为例）   表 2

构件类型		应用范围	应用层数	标准层数量	汇总	备注
叠合板		3～18F	16	42	672	每层 4 块阳台板
预制墙板	外剪力墙（64）	3～18F	16	4	64	YWQ1、YWQ3
	外挂墙板（222）	2F	1	6	6	YWQ4、YWQ5、YWQ11
		3F	1	6	6	YWQ2、YWQ6、YWQ7
		4～18F	15	14	210	YWQ2、YWQ4、YWQ5、YWQ6、YWQ7、YWQ8、YWQ11
	凸窗（136）	2～18F	17	8	136	YWQ9、YWQ10、YWQ12、YWQ13
	PM 板（34）	2～18F	17	2	34	—
	内剪力墙（165）	4～18F	15	11	165	—
预制楼梯（32）		2～17F	16	2	32	—

2 科技创新

本工程积极落实住房城乡建设部智能建造试点工作，建造过程加大科技投入，创新了竖向构件的连接技术，采用"空腔＋搭接＋现浇"的工艺，解决了传统灌浆套筒体系成本高、质量不易检测的痛点，综合成本更低、结构更安全、质量更可靠，实现了设计、生产、建造全流程智能化。创新技术获得专利授权 151 项，其中发明专利 9 项、实用新型 142 项，经科技成果评价，混凝土结构叠合建造成套技术整体达到国际先进水平。现已出版专著 1 部《装配式整体叠合结构成套技术》，形成 CECS 标准 2 项《装配整体式钢筋焊接网叠合混凝土结构技术规程》T/CECS 579—2019（为协会年度十大优秀标准之一）、《装配整体式叠合混凝土结构地下工程防水技术规程》T/CECS 832—2021，省级工程建设标准 1 项《装配整体式叠合混凝土结构技术规程》DBJ61/T 183—2021。创新成果解决了以下难点问题：

（1）智能化设计创新成果

针对传统设计出图慢、易出错等问题，采用智能化设计软件 SPCS＋PKPM，实现了预制构件智能设计、快速计算、一键自动出图、生成 BOM 清单及加工数据等功能，BIM 技术真正落地。

（2）自动化生产创新成果

针对现场钢筋笼人工绑扎效率低、用工成本高的问题，在构件加工厂应用基于数据驱动的全自动柔性钢筋焊接网生产线、SPCS 空腔墙和空腔柱钢筋笼生产线，实现钢筋笼无死角快速绑扎。

针对传统预制构件生产自动化水平低、成本高的问题，研发了叠合混凝土墙体翻转和免翻转两种生产工艺，研制了基于高精度基准设计、多重定位策略的空腔构件自动化翻转设备，解决合模精度问题，自动布模、自动画线。叠合墙体免翻转生产技术则进一步简化了翻转机生产工艺，效率更高。

（3）快速化施工创新成果

针对传统灌浆套筒体系施工困难、质量不易检测问题，采用预制空腔墙间接搭接形式简化了施工工艺，容错能力强，施工精度高、结构安全可靠、无渗漏隐患，可很好地适用于工业与民用建筑地上及地下工程。

针对传统实心构件质量大、吊装设备型号要求高的问题，采用空腔构件重量轻、尺寸大、接缝少、吊次少、安装快，实现了标准层施工 3～5 天/层。

针对传统体系措施量大、用工多的问题，研发了极简的定型化模板夹具和支撑，配套智能穿戴和智能作业装备，少人工、免外架，工厂配送成型钢筋笼，现场免绑扎。

（4）数字化协同创新成果

针对行业普遍的数字化、智能化水平低问题，打造 PCTEAM 平台，全过程、全要素在线，实现各参与方的实时共享和协同工作；施工端与 PC 工厂生产数据打通，支持施工单位协同要货、运输跟踪、制定吊装计划并通过 IOT 手段一件一码管理吊装过程，实现构件全生命周期溯源管理；通过驾驶舱让管理层进行生产和施工的运营分析与决策；系统数据与 BIM 模型集成，实现数据模型与实体建筑的孪生交付。

3 新技术应用

3.1 新工艺

3.1.1 SPCS 结构体系简介

SPCS 结构体系见图 1～图 3。

3.1.2 SPCS 施工工艺

SPCS 体系施工工艺与传统现浇结构工艺流程有较大区别，主要特点在于吊装工作量大，塔式起重机使用频率高，现场湿作业、模板工程、钢筋工程量减少。同时 SPCS 体系采用空腔叠合构件，因

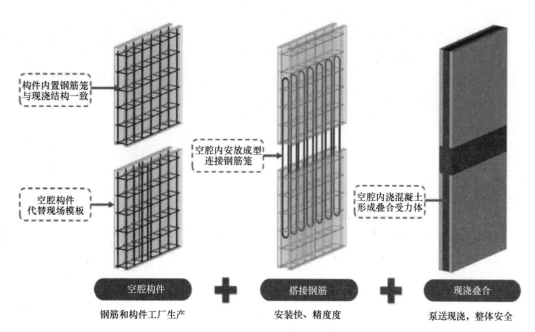

构件内置钢筋笼
与现浇结构一致

空腔内安放成型
连接钢筋笼

空腔内浇混凝土
形成叠合受力体

空腔构件
代替现场模板

空腔构件	＋	搭接钢筋	＋	现浇叠合
钢筋和构件工厂生产		安装快、精度度		泵送现浇，整体安全

图 1　SPCS 结构体系原理图

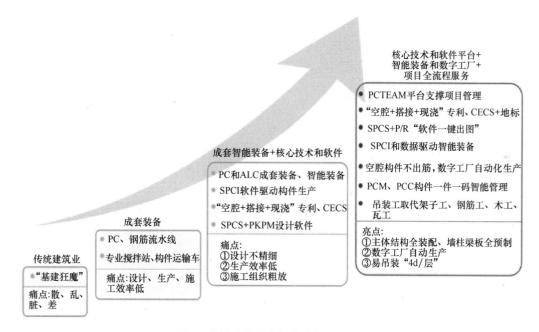

核心技术和软件平台+
智能装备和数字工厂+
项目全流程服务

- PCTEAM平台支撑项目管理
- "空腔+搭接+现浇"专利、CECS+地标
- SPCS+P/R "软件一键出图"
- SPCI和数据驱动智能装备
- 空腔构件不出筋，数字工厂自动化生产
- PCM、PCC构件一件一码智能管理
- 吊装工取代架子工、钢筋工、木工、瓦工

亮点:
①主体结构全装配、墙柱梁板全预制
②数字工厂自动生产
③易吊装 "4d/层"

成套智能装备+核心技术和软件

- PC和ALC成套装备、智能装备
- SPCI软件驱动构件生产
- "空腔+搭接+现浇"专利、CECS
- SPCS+PKPM设计软件

痛点:
①设计不精细
②生产效率低
③施工组织粗放

成套装备

- PC、钢筋流水线
- 专业搅拌站、构件运输车

痛点:设计、生产、施工效率低

传统建筑业

- "基建狂魔"

痛点:散、乱、脏、差

图 2　传统建筑业向智能建筑升级过程

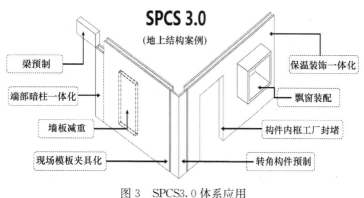

SPCS 3.0
(地上结构案例)

梁预制

端部暗柱一体化

墙板减重

现场模板夹具化

保温装饰一体化

飘窗装配

构件内框工厂封堵

转角构件预制

图 3　SPCS3.0 体系应用

此不存在一般装配式结构施工中常见的灌浆工序，更易保证施工质量，提高施工效率。SPCS施工工序如下：

测量放线 → 基层处理 → 插筋校正 → 垫片安放 → 墙板吊装 → 节点钢筋绑扎 → 模板安装 → 楼板水平钢筋安装 → 竖向插筋安装 → 混凝土浇筑

（1）测量放线

测量放线人员在作业层弹设控制线以便安装墙体就位，包括：墙身线、墙端线（墙板界线）、洞口边线、墙体平面位置200mm墙身控制线；吊装工在楼面上抄测垫片的高度，在垫片附近相应位置作出标识，见图4。

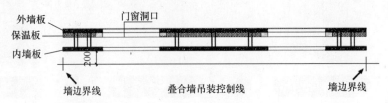

图4 墙板测量放线示意图

（2）基层处理

安装预制空腔墙前，对墙板下表面基层进行凿毛处理，并清理基面，确保结合面清洁。凿毛时，避开垫片放置位置，垫片位置宜设置在距离预制墙纵向端部500mm位置；长度小于等于4m的墙板，下面放置2组垫片；长度大于4m的墙板，下面应放置不少于3组垫片。

图5 插筋校正示意图

（3）插筋校正

混凝土浇筑完成后，去除墙板预留插筋上的浮浆，用钢卷尺对照墙板边线检查插筋定位，对超过允许偏差的进行矫正，也可使用专用校正工具进行校验，见图5。

（4）垫片安放

空腔墙安装前，吊装人员依据测设的高度数据放置垫片。垫片安装完成后，对垫片的平整度、高度进行复核，确保垫片高度与测设高度一致。对于预制外墙部位，如有图纸要求，墙板吊装前应将橡胶条放置到位，见图6。

（5）墙板吊装

1）空腔墙板吊装前，施工管理及操作人员应熟悉施工图纸，按照吊装流程核对构件类型及编号，确认安装位置，并标注吊装顺序。

图6 垫片安放示意图

2）起吊预制空腔墙板宜采用专用吊装钢梁，用卸扣将钢丝绳与外墙板上端的预埋吊环（或经设计确定的桁架钢筋、格构钢筋吊装点）连接，并确保连接牢固。起重设备的主钩位置、吊具及构件重心在竖直方向上宜重合，吊索水平夹角不宜小于60°，不应小于45°，如图7所示，起吊过程中，应注意预制外墙板板面不得与堆放架或其他预制构件发生碰撞。

3）待墙板距地面300mm时略作停顿，再次检查吊具是否牢固，板面有无污染破损，如有问题需暂停吊装作业并进行处理；确认无误后，方可继续吊装。

4）预制构件吊装过程中，宜设置缆风绳控制构件转动，当空腔墙板吊装至距作业面上方500mm左右时略作停顿，此时吊装工可靠近并手扶墙板，信号工与塔式起重机司机保持沟通，控制墙板缓慢下落。

5）待墙板下降到预留插钢筋顶部时，吊装工手扶墙板，使墙板空腔对准预留插筋，缓缓下降，平稳就位，见图8。

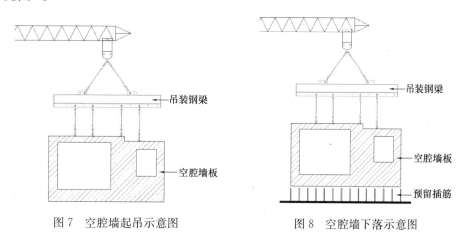

图7　空腔墙起吊示意图　　　　　图8　空腔墙下落示意图

6）斜支撑安装：预制空腔墙板应设置不少于2道可调节长度的长、短斜支撑，斜支撑两端应分别与墙体和楼板固定，长斜支撑距离板底的距离不小于构件高度2/3，短斜支撑距离板底的距离宜为构件高度1/5。斜支撑下部采用预埋地锚环的形式，严禁采用楼面钻孔打膨胀螺栓固定，以防打穿水电管线，见图9。

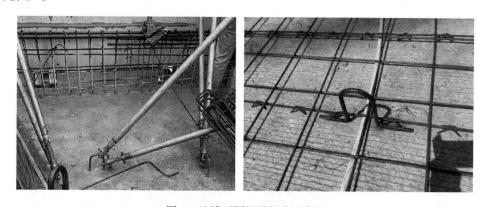

图9　地锚环预埋及固定示意图

7）墙板校正：利用短斜撑和撬棍对墙板平面位置偏差进行微调；待墙板平面位置调节完成后，利用长斜撑调整墙体的垂直度，使用靠尺或线坠对墙板垂直度进行复核，满足允许误差方可进入下一个施工环节。

8）对于外墙板，如设计有要求，应在节点钢筋绑扎前，将墙板拼缝处的细部节点处理到位。

（6）节点钢筋绑扎

先将水平环状钢筋放置到墙板空腔内，待竖向节点钢筋绑扎完成后，拉出墙板空腔内的水平环形连接钢筋，并与竖向节点钢筋绑扎牢固，水平环状钢筋的规格数量、锚固长度等应符合设计要求。具体工艺详见表3。

节点水平环状钢筋安装工艺 表3

步骤	说明	示意图
1	墙板安装就位	
2	在墙板空腔内放入环状水平筋	
3	绑扎边缘构件（柱）钢筋	
4	拉出环状水平筋，与暗柱箍筋绑扎	
5	封竖向模板前或顶板钢筋绑扎期间，插入竖向钢筋（2根）	

（7）模板安装

1）竖向及水平模板安装可采用铝模或木模，预制构件与模板交接处宜粘贴海绵条防止漏浆，见图10、图11。

图10 模板效果图（铝模）

图11 模板效果图（木模）

2）预制墙板下口封堵。

预制墙板下部50mm缝隙，可选用专用夹具进行封堵，如图12所示。

图 12 预制墙板下口封堵示意图

（8）楼板水平钢筋安装

叠合板安装完成后，进行楼面水电安装和水平梁、板钢筋绑扎，墙板斜支撑锚环按照图纸要求进行预埋，见图 13。

（9）竖向插筋安装

叠合板吊装完成后，可在叠合板板面、模板上或预制墙板顶部标识出预留插筋位置；宜采用绑扎的方法固定竖向插筋，避免采用点焊方式伤害钢筋母材；竖向插筋安装完成后，宜采用专用检具对插筋间距进行校核。插筋的规格型号、数量、上下锚固长度应满足设计要求。见图 14～图 16。

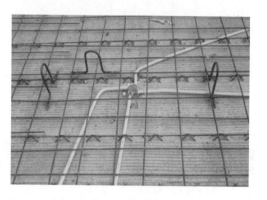

图 13 斜支撑拉环预埋示意图

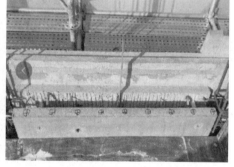

图 14 竖向插筋位置标识效果图

图 15 插筋位置检核示意图 　　图 16 插筋安装示意图

（10）混凝土浇筑

混凝土浇筑前，应对结合面（叠合板结合面、空腔墙的空腔结合面）进行充分浇水润湿处理。

墙板空腔内的混凝土应分层浇筑、分层振捣，一次浇筑高度不宜超过 1m。

混凝土浇筑完成后，及时进行保湿养护，养护时间不少于 7 天。

3.2 生产运输新技术

3.2.1 自动翻转机

本项目 SPCS 体系空腔墙采用全自动翻转机进行生产，翻转机采用高精度基准设计、多重定位策略，作业过程自动化，精准实现合模精度 3mm，达到行业领先水平；并行动作精准控制，多重安全策略；数据驱动智能在线排程，干湿构件一体调度，又快又稳，见图 17。

图 17　构件生产反转模台

空腔墙生产过程中，A 面墙板混凝土浇筑完成待混凝土达到一定强度后，使用翻转机将带有 A 面墙板的模台整体进行翻转，然后将 A、B 面墙板合模，施工精度高且施工速度快。

3.2.2 布模机器人

叠合楼板生产过程中，采用了全自动布模机器人，布模机器人具有高速伺服定位和最优路径规划的功能，作业节奏快，布模位置准，设备运行稳，构件质量高；生产线中台数据直接驱动，设备全自动运行，既可以确保生产质量合格，又能保证构件及时供应，见图 18。

3.2.3 自动清扫模块

构件生产采用了三一筑工自主研发生产的自动清扫模块，该清扫模块首创分段式滚刷设计，宽度、高度可调，模具、辅件无须搬离模台，节省人力，提升作业效率；扬尘抑制技术应用实现良好的清理效果和作业环境，见图 19。

图 18　布模机器人

图 19　自动清扫模块

3.2.4 钢筋自动投放模块

叠合楼板钢筋安装采用钢筋自动投放模块，该模块具有专利避障技术，柔性控制策略，闭环反馈，精准定位等先进技术保障了设备的高可靠性柔性抓取，无须精确摆放或人工摆正；多件同时抓取，依次精准投放，完全取代人工作业，见图 20。

3.2.5 自动布料振捣模块

构件布料采用了自动布料振捣模块，见图 21。该模块综合运用多重闭环控制，自适应参数匹配，路径最优规划等技术，混凝土一键智能布料，质量稳定可靠。生产线中台数据直接驱动，布料智能中枢一站式动态调度振捣、输送、流转。

3.2.6 专用运输车

针对 SPCS 体系空腔墙结构特点，在构件运输过程

图 20　钢筋自动投放模块

中，项目使用了由三一筑工自主研发制造的专用运输车，见图22。运输车越野模式适合乡村、山路、隧道、桥梁等复杂路况，且长短款可选，并能根据路况随时调整车体高度，低重心，左右桥平衡防倾翻。构件从装车到卸车由单人即可完成，省去了吊装所用机械及操作过程，大大提高了装、卸车的工作效率，减少了吊装工作的资金、人员投入。

图21　自动布料振捣模块

图22　专用运输车

3.3　新设备

3.3.1　外骨骼机器人

本项目吊装工人穿戴三一筑工生产的外骨骼机器人进行吊装工作。

外骨骼机器人通过给人体增加机械力量，减少人体负荷，为穿戴者提供更强的机体能力，包括力量、耐力、平衡等。

外骨骼机器人包括上肢、下肢两个模块，两者相互兼容，可单独穿戴，也可组合成套穿戴，帮助工人从重体力、重耐力的劳动中解脱出来，见图23。

在吊装工作中，手臂托举动作多，且需要经常搬运重物，长期下来很容易形成职业病。无须消耗任何外部能源，上肢外骨骼机器人便可以给工人的手臂提供 10～20kg 的助力，十分省力，同时减少工人肩关节疲劳损伤，从而提高工作效率和质量。

而下肢外骨骼机器人又称为空气座椅。当工人在不同工位来回切换时，下肢外骨骼机器人可以随时随地为工人提供座椅支撑功能，高度可调节，最大可支撑 85kg 人体重量。

图23　外骨骼机器人

该外骨骼机器人的材质以碳纤维、航空铝合金、高强度工程塑料为主，上下肢整机仅重 5.5kg，穿戴起来十分轻便和舒适。

外骨骼机器人在提供助力的同时还可增加功能模块，在夏季施工过程中可增加降温模块，通过马甲内置冷水管与制冷背包结合可为工人降温从而延长白天的工作时间与工作效率。

从数据对比以及实际应用效果来看，外骨骼机器人在本项目的应用显著提高了吊装作业工作效率，减轻了工人因为长时间的高强度作业带来的身体伤害，有一定的推广价值。

3.3.2　地面打磨机器人

地面打磨机器人主要实现混凝土地面等的全自动打磨、抛光、清洁去污、翻新等施工任务，可以在 100m 之内进行遥控操作，工人也可以跟随操作或全自动作业，见图24。

针对项目地下车库在内的各种地面均可实现打磨，机器人最大行走速度可达到 1m/s，实现打磨面积 $240m^2/h$，大大提升了作业范围，也可以实现自主建图和自主规划路径、自动打磨和吸尘，实现

图24 地面打磨机器人

智能化与自动化相结合，使工作效率提升，清洁环保，实现无人化、无尘化效果。

地面打磨机器人，仅需单人操作，大大节省了人工，且打磨机器人可全天工作，大大提高了工作效率。由于使用自动化操作避免人工操作造成的高程误差。实际应用效果可达到预期，且自动吸尘功能避免了现场扬尘，可进行推广使用。

3.3.3 蓝牙实测实量系统

本项目采用蓝牙实测实量系统，主要包括智能靠尺、智能测距仪、智能卷尺、智能阴阳角尺，见图25。

智能靠尺，测量结果数字化，可用于墙体垂直度、平整度测量；智能测距仪，测量结果数字化，可用于任意两点的距离测量；智能卷尺，测量结果数字化，可用于任意建筑构件几何尺寸测量；智能阴阳角尺，测量结果数字化，可用于任意阴阳角方正度测量。

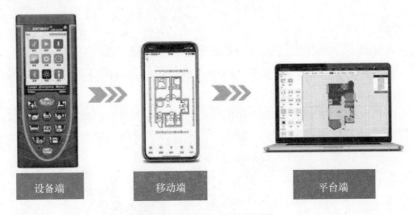

设备端　移动端　平台端

图25 蓝牙实测实量系统

实测实量系统，测量一点只需要三秒可一键上传数据；满足多人不同区域同时测量满足工作协同要求；内置红外线扫描，利用感应功能自动测量平整度、垂直度；自动输出测量结果表格爆点自动统计、支持报表导出。通过采用该系统可达到节约人工成本，支持单人操作数据处理分析减少流通成本的目的，见图26。

在本项目应用中，实测合格率、进度即时掌握，比传统人工统计既准又快。提高精度的同时，由于数据实时上传避免了人为修改数据的可能，整个检测结果透明可视，可推广使用。

3.4 数字工地

本项目智能建造依托各种智能装备的同时，依靠数字工地对现场进行人、机、料、法、环、测的在线化管理，见图27。

SPCC数字工地驾驶舱集成产业工人劳务平台、PCM和PCC等系统平台，项目全要素和业务全流程数据在线、可视，各工序协同作业。同时可查看项目信息，智能管理三现和6S、实时监控质量、安全和进度，实现人员自动考勤、工程量自动实时跟进、工资自动结算、资料自动管理等功能，见表4。

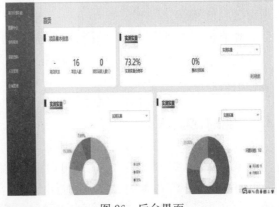

图26 后台界面

374

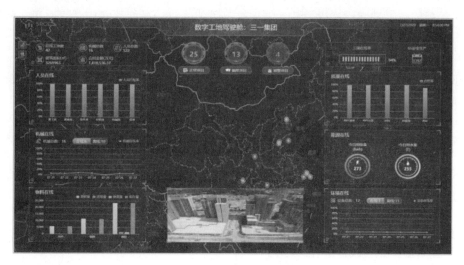

图 27　数字工地驾驶舱

数字工地驾驶舱功能清单　　　　　表 4

项目	装备/设备名称	功能	数量
数字工地驾驶舱	项目进度	实时显示里程碑完成情况及完成时间	一套
	人员在线	显示管理人员数量与出勤率	
	机械在线	显示塔式起重机作业率、开机率、驾驶员信息及吊钩可视化	
	物料在线	实时显示构件、钢筋、混凝土进场使用、库存的情况	
	环境在线	显示包括 PM2.5、PM10、风速、湿度等核心环境指标	
	监测在线	显示核心物料检验、检验批及质量巡检合格情况	
	能源在线	显示工地能源使用情况（用电量、用水量）	

3.5　PCC 筑享云易吊装

为了提高施工效率和施工质量，实现施工管理数字化、可视化，项目使用了三一筑工装配式施工管理系统——筑享易吊装，筑享易吊装以轻量的微信小程序的形式为项目提供了现场吊装施工管理和 BIM 孪生交付服务，见图 28。

项目在进入主体吊装阶段之前，作为总承包单位将总包方、工厂方、吊装分包方集成在筑享易吊装小程序上组织协调施工，共享构件信息。

施工员在每一层叠合板吊装之前进行要货，工厂实时收到要货信息，根据要货计划安排发货，构件从工厂发出，小程序智能识别运输车辆驶离工厂与驶入工地，自动改变运输单状态并及时通知有关人员。现场施工员实时查看运输车辆运输轨迹，合理安排人员机械准备卸车。

当构件运输车辆到达工地附近，系统会自动通知工地工厂双方。施工员收到通知后组织质量、物资人员和监理对构件进行进场验收。对有质量缺陷的构件进行扫码拍照，提交维修服务单，通知工厂进行维修。待补货构件在工厂发货后，施工员可便捷查询构件补货进度，合理安排施工，避免工期损失。

图 28　筑享易吊装界面

施工员根据现场施工进度，进行吊装计划编排。吊装队收到吊装计划的微信通知，根据计划吊装的时间安排施工人员，协调塔式起重机准备吊装。

吊装时，吊装人员通过扫码快速准确地获取构件吊装位置，管理人员实时掌握该楼层的构件吊装进度，通过小程序统计吊装用时，不断分析吊装效率，改进吊装流程，减少外部因素的影响，从而逐步提高吊装速度。

项目通过筑享易吊装实现 BIM 模型与构件生产、施工数据的关联，并提供数据支持，实现了构件状态实时同步到 BIM 模型，并通过 BIM 模型动态、准确地展示构件状态，管理人员可据此实时掌控施工进度，合理安排工序穿插，实现了 BIM 跟踪与构件的全生命周期追溯。

4 效益分析

4.1 工程的社会效益

4.1.1 提高工程质量、减少投诉事件

本工程采用 SPCS 结构体系"空腔＋搭接＋现浇"的施工工艺，构件受力、破坏模态与现浇构件一致，具有与现浇结构一致的抗震性能，消除了社会上对预制构件抗震性能差的认知顾虑。SPCS 构件操作简便的连接方式，使现场构件连接可靠易检，预制＋现浇形成的混凝土连续体结构整体性好，防水效果好，可实现外墙保温装饰一体化，能有效避免渗漏和开裂隐患带来的后期业主维权事件。

4.1.2 加速建筑产业化的转型升级

传统建筑业是个劳动密集型产业，以往粗放式的发展模式已不适应我国已进入高质量发展阶段的时代要求，由劳动密集型转向技术密集型转变是大势所趋。装配式建筑的出现和发展，实现了部分建筑作业工厂化，从而使相关建筑业务人员向产业化工人转化。本工程作为住房城乡建设部的智能建造试点项目，三一筑工肩负着建筑工业化的使命，着力打造装配式智能建造示范工程，提高建筑行业从业人员素质，培养大批量产业化建筑工人。

4.1.3 资源节约、环境友好

装配式建筑的应用很大程度上减少对周边环境的影响，建筑垃圾、噪声和扬尘污染也远低于传统现浇工艺。预制装配式施工方式可以有效降低模板、木方等资源消耗性材料的使用量，现场湿作业量大大减少，有利于文明施工、环境保护以及成本节约。

装配式建筑的应用最大限度地将困难留在工厂，降低施工现场的工作难度和强度。操作环境的改善及现场作业的减少，还可大幅度减少质量安全事故的发生，更好地保障劳工的生命安全，符合国家"以人为本"的发展理念。

4.2 工程的经济效益

4.2.1 政策优惠

国务院、住房城乡建设部陆续出台《建筑产业现代化发展纲要》《关于大力发展装配式建筑的指导意见》《"十三五"装配式建筑行动方案》等一系列重要文件。全国各地省市陆续出台百余项装配式建筑专门指导意见和相关配套措施，通过优先安排用地、信贷扶持、提前预售、优先评优、税收优惠、容积率奖励等优惠政策切实推动装配式建筑发展。

4.2.2 操作简便，减少用工人数，缩短工期

SPCS 结构体系不采用灌浆套筒连接技术，墙板吊装完成后，即可进行独立支撑穿插；上下层墙体边缘构件水平接缝处的连接钢筋采用逐根搭接连接，非边缘构件部位的连接钢筋采用环状连接钢筋的刚性组装方法，减少传统装配式套筒灌浆施工时间，且安装容错能力大，施工速度加快；空腔构件内钢筋采用机械焊成型钢筋笼，同时构件不出筋实现高周转模具，现场施工方便易操作；现浇节点暗柱钢筋可采用成品绑扎钢筋笼的方式提前绑扎，后期可直接进行吊装，减少现场绑扎时间；预制外墙

板带保温，大量减少外立面作业时间，降低高空作业风险。

　　采用 SPCS 体系，吊装作业通常仅需要 4～5 人，钢筋绑扎、模板安装及混凝土浇筑等可节省人工 30％。主体结构标准层可达 3～5 天/层的施工进度，同时大大减少了后期装饰阶段的时间和工程量，整体工期能缩短 20％左右。工期缩短将直接带来融资成本、工程实体直接费等的节约，见图 29。

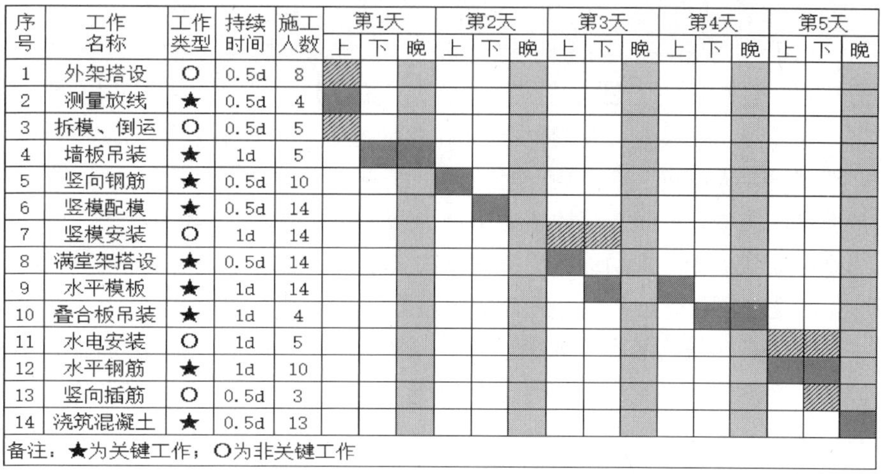

序号	工作名称	工作类型	持续时间	施工人数	第1天			第2天			第3天			第4天			第5天		
					上	下	晚	上	下	晚	上	下	晚	上	下	晚	上	下	晚
1	外架搭设	○	0.5d	8															
2	测量放线	★	0.5d	4															
3	拆模、倒运	○	0.5d	5															
4	墙板吊装	★	1d	5															
5	竖向钢筋	★	0.5d	10															
6	竖模配模	★	0.5d	14															
7	竖模安装	○	1d	14															
8	满堂架搭设	★	0.5d	14															
9	水平模板	★	1d	14															
10	叠合板吊装	★	1d	4															
11	水电安装	○	1d	5															
12	水平钢筋	★	1d	10															
13	竖向插筋	○	0.5d	3															
14	浇筑混凝土	★	0.5d	13															
备注：★为关键工作　○为非关键工作																			

图 29　标准层 5 天一层施工进度横道图

4.2.3　成本分析

　　目前国内装配式建筑的发展主要依靠自上而下的政策驱动，其主要原因是装配式结构工程成本较现浇结构工程成本略高，这在一定程度上阻碍了装配式建筑的市场推广。大多建设单位对于工程成本的理解侧重于工程实体的显性成本，这割裂了项目作为有机体的完整性。为使得项目整体效益最大化，需进一步拓宽成本的广度。成本的范围不仅仅包括工程显性成本，还应包括工期成本、环境成本等隐性成本或隐性效益。因此在考虑项目工程成本的同时还应考虑项目的隐性成本或效益。

　　SPCS 体系构件自重轻，施工工艺简单，通常情况下，较传统 PC 可节约塔式起重机费用约 2.5 元/m^2；若墙板全装配，通过高预制率，现场混凝土和模板用量可减小约 35 元/m^2；构件平整、达到免抹灰效果，可减少费用约 15 元/m^2；外墙构件自带保温，减少了外墙作业时间，可提前拆除脚手架，可节省费用约 6 元/m^2；建筑垃圾可减少约 15％，减少垃圾清理时间和运转费用。从设计、施工到销售，考虑装配式建筑的国家政策、工期效益及环境效益等增量收益后，SPCS 体系较传统现浇结构，可综合节约成本约 100 元/m^2。

　　SPCS 体系成本优势可分析如下：

　　材料不多用：SPCS 叠合墙采用焊接网片，与双皮墙相比无桁架筋，不增加钢筋用量；与灌浆套筒墙相比，减少灌浆套筒预埋件材料用量，降低材料及预埋件安装成本。

　　构件吊装效率高：SPCS 结构采用环形钢筋连接，安装容错率高，较灌浆套筒构件轻，提高吊装速度，且无须套筒灌浆，减少套筒灌浆施工工序及相应费用，安装成本低。

　　垂直运输：SPCS 结构为空腔构件，较灌浆套筒构件轻，可降低塔式起重机型号要求，安装效率高，缩短工期，减少塔式起重机租赁费。

5　结语展望

　　上海嘉定新城菊园社区 JDC1-0402 单元 05-02 地块（二期）项目采用 SPCS 3.0"空腔＋搭接＋现浇"核心技术，解决了装配式建筑"整体安全受质疑"和"造价高"的痛点。首先，工厂预制含钢筋笼的空腔墙板构件，替代了现场大量的绑钢筋、支模板工作；其次，预制墙板空腔内插放成型连接钢筋，通过钢筋间接搭接技术和后浇混凝土工艺将预制构件连接成整体；最后，墙板空腔内浇筑混凝土，形成叠合结构，整体安全、不漏水。简言之，"空腔＋搭接＋现浇"是一种"工业化现浇"的过程，它既保留了传统现浇的做法，整体安全、防水性能好、品质高，又用工业化生产的方式，提升了生产效率，降低了建造成本。

近年来，我国装配式建筑发展态势良好，为顺应国际潮流，提升我国建筑业国际竞争力，住房城乡建设部等十三部委于 2020 年发布《关于推动智能建造与建筑工业化协同发展的指导意见》。三一筑工科技股份有限公司积极贯彻国家关于加快建筑业转型、推动高质量发展的要求，进行组织架构和职能分工调整，组建智能建造板块。公司将依托深耕多年的 SPCS 技术体系应用实践，通过充分应用 BIM、互联网＋、物联网、大数据、人工智能、5G 移动通信、云计算及虚拟现实等信息技术与机器人等相关设备，对现场"人、机、料、法、环、测、能源"等各关键要素全面感知和实时互联，实时监控施工安全、质量和成本，提高工程建造的生产力和生产效率，并尽可能地解放人力，从体力替代逐步发展到脑力增强，从而提升人的创造力和科学决策能力，驱动工程现场管理升级。

随着 SPCS 体系及多项智能设备在上海嘉定新城菊园社区 JDC1-0402 单元 05-02 地块（二期）项目的应用，三一筑工华东区域已形成了上海、浙江、江苏三地协同的战略布局，SPCS 体系在长三角区域乃至全中国的全面落地，必定带动一场新的建筑生态变革，三一筑工将矢志不渝地做好技术赋能，让天下建筑"又快又好又便宜"。

作者：庞玉栋　甘佳雄（三一筑工科技股份有限公司）

BIM 报建审查审批系统技术创新及实践

Technical Innovation and Practice of BIM Approval and Review System

为推进"新城建"决策部署，助力城市 CIM 基础平台的建设，积极发挥企业在建筑信息模型领域的技术优势，基于 BIM 技术创新工程建设项目三维电子报建及自动化审查，在多个试点城市部署了 BIM 报建审查系统，助力建筑类企业进行项目智能化管理，提升政府的审批效率及水平和治理能力。

1 发展现状

在数字中国、智慧城市发展的大背景之下，为加快推进基于信息化、数字化、智能化的新型城市基础设施建设，CIM 平台已成为当前智慧城市发展领域的热点话题。CIM 平台不仅是城市全域三维空间的展示，更多是运用城市地上地下、静态动态等数据，根据城市规划建设管理的需求，服务于提升政府侧的治理能力，充分利用物理模型、传感器更新、运行历史等数据，集成多物理量、多尺度、多概率进行仿真，未来还将向公众服务、政企共建等方面延伸。开展施工图三维数字化审查成为我国推动新型城市基础设施建设、构建 CIM 平台、探索工程建设项目审批制度改革、发展 BIM 产业、提升建筑行业信息化与数字化的重要组成部分。

1.1 国外 BIM 报建审查发展现状

在 BIM 审查审批建设方面，新加坡最早将 BIM 技术应用于政府审查审批中。早在 2007 年新加坡建设局（BCA）就开始着力实施世界上第一个 BIM 电子提交系统（e-submission）。2011 年，BCA 成立了建设和房地产网络中心（Construction and Real Estate Network，简称 CORENET），用以审批建设项目交付的 BIM 模型。该系统的目的是使建筑业不完整的工作流程，得以重新设计、效率化，使得改善繁复的往返作业时间、质量和生产力。

1.2 国内工程建设项目审批现状

当前，我国工程建设项目审批正由纸质蓝图的审查逐步向数字化转型，多数省市已开展了二维图纸的电子化审查。然而，各审图单位在现行基于二维电子图纸的审查工作中容易存在工作量大易漏审、规范理解不一致、烦琐重复工作过多、不够直观、平立剖多张图纸难以对应、人为复核效率低等问题，给政府部门管控与建设工程质量安全带来隐患。为探索运用新技术赋能工程建设项目审批，进一步优化营商环境，推动行业新技术应用，同时汇聚合格且高质量的 CIM 数据，解决纸质及二维审批存在的问题，当前工程建设项目审批逐步向 BIM 审查、AI 审查转型升级。

在政策的引导下，各地政府正大力发展运用 BIM 开展工程建设项目报建，将 BIM 技术的研究应用与工程建设项目审批制度改革紧密结合。厦门、湖南、广州、雄安新区、中新天津生态城、南京等城市和地区率先开展 BIM 审查审批系统的建设，初步实现了用地规划、建筑与市政设计规划、施工 BIM 与竣工 BIM 的报审与审查、建库与应用，为 CIM 平台的建设和应用奠定了基础。

1.3 国家 BIM 报建审查政策法规

2018 年 3 月 2 日，住房城乡建设部向广州市政府和厦门市政府下发了《住房城乡建设部关于开展运用 BIM 系统进行工程建设项目报建并与"多规合一"管理平台衔接试点工作的函》（建规函〔2018〕32 号），要求通过改造 BIM 系统进行工程建设项目电子化报建，提高项目报建审批数字化和信息化水平，并将改造成的 BIM 报建系统与"多规合一"管理平台衔接，逐步实现工程建设项目电子化审查审批，推动建设领域信息化、数字化、智能化建设，为智慧城市建设奠定基础。

2018 年 11 月 12 日，住房城乡建设部向北京市人民政府、南京市人民政府、河北雄安新区管理委员会下发《住房城乡建设部关于开展运用建筑信息模型系统进行工程建设项目审查审批和城市信息模型平台建设试点工作的函》（建城函〔2018〕222 号），要求 2019 年底前完成运用 BIM 系统实现工程建设项目电子化审查审批、探索建设 CIM 平台、统一技术标准、加强制度建设等试点任务。

1.4　BIM 报建审查技术发展趋势

BIM 审查审批系统目的是根据城市规划建设管理的特点，把规划 BIM 审批、施工图 BIM 审查、竣工验收 BIM 备案和数字城市有机地结合在一起，通过合理的标准、强大的软件和科学的组织机制，实现未来建设项目的设计、审批、入库和运维管理。当前我国在 20 多年信息化积累的基础上具备了向 BIM 数据发展的先导优势，启动规划 BIM 审批、施工图 BIM 审查、竣工验收 BIM 备案将使中国走在此领域国际前列，为国家 BIM 技术落地、数字中国在工程建设行业实现、提高综合管理能力奠定基础。

2　技术要点

BIM 报建审查系统旨在建立统一的规划智能报建、施工图智能审查系统，充分利用 BIM 设计、互联网＋、轻量化技术的优势，建立统一 BIM 数据标准，并基于领域知识的建模分析和结构化自然语言，实现建筑工程施工图数字化报审报批。

同时，建立起全市建筑工程 BIM 基础数据库，采集 BIM 施工图的关键数据，形成大数据中心，为行业管理和服务提供数据支撑，最终达到缩短规划报建、施工图审查周期和提高审查质量和效率的目标。

2.1　统一公开数据标准

市场上有很多种 BIM 设计软件，建设工程各个环节对多源 BIM 数据之间的处理和融合，需要开发多种数据转换接口，而且对于政府数字化监管平台，支持多种 BIM 软件数据格式难度较大，且需要长期维护多种 BIM 软件数据更新问题，因此对于报建报审平台，需要制定一种统一的、开放的 BIM 数据标准支撑整个报建审查审批系统的数字化建设。同时，统一的开放数据标准，进一步推动建设领域信息化、数字化、智能化建设，为智慧城市建设奠定数据基础。

依托 PKPM-BIM 全专业国产自主平台，制定统一的、开放的、标准化的、可扩展的 BIM 公开数据标准，解决了多源 BIM 数据的问题。同时，针对建筑、结构、电气、给水排水、空调暖通专业以及人防、消防、节能各专项施工图审查过程中关注的强条、要点条文，制定满足审查要求 BIM 数据交付标准，进一步推进了 BIM 设计在整个建设工程中的应用。

为满足设计、审查、竣工验收不同阶段相应模型深度要求，BIM 数据标准主要包含信息（图 1）：

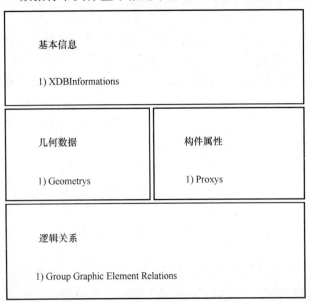

基本信息
1) XDBInformations

几何数据
1) Geometrys

构件属性
1) Proxys

逻辑关系
1) Group Graphic Element Relations

图 1　公开数据标准组织结构

（1）项目 BIM 基本信息。

（2）指标计算相关几何数据、构件属性。

（3）指标计算相关数据逻辑关系。

同时，为满足全专业审查和报批业务，BIM 数据标准应满足以下基本要求：

（1）BIM 模型信息交付方应保障数据的准确性，所交付的信息模型、文档、图纸应保持一致。

（2）模型数据交换应满足开放性要求，信息交换的内容和格式应满足规定要求。

（3）BIM 模型应满足不同阶段相应细度要求，其中可包括几何信息和非几何信息。

以数据库形式存储 BIM 数据为例，数据库分为系统信息表、数据关系表、数据信息表、资源类表、实体数据表、数据扩展表等几类，其中系统信息表包括基本信息表和系统信息表，数据关系表包括组关系表、LOD 几何关联表和构件楼层关系表，数据信息表包括项目信息表和专业信息表，资源类表包括几何表、材质表和贴图表，实体数据表包括专业实体表和代理对象表，数据扩展表包括数据字典表。

基于公开数据标准已研发了常用 BIM 软件的数据导出插件，如 Revit、PKPM-BIM、ArchiCAD、Bentley 等，公开开放的数据标准也支持其他软件公司开发相应的数据导出插件，已经对接 BIM 数据的软件公司有广联达、鸿业科技、盈建科、奥格、图软等公司。开放的数据标准彻底解决了多源 BIM 数据问题，为政府报建审查审批系统建设奠定了数据基础。

2.2　智能审查引擎

智能审查引擎基于领域知识的建模分析，研究精确和概率方法相结合的大规模 BIM 模型语义检查方法，实现了检查方法的自动、高效、智能，支持系统级的 BIM 模型自动语义检查。建筑语义模型包括构件及其类型，构件的属性，构件之间的连接/相邻/从属关系等，建筑规范的结构化自然语言（SNL）能够被机器识别，易于人类理解，便于定制规则和确认规则的正确性。

SNL，即结构化自然语言，它在建筑信息模型规范检查中作为转换语言，将自然语言描述的国家标准规范过渡到计算机更容易处理的结构化语言，通过 Baseline 工具，用户可以建立自己的规则库，使用 SNL 语言编写规则，并生成查询模型的规则库文件，见图 2。结构化自然语言规则共有五类：

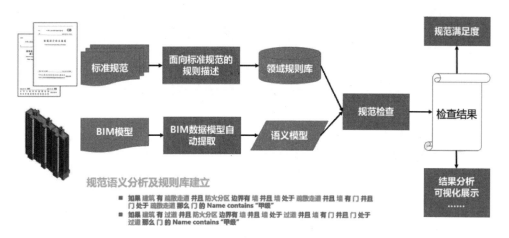

图 2　基于 SNL 的智能化审查引擎

（1）属性值规则，模式："构件　的　属性……"；

（2）属性值存在规则，模式："构件　有属性　属性名"；

（3）空间有构件规则，模式："房间　有　构件"或"构件　处于　房间"；

（4）正则表达式规则，regex "@正则表达式内容"形式是字符串的正则表达式匹配规则；

（5）几何和距离计算规则，主要用于碰撞等检查。

智能审查引擎通过设置不同的规则库,不仅可以检查通用的BIM质量问题及技术规范条款,更可以根据企业项目需求,实现定制化的模型检查。通过不断完善企业"规则库",可形成企业的无形资产,提高模型检查工具智能性,将原本依赖于人的检查,转化为可自动和复用的检查,为企业产生更多新的价值。

基于自动检查工具,可全面排问题保证检查的完备性,这一点人工难以做到。在一些包含复杂条件(要检查管道上相邻支吊架的距离)的距离计算,通过肉眼很难检查,尤其是在三维模型中。人工检查很难或几乎不可能做到查全准,但利用自动检查工具可以在短时间内给出全且准的结果,能帮助工程师和审图节约大量时间并提升模型质量。

智能审查引擎有以下特点:

(1) 能够进行信息正确和信息完整两个维度的检查;

(2) 支持包含语义查询、复杂计算嵌套融合的复杂规则检查;

(3) 支持硬碰撞、软碰撞及精确条件过滤。

2.3 BIM报建审查系统架构

BIM报建审查审批系统主要分为网页端轻量化审查业务系统和客户端BIM辅助设计插件。统一开放的数据格式建立了以BIM审查技术标准、模型交付标准、数据标准为基础的标准体系,将各类主流软件生成的BIM模型统一转换为开放数据标准格式审查模型,模型全过程权限分级、批注留痕、不可篡改,见图3。

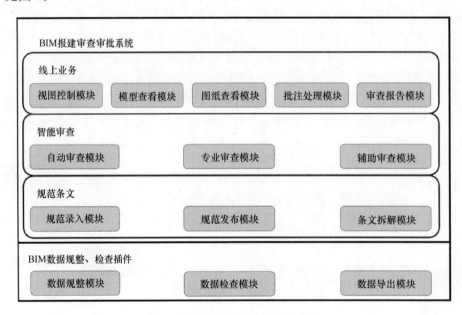

图3 BIM报建审查审批系统架构

网页端轻量化审查业务系统与二维建筑工程施工图审查管理系统一致,在审查流程的基础上增加三维数字化辅助审查功能,包括视图控制模块、BIM模型查看模块、图纸查看模块、批注管理模块、审查报告模块,系统后台通过规范录入和条文拆解模块进行自动审查、专业审查以及辅助审查形成智能辅助审查意见。

插件端主要用于多源BIM数据的规整和检查,同时辅助设计单位进行BIM正向设计,保障BIM模型满足设计、审查和施工阶段的细度要求,最终导出统一公开数据格式,可上传BIM审查审批平台进行报建审批流程。

BIM报建审查审批系统推动施工图审查从二维向三维审查转变,实现BIM技术的广泛应用和建设工程的高质量发展,并可逐步推广至其他市政基础设施等工程建设领域。

3　应用特点

BIM 的应用在行业中已相对广泛，而对于 BIM 数据的应用需要落实到具体场景和业务中。BIM 审查通过对数据的规范、整合，形成统一的数据交付标准，在此基础上扩展业务，展开对 BIM 模型的智能化审查，在云端进行模型浏览与审查，大大提升审查效率，降低漏审率。同时 BIM 也是 CIM 建设的重要数据来源，为 CIM 建设奠定基础。

3.1　采用统一的 BIM 交付数据格式

BIM 审查系统采用统一的交付数据格式，可运用于规划审查、施工图审查等建筑工程建设的全生命周期。通过该数据格式，在一个平台上实现数据的共享与流动。政府应用统一的数据格式，对接行业各类 BIM 软件实现 BIM 审查，同时又可以在建设工程的不同阶段收取统一的 BIM 数据信息模型进行应用。

BIM 审查系统采用公开标准格式存储各类专业模型数据信息，通过此数据格式进入数据平台，完成后续的指标审查及数据管理与备案等业务应用。

数据格式特点为：

（1）行业首创的公开数据库，统一数据标准。

（2）统一的数字化交付，支持各类 BIM 软件。

（3）自动化计算审核，逐步拓展城市规划、建设、管理、服务等业务。

（4）可扩展、可解析、可分析的城市大数据资产。

（5）国产数据格式化，不依赖任何国外软件和平台，低成本部署。

（6）自主创新，实现数字规划平台的完全自主创新，保障未来城市数据安全。

数据格式解决多源数据 BIM 模型的数据处理与融合，实现统一的开放性标准化数据格式、BIM 数据模型库及接口技术；兼容行业各类 BIM 软件。属于自主可控的 BIM 管理数据格式，推动建设领域信息化、数字化、智能化建设，为智慧城市建设奠定数据基础。

3.2　编制统一的标准保障 BIM 审查落地

编制适用于 BIM 审查平台设计方、审查方、软件方的 BIM 标准，有效推动 BIM 审查的实施与落地，合理地整合行业 BIM 数据，提升数据应用与管理，提高施工图审查效率。

（1）交付标准

交付标准的主要作用是对交付物的内容及形式进行约定，规定设计人员为完成审查需提交给平台 BIM 模型的数据内容及相关参数指标，并对交付物的内容及形式进行约定。该标准适用于建设工程项目信息模型的建立和交付管理，是针对建筑工程项目在 BIM 审查系统提交成果文件的交付标准。

（2）数据标准

数据标准是平台包容性、兼容性的关键，各类软件厂商可按照数据标准进行研发，与审查平台对接。从而确保平台的开放性，实现各类软件的 BIM 审查需求。标准适用于建设工程项目信息模型的建立、应用和管理，是 BIM 审查系统标准体系的一部分，应与系统的成果文件交付标准配合使用。

（3）技术标准

技术标准的主要作用是界定平台完成自动审查的条文范围及与 BIM 模型相关数据信息的关联性，确定通过平台进行 BIM 技术自动审查的内容。该标准适用于建设工程项目信息模型的建立和交付管理，是针对建筑工程项目在 BIM 审查系统上实现计算机对模型审查的技术指导标准。

3.3　采用网页端轻量化模型浏览和审查

随着 BIM 技术的快速发展，BIM 模型越来越精细已成为一种趋势，在此趋势下，对于大模型的平台承载量尤为重要，为避免交付文件体量大、浏览卡顿等问题，BIM审查应用网页采用轻量化模型浏览与审查的方式支撑业务需求，大幅度提升用户交互体验。

3.3.1　网页端审查流程

审查系统分配不同角色，进行全流程的BIM审查。BIM审查通过网页端实现流程管控、权限分配等功能。建设单位申报项目后，设计单位各专业设计人员从信息系统上传模型，再由审图专家进入审查平台实现对BIM数据模型的智能化审批与审查，最终生成施工图审查报告，并将结果反馈给设计院。全流程在网页端通过账号分配权限实现对复杂流程的业务管理。流程见图4。

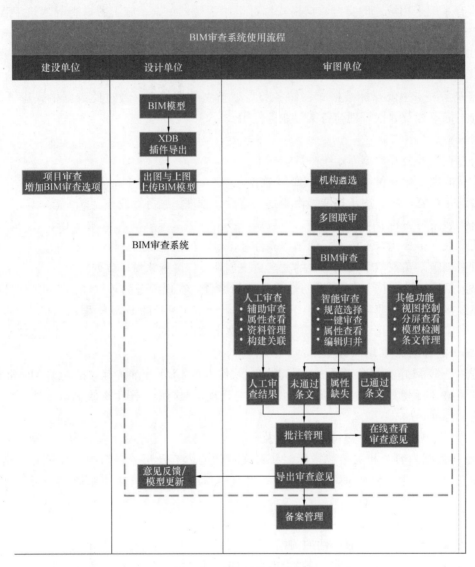

图4　BIM审查系统使用流程

3.3.2　轻量化浏览显示

BIM三维模型数据按照轻量化引擎要求的格式进行转化后，在网页端显示与审查。三维轻量化浏览模块提供主视图、透视视图、正交视图、全视图、全方位视图（又包含前后左右俯视仰视视角）、动态观察、平移、放大、缩小、漫游等视图功能，实现对三维模型多角度、多方式浏览与查看。

3.3.3　一键生成审查报告

在审查操作完成后，可一键生成审查报告。审图人员无需对审查意见排版与记录，BIM审查提供满足审查人员需求的审查报告输出模板，计算机智能审查结果与审图专家记录的人工审查结果进行汇总，自动生成审查报告。

3.4 支持规划审查的指标自动化计算

规划审查是针对建设工程项目规划报建阶段的指标进行智能审查。该系统对 BIM 模型进行指标自动化计算，具有轻量化线上审查审批，一键导出项目审查报告等功能。

BIM 规划报建审查致力于帮助政府提高信息化监管能力，建设绿色化审批管理系统，借助信息化手段实现规划指标自动审核，包括经济技术指标、城市设计指标等，通过规划条件作为限值，与系统提取项目 BIM 模型中的审查结果对比，显示审查指标的合规与否，查看追溯不合规指标二三维详情。开创审批提速新模式，进一步提高服务水平，为工改提质增效。通过计算机审查，减少人工审核偏差，打造指标和模型联动显示，通过三维可视化效果打破沟通壁垒，缩短审批周期的同时提高审批质量，提高城市设计水平。

3.5 支持施工图审查的规范条文自动化审查

3.5.1 覆盖五大专业四大专项

各专业智能化审查引擎，研究精确和概率方法相结合的大规模 BIM 模型智能检查方法，实现检查方法的自动、高效、智能，支持系统级的 BIM 模型智能检查。从全国审查要点中筛选可量化条文进行研发，实现建筑、结构、给水排水、暖通、电气、消防、人防、节能、装配式五大专业四大专项的智能审查，BIM 审查覆盖审查要点与常见规范中的强条与重难点条文，针对专家审查难点、易错点、易漏审的点进行攻关，大幅度提升审查效率。

3.5.2 智能化规范条文审查

智能审查将规范条文拆解并利用结构化自然语言编写为领域规则库，将 BIM 模型提取为语义模型，通过智能审查引擎实现基于领域规则库的三维模型智能审查。

智能化规范条文审查方便快捷、简单明了地展示审查结果并出具报告。能够有效地解决传统人工审查任务重、对专业性要求高、周期长、信息缺失等问题，如消防审查重点《建筑设计防火规范》GB 50016—2014 中第 5.5.17 条关于消防疏散距离的审查，大大减少审图专家对疏散距离逐一测量的工作，缩短审查时间，实现审核一致性、客观性、全面性以及透明性，提高工程师审查图纸的精度和效率。

3.6 支持多源 BIM 数据对接到 CIM 平台

BIM 审查在满足业务需求的前提下整合行业 BIM 软件，形成统一的数据交付格式，实现 BIM 数据全生命周期的应用。BIM 模型及数据可无缝接入城市管理（CIM）平台，提升报建审批质量及效率，为智慧城市提供建筑模型和数据，助力建设领域的数字化、信息化、智能化发展。

4 效益分析

在我国建设行业中，数字化程度相对较低，管理体制及配套的信息系统应用相对较少；BIM 模型审查可以说是一项技术、手段的创新。通过 BIM 模型审查，不仅为 CIM 基础平台提供基础数据，而且推动建筑行业 BIM 技术应用的高质量发展，是对建设领域智能化的一个尝试，将带来较大社会价值。

4.1 提升审查效率

模型成果的审查不仅有利于管理部门的监管，对社会各方而言也是有利的。一方面，对建设单位、设计单位的成本节约不言而喻，更主要体现在办理周期上的缩短。原有的审图流程，审查工作量大，工作周期长，效率较低。通过模型数字化审查可以减少一部分审核专家的审图时间，同时，可以减少审查问题的沟通时间；另一方面，便于获取社会各方 BIM 数据模型，有利于未来 CIM 平台以及智慧城市的建设。在有网络基础的情况下，建设单位、设计单位、审查机构都可以及时调取相关的 BIM 模型及 BIM 审查信息。同时，也便于参与各方相互监督，起到提升政府公信力的良好社会效应。

4.2　推动城市数字化建设

根据调查结果显示，传统纸质图纸审图工作模式需要大量的优质纸张，如果涉及图纸修改，则消耗的图纸数量就相应增加，从节约能源和低碳经济的角度来看，是非常浪费而且迫不得已的事情。在电子审图的工作得到有效推进后，无纸化办公，减少纸张的投入得到了有效落实。BIM模型审核，是电子化提升到数字化发展的又一新过程。在减少图纸存储所产生的纸张、场地、人、材、物的依赖，降低成本，减少浪费依赖、保图纸内容的真实性的基础上，有效的数据积累对未来数字化的管理有很大提升，BIM数据的应用在数字城市建造过程中起到关键性作用。同时，BIM模型的审核，是对市场、行业数字化发展的激励，能对行业内BIM应用水平提升起到很大作用。根据BIM审查特点和用户个性化需求，系统构建BIM审查流程、简化批转操作、整合了业务数据，形成基于BIM审查的模型数据管理与应用系统。

BIM审查系统大大提升了审图效率，审查条文漏审率降低了30%以上，审查规范条文快速、便捷，将辅助人工提升审查效率，施工图审查质量和效率有了质的飞越，为建筑行业政府主管部门和企业单位带来管理效率的提升，项目设计质量的提升也使工程建设过程中的返工大为减少，工程造价相应降低，将带来巨大的经济效益。

5　应用案例

BIM报建审查审批在雄安、厦门、广州、南京、中新天津生态城、湖南省等多个省市展开了实践，为BIM报建落地提供了落地性解决方案，促进行业数字化转型，提升政府治理水平。

5.1　雄安新区规划建设BIM管理平台

2020年11月11日，雄安新区规划建设BIM管理平台（一期）项目终验专家评审会在雄安新区举行。项目的顺利验收，标志着雄安新区在数字孪生城市建设中又迈出了坚实的一步。

中国建筑科学研究院北京构力科技有限公司参与了该项目的建设，提出了XDB数据标准及公开的文件交付格式，XDB作为雄安新区统一公开数据格式的BIM数据交付文件，面对各工程项目多源异构的BIM数据，覆盖融合了设计、施工、竣工阶段的建筑、市政、综合管廊、环卫等工程建设相关多个专业及专项数据信息；通过对报审指标、审查规则等信息拆解、分析，进行数据标准化设计并形成新区统一的数据标准，包括工程项目信息、构件数据信息、场景组织数据、模型几何表达、材质纹理、构件级审查备案数据等信息。在逐步形成XDB数据融合流转标准体系的同时，承上启下地促进各专业建模数据统一性、数据信息的规范性，有效减轻雄安新区规划建设BIM管理平台数据处理复杂度，有效规避因数据不规范导致的重复报审，大幅度减少报审和审批单位的重复工作量，从而提高平台审批效率和通过率，逐步形成数字平台城市建设工程项目信息的BIM模型数据资产。

5.2　湖南省BIM施工图审查系统

2020年8月1日，湖南省房屋建筑工程施工图BIM审查功能正式上线运行。作为国内首个施工图BIM审查平台，可自动提取BIM模型数据与规范条文库进行对比判别，实现房建全专业重要条文的智能化审查。湖南省BIM审查系统可加快审查速度，减少审查人员的重复工作量，同时减少失误率、提升审查的技术水平，提高工程建设项目审批的效率和质量，推进工程建设项目审批相关信息系统建设，是推动施工图审查转型升级的重要举措，见图5。

5.3　广州市施工图三维数字化审查系统

2019年6月，广州市成为住房城乡建设部CIM试点城市之一，为深化工程建设项目审批制度改革，在"多规合一"平台基础上，积极开展施工图三维数字化审查系统建设。BIM审查系统与广州联合审图平台进行对接，打通项目申报、BIM模型上传、二三维并行审查的全流程审批，审查通过

图 5　湖南系统界面

后对接 CIM 平台。审查包括建筑、结构、给水排水、暖通、电气五大专业，消防、节能、人防三大专项。快、全、准、省地检查出全专业 BIM 设计模型违反重难点规范条文的部分，提升设计人员、审图人员的工作效率，见图 6。

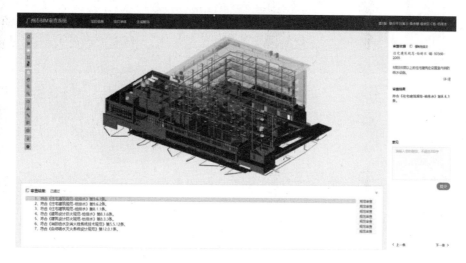

图 6　广州系统界面

5.4　南京市建设工程 BIM 智能审查管理系统

运用南京自主 BIM 格式"宁建模"（*.NJM），围绕规建管一体化，实现 BIM 模型从规划报建向施工图审查、竣工验收的全流程管理，以 BIM 技术为抓手，各参建单位与管理部门协同办公，通过模型比对、变更管理、实测管理、数据实时共享等技术手段，实现闭环监管。系统与南京市城市信息 CIM 平台、多规合一平台等对接，实现部门之间、系统之间 BIM 模型数据无缝无损流转和共享，提升项目规建管全生命周期管理水平，见图 7。

5.5　厦门市 BIM 规划报建审查审批系统

2018 年 3 月 2 日，住房城乡建设部致函厦门市人民政府（详见《住房城乡建设部关于开展〈运用 BIM 系统进行工程建设项目报建并与"多规合一"管理平台衔接〉试点工作的函》）。原厦门市规划委、中国建筑科学研究院自 2018 年 2 月接到住房城乡建设部试点工作的任务紧密展开合作，落实试点任务。研发厦门市 BIM 报建审查审批系统，在厦门市试点片区及试点项目开展 BIM 报建试点工作，实现了运用 BIM 系统实现工程建设项目电子化报建，解决机器自动审查经济技术指标，辅助人

图 7　南京 BIM 智能审查系统界面

工核发工程建设规划许可证；同时实现 BIM 报建系统与厦门市 CIM 平台的衔接；统一技术标准，加强数据信息安全管理；同时加强相关制度建设，见图 8。

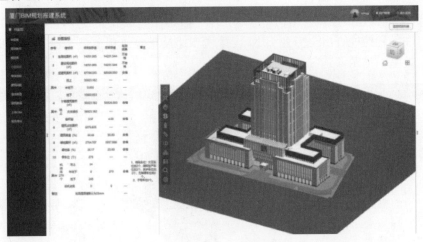

图 8　厦门 BIM 规划报建系统

5.6　中新天津生态城 BIM 规划报建系统

　　系统应用于工程建设项目在线报建审查审批，利用 BIM 技术，采用自主通用的 TDB 数据格式，结合规划审批业务流程，实现经济技术指标的自动化审查，通过 BIM 模型为业务决策提供精准的数据支撑，见图 9。作为 CIM 平台底板的重要组成部分，不断积累更新，保证 CIM 的动态更新。

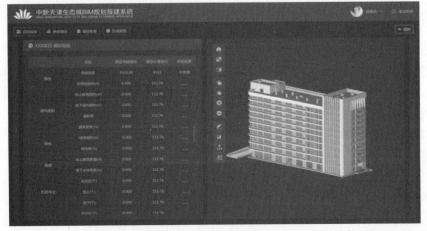

图 9　中新天津生态城 BIM 规划报建系统

6　结语展望

BIM 报建审查审批系统具备创新性、高效性、安全性三大特点。创新性是指将 BIM 应用于工程建设项目审批过程中，创新了 BIM 技术的应用场景、提升了技术价值、拓展了技术维度；高效性是指通过机器自动审查辅助人工审查，规避人工审查的漏洞，提高审批客观性及准确性，进一步缩短审批周期，提高审批效率，助力营商环境提升；安全性是指通过统一、公开、自主的数据格式，保障 BIM 数据对接 CIM 平台的自主可控，为政府审查统一数据归口，提高工作效能。

6.1　BIM 技术是建筑业数字化转型的关键

BIM 技术作为建筑全生命周期的数字化和信息化的集成，自始至终贯穿了整个建筑行业的过程管理。中国的建筑企业在数字化转型之旅中拥有巨大的发展潜力，尽管全球众多企业都已拥抱数字化转型，并不断在其业务中引入新的创新，但由于建筑行业本身所面临的独特挑战，使得其尚未充分体验到数字化带来的好处。这进一步说明了如何建立一款基于本土需求、易学好用、自主可控的 BIM 软件是建筑业数字化转型的关键。

6.2　BIM 报建将助力创新工程质量监管模式

基于 BIM 报建审查系统的应用，可进一步推进 BIM 技术在工程质量验收以及联合验收中的应用，统一建设工程竣工验收备案管理，提高工程质量监管的技术性。全面掌握在建工程质量监管、行政执法信息，通过智能分析对工程监督管理工作成效进行科学研判，提高工程质量监管效能。

6.3　BIM 报建将成为 CIM 核心数据生产手段

对于新建建筑，可以通过将 BIM 报建审查审批系统与 CIM 平台进行衔接，BIM 报建的方式作为报批项目的 CIM 数据收集的卡口，以 BIM 审查的计算机自动审查的数字化、智能化的方式，将成为我国工程建设项目审批制度改革，持续推动营商环境提供新的管理手段。同时也通过为城市"种 BIM"的方式，汇聚新建项目的优质的精细化的三维数据。

对于存量建筑，需推进国产自主可控 BIM 软件结合应用人工智能技术，将标准化、有规律的建模步骤由自主可控 BIM 软件自动完成，快速协助设计人员简化操作步骤、提高建模效率，探索一条快速、低成本的存量建筑三维数字化的技术路径。

作者：赵　昂　谢宇欣　张菲斐　王　委（北京构力科技有限公司）

中信大厦建造实践

CITI Tower Construction Practice

1 工程概况

中信大厦位于北京市朝阳区 CBD 核心区 Z15 地块，集甲级写字楼、多功能中心等功能于一体，是北京第一高楼，首都新地标。项目总用地面积为 11478m²，地上高度 528m，总建筑面积 43.7 万 m²（其中地上约 35 万 m²，地下约 8.7 万 m²），建筑层数 121 层（地上 109 层＋4 层夹层，地下 7 层＋1 层夹层），是全球第一座在地震 8 度设防区超过 500m 的摩天大楼，见图 1。

图 1　建成后的北京中信大厦

中信大厦是国内第一个采用"设计联合体"模式的特大型房建工程设计管理体系和"双总包"施工管理体系的超高层建筑，旨在解决国内超高层建筑普遍存在的"设计鸿沟"和"机电滞后"问题。其建造创下了 18 项世界之最、15 项中国之最、9 项北京之最。

2 施工重难点

（1）工期：中信大厦施工周期仅 65 个月，是国内 500m 以上的超高层建筑中工期最短的项目。受北京市各种大型会议活动保障和雾霾环保等治理工作对在施工程管制的影响，以及各种样板的施工确认、各种构件加工制作进场、各种材料和大型设备的采购进场、同一作业面上的各专业间穿插施工及超高层施工中存在的技术难关等因素，总工期受到较大影响。

（2）平面管理：项目紧邻北京东三环，处于城市繁华商务中心，周边交通情况复杂。地下室结构紧邻建筑红线，红线内可用面积仅为 18m²，近乎零施工场地。红线外北侧基坑上口距离光华路的场地狭小，面积不足 400m²；北侧间隔 12m 宽管廊结构需要与 Z15 一体化施工，红线范围内不具备布置任何固定堆场和临建的条件；东、西、南三侧均有地下管廊结构施工单位布置的平臂式塔式起重机，覆盖范围已经涵盖 Z15 场区绝大部分。场区非常狭小，建筑物边线以外几乎无可用场地。

（3）垂直运输：从 2016 年开始，主体结构施工、机电及电梯施工、幕墙施工、室内装修等各专业交叉作业急剧增多，施工全过程需投入大量的设备、材料及劳动力，因此，垂直运输的合理组织与高效管理是本工程施工进度保障、质量控制和安全管理的关键。但本工程核心筒内电梯多达101部，因工期紧，需在机电安装和装饰阶段提早安装才能满足工期目标，无法在核心筒内正式梯井布置大量施工电梯，对垂直运输综合管理提出了极高的挑战。

（4）施工安全：施工中采用4台巨型塔式起重机同步作业，10台高速施工电梯（12个梯笼），大型机械设备安全运行是超高层施工的关键。工程建筑高度达528m，楼层内作业人员高峰多达3500余人，为保障施工安全，施工过程中临时消防资源投入量大。如何在确保消防安全的前提下，降低资源投入是本项目施工管理的重点之一。

（5）总承包管理：本工程为超高大型项目，涉及专业和参与单位多，多专业、多工种的交叉管理、立体作业情况多，设计与施工综合协调较其他工程更为复杂。为实现施工的高效、低碳、环保，统筹兼顾绿色施工，需施工总承包单位能够高瞻远瞩，并有效联合各参建单位，针对工程技术、管理重难点，进行深入研究，确保在安全有序的前提下实现设计的各项功能，并满足国家、行业、地方的各项要求。

3 创新技术应用情况

3.1 超高层建筑智能化施工装备集成平台系统应用技术

中信大厦项目结构形式复杂、工期紧、场地小、总用钢量超过14万t，建设难度前所未有。为提高施工效率，满足工期要求，项目独创性地采用由中建三局自主研发的第三代集成型自带塔式起重机微凸支点智能顶升钢平台体系（图2、图3）。整个智能钢平台体系由钢框架、支承与顶升、挂架、模板和附属设施五大系统组成，长43m、宽43m、最大高度38m，有7层楼高，平台顶推力达4800t。该体系为世界房建施工领域面积最大、承载力最高。平台强大的空间框架结构体系使其可承受上千吨荷载，同时可抵御高空14级以上的强风。工人们在全封闭平台上可同时进行4层核心筒立体施工。

图2 平台系统示意图　　　　　　　图3 平台实景图

核心筒施工时，先绑扎上层钢筋，待钢筋绑扎完成及下层混凝土达到强度后，拆开模板开始顶升。模板、挂架随钢框架一起上升一个结构层高。平台就位后，调整模板，封模固定，浇筑混凝土，进入下一个施工循环。

该体系实现全新的顶撑组合模式，解决了超高层塔楼核心筒施工中常见的墙体内收、吊装需求空间大、安全要求高等施工难题。并在世界范围首次创造性地将大型设备与智能顶升钢平台系统集成，将两台M900D大型动臂塔式起重机与顶升钢平台结合，实现塔式起重机平台一体化。

通过施工智能集成平台的应用，中信大厦项目可实现平均6天最快3天一结构层的施工速度。塔式起重机一体化集成后可减少塔式起重机自顶升次数、降低钢埋件数量；模板、挂架均可周转使用。该技术的应用节约原材料消耗，提升施工质量、提高劳动生产率、减少人力消耗，从而提高能源的利用效率。平台操作面积约 1800m²，将塔式起重机、施工电梯、布料机等大型设备集于一体，并设置材料堆场及周转场地、临时办公室、休息室、移动厕所、医务室、茶水间等办公及生活设施，大大减少施工场地的占用，减轻对施工场地周边环境的影响，降低施工污染。

3.2 超深超厚大体积混凝土基础底板施工技术

中信大厦基坑深 38m，采用桩筏基础，塔楼底板最厚达 6.5m。国内底板首次采用直径 40mm，HRB500 级钢筋，约 1.7 万 t。针对项目零场地施工条件下，超厚大体积混凝土的连续浇筑、底板混凝土裂缝控制、2138 根地脚锚栓群安装及精度控制、超大面积柱底灌浆等施工难点进行研究，提出如下创新：

（1）特大型钢柱脚锚栓群施工技术：为保证地脚锚栓群的安装精度节约施工时间，设计了一种自适应锚栓套架（图 4）。受锚栓支撑架的约束作用，高强度锚栓准确限定于支撑架之内，而且在散装支撑架安装完成之后将所有支撑架连成整体，形成整体锚栓支撑架群。锚栓支撑架与锚栓在工厂一体化拼装后在现场进行安装。该技术大大减少施工吊次，并提高了锚栓安装精度，在地下室柱底板和剪力墙钢板安装的过程中，实现了"零扩孔"的预期目标。

（2）超深超厚大体积底板混凝土施工技术：为保证大体积底板的施工质量，塔楼区域 6.5m 及过渡区域 4.5m 厚底板 5.6 万 m³ 混凝土需一次性连续浇筑。前期，联合清华大学，研究出基础底板 C50 混凝土大掺量粉煤灰配合比方案，突破规范占比 50%。有效地改善了混凝土拌合料的和易性、密实性，延缓了水化速度，减小混凝土因水化热引起的温升，防止混凝土产生温度裂缝。发明串管＋溜槽组合体系，93h 连续浇筑 5.6 万 m³ 混凝土，解决城市核心区狭小场地深基坑混凝土浇筑问题，见图 5。

图 4　自适应锚栓套架

图 5　大体积混凝土浇筑

3.3 多腔钢管混凝土巨型柱施工技术

本工程多腔体巨型柱结构柱脚板超厚、面积大、形状复杂；巨柱本体腔体多（13 个腔体）、截面大（单根巨柱最大截面面积达到 63.9m²）、腔体形状各异、劲板隔板纵横交错；内设穿水平隔板的竖向构造钢筋及箍筋网、钢筋混凝土圆形芯柱；外包及内灌 C70 高强无收缩自密实混凝土。

巨柱内部纵横隔板交错，钢筋排列密集，混凝土浇筑困难大。为有效保证巨型柱的施工质量，需综合考虑超大截面巨型柱深化设计中如何分段分节、制作过程中厚壁板如何折弯等；采取有效措施确保巨型柱超宽、超厚的钢板焊接质量、控制焊接变形，巨型柱截面变化时如何调整焊接；巨型柱施工的操作空间，控制大体积高强自密实混凝土的温度裂缝和收缩裂缝等问题。针对以上特点及难点，主要采取以下创新：

（1）超大型结构底板灌浆施工技术：在底板混凝土浇筑后，需用灌浆料填充巨柱底板和筏板之间的预留缝隙。项目涉及的巨柱是世界上腔体最多，同时也是截面面积最大的异形巨柱，拥有 13 个超大腔体，单根巨柱最大截面面积达到 63.9m²。施工中创新采用多点压力灌浆技术，将柱底板 178m² 的最大单体灌浆面积一次性浇筑完成，见图 6。

（2）多腔体大截面异形钢结构制安施工技术：采用厚钢板多维冷弯成型技术，通过多道多次压制及微过压修正法，抵消钢板压弯弹性恢复量，确保巨柱 60mm 厚钢板折弯组对精度。发明自适应巨柱单元组合式操作平台，解决巨型柱截面巨大、多次变截面的施工难点，见图 7。

（3）混凝土内灌外包多腔巨型柱施工及监测研究：与专业单位合作进行复杂多腔体巨型柱 C70 高强自密实大体积无收缩混凝土制备技术的研究，按照不同浇筑高度提出了综合评价复杂多腔体巨柱混凝土评价指标。与清华大学合作，进行为期超过 5 年的巨柱实体钢结构与混凝土协调工作情况监测工作，与模型监测结果对比，有效验证结构的安全性。

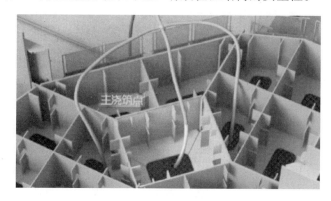

图 6　灌浆示意图　　　　　　　　　　图 7　自适应巨柱单元组合式操作平台

3.4　大型悬挑曲面结构安装施工技术

雨篷为大跨度空间双曲箱型悬挑结构，高度方向跨 5 个结构层，向外最大悬挑跨度为 14.1m。下部最低点距离地面高度约 4.1m，顶部标高为 29.75m。主要由顶横梁、边梁、主挑梁、横竖龙骨及支撑组成，悬挑雨篷通过支撑与巨柱、桁架下弦及结构边梁相连组成结构稳定体系。

受运输条件限制，雨篷分段运至现场，采用部分散件组拼，高空整体吊装的方式进行安装，由巨柱本体部位对称向中间扩展，直至合龙。安装采用标准化胎架，主要由标准节、顶部钢板及底部柱脚组成。胎架最大高度 14m，共 32 组，单组标准化胎架可承受最大载荷 300t。施工前通过有限元软件对施工全过程进行模拟分析，根据现场实际工况对雨篷安装进行优化。安装中，根据计算的结构下挠值，对雨篷在施工中进行预调值起拱，确保安装精度，见图 8。

图 8　雨篷安装

塔冠结构位于 F105 层楼面梁上,并向上延伸至屋顶,高度为 30.3m。塔冠钢结构构件总数量约 204 件,双轴对称布置。其中 1/4 塔冠结构共分 18 段,最大构件分段重量约为 25.3t,主构件为 18 件,补档构件为 25 件,构件最长为 12m,使用最大板厚 50mm。

塔冠结构安装过程中采用地面散件组拼＋塔式起重机高空原位的方式。受塔冠结构、现场场地、工期等诸多因素,塔冠施工采用"无胎架硬支撑施工技术",即利用塔冠结构与二次钢结构相结合的施工方式,以塔冠二次钢结构作为塔冠悬挑结构的"胎架",达到不使用临时胎架施工的目的,避免了胎架搭设对场地和工期的占用,以及胎架对塔冠结构和二次钢结构之间连接的干扰,见图 9。

3.5 超高层跃层电梯应用技术

中信大厦结构高、体量大、垂直运输压力大、工期短。随着工程的施工,现场高峰时段的施工工人可以达三千余人,人员的运输全部依靠施工电梯,若上下班高峰期间,施工人员不能及时达到工作岗位或离开作业区域,会大大降低施工的效率。综合上述特点,项目在全球范围内首次应用超 500m 的跃层电梯,以化解垂直运输难题,见图 10。

跃层电梯的运行速度达 4m/s,是普通施工电梯的 4 倍,单台跃层电梯的乘客运力是同规格施工电梯的约 12 倍,大大提高施工阶段人员运输的效率;故障率低,减少由于电梯故障导致的停工时间;安装于电梯井道内,不影响后期幕墙安装;各种天气条件下均可使用,全天候 24h 运行;与正常电梯安全措施一致并通过政府验收,安全性更高;采用永磁同步无齿轮曳引机和变频控制,能耗更低;相比常规电梯安装方法验收时间提前约 120 天,发挥了其环保、节能、降低成本方面的优势。

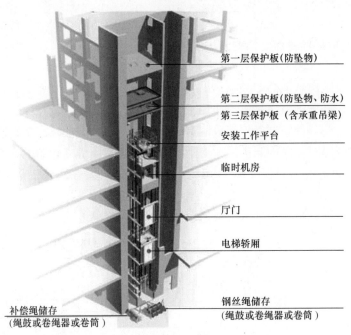

第一层保护板(防坠物)

第二层保护板(防坠物、防水)

第三层保护板(含承重吊梁)

安装工作平台

临时机房

厅门

电梯轿厢

钢丝绳储存
(绳鼓或卷绳器或卷筒)

补偿绳储存
(绳鼓或卷绳器或卷筒)

图 9 塔冠二次钢结构安装   图 10 跃层电梯系统图

项目采用在井道壁上预留支撑孔用于提升工作平台和移动机房,预留孔洞对电梯跃升的安全保障系数有极大的提高和保证,同时预留孔施工相对简单,对本工程的工期也有极大的益处。同时发明了一种用于高效解决超高层建筑跃层电梯防水、防坠物的工具。该工具由顶部倾斜式防冲击板、第二层防冲击板、工作板、防水层组成。在超高层建筑跃层电梯的移动机房上方搭设防坠物、防雨水多道保护隔层来达到安全防护的作用,同时在电梯井道顶端的做一层防水隔离板,解决了超高层建筑跃层电梯安装及运行阶段安全防护的施工难点。

3.6　超高层建筑"临永结合"消防水系统施工技术

以往工程在施工阶段采用一套临时消防系统，竣工后使用另一套正式消防系统，应用这两套不同的系统来满足项目不同阶段的消防保护需求。其中临时系统需投入大量的人力物力，在正式系统投入使用时又要全部拆除，并且在施工阶段临时管线往往占据正式机电专业的安装空间，影响机电及装修单位的施工进度。

为解决以上问题，项目首次把"临/永结合"消防水系统技术应用于超 500m 的建筑上，实现临时消防与永久消防的无缝连接（图 11）。利用正式消火栓系统的分区管网及消防转输泵房，每区段消防转输泵房承担上一区域消火栓管网的临时高压供水，各阶段转换后为上一区段消防转输泵房的转输水箱供水和以下区域段消火栓系统分区管网的常高压供水，交替进行直至施工结束后完成最终的转换。在设计施工电梯和工地消防系统时，都尽可能做到大厦建成后可沿用或方便转换，以最大程度节约材料、缩短工期。

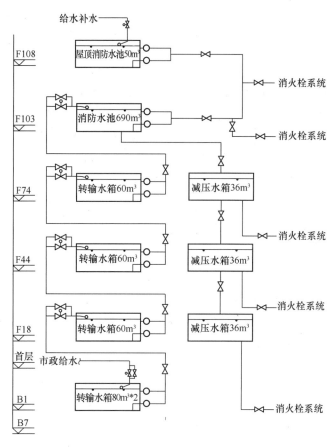

图 11　中信大厦"临永结合"消防水系统

该项技术打破了传统施工临时消防模式，避免了施工阶段常规"临时消防系统"向"正式消防系统"转换时的消防保护空档期，有效提升施工现场安全保障系数，对于超高层而言，在保证质量和安全的前提下，缩减临时设施。同时大量减少临时管道安装和拆改任务，经济节约，践行了绿色施工的要求，同时为机电及精装修工程提供了便利条件，减少精装修对临时设备与管道的收口工作量，节约工期。

3.7　超高层预制立管成套施工技术

超高层建筑机电管井内立管施工始终是机电施工中最危险的作业，管井内作业空间狭小，安全隐患多，同时还面临垂直运输、现场制作质量、施工效率低等诸多难题。可否在确保安全和质量的前提下加快管井内管道安装,是对超高层建筑机电施工极大的考验。

预制组合立管施工工艺,较传统管井的施工方法,其将分散的管道作业集中到加工厂,实现了制作工厂化、分散作业集中化和流水化,不受现场条件制约,保证了制作精度,整体组合吊装,减少高空作业次数,有效地降低了作业危险性。立足本工程实际,并广泛地汲取了国内外同类型工程优秀的施工实践经验,策划并实施了预制组合立管技术在机电管井内的立管施工中的应用,本工程预制组合立管覆盖范围由塔楼 F007 层至 F102 层,分布在核心筒相应角筒内,包含空调水系统、消防水系统等管道,管道管径覆盖范围 DN70 至 DN600,管道数量约 13365m,共计 220 组(图 12)。项目颠覆性地采用预制立管后于结构施工的工序安排,避免了预制立管施工与结构施工的交叉,最大限度地缩短了整体施工工期。

图 12   预制组合立管现场吊装、安装

3.8   全生命周期 BIM 技术应用

中信大厦是国内第一个完全依据 BIM 信息同步设计管理并指导施工的智慧建造项目。针对大厦造型独特、结构复杂、系统繁多、各专业深化设计重难点多、专业间协调要求高等特点,借助 BIM 可视化、强协同的优势,按照设计阶段全面介入、施工阶段深度应用、运维阶段增值创效的理念,将建筑规划、设计、施工、运营全生命期内的所需要各类信息数据整合到一起,提升团队效率。

设计阶段完成了包括大楼性能分析、参数化设计、施工图优化等应用。通过 BIM 软件,利用几何控制系统生成建筑形体,并对设计过程中所有与几何定义相关的信息、数据进行系统的描述和表达,以达到全过程精确控制工程设计,指导深化、加工的目的。同时在设计阶段完成与施工图深度相一致的 BIM 模型,作为辅助出图及提升设计表达的手段。在建设过程中,设计共完成五轮成果报审,业主、顾问、施工总包累计提出优化建议 11981 项,其中 BIM 图模校验提出建议 4959 项,占比约 41%,大幅减少施工过程中因碰撞、拆改以及设备选型滞后而造成的浪费和工期延误、造价超标发生的概率。

施工阶段继承设计阶段的 BIM 模型,进行了深化设计、综合协调及碰撞检查、施工模拟、预制化加工等应用。高精度的模型,有效支撑了项目技术工作的开展,在大体积混凝土基础底板施工、智能化施工装备集成平台的安装与拆除、样板层机电及装饰装修施工等重点方案实施前,全部完成施工组织模拟,在方案评审与技术交底过程中起到了非常重要的作用。此外,本项目是国内首个全面应用三维扫描技术的超高层建筑,现场扫描形成的点云数据处理完成后通过平台共享给深化设计工程师,工程师在 REVIT、Navisworks 等软件中可直接加载点云数据,完成 BIM 模型与现场实景"综合-碰撞-优化"的校验过程,最大程度上降低了深化设计过程中的管理风险,见图 13。

施工完成后,由总包团队组织完成模型成果的运维数据初始化,将各类运维设备设施的详细参数录入,通过制定的编码映射规则,将数据与业主定制开发的智慧建筑云平台相关联,实现建筑内各信

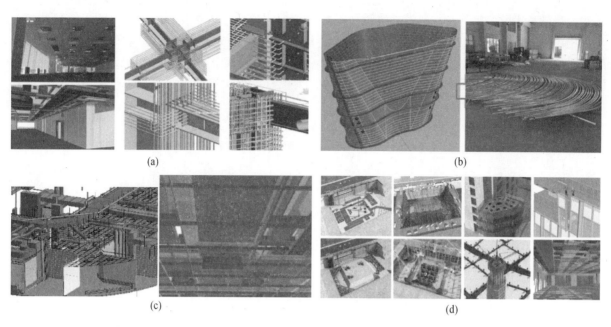

图 13　施工阶段 BIM 技术应用点

（a）深化设计；（b）预制加工；（c）综合协调；（d）方案模拟

息系统、网络系统、监控系统、管理系统间的互联互通和数据共享交换，形成基于 BIM 的智慧运维，见图 14、图 15。

　　中信大厦 BIM 技术应用是项目高效建造、绿色建造的可靠保障之一。多项成果斩获"奔特力 BE 创新奖""中国建设工程 BIM 大赛""龙图杯""创新杯"等国内外顶尖赛事大奖。获评北京市及中建集团 BIM 示范工程，整体经鉴定达到国际先进水平。

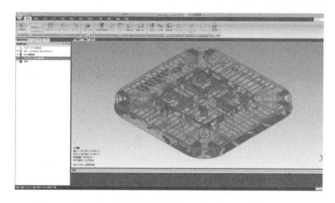

图 14　基于点云数据的结构偏差色谱图（单位：mm）

图 15　利用点云数据作为运维管理平台图形界面

4　整体实施效果

　　中信大厦的设计、施工秉承绿色建筑的理念，采用建筑业十项新技术（2014 年版）中的十大项中的 32 小项，以及十余项创新技术。经评价，3 项成果达到国际领先水平、2 项成果达到国际先进水平。其整体设计、施工成果经评价，均达到国际领先水平。项目的建造践行"四节一环保"的理念，通过住房城乡建设部绿色施工科技示范工程、北京市建筑信息模型（BIM）应用示范工程验收，取得 LEED-CS 金级认证。

　　以本项目研究成果为基础，获授权专利 36 项（其中发明专利 8 项），发表论文 30 余篇，对推广超高层结构设计、施工技术的应用起到了积极作用。相关科技类成果获北京市科学技术奖一等奖、中建集团科学技术奖一等奖及其他省部级科技类奖项 7 项。项目整体获北京市建筑（竣工）长城杯金奖、中国钢结构金奖杰出工程大奖、2019 世界结构大奖之高耸或细长结构奖、CTBUH 最佳结构工程杰出奖、全球建筑业杰出项目（AEC）等多项国内外大奖。

大厦在建造过程中受到多方瞩目，央视新闻、人民日报多次报道，接待过千余次大小规模的观摩，成为超高层建造的典范项目。

作者：张　琨　许立山　蒋　凯　周千帆　王　坤（中建三局集团有限公司）

火神山、雷神山应急医院快速建造实践

HuoShenShan and LeiShenShan Emergency Hospital

1 工程概况

火神山应急医院建筑面积达 3.39 万 m^2，病床 1000 张。设有接诊大厅、医技楼、ICU、病房楼、附属用房。医技楼：三台 CT 室，一间功能检查室，一间手术室，检验科，血库等医技用房。病房楼"三区两通道"（污染区、半污染区、洁净区、病人通道、医护人员通道）。病房为负压病房，并设缓冲间及独立卫生间；ICU 楼包含接诊区、重症监护中心及院区安防监控室三部分功能。重症监护中心设两个独立的护理区，每个护理区 15 张床位，共计 30 张床位，其中 ICU 大厅及其辅房设Ⅲ级净化。附属用房包括救护车洗消间、衣物消毒间、垃圾暂存间、焚烧炉、尸体暂存间、吸引站、液氧站、污水处理站、雨水调蓄池、液氯投放间等，功能上比常规医院更齐全，见图1。

图 1 火神山应急医院效果图

雷神山应急医院建设用地面积约 20 万 m^2，总建筑面积约 8 万 m^2，其中隔离病房区 4.62 万 m^2，共设 30 个病区，约 1500 个病床；医技楼 6000m^2，含 ICU 检测、CT 室、血库等功能用房；医护休息区 9600m^2；后勤楼、专家楼 4600m^2，同时设污水处理站、液氯加药间、垃圾焚烧站、液氧站、正负压站房等配套设施。项目整体按照三级传染病医院标准设计，医护、病患、物流交通流线明确，洁污分流，互不干扰，见图2。

两院的定性为高标准呼吸道传染病临时医院，其设计模式参照小汤山医院，涵盖了永久医院所包含的常规治疗、重症治疗、医学影像、医学检测、外科手术、医用气体等功能需求，均由中建三局承建，以总承包的形式完成。

从医院从决定建造开始到投入仅用 10 天时间，为达到快速建造的要求，整体上采用了集装箱房和彩钢夹芯板的房屋建筑主材，部分配套区域及医技区域采用钢结构建筑形式，安装系统和医疗设施按照正式专科医院标准设计及施工。

隔离区全部为一层建筑形式，利于医护及病患通行，与室外交通连接采用楼梯和坡道相连。隔离

图 2   雷神山应急医院效果图

区均按照鱼骨状的设计布局，布局上以中轴线的医护办公区向两侧病房区方向延伸，医技和护理病房均设置在中央医护办公两侧；按照"三区两通道"的传染病医院设计原理，中央医护办公区为正压的洁净区域，向两侧延伸为平压或负压的半污染区和污染区，其中病患人员所在的病房和通道为污染区，医护人员办公和通行通道为洁净和半污染区，不同区之间采用缓冲间相连，达到对气流及通行路线的有组织隔离。医护人员在医护办公区完成更衣换衣后通过与病房区相连的缓冲间进入病房护理病人及进入医技区进行手术检测等工作，再经由脱换隔离服房间离开病房区回到医护办公区，实现了基本的三区两通道分离，达到对医护人员的安全保障。

2   科技创新

综合火神山应急医院、雷神山应急医院的建设情况看，模块化施工是传染病应急医院快速建造首选的技术路线，然而当前国内外对传染病应急医院模块化建造的研究还不成熟，尚没有成熟案例，因此对传染病应急医院的建设研究将会越来越多。若要有效提升应对大规模爆发的呼吸道传染病的传染病应急医院的建造能力，实现其在传染病应急医院的建设中大规模应用，则需要解决常规的设计模式不能满足传染病应急医院快速建造的需求、常规条件下的施工管理模式无法满足快速建造的需求、防扩散要求高和传统的信息化技术应急医院的需求等一系列问题。为了解决这一系列问题，两山医院形成了以下创新成果：

（1）首次在应急医院设计中采用模块化设计、细化洁污分区、创新卫生通过室等设计，集成了一套高效可靠的应急医院防扩散设计技术，解决了呼吸类传染病应急医院快速建造和安全保障的难题。

（2）创新了分阶段逆向设计、现代物流优化、模块化施工、快速验收等组合技术，形成了设计、施工、物流与工艺优化高度融合的应急医院一体化建造技术，实现了极限工期下应急医院快速建造、快速交付。

（3）采用模块化单元密封及气压控制病房防扩散技术、"两布一膜"整体防渗和"活性炭吸附＋紫外光降解"工艺的污水处理技术、干式脱酸医疗废物无害化焚烧技术，形成了多维度管控的防扩散集成技术，实现了应急医院"零扩散""零感染"。

（4）应用 5G、AI、物联网等现代信息技术，研发了应急医院智能化运维管理平台，实现了智慧安防、智慧物流、远程会诊、智能审片、"零接触"运维。

3 新技术应用

（1）新冠肺炎疫情下应急医院设计关键技术

创新点1：在应急医院设计中，创新采用模块化拼装设计技术，病房楼采用集装箱进行模块化设计、装配化拼装，强弱电设施高度集成化，将标准化"即插即用式"模块运至现场，达到快速建造的效果，见图3。

创新点2：首次在三区两通道的基础上，将半污染区细分为潜在污染区与半污染区，两者之间增设缓冲间；创新卫生通过设计，改变传染病医院二次更衣原路进出的惯例，单独设置医护人员离开病房单元的卫生通过室，解决了呼吸类传染病应急医院院内感染的难题。

创新点3：首次在应急医院中运用了高效医疗废物无害化焚烧处理系统的设计、HDPE膜整体防渗设计、通风系统的冗余设计、阀门选择等一系列防扩散设计关键技术，优化了医疗污染废弃物的处置流程，有效地降低了应急医院对周边环境造成的二次污染，确保了院内压力梯度的实现，最大限度地预防了污染源的传播扩散，提升了应急医院运行使用的安全性，见图4。

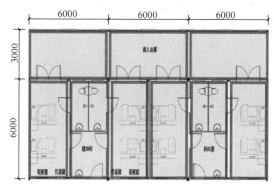
图3 病房模块化设计

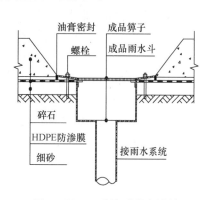
图4 HDPE防渗膜节点设计

创新点4：创新采用高精度实时负压控制系统设计、组合结构防护系统设计、爪式真空泵真空机组设计等一系列应急医院关键医疗功能设计，实时监控调整空调系统，保证压差梯度合理，满足电离辐射快速建造，提升医用气体运行稳定性，保障了应急医院的医疗功能需求，见图5。

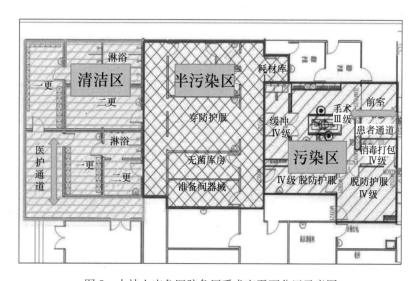
图5 火神山应急医院负压手术室平面分区示意图

（2）新冠肺炎疫情下应急医院快速建造关键技术

创新点1：创新应用分阶段逆向设计方法，基于现有热轧型钢材料，先进行深化设计确定上部荷载，再进行基础设计，过程中插入材料采购；并运用EPC项目管理思维，充分结合现场的场地条件、施工部署、市场资源情况优化设计，真正实现了设计、施工、采购一体化，见图6、图7。

图6　ICU以及医技楼采用逆向设计

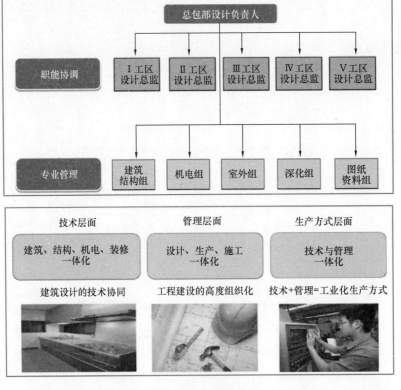

图7　一体化管理模式

创新点 2：创新应用快速建造的交通及仓储管理技术。采取分区管制、高效转换、场外仓储的方式，有效解决了项目交通管控难题，保证了现场内外运输通畅，见图 8。

创新点 3：创新应用一套模块化装配施工技术，包括采用钢-混组合式基础、集装箱结构模块化施工、BIM 虚拟建造技术、"人字形"钢管桁架屋面、配套设施成品化、多材质相连风管、集装箱防雷接地、多专业管线安装、预制一体化数据中心等组合技术，最大化实现基础、主体同步穿插，实现主体、配套设施、机电系统"搭积木"式快速建造，在极限工期内完成了应急医院建设，见图 9、图 10。

图 8　高效建设的交通及仓储管理

图 9　钢-混组合式基础

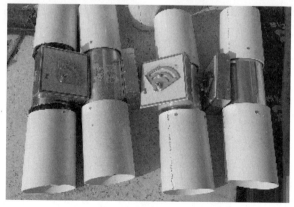

图 10　多材质相连风管施工技术

创新点 4：创新采用"独立成区，分区调试验收，验收参与方提前介入"等验收手段，革新验收内容、优化验收流程，开创了应急医院验收新体系，达到了快速验收、快速交付的效果。

创新点 5：首次对既有医院进行平面布局调整，采用分区隔离、空调通风气流引导技术对既有医院进行应急改造，实现既有医院快速平疫转换，达到了具备收治新冠肺炎病人的标准，见图 11。

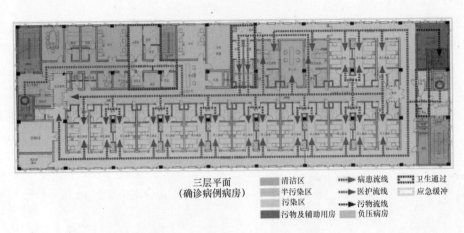

图 11 既有医院三区分离平面图

（3）新冠肺炎疫情下应急医院防扩散关键技术

创新点 1：首次采用高效医疗废物无害化焚烧处理系统，针对医疗、生活污染废弃物处理无害化率接近 100%，实现高减容比的同时，满足烟气达标排放标准要求，见图 12。

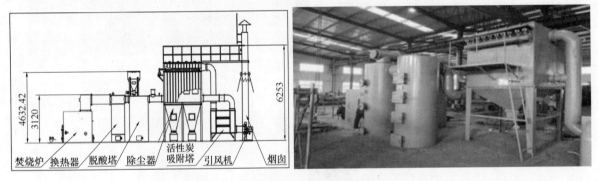

图 12 高效医疗废物无害化焚烧处理系统

创新点 2：创新性运用了"两布一膜"作为应急医院基底防渗层，设置塑料模块雨水调节池调节场内雨水流量，运用"活性炭吸附＋UV 光解"工艺对污水处理系统产生的废气进行除臭消毒，总结了应急医院雨、污水全收集全处理的工艺流程，形成了一套雨、污水系统防扩散控制方法，有效杜绝了新冠病毒通过雨、污水扩散，见图 13～图 15。

图 13 场内基底 HDPE 膜铺设

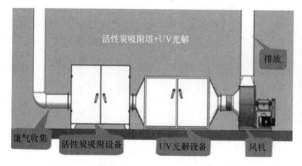

图 14　活性炭吸附＋UV 光解原理

图 15　雨水调节池 PP 模块组装

创新点 3：应急医院中首次采用气压控制及防扩散技术，用四道密闭措施使房间漏风量小于 5%，在此基础上，进行分区域，逐级对通风系统进行调试，通过以新风为主，排风为辅的调试控制，满足负压梯度之间的值不小于 5Pa，最终实现气流合理的组织及过滤排放，见图 16。

创新点 4：首次采用冗余性安全防疫管理理念，运用线性与矩阵式相结合防疫组织管理方法及多角度综合防疫管理方法，从空气管控、检验管控等方面进行防疫管控，保证了火神山、雷神山应急医院施工与运维阶段人员零感染，对新冠肺炎疫情下应急医院快速建造过程中的防疫有重要的指导与借鉴意义，见图 17。

病人走廊对病房6Pa＞5Pa　　医护走廊对病房15Pa＞10Pa

图 16　火神山医院内压力梯度控制技术

图 17　冗余性、多角度防疫措施

（4）新冠肺炎疫情下应急医院信息化关键技术

创新点 1：融合大数据、物联网等信息技术，研发了基于物联网的集装箱管理平台，创新应用智慧工地信息化技术、智慧设备管理技术和车辆定位管理监测技术，解决了火神山应急医院和雷神山应急医院在特殊条件下资源调度难的问题，实现了各项资源组织高效有序。

创新点 2：创新采用一种基于 AI 技术的防疫工程智慧监控系统，以云服务为基础平台，解决大数据应用的关键技术及数据融合，实现对各种信息资源的共享、处理和分析研判，形成全过程智慧监控体系。

创新点 3：创新将无线技术应用于应急医院建设与运维，集成无线对讲、医疗对讲、智慧消防、巡更、5G 远程会诊、AI 智能审片等功能，实现医院无线化运营管理，见图 18～图 20。

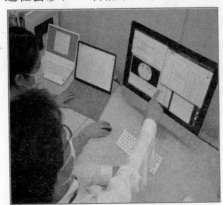

图 18　5G AI 智能审片　　　　　　图 19　5G 远程会诊

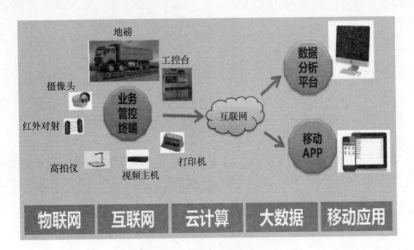

图 20　无线化运营示意

创新点 4：自主开发《中建三局智能维保云平台系统》，将云计算技术、信息化技术引入防疫工程维保。通过应急医院"零接触"维保管理云平台的设计与实现，提出了一种应急医院"零接触"维保的新模式、新方法，见图 21。

4　效益分析

（1）通过借鉴军改思想，建立了总体统筹高效运行的管理模式，采用了全专业高效穿插技术，减少了管理层次，缩短了信息流程；开展分阶段逆向设计，在结构设计同时开展深化设计，设计完成后可直接向材料商提供深化图纸；基于快速建造模式下进行模块工业化研究，深化出集装箱"搭积木"式施工方法，实现工业化生产，现场整体拼装；同时革新验收内容，优化验收流程，保证了快速验收交付。一系列快速建造方法的运用，保证了新冠肺炎疫情下应急医院——火神山应急医院、雷神山应急医院在 10 天建设完成，大幅地节省工期，管理成本节约 5394 万元。

（2）运用设计采购使用一体化管理模式，特殊条件下根据施工反馈设计，对总平面布局、场内高差布局进行优化，减少了现场已有建筑物的拆改，减少了土方工程量。同时设计和招采融合，特殊条件下根据已有材料设备进行设计，避免增加招采成本。累计经济效益达到 3390 万元。

（3）通过运用新冠肺炎疫情下应急医院快速建造关键技术，武汉市建设的火神山、雷神山应急医院，有效控制了疫情的传播速度，为全国乃至全世界抗击疫情争取了宝贵的时间，在一系列应急医院投入使用后，国内疫情扩散速度明显降低，治愈效率明显提高，为全世界五分之一人民的生命健康做

图 21　应急医院"零接触"维保管理云平台

出了巨大贡献。

5　获奖情况

在新冠肺炎疫情下应急医院快速建造关键技术研究与应用过程中，取得了大量创新科技成果，也大量运用参建各方积累的科技成果。其中形成了标准 9 部，书籍 2 本，画册 1 部，发明专利受理 7 项，实用新型专利受理 7 项，发表期刊论文 57 篇，见表 1。

部分科技技术成果一览表　　　　　　　　　　　　　　　　　　　　　　　　表 1

序号	标准名称	级别
1	呼吸类临时传染病医院设计导则（试行）	湖北省地方标准
2	中国建筑全装配式抗疫应急工程建造标准	中建集团标准
3	装配式传染病应急医院建造指南（试行）	浙江省地方标准
4	医院洁净手术部建设评价标准	目前送审稿已完成
5	按粒子浓度划分空气洁净度等级	目前报批稿已出
6	传染病医院建设指南	已供稿，初审中
7	绿色智慧医院建设与改造技术应用手册	已供稿，初审中
8	应急发热及肠道门诊建筑设计标准	征求意见稿
序号	专利名称	状态
1	一种呼吸类临时传染病医院装配式建筑体系的分阶段逆向设计方法	发明专利受理
2	一种呼吸类临时传染病医院装配式建筑体系及其施工方法	发明专利受理

续表

序号	专利名称	状态
3	一种汽车式起重机行走及起重荷载计算系统及计算方法	发明专利受理
4	疾控医院防疫工程智能化系统快速调试方法及系统	发明专利受理
5	一种集装箱板房建筑体系及其工程基础和施工方法	发明专利受理
6	一种履带式起重机行走及起重荷载计算系统及计算方法	发明专利受理
7	一种基于 iBeacon 的安全教育智慧语音系统	发明专利受理
8	一种呼吸类临时传染病医院装配式建筑体系基础结构	实用新型受理
9	一种具有防振防水功能的通风管出彩钢瓦屋面结构	实用新型受理
10	一种风管接头	实用新型受理
11	一种模块化隔离消毒通道	实用新型受理
12	一种应急工程组合式基础	实用新型受理
13	一种应急工程组合式屋面	实用新型受理
14	一种应用于板房结构的传递箱固定装置	实用新型受理

此外本项目还获得以下奖项："第二届中国医院项目建设创新奖"；"2020 中国企业改革发展优秀成果"一等优秀成果；"中建集团科学技术奖"一等奖；"华夏建设科学技术奖"一等奖。

6　结语

通过研究和总结武汉火神山应急医院、雷神山应急医院这种标准高、技术要求严格、工期紧的应急传染病医院，对今后类似项目提供技术支撑，填补国内卫生安全应急建设工程领域的施工技术空白，将有诸多重要意义，主要如下：

（1）建造意义重大。新冠肺炎疫情下传染病应急医院为患者提供了救治的场所，实现了有效控制传染源、最大限度救治患者的目标，因此新冠肺炎疫情下应急医院快速建造是一场与时间的赛跑、一场与死神的战斗、一场挽救生命的战斗，越早建成就能抢救越多的生命。同时应急医院的建设又是全世界都在密切关注的工程，工程责任重大，使命光荣。

（2）促进应急医院医疗信息化、智能化的后续研发。本研究课题为国内首个应急医院快速建造技术研究成果，很多信息化技术为首次采用，可为后续应急医院信息化的进一步研发提供借鉴与参考。

（3）推动传染病应急医院防扩散技术的革新。新冠肺炎疫情下应急医院的防扩散标准高，很多防扩散技术在医院中首次采用，通过对新冠肺炎疫情下应急医院环境影响因素、医院雨污水、医疗废弃物、空气流向等对防扩散有重要影响的关键防控技术的研究，可以推动传染病应急医院防扩散技术的革新。

（4）开发了一种新的建造模式。在交通被管控、物资设备生产困难的条件下，10 天完成新冠肺炎疫情下应急医院建设，需要采取一种在非常规条件下总体统筹、高效运行的设计、采购、施工、验收、移交一体化的工程管理模式，同时可在以后的应急项目建设中借鉴和参考。

（5）提高国家公共安全卫生基础设施的设计能力。研发新冠肺炎疫情下应急医院快速建造关键技术，有助于"平疫结合"应急医院的设计应用，对推动促进应急医院综合发展，充分使用既有医疗资源具有重要的研究意义。

作者： 张　琨　万大勇　邓伟华　楼跃清　余地华（中建三局集团有限公司）

北京大兴国际机场航站楼核心区工程建造实践

Construction Practice in the Core Area of Beijing Daxing International Airport Terminal Project

1 工程概况

北京大兴国际机场位于永定河北岸，北京市大兴区和河北省廊坊市广阳区之间，距天安门广场直线距离约 46km，距首都机场 67km，距北京城市副中心 54km，距雄安新区 60km。2019 年北京大兴国际机场通航后，北京拥有了两座"枢纽机场"，可更好地服务区域经济社会发展。

北京大兴国际机场本期工程设计为 7200 万人次的旅客吞吐量，接近首都国际机场 T1、T2、T3 航站楼设计容量的总和，建筑面积达 78 万 m² 的航站楼工程采用五指廊的构型，陆侧的综合服务楼形同航站楼的第六条指廊，与航站楼共同形成了一个形态完整、特征鲜明的总体构型（图 1、图 2）。对于北京大兴国际机场这种集中式航站楼的布局，旅客、行李、交通、飞行等运行要素都要汇集在核心区进行处理，航站楼核心区工程具有其鲜明的特点：

（1）轨道交通一体化：为了提高旅客的换乘体验，提高通行效率，采用了轨道下穿航站楼的设计方案，地下二层为轨道层，高铁、城际铁

图 1　北京大兴国际机场航站区

路、地铁与航站楼无缝衔接，其中高铁以不低于 300km 时速高速穿越航站楼，引起的振动控制问题属于世界性难题。

另外，工程选址上航站楼工程处于永定河冲积扇的扇缘地带，地层复杂，砂层、土层、软弱层等交替存在，地质条件复杂，基坑工程施工难度大。

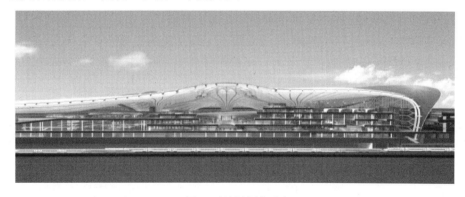

图 2　航站楼剖面图

（2）隔震层设计：由于航站楼下部高铁通过，涉及减震、隔震问题，同时作为北京地区的超大型的公共建筑，在结构设计上有 8 度抗震设防的要求，因此针对航站楼中心区采用独有的层间隔震技

术，减小轨道层及地震作用对上部航站楼的影响，隔震层设在±0.000楼板下，有1152套隔震支座，隔震支座最大直径1500mm，工程施工复杂。

（3）集中的功能布局：航站楼五指廊的放射状构型决定了建筑的各功能系统在中心区更加集中，航站核心区工程集中了多达108个专业系统，各系统的安装、布线更加复杂。

（4）超长超宽超大平面的结构：航站楼的五指廊设计每个指廊中线的夹角为60°，从近机位飞机停靠及功能区的集中布局的需求，航站楼核心区形成了最大尺寸565m×437m、近似于方形的超长超宽超大面积的无缝混凝土结构以及对应的约18万m²的屋面钢结构，屋面钢结构采用自由双曲的空间网格结构，结构跨度大、安装工况复杂。

2 科技创新

基于北京大兴国际机场航站楼核心区超长超宽超大平面建筑的特点，工程施工研发了超大复杂基础工程高效精细化施工技术、超大平面混凝土结构施工关键技术、超大平面层间隔震综合技术、超大平面复杂空间曲面钢网格结构屋盖施工技术，解决了超大平面航站楼的建造难题，形成了具有自主知识产权的超大平面航站楼工程建造关键技术体系。主要创新技术如下：

2.1 超大复杂基础工程高效精细化施工技术

北京大兴国际机场航站楼核心区地下二层，基坑投影面积约16万m²（图3），开挖深度总体约19m，局部超过26m，轨道区开挖范围内存在软弱泥炭质土层。高铁通行对工程的不均匀差异要求

图3 航站楼核心区超大规模基坑

高，工程全部采用了混凝土灌注桩基础，桩端桩侧复试注浆，同时基坑开挖范围内存有地下水。工程施工研发了超大平面复杂环境基础工程动态高效施工组织技术、超大范围复杂分布地下水精准控制技术、超大基坑复杂基底精细化支护技术、超大规模复杂结构桩基动态快速精细化施工技术，实现了16万m²的超大平面复杂深基础工程高效快速施工。

2.2 超大平面混凝土结构施工关键技术

北京大兴国际机场航站楼核心区工程的混凝土结构达到了最大尺寸565m×437m无任何变形缝的整体超大平面，裂缝控制本来就是混凝土结构施工的一个难点，航站楼核心区工程超长超宽的平面尺寸是史无前例的，近于方形的尺寸，施工物料运输也是工程必须面对的难题；轨道与航站楼功能的转换造成结构的多次转换。工程施工研发了超大平面混凝土结构裂缝控制技术，实现了565m×437m超大面积混凝土无缝结构的裂缝控制；研发了超大平面结构施工物料水平运输系统（图4），开发了轨道式大吨位无线遥控运输车，实现了超大平面建筑施工物料的高效水平运输，比传统方法工效提高4倍。开发了劲性结构梁柱节点钢筋连接技术，劲性结构复杂节点、劲性构件与混凝土交叉施工工序数字化施工模拟优化技术，解决了超大截面复杂劲性结构节点钢筋密集的施工技术难题，降低了操作难度，确保了劲性结构复杂节点钢筋与混凝土的施工质量，提高了施工效率。首次创新提出了超大平面混凝土结构施工全过程变形分析方法，解决了超大平面混凝土

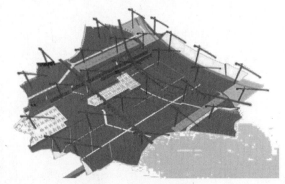

图4 物料运输系统

结构施工阶段总体变形控制的难题。

2.3　超大平面层间隔震综合技术

航站楼核心区隔震层的设置，一方面降低了高铁高速运行对上部结构的振动影响，另一方面对结构本身在设计方案上降低了计算的抗震设防烈度，取得较好的综合效益，亦是技术的进步。航站楼工程是目前世界上最大的单体减隔震建筑，隔震支座最大达到了 1500mm，工程研发了大直径、大变形隔震支座安装、更换技术；开发了水平变形量最大为 600mm 的层间隔震建筑构造体系和机电管线位移补偿构造体系；建成了世界最大的建筑层间隔震层，形成了隔震层施工的承重结构体系、建筑构造体系和机电变形补偿体系一套完整的施工关键技术体系（图 5）。

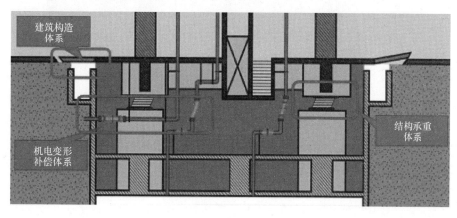

图 5　隔震层的构造体系

2.4　超大平面复杂空间曲面钢网格结构屋盖施工技术

航站楼核心区工程钢结构屋盖约 18 万 m^2（图 6），中间仅设有 8 根 C 形柱、12 个支撑筒和 6 根独立柱，中心区域及向外 60°角布置有天窗。工程提出了基于总体位形控制的"分区安装，分区卸载，变形协调，总体合龙"的超大平面复杂空间曲面钢结构综合施工技术：研发了分块累积提升施工技术，实现了最大分区 20225m^2 的屋盖累积提升；研发了大尺度高落差倾斜翻转提升技术，实现了最大分块 3750m^2 高差 15.38m 的屋盖翻转提升；突破了提升结构高差大、安装场地楼面错层复杂的条件制约，完成了超大平面复杂空间曲面钢网格结构屋盖优质安全高效的建造。

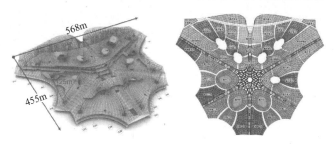

图 6　航站楼核心区屋面钢结构及分块图

3　新技术应用

3.1　智慧建造技术

航站楼核心区工程体量大、结构新颖、机电系统复杂，工程建造过程中通过智慧建造技术的应用显著提高了工作效率、解决了工程过程中遇到的一系列问题。

3.1.1　塔式起重机防碰撞技术

航站楼核心区结构施工期间共设 27 台塔式起重机，群塔最多可达到 7 台塔式起重机同时进行交叉作业。依靠传统的信号工指挥和塔式起重机司机的人为判断存在通信指挥信息量大、交叉多、协调工作量大，效率低、风险大。采用先进的信息化塔式起重机防碰撞系统（图7），通过碰撞、限位、超载等传感器自动进行预警提示，保证塔式起重机运行安全。

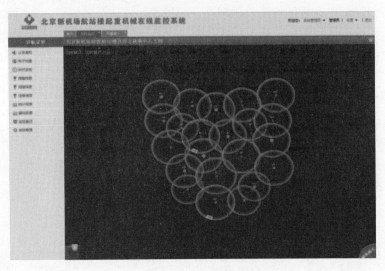

图 7　塔式起重机防碰撞系统

3.1.2　钢结构机器人自动焊接技术

钢结构工程的焊接量大、焊缝的质量标准要求高，尤其是单一工作的重复操作容易造成作业疲劳、焊缝质量瑕疵，在屋盖钢结构焊接过程中，应用了数字化焊接机器人，焊缝质量稳定、工作作业强度低、工作效率高，见图8。

图 8　机器人网架球-管节点焊接及 C 形柱焊接

3.1.3　预装配及物料识别技术

航站楼核心区钢结构屋盖钢管构件达 25 种规格共 63450 根，球节点分为 18 种规格共 12300 个，如此多的构件类型数量，对于工程施工安装来说正确的使用就是一个难题，针对钢结构屋盖的特点，将 BIM 模型与物联网相结合，形成钢结构预制装配技术，将 BIM 模型、激光三维扫描、视频监控等与物联网传感器等集成应用智能虚拟安装技术和系统，开发 APP 应用移动平台，给每个构件分配二维码标识，在构件运输、进场验收、杆件拼装等工作环节通过二维码扫描记录构件，利用物联网技术进行分类、统计、分析、处理，实现可在 BIM 模型里面显示构件状态，见图9。

3.1.4　钢结构构件虚拟拼装检验技术

对于异形钢结构构件，在深化阶段进行模型设计，工程加工成型后的检查从单一构件的检查上对于变形识别不敏感，构件加工验收环节，在加工场内进行构件三维扫描，生成构件的点云模型，通过模型的虚拟拼装，进行构件的加工偏差、变形的检验，加强对构件加工的管控，见图10。

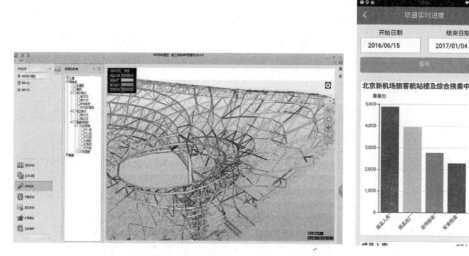

图 9　钢结构构件的虚拟现场虚拟拼装及构件状态手机端查询

图 10　C 形柱构件加工及扫描模型虚拟拼装检查

3.1.5　装配式集成机房技术

航站核心区集中布置了各类机房和功能用房，机房在设计方布局紧凑，管线层次多、空间小，结合工程特点，工程研发应用了装配式机房技术，通过设备、管线建模，进行机房的虚拟排布，各类管线及支架工厂生产加工，现场进行集成装配，各类管线模块化生产，集成化安装，实现空间高效利用和施工的快捷，见图 11。

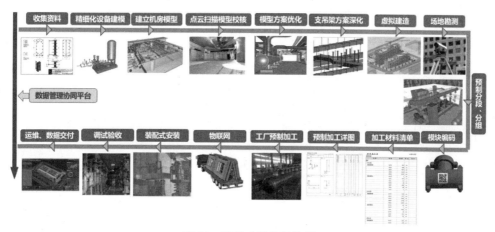

图 11　装配式机房的流程

3.1.6 施工建造平台化管理

在工程管理方面，基于 BIM 技术、物联网、云计算等先进技术，搭建航站楼核心区工程智慧管理平台，将智慧建造技术和管理技术进行集成，智慧管理技术包括可视化安防监控系统、施工环境智能监测系统、劳务实名制管理系统、工程资料管理系统、BIM5D 系统等，通过平台管理提高工作效率，见图12。

图12　智慧工地信息化管理平台

3.2 绿色施工创新技术

航站楼核心区工程施工过程中在积极推广绿色施工的同时，积极研发应用绿色科技新技术，取得了良好的实施效果。

3.2.1 空气源热泵技术

施工现场工人生活区、办公区将空气源热统作为冷热源。空气源热泵系统设备（图13）布置灵活、功效高、能耗低，空气源热泵的制热能效比可达 1.0∶3.3，空气源热泵设备每年可节约用电 900 万 kW·h，相当于节约标准煤 1100 余吨。

3.2.2 污水处理技术

机场建设场地周边空旷，建设期间市政设施不完善，航站楼核心区工程施工人员高峰达到10000人，在生活区建立污水处理站（图14），处理生活污水，达到中水标准后用于厕所冲洗、洒水降尘、绿地灌溉，可实现 500m³/d 的污水处理量，年处理污水能力约 18 万 m³。

图13　空气源热泵系统　　　　　　　　图14　污水处理系统

3.2.3 混凝土垃圾再生利用技术

航站楼核心区基础桩、护坡桩约 1.2 万根，桩头混凝土剔凿后产生的垃圾常规会废弃处理。采用再生利用的方式，桩头剔凿后，经现场初步破碎后运至混凝土站进行机械破碎，筛分后的骨料用于制作再生混凝土，用于结构周边肥槽回填，共综合利用桩头建筑垃圾 1.5 万 m³。

3.2.4　钢筋自动化加工

现场集中设置了钢筋加工场，引进了多套钢筋自动化加工设备。弯箍机可每小时加工箍筋 1800 个，一个工人每台班可加工箍筋 7t 左右；大直径钢筋直螺纹连接接头钢筋加工切断，数控钢筋剪切生产线可批量加工，25mm 直径的钢筋一次可锯切 16 根，比传统砂轮锯切割提高了工作效率 10 倍以上。

3.2.5　施工环境智能监测技术

施工环境智能监测系统以物联网、云计算、移动宽带互联网技术为基础，通过工地部署的无线网络组建的施工环境智能监测系统，实现对建筑施工现场噪声、扬尘实施监控，如图 15 所示。现场安装了 6 套扬尘噪声监控系统，24h 监控施工场界扬尘及噪声污染，到达临界值及时报警，可针对重点部位重点治理。

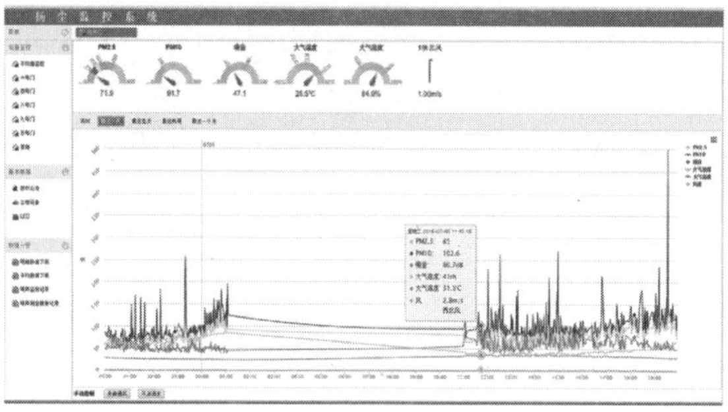

图 15　施工环境智能监测系统

3.3　BIM 技术创新

3.3.1　施工准备阶段

施工前期采用 BIM 技术在施工前对现场平面布置进行模拟，现场规划井井有条，如图 16 所示。BIM 技术辅助将施工临时设施、安全设施等实现标准化、模块化、工厂预制化加工，实现功能快速

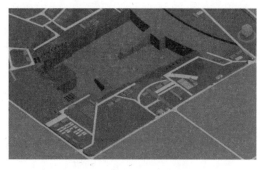

图 16　现场平面布置模拟

达标，现场利用机械和人工，能够快速拼装、拆移、工厂回收。解决北京大兴国际机场远离城区，大面积施工对临时设施、安全、运输交通、文明施工标准化的考验，节省 30％的成本。

3.3.2　层间隔震系统施工

本工程为目前世界上最大的单体隔震建筑，共计使用隔震橡胶支座 1044 套；弹性滑板支座 108 套；黏滞阻尼器 144 套。隔震支座的施工精度要求高、难度大，通过建立 BIM 技术模型（图 17），对隔震支座近 20 道工序进行施工模拟优化，确保了隔震支座安装质量，增强技术交底的三维可视性和程序准确性，提高现场参施人员对施工节点的形象理解，缩短技术人员的工序交底的时间。

图 17　隔震支座模型

针对层间隔震引起的隔震支座防火包封处理、隔震层二次结构墙体顶部隔震构造、隔震层机电管线的隔震补偿等一系列难题，研发二次结构隔墙的层间隔震体系、机电管线抗震补偿器等专利技术，并通过 BIM 技术逐一模拟优化，为隔震支座及各构配件的安装质量提供了最强的保障。

3.3.3 钢结构工程技术创新与应用

航站楼核心区工程屋盖结构为不规则自由双曲空间钢网格，建筑投影面积达 18 万 m^2（图 18）。由于曲面位形控制精度要求高、下方混凝土结构错层复杂，施工难度极大。通过 BIM 建模、三维扫描仪、摄影测量技术进行虚拟安装，根据模拟拼装工况计算变形及构件内力，优化部分杆件截面保证安装的安全，并根据变形情况进行预起拱。通过物联网、BIM 技术、二维码技术相结合，建立钢构件 BIM 智慧管理平台，构件状态可在 BIM 模型里实时显示查询。在施工过程中，采用三维激光扫描技术与测量机器人相结合，进行数字化测量控制，建立高精度三维工程控制网，严格控制网架拼装、提升、卸载等各阶段位形，确保了最终位形与 BIM 模型的吻合。

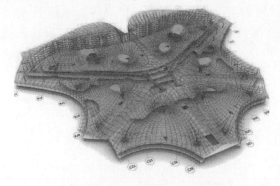

图 18 屋盖钢结构模型

3.3.4 屋面工程技术创新与应用

屋盖金属屋面施工前，需要对钢结构进行曲面的定位复核，以确认金属屋面的位形准确，传统的逐个球节点定位复核工程量大、施工操作困难、效率低，通过多基站的全方位三维扫描技术和 BIM 技术相结合的方式，对屋面钢结构的 12300 个球节点逐一扫描，形成全屋面网架的三维点云图，得到点云模型，通过模型比对可直观得到各球节点与设计模型的位置偏差，快速、精确确定了主次檩托的安装数据，显著提高了工程测量的工作效率，测量的精度完全能够满足工作的需要。

3.3.5 机电安装工程技术创新与应用

机电系统的管线综合排布是大型工程的最复杂、最烦琐、也是最重要的一项工作，以往工程的管线安装排布拆改返工是非常常见的，往往造成工期的延误和人工、材料的浪费。航站楼工程的机电系统复杂，仅核心区工程就多达 108 个系统，工程实施阶段通过 BIM 建模进行管线综合，实现模型虚拟排布深化设计，解决复杂管线系统的碰撞问题，极大地提高了工作效率。工程开始后即展开了 BIM 工作，进行了工作策划，确定了各项工作标注，创建各类系统族文件，进行 BIM 模型直接出图。利用 BIM 软件的可视化、联动性等优点，各专业间的设计协同，深度管线优化、碰撞等问题迎刃而解，其中 B1 层机电整体模型如图 19 所示。

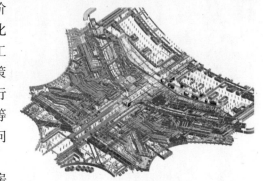

图 19 B1 层机电整体模型

BIM 技术还与工厂预制化技术结合，助力复杂机房的装配式安装。从施工前形成实体模型，到深化设计形成 BIM 模型，再到依照 BIM 模型进行标准件划分、工厂预制化以及物流信息管理，最终进行现场快速装配。

3.3.6 装饰装修工程技术创新应用

核心区屋面吊顶的连续流畅的不规则双曲面，在 BIM 技术与三维激光扫描仪、测量机器人等高精设备的组合下，现场结构实体模型，融合设计面层模型，通过碰撞分析与方案优化，对双曲面板和装饰 GRG 板进行分块划分，建立龙骨、面板以及机电等各专业末端布置的施工模型，并根据模型进行下料加工和现场安装。

（1）EBIM 物料管理平台

针对本工程装饰装修工程体量大，装饰材料种类繁多等特点，定制研发了基于二维码的 EBIM 物料管理平台，可以将轻量化的 REVIT 模型导入平台中。针对每一项材料，制作包含材料基本信息、位置信息等的唯一二维码标识，通过手机端 APP 进行扫描，即可定位材料位置，显示材料信息，以及进行材料状态实施跟踪，掌握材料的出厂、运输、入库、领料、安装和验收情况，如图20所示。

（2）3D打印技术

通过3D打印，实现BIM模型的实体化，可以通过3D实体模型对复杂结构的装饰装修节点进行实体分析。利用3D打印技术打印的C形柱模型和划分好的不规则双曲面吊顶板，在模型上进行预拼装，可在安装前及时发现问题，如图21所示。

图20　EBIM物料管理平台　　　　　　　图21　3D打印C形柱模型

（3）VR技术

将BIM技术和VR体验深度融合，建立BIM＋VR互动式操作平台，通过互动方式实现在VR环境下的方案快速模拟、施工流程模拟，并可直接可生成720°全景EXE文件，无需安装任何专业软件即可随意查看全景视图。VR能够让复杂信息的抽离与凝练更加容易，互动交流更加通畅，最终起到实时辅助决策的效果，如图22所示为海关大厅的VR效果图。

3.3.7　运维阶段管理创新

本项目在运维阶段将采用基于BIM技术的运维平台进行日常的运维管理，实现运维阶段的BIM应用，研发基于BIM模型的IBMS智能楼宇管理平台，如图23所示。通过集成各子系统信息，集中监控，统一管理，构筑四大管控平台：能效管控软件平台、电梯/扶梯/步道集中管控软件平台、系统/设备全生命周期统一维护管控软件平台、集中应急报警管控软件平台，存储历史记录，对北京大兴国际机场航站楼进行管理。

图22　海关大厅VR效果图　　　　　　　图23　IBMS智能楼宇管理平台

4　效益分析

我国正在进行世界最大规模的基础建设，特别是以机场航站楼为代表的大型公共建筑，随着我国经济和社会快速发展日益增多，因其投资规模巨大，既促进了经济社会发展，又增强了为城市居民生产、生活服务的功能，是推进我国城市化发展的重要引擎之一。机场航站楼工程投资巨大，同时具有体量大、造型复杂、功能先进、系统复杂、参建单位多、工期紧、质量要求高等特点，北京大兴国际机场航站楼核心区工程规模大，平面面积超大，结构节点形式复杂多样、屋面钢结构跨度大曲线多变、机电系统繁多协同困难，给施工建造带来了极大的挑战。通过工程施工组织过程中的科技攻关、管理创新，提炼出大型机场航站楼创新、智慧、绿色建造的技术和管理体系，指导北京大兴国际机场航站楼的优质、高效建造。国内以北京大兴国际机场为代表开始了新一轮的机场建设，投资兴建新的机场或对现有机场进行改扩建，北京大兴国际机场航站楼核心区工程的施工，为其他机场航站楼工程建造提供了可借鉴的经验，工程建设过程中也接待了全国各地多个机场建设指挥部和施工单位的调研、观摩等活动，引领了航站楼工程施工建设的新标准，取得了良好的社会效益。

北京大兴国际机场航站楼核心区工程的施工紧紧围绕和工程特点展开课题攻关和技术创新，各项工作以确保工程质量为基本出发点，提高工作效率、降低劳动强度、提高装配化水平以及机械化水平，从而在高质量、高效率施工的情况下也取得了较好的经济效益。

5　结语展望

北京大兴国际机场新机场是北京的重大标志性工程，是国家"十二五""十三五"期间的重点工程，是国家发展一个新的动力源，服务国家战略。北京大兴国际机场航站楼核心区工程的施工以全面打造"造精品工程、样板工程、平安工程、廉洁工程"、创造世界先进水平为目标，创建航站楼工程施工的样板。通过精心组织，精心策划，优质高效地完成了工程的各项目标。在工程施工中，通过科技创新和新技术应用，总结形成了一系列的专利技术、工法和关键建造技术，为大型航站楼工程施工积累了丰富的施工经验和可借鉴的施工技术。

作者：张晋勋　李建华　段先军　雷素素　刘云飞（北京城建集团有限责任公司）

国家速滑馆建造创新技术

Construction Innovative Technology for National
Speed Skating Oval

1　工程概况

　　国家速滑馆是北京 2022 年冬季奥运会的标志性场馆，位于北京市朝阳区，中轴线北端，北京 2008 年奥运会临时场馆（曲棍球、射箭场）原址上，奥林匹克森林公园西侧，规划用地约 17ha。建设场地南临国家网球中心，西临林萃路，东临奥林西路。冬奥会期间，国家速滑馆主要承担速度滑冰比赛和训练项目。速滑馆的建筑创作从"速度"和"冰"出发，立意"冰丝带"，寓意冰和速度的结合，与奥林匹克公园重要建筑"水立方""鸟巢"相呼应，形成"水""火""冰"的质感对比，见图 1、图 2。

　　2022 年冬奥会后，速滑馆将成为全民健身场所，并将继续举办高水平的冰雪赛事。国家速滑馆将以冰雪为中心的体育竞赛，以冰雪为特色的群众体育健身，以冰雪产业为核心的会展，以及体育公益，成为集体育赛事、群众健身、文化休闲、展览展示、社会公益于一体的多功能冰雪中心。

　　图 1　国家速滑馆规划用地位置示意图

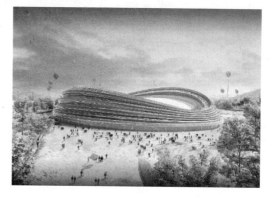
　　图 2　国家速滑馆建设效果图

　　国家速滑馆于 2018 年 1 月 22 日开工，于 2020 年 12 月 25 日完工。国家速滑馆为 PPP 项目，建设单位为北京国家速滑馆经营有限责任公司，工程总承包单位为北京城建集团有限责任公司。

　　国家速滑馆总占地面积约 16.6 万 m^2，总建筑面积约 12.6 万 m^2，由主场馆、东车库和西车库构成，主馆约 8 万 m^2（不包括地下车库），地下车库约 4.6 万 m^2。建筑整体平面投影为正椭圆形，整体呈马鞍形，建筑最高点为 33.8m，屋盖东西向剖面两头高，中间低；南北向剖面中间高，两头低，见图 3、图 4。建筑层数为地上 3 层、地下 2 层，地下 2 层主要为设计机房、运动员区、办公用房、地下停车库，其中 B1 层设置 400m 标准速滑赛道，冰面面积约 1.2 万 m^2，为亚洲最大全冰面；地上三层面对观众开放，分为赛场区域比赛大厅和赛场外观众集散大厅。奥运期间场馆总座席约 12000 座，其中 8000 座为永久座席，三层设 4000 座临时座席。建筑设计使用年限 100 年，抗震设防烈度为 8 度。

　　国家速滑馆基础为筏形基础，看台区域设置混凝土灌注桩，结构形式主要为钢筋混凝土框架结构＋钢结构，屋盖由 48 根倾斜混凝土劲性柱支撑，环绕场馆一周，顶部支设钢结构环桁架，环桁架

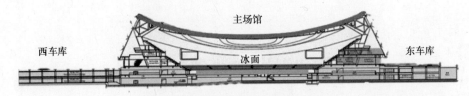

图 3 国家速滑馆南北向剖面（短轴）

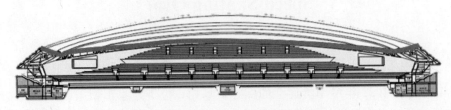

图 4 国家速滑馆东西向剖面（长轴）

内侧张拉屋面 198m×124m 单层正交双向索网、外侧张拉幕墙拉索，永久看台为混凝土预制看台板，见图 5。

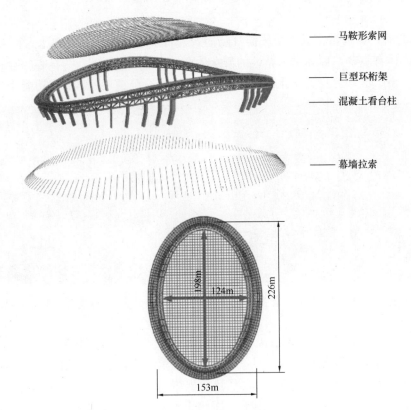

图 5 屋盖结构组成

屋面由环桁架上直立锁边金属屋面和索网上单元式屋面组成，交界处设人字形采光天窗，直立锁边金属屋面总面积约 5700m²，单元式屋面（4m×4m）共 1080 块、16600m²，人字形采光天窗总面积约 1815m²，屋面总面积约 24115m²，见图 6。

国家速滑馆二层以上外幕墙为天坛轮廓造型，整体曲面形幕墙剖面由"五凹四凸"曲面幕墙、8 块平板玻璃构成"天坛形"，幕墙骨架为"预应力拉索+竖向波浪形钢龙骨+水平向钢龙骨"，中空夹胶曲面玻璃，外侧设置 22 道玻璃圆管，由晶莹剔透的超白玻璃彩釉印刷，内设 LED 灯带，营造出轻盈飘逸的丝带效果，玻璃管结合夜景照明系统，在夜间呈现极具表现力的灯光效果，所以被称为"冰

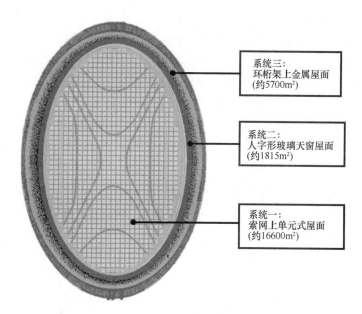

图 6　屋面组成

丝带"，见图 7。共 3360 块玻璃单元板块，160 根 S 形钢龙骨，3520 根连接横杆，3520 根冰丝带玻璃，3520 根冰丝带圆钢管，总面积约 17896m²，冰丝带总长度 13998.6m。

图 7　天坛曲线幕墙形态

2　科技创新

国家速滑馆造型独特，建筑功能的特定需求决定了结构形式的复杂，涉及的专业众多，与同类型建筑工程对比建设周期短，给工程建设带来了极大的挑战。混凝土结构和预制看台板之间，混凝土结构、钢结构、索结构、单元式屋面和曲面幕墙系统之间存在安装空间互相制约问题，此外产品加工及安装的误差累积也是施工的质量控制重点需分析各专业之间的关系，创新施工组织，保证在工期严重不足的情况下新型建材、产品及时供应，同时研发新技术、新工艺和新设备，攻克各专业之间的制约，提高安装精度。形成一套高效、科学、可持续的自主创新施工技术。为此，在高钒封闭索网、天坛形曲面玻璃幕墙、单元板块式柔性屋面、全冰面制冷系统、智慧化场馆等施工技术方面实现创新与应用。

（1）装配化＋钢结构环桁架二次滑移的平行施工组织

如前所述，国家速滑馆涉及多种新型材料及产品，加工难度大，质量要求高，为保证工期，预制看台板、高钒封闭索、高性能弧形幕墙、单元式金属屋面均采用装配式的理念，在工厂加工好后现场拼装,将原本需要现场作业的时间和作业面转移到加工厂,大大缩减了工期。

速滑馆的主体结构施工精度和工期,是国家速滑馆工程控制的重点。主体结构主要包含的子分部工程有钢筋混凝土结构、钢结构环桁架、索网结构。从受力关系看,三者互为前置条件和后置条件;从时间上考虑,钢结构施工是连接混凝土结构和索结构的纽带;从空间上考虑,钢结构受屋盖下部构造施工安装的影响,同时,索网结构也影响着屋盖下预制看台板的安装。因此钢结构是连接混凝土结构和索网结构的关键工序。采取"南北区吊装+东西区滑移"的施工总体安装方案,实现空间交叉施工的可能,节省了施工用地,提高了土地利用率,节省工期,见图8。同时在滑移过程中使用滑移机器人,提高了滑移轨道的同步性,保证了钢结构的安装精度。

图 8　高低空二次滑移实现平行施工

（2）超大跨度索网结构加工和智能化施工技术

索网结构因具有成型跨度大且结构重量轻等优点,已被广泛应用于航空航天领域,目前,索网结构越来越多地被用于土木工程领域,主要作为屋面体系和幕墙构件用于建筑桥梁结构。目前,国内一些企业能够生产高钒索,但产品多以小直径为主,大直径的高钒索主要以英国的布顿、德国的蒂森及意大利的耐得利等老牌企业为主,国内在大直径高钒索的生产方面尚不成熟。为保证速滑馆大跨度屋面的要求,采用进口密闭索可能会带来造价高、供货周期长的不稳定因素。且索结构相对于钢结构、混凝土结构是一种柔性结构,对施工荷载和使用荷载均十分敏感,这对安装精度也是比较高的要求。

图 9　单层双向正交马鞍形屋面索网

国家速滑馆采用国内最大跨度的单层双向正交马鞍形屋面索网（图9）,长跨约200m,短跨约130m,短跨方向为承重索,长跨方向为稳定索,幕墙拉索上端固定于顶部的钢结构环桁架上,下部固定于主体结构首层顶板外圈悬挑梁端。其中,承重索和稳定索都采用双索,承重索直径64mm,数量49×2=98根,稳定索直径74mm（144根Z形钢丝,36根直径3.6mm的圆钢丝和51根直径3.95mm的圆钢丝）,数量30×2=60根;幕墙拉索采用直径48mm、56mm的高钒封闭索,拉索数量120根。高钒封闭索首次采用国内加工制作技术,打破了国外同类产品垄断,使密闭索价格降低了2/3以上,供货期缩短近1/2,极大推动相关产业发展。通过计算机数控设备辅助索网施工,实现整体提升、同步张拉,精确控制施工过程中索网的受力状态。

（3）弧形清水预制看台板

在国内外现有的体育场馆中,看台结构多采用钢结构、现浇混凝土结构,而近些年来,随着施工技术的发展和施工质量标准的提高，清水混凝土在我国兴起。受技术条件制约，以"鸟巢"为代表的一批体育场采用清水预制看台板，但其弧形区域往往采用"以直代曲"的形式实现。国家速滑馆为保证预制看台的成形效果，将直接加工成弧形预制看台板，对加工和安装提出了较高要求（图10）。此外国家速滑馆主场馆地基加固共有654根混凝土灌注桩，灌注桩桩头剔凿后可产生约16000t的废旧混凝土。将混凝土灌注桩的废旧桩头再生加工为骨料用于预制看台板中，一方面可以大量利用废旧混凝土，减少建筑业对天然骨料的消耗；另一方面还可以减轻混凝土废弃物造成的生态环境恶化的问题。

图10　国家速滑馆弧形预制看台板

（4）天坛形曲面幕墙建造技术

国家速滑馆外立面全部为玻璃幕墙，二层以上为波浪"天坛形"曲面幕墙，要求既要保证其建筑形式，又要达到良好的节能等功能需求。目前钢化夹胶弯弧玻璃的加工尺寸主要受热弯钢化设备和热弯工艺的限制，弯弧半径一般都不能小于1500mm，弯弧供高不能大半径，弯弧弧长不能大于圆周长的一半，但对于一些有特殊外观要求的玻璃构件就很难处理。而且Low-E膜透过率和遮阳系数是互相制约的，本项目对这两项要求提出了特殊的要求。此外四层夹胶中空玻璃的光影成形问题也是一大难题。为了保证工期，大量异形弯弧玻璃的批量生产和安装是难题之一。

针对小半径175mm冰丝带玻璃，研发小半径玻璃模具，并改进工艺使得冰丝带可以批量生产，提高生产效率。发明出小半径玻璃集成圆管系统，是世界最小半径多层弯弧幕墙玻璃系统，是异形幕墙玻璃的加工制造的新尝试。通过幕墙S形龙骨调节实现幕墙系统和结构的变形协调，单元式幕墙和龙骨的压块及瓦式连接等构造的实现，既解决了幕墙单元不同材质之间的容差问题，同时优化了S形幕墙的防水节点，也打破了单元式幕墙因承插构造必须有序加工、有序安装的传统，避免因为幕墙玻璃加工过程中自爆等原因无法有序到场影响安装进度的问题，实现了天坛形单元式幕墙的独立安装，为异形幕墙系统的设计和施工提供了参考，同时也是幕墙装配式的新探索，见图11。

（5）适应索网变形单元式金属屋面施工技术

速滑馆拥有世界最大的索网屋盖，将索网上金属屋面按照网格大小划分为4m×4m

图11　国家速滑馆曲面幕墙内景

的板块，每个板块配有四个支腿，可以便捷地安装在索夹上。深化设计过程中，经计算分析得到屋面的最大位移量，在屋面单元板块之间设置90±20mm宽变形缝的构造，并在支腿和索夹之间设置滑动支座，解决了金属屋面和索网的变形协调问题，为未来索结构屋面设计提供思路。使用可调节水箱的屋面荷载置换法，既可调节配重，又绿色环保，操作便捷，节约了人工与工期，降低了经济成本；使用配重实现屋面荷载的提前预负载，使屋面提前达到最大位移量，实现了环桁架支座可以提前锁定的目标，为屋面的施工创造更稳定、更安全的施工环境。

采用装配单元式屋面，工厂预制化屋面加工精度和现场索网施工精度需有一定的匹配度，才能保证屋面整体安装效果（图12）。屋面索网在正常使用阶段，亦会随着温度、风荷载等的变化而产生一

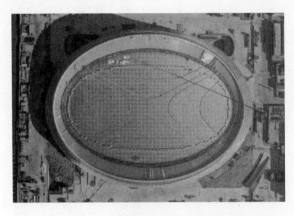

图12　国家速滑馆单元式屋面

定的变形，因此在屋面深化设计阶段应采取一定的构造措施来适应索网的正常使用阶段变形。此外，作为屋面重要组成部分的防水体系，亦要保证其性能能够适应索网的变形。搭接带配底涂的搭接方式、满粘＋机械固定、配有自硫化泛水的EPDM防水体系适用于柔性变形索网屋面，使得卷材与基层粘结更牢固，更便于屋面异形节点的处理，避免了烦琐的阴阳角处理，可极大地降低施工难度，为同类工程提供数据支持和工程经验。

（6）屋面机电安装工程综合创新技术

国际速滑馆屋面下方机电系统复杂，布置多专业机电管线，包括空调除湿风管，HDFE虹吸雨水管道和电气线槽等机电主干线，以及场地照明、高清晰摄像机、消防水炮等多种机电末端装置，机电系统安装高度20～30m，为高空作业，机电工程技术难度大。索网为柔性结构，场馆受屋面荷载、风载、雨雪等荷载变化，以及钢结构受温度变化等影响，会不同程度产生变形，为防止刚性支架随索网产生变形，机电管道安装采取抗变形技术措施。

机电风管、水管与索体固定的支吊架均安装弹簧减振器，吸纳部分变形量；除湿风管在进入索网区域处、矩形风管与圆形风管连接处、风管穿越马道两侧、南北两端以及圆形风管每15～20m间隔设置长度为300mm的保温软接风管，两侧安装支吊架，抵消结构变形量；虹吸雨水管道出桁架进入索网处采用500mm长金属软管过渡连接，虹吸雨水金属软管两侧安装固定支架；虹吸雨水管道的悬吊支撑采取断开或活动连接方式，保证索网变形时，悬吊支撑体系整体稳定；线槽安装采用伸缩节代替连接板，同时线缆预留变形量，见图13。

图13　国家速滑馆屋面机电工程安装

（7）超大平面二氧化碳直冷制冰技术

国家速滑馆拥有亚洲最大全冰面，冰面面积达1.2万 m^2。国家速滑馆冰面使用二氧化碳跨临界制冰技术，其制冷剂ODP（破坏臭氧层潜能值）为0，GWP（全球变暖潜能值）仅为1，是传统制冷剂碳排放量的1/4000，结合制冷余热回收系统，可以提供70℃热水用于生活热水和除湿再生等用途。将来，在冰丝带全冰面运行的情况下，一年可节约大约200万度电。针对速滑场地混凝土地坪浇筑施工过程中需实时获取平整度的需求，传统惯导测量方法受限于封闭场馆室内信号弱无法实施的难题，发明了一种平板拖拽式惯性平整度测量系统，融合高精度全站仪平面坐标和惯性相对高程，获取连续测线的冰面混凝土平整度，实现混凝土初凝状态下平整度快速测量，精度达到5m范围±1mm，辅助施工期冰面混凝土磨平作业。针对超大冰面混凝土完工验收检测质量要求，传统方法存在测点稀疏，无法全面反映地面平整度状态，发明一种轮式惯性平整度测量系统，融合高精度里程计和惯导，实现地面相对三维曲线测量，通过一定密度的测线格网，实现对地面平整度的全面测量，精度达到 5m 范围±0.5mm，有效保障了国家速滑馆冰面混凝土施工的质量和效率。绿色高效的制冰技术，将助力奥运健儿创佳绩，打造最快的冰，见图 14。

图 14　最快的冰

（8）智能化施工技术

建筑构件的工厂化加工，对施工现场的安装提出了极高的要求，这要求工厂构件的加工和施工现场的安装精度高度一致，才能保证多专业的高精度安装。为此，全专业使用 BIM 技术，保证设计、加工和安装的数据传递统一。滑移机器人、智能化索网提升和张拉设备为钢结构和索网的安装保驾护航。激光钢模加工仪和激光混凝土摊铺机保证了速滑馆预制看台和冰面下混凝土的成型。三维激光扫描仪更是提高了复杂空间结构的测控精度和工作人员的工作效率。

在工程管理方面，智能化设备的应用也极大地提高了功效。电脑端质量管理实现问题记录和整改通知的流转，检查问题直接定位于模型；安全管理通过网页端填报数据，同时数据同步到电脑端；进度管理通过施工进度计划和施工方案与模型进行关联，通过移动端进行现场采集进度信息，实现多视角管理；档案管理实现点击模型，就可以查看与之相对应的文档；系统配套网页端同步管理。项目基于智慧工地系统进行钢结构焊缝可追溯管理、人脸识别劳动力大数据管理、安全教育辅助管理、群塔监测管理。联合清华大学研发基于 BIM 和大数据的全生命期管控平台，项目数据采用私有云布设方案，业主、监理、总包在平台下协同工作，实现了基于 BIM 和大数据的全生命期管控，见图 15。

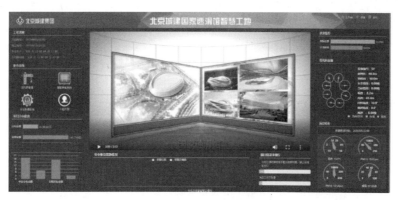

图 15　智慧工地智慧管理

3　新技术应用

国家速滑馆项目针对工程具体特点，大量使用新技术。在住房城乡建设部颁布的 2017 版《建筑业 10 项新技术》的 10 大项 107 子项中应用了全部 10 大项中的 54 小项。新技术的应用既保障了工程建设的顺利进行，也成为行业新技术的应用示范。

4　效益分析

国家速滑馆项目于 2018 年初开工，其建筑造型独特，构造复杂，质量要求高，北京城建集团项目秉承"绿色办奥"的理念，材料选用绿色环保，简化优化施工方法。研发了国产化高钒封闭索网、弧形预制看台、高性能弧形幕墙玻璃、单元式屋面等建材和产品，保证了工程物资的供应和建筑功能的实现；使用装配式＋高低空二次滑移的方法，从时间和空间上实现了工程多专业的平行施工，为缩短工期提供了便利的技术条件。基于 BIM 技术、三维激光扫描仪、滑移机器人和智能张拉、提升数控设备等，保证了工程的施工效率，提高了工程的安装精度，减少了工程用工，降低了施工难度，缩短了建设工期。国家速滑馆项目于 2020 年 12 月 25 日顺利完工。为中国建筑行业树立了良好的形象，得到了社会美好赞誉。

5　结语展望

国家速滑馆项目基于技术创新，采用新材料、新工艺、新技术，获得了显著的社会效益、经济效益和科技成果。项目技术攻关解决了一系列的难题，填补了国内高钒封闭索加工和生产的空白，对我国建筑装配化、绿色化、智能化有极大的推动作用，为建筑行业"十四五"发展提供了新思路，也为同类工程提供了借鉴和参考。项目践行节俭办奥、绿色施工和科技创新的理念，在冬奥建设的战场上，为国家和人民献上了一座完美的建筑，助力 2022 年北京举办一届精彩、非凡、卓越的奥运盛会。

作者：张晋勋　李少华　王念念　罗惠平　苏振华　吕　莉　苏李渊（北京城建集团有限责任公司）

广州周大福金融中心530m建筑建造创新技术

Innovative Construction Technology Applied in 530m Building of CTF Finance Centre

1 工程概况

1.1 总体概况

广州周大福金融中心（广州东塔）位于广州市珠江新城，总建筑面积50.70万 m²，其中地下10.35万 m²，地上40.35万 m²。塔楼建筑总高度530m，地下5层，地上111层，裙楼建筑总高度60m，地下5层，地上9层，见图1。

1.2 结构工程概况

工程总混凝土用量28.8万 m³，钢筋6.5万 t，钢结构9.7万 t。塔楼结构采用8根巨柱＋空间环桁架与内部核心筒形成巨型框架核心筒结构体系。

塔楼巨柱最大截面尺寸为5600mm×3500mm×50mm×50mm，随建筑构造形式的改变逐渐内收并逐渐变化为2400mm×1150mm×20mm×20mm，见图2、图3。

塔楼共6个桁架层，L23、L40、L67为伸臂＋环桁架层，L56、L79、L92～L93为环桁架层，见图4、图5。

塔楼核心筒为劲性混凝土结构，平面呈矩形，筒内分9个矩形小筒。

B4～L16核心筒剪力墙内含双层劲性钢板，L16～L32核心筒剪力墙内含单层劲性钢板，见图6、图7。

图1 效果图

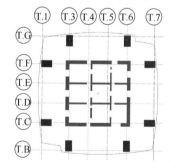

图2 收截面前塔楼外框巨柱分布图

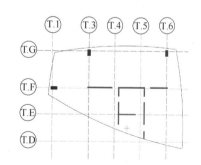

图3 收截面后塔楼外框巨柱分布图

图4 伸臂＋环桁架结构图

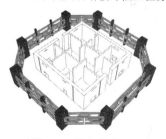

图5 环桁架结构图

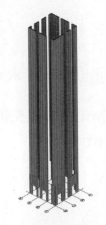
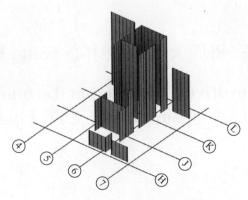

图6 核心筒双层钢板剪力墙
（B4～L16）图

图7 核心筒单层钢板剪力墙
（L16～L32）图

1.3 机电安装工程概况

B3 低压配电房为裙楼部分供电，L23、L40、L67、L92 变压器房为各区域的用电设备提供电源。
二类防雷建筑，塔楼屋顶及裙房屋面女儿墙设避雷带及避雷短针。

裙楼屋面设空调风系统设备间，塔楼 L1～L66 每层设空调机组，56 层设新风机房为塔楼补给新风。

裙楼屋面及塔楼 L109 屋面设冷却塔，裙房、地下室与主楼合用一个中央空调系统，B3 设制冷机房。L68～L108 设独立中央空调系统，L67 设冷水组。

地下室每个防火分区内设独立排烟（排风）系统及补风系统，该排烟系统与平时通风系统合用。

2 复杂环境下深基坑综合施工技术

2.1 邻近地铁及地下空间保护技术

项目紧邻地下空间及广州地铁 5 号线，地下空间原有老桩侵入项目红线，周边土体埋设大量管线。

利用原有地下空间老桩作为基坑支护桩，将地下室外边线外扩，避免破坏原有管线及地下空间外防水。在老桩下部选用人工挖孔桩，复合桩＋内支撑的方式解决深基坑支护及土方开挖施工对地下空间和地铁运营的影响，见图8、图9。

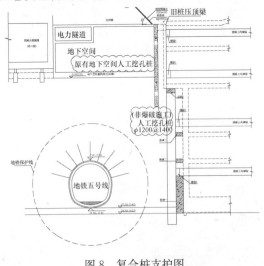
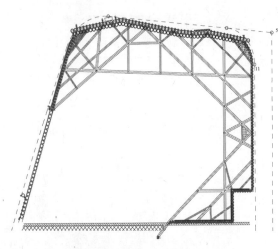

图8 复合桩支护图

图9 内支撑支护图

邻近地下空间的桩锚支护区域，利用拉板将支护桩与地下空间支护桩相连，解决无法采用桩锚支护问题，见图 10。

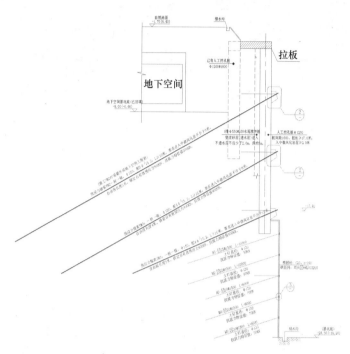

图 10　拉板连接及桩锚支护图

2.2　狭小空间内地下室结构外墙防水及回填技术

项目地下室北侧结构外墙与支护桩间距仅为 300～1000mm，局部北侧结构外墙边线外扩，使结构外墙紧邻支护桩。新型纳基膨润土防水毯完工后单边支模浇筑外墙，即解决结构外墙防水问题，同时外墙与老桩之间亦无需回填，见图 11、图 12。

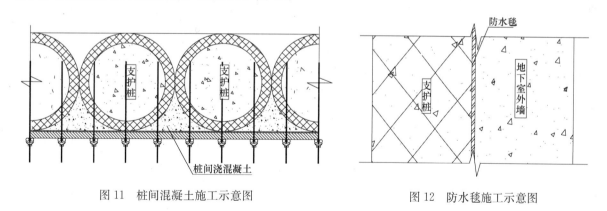

图 11　桩间混凝土施工示意图　　　　　　　图 12　防水毯施工示意图

2.3　相邻深基坑对撑稳定技术

相邻东侧深基坑主要为桩撑及桩锚支护，其北部深约 21m，距项目地下室 6～15m，南部深约 18m，距项目地下室约 16.5m。对应相邻东侧深基坑内支撑位置设计内支撑，实现相邻基坑与项目已有土体和结构的对撑，保证两个基坑的稳定。

2.4　相邻深基坑锚索对锁技术

项目保持原有锚索支护，将东南侧相邻深基坑内支撑改为对拉锚索，采用两边对锁的形式稳固两基坑间土体，见图 13。

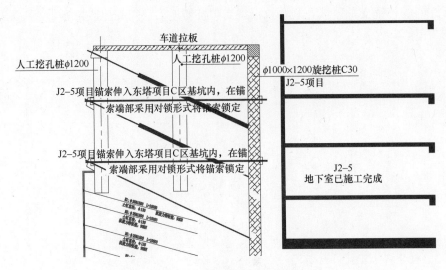

图13　对拉锚索剖面大样图

2.5　中、微风化岩层断层的深基坑稳定技术

塔楼东南侧裙楼基坑-20～-23m区域中、微风化岩层出现断层，采用局部钢管回顶支撑和B3层部分结构逆作的方式，实现基坑与结构回顶，克服断层问题，见图14、图15。

图14　钢管斜撑图

图15　B3层部分结构逆作图

3　多功能绿色混凝土配制及施工技术

3.1　多功能绿色混凝土（MPC）

广州周大福金融中心530m的设计高度和双层劲性钢板剪力墙匹配C80混凝土的新型结构体系，对高强、超高强混凝土提出了全新的严苛要求，经反复试配研究，研制出"三高三低三自"多功能绿色混凝土（MPC）。

高强度：C80～C120，高强的力学承载能力；

高泵送：400m以上超高泵送；

高保塑：3h内工作性能不改变，超高压泵送前后性能也不改变；

低收缩：3d内早期收缩低于2/万，28d内收缩低于4/万，是普通C60混凝土收缩值的1/3～1/2；

低水化热：大体积混凝土构件核心温度不超75℃；

低成本：使用国内商品混凝土市场常见的原材料；

自养护：浇筑后不需浇水、草席覆盖等常规养护措施，就能保证混凝土强度在28d龄期时达到设计要求；

自密实：具有优良的流动性、抗离析性和钢筋间隙通过性，自重下密实地填充于超高层复杂结构；

自流平：C80～C120 混凝土坍落度＞220mm，扩展度＞600mm，倒筒时间＜5s。

3.2 C120MPC 的拓展研究及 500m 以上超高泵送技术

C120MPC 主要采用了水泥＋微珠＋硅粉的技术路线，使用沸石粉（Nz）做自养护剂、EHS 提供早期收缩补偿、保塑剂提高混凝土保塑性能，见表1、表2。

C120MPC 配合比　　　　　　表 1

C	MB	Sf	Nz	EHS	S	G1	G2	W	A	保塑剂
500	175	75	15	8	710	150	750	135	2.2%	15

C120MPC 工作性能　　　　　　表 2

放置地点	初始状态				3h 后状态			
	倒筒 (s)	坍落度 (mm)	扩展度 (mm)	U 填充高度 (mm)	倒筒 (s)	坍落度 (mm)	扩展度 (mm)	U 填充高度 (mm)
室内	2.22	275	770×780	340	3.53	270	730×730	320
室外					2.09	265	730×740	320

2014 年 6 月 24 日，在广州周大福金融中心 L111（511m）进行约 200m³ C120 MPC 的超高泵送试验，核心筒墙体和梁在拆除模板后，表面平整光滑，没有出现肉眼可见裂缝，C120 MPC 技术获得了成功，见图 16、图 17。

图 16　C120 MPC 在室外放置 3h 后的扩展度图

图 17　C120 MPC 浇筑的混凝土构件成型质量图

4 超高层巨型钢结构关键施工技术

塔楼结构采用 8 根巨柱＋空间环桁架与内部核心筒形成巨型框架核心筒结构体系。巨柱最大截面 3500mm×5600mm，外环桁架分布于 L23、L40、L56、L67、L79 和 L92，B4～L16 核心筒剪力墙内含双层劲性钢板，L16～L32 核心筒剪力墙内含单层劲性钢板，见图18。

4.1 钢结构数字化预拼装技术

在 Tekla 模型中测设检验坐标原点及钢构件设定点坐标，实施电脑模拟预拼装。同时将坐标系转换至桁架实物预拼装，核对各设定点实际测量坐标值与理论坐标值的差异，依据桁架预拼装精度要求判定构件是否合格与修正构件，见图 19、图 20。

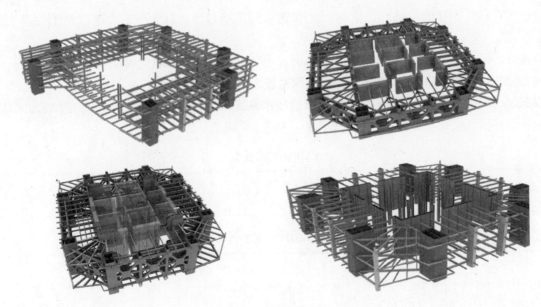

图 18 钢结构效果图

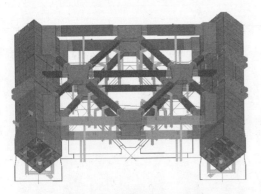

图 19 环桁架预拼装效果图

图 20 环桁架预拼装实景图

4.2 核心筒钢板剪力墙施工技术

对核心筒钢板进行竖向及横向分段,在钢板墙上设加劲板增加劲性钢板墙的平面刚度。单层钢板剪力墙端部与劲性钢柱连接,整体吊装就位,安装过程主控立面垂直度。双层钢板剪力墙内部设支撑方钢柱,控制超长钢板墙在运输及施工过程中的扭曲变形,见图 21、图 22。

图 21 双层钢板剪力墙示意图

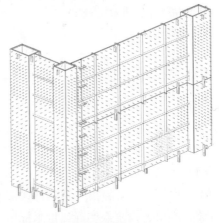

图 22 单层钢板剪力墙加劲板示意图

4.3　贯入式伸臂桁架施工技术

伸臂桁架安装由巨型节点及斜向弦杆组成，分段安装节点，由下往上随内、外筒施工进度进行，依次安装每段节点后再吊装下弦杆，最后吊装上弦杆。伸臂桁架斜杆校正后用临时连接耳板固定，先焊接核心筒端的伸臂桁架弦杆，然后用挂耳-销轴结构临时固定伸臂桁架与巨柱节点端，待L94结构施工完成后施焊，见图23、图24。

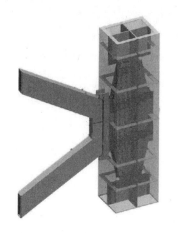

图23　贯入式伸臂桁架节点图

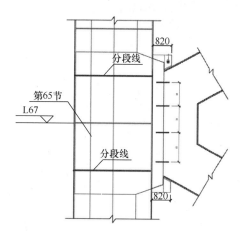

图24　垂直连接板及水平连接板布置

4.4　环桁架层施工技术

环桁架按"先角部、后边部"顺序安装，角部环桁架按"先内环、后外环"顺序安装，边部环桁架按"先外环、后内环"顺序安装。

角部环桁架整体吊装，校正后安装角部钢梁。边部内、外环桁架下弦焊接完毕后安装 N 层边部钢梁；内、外环桁架上弦焊接完毕后安装 $N+1$ 层边部钢梁。

外环桁架分三跨，按"巨柱吊装→下弦节点杆件→巨柱边部米字形构件→连接杆件→中部米字形构件→嵌补上部剩余杆件"流程完成外环桁架的安装；按"型钢支撑→两侧单元构件→两侧中部下弦杆件→中部单元杆件→中部连接杆件→上单元弦杆件→嵌补上部剩余弦杆"流程完成内环桁架的安装，见图25、图26。

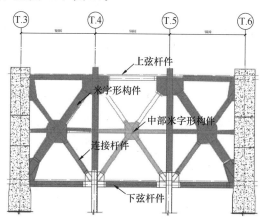

图25　散拼典型外环桁架图

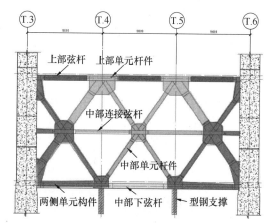

图26　散拼典型内环桁架图

按"下弦节点杆件→ $N+1$ 段巨柱和中部米字形构件→ $N+2$ 段巨柱→内环桁架下部预拼装构件→外部桁架边部米字形构件和内桁架中部单元构件→外、内环桁架上部其余构件"流程完成局部整体边部环桁架的安装，见图27、图28。

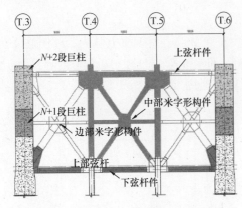

图 27 局部整体单元典型外环桁架图

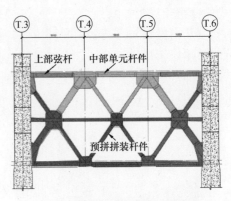

图 28 局部整体单元典型内环桁架图

4.5 悬挑钢梁施工技术

塔楼西侧 L70 和东侧 L94 以上因结构收缩，楼层 H 形钢梁变为从核心筒向外悬挑的无柱悬挑结构。东、西侧钢梁最大悬挑长度分别约 6400mm、5800mm，见图 29、图 30。

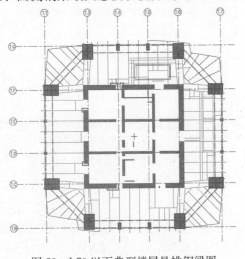

图 29 L70 以下典型楼层悬挑钢梁图

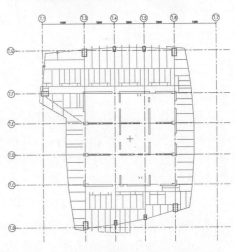

图 30 L70 以上典型楼层悬挑钢梁图

采用 Midas/gen 模拟计算钢梁变形挠度值并对钢梁进行预起拱。

L70 以上每根钢梁通过用钢丝绳连接钢梁预留洞口和上层钢梁竖向连接板、钢梁底部设支撑钢柱临时支撑等方式保证钢梁施工精度，见图 31。

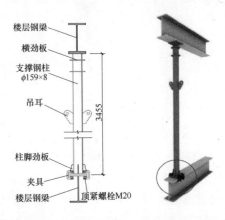

图 31 L70 以上悬挑钢梁施工措施图

L70 以下塔楼四角部均设后连方钢柱，部分楼层局部属纯悬挑结构，容易导致连接巨柱的钢梁扭曲变形，在巨柱上设临时斜支撑辅助悬挑钢梁安装，见图 32。

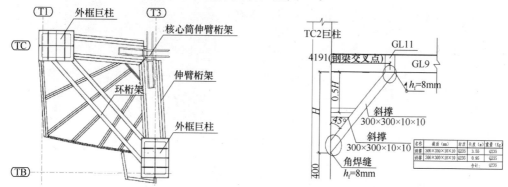

图 32 L70 以下典型悬挑钢梁施工措施图

5 智能顶模升级优化施工技术

智能顶模由动力系统、控制系统、支撑系统、钢平台系统、挂架及安全防护系统、模板系统六大系统组成，见图 33、图 34。

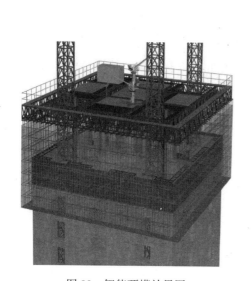

图 33 智能顶模效果图

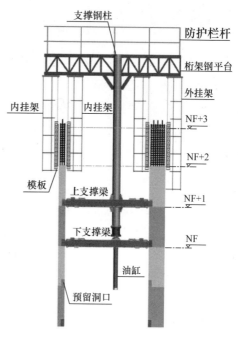

图 34 顶模顶升原理图

5.1 少穿墙上下对锁大钢模板

塔楼下部核心筒剪力墙受劲性钢骨阻挡，对拉螺杆无法对穿，设计一种带桁架背楞的新型大钢模板，只设上、中、下三道螺杆，减少对拉螺杆数量，在模板设计上解决对拉螺杆位置偏差的措施，解决钢板墙无法安装对拉螺杆的问题，见图 35。

5.2 工具式挂架

工具式挂架标准单元由两个 6000mm 基础单元或一个 6000mm 基础单元与 8000mm 基础单元组成，标准单元可适当组合成吊装单元，两个标准单元拼装后总重量约 2.5t，方便安装与吊运。通过设在顶模系统平台下弦杆下方的轨道内外滑动，适应墙体截面变化，实现顶模系统挂架的工具化应用，见图 36。

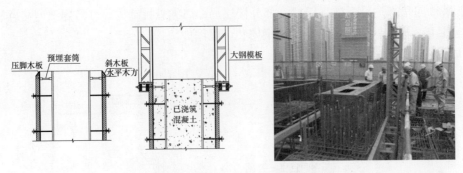

图35　少穿墙上下对锁大钢模板示意图

图36　顶模工具式挂架图

5.3　顶模抗侧力装置

在顶模系统的下梁上设置抗侧力装置，并在顶模系统顶升柱上焊接两根滑轨，通过抗侧力装置与滑轨之间限定水平移动的滑动连接来提高顶模系统上下梁之间的连接刚度，防止顶模系统发生倾斜或倾覆，见图37。

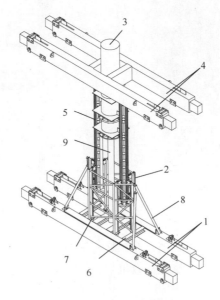

图37　顶模系统倾斜的
抗侧力装置组成图

1—下梁；2—抗侧力架；3—顶升柱；4—上梁；
5—滑轨；6—水平钢梁；7—支撑件；8—斜撑；
9—活塞杆

5.4 喷淋养护系统

顶模挂架 4 面共设 30 个喷头，水喷雾喷头角度为 60°，喷淋养护系统作业全过程自动控制，喷淋水雾均匀，达到全天候、全方位、全湿润的"三全"养护质量标准，节约用水、保护施工环境，见图 38。

图 38　喷淋养护系统图

6　超高层结构施工垂直运输综合施工管理技术

6.1 内爬式群塔施工管理技术

核心筒为 30m×30m 的九宫格形式，1 号、2 号、3 号塔式起重机与顶模支撑系统共用 T1、T7、T9 小筒，实现 2 台内爬式塔式起重机的最大距离，保证顶模 4 根支撑柱较远的间距，提高顶模系统抗倾覆能力，见图 39、图 40。

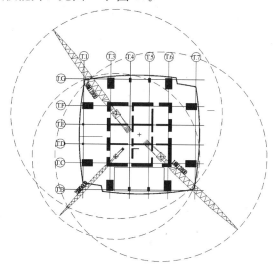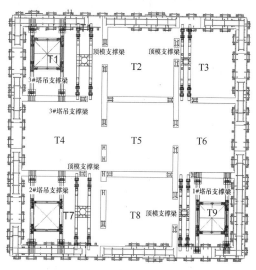

图 39　塔楼塔式起重机定位图　　　　图 40　内爬式塔式起重机与顶模支撑系统平面图

6.2 内爬式塔式起重机无斜撑鱼腹梁支撑系统

内爬式塔式起重机与顶模系统共用核心筒小筒，筒内空间不足以布置水平斜撑，通过增加箱梁截面保证无斜撑支撑梁的侧向承载力，见图 41。

6.3 内爬式塔式起重机梁头系统

设计一套多维可调的牛腿与支撑梁固定连接装置，实现对支撑梁端部三向（X、Y、Z 向）约束，灵活可调的约束能较好适应复杂工况并消化施工、加工误差，见图 42。

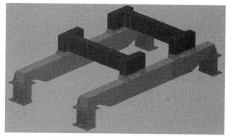

图 41　无斜撑鱼腹梁效果图

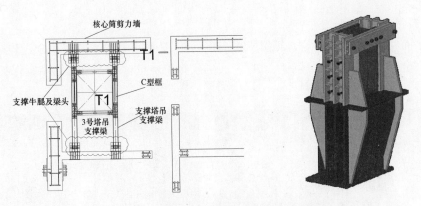

图 42　内爬式塔式起重机梁头系统示意图

6.4　内爬式塔式起重机辅助拆装系统

配合三向可调支撑梁头设计，因梁头构件较多、重量较轻，为最大限度地释放塔式起重机支撑系统安装时对协助塔式起重机的占用，在塔式起重机上部标准节设计安装一套辅助拆装系统，运用电动葫芦对梁头小构件（2t 以下）进行吊装，见图 43。

图 43　辅助拆装系统图

6.5　超远变距离附墙及施工电梯上顶模平台技术

塔楼南侧核心筒剪力墙由 1500mm 变化至 400mm，设计＞8000mm 的超远变距离电梯附着，采用双标准节和加大标准节壁厚提高其强度与刚度，设电梯转换层以减小竖向剪力墙体截面变化对电梯附墙长度的影响。

电梯笼定位避开顶模钢平台，在顶模系统桁架底部及顶部设置周转临时附墙，最大限度降低电梯自由高度，确保施工电梯上至顶模平台的安全稳定，见图 44、图 45。

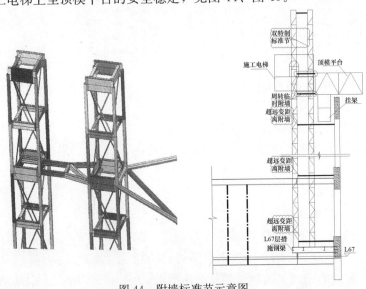

图 44　附墙标准节示意图

图 45 施工电梯上顶模平台图

7 结构施工安全仿真及健康监测技术

7.1 结构施工安全仿真分析

结合广州周大福金融中心项目特点，对塔楼结构荷载沉降、关键构件与节点应力应变、承重构件竖向变形差异、结构整体位移与变形等参数进行安全仿真分析，见图 46。同时关注全寿命周期健康监测，即不仅包括施工阶段的监测，还包括整个运营期间的监测，提高超高层建筑健康监测效果。

7.2 超高层压缩变形测量与控制

对塔楼施工全过程进行系统的压缩变形监测，深入摸索压缩变形产生的原因、影响因素、变形速率以及在建设过程中采用的预加压缩值方法。广州周大福金融中心塔楼总压缩量 168mm，塔楼核心筒剪力墙垂直度及所有楼层外框下挠值均满足规范要求，最大摆幅东西向 99mm、南北向 125mm，见图 47、图 48。

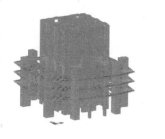

图 46 结构竖向位移分析图

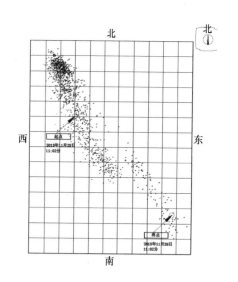

图 47 塔楼压缩变形观测数据表

图 48 塔楼摆动监测图

7.3 竖向变形监测

沿竖向每间隔一定距离设一道监测点，根据监测数据分析每道监测点的最大竖向变形量，综合其他因素确定变形补偿或调整方法。材料方面尽量减少混凝土收缩和徐变，结构方面设伸臂桁架层、环桁架层、后浇带，或使用柔性节点等方法减少竖向变形差，见图49。

7.4 沉降观测

预设观测次数和周期，准确记录观测数据，着重分析最大沉降量、日均下沉量、不均匀沉降差、速率波动值等指标，及时解决因沉降而产生的标高和质量等问题，见图50。

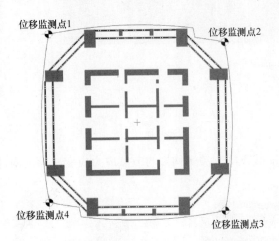

图49　塔楼外立面观测点的平面布置图

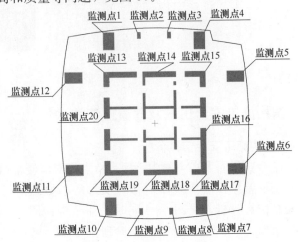

图50　塔楼沉降观测点布置图

8　复杂机电管理技术

8.1 深化设计及图纸管理

综合管线图深化设计管理，统一图纸信息编码、制图标准，落实图纸会审、会议协调、综合管线图纸交底等制度。

装修单位主导设计综合点位图，机电专业分包配合，总包督导。

图纸深化后复核机电管井和检修门，砌筑施工前确定管井工序，绘制机电与砌体配合图。

对各专业关键设备建立进度销项表，对管道材料订货、进场、吊装及安装进行全程监控，确保设备施工进度，见图51、图52。

图51　BIM深化设计效果图

图52　现场实景图

8.2　机电施工程序化管理

制定材料进场、施工验收、会议制度协调、定期现场巡查、场地及工作面交接、工序交接、文明施工管理等程序，保证现场交叉施工协调管理顺畅。

8.3　大型设备及大口径管道吊装的总体部署

统筹编写大型设备运输方案，减少不必要重复性的配合工作，如 L67 东面预留幕墙，既可作为冷水机组吊装口，也可作为变压器吊装口等，见图 53。

(a)　　　　　　　　　　　　　　(b)

(c)　　　　　　　　　　　　　　(d)

图 53　设备及管道总体部署

（a）大口径消防管道安装图；（b）大口径机房管道安装图；（c）发电机组实景图；（d）机房实景图

8.4　永久管线、设备提前投入使用施工部署

使用部分永久管线及设备替代临时给水排水、临时消防水、临时通风。按照设备层楼层分段转换原则进行临时排水系统与正式排水系统的转换。临时消防与永久消防的转换以设备层为界，分段转换。

当正式通风系统具备安装条件后，选定通风管井优先砌筑，进而逐步开启部分正式系统，同时考虑提前开启楼梯间和前室加压系统往施工区域补给新风，提高室内空气质量，见图 54、图 55。

图 54　消防管道安装图

图 55　配电柜安装图

9 建筑垃圾减量化及回收再利用技术

9.1 建筑垃圾减量化指标

严格控制每万平方米的建筑垃圾不超过 400t。

9.2 材料提量精细化管理

塔楼每层机电设备材料可在 BIM 模型里精确提取，避免材料计划超提、余下材料成为建筑垃圾的情况。

9.3 建筑垃圾分类回收再利用

建筑垃圾按来源及类型分类，其中废旧钢筋回收 1527t，再利用制作成施工电梯防护门、洗车槽格栅、钢筋马凳、临时工具箱等；割除的钢构连接板回收 463.2t；内支撑钢格构柱回收 45t；废旧木材回收 55.4t，再利用制作成消火栓槽木盒、临边防护踢脚板、灭火器木盒等。同时通过短木方接长、混凝土废料回填道路、剩余砂浆制作混凝土垫块等措施减少材料浪费。

10 基于 BIM 的总承包管理技术

10.1 BIM 系统设计与总承包管理的融合

首次提出"基于 BIM 技术的施工总承包管理"方案，利用自主研发的 BIM 技术，以 BIM 模型为载体，以集成的各功能模块为工具，提炼施工总承包管理过程中的实体工作、配套工作、工作面交接流程、图纸管理台账、质量安全管理记录文档等标准业务，使之固化为系统组成部分，通过标准化手段优化管理流程。

10.2 BIM 系统的技术研发

率先实现海量信息与模型快速关联的方法，给模型每个构件和进度、图纸等海量信息赋予相同的身份属性（栋号、楼层、分区、专业、构件类型），实现信息与构件自动快速集成的功能，解决人为手动将信息与模型逐条挂接过程中工作量巨大、人为疏漏频发、查错修改困难等问题。

创新设计应用"实体工作库""配套工作包"，将实体工作及配套工作的内容、时间、逻辑关系模块化，积累生成 130 多个"工作包"，通过自动提醒机制，使系统管理末端延伸至各部门的所有工作。

创新设计应用工作面灵活划分技术，根据施工阶段、专业、管理范畴及管理细度的需求，在模型中灵活划分工作面并串联进度、图纸、质量、安全、工程量等信息，极大加深了总包管理的细度和深度，见图 56。

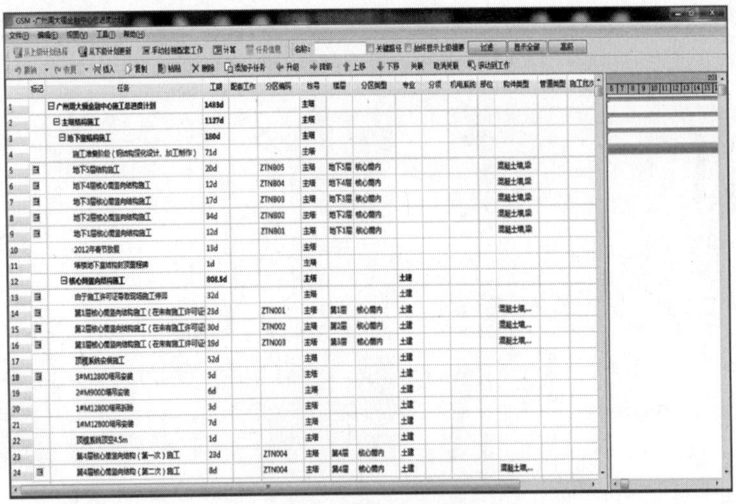

图 56 BIM 系统进度管理界面图

10.3　BIM 系统的实施

项目 BIM 系统应用后半年内快速积累模型图元 977283 个、130 个"工作包"、754 项实体工作、清单 3700 余条、分包合同条款 660 余条、分包合同费用明细 3400 余项、各类业务台账登记输入模板 100 余个，积累形成企业内部大数据库，可重复用于其他工程项目。发现多专业碰撞点共计 39176 处，发生进度、图纸、工程量、变更、清单等信息交互应用共 1161578 次，项目人员引用 BIM 系统中各类数据辅助施工现场管理，管理效率显著提升，见表 3。

广州周大福金融中心 BIM 系统各用途应用次数统计　　　　　　表 3

用途	应用次数	用途	应用次数
模型浏览	20 余万人次	配套工作推送	1.5 万个
图纸查询	20 余万人次	图纸申报预警	2000 余次
进度任务项引用	80 余万条次	总包、分包清单条目引用	50 余万条次
各类提醒	2 万余次	模型属性及工程量引用	60 余万次
进度预警	360 余次	专业间有效碰撞	2600 余个

通过 BIM 系统实现"目标设定—模拟优化—跟踪对比—分析调整"的进度管控流程，有效避免信息传递不及时导致的进度迟滞、工作任务分派不及时或不清晰等问题。塔楼结构提前 90 天完成，标准层施工平均 4.5 天一层，节约成本约 1800 万元。

通过 BIM 系统实现信息实时交互，减少 20% 以上的沟通协调会议，有效解决不同专业分包在同一个工作面的交叉作业管控难题。

通过 BIM 模型管控现场材料采购、领料与下料，材料损耗率低于 3%，低于行业基准值 30%～35%。

通过碰撞检查提前发现机电重大问题 36 处，利用 BIM 技术进行施工模拟，优化 12 类、500 多个伸臂桁架巨型柱节点，大型施工组织措施未发生较大幅度调整。实现顶模与外框钢结构施工稳定保持 4～5 层的高差，而一般行业水平为 5～8 层，施工节奏更紧凑，见图 57、图 58。

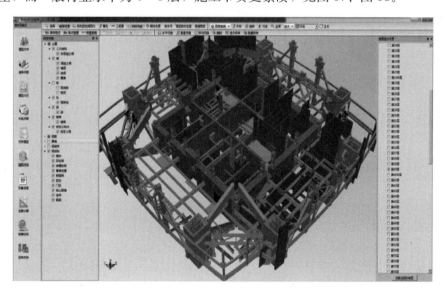

图 57　方案模拟图

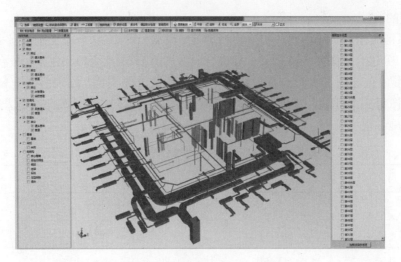

图 58　管线综合图

11　结语

本文结合广州周大福金融中心建造实践，全面具体地阐述了 500m 以上超高层建筑的建造关键施工技术和创新发明，通过项目关键施工技术总结和数据提炼，对其他类似建设工程项目具有很好的借鉴作用。

作者：叶浩文　邹　俊　黎光军　郑柯仔（中国建筑第四工程局有限公司）

国家雪车雪橇中心场馆建造技术

Construction Technology of The Track in National Sliding Center

　　国家雪车雪橇中心场馆项目是北京 2022 年冬奥会雪上项目的标志性工程之一，是冬奥会中设计难度最大、施工难度最大、施工工艺最为复杂的新建比赛场馆之一。雪车雪橇比赛是冬奥会雪上竞技赛事中速度最快的项目，有冬奥冰雪项目的"F1"之称，危险性系数高、专业性强，对竞赛场地要求十分严苛。

1　项目综述

1.1　项目概况

　　国家雪车雪橇中心场馆是国内首条雪车雪橇竞技比赛场地，项目位于北京 2022 年冬奥会延庆赛区西南侧。赛道全长 1975m，最高设计时速 134.4km/h，垂直落差超过 121m，具有世界独具特色、唯一的 360°回旋弯。建筑面积 5.5 万 m²，可容纳观众 7500 人，项目建设周期 21 个月，见图 1。

图 1　国家雪车雪橇中心项目效果图

　　雪车雪橇场馆以赛道为主干作为场馆之"轴"，将承办三项冬奥会比赛项目，分别是雪车、钢架雪车和雪橇，将产生 10 块冬奥会金牌。主赛道设置 3 个出发区，共 6 个出发口，其中位于螺旋弯北侧出发口是为赛后游客体验而设置的，赛道还设有 1 个最低点收车区和 4 个不同结束位置的收车区，见图 2。

图 2　比赛项目（雪车、雪橇、钢架雪车）

附属用房及设施如同主干上的枝叶，随"轴"而生。根据赛道功能需求均匀布置于赛道两侧，见图3。附属用房主要由3个出发区、结束区、运营及后勤综合区、训练道冰屋及团队车库、制冷机房等部分组成。

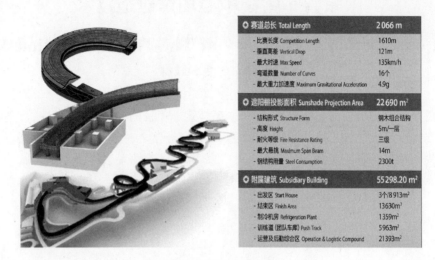

◎ 赛道总长 Total Length	2 066 m
- 比赛长度 Competition Length	1610m
- 垂直高差 Vertical Drop	121m
- 最大时速 Max Speed	135km/h
- 弯道数量 Number of Curves	16个
- 最大重力加速度 Maximum Gravitational Acceleration	4.9g

◎ 遮阳棚投影面积 Sunshade Projection Area	22 690 m²
- 结构形式 Structure Form	钢木组合结构
- 高度 Height	5m/一层
- 耐火等级 Fire Resistance Rating	三级
- 最大悬挑 Maximum Span Beam	14m
- 钢结构用量 Steel Consumption	2300t

◎ 附属建筑 Subsidiary Building	55 298.20 m²
- 出发区 Start House	3个/8 913m²
- 结束区 Finish Area	13630m²
- 制冷机房 Refrigeration Plant	1359m²
- 训练道(团队车库) Push Track	5963m²
- 运营及后勤综合区 Operation & Logistic Compound	21393m²

图3　主要技术指标

场地中道路包含纵贯南北的3号路及伴随路，这两条蜿蜒的道路如同脉络，贯穿各个建筑、广场及赛道收发车点。伴随路紧紧依偎在赛道的西侧，为观众观赛、后勤、急救、通勤等功能提供服务。3号路位于赛道东侧，主要负责出发区、结束区、运营及后勤综合区与外部道路连接等，为赛事提供车行交通服务。

在场地南侧，还布置了观众主广场、媒体转播区以及相配套的停车场，其中观众主广场位于南侧赛道所围合的区域，并利用天然地形，形成了观众看台。媒体转播区及停车场位于赛道南侧。

1.2　项目特点

1.2.1　挑战大

（1）国内首座雪车雪橇场馆

截至目前，全世界共有16座标准雪车雪橇场馆，分布于11个国家，其中10座位于欧洲，美国和加拿大各2座，日本和韩国各1座。中国北京延庆赛区的国家雪车雪橇中心将成为亚洲第3座、中国第1座满足奥运比赛要求的雪车雪橇场馆。

（2）零经验、无依据

作为国内首座雪车雪橇场馆，建设前期面临极大的困境。赛道建造核心技术长期被西方国家垄断，在国内几乎是"未知"的，在赛道的特征、结构构造、施工工艺方面均属国内首次尝试，为国内首例革新同类施工前沿施工技术的项目。

（3）山高林密、用地狭促

国家雪车雪橇中心项目位于北京延庆区小海坨山南麓，毗邻松山自然保护区。地块位于山脊之上，山脊东西两侧均存在陡壁，场地整体地形复杂，用地局促。用地范围南北长约975m，东西最宽处约445m，用地范围面积约为18.69ha。场地内现状北端最高点绝对标高约为1040m，南端最低处绝对高程约为881m，南北向平均坡度约为16.3%。

1.2.2　精度高

雪车雪橇比赛赛道长约1.9km，有16个角度、倾斜度均不相同的弯道，因赛事的特殊性及项目地形的复杂性，赛道中心线线型不规则，结构层次复杂，空间定位点多，精确度要求高，赛道表面线型控制要求高，在山坡地形下需精准地控制每一个施工要素，给施工控制提出了极高的要求。赛道的每一个角度、曲面及细微之处，都决定着比赛的成绩甚至运动员的安危，因此赛道建造要求极高。为满足运动的安全性和竞技性，对滑道表面的曲面成型要求很高，混凝土赛道表面成型误差要求控制在 10mm 以内，施工工艺精确度和质量要求极高，各环节必须做到精确无误、精益求精。

1.2.3　认证难

按照国际冬奥组委要求，国际雪车联合会及国际雪橇联合会（IBFS&FIL）两个单项组织指定的国际专家要对雪车雪橇赛道建设过程实施指导和监督，旨在确保赛道施工质量。

1.2.4　工期紧

雪车雪橇运动在中国起步晚，中国在平昌奥运周期组建雪车雪橇项目队，为给国家队员争得更多的训练时间，实现争金夺银的历史突破，整个场馆能否及时完工极为重要！对比近三届冬奥会雪车雪橇赛道建设，中国北京国家雪车雪橇中心建设工期将是最短的，整个场馆计划工期 638 天，主赛道实际建设周期不足 300 天且需跨冬期施工。

2　赛道建造要点

（1）赛道沿山脊蜿蜒线性分布，为满足赛时雪橇雪车高速滑行要求，对施工过程中赛道内曲面平滑度控制要求极高，精准的测量定位及建设精度控制是重中之重。

（2）雪车雪橇赛道混凝土结构属于连续变化的双曲面赛道结构，施工需采用喷射方式成型，使用的高性能喷射混凝土，在国内属于新型材料，需具备和易性好、易喷射、易密实、抹面性能佳、强度高、高抗冻融、耐久性好等特点。

（3）空间扭曲双曲面赛道喷射混凝土施工，国内无相关标准及同类建设工程经验。

（4）氨制冷管道夹具是制冷管道安装定位的依据，制冷管赛道内排布紧密，安装定位精度要求高、成型复杂，是整个赛道施工过程中的关键工序。

3　赛道建造技术

3.1　基于 BIM 技术的复杂长线型空间双曲面三维测量及检测技术

3.1.1　控制要点

本项目属复杂的长线型空间曲面结构，占地面积大，结构线型复杂，精度要求高，曲线及曲面多。主要控制点包括：精密工程控制网的精度指标制定、测量方法和关键数据处理方法；精密测量控制网的变形分析方法、分析所选用的模型和关键数据处理方法；精密安装测量控制网的测量方法、计算模型与数据处理方法、监测方法与数据处理方法；精密安装测量的坐标转换模型与算法、数据报表输出与自动测量软件研发；三维影像检测技术的测量方法、数据处理与成果输出等。

3.1.2　模型生成

通过 rhino 软件 GH 参数化自动抓取 CAD 图纸，经过设计程序处理，自动校正剔除多余线条，生成夹具 2D 轮廓，批量偏移出 20mm 厚度的实体 3D 模型；由已生成的管道界面 2D 轮廓，批量生成串连夹具的管道，见图 4。

3.1.3　提取空间坐标 XYZ 和里程坐标 SHL，并自检校正

运用 Grasshopper 参数化批量深化夹具图纸，基于 BIM 技术的加工图深化设计，实现夹具激光整体切割的预制工作。

在空间定位好的 3D 夹具制冷管模型基础上，根据夹具安装定位需求，设计 GH 运算器组（图 5），抓取矩形块上若干特征点，每个矩形块上抓取 3 组，共计 70 多万组空间坐标 XYZ 和里程坐标 SHL。

对提取的 70 万组数据必须完成自检自校工作，内控设计误差，避免将隐患遗漏到施工环节。

3.1.4　现场三维放线及测量

雪车雪橇赛道放样测量工作主要包括：赛道基础施工测量、制冷管道安装测量和赛道相关构件系统安装测量等工作，采用极坐标法的测量方法对各细部放样点放样。

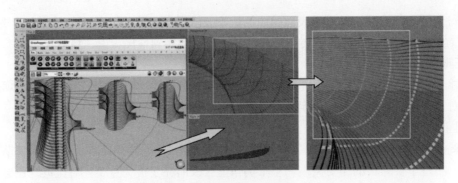

图4 参数化生成夹具管道

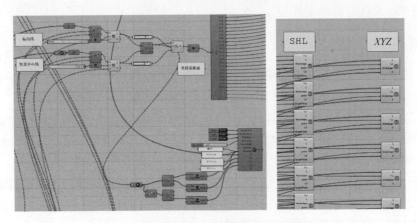

图5 GH参数化自动提取数据的运算器组

高程测量采用仪高法,并保证一次后视确定仪高,不再转置测站确定仪高,尽量保证前后视距大致相等。

赛道喷射混凝土面按照每1～2m提取一个剖面的要求,每个剖面一般提取5个细部特征点,细部特征点的三维坐标的放样,使用全站仪的三维坐标测量功能,见图6。

基于深化模型自动提取夹具定位数据成果70万条,供现场安装放样及点位复核使用,每个夹具定位需测量5遍,确保赛道成型精度,见图7。

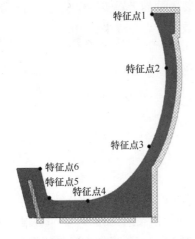

图6 赛道平面及断面特征点示意图

图7 安装施工测量示意图及效果图

3.1.5 赛道精确度检测技术

夹具加工完成后,使用HOLON-760手持三维扫描机进行测量,结合3D数模,很直观地反映偏差部位，且测量效率较高（约 5min/套）。

赛道施工完成后的检测主要采用 Trimble SX10 影像扫描仪对赛道进行扫描，根据扫描结果形成扫描模型，将实体扫描模型和 BIM 模型进行对比，在混凝土终凝前进行赛道表面修整，见图 8。

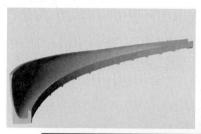

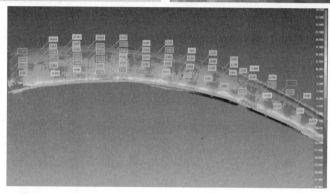

图 8　Trimble SX10 影像扫描仪结果与 BIM 模型误差对比

3.2　赛道专用喷射混凝土

3.2.1　赛道喷射混凝土技术要求

（1）赛道喷射混凝土基本技术要求

①赛道喷射混凝土强度为 C40，抗渗等级不应低于 P6；抗冻融循环等级不低于 F400；②裂缝控制等级为三级，最大裂缝宽度限制为 0.2mm；③赛道工作面曲面成型误差需控制在±10mm 内。

（2）赛道喷射混凝土特殊技术要求

①低坍落度；②良好的喷射性能；③良好的抹面性能；④高等级抗冻性能。

3.2.2　赛道喷射混凝土物理性能要求

（1）施工性能：①优异的喷射性能；②抗流挂性能好；③密实性好；④良好的抹面性能。

（2）力学性能：①抗压强度为 C40；②抗弯强度大于 4.4MPa；③粘结强度大于 1.5MPa。

（3）耐久性能：①抗渗等级为 P6；②抗冻融等级达到 F400；③抗氯离子渗透性：6h 电通量约为 400C。

3.2.3　赛道混凝土材料选择及配合比设计

在项目研发准备阶段，研发团队通过赛道混凝土材料的原材料反复筛选，粒径级配及配合比设计优化等方法，采用实验室检测各项性能参数合格的小批量材料进行试喷试验，试喷的检验结构调整确定喷射混合料的中期配合比，再进行现场实地验证模块试验调整后最终确定工厂制备配合比。为保证原材料及配合比的稳定性，我们采用了工厂制备混凝土拌合料的原料供给方式，实现了雪车雪橇中心赛道混凝土材料工厂化制备。

3.2.4　赛道喷射混凝土喷射试验

建立模块研发场地，综合应用配合比试验、模型仿真模拟技术、足尺模型试验，历经百余组 1:1

足尺模块制作、300 余次配合比调整、600 余次喷射试验、上千次测量及检测、近 2000m³ 喷射混凝土消耗，历时 1 年左右时间，最终得到了赛道喷射混凝土最佳配合比及施工工艺参数。

3.3 复杂长线型双曲面赛道骨架成型技术

复杂长线型双曲面赛道骨架成型技术的关键点在于夹具加工及安装技术、制冷管道预加工及安装技术、曲面钢筋预加工及安装技术。

3.3.1 夹具加工及安装技术

夹具作为整个赛道成型质量的关键，其加工精度直接影响赛道成型质量。整个赛道共计 1169 套夹具，每套夹具形状各异，为了确保夹具加工的精度，采用 BIM 技术进行建模，指导夹具加工。

经过科研团队 7 个月的多次尝试及实验。夹具采用高精度激光切割，并经过热处理、自然冷缩、原模复核、三维扫描检测、专用支架固定等多种工艺方法，夹具的制作偏差完全满足设计精度要求，并研发了专用夹具及支撑体系进行加固与调整，确保夹具的空间定位快速准确。

夹具临时支撑体系：

夹具支撑架材质选用 Q235B，底部支撑架根据基础不同，分为独立摇摆柱、加腋摇摆柱、无基础三种形式，见图 9。

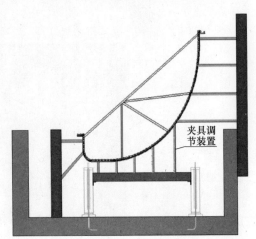

图 9 夹具临时支撑体系示意图

3.3.2 制冷管道预加工及施工技术

雪车雪橇赛道制冷采用氨制冷系统。赛道混凝土内蒸发排管管材选用符合欧洲标准（DIN EN10216-2）要求的低温无缝钢管。

制冷管道加工及安装主要采用了专用开模弯曲技术、精加工成孔技术、自动焊接技术、无损检测技术、高压吹扫技术、充氮保护技术等工艺，见图 10。

图 10 制冷管道深化

制冷集管因成品形状特殊性，成型精度要求高，采用工厂预制现场安装的方法进行此部分的施工。蒸发排管采用二维弯管机弯制成型。

蒸发排管在焊接平台上进行管管焊接，焊接采用全氩弧焊的方式。焊接完成的管道进行射线探伤，探伤合格后，人工安装到管道夹具上。

蒸发排管的安装顺序为自上而下安装，通过两端集管的定位尺寸，确定蒸发排管伸出首末端夹具的长度，见图 11。

集管安装在蒸发排管安装完成后进行，与末端夹具与集管中心线相对位置尺寸确定集管安装位置，点焊定位后进行集管与排管的焊接。

3.3.3 曲面钢筋预加工及施工技术

赛道每根钢筋曲率、长短均不相同，为使钢筋间距精度控制在 3mm 以内，通过 BIM 技术进行信

图 11　蒸发排管的安装示意图

息参数分析和整理指导钢筋的整体预制、下料及安装，确保空间线型完美呈现，见图 12。

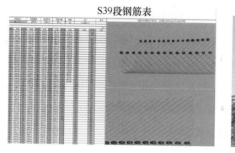

图 12　赛道曲面钢筋参数化建模

　　赛道内曲面钢筋安装分为矮墙平直段和高墙弯曲段两部分。平直段横纵钢筋十字交叉绑扎；内曲面钢筋提前预弯，横纵钢筋 45°交叉绑扎，使用定制的钢筋卡具控制间距及角度，见图 13。

图 13　钢筋骨架成型效果与模型对比图

3.4　毫米级双曲面赛道喷射及精加工成型技术

　　混凝土喷射是雪车雪橇赛道施工难度最大的工序之一。为了能够满足雪车雪橇赛道的技术要求，集团公司成立了专门技术研发团队，建立了专门的赛道模块试验基地，组织开展赛道综合施工技术研发。共计组织现场喷射训练 234 次，配合比调整 315 次，累计喷射混凝土 1246m³，11m 长 1∶1 全尺寸模块骨架制作 6 组，2～5m 模块累计制作 20 余组，完成相关测量及检测 675 次。通过模块试验，总结出了赛道混凝土喷射施工的一套施工技术。

为保证赛道内曲面的完成面达到设计要求，通过多次试验，最终确定内曲面找型管曲率较小段选用柔软度较好的 PE 管，曲率较大处选用橡胶棒，见图 14。

图 14　赛道内曲面喷射混凝土找型管布置

喷射设备功率、泵送压力必须足够大，否则难以将混凝土顺利泵送至喷射部位。通过多次试验，最终通过试验确定由一台喷射泵、两台空压机组成喷射工作机组。

喷射混凝土作业采取分段、分层依次进行，结构层喷射顺序自下而上，面层喷射顺序自上而下，分段长度确定为 5~10m，每段喷射时间控制在 3h 以内，见图 15。

根据赛道空间双曲面异形结构的特点，将赛道划分为赛道下檐口、底部、高墙、上檐口四大部位。

图 15　赛道混凝土喷射

混凝土喷射后的一次找型和收光决定混凝土最终成型面的精度，混凝土面找型、收光完成后，需及时对其进行拉毛处理。混凝土修面步骤为：一次找平→一次收光→找平管拆除→找平管缝填充→二次找平→二次收光→拉毛，见图 16。

3.5　大跨度单边悬挑钢木结构体系施工技术

国家雪车雪橇中心结合自然地形和遮阳设计，研发出一套独特的"地形气候保护系统"（TWPS），能够有效保护赛道不受阳光、风雪影响。整条赛道宛如一条游龙，飞腾于山脊之上。该系统主要用于解决南坡赛道的遮阳问题，同时还起到赛道防风、防雨雪等改善局部微气候环境的作用。

国家雪车雪橇中心赛道遮阳棚钢木组合梁共 279 榀，梁下钢结构由钢柱脚、V 形柱、钢承梁和 V 形柱柱间水平支撑及部分组成，基础为 U 形槽筏板；钢木组合梁长度为 7~13m、最大重量为 15t 的异形大跨度单边悬挑钢木组合梁，见图 17、图 18。

图 16　赛道成形效果

图 17　赛道遮阳棚结构模型图

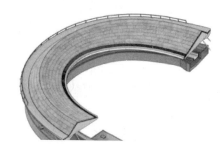

图 18　赛道遮阳棚安装完成效果图

赛道遮阳棚施工流程：钢木组合梁加工→钢承梁支撑胎架安装→钢承梁安装→V 形柱安装→V 形柱间连系梁安装→钢木组合梁吊装→钢次梁安装→钢拉杆稳定系统安装→屋面格栅施工→屋面板施工。

4　结束语

伟大工程展示国家实力，国家雪车雪橇中心是国内首创的建筑奇迹。自项目开工以来，上海宝冶革新前沿施工技术，取得多项技术突破，引领多个中国"首创"，其中赛道专用喷射混凝土的研制和使用，填补国内曲面薄壳混凝土结构工程专项施工技术空白，圆满完成了多项里程碑节点，得到国际单项组织高度评价。一条满具中国风的赛道宛如游龙已经飞腾于延庆区小海坨山南麓山脊之上，2022 年，国家雪车雪橇中心必将成为全世界瞩目的焦点！

作者：刘洪亮　周曹国　李幻涛（上海宝冶集团有限公司）

北大屿山医院香港感染控制中心关键建造技术

Key Construction Technology of Hong Kong Infection Control Center of North Lantau Hospital

1 项目概况

香港特区在新冠第三波疫情暴发后，请求中央支援疫情防控，经有关批示由深圳市政府援建香港临时医院与社区治疗设施项目，由中国建筑国际集团承担建设任务。其中，香港临时医院位于亚博馆旁，占地面积约 30000m²，建筑面积 44000m²，包括建造 6 座病房大楼、1 座医疗中心大楼、1 座能源中心大楼，1 个液氧站，1 个危险品仓及其他配套设施，共提供负压隔离病房 136 间、负压隔离病床 816 张。项目采用工程总承包 DB 模式，按照香港永久建筑标准建设，所有负压隔离病房采用 MiC（Modular Integrated Construction，香港称为组装合成法，内地称为模块化集成建筑等）技术建造，为香港首家采用 MiC 建造技术的医院，也是香港最大规模的负压隔离病房医院，更是全球首家全 MiC 负压隔离病房传染病医院，建成后被正式定名为北大屿山医院香港感染控制中心。

2 工程难点分析

（1）建设标准高。项目是中央援建工程的重大模式创新，由深圳援建、按香港永久建筑标准实施。设计审批需满足"港深两地"要求，工程建造遵循"香港两署"标准（建筑署和屋宇署），为历史首次，要求极为严格，需达到"完工即达标"的目标。

（2）工期压力大。医院是最复杂的建筑类型之一。在香港建设一所医院通常需要 3～4 年时间，本项目完全按照永久建筑标准建设，合约工期仅 122 天，面临艰巨挑战。

（3）组织管理难。项目需要组织工程设计、部品制造、现场施工等多家核心单位，涉及大量工程分判，全球疫情蔓延的严酷形势给国际物资采购与运输也带来了很大困难。此外，在香港更面临着工程项目疫情防控的艰巨挑战。

3 基于 DfMA 的模块化设计技术

模块化设计是指在对一定范围内的不同功能或相同功能不同性能、不同规格的产品进行功能分析的基础上，划分并设计出一系列功能模块，通过模块的选择和组合可以构成不同的产品，以满足不同需求的设计方法，可避免重复设计及开发、节约设计资源、缩短设计周期。DfMA（Design for Manufacture and Assembly），称为面向制造和装配的设计，在汽车、飞机、计算机等领域有成熟应用，是建筑领域产品开发的新方法，即在设计时考虑建筑功能、现场限制、成本等因素，将建筑分解为不同组件或模块，在工厂预先制作，再运送到工地进行组装。

本项目采用模块化设计方法，分为病房区、医疗区、能源区、辅助设施区四大模块，引入 DfMA 理念，在结构、机电、装饰各专业充分考虑可制造性和可装配性，借助 BIM 进行模块化设计，实现各专业高度集成与设计、制造、装配全周期高效衔接，达到最佳工厂预制及现场组装效率。在结构设计中，采用了钢结构与 MiC 的混合结构，设计简洁，钢结构的连接方式采用了螺栓连接，大大减少了现场焊接，实现了环保、安全、高效。在机电设计中，每一层的机电设备分为病房模块、医疗及支持模块、其他模块三个大模块，每个大模块又由若干子模块组成。基于 DfMA 理念，应用 BIM 技术完成了 MiC 病房的 3D 模型，解决了所有专业的碰撞检查、图纸协同、材料尺寸面积统计等工作，协调后的 3D 模型直接出图用于 MiC 箱体生产，模拟其运输及安装过程，减少沟通错误和返工，使设计和制造、装配实现了最大程度的紧密结合，见图1、图2。

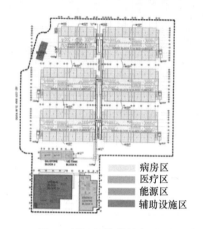

病房区
医疗区
能源区
辅助设施区

图 1　项目整体模块划分

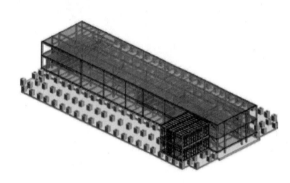

图 2　MiC 与钢结构混合的病房大楼设计

4　MiC 设计、制造与安装技术

本项目的负压隔离病房由三个 MiC 模块组合而成，是中建国际医疗基于 DfMA 设计方法和 MiC 技术研发设计的产品，具有自主知识产权，符合国际标准，MiC 模块中包括机电及装修等绝大部分工作均在工厂完成，大大提升了建造效率。

4.1　MiC 负压隔离病房设计

4.1.1　建筑设计

设有缓冲室（Anteroom）、病房（6-Bed Cubicle）及卫生间（Ensuite），负压值从 $-5Pa$ 到低于 $-15Pa$，形成阶梯负压，使得洁净空气从相对洁净区流向相对污染区。采用免接触式开门系统，减少因接触而感染的风险；房门有互锁的设计，确保隔离病房的密封性；设计采用了气密天花、无缝墙身，保证房间气密性；还采用带拱形踢脚线的无缝地板，避免藏菌且易于清洁；病房及缓冲室均配置有洗手装置，洗手盆采用后出水设计，方便直接排污，减低病毒聚集的机会。病房内设有紫外光杀菌传递箱，便于医护人员在走廊传递食物和药物给患者，见图3～图6。

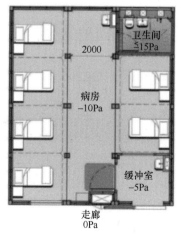

卫生间
≤15Pa

2000

病房
-10Pa

缓冲室
-5Pa

走廊
0Pa

图 3　隔离病房梯度负压设计

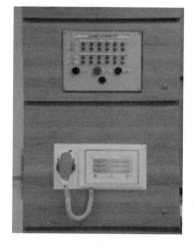

图 4　负压智能监测系统

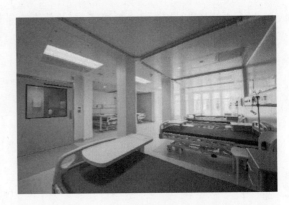

图 5　走廊　　　　　　　　　　　　　　　图 6　病房

4.1.2　结构设计

负压隔离病房结构设计方面以香港永久建筑设计为标准，贯彻 3S 概念，即 Standardization、Simplification、Single integrated element，其设计完全符合香港《钢结构守则》《混凝土预制件守则》及《香港风力效应作业守则》，充分考虑到在吊运时、组装时和合成后的稳定性、稳固性，符合香港永久建筑标准，可抵御十号飓风。

4.1.3　机电设计

负压隔离病房室内每小时新风换气量达 12 次，受污染空气经过 H14 级别高效滤网（HEPA）净化过滤后排出，过滤率达到 99.97%，并通过压力稳定器及阀门确保气压系统正常。室内送风口主要设在病房走廊位置、排风口设在病床上方及卫生间的天花板位置，房间的空气由洁净区流向污染区，减少医护接触污染空气的几率，见图 7。各系统都设有主要和后备系统，避免因机件故障而影响洁污分区。

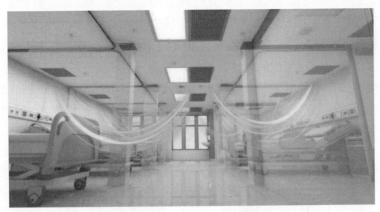

图 7　送风口、排风口、气流组织

病房采用双管道排污设计，污水及废水分别使用独立排水管道，马桶接驳的污水管与通风管相连，以防止在冲厕时出现虹吸现象。通风管出口设计比屋顶高出 3m 以上，从而保证有足够空间稀释污浊的空气，避免潜在被污染的空气再次进入房间，通风管道也远离洁净区。

电力系统方面，主要电力系统都采用不同路径的双电缆设计，有效提高电力供应稳定性。紧急照明，医疗系统，隔离病房空调机等重要设施均接驳到紧急电源。室内照明采用易于清洁、不易藏垢的灯具，防水防尘等级达 IP65。

消防配置有消防花洒，火灾监测及自动报警系统，并提供应急照明。病房室内配有对讲系统，便于病患与医护远端沟通；还可通过 CCTV 监控系统，在护士站远端观察到病房内的情况。病房设有无线网络系统，方便病人和医护与外界沟通。床头综合设备线槽中配有医疗气体系统、护士呼叫系统、13A 插头、紧急电源插座、USB 插头等设备。

机电系统的设计安全可靠，充分考虑各类交叉感染风险，考虑了在各种极端情况下的安全使用，有效保障医护人员的安全；同时，设计以使用者为中心，充分体现"以人为本"的人文关怀理念。

4.2　MiC 负压隔离病房制造

4.2.1　深化设计

MiC 负压隔离病房中隔离病房、功能房、楼梯房三个区域箱体种类超过 20 种，同类之间又有"左右手"对称箱形之分，箱体类型多，需对每一种箱体类型进行深化设计。在深化设计中，除建筑结构外，需配合卫生间模块等复杂的给水排水系统进行精确的孔洞预留；需配合机电系统要求，在箱体顶部、侧墙端部等主体结构上增加众多吊杆、扶手等配件的图纸深化设计；需配合不同分区防火等级要求区分不同类别的箱型，深化出不同的施工图纸。深化设计团队采用概念设计与深化设计并行的工作模式，对建筑结构参数进行预设，全程采取生产与图纸深化同步进行方案，深化完成一种箱体立即发放到工厂组织生产，实现设计—深化—生产三方联动，确保了快速投产。

4.2.2　自动化生产

钢箱 MiC 自动化生产线占地面积约 7000m²，可实现原料加工、焊接生产，油漆喷涂、装饰装修等工艺。MiC 负压病房的钢箱焊接工艺、油漆工艺均由自动化生产线完成，可实现梁柱组焊、矩形钢管与槽钢组焊、平面钢板、波纹板与梁柱组焊。钢箱可加工尺寸为长度 6～14m，宽度 2.4～4.2m，高度 2.4～4m，单班生产 10 台/8h，即每 48min 生产一台。生产管理系统 MES 可实现生产计划管理、生产过程控制、产品质量管理、车间库存管理、项目看板管理等功能。每个产品一件一码编码唯一，形成唯一的身份信息二维码，在现场操作时，针对模块的生产情况，通过手机端扫码录入产品相应的状态信息，包括隐蔽验收、成品检查、入库、发货等，均可以通过扫码实现相应的功能。并且在管理中通过手机扫码能快了解产品的基础信息、产品生产、验收检查、出库入库、运输出货、安装位置等关键信息，实现产品生产全过程管控，质量溯源，高频问题统计及销项效率大大提升，提高企业制造执行能力，见图 8、图 9。

图 8　钢箱焊接生产过程　　　　　　　　　　　图 9　钢箱装饰生产线

4.2.3　质量控制

本项目对质量要求严格，为此在钢箱加工尺寸保证及水密测试、钢箱配套管道开孔及天花墙体装修加固件等焊接、拼箱地面水平高差控制、卫生间防水控制、拼箱地面水平高差控制、箱体拼箱密封处理（负压测试）、室内装修尺寸控制、箱体运输保护及防水打包措施、钢箱装修生产及运输计划、水电检查测试等重点环节做了周密安排，重点控制。

（1）钢箱加工尺寸保证及水密测试。从原材料、部件组焊、箱体总装三个主要环节进行质量控制：严格按要求采购钢材、油漆，检查材质、规格等，每批次都取样送检；根据钢结构箱体结构图及装修要求，对钢箱体进行部件拆分，每个部件组焊时都在专有工装上进行生产，提升生产效率，每个部件尺寸都进行检查测量，确保尺寸保证；按箱体尺寸要求调整总装台工装，确保焊接组焊后箱体垂直度、尺寸公差、水平度在可制范围内。箱体焊接完成后对所有箱体顶部、侧部（有侧板箱体）进行水密测试，确保箱体焊缝不漏水；对所有结构框架焊道进行焊道探伤测试，确保焊接质量；针对镀锌材料选用专用适合镀锌件的富锌底漆，按要求进行油漆网格测试及漆膜厚度测量，确保箱体油漆防腐喷涂符合要求；为确保箱体柱子孔位公差在控制范围内，制作底部孔位定位块测试工装，每个箱体出厂前进行测试，确保箱体吊装安装顺利。

（2）钢箱配套管道开孔及天花墙体装修加固件等焊接质量控制。根据箱体装修要求，钢箱生产时即对机电管道、给水排水管道、消防管道、暖通管道、医疗管道等过箱体管道提前进行定位开孔处理，对天花吊顶、天花各种管道、天花各种设施安装需要固定的进行预焊吊杆施工，同时对墙体饰面板材安装需要预先加焊安装固定件，为后续装修施工做好基础工作。

（3）拼箱地面水平高差控制。装修车间模拟项目现场安装情况制作装修箱体摆放工装，调好水平，3个箱体组成一个病房，每个病房3个箱体组合拼箱到位后按标高一次落混凝土到位，确保同一病房3个箱体地面在同一高度。

（4）卫生间防水控制。根据模块建筑的特性，对卫生间防水施工工艺进行优化调整，选用柔性防水砂浆，对墙体板缝处、地面阴角处、给排水管道处等易出现漏水隐患处做特别施工措施处理，选用专业班组进行施工，严格按施工工艺作业，同时严格按程序进行检查验收，每个卫生间按要求进行闭水试验合格后进入下道工序施工。

（5）箱体拼压测试。检验箱体拼箱密封方案可行性同时检验箱体焊接气密性符合要求，确保病房负压符合规范。

（6）室内装修尺寸控制。根据项目装修尺寸要求，对重点尺寸进行控制把控：内高、内宽及卫生间尺寸，在龙骨施工时即提前控制尺寸，以确保装修完成后满足要求。

4.3 MiC 安装

为了满足钢结构 MiC 现场安装安全可靠、便捷高效的施工要求同时又便于批量化生产，通过科技攻关在短时间内形成了一套高效的钢结构 MiC 连接方案：利用 MiC 支撑柱的内腔空间采用高强螺杆和高强套筒通过连接板将 MiC 单元连接起来，简称 MiC 贯通式连接方法。每件 MiC 吊装落位后只需锁紧几个螺杆就可以完成安装，理论上一件 MiC 的安装非常高效，只需耗时 15～20min，见图10。

图 10　临时医院 MiC 现场吊装图

此外，还有其他优势：①现场施工效率高。现场只需将模块吊装，完成接驳位处理即可，同等情况下可以比传统建筑节约50%的现场施工时间。②安全可靠。MiC 的安装主要依靠起重设备吊装，人员只需辅助安装，现场无须搭脚手架，人员无须长时间高空作业，安全系数高。③绿色环保。施工产生废弃物、粉尘及噪声极少，现场可以做到不扰民、不影响交通。④占用空间少。只需配备起重吊机及 2～3 人辅助箱体落位即可，在人口及建筑物密集区优势尤为明显。

在吊装完成后，MiC 箱体之间的收口，用岩棉、防火胶、防水涂料等填充，表面再封一层防火板，完成箱体之间的密封。

5 全过程智慧建造技术

5.1 BIM 协同设计

本项目设计和施工周期短、设计复杂程度高，因此，采用全过程 BIM 模式，深度参与和辅助设计及施工工作，并采用深港两地 BIM 团队线上 24h 无间断协同的作业模式，节省 67% 沟通时间，大大提高设计效率。在项目 BIM 团队成立后，迅速建立了线上协同云平台，为不同参与方设立了不同的平台权限。利用该云平台的"Live Model Coordination"功能，深港两地 BIM 团队得以于云端平台进行建筑和机电模型的线上无缝衔接配合工作：一改下载模型并更新之后再上传这样的传统协同模式，而是可以两地多账号同步云端更改模型并同步更新，并采用 24h 轮班工作制，将项目沟通及协同效率最大化，确保了在最短时间内生产出最新协同模型。

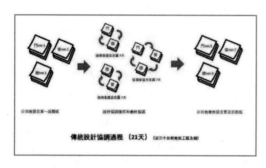

图 11　BIM 协同设计与传统设计效率对比

利用协同云平台，项目团队只耗时 1 天时间便完成了 MiC 病房所有专业相关图纸的上传、分析、整理、建模等相关工作，并且迅速召集所有分判商和设计人员，在 6 天内召开了 12 次线上及线下的图纸协调会，更改图纸和模型总计 21 版，在 MiC 病房 3D 模型中解决了所有专业的碰撞和检查、图纸协同、材料尺寸面积统计等工作，并运用已完成协调的 3D 模型直接出图用于 MiC 箱体生产，见图 11。

5.2 BIM 多维度应用

项目利用 BIM 模型的多专业协同的特性，进行全方位多专业的图纸审查和碰撞检查工作，共计查出 747 个图纸问题，其中土建问题 278 个、机电问题 436 个、钢结构问题 33 个，大大减轻了复查图纸的工作量。此外，利用 BIM 模型进行建造过程演示，制定了标准病房大楼的建造流程和整个项目的建造顺序，运用 Fuzor 和 3D Max 把建造过程进行可视化，为项目工序排期、场地布置及物流方案等起到了重要作用。本项目 BIM 模型分类详细、信息齐全、标注格式，BIM 团队协同工料测量团队，直接利用模型信息生成项目的材料清单，对于短时间内迅速展开材料统计，面积和长度计算，成本预算控制工作起到了关键作用，见图 12。

图 12　应用 BIM 模型制作的施工动画

5.3 VR、AR 技术集成应用

项目利用 VR 设备的全方位代入式沉浸体验的特点，将 BIM 模型在 VR 设备中展示，令设计者和项目使用者第一时间可以体验到最新的室内设计并给出专业意见。当多方同时带上 VR 设备进入同一个虚拟区域后，更可以进行虚拟空间互动、沟通，还可以看到其他参与者的标注和建议。设计团队运用 VR 技术可即时查看最新的室内设计，并且在虚拟立体空间内优化洗手盆出水高度、洁具的实际

高度使用体验等,使项目室内设计在极短时间内完成全方位而人性化的实用设计,见图13。

项目通过AR(增强现实技术)和BIM技术的结合,实现了建筑信息智能化和现场施工管理、后期运维的有效结合。在更新完BIM模型后,通过扫描贴在现场的定位二维码,工程师可以用AR设备直观对比施工现场和设计模型,系统化地检查结构龙骨、机电系统以及装修饰面等工序的安装进度,安装位置和完成质量。AR系统可以实现单一构件的隐藏,以便查看已隐蔽验收的构件,方便在错综复杂的管道中定位到具体某个系统或者构件。直观的设计模型和现实实体的对照,也更好的帮助管理人员对比实体管道和设计意图的差别,以确保现场安装万无一失。AR技术也将在后期运维中发挥重要作用:拿着AR设备走入房间内,只要用AR镜头照到天花板位置,无需开启天花板,就已经可以精准定位天花内部机电设备系统的走向,方便维修定位。并且在AR版面中点击某一构件,相应的构件信息如尺寸、安装时间、品牌、特定系统信息、维修联络电话等会显示出来,方便管理人员检修和报障,见图14。

图13　VR技术帮助优化室内设计

图14　工程人员利用AR设备进行现场机电安装检查

此外,项目BIM团队利用镭射激光扫描技术对施工中的现场进行实体激光扫描,并将扫描出来的3D模型在云平台中转换成统一格式,用于和设计模型进行点对点的比较分析。该技术应用可以精准并且无遗漏地检查对比设计和现场,确保设计信息的落实和现场问题的精准发现。激光扫描技术更可以帮助团队更快速落实施工完工模型的制作,利用扫描产生的点云模型直接生成BIM模型,再导入相应的材料信息例如材料供应商,材料颜色,材料特性等,对于有限时间内完成竣工模型起到了关键作用,见图15。

5.4　信息化可视平台和智慧工地系统

在项目现场的指挥室中,项目部组建了一个智慧工地可视化控制系统(图16)。该系统集成了项目安装进度、项目工人实时分布统计、实时CCTV监控、安全质量检查系统、MiC生产物流安装进度系统、相关建筑模型和图纸等信息模组,方便项目管理人员实时管理和监督地盘质量进度。

图15　利用镭射激光扫描技术生成的点云模型

图16　智慧工地主界面

利用智能安全帽定位系统,智慧工地平台不但可以实时统计开工总人数、各分判商开工人数、各区实时工作人数等，更可以记录过去14天所有工人的活动范围和活动记录。当有突发疫情时，利用定位系统可以生成任何一个工人的历史活动记录，并且自动生成曾经同区工作的密切接触工友的列表。利用该项技术，项目团队可将疫情造成的影响降到最低，并且利用科学手段精准判断需隔离人群，以最小的影响做最严格的防控。

项目数据中心中，MiC实时数据面板是控制项目关键路线进度的关键面板，反映了所有MiC箱体的生产、物流、质检、安装等全程的实时动态。所有数据均来自每一个对应环节中，运用MES追踪系统对于箱体上二维码的扫码及确认，确保实时跟踪，实时反馈。通过智慧工地系统的项目数据中心，项目可对异地厂房的生产、物流、质检以及到港日期等每一个环节都了如指掌。

项目建造顺序和进度的可视化更是将BIM模型和智慧工地平台完美结合。运用搭载箱体信息和房间编号的BIM模型作为系统显示基础，当现场MiC箱体安装完成并且由管理人员现场验收、扫码确认后，智慧工地系统内的进度页面中对应的箱体模型就会显示出来，整个项目的视角来看，就可以形象化总览所有箱体的安装进度和安装位置，令管理团队随时直观的掌握MiC安装情况。

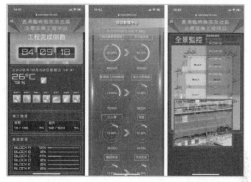

图17　智慧工地平台手机端页面

为了让项目管理人员可以随时随地监督项目的每一个细节，智慧工地平台同时具备电脑客户端和手机客户端，使项目管理人员无论在现场、办公室、还是在外出开会的过程中都可以利用智慧工地平台把控项目进度，见图7。

6　小结

本项目体现了"三新一高"的特点：一是探索了管理"新模式"，是中央援建工程的重大模式创新；二是开辟了设计"新思路"，将DfMA的理念与模块化设计方法实现了有效结合与成功应用；三是创新了建造"新技术"，通过应用MiC建造技术，将"基于现场从下到上、按专业实施"的线性建造变革为"异地工厂并行制造＋现场组装"的模块化建造，支撑了快速建造；四是打造了产品"高品质"，建成国际一流品质的全球首家全MiC负压隔离病房传染病医院。项目的成功建设，树立了绿色建造、智慧建造、工业化建造的行业典范，展现了"中央任务、深圳速度、香港标准、央企担当"。

作者：张海鹏　张　毅　关　军（中国建筑国际集团有限公司）

国家高山滑雪中心第一标段工程建造实践

Construction Practice of the First Bid of National Alpine Ski Center

1 工程概况

1.1 项目综述

国家高山滑雪中心项目位于延庆区张山营镇小海坨山地区，赛区内设有 C1/B1、D2、G1 三条雪道为竞赛雪道，F1、D3、E1、G2 四条雪道为训练雪道，共设七条雪道，其他还包括联系雪道、技术道路、配套索道工程及附属构筑物设施等。高山滑雪项目被称作是"冬奥会皇冠上的明珠"，将进行北京 2022 年冬奥会及冬残奥会所有高山滑雪项目的比赛。比赛项目将按照男子和女子分别包括：高山速降、回转、超级大回转等项目。见图 1。

1.2 雪道工程概况

国家高山滑雪中心第一标段工程的 C1/B1 竞速赛道为七条雪道中的主要比赛道，其起点标高为 2179m，终点标高 1285m，垂直落差为 894m，雪道中心线长度约 2950m，平均宽度约 50m，雪道面积约 15 万 m^2。赛道总共设计了 4 个跳跃点，跳跃点的雪道坡率为 69%，跳跃点与着落点的纵向水平长度约 70m，垂直落差约 45m。

1.3 索道工程概况

国家高山滑雪中心索道系统工程包含 9 条客运索道，索道编号为 A1、A2、B1、B2、C、D、E、F、G。其中包含 5 条单线循环脱挂抱索器（八人吊厢）索道，2 条单线循环脱挂抱索器（六人吊椅）索道，2 条单线循环固定抱索器（四人吊椅）索道。

九条索道线路总长度 9430m，从海拔 920m 到 2198m，遍布整个高山滑雪赛区，是国内第一个服务于奥运赛事的索道工程，也是国内同时施工数量最多的索道工程。见图 2。

图 1 国家高山滑雪中心分布图

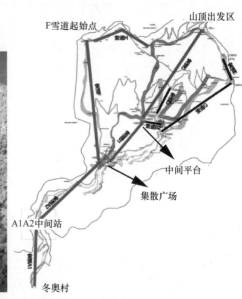

图 2 索道线路平面图

1.4 附属建筑及配套设施概况

附属建筑及相应配套设施服务于赛事雪道系统，数量多且较为分散。包括集散广场及竞速结束区、中间平台、竞技结束区、山顶出发区、索道 A1A2 中站、G 索下站连接平台、PS100 造雪泵房、PS200 造雪泵房、PS300 造雪泵房、CT400 冷热水池，总建筑面积 47930.7m²。见图 3。

图 3　附属建筑及相应配套设施
(a) 集散广场与竞速结束区；(b) 竞技结束区；(c) 中间平台；(d) 山顶出发区

1.5 工程特点

国家高山滑雪中心拥有冬奥历史上最难设计、最难施工的赛道、最为复杂的场馆，是最具挑战性的冬奥场馆。而且作为国内首个世界级高山滑雪场馆建设项目，建设好本工程对成功举办北京冬奥会具有重要里程碑意义，也是展现国家形象、振奋民族精神的重要契机。

1.6 工程难点

难点一：国内首建，无经验可循

国家高山滑雪中心竞速赛道作为国内首条举办奥运赛事的雪道，建设标准高，建设初期国内无此类项目的施工经验提供借鉴，且没有相关的施工标准，在雪道的施工过程中，需要不断摸索，采用不同的施工方法去解决。

难点二：施工条件极差

工程毗邻山地森林自然保护区，场区面积广阔，各施工区域极为分散，且没有成型道路，交通运输困难，施工用水用电都极为不便，再加上通信不佳，都给施工带来了极大的困难。

难点三：工期极为紧张

工程地处山地，海拔高、自然气候极端。冬期从每年 10 月份至次年 4 月份，冬期山体的积雪难以融化，山路湿滑危险，最低气温低于－40℃，冬期施工的人工、机械效率降效严重；雨期为每年 6 月份至 8 月份，雨期降水突发性强、降雨量大且无规律，一年之中真正有利于施工的时间非常短暂。此外，山地的冻土层更厚，施工难度进一步加大。

难点四：作业面广，建筑物分散，海拔落差大

项目总计 9 个建筑物：分别为 A1A2 索道中站，海拔 1041m、集散广场及竞速结束区，海拔 1238m，G 索下站连接平台，海拔 1426.4m、竞技结束区，海拔 1473.5m、中间平台，海拔 1554m、PS200 造雪泵房，海拔 1560m、PS300 造雪泵房，海拔 1845m、敞廊，海拔 1825.08m、山顶出发区，

海拔 2180.6m。建筑物分布在多个海拔区域，施工时人员及机械都较为分散，施工组织难度大。

2 关键技术

2.1 雪道工程关键技术

2.1.1 雪道土石方施工技术

（1）雪道土石方施工总体原则

雪道的修建采取"小坡不动土、大坡找平衡"的方式进行施工，最终达到平衡的标准为：竞速赛道基本自平衡，竞速赛道与其他赛道及技术道路之间满足平衡，最大限度减少对自然环境的破坏。

（2）雪道设计高程调整

1）雪道设计高程调整目的

雪道高程调整前的竞速赛道总体挖方量 21 万 m^3，填方量 4.5 万 m^3。挖方工程量巨大，且挖填方数量极不均衡，为了减少土石方开挖量，最大限度降低对山体及自然环境的破坏，进行了雪道设计高程调整。

2）雪道设计高程调整思路

维持雪道的起点、终点标高不变，保证起跳点、跳跃点纵横向坡度以及雪道宽度不变，雪道两侧修筑挡墙，抬高挖方区的雪道面。本次只针对雪道 C1K1+060～C1K2+040 段位置进行调整，雪道其他区段维持原高程不变。见图 4。

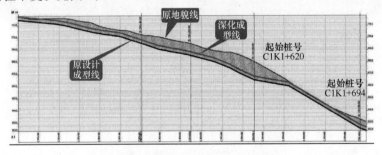

图 4 雪道设计高程调整断面图

3）雪道设计高程调整方案：通过对比此段雪道高程整体提高 1～5m 后的土石方数据，选择提高高程 3m 最为适宜。

4）雪道高程调整成果

雪道 C1K1+060～C1K2+040 段提高 3m 后，土石方工程量对比见表 1。

雪道高程调整后土石方工程量对比表　　　　　　　　　　　　　　表 1

	挖方量	填方量	剩余量
调整前	21 万 m^3	0.28 万 m^3	20.72 万 m^3
调整后	10.7 万 m^3	4.88 万 m^3	5.82 万 m^3

高程调整后剩余的土方用于其他赛道和技术道路的土石方回填。最大限度减少了对山体及自然环境的破坏，实现了绿色施工，满足了赛事需求。

（3）雪道土石方回填

施工前期无雪道填方的技术参数，通过雪道样板段施工试验及总结，采用单钢轮压路机进行碾压，碾压方式为，静压 1 遍，振动碾压 4 遍，最后静压 1 遍，轮机重叠宽度为 20～30cm。对于边角压路机碾压不到的位置，采用冲击夯或者平板夯对边角进行夯实。在雪道施工期间，通过雪道样板段，配合编制出了雪道雪基施工验收标准。

根据试验段检测数据分析，压实第 4 遍～第 6 遍时，沉降差控制在 3mm 内；通过灌水法检测其孔隙率，孔隙率检测频率、检测标准满足表 2 和表 3 要求。

雪道雪基砾类土填料最小承载比、压实质量控制指标　　　表 2

雪道覆雪层底面以下深度（m）	填料最小强度（CRB）（%）	压实度（%）
0～1.5	3	93
1.5	2	90

雪道雪基填石填料强度、粒径和控制指标　　　表 3

雪道覆雪层底面以下深度（m）	填料最大粒径（mm）	孔隙率（%）
0～1.5	270	≤22
1.5	330	≤24

2.1.2　雪道生态保护技术

（1）表土剥离技术

C1/B1 雪道山顶段区域以亚高山草甸为主，遵循密集成片剥取的原则，优选坡面平缓、石砾覆盖度低、草甸集中的区域进行表土剥离。表土剥离总长度约 3km，总面积约 11.5 万 m^2，表土剥离最大厚度为 18cm，最小厚度为 5cm，平均厚度为 15.85cm。

将雪道的表土剥离后回用，既节约了土壤资源、减少了雪道施工对草甸生态的影响，又提高了生态保护的效率。

（2）雪道坡面生态保护

雪道坡面主要采用植物纤维毯进行生态保护。坡度小于 40% 的地段铺设剥离好的表土后可直接铺设植物纤维毯；坡度大于 40% 的地段采用喷播植草技术进行播种，使原表土、种子、有机质等的混合物迅速粘结到坡面上，再铺设植物纤维毯。可以起到抗风保水保温的作用，避免山风直吹，减少种植土中水分的蒸腾，同时降低昼夜及季节性温差对种子发芽的影响，提高种子的发芽率，保障发芽均匀度。

（3）雪道边坡生态保护

雪道边坡进行坡面修整，沿雪道挡墙下方铺设三层生态袋，生态袋灌装剥离的表土后，采用品字形错缝堆叠，并用铆钉固定。坡面剩余部分铺设植物纤维毯。

2.1.3　波纹钢管涵隧道施工技术

原设计关于雪道下穿隧道工程为矩形混凝土隧道，道路无法通行，混凝土施工非常困难。经过优化设计，主体结构采用管拱形波纹钢板管涵，跨径为 10.47m，矢高为 7.29m，采用明挖法施工。波纹钢板采用波形 381mm×140mm×7.75mm（标称厚度 8mm），管材用 Q345 热轧钢板加工成型，表面为热浸镀锌，镀锌量不小于 600g/m^2，平均厚度不小于 84μm。波纹钢管采用分片波纹板搭接而成，每延米圆周 7 片板，波纹钢板用高强度螺栓连接紧固，密封胶密封。见图 5 和图 6。

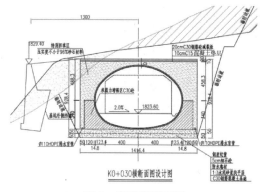

图 5　廊道横断面图

图 6　钢板波纹管涵完成效果

2.2 人工造雪关键技术

2.2.1 人工造雪系统概述

山下水源经水泵和输水管道泵入山上的蓄水池，蓄水池的水经过冷却系统的过滤和冷却，泵入造雪泵房，造雪用水经过三级泵站加压泵送，沿着造雪管道从结束区到达雪道起点，为沿途的各个造雪机提供造雪用水。在适宜的条件下，启动造雪机，开始造雪，最后压雪车将造出来的雪摊平、压实、修型，成为最终的雪道。

因此国家高山滑雪中心造雪系统包括水源、蓄水系统（含气泡压缩空气系统）、冷却水系统、三级加压泵站、造雪管道系统、造雪机、压雪车等。

（1）水源——佛峪口水库

国家高山滑雪中心造雪用水来自佛峪口水库，水库储量 130 万 m^3，通过 7.5km 长的地下综合管廊，把造雪用水送往海拔 1290m 的塘坝进行蓄存。国家高山滑雪中心一次造雪量 35 万 m^3，需用水 22 万 m^3。因此，人工造雪所需水资源供应充足，满足办赛需要。

（2）蓄水系统——1290 塘坝

1290 塘坝位于集散广场西北侧海拔 1290m 位置，蓄水量 1 万 m^3，蓄水池中安装有气泡压缩空气系统（气压泵、输气管道及池底气泡管道），用以防结冰和均衡池水上下层水温作用。气压泵风量 2.5m^3/min，全压 0.6～0.8MPa，功率 15kW。

（3）冷却水系统——CT400 冷却塔

1290 塘坝的水输入到 CT400 冷却塔，冷却塔内有过滤器室和冷热水池，过滤器室除掉水中杂质，然后流入热水池，如果水温高于 5℃，则自动启动冷却水塔设备，把水温降到 1～4℃之间，然后流入冷水池，最后从冷水池底部输水到 PS100 造雪泵房。

冷却水系统的所用：雪场运营受天气影响较大，设置冷却塔可将较高水温降低至可满足造雪需要的水温，从而在一定温度条件下实现提前造雪，增加雪场运营时间的作用。

（4）三级加压泵站——PS100、PS200、PS300 造雪泵房

PS100 造雪泵房：装机 17 台水泵、流量 64.5L/s、扬程 555m、功率 500kW、总供水能力 3947m^3/h，把水输送至 PS200 以及 PS200 以下的雪道及技术道路上的造雪机。

PS200 造雪泵房：装机 11 台水泵、流量 79L/s、扬程 345m、功率 400kW、总供水能力 2559m^3/h，把水输送至 PS300 以及 PS300 以下的雪道及技术道路上的造雪机。

PS300 造雪泵房：装机 4 台水泵、流量 79L/s、扬程 345m、功率 400kW、总供水能力 853m^3/h，把水输送至山顶出发区以下的雪道及技术道路上的造雪机。见图 7。

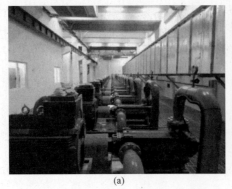

(a)   (b)

图 7　造雪泵房

(a) PS100 造雪泵房；(b) PS200 造雪泵房

（5）造雪管道系统

造雪管道沿雪道及技术道路敷设，将造雪用水输送至从山顶到结束区的所有造雪机。造雪管道共计 32587m，其中 C1B1 造雪管线 7184m。

造雪管道材质为 20 号无缝钢管（输送流体用无缝钢管）。

所有焊口采用氩电联焊（氩弧焊打底，电焊填充、罩面相结合的方式），冬季焊接时搭设防风棚，焊口处预加热处理。焊接完成后所有管道焊缝要进行超声波检测。

管道焊接完成后分段对管道进行气压严密性试验（压力为 0.7MPa），气压合格后及时进行防腐和回填施工。

（6）造雪机

造雪机主要由喷嘴、雪核核子器、压缩机、雪炮风扇、机载气象站及电气控制等部件构成。人工造雪实质上效仿了自然降雪的过程，造雪机喷嘴处喷出雾滴，核子器喷出少量的压缩空气和水的混合物，涡轮风扇将雾滴及压缩空气和水混合物吹到空中飘散，在空中遇冷凝结为雪。见图 8。

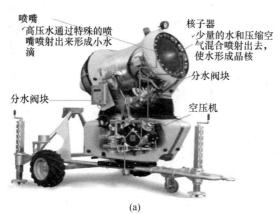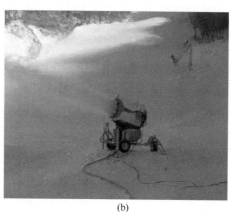

（a）   （b）

图 8　造雪机
（a）造雪机核心部件构成；（b）造雪机工作照片

（7）压雪车

造雪机造出来的雪会堆积到一处，然后由压雪机进行运送摊平，每次雪堆推平后厚度可达五六十厘米，经过重复三到四次的造雪和碾压的过程，即达到 2m 的雪层厚度。见图 9。

主要的三大作用：

1）压雪：这是压雪机基本功能，蓬松雪不易滑行，压实后更利于滑雪。

2）平雪：针对地势有高低，雪道凹凸不平的问题，在压雪基础上增加了平雪、铺雪功能，使雪场更加平整。

3）推雪：运动员从高坡滑下时，必然会把一部分雪从坡上带下来，这就需要压雪车增加发动机马力，把雪往上推。

2.2.2　ATASS PLUS 自动造雪系统

造雪系统的整体运行、控制方案由 ATASS PLUS 自动造雪系统实现。

图 9　压雪车工作照片

雪的密度或湿度取决于外界的温度和湿度，以及造雪机发射出的水滴尺寸。造雪工必须调整造雪机中水和空气的比例，以根据户外天气条件制造出完美而均匀的雪。由于雪道坡道上不同位置的温度和湿度水平可能会有明显的差别，因此必须对每台机器作出相应的调整。而 ATASS PLUS 系统使得从电脑上控制造雪变成可能。

ATASS PLUS 系统可以将造雪机的机载气象站、泵站、压缩机站采集到的数据，集成到 ATASS PLUS 系统的中心控制机房，在中心机房操控所有的造雪机，包括开启、关闭造雪机，调整空气进气量、水滴大小、涡轮转速等，以保证最佳雪质。此外水和空气的管理以及能量消耗也可以被监测，保证资源的有效地利用。这种系统的优点是更好地延长雪季以及减少人员成本。

2.3 索道工程关键技术

2.3.1 索道测量技术

索道测量与传统建筑施工的测量方法极为不同，它通过水平累加距、高程、基础倾角，中心线位置确定定位。依靠增加观测点的方法，将线路划分为多个小段分别施测。

2.3.2 货运索道运输技术

本工程利用临时货运索道技术作为索道施工中的重要运输技术，临时货索在正式索道运行路线分别设置，由线到点布置，可以最大限度地减少对自然环境的破坏。这种货运索道形式为单承载单牵引双线往复式货运索道，由索道下站（驱动站）、索道上站（迁回站）、线路支架、承载索、牵引索、运输跑车（含料斗）构成。临时货索系统原理图见图10。

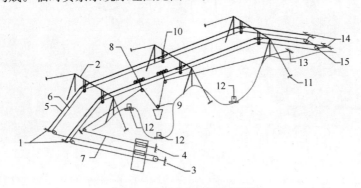

图 10　临时货索系统原理图

1—下站承载索地锚；2—临索支架；3—牵引绞车及地锚；4—升降绞车及地锚；5—承载索；6—牵引索；
7—升降索；8—运输跑车；9—升降机构；10—导板和托索轮；11—支架缆风绳及地锚；12—索道支架基础；
13—升降索地锚；14—上站承载索地锚；15—上站迁回机构

索道下站又称上料站，同时作为动力驱动站，由下站承载索地锚、牵引绞车及地锚、升降绞车及地锚构成，为货运索道提供动力。

索道上站为迁回站，由上站承载索地锚、牵引绞车地锚、升降绞车地锚、迁回机构，牵引索在迁回站改变行进方向。

两根承载索固定在支架的鞍座和上下站，提供货物运输的轨道；四轮运输跑车挂在承载索上，既可以单独使用运输大件构配件，又可以配合料斗运输散料；牵引索通过下站（驱动站）为四轮运输跑车提供动力，在承载索形成的轨道上做往复运动，上下站及线路可以随时停车起吊装卸货物。见图11。

2.3.3 索道基础预埋件高精度预埋技术

本工程包含九条客运架空索道，共计80个支架基础，埋件数量为859个，每个基础的预埋件数量为6~18个不等，每个预埋件各自独立，又互为整体，索道支架的螺栓孔通过插入预埋件并进行固定来完成安装，所以预埋件的安装精度直接决定了索道能否顺利安装。见图12和图13。

按照索道设备制造单位提出的索道安装要求，索道基础预埋件安装精度应该控制三个维度：高程，平面位置和倾角。通过加工制作基础预埋件定型化固定模具协助施工，可以实现预埋件的高精度

图 11　临时货索全貌（箭头代表货索运行路线）

预埋。根据每个支架的底座直径、螺栓数量、间距等参数，反推出对应定型化模具的基本参数，绘制出模具初步的平面图、剖面图，随后交给加工厂制作。

图 12　索道基础预埋件

图 13　索道支架

2.4　附属建筑工程关键技术

2.4.1　复杂山地条件下装配式钢结构防腐技术

高海拔地区复杂气候环境下的防腐涂装采用钢结构自防腐技术，即选用耐候钢材料。耐候钢在自然状态下，1～3 个月开始生成局部锈斑，3～8 个月锈斑扩大，覆盖整个钢板表面，暴露 1～3 年或更长时间，颜色由深棕色逐渐变为锈色，锈层中的腐蚀产物逐步稳定，致密。采用耐候钢技术可以避免防腐涂料对周边环境的污染，达到绿色施工。见图 14 和图 15。

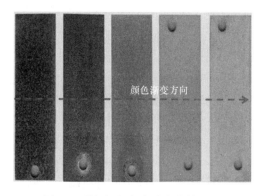

图 14　耐候钢颜色大致变化情况图

图 15　互穿网络锈化稳定涂层实施后效果

2.4.2 复杂场地环境下复杂节点的连接技术

国家高山滑雪中心项目毗邻森林保护区，环境恶劣、气候多变，为了避免因焊接作业导致施工发生火灾可能性以及减少对周边环境带来的污染，需要降低钢结构焊接工作量，本工程采用钢结构全高强度螺栓施工技术可以减小现场焊接作业量，实现了绿色施工，极大地保护了自然环境。见图16。

图16 全高强度螺栓连接节点模型示意图

3 结束语

国家高山滑雪中心第一标段工程自项目伊始即遵循"绿色办奥、共享办奥、开放办奥、廉洁办奥"的理念，攻坚克难，从无经验可循，在不断地摸索过程中采用了多种创新施工技术，在我国首个高难度的专业性冬奥雪道工程中得到了成功应用，降低了工程建设成本，确保工程高标准如期完工，并且在建设过程中最大限度地保护了自然环境。本工程已全面完工，通过了国际雪联雪道认证，完美地举办了冬奥测试赛，取得了显著的社会效益、经济效益，赢得了建设单位和社会各界的好评，树立了良好的企业形象。同时本项目实践所得的经验，可以为今后类似工程建设提供借鉴和参考。

作者：张晋勋　张　洁　刘富亚　王向远　袁国旗（北京城建集团有限责任公司）

自主可控软件研发与应用

Insist on Initiative Software Research and Development

1 基本信息

北京构力科技有限公司是我国建筑行业计算机技术开发应用的最早单位之一，前身为中国建筑科学研究院建筑工程软件研究所，1988 年创立了 PKPM 软件品牌，历经三十多年的发展历程。2017 年 3 月，经国资委批准，整合中国建筑科学研究院所有软件与信息化业务，成立北京构力科技有限公司，成为全国首批十家混合所有制试点企业之一。构力科技公司的成立，为 PKPM 软件业务发展提供了更好的平台，人员规模从 2017 年的 300 多人发展到 2020 年 700 多人，人员构成 46％以上为硕士研究生及以上学历，研发人员占比 50％以上。

构力科技根植于中国建筑科学研究院博大精深的技术底蕴，一直肩负着成为中国建筑业软件与信息化发展的引领者的使命，坚持自主创新研发，PKPM 产品涵盖了建筑、结构、机电、绿色建筑全专业应用，以及面向设计、生产、施工、运维各阶段的应用软件或系统，其中 PKPM 结构设计软件市场覆盖度达 95％以上，成为国内房屋建筑的主要设计软件，为国内工程建设作出了卓越贡献！

构力科技积极承担解决建筑行业关键技术"BIM 平台"的自主研发，打造完全自主知识产权的 BIMBase 平台，成为建筑行业国产 BIM 二次开发平台，建立我国自主 BIM 的软件生态。基于自主 BIMBase 平台推出 PKPM-BIM 全专业协同设计系统、装配式建筑全流程集成应用系统、BIM 报建审批系统、智慧城区管理系统等 BIM 全产业链整体解决方案，助力我国建筑行业数字化转型与升级。

构力科技承担了多项"九五"～"十三五"国家科技攻关课题、国家自然基金项目、国家重点研发计划项目，始终站在我国建筑行业科学研究的前沿，先后获得多项国家科技进步奖和住房城乡建设部科技进步奖，PKPM 软件产品连续多年被中国软件行业协会评为全国优秀软件。

2 技术体系

构力科技一直坚持自主创新研发，PKPM 产品涵盖了结构、绿色建筑、BIM 全专业系列应用，以及面向设计、生产、施工、运维各阶段的应用软件或系统，并面向"新城建"，形成了 BIM 设计、交付、审查、对接 CIM 平台一体化解决方案与装配式建筑全产业链智能建造平台建设解决方案。构力科技的自主研发成果对于支撑建筑业信息化建设与数字化转型起到重要作用。

2.1 结构设计系列软件

PKPM 结构设计系列软件可满足常规结构及大体量、复杂结构的整体分析设计和基础整体设计，计算速度快，结果正确合理，并充分体现国内现行规范的精神，经过上万家用户三十多年的实际工程应用，软件操作方便、使用简单、设计专业，具有详尽、可定制的计算书输出，是被广泛认可和应用的著名结构设计软件，国内结构设计市场覆盖度在 95％以上，截至 2020 年发布的最新版本为 10 系列规范 V5 版本，见图 1。

软件满足结构设计规范的要求，可解决建筑结构的三维整体有限元分析和设计、二维结构分析和设计、基础设计等，适用于各种形式的多、高层钢筋混凝土结构，钢结构，钢-混凝土混合结构，减隔震结构，底框抗震墙结构和砌体结构等的设计。

软件采用大量基于实际项目经验的专业性预处理技术，适应于不同的用户使用习惯，能有效减少

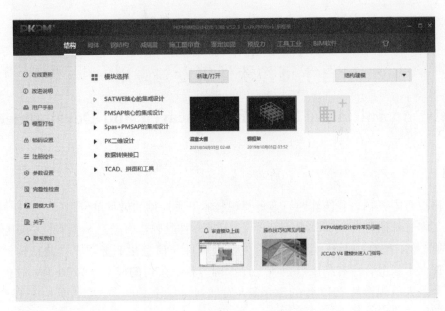

图 1　PKPM 结构设计系列软件

计算异常、保证计算精度和稳定性，结构计算合理。

软件采用先进的数据库技术，以 PDB 结构设计数据库为基础，可提供与其他软件模型数据的双向转换接口，包括 REVIT、ETABS、SAP2000、Midas、STAAD、PDMS、PDS、SP3D、TEKL 等软件的接口。

PKPM 结构设计软件一直紧跟行业需求和规范更新，不断推陈出新开发出对行业产生巨大影响的软件产品，使国产自主知识产权的软件几十年来一直占据我国结构设计行业应用和技术的主导地位，及时满足了我国建筑行业快速发展的需要，显著提高了设计效率和质量，为实现住房城乡建设部提出的"甩图板"目标作出了重要贡献。

2.2　绿色建筑系列软件

PKPM 绿色建筑与节能系列软件所有产品秉承设计分析一体化原则，采用即绘即模拟技术，可在设计师主要工作环境下快速实现绿色建筑与建筑节能各项模拟分析，现已支持 AutoCAD、中望CAD、浩辰 CAD 与 Revit 和 PKPM-BIM 的设计环境。

软件全面覆盖民用建筑和工业建筑领域，包含绿色建筑施工图设计、节能能耗设计、防排烟设计，以及风、光、声、热、室内健康舒适，绿建工具集，建筑运维平台等十余个模块。

跨平台版本：支持 AutoCAD、PKPM-BIM、Revit、中望、浩辰等平台。

四重认证：已通过住房城乡建设部、检测机构、清华大学、全国优秀节能环保产品技术评审。

PKPM 绿色建筑与节能系列软件产品全国用户超过 10000 家，是上海、天津、重庆、成都等地建设部分官方指定产品，是国内研发时间早、应用范围广的绿建节能设计类软件产品。

2.3　BIM 系列软件

构力科技经过三十多年自主图形引擎技术研发，先后发布了 CFG、PKPM3D 图形引擎，并于2020 年 9 月发布了完全自主知识产权的 P3D 图形引擎，基于该引擎发布了 BIMBase 平台软件（含通用建模功能），同时提供桌面端和云端二次开发接口。基于 BIMBase 平台，研发了构力 BIM 系列软件，包含 PKPM-BIM 建筑全专业协同设计系统、PKPM-PC 装配式建筑设计软件、PKPM-LMB 铝模板设计软件等，见图 2。

PKPM-BIM 协同设计系统采用多人分布式并行工作模式，通过便利的模型参照、互提资料、变更提醒、消息通信等功能，强化专业间协作，消除错漏碰缺，提高设计效率和质量。实现项目全生命

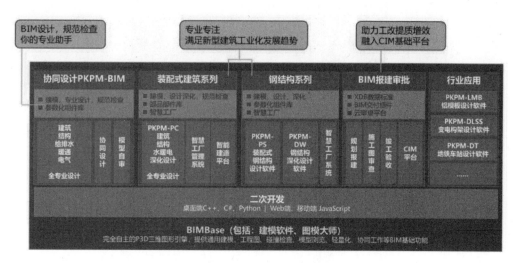

图 2　构力 BIM 系列软件

期各参与方的数据共享，实现全专业协同设计和全流程协同工作，见图 3。

图 3　PKPM-BIM 建筑全专业协同设计系统

3　创新成果

　　构力科技在完全自主知识产权的 BIM 图形引擎研发、BIM 平台研发及 BIM 软件的研发方面取得一系列创新研发成果，并面向"新城建"建设需要，基于自主可控的 BIM 技术，形成了 BIM 设计、交付、审查、对接 CIM 一体化解决方案与装配式建筑全产业链智能建造平台建设解决方案。

3.1　BIMBase 平台与行业数字化转型支撑

　　BIMBase 是国内首款完全自主知识产权的 BIM 平台和软件系统，基于自主 P3D 图形引擎，结合数据管理引擎和协同管理引擎，实现了核心技术自主可控，见图 4。

　　BIMBase 平台是一个开放的平台，不仅支撑了构力科技 BIM 系列软件的研发，同时也为电力行业、市政行业、石油化工行业、公路交通、铁路轨道交通领域的 BIM 软件研发提供了基础 BIM 平台，支撑行业数字化转型。

3.2　BIM 设计、交付、审查、对接 CIM 一体化解决方案

　　通过构力 BIM 系列软件的数字化设计，对接到政府的 BIM 规划报建 PKPM-UPA 与 BIM 施工审查 PKPM-GBC，审查后的信息模型对接到政府 CIM 平台，形成了一套完整的解决方案，见图 5。

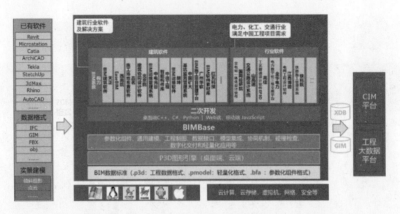

图 4　BIMBase 平台支撑行业 BIM 软件研发与数字化转型

图 5　BIM 设计、交付、审查、对接 CIM 一体化解决方案

3.3　装配式建筑基于 BIM 的全流程集成应用系统

装配式建筑区别于传统建筑建造模式,具有标准化、精细化和全流程一体化的建造特点,需要应用新的信息化技术解决各阶段中的突出问题。BIM 的精细化设计能力和贯穿全生命周期的项目管理的特性与装配式建筑的流程管理和深化设计的理念十分契合,见图 6。

依托构力科技承担的国家"十三五"重点研发计划项目"基于 BIM 的预制装配建筑体系应用技术(项目编号 2016YFC0702000)",基于 BIMBase 平台的装配式建筑设计、生产、施工一体化集成系统,从技术角度真正解决装配式建筑 BIM 一体化应用问题。实现装配式 BIM 模型在建筑设计、深化设计、构件生产、构件运输、现场施工、运营维护等环节信息的中有效传递,实现装配式建筑全流程的精细和高效管理。

4　工程案例

PKPM 结构系列软件与绿建系列软件都是国内主流设计软件,设计院的市场覆盖率达 95% 以上,国内近三十年有 80% 以上房屋建筑均采用 PKPM 完成设计,见图 7。

在 BIM 与装配式建筑领域,受湖南省住房和城乡建设厅委托,构力科技联合湖南省装配式建筑基地企业开发了湖南省装配式建筑全产业链智能建造平台。依托 BIM 技术和信息技术,整合湖南省装配式建筑企业科技创新优势资源,打通装配式建筑项目设计、生产、运输、施工、运维、监管全产

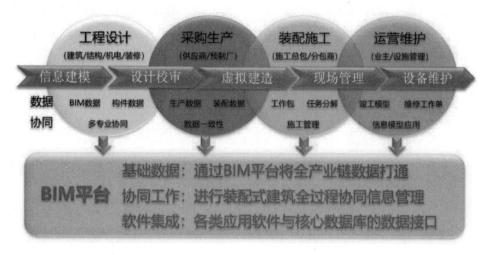

图 6 基于 BIM 的装配式建筑产业化集成应用体系

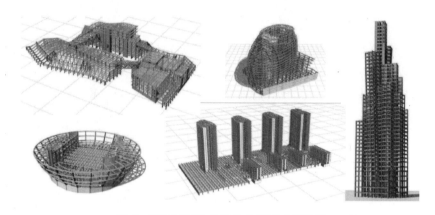

图 7 PKPM 结构设计软件系列应用案例

业链,实现装配式建筑产业"标准化、产业化、集成化、智能化"目标,见图 8。

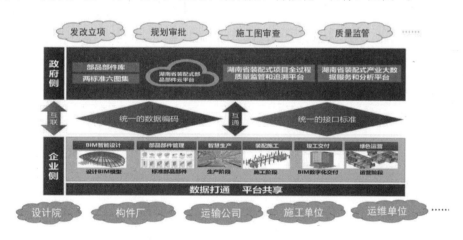

图 8 湖南省装配式建筑全产业链智能建造平台

图 8 是湖南省装配式建筑全产业链智能建造平台的总体框架图,包括政府侧与企业侧,形成面向湖南省装配式建筑全过程、全要素、全参与方的产业互联网平台。通过智能建造平台,赋能政府对装配式建筑行业的监管与服务,也给装配式建筑企业的生产赋能。

通过基于云平台的湖南省装配式建筑标准部品部件库、系列标准和图集打造省级标准化体系。政府方面利用装配式项目全过程质量监管和追溯平台、装配式产业大数据服务和分析平台，实现高质量监管服务；建筑业企业可以利用设计、生产和施工智能化软件和管理系统，实现数据打通、平台共享，推动部品部件的标准化，进一步降低成本。

通过基于 BIM 的装配式建筑设计软件 PKPM-PCHN 湖南专版、基于 BIM 的装配式钢结构设计软件等，实现一体化设计、一键式出图，大幅度提高设计效率，减少设计工作量，最终实现设计数据自动对接生产设备，实现构件自动化加工。通过基于 BIM 的装配式建筑施工现场智慧建造系统，实现预制构件生产运输装配实时监控、拼装校验及智能安装，施工现场的精细化管理。

通过智能建造平台，实现了湖南省装配式建筑全参与方的信息互联互通，优化建筑行业产业链全要素配置，激发全行业的生产力。

5 结语展望

新基建，新城建，引领建筑业新形势，信息化、数字化、智能化，是建筑业新形势下的发展方向。BIM 技术作为数字化转型的核心技术，掌握自主可控的 BIM 技术，解决关键技术的问题，建立国产 BIM 软件生态环境，将 BIM 技术更加全面和深入地应用，才能为行业的可持续发展和国土资源的数据安全提供有力保障，带来不可估量的经济效益与社会效益。

构力科技一直坚持自主创新，致力于成为中国建筑业软件与信息化发展的引领者，为用户提供优质、高效的软件产品和服务作为自身发展的根本宗旨。构力科技将与广大伙伴一起合作共创，携手共赢，共同打造中国自主软件生态环境，助力行业数字化转型与高质量发展。

作者：马恩成 夏绪勇 姜 立（北京构力科技有限公司）

工程总承包模式创新企业的发展

The Development of Innovative Enterprise of Engineering General Contracting Mode

1 基本信息

中建科技集团有限公司（以下简称中建科技）是世界 500 强企业中国建筑集团有限公司（以下简称"中建集团"）开展科技创新与实践的"技术平台、投资平台、产业平台"，深度聚焦智能建造方式、绿色建筑产品、未来城市发展，致力于以智能建造推动生产方式变革，以科技创新孵化战略新兴业务，打造建筑科技产业集团，服务未来城市建设发展。作为中国建筑集团全资子公司，中建科技坚持以习近平新时代中国特色社会主义思想为指导，坚决贯彻新发展理念，坚持党对企业改革发展的全面领导，切实以高质量党建传承红色基因、积蓄蓝色力量、推动绿色发展。

中建科技组建于 2015 年 4 月，注册资本 20 亿元，由中国建筑股份有限公司 100%持股，总部位于北京市丰台区航丰路 13 号崇新大厦。2018 年 7 月，孵化毕业，成为中建集团第一家直属科技创新型子企业。2020 年，入选全国百户"科改示范行动"企业。现有员工 3600 人，其中，国家级专家 5 人、各领域专家 100 余人、新型建筑工业化专业人才 1000 余人；组建"院士专家工作站"，聘请海内外院士、长江学者任学术顾问；积极对接外部高端资源，联合打造多个科技创新平台；开发了"工业化、数字化、一体化"智慧建造平台，积蓄了创新发展势能；业务基本覆盖了京津冀、长三角、粤港澳、成渝经济圈等国家热点区域，特别是在深圳，中建科技已形成较强的市场影响力。公司联动各方资源，投资建设 23 个建筑产业基地，实控 12 个，带动了建造方式的转型升级，被住房城乡建设部认定为首批"全国装配式建筑产业基地"。

中建科技始终秉承"科技引领、创新共赢"的经营理念，以"智力＋资本"赋能合作发展、以"产品＋服务"实现价值创造，通过充分发挥在智能建造、绿色建筑、未来城市等领域"规划－研发－投资"优势，以智力为牵引、以资本为纽带，与客户建立同盟伙伴关系，整合全要素产业链，聚焦政府、部队、大型企业事业单位三大战略客户群体，为城市建设提供一揽子解决方案，推动未来城市迭代升级；通过着力塑强"工业化、数字化、一体化"生产方式融合的建造模式，以新材料、新工艺、新设备的持续创新能力，实现"研发＋设计＋制造＋运营"全过程贯通，为客户提供高品质建筑产品和高附加值的城市建设发展服务，实现价值共创共享共赢；通过全面做强规划设计、投资建设、工程建设和运营服务等业务板块、推进产业链、创新链和价值链高效融合发展。

2 技术体系

（1）企业科技创新体系：中建科技建立了"一体统筹、多元协同、分层聚焦、成果共享"的科技创新体系，设立规划设计、工程技术、绿色发展、智能建造四个研究中心。董事会和经理层决策、科委会评估论证、科技管理部统筹管理、4 个研究中心具体实施、区域公司提供场景、外部科研机构提供智力支持，形成了系统化集约化的科技研发格局。

公司明确了产业化、市场化、资本化"三化"科研导向，深化产业技术成果转化机制。与中科院深圳先进院签订战略合作协议，共同搭建科技成果转化平台；与清华大学签署合作协议，联合开展未来城市人居环境研究，与哈工大签署合作协议共同探索机器人装备成果转化及产业化发展路径。

（2）开展的科研攻关活动：中建科技围绕支撑项目履约和创效，重点开展新型工业化建造核心技术的创新研究。新型装配体系研究方面，深入开展新型装配体系理论与试验研究，开发高效的仿真分析软件接，推动 PPEFF 体系的工程应用；基于新材料与结构集成创新，开展高强、高性能材料在装配式结构中规模化创新应用研究。在装配市政工程方面，开展装配式场道体系技术研究与应用示范。在标准研发方面，引进翻译美国《PCI 设计手册》，推广先进技术标准在工程中的应用；主导推动《工业化建造 AIDC 技术应用标准》ISO 标准立项。生产工艺和设备创新方面，以提高生产效率和产品质量为目标，深入开展生产工艺和设备创新与改进研究，形成技术措施和质量认定标准，推行工厂生产技术标准化。工业化建造技术提升方面，以提升工业化建造技术，支撑项目履约和创效为根本，重点聚焦框架体系无外架施工技术、大间距支撑、免支撑叠合板技术等工艺工法的研究与推广，以及工业固废制备预制构件技术等施工技术的应用示范。

（3）为技术体系提供的支撑：中建科技制定科技创新专项行动工作方案，明确 7 项重点任务计划、16 项建设目标；制定了《中建科技核心技术清单》，强化战略引领，聚焦重点研发方向；围绕工程总承包、模块化房屋、军民融合等主营业务，加强关键技术攻关，加快技术成果转化应用，不断推动技术创效。

工程技术管理与研究创新，成为高品质履约的支撑保障；充分发挥履约保障支撑作用，为履约创效、保证质量安全发挥决定性作用，防范和杜绝工程技术在经济、质量、安全等方面的风险，通过前瞻视点发现问题、深入实际解决问题；将工程技术人员打造为履约创效、双优化的技术专家，成为市场营销强有力的推动者和保障者。

（4）创新推广智能建造方式。按照中建集团"建筑产业互联网"企业的要求，落实中建集团"中建 136 工程"，以互联网赋能智能建造和新业务创投，扩大了装配式建筑智慧建造平台的领先优势；积极突破核心关键技术，实现了智慧建造平台在新开 EPC 项目使用全覆盖；打造了建筑产业互联平台，推进公司建筑产业数字化和数字建筑产业化进程；创新研发了智能建造装备，力争建筑机器人装备的成功孵化；积极打造了 AI 智能设计系统，形成数据资产库。

（5）打造绿色建筑产品，深耕未来城市发展。中建科技进一步掌握绿色、健康、智慧核心技术，形成具有市场竞争力的绿色智慧校园、科技住宅、幸福住区、"两化"营房等绿色建筑标准化产品；探索建筑清洁能源业务，深入研究大温差供热技术；以光伏、地源热泵等再生能源利用技术为依托，开展区域能源规划。研发综合能耗管控平台，为建筑能源的智慧运维提供定制化服务；推进以未来社区为目标的新型社区项目落地，创新"投建管运"商业模式，构建社区产业生态链。深入探索绿色智慧城市业务，形成创新商业模式。

3 创新成果

中建科技基于一体化建造模式和智慧建造平台，形成了"技术、设计、制造、工法"于一体的"十项技术体系"，并在此基础上形成了"装配式＋绿色＋智慧＋健康"的"十类产品系列"，在公司各类 EPC 项目中取得了有效应用。

3.1 "十项技术体系"和"十类产品系列"

"十项技术体系"，是指装配式预应力混凝土结构（PPEFF）、多材料组合结构、主次框架结构、模块化房屋结构、预应力双 T 墙结构、全拆分地下结构、双面叠合板结构、交错桁架结构、全装配式低多层住宅结构、装配式剪力墙高层住宅结构技术体系。

"十类产品系列"，是指校园产品、会展综合体产品、住宅产品、写字楼产品、城市设施产品、模块化房屋产品、工业用房产品、市政基础设施产品、军民融合产品、美丽乡村产品系列。

3.2 科技示范工程

中建科技研发形成的一系列科研成果，在多项示范工程中全面应用，充分展示了成果的前瞻性、可靠性、可操作性，为公司在新型建筑工业化领域赢得了广阔的市场前景。

深圳市长圳公共住房项目被列为"三大示范"工程，即：国家可持续议程示范城市的示范小区（国家发展改革委示范）、国家重点研发计划专项的综合示范工程（科技部示范）、装配式建筑科技示范工程（住房城乡建设部示范）。

南京一中江北分校（高中部）项目被列为江苏省首个住房城乡建设部绿色校园示范工程、江苏省首个住房城乡建设部绿色科技示范项目、国家重点研发计划示范项目。

中建科技成都公司办公楼项目、中建科技湖南公司办公楼项目、吉林长春快速路北地块（台北阳光新区）项目、中建科技成都绿色建筑产业园（一期）项目均被列为住房城乡建设部示范工程。山东建筑大学科研楼项目作为全国第一个钢结构装配式超低能耗建筑，获德国能源署、住房城乡建设部联合颁发"高能效建筑－被动式低能耗建筑"质量认证。

长圳公共住房项目、绵阳科技城集中发展区核心区综合管廊及市政道路建设工程 PPP 项目、湖州市建筑工业化 PC 构件生产基地项目、花溪区第二中学改扩建工程项目均被列为中建股份示范工程。

江苏淮海科技城创智科技园 A 区一期项目、裕璟幸福家园项目、中建科技徐州绿色建筑产业基地项目、中建科技（深汕特别合作区）有限公司 PC 工厂、福建省食品检验检测实验楼、中国东南大数据产业园研发楼二期工程、福州市晋安区妇幼保健院改扩建项目、福州滨海新城综合医院（一期）项目、福州实验学校建设项目、福州市晋安区医院改扩建项目（一期）均被列为国家重点研发计划示范工程。

3.3 绿色建筑研究

中建科技打造了一支高素质绿色建筑生态研究团队，承担了国家、省部级、中建股份等相关科技研发课题 20 余项，为住房城乡建设部编制了《关于推动智能建造与建筑工业化协同发展的指导意见》《绿色建造技术导则（试行）》，主编了《绿色建造与转型发展》《雄安新区绿色建造导则》等多项文件，奠定了公司在绿色建造领域的领军地位。先后承接并打造了远洋安邦财险总部大厦、冬奥村人才公寓等若干低能耗建筑示范项目，推进了绿色建筑业务发展，为公司创造了较高业务收入。

3.4 未来城市研究

中建科技打造了未来城市与生态城市专项规划与咨询团队，研发了智能城市设施系列产品，包括城市小型智慧公厕、模块化环卫工具房等，并转化为深圳市小型公厕等多个项目，实现了产品化、批量化，已售智慧公厕 120 余座，合同额超过 5000 万元。同时，研发了装配式消毒通道、装配式测温通道、装配式防疫站、高洁净度梯度压力隔离病房单元等防疫建筑产品。参与 20 多个应急医院及防疫工程项目建设，提供 4641 套装配式建筑产品。

3.5 科技智力营销

中建科技坚持"智力＋资本"商业模式，采用"科技智力营销"策略，将公司"高端智库"的先进技术和公司自行研发的技术转化为市场营销优势。

深圳市长圳公共住房项目，以孟建民院士的"本原设计"技术、周福霖院士的减隔震技术、聂建国院士的钢和混凝土组合楼盖技术为特色亮点，倡议并推动建设方打造国家级绿色、智慧、科技型公共住房标杆，公司成功中标该项目，并通过科技创新与技术总结形成了住宅产品系列。

南京一中江北校区项目，以"装配式建筑＋BIM 应用＋绿色建筑"的建筑新科技、新理念为抓手，倡议并推动与建设方联合打造绿色校园、百年建筑、国家一流的优质精品工程，公司成功中标项目，并打造校园产品系列的"金字招牌"，公司在全国陆续承接了 30 余个校园建设工程。

以"中建科技装配式智慧建造平台""虚拟建造""数字孪生""物联互通"等信息化科研成果实现智能建造和快速建造为投标亮点，成功中标坪山高新区综合服务中心项目，公司自主研发的装配式建筑机器人也由此得以首次应用。

科技智力营销主导或参与的中标项目数量约占公司总数的 50%，合同额超过 60%。

3.6　科研成果汇总

中建科技科研成果丰硕，以近三年数据为例，授权专利数量（尤其是发明专利）呈跨越式增长，以标准和工法为代表的技术积累沉淀稳步增长，反映出公司科技创新成果转化处于良好状态，见表 1。

中建科技（2018—2020 年）科研成果情况

表 1

年份	专利	发明专利	标准	主编项	工法	论文
2018	47	7	6	2	5	47
2019	77	5	14	3	4	61
2020	149	12	7	2	6	79
合计	273	24	27	7	15	187

4　工程案例

由中建科技实施"研发＋设计＋制造＋采购＋施工"（REMPC）一体化模式建造的深圳长圳公共住房其附属工程项目是目前全国在建规模最大的装配式公共住房项目，全国最大的装配式装修和装配式景观社区，也是深圳市建设管理模式改革创新的试点项目。项目总投资 58 亿元，总建筑面积约 116 万 m^2，建成后将提供近万套人才安居住房。

长圳项目以高度的使命感与责任感，综合应用绿色、智慧、科技的装配式建筑技术，打造建设领域新时代践行发展新理念的城市建设新标杆；立足高品质，改变以往保障房就是"低端房"的固有印象；用匠心建造精品公共住房，打造国家三大示范、行业八大标杆。

三大示范：国家可持续发展议程创新示范区的示范小区、国家"十三五"重点研发计划绿色建筑及建筑工业化重点专项的综合示范工程、全国装配式建筑科技示范工程。

八大标杆：公共住房优质精品标杆、绿色建造标杆、全生命周期 BIM 应用标杆、人文社区标杆、智慧社区标杆、科技住区标杆、高品质住区标杆、城市建设领域标准化运用标杆。

该项目具有以下三大特色：

4.1　绿色宜居

长圳项目以"健康、高效、人文"，服务人的幸福生活为初心，从人与自然的本原关系出发，从建造施工、运营维护以及生活使用等全方位统筹实施"绿色生态、健康生活"的规划设计策略。

园林式社区：以"河谷绿洲"为规划理念，借景基地内河，打造景观"绿洲"。全部应用中建科技自主研发的装配式景观技术产品体系，减少对"绿水青山"的干扰破坏，实现人工环境和自然环境共融与协调。部分采用模块化屋顶绿化，运用立体绿化种植盒，创造出更加原生态、自然的景观效果。

人性化设计：利用地铁物业优势，参考香港青衣站模式，实现社区集中商业与地铁站台的无缝衔接，提供便捷高效的居住体验。全首层的风雨廊设计，居民从地铁或公交场站回家时不会淋到一滴雨。以架空乐跑环道（简称一环）实现六个居住组团之间跨市政路的无障碍连接，业主进入二层绿化平台后即进入专属公园般的景观环境。采用装配式装修，对厨卫、门厅、收纳等进行精细化设计，并大量使用健康建材，让居住体验更加友好，有利健康。

可持续理念：套内空间布局实现"有限模块、无限生长"，以"有限模块"实现标准化，便于工业化建造和项目管理；以"无限生长"，实现建筑全生命周期的"可持续使用"。65m^2、80m^2 户型模块均可延展出单身宜居、二人世界、三口之家、三代同堂、适老住宅等"无限系"户型。

标准化设计：创新了"四个标准化"设计方法，从平面标准化入手，实现了平面布局的多样性、模块组合的多样性、立面构成的多样性和规划布局的多样性，尤其建筑立面设计从色彩运用到外墙面凸窗、绿植等有机组合，突出表现"质量之美、精益之美和垂直绿化环境之美"。

4.2　智能建造

以中建科技自主研发的智慧建造平台为控制中枢，涵盖设计、算量计价、招采、生产、施工以及运维环节，实现了建造信息在建筑全生命周期的数据传递、交互和汇总，打造了基于互联网的建造过程大数据集成系统。

"三全BIM"，数字设计：①采用"云桌面"的工作方式实现点对面的全专业协同模式。②基于BIM设计，通过BIM模型辅助算量、虚拟建造、全专业BIM模型展示及全景VR技术，实现全员全专业的设计变更及流程管理。③将线下设计生成的数字孪生建筑通过自主开发的轻量化引擎上传至互联网云平台，支持商务、制造、施工、运维的信息化管理。

无人机自动巡检，机器人三维建模：无人机云端预设航线，对现场无人化自动巡检，通过图形算法自动建立工地矢量化模型，构建了时间和空间维度的工地大数据系统。同时点云三维测绘机器人可以根据设计BIM模型自主规划作业路径并完成自主避障、完成项目现场毫米级点云测绘扫描、通过5G网络回传数据，于云端自动建立建筑点云模型，并与无人机模型进行整合，实现与BIM设计数据自动比对、自动生成质量报告。

全生命周期构件追溯：BIM模型轻量化引擎为每一个预制构件生成唯一身份编码，利用二维码技术全过程记录构件生产、施工等信息，实现构件全生命周期信息可追溯，建造过程全要素互联、全数据互通。

不安全行为机器视觉识别：AI视觉识别结合自主学习技术和机器视觉技术，捕获现场人员动作和人员穿戴图像，对现场人员不安全行为进行实时识别、实时报警、现场处罚，最后将全过程在云端记录，从而进一步规范现场人员安全行为，降低现场安全隐患。

建筑机器人、智能化生产：中建科技自主研发带机器视觉的钢筋绑扎机器人，对钢筋进行标准化、模块化绑扎生产。对标先进制造业，提高预制构件质量，节约人力成本，实现精益建造。

智慧管理：长圳项目将集成从设计到建成全过程的核心数据，最终交付给业主基于BIM的轻量化数字孪生竣工模型，该模型可以提供数字化的住宅使用说明书，借助VR技术，可以虚拟各项隐蔽工程及其建造信息，便于住户使用。此外，该数字孪生模型还能支持长圳项目打造智慧社区、智慧建筑、智慧物业等多应用场景。

4.3　科技赋能

长圳项目是国内最大的"十三五"国家重点研发计划绿色建筑及建筑工业化重点专项综合示范工程，示范落地了16个"十三五"国家重点研发计划项目的49项关键技术成果，并开展专题研究20项，为我国绿色建筑及建筑工业化实现规模化、高效益和可持续发展提供技术支撑，让科技成果转变为人民群众实实在在的获得感，把科技成果写在大地上。

尤其是6号住宅楼，作为钢和混凝土组合结构装配式建筑示范，集成应用了国内孟建民、聂建国、周绪红、周福霖、欧进萍、肖绪文、丁烈云、江亿8位院士的研究成果，在本原设计、建筑系统工程理论、钢和混凝土组合大框架结构、减隔震技术应用、一体化轻质外挂墙板、绿色施工、智能安全工地和绿色建筑技术等方面，让科技赋能，在土木工程领域诸多研究成果的集成创新、协同创新方面引领了行业进步。

装配式装修：长圳项目是深圳首个全面应用干式工法的装配式装修保障性住房项目。绿色健康的装修材料，规模化生产、流水式安装，从源头杜绝装修材料中化学物质的危害，并且减少人工现场作业，节能环保，保证装修质量。同时在工期、效率、质量、成本、后期维护等方面均有明显优势，较传统装修而言，施工时间缩短30%～50%，后期维护费用可降低80%。

中建滚压成型高强钢筋灌浆套筒技术：钢管滚压成型钢筋灌浆套筒连接技术，加工快捷，施工简易，在保证连接节点质量的同时，减少套筒生产材料的损耗，降低生产成本，提高生产效率，显著增加项目的经济效益。

内窥镜法测灌浆饱满度检测技术：检测成本低，无须预埋传感器；检测结果直观可靠，可以图像形式呈现检测结果并挂接到智慧建造平台大数据系统；可实现随机抽样检测，保证检测结果的客观性和科学性。通过该技术示范应用，实现装配式结构套筒灌浆质量可检，能够及时发现问题，消除安全隐患，具有良好的经济效益和社会效益。

新型格栅组合模架技术：具有绿色环保、周转率高、施工速度快、施工人员投入少等优点，该项技术已取得深圳市建设工程新技术证书，并通过深圳市土木建筑学会科学技术成果鉴定，达到国内领先水平。

长圳项目坚持"以人民为中心"的发展理念，以为人民群众提供高品质建筑产品为初心使命，通过集成应用绿色、智慧、科技相关技术，积极探索绿色化、工业化、信息化、智慧化的新型建造方式，在推进城乡建设领域全面践行绿色发展观方面赢得了广泛的赞誉。

项目自开工以来累计接待住房城乡建设部、中国建筑业协会以及各省、市相关领导参观、考察、视察、观摩等200余次、1000余人，作为绿色、智慧、科技的典范，为深圳市乃至全国人才住房和保障性住房提供可复制的品质标准和建设模式，为推广绿色建造、智慧建造、装配式建造等新型建造方式起到示范、引领和带动作用。

5　获奖情况

中建科技自成立以后，在科技创新方面荣获多枚重要奖项。2018年，中建科技荣获科技奖9项，其中，"基于光纤传感的建筑施工质量安全监测与诊断技术研究与应用"荣获华夏建设科学技术奖三等奖；"轻质微孔混凝土制备关键技术及其在节能建筑中应用的研究""建筑工程设计与施工BIM集成应用及产业化研究""装配式建筑智慧建造系统应用与研究""装配式混凝土结构构件工厂化生产、运输关键技术研究"分别荣获中建集团科学技术奖一等奖、一等奖、二等奖、三等奖。

2019年，荣获科技奖14项，较上一年度增长55.6%。其中，"山东建筑大学钢结构装配式超低能耗教学实验综合楼"荣获华夏建设科学技术奖三等奖；"预应力带肋混凝土叠合板制作技术""低温条件下预制构件早强及绿色高效生产工艺的研究与应用"均荣获中建集团科学技术奖三等奖。

2020年，荣获科技奖25项，较上一年度增长71.4%。其中，深圳坪山高新区综合服务中心项目获中国建设工程鲁班奖，实现了国优奖零的突破；由中建科技牵头的"装配式混凝土建筑高效建造关键技术研究与示范"获得华夏建筑科学技术奖一等奖；"西北村镇建筑热环境提升与能源高效利用关键技术及应用""近零能耗建筑技术标准""装配式建筑评价标准GB/T 51129—2017"均荣获华夏建设科学技术奖二等奖；"工程建设安全光纤智慧感测与诊治技术研究及应用"荣获中施企协工程建设科学技术奖一等奖；"西藏高原可再生能源供暖关键技术创新与应用"荣获西藏自治区科学技术奖一等奖；"新冠肺炎应急医院快速建造关键技术"（特别奖）"新型钢管滚压成形灌浆套筒及钢筋连接成套技术研究与应用""模块化箱式集成房屋标准化、定型化及信息化关键技术研究与应用"分别荣获中建集团科学技术奖一等奖、二等奖、三等奖。

6　结语展望

中建科技在不断改革转型过程中，全力践行新发展理念，主营业务深度聚焦智能建造方式、绿色建筑产品、未来城市发展，坚持"两手抓两手硬"双轮驱动，一手抓工程总承包、模块化房屋、军民融合、片区综合建设、绿色建筑产业园等智能建造业务，围绕生产方式变革，突出产业升级；一手抓智慧城市设施、智能建造装备、建筑清洁能源、固废循环利用等创投新业务，围绕城市建设发展，突出产业转型，逐步走出了一条"科技型定位、差异化发展、高质量目标"的特色新路。

国企改革风起云涌，科技创新大潮澎湃。当前，我国已进入新发展阶段，新发展格局正在构建，高质量发展主题更加鲜明。纵观内外形势，中建科技迎来新一轮政策窗口期，进入前所未有的发展机遇期。从行业发展趋势看，建筑行业加速变革，智能建造迅猛起势，智能建造和新型建筑工业化将进一步协同发展，建筑行业与信息化、数字化、智能化将加速融合，整个行业转型升级全面提速。从国家到地方，片区综合建设、旧城改造更新、未来社区等城市建设业务日趋成为工程建设领域重要阵地，宜居、绿色、智慧、人文城市等高品质城市建设需求日益旺盛。中建科技将紧跟政策，把准方向，在智慧建造业务的变革升级，在创投新业务的跨越转型上实现引领，全力打造最具引领力的建筑科技产业集团，成为未来城市建设发展好伙伴。

作者： 张　涛　曾琴琴　于　雷　胡　杏（中建科技集团有限公司）

三一筑工的新型建筑工业化

SanYi Construction's New Construction Industrialization

1 基本信息

三一筑工创立于 2016 年，总部位于北京市昌平区回龙观镇北清路 8 号 6 幢 301 房间，总人数 1218 人，其中研发人员 282 人。主要从事生产建筑工业化预制构件及部件；施工总承包；劳务分包；销售建筑材料、机械设备；工程和技术研究与试验发展；工程勘察设计；专业承包；房地产开发；销售商品房；物业管理；技术开发、技术转让、技术推广、技术服务、技术咨询；软件开发；数据处理（仅限 PUE 值在 1：5 以下）；技术进出口、货物进出口、代理进出口；企业管理咨询（不含中介服务）；承办展览展示活动；组织文化艺术交流活动（不含演出）。2020 年总产值 16.21 亿元，实现利润 2.16 亿元。

三一筑工定位于数字科技驱动的新型建筑工业化平台。把握建筑工业化、数字化、智能化发展趋势，通过提供核心技术和相关标准、智能装备和数字工厂、软件平台和共享模式，为建筑行业赋能，推动智能建造与建筑工业化协同发展，让天下没有难做的建筑。

源于三一集团的工程机械全球品牌实力、智能制造经验和工业互联网优势，我们为建筑工业化提供关键技术和相关标准、智能装备和数字工厂、软件平台和共享模式。

（1）关键技术和相关标准：为行业提供 SPCS 结构关键技术，解决了装配式混凝土建筑的竖向结构技术痛点，推出的相关技术标准，在预制结构和地下工程防水等领域，补全了装配式建筑体系的拼图。

（2）智能装备和数字工厂：为行业提供装配式建筑成套智能装备、由数据智能驱动的数字工厂，帮助客户实现少人化、智能化的生产作业和智能建造，有效提升作业效率、实现数字化转型。

（3）软件平台和共享模式：为行业提供专业设计软件、工业软件、构件管理等 SaaS 化软件和数字化平台，支撑建筑生态"全周期、全角色、全要素"数字孪生，基于三一集团的工业互联网基础和强大算力，开发专业算法，联合产业领导者共同建设共享模式下的建筑工业化平台经济体。

2 技术体系

三一筑工最新推出的装配式叠合结构成套技术（SPCS 体系）通过第三方权威机构组织的科技成果评价，被认定为达到国际先进水平，其中叠合柱技术达到国际领先水平。该技术体系的 S 构件具有两面全预制，中间大空腔，四面不出筋，箍筋强连接的技术特征（详见图 1）。其中两面全预制，实现了现场少支模。中间大空腔，使构件具有重量轻、尺寸大，施工接缝少、对中易等优势。四面不出筋，能够为智能化生产提供了有利条件。箍筋体系连接两面钢筋，连接性能优于桁架筋双皮墙体系，使得 SPCS 体系拥有更高的适用高度。

SPCS 技术体系的竖向连接方式为通过搭接钢筋伸入上部空腔构件，然后空腔内整体现浇，连成整体（详见图 2）。简言之，这种"空腔＋搭接＋现浇"竖向连接方式是一种"工业化现浇"的过程，它既保留了传统现浇的做法，整体安全，防水性能好，品质高，又用工业化生产的方式，提升了生产效率，降低了建造成本。另外根据规范中的要求，采用超声检测法针对混凝土质量检测可操作性较强，对于现场要求较低，不需要增加过多的现场工作量。同时，针对检测不合格部位的修补也比较容

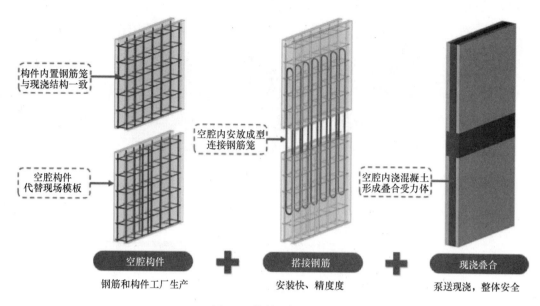

构件内置钢筋笼
与现浇结构一致

空腔内安放成型
连接钢筋笼

空腔构件
代替现场模板

空腔内浇混凝土
形成叠合受力体

空腔构件	+	搭接钢筋	+	现浇叠合
钢筋和构件工厂生产		安装快、精度度		泵送现浇,整体安全

图1 S构件的技术特征

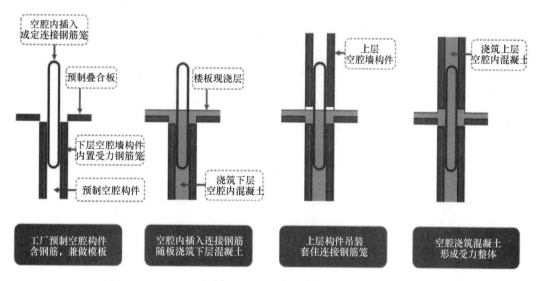

空腔内插入
成定连接钢筋笼

预制叠合板

楼板现浇层

上层
空腔墙构件

浇筑上层
空腔内混凝土

下层空腔墙构件
内置受力钢筋笼

预制空腔构件

浇筑下层
空腔内混凝土

| 工厂预制空腔构件
含钢筋,兼做模板 | 空腔内插入连接钢筋
随板浇筑下层混凝土 | 上层构件吊装
套住连接钢筋笼 | 空腔浇筑混凝土
形成受力整体 |
|---|---|---|---|

图2 SPCS竖向连接方式

易实现。

（1）构件生产

预制空腔墙构件及构件内的钢筋笼在 PC 工厂生产,构件内的钢筋笼与现浇结构剪力墙钢筋骨架基本一致,预制空腔墙构件不仅参与结构受力而且兼做模板使用。预制空腔墙生产工艺原理见图3。

（2）构件安装

1）竖向连接

上下层预制空腔墙构件通过竖向环状钢筋搭接连接,墙板空腔宽度尺寸通常为 100mm,容错误差好,构件下落安装速度快。

2）水平连接

预制空腔墙构件通过水平环状钢筋与边缘构件连接。墙板安装就位后,在墙板空腔内放入水平环状钢筋,待边缘构件（暗柱）钢筋绑扎完成后,拉出环状水平筋与边缘构件钢筋绑扎牢固,竖向模板封模前或顶板钢筋绑扎期间,在环状钢筋端部插入两根与楼层同高的竖向钢筋。节点示意详见图4。

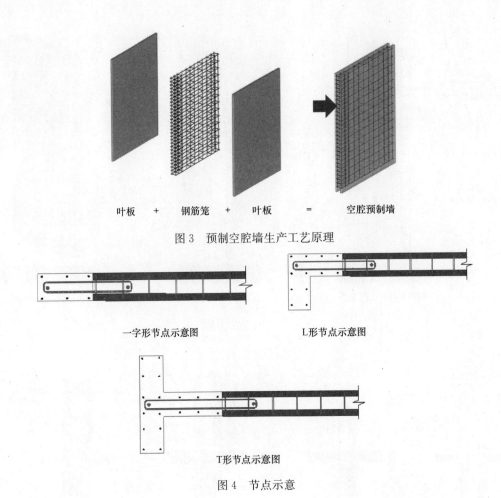

叶板　＋　钢筋笼　＋　叶板　＝　空腔预制墙

图 3　预制空腔墙生产工艺原理

一字形节点示意图　　　　　　　L形节点示意图

T形节点示意图

图 4　节点示意

（3）混凝土浇筑

楼面钢筋及水电工程验收通过后方可浇筑混凝土，预制墙板构件通过墙板空腔内的后浇混凝土连接成整体。

3　创新成果

三一筑工科技股份有限公司的装配整体式钢筋焊接网叠合混凝土结构体系（简称"SPCS 结构体系"，见图 5）技术采用"空腔、搭接、现浇"的免灌浆施工工艺，具有施工进度快，结构安全不漏水、施工效益好等优势。该体系问世之后，也在实践过程中不断地迭代、创新，有效地降低现场作业量，增强建筑整体性。

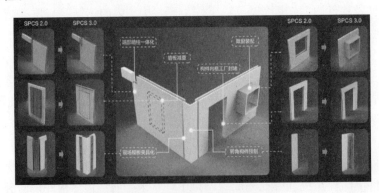

图 5　SPCS3.0 技术体系

（1）端部暗柱一体化：将暗柱与墙板整体预制，增强结构整体性，同时也减少了现场的支模量，以某栋标准层层高为3m，装配层27层，标准层暗柱可预制数量为10处，尺寸均为200mm×400mm的建筑为例，若该部分全部进行预制，则每层可节省模板约为36m²，那么该栋建筑累计可节省近1000m²的模板工程量，见图6。

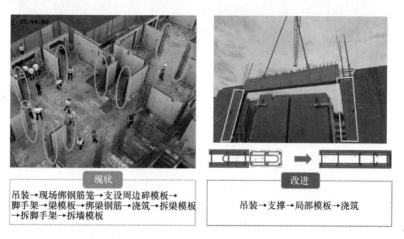

图6 端部暗柱一体化

（2）墙板减重技术：将传统的保温板减重方式更改为在墙板内部设置空腔，通过密目钢丝网在墙板中制作成环带，在混凝土浇筑完成后，可在墙板内部形成密闭空腔，可有效降低墙板重量。实测数据显示，通过该方案可成功降低墙板重量10%～20%，见图7。

（3）现场模板夹具化技术：通过定制化的工装，快速完成现场拼缝的封堵（图8）。空腔墙底部采用定制化夹具，安装速度是使用模板进行封堵的2～3倍。

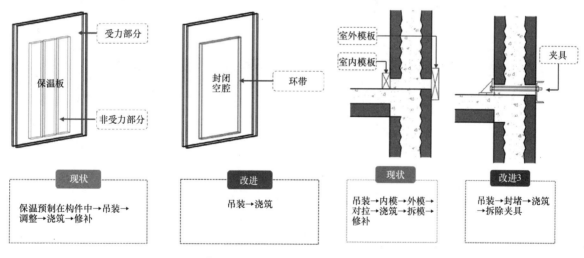

图7 墙板减重　　　　　　　　　　图8 模板夹具化

（4）转角构件预制：转角处采用预制构件，减少现场的模板量，同时成型效果更加优异（图9），若按照主流装配式体系，转角部位现场进行支模，假设一栋楼装配层有27层，层高为3m，可进行预制的转角墙为10处，转角部位均按500mm×600mm×200mm的直角考虑，那么该楼栋可节省模板工程量超过700m²，同时可节省近50%的人工。

（5）构件内框工厂封堵：洞口侧边在工厂完成封堵，成型效果良好，同时减少现场支模量（图10）。根据现场实际统计情况显示，每处洞口封堵需花费30～60min，工厂完成封堵后，此部分工程量可完全省去。

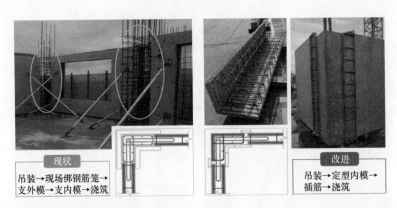

图 9　预制转角板

图 10　构架内框封堵

　　(6) 飘窗装配一体化：飘窗在工厂内完成浇筑，有效降低现场工作量，同时也增强了飘窗的整体性以及转角部位的防水性能（图 11）。根据目前现场飘窗安装效率统计显示，每一处飘窗板装模及钢筋绑扎需花费 1～2h，若工厂预制完成，则此部分工作量可完全避免。

4　工程案例

4.1　项目初期应用目标

　　娄底一期 8 号、9 号楼是 SPCS 体系在湖南的首个落地项目，应用目标是：打造装配式示范项目，装配率实现 60%。

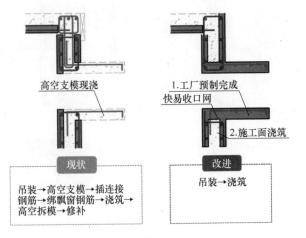

图 11　飘窗全预制

　　应用范围：装配率计分表中除必得项外（非承重外围护墙非砌筑、内隔墙非砌筑、全装修外），墙应用比例为 66%，起始应用层为第 5 层；板应用比例为 75%，起始应用层为首层顶板层。

　　应用原则：

　　竖向：除转角暗柱、端部暗柱、不方便拆分的小转角墙段、电梯井墙、卫生间深降板区外墙、部分非承重外围护区、飘窗部位外，其他尽量应用。

　　水平：除卫生间外尽量采用预制构件，包括叠合板、预制空调板、预制阳台板、预制楼梯板。

　　内隔墙：除有水房间隔墙、风井隔墙外尽量采用 ALC 墙板。

4.2　应用目标升级（3.0）

项目中期升级应用目标（3.0）：装配率不限，尽量实现"墙梁板柱全预制"。

应用范围：9 号楼 20 层顶板及以上，新增门窗洞口封堵、飘窗预制、端部暗柱预制、转角构件、梁预制、卫生间沉箱预制，完善减重板应用，改善部分构件拆分，外围护基本实现全预制。

应用原则：施工便利、施工提效，把困难留给工厂，把便利留给现场。

SPCS 3.0 对装配式评价得分无影响。

4.3　SPCS 3.0 施工 4 天一层工艺流程（表 1、表 2）

SPCS 3.0 施工工艺流程

表 1

	时间		工序	施工持续时间
4 天一层施工流程	第一天	上午	测量放线	4h(7：30—11：30)
		下午	墙板吊装	4h(13：30—17：30)
		晚上	墙板吊装	10h(19：00—5：00)
	第二天	上午	现浇竖向节点钢筋绑扎	4h(7：30—11：30)
		下午	水平铝模及独立支撑安装	4h(13：30—17：30)
	第三天	上午	水平铝模及独立支撑安装	4h(7：30—11：30)
		下午	叠合板吊装及铝模加固	4h(13：30—17：30)
		晚上	叠合板吊装及梁筋绑扎	6h(19：00—1：00)
	第四天	上午	板筋及插筋绑扎，水电预埋	4h(7：30—11：30)
		下午	板筋及插筋绑扎，水电预埋	4h(13：30—17：30)
		晚上	混凝土浇筑	14h(18：00—8：00)

SPCS 3.0 施工内容

表 2

日期	时间	施工内容	图片
第一天	上午	1. 测量放线 2. 模板拆除及转运 3. 竖向现浇构件钢筋绑扎 4. 吊装前准备工作(斜支撑拆除及转运、垫片放置以及工具准备等) 5. 水电预埋安装(端部剪切校正)	
	下午	1. 爬架提升 2. 竖向墙板吊装及下层楼梯吊装 3. 竖向现浇构件水电预埋安装 4. 模板拆除及转运	
	晚上	竖向墙板吊装	

续表

日期	时间	施工内容	图片
第二天	上午	1. 水平钢筋绑扎 2. 柱墙节点钢筋验收 3. 水电竖向预埋安装及防雷引下线施工 4. 竖向铝模合模安装合模（未加固）	
	下午	水平向梁板铝模安装及独立支撑搭设	
第三天	上午	水平向梁板铝模安装及独立支撑搭设	
	下午	1. 叠合板吊装 2. 梁筋绑扎 3. 竖向柱墙铝模节点加固 4. 水电水平预埋安装	
	晚上	1. 叠合板吊装 2. 梁筋绑扎 3. 水电水平预埋安装	
第四天	上午	1. 板筋及竖向插筋绑扎 2. 竖向柱墙铝模节点加固 3. 水电水平预埋安装	
	下午	1. 板筋及竖向插筋绑扎 2. 竖向柱墙铝模节点加固 3. 水电水平预埋安装 4. 梁板钢筋验收 5. 混凝土开始浇筑（16：00—17：00）	
	晚上	混凝土浇筑	

4.4　SPCS3.0体系应用总结

SPCS3.0体系是2.0体系的优化升级，"空腔＋搭接＋现浇"的施工工艺，构件受力、破坏模态与现浇构件一致，具有与现浇结构一致的抗震性能。新增门窗洞口封堵、飘窗预制、端部暗柱预制、转角构件等工艺进一步简化了施工现场工作，大大提高了施工效率，真正实现更快、更好、更好的目标。

5　获奖情况

（1）专利情况：2020年，三一快而居申请专利200项以上，与去年同比增长30%，及时有效地保护公司了创新成果，其中授权专利70项（含发明11项）。根据长沙知识产权保护中心公布结果，2020年上半年快而居的专利预审合格量位于湖南地区第三名，仅次于国防科技大学、铁建重工等单位。2020年，获得湖南省专利奖一等奖（已公示）。

（2）标准编制：参与了《蒸压加气混凝土生产成套装备技术要求》《砂石骨料生产成套装备通用技术要求》2项国家标准的编制，《蒸汽加压混凝土生产线设备安装规范》1项行业标准的编制。于2020年获全国建材机械行业标准化工作先进集体。

（3）相关荣誉：《装配式建筑部品智能钢筋焊网技术开发及应用》长沙市科技计划项目于2020年5月通过验收；《叠合剪力墙全自动生产线研发》获得2020年度全国建材机械行业科技奖二等奖；《预制混凝土智能化工厂系统研究及产业化》项目获得2020年中国产学研合作促进会产学合作创新成果一等奖。

6　结语

2016年以来，国家和各地方政府陆续出台了促进装配式建筑发展的政策，在给予装配式建筑企业用地支持和税收优惠的同时，也对新建建筑中装配式建筑的占比提出要求，旨在鼓励装配式建筑的发展。

2020年7月，住房城乡建设部等十三部委联合发布《关于推动智能建造与建筑工业化协同发展的指导意见》。意见指出，要大力发展装配式建筑，加快打造建筑产业互联网平台，推广应用构件生产线和预制混凝土构件智能生产线等。

2020年新开工装配式混凝土结构建筑4.3亿㎡，较2019年增长59.3%，占新开工装配式建筑的比例为68.3%；装配式钢结构建筑1.9亿㎡，较2019年增长46%，占新开工装配式建筑的比例为30.2%。其中，新开工装配式钢结构住宅1206万㎡，较2019年增长33%。

根据住房城乡建设部数据显示，我国新建建筑面积不断增长，根据往年新增建筑面积的增长速度，预计到2025年全国新增建筑面积超过35亿㎡。结合我国新建建筑面积的现状和未来走势，以及我国关于装配式建筑的建设规划，预计2025年我国的新开工装配式建筑面积在10.54亿㎡左右。随着技术的发展，成本的降低，未来装配式建筑的成本会持续下降，以每平方米造价1950元测算，2025年我国新开工装配式建筑规模将达到两万亿元。在装配式建筑广阔的市场空间下，装配式混凝土结构将成为主流趋势。

三一筑工针对装配式建筑行业痛点问题，创新研发建筑工业化平台（SPCS）："空腔＋搭接＋现浇"主体结构专利、三大硬智能、筑享云平台和共享产业链，为装配式行业赋能，同时依托三一集团强大的装备制造、产业互联网和金融服务优势，三一筑工通过跨界创新，将重新定义建筑——以数字科技、智能制造为动力，创新突破核心技术，形成了涵盖设计、制造、施工、开发、运营等全产业链融合一体的智能建造产业新生态，让天下没有难做的建筑！

作者：景凯强（三一筑工科技有限公司）

生产指挥调度平台开发与应用

Development and Application of the Remote Monitoring Platform

1 基本情况

作为平台建设方的陕西建工控股集团有限公司（以下简称"陕建"，见图 1）始建于 1950 年 3 月，是陕西省政府直属的国有独资企业，旗下拥有国际工程承包、建筑产业投资、城市轨道交通、工程装饰装修等产业。所属的核心企业——陕西建工集团股份有限公司，拥有建筑工程施工总承包特级资质 9 个、市政公用工程施工总承包特级资质 4 个、公路工程施工总承包特级资质 1 个，以及甲级设计资质 17 个等。陕建集团实力雄厚，2019 年营业收入达到 1160 亿元，合同签约达到 2399 亿元。陕建位列中国建筑业竞争力 200 强企业第 5 位，ENR 全球工程承包商 250 强第 24 位。

图 1　陕建集团

陕建集团的整体信息化意识较强，从 20 世纪 90 年代开始，随着公司业务的快速发展，项目数逐渐增多，集团层先后上线了多个信息化系统，主要包括 OA、集采以及质量、安全等系统，但这些系统主要针对岗位级和部门级使用，由于集团没有进行统一的信息化规划，各业务系统相对零散，缺乏整体性，不能很好地满足企业集约化、精细化、多元化等管理诉求，见图 2。

2 建设背景

2.1 实际痛点

长期以来，陕建上线的不同的信息化系统，在陕建不同的历史时期都发挥了重要作用。进入 2020 年，随着陕建业务的快速发展，集团在整体数字化转型方面又逐渐发现了以下新痛点：

（1）传统的企业级项目管理系统，信息的实时性和准确度，已不能满足集团对大量项目集中管控的需求。

（2）集团内各业务系统之间的整体性尚有不足，信息孤岛仍然存在。

（3）项目管理精细化程度需要进一步提升，以促进项目提质增效。

（4）各类业务相关的数据采集的效率不高，同时数据分析的能力较弱。

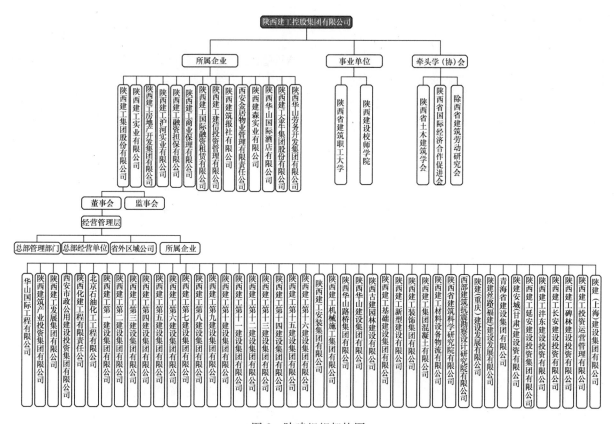

图 2 陕建组织架构图

2.2 业务需求

2020 年 3 月以来，面对疫情防控和生产经营的双重压力，陕建无论从企业层面还是项目层面，都有了更加急迫的信息化需求。企业层面，特别需要一个既能看到包含项目在内的各级组织的生产经营数据，又能对项目现场进行远程沟通和指挥调度的平台。项目层面，迫切需要企业在人员、机械、物资、资金、技术等各种生产要素方面进行协调，以对项目进行更好的支持。

可以说，传统的项目管理系统以及 ERP 系统已无法满足企业集约化、精细化、多元化等方面的管理诉求，长此以往，企业在核心数据积累、智能分析决策、产业链各方协同与共享等方面的能力建设，将会越来越捉襟见肘。

3 平台建设方案

陕建集团在中长期战略发展规划中提出打造"数字陕建、智慧建造"的目标，以实现集团主营业务管理的标准化、信息化、数字化，从而推动集团整体业务的提质增效。在这种大背景下，结合工程项目与集团管控的实际业务需求，陕建集团最终决定建设生产指挥调度平台，以满足对项目的远程监管，并实现集团的集中管控。

3.1 平台定位

陕建生产指挥调度平台，定位于集团的生产经营分析与决策平台，也是项目、企业、集团三个层级之间联系的桥梁和纽带，既要关注企业管理的需求，更要注重解决项目实际诉求。平台通过构建项目与企业的一体化平台，打造项企一体化新模式，缩短企业与项目的管理距离，逐步打破企业与项目之间信息易断层、易失真的现状，从而提升企业对重大项目的管控力度与管控效率。

3.2 平台架构

陕建生产指挥调度平台分为两大板块，即企业层板块和项目层板块，两大板块均可以同时支持

Web 端+手机端两个端口。

3.2.1　企业层板块

企业层板块，重在打造"数字陕建"理念，实现多维度立体的展现企业实力。通过大数据将企业运行的各项数据指标进行图形化展现，根据不同业务板块构建了综合、经营、生产、科技质量、安全监督、设备监督六个舱体。该板块的核心亮点在于主数据的统一及业务数据的互通，并把分散于各个业务系统、各级组织、各个项目上的数据进行集中采集、分析、整理、展现。

3.2.2　项目层板块

项目层板块，重在突出"智慧建造"主题，聚焦于对施工项目的精细化管理。发挥智慧工地与BIM 相结合的优势，提高项目可视化程度，强化数据采集能力，进而保障企业层数据的真实性与及时性。该板块内容包含各项目的基本情况、智能物联网监测、视频监控、安全管理、质量管理、劳务管理、生产管理、党建管理等；并通过数据、视频、图片、文字等方式全方位展现项目情况，让企业对项目的了解更直接、掌握更全面，见图 3。

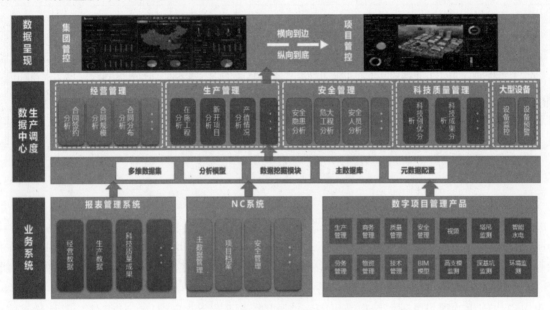

图 3　陕建生产指挥调度平台架构示意图

3.2.3　实现效果

总的来看，陕建生产指挥调度平台，以集团总部为中心，首先采集并分析分布于集团和各二级单位的项目（包括省内项目、省外项目、海外项目）丰富有效的数据，之后以数据决策为主要手段提升集团内部的日常沟通效率，最终实现集团总部指令传达、远程指挥等目的。可以说，该平台实现了让管理者"不在现场犹在现场，运筹帷幄尽在掌控"。并且，随着平台上业务板块的不断完善，集团对业务最终将实现纵向到底、横向到边的全面综合管控。

3.3　平台特点

3.3.1　数据采集全覆盖

根据陕建的信息化现状，平台配套采取了多种方式以实现数据采集的全覆盖。针对 100 多个重点项目，上线了项目智慧工地系统（项目 BI），实现了项目全面信息的采集；针对 3000 多个一般项目，上线了质量安全巡检系统，实现了项目关键信息的采集；针对其他已有的 10 余个业务系统，进行了与平台的集成，实现了相关业务数据的同步导入；针对无法提取数据的业务系统，配置了 12 张智慧报表以进行数据导入或录入。通过以上多种方式的配套，实现了真正的项企一体化，彻底打破了数据孤岛，形成了完整的企业核心数据资产，见图 4。

3.3.2　核心指标体系助决策

根据陕建的业务特点，平台设计了一套包含 100 多项具有企业特色指标的核心指标体系，以反应项目和企业的运营管理情况。通过这些指标组合呈现各种结果，集团可以重点关注重点项目的运营情况或关键问题，进而分析原因并依据数据作出管理决策，实现集团管控横向到边、纵向到底的诉求，见图 5。

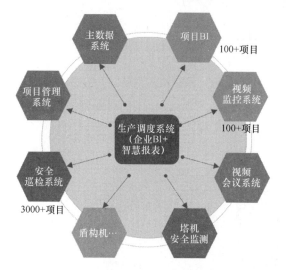

图 4　核心数据资产

图 5　指标体系

3.4　平台主要应用场景

陕建生产指挥调度平台自 2020 年 3 月启动建设，5 月初见成效，7 月开始投入使用。截至 2021 年 3 月，平台已上线重点项目 60 多个，对重点项目覆盖率约 60%，应用效果非常明显。平台的应用场景主要有以下四种：项目远程监控、外部考察参观、生产经营会、云述职。

3.4.1　应用场景一：项目远程监控

陕建集团共有 3000 多个工程项目，而集团重点关注的项目只有 100 多个。为了保障重点项目的实施质量和实施进度，集团领导经常要巡查项目现场，并依据现场需求给予充分的资源支持。但是，重点项目数量众多且分布地域广泛，集团领导班子成员即使高频次亲临现场指挥，但碍于交通工具和空间距离的限制，仍然无法覆盖全部重点项目。而且，在项目现场巡查指挥过程中，集团领导需要查阅各种纸质的经营数据，以便能找到问题的所在。但是，重点项目的各类经营数据的数量极大，查找起来费时费力，并且阅览时非常不直观。

为了进一步提高对重点项目远程监控的效率和质量，陕建集团通过生产指挥调度平台，利用"数据＋视频会议＋无人机＋AR 全景"的组合方式实现了监管"五有"，即"有数据、有图片、有画面、有声音、有真相"，见图 6。

（1）有数据

生产指挥调度平台也是基于可视化数据的决策分析平台。平台可对生产经营相关数据进行多维度的分析，从而掌握企业整体生产经营情况。同时，平台还支持一键穿透到项目施工现场，进而掌握各个工地的关键数据，以及工地各种要素的运行状态。两层平台互联互通，项企联动，各层级的数据实时且全面掌握。

因此，在日常工作中，陕建集团的工程部领导如果需要了解集团整体生产运营状况时，可以登录集团生产指挥调度平台，打开生产管理舱，进而查看集团的产值完成情况、产值地域分布、项目分析等各项运营数据，见图 7。

如果集团领导想要进一步了解某个重点项目的总体情况时，便可以直接切到该重点项目的智慧工地系统中，查看这个项目的各项数据，包括项目概况、工地实景、安全管理、质量管理、劳务分析

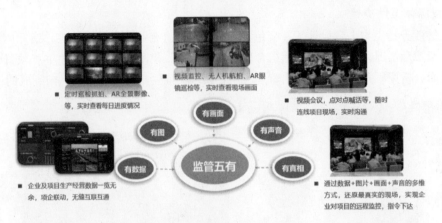

图 6   监控"五有"

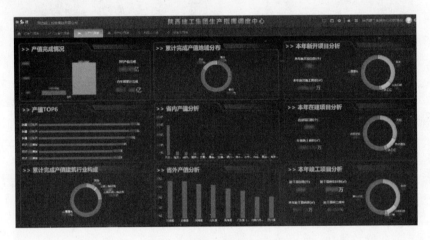

图 7   集团生产管理舱界面

等。由于生产指挥调度平台已经实现了与所有重点项目的智慧工地系统数据互通,因此各重点项目的所有运营数据与生产指挥调度平台是实时同步的,见图8。

图 8   某重点项目的总体运行情况界面

(2) 有图片

第一,项目工地上配备定时巡检设备,其抓拍的现场进度照片会实时上传至项目智慧工地平台,并支持实时查看,相关人员可随时了解项目每日的进展情况。第二,项目智慧工地平台内置 AR 全景,实现虚拟和现实叠加,相关人员可实时查看项目全景,做到视野内的信息不遗漏。第三,项目工地上的摄像机实现延时摄影，相应的图像资料可以将项目建造过程进行分钟级的集中展示，项目整体进展过程可一览无余。

因此，如果集团领导在了解了某重点项目的总体运营数据之后，想要进一步了解项目现场的实际景象，便可以通过查看上述的工地定时巡检抓拍、AR 全景、延时摄影等图片资料，实现实时查看项目工地情况，见图 9。

图 9　某重点项目工地现场的 AR 全景查看界面

（3）有画面

工程项目的工地现场关键部位安装视频监控，通过观看监控视频实时查看项目关键部位的施工情况。并且，通过在视频监控中内置 AI 算法，可以实现智能捕捉工地现场的违规画面，并联动现场的智能广播进行语音提醒。如有需要，还可以通过 AR 眼镜实时查看某些复杂的施工现场环境和视频监控盲区。另外，针对线性工程、产业园区等跨域较广的工程项目，可以通过无人机高空拍摄，以查看施工现场整体环境。

因此，如果集团领导仅通过图片还不能全面了解项目情况，便可以调取项目工地现场重点部位的视频监控，以查看相应项目的重点部位现场的实景动态画面。而针对线性工程或产业园区类项目，如果仅查看其工地现场的重点部位图片也不足以让集团领导了解整体状况，项目经理便可以操控无人机在工地现场起飞，从而让集团领导可以观看高空拍摄的工地全景画面。同时，项目经理还可以一边拍摄项目全景影像，一边向集团领导汇报项目情况，见图 10、图 11。

图 10　通过视频监控，查看项目现场动态画面

图 11　无人机在现场起飞，查看项目工地全景，同时听取项目经理汇报

（4）有声音

通过视频会议，集团不仅可以实时查看监测项目数据和工地现场画面，还可以随时连线现场作业人员进行互动。

因此，集团领导在日常远程巡查项目过程中，如果发现某项目存在技术问题，便可以要求项目施工工地现场作业人员通过 AR 智能眼镜回传现场画面，然后由集团技术专家远程指导，帮助现场人员解决技术问题。集团领导也可通过电脑或手机端的语音设备点对点进行喊话，及时对工地现场进行指挥调度，见图 12。

图 12　集团领导视频会议中连线项目经理，沟通情况

（5）有真相

上述的"四有"实现之后，第五有——有真相便是必然的结果。生产指挥调度平台通过"数据＋图片＋画面＋声音"的多维方式，呈现最全面的运行数据，还原最真实的工地现场，进而实现集团对项目的远程监控和指令下达，让集团领导不在现场却犹在现场。通过这种对于重点项目的远程监管，能够大大扩展集团的管理幅度。

3.4.2　应用场景二：外部考察参观

作为地方龙头企业，陕建集团经常要接待政府、客户、兄弟单位的考察参观。以往的参观考察内容相对比较传统，包括集团总体环境、荣誉馆、展厅等。来参观考察的人员了解陕建集团层的通用介绍较多，但具象化的信息非常少，比如陕建集团的生产经营情况、项目运行情况。

2021 年，陕建集团通过生产指挥调度平台建立了展示舱。区别于对内的管控舱，展示舱信息均为公开信息，不含敏感数据，主要展示集团的整体信息化实力、科技实力、经营生产实力等，是对外展示科技和经营实力的窗口。来访客人可以直观地看到陕建集团的企业状况、管理状况、项目情况和经营情况等，了解的信息更具象、更全面。

据初步统计，陕建生产指挥调度平台上线一年来，已经陆续接待各类大型交流团及观摩团约10个，涉及参观人数约350人，在陕西当地的建筑行业内产生了积极而广泛的影响。陕建对外展示的核心数据主要包括以下几类：

（1）经营管控舱

对外展示陕建年报内容，隐去所有敏感数据，体现企业承接项目的综合实力，如：本年新开项目数、在施项目规模、合同额及同比增长情况等，见图13。

（2）安全生产舱

用于展示企业整体机械设备的安全运行情况、环境监测整体情况，如：零安全事故、安全员100％到位率、大型设备监测数据、环境监测数据。

（3）劳务分析舱

展示企业劳务实名制执行情况、劳务工资发放情况，体现企业规范用工情况，如：劳务考勤情况、用工规模情况、工资发放情况等。

（4）科技质量舱

用于展示集团的科技及质量实力，如：绿色工地、质量奖、QC成果、鲁班奖、国优奖、杰出工程、工程项目监督检查100％覆盖率、工程质量一次验收100％合格率等，见图14。

图13　经营管控舱页面　　　　图14　科技质量舱页面

（5）设备监督舱

当前陕建承建了部分地铁等基建业务，将盾构机、架桥机这些大型硬件设备的实力作出展示，能够使参观者直观看到这些机械的整体情况，如：机械设备的数量、相应机械的监测数据等，见图15。

（6）项目分布地图

通过世界地图与中国地图两种形式，支持查看海内外项目，彰显陕建集团雄厚的实力。可整体查看项目分布、造价分布、业态分布、项目状态分布等。同时也支持查看项目详情，并一键穿透到项目施工现场。

智慧大屏：可实现一屏看大局，页面指标可配置，可以根据需要进行灵活调整，也可以添加展示组件。同时，还

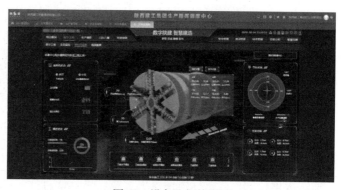

图15　设备监督舱页面

可以设置自动轮播模式，展示页面可以进行自动切换刷新。可以根据实际需要，灵活编辑调整展示数据。同时，企业形象，如页面颜色，也支持自主设计，所有设置均可按需灵活配置。

3.4.3 应用场景三：生产经营会

陕建集团一般每年都会召开各项会议汇报，如生产经营会、季度会、半年会、年底总结大会等，以整体了解各分子公司和项目的生产经营情况，便于下一步工作指示的开展。对重点项目或者生产经营状况有问题的子公司，集团会特殊关注，分析原因并作出指示。

陕建之前的会议形式主要是撰写纸质报告，报告中包括各种各样的繁杂的报表，仅前期准备工作就要 3 天左右的时间。现在，借助生产指挥调度平台，陕建将纸质版报告的数据提前上传至系统，并对其进行抽提、组合，形成数据看板，使相关数据可以在平台上进行全貌展示。数据看板中包含各项生产调度指标，可对业务分别进行对比分析、趋势分析等多维度分析，从而全面了解业务现况、形成原因、未来趋势，最终协助集团领导作出相关业务决策。

2020 年 6 月，借助生产调度指挥系统，陕建集团召开了 2020 上半年的工作汇报会。会场情况如图 16 所示，中间大屏显示详细的报告文档，两侧小屏显示的是生产指挥调度平台的数据看板。因为生产指挥调度平台支持大屏、移动端、平板电脑同步显示，集团领导在会上可以通过移动端设备随时查看子公司的经营情况。而当集团领导问询子公司或项目的具体情况时，子公司汇报人员也可以直接从平台中查询数据。如此，详细的报告文档结合业务数据的展示，使汇报效果更加直观，会议效率也大大提升。

图 16　生产经营会会场

3.4.4 应用场景四：云述职

每年年初，陕建集团都要组织集团内所有二级单位进行为期一周的述职工作。由于二级单位众多，以往各单位需要填报很多纸质报表，并在述职前打印出来。如果二级单位在会前需要临时改动数据，又需要全部重新打印报表，造成了纸张资源的极大消耗。并且，集团领导在会上需要查看述职单位的数据时，必须在一张张纸质表格中翻找查看，然后才能进行点评提问，显得费时费力。

现在，在生产指挥调度平台的支持下，2021 年初，陕建集团内共 68 家二级单位实现了线上云述职（图 17）。针对会议场景，平台也专门搭建了云述职舱体 14 个，包含展示指标共计 550 余项。

在述职会上，通过大屏显示二级单位的经营指标，二级单位负责人进行概要汇报，集团领导进行高效点评，必要时进行决策支持。由于生产指挥调度平台的述职舱通过图形化、可视化、多维化的方式，使二级单位的核心指标体现得更直观、更具针对性，不同单位间同类指标对比清晰。集团领导可

图 17　云述职会场

全面掌握下属单位的合同、营收、利润增长情况以及各单位的发展趋势，节约了在报表中查找大量数据的时间，并且能快速发现经营问题，各方面效率大大提升。

4　结语

综上所述，在项目远程监控、外部考察参观、生产经营会和云述职四大工作场景中，陕建集团均通过生产指挥调度平台的应用，满足了集团信息化管理需求，大大提升了日常工作效率。此前，集团领导一天时间只能实地考察 2 个重点项目，而现在一天可以完成 10 个重点项目的考察，其工作效率呈指数级增长；此外，展示舱的建立，对外展示了陕建的科技实力、经营实力等，极大限度地扩大了集团在陕西当地的行业影响力；同时，借助生产指挥调度平台，形成数据看板，生成报表和各项指标信息，使相关数据可以在平台上进行全貌展示，汇报效果更加直观，会议效率也大大提升！

可以说，生产指挥调度平台的建设，将成为陕建未来持续发展壮大过程中的信息化保障，并将持续助力陕建集团深入践行"数字陕建"理念，打造智慧建造新模式！

作者：汪少山　王鹏翊　张鹏峰　王齐新（广联达科技股份有限公司）

视频 AI 在工地现场的应用

Engineering Practice of PMS AI-powered Video Products in Construction Site

1 概述

1.1 计算机视觉发展现状及对社会的影响

党的十九大以来，为确保中国经济高质量发展，完成传统产业改造升级，催生新产业新业态新模式，关于发展数字经济、推动产业数字化、提高全要素生产率的目标被不断明确，社会整体的数字化转型已经悄然开始。要完成数字化转型，其关键在于数字技术的发展和应用，其中人工智能技术是数字化时代最为重要的新一代信息技术之一。

人工智能是研究、开发用于模拟、延伸和扩展人的智能的理论、方法、技术及应用系统的一门新兴技术，该领域的研究包括机器人、语言识别、图像识别、自然语言处理和专家系统等。其中使用人工智能的图像识别技术也被称作计算机视觉技术，这是人工智能领域最为重要，同时也有着最长历史、产出应用最多的研究方向。

计算机视觉技术是使用计算机及相关设备对生物视觉系统的一种模拟方法，通过对包含二维或三维信息的图像、视频进行处理，将图形中包含的信息提取出来，从而用来解决某种特定问题。计算机视觉是人工智能感知环节的关键技术。一般按对图像理解层次的不同，可以将计算机视觉分为高级视觉和低级视觉，其中低级视觉不需要计算机理解图像内容，而只是对图像像素等进行如降噪、超分辨率等处理；高级视觉则要求计算机对图像的内容进行理解，为解决这样的问题，研究人员们展开了许多相关的研究。2006 年以后，随着基于神经网络的深度学习技术的提出和超大规模计算能力的快速提升，在人工智能方向的研究成果得到了爆发式的增长。在计算机视觉上技术上，图像分类、图像目标检测、图像分割等功能陆续被实现并得到不断强化，逐渐达到工业生产使用的标准。

计算机视觉最早被应用在医疗领域，在医疗设备采集的影像帧率和分辨率不断提高的基础上，计算机视觉技术首先被用来检测组织病变和病理图像分割，为医生诊疗过程提供更丰富的图像信息；之后基于多维度图像的图像配准和三维可视化重建技术，提高了病理检查的效率，也消除了检查过程对病体的影响。在 2017 年苹果将 Face ID 应用在 iPhone X 上之后，人脸识别功能开始进入人们的日常生活，并在随后铺天盖地地流行起来，从人脸身份验证到照片视频自动编辑美化软件，处处可见计算机视觉技术的身影。在工业领域也有许多计算机视觉技术可以发挥的空间，比如用于物料仓储管理，在无人介入状态下自动完成物料识别、数量清点并上传数据，实时为工作人员提供物料储备信息，方便进行管理。此外，计算机视觉是工业机器人的关键技术之一，通过与机械装置配合可以实现产品外观缺陷检测、质量检测、产品分类、部件装配等功能，减少人工重复劳动工作，大大提高工业生产效率。复杂程度更高也更倍受期待的计算机视觉应用在于汽车自动驾驶，使用计算机视觉算法快速对汽车周围的环境图像进行对象检测、识别、分类，配合其他传感器的数据信息组合分析，使汽车具有实时"看见"车身周遭环境的能力，从而能够自动控制汽车安全有序地行驶。然而，新的技术应用也会带来一些争议，比如零售业将计算机视觉算法和店铺摄像头结合使用，识别出客户身份及其行为特征，并根据这些信息为其提供针对性而非标准化的服务方式，这引起了关于侵犯消费者隐私问题的广泛讨论。中国信息通信研究院统计数据显示，中国 2016 年的视觉人工智能行业市场规模为 11.4 亿元，到了 2019 年市场规模已经达到了 328.2 亿元，年均复合增长率达到了 206.5%，足以见得计算机视觉行业近年来发展非常迅猛，其中市场占比最大的应用领域是安防影像。

显然，在数字化浪潮下，计算机视觉技术已经在为工业生产提高效率、为日常生活带来便利上发挥了不可取代的作用，随着技术的进一步发展和需求的进一步挖掘，计算机视觉技术将在更广泛的产业中得以应用，发挥出传统技术无可比拟的优势。

1.2 建筑业工地现场的特点及对计算机视觉的需求

建造施工作业通常处于露天开放环境，而且作业空间尺度变化大，大型施工机械多，施工周期长，项目参与人数众多且流动性大，同时施工人员普遍受教育程度较低。施工开始后，人、机、料、法、环等要素随时在发生变化，而管理人员往往只依靠自身经验进行管理工作，信息获取不及时、不全面，无法完整覆盖到工地现场的复杂情况，这导致了现场管理混乱，施工成本上升，甚至埋下了安全隐患。《建设工程安全生产管理条例》《建筑施工易发事故防治安全规程》《施工升降机安全管理规定》等文件正是政府主管部门在建筑工地事故频发的情况下，为指导建筑工地安全规范进行生产活动而推出的强制要求，而且在安全方面的法律法规仍在不断完善，安全管理所包含的内涵也在不断丰富和深化。因此，传统的现场管理手段已经逐渐不再适用于新的生产场景和监管要求，许多建筑项目把目光转向了引入新型现代的现场管理方式以寻求解决方案。

另一方面，由于中国的人口结构趋于老龄化，同时年轻人就业方向多元化，以及农村地区的快速发展导致城乡差距缩小，年轻人建筑业从业意愿越来越低，新增年轻工人的数量不断减少，建筑工人群体平均从业年龄正在不断增大，建筑业的劳动力增长能力严重受限。但同时由于国内建筑业仍处于高速增长期，建筑工程总体规模越来越大，所需的劳动总量也随之不断增加，因此提高建筑业劳动生产率来满足建筑业生产要求迫在眉睫。

随着信息化、数字化进程不断加快，传统产业纷纷与新兴数字技术融合迸发出新的活力。"中国制造 2025"概念的提出也要求紧密围绕重点制造领域关键环节，开展新一代信息技术与制造装备融合的集成创新和工程应用，开发智能产品和自主可控的智能装置并实现产业化；《"十三五"国家科技创新规划》中指出人工智能方面要重点发展大数据取得的类人智能技术方法，突破以人为中心的人机物融合理论方法和关键技术，研制相关设备、工具和平台；《"十四五"规划纲要》中更是强调了发展人工智能应以产业的融合应用与产业数字化转型为核心目标，进而逐渐形成数据驱动、人机协同、跨界融合、共创分享的智能经济形态。

因此，建筑业也在不断寻求着借助数字技术转型升级跟上时代步伐的路径。计算机视觉技术被引入到建筑业中，带来了新的信息传递和处理模式，给现场的高效管理提供了有力工具，这可以一定程度上解决建筑业的上述问题。一方面，结合现场监控设备，计算机视觉可以利用视频图像进行实时比对、识别现场人员身份，记录人员流动情况、设备使用情况和物料仓储情况，形成数据、图像提供给管理人员作为现场决策的依据，大大提高了工地现场对人员和设备的管理效率和质量，从而提升施工作业效率，加快工程进度；另一方面，通过现场各个场景的全方位监控，对施工人员不安全着装、不安全行为以及环境异常状态的实时识别并及时警告，可以更全面更有效地进行现场安全管控和安全教育，排除安全隐患，防止事故发生。

2 品茗视频 AI 技术要点

2.1 品茗视频 AI 关键技术

品茗视频 AI 产品开发主要针对以下几个组成部分进行：

（1）训练样本获取，主要包括样本素材的采集、标注、清洗等；

（2）算法模型训练；

（3）调度服务层，主要对接摄像头视频流，实时调度算法，并高效处理数据及抓拍图片存储；

（4）Web 服务层，主要获取算法识别结果、处理抓拍数据、整合信息，视频流画面实时展示在前端 Web 页面上，同时联动喇叭语音提醒；

（5）云端大屏，支持实时汇总抓拍数据、分类统计，在监控大屏上实时展示与预警，便于项目或企业管理人员远程监控；

（6）移动端应用，支持实时通知业务管理人员，便于及时处理各类告警事件；

（7）监控摄像头，支持海康、大华、华为等摄像头主流厂商。

品茗 AI 产品的开发过程注重每个环节的标准管理和核心技术把控，其中各个环节的关键技术如下：

（1）训练样本获取：结合建筑工地智能管理需求分析，制定出算法所需素材场景标准和素材标注标准。视频素材从工地现场实地取景录制，对视频图片进行切割处理后，分发进行人工标注和审核管理。符合合格标准后对其进行进一步加工，供算法模型训练使用。

（2）算法模型训练：精心设计目标检测网络结构，分别采用 Anchor-free、Anchor-based 神经网络结构进行图像识别，并通过加入注意力机制，进一步提升检测效果。同时，利用 ONNX 中间转换模型结构实现模型 TensorRT 加速，实现算法识别率达到 95％以上，识别速度 2~3ms。

（3）调度服务层：调度端程序由 C++语言实现，程序实时调用 GPU 解码器对视频流进行解码并传递到算法，算法调用前向推理框架 TensorRT 前向推理，再调用 GPU 编码器对算法结果进行编码，输出实时视频流，将附带算法结果的实时视频画面输出到显示终端设备。该调度端程序处理策略能够保证多算法高效实时同步运行，可以实现每秒检测 25 帧图像，每帧画面算法识别时间在 10ms 以内的检测识别能力。

（4）Web 服务层：以品茗视频 AI 产品单机版 Web 服务层和调度服务层的交互流程为例：调度服务层通过算法对摄像头传输的视频帧进行分析，当判断出某个警报达到触发条件，就收集该警报中的相关信息，然后通过 RPC 框架把数据异步发送到单机版 Web 服务层的 Java 端程序。Java 端程序收到数据后对其进行处理，并将数据保存到本地数据库，同时上发到云端；同时支持多台电脑终端展示带多算法识别框的实时视频流。

（5）云端：主要通过 Kafka 等消息中间件统一采集各端实时数据，针对不同价值维度对数据进行处理，最后经过统计分析将结果进行图形化展示，向用户呈现现场实时监控数据，体现施工过程管理的先进性；其中前端页面使用 React 构建用户界面，并使用 ECharts 对数据进行可视化，并对 flv. js 进行深度改造，将实时视频方面延迟缩小到 1s 左右，技术达到业内领先水平。

（6）移动端应用：为了便于项目管理人员能及时处理 AI 系统的告警事件，基于 APP 实时推送技术实现了手机移动端告警事件的实时提醒及处理。

（7）监控摄像头：支持 RTMP、RTSP 及 HTTP 等协议的网络摄像头，主要包含枪机、半球、球机、双目球机、鱼眼、复眼等，满足建筑工地复杂多场景的监控需求。

2.2 品茗视频 AI 的具体技术指标，以及检验测试方法、测试结果算法精确率测试

目前品茗视频 AI 产品包含图像算法 20 余种，最受市场欢迎的算法包括安全帽识别、反光衣识别、人员越界检测、人员统计、口罩识别、人员区域入侵、渣土车密闭识别 7 种。本节列举了这 7 种算法的测试结果，统计如下。

由于不同算法具有特殊性，施工场景复杂多样不能穷尽，检验方法主要通过采集工地现场实地图像抽样进行验证。通过设置检测对象识别间隔时长，分别记录识别图片/视频成功的期望数量、误报数量、漏报数量，并进行统计分析。

以安全帽识别算法测试为例，数据处理方式如下：

精确率公式：正确识别/（正确识别＋错误识别）；

正确识别：测试样本中存在佩戴安全帽且识别结果已佩戴，以及未佩戴安全帽样本且识别结果为

未佩戴记录为正确识别；

错误识别：样本中已佩戴安全帽且识别为未佩戴，未佩戴安全帽且识别为佩戴，不是安全帽的识别为了已佩戴或者未佩戴都记录为错误识别。

测试过程：将识别阈值设置为 80，使用一路摄像头的视频图像进行安全帽识别测试，导入可识别的样本图片，记录算法识别的结果。

这 7 种算法的测试结果统计如表 1 所示。

品茗视频 AI 产品算法测试结果　　　　　　　　　　　　　　表 1

品茗视频 AI 产品识别率统计（检测方法：场景样本统计）

序号	算法名称	精确率	召回率	误报率	漏报率	测试素材（图片）	测试素材（视频个数）
1	安全帽识别	96.98%	77.54%	3.02%	22.54%	1089	12
2	反光衣识别	98.77%	75.26%	1.23%	23.74%	223	13
3	人员越界检测	99.31%	83.59%	0.69%	16.41%	17	6
4	人员统计	98.10%	92.92%	1.90%	4.08%	67	2
5	口罩识别	95.32%	95.32%	4.68%	4.68%	0	3
6	人员区域入侵	96.47%	100.00%	3.53%	0.00%	0	6
7	渣土车密闭识别	96.68%	92.18%	3.32%	5.15%	126	6

（1）系统并行容量测试

同时，品茗视频 AI 产品支持多路算法同时运行，以下为容量测试方法：

测试使用硬件参数配置如下：

主板：华硕 PRIME Z370-P

芯片：酷睿 I7 8700 6 核

散热器：乔思伯 TW2 240 601 水冷

内存：金士顿 8G DDR4 2666 ＊ 2 （16G）

显卡：华硕 GTX1660 6G ＊ 2

机械硬盘：WD 1TB

机箱：4U 工控

电源：海盗船 RM750X 金牌

服务器运行环境：Ubuntu 14.04/16.04，MySQL 5.6 版本

开发语言：Python，C++，java

测试设备：海康 200 万像素摄像头

机型：球机，半球，焦距（4mm，6mm，8mm 规格）

测试过程：测试系统接入了 10 个摄像头，10 个摄像头分别配置了以下 8 种不同算法：安全帽识别，反光衣识别，吸烟检测，安全带检测，人员区域入侵，人员越界检测，明火检测，烟雾检测，合计 80 路算法。

结论：连续运行测试 7×24h，每种算法识别正常，表明在这个系统配置下，该系统支持 80 路算法同时运行。

（2）视频分辨率测试

测试目标：视频分辨率对 AI 识别的性能测试。

测试设备：见表 2。

视频分辨率测试设备表 表2

摄像机品牌	支持型号	摄像头类型
海康摄像机	400百万像素全彩网络摄像头 如：DS-2CD3T45-I3 8mm	枪机摄像头
大华摄像头	400万星光红外定焦枪型网络摄像机 如：DH-IPC-HFW2433M-I1 8mm	枪机摄像头
海康摄像机	300万鱼眼监控摄像机 如：DS-2CD2935FWD-IS 1.16mm	鱼眼全景摄像机
海康球机	高速球机360°控制旋转高清监控摄像头 如：DS-2DC4120IY-D	球机
海康补光摄像机	DS-2CD7A27FWD-LZ	枪机摄像头 （人脸抓取）

以上面摄像头型号测试为例：高像素摄像头有更好的画面清晰度表现，但AI识别系统通过拉取摄像头实时视频帧进行分析，画质越好，每一帧图片占用网络带宽就越大，画面中需要处理的运算信息也会越复杂。这样除了对建筑工地的网络带宽要求更高以外，也需要更高的AI服务器显卡性能进行运算，因此过高像素的摄像头会增加系统负担。在部署品茗视频AI产品时，摄像头配置视频分辨率传输达到1280×720px即可满足AI系统识别的像素需求。

（3）光照测试

测试目标：安全帽佩戴识别算法光照测试。

测试设备：海康网络摄像头200万像素；照度计（测量光照强度）；硬盘录像机（存储视频）；安全帽（黄色）。

测试步骤：在测试工地分别选择晴朗天气状况和阴雨天气状况进行两次测试，在两次测试中均设置每隔2h进行10min取景，测试场景范围内均安排佩戴安全帽人员进行活动。

测试结论：在光照均匀，亮度达到100～900lux的环境中，AI系统对安全帽的识别效果较好；而在光照达不到指定要求，或是出现逆光、强光和阴阳脸场景时，AI系统识别效果明显下降，需要对局部进行补光处理，以提高AI系统识别能力。

2.3 与同类产品对比情况

在深圳市住房和城乡建设局2020年8月24日发布的《视频AI能力提升实验室阶段测试报告》中，杭州品茗安控信息技术股份有限公司参加测试的"慧眼AI"系统和"AI无感通行考勤"系统在7家企业中脱颖而出，夺得综合排名第一位。

品茗视频AI产品获奖情况：

《视频AI能力提升实验室阶段测试报告》——杭州品茗安控信息技术股份有限公司综合排名第一。

《2020年中国国际服务贸易交易会》——"品茗建筑施工视频AI系统"（简称：小茗AI）荣获"发展潜力示范案例"奖项。

《中国软件行业协会》——品茗视频AI监控系统荣获2020年度优秀软件产品。

3 品茗视频AI提升建筑业安全水平

3.1 品茗视频AI特点及适用范围

品茗视频大数据结构化平台是面向智慧工地等项目建设，针对行业视频图像大数据进行人工智能解析的一个基础平台。平台支持各类视频图像数据接入，可进行安全帽/反光衣/安全带等安全着装特征识别、行为/事件检测等多种智能化应用，同时也是一款集鲁棒性、智能性于一体的视频大数据处理平台。

平台可为业务部门提供定制化视频算法及优化，实现结构化数据的输出，提升业务部门对上层视频深度应用的能力，为构建建筑领域智慧大脑提供关键技术支撑。本产品主要面向以下工地现场五大场景提供服务。

（1）工装规范监护

系统基于图像识别技术，提供人员安全着装识别和告警服务，覆盖进出场通道、主通道、大场景作业面等场地，联动实名制系统实时记录信息，打通信息壁垒、监管信息全线贯通。

应用场景：重点在工地进出口和工作场所，通过音柱的安全提醒、抓拍入口处大屏展示等方式对不规范的着装行为进行提醒，提高工人对安全工装规范的执行力度，见图1。

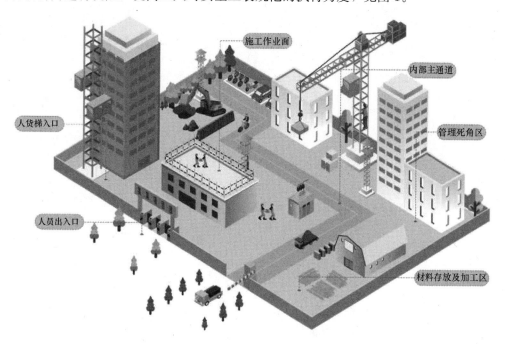

图1 品茗AI安全着装管理系统布置范围

（2）异常行为提醒

产品可结合现场视频监控系统，在危险区域、工地周界等处配置区域入侵和越界检测算法，提供安全风险事件识别和告警服务，实时提醒入侵人员尽快离场，保障人员及财产安全。

应用场景：在高压变电站区、深基坑洞口和工地围挡等危险区域进行监控，防止人员擅闯。

（3）辅助现场巡检

在项目高点部署双目球机，其中枪机做大范围宏观监控，球机自动巡航并变倍抓拍，过程中可自动进行AI识别，判断现场工人是否存在未戴安全帽、未穿反光衣等异常行为，相比传统定点监控的形式，双目球机能够有效扩大监控覆盖面，加强管控力度，节约成本，适用于更加开阔的场景。

应用场景：针对工地复杂的作业面，可实现全作业面监控，在高点部署双目球机，实现大范围监控，并自动变倍追踪运动物体，最远识别距离可达百余米。

（4）文明施工巡查

基于AI车辆识别技术，通过在车辆冲洗区域部署摄像机，对出入工地的车辆冲洗情况进行检测，识别车辆冲洗过程，车辆冲洗是否充分等，同时结合车牌识别，对车辆拍照留证，进行全方位的监测管控，并将信息同步上传至云端管理平台。

应用场景：车辆出入口，车辆冲洗区域。

（5）安全作业提醒

产品基于明火识别、烟雾识别、吸烟识别等算法，全时侦测、分析、挖掘前端视频图像数据，提供火灾安全风险事件识别和告警服务，满足不同工地应用场景安全管理需要。

应用场景：安装在工地电动车停车棚，监控电动车充电过程中的火灾；安装在顶棚等夏季高温区，7×24h进行监控；安装在电焊作业区域，对可能的电焊点燃可燃物情况进行监控；安装在办公区等禁烟区域，有人违规吸烟立即告警提醒，见图2。

图2 品茗AI火灾预警管理系统布置范围

3.2 品茗视频AI为建筑业带来的效益

品茗视频AI系列产品不仅可以为建筑施工现场提供更全时全面的安全预警信息，更能提高生产、管理的执行效率，加快施工进度，降低建筑施工全周期成本；此外，通过实时监测周边环境情况，也能及时调整施工状态，降低施工作业对附近环境造成的影响，减少环境破坏。

无感考勤系统通过整合人脸识别技术和实名制，在保证考勤信息完整的前提下，极大地提高了施工人员出入工地的效率，也杜绝了无关人员进入工地形成安全隐患的可能，减少了工地出入口管理的工作负担。车辆冲洗监测系统监测车辆冲洗时长并对车辆信息进行实时记录方便追责，对异常车辆情况进行及时提醒，有效地保证了车辆出入工地的冲洗清洁工作，对维护市容市貌起到了显著的效果。而无人值守安全员系统能全天候对工地现场各类场景进行实时监控识别，出现异常及时发出报警信息，极大地增加了工地现场的安全保障，同时也能对各类数据信息进行保存整理展示，使安全管理效率得到大大提升。

此外，视频AI产品在建筑业的引入，降低了建筑业安全事故发生的可能，大大提高了建筑业从业人员的安全感，减少了加入建筑业工作的顾虑，一定程度上可以增加建筑业的劳动力。同时，建筑业安全事故往往会引起社会上的广泛影响，事故数量的减少，可以促进社会安定。而且视频AI产品的应用促进了建筑业的数字化进程，建筑业作为我国支柱产业，其数字化转型升级必将为我国整体经济注入新的活力。

3.3 应用案例

（1）应用具体案例阐述

西湖大学项目案例

项目概况：2019 年 12 月，杭州市西湖区委九届八次全体（扩大）会议上提出，围绕西湖大学云谷校区，启动占地约 15km² 的西湖大学城建设，规划将科学研究与科技城产业发展紧密联动，打造 66 万 m² 产学研接产基地，将高等教育、研究实验、成果转化、企业孵化、产业载体等紧密结合，谋划西湖大学产学研公共服务平台、成果转化和产业化平台，将科学研究与科技城产业发展紧密联动，全力打造人才高地、创新高地和产业高地，到 2030 年全面建成为全省乃至全国的科技创新策源地。西湖大学云谷校区位于西湖区紫金港科技城云谷区块，总规划用地 1495 亩，2018 年 4 月 3 日一期启动区项目开工，2019 年 4 月 3 日占地 635 亩的项目一期工程全面开工，并于 2020 年 6 月底结构封顶，9 月 30 日二次结构施工完成 90%，综合机电安装陆续进场，室内装饰工程开始样板段施工，工程面临最为复杂的各专业交叉施工阶段，2020 年 11 月，项目占地 125 亩的二期工程正式开工，现场工程人员已经超过 1000 人，在施工高峰期估计最多将达到 3500 人。

根据西湖大学云谷校区项目智慧工地系统的现场工程人员统计数据，实时动态单日在场人员总数为 1168 人。通过对一段时间内的人员考勤统计数据进行分析，发现如下问题：①闸机设备采集人员数据与现场上报数据存在部分偏差；②工地考勤率持续走低，无法达标实现考勤效果；③上班高峰期间，存在外来人员尾随工人进入工地的情况。经分析，这些问题背后主要有以下原因：上下班高峰期人流量大，为了避免出入口拥堵，提高人员通行效率，管理人员将闸机全部开放，让工程人员快速通行，导致考勤率降低，并且无法对外来人员尾随工人进入工地进行有效管控，见图 3。此外，项目上的施工人员安全意识薄弱，存在不规范穿戴安全帽、反光衣等安全装备的现象。

图 3　传统考勤方案导致通行效率低下

为解决这些问题，提高项目人员管理水平、消除工地安全隐患，项目采用了品茗视频 AI 产品进行工地现场的管理方式改革。

品茗视频 AI 解决方案：在整个项目范围增设 20 余处 AI 识别监控系统，对项目全局进行实时监控。在工地出入口处安装枪机摄像头，配合品茗 AI 无感通行考勤系统使用。该系统配置了人脸对比、人员跟踪等算法，联动项目人员实名制系统，在早晚高峰期闸机开放时段，使用摄像头进行人脸识别工作，并自动更新考勤信息。同时，当检测到画面中出现实名制名单外的人员，可自动进行语音提醒，同时发出平台报警，及时通知安保人员注意，防止无关人员尾随进入工地。在大门处和通道处等重要场所安装摄像头，配合品茗 AI 安全着装管理系统使用。该系统配置了安全帽佩戴识别、反光衣穿着识别等算法，联动人脸识别和人员实名制系统，对工人的安全着装佩戴情况进行实时动态识别，在识别到不规范穿戴行为时进行智能提醒。

（2）案例中品茗视频 AI 的效果

项目在工地 3 个主要的出入口部署了基于 AI 人脸识别技术的 AI 无感通行考勤系统（图 4），并采用广角摄像头全面覆盖进出场通道，远距离抓取面部信息，自动检索识别人员身份，实现上班不排队、考勤不作假、访客防擅闯、通行更快捷的目的。该 AI 无感通行考勤系统启用后，项目最快通行速度提高到 30 人/min，使考勤系统效率提高了 500%，考勤率从原先的 50% 左右提升到了稳定 80% 以上，有效地规范了考勤秩序。同时，项目在工地门禁处、主通道等位置部署了 AI 安全着装管理系统，并与实名制系统进行关联，系统识别出违规行为及人脸信息后，通过音柱实时播报违规人员姓名，同时将违规信息通过 APP 推送上报至管理人员手机进行提醒。经过几个月的运行，施工人员安全帽、反光衣规范穿戴率提升了 30% 以上，同时降低了安全管理的人力成本，产品效果获得客户充分认可。

图 4　品茗无感考勤系统界面

4　展望

4.1　总结

品茗视频 AI 产品作为一个面向智慧工地建设，针对视频图像大数据进行人工智能解析的基础平台，能通过接入工地现场的各类监控视频图像数据进行识别监测工作，提供工装规范监护、异常行为监视、辅助现场巡检、文明施工巡查、安全作业提醒五大场景的应用，为工地现场作业人员提供了安全保障，也减少了管理人员的工作负担。

目前，工地现场的视频 AI 产品仍处于起步阶段，市场正在快速增长，品茗视频 AI 产品已经在业界得到了广泛的应用，为萧山机场三期扩建工程、深圳龙华文体中心项目、阿里巴巴北京总部项目、揭阳机场项目、长龙航空创新智能维修保障主基地项目等大型项目工地现场提供了长期有效的安全保障。在 2020 年，品茗视频 AI 产品安装产值已经达到人民币 1012 万元。

4.2　品茗视频 AI 的未来规划方向

计算机视觉与建筑业的整合仍处于起步阶段，以上所述在建筑业使用的计算机视觉技术产品仍局限在解决建筑业的局部问题，主要关注点是在安全保障方面的问题，而未能更全面地深入到建筑工程的主体建设过程中。但是可以看到，计算机视觉技术在建筑业还有巨大的发展空间。

计算机视觉技术正朝着增强抗干扰能力，提升动态环境主动识别能力，在线无监督学习，图像预测处理等方向发展，将会带来更加丰富的应用成果。因此在建筑业施工作业过程中，除了将现有的视频 AI 产品功能进一步强化完善，使其有更强大的使用效果外（比如增强人脸识别抗干扰能力、扩大单路算法监控目标范围），把新技术引入到项目施工的更多工作环节中，提供更多工具优化施工过程将是计算机视觉技术在建筑业的重要发展方向。

比如通过对象识别能力，它可以将工地现场进度形象与设计图纸进行实时比较，判断工程质量是否合格、结构与图纸有无出入、工期与计划相比是否按时进行；此外，将无人机配合高清摄像头使用，可以监控工地现场全局的人员车辆行动轨迹，通过检查多次的长行程可以优化现场布置，减少时间浪费，提高协同效率；用摄像头对工地现场周边环境进行监控，检测到扬尘超标进行喷淋降尘工作、检测裸土是否及时覆盖进行提醒；识别施工设备作业主要范围，对施工场地布置设备调度进行优化提高利用率等。

品茗视频 AI 产品，未来也将利用自身技术优势，将更多科技成果引入到建筑业中来，为建筑业信息化转型助力。

作者： 方敏进　陈可越（杭州品茗安控信息技术股份有限公司）

以数据为抓手　提升数字建造水平

Driven by Data　Improving Digital Construction in a Higher Level

数字建造是智能建造、智慧建造的必由之路。数据既是数字建造赖以实现的输入条件，也是数字建造为企业数字化、建筑产业数字化、智慧城市建设管理等更高层面应用服务的输出结果。实现数字建造需要综合采取技术、产品、标准、政策、人员、制度等各个方面的相关措施，需要集成应用以建筑信息模型（BIM Building Information Modeling）为基础的云计算、移动通信、物联网、人工智能、大数据、扩展现实、区块链等信息和通信技术，而所有这些措施和技术操作的基本对象则是描述工程项目过程和结果的各种数据，数据是数字建造实现和提升的基础。

经过十多年特别是"十二五""十三五"两个五年计划的努力，在前面提到的各种实现和提升数字建造的相关影响因素中，软硬件技术和产品有了一定的积累，形成了一部分以 BIM 为主的国家、地方和团体标准，住房城乡建设部和部分省市针对不同类型项目制定了相应的强制或鼓励政策，大部分企业也进行了不同层次的人员培训和制度更新，具备了一定程度的数字建造能力；在上述提到的数字建造需要使用的信息和通信技术中，BIM、移动通信、云计算、物联网、扩展现实已经进入工程项目日常应用，人工智能、机器人在建筑业的应用也已经有了一些初步成果，大数据和区块链在建筑业的应用还处于初期摸索阶段。从 2018 年开始，在以 BIM 应用为标志的数字建造前期成果基础上，以广州、南京、厦门等城市和雄安、北京副中心、前海等片区为代表尝试开展城市信息模型（CIM City Information Modeling）的研究和示范应用工作，主要内容包括试点工程项目 BIM 辅助规划方案报批、BIM 辅助施工图审查和 BIM 辅助竣工验收备案等工作，并以项目信息模型为源头数据建立城市基础设施数据底座，开展智慧交通、智慧物流、智慧公安等智慧城市管理应用。以数字建造为基础的行业数字化转型、智慧城市建设管理等发展目标对数据的准确性、完整性和及时性提出了越来越高的要求。

数字建造需要应用的技术种类多、需要参与的产业链企业和人员范围广、需要涉及的工程项目从立项建设到运营更新拆除的周期长，需要解决的问题数量众多、关系繁杂，难度也越来越大。随着越来越多的企业和项目加入到数字建造和数字化转型的行列中，找到一条或几条主线、一个或几个有效的抓手来引领和支撑数字建造未来几年的发展其急迫性和重要性日益显现，毫无疑问数据一定是其中最基础和最有效的一条主线或一个抓手。

1　源头数据的可靠性：模图一致、模型法律地位、BIM（正向）设计

数字建造的源头数据形成于设计阶段，现阶段主要承载形式是项目 BIM 模型，而建造活动依据的法律文件是图纸。所以目前几个 CIM 示范城市在进行的 BIM 模型（辅助）建筑规划方案报建、BIM 模型（辅助）施工图审查、BIM 模型（辅助）竣工验收备案等试点工作本质上能起到的都只是辅助作用。

研究确立模型法律地位的提议基本上是与 BIM 推广应用同时发生的，但截至目前尚无实质性进展，主要原因是目前还不具备这样做的技术基础。那么，什么是模型法律地位的技术基础呢？这一问题的答案应该是非常明确也不会有争议的，那就是模型和图纸包含的项目信息具有一致性，因为只要模型和图形包含的项目信息有不一致的地方，目前的法律依据只能是图纸。因此模图一致是模型法律

地位的技术基础，换句话说，只要保证了模图一致，模型的法律地位自然就确立了，反之，模型的法律地位就无法确立。

理论上虽然通过人工和软件工具辅助检查等这些方法也可以做到模图一致，但真正实施起来需要花费的投入经济上很难承受，技术上也无法保证。要从技术上保证模图一致，目前能够找到的唯一可行办法应该是图从模出，也就是行业习惯所说的 BIM（正向）设计。

在这里做一点文字表达上的澄清，"BIM 正向设计"的说法理论上不够准确，准确的说法应该是"基于 BIM 的设计"，可以简称为"BIM 设计"，相对于目前普遍使用的"CAD 设计"而言。BIM 正向设计的说法有其发生和发展的过程，区别于 BIM 建模检查和专业协调，是指以 BIM 技术作为设计工具进行项目设计，项目全部或部分图纸从 BIM 模型导出的设计方法。这种说法业界已经普遍接受，并且能够准确传递其表达的真正含义，所以我们选择使用 BIM 正向设计这种说法。

另外一点需要说明的是，部分同行认为 BIM 设计不一定需要由模型出图，这个说法的真正成立需要一个前提，那就是模型成为设计成果的法定交付物。在此前提尚未确立的今天，我们认为用模型出图仍是 BIM 正向设计的必要环节。

推进普及 BIM 正向设计，确保 BIM 以及后续 CIM 等更多应用源头数据的可靠性，应该是下一阶段设计 BIM 应用的主要工作，也是数字建造能够更高层次实现和提升的必要条件。

2　过程数据的完整性：平台、轻量化、数据互用、自定义数据格式、统一数据环境 (Common Data Environment，CDE)

协同平台和轻量化是"十二五""十三五"期间国内 BIM 应用和数字建造推进过程的两个高频词汇，我们也应该是全球对这两个工作投入资源和力度最大的国家或地区，能看到几乎所有软件企业都在协同平台和轻量化上进行了研发投入，同时也有许多建筑企业对协同平台和轻量化产品进行了项目实际应用。平台和轻量化基本上是一对孪生兄弟，为了让 BIM 模型能够通过各种平台被项目所有参与方在不同网络环境、不同终端设备上共享，轻量化成为必然的选择。

轻量化交付是项目完整数据的一个子集，是一种对项目完整模型数据单向的、不可逆的输出成果，轻量化和协同平台解决了 BIM 应用中不同地点、不同参与方的部分成果快速共享问题，但忽略了对数字建造、智慧建造而言更为重要、也更为根本的数据完整性问题。

除了协同平台和轻量化之外，数据互用和自定义数据格式是另外两个国内 BIM 应用和数字建造领域的高频词汇，数据互用是指不同软件之间的数据交换和共用能力，涉及不同软件使用的不同数据格式。一个软件和一家供应商的软件无法解决项目建设和使用过程中的所有问题，是一个无法改变的基本事实，这就必然带来不同软件之间的数据交换问题，既然现有的数据格式都不能支持所有数字建造活动，是否可以自定义一种数据格式来更好地满足自己的需求甚至解决数据互用问题呢？目前雄安的 XDB 和广州的 GDB 就是这种尝试的代表。

请大家注意，上述所有对数据共享（平台）、数据减重（轻量化）、数据交换（数据互用）、数据管控（自定义数据格式）的努力都是对原始项目数据不同形式和目的的操作方法，但对这些原始项目数据是否完整、是否一致，缺乏足够的关注。过去十几年我们的 BIM 应用和数字建造工作在对这个完整数据的操作上下了比较大的功夫，而对建立和管理这个完整数据本身下的功夫却非常不足。

统一数据环境是英国 BS1192-2007（Collaborative production of architectural，engineering and construction information，目前已升级为国际标准 ISO 19650-1& ISO 19650-2）建议的解决建设过程项目数据完整性和一致性的方法，目前已经受到英美业界同行比较普遍的认可。虽然具体实现层面 CDE 需要使用相应的软件工具，但 CDE 本身不是一个或几个软件工具，而是一套保障项目数据完整性和一致性的方法。

BS1192-2007 对 CDE 的定义为：The common data environment (CDE) is the single source of information used to collect, manage and disseminate documentation, the graphical model and non-graphical data for the whole project team (i. e. all project information whether created in a BIM environment or in a conventional data format). Creating this single source of information facilitates collaboration between project team members and helps avoid duplication and mistakes.【参考译文：统一数据环境（CDE）是为整个项目团队用于收集、管理、分发文档、图形模型和非图形数据的单一数据来源（即所有项目信息，不管是在 BIM 环境中创建的，还是用传统数据格式创建的），创建这个单一信息来源支持项目团队成员之间的协同作业，帮助避免重复劳动和错误】。

CDE 是一个可以借鉴的概念，但具体实现方法需要我们自己研究和实践。解决项目过程数据的完整性和一致性问题，应该作为数字建造下一阶段必须要投入的重点工作之一，因为只有在具备项目完整数据的基础上，解决项目所有参与方共享一致性信息的协同平台、提供数据不同目的使用的轻量化、解决不同软件之间数据交换的数据互用解决方案，以及提高数据自我掌控能力的自定义数据格式等数据操作方法才能真正成为有源之水、有本之木，以 BIM 应用为基础、集成应用其他信息和通信技术的数字建造也才有了可以赖以支撑的项目数据基础。

3 结果数据的真实性：模图实一致、数字孪生、城市信息模型（CIM）

项目 BIM 模型组成城市 CIM 模型，在数字模型的基础上实现数字孪生，这是技术发展趋势。问题在于什么样的项目 BIM 模型组成的城市 CIM 模型才能真正实现 CIM 的目的，即支撑智慧城市建设和管理的作用？

同一时间段内一批新技术、新概念集中进入建筑业是这个时代行业技术研究和应用的特点之一，也是数字建造和其他新型建造方式得以实现和提升不可或缺的技术支撑。但目前普遍存在一种争先恐后和操之过急的现象，有些概念在自身定义尚不清晰的情形下就被大量不适当引用，有些技术在自身应用还存在根本性问题没解决的时候又被作为其他技术应用的基础，数字孪生和 CIM 就是这类比较高频率出现的其中两个专业术语。

数字孪生和数字模型的根本区别在于数字模型与工程实体之间有无相互关联作用的关系，两者之间有相互作用关系的数字模型称之为（工程实体的）数字孪生，两者相互作用的范围和程度可以看作是数字孪生的水平。由此不难看出，工程实体出现之前只有数字模型或虚拟设计和虚拟施工等，并没有数字孪生。近期多处看到"基于数字孪生的设计"这一类表达，是否合适，值得商榷。

CIM 被定义为支撑智慧安全、智慧交通、智慧城管、智慧社区等智慧城市应用场景服务的数据底座，但是到今天为止，CIM 还只是一个概念或理想，并没有相应的理论体系和技术产品，目前比较普遍的对 CIM 技术或产品的描述为"CIM ＝ GIS＋BIM＋IOT"，这种说法缺乏说服力。GIS＋BIM＋IOT 是支撑智慧城市数据采集、管理和应用的几个主要技术，能够解决 CIM 想要解决的一部分问题，但 CIM 本身的理论体系和技术产品仍然是一个需要进一步研究的课题。

竣工文档和工程实体的一致性问题是行业长期和普遍问题之一，城市 CIM 模型从项目 BIM 模型中来，因此，城市 CIM 模型能够起作用的前提条件就是其依托的所有项目 BIM 模型数据的真实性，即 BIM 模型中包含的项目数据与建成的工程实体具有一致性。BIM 正向设计可以解决模图一致问题，模图实一致则需要与之匹配的施工管理流程和标准，做到按模和按图施工，以及根据工程实体最终建造情况更新模型数据。

模图实一致施工管理和实施方法是数字建造成果转化为工程实体的最终环节，也是涉及参与方和人员最多、经历时间最长、完成建造成本最大、复杂程度最高的环节，在产业数字化和数字产业化以及工程数据支撑智慧城市建设管理的今天，保障数字建造结果数据真实性已经成为一个必须要解决的重点工作。

4 围绕项目数据打造数字建造实现和提升环境

本文开头提及，数字建造作为建筑业数字化转型的核心任务，涉及需要使用的技术和软硬件产品，相关的政策、标准和制度，以及参与其中的从业人员思维方式和应用技能等多个因素，过去十多年我们在这些工作上已经进行了不同程度的探索和积累，总体而言，推广普及的成果较大，但深入应用的成果并没有满足行业预期，因此，"十四五"期间行业数字建造的工作重点应该放在哪些地方，已经成为一个我们必须要回答的问题。

对建筑业企业而言，其主要角色是各类软硬件产品的使用者，而不是研发者，因此选择与企业核心竞争力、项目特点和业主需求、市场竞争需要匹配的软硬件产品是建筑业企业和从业人员的主要任务。研发和应用自主可控软硬件产品是一个长期任务，自主可控软硬件产品的生命力除了国内市场需求外，还在很大程度上取决于底层技术和研发工具的自主可控、开放的国内市场与全球同行竞争、国内企业参与全球市场竞争等复杂问题。自主可控软件研发目前总的情况是说的太多，做得太少，实际进展不大，需要静下心来，以5~10年为单位进行研发和应用部署，持续努力才有可能看到实质性变化。就建筑业本身而言，无论是站在行业角度，还是站在企业角度，比软硬件产品更应该重点关注的是工程项目的数据，掌握数据把控安全，开放工具鼓励创新，已经被不少行业证明为成功的发展战略。

"十二五""十三五"两个五年计划内，与数字建造有关的全国性和主要地方性行业政策已经发布了几十项，自《建筑信息模型应用统一标准》GB/T 51212—2016 发布至今，全国和主要地方发布和立项的 BIM、CIM、智慧工地等数字建造有关的标准也有数十项甚至更多，这些政策和标准对推动以 BIM 应用为基础的数字建造发展起到了积极的指导和引导作用，在此基础上非常有必要对这些政策和标准的执行情况进行评估，从而为制定新的政策和标准体系提供支撑依据。从数字建造的发展现状和相关政策标准的执行情况来分析，增加政策标准的系统性、可实施性和执行力，解决模型法律地位（或者更具体一点，确立模型数据的法定应用范围和应用场景），配套研发政策标准执行工具等，将是下一阶段数字建造相关政策、标准领域需要开展的重点工作。

人员能力和项目团队构成一直高居 BIM 应用与数字建造水平提升影响因素前列，这里面包括两个方面的问题，一个是现有工程技术和管理人员需要掌握与其专业或岗位对应的数字建造相关技术应用能力，另一个是在原有团队成员基础上需要增加 BIM 应用和数字建造规划决策、技术支撑和信息管理等方面的兼职或专职岗位，后者的种类和数量与团队原有人员的能力、使用的技术种类和程度、要求实现的数字建造目标等有关。当然，与人员能力和团队构成变化伴随的还包括企业和项目管理制度、流程等，本文不做展开。

根据前面的分析，以工程项目数据为抓手，制定政策标准、提升人员能力和调整团队构成解决数据全生命期管理和应用问题，推进 BIM 正向设计解决源头数据可靠性，建立统一数据环境（CDE）解决过程数据完整性，实施模图实一致施工管理方法解决结果数据真实性，既是实现数字建造必须解决的基础性问题，也应该是提升数字建造水平的有效途径。

作者：何关培（广州珠江外资建筑设计院有限公司；广州优比建筑咨询有限公司）

第五篇 学习和借鉴

随着"走出去"战略和"一带一路"倡议等不断推进，我国对外承包工程规模持续扩大，2020年，对外承包工程业务完成营业额 10756.1 亿元人民币，新签合同额达到 17626.1 亿元。74 家中国企业入围 ENR 国际承包商 250 强，国际收入总和占据了 ENR 国际承包商 250 强 24.4% 的国际市场份额。同时，由于国内工程市场的趋于饱和，承揽国际工程的重要性日益凸显，增强对全球国际建筑工程市场的理解，对国际化战略与提升国际竞争力具有重要意义。

学习借鉴国外先进建筑技术及国际建筑政策法规，是我国建筑企业参与国际市场竞争的重要途径，也是建筑企业建筑技术创新、增加国内市场空间、实现可持续发展的必然选择。多年来，国内建筑市场学习借鉴国际先进的建筑技术，不断吸收引进并研发创新，在地下空间技术、超高层技术、跨海桥梁、城市交通建设、绿色节能等领域创造了一个又一个建筑奇迹，打出了中国建造的品牌。

学习借鉴篇共收录了八篇稿件，从不同视角对欧美发达国家建筑技术进行汇总梳理和对比分析，为我国建筑业的发展提供借鉴。本篇文章对比分析了我国建筑业与发达国家在制约体制、标准规范、技术产品等方面的差异，总结了新形势下我国建筑业与国际惯例进一步接轨的发展需求，明确了适合我国国情的建筑产业转型的标准指标，提出了适应我国社会发展现状的低碳发展和城市更新等关键技术特点，建议了促进未来高质量发展方向的建筑管理和技术体系。

我国工程建设标准化改革正在纵深开展。借鉴发达国家法律法规标准化先进经验和做法，结合我国发展实际，建立完善具有中国特色的标准体系和标准化管理体制，是我国标准化改革的重要原则和目标。《国外建筑法规共性和特性研究》以房屋建筑为对象，就部分发达国家建筑法律法规进行研究。

《国内外既有建筑绿色改造和运行评价标准对比分析》对国内外既有建筑绿色改造和运行评价标准进行对比分析，通过对欧美发达国家最新版本既有建筑绿色改造标准指标内容进行分析，提炼其在低碳、可感知改造等关键指标的特色，为我国既有建筑绿色改造提供借鉴，并为国家标准《既有建筑绿色改造评价标准》GB/T 51141 的修订提供基础性参考。

《中外建筑节能标准比对研究》从建筑节能标准概况、典型国家建筑节能标准发展概况、中美建筑节能标准比对三个方面对中外建筑节能标准进行比对研究，对美国、丹麦、德国、英国、日本等代表国家建筑节能法律法规、标准发展历程及现状和编制情况进行汇总梳理和分析，对中美两国建筑节能设计标准基本内容、关键参数及发展趋势三个方面进行全面综合对比分析。

在国家经济的发展进程中，产业产品及工程建设的标准化，对确保产品、工程的质量和安全，促进技术进步，提高整体经济、社会效益等都具有十分重要的意义。

《太阳能应用领域中外标准对比研究》对太阳能应用领域的中外标准进行了思考。在太阳能领域，我国是世界上最大的太阳能集热产品生产国和安装国，占世界总份额约 70%。市场的日益增长一方面对我国太阳能国际标准化工作提出了要求，另一方面也促进了我国太阳能国际标准化工作的进步与发展。

《国内外建筑室内环境标准发展》以国内外建筑室内环境标准发展为题进行了阐述，整理了热湿环境、空气品质、声环境、光环境四个方面的相关标准并进行比较分析，为后续的机理、技术分析提供基础。在发达和比较发达的国家和地区，对于如何规范室内环境，建立相关标准已经完成了大量的工作，值得我们学习和借鉴。

伴随着工业化社会的发展和照明技术的广泛应用，人们 80%～90% 的时间都是在室内度过，因昼间光照射不足而引起的睡眠质量下降等健康问题日益突出。《健康照明技术应用分析报告》对健康照明的内涵，健康照明影响要素，健康照明实施技术体系，适用范围分析四个角度对健康照明技术应用进行分析。

中国拥有全球最大的建筑市场，BIM 应用项目的规模、数量和水平在全球都处于领先地位。中国、美国、英国作为全球 BIM 发展最具有代表性的三个国家，《中美英 BIM 应用及发展对比》全面系统地介绍了三个国家的 BIM 政策、标准、应用情况，对我国下一阶段 BIM 发展应用，以及智慧建造和建筑工业化的协同发展，有着重要的参考价值。

《欧洲建筑工业化考察分析与总结》结合"十三五"国家重点研发计划项目的考察任务，课题负责人前往德国、奥地利和西班牙三个国家围绕项目课题研究内容开展国际调研考察活动。先后考察了上述三国的装配式建筑设计、生产及产业化实施具有代表性的企业和典型工程，考察成果可为项目及课题研发提供参考借鉴。

Section 5   Learn and Reference

With the "going global" strategy and "One Belt And One Road" initiative and other continuous progress, the scale of contracted projects continued to expand. In 2020, the total amount of foreign contracted projects was 1 trillion and 75 billion 610 million yuan RMB, and the new contract amount reached 1 trillion and 762 billion 610 million yuan. 74 Chinese enterprises are shortlisted in the top 250 ENR international contractors, and the total international revenue accounts for 24.4% of the international market share of the top 250 ENR international contractors. At the same time, as the domestic engineering market tends to be saturated, the importance of contracting international projects is becoming increasingly prominent. Enhancing the understanding of the global international construction engineering market is of great significance to the internationalization strategy and enhancing the international competitiveness.

Learning and drawing lessons from foreign advanced construction technology and international construction policies and regulations is an important way for China's construction enterprises to participate in the international market competition, and it is also an inevitable choice for construction enterprises to increase the domestic market space for construction technology innovation to achieve sustainable development Over the years, the domestic construction market has learned from the international advanced construction technology, constantly absorbing, introducing, researching and innovating, and created one architectural miracle after another in the fields of underground space technology, super high level technology, sea crossing bridge, urban transportation construction, green energy saving and so on, and hit the brand of "Built in China".

The learning and reference section includeseight articles, which summarizes and analyzes the construction technology of European and American developed countries from different perspectives, so as to provide reference for the development of China's construction industry. This paper compares and analyzes the differences between China's construction industry and developed countries in restriction system, standards, technical products, etc., summarizes the development needs of China's construction industry to further integrate with international practices under the new situation, and defines the standard indicators of construction industry transformation suitable for China's national conditions, The key technical characteristics of low-carbon development and urban renewal are put forward to adapt to the current situation of China's social development, and the construction management and technology system to promote the future high-quality development direction is proposed.

China's engineering construction standardization reform is being carried out in depth. It is an important principle and goal of China's standardization reform to learn from the advanced experience and practice of laws and regulations standardization in developed countries and to establish and improve the standard system and standardization management system with Chinese characteristics in combination with China's development reality "*Study on Similarities and Differences of Foreign Building Regulations*"takes housing construction as the object to study the building laws and regulations of some developed countries.

"Comparison and Analysis of Domestic and Foreign Assessment Codes for Green Retrofitting and Operation of Existing Buildings" compares and analyzes the evaluation standards of green transformation and operation of existing buildings at home and abroad. Through the analysis of the latest version of the existing building green transformation standards in developed countries in Europe and America, the paper extracts the characteristics of the key indicators in low-carbon and perceptible transformation, and provides reference for the green transformation of existing buildings in China, It also provides basic reference for the revision of the national standard *"Evaluation standard for green transformation of existing buildings"* GB/T 51141.

"Comparative Study on Building Energy Codes between China and Foreign Countries" compares the standards of building energy conservation in China and abroad from three aspects: the general situation of building energy conservation standards, the development of typical national building energy saving standards, and the comparison of China and the United States building energy saving standards. Through the comparison of the laws and regulations of the United States, Denmark, Germany, the United Kingdom and Japan, and other countries, the construction energy conservation standards are compared The development process, status and compilation of standards are summarized and analyzed, and the comprehensive comparative analysis of the basic content, key parameters and development trend of building energy conservation design standards between China and the United States is made.

In the process of national economic development, the standardization of industrial products and engineering construction is of great significance to ensure the quality and safety of products and engineering, promote technological progress, and improve the overall economic and social benefits. *"The Comparison Research for China and Foreign Codes in Solar Application"* reflects on Chinese and foreign standards in the field of solar energy application. In the field of solar energy, China is the world's largest producer and installation country of solar collector products, accounting for about 70% of the world's total. On the one hand, the growing market puts forward requirements for the international standardization of solar energy in China, on the other hand, it also promotes the progress and development of the international standardization of solar energy in China.

"Development of Indoor Environment Codes for Buildings at Home and Abroad" is described on the topic of the development of indoor environmental standards of domestic and foreign buildings. The relevant standards of hot and wet environment, air quality, sound environment and light environment are sorted out and compared, which provides the basis for the follow-up mechanism and technical analysis. In developed and more developed countries and regions, we have done a lot of work on how to regulate the indoor environment and establish relevant standards, which is worth learning and reference.

With the development of industrial society and the wide application of lighting technology, people spend 80% to 90% of their time indoors. The health problems such as sleep quality decline caused by insufficient daylight light exposure are becoming increasingly prominent. *"The Analysis Report for the Application of Healthful Lighting Technology"* analyzes the connotation of health lighting, the influencing factors of health lighting, the technical system of health lighting implementation, and the application scope analysis from four angles.

China has the largest construction market in the world, and BIM application projects are in the leading position in the world in terms of scale, quantity and level. China, the United States and the

UK are the three most representative countries in the development of Bim in the world. *"Comparison of BIM Application and Development between China, U. S. and U. K. "* comprehensively and systematically introduces the BIM policies, standards and applications of three countries. It has important reference value for the development and application of Bim in the next stage, as well as the collaborative development of intelligent construction and construction industrialization.

"Analysis and Summary of the Investigation about European Construction Industrialization" combined with the mission of the key R & D projects of the 13th five year plan, the project leader went to Germany, Austria and Spain to carry out international research and investigation activities around the research contents of the project. The representative enterprises and typical projects of the assembly building design, production and industrialization of the three countries have been investigated. The results can provide reference for the project and research and development.

国外建筑法规共性和特性研究

Study on Similarities and Differences of Foreign Building Regulations

1 引言

我国工程建设标准化改革正在纵深开展。新型标准体系的建立过程中，既要处理好强制性标准、推荐性标准、团体标准等各层级标准间的衔接配套和协调关系，还要加强与标准化法律法规、工程建设法律法规修改完善的有机衔接。借鉴发达国家法律法规标准化先进经验和做法，结合我国发展实际，建立完善具有中国特色的标准体系和标准化管理体制，是我国标准化改革的重要原则和目标。本文以房屋建筑为对象，就部分发达国家建筑法律法规进行研究。

2 国外主要发达国家建筑法规概况

国际上对建筑法规解释不同。欧盟提出"'建筑法规'(Building Regulations)指所有涉及建设工程规划、设计、施工、运行和维护所采用的强制性或半强制性要求或条款的法规(如法律、条例，法令、标准、规范等)"。具体来讲，建筑法规作为一个广义的概念，包含一系列的文件。发达国家建筑法律法规体系遵循 WTO/TBT 协定的要求，由法律(Laws)、技术法规(Regulations)、技术标准(Standards)组成。

2.1 英国

英国实行议会制、君主立宪制，英美法系为主。英国法律法规分为一级立法(Primary Legislation)和二级立法(Secondary Legislation)。

一级立法由国会审查并通过，包括法律(Act)和枢密令(Order in Council)两种形式。英格兰、威尔士适用《建筑法 1984》(Building Act 1984)，苏格兰适用《苏格兰建筑法 2003》(Building (Scotland) Act 2003)，北爱尔兰适用《北爱尔兰建筑法规令 1979》(Building Regulations (Northern Ireland) Order 1979)。

二级立法按照法律(Act)的授权与要求制定，由议会授权各主管部门国务大臣(相当于中国各部的部长)签发。由各类法定文件 (statutory instruments，SI) 组成，包括法规(Regulations)、规定(Rules) 和法令 (Orders) 等形式。法令主要是对法律条款的补充说明和修正调整，法规是对法律规定内容的细化和展开，法规为第二层级最主要的形式。如与英格兰、威尔士的《建筑法 1984》(Building Act 1984)配套的《建筑法规 2010》(Building Regulation 2010)，与《苏格兰建筑法 2003》(Building (Scotland) Act 2003)配套的《苏格兰建筑法规 2004》(The Building (Scotland) Regulations 2004)，与《北爱尔兰建筑法规令 1979》(Building Regulations (Northern Ireland) Order 1979)配套的《北爱尔兰建筑法规 2012》(The Building Regulations (Northern Ireland) 2012)。

在建筑法规下，有技术准则(Guidance)或实用指南，反映具体方法、途径和标准，它们是根据法规中规定的功能性要求而制定的。如住房、社区与地方政府部发布的《批准文件》，是根据《建筑法规 2010》中规定的功能性要求而制定的具有可操作性和技术性的指南，是与建筑法规配套的指导性文件。这些技术准则虽然不是强制执行的，但往往要求证明有其他的替代方法，如果所采用的替代方法不能足以证明是能满足建筑法规的要求的，则要求执行指南或准则提出的要求。从某种程度上来看，也可以认为有一定的强制性,但又不阻止采用另外的可以替代的方法。

技术准则中引用相关的技术标准来确保批准文件的可操作性和指导性。技术标准一旦被引用,则被引用的部分或条款即具有与批准文件相同的法律地位。

2.2 加拿大

加拿大实行联邦制、议会制、君主立宪制。加拿大的建筑法律法规体系涵盖建筑法、建筑规范及建筑标准,联邦政府没有发布统一的加拿大建筑法,但是颁布有5部相关的模式规范,其中最重要的一部为《国家建筑规范》(National Building Code of Canada,简称NBC)。模式规范本身并不具有法律效力,一旦被地方建筑法律法规采纳,便具有了法律效力。

各省、地区有各自的建筑法律,这是因为加拿大宪法赋予了各省、地区对于工程建设的立法和司法管辖权。地方议会制定颁布地方建筑法律法规,地方市政当局组织制定和发布地方建筑规范。各省、地区在其建筑法律约束下制定地方建筑规范,或者直接在其建筑法律中明确采纳模式规范(不再制定地方建筑规范)。

2.3 澳大利亚

澳大利亚是联邦制君主立宪制国家。澳大利亚的建筑法律法规体系涵盖建筑法、建筑法规、建筑规范及建筑标准。联邦政府没有发布统一的澳大利亚建筑法,各州有各自的建筑法(Building Act),各州同时制定有州建筑法规(Building Regulation),建筑法规中采用了澳大利亚建筑规范(Building Code of Austrilia,简称BCA)作为必须遵守的技术参考。澳大利亚建筑规范(BCA)为全国层面文件,由澳大利亚政府建筑委员会(COAG)发起的澳大利亚建筑法规委员会(ABCB)制定和维护。它每年更新一次,为建筑物和其他结构的设计和建造提供一套统一的技术规定。BCA基于性能,并允许状态变化以提供其他要求或满足特定社区的期望。这意味着它定义了无需指定特定方法即可实现指定结果的方式。

2.4 美国

美国是联邦制国家,政权组织形式为总统共和制。美国联邦法律和各州法律并行,各个州级政府相互独立,各自在其管辖范围内享有一定的立法权和执法权。美国全国范围内与建筑物相关的法律约束的对象主要是联邦投资或管理的房屋,它们往往直接与特定政府部门的职能挂钩。如关于为美国公民提供住房保障的房屋,主要有《公平住宅法案》(Fair Housing Act)《国家住宅供给法案》(National Affordable Housing Act)《住宅和社区发展法》(Housing and Community Development Act)《美国残疾人法》(American disability Act)。

联邦法规(Federal Regulations)是指美国各行政机构依法实施的条例和规章。美国很多法律给予行政机关制订行政法规的权力,这些法规是美国联邦政府执行机构和部门在"联邦公报"(Federal Register,简称FR)中发表与公布的一般性和永久性规则的集成,编纂成为《美国联邦法规》(Code of Federal Regulations,简称CFR),具有普遍适用性和法律效应。

美国联邦法规(CFR)中住房和城市发展部分分为两个子部分:①住房和城市发展部秘书办公室,主要包括行政部门的一些管理规定:诉讼、行政要求、听证程序、房屋信托基金等;②有关住房和城市发展的条例包含了强制执行的政府专用标准等,如40公共住宅建筑设计、施工和变更的无障碍标准;41为残疾人士提供无障碍标准和要求的政策和程序;50保护和提高环境质量;51环境标准。

美国真正意义上的建筑法,体现在州一级层面,以纽约州为例,1981年纽约州的行政法(New York State Executive Law)要求在州一级建立一套"建筑规范典籍"(Building code)。纽约行政法的第18部分是"纽约州统一防火和建筑规范法案"(New York State uniform fire prevention and building code act),规定了立法结果和目的、国家防火和建筑规范委员会、规范的比较研究和报告、局长的权力、规范的实施培训和认证、地方标准的采纳等。

根据纽约行政法"纽约州统一防火和建筑规范法案",纽约制定了《统一防火和建筑规范》(Uniform Fire Prevention and Building Code)。

2.5 德国

德国实行联邦制、议会共和制,大陆法系国家。德国是欧盟成员国,既遵守欧盟的法律,又有自己国家的法律体系,两者既相互独立又相互联系,共同作用形成德国的法律法规体系。德国建筑法律法规体系由基本法、联邦法律和法规、州法律和法规、行政规定等构成。

在德国,与建设相关的法律法规体系主要包括土地规划(Raumplanung)方面的法律法规和建筑(Baurecht)方面的法律法规,其中,建筑方面的法律(Baurecht)分为私人建筑法(privatem Baurecht)和公共建筑法(öffentlichem Baurecht)。私人建筑法(privatem Baurecht)指的是民法典(BGB)中的法律规定(如土地所有权,相邻权,建筑合同等)。公共建筑法(öffentlichem Baurecht)分为建筑规划法(Bauplanungsrecht)和建筑法规法(Bauordnungsrecht)。

其中建筑规划法属于联邦层面的立法事项,包括《联邦建筑法典》(Baugesetzbuch,BauGB,Federal Building Code)等法律、《建筑使用条例》(Baunutzungsverordnung,BauNVO)和《规划图例条例》(Planzeichenverordnung)等条例、法令等。各州则有权制定相应的《联邦建筑法典实施法》(Gesetz zur Ausführung des Baugesetzbuchs,AGBauGB)。此外,各州政府有权通过发布行政命令,对本州内(包括市级或乡镇区域)建筑规划的重新分配、征收、结构工程及地区风貌持、土地估值,土地贬损或行政诉讼初步程序等事项进行规定。

而根据《基本法》第30条、第74条第31项规定,建筑法规(Bauordnungsrecht)则属于各州立法事项。各州议会(Parlament)以联邦建设部长级会议(Bauministerkonferenz,ARGEBAU)实时更新的《建筑模式法规》(Musterbauordnung,MBO)为蓝本,制定各州自己的《建筑法规》(Bauordnung),同时,根据州建筑法规的规定,各州州建筑主管部门有权发布建筑法规提及的相关内容的法令,如《建筑技术检测法令》《无障碍建筑法令》等相关法令。

同时,为支持建筑法规实施,以德国建筑技术研究院(DIBt)所发布的《德国建筑技术模式管理规定》(Musterverwaltungsvorschrift Technische Baubestimmungen,MVV TB)为模板,各州政府有关部门(Ministerium)或参议院部门(Senatsverwaltung)转化制定了州《建筑技术规定》(VV TB)。是对州建筑法规的一般性要求具体化的方法文件。根据州建筑法规的规定,应遵守建筑技术规定,但如果用其他解决方案可以同等程度地满足要求且建筑技术规定不排除偏差情况,可以偏离建筑技术规定中包含的规划、测量和施工规则。与英国的技术准则类似,虽然这里的建筑技术规定不是强制使用,但从实际来看,具有一定的强制性,但又不阻止采用另外的可以替代的方法。

建筑技术规定通过援引技术标准、技术指南等方式,来实现具体要求。被援引的标准、指南等本身不具备强制性,但个别引用的部分具备和建筑技术规定同等效力。

2.6 日本

日本的政体是议会制,君主立宪制。日本建筑法律法规体系由建筑法律、政令、省令、告示等组成。《建筑基准法》与涉及建筑防火安全、结构安全、卫生安全、无障碍、节能、停车场建设、城市绿地等方面技术要求的法律文件,如《消防法》《无障碍法》《节能法》《停车场法》《城市绿地法》等共同约束建筑工程和建设活动。

在《建筑基准法》基础上,内阁制定颁布的政令有《建筑基准法实施令》,省(部委)令《建筑基准法实施规则》,而在这些命令的基础上再制定的告示有《国土交通省告示》(2000年以前为建设省告示)等。

地方政府[都、道、府、县(相当于我国的省)、市、町(相当于我国的区)、村等的地方政府]均可在法律的范围内制定条例。条例由地方议会通过表决产生。如东京都制定有《东京都建筑安全条例》《东京都建筑基准法实施细则》。

3 共性特点

3.1 都建立了关联紧密的完整体系

发达国家国体、政体不同,其历史渊源和法律体系也各有特点。尽管其建筑法律法规的具体表现形式不同,但通过梳理可以发现,各国经过几十年甚至上百年的沉淀,基本上自上而下均形成了"法律—法规—规则/规范"一套逻辑完整、指向明确的体系。如英国基本遵循"建筑法—建筑法规—技术准则"三级构架;澳大利亚遵循"建筑法—建筑法规—建筑规范";日本遵循"建筑基准法—建筑基准法实施令—建筑基准法实施规则";德国遵循"州建筑法—建筑法令(分散的)—建筑技术规定";美国遵循"州建筑法—建筑法规(分散的)—州建筑规范";加拿大遵循"建筑法—建筑法规(个别省)—建筑规范"的构架。

第一层级的"法"由议会通过(对应我国人大),第二级的"法规"由议会授权制定(对应我国人大授权),第三级的"规则、规范"多由建设主管部门发布(对应我国各部委)。第一层级和第二层级属于法律法规,强制执行;第三层级的"规则/规范",形式多样,往往由第一层级的"法"和第二层级的"法规"赋予法律地位。

3.2 都涵盖了建筑管理和技术的双重内容要求

发达国家和地区的建筑法律法规内容偏重不同,但都包含了管理性要求和基本技术性要求这一双重要求。在法律层面,管理性要求篇幅较重,对于在建筑活动或建筑产品应遵守的基本技术要求多为基本的要求,指向性引入下层的法规和规则/规范。在法规层面,细化了法律中的管理和基本技术要求,各国根据具体情况出台一部综合性或多部针对性的法规、法令等。规则/规范层面多为具体的技术内容,就法律和法规中的基本技术要求进行细化。如德国《柏林建筑法规》中第一章(一般规定)、第二章(建筑用地及其建筑)和第三章(建筑设施)为技术,第四章(建设参与方)、第五章(建筑监督机构、流程)和第六章(违法行为、法律规定、职权)为管理性要求;对应于《柏林建筑法规》第86条法令的要求,柏林执行联邦层面和州层面的特殊建筑、火炉、车库和停放场以及自行车停车场、检测、收费、特定区域广告牌等一系列分散的法令;同时,为支撑《柏林建筑法规》中的技术要求,柏林出台《柏林建筑技术规定》,对于满足建筑物基本要求、特殊要求时所应遵守的建筑技术规定和建筑产品的要求等进行了细化。

3.3 都建立了建筑技术规则或规范普遍采用援引标准指向模式

尽管各国建筑法或建筑法规中对于建筑的基本技术要求作出了规定,但这种规定都是原则的、范围的要求,在实际工程中,往往靠具体的技术规则/规范来细化实现,如美国、加拿大、澳大利亚的《建筑规范》、英国的《批准文件》《技术手册》、德国的《建筑技术规定》、日本的《建筑基准法实施规则》等。这些技术规则/规范将援引技术标准作为其途径之一。被援引的标准,本身并不是强制实施的,但被引用的部分具备与规则/规范同等法律地位。援引标准的方式使得技术规则/规范更具灵活性。技术规则、规范往往由各国主管建筑的部门授权相关机构制定,强制或准强制。

援引的标准以本国标准为主,除此以外,各国会根据具体情况选择引用其他标准、规程等多种形式的文件,如英国批准文件和技术手册以引用英国标准(EN)和欧盟标准转化成的英国标准(BS EN)为主;澳大利亚建筑规范引用了澳大利亚标准(AS)、澳大利亚/新西兰标准(AS/NZS)以及美国材料与试验协会标准(ASTM)等标准;美国的ICC系列规范引用了美国材料与试验协会(ASTM)、美国保险商实验室标准(UL)、美国混凝土学会标准(ACI)等许多自愿一致性标准;德国建筑技术规定引用欧盟标准转化成的德国标准(DIN EN)、德国国家标准(DIN)、ISO标准转化成的德国标准(DIN EN ISO)、欧洲标准(EN)以及德国行业协会标准(如德国电子协会(VDE)转化的欧洲标准转化成的德国标准)等数十种标准、规程等。

4　差异性特点

4.1　各国建筑法立法层次不同

历史、政治、立法、行政管理等方面的区别导致各国对于工程建设监管和立法权限不同。日本的《建筑基准法》为国家层面，根据建筑基准法的规定，地方可以制定相关的条例。而澳大利亚、加拿大、德国、美国等联邦制的国家有联邦和州（省）两级的立法权，建筑监管的权利更多地在于各州（省），所以各州（省）制定的建筑法是实际上的建筑上位法，如澳大利亚各州的建筑法（Act）、加拿大各省的建筑法（Act）、德国各州建筑法规（Bauordnungsrecht）、英国根据其行政区划，4个地区分别执行3套建筑法或疏密令（Act/Order in council）、美国州级有建筑法（Act）或建筑规范法（Building Code Act）。

4.2　支撑建筑法的建筑法规表现形式不同

对应于建筑法，各国往往有相应的建筑法规支撑，由建筑法明文规定建筑法规的法律地位、制定人/机构、可制定的范围和内容等。各国建筑法规表现形式不同，君主立宪制的英国、澳大利亚、日本等国的建筑法规集中于《建筑法规》《建筑基准法施行令》等主要文件，而美国、德国等则较为分散，联邦层面和州层面均有分散的建筑法规（Regulation）和法令（Order）等用以支撑上层法，如德国联邦层面有《车库法令》《运行成本定价法令》等；州层面如柏林有《建筑业收费法令》《建筑技术检测法令》《建筑产品与建筑方式法令》等。

4.3　联邦制国家建筑法规或规则/规范采用"模式"的形式

虽然联邦制的国家建筑立法权主要在各州（省），各州省执行各自的建筑法律法规，但往往在联邦国家层面会出台"模式法规""模式规范""模式技术规定"等"模式"文件，供各州（省）采纳，作为地方建筑技术法规的蓝本文件。各州（省）可在"模式"文本的基础上，制定建筑技术法规。通过"模式"文件，联邦层面可有效地统一各地的建筑技术法规，避免大的偏差，地方层面也可更为简便快速地推出各地的建筑技术法规。

如表1所示，加拿大国家研究院（NRC）制定有5部模式规范，是各省/地区的建筑规范基础，其中国家建筑规范（NBC）是最为相关的一部。澳大利亚政府推出的《澳大利亚建设规范系列》（NCC）包含了《澳大利亚建筑规范》（BCA）和《澳大利亚管道规范》（PCA），其中BCA是最为相关的一部，各州、领地通过对BCA条款的增删或调整进行采纳，BCA附录中列出了各地的具体情况。德国建设部长会议制定《建筑模式法规》（MBO），各州在此基础上出台各州的建筑法规，与MBO配套，德国建筑科学研究所制定的《德国模式建筑技术管理规定》（MVV TB），各州以此转化为各州的建筑技术规定。与上述各国政府主导不同，美国的模式规范主要由第三方机构提供，由州政府立法采纳的方式成为美国政府"技术法规"，主要有国际规范理事会（International Code Council，简称ICC）出版的包括建筑、住宅、机械、管道、防火、燃气、节能、既有建筑、荒地与城市结合部、建筑与设施性能、物业、区划、污水处理、泳池、绿色建造15本模式规范在内的系列规范I-Code，以及美国国家消防协会（NFPA）制定的以NFPA 5000建筑规范为核心、国家电气规范、生命安全规范（NFPA 101）、统一管道规范、统一机械规范和防火规范（NFPA 1）等配套的《综合共识规范》（Comprehensive Consensus Codes，简称C3）。

5　启示

我国现行的建筑法律法规体系，包含五级，侧重于管理规定，技术要求较少，工程技术的要求主要靠工程建设标准实现。工程建设法规标准体系仍处于建设和完善的进程中，应在借鉴国外有益经验的基础上，考虑我国具体国情和发展现状，做好工程建设标准化改革与法律法规修改完善的有机衔接和统筹推进。

模式文件及相关机构和法律依据 表1

国家	模式文件	制定机构	制定的法律依据
加拿大	《加拿大国家建筑规范》(**National Building Code of Canada, 简称 NBC**) 《加拿大国家防火规范》(National Fire Code of Canada, 简称 NFC) 《加拿大国家建筑节能规范》(National Energy Code of Canada for Buildings, 简称 NECB) 《加拿大国家管道工程规范》(National Plumbing Code of Canada, 简称 NPC) 《国家农场建筑规范》(National Farm Building Code, 简称 NFBC)	加拿大国家研究院（National Research Council Canada)	《宪法》 《加拿大国家研究院法》(National Research Council Act)
澳大利亚	《澳大利亚建筑规范》(**Building Code of Austrilia, 简称 BCA**) 《澳大利亚管道规范》	澳大利亚建筑法规委员会(ABCB)	各州、领地《建筑法》《建筑法规》； 联邦和各州/领地政府签署的协议
德国	《建筑模式法规》(Musterbauordnung, 简称 MBO)	建设部长会议	《基本法》 联邦政府与州政府签署的协议(1955年)
德国	《德国模式建筑技术管理规定》(Musterverwaltungsvorschrift Technische Baubestimmungen, 缩写 MVV TB)	德国建筑科学研究所(DIBt)	《模式建筑法规》、各州《建筑法规》 DIBt 与联邦政府、州政府的协议
美国	I-Code 系列模式规范，其中包括《国际建筑规范》(International Building Code)	国际规范理事会(ICC)	
美国	《综合共识规范》(Comprehensive Consensus Codes, 简称 C3)，其中包括《建筑规范》NFPA 5000	美国国家消防协会(NFPA)	

在体系构架上，理顺各层文件的目标和边界，加强法律法规标准间的关联，形成协同整体。在法律层面增加法规的基本要求，在法规层面引入全文强制技术规范，全文规范逐步引入推荐性技术标准，建立畅通的标准上升渠道，激发市场标准的动力。

在内容上，以全文强制技术规范为技术管理依据，理顺现有行政法律法规中的管理内容，做到技术和管理的良性有机结合，共同保障工程建设活动。

在编制方式上，可借鉴模式法规的方式处理国家规范和地方规范的编制。国家规范规定一般性控制底线要求，充分吸纳各地方共同需求，各地方在国家规范预留的空间内"细化""补充"。研究建立技术法规引标机制，以技术标准的具体措施支撑法规性能要求的实现。

作者：毛 凯 韩 松 孙 智（住房和城乡建设部标准定额研究所）

国内外既有建筑绿色改造和运行评价标准对比分析

Comparison and Analysis of Domestic and Foreign Assessment Codes for Green Retrofitting and Operation of Existing Buildings

2020 年 9 月 22 日，在第七十五届联合国大会上，习近平主席明确表示：我国二氧化碳排放力争于 2030 年前达到峰值，努力争取 2060 年前实现碳中和。2021 年两会上，碳达峰、碳中和被首次写入政府工作报告。2018 年，我国建筑全过程碳排放总量超过 41 亿 t CO_2，占全国碳排放的比重在 42% 以上，其中运行阶段碳排放和占全国碳排放的比重分别为 21 亿 t CO_2 和 22%。作为碳排放大户，建筑领域的节能减排将是实现碳达峰与碳中和的关键。根据世界银行的预测：到 2030 年前，若要实现节能减排的目标，70% 的潜力在建筑方面。我国公共建筑碳排放强度为 23.9kgce/(m^2·a)，商场建筑、宾馆饭店建筑的强度则更高，存在很大的节能减排空间。

截至 2019 年底，全国累计绿色建筑面积超过 50 亿 m^2，2019 年当年绿色建筑面积占城镇新建建筑比例达到 65%。预计到 2022 年底，城镇新建建筑中绿色建筑面积占比将达到 70%。但是，对于 600 多亿 m^2 的既有建筑来说，绿色建筑还有很大发展空间。对非绿既有建筑实施绿色改造可有效降低建筑碳排放，改善人民生活工作环境，改善我国当前所面临的资源与环境问题。《公共机构节约能源资源"十三五"规划》提出：开展绿色建筑行动，推进既有建筑绿色化改造；中央国家机关本级进行大中修的办公建筑均要达到绿色建筑标准。在未来一段时期，新建与既改并重推进将成为我国建筑行业发展的"新常态"。

欧美发达国家因新建建筑数量增长有限，绿色建筑发展趋势已经逐渐由新建建筑转向既有建筑。在美国，新建建筑的增长速度比较缓慢，大量既有建筑年代久远，例如半数商业建筑的服役时间已超过了 30 年，其中不少是百年建筑，温室气体排放强度较大、使用功能不完善；在英国，大部分建筑的建成年代久远且仍将继续使用，建筑的温室气体排放量占到了该国排放总量的 44%，为达成 2050 年碳减排 80% 目标，英国政府的能源与气候变化部组织实施了绿色方案，积极引导全社会开展既有建筑绿色节能改造；在日本，同样存在大量既有建筑，提升既有建筑的能效水平和抗震性能，是日本既有建筑改造的两个主要方面。为此，欧美发达国家提出对既有建筑实施绿色改造，在降低费用成本、缩短施工工期的同时，提升建筑的资产价值和能源利用效率、降低 CO_2 排放量。为指导既有建筑绿色改造和运行，英国建筑研究院编制了 BREEAM Refurbishment and Fit-Out、美国绿色建筑委员会 USGBC 开发 LEED-EB：OM、日本绿色建筑协会和日本可持续发展建筑协会发布了 CASBEE-改造、德国可持续建筑委员推出了 DGNB-办公建筑改造等既有建筑绿色改造评价标准。

本文对欧美发达国家最新版本既有建筑绿色改造标准指标内容进行分析，提炼其在低碳、可感知改造等关键指标的特色，为我国既有建筑绿色改造提供借鉴，并为国家标准《既有建筑绿色改造评价标准》GB/T 51141 修订提供基础性参考。

1 概述

1.1 英国 BREEAM

建筑研究院环境评级法（Building Research Establishment Environmental Assessment Method，简称 BREEAM）是由英国建筑研究院制定的世界首个绿色建筑评估体系。BREEAM 评估体系的应用范围很广，涉及从单体建筑物到区域级范围的总体规划和基础设施的可持续性评估方法。它能够识别并反映整个建筑环境生命周期，包括从新建到运营和改造过程中的高绩效资产的价值，进而对绿色建筑从设计开始阶段的选址、设计、施工、使用直至最终报废拆除起到了积极正面的引导。根据涉及的建筑物的不同类型和不同生命状态，BREEAM 评估体系分为 5 个类别，即新建、改造和装修、运营、社区和基础设施。

其中，BREEAM Refurbishment and Fit-Out 鼓励保留并改善现有建筑资产而不进行拆除和重建，"改造"指对既有建筑性能、功能和整体状况改善。"装修"则包括新建建筑的首次装修和既有建筑的重新装修。该标准可帮助提高建筑整体性能，降低运营成本，同时通过吸引寻求改善生活水平或工作条件以提高健康、福祉、生产力和满意度的客户来增加资产价值，并为企业提供一条展示社会责任和可持续商业领导力的途径。

BREEAM Refurbishment and Fit-Out 可用于评价大多数类型和用途的既有建筑改造和装修。标准共分为英国非居住建筑翻新和装修、英国居住建筑翻新和国际非居住建筑翻新 3 个版本，这里对前两个版本进行分析和介绍。

（1）BREEAM-居建改造

BREEAM-居建改造版本仅适用于评估英国独立住宅，即在一条街或一栋公寓楼内用来容纳一个家庭的独立式住宅或多户住宅。项目包括既有住宅改造及扩建工程或既有建筑改为住宅两类。

（2）BREEAM-公建改造

BREEAM-公建改造可用于评估现有非住宅建筑在改造和装修阶段的环境生命周期影响。该版本标准将改造标准分为主体与围护结构、关键设备、末端设备、室内空间设计 4 类。适用建筑类型覆盖了办公、工业、商店、教育、医疗、监狱、法庭、宿舍、酒店、图书博览、集会休闲、其他等及其复合功能。并根据特定项目类型的改造范围，提供了一套模块化的标准。

1.2 美国 LEED

LEED 是由美国绿色建筑委员会 USGBC 开发的绿色建筑评估体系。LEED 4.1 于 2019 年发布，分别针对建筑物设计建造（BD&C）、室内设计建造（ID&C）、既有建筑运行维护（EB：OM）、住宅（Residential）、城市与社区开发（Cities and Communities）等设置 5 个版本。体系中包括了设计、施工、运营的建设过程，涵盖了单体建筑及区域级范围，还针对特定需求制定了标准。

对于既有建筑而言，LEED-BD&C 适用于大规模的改造工程，LEED-EB：OM 版本则适用于小规模的改造和运行维护。

进行 LEED 运行评价的既有建筑项目必须完全投入使用达一年以上，且评价对象需为整栋建筑。运行未达到一年的项目可以注册并进行预认证。

1.3 日本 CASBEE

2001 年，在日本国土交通省住宅局的支持下，由政府组织、企业组织、科研组织三方面联合成立了"建筑物综合环境性能评价委员会"，启动了《建筑物综合环境性能评价体系》（Comprehensive Assessment System for Building Environment Efficiency，CASBEE）的开发，由日本建筑环境与节能研究院（the Institute for Building Environment and Energy Conservation，IBEC）统一管理，并负责 CASBEE 评估认证体系和评审员登记制度的实施。近年来，日本绿色建筑协会（the Japan Green Build Council，JGBC）和日本可持续发展建筑协会（the Japan Sustainable Building Consortium，JS-BS），也共同致力于 CASBEE 的研究和开发。

CASBEE 是一种评价建筑环境性能等级的方法，在考虑节能和使用产生较少环境负荷资源材料的条件下，获得良好的建筑环境（包含室内舒适性和景观环境）的一种综合评价体系。

CASBEE 根据评价对象的规模类型、使用功能等，将评价工具分为住宅系、建筑系、社区系、都市系等，具体见图 1。

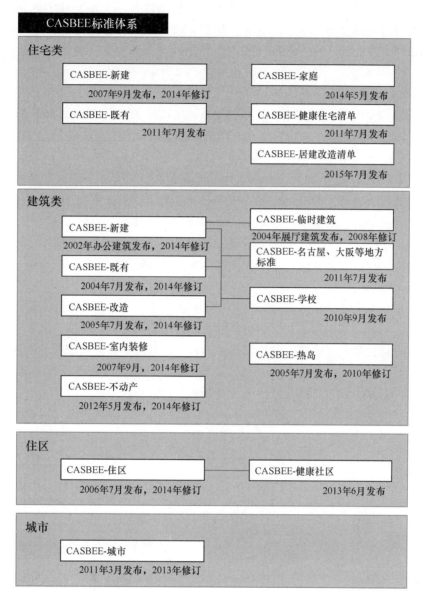

图 1 CASBEE 标准体系

CASBEE-改造标准评价对象应是提升了设备系统、室内、围护结构或整体性能的建筑和改变了用途的建筑。对于只进行了部分改造的项目，CASBEE-改造仅用于评估改造部分，其余部分使用CASBEE-既有建筑评价标准进行评价。

CASBEE-改造适用于除别墅以外所有建筑的评价。日本节能法规定：日本建筑根据功能用途分为8种类型（包括工厂）以及公寓式住宅，别墅属于评价对象以外。CASBEE-改造评价对象按照建筑用途分为"非住宅类"和"住宅类"两大体系。

1.4 德国 DGNB

德国 DGNB 可持续评估认证体系是德国可持续建筑委员会和德国政府合作研制推出的可持续建筑评估认证标准，第一个版本发布于 2008 年。

德国 DGNB 可持续建筑认证标准则从生态质量、经济质量、功能及社会、过程质量、技术质量和场地质量六方面进行了规定。针对不同建筑类型和功能，DGNB 已经开发出了不同的评价标准体系。目前已有认证建筑类型包括：办公建筑、商业建筑、工业建筑、居住建筑、教育建筑、酒店建筑、混合功能建筑、医疗建筑、城市开发区。处于试认证阶段包括：小型住宅建筑、实验室研发建筑、集会公共建筑（博物馆、会展中心、剧场、市政厅等）、既有办公建筑改造、办公建筑租户装修、商业建筑租户装修、工业开发区等。DGNB 既有办公改造可为既有办公建筑绿色改造提供全面技术支撑。

1.5 新加坡 GREEN MARK

GREEN MARK 新加坡建设局制定和管理的绿色建筑认证体系，于 2005 年 1 月推出。该体系通过对建筑在节能、节水、环境保护建设、室内环境质量和创新项五个一级指标的性能进行打分，评估其环保性能。

目前，GREEN MARK 已有 15 个不同版，覆盖了新建和既有建筑、园区和基础设施、装修和专项工程等不同建筑类型、区域。为应对市场需求和技术进步，GREEN MARK 也在持续修订，其中既有建筑绿色改造评价标准现行版本为 GREEN MARK 3.0 版本。

GREEN MARK-既有居住建筑改造适用于既有建筑绿色改造评价；GREEN MARK-既有公建改造适用于评价既有办公建筑、商业建筑、工业建筑以及科研机构建筑对环境的影响。

1.6 澳大利亚 Green Star

Green Star 是由澳大利亚绿色建筑委员会开发并实施的绿色建筑等级评估体系，该评估体系对建筑项目的现场选址、设计、施工建造和维护对环境造成的影响后果进行评估。澳大利亚绿建委在之前评价单类型建筑的基础上制定了适用不同类型的标准，包括社区、设计和建造、内部装修和运行四个版本（图 2）。每个类别都对一些与某种可持续性影响有关的问题进行分组并为这些问题设置了分数。Green Star-运行 1.2 适用于除单栋独立住宅外所有既有建筑运行评价。

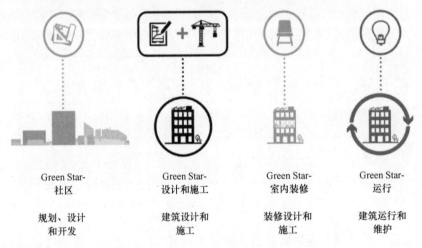

图 2　Green Star 标准评价体系

1.7 中国《既有建筑绿色改造评价标准》GB/T 51141

我国第一部针对既有建筑绿色改造的国家标准——《既有建筑绿色改造评价标准》GB/T 51141 第一版于 2015 年 12 月 3 日发布，2016 年 8 月 1 日实施。目前，该标准正在修订中。

根据既有建筑绿色改造所涉及的专业，GB/T 51141—2015 的评价指标体系由规划与建筑、结构与材料、暖通空调、给水排水、电气、施工管理和运营管理 7 大类指标组成。此外，为推动资源节约、环境保护、健康保障等的性能提高或创新性的技术、设备、系统和管理措施在既有建筑绿色改造的应用，标准还设置了提高与创新相关条文，作为加分项通过奖励性加分进一步改善既有建筑绿色改造后的效果。

根据住房城乡建设部 2021 年发布的最新《绿色建筑标识管理办法》，既有建筑改造评价的依据为现行国家标准《既有建筑绿色改造评价标准》GB/T 51141。

2 低碳指标分析

对于能耗较高的既有建筑来说，如果不对其进行改造，则会造成大量的运行能耗和碳排放。但是，与拆除重建相比，绿色改造能够节约建材、拆除和再建施工能耗等，可有效降低碳排放。故对其进行绿色改造再利用、延长使用其寿命就是最大的碳减排。

本文将各国既有建筑改造和运行评价标准中与建筑碳减排相关的指标分为两部分，即直接碳减排指标和间接碳减排指标。直接碳减排是指通过采取相关优化或改造措施直接降低既有建筑能耗以及碳排放，例如提高暖通空调系统能效水平、采用节能灯具、更换节能电梯、合理利用可再生能源等；另一部分为间接碳排放相关条款，即通过延长建筑寿命，对建筑能耗、水耗等进行计量、监测和分析，优化运行管理，合理引导使用者行为习惯等，间接促进既有建筑节能和碳减排目的。

2.1 直接碳减排

在各国标准中，直接碳排放相关条款覆盖建筑、暖通空调、电气与照明、建筑材料、给水排水、可再生能源、绿植等方面，详见表1。建筑方面，鼓励提高围护结构热工性能、天然采光、自然通风等方式，减少暖通空调及照明负荷，达到节能减排效果。建筑能耗需求方面，GB/T 51141 中的指标具体到了优化暖通空调、给水排水、电气和照明等方面具体量化要求，而其他标准则通常对建筑用能效率进行整体评估。此外，各国标准对建筑材料的绿色环保方面提出要求。与新建建筑不同，既有建筑绿色改造经常涉及拆除及重建的过程，而充分利用建筑原有构件和对材料循环利用可直接减少建材的使用，有助于直接减少材料生产、加工、运输过程中的碳排放。

减少碳排放的途径可根据碳的去向分为碳源和碳汇两种，除了上文列出的碳减排措施外，还可以从增加绿化固碳、提高碳汇的方向着手。国内外标准中有关景观绿化的指标多通过绿地率、绿化提供指数等方式进行评估，鼓励合理设置绿地，改善环境、调节场地微气候。如 BREEAM 改造和装修、Green Star 运行等标准还在此基础上，设置了场地整体生态环境改善的指标，鼓励对环境敏感的景观进行保护，保护和提高生态多样性和环境可持续性，促进植物的健康生长、维持绿地生态稳定。整体生态环境的改善还可以进一步减少对农药的需求，减少绿地维护所产生的碳排放。

2.2 间接碳减排

在间接碳排放方面，相关指标覆盖建筑全寿命期能耗，从既有建筑改造的施工阶段到运行阶段，包括结构、暖通空调、给水排水、电气与照明、施工管理、运行管理、交通等方面，详见表2。国内外既有建筑改造标准对施工过程中相关节能和节水方案制定、能源和水耗监测、施工材料和废弃物的回收与运输设置了要求。此外，各国标准中均对建筑运行过程中各项能源与资源消耗计量提出了要求，例如暖通空调用能计量装置、用水分项计量装置、用电分项计量装置等。具体到运行管理措施来说，各国标准多鼓励制定高效运行管理制度，GB/T 51141 在此基础上，还设置了运行维护要求和跟踪评估相关指标，以确保建筑设备系统的不断优化、性能的不断提升，以保证绿色改造技术、措施的长期保持。

各国的标准在减少间接碳排放方面也有各自的特点。GB/T 51141 和 CASBEE-改造中特别提出结构抗震性能相关指标，BREEAM 等标准要求相关材料的耐久性能，以延长建筑以及相关构配件的使用寿命，降低建筑和零部件的维修频次，进而减少加工新材料、拆除和重建过程中带来的碳排放。GB/T 51141 中鼓励提供自行车停车场地和合理规划人行路线，LEED-运行等标准则鼓励通过提供便捷的公共交通、设置新能源汽车充电桩、设置适宜居家办公的空间等方式改变用户的出行和通勤习惯，以减少私家车的使用并推动碳减排。此外，BREEAM 标准还鼓励设置晾衣空间以减少用户生活中烘干机等电器的使用。除二氧化碳外，BREEAM 和 CASBEE 等标准，对氟利昂、卤代烃等非二氧化碳温室气体排放也进行了要求。

表 1

直接碳排放指标对比

分类	GB 51141—2015	BREEAM-居建改造	BREEAM-公建改造	CASBEE-改造	DGNB-既有办公改造	GREEN MARK-既有住宅	GREEN MARK-既有非住宅	LEED-运行	Green Star-运行
建筑	围护结构热工性能；天然采光；自然通风	天然采光；用能效率提升	被动式设计；自然通风；低碳技术	天然采光；围护结构热负荷控制；考虑全球变暖（CO₂排放）	视觉舒适（采光）；室内环境控制；建筑围护结构热工性能	能耗指数达标	建筑围护结构热工性能	用能性能	设置建筑物能源基线；天然采光
暖通空调	室内参数设置；高效冷热源；输配系统能耗；部分负荷能耗；余热回收装置	最低水平通风量要求	热湿环境改善；蓄冷	自然和机械通风	热舒适改善	公共区域和停车场的自然通风	空调系统节能；自然通风、停车场通风；公共区域通风	—	—
电气与照明	节能灯具；高效配电变压器；照明控制；电梯节能控制；优化照明方式	节能电器；照明控制	室外照明；实验室系统；电梯节能控制；节能电器与燃具	照明控制	—	照明系统节能；运动或图像传感器控制；电梯节能控制	照明系统节能；运动或图像传感器控制；电梯节能控制	—	节能灯具；一般照明度控制
建筑材料（施工、废弃物分类回收）	高强和高耐久材料；原结构构件；简约装修；可再利用和可再循环材料；环保材料；预拌砂浆和混凝土；施工垃圾回收；提高材料利用水平；工业化装修；土建装修一体化设计和施工	环保材料；支持可再生能源；环保隔声材料	环保材料；保温材料；节材；废弃物回收利用；耐久性设计（延长材料使用寿命）	减少不可再生材料使用；原结构构件、结构材料的循环利用；非结构材料循环再利用；环保利用；可持续森林生产木材；提高部分材料可重复利用性	环保材料；建筑材料易清洁和耐污；易拆除和回收	—	绿色产品和材料；回收设施；可回收废弃物存放区；提倡减少垃圾制造	废弃物表现	消耗品使用控制；改造材料
给水排水	出水水压；管网漏损；节水器具；节水灌溉；热水节能	节水器具；循环用水；雨水收集	节水器具；防漏检漏；用水量控制	节水；使用雨水和灰水	—	节水器具；水箱冲洗用水再利用；节水灌溉；公共区域冲洗用水控制；热水节能	节水器具；灌溉系统和景观用水控制；冷却塔节水；非传统水源使用	用水性能	—
可再生能源	可再生能源热水；光伏发电；空气源热泵；地源热泵	使用可再生能源；降低一次能源需求	—	自然资源的直接和转换利用	—	可再生能源	可再生能源	绿色电力	—
绿植	增加绿化提升固碳量	保护与改良现有生态环境	保护与改良现有生态环境	增加绿化；改善区域热环境	—	绿化	绿化	—	保护现有生态环境；改善景观

表 2

间接碳排放指标对比

分类	GB/T 51141	BREEAM-居建改造	BREEAM-公建改造	CASBEE-改造	DGNB-既有办公改造	GREEN MARK 既有住宅	GREEN MARK 既有非住宅	LEED-运行	Green Star-运行
结构	• 延长建筑寿命	—	—	• 抗震减震（延长建筑寿命）	—	—	—	—	—
暖通空调	• 改造前节能诊断； • 改造前详细负荷计算； • 设置用能计量装置； • 暖通空调管理系统	—	—	—	—	—	—	—	—
给水排水	• 设置用水分项计量装置	• 用水计量	• 用水计量	—	• 饮用水需求量和废水量计量	• 用水计量	• 用水分项计量和泄漏检测	• 用水分项计量	—
电气与照明	• 设置用电分项计量装置	—	—	—	—	• 用电分项计量	—	—	—
施工管理	• 施工节能节水； • 监测施工能耗和水耗	• 施工节能节材； • 监测施工能耗和水耗； • 施工材料和废弃物运输	• 监测施工能耗和水耗； • 施工材料和废弃物运输	—	• 施工节材； • 建筑垃圾回收	—	—	—	—
运行管理	• 用能用水管理； • 预防性维护； • 能耗统计； • 能源审计； • 温室气体排放计算； • 合同能源管理	• 用能计量	• 对主要用能系统和用能负荷高的重点区域进行分项用能计量	• 设备系统的高效率化； • 高效运行监控； • 高效运行管理系统； • 当地基础设施的负荷控制	• 评估排放造成的环境影响； • 对当地环境的风险； • 资源消耗评估	• 能源政策和管理； • 制定用水效率提升计划； • 制定建筑运营和维护策略； • 废弃物管理； • 鼓励使用可持续产品	• 可持续政策和行动计划； • 绿色装修导则； • 可持续运营； • 节能策略； • 废品监测； • 用水信息平台； • 能源监测； • 需求控制； • 集成与分析	• 场地生态环境； • 最佳能效管理； • 环保材料和产品采购制度； • 设施维护与更新制度； • 环保材料和消耗品	• 用能计量； • 建筑系统运行监测和调试； • 可持续采购框架
交通	• 提供自行车停车位； • 合理设置人行路线	• 合理设置自行车位	• 公共交通	—	• 公共交通连接； • 邻近公共服务设施	• 公共交通	• 绿色出行（公共交通、自行车、步行、新能源汽车）	• 绿色出行	• 公共交通； • 交通模式性能改进
其他	—	• 设置适宜居家办公的空间； • 设置晾衣空间； • 制冷剂管理	• 设置晾衣空间； • 制冷剂管理	• 氟利昂和卤代烃控制（消防灭火剂、发泡剂、制冷剂）	—	—	• 制冷剂管理	• 热岛效应控制	• 制冷剂管理

3 可感知指标分析

"感知"即感觉和知觉，是人们对所处客观环境的直观反映。指标的可感知性是绿色建筑"以人为本"的重要表现，既有建筑绿色改造也需要重点考虑，这里将其归纳为安全、舒适、便捷三个方面。

3.1 安全

安全性相关指标的目的是通过相应改造设计和措施来尽可能避免建筑物及其场地环境中危险情况的发生。安全感的提升，有助于提高人们的舒适度，同时可减少人们因不确定性和恐惧而导致的行动受限等不便。

在国内外既有建筑绿色改造和运行相关的共 9 项标准中，涉及安全方面的指标可分为场地安全、污染物排放、无障碍、结构安全、建筑防火、防盗、暴雨管理等方面，详见表 3。在这些标准中，污染物排放相关指标出现频次最高，包括对废气、污水等废弃物管理制度、污染物排放检测等的要求，BREEAM-公建改造还特别针对实验室污染物安全设立了指标。场地安全相关指标出现频次位列第二，对场地与各类危险源安全防护距离，危险源采取的防护、控制和治理等措施，有毒有害物质无害化处理等提出了要求。出现频次第三多的是暴雨管理指标，鼓励改造过程中关注防洪抗洪措施，以控制净流污染并增强场地在灾害后的恢复能力。国内外标准对于改造中无障碍措施设置的相关指标出现频次也较高，反映出各国对保障各类人群方便、安全出行的重视程度较高。在结构安全方面，我国 GB/T 51141 和日本 CASBEE-改造标准为在地震灾害时保障用户的安全，设置了对结构的抗震性能的要求；BREEAM、DGNB 等则通过对建筑材料的耐久性提出要求，来实现既有建筑结构安全耐久的目的。

然而，有些指标在 GB/T 51141 中尚未涉及。如建筑防火方面，BREEAM-居建改造等要求，当使用化石燃料或生物燃料时，需安装一氧化碳探测器和报警系统，以防患于未然；在防盗方面，BREEAM-居建改造对建筑外门窗防盗性能进行了规定，DGNB 既有办公改造则对视频监视系统、紧急电话和无线电通信等作出了要求。通过对既有建筑绿色改造，在危险情况下用户可以及时获得帮助，增强了使用的安全感，并同时降低了犯罪事件发生的可能性。

安全性指标对比   表 3

指标内容	GB 51141—2015	BREEAM-居建改造	BREEAM-公建改造	CASBEE-改造	DGNB 既有办公改造	GREEN MARK 既有住宅	GREEN MARK 既有非住宅	LEED-运行	Green Star-运行
场地安全	√	√	√		√			√	√
污染物排放	√	√	√		√	√	√	√	√
无障碍				√					
结构安全	√	√	√	√	√				
建筑防火		√							
防盗		√			√				
暴雨管理	√	√	√				√		√

3.2 舒适

国内外既有建筑绿色改造和运行相关标准中，对舒适方面提出要求的指标较多，包括天然采光、照明质量、噪声控制、空气质量、热湿环境、通风、视野、夜间光污染、空间质量、绿色保洁等方面，详见表 4。多数标准都对室内声环境、光环境、热湿环境及空气质量提出了要求，体现了对建筑环境健康舒适的重视。从评价指标内容来看，多数标准中的指标仅针对室内噪声级和隔声性能，只有

GB/T 51141 对建筑场地内的环境噪声提出了要求，以进一步改善建筑室内的声环境。

为改善室内视野，BREEAM-公建改造等将围护结构开口面积比例、房间进深、窗地面积比例等设置为评分项。CASBEE-改造和 DGNB 既有办公改造标准提出了室内外空间质量的相关指标，旨在提高空间和层高的宽裕性、空间形状的自由性、提供公共服务设施及交流场地以提升用户的使用舒适度。LEED-运行和 Green Star-运行中提出了绿色保洁的相关指标，鼓励减少室内化学、生物和颗粒污染物水平，以保障用户的健康舒适。而上述三方面指标在 GB/T 51141 中还未涉及。

舒适性指标对比　　　　　　　　　　　　　　　　　　　　　　表 4

指标内容	GB 51141—2015	BREEAM-居建改造	BREEAM-公建改造	CASBEE-改造	DGNB-既有办公改造	GREEN MARK 既有住宅	GREEN MARK 既有非住宅	LEED-运行	Green Star-运行
天然采光	√	√		√	√		√	√	√
照明质量	√	√		√	√	√	√	√	√
噪声控制	√	√	√	√	√			√	√
空气质量	√	√		√	√		√	√	√
热湿环境	√			√	√			√	√
通风	√	√		√	√	√	√		
视野			√		√				√
夜间光污染	√		√	√				√	√
空间质量				√	√				
绿色保洁								√	√

3.3　便捷

在便捷方面，既有建筑绿色改造和运行相关指标种类较多，可分为人车分流、机动车停车位、用能计量、用水计量、垃圾分类收集、用户满意度调查、绿色建筑宣传、运行维护质量、晾衣空间、公共交通、自行车停放、居家办公等方面，详见表 5。其中，国内外标准中涉及垃圾分类收集便利的指标最多，满足用户建筑日常使用过程中最基础的要求。其次，多数标准还对建筑用能用水的计量方面提出了要求，这使用户可以更加便捷且直观地了解日常使用中的用能用水情况，有助于进一步达到鼓励节水节能的目的。此外，对建筑投入使用后的运行维护质量及绿色建筑宣传活动的要求，可以积极影响管理者和使用者的意识和行为。

在便捷性指标设置方面，GB/T 51141 要求场地设计时对人行和车行路线进行重新规划，为人们提供更好的出行体验；定期进行满意度调查，有助于从用户的角度考察物业管理，为后续的改进提供重要参考，以保障用户生活便利的效果。然而，在欧美发达国家的标准中也有值得学习和借鉴的指标。例如为 BREEAM 设置了为用户提供晾衣空间、居家办公空间等相关指标，关注到了用户生活中的细节；DGNB、LEED 等标准设置了公共出行便利相关指标，为用户的出行或通勤提供了私家车以外的可替代选项，可以潜移默化地帮助用户形成绿色生活习惯。

便捷性指标对比　　　　　　　　　　　　　　　　　　　　　　表 5

指标内容	GB 51141—2015	BREEAM-居建改造	BREEAM-公建改造	CASBEE-改造	DGNB-既有办公改造	GREEN MARK 既有住宅	GREEN MARK 既有非住宅	LEED-运行	Green Star-运行
人车分流	√								
机动车停车位	√		√					√	
用能计量	√	√				√	√		√

续表

指标内容	GB 51141—2015	BREEAM-居建改造	BREEAM-公建改造	CASBEE-改造	DGNB-既有办公改造	GREEN MARK 既有住宅	GREEN MARK 既有非住宅	LEED-运行	Green Star-运行
用水计量	✓	✓	✓			✓	✓		✓
垃圾分类收集	✓	✓	✓	✓		✓	✓		✓
用户满意度调查	✓					✓			✓
绿色建筑宣传	✓					✓	✓		
运行维护质量	✓		✓			✓			✓
晾衣空间		✓							
公共交通			✓		✓	✓		✓	
自行车停放	✓	✓	✓	✓				✓	
居家办公		✓							

4 结束语

（1）新建建筑向既有建筑发展是世界各地绿色建筑发展的普遍规律，相关绿色建筑评价标准亦是如此，例如 BREEAM、DGNB、LEED 等。建筑的使用寿命随着科技的进步已经越来越长，欧美发达国家绿色建筑的发展也由新建建筑转向既有建筑，并较早地编制了既有建筑绿色改造和运行评价标准。希望通过对既有建筑的绿色改造，来推动和维持建筑领域的可持续发展。从我国城镇化建设阶段来看，新建建筑增量将逐年减少，新建绿色建筑和既有建筑绿色改造将成为未来一段时间内我国绿色建筑发展的两个重要方向，GB/T 51141 也将发挥越来越重要的作用。

（2）既有建筑碳减排是国内外相关绿色改造和运行评价标准的关注重点，可将其归纳为直接碳减排和间接碳减排两大方面。在直接碳减排方面，一是通过绿色改造和运行优化减少建筑能耗需求、提升建筑设备性能降低建筑能耗、增加可再生能源利用等措施，以减少碳源；二是从改造绿地、增加绿植等提升建筑场地内绿化固碳能力，以增加碳汇。在间接碳减排方面，主要从施工管理和运行管理两方面提出了要求。通过延长建筑寿命、对建筑设备和系统进行计量、监测和管理及其他影响，并改变使用者行为习惯的方式，达到节能减排的目的。

（3）可感知已成为新时期绿色建筑的重要特征。既有建筑绿色改造应紧扣时代发展，推进"以人为本"的健康改造技术，致力于解决人民日益增长的美好生活需要和不平衡不充分的发展之间的矛盾。在可感知指标方面，国内外 7 本标准均聚焦于安全、舒适和便捷三个方面。但是，因为国情和人民生活习惯不同，各国既有建筑绿色改造评价标准在这三方面的指标设置不尽相同，也充分体现了绿色建筑因地制宜的总体原则。

作者：王清勤　朱荣鑫（中国建筑科学研究院有限公司）

中外建筑节能标准比对研究

Comparative Study on Building Energy Codes between China and Foreign Countries

1 建筑节能标准概况

1.1 建筑节能标准历史

建筑节能是世界各主要国家和地区的节能工作重点之一，实现大范围建筑节能的最重要手段则是逐步提高建筑节能设计标准的最低要求，约束引导新建建筑节能设计建造和既有建筑节能运行和改造。全球大范围地出台建筑节能政策和标准始于 20 世纪 70 年代的石油危机。在此之前，仅少数国家制订了考虑到能源使用的建筑标准。这些最初的建筑标准相对简单，仅规定了建筑围护结构保温隔热要求，这与现在多数国家的多参数节能标准有很大不同。

早期出现与建筑节能相关的规定源于建筑不合格的保温层造成建筑内部潮湿和渗风严重，导致人的健康出现问题。在 1973—1974 年石油危机出现之前，对建筑节能的规定都集中于高纬度寒冷地区，这些地区恶劣的气候条件影响了公众的健康，在这些区域使用热工性能好的建筑材料首次出现在第二次世界大战时期，当时的一些国家规定建造空心墙，利用空心墙的空气层进行保温，或者建造双层木地板进行保温。

第一次从真正意义上对传热系数（U-values），热阻值（R-values），特定保温材料和双层玻璃等进行规定需要追溯至 20 世纪 50 年代晚期的北欧国家（Scandinavian countries）。由于人们生活水平相对提高，迫切希望改善居住条件，这些国家致力于建筑节能和改善室内舒适度。第一次石油危机促进了很多国家（如美国、日本）的建筑节能工作发展。其中一些国家在 20 世纪 70 年代已经实行了强制节能措施，以减少能源消耗，从而降低对石油的依赖。在 20 世纪八九十年代，大多数发达国家已经逐步完善建筑节能标准要求，或者修订提高了原有的技术标准和导则。

1.2 建筑节能标准现状

过去三十年，随着计算方法、计算机建模和建筑能源系统等相关研究的发展完善，许多国家逐步修订了最初的节能标准。现在，几乎所有发达国家都在其建筑节能标准里规定了建筑节能相关限值，但是不同的国家、地区和城市在标准规定的内容侧重点上又有较大的区别。发展中国家，尤其是快速发展中国家，如中国和印度，都致力于提高室内舒适度和降低急剧增长的建筑暖通空调系统能耗。

建筑节能标准的发展是一个复杂的决策过程，需要协调各个参与群体，包括政府、研究机构、事业单位、工业组织和协会组织。一本标准出台以后，就会直接影响建筑技术发展和建筑工程质量。一般新建建筑节能标准都能使建筑在较长的寿命周期内处于相对节能的状态。节能标准的制定及应用也可以提高人们的建筑节能意识，在欧洲一些国家，已经开始逐渐推行既有建筑节能改造工程，节能产品也可以更好地流通。

许多国家虽然没有建筑节能标准，但是有建筑设备或家电的能效标准或标识制度。"家用电器标准及标识合作计划"（Collaborative Labeling and Appliance Standards Program，CLASP）已经在超过 27 个国家开展，这些国家和地区包括：阿根廷、澳大利亚、巴林、伯利兹城、巴西、智利、哥伦比亚、哥斯达黎加、多米尼加、厄瓜多尔、埃及、萨尔瓦多、加纳、危地马拉、洪都拉斯、印度、墨西哥、尼泊尔、尼加拉瓜、巴拿马、波兰、南非、斯里兰卡、泰国、突尼斯和乌拉圭。对于没有建筑节能标准的国家来说，家电标准及标识可以在一定程度上保护终端能源的过度浪费。

2 代表国家建筑节能标准发展概况

2.1 美国

2.1.1 建筑节能标准发展历史

美国建筑节能工作源于1973年石油危机爆发之后，建筑行业面临严峻能源短缺问题，此后，众多组织、标准化团体和专业机构都参与了建筑节能标准的制定，其中最具代表性的、致力于编制使用于全美范围建筑节能设计标准的两大民间机构为国际规范协会ICC和美国供暖、制冷与空调工程师学会ASHRAE。

ASHRAE组织成立于1894年，是全球供暖、通风、空调和领域的领导组织，专注于建筑系统、能源效率、室内空气质量等方面的可持续发展。ASHRAE于1975年编制了美国第一部建筑节能标准ASHRAE90.75，随后各州均将其作为建筑最低能耗限值要求执行。1989年ASHRAE将其更名为ASHRAE90.1《除底层居住建筑外的建筑节能设计规范》，适用于公共建筑与三层及以上居住建筑节能设计标准系列，此后该系列标准成为全美建筑节能设计通用标准。

ICC国际规范协会则是全球领先建筑标准规范和建筑安全解决方案来源，主要包括产品评估、认证、技术和培训，其制定的规范、标准和解决方案用于确保全世界范围内的建筑及社区安全可持续发展。ICC1998编制了涵盖所有设备参暖、空调系统和建筑类型的IECC系列标准，逐渐在建筑节能设计标准领域中占据重要地位。

2.1.2 ASHRAE90.1与IECC系列

ASHRAE90系列为推荐性建筑节能设计标准，主要包含两个子系列：适用于商用及三层或以上居住建筑的节能设计标准90.1系列，与适用于低层居住建筑的节能设计标准90.2系列。然而自从2010年ASHRAE90.2系列版本更新并未达成一致后便不再出版，因此只有ASHRAE90.1系列持续沿用至今。ASHRAE90.1系列自1975年至今已经历过十多次修订，最新版本为ASHRAE90.1—2019。

IECC系列为自愿性建筑节能设计规范，其内容涵盖了所有建筑类型，因此逐渐取代了ASHRAE90.2系列成为美国底层居住建筑的全国性节能设计规范。IECC系列同样包含两部相互独立的规范系列：①IECC居住建筑节能设计规范系列，其主要适用于三层以下住宅、多套独立住宅及三层以下R-2、R-3、R-4级建筑；②IECC商用建筑节能设计规范，其主要适用于其他所有不属于上述类型的建筑。IECC系列标准同样经过多次修订，目前最新版本为IECC 2018。

2.1.3 标准编制与执行

ASHRAE 90.1编制流程与IECC系列相似，均为公开编写、修订和采用，同时向相关领域专家及社会大众征即修改意见，两个系列标准新版本更新时长均为3年。

ASHRAE 90.1在ANSI批准的共识程序下制定，同时成立了名为常设标准项目委员会90.1对其持续进行维护。该委员会由10~60名具有投票权的专家组成，标准修改建议由委员会提出并讨论，同时对所有修改内容公开征求意见，并在规定时间内书面答复。在多数人达成一致意见后，将修订后的新版本标准提交给ASHRAE董事会，审核通过后进行发布。

由于各州之间的经济以及政府对建筑节能重视程度差异较大，因此各州对建筑节能标准的采用和执行情况有所不同。截至2019年底，ASHRAE 90.1—2007和ASHRAE 90.1—2013是全美采用最多的标准，各有11个州采用并执行。此外，7个州仍在执行ASHRAE 90.1—2010，5个经济发展较发达州采用了ASHRAE 90.1—2016，5个州采用了略比ASHRAE 90.1—2007严格的标准，而6个州没有执行任何建筑节能设计标准。

2.2　丹麦

2.2.1　节能法规与政策

丹麦现行的建筑节能相关法规标准有四个不同的层次：

（1）欧盟建筑能效指令——EPBD。按成员国的授权，欧盟于 2002 年 12 月 16 日通过了该法律文件，并于 2010 年 5 月进行了更新。

（2）建筑法——Building Act，建筑法是丹麦建筑节能的总体法源，适用于新建建筑、改扩建建筑、建筑用途发生较大改变或建筑拆除时。其目标是：确保新建或重建建筑具备足够高的防火、安全和健康性能；确保建筑及其周边能有效运行；提高生产率；避免建筑不必要的能源浪费和不必要的原始材料的浪费。

（3）建筑条例——Building Regulation，分为适用于小型或居住建筑的 BR-S 98 和适用于其他类型建筑的 BR 95。

（4）SBi 指南，由丹麦建筑研究院发布。SBi 指南给出了如何达到建筑条例要求的具体做法。指南不是强制的，但通常用户、咨询师、承包商等都会遵循指南。

2.2.2　建筑节能标准发展历史与现状

丹麦在《建筑条例》（DEN Building Regulation，简称 BR）中第七章对建筑节能进行单独要求。丹麦最早一版有节能要求的是 1961 年版《建筑条例》（简称 BR61，后同），之后每版《建筑条例》都不断提高对节能的要求，对于北欧寒冷地区，围护结构性能限值的不断提升对建筑节能起到作用最大，BR08 比 BR61 提升为 60%～76%，见图 1。

《条例》几经修订，丹麦建筑节能水平也大幅度提高，建筑能耗从 1960 年的 $350kWh/m^2$ 降低到了 $50kWh/m^2$ 以下，见图 2 中散点为丹麦建筑科学研究院对大量建筑实际能耗的检测统计分析数据，红色标识为根据历次规范规定的参数计算出的能耗限额，可以看出最新标准规定：到 2020 年丹麦新建建筑的"能耗几乎为零"，主要依靠可再生能源。

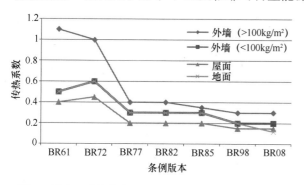

图 1　丹麦《建筑条例》围护结构传热系数限制提升

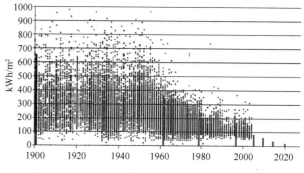

图 2　丹麦建筑节能标准与实际能耗相对关系图

目前正在实施的最新版本建筑节能标准为 BR18，其中对围护结构及设备系统的最低能效限值进行了更新，同时对可再生能源应用进行了规定：当生活热水日消耗量超过 2000L 时，必须提供太阳能热水系统；同时如果经费允许，新建建筑可再生能源利用率必须达到 95%。

2.2.3　编制机构简介

（1）丹麦经济和商业部企业和建筑署

丹麦建筑业的政府主管部门是丹麦经济和商业部下属的企业和建筑署，负责制定相关政策、法规。丹麦建筑条例即由丹麦经济和商业部下属的企业和建筑署制定。

（2）丹麦建筑研究院

丹麦建筑研究院是丹麦经济和商业部下属的研究机构，简称 SBi。SBi 通过开展建筑相关的各项研究来促进建筑设备和环境等各个方面的发展。SBi 编制关于建筑条例的导则，以及 SBi 具体的建筑相关指南，以指导丹麦建筑行业的发展。

2.3 德国

2.3.1 节能法规层次

德国从 20 世纪 70 年代开始逐步重视建筑节能，相继出台了《节能法》《建筑节能法》，在这些法律框架条件下，又颁布了一系列的建筑节能保温法规和建筑节能条例，以此规范和指导德国建筑节能工作。这方面的法律和条例的制定和管理权属联邦政府。

德国现行的建筑节能相关法规有四个不同的层次：

前两个层次法规与丹麦相同，分别为欧盟建筑能效指令 EPBD 和建筑节能法。在此基础上增加了以下两个层次：

（1）在 2003 年以前，根据建筑节能法制订了若干条例，《建筑保温条例》和《供暖设备条例》是其中的两个主要条例。2003 年这两个条例合并为新的《建筑节能条例》（EnEV），是设计和建造者的直接执行依据。

（2）建筑保温和建筑设备的测试和计算方法等依据相关的德国工业标准 DIN。

2.3.2 建筑节能标准发展历史与现状

能源节约与环保是德国政府的长期国策。自 20 世纪 70 年代以来，德国出台了一系列建筑节能法规，对建筑物保温隔热、供暖、空调、通风、热水供应等技术规范作出规定，违反相关要求将受到处罚。1977 年，德国第一部节能法规《保温条例》（WSchV77）正式实行，提出新建建筑的供暖能耗限额为每平方米楼板面积每年消耗能源 250kWh/(m² · a)，该条例在 1984 年和 1995 年分别被修订，1995 年提出的限额已下降为 100kWh/(m² · a)。2002 年，为贯彻欧盟对建筑节能的要求，开始实施新的《能源节约条例》（EnEV2002），于 2001 年 11 月 16 日公布，2002 年 2 月 1 号起实施。其前身是《建筑保温条例》和《供暖设备条例》。最早可追溯到 1976 年的建筑物节能条例。EnEV2002 规定供暖能耗限额调整为 70kWh/(m² · a)，其后在 2005 年、2007 年、2009 年分别被修订，2009 年提出的供暖能耗限额为 45kWh/(m² · a)，见图 3。

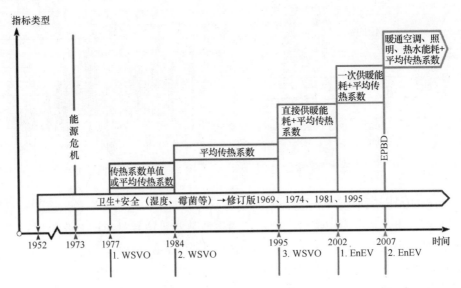

图 3　德国建筑节能标准指标要求发展

目前，该条例又在修订（EnEV2014），关于被动式建筑（即超低能耗建筑）的供暖能耗限额将下降到 15kWh/(m² · a)，这是目前环保节能建筑的最高标准，基本实现建筑的"零能耗"。

2.3.3 编制流程与机构

德国对技术标准采用公认标准化机构集中管理，即标准化社会团体 DIN 负责制定。DIN 是一个非政府组织，下辖 78 个标准委员会，管理着 28000 多项产品标准并负责德国与地区及国际标准化组织间的协调事务。下设的标准实施委员会（ANP）负责对德国 DIN 标准的实施情况进行收集和反馈，从而促进 DIN 标准的制修订工作和实施。标准实施委员会共有 15 个地方分会，800 多个会员。各地方分会通常每年举行 5 次研讨会，其主要的内容是交流和汇总标准在实施中所取得的效益和存在的问题以及对现行标准的评论意见，并由 ANP 秘书收集后转达给有关标委会，以供制修订标准时考虑。

2.4　英国

2.4.1　节能法规与政策

1966 年的伦敦大火促使了英格兰建筑相关法规的诞生。1967 年，《伦敦建筑法》（London Building Act）颁布，规定了建筑需要满足的一些防火要求。工业革命时代，人们发现，围护结构、给水排水系统、洁净等都需要相关法规标准，建筑相关的法规开始大范围发展。

在英国，第一本强制性《建筑条例》（Building Regulation）于 1966 年生效，当时并没有关于节能的规定。

石油危机驱动油价持续暴涨，各国在努力寻找替代能源的同时，也高度重视建筑节能的发展。英国也不例外，在 1972 版的《建筑条例》中首次出现了节能篇，并在此后版本修订中不断提高对建筑节能的要求。

2.4.2　建筑节能标准发展历史与现状

英国第一本强制性《建筑条例》（Building Regulation）于 1965 年发布，并于 1966 年生效，但其中并没有关于节能的规定。第一次石油危机驱动油价持续暴涨，各国在努力寻找替代能源的同时，也高度重视建筑节能，英国也不例外，在 1972 版的《建筑条例》中首次出现了节能篇。英国建筑条例都是以 PART A，B，C，D…编号，如通风条例为 PART-F，防火条例是 PART-B 等，其 "Building Regulation-Part-L" 即为《建筑节能条例》，定期修订更新，2000 年以后是每 4 年一次，分别为 PART-L-2002，PART-L-2006，PART-L-2010，2010 年后改为每 3 年更新一次，分别为 PART-L-2013，PART-L-2016。PART-L 共由四本标准组成，分别为 PART-L-1A，PART-L-1B，PART-L-2A，PART-L-2B，其中 1 代表居住建筑，2 代表公共建筑，A 代表新建建筑，B 代表既有建筑。

为推动欧盟指令（Energy Performance of Building Directive，EPBD）的实施，PART-L-2006 要求在 PART-L-2002 的基础上平均减排 20%～28%，PART-L-2010 要求在 PART-L-2006 的基础上平均减排 25%，也就是说对于不同典型建筑的计算，PART-L-2010 相对于 PART-L-2002 减排 40%～46%。不同版本的建筑节能标准节能减碳目标如图 4 所示。

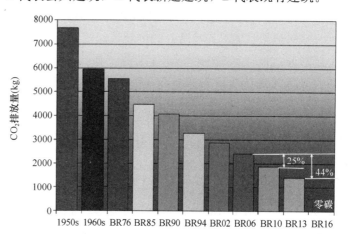

图 4　英国《建筑条例》节能减碳目标

2019 年 7 月，英国发布最新《可持续住宅规范》，作为新建可持续居住建筑的国标。其目标定位主要为减少碳排放，并推进高于现行建筑节能标准要求的更高可持续设计标准。该准则规定了九项可持续设计措施，并使用 1 到 6 星级的系统来评估居住建筑的整体可持续性。

2.4.3　编制流程与机构

目前，英国的建筑条例由社区和地方政府部（DePARTment of Communities and Local Government，简称 DCLG）负责。规划和建筑管理则是地方政府的责任。有关条例技术内容的研究则是由 DCLG ［包括 BRE（英国建筑科学研究院）］进行。有关建筑条例的修订内容介绍以及技术准则是由英国建筑条例咨询委员会（Building Regulation Advisory Council，简称 BRAC）建议的，BRAC 主要由行业代表组成。

2.5 日本

2.5.1 节能法规与政策

1997 年在日本京都召开的《联合国气候框架公约》（United Nations Framework Convention on Climate Change）第三次缔约方大会（Conference of the PARTies，COP3）上通过的国际性公约即《京都议定书》（the Kyoto Protocol），为各国的二氧化碳排放量规定了标准。温室气体中 90% 以上是碳氧化物，而接近 90% 的碳氧化物来自化石燃料的燃烧，这意味着近 80% 的温室气体来自化石能源的使用。鉴于此，行之有效的能源政策可谓解决环境问题的重要方法之一。

日本政府决定采取措施，既能保证能源供应，又能完成《京都议定书》规定的减少温室气体排放 6% 的目标。政府以能源需求层为重点，促进在工业，公共建筑和居住建筑，交通运输领域的节能减排工作。

2.5.2 建筑节能标准发展历史与现状

日本现有三本建筑节能标准，一本针对公共建筑，另外两本是针对居住建筑。

日本《公共建筑节能设计标准》（Criteria for Clients on the Rationalization of Energy Use for Buildings，CCREUB），既规定了公共建筑节能的性能指标，也包含了规定性指标，涵盖了围护结构保温，供热，通风和空调，采光，热水供应，以及电梯设备等内容。

日本针对居住建筑有两本节能规范：一是《居住建筑节能设计标准》（Criteria for Clients on the Rationalization of Energy Use for Houses，CCREUH），标准给出了居住建筑的单位面积能耗指标和热工性能指标，并对暖通空调系统有所规定，本节只重点讨论围护结构的热工性能方面的规定。二是《居住建筑节能设计与施工导则》（Design and Construction Guidelines on the Rationalisation of Energy Use for Houses，DCGREUH），导则详细给出了居住建筑的各种规定性指标，并详细讲述了与建筑热工性能相关的施工方法。

在日本《居住建筑节能设计规范》里定义了六个气候分区，第一、二气候分区位于日本北部，冬冷夏凉；第三、四气候分区位于日本中部；第五、六气候分区位于日本南部，冬暖夏热，并且为因地区差异或气候分区差异而导致的相关的指标差异提供了修正值。

随着建筑能耗不断升高，建筑节能工作逐步得到重视，日本建筑节能标准不断提升。2013 年，日本将 3 部建筑节能相关标准合并为 1 部——《建筑节能标准 2013》，并计划到 2020 年实行强制执行。

2.5.3 标准编制与执行情况

日本建筑节能标准编制修订情况如表 1 所示，目前最新版本的《建筑节能标准 2013》在编制时相对于旧版有三大变化：

（1）参数类型。旧版标准对于 5 种建筑能源系统（供热供冷、通风、照明、热水、电梯）的 5 个 CEC 分别进行了限值要求，新版标准将这 5 种系统作为建筑能源系统整体考虑，对其一次能耗进行整体限值规定。

（2）更新了过去 30 年没有更新的建筑能耗计算方法，增加了新技术，可以更加精确地进行建筑能耗计算。

（3）将基于建筑类型判定的 PAL 和 CEC 值进一步精细化为按照 201 种房间功能类型确定，将建筑物划分为不同功能使用区，分别进行能耗计算，然后汇总得出总能耗。

《建筑节能标准 2013》中能耗限值的计算，主要是通过比较气象参数和建筑面积等因素相同的参照建筑和实际设计建筑的供热供冷、通风、照明、热水、家电全年能耗总和，判定设计建筑是否满足节能设计标准。

日本建筑节能标准编制概况

表 1

年度	标准	备注
1979	《节约能源法》和 CCREUB 颁布	推荐性标准
1980	CCREUH, DCGREUH 颁布	推荐性标准
1992	DCGREUH 修订	原因：战争
1993	CCREUH 修订	原因：战争
1999	CCREUH, DCGREUH 修订	原因：京都议定书
2009	CCREUB, CCREUH, DCGREUH 修订	除小型建筑外其他建筑需汇报标准执行情况
2013	标准合并为 1 部：《建筑节能标准 2013》	标准体系全部重新梳理，采用设计一次能耗为衡量指标
2020		所有建筑物强制执行

执行方面，从 2003 年开始，日本政府要求公共建筑建设者依据节能标准提交强制性节能计划报告，2005 年开始要求居住建筑建设者提交强制性节能计划报告。据国土交通省（MLIT）统计，2005 年强制性节能报告的提交率为 100%，其中 85% 的公共建筑在设计阶段都符合 1999 年版本 CCREUB 的要求，而这个数据在 2000 年只有 34%。一份基于《住房质量保证法》的住房评估报告显示，在 2006 年 36% 的新建住房符合 1999 年版本 CCREUH 的要求。

3　中美建筑节能标准比对

美国作为建筑节能领域最权威、领先和最具代表性的国家，始终在全球建筑节能行业中被视为标杆和典范，各国制定自己的节能标准时都借鉴并参考了 ASHRAE90.1 系列。

因此为了更深入的定量研究中外建筑节能标准差异，下文将重点比对研究中美两国最新建筑节能标准。由于我国大部分住宅建筑都是三层以上的，因此主要将美国 ASHRAE90.1 系列与我国 GB 50189、JGJ 26、JGJ 134、JGJ 75 和 GB/T 51350 系列作为对比研究对象，分别从基本内容、关键参数及发展趋势三个方面，对标准体系特点、章节设置、围护结构限值、暖通空调设备限值、节能率提升潜力和未来发展方向等方面进行全面综合对比分析。

3.1　基本内容

3.1.1　标准体系与特点

中美建筑节能标准体系框架及最新版本标准如图 5 所示，可以看出中美建筑节能标准在体系具有较明显差异，美国体系设置简单，仅包含 ASHRAE90.1 系列和 IECC 系列，分别用于商用、三层及以上居住建筑和低层居住建筑节能设计。

而我国建筑节能标准体系更为全面系统，按照不同的气候区及建筑类型逐一分门别类制定适用的建筑节能设计标准，体系层次分明，使编制使用均简单明了。中国标准体系体现了"从居建到公建、由北到南"的建筑节能标准制定原则：除了四部一般建筑节能设计标准：公共建筑节能设计标准 GB 50189 系列和三部不同气候区居住建筑节能设计标准 JGJ 26、JGJ 134 和 JGJ 75 系列以外，全国强标：《建筑节能与可再生能源利用通用规范》与引领性建筑节能标准：《近零能耗建筑技术标准》GB/T 51350 更体现出了我国建筑节能标准体系的前瞻性和先进性。

《建筑节能与可再生能源利用通用规范》将作为我国建筑节能强制性最低要求在全国范围内强制执行，主要对所有气候区各类建筑的节能设计、可再生能源建筑应用系统设计、建筑节能工程施工、调试及验收、运行及管理、既有建筑节能改造进行了强制规定，新建建筑、既有建筑改造及可再生能源系统应用或设计均必须满足标准中规定的门槛值。

3.1.2　章节设置

ASHRAE 90.1 与我国各建筑节能标准由主要章节和附录组成，中美建筑节能设计标准的主要章节又可分为三部分：基础内容、主要技术指标和附加技术指标。在基础内容部分，ASHRAE90.1 内容更详细，共设置了四个章节，分别为目标、范围、缩写定义和行政执行，而我国四部标准均仅设置总则和术语两个章节；在主要技术指标方面，ASHRAE90.1 和中国各建筑节能设计标准均包含了建

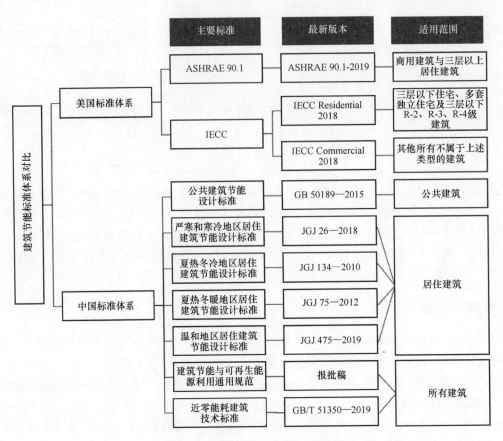

图5 中美建筑节能标准体系对比

筑围护结构和暖通空调设备相关的技术指标要求；而附加技术指标中，两国标准章节设置差异较大，ASHRAE 90.1仅增设了热水和动力系统，而我国公建及各气候区 居建节能设计标准则根据不同气候区特点设置了对应的附加技术指标，包括给水排水、电气、可再生能源应用、建筑能耗设计、室内热环境计算指标和建筑节能设计综合评价等多方面节能技术指标，而近零能耗技术标准则进一步在基础内容里增设了基本规定、室内环境参数和能效指标等规定，见图6。

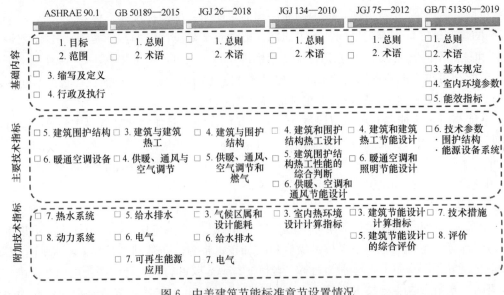

图6 中美建筑节能标准章节设置情况

3.2　关键参数

3.2.1　围护结构限值

中美建筑节能设计标准均对建筑围护结构种类进行详细划分，ASHRAE 90.1 对围护结构的划分更为详细，主要分为 7 种：屋顶、地上墙体、地下墙体、楼板、悬挑楼板、接地楼板和不透明门，其中屋顶、楼板和地上墙体又细分为 3 种以上子类，悬挑楼板、接地楼板和不透明门均被细分为 2 种子类。而我国建筑节能设计标准种对围护结构划分较为简单明了，同时不同标准有着不同的划分方法。

屋顶、地上和地下墙体、地上楼板、悬挑楼板和门，每种标准仅包含一种特定类型，而 GB 50189—2015 和 JGJ 26—2018 中将楼板分为若干种子类，同时增加了与阳台门下的变形缝和芯板类别。JGJ 134—2010 和 JGJ 75—2012 中没有这些类别，这是由于夏热冬冷和夏热冬暖气候特征下更强调建筑制冷而非供暖，因此对围护结构要求不是特别严格，分类较为简单。

两国建筑节能标准均对主要围护结构技术参数进行了严格规定，图 7 展示了 ASHRAE 90.1—2010 至 2019 版本及中国现行最新建筑节能标准中各主要围护结构参数限值对比情况：①对于屋顶传热系数限值，两国由南到北逐渐下降，我国严寒地区较夏热冬暖地区限值下降 40%～77.8%；

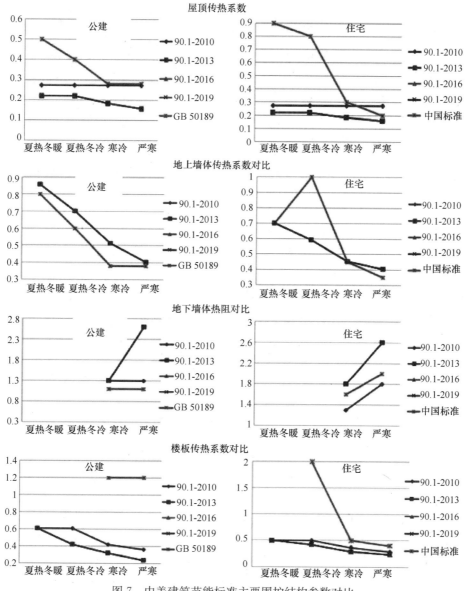

图 7　中美建筑节能标准主要围护结构参数对比

ASHRAE 90.1—2019 较 2010 版本限值降低 33%～50%，我国共建节能标准规定限值高于 ASHRAE 90.1 要求，夏热冬暖、夏热冬冷及寒冷地区居住建筑节能标准规定限值亦高于 ASHRAE 90.1—2019。②对于地上墙体传热系数，由南到北限值亦明显下降（我国夏热冬冷气候区居住建筑除外），ASHRAE 90.1 下降 42.8%～55%，我国下降约 50%。ASHRAE 各版本限值要求变化不大，中国各气候区共建节能标准及严寒地区住宅建筑节能标准要求限值均低于 ASHRAE 90.1—2019。③对于地下墙体热阻，中美节能标准中仅对严寒和寒冷地区给出限值要求，由南到北要求限值逐渐提升，美国严寒较寒冷地区限值增大 30.7%～50%，中国限值提升约 33%；ASHRAE 90.1—2019 较 2016 版本限值提升 38.4%～50%；中国各节能标准限值均低于 ASHRAE 90.1—2019。④对于楼板传热系数，ASHRAE 对所有气候区都作限值规定，而我国公建只对严寒和寒冷地区、住宅仅对夏热冬冷及严寒寒冷地区作限值规定。

3.2.2 暖通空调系统限值

ASHRAE 90.1 系列第六章对暖通空调系统进行了详细的分类，并从 2010 版本的 11 种设备系统不断增加至 2019 版本的 17 种，涵盖了空调、热泵、冷水机组、锅炉、散热器、换热器、冰箱与冷柜、除湿器、冷凝器等主要暖通空调设备，并对其性能参数（COP、SCOP、IPLV）及能效值给出限制要求，并没有以气候区作不同规定。

我国则对不同气候区类型对暖通空调设备性能有不同的限值规定，但建筑节能标准中对暖通空调系统及设备的分类较少，所有气候区不同建筑类型标准中所有暖通设备主要划分为：太阳能利用系统、供热锅炉、电动式压缩冷水机组、空调系统、单元式空调、空气源热泵、分布式空调、多联机空调（热泵）及直燃式溴化锂吸收式制冷机组，主要的能效评价参数为 COP、EER 及 IPLV。

选取了 ASHRAE 90.1—2010 至 2019 版本中两种具有代表性的暖通空调设备：风冷式空调机组及水冷式空调机组的要求能效限值进行对比，如图 8 和图 9 所示。

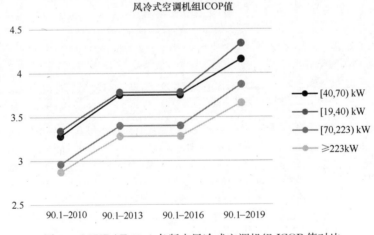

图 8　ASHRAE 90.1 各版本风冷式空调机组 ICOP 值对比

可以看出，ASHRAE 90.1 系列从 2010 年版到 2019 年版的空调器 ICOP 值都有明显的节能提升。风冷空调的 ICOP 值提高了约 30%，水冷空调的 ICOP 值提高了 9%～13%。

图 10、图 11 显示了 ASHRAE 90.1—2019 和我国 GB 50189—2015 两部现行最新建筑节能标准中水冷式空调机组 COP 值和冷水机组 IPLV 值对比情况（我国标准中取寒冷地区限值进行对比），可以看到 ASHRAE 90.1—2019 中风冷式空调机组 COP 值略高于我国 GB 50189—2015，相应冷量范围下设备的最低能效限定值差距在 0～15.56% 之间，而水冷式空调设备 COP 限值最大仅相差 3.89%，两国对空调系统 COP 限值要求水平较为接近。而 ASHRAE 90.1—2019 中对冷水机组 IPLV 限值要求较我国 GB 50189 中高 15.4%～42.1%，但由于 ASHRAE 90.1—2019 版本目前并未在美国执行，

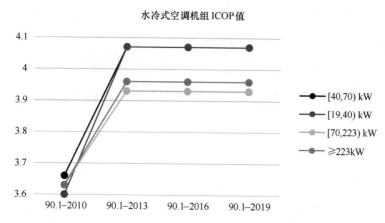

图 9　ASHRAE 90.1 各版本水冷式空调机组 ICOP 值对比

现行最新版本 ASHRAE—2016，仅在 5 个经济较发达地区实施，大部分地区（22 个州）仍在采用 ASHRAE 90.1—2007 和 ASHRAE 90.1—2013 版本；而我国 GB 50189—2015 标准自颁布起就在全国范围内执行，因此从实际应用层面看，我国对冷水机组实际要求限值高于美国标准。

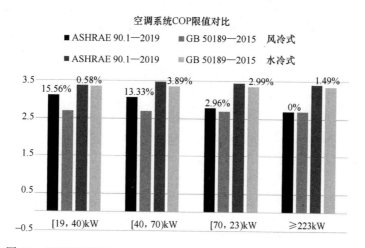

图 10　ASHRAE 90.1—2019 与 GB 50189—2015 空调系统 COP 限值

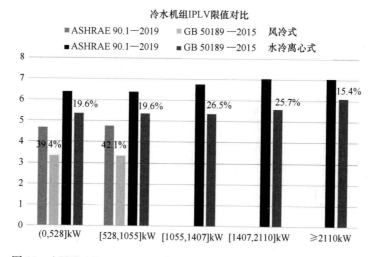

图 11　ASHRAE 90.1—2019 与 GB 50189—2015 冷水机组 IPLV 限值

3.3 发展趋势

3.3.1 节能潜力升级

ASHRAE 90.1 各版本相对于 1980 年能耗基准的节能率提升情况如图 12 所示,可以看出自 2004 年起,ASHRAE 90.1 系列的定期更新频率为 3 年,每次修订版本中都规定了不同程度的节能率提升目标,与 1980 年基准能耗量相比,ASHRAE 90.1—2016 节能率达到 59.1%。

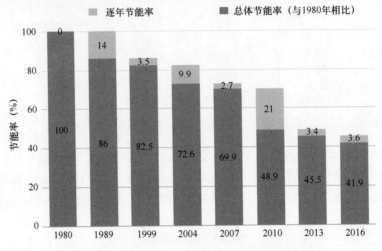

图 12 ASHRAE 90.1 各版本节能率提升情况

相较于 ASHRAE 90.1 系列,中国建筑节能标准则制定了更大的节能率提升目标,现行的 JGJ 26—2018 的节能率要求为 75%,2020 年完成修订的 JGJ 134 和 JGJ 75 最新报批稿文件中将夏热冬冷和夏热冬暖地区居住建筑节能率由现行的 50% 提高至 65%(图 13)。除此之外,正在编制的国家标准《建筑节能与可再生能源利用通用规范》,正式以强制性标准的形式进一步促进我国建筑节能行业稳步发展,同时将可再生资源建筑应用相关内容纳入标准要求中,旨在通过科学合理利用可再生能源,提高能源资源利用效率,降低建筑碳排放,贯彻落实可持续发展战略,实现我国节能减排规划,并为我国 2030 碳达峰、2060 年碳中和目标奠定基础。

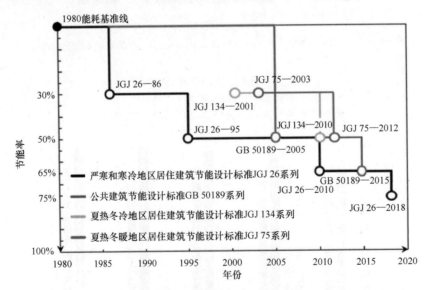

图 13 我国各版本建筑节能标准节能率提升情况

总体而言,我国建筑节能标准在过去三十年间取得了显著进步,并持续迅速发展,对建筑节能率的提升要求逐渐超越了美国。

3.3.2　近零能耗建筑探究

在现有建筑节能标准体系基础上，中美两国均对未来建筑节能发展趋势进行了预测，制定更高级别建筑节能设计标准，并通过科研、示范工程、产业规划和政策制定等一系列前瞻措施，对未来近零能耗和零能耗建筑提供理论支持、工程案例、产业布局及政策激励，奠定坚实的发展基础。

美国 SHRAE 机构制定了《更高要求设计指南》（AEDG 系列）主要包含三个设计指南：零能耗、50％能耗和 30％能耗设计手册，分别适用于零能耗建筑，节能率 50％建筑（与 ASHRAE 90.1—2004 相比）及节能率 30％建筑（与 ASHRAE 90.1—1999 相比），三本指南均为仅针对一种特殊建筑类型的设计手册，主要内容包含参数限值、能效水平、可再生能源利用及相应建筑类型暖通空调技术要求。

相较于美国，我国早已完成《近零能耗建筑技术标准》GB/T 51350，并将其作为首个全国性标准执行，该标准对超低、近零及零能耗建筑给出了明确定义，并对其室内环境参数、能效指标、技术参数及措施等方面给出清晰要求，增加了建筑能耗强度及可再生能源利用率要求，并显著提高建筑围护结构和暖通空调设备参数限值要求，见图 14。

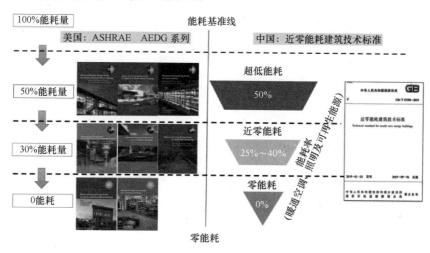

图 14　中美更高水平节能标准系列

技术层面而言，中国对零能耗建筑的未来发展方向更为明确，率先制定并出台了全国性近零能耗建筑技术标准，并通过示试点示范、区域推广、政策激励和产业发展等措施促进近零能耗建筑全国范围内迅速发展。而美国还未正式发布针对近零能耗或零能耗建筑的设计、施工、运营和评估的强制性规范。

4　结论与展望

通过对美国、丹麦、德国、英国、日本等国家等代表国家建筑节能法律法规、标准发展历程及现状和编制情况进行汇总梳理和分析，以及对中美两国建筑节能设计标准基本内容（标准体系特点、章节设置）、关键参数（围护结构限值、暖通空调设备限值）及发展趋势（节能率提升潜力和未来节能方向）三个方面的全面综合对比分析，对我国建筑节能标准未来在全世界范围内奠定引领地位有重要意义，基于上述研究得出以下结论：

（1）全球各主要发达国家出于以节能为目的的建筑节能标准均于 20 世纪 70 年代的全球第一次石油危机之后逐步展开并提升。丹麦《建筑条例》几经修订，建筑能耗从 1960 年的 350kWh/m² 降低到了目前的低于 50kWh/m²；英国《建筑条例》从 1965 年到 2002 年，非透明围护结构性能提升为 80％～89％，窗户性能要求提升为 65％；日本自 1980 年开始提高建筑节能标准后，其典型居住建筑供暖负荷从 1980 年的 60～115kWh/（m²·a）逐渐降低到了 2000 年的 10～30 kWh/（m²·a）；美国

ASHRAE 90.1—2016 相对 1980 版节能率约为 58.1%。各国建筑节能未来发展趋势均以零能耗建筑、零碳排放为最终目标，并逐一制定相关目标及政策指导。

（2）我国建筑节能标准工作起步较晚，其体系、方法、标准内容框架借鉴了国外发达国家，目前在世界范围内处于较高水平，相较于美国 ASHRAE 系列，中国建筑节能标准体系更完善，各气候区不同类型建筑均有对应的初级建筑节能设计标准，同时《近零能耗建筑技术标准》GB/T 51350 及《建筑节能与可再生能源利用通用规范》两部全国性标准也将作为更高建筑节能目标的指导性标准。

（3）中美建筑节能标准章节架构相近，ASHRAE 90.1 各版本内容变化不大，中国不同建筑节能标准侧重不同，但均包含围护结构及暖通空调设备相关内容。中国建筑节能标准一经发布立即在全国对应气候区执行，而美国标准的执行能力相对较弱，新标准仅在经济较为发达的州执行。

（4）美国 ASHRAE 90.1 对建筑围护结构和暖通空调系统分类更详尽，中美建筑节能标准对围护结构及暖通空调设备限值要求总体来说相差不大，ASHRAE 90.1 中对设备能效限值要求略高于中国，但最新版本并未立即执行，因此在实际应用层面两者水平相近。

（5）中国建筑节能标准前瞻性发展已先于美国进行并得到初步落实，首次制定并实施近零能耗建筑技术标准，同时完成全国强制性建筑节能标准《建筑节能与可再生能源利用通用规范》编制，美国仅编制 ASHRAE AEDG 系列作为更高节能要求的建议性设计指南。

作者：徐　伟　张时聪　傅伊珺（中国建筑科学研究院有限公司）

太阳能应用领域中外标准对比研究

The Comparison Research for China and Foreign Codes in Solar Application

1 引言

在国家经济的发展进程中，产业产品及工程建设的标准化，对确保产品、工程的质量和安全，促进技术进步，提高整体经济、社会效益等都具有十分重要的意义。随着中国特色社会主义市场经济体制的建立和完善，标准化的地位更加突出、作用更加明显。新时代我国提出的"一带一路"倡议，"人类命运共同体"的全新理念，以及"一体化的全球发展战略"，都离不开标准化工作的坚实基础。国际标准是全球治理体系和经贸合作发展的重要技术基础。作为世界第二大经济体，第一货物贸易大国、第一出口大国和第一制造大国，我国的标准化工作在保障产品质量安全、促进产业转型升级和经济提质增效、服务外交外贸等方面起着越来越重要的作用。

2018 年 1 月 1 日，《中华人民共和国标准化法》修订版正式实施，国家以法律形式积极推动参与国际标准化活动，鼓励企业、社会团体和教育、科研机构开展标准化对外合作与交流，参与制定国际标准，推进中国标准与国外标准之间的转化运用。

标准化工作作为我国综合实力的体现，是城镇建设和能源行业"走出去"的重要前提和关键任务。在太阳能领域，我国是世界上最大的太阳能集热产品生产国和安装国，占世界总份额约 70%。市场的日益增长一方面对我国太阳能国际标准化工作提出了要求，另一方面也促进了我国太阳能国际标准化工作的进步与发展。在"标准助推创新发展，标准引领时代进步"的新时代下，中国制造"走出去"需要更高的标准作为有力支撑。

2 国际标准化组织工作体系

2.1 国际标准化组织机构设置

国际标准化组织（International Organization for Standardization，缩写 ISO）是一个独立的非政府组织机构，由包括中国在内的 25 个国家于 1946 年 10 月发起成立，中央秘书处设在瑞士日内瓦，目前共有 165 个国家成员，其组织结构见图 1。

其中，技术管理局（Technical Management Board，以下简称 ISO/TMB）是 ISO 标准化技术工作的最高管理机构。为更好地开展标准化文件制修订工作，ISO/TMB 根据专业领域不同，分别设立了具体负责起草工作的技术组织，一般以技术委员会（TC，Technical Committee）、分委员会（SC，Subcommittee）和项目委员会（PC，Project committee）等形式设立，由负责人（主席、副主席和秘书）负责全面管理技术机构的工作。

国际标准化组织太阳能技术委员会（ISO/TC 180 Solar Energy，以下简称 TC 180）成立于 1980 年，主要负责太阳能供热水、供暖、制冷、工业过程热利用和空调等热利用技术领域的标准化工作。现任秘书处单位为德国标准协会（DIN，Standards Germany）。截至 2020 年底，TC 180 共负责编制国际标准 25 部，其中 19 部已发布实施，6 部正在编制过程中。

ISO/TC 180 共有 5 个二级技术机构，分别为 SC 1、SC 4、WG 1、WG 3 和 WG 4。各工作组/分委员会负责的标准内容及本届主席/召集人见表 1。

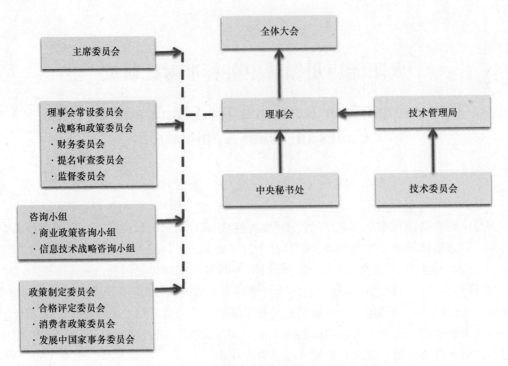

图1　ISO组织结构图

工作组/分委员会工作内容　　　　　　　　　　　　　　　　　　　　表1

名称	名称	秘书处/主席/召集人
TC 180/SC 1	气候——测量与数据	秘书处：澳大利亚（SA） 主席：Dr. Wolfgang Finsterle
TC 180/SC 4	系统——热性能、可靠性和耐久性	秘书处：中国（SAC） 主席：何涛
TC 180/WG 1	术语	召集人：Ms Vasiliki Drosou
TC 180/WG 3	集热器部件及材料	召集人：焦青太
TC 180/WG 4	太阳能集热器	召集人：Mr. Andreas Dohren

目前，TC 180成员信息见表2。

TC 180 成员信息　　　　　　　　　　　　　　　　　　　　　　　　表2

积极成员（P）		观察员（O）	
国家（工作机构）	国家（工作机构）	国家（工作机构）	国家（工作机构）
阿尔及利亚（IANOR）	意大利（UNI）	阿根廷（IRAM）	摩洛哥（IMANOR）
澳大利亚（SA）	牙买加（BSJ）	亚美尼亚（SARM）	荷兰（NEN）
奥地利（ASI）	约旦（JSMO）	巴巴多斯（BNSI）	新西兰（NZSO）
博茨瓦纳（BOBS）	葡萄牙（IPQ）	比利时（NBN）	挪威（SN）
中国（SAC）	俄罗斯（GOST R）	保加利亚（BDS）	阿曼（DGSM）
丹麦（DS）	南非（SABS）	智利（INN）	巴基斯坦（PSQCA）
埃塞俄比亚（ESA）	西班牙（UNE）	古巴（NC）	菲律宾（BPS）
法国（AFNOR）	苏丹（SSMO）	塞浦路斯（CYS）	波兰（PKN）
德国（DIN）	瑞士（SNV）	捷克（UNMZ）	罗马尼亚（ASRO）

积极成员（P）		观察员（O）	
国家（工作机构）	国家（工作机构）	国家（工作机构）	国家（工作机构）
希腊（NQIS ELOT）	坦桑尼亚（TBS）	匈牙利（MSZT）	塞尔维亚（ISS）
印度（BIS）	突尼斯（INNORPI）	印度尼西亚（BSN）	塞舌尔（SBS）
伊朗（ISIRI）	土耳其（TSE）	伊拉克（COSQC）	斯洛伐克（SOSMT）
以色列（SII）	英国（BSI）	爱尔兰（NSAI）	斯洛文尼亚（SIST）
		日本（JISC）	斯里兰卡（SLSI）
		肯尼亚（KEBS）	瑞典（SIS）
		韩国（KATS）	泰国（TISI）
		马耳他（MCCAA）	特立尼达和多巴哥（TTBS）
		毛里求斯（MSB）	乌克兰（DSTU）
		墨西哥（DGN）	乌拉圭（UNIT）
		沙特阿拉伯（SASO）	

2.2　中国的国际标准化事务管理单位

中国国家标准化管理委员会（Standardization Administration of the People's Republic of China，缩写为 SAC）代表中国负责国内的国际标准化工作。中国国家标准化管理委员会是由国务院授权的管理中国标准化事务的行政管理机构，成立于 2001 年，2018 年后国家机构改革后并入国家市场监督管理总局，对外仍保留国家标准化管理委员会的牌子，以 SAC 的名义代表国家参加国际标准化组织、国际电工委员会和其他国际或区域性标准化组织，其中 ISO 的国内工作由标准创新管理司 ISO 处具体负责。

具体到 TC 180 的工作，由全国太阳能标准化技术委员会（SAC/TC 402）的秘书处单位负责对内及对外联络。中国标准化研究院是全国太阳能标准化技术委员会（SAC/TC 402）的秘书处单位，主要负责太阳能热水系统、太阳房、太阳灶、太阳能产品、太阳能集热器、元件等国家标准制修订工作。2008 年，中国由 ISO TC 180 观察成员（O 成员）转变为积极成员（P 成员），并由此开始全面参与太阳能热利用领域的国际标准化工作。

2.3　中国建筑科学研究院有限公司参与的相关工作

为适应全球化的发展需求，截至 2019 年底，我国已承担 ISO、IEC 技术机构主席副主席 73 个、秘书处 88 个，与 54 个国家、地区标准化机构和国际组织签署了 97 份标准化双多边合作文件，共发布国家标准外文版 721 项。

2018 年，中国太阳能标准化技术委员会（SAC/TC 402）秘书处单位作为 ISO TC 180 在中国的对口单位正式接任 SC4 秘书处工作，中国建筑科学研究院有限公司何涛教授级高工担任第四分委会（SC4）的主席。此前，SC4 的前任主席为美国 Jim Huggins 教授，秘书处设置在美国 ANSI/ASHARE，而 ISO/TC 180/SC4 也从未由中国代表担任主席或秘书处工作，本次接任打破了太阳能热利用领域内技术机构秘书处设置在美国、德国等发达国家的主流现状，实现了本领域"零"的突破，为培育国际竞争新优势奠定了基础。

3　太阳能应用领域国际标准现状

3.1　国际标准编制全过程

标准编制的全过程包括提案申请、前期准备、标准编制、标准出版、标准审查修订、标准废止等阶段。各阶段工作流程见图 2。

图2　ISO标准编制全过程流程图

3.2　国际标准化组织ISO/TC 180标准现状

截至2020年11月，ISO/TC 180正式发布的现行标准共计19项（包括技术报告2项），另有6项标准正在制订或修订中。太阳能热利用国际标准一览表见表3。

现行太阳能热利用国际标准一览表　　　　　　　　　　　　表3

序号	标准号	英文标准名称	中文标准名称
1	ISO 9488：1999	Solar energy—Vocabulary	太阳能术语
2	ISO 9553：1997	Solar energy — Methods of testing preformed rubber seals and sealing compounds used in collectors	太阳能 — 用于集热器橡胶密封件和塑料密封材料的试验方法
3	ISO 9806：2017	Solar energy — Solar thermal collectors — Test methods	太阳能—太阳能集热器—试验方法
4	ISO 9808：1990	Solar water heaters — Elastomeric materials for absorbers, connecting pipes and fittings — Method of assessment	太阳热水器—吸热体用弹性材料连接管与配件 —评定方法
5	ISO 22975-1：2016	Solar energy — Collector components and materials — Part 1：Evacuated tubes — Durability and performance	太阳能—集热部件和材料—第1部分：真空管的耐久性和性能
6	ISO 22975-2：2016	Solar energy — Collector components and materials — Part 2：Heat—pipes for solar thermal application — Durability and performance	太阳能—集热部件和材料—第2部分：太阳能热利用热管的耐久性和性能
7	ISO 22975-3：2014	Solar energy — Collector components and materials — Part 3：Absorber surface durability	太阳能—集热部件和材料—第3部分：吸热体的耐久性和性能
8	ISO 22975-5：2019	Solar energy — Collector components and materials — Part 5：Insulation material durability and performance	太阳能—集热部件和材料—第5部分：保温材料的耐久性和性能
9	ISO 9059：1990	Solar energy — Calibration of field pyrhilioneters by comparison to a reference pyrhelionmeter	太阳能—与基准直接日射表比对的方法标准工作直接日射表
10	ISO 9060：2018	Solar energy — Specification and calssification of instruments for measuring hemispherical solar and direct solar radiation	太阳能—半球向太阳辐射和直射太阳辐射测量装置的规定和分类
11	ISO 9845-1：1992	Solar energy — Reference solar spectral irradiance at the ground at different receiving conditions — Part 1 Dircet normal and hemispherical solar irradiance for air mass 1.5	太阳能—地面不同接收条件下的日射光谱辐照度—第1部分：大气质量1.5的法向直接日射和半球向日射辐照度
12	ISO 9846：1993	Solar energy — Clibration of a pyranometer using a pyrheliometer	太阳能—用日射强度计校准总日射表
13	ISO 9847：1992	Solar energy — Calibration of field pyranometer by comparision to a reference pyranometer	太阳能—与标准总日射表比对校准工作总日射表

续表

序号	标准号	英文标准名称	中文标准名称
14	ISO 9459-1：1993	Solar heating — Domestic water heating systems — Part 1：performance rating procedure using indoor test methods	太阳加热—家用热水系统—第1部分：使用室内试验方法评定性能方法
15	ISO 9459-2：1995	Solar heating — Domestic water heating systems — Part 2：Outdoor test methods for system performance characterization and yearly performacne prediction of so-lar — only system	太阳热利用—家用热水系统—第2部分：用于系统性能表征和每年一次的单一日光系统性能预测的室外试验方法
16	ISO 9459-4：2013	Solar heating — Domestic water heating systems — Part 4：system performance characterization by means of component tests and computer simulation	太阳能加热—家用热水系统—第4部分：组件测试和计算机模拟得到的系统特性
17	ISO 9459-4：2017	Solar heating — Domestic water heating systems — Part 5：System performance characterization by means of whole system test and computer simulation	太阳能加热—家用热水系统—第5部分：系统测试和计算机模拟得到的系统特性
18	ISO/TR 10217：1989	Solar energy — Water heating systems — Guide to material selection with regard to internal corrosion	太阳能—水加热系统—内部腐蚀相关的材料选择指南
19	ISO/TR 9901：1990	Solar energy — Field pyranometer — Recommended practice for use	太阳能—工作日辐射计—推荐使用规程

现行 ISO 标准中以系统、部件和材料的性能及测试实验方法为主，占比 63%，有 50% 以上的标准是 2000 年前制定的。主要集中在 SC1（气象测量和数据）和 SC4（系统热性能、耐久性和可靠性）。2010 年以后迎来 ISO 标准制定的又一发展阶段，制定的 10 个标准中有 5 个是由中国专家牵头主导。

3.3　中国专家负责编制的 ISO 标准

在中国专家主导编制的国际标准中，有 3 部由中国建筑科学研究院有限公司的专家负责，分别是 ISO 22975-1：2016，ISO 22975-5：2019 和 ISO 24194。三部标准的主要情况如下：

2012 年，基于我国在真空管太阳能集热器领域的技术优势，中国建筑科学研究院有限公司的专家在国际标准化组织（ISO）中主持制定了我国太阳能热利用领域的第一部国际标准 ISO 22975-1：2016《太阳能集热器部件与材料第 1 部分：真空集热管的耐久性与性能》，实现零的突破；同时，积累了主导国际标准编制的完整经验、加强了国际技术交流，与国际标准化组织太阳能委员会（ISO/TC 180）的技术专家建立了良好互信与合作，也为我国的真空管太阳能集热器进行国际化推广提供了有利条件。

2015 年，由中国建筑科学研究院有限公司专家主导的国际标准 ISO 22975-5：2019《太阳能—集热器部件与材料—第 5 部分：绝热材料耐久性和性能》正式立项，并于 2019 年发布实施。该标准不再仅仅关注于我国占据优势地位的真空管集热器，而是通过与德国、瑞士、澳大利亚等国家共同合作，将国外先进经验与我国技术标准相结合，提出不同类型集热器全覆盖的检测方法与指标要求，相关标准已经转化为英国、丹麦、荷兰等传统意义上平板型太阳能集热器技术领先的欧洲国家的国家标准，为太阳能集热产品提供了国际通则，也为我国太阳能集热器行业最新开发的平板型太阳能集热器产品打入欧洲市场消除了技术壁垒。

2019 年，中国建筑科学研究院有限公司的专家依托和丹麦前期在科研课题、工程建设等方面取得的一系列卓有成效的合作成果，以及合作建设大型太阳能供热工程积累的复杂气候条件下的宝贵工程经验，与丹麦专家共同向 ISO/TC 180 SC4 提交了《太阳能供热系统集热场性能检验》新项目提案表。2019 年 6 月，该提案被批准正式立项，标准编号为 ISO 24194。

该标准以太阳能供热工程为研究对象，涵盖了欧洲应用较多的平板型太阳能集热器、中国应用普遍的真空管型太阳能集热器、工农业应用中使用的跟踪聚焦型太阳能集热器三类全球使用最普遍的集热器场，提出以产热量为性能检验的评价参数，并详细规定了集热场产热量的计算方法与现场测试方法。该标准在 WD 阶段得到了德国、澳大利亚等国专家的一致认可，目前已通过 CD 阶段的投票。

4 中国太阳能应用领域的标准现状

4.1 中国标准化工作的管理体系

"统一管理、分工负责"是中国标准化工作管理的基本特色，各主管部门在标准化的管理上，既有相互独立的方面，又有相互协作、配合的方面，在各自职责范围内，共同为全国标准化工作的完善和发展作出贡献。涉及太阳能应用领域的主要标准化管理部门有：全国太阳能标准化技术委员会、全国建筑节能标准化技术委员会、住房和城乡建设部建筑环境与节能标准化技术委员会。

4.1.1 全国太阳能标准化技术委员会

全国太阳能标准化技术委员会（SAC/TC 402）成立于 2008 年，是第一家由中国国家标准化管理委员会审批的太阳能行业标委会，国家标准化管理委员会进行业务指导，秘书处设于中国标准化研究院，目前为第二届。标委会主要负责太阳能系统、太阳房、太阳灶、太阳能产品、太阳能集热器和元件等太阳能热利用领域的国家标准的制修订工作。标委会委员来自：政府部门、行业协会、企业、科研机构、标准化机构、检测认证机构、大专院校等相关方面的专家。

4.1.2 全国建筑节能标准化技术委员会

全国建筑节能标准化技术委员会（SAC/TC 452），英文名称为 National Technical Committee 452 on Building Energy Efficiency of Standardization Administration of China，成立于 2009 年，由住房城乡建设部进行业务指导，秘书处设于中国建筑科学研究院有限公司。标委会主要负责建筑节能产品、材料、建筑节能管理、评价及方法等领域国家标准的制修订工作。

4.1.3 住房和城乡建设部建筑环境与节能标准化技术委员会

住房和城乡建设部建筑环境与节能标准化技术委员会成立于 2011 年，秘书处承担单位为中国建筑科学研究院有限公司。标委会的主要任务是根据住房城乡建设部批准的计划以及标准定额司的委托，组织管理建筑环境与节能领域标准的制、修订、审查、宣贯、咨询工作。其工作范围是建筑环境与节能领域（建筑能源与节能、建筑声学、建筑光学、建筑热工学、室内空气质量、幕墙门窗（除产品行标外）、供暖通风、制冷空调、空气净化、新能源与可再生能源建筑应用、绿色建筑及相关建筑智能化等）工程设计、施工、检测、调试、验收、评估、运行管理的工程建设国家标准、行业标准及相关产品、设备与材料的行业标准的协调管理，并开展面向社会和国际的标准化技术交流活动。

4.2 太阳能应用领域标准现状

4.2.1 产品标准

目前我国太阳能热利用技术、产品的现行国家标准有 42 个，主要可分为家用太阳能热水系统标准、集热管和吸热体等部件标准、太阳能集热器标准及评价标准。

家用太阳能热水系统标准包括常规太阳能热水系统、带辅助能源的家用太阳能热水系统等，主要有：《家用太阳热水系统热性能试验方法》GB/T 18708—2002、《家用太阳能热水系统技术条件》GB/T 19141—2011、《带辅助能源的家用太阳能热水系统热性能试验方法》GB/T 25967—2010、《带电辅助能源的家用太阳能热水系统技术条件》GB/T 25966—2010 等。

部件标准包括太阳能集热管、吸热体、储水箱、控制器等，主要有：《全玻璃热管真空太阳集热管》GB/T 26975—2011、《家用太阳能热水系统储水箱技术条件》GB/T 28746—2012、《家用太阳能热水系统控制器》GB/T 23888—2009 等。

太阳能集热器按类型可分为真空管型和平板型，其标准为《真空管型太阳能集热器》GB/T 17581—2007、《平板型太阳能集热器》GB/T 6424—2007。

评价标准主要有：《家用太阳能热水系统能效限定值及能效等级》GB 26969—2011 和《绿色产品评价　太阳能热水系统》GB/T 35606—2017。

4.2.2　工程建设标准

我国现行太阳能工程国家标准有 5 部，涵盖了太阳能热水、太阳能供热供暖及太阳能空调工程 3 大领域。此外，为进一步评价太阳能工程应用的效果，还出台了 2 部评价标准，具体标准名称见表 4。

太阳能工程标准一览表　表 4

序号	标准名称	标准编号
1	民用建筑太阳能热水系统应用技术标准	GB 50364—2018
2	太阳能供热采暖工程技术标准	GB 50495—2019
3	民用建筑太阳能热水系统评价标准	GB/T 50604—2010
4	民用建筑太阳能空调工程技术规范	GB 50787—2012
5	可再生能源建筑应用工程评价标准	GB/T 50801—2013

4.2.3　绿色产品评价指标

在《绿色产品评价 太阳能热水系统》GB/T 35606—2017 中，对太阳能热水系统作为绿色产品的评价分为基本要求和评价指标要求。在基本要求中，主要针对环保特性对生产企业和产品提出了要求。而评价指标体系由一级指标和二级指标组成。一级指标包括资源属性指标、能源属性指标、环境属性指标和品质属性指标。一级指标下，根据产品在生产过程和使用过程的不同要求共分为 16 个二级指标。指标参数见表 5。

《绿色产品评价　太阳能热水系统》指标参数表　表 5

一级指标	二级指标		单位	基准值	国家标准限值
品质属性	系统热性能	结束水温	℃	≥50	≥45
	真空太阳集热管	吸收涂层吸收比	—	≥0.92	≥0.86
		罩玻璃管透射比	—	≥0.90	≥0.89
	真空管型太阳能集热器	瞬时效率截距	—	≥0.70（无反射器）	≥0.62
			—	≥0.60（有反射器）	≥0.52
	平板型太阳能集热器	瞬时效率截距	—	≥0.75	≥0.62
		总热损系数	W/(m²·℃)	≤5.2	≤6.0
	承压式储水箱	耐真空冲击	kPa	≥35	≥33
		耐脉冲压力	万次	≥10	≥8
		热水输出率	—	≥55%（卧式）	≥50%（卧式）
				≥65%（立式）	≥60%（立式）

5　中外标准对比及发展趋势

5.1　标准与管理体系对比

以太阳能技术领域标准化工作为例，我国的标准与管理体系与国际标准和发达国家标准存在以下异同：

5.1.1　组织结构及标准管理

我国国家标准与ISO标准在组织机构上都具体由各技术领域的标准化技术委员会归口管理。ISO标准在各成员体内征集专家参与标准编制，每个环节均需通过技术委员会内部投票才能进入下一阶段，编制周期方面，ISO标准原则上不超过36个月（原最长为48个月，现缩短为36个月）。标准编制结束有复审制度。

我国标准编制面向全社会征集专家参与标准编制，除立项和最终审查需要技术委员会投票外，征求意见和送审不需要技术委员会投票。编制周期一般不超过24～36个月。标准编制结束后有复审制度。

5.1.2　标准评价体系

由于太阳能应用技术在建筑节能和建设绿色、生态建筑中所发挥的重要作用，国内外的相关标准都会纳入涉及太阳能技术应用的各类规定和要求，但针对不同的应用方式，各国做法不尽相同。ISO标准一般只规定产品或系统的试验方法，并不约束指标。试验结束后客观记录试验结果，产品或系统的质量评价多通过认证环节来实现，在美、欧、日本、澳大利亚等一些发达国家也是如此。例如对于太阳能热利用系统的具体性能指标要求，这些国家大多是在绿色或生态建筑的标识与认证制度中提出，而我国则是在相关太阳能应用产品的国家标准中给出指标规定要求。

以建筑能效标识为例，目前，全世界约有37个国家实施了"能效标识"，34个国家在使用能效标准。欧盟各国（丹麦、荷兰、法国等）的建筑能效标识基本上均为等级标识，主要考虑能源和环境两个方面，根据能耗值和CO_2排量进行计算或者打分，大多分为A至G的7个等级。美国的"能源之星"为保证标识，只要建筑的能源效率经第三方中介机构的评估在同类建筑中处于领先的25％范围内，室内环境质量达标，或经查验遵循一定的质量管理程序而建造，即可授予能源之星建筑标识。

5.1.3　标准评价指标

从目前情况来看，一些发达国家对太阳能产品、系统等规定的评价、认证指标会高于中国目前的指标参数。以太阳能热水系统为例，在绿色或生态标识与认证制度中提出对系统性能相关规定的主要有：德国蓝天使标识和日本的生态标签。

（1）德国蓝色天使（Blue Angel）

联邦德国是第一个发起环境标志计划的国家，早在1971年，德国就提出了对消费者使用的产品实行环境标志计划的构想。蓝色天使标志1977年由联邦内政部发起创立，并于1978年由环保标志评审委员会批准授予了首批6个标志。蓝色天使已经制定出80个正在使用的产品组标准文件，有950个厂商获得蓝色天使认证。目前认证产品包括产品和服务已经超过1万个。另外，蓝色天使的标准和经验已被纳入欧盟之花的开发过程中，同时，也通过制定标准和沟通，极大地推动了欧洲有关生态标志的意识和理解，尤其是欧盟，欧洲委员会，在过去几年里已经极大地增强了理解和共识。

德国蓝色天使认证体系中，并未直接规定太阳能热水系统的评价指标，而是将其分成了太阳能集热器和储热水箱两个部分，其中RAL-UZ 73对太阳能集热器的指标进行了详细规定，RAL-UZ 124对储热水箱的指标进行了详细规定，如表6所示。

德国蓝色天使认证中太阳能热水系统的相关指标　　　　　　　　　　　表6

评价对象	编号	指标	相关要求
太阳能集热器	RAL-UZ73	基本要求	满足 DIN EN 12975 标准要求
		节能指标	年集热量＞525kWh/m²
		环境指标	产品不使用卤代烃
		环境指标	生产过程中不使用卤代烃
		安全性和耐久性	满足 DIN EN 12975 标准要求
		回收	企业提供回收服务
		操作说明	提供符合 Directive 91/155/EEC 要求的安全操作说明
		生产工艺	企业应声明吸收膜层采用的工艺

续表

评价对象	编号	指标	相关要求
储热水箱	RAL-UZ 124	基本要求	满足 DIN ENV 12977-3 和 DIN 4753 标准要求
		基本要求	满足对压力容器的相关标准要求
		节能指标	热损失率（W/K）<0.135×（水箱容积）0.5
		可回收设计	使用便于拆解回收的设计，减少使用材料种类
		明示参数	提供水箱容积、工作压力、工作温度等参数
		安全信息	声明满足相应安全标准要求
		回收	企业提供回收服务

（2）日本生态标志（Japan Eco Mark）

日本生态标志的设计是 1988 年由日本环境协会（JEA）生态标志局倡议，通过公开征集而入选的。标记的上半部有一行短语"与地球亲密无间"，下半部表示的是产品的环境保护绩效。日本的生态标准较为完备，且定期进行复审和更新。目前，生态标志主要授予 63 类产品，其中太阳能热水系统可依据 154 号评价指标申请，相关指标要求如表 7 所示。

日本生态标志认证中太阳能热水系统的相关指标　　　　表 7

评价对象	指标	相关要求
太阳能热水系统	节能指标	太阳能热水器年集热量>8374kJ/(m² · d) 液态工质太阳能集热器年集热量>8372kJ/(m² · d) 太阳能空气集热器年集热量>6279kJ/(m² · d)
	节能指标	太阳能热水器的储水箱热损失系数<5.81W/K 单独储水箱的热损失系数<3.5V+5.81W/K
	环境指标	生产过程应符合相关环保法规的要求不使用卤代烃、HFC、CFC、HCFC 等物质 太阳能空气集热器还应符合 VOC 释放量的要求
	安全信息	声明满足相应安全标准要求
	耐久性	应提供至少 5 年的免费保修
	可回收设计	使用便于拆解回收的设计，减少使用材料种类
	明示参数	提供主要参数、操作说明等信息

中国的太阳能集热器产量，以及太阳能热利用系统的市场应用量均位居全球第一，是太阳能热利用的大国，但还不是技术强国。反映在对产品、系统的质量和性能指标参数的规定方面，中国在现有国家标准中提出的参数要求，与上述德国、日本的认证指标进行对比可以看出，为照顾全产业链的整体水平和能力，中国的国家标准中仅针对产品质量提出了普遍性的规范化要求，规定的各项指标均为最低要求，而缺少全生命周期内对产品生产的资源、能源、环境和品质的高标准要求。以太阳能热水系统的储水箱热损因数为例，当水箱容积为 100L 时，若要达到德国蓝色天使认证要求，其热损失率应小于 1.35W/K，若要达到日本生态标志认证要求，其热损失率应小于 5.81W/K，按照我国 GB/T 19141 要求计算，其热损失率应小于 1.6W/K。可见，我国标准对储水箱热损失的要求高于日本，而低于德国。

5.2　标准发展趋势

全球气候变暖趋势已严重影响了人类的生存环境，中国在 2030 年碳达峰和 2060 年碳中和的庄严承诺，为太阳能技术的应用发展开辟了广阔空间，而与太阳能技术发展有紧密关联的标准化工作也必须适应这一发展形势。

5.2.1 适应技术进步的发展需求

太阳能热利用系统正逐步从小型生活热水系统向建筑供暖空调、区域供热、工业过程用热等多元化大规模形式发展。世界范围内区域供热和工业应用的兆瓦级太阳能热利用系统持续增加，2019年底，累计有400个大规模（>350kWth；500m²）的太阳能热利用系统作为区域供热系统的热源为住宅建筑供热，总装机容量为1,615MWth（230万m²）。截至2019年，我国累计有64个大规模太阳能区域供热系统，集热面积超过37万m²，累计装机容量居世界第二。

随着清洁供暖政策的进一步实施，利用太阳能、空气能等可再生能源，以电、燃气等常规能源作为补充，为建筑提供生活热水和供暖用热的多能源互补供热系统得到更加快速的发展。多能源互补供热系统在保证用户用热需求的基础上，优先采用可再生能源，以常规能源作为补充，突破采用单一热源的局限性，降低污染物排放，提高系统能源利用效率，减少了用户用热费用。为解决我国北方地区清洁取暖，西部偏远地区供暖等分散供暖需求，提供了重要的技术路径。

中国建筑科学研究院有限公司对基于太阳能的多能源互补供热系统展开了理论研究与模拟研究，开发了满足建筑供暖与热水需求的户式多能源互补供热装置样机，设备集成度大幅提升，简化了现场安装工作，配套开发的自动控制系统与人机交互软件，可方便普通居民使用。样机完成的供暖效果测试，太阳能集热效率可达52%。

这些新技术和新产品的开发和应用，无疑为太阳能热利用相关新标准的制定和实施提供了良好的基础。过去国际ISO标准和一些欧美国家涉及太阳能热利用领域的标准，大部分是针对家用太阳能热水系统、太阳能集热器和部件等已经成熟应用多年的技术和产品，涉及区域供暖等应用的大、中型和多能互补系统，则几乎是空白；因此，今后应拓宽ISO标准的制定范围，以适应这些新技术的发展需求。相关工作已经在开展，例如，由中国建筑科学研究院有限公司提出，编制与多能互补系统相关联的ISO标准《Solar heating-Solar combi-systems-Test methods for factory made system performance》的可行性研究工作已于2020年启动，由ISO TC180 SC4组织，召集各国成员、专家参加的专门工作组（AHG）ZOOM视频会议，于2021年5月举行，讨论标准范围、内容及后续的立项审批。

5.2.2 适应新形势的中国标准化管理体系改革

根据《中华人民共和国标准化法》，我国的标准层次分为国家标准、行业标准、地方标准和团体标准、企业标准五个层次。国家标准分为强制性标准、推荐性标准，行业标准、地方标准是推荐性标准。强制性国家标准由国务院批准发布或者授权批准发布；推荐性国家标准由国务院标准化行政主管部门制定；行业标准由国务院有关行政主管部门制定，报国务院标准化行政主管部门备案；地方标准由省、自治区、直辖市人民政府标准化行政主管部门制定；国家鼓励学会、协会、商会、联合会、产业技术联盟等社会团体协调相关市场主体共同制定满足市场和创新需要的团体标准，由本团体成员约定采用或按照本团体的规定供社会自愿采用，国务院标准化行政主管部门会同国务院有关行政主管部门对团体标准的制定进行规范、引导和监督；企业可以根据需要自行制定企业标准，或与其他企业联合制定企业标准。

由于中国市场化改革和政府职能转变的持续深化，以及中国标准化工作与国际惯例的进一步接轨，中国的标准化管理体系也必须要适应这种新形势的发展需求。今后由学会、协会等社会团体协调相关市场主体共同制定的团体标准将会有更好的发展，会在各自所在的产业和技术领域起到更加重要的作用。目前发达国家的团体标准已经在业界拥有了很高的地位，例如在暖通空调领域中美国的ASHARE标准，相信通过太阳能行业自身的不断努力，中国太阳能应用领域的团体标准也可以达到更高的水平，为促进技术进步、提高产品质量、规范市场作出更大的贡献。

5.2.3 适应中国产业转型的标准性能指标提升

我国是世界最大的太阳能应用技术生产国和安装国，提高国内相关标准的性能指标要求，不仅可以使本国产品出口免受国外绿色贸易壁垒限制，也有利于促进太阳能产业转型升级，淘汰落后产能，引领绿色消费，推进供给侧结构性改革。

以针对太阳能集热器设计使用寿命的指标为例，过去国家标准的规定指标是"应高于10年"，但在编制完成、将于2021年内发布实施的全文强制国家标准《建筑节能与可再生能源利用通用规范》中，该项指标被提升，规定为"应高于15年"；这是因为发达国家的太阳能集热器产品，普遍可以达到20年左右的使用寿命，中国要想实现太阳能生产应用技术强国的目标，就必须提高国产产品的性能质量，而标准的要求就能起到最好的促进作用。

作者：郑瑞澄　何　涛　张昕宇　李博佳　王　敏　王博渊　边萌萌（中国建筑科学研究院有限公司）

国内外建筑室内环境标准发展

Development of Indoor Environment Codes for Buildings at Home and Abroad

1 发展现状

近年来，随着社会经济、建筑科学的发展，由建筑室内环境质量所产生的问题已经引起了广泛关注，许多国家的标准都包含了大量关于室内环境质量的评价内容。

就既有公共建筑室内环境现状而言，虽整体上满足标准对室内环境相关参数的限值，但某些方面的内容仍值得我们关注。例如，对于热湿环境，部分房间仍存在温湿度分布不均匀，且室内吹风感强烈的现象；对于光环境，室内亮度一般能满足人们日常生活的需要，但室内眩光情况急需改善；对于声环境，需提高隔声性能，降低室内噪声；对于室内空气品质，室内存在部分污染物超标的情况，如甲醛、PM2.5 等，但是对于不同的地区和季节，其超标情况有一定差异。相比较而言，夏季室内环境在一定程度上要优于冬季。究其原因在于人们生活水平的提高，室内装饰行业飞速发展，人们大量采用豪华美观的装饰材料，而不考虑材料对人体的危害，进而引发污染物超标。因此我们在进行房屋建设和室内环境营造过程中，要尽可能考虑生态、健康及环保等因素，力求营造舒适健康的室内环境。

本报告归纳整理了热湿环境、空气品质、声环境、光环境四个方面的相关标准并进行比较分析，为后续的机理、技术分析提供基础，同时也为中国建筑业技术的发展提供学习与借鉴依据。

2 室内热湿环境

英国工业委员会在 20 世纪 20 年代发表了一系列关于高温环境下工业部门生产效率的现场调研报告，引发了人们对室内热环境状况的思考，尤其是 1960 年之后能源问题的严重化，极大地推动了热舒适性的研究发展。

在国内，热湿环境的研究起步较晚，是基于改革开放后，随着经济的发展和人民生活水平的提高，我国的人居环境获得了较大的改善，人们更加关注影响人体热感觉和室内热环境的舒适度。国内学者姚润明根据自动控制"黑箱理论"，在 Fanger 的 PMV 模型的基础上提出了一种理论性的热舒适适应性模型：适应性预测平均投票 aPMV，此模型充分考虑了人体心理和行为上的适应性，用适应性系数 λ 修正采用 Fanger 教授的 PMV 方法所产生的偏差；李百战基于重庆住宅夏季室内热环境状况的调查与实测，建立了室内热环境模拟与评价模型，且通过对热舒适现场实测数据进行回归分析，得到了人体热感觉关于空气温度或操作温度或新有效温度的回归方程，较用热舒适模型（如 PMV）预测热中性温度更准确。

2.1 标准梳理

目前，国际公认的评价和预测室内热环境热舒适的标准为 ASHRAE 55 系列标准和 ISO 7730 系列标准。ASHRAE 55 最新版本为 ASHRAE 55—2010《Thermal Environmental Conditions for Human Occupancy》。ISO 7730 系列标准是根据 P O Fanger 教授的研究成果，其现行版本是 ISO 7730—2005《热环境人类工效学——基于 PMV-PPD 计算确定的热舒适及局部热舒适判据的分析测定和解析》。

2.1.1 ASHRAE 标准

对于人工空调环境，ASHRAE 标准从最初的版本到 1967 的版本中均采用有效温度指标 ET。但其局限性在于低温区湿度对热感觉的影响被过高估计，而在高温区该影响又被过低估计。之后，在 ASHRAE 55—1974 和 ASHRAE 的 1977 年版手册基础篇中首次采用新有效温度 ET*，该指标同时考虑了辐射、对流和蒸发三种因素的影响，因而受到了广泛的采用，但其大小仍然是依赖评价者的主观感觉确定。ASHRAE 55—1981 标准中关于风速的部分引用了操作温度这个指标。ASHRAE 55—2004 标准中引用了 PMV（Predicted Mean Votes 预期平均投票）指标。先根据现有环境参数及人体代谢参数计算确定 PMV 指标大小，再根据 PMV 指标大小和 PPD 指标范围确定环境热感觉等级，进而判断现有环境是否达到舒适。ASHRA E55—2004 标准还对局部不舒适情况提出了垂直温差不满意率 PD、不同辐射位置时的不满意率 PD、冷暖地板不满意率 PD 及与吹风相关的不满意率 PD 等评价指标，并给出了线算查询图。ASHRAE 55—2010 标准中，在原有指标的基础上增加了另一个指标——标准有效温度指标 SET*。

对于非空调供暖环境，ASHRAE 55—2004 中首次提出了人体热适应性模型，其采用的是操作温度作为室内热环境指标，室外月平均温度为室外气候指标，引入了人体适应性模型。

在最新的 ASHRAE 55—2010 标准中，室内舒适区范围有两种方法确定，一种为实验方法，实验确定舒适区。但是，若夏季室内操作温度超过 26℃（50%RH，0.5clo），平均风速则可相应提高，操作温度每升高 1℃，平均风速可升高 0.275m/s，舒适操作温度可升至 28℃；风速对舒适温度的补偿最高为 3℃，平均风速最高 0.8m/s。若室内风速大于 0.2m/s，则可对室内舒适区进行补偿，并在原标准的基础上增加了风速对室内舒适温度的补偿方法——SET 法，即通过计算 SET 来评价风速对舒适温度的补偿。而对于局部热不舒适情况也有相应的区间限定。另一种方法是计算法，即通过计算 PMV 值，保证 PMV 在 ±0.5 范围之内，且无湿度限度规定，即热舒适区中相对湿度可低至 0%，也可高达 100%。

2.1.2 ISO 7730 标准

ISO 7730 标准：自 1984 年国际标准组织采用 PMV-PPD 热舒适评价指标制定了 ISO 7730—1984 标准以来，ISO 7730 系列标准已有 ISO 7730—1984、ISO 7730—1994、ISO 7730—2005 三个版本，其理论基础均为 Fanger 教授提出的 PMV-PPD 热舒适模型，且评价指标并没有太大变化，ISO 7730—2005 标准中给出了标准服装（夏季 0.5clo，冬季 1.0clo）和活动量（人员代谢率≤12met）情况下的室内热环境等级。ISO 7730—2005 在 ISO 7730—1994 规定的冷吹风感基础上，增加了对其他 3 种局部热不舒适情况即竖直空气温度差、冷暖地板、辐射温度不对称性的规定，得出室内热环境等级。

对于非空调供暖环境，ISO 7730—2005 增加了适应性的内容，对服装热阻、其他适应形式对热舒适的影响及适用范围进行了说明，并规定自然通风建筑、热带气候区或气候炎热季节的建筑中人们主要通过开关窗户控制热环境时，允许将可接受热环境范围适当扩展，但是没有给出定量规定，没有提出准确的指标和模型对自然通风的建筑进行评价。

2.1.3 《民用建筑室内热湿环境评价标准》GB/T 50785—2012

在我国，目前通用的国家标准是《民用建筑室内热湿环境评价标准》GB/T 50785—2012。《民用建筑室内热湿环境评价标准》GB/T 50785—2012 提出了一个适用于我国空调环境（人工冷热源环境）的评价方法和等级划分，其中存在人工冷源的情况下建筑室内热湿环境的等级的划分。标准中也允许偏热环境下风速对温度的补偿，对风速上限以及风速对温度补偿方法直接采用了 ASHRAE 55—2010 中的规定。

GB/T 50785—2012 在非人工冷热源热湿环境评价中用到了预计适应性平均热感觉指标 APMV，该指标为重庆大学课题组应用自适应调节原理，在稳态热平衡的 PMV-PPD 模型基础上提出了用于实际建筑热湿环境评价的适应性平均热感觉指标（APMV）模型，并给出了 APMV 的准确计算公式。

2.2 国内外标准对比

ISO 7730—2005、ASHRAE 55—2010 与 GB/T 50785—2012 所依据的理论基础相同,均为Fanger 人体热舒适理论,均采用整体热舒适评价指标和局部热不舒适各评价指标,现在的最新版本中都采用了预计平均热感觉指数 PMV、预计不满意的百分数 PPD 等指标,且 PMV 的确定方法均包括计算法,且局部热不舒适评价指标中的子项有所重合,即为:吹风感、垂直温差、热/冷地板。但三者也有不同之处:对于整体热舒适指标,ASHRAE 55—2004 之前使用的指标多为实验性指标,如新的有效温度 ET*、标准有效温度指标 SET* 等,直到 ASHRAE 55—2004 才采用了计算指标预计平均热感觉指数 PMV、预计不满意者的百分数 PPD 等,ISO 7730—2005、GB/T 50785—2012 系列指标则是一开始就采用了计算指标。

综合对比 ASHRAE 55、ISO 7730 和 GB/T 50785 三个标准的热舒适区间可以发现,三个标准对于温度、湿度和风速的相关限值存在一定的差异,但相比较而言对各个标准限值相差不大,比较显著的不同在于 ISO 7730 和 GB/T 50785—2012 在 ASHRAE 55 基础上对其评价指标的范围做了进一步的细化,如 ISO 7730 将热环境分为 A、B 和 C 三种等级,各等级分别给出了相应范围;而 GB/T 50785—2012 则将热环境分为Ⅰ级、Ⅱ级。

3 室内声环境

美国学者赛宾(1900)第一次提出了"混响时间"的概念。在声环境影响的评价中国外采用了噪声实测的方法,并提出了进一步的改进措施。在声环境污染方面采用了神经-模糊方法,研究了声环境污染对人的烦扰程度的影响;针对声学舒适性的主观评价中,验证了中庭空间混响时间随声源与接收点位置不同的变化,认为混响时间可以用评价空间的平均混响时间,而具体某一点的混响时间则应通过计算机模拟来单独计算等。

在国内,学术界对公共空间声学特性的研究起步较晚。对公共空间的声学研究主要集中在实践领域,偏向于具体类型建筑,在建筑室内声场特性及改善方面还有待进一步的研究。

3.1 标准梳理

2008 年,国家环境保护部及国家质量监督检验检疫总局发布了《声环境质量标准》GB 3096—2008,用于替代 GB 3096—1993 及 GB/T 14623—1993。与原标准相比,《声环境质量标准》GB 3096—2008 主要做了四项内容的改进:扩大了标准适用区域,将乡村地区纳入标准适用范围;提出了声环境功能区监测和噪声敏感建筑物监测的要求。在《声环境质量标准》GB 3096—2008 中按区域的使用功能特点和环境质量要求,声环境功能区可分为 0~4 五种类型,噪声限值依据为等效连续 A 声级。

与此同时,为配合新标准的实施,国家环境保护部于同年 2 月下达中国环境科学研究院开展《城市区域环境噪声适用区划分技术规范》GB/T 15190—1994 修订任务,并于 2015 年发布实施《声环境功能区划分技术规范》GB/T 15190—2014。新技术规范结合原标准存在的问题、功能区划中的实际经验与《声环境质量标准》GB 3096—2008 的相关内容,主要修改了噪声区划的基本原则、部分声环境功能区划分方法,并增加了部分术语和定义及噪声区划的其他相关内容。

3.2 国内外标准对比

国际标准主要罗列了《建筑物选址室内空气质量、热环境、照明和声学设计和能量性能评估用室内环境输入参数》BS EN 15251—2007、《建筑能耗—室内环境质量》ISO 17772—1—2017。通过对比可以发现,A 声级是目前室内声环境评价指标的主流,但对于不同的国家标准,声环境等级划分存在差异,相对来说国外标准的要求略严于国内标准,并进行一定的等级划分,同时随着标准不断简化,如我国《健康建筑评价标准》采用房间功能类型取代建筑、房间类型,进行了一定程度简化。

4　室内光环境

基于大量的研究和实验成果，不少发达国家制定了较为完备的光环境或照明设计标准规范，并基本形成了统一认知，即能提供良好可见度的照明，并不一定能提供令人舒适的视觉照明。现在国际上照明设计的理念正在从传统的"照明的功能只是用来照明"的观点向"照明系统是一种给用户提供舒适的和环保的工具"的新观念变化。在这个理念的基础上北美照明学会的设计工程师在 2000 年发布的《北美照明手册》中提出了新的照明设计概念，照明质量满足人的需求、经济与环境、建筑三方面的要求。

目前，在建筑室内的光环境、采光和照明设计和改造方法的理论研究方面，国内大部分研究者从光的物理特性、灯具特性、满足功能性的布点方式等基础方面进行探讨，相关学者也梳理总结了不少国际领先的光环境研究理论或技术成果，同时编写了诸多经典且很有指导意义的书籍论著、教材和技术指南。但专题类光环境设计的分析与应用方法系统总结较少，不能满足照明行业的应用需求及参考。

4.1　标准梳理

4.1.1　五类公共建筑的光环境要求

办公建筑、商业建筑、医院、学校、旅馆照明标准值应符合规范《建筑照明设计标准》GB 50034—2013 的要求。

办公建筑由于其功能的复杂性，根据《建筑采光设计标准》GB 50033—2013，对于其采光标准主要按 150lx、300lx、450lx 和 600lx 四个档次划分。

商业建筑使用功能覆盖面广，各个分区对光的要求差异较大，暂时并没有对商业建筑自然采光的统一标准。

根据《建筑采光设计标准》GB 50033—2013 的要求，医疗建筑的一般病房的采光不应低于采光等级 IV 级的采光标准值，侧面采光的采光系数不应低于 2.0%，室内天然光照度不应低于 300lx；教育建筑的普通教室的采光不应低于采光等级 III 级的采光标准值，侧面采光的采光系数不应低于 3.0%，室内天然光照度不应低于 450lx。

4.1.2　五类公共建筑照明改造光环境目标

不同建筑对室内光环境的要求不尽相同，即使是同一建筑，不同的功能区对光的需求点也不一样，根据《光环境评价方法》GB/T 12454—2017，我国在评价室内光环境主要依靠八项基本的光环境评价指标。

表 1 列出了五类公共建筑和八项基本的光环境评价指标。

基本八项光环境评价指标

表 1

建筑类型	基本光环境质量评价项目
商业、办公、医疗卫生、教育、旅馆	照度、均匀度、眩光值、色温、显色指数、频闪、光谱、光效

对于不同公共建筑对应的功能重要性把五种公共建筑内部功能区划分为主要功能区域、次要功能区域、一般公共区域和特殊功能区域四大类区域，其分别对应每项光环境质量评价项目的着重程度的标准分为 A、B、C、D、E 五个等级，分别对应必须考虑、重点考虑、一般考虑、可以考虑、可以忽略五种程度。

4.2　国内外标准对比

通过对比《光和照明—工作场所照明》BS EN 12464-1—2011、《工作场所照明》ISO 8995-1/CIES008/E—2001、《建筑照明设计标准》GB 50034—2013 可以发现，对于光环境，国内外标准采用的光环境评价体系基本一致，评价指标普遍采用照度 Em、统一眩光值 UGR、一般显色指数 Ra，但就办公室而言，我国增加了均匀度的评价指标，同时不同的标准对于统一眩光值 UGR、一般显色指数 Ra 的要求基本一致，但国外标准中对于照度标准值的要求较高于国内标准，具体见表2。

各国规定的光环境参数划分 表2

GB 50034—2013			BS EN 12464-1—2011		ISO 8995-1/CIES008/E—2001	
房间或场所	Em（lx）	U0	房间类型	Em（lx）	工作类型	Em（lx）
普通办公室	300	0.60	单人办公室	500	复印、归档	300
高档办公室	500	0.60	开敞式办公室	500	书写、打字、阅读、数据录入	500
会议室	300	0.60	会议室	500	会议室	500
视频会议室	750	0.60			制图	750

5　室内空气品质

围绕室内空气质量的系统研究最初主要着眼于室内与室外空气质量的关系，以及室内空气污染物对人体健康的影响，1965年，荷兰学者 Biersteker 等进行了世界上第一个系统的、大规模的室内与室外空气质量的关系的研究。发达国家在30年前以克服"病态建筑病"开始研究人们的室内生存环境，获得了许多科学研究和工程实践的成果，目前国外所从事的室内环境领域的研究开发工作主要集中在病态建筑物综合征的成因及预防、室内环境污染与人类健康等方面。

国内针对室内空气环境状况方面的探究较之国外开始的较晚。自20世纪19年代初开始，由于室内装修导致的室内空气污染问题受到人们的广泛关注，我国空气品质研究才开始展开，后投入了大量的人力物力，进行相关政策、法规的建设和基础学科的研究，逐步开展了有关室内空气品质的检测、建筑和装饰材料中有害物质的释放规律、典型污染物的性质以及治理等方面进行了研究，相继发布《民用建筑工程室内环境污染控制标准》GB 50325 等多部国家和行业标准，对控制我国建筑室内空气污染起到了关键作用。

5.1　标准梳理

针对室内空气污染物，我国发布了多部标准，现行标准主要包括国家标准《公共场所卫生指标及限值要求》GB 37488—2019、《民用建筑工程室内环境污染控制标准》GB 50325—2020、《室内空气质量标准》GB/T 18883—2002、《室内空气中细菌总数卫生标准》GB/T 17093—1997、《室内空气中二氧化碳卫生标准》GB/T 17094—1997、《室内空气中可吸入颗粒物卫生标准》GB/T 17095—1997、《居室空气中甲醛的卫生标准》GB/T 16127—1995，以及行业标准《公共建筑室内空气质量控制设计标准》JGJ/T 461—2019 等，这些标准对17种常见污染物的限值进行了规定，具体见表3。

主要标准中建筑室内污染物浓度控制指标 表3

序号	参数	单位	标准限值	备注	标准
1	SO_2	mg/m³	0.50	1h均值	GB/T 18883—2002
2	H_2S	mg/m³	使用硫磺泉的温泉场所10		GB 37488—2019
3	NO_2	mg/m³	0.24	1h均值	GB/T 18883—2002
4	CO	mg/m³	10	1h均值	GB/T 18883—2002
					GB 37488—2019
5	CO_2	%	0.10	日均值	GB/T 18883—2002
					GB/T 17094—1997
			睡眠、休息的公共场所0.10；其他场所0.15		GB 37488—2019
6	氨	mg/m³	0.20	1h均值	GB/T 18883—2002
					GB 50325—2020
			理发店、美容店0.05；其他场所0.02		GB 37488—2019

序号	参数	单位	标准限值	备注	标准
7	臭氧	mg/m³	0.16	1h 均值	GB/T 18883—2002
					GB 37488—2019
8	甲醛	mg/m³	0.08		GB/T 16127—1995
			0.10	1h 均值	GB/T 18883—2002
					GB 37488—2019
			Ⅰ类民用建筑 0.08；Ⅱ类民用建筑 0.1		GB 50325—2020
9	苯	mg/m³	0.11	1h 均值	GB/T18883—2002
					GB 37488—2019
			0.09		GB 50325—2020
10	甲苯	mg/m³	0.20	1h 均值	GB/T 18883—2002
					GB 37488—2019
11	二甲苯	mg/m³	0.20	1h 均值	GB/T 18883—2002
					GB 37488—2019
12	苯并（a）芘	mg/m³	1.0	日均值	GB/T 18883—2002
13	PM10	μg/m³	150	日均值	GB/T 17095—1997
					GB/T 18883—2002
					GB 37488—2019
14	PM2.5	μg/m³	共划分为 4 级，分别为 25、35、50 和 75	日均值	JGJ/T 461—2019
15	总挥发性有机物	mg/m³	0.60	8h 均值	GB/T 18883—2002
					GB 37488—2019
			Ⅰ类民用建筑 0.50；Ⅱ类民用建筑 0.60		GB 50325—2020
			Ⅰ类民用建筑 0.25；Ⅱ类民用建筑 0.30		JGJ/T 461—2019
16	细菌总数	cfu/m³	2500		GB/T 18883—2002
			睡眠、休息的公共场所 1500；其他场所 4000		GB 37488—2019
			4000		GB/T 17093—1997
17	氡	Bq/m³	400	年平均值	GB/T 18883—2002
					GB 37488—2019
			Ⅰ类民用建筑 200；Ⅱ类民用建筑 400		GB 50325—2020

5.1.1 GB/T 17093～17095—1997

《室内空气中细菌总数卫生标准》GB/T 17093—1997、《室内空气中二氧化碳卫生标准》GB/T 17094—1997、《室内空气中可吸入颗粒物卫生标准》GB/T 17095—1997 属于系列标准，从公共卫生角度出发，对当时关注度较大的建筑室内细菌总数、二氧化碳和可吸入颗粒物限值进行了规定。

5.1.2 《室内空气质量标准》GB/T 18883—2002

该标准从人体健康密切相关的 SO_2、CO、CO_2、NO_x、氡、臭氧、甲醛、苯、苯并（a）芘、细菌总数、可吸入颗粒物、总挥发性有机物等污染物参数，较为全面地对室内污染物限值进行了规定，并要求室内空气应该无异常臭味。同时，标准还给出了室内空气中各种污染物的检验方法。

5.1.3 《民用建筑工程室内环境污染控制标准》GB 50325—2020

该规范由住房城乡建设部颁布，主要从建筑材料和装修材料中污染物含量限制对建筑室内空气质量进行控制，包括无机非金属建筑主体材料和装修材料、人造木板及饰面人造木板、涂料、胶粘剂、水性处理剂、其他材料等，对这些材料的放射性限量、游离甲醛、VOC、苯、甲苯、二甲苯、乙苯、二异氰酸酯、氨等含量进行了规定，并要求在建筑竣工验收时，对室内氡、甲醛、氨、苯、TVOC等的浓度值进行抽检。

5.1.4 《公共建筑室内空气质量控制设计标准》JGJ/T 461—2019

该标准由住房城乡建设部首次发布，从设计的角度对甲醛、苯、甲苯、二甲苯等挥发性有机化合物（VOC）、细颗粒物（PM2.5）等公共建筑主要污染的物浓度提出控制策略，适用于新建、扩建和改建公共建筑室内空气质量控制设计。

5.2 国内外标准对比

相比于国外而言，我国有关室内环境质量相关标准起步较晚，对污染物的控制也低于其他国家。如美国在1997年提出的有关PM2.5的相关标准，到目前为止包括美国、欧盟、日本等一些发达国家已将其纳入国标并强制性限制。但就我国而言，2012年2月中国新修订发布的《环境空气质量标准》GB 3095才增加了PM2.5监测指标，之后在2016年《健康建筑评价标准》T/ASC02也提出了PM2.5的浓度限值，但多数亚洲国家和地区还没有强制控制PM2.5。当前国际上室内空气质量标准控制的主要污染物为甲醛（HCHO）、臭氧（O_3）、可吸入颗粒物（PM10）、细颗粒物（PM2.5）、总挥发性有机化合物（TVOC）、苯（C_6H_6）、二氧化碳（CO_2）、氨（NH_3）。但是由于各国技术发展水平以及具体情况不同，在主要控制项目上存在一定差异，同时不同国家的指标要求存在比较明显的差别。通过比较可以发现，我国的各个污染物的浓度限值基本处于中下游水平，部分污染物的设定值与其他国家相比，差距较大。

6 《室内环境评价分级评价》标准

目前许多国家标准例如《绿色建筑评价标准》《健康建筑评价标准》《既有建筑绿色改造评价标准》等都在其中包含了大量关于室内环境质量的评价内容。但这些标准大多着眼于新建建筑而编制，缺少对既有建筑的特性例如建筑年代、使用功能、使用需求等考虑，使得既有建筑达到标准要求的室内环境质量变得十分困难。我国目前有超过600亿 m² 的既有建筑，其中有大量建筑的室内环境质量无法达到要求，既有建筑室内环境评价领域存在相当的空白。故重庆大学课题组前期基于对室内环境评价标准的梳理，确定了既有公共建筑室内环境等级的评价方法，形成了成套评价体系。

本标准包括7章，主要规定了建筑整体、声环境、光环境、热环境及空气品质的评价指标及其不同星级对应取值范围等作了详细的规定，并给出了主观问卷的评价模板及其计算方法。

6.1 环境评价指标选取

热环境的研究可追溯到18世纪后半叶，进入20世纪后，欧美进行了大量的研究。作为热环境研究主要内容的热环境评价指标的研究初期最著名的成果是有效温度ET（Effective Temperature）的提出。1932年，Warner用黑球温度代替空气温度，以修正环境辐射的影响，提出了修正有效温度（CET）。20世纪70年代，Gagge，A. P.，Stolwijk，J. A. J，Nishi，Y.（1971）提出的新有效温度（ET*）。Fanger，P. O. 基于人体热平衡的舒适方程，经过实验得出了PMV-PPD热环境评价指标。与以往的指标不同，其值是ASHRAE确定的热感觉分级法确定的人群对热环境的平均投票率，可以根据不同变量组合下的PMV值，做成相应的表格形式，以便使用。

PMV与PPD指标是目前应用最为广泛的指标，现如今，国际公认的评价和预测室内热环境热舒适的标准为ASHRAE 55系列标准和ISO 7730系列标准，以及我国目前通用的国家标准《民用建筑室内热湿环境评价标准》GB/T 50785—2012。其评价所依据的理论基础相同，均为Fanger人体热舒适理论，采用预计平均热感觉指数PMV、预计不满意者的百分数PPD等指标。

同时有研究表明室内整体热环境通常由良好的气流组织来营造，而局部热环境则会直接影响人员对室内热湿环境的舒适程度，当局部热环境较差时，会让人员舒适度和满意度出现大幅度的下降，因此一个良好的室内热湿环境中，局部热环境是不容忽视的部分。局部热不舒适通常由吹风感、垂直温差、地板表面温度等因素引起。通过借鉴国内外标准，对于热环境的评价指标的选择主要包括平均热感觉指标（PMV）、预计不满意者的百分数（PPD）、冷吹风感引起的局部不满意率（LPD1）、垂直空气温差引起的局部不满意率（LPD2）、地板表面温度引起的局部不满意率（LPD3）。对于非人工热环境，主要采用预计适应性平均热感觉指标（APMV）进评价。

我国城市噪声主要来源于道路交通噪声，其次是建筑施工噪声、工业噪声以及社会生活噪声等。目前国际对于声环境的评价主要集中在对其噪声级和隔声性能的评价，由于本标准针对所有公共建筑的室内环境评价，故对于声环境的评价还考虑了配置有专业扩声系统的场所，如多功能厅、医院入口大厅及候诊厅等还应对扩声系统的声学特性进行评价。

室内光环境的评价指标的选取主要参考现行国家标准《建筑采光设计标准》GB 50033 与《建筑照明设计标准》GB 50034，评价指标囊括照度、照度均匀度、色温、一般显色指数、特殊显色指数、统一眩光值、频闪、采光等级等，但针对一般公共建筑（图书馆、办公建筑、商店建筑、影剧院、旅馆、医疗建筑、学校、博物馆及其他场所、会展建筑、交通建筑、金融建筑等）主要关注照度标准值及一般显色指数。

室内空气品质污染物指标的选取主要是通过对比各国环境空气质量标准中污染物项目，参照《健康建筑评价标准》T-ASC02—2016 中的检测项目和室内常见的空气污染种类，本标准对于室内污染物的评价检测项目有甲醛（HCHO）、臭氧（O_3）、可吸入颗粒物（PM10）、细颗粒物（PM2.5）、总挥发性有机化合物（TVOC）、苯（C_6H_6）、二氧化碳（CO_2）、氨（NH_3）。

6.2　整体评价

本标准是根据建筑声环境、光环境、热环境、空气品质四个环境评价指标的客观评价与主观评价满意率综合进行判定。其评价方法采用了主观和客观结合的评判方式，其中客观评价包括对声环境、光环境、热环境与空气品质的物理参数评价，主观评价主要为随机问卷调查。对于主客观的结合评价以及等级划分，本标准参考美国供暖、制冷与空调工程师学会（ASHRAE）标准中对绝大多数满意率的描述，若满意率大于 80%，则主观评价为三星级；同时基于实际调研中对于室内环境满意度的可接受率为 60%，若满意率大于 60%，则主观评价为一星级；对于二星级的取值为两者中间数（70%），从而确定了主客观的结合评价。

7　结语展望

室内环境质量直接关系到广大人民群众身体健康。保障室内环境质量，是维护公众健康的重要基础，是基本的民生问题。室内环境的标准体系对于改善居家环境、预防建筑类疾病，提高人民生活品质方面有着其他标准体系所不可替代的作用。在发达和比较发达的国家和地区，对于如何规范室内环境、建立相关标准已经完成了大量的工作，值得我们学习和借鉴。如何结合我国国情，制定更适合我国社会发展现状，并能够规范未来发展方向的标准体系，需要政府、公众和广大科技工作者以及企业家的共同努力！

作者：李百战　丁　勇　崔凯淇（重庆大学）

健康照明技术应用分析报告

The Analysis Report for the Application of Healthful Lighting Technology

1 健康照明的内涵

千百万年来的进化使得人类适应了日间劳作的生活模式，环境的亮度水平对于所有人类的行为、心理状态都有显著影响（图1）。然而长期以来，关于光对人的影响研究主要具有以下两个方面的特征：

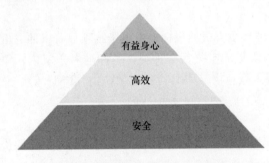

图1 健康照明需求层次示意图

（1）以杆状体细胞和锥状体细胞作为感光细胞，由视网膜神经节细胞（RGC）通过视神经投射到下丘脑的外侧膝状体核，进而产生视觉感知的神经通路，一直被看作是人对光环境感知的唯一通路；

（2）照明光环境相关的研究工作长期以来都是基于人的视觉通路和高级认知行为开展的。

直到2002年Berson等人首次发现了视网膜神经节层上的第三类感光细胞，本质感光视网膜神经节细胞（ipRGC），它的感光色素（或视蛋白）Melanopsin（由Opn4基因编码的蛋白质）与杆状体细胞和锥状体细胞不同，其光谱响应特性也与此前光诱导节律观测结果相一致，而进一步的实验证明这种细胞不直接参与人的视觉成像功能（也有研究表明ipRGC同样会参与视觉功能），而是通过视网膜下丘脑神经束（RHT）与下丘脑视交叉上核（SCN）等大脑区域形成投射（即非视觉通路）。在连续照射条件下，Melanopsin能够产生稳定的感光信号，从而准确地反映环境亮度水平。而这也正是ipRGC的melanopsin与视网膜上其他感光细胞的最大差别，从而使得ipRGC具有感知环境亮度，并为人的很多生理调节提供重要的光信号的功能。根据现有研究成果，证实非视觉通路至少具有以下作用：

（1）生物钟：相关研究表明SCN作为哺乳动物生物钟的控制中枢可能通过多种体液和神经信号使外周生物钟保持同步，以产生节律性活动，适应外界环境变化，这也构成了哺乳动物生命运行的基础，而2017年的诺贝尔生理学或医学奖也正是颁发给了发现生物钟基因及其工作原理的三位美国科学家。而光是最有效的授时因子，ipRGC传递的感光信号正是SCN感知外部环境的主要信号来源，并通过调制下丘脑的松果体的褪黑激素分泌，实现生物钟的维持和调节作用。光照射时间对于人生物钟影响的最小阈值应该在数秒甚至分钟级，远远长于视觉通路。这种较长时间的感光信息的积分现象对于确保生物钟避免由于环境中可能出现的短时波动具有重要作用。

（2）情绪：季节性情绪障碍（SAD）是一种高纬度地区冬季的典型情绪障碍。相关研究证明，在高纬度地区昼短夜长，因此日间不能接受足够的阳光照射是导致这种问题发生的主要原因，绵长的阴天会加重这种问题的发生，而高亮度环境是治疗SAD的有效方法。非视觉通路对于情绪的影响主要通过两个方面，一是由于光照条件不足导致的节律紊乱会诱发情绪障碍和抑郁等问题发生；二是通过SCN直接投射到下丘脑旁核（PVN）、下丘脑背内侧核等情绪和行为调制中枢，从而直接影响人的情绪问题。

（3）亮度感知和适应亮度调节：ipRGC还会投射到外侧膝状体背核（dLGN），从而表明ipRGC可能会参与颜色视觉、模式视觉以及亮度感知等视觉成像、视觉感知行为，还可以通过多巴胺无长突神经细胞更是为视觉系统的亮度适应提供了重要基础。因此，ipRGC具有类似相机上的曝光表的作用，从而根据环境亮度条件决定视觉通道的适应状态。也为相同照度条件下高色温光源会比低色温光源的视亮度更高等研究结果提供了重要理论支撑。

（4）睡眠：近年来有多个研究表明ipRGC的信号会传导至位于下丘脑，具有诱导睡眠作用的腹外侧视前核（VLPO），但是杆状体细胞和锥状体细胞同样对睡眠具有影响。

（5）警醒度：较高的照明水平可以提高昼行动物的警醒度和情绪。虽然其调控机制尚不清晰，但是通过基因消融技术屏蔽ipRGC或Melanopsin会弱化光照条件下的警醒度这一事实，证明非视觉通路对警醒度有着重要影响。

非视觉通路，以及其对生理体征影响机理的发现，赋予照明研究与应用全新内涵，使得实施健康照明，满足人民群众对健康生活需求成为必然趋势。

天然光是人类百万年来感知世界和昼夜变化的主要光源，也是数百万年来人类进化过程中形成生命节律的重要基础，无疑也是人类工作、生活的最佳照明光源。然而伴随着工业化社会的发展和照明技术的广泛应用，导致人们80%～90%的时间都是在室内度过，因为昼间光照射不足而引起的睡眠质量下降等健康问题日益突出。因此健康照明的核心内涵就是以照明技术与智能控制技术的有机结合作为技术手段，以因人、因时、因地合理控制照度及其分布作为控制策略，根据人的节律和健康需求，创造"安全、高效、有益身心"的健康照明光环境。

（1）安全

合理设置应急照明；分析建筑空间中可能的安全隐患，利用适当的照明方式帮助用户及早识别以及避免在相关作业中的安全工作；严格控制光辐射损伤以及系统电气安全所导致的对用户的安全损伤。

（2）高效

认真分析建筑空间内视觉作业类型、作业模式、主要作业面及人员主要视看方向，根据视觉作业需求合理确定作业面照度，最大化地提升人员作业效率，减少因眩光、频闪等因素引起的视觉作业。

（3）有益身心

基于非视觉效应等领域的最新研究成果，根据人员特征（年龄、视力差异等因素），利用天然光与人工照明一体化设计理念，调节不同时间、空间的亮度分布、光谱分布的动态变化，从而保证室内工作人员的身心健康。

2　健康照明影响要素

当前，针对照度水平与视觉辨认、认知作业功效，光源显色性以及眩光评价方法等均建立了能够满足照明实践需要的评价方法和限值规定，为相关照明标准体系的建立提供了重要的技术支撑，在照明安全和高效领域相关标准体系已经较为完备。因此健康照明的评价体系，应该是在《建筑照明设计标准》GB 50034和《建筑采光设计标准》GB 50033等相关现行国家标准规定的涉及照明安全和功效等方面的指标的基础上，根据《Research Roadmap for Healthful Interior Lighting Applications》CIE 218：2016，并结合Khademagha的研究，健康照明应补充以下几个方面的评价指标：

（1）照射强度；

（2）光源光谱；

（3）方向；

（4）时间；

（5）明暗节律。

2.1 照射强度

CIE 158（CIE 2004/2009）指出人的非视觉效应受到眼部接收到的光的强弱影响，因此健康照明的评价指标应该是眼睛位置的垂直表面，而不是作业面的照射强度。

科研人员也在努力通过建立这种照射强度与人的光生物/光化学反应的关系，即根据非视觉光谱响应曲线（如褪黑激素抑制光谱响应曲线）确定的有效照射强度，从而替代现有的照度。很多研究表明这种有效照射强度与非视觉效能评价指标之间存在着 logistic 模型关系，如图 2 所示，而 Zeitzer 等人的研究表明对于褪黑激素抑制和节律相位调整，所发生有效辐射强度分别为 200lx 和 500lx。因此《WELL 建筑标准》和中国建筑学会团体标准《健康建筑评价标准》分别以 CIE E 光源和 CIE D65 光源作为基准计算的眼睛位置的生理等效照度作为健康照明的评价指标，而后者与 CIE DIS 026 相一致。

与此同时相关研究表明相同生理照度条件下，发光面积小、高亮度光源所对于褪黑激素的抑制效果要低于大发光面积、低亮度的光源，其可能原因是 ipRGC 信号达到饱和，这些研究表明人眼位置的辐射照度并不是最有效的非视觉效应评价指标。

2.2 光源光谱

从 1980 年至 2000 年，大部分照明与人节律、内分泌、行为以及光治疗方面的研究都是基于明视觉照度作为控制变

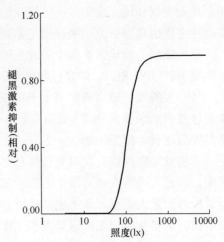

注：照度与褪黑激素抑制的关系在 log 坐标系下成 S 形，因此当照度较低于其阈值时，将不会有褪黑激素的抑制作用，进入中间阶段则其对应关系成近似线性，当照度高于一定限值后，则进入饱和的平台期，即再增加照度并不会带来褪黑激素抑制效果的提升。

图 2 褪黑素抑制与照度的关系

量，然而跟 melanopsin 的光谱响应曲线与杆状体细胞和锥状体细胞相比其光谱响应曲线具有明显差异，且很多研究均未提供光谱数据，从而导致不同研究结论存在较大差异。根据 Brainard、Thapan 等人的多个独立研究结果表明，人的节律系统的光谱响应峰值在 460nm 左右，而不同物种的 Melanopsin 具有基本一致的光谱响应曲线，其吸收光谱的峰值在 480nm 左右，研究人员也提出了多个节律调节的光谱响应曲线（图 3）。根据专家共识 CIE 于 2018 年给出了 melanopsin 的光谱响应曲线，从而为健康照明的应用提供了重要基础。由于 ipRGC 所传递至大脑的信号同时包括了其 melanopsin 感光产生的内部信号，以及接收到的杆状体细胞和/或锥状体细胞产生的外部信号。然而关于不同来源的信号对于非视觉效应的影响机制在国际上仍然存在不同的观点。

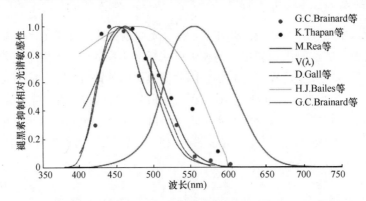

图 3 不同研究确定的 melanopsin 响应曲线结果对比图（含明视觉光谱响应曲线）

《CIE System for Metrology of Optical Radiation for ipRGC-Influenced Responses to Light》CIE/

S 026：2018 规定了人眼视网膜五种感光细胞的光谱响应曲线，可以作为健康照明计算依据。

2.3　方向

光的入射方向是影响非视觉效应的非常重要，但又经常被忽视的因素之一。由于 ipRGC 在视网膜上分布的不均匀，根据 Dacey 的研究，猕猴的视网膜的中心视场的 ipRGC 的密度要高于周边视场，如图 4 所示。同时，不同环境亮度条件下人的眼睑还会对人的视野产生影响（表 1）。因此在考虑照明的非视觉效应时，应该充分考虑

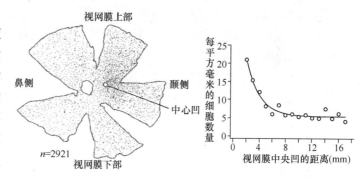

图 4　ipRGC 在视网膜上的分布图

空间亮度分布，特别是上半视场范围内的表面亮度对于人的影响。然而当前《WELL 建筑标准》和中国建筑学会团体标准《健康建筑评价标准》分别以 CIE E 光源和 CIE D65 光源作为基准计算的眼睛位置的生理等效照度作为健康照明的评价指标，均未考虑光的入射方向的影响。

不同照明条件下的典型视场　　　　　　　　　　　　　　表 1

照明环境	垂直视角	双眼水平视角
室内	视线上方 0°～50° 视线下方 0°～70°	180°
室外	视线上方 0°～20° 视线下方 0°～70°	180°

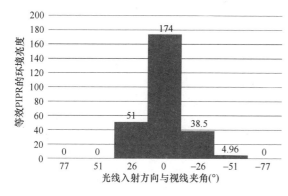

图 5　不同光线入射方向条件下等效 PIPR 的均匀环境亮度（眼位垂直照度 300lx）

根据中国建筑科学研究院有限公司的研究结果，当被试眼位垂直照度为 300lx 条件下，光线的入射方向角度不同时，PIPR 存在显著差异，其对应的等效 PIPR 的均匀环境亮度如图 5 所示。因此对于 Melanopsin 的影响更多来自与视线成 ±26° 的区域内，特别是视线方向的垂直照度最为有效。

这也与 Dacey 关于猕猴的视网膜解剖分析结果相一致。因此在健康照明设计时应充分考虑和利用水平方向照射的光线。

2.4　时间

尽管照明对于节律系统具有影响，但是充足的证据证明光照射时间对于节律系统影响存在明显差异。当光照射发生在夜间人体核心温度最低点前时，将会推迟人的节律；而当光照射发生在人体核心温度最低点之后时，将会使人的节律相位前移。因此在早晨接受足够的光照射对于改善白天的工作效率具有很重要的作用；而夜间使用显示器、卧室灯管则会导致人的节律推迟问题。

同时还有研究表明白天接受较强的光照射可以提升人的警醒度和认知能力；而白天不能接受足够的光照射时，将会导致人夜间更加容易受到夜间灯光的影响。因此健康照明的一个重要内涵，就是根据不同时间为人们提供合理的照明水平和光谱，从而更好满足人非视觉效应的需求。

2.5　明暗节律

几千年来，人类的进化已经适应了日出在阳光下耕作，日落在月光和星光下休息的明暗节律；而只是在过去的一百多年时间，由于工业化的发展，才使得人们的这种节律被打破。在发达国家，人们

高达 90％的清醒时间都在室内度过，这也导致在白天无法接受充足的光照；而在夜间由于室内外照明产品的广泛应用，又导致人们夜间的生活的环境亮度远高于自然环境，这就造成昼夜间的环境亮度很难形成显著差异。因此 CIE 158（CIE 2004/2009）指出健康照明除了需要接受更多的日间光照射外，还需要在夜晚有足够的时间不受光线干扰，否则对人的健康将产生不利影响。

（1）灯光会抑制褪黑激素的夜间分泌；

（2）灯光会增加人们夜间的警醒度，从而导致失眠，并进一步会带来后续的认知功能下降和免疫功能降低；

（3）失眠和生理节律紊乱会产生情绪和认知功能问题，并导致肥胖、癌症、心脑血管疾病和抑郁发生。

因此为了保持良好的生理节律，应该尽量减少因灯光使用而给非视觉系统的干扰，特别是需要严格控制居住区附近的光污染，从而为居民创造良好的生活环境。

3 健康照明实施技术体系

当前国内外的照明标准规范是基于标准人或平均人（往往是根据健康的年轻人）而制订的，主要目的是确保照明系统能够在保证视觉舒适基本要求，特别是避免因照明系统不当引起的视觉不舒适前提下，满足视觉作业功能需求。然而这些标准均未考虑光通过非视觉通路对人产生的生理和心理影响，这也导致现代社会长期在室内工作的人，因为昼间光照射不足而引起的睡眠质量下降等健康问题日益突出。

而近年来伴随着 LED、智能控制技术的飞速发展，和人类关于光对人的身心研究的不断深入，特别是使得光环境的研究与应用已从原有的视觉功效发展到与情绪、睡眠、认知、节律等各个方面有关的光与健康的问题，让照明逐步走向动态照明，即根据时间调整照明光谱及强度，从而为人们创造安全、舒适、有益身心的健康照明光环境。

3.1 健康照明的新内涵

健康照明的实施对照明应用提出了更高的技术要求，相较于传统的照明应用实践，主要存在以下几个变化：

（1）由作业面照度到眼位高度垂直面照度，由平面到空间场：

现有的照明标准主要规定了作业面照度，而光对于人的生理和心理的影响，主要取决于眼睛对光强弱的感知，因此健康照明应该在现有照明标准的基础上，补充规定眼位高度的垂直面上的光照强度限值，因此在中国建筑学会团体标准《健康建筑评价标准》T/ASC02 的规定可以作为在建筑照明领域关于健康照明实施的参考：

居住空间和人员长期工作场所的非视觉效应宜采用生理等效照度评价，其计算可按附录 A 进行计算，生理等效照度允许值宜符合下列规定：

1 居住空间的夜间生理等效照度不宜高于 50lx；

2 人员长期工作的场所主要视线方向上 1.2m 处的生理等效照度不宜低于 150lx。

其中由于眼位高度垂直面方向不同，其垂直照度将有显著差异，因此应首先确认人员工作的主视线，并在此基础上确定达到照明设计方案。

同时由于非视觉系统具有空间响应的方向特性，因此在有条件的情况下，建议除了关注眼位高度垂直面的光照强度，还应关注亮度的空间分布，可以采用单设洗墙照明的方式，或者使用建筑一体化照明来提高垂直面的亮度，从而更好地保证长期在建筑室内人员的生理和心理健康。

（2）由静态到动态

一方面，当前已经有充足的证据证明光照射时间对于节律系统影响存在明显差异，在早晨接受足够的光照射对于改善白天的工作效率具有很重要的作用；而夜间使用显示器、卧室灯管则会导致人的节律推迟问题。重庆大学、美国布朗大学公共卫生学院（Brown University School of Public Health）和美国能源部太平洋西北国家实验室等诸多研究项目均表明通过环境明暗及光谱的动态调节变化，可以有效改善人员的身心状态。

另一方面，从光谱和强度变化角度而言，天然光无疑是在昼间实现动态照明理念的高效照明光源的最佳选择。大量证据表明，足够的采光对于保持人的良好生理、情绪状态以及社交、认知行为具有十分重要的意义。因此要创造健康照明光环境，首先就要利用新型的采光照明技术、智能控制技术与照明技术有机结合，实现采光照明一体化实施目标，有效避免由于天然光变化的不确定性和分布的不均匀性给用户带来不舒适性，从而真正实现建筑采光的最大应用。

在人员长期逗留的工作场所，为了实现动态调节的功能，应具备时钟控制和天然光联动控制的智能照明控制系统。

（3）定制化

健康照明的核心内涵就是以人为本，相关研究表明，光对于人节律等非视觉效应存在明显的个体差异。而伴随着全球人口老龄化问题的日益突出，预计到 2050 年全球 65 岁以上老年人占比将超过 40%。而年龄老化和视觉障碍问题将导致人的视觉通路和非视觉通路的敏感度显著下降，主要体现在以下几个方面：

1）眼睛光谱透射特性的变化

人眼会随着年龄增长，在人眼晶体中的晶体色素不断累积，从而导致晶体逐步"黄化"，导致短波部分的透过率会显著下降。研究发现相同的照明条件下，老年人的视网膜照度仅为年轻人的一半以下，而在 450nm 左右的短波其比例则更低。因此人的非视觉响应曲线会随着年龄的增长而变化，因此按照年轻人规定的照明标准显然无法满足老年人的身心健康需要。

2）人眼瞳孔大小调节能力的变化

人的瞳孔大小随着年龄增长而线性减小，在低亮度条件下和高亮度条件下瞳孔大小的减小率分别为 0.043mm/年和 0.015mm/年。瞳孔的变化将大大降低人眼的可见光透过率，从而影响人的视觉感知和非视觉效应，且它与性别、屈光不正以及瞳孔颜色无关。由于瞳孔调节范围的减少、晶状体黄化、视网膜退化等原因，导致相同照明条件下 45 岁的成年人的光诱导节律的效果仅为 10 岁儿童的一半。

3）人眼视网膜感光细胞的变化

视网膜同样会随年龄增长而不断老化，导致锥状体感光细胞的感光敏感度的下降，而 ipRGC 细胞在 50 岁以后出现显著降低。

由于老年人行动能力下降导致其户外活动时间减少，眼睛可见光透射率特别是短波部分透射率下降和感光细胞的退化等诸多问题，导致老年人的视力和非视觉效应与年轻人有着显著的差异。而这些变化都可能导致老年人夜间褪黑激素分泌减少、节律紊乱、失眠，甚至阿茨海默症等多种问题的发生，有研究表明在早晨让老年人在强光下照射 2h/d 可以大大改善他们的睡眠质量。

因此在健康照明实施过程中重点关注两个方面：

1）应在照明设计方案前期，充分分析不同空间的人员年龄结构，对于养老院等建筑更是应该在设计时，借鉴参考《Lighting for Older People and People with Visual Impairment in Buildings》CIE 227：2017 等文件，在设计方案中就对特殊人群的差异化需求予以考虑；

2）在智能照明系统的设计实施中，在可能的情况下应根据具体使用者的年龄确定相应的局部照明控制调光策略，并应充分赋予使用者局部照明调控的自主权并可以记录其用户使用偏好，从而更好地满足用户差异化的使用需求。

3.2 健康照明的实施

3.2.1 照明需求分析

健康照明设计与传统建筑照明设计的显著差别就是：传统的照明设计是以相关设计标准为主要依据；而健康照明则是在相关设计标准基础上，还需要重点分析所设计空间的人员结构、使用功能、视觉需求，坚持以人为中心，提供定制化的照明解决方案。在项目前期需要了解的项目信息包括但不限于表2所示方面。

项目信息表　　　　　　　　　　　　　　　　表2

用户	房间
1. 用户的年龄 2. 用户的视力 3. 视觉作业特征 4. 作息时间及连续工作时长 5. 工作强度 6. 行为习惯 7. 交流需求	1. 主要区域的行为功能 2. 建筑内表面特征 3. 家具布置 4. 开窗大小及朝向 5. 建筑采光质量及分区 6. 出入口及通道 7. 工位布局及主要朝向
照明要求	控制系统
1. 光色偏好 2. 与天然光联动 3. 灯具形式和安装要求 4. 灯具照度和色温可调功能	1. 控制系统操作的方便性 2. 控制系统与其他系统联动和数据共享 3. 照明系统的维护和后期使用 4. 照明系统的可拓展性

根据建筑空间及人员特征，在保证照明安全和功能的基础上，根据表3对建筑空间不同照明场景的功能进行评价，确定照明需求。

照明需求分析表　　　　　　　　　　　　　　　　表3

生理要求	专注度和生命节律	确保人员保持高的警醒度和专注度，调节保障人的正常生理节律	1. 高照度：用冷色温光源，主要视线方向的眼位高度垂直面生理等效照度不低于250lx； 2. 较长的照射时间； 3. 面光源； 4. 动态照明，根据附录1进行色温和照度调节，至少应保证早晨的照明，有助于调节生物钟
	休息	让人们保持休闲放松的状态	采用间接照明方式，选择暖色光源，在满足基本的视觉功能需求前提下，尽量降低照度水平
心理要求	空间方位感	保证人员能够快速准确了解空间位置，形成明确的方向引导	利用灯光适当突出主要路线和出入口，方便行人通行
	时间感	通过灯光变化能够感知时间变化	通过时钟控制，按照预设照明场景动态调节灯光
	个性化	用户可对其使用的照明系统进行个性化设置和调节	在不同人员工位单独设置局部照明控制，建议可根据员工年龄进行生理等效照度修正，并能够记录用户的使用偏好
	交流与展示	保证空间内人面部具有良好的立体感，通过灯光为交流创造良好的条件	主要活动区域内1.5m高度四个方向垂直照度平均值与该点水平照度的比值不宜小于0.3，且四个方向垂直照度最小值与最大值的比值不宜小于0.3

注：生理等效照度计算及生理等效照度的年龄修正见附录2。

3.2.2　照明设计方法

（1）基于层次照明设计（图6）

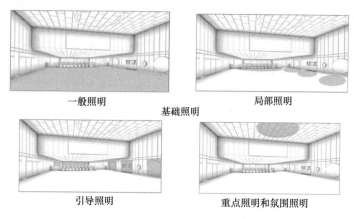

图6　照明设计方法分类图

1）一般照明

基本照明为照亮整个场地而设置的均匀照明，从而给予室内整体空间基本的环境亮度，一般照明对于照明环境的基调具有重要影响。应根据不同区域视觉作业对照明环境要求，设置一般照明方式，对照明的照度水平（包括：水平面照度与垂直面照度）、照明用光的方向性与扩散性（包括商品的立体感、光泽与商品表面的质感等）、照明光源的亮度、颜色（包括色温与显色性）进行分别要求，并合理选择灯具的安装形式。

2）局部照明

局部照明是为了特定视觉工作用、为照亮某个局部而设置的。长期以来，局部照明主要应用于对于部分作业面照度要求高，但作业面密度又不大的场所，若只采用一般照明经济合理性差的建筑空间，通过增加局部照明在保证作业面照度的基础上，实现节约能源目标。随着健康照明的需求提出，在日间照度需求大大提高，因此对于大空间工作场所，还可设置局部照明满足健康照明需求。

3）引导照明

应对照明进行分区设置，合理确定不同区域的照明水平和光色的基础上，在主要出入口和重要交通节点设置照明，从而形成明确的方向引导，以更好地帮助用户提升空间的空间感。

4）重点照明和氛围照明

在建筑中，针对需要突出显示空间内重要的绿植、构筑物、小品等目标，还可采用重点照明方式以提高该目标的照度，实现颜色变化等方式；或者利用照明本身实现突出建筑空间，甚至通过照明本身形成建筑视觉中心，以适应特定环境变换场景或实现健康照明等需求。

（2）照明控制策略设计

确定照明控制方案：

1）明确照明控制场景，应明确场景的照明需求、相应的照明技术要求及场景触发条件等信息；

2）根据布置方案确定灯具性能、布置和控制方式；

3）应根据不同设计方案的确定灯具控制分组；

4）根据照明场景的切换条件，确定其控制输入参数，传感器配置和布置方案。

4　适用范围分析

4.1　办公建筑

4.1.1　办公室

（1）照明需求

1）视觉作业，满足计算机作业和读写作业视觉功能需求，提高工作人员的专注度；

2）交流需求；

3）工位的灵活布置；

4）身心健康需求；

5）能够根据用户的个性化需求进行动态调节；

6）照明节能；

7）高效管理。

（2）实施措施

1）符合《建筑照明设计标准》GB 50034 等现行国家标准要求；

2）对于小型办公室重点提高墙面亮度，而对大型办公室则需要同时提高墙面和顶棚的亮度；

3）对于有社交活动的区域还需要提高空间的垂直照度，并严格控制水平照度和垂直照度比例；

4）应该严格限制频闪、不舒适眩光和计算机反射眩光等的影响；

5）利用控制措施实现照明系统和遮阳系统的结合，在保证照明舒适的前提下，最大化地利用天然光；

6）在白天工作时间，在工作人员主要视线方向的提供足够的生理等效照度；

7）还应根据空间利用特征设置休息模式、夜间模式等，从而满足空间差异化的使用需求；

8）根据应用场景需求，合理设置重点照明突出显示空间内重要的绿植、构筑物、小品等目标，形成视觉中心，提高空间的趣味性；

9）可设置氛围照明，根据时间动态调节办公室照度及颜色变化等方式，以适应特定环境变换场景或实现健康照明等需求；

10）建议通过设置局部照明，赋予工作人员本地控制权限等措施，满足对照明的个性化需求，照明系统还可具备记忆功能；

11）建议灯具可以通过数字地址进行灯具编组，实现照明场景的灵活设置；

12）设置传感器、控制器，实现按需照明，并监控照明设备运行状态，有效降低照明运行能耗，并提高照明系统精细化管理水平。

4.1.2 会议室

（1）照明需求

1）视觉作业；

2）满足会议室不同应用场景的需求；

3）交流需求；

4）照明节能；

5）高效管理。

（2）实施措施

1）符合《建筑照明设计标准》GB 50034 等现行国家标准要求；

2）分析会议室可能的应用场景，根据场景制订差异化的照明技术要求；

3）在主要的会议座位区应提高空间的垂直照度，并严格控制水平照度和垂直照度比例；

4）应该严格限制频闪和不舒适眩光等指标的影响；

5）通过人体感应等措施实现按需照明，并监控照明设备运行状态，有效降低照明运行能耗，并提高照明系统精细化管理水平。

4.1.3 走廊等交通空间

（1）照明需求

1）视觉作业；

　　2）交流需求；

　　3）方向引导；

　　4）照明节能；

　　5）高效管理。

　　（2）实施措施

　　1）符合《建筑照明设计标准》GB 50034等现行国家标准要求；

　　2）应考虑提高空间的垂直照度，并严格控制水平照度和垂直照度比例；

　　3）应通过照度和光色变化实现照明分区的差异化，同时应在主要出入口和重要交通节点设置照明，从而形成明确的方向引导；

　　4）采取人体感应等措施实现按需照明，并监控照明设备运行状态，有效降低照明运行能耗，并提高照明系统精细化管理水平。

4.1.4　前台、接待室

　　（1）照明需求

　　1）视觉作业；

　　2）交流需求；

　　3）形象展示；

　　4）照明节能；

　　5）高效管理。

　　（2）实施措施

　　1）符合《建筑照明设计标准》GB 50034等现行国家标准要求；

　　2）应考虑提高空间的垂直照度，并严格控制水平照度和垂直照度比例；

　　3）应对标示等重点元素设置重点照明；

　　4）还可考虑适当设置氛围灯光；

　　5）采取人体感应等措施实现按需照明，并监控照明设备运行状态，有效降低照明运行能耗，并提高照明系统精细化管理水平。

4.2　学校

4.2.1　教室

　　（1）照明需求

　　1）视觉作业，读写作业，黑板及多媒体教学；

　　2）教育展示和课下交流需求；

　　3）身心健康需求；

　　4）照明节能；

　　5）高效管理。

　　（2）实施措施

　　1）符合《建筑照明设计标准》GB 50034等现行国家标准要求；

　　2）分析教室可能的应用场景，根据场景和教育设备特性，制订差异化的照明技术要求；

　　3）适当提高空间的垂直照度，并控制水平照度和垂直照度比例；

　　4）应提高教师面向学生方向的垂直照度；

　　5）应该严格限制频闪、不舒适眩光和计算机反射眩光等的影响；

　　6）利用控制措施实现照明系统和遮阳设施的结合，在保证照明舒适的前提下，最大化地利用天然光；

　　7）可设置氛围照明，通过颜色和照度变化等方式，以适应上课及课间休息等环境变换场景；

8) 具备照明设备运行状态监控功能，提高照明系统精细化管理水平。

4.2.2 实验室

(1) 照明需求

1) 视觉作业，实验操作，黑板及多媒体教学；

2) 教育展示和课下交流需求；

3) 照明节能；

4) 高效管理。

(2) 实施措施

1) 符合《建筑照明设计标准》GB 50034 等现行国家标准要求；

2) 分析教室可能的应用场景，根据场景和教育设备特性，制订差异化的照明技术要求；

3) 适当提高空间的垂直照度，并控制水平照度和垂直照度比例；

4) 应提高教师面向学生方向的垂直照度；

5) 应该严格限制频闪、不舒适眩光等指标的影响；

6) 建议在实验桌设置局部照明，赋予学生本地控制权限等措施，满足对照明的个性化需求；

7) 利用控制措施实现照明系统和遮阳设施的结合，在保证照明舒适的前提下，最大化地利用天然光；

8) 具备照明设备运行状态监控功能，提高照明系统精细化管理水平。

4.3 医院

4.3.1 治疗室、检查室

(1) 照明需求

1) 视觉作业，检查诊治；

2) 缓解病人紧张情绪；

3) 隔绝病毒细菌的交叉感染；

4) 能够根据用户的个性化需求进行动态调节；

5) 照明节能；

6) 高效管理。

(2) 实施措施

1) 符合《建筑照明设计标准》GB 50034 等现行国家标准要求；

2) 适当提高墙面亮度；

3) 应该严格限制频闪、不舒适眩光和计算机反射眩光等的影响；

4) 利用控制措施实现照明系统和遮阳系统的结合，在保证照明舒适的前提下，最大化地利用天然光；

5) 建议控制光色，营造温馨放松的就诊环境，降低病患紧张情绪；

6) 可在部分需要精细化检查的试验台设置可调光型局部照明；

7) 应采用向上间接照射的方式利用紫外消毒器具进行消毒；

8) 具备照明设备运行状态监控功能，提高照明系统精细化管理水平。

4.3.2 病房

(1) 照明需求

1) 满足病人日常生活，及医生检查诊治需求；

2) 身心健康需求；

3) 能够根据用户的个性化需求进行动态调节；

4) 照明节能；

5）高效管理。

（2）实施措施

1）符合《建筑照明设计标准》GB 50034 等现行国家标准要求；

2）适当提高墙面亮度；

3）应该严格限制频闪、不舒适眩光等的影响；

4）分析病房可能的应用场景，根据场景和教育设备特性，制订差异化的照明技术要求；

5）利用控制措施实现照明系统和遮阳系统的结合，在保证照明舒适的前提下，最大化地利用天然光；

6）通过动态调节病房照明光色，营造温馨放松的就诊环境，降低病患紧张情绪；

7）应在病人便于触及的区域设置照明控制面板，满足病人的照明需求；

8）具备照明设备运行状态监控功能，提高照明系统精细化管理水平。

4.3.3　走廊

（1）照明需求

1）保证视觉功能；

2）放松情绪；

3）减少病毒、细菌的交叉感染；

4）方向引导；

5）照明节能；

6）高效管理。

（2）实施措施

1）符合《建筑照明设计标准》GB 50034 等现行国家标准要求；

2）应考虑提高空间的垂直照度，并严格控制水平照度和垂直照度比例；

3）应通过照度和光色变化实现照明分区的差异化，同时应在主要出入口和重要交通节点设置照明，从而形成明确的方向引导；

4）建议控制光色，营造温馨放松的就诊环境，降低病患紧张情绪；

5）应采用向上间接照射的方式利用紫外消毒器具进行消毒；

6）采取人体感应等措施实现按需照明，并监控照明设备运行状态，有效降低照明运行能耗，并提高照明系统精细化管理水平。

作者：王书晓　高雅春（中国建筑科学研究院有限公司）

附录1 节律照明调控动态实施方案

节律照明调控动态实施方案

光环境参数		8：00— 9：00	9：00— 12：00	12：00— 12：30	12：30— 13：30	13：30— 14：00	14：00— 18：00
晴天	生理等效照度	150lx	模拟天然光变化（150～400lx 缓慢上升）	400～60lx 快速下降	<60lx	60～400lx 快速上升	模拟天然光变化（400～100lx 缓慢下降）
	色温	6000K	随天然光变化（控制 4000K 下限和 6500K 上限）	3000K	3000K	3000K	随天然光变化（控制 4000K 下限和 6500K 上限）
阴天	生理等效照度	150lx	模拟天然光变化（150～400lx 缓慢上升）	400～60lx 快速下降	<60lx	60～400lx 快速上升	模拟天然光变化（400～100lx 缓慢下降）
	色温	6000K	稳定保持在 6000K	3000K	3000K	3000K	稳定保持在 6000K

附录2 生理等效照度的计算

生理等效照度可根据下式计算确定：

$$E_{mel}^{D65} = \frac{E_{mel}}{K_{mel}^{D65}}$$

式中　E_{mel}^{D65} ——生理等效照度（lx）；

　　　E_{mel} ——生理辐照度（mW/m^2）；

　　　K_{mel}^{D65} ——黑视素等效日光辐射系数，按1.3262 mW/lm取值。

生理辐照度可根据下式计算确定：

$$E_{mel} = \int S(\lambda)s_{mel}(\lambda)d\lambda$$

式中　$S(\lambda)$ ——光谱辐照度实测数据；

　　　$s_{mel}(\lambda)$ ——黑视蛋白光谱响应曲线，可按表 A.0.2 确定。

根据 CIE 203 人的年龄的增长，其可见光透射曲线会发生变化，特别是在蓝光区域会出现显著下降，而这部分区域的光谱对于 Melanopsin 的刺激具有显著影响。因此当考虑年龄因素对于生理等效照度影响时，需要对不同年龄下因为人眼睛老化而导致光谱透射特性差异进行修正。

$$E_{mel,a}^{D65} = \frac{\int E(\lambda)s_{mel}(\lambda)a(\lambda)d\lambda}{K_{mel}^{D65}}$$

式中　$E(\lambda)$ ——眼位高度垂直面上的光谱辐照度实测数据；

　　　$s_{mel}(\lambda)$ ——Melanopsin 的光谱响应曲线，可根据 CIE/S 026：2018 确定；

　　　$a(\lambda)$ ——人眼相对光谱透过率（以 30 岁成年人为基准），可根据人员年龄按 CIE 227：2017 确定；

　　　K_{mel}^{D65} ——黑视素等效日光辐射系数，按 1.3262 mW/lm 取值。

中美英 BIM 应用及发展对比

Comparison of BIM Application and Development between China, U. S. and U. K.

建筑信息模型（BIM）这个专业术语 2002 年产生于美国。作为 BIM 的发源地，美国的 BIM 研究与产品一直处于国际引领地位。英国是目前全球 BIM 应用推广力度最大和增长最快的地区之一，作为最早把 BIM 应用于各项政府投资工程的国家之一，英国不仅建立了比较完善的 BIM 标准体系，并且出台了 BIM 强制政策。而中国拥有全球最大的建筑市场，BIM 应用项目的规模、数量和水平在全球都处于领先地位。

中国、美国、英国作为全球 BIM 发展最具有代表性的三个国家，全面系统地了解这三个国家的 BIM 政策、标准、应用情况，对我国下一阶段 BIM 发展应用，以及智慧建造和建筑工业化的协同发展，有着重要的参考价值。

1 中美英 BIM 政策对比

1.1 中国 BIM 相关政策

中国国家层面最早的一项 BIM 技术政策是《2011—2015 年建筑业信息化发展纲要》，此后陆续发布了一系列 BIM 技术政策和标准编制计划。

2011 年 5 月住房城乡建设部发布了《2011—2015 年建筑业信息化发展纲要》（建质函〔2011〕67 号）。这是 BIM 第一次出现在我国行业技术政策中，可以看作是国内 BIM 起步的政策，文中 9 次提到 BIM 技术，把 BIM 作为"支撑行业产业升级的核心技术"重点发展。发展纲要的发布，把国内 BIM 从理论研究阶段推进到工程应用阶段，从而在中国掀起了 BIM 标准研究和在工程中探索应用的高潮。

2015 年和 2016 年，住房城乡建设部发布《关于推进 BIM 技术在建筑领域内应用的指导意见》（建质函〔2015〕159 号）和《2016—2020 建筑业信息化发展纲要》（建质函〔2016〕183 号）。在指导意见中，国家将 BIM 技术提升为"建筑业信息化的重要组成部分"，并在发展纲要中重点强调了 BIM 集成能力的提升，首次提出了向"智慧建造"和"智慧企业"的方向发展。

2020 年，住房城乡建设部等十三部门联合印发了《关于推动智能建造与建筑工业化协同发展的指导意见》，要求加快推动新一代信息技术与建筑工业化技术协同发展，在建造全过程加大 BIM 等新技术的集成和创新应用。

中国国家和行业主要 BIM 技术政策如表 1 所示。

中国国家和行业主要 BIM 技术政策 表 1

序号	技术政策名称	发布单位和时间	主要内容
1	2011—2015 年建筑业信息化发展纲要（建质〔2011〕67 号）	住房城乡建设部，2011 年 5 月	加快 BIM、基于网络的协同工作等新技术在工程中的应用
2	关于推进 BIM 技术在建筑领域内应用的指导意见（建质函〔2015〕159 号）	住房城乡建设部，2015 年 6 月	到 2020 年末，建筑行业甲级勘察、设计单位以及特级、一级房屋建筑工程施工企业应掌握并实现 BIM 与企业管理系统和其他信息技术的一体化集成应用。 到 2020 年末，以下新立项目勘察设计、施工、运营维护中，集成应用 BIM 的项目比率达到 90%：以国有资金投资为主的大中型建筑；申报绿色建筑的公共建筑和绿色生态示范小区

续表

序号	技术政策名称	发布单位和时间	主要内容
3	2016—2020建筑业信息化发展纲要（建质函〔2016〕183号）	住房城乡建设部，2016年8月	着力增强BIM、大数据、智能化、移动通信、云计算、物联网等信息技术集成应用能力，建筑业数字化、网络化、智能化取得突破性进展
4	关于促进建筑业持续健康发展的意见（国办发〔2017〕19号）	国务院办公厅，2017年2月	加快推进BIM技术在规划、勘察、设计、施工和运营维护全过程的集成应用，实现工程建设项目全生命周期数据共享和信息化管理
5	推进智慧交通发展行动计划（交办规划〔2017〕11号）	交通运输部，2017年2月	深化BIM技术在公路、水运领域应用。在公路领域选取国家高速公路、特大型桥梁、特长隧道等重大基础设施项目，在水运领域选取大型港口码头、航道、船闸等重大基础设施项目，鼓励企业在设计、建设、运维等阶段开展BIM技术应用
6	关于推进公路水运工程BIM技术应用的指导意见（交办公路〔2017〕205号）	交通运输部，2018年3月	围绕BIM技术发展和行业发展需要，有序推进公路水运工程BIM技术应用，在条件成熟的领域和专业优先应用BIM技术，逐步实现BIM技术在公路水运工程广泛应用
7	住房城乡建设部等部门关于推动智能建造与建筑工业化协同发展的指导意见（建市〔2020〕60号）	住房城乡建设部等十三部门，2020年7月	加快推动新一代信息技术与建筑工业化技术协同发展，在建造全过程加大建筑信息模型（BIM）、互联网、物联网、大数据、云计算、移动通信、人工智能、区块链等新技术的集成与创新应用

从发文内容看，国家的BIM技术政策充分考虑了行业现状和需求。首先，中国有自成体系的工程建设管理制度和政策，对应的国家BIM技术政策也与之匹配以确保能落地实施，同时作为支撑行业技术进步和转型升级的重要手段，BIM技术应用也会与行业其他技术和标准产生相互影响。其次，中国有规模庞大的从业企业和人员，BIM技术应用水平和能力千差万别，相关的BIM技术政策应推广普及为主，进而起到整体提升行业技术能力的作用，同时也兼顾对更高层次技术应用的引领。最后，中国有相当数量符合国内工程标准和规范的专业应用软件和设备，技术上和经济上短期内都不可能出现全新的替代品，BIM政策也在逐步引导这些软件和设备的改造和升级，同时也鼓励创新。

受国家与行业推动BIM应用相关技术政策的影响，以及建筑行业改革发展的整体需求，多个省和直辖市地方政府先后推出相关BIM标准和技术政策。这些地方BIM技术政策，大多参考国家政策，结合地方发展需求，从指导思想、工作目标、实施范围、重点任务，以及保障措施等多角度，给出推动BIM应用的方法和策略。详细的各地方BIM政策可在各地方政府网站进行查阅，此处不一一罗列。

1.2 美国BIM相关政策

美国作为BIM技术的发源地，"BIM"名词便是由美国多个软件商提出，并经过相应的行业机构、企业、院校进行整合，形成了现在的BIM技术。目前BIM技术中，主要的理论体系均来自美国。所以美国BIM技术的推广多是市场自发的行为，与中国、英国等国家不同的是，在公开范围内可查阅的资料里，美国国家层面并没有出台任何的与BIM技术相关的政策。美国出台BIM相关政策的多数为企业与机构，部分州政府也出台过相应的BIM政策，但也多是出于更好地提升建设管理的目的。

在可查阅的资料里，美国地方政府中单独发布过BIM技术政策的只有俄亥俄州。俄亥俄州在2011年发布了《俄亥俄州BIM草案》（Ohio BIM Protocol），设定了推广BIM技术的目标和计划，并要求自2011年7月1日后，所有由俄亥俄州建筑办公室投入超过400万美元的新建、扩建、改造项目需要按照要求实施 BIM。除俄亥俄州外，其他州则是在相应标准里提出了对州政府项目的 BIM 政策要求，而不是单独的作为政策发布。

除此之外，美国很多的 BIM 技术政策都是由机构和企业提出，部分企业与机构的 BIM 政策对行业的 BIM 发展起了重要的推进重要，其中最为显著的就是在美国总务管理局（General Services Administration，以下简称 GSA）。2003 年，GSA 发布了《3D-4D-BIM 手册》，要求"在 2006 年财政年时开始广泛使用 BIM 技术来提高项目的设计水平和施工交付"。从 2007 财政年度开始，GSA 对其所有对外招标的重点项目都给予资金支持，来推动 BIM 技术的发展。

所以美国 BIM 技术的推广大多数是市场和业主的自发行为，相关的 BIM 政策更多也是来自企业或机构，主要政策如表 2 所示。

美国主要 BIM 技术政策和发布时间表　　　　　　　　　　　　表 2

机构/地方/企业	类型	发布内容	内容概述	时间
美国总务管理局	政府企业	国家 3D-4D-BIM 项目（National 3D-4D-BIM Program）	BIM 推广计划和部分 BIM 实施要求	2003
美国陆军工程兵团	军队机构	15 年（2006—2020）BIM 路线图 美国陆军工程兵团项目 BIM 要求（ECB 2013-18：Building Information Modeling Requirements on USACE Projects）	BIM 发展路线及项目 BIM 实施要求	2006
威斯康星州	州政府	BIM 指南和标准（BIM Guidelines and Standards）	州政府项目 BIM 实施的导则和原则	2009（2012 年更新第二版）
得克萨斯州	州政府	指南标准（Guidelines-Standards）	BIM 制图和模型标准	2009
俄亥俄州	州政府	俄亥俄州 BIM 草案（Ohio BIM Protocol）	州政府推广 BIM 技术的目标和计划	2011
美国海军设施工程司令部	军队机构	美国海军设施工程司令部 BIM 阶段性实施计划（ECB 2014-01：NAVFAC's Building Information Management and Modeling Phased Implementation Plan）	项目 BIM 实施要求	2014
马萨诸塞州	州政府	设计和施工 BIM 指南（BIM GUIDELINES for DESIGN and CONSTRUCTION）	州政府项目 BIM 实施的要求，数据和出图要求	2015

1.3　英国 BIM 相关政策

英国的 BIM 推动更多是有政府层面直接牵头及推动。其中，最著名的便是英国内阁办公室在 2011 年 5 月发布的《Government Construction Strategy 2011》（政府建设战略 2011），里面首次提到了发展 BIM 技术。《政府建设战略 2011》是英国第一个政府层面提到 BIM 的政策文件。在这个战略计划中，英国政府大篇幅介绍了 BIM 技术，并要求到 2016 年，政府投资的建设项目全面应用 3D BIM（BIM 强制令），并且将信息化管理所有建设过程中产生的文件与数据。

在发布《政府建设战略 2011》的同一年，英国政府还宣布资助并成立 BIM Task Group，由内阁办公室直接管理，致力于推动英国的 BIM 技术发展、政策制定工作。BIM Task Group 成立的同时，英国政府还提出了 BIM Levels of Maturity，要求在 2016 年所有政府投资的建设项目强制按照 BIM Level 2 要求实施。

《政府建设战略 2011》可以被认为是英国 BIM 标准及相关政策的纲领性政策文件。在此政策之后，英国政府随后陆续颁布和实施了一系列 BIM 相关规范和标准，包括 PAS 1192 系列 BIM 标准、《政府建设战略 2016—2020》《建造 2025》等，以此对政府和建筑业之间的关系进行全面提升，进而确保政府能够持续获得理想的收益，而国家也能够拥有具有长期社会以及经济效益的基础设施。

目前，英国主要的 BIM 政策和标准均为国家层面或其委托的机构发布，英国主要 BIM 政策和标准时间轴线如表 3 所示。

英国主要 BIM 技术政策和发布时间表　　表 3

机构/地方/企业	类型	发布内容	内容概述	时间
下议院商业和企业委员会	政府	建设事项：2007—09 第 9 份报告（Construction Matters：Ninth Report of Session 2007—09）	提出英国政府应该有合理的措施来引导建筑行业的进步	2008
英国内阁办公室	政府	政府工程建设行业战略 2011（Government Construction Strategy 2011）	介绍了 BIM 技术，并要求到 2016 年，政府投资的建设项目全面应用 3D BIM，实现 BIM Level 2	2011
英国政府	政府	建设 2025（Construction 2025）	提出加强政府与建筑行业的合作，来将英国在建筑方面世界一流的专业知识出口，来促进整体经济的发展	2013
英国政府下设社会团队	政府下设机构	建设环境 2050：数字化未来报告（Built Environment 2050：A Report on Our Digital Future）	对建筑行业未来发展的愿景	2014
英国政府	政府	数字建造不列颠（Digital Built Britain）	政府 BIM 工作从 BIM Level 2 向 BIM Level 3 政策制定过渡	2015
内阁办公室	政府	政府工程建设行业战略 2016—20（Government Construction Strategy 2016—20）	政府工作从 BIM Level 2 转向 BIM Level 3	2016

1.4　BIM 相关政策对比分析

中英两国政府在全行业推进 BIM 应用的技术政策制定和推进节奏方面有很多相似之处。中国在 2011 年发布了《2011—2015 年建筑业信息化发展纲要》(建质函〔2011〕67 号)，英国在 2011 年发布了《政府工程建设战略 2011》，在 2011 年至 2020 年期间，中英两国在行业层面的 BIM 应用要求虽然在表述上略有差异，但 BIM 应用内容差不多，都是以专业 BIM 应用和基于 BIM 的协同为主。中国在 2016 年发布了《2016—2020 年建筑业信息化发展纲要》(建质函〔2016〕183 号)，提出要着力增强 BIM、大数据、智能化、移动通信、云计算、物联网等信息技术集成应用能力，要提升数据资源利用水平。这与英国 2016 年发布的《政府建设战略 2016－2020》要求相近，重点是系统集成、数据集成、技术集成、业务集成。联邦政府没有发布 BIM 技术政策，只有地方性的技术政策。

2　中美英 BIM 标准对比

2.1　中国 BIM 标准

住房城乡建设部 2012 年 01 月 17 日《关于印发 2012 年工程建设标准规范制订修订计划的通知》(建标〔2012〕5 号)和 2013 年 01 月 14 日《关于印发 2013 年工程建设标准规范制订修订计划的通知》(建标〔2013〕6 号)两个通知中，共发布了 6 项 BIM 国家标准制订项目，宣告了中国 BIM 标准制定工作的正式启动。6 项标准的详细情况如表 4 所示。

中国国家 BIM 标准　　　　　　　　　　　　　　　　　　　　　　　　表 4

序号	标准名称	标准编制状态	主要内容
1	《建筑信息模型应用统一标准》 GB/T 51212—2016	自 2017 年 7 月 1 日起实施	提出了建筑信息模型应用的基本要求
2	《建筑信息模型存储标准》	正在编制	提出适用于建筑工程全生命期（包括规划、勘察、设计、施工和运行维护各阶段）模型数据的存储要求，是建筑信息模型应用的基础标准
3	《建筑信息模型分类和编码标准》 GB/T 51269—2017	自 2018 年 5 月 1 日起实施	提出适用于建筑工程模型数据的分类和编码的基本原则、格式要求，是建筑信息模型应用的基础标准
4	《建筑信息模型设计交付标准》 GB/T 51301—2018	自 2019 年 6 月 1 日起实施	提出建筑工程设计模型数据交付的基本原则、格式要求、流程等
5	《制造工业工程设计信息模型应用标准》 GB/T 51362—2019	自 2019 年 10 月 01 日起实施	提出适用于制造工业工程工艺设计和公用设施设计信息模型应用及交付过程
6	《建筑信息模型施工应用标准》 GB/T 51235—2017	自 2018 年 1 月 1 日起实施	提出施工阶段建筑信息模型应用的创建、使用和管理要求

这六个标准可以分为三个层次，分别是统一标准一项：《建筑信息模型应用统一标准》；基础标准两项：《建筑信息模型存储标准》《建筑信息模型分类和编码标准》；应用标准三项：《建筑信息模型设计交付标准》《建筑信息模型施工应用标准》《制造工业工程设计信息模型应用标准》。

国家 BIM 标准编制的基本思路是"BIM 技术、BIM 标准、BIM 软件同步发展"，以中国建筑工程专业应用软件与 BIM 技术紧密结合为基础，开展专业 BIM 技术和标准的课题研究，用 BIM 技术和方法改造专业软件。中国 BIM 标准的研究重点主要集中在以下三个方面：信息共享能力是 BIM 的核心，涉及信息内容、格式、交换、集成和存储；协同工作能力是 BIM 的应用过程，涉及流程优化、辅助决策，体现与传统方式的不同；专业任务能力是 BIM 的目标，通过专业标准提升专业软件，提升完成专业任务的效率、效果，同时降低付出的成本。

在国家层面发布的政策和基础上，大部分省、直辖市和地方发布过 BIM 标准。国家 BIM 标准在编制时从整体框架上便考虑到了标准未来扩展的可能性，这些地方 BIM 标准，大多数是结合地方发展需求，在国家标准的基础上做的拓展和衍生。详细的各地方 BIM 标准可在各地方政府网站进行查阅，此处不一一罗列。

2.2　美国 BIM 标准

美国 BIM 标准的推动有着自下而上的特点。首先，各大公司、行业协会制定自己的 BIM 标准，然后国家的一些部门开始编写国家级别的 BIM 标准，并参考吸纳各行各业的公司和机构 BIM 标准。

作为美国国家 BIM 标准（the National Building Information Modeling Standard，NBIMS），因为其全面性，以及对美国各类主流标准的引用和融合，使得 NBIMS 成为美国行业目前参照最多的标准。但在国际工程中，美国的企业或行业标准反而被引用得更多，如美国总承包商协会、宾州州立大学、美国总务管理局的 BIM 标准，因其体系性和实操性强，在很多美洲和中东国家的项目中，直接被引用为项目标准，见表 5～表 7。

美国国家 BIM 标准　　　　　　　　　　　　　　　　　　　　　　　　表 5

机构	类型	时间	发布内容	内容概述
NIBS	政府机构	2007	美国国家 BIM 标准（NBIMS）（第一版）	关于信息交换和开发过程等方面的内容，明确了 BIM 过程和工具的各方定义、相互之间数据交换要求的明细和编码

续表

机构	类型	时间	发布内容	内容概述
NIBS	政府机构	2012	美国国家 BIM 标准（NBIMS）（第二版）	技术细节更新、完善。采用了开放投稿、民主投票的新方式决定标准内容，因此也被称为是第一份基于共识的 BIM 标准
NIBS	政府机构	2015	美国国家 BIM 标准（NBIMS）（第三版）	技术细节更新、完善。根据实践发展情况增加并细化了一部分模块内容，以便更有效地促进 BIM 应用的落地

美国州政府 BIM 标准（部分标准包含州政府政策）　　表 6

机构	类型	时间	发布内容	内容概述
威斯康星州	州政府	2009	BIM 指南和标准（BIM Guidelines and Standards）	州政府项目 BIM 实施的导则和原则
得克萨斯州	州政府	2009	指南标准（Guidelines Standards）	BIM 制图和模型标准
俄亥俄州	州政府	2011	俄亥俄州 BIM 草案（Ohio BIM Protocol）	州政府推广 BIM 技术的目标和计划
马萨诸塞州	州政府	2015	设计和施工 BIM 指南（BIM GUIDELINES for DESIGN and CONSTRUCTION）	州政府项目 BIM 实施的要求，数据和出图要求

美国行业机构 BIM 标准　　表 7

机构	类型	时间	发布内容	内容概述
美国总承包商协会	行业协会	2006	承包商 BIM 使用指南	实施指南与合同范本，2009 年发布第二版
宾州州立大学	学校＆行业协会	2007	BIM Project Execution Planning Guide（第一版）	BIM 实施指南，2010 年发布第二版
美国建筑师协会-AIA	行业协会	2008	合同条款 Document E202 AIA E202-2008-Building Information Protocol Exhibit 建筑信息模型协议增编	对合同条款中 BIM 内容的定义

2.3　英国 BIM 标准

与美国的多类标准并行的现状不同，英国的 BIM 标准具有很强的统一性与系统性。英国整体框架性、宏观性标准由英国标准院（British Standards Institution，简称 BSI）编写。BSI 与行业组织、研究人员、英国政府和商业团体合作，于 2007 年开始编制和发布 BIM 标准系列，制定实施 BIM 所必需的总体原则、规范和指导，以此加深建筑行业相关部门以及从业人员对于 BIM 发展国家规划的理解，同时让业界彼此可以相互参考。

在 BSI 的基础上，国家建筑规范院（National Building Specification，NBS）与建造业协会（Construction Industry Council，简称 CIC）等机构编写了一系列之配套、具体协助项目落地实施的标准。如 NBS 发布的《NBS BIM Object Standard》（NBS BIM 对象标准），为行业 BIM 模型对象建立提供标准。再如 CIC 发布的《BIM Protocol》（BIM 协议书），可用于所有的英国建筑工程的合同。

英国 BIM 标准中，标准编号带有 BS（British Standard）的系列标准为国家标准。而编码中带有 PAS（Publicly Available Specification）的系列为公开规范，随着时间推移，PAS 系列的标准有可能升级 BS 国家标准，见表 8、表 9。

英国 BS 系列 BIM 标准　　　　　　　　　　　　　　　　　　　　表 8

编号	标准名称	时间	内容概述
BS 1192	Collaborative production of architectural, engineering and construction information. Code of practice（建筑，工程和施工信息的协同生产·实务守则）	2007	BS 1192：2007 是 BS 1192 标准的第三版，于 2007 年 12 月 31 日发布，为基于 CAD 信息系统的沟通、协作、建立公共数据环境（Common Data Environment）提供了更为全面的实践守则。BS 1192：2007 适用于建筑物和基础设施项目在设计、施工、运营期间各方面人员的信息管理与协作
BS 8541-1	Library objects for architecture, engineering and construction. Identification and classification. Code of practice（建筑、工程、施工身份与编码对象库。实施规程）	2012	BS 8541 系列标准为对象标准，定义了对 BIM 对象（Objects）的信息、几何、行为和呈现的要求，以确保 BIM 应用质的量保证，从而实现建筑行业更多的协作和更高效的信息交换
BS 8541-2	Library objects for architecture, engineering and construction. Recommended 2D symbols of building elements for use in building information modelling（建筑、工程、施工 BIM 应用推荐模型元素二维符号对象库）	2011	
BS 8541-3	Library objects for architecture, engineering and construction. Shape and measurement. Code of practice（建筑、工程、施工几何与测量对象库。实施规程）	2012	
BS 8541-4	Library objects for architecture, engineering and construction. Attributes for specification and assessment. Code of practice（建筑、工程、施工技术规格与评估属性对象库。实施规程）	2012	
BS 8541-5	Library objects for architecture, engineering and construction. Assemblies. Code of practice（建筑、工程、施工组件对象库。实施规程）	2015	
BS 7000-4	Design management systems. Guide to managing design in construction（设计管理系统：管理施工设计指南）	2013	BS 7000 是一套系列标准，用于规范设计的管理过程。在 BIM Level 2 要求提出后，英国政府将 BS 7000 系列中的 BS 7000-4 针对 BIM 技术重新制定，形成 BS 700-4：2013。BS 7000-4：2013 对各级施工设计过程、各组织和各类施工项目进行管理指导，并适用于建设项目全生命期内的设计活动管理以及设施管理职能的原则
BS 1192-4	《Collaborative production of information. Fulfilling employer's information exchange requirements using COBie. Code of practice》（信息的协作生产：使用 COBie 履行雇主的信息交互要求。实践守则）	2014	BS 1192-4：2014 的核心是定义了设施在全生命期内信息交互的要求，要求信息交互必须遵循 COBie，并定义了英国对 COBie 的使用
BS 8536-1	《Briefing for design and construction. Code of practice for facilities management》（设计和施工简述，设施管理实施守则）	2015	BS 8536-1：2015 发布的主要目的是阐述设计阶段与施工阶段的一些工作原则，确保参建人员从设计阶段就以建筑运营管理和使用的思路来进行管理

英国 PAS 系列 BIM 标准　　　　　　　　　　　　　　　　　　　　　　　表 9

编号	标准名称	时间	内容概述
PAS 1192-2	建筑信息建模施工项目实施/交付阶段信息管理规范（Specification for information management for the capital/delivery phase of construction projects using building information modelling）	2013	PAS 1192-2：2013 是整个英国 BIM 强制令的核心，它阐述了如何使用 BIM 成果来进行项目设计与施工的交付。PAS 1192-2 从评估与需求（Assessment and need）、采购（Procurement）、中标后（Post contract-award）、资产信息模型维护（Asset information model maintenance）四个方面，对 BIM 信息的传递做了详细要求
PAS 1192-3	使用建筑信息模型在运营阶段的信息管理规范（Specification for information management for the operational phase of assets using building information modelling）	2014	PAS 1192-3 侧重于资产的运营阶段，设定了建筑运营阶段信息管理的框架，为资产信息模型（AIM）的使用和维护提供指导，并从 Common Data Environment 和数据交互的角度阐述了如何来支持 AIM
PAS 1192-5	安全意识建筑信息建模，数字建造环境和智能资产管理规范（Specification for security-minded building information modelling, digital built environments and smart asset management）	2015	PAS 1192-5 针对 BIM 技术发展环境下，建设过程越来越多地使用和依赖信息和通信技术，定义了保障网络和数据安全问题的措施
PAS 1192-6	应用 BIM 协同共享与应用结构性健康与安全信息规范（Specification for collaborative sharing and use of structured Health and Safety information using BIM）	2018	PAS 1192-6 旨在减少整个项目生命周期中的危害和风险，从拆除到设计，包括施工过程的管理，并使确保健康和安全信息在正确的时间由适当的管理人员负责

目前，BSI 也正在努力把英国 BIM 标准针对适配全球普遍情况升级为 ISO 标准，以加大在全球推广英国标准的力度。2018 年底，原先的 BS 1192：2007 与 PAS1192-2：2013 分别升级为了国际标准 BS EN ISO 19650—1：2018 与 BS EN ISO 19650—2018，并于 2020 年将原先的 PAS 1192—3：2014 与 PAS 1192—5：2015 分别升级成了国际标准 BS EN ISO 19650—3：2020 与 BS EN ISO 19650—5：2020，见表 10。

ISO 19650 系列 BIM 标准　　　　　　　　　　　　　　　　　　　　　　表 10

编号	标准名称	时间	内容概述
ISO 19650-2	用 BIM 进行信息管理—第 1 部分：概念和原则（Information management using building information modelling — Part 1：Concepts and principles）	2018	作为使用建筑信息建模（BIM）的信息管理的国际标准的一部分，提出了在成熟阶段描述为"根据 ISO 19650 的 BIM"的信息管理的概念和原则
ISO 19650-2	用 BIM 进行信息管理—第 2 部分：资产交付阶段（Information management using building information modelling — Part 2：Delivery phase of the assets）	2018	对信息管理的要求进行了规定，并对使用建筑信息建模（BIM）对信息交换的要点和资产交付阶段文本以管理过程和程序的形式进行规范
ISO 19650-3	用 BIM 进行信息管理—第 3 部分：资产运维阶段（Information management using building information modelling — Part 3：Operational phase of the assets）	2020	侧重于资产的运营阶段，设定了建筑运营阶段信息管理的框架，为资产信息模型（AIM）的使用和维护提供指导，并从 Common Data Environment 和数据交互的角度阐述了如何来支持 AIM

续表

编号	标准名称	时间	内容概述
ISO 19650-4	用 BIM 进行信息管理—第 4 部分：信息交换（Information management using building information modelling — Part 4：Information exchange）	编制中	—
ISO 19650-5	用 BIM 进行信息管理—第 5 部分：信息管理的安全防范方法（Information management using building information modelling — Part 5：Security-minded approach to information management）	2020	针对 BIM 技术发展环境下，建设过程越来越多地使用和依赖信息和通信技术，定义了保障网络和数据安全问题的措施

英国标准是全球建设领域中被引用、借鉴最为广泛的标准，且有英国协会标准做配套支持。尤其在一带一路的很多国家，都直接引用英国 1192 系列或 ISO 19650 系列的标准作为项目标准。

2.4　BIM 标准对比分析

中美英三国 BIM 标准各有特色。美国 BIM 标准的理论性强，BIM 起源于美国，因此建立了较完整的 BIM 理论体系；英国 BIM 标准的系统性强，英国具有目前最完备的 BIM 标准和技术政策体系；而中国 BIM 标准的实用性强，中国 BIM 标准是在大量工程实践中总结出来的。但中国 BIM 标准的系统性和原则一致性不够，与国际标准还有较大差距。《建筑信息模型设计交付标准》GB/T 51301—2018 与《建筑信息模型应用统一标准》GB/T 51212—2016 和《建筑信息模型施工应用标准》GB/T 51235—2017 原则不一致，《建筑信息模型分类和编码标准》GB/T 51269—2017 主要是采纳了美国的编码标准 OmniClass，正在编制中的《建筑信息模型存储标准》主要是采纳了 ISO 标准 IFC。

3　中美英 BIM 推广及应用情况对比

3.1　中美英 BIM 应用和推广体系对比

美国的 BIM 推广体系在全球范围来看比较具有独特性。美国的 BIM 技术发展更多是市场自发的行为，或者更偏向于 BIM 软件厂商驱动自下而上的 BIM 应用模式：软件商与科研机构、协会合作，基于理论体系不断研发产品与设备，推向企业，企业在实施的过程中根据经验形成标准与指南，再由协会及国家机构进行整合形成国家标准。国家层面没有对应技术政策，靠市场驱动 BIM 技术的发展，即厂商支持、行业研究、业主主导，在推广的过程中不断有大量软件厂商新产品以及技术和经济资源支持，从而对技术进行验证。

与美国显著不同的是，英国则是国家层面在推动 BIM 技术的发展，英国的 BIM 标准和政策制定上遵循着顶层设计与推动的模式：通过中央政府顶层设计推行 BIM 研究和应用，采取"建立组织机构→研究和制定政策标准→推广应用→开展下一阶段政策标准研究"这样一种滚动式、渐进持续发展模式。

中国与英国在全行业推进 BIM 应用的技术政策制定和推进节奏方面有很多相似之处，均有国家顶层层面的推动。但中国 BIM 应用项目的规模和数量巨大，项目层面主动根据业主要求、企业需要、项目合约进行 BIM 应用。同时国家层面从行业信息技术集成应用、智能建造、建筑工业化等更高角度来引导行业的发展，形成了上下结合，政策和项目为主要推动力的应用特色。

3.2　中美英 BIM 应用存在问题对比

目前中美英的 BIM 应用也均存在部分共性的问题，主要如下：

（1）设计与施工模型共享：BIM 的作用是使工程项目信息在规划、设计、施工和运营维护全过程充分共享、无损传递。设计和施工两个阶段是 BIM 应用的重点，BIM 模型的主要信息都是在这两个阶段产生的，但在目前的行业管理框架下，设计和施工是隔离的，如何实现设计与施工阶段的信息共享，让施工 BIM 应用能够在设计 BIM 应用成果基础上进行，实现设计与施工 BIM 应用的一体化，这对最大限度发挥 BIM 价值是十分重要的。但如何实现设计与施工模型共享、因设计模型错误导致的后果由谁负责、施工应用 BIM 不得不投入很多人力重新建模等问题，是目前中美英共同面临的一个难题。

（2）BIM 与项目管理集成问题：如何把 BIM 应用到管理过程中也是各国主要遇到问题，这涉及 BIM 与施工项目信息化管理系统融合问题。目前国际上常用的 P6/Procore/Sage 等项目信息管理系统，都已经有十年以上的发展历史，与 BIM 结合并不紧密。在这些系统中，BIM 模型的主要作用是用来"看"，还未做到 BIM 与其融合。BIM 要在建设过程中发挥更大的作用，实现智能建造，必须需要与项目管理的各业务体系充分融合。目前各个国家均没有特别好的解决办法。

（3）BIM 的法律地位：目前在中美英三国，BIM 模型还都没有法律地位。按照 BIM 的理念，设计和施工 BIM 应用中，项目的一切信息都在 BIM 模型中，施工图仅仅是 BIM 模型的一种表现形式，是由模型直接生成的，BIM 模型与施工图在理论上应该是一致的。但因 BIM 软件发展滞后，BIM 软件还未实现上述理想化的功能，而政府又没有给 BIM 模型法律地位，导致目前的 BIM 应用既要创建模型，又要绘制施工图，提交审查和存档也要施工图，导致额外增加了工作量，这是目前行业推进 BIM 应用的主要法律障碍之一，有必要进行专门和系统的研究与实践。

除了以上一些共性问题外，我国 BIM 应用还存在自主研发 BIM 软件缺乏，符合国内特色的编码、数据交换等基础性标准编制滞后；缺少 BIM 数据安全的相关技术政策；应用人才缺乏、人员年龄普遍偏低等问题。在我国 BIM 发展的过程中，也需要正视面临的问题和困难。

3.3　中美英 BIM 发展趋势对比

虽然中美英在 BIM 政策、标准和应用上有所不同，但三个国家均把 BIM 作为建筑行业数字化转型的关键：BIM 将发挥整合与集成的平台作用，为各项技术提供海量数据接口，为用户提供快捷的功能入口，为智慧建造、智能建筑提供可靠的技术支撑。

美国虽然没有国家层面政策，但一直把 BIM 作为建筑行业信息技术的基础：美国国家 BIM 标准把 BIM 应用的最高级别定义为"国土安全"，在政府项目 BIM 应用中，他们首先审查项目应用的 BIM 软件及项目信息管理系统，通过政府审查后，才允许应用。

英国政府在 2015 年发布了 Level 3 BIM 战略计划，即数字建造英国计划。数字建造英国计划把 BIM 放在英国建设环境数字化转型中位于心脏位置：BIM 的核心是整个供应链使用模型和公共数据环境有效访问和交换信息，从而大大提高建设和运营活动的效率。BIM 在英国可以被认为就是"数字建造"，引入 BIM 标志着建筑业数字化时代的到来，BIM 是建筑业和建设环境数字化转型的核心。

而在中国，住房城乡建设部等十三部门于 2020 年联合印发的《关于推动智能建造与建筑工业化协同发展的指导意见》，也提出要求加快推动新一代信息技术与建筑工业化技术协同发展，采用以 BIM 技术为基础的数字化技术，提高建筑行业的信息化水平，从而实现智能建造。

3.4　BIM 应用情况对比分析

对比国内外 BIM 应用情况，美、英两国设计领域 BIM 应用情况较好于我国。而施工领域 BIM 应用截然不同，我国施工领域 BIM 应用与国际基本同步。因我国大型复杂工程多，BIM 实践机会多，积累的经验多，在这方面我国 BIM 应用要强于美英等国。中建完成的北京腾讯总部项目和天津周大福项目 BIM 应用达到国际领先水平，分别于 2016 年和 2017 年获得国际大奖。

作者：李括[1]　赵欣[2]　李云贵[3]（1. 中国东方航空集团有限公司；2. 广州优比建筑咨询有限公司；3. 中国建筑股份有限公司）

欧洲建筑工业化考察分析与总结

Analysis and Summary of the Investigation about European Construction Industrialization

1 前言

结合"十三五"国家重点研发计划"装配式关键设计技术"和"预制装配式混凝土建筑产业化关键技术"（2016YFC0701900）两个项目的考察任务，主要课题负责人前往德国、奥地利和西班牙三个国家围绕项目课题研究内容开展国际调研考察活动。考察团先后考察了上述三国的装配式建筑设计、生产及产业化实施具有代表性的企业和典型工程，并参加欧洲预制协会，调研了其先进技术及其发展现状，分析了国内外发展优势对比，考察成果可为项目及课题研发提供参考借鉴。

2 考察情况简介

2.1 考察德国的 BWH 公司

BWH 公司位于德国奥斯纳布吕克市（Osnabruck），是一家分别在两个厂房车间生产双皮墙板、叠合板与预应力空心板的预制工厂。

厂房设计方面：顶部中间位置纵向皆有采光带，白天不加照明即基本满足车间内采光要求，见图1。

图1 厂房内景

双皮墙板和叠合板生产车间内，自动化流水工艺生产线紧凑和空间利用合理。有的模台上方搭有固定平台，平台上进行钢筋堆放及加工。这家工厂台模上用于分块的边模设计有特点，根据叠合板钢筋做成了条形齿轮形状，分块边模在台模长度方向可移动后采用螺栓固定。据知，德国工厂钢筋桁架有外购专业工厂的产品，也有自购自动化加工机自行加工。这家工厂的场地有限，外购桁架产品加工精度很高，故能整齐摆放在钢筋区域。据观察，双皮墙和叠合板生产时每个工序1～2人，其中，浇筑前钢筋入模工序2人，拆模起吊2人，其他工序基本是1个人操作。在模台上的钢筋骨架绑扎固定较少，需要固定的交叉点也是用专用工具代替绑扎，最下层钢筋垫上了必要的保护层垫块，提高了操作效率。浇筑的混凝土流动性较大，但振捣后混凝土仍可保持均匀；可根据板宽度调整浇筑下料宽度，混凝土浇筑完1块板后模台轻微筛振即可，基本无噪声，振捣完毕在钢筋上人工环形扣上标识条后送去养护窑养护。德国很多工厂的叠合板脱模起吊吊具都类似，3～4排钩具钩住桁架钢筋平稳吊运。双皮墙板生产中，相比其他自动化设备的操作，翻转机对控制系统的软件质量要求很高，见图2～图13。

图2 模台从钢筋堆放加工平台层下方通过　　图3 台模上的分块边模及其连接方式

图4 模台上的钢筋　　　　　　图5 摆放整齐的桁架钢筋产品

图6 大流动度混凝土浇筑　　　　　图7 叠合板钢筋桁架

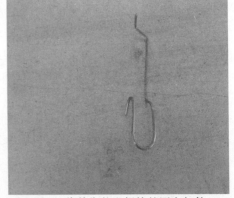

图8 钢筋交叉点的固定扣件　　　图9 代替绑扎和焊接的固定扣件

图 10　构件生产

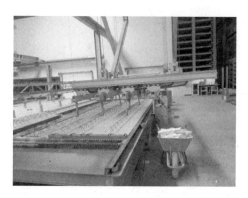

图 11　叠合板脱模起吊　　　　　　　图 12　叠合板吊运

图 13　翻转机

在预应力空心板长约 100m 的生产车间内，可见一侧并排紧次布置有 3 条长线台座，采用一端固定、一端张拉的方式张拉预应力，张拉设备位于张拉端地面以下的混凝土结构台座内；中间为人行和板运输通道，另一侧为板临时室内储存区。空心板（宽度约 1200mm）生产工艺涉及 3 种主要设备：拥有模具清理功能并在回程中布置预应力筋的拉筋机、混凝土成型机、空心板切割机。干硬性混凝土采用自动线输送到成型机上空的可全线移动的盛料斗中，开动成型机从固定端向张拉端缓慢移动即同时完成混凝土密实成型；干硬性混凝土不需要特殊养护，自然养护 12h 即可切割出模。在空心板成型后立即在板上可用彩色颜料线画出不同长度、不同方向角度板的空心板切割线；切割机切割时同时洒水降温降尘，切割方向可以垂直轴线或依据板端要求的任意角度。空心板起吊方式可见两种，一种是依据板侧面形式定做的专用吊具起吊；另一种是利用板两端孔形式定做的专用吊具起吊。在桥吊和吊具显著位置上都标识了厂家的允许起吊重量，见图 14～图 16。

图14 空心板成型

图15 成型机、切割机操作

图16 带角度的预应力空心板及表观质量

2.2 考察德国的乐肯壕森（Lütkenhaus）公司

德国的乐肯壕森（Lütkenhaus）公司位于杜塞尔多夫市（Düsseldorf），是一家采用了安夫曼（AVERMANN）公司生产线和自动化设备的预制工厂。

该预制工厂生产的产品较为丰富，除了主要的双皮墙板、叠合板外，还有大小各异的阳台板、楼梯板、实心墙板，以及其他的一些板类和墙体构件。双皮墙板厚度从 200～420mm 皆有，长高目测可达 6m×4m，也有带保温层的双皮墙板。见图17、图18。

构件厂内的生产线分为三类：环形流水生产线，主要生产标准化程度较高的叠合楼板、叠合墙板构件，自动化程度较高。采用机械手布模、激光定位、自动化流水线、ERP 管理系统等；柔性生产线，主要生产较大型的实心墙板构件、夹心保温三明治墙板构件等；固定模台，主要生产大型的定制实心构件，包括外挂墙板、楼梯等。见图19～图28。

图 17 生产线

图 18 楼梯钢筋笼制作

图 19 激光定位放线

图 20 机械手布模

图 21　不出筋双皮墙

图 22　弯折出筋的叠合板

图 23　三明治墙

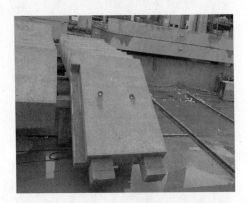

图 24　预制楼梯

图 25　叠合阳台板

图 26　预制阳台板

图 27　预制阳台及使用的保温连接器

图 28 带保温和不同端头连接方式的双皮墙板

在自动化流水线车间，主要工艺方法有：人工拆除的边模放入自动化传送道传送到边模机械手自动安装区域，有机械手存放和安装边模，并初步安放钢筋和孔洞预留板；而后模台来到下一个工位，采用从屋顶投射下来的镭射线画出板类构件的分隔边模、孔洞预留板和埋件的精确位置，由人工精确调整后完成即可送入浇筑区。该厂房也是采用预制板做成的层间隔断，以充分利用厂房上层空间。双皮墙板生产的翻转与 BWH 公司的模台整体翻转不同，这里采用的是将一侧叠合层板脱模起吊到专用翻板机上，整个车间是三条线并列，混凝土浇筑、翻板叠合、养护区域在同一端，工艺线设计值得研究和借鉴。见图 29～图 32。

图 29 镭射投影线画出端头边模和埋件位置

2.3 参观 Max Bogl 公司生产基地

Max Bogl 是德国最大的私人建筑公司，拥有 35 个子公司，5 个生产基地。Max Bogl 公司生产基地相关图片见图 33～图 37。

图 30　预制构件搭建的两层空间，上层主要是钢筋加工和存放

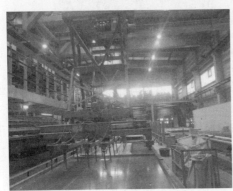

图 31　自动化生产线

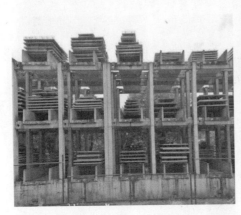

图 32　3 层立体化的构件自动存储

图 33　管片构件运输

图 34　风力发电设备基座预制件

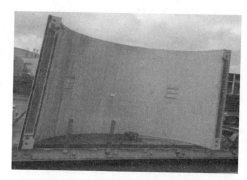

图 35　隧道侧壁预制件

图 36　预制件堆放区

图 37　枕木预制件堆放区

2.4　考察 INNBAU 公司

INNBAU 公司（德国南部新的预制构件生产厂）由 Prilhofer 咨询设计，采用了 SAA 工厂信息化软件。

该公司模具的布模、整理、规整全过程自动化，工厂布局合理紧凑，二层钢筋加工生产线并与一层钢筋组装相接驳；工厂在二楼合理地设置了中央控制室及工人休息间；相配套的部品部件应用较多。见图 38～图 45。

图 38　吊运系统

2.5　OBERDORFER 公司

主要了解 OBERDORFER（奥地利预制构件生产企业）利用 iTWO 软件进行的生产计划系统，包括前期投标到后期安装的全流程。从发送给他们的报价开始工作，从微软的软件开始导入。通过微软的软件给 iTWO 一个指令，如排产的生产计划以及物料的管理。按照工位来进行排产，可以在指定的某个工位生产，相应的构件以及构件需要的物料清单都可随时生成。清单中包括了项目、业主、

图 39　工厂室内情况

图 40　工厂生产信息化应用

图 41　工厂模具自动化应用

图 42　构件的布料振捣

图 43　配套件应用

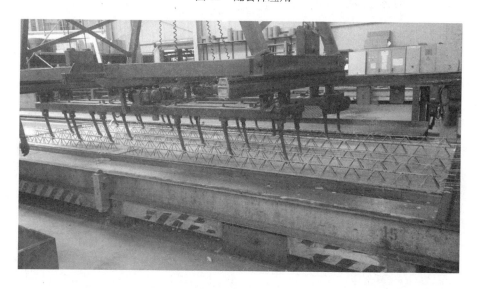

图 44　叠合板起吊

图 45　叠合板吊装中

生产的基地、生产工位、生产构件的数量，包括时间控制信息（设计的时间、收到设计时间），同时包含了构件的图纸。该软件可以同时对 200 个项目做管理。通过这个平台，可以包含财务等所有涉及的信息。见图 46～图 60。

图 46　墙体连接件钢片

图 47　墙体钢筋

图 48 模具

图 49 三明治墙体　　　　　　　　图 50 堆场钢筋成品集成调运

图 51 梁柱堆场

图 52　立柱堆场

图 53　T 梁堆放

图 54　双 T 板堆放及构件编码信息

图 55　内隔板堆放

图 56　预制空腹混凝土梁堆放

图 57　带保温层的双皮墙　　　图 58　带洞口的双皮墙　　　图 59　承重双皮墙构件

图 60　专用自动化构件运输车

2.6　考察德国的安夫曼（AVERMANN）集团公司

德国的安夫曼（AVERMANN）集团公司，在德国和波兰有三个生产及研发基地，可根据客户需求定制预制构件生产高品质的特种机器设备和工具件、整套（全）自动化生产流水线、带有中央推移台的生产流水线、固定模台生产线以及大型、异型、典型化构件高精度模具。见图 61～图 63。

全自动化生产流水线及全套设备是最能体现该公司自动化技术水平的生产线产品，从钢筋加工、构件生产、仓储到运输的所有工作全部可以采用自动化设备或机械手完成，是真正的全自动化生产，全过程可以无人工操作。模台横向行走、纵向移动、承载力大、运行平稳。主要生产板类构件，拥有优化的物流和高产能，缺点是构件生产灵活度低。该生产线亮点是拥有摆模机械手、钢筋加工和桁架

图 61　工厂室内情况

筋机械手，以及全自动立体堆场可实现自动存储。

带有中央推移台的生产流水线是一种通过中央移动台把部分模台暂时抽离流动线、具有复合生产属性的生产方式，可生产除板类构件外的其他构件，但形状、尺寸和效率受控制系统和流水运行设备性能的制约和影响，灵活度较高，材料有最优输送路径。

固定模台生产线是通过可移动设备，在固定区域内将构件浇筑成型的一种生产方式，优点是拥有无限制的灵活性，可生产各类型构件，缺点是材料输送路径较长，会增加耗时。

图 62　车间内高精度大模台组装　　　　　　　　　　　图 63　全自动立体堆场

在德国建筑用墙体（砌块、混凝土、钢材）中，双皮墙占比 30％～35％；在混凝土墙体中，双皮墙占比 70％左右，是一种抗震性能非常好的结构体系。德国工业建筑和公共建筑的混凝土楼板中，几乎都是叠合楼板：叠合板和叠合空心板；个人房建如别墅住宅，地面以上大多用砖或砌块砌筑，但在地下室多用双皮墙结构。有学者预测，德国有 8000 万人口，人均装配式建筑面积为 $0.5 \mathrm{m}^2 /$人；中国人口是 14 亿，几乎是德国的 18 倍，中国有着巨大的装配式建筑市场。

2.7　考察德国的索玛（SOMMER）集团公司

SOMMER 设备技术有限公司主要提供构件自动化流水线和生产技术，循环式托模混凝土预制构件生产设备，多功能布模机器臂（MFSR）墙体/楼板的模板技术（边模模块系统（SMS）实心墙系统、楼面/双皮墙体的边模型材系统、特种边模系统、磁体系统），日产 $150 \sim 500 \mathrm{m}^2$ 的经济型移动流水线，水射流切割系统，装饰面一体化生产方式。

该公司较之安夫曼公司的特点为：自主发明了多功能布模机器臂，不仅可以实现自动化布模，而且可以实现自动化拆模；生产配套的磁力盒模具；自主发明了 JFI 生产方式。

2.8　考察德国的 RATEC 公司

德国的 RATEC 公司，主要有预制混凝土构件设计咨询、工厂建厂咨询、构件模具系统和磁力盒加工四大业务板块。

公司除将边模作为产品卖给构件生产线、各类复杂构件生产的各类客户外，还有立式生产的墙板模具、风力塔的模具、单元房整体浇筑成型模具等大型、复杂模具系统，以及用于复杂构件自密实浇筑用的动力泵产品。见图64～图69。

图64　模具生产线

图65　复杂模具系统生产出的复杂构件

图 66　泵送浇筑立式生产的墙板模具

图 67　模具产品

图 68　机械手模台产品

图 69　生产设备

2.9　考察德国的哈芬（Halfen）公司

德国的哈芬（Halfen）公司是一家专门做连接、紧固器件的全球知名公司，在德国有 2 个生产基地，国外有 4 个生产基地。

根据德国现行技术规范规定，阳台板与主体结构之间必须进行保温处理，目的是最大限度地避免室内热量传递到室外。设计原则是在两者之间安装保温材料，采取保温隔热构造措施。这种新型阳台保温连接器可运用在阳台板、女儿墙、牛腿柱等构件上，全预制混凝土阳台和半预制阳台板皆可应用；与需要常规全包保温处理措施费相比，采用保温连接件成本上升约 200 元/m。见图 70～图 75。

图 70　新型阳台保温连接件

图 71　哈芬 HIT 保温阳台连接件

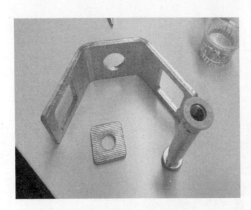
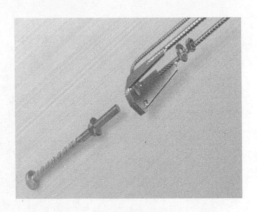

图 72　哈芬 HIT 剪力墙容差连接件　　　　　　图 73　HCC-柱靴连接装置

图 74　HCC-柱靴连接装置应用实例

图 75　保温隔热阻断

3　考察亮点总结与分析

3.1　欧洲装配式建筑构件生产自动化水平高

参观的工厂新旧不同、占地大小及形状不同、主要加工产品不同、采用的设备有区别、布局不同。但总体上工厂生产设备自动化水平很高，国内设备难以企及。通过几十年的经验积累和优化，工厂布局科学合理。与工厂配套的部品部件、预埋件、工装设备、产业游的上下游配合成熟完善。与国内相比在以下几个方面优势突出：

（1）混凝土构件工厂先进、自动化程度高，一个工厂一般需要 5～6 人，生产的构件光洁，几何尺寸好。

工厂布局合理科学：空间设计及布局利用合理、精细，很好地利用了工厂上部空间，工厂生产设备与钢筋生产设备很好地融合在一起，形成了混凝土钢筋生产线。鱼雷罐运输和布料机工位设置，钢筋的加工生产，钢筋笼的绑扎，模具安置，布料浇筑振捣、养护实现了不同区域的合理接驳。

（2）模具的安装、拆除、清理、转运、存放、涂油全部自动化。

模具的设置：模具靠磁力盒进行固定，模具的长边方向通过塑料胶体保证封浆密实。

模具的临时堆放、运输、清理、整理、安放、固定，以及拆除（很多拆除工作是人工靠特殊工具进行拆除，但索玛供应设备可实现自动化拆除）等工作，借助与工位设备配套的堆放架体、运输架体、储存架体实现了一体化。

模具安放机械手自动化水平高，且借助信息化技术，实现机械手根据加工构件的形位尺寸自动识别特定模具，精准安放在特定位置。

（3）构件运输、存放、大型立体堆放场自动化、信息化，整个堆场 1～2 个人。

构件吊装运输设备，可以在无人工干预情况下，实现构件的抓取、搬运、放置及脱钩等系列动作。该设备集桁车与吊运设备于一体，上下左右各方向移动实现桁车下空间的全覆盖。

厂内场外搬运构件设备的运输车实现了构件运输及堆场堆放接驳，效率较高。国内主要依靠运输小车与桁车进行抓取、吊运、安放的结合使用，过程中人工干预较多（人工进行吊钩安放及脱钩等工作），自动化水平及效率较低。

对于堆场运输设备，国外不采用桁车进行构件的调运、安放，通过类似码垛机以及配套十字运输车进行构件的自动化、立体化运输、安放（国外堆场在较小的堆场面积下，通过配套的立体设施实现立体堆放）。

堆场有特定的调运运输工位，通过配套的特种运输车，在相应工位空间进行所调运构件的自动识别、自动运输，自动安放在工装车位。

（4）钢筋加工生产自动化，一条加工生产线只需要 1～2 个人。

工厂生产加工产品中叠合板占绝大部分，生产设备企业应用的钢筋生产设备采用的均是 EVG 公司产品（中建第一批集中招标采购时，应标交流过，价格差距太大、未能采用），通常设在二层，并和一层的钢筋安放工位进行接驳。在钢筋的拉伸调直、剪切、排布（纵向与横向的自动化排布）、焊接（点焊）、运输（水平运输以及上下层的空间运输）以及钢筋上安放保护层定位垫片实现自动化。钢筋分布筋间的固定绑扎，通过简易、标准、操作简单的小钢筋扣即可实现快速高效固定。

（5）其他设备的先进性：鱼雷罐小车运输速度快（30m/s）且相对稳定，可实现水平转弯、竖直爬坡，小车前后设置防震防撞设施；布料机设备运行稳定，在料量控制方面精度较高，有数据直观显示料量控制；振动设备噪声很小，估算在 70dB 以内，经了解和其振动方式有关。

（6）长线台座预应力设备自动化程度很好，混凝土下料、专用设备浇筑成型、养护及切割完全实现自动化。成型设备体积小，一体化程度高、切割面平整良好。

（7）梁、柱模板一次投入，长期使用。侧模高度可调、可移动，梁底模可升降、宽窄可调，也可以做预应力梁，是一个多种变换、可调可变的模具系统。

（8）构件生产工厂一般为主体工厂，钢筋加工在二层，一层生产混凝土构件，工厂紧凑，用地少。

（9）构件工厂由一个软件公司提供信息化服务，工厂的智能化由软件公司提供，智能化生产加工由软件支撑，运输、堆放由软件支撑，加工、存放、运输普遍采用软件配套提供二维码技术。

（10）每一个工厂除了常规模板以外，基本上在二层都设置了一个辅助精细模板工位，精细加工各种复杂精细模板，生产出来的构件装修效果十分美观。工厂设置木模加工车间，主要用于异形构件的生产加工以及替代特殊位置的模具。

（11）模台的防锈很好，经了解是属于不锈钢材质，可使得所制构件表面平整光洁。模台的喷油比较多，利于构件脱模以及构件外表面的光洁。

3.2 欧洲装配式建筑产业链成熟完善、协同

（1）设计公司、构件公司、设备公司、模具公司、配件公司、钢筋设备公司、埋件公司、软件公司、运输公司、股份咨询公司、总承包公司专业分工明确、专业性很强、产业一体化协同发展，产业链成熟完善。

（2）混凝土设备制造厂就是一个装配组装车间，将混凝土设备分解成更小的设备，零件委托给其他公司生产加工，设备企业就是一个组装、设计、采购、装配的生产线。

（3）混凝土构件工厂用的各种拉结件，预埋管、预埋盒、垫筋架、门窗框、断桥结合点等由专业公司生产、配套，经济、质量好。

（4）模具厂也是一个组装车间，自己设计、委托加工各种零配件以及模具板材切割下料，各种板材下料后到自己的车间组装。

3.3 装配式建筑结构体系先进、成熟、完善

（1）普遍采用的体系有：双皮墙体系、框架结构体系、预应力体系、双 T 板体系。

（2）装配式建筑的占有率和使用率：

大型公共建筑 70%、工业厂房 100%、6 层以上的住宅 70%、低层住宅 30%～40%，所有建筑基本上都采用叠合楼板。

在一个建筑里面通用标准构件，普遍采用预制，非标件则采用现浇，以能预制的预制、不能预制的就现浇为原则，以质量好、成本低、方便建造为原则，在欧洲预制成本比现浇要低。

（3）住宅普遍采用双皮墙结构，双皮墙的厚度从 200～500mm 不等，厚度取决于桁架筋的高度，决定于钢筋生产设备的能力，双皮墙还可做成夹心保温墙，双皮墙体系是两边墙预制，中间现浇混凝土，现浇部分采用插筋连接，不用套筒，成本低，连接形式同现浇体系

（4）框架结构体系：柱、梁、板分开预制，采用牛腿式、承插式连接方式比较多。T 梁、双 T 板普遍采用，连梁、大 T 梁也在使用。

（5）采用何种结构体系与建筑的功能、立面、平面、空间跨度相结合来考虑，结构满足建筑的需要，我们看到酒厂生产车间，跨度 20 多米，采用双 T 板，与建筑装饰效果结合得很好，做到了建筑、结构、机电、装修一体化，预制装配建筑平面、立面功能不单一，形式效果多样。

3.4 EPC 工程总承包公司信息化应用程度深

PORR 公司由 2010 年的 10 人，发展到现在的 400 人，由 CEO 亲自负责，总部建模，分公司项目进行使用，设计、采购、施工一体化，总部有设计管理部，主要进行 BIM 设计管理和 BIM 施工流程管理，BIM 设计管理包括建筑、结构、机电、成本。BIM 施工流程管理包括计划管理、成本估算、设计和施工通过 BIM 进行信息共享。

总部的设计与工程部与各个分公司或事业部平行，通过项目的 BIM，将设计、施工管理的成本计划联系在一起。

通过调研信息化软件开发企业及应用企业，了解到在装配式建筑信息化应用方面存在深化设计软件（内梅切克的 PLANBAR）、工厂自动化生产应用软件（内梅切克的 TIM、Unitechnik、SAA）、企业及总包信息化管理软件（RIB）。

PLANBAR 设计软件可以实现装配式建筑的快速建模、结构构件的三维拆分、构件深化设计；通过建筑模型提取相关数据信息实现物料自动化精准统计；软件设计信息可被构件加工设备 EBAWE、AVERMANN、ELEMATIC、WECKEMANN、SOMMER、EVG、SAA 等软件直接识别读取，直接导入设备自动化加工，无需人工输入，提高效率；目前在开发 IFC-4.0，主要针对现有不同开发软件、不同使用环节的软件信息难以识别、对接的问题，开发统一信息标准，实现不同软件公司开发的不同软件相互接口统一、完整识别、信息共享。

TIM 软件产品也是内梅切克公司开发，主要用于工厂生产环节，可实现直接读取设计模型信息，管理设计相关信息以及构件生产管理、构件运输管理、装配管理。

Unitechnik 与 SAA 公司产品功能基本相同，主要是工厂生产的中控系统，实现构件生产的计划排产、构件生产控制、构件仓储、构件的物流、生产过程中画线、模具安放、布料、振捣等操作的信息化控制。

3.5　装配式建筑超市化展示、定制化建造

在住宅超市里，建立近百栋各式各种类型房子，各种户型、各种立面、各种装饰风格、各种结构体系、各种材料，应有尽有，菜单式选择订制，既是个性化的也是工厂化的，营销方式值得借鉴，见图 76。

图 76　住宅超市

3.6　德国被动式房屋规模化开发建造

被动式房屋在外围护体系采用 20cm 厚的保温材料，阳台采用断桥保温节点，门窗采用高效节能门窗，见图 77。结点采用气密性设计施工，冷热交换新风系统，省电且满足换气要求。

图 77　被动式房屋

4 建议

(1) 积极引进先进的生产线，建立自动化工厂

欧洲生产设备自动化水平高，设备运行稳定性好，我们需根据国内构件产品特点，结合国外自动化生产设备和国内外先进适用的工艺生产布局，引进、吸收、消化、再创新，使其成为适合国内构件产品生产的自动化生产线。

(2) 积极吸收和创新，推广双皮墙体系在我国高抗震烈度地区的使用

双皮墙产品和技术体系在欧洲应用较为广泛，优势较为明显，需结合我国高烈度抗震地区特点，积极引进双皮墙产品，创新发展，加强理论分析和试验验证，创新出适合我国高烈度地区的双皮墙技术体系。

(3) 积极引领、培育部品、部件专业公司的协同发展

欧洲装配式建筑产业链成熟、分工精细、专业化程度高，产业链上相关企业和产品协同发展，共同推进装配式建筑的一体化发展。我国装配式建筑的产业链条还不够成熟，分工不够精细、专业化程度还有待于进一步提高。作为总包单位需要在产业链上呼吁、倡导、培训系列部品部件、运输等公司，在技术体系上形成协同、在管理体系上进行融合、在盈利模式上形成共赢。

(4) 积极将预制构件与建筑、机电、装修一体化发展

欧洲装配式建筑体系成熟的不仅仅是结构体系，相应地，机电、内装以及建筑整体立面外观与预制的结合，融合度很高，实现了预制构件与建筑、机电、装修的一体化发展。需要学习、消化国外经典案例，进行深入剖析，形成设计原则和方法，结合国内经典项目，探索与国外相关公司的合作，设计实施装配式建筑、结构、机电、装修、预制件一体化发展的典型项目。在实施推进过程中培养人才、建立适合中建的技术体系和管理体系，并打造中建品牌。

(5) 加大协会交流，形成产业联盟

欧洲预制协会很好地把预制混凝土建筑相关的企业和产品整合在一起，形成了互动，加强了协同，共同推进市场发展。国内目前还缺少凝聚力强、联盟持久、互动深入的协会。中建科技担当的中国建筑学会建筑产业现代化发展委员会从成立之初，在行业交流和人才培养方面做了很多积极的工作，需要充分借鉴国内外协会组织和交流经验，打造出行业权威且具有代表性的国内产业联盟预制协会，推动装配式建筑的发展。

作者： 叶浩文　周　冲（中建科技集团有限公司）